食物中复杂碳水化合物

聂少平　殷军艺　主编

科学出版社

北京

内 容 简 介

碳水化合物包括储存型（如淀粉、糖原）、结构型（如纤维素、阿拉伯木聚糖、果胶）等类型，对人类膳食和健康有重要影响。食物中复杂碳水化合物主要以多糖（包括淀粉、非淀粉多糖）为主，还包括结构复杂的低聚糖等。非淀粉多糖包括膳食纤维类多糖和具有特定生物活性的多糖（我们将其定义为生物活性多糖）。本书主要讲述食物中的非淀粉多糖（书中简称“多糖”），包括普通食物（谷物、香菇、茶叶）、药食两用资源（灵芝、铁皮石斛、茯苓、枸杞、黄芪）、可用于保健食品的物品（芦荟、车前子）和我国民众偏好食用的虫草等来源多糖。同时考虑到人们对其他复杂碳水化合物也感兴趣，本书内容还涉及淀粉、果胶、抗性低聚糖等，对在自然界中与复杂碳水化合物关系紧密的木质素也进行了介绍。全文共二十一章。

本书主要涉及糖化学和糖生物学相关知识点，内容上深入浅出，可供从事多糖领域研究的科研人员、工程技术人员和管理人员参考，也可作为研究生和高年级本科生的教学参考书。

图书在版编目（CIP）数据

食物中复杂碳水化合物 / 聂少平，殷军艺主编 . — 北京：科学出版社，2022.3

ISBN 978-7-03-071807-5

Ⅰ . ①食…　Ⅱ . ①聂…　②殷…　Ⅲ . ①食品化学 – 碳水化合物 – 研究　Ⅳ . ① TS201.2

中国版本图书馆 CIP 数据核字（2022）第 042213 号

责任编辑：李秀伟　岳漫宇　陈　倩 / 责任校对：宁辉彩
责任印制：赵　博 / 封面设计：无极书装

科 学 出 版 社 出版
北京东黄城根北街 16 号
邮政编码：100717
http://www.sciencep.com
北京建宏印刷有限公司印刷
科学出版社发行　各地新华书店经销
*
2022 年 3 月第　一　版　开本：787 × 1092　1/16
2025 年 1 月第三次印刷　印张：40　1/4
字数：954 000

定价：368.00 元

《食物中复杂碳水化合物》编写委员会

主　编: 聂少平　殷军艺

副主编: 黄晓君　王君巧　胡婕伦

编　委（按姓氏汉语拼音排序）:

白周亚　陈海红　陈什康　丁　翘　董　楠
范松涛　冯　蕾　洪　涛　侯燕杰　阚丽娇
雷宁宇　李　松　李林燕　李明智　刘　丹
柳芳伟　聂启兴　阙志强　施晓丹　唐　炜
童　微　王　辉　王小银　王玉箫　鄢为唯
姚豪颖叶　赵佳莹　左　胜

前　　言

碳水化合物对人类膳食和健康都有重要作用。以多糖为代表的碳水化合物结构极为复杂，但拥有许多非常良好的生物活性功能，因此吸引了大批科学家前赴后继，开展了大量基础研究和应用实践探索。

有关复杂碳水化合物的结构研究，始于19世纪末德国著名科学家Fischer。在1920～1940年进入快速发展阶段，但之后又进入了一个瓶颈期。直到近些年，人们利用离子淌度质谱法（ion mobility mass spectrometry）实现了对碳水化合物异构体进行有效识别，以及通过高级显微技术在生物体上实现了“原位”分析复杂碳水化合物结构与相互作用，使得对复杂碳水化合物结构的研究进入一个新的领域。1988年，牛津大学Dwek博士首先提出了“糖生物学”（glycobiology）这一概念。之后，越来越多的科学家认识到了碳水化合物在生命科学中的重要作用，美国加利福尼亚大学知名糖生物学专家Ajit Varki博士甚至宣称“Biological roles of oligosaccharides：all of the theories are correct”（低聚糖的生物学作用：所有的理论都是正确的）。近年来，以华盛顿大学Gordon教授为代表的科学家发现，多糖可通过肠道微生态发挥特定生物活性，从而揭开了复杂碳水化合物生物活性研究的新篇章。

笔者团队长期开展复杂碳水化合物（特别是生物活性多糖和膳食纤维）结构、功能活性研究，核心研究人员超过20名，包括国家杰出青年科学基金项目获得者、国家高层次人才特殊支持计划领军人才、全国优秀博士学位论文获得者等大量国家级和省部级优秀人才。通过20余年的努力和积累，在车前子、黑灵芝、猴头菇、魔芋、竹荪等来源多糖做了大量工作，并取得了一定理论成果，特别是提出表征以多糖为代表的复杂碳水化合物结构应满足的两大核心前提要素——“多糖均一结构的多维性”和“多糖结构的相对有序性”，获得了国内外大量同行的认可和推荐。

很高兴有机会向读者推荐我们新近编写的《食物中复杂碳水化合物》一书，本书以食物中复杂碳水化合物为核心，全面系统地介绍了淀粉、纤维素、半纤维素、木质素和其他作为可溶性膳食纤维的亲水胶体等传统复杂碳水化合物的研究概况，也全面展示了谷物中β-葡聚糖/阿拉伯木聚糖、香菇多糖、灵芝多糖、铁皮石斛多糖、虫草多糖、茶多糖、茯苓多糖、芦荟多糖、枸杞多糖、黄芪多糖、车前子多糖等研究进展，并对膳食纤维和生物活性多糖研究历史、概念进行了系统梳理和总结。全书参考文献超过了2000篇，并配有大量翔实的各种来源多糖结构、功能活性等数据，可为读者提供非常丰富、有价值的参考。

借此机会感谢国家自然科学基金委员会、科技部、江西省科技厅、江西省教育厅、南昌大学等单位和各位专家、朋友对本团队工作的长期支持与帮助。本书相关工作得到了国家自然科学基金杰出青年基金（项目编号：31825020）、国家自然科学基金优秀青年基金（项目编号：31422042）、国家重点研发计划项目（项目编号：2018YFE0108300、2017YFD0400203）等国家级课题的资助，也在此一并感谢。同时感谢实验室参与本书工作的学生为顺利完稿做出的重要贡献。

由于编者水平有限，撰写过程中可能存在不足之处，敬请诸位同仁和广大读者批评指正，以便我们今后在相关工作中能有更好地改进和突破，并方便本书修订、补充和完善。

聂少平
2021 年 7 月

目　　录

第1章　概　　述

碳水化合物包括储存型（如淀粉、糖原）、结构型（如纤维素、阿拉伯木聚糖、果胶）等类型，对人类膳食和健康有重要影响。自从人类历史有记载起，我们的祖先就通过种植、采摘等方式从大自然中获取相关资源，进而通过饮食、消化等方式，为生命活动提供基础的能量物质；在自然界中，在早于人类活动历史之时，以植物为代表的自然资源通过光合作用等方式将大量的太阳能转变成纤维素、淀粉等形式存储在生命体中，滋养着地球上的其他生物。在现代，碳水化合物的结构复杂性、生物重要性及机制不明确性，使得大量科技工作者在科学研究的道路上不断追求与探索，以期揭示更多仍然未知的奥秘（Dwek，1996；Rademacher et al.，1988）。

食物中复杂碳水化合物，主要以多糖为典型代表，包括淀粉、非淀粉多糖及结构复杂的低聚糖（又称寡糖）等。多糖（polysaccharide）通常指10个或以上单糖通过糖苷键连接在一起形成的聚合物，广泛存在于植物、动物、微生物（真菌和细菌）中。除了人们常说的膳食纤维类多糖，还有一些具有特定生物活性的多糖，我们将其定义为生物活性多糖。本书主要讲述食物中的多糖，包括普通食物和药食两用资源，同时考虑到人们对膳食纤维的认识，也有部分内容涉及木质素、抗性低聚糖等。

1.1　复杂碳水化合物研究历史简况

19世纪末，德国著名科学家Fischer就开始了对简单结构糖类的研究（Fischer，2010），Haworth等在1920～1940年开展了大量有关糖环结构的基础研究工作（Haworth，1926；Haworth and Hirst，1930），之后越来越多的科学家加入到糖化学研究领域。正因得益于此，淀粉、纤维素、甲壳素和透明质酸等碳水化合物得到了极大重视，科学家利用各种经典化学方法对其结构开展了诸多研究工作。1962年，Watkins和Morgan报道了一些结构简单的糖对特定血清反应的抑制作用，结果表明自然界中的碳水化合物会和蛋白质、脂类共价连接。但直到1980年，糖链结构的测定仍比较困难（Dwek，1996）。1988年，发生了一件在碳水化合物研究历史上非常重要的事，即牛津大学Dwek博士首先提出了“糖生物学”（glycobiology）这一概念（Rademacher et al.，1988）。自此之后，更多科学家认识到了碳水化合物在生命科学中的作用：同蛋白质和核酸一样，碳水化合物是一类在机体生命活动中非常重要的生物大分子，参与受精、细胞生长、细胞识别、免疫反应、病毒复制和炎症反应等生命活动（Dwek，1996）。美国加利福尼亚大学知名糖生物学专家Ajit（1993）甚至宣称“Biological roles of oligosaccharides：all of the theories are correct”。

近年来，大量研究报道天然产物来源多糖具有免疫调节（Cobb et al.，2004；Kang and Min，2012；Li et al.，2017a；Ramberg et al.，2010）、肠道菌群调节（Cuskin et al.，2015；Flint et al.，2008；Hu et al.，2014；Larsbrink et al.，2014）、抗肿瘤（Liu et al.，2016；Meng et al.，2016；Zhang et al.，2015；Zong et al.，2012）、抗氧化（Chen et al.，2008；Jiang et al.，2016；Li et al.，2017b）和降血糖（Luo et al.，2004；Wang et al.，2013；Zhu et al.，2013）等功能，包括华盛顿大学Gordon教授在内的许多科学家都证实了多糖可通过肠道微生态发挥特定生物活性（Flint et al.，2008；Seedorf et al.，2014；Turnbaugh et al.，2006，2009）。了解多糖结构有助于阐述其生物活性机制及发掘新的生物学功能，除了多糖结构表征中用到的经典化学方法，科学家也尝试在其他方面进行努力并有所突破，如Edge等（1992）利用"酶阵列"法实现了寡糖序列快速分析。Rief等（1997）利用原子力显微镜分析葡聚糖（dextran）单分子力谱、测定多糖中碳与硅原子之间的共价键，开启了碳水化合物微观结构研究的大门。两年后，Venkataraman等（1999）利用基质辅助激光解吸电离-质谱法（matrix-assisted laser desorption ionization of mass spectrometry，MALDI-MS）结合新型分析系统首次实现了在皮摩尔数量级上对类肝素、葡糖胺聚糖结构序列进行解析。离子淌度质谱法（ion mobility mass spectrometry）是近些年发展起来的，现在人们用它可实现对碳水化合物异构体进行识别（Hofmann et al.，2015）。同时，高级显微技术（如激光共聚焦显微镜、拉曼光谱）的发展使得在生物体上"原位分析"多糖结构或相互作用成为可能（Chundawat et al.，2011；Ding et al.，2012）。2020年，德国马克斯·普朗克固体研究所及牛津大学首次在实空间中观测到单分散聚糖分子的成像，并实现了不同同分异构体连接结构及连接位置的辨别（Wu et al.，2020）。除此之外，人们发现了溶解性多糖单加氧酶（lytic polysaccharide monooxygenase）氧化降解纤维素、甲壳素等"拮抗性"多糖，表明多糖类生物质的工业化利用发出了积极的信号（Courtade et al.，2016；Frandsen et al.，2016；Kracher et al.，2016；Leggio et al.，2015；Arfi et al.，2014）。

1.2 膳食纤维的定义

1953年，Hipsley率先提出了"膳食纤维"（dietary fiber，DF）一词，把构成植物细胞壁的纤维素、半纤维素及木质素等成分统称为膳食纤维。目前，这一名词已经家喻户晓并深入人心，在生活水平日渐提高的同时，人们愈加关注和重视膳食纤维对人体健康的影响，"膳食纤维"一词已经成为老百姓的日常生活用语，但是在科学界，人们对膳食纤维的定义依然存在争议：首先，膳食纤维既不能定义成单一的化学成分，也不能定义为一组相关的组分；其次，不同的膳食纤维可能有一种或多种生理功能，所以很难通过健康保护作用去定义膳食纤维（详见第2章）。2009年国际食品法典委员会（Codex Alimentarius Commission）提出来的定义比较规范、科学，即膳食纤维是指10个或10个以上单体连接的碳水化合物，不能被人体小肠内源酶水解，且属于以下类别：①食物中天然存在的膳食纤维多聚物；②通过物理、酶和化学方法从食物原材料中获得的碳水化合物多聚物；③合成的碳水化合物多聚物。包括抗性低聚糖、抗性淀粉和抗性麦芽糊精。该定义中还明确：允许国际权威机构将聚合度（degree of polymerization，DP）为3～9的组分列入膳食纤维的范畴；上面类别②和③中分离与合成的膳食纤维必须对人体生理健康有一定益处。当然，对人体健康的益处更多体现在对肠道健康的影响（包括润肠通便、调节肠道微生态）方面，而且膳食纤维具有食物的属性。

1.3　生物活性多糖的定义

多糖的结构与功能研究，是整个碳水化合物领域的研究热点和难点，但是迄今为止，人们对于生物活性多糖的定义和概念没有一个清晰的表述。通过对大量文献的调研，结合对膳食纤维的认识可知，生物活性多糖是指从真菌界、动物界、植物界等中分离得到的具有某种特定生物活性的非淀粉天然大分子碳水化合物，一般是由10个甚至数千个一种或两种以上的单糖通过糖苷键缩合而成的聚合物，该聚合物可以共价结合一些特殊官能团、蛋白质、多肽等。除了提升肠道健康水平外，生物活性多糖还应该具有其他对机体功能有益的作用。因此，部分具有特定生物活性的膳食纤维也可以归属到生物活性多糖中，如香菇多糖；但是一些膳食纤维或者多糖，仅通过简单的物理屏障、非机体的组分间相互作用等方式起到血糖调节、胆汁酸分泌抑制、体重调节等作用，不宜将其归类为生物活性多糖。

1.4　复杂碳水化合物研究前景与展望

1.4.1　正确认识复杂碳水化合物结构类型

虽然很多研究者都认为以多糖为代表的复杂碳水化合物具有结构不确定性、分析结果低重现性、无规律性，但大家并不否认天然产物来源多糖中普遍存在葡聚糖、半乳聚糖、半乳甘露聚糖、葡甘露聚糖、阿拉伯木聚糖、果胶等结构类型多糖。目前可能由于技术局限性等因素，许多报道的多糖结构都是“独一无二”的，即他人很难重复获得相同结果。例如，我们从车前子种皮中以阿拉伯木聚糖为主的多糖组分中进一步纯化获得果胶结构类型多糖，进一步修正、丰富了车前子中的多糖类型（Yin et al.，2012a，2012b）。因此，我们提出了“多糖结构的相对有序性”这一概念，即在某种程度上，多糖的结构有一定规律可循，绝大部分多糖往往可被归为具有某一特征结构的化合物，如葡聚糖、阿拉伯木聚糖、葡甘露聚糖、阿拉伯半乳聚糖、果胶等。所以，可以利用已有知识有效地对不同来源的多糖依据其含有的单糖和糖苷键类型进行科学的分析与判断。

1.4.2　提高样品制备效率，保证样品可重现性

提取制备复杂碳水化合物时，考虑到后续分离纯化中的损失，以及各项理化性质分析、精确结构解析、溶液构象分析、体内外实验等研究需要大量的样品，从原料提取制备的第一步开始就要注意，应当最大程度一次性提取制备获得足够的复杂碳水化合物，以避免多次提取所造成的误差。此外，样品分离纯化时，除了满足结构分析、功能活性研究等需求外，应当特别注意得率问题，即不提倡以牺牲样品得率来单纯满足结构分析和功能活性机制探索需求。对于纯化得到的复杂碳水化合物，鼓励从其单糖组成及比例、电荷均一性、相对分子质量分布等方面综合分析、评价，保证用于结构分析的样品是比较理想的“均一”多糖。

1.4.3 利用以“部分降解-甲基化-核磁共振”为核心的结构表征方法

以多糖为例，在前期研究中（谢明勇等，2017），我们曾专门分析了如何提高多糖结构分析精确性的方法，即鉴于多糖（特别是杂聚糖）结构的复杂性，目前很难用一种或几种方法解析出其一级结构，必须结合大量的化学分析和现代仪器分析方法进行综合解析，可以将“部分降解-甲基化-核磁共振”作为多糖精细结构表征的核心技术，这是现阶段切实可行的方法，再辅助结合离子色谱、电喷雾电离串联质谱法（electrospray ionization tandem mass spectrometry，ESI-MS/MS）、基质辅助激光解吸电离飞行时间质谱法（matrix-assisted laser desorption ionization time of flight mass spectrometry，MALDI-TOF/MS）、离子淌度质谱法等技术，可对多糖结构进行科学、准确的解析。此外，不能将蛋白质结构理论与研究思路“照搬”至多糖相关研究，应尽快建立适用于多糖结构分析的理论与方法，有利于提升本领域研究水平。

1.4.4 深入阐明生物活性机制和构效关系

以多糖为代表的复杂碳水化合物生物活性研究存在的问题如下：一是研究更多地停留在体外实验阶段，二是构效关系的研究还不完善。许多研究对多糖的功能活性评价通过体外实验完成，而对于该多糖在体内的吸收、分布、作用机制，包括在细胞膜或脂质体表面的构象作用，多糖、蛋白质及脂类结合的化学和物理进程，以及这类分子聚集体所形成的微环境与它们的生物功能之间的关系等的研究还不够深入。

复杂碳水化合物结构和生理功能之间的关系研究尚不完善，化学结构是其生物活性的基础，其结构的复杂多变使其能很好地传递生物信息，然而这种结构变化和生理功能改变的对应关系并不明确，目前仍无法给出精准的科学诠释。另外，食品中复杂碳水化合物很多时候会受到食品加工技术的影响，现有的关于食品加工技术对复杂碳水化合物影响的研究较少，而基于结构基础变化的食品加工技术对复杂碳水化合物生物活性影响机制的研究更是匮乏。此外，作为食物中的一部分，如何有效评估食物载体对于复杂碳水化合物多尺度微观结构及消化、吸收、营养功能和生物活性作用的影响，是今后较长一段时间人们关注的重点和难点。

参考文献

谢明勇，殷军艺，聂少平. 2017. 天然产物来源多糖结构解析研究进展. 中国食品学报，17(3): 1-19.

Ajit V. 1993. Biological roles of oligosaccharides: all of the theories are correct. Glycobiology, 3(2): 97-130.

Arfi Y, Shamshoum M, Rogachev I, et al. 2014. Integration of bacterial lytic polysaccharide monooxygenases into designer cellulosomes promotes enhanced cellulose degradation. Proceedings of the National Academy of Sciences of the United States of America, 111(25): 9109-9114.

Chen Y, Xie M Y, Nie S P, et al. 2008. Purification, composition analysis and antioxidant activity of a polysaccharide from the fruiting bodies of *Ganoderma atrum*. Food Chemistry, 107(1): 231-241.

Chundawat S P S, Donohoe B S, da Costa Sousa L, et al. 2011. Multi-scale visualization and characterization of lignocellulosic plant cell wall deconstruction during thermochemical pretreatment. Energy &

Environmental Science, 4(3): 973-984.

Cobb B A, Wang Q, Tzianabos A O, et al. 2004. Polysaccharide processing and presentation by the MHC Ⅱ pathway. Cell, 117(5): 677-687.

Courtade G, Wimmer R, Røhr Å K, et al. 2016. Interactions of a fungal lytic polysaccharide monooxygenase with β-glucan substrates and cellobiose dehydrogenase. Proceedings of the National Academy of Sciences of the United States of America, 113(21): 5922-5927.

Cuskin F, Lowe E C, Temple M J, et al. 2015. Human gut Bacteroidetes can utilize yeast mannan through a selfish mechanism. Nature, 517(7533): 165-169.

Ding S Y, Liu Y S, Zeng Y, et al. 2012. How does plant cell wall nanoscale architecture correlate with enzymatic digestibility? Science, 338(6110): 1055-1060.

Dwek R A. 1996. Glycobiology: toward understanding the function of sugars. Chemical Reviews, 96(2): 683-720.

Edge C, Parekh R, Rademacher T, et al. 1992. Fast sequencing of oligosaccharides using arrays of enzymes. Nature, 358(6388): 693-694.

Fischer E. 2010. Ueber die glucoside der alkohole. European Journal of Inorganic Chemistry, 26(3): 2400-2412.

Flint H J, Bayer E A, Rincon M T, et al. 2008. Polysaccharide utilization by gut bacteria: potential for new insights from genomic analysis. Nature Reviews Microbiology, 6: 121-131.

Frandsen K E H, Simmons T J, Dupree P, et al. 2016. The molecular basis of polysaccharide cleavage by lytic polysaccharide monooxygenases. Nature Chemical Biology, 12: 298-303.

Haworth W N. 1926. A revision of the structural formula of glucose. Nature, 116(47): 262-266.

Haworth W N, Hirst E L. 1930. CCCXLⅧ. —The structure of carbohydrates and their optical rotatory power. Part Ⅰ. General introduction. Journal of the Chemical Society (Resumed), 0: 2615-2635.

Hofmann J, Hahm H S, Seeberger P H, et al. 2015. Identification of carbohydrate anomers using ion mobility-mass spectrometry. Nature, 526: 241-244.

Hu J L, Nie S P, Wu Q M, et al. 2014. Polysaccharide from seeds of *Plantago asiatica* L. affects lipid metabolism and colon microbiota of mouse. Journal of Agricultural and Food Chemistry, 62(1): 229-234.

Jiang J, Kong F, Li N, et al. 2016. Purification, structural characterization and *in vitro* antioxidant activity of a novel polysaccharide from *Boshuzhi*. Carbohydrate Polymers, 147: 365-371.

Kang S, Min H. 2012. Ginseng, the 'Immunity Boost': the effects of *Panax ginseng* on immune system. Journal of Ginseng Research, 36(4): 354-368.

Kracher D, Scheiblbrandner S, Felice A K G, et al. 2016. Extracellular electron transfer systems fuel cellulose oxidative degradation. Science, 352(6289): 1098-1101.

Larsbrink J, Rogers T E, Hemsworth G R, et al. 2014. A discrete genetic locus confers xyloglucan metabolism in select human gut Bacteroidetes. Nature, 506(7489): 498-502.

Leggio L L, Simmons T J, Poulsen J N, et al. 2015. Structure and boosting activity of a starch-degrading lytic polysaccharide monooxygenase. Nature Communications, 6: 5961.

Li Q, Wang W, Zhu Y, et al. 2017b. Structural elucidation and antioxidant activity a novel Se-polysaccharide from Se-enriched *Grifola frondosa*. Carbohydrate Polymers, 161: 42-52.

Li W J, Li L, Zhen W Y, et al. 2017a. *Ganoderma atrum* polysaccharide ameliorates ROS generation and apoptosis in spleen and thymus of immunosuppressed mice. Food and Chemical Toxicology, 99: 199-208.

Liu L Q, Nie S P, Xie M Y. 2016. Tumor microenvironment as a new target for tumor immunotherapy of polysaccharides. Critical Reviews in Food Science and Nutrition, 56: S85-S94.

Luo Q, Cai Y Z, Yan J, et al. 2004. Hypoglycemic and hypolipidemic effects and antioxidant activity of fruit extracts from *Lycium barbarum*. Life Sciences, 76(2): 137-149.

Meng X, Liang H B, Luo L X. 2016. Antitumor polysaccharides from mushrooms: a review on the structural characteristics, antitumor mechanisms and immunomodulating activities. Carbohydrate Research, 424: 30-41.

Rademacher T, Parekh R, Dwek R. 1988. Glycobiology. Annual Review of Biochemistry, 57(1): 785-838.

Ramberg J E, Nelson E D, Sinnott R A. 2010. Immunomodulatory dietary polysaccharides: a systematic review of the literature. Nutrition Journal, 9: 54.

Rief M, Oesterhelt F, Heymann B, et al. 1997. Single molecule force spectroscopy on polysaccharides by atomic force microscopy. Science, 275(5304): 1295-1297.

Seedorf H, Griffin N W, Ridaura V K, et al. 2014. Bacteria from diverse habitats colonize and compete in the mouse gut. Cell, 159(2): 253-266.

Turnbaugh P J, Hamady M, Yatsunenko T, et al. 2009. A core gut microbiome in obese and lean twins. Nature, 457(7228): 480-484.

Turnbaugh P J, Ley R E, Mahowald M A, et al. 2006. An obesity-associated gut microbiome with increased capacity for energy harvest. Nature, 444(7122): 1027-1131.

Venkataraman G, Shriver Z, Raman R, et al. 1999. Sequencing complex polysaccharides. Science, 286(5439): 537-542.

Wang J, Jin W H, Zhang W J, et al. 2013. Hypoglycemic property of acidic polysaccharide extracted from *Saccharina japonica* and its potential mechanism. Carbohydrate Polymers, 95(1): 143-147.

Watkins W M, Morgan W T J. 1962. Further observations on the inhibition of blood-group specific serological reactions by simple sugars of known structure. Vox Sanguinis, 7(2): 129-150.

Wu X, Delbianco M, Anggara K, et al. 2020. Imaging single glycans. Nature, 582(7812): 375-378.

Yin J Y, Lin H X, Li J, et al. 2012a. Structural characterization of a highly branched polysaccharide from the seeds of *Plantago asiatica* L. Carbohydrate Polymers, 87(4): 2416-2424.

Yin J Y, Lin H X, Nie S P, et al. 2012b. Methylation and 2D NMR analysis of arabinoxylan from the seeds of *Plantago asiatica* L. Carbohydrate Polymers, 88(4): 1395-1401.

Zhang W, Xu P, Zhang H. 2015. Pectin in cancer therapy: a review. Trends in Food Science & Technology, 44(2): 258-271.

Zhu K, Nie S, Li C, et al. 2013. A newly identified polysaccharide from *Ganoderma atrum* attenuates hyperglycemia and hyperlipidemia. International Journal of Biological Macromolecules, 57: 142-150.

Zong A, Cao H, Wang F. 2012. Anticancer polysaccharides from natural resources: a review of recent research. Carbohydrate Polymers, 90(4): 1395-1410.

第2章 膳食纤维

2.1 引　　言

从旧石器时代至今，人类膳食结构发生了很大变化。在旧石器时代以前，人类的植物性食物主要是野外采集的水果和蔬菜，动物性食物主要来源于野外狩猎捕获的动物。虽然当时人类摄入了较多的动物性食物，但是由于是野外动物，其脂肪含量较现代饲养的动物低，不饱和脂肪酸含量较高。在经历漫长年代之后，农牧业逐渐发展起来，于是开始出现主食与副食的划分。谷物成为人类的主食，主要包括小麦、水稻和高粱等；栽培的蔬菜、水果等成为人类的副食；猪、牛、羊、鱼等成为人类动物性食物的主要来源。自20世纪以来，随着经济水平的提高，人类膳食结构中，动物性食物所占比重越来越大，具体表现为：谷物食品的摄入量降低，动物性食品的摄入量增加，脂肪摄入量逐年增加，水果、蔬菜等的摄入量减少，使得机体“富营养化”，出现了较多的“富贵病”以及代谢疾病，如糖尿病、高血压、高脂血症等（Raja，2016；Lustig，2012；Boby and Leelamma，2003；Kim et al.，1997）。

近年来，人类开始探索合理膳食，“膳食纤维”作为一个热点词汇进入人们的日常生活，“杂粮”“全麦面包”“粗粮饼干”等逐渐成为市场热销食品。本章将主要从膳食纤维的定义及功能特性等方面对膳食纤维加以详细阐述。

2.2 膳食纤维研究概况

截至目前，关于膳食纤维的定义仍然存在争议，首先，膳食纤维既不能定义成单一的化学成分，也不能定义为一组相关的组分；其次，不同的膳食纤维可能有一种或多种生理功能，所以很难通过健康保护作用去定义膳食纤维。

1972～1976年，Trowell等建立了大量膳食纤维与健康相关的假说，这些假说引起了学术界对膳食纤维定义和生理健康功能的探讨，但近40多年来，全球针对膳食纤维的定义和分析方法还没有一个完全统一的意见。表2-1总结了全球不同国家和地区、不同组织、不同学者对膳食纤维定义的认识与理解。

表2-1 膳食纤维的定义（Tungland and Meyer，2002；Dai and Chau，2017；Tejada-Ortigoza et al.，2016；Carlson et al.，2018）

提出定义的学者、国家或相关机构	年份	对膳食纤维的定义
Hipsley	1953	首次提出“膳食纤维”一词，将其作为组成植物细胞壁非消化组分的代名词
Trowell	1972～1976	结合膳食纤维与健康有关的假说，提出膳食纤维的定义：不能被人体消化酶水解的植物多糖和木质素

续表

提出定义的学者、国家或相关机构	年份	对膳食纤维的定义
加拿大卫生部（Health Canada）	1988	膳食纤维：膳食中抵制人体内酶水解的内源性植物组分，这些组分大多数为非淀粉多糖和木质素，包括可溶性物质和不溶性物质。新型纤维或新型资源为：已经被加工成膳食纤维的食物，而且在一定程度上没有进入人们的传统饮食中，或者已经被化学加工合成，或者由它的植物资源高度浓缩而成
德国	1989	膳食纤维：一种植物来源的物质，不能被人体小肠中的酶分解成可吸收组分，包括可溶性和不溶性的非淀粉多糖（纤维素、果胶、水溶性胶体）、木质素及抗性淀粉；但是不包括一些糖的替代品、有机酸及甲壳素等不能在小肠完全吸收的物质
美国谷物化学家协会（American Association of Cereal Chemists）	2000	膳食纤维：植物的可食用部分，不能在人体小肠中消化和吸收，在大肠中部分或全部降解。包括多糖、低聚糖、木质素和相关的植物组分
澳大利亚和新西兰食品药品管理局（Australia New Zealand Therapeutic Products Authority）	2001	膳食纤维：植物或其提取物的可食用部分，不能在人体小肠中消化和吸收，在大肠中部分或全部发酵，包括多糖、低聚糖（聚合度＞2）和木质素。膳食纤维具有一种或多种生理作用，可促进排便，降低血液胆固醇或血糖水平
国际食品法典委员会（Codex Alimentarius Commission）	2009	膳食纤维：指 10 个或 10 个以上单体连接的碳水化合物，不能被人体小肠内源酶水解，且属于以下类别，①食物中天然存在的膳食纤维多聚物；②通过物理、酶和化学方法从食物原材料中获得的碳水化合物多聚物；③合成的碳水化合物多聚物。包括抗性低聚糖、抗性淀粉和抗性麦芽糊精 补充说明 1：允许国际权威机构将聚合度为 3 ～ 9 的组分列入膳食纤维的范畴 补充说明 2：上面类别②和③中分离与合成的膳食纤维必须对人体生理健康有一定益处
欧洲食品安全局（European Food Safety Authority）	2009	膳食纤维：非消化性的碳水化合物和木质素，所有不能在小肠消化和吸收进入大肠的食物组分，包括非淀粉多糖、抗性淀粉和抗性低聚糖
加拿大卫生部（Health Canada）	2012	膳食纤维由不能被小肠消化和吸收、聚合度大于 2 的可食用碳水化合物组分组成，包括新型的膳食纤维 新型膳食纤维是可以加工成膳食纤维的一种资源，它由聚合度大于 2 的碳水化合物组成，可以从天然资源中提取或合成，不能在小肠中消化
英国营养基金会（British Nutrition Foundation）	2018	膳食纤维过去被称为“粗粮”，是指植物性食物中不能被人体消化酶完全分解的一种物质，包括蜡、木质素，以及如纤维素和果胶等多糖。最初人们认为膳食纤维全都不易消化，且不能提供任何能量，然而现在发现一些纤维可以通过肠道细菌在大肠中发酵，产生短链脂肪酸（short-chain fatty acid，SCFA）和气体（甲烷、氢气和二氧化碳），脂肪酸能被吸收进入血流中并提供少量能量

目前，对于膳食纤维的定义接受程度最高的是2009年国际食品法典委员会（Codex Alimentarius Commission）提出来的定义（Jones，2014），即膳食纤维是指10个或10个以上单体连接的碳水化合物，不能被人体小肠内源酶水解，且属于以下类别：①食物中天然存在的膳食纤维多聚物；②通过物理、化学和酶方法从食物原材料中提取的碳水化合物多聚物；③合成的碳水化合物多聚物。包括抗性低聚糖、抗性淀粉和抗性麦芽糊精。该定义中还明确：允许国际权威机构将聚合度为3～9的组分列入膳食纤维的范畴；上面类别②和③中分离与合成的膳食纤维必须对人体生理健康有一定益处。

2.3 膳食纤维的分类及化学组成

根据溶解性不同，膳食纤维分为可溶性膳食纤维（soluble dietary fiber，SDF）和不溶性膳食纤维（insoluble dietary fiber，IDF）（表2-2），可溶性膳食纤维包括果胶和一些亲水胶体，主要来源为水果、蔬菜及一些豆类食物，这些物质在胃肠道内和淀粉等碳水化合物交织在一起，并延缓后者的吸收，可以起到降低餐后血糖作用。不溶性膳食纤维包括纤维素、半纤维素和木质素等，主要来源于谷物及木本植物，对人体健康的作用表现为促进胃肠道蠕动，缩短食物通过胃肠道的时间，同时还可以在大肠中通过吸收水分、软化大便，进而防治便秘（Niu et al.，2018）。

表2-2 膳食纤维种类（Dhingra et al.，2012）

分类		组成	主要食物来源
不溶性膳食纤维	纤维素	植物细胞壁的主要组分，不溶于浓碱，溶于浓酸	植物，如甜菜、各种麸皮等
	半纤维素	具有β-1,4糖苷键的细胞壁多糖	谷物籽粒
	木质素	非碳水化合物的细胞壁组分，复杂的交联苯基丙烷聚合物，可以抵抗细菌降解	木本植物
可溶性膳食纤维	果胶	植物细胞壁初生壁成分，D-GalA为主要成分，通常具有水溶性和凝胶性	杂豆、甜菜
	树胶	由特定细胞在植物损伤处分泌的化学物，可应用于食品和药品	豆科植物（如瓜儿豆） 海藻提取物（卡拉胶、海藻酸盐）、微生物胶（黄原胶）
	黏液质	由植物合成，防止胚乳干燥。用于食品工业中，具有亲水性，可作为稳定剂	植物提取物（阿拉伯胶、刺梧桐胶、黄氏胶）

膳食纤维化学结构很复杂，包括阿拉伯木聚糖、甘露聚糖、葡甘露聚糖、半乳葡甘露聚糖、半乳甘露聚糖等，具体见表2-3。

表2-3 不同种类膳食纤维的化学结构（Elleuch et al.，2011）

膳食纤维	主链	支链
纤维素	→4)-β-Glc-(1→	
β-葡聚糖	→4)-β-Glc-(1→、→3)-β-Glc-(1→	
木聚糖	→4)-β-D-Xly-(1→	

续表

膳食纤维	主链	支链
阿拉伯木聚糖	→4)-β-D-Xly-(1→	Ara
甘露聚糖	→4)-β-D-Man-(1→	
葡甘露聚糖	→4)-β-D-Man-(1→、→4)-β-D-Glc-(1→	
半乳葡甘露聚糖	→4)-β-D-Man-(1→、→4)-β-D-Glc-(1→	Gal
半乳甘露聚糖	→4)-β-D-Man-(1→	α-D-Gal
木糖葡聚糖	→4)-β-D-Glc-(1→	α-D-Xyl
果胶		
同型聚半乳糖醛酸聚糖	→4)-α-D-GalA-(1→	
鼠李半乳糖醛酸聚糖 Ⅰ	→4)-GalA-(1→、→2)-Rha-(1→、→2,4)-Rha-(1→	Gal、Ara、Xyl、Rha、GalA
鼠李半乳糖醛酸聚糖 Ⅱ	→4)-α-D-GalA-(1→	Api、Rha、Ara、Glc、Fuc
阿拉伯半乳聚糖 Ⅰ	→4)-β-D-Gal-(1→	α-Ara
阿拉伯半乳聚糖 Ⅱ	→3)-β-D-Gal-(1→、→6)-β-D-Gal-(1→	α-Ara
木糖半乳糖醛酸聚糖	→4)-α-D-GalA-(1→	Xyl
菊粉	→2)-β-D-Fru-(1→	
树胶		
卡拉胶	半乳糖硫酸酯	
海藻酸盐	β-D-1,4-ManA、α-L-1,4-GulA	
聚葡萄糖	D-Glc	
抗性麦芽糊精	→4)-α-D-Glc-(1→	→6)-α-D-Glc-(1→
木质素	紫丁香基木质素（S-木质素），愈创木基木质素（G-木质素），对羟基苯基木质素（H-木质素）	
壳聚糖	→4)-β-GA-(1→ 和 *N*-Acetyl-D-GA	

注：Glc，葡萄糖；Gal，半乳糖；Xyl，木糖；Man，甘露糖；Rha，鼠李糖；Ara，阿拉伯糖；Fuc，岩藻糖；Fru，果糖；GalA，半乳糖醛酸；ManA，甘露糖醛酸；GulA，古洛糖醛酸；GA，葡糖胺；Api，芹菜糖；Acetyl，乙酰基

2.4 膳食纤维的来源

日常生活中，谷物、豆类、蔬菜及坚果都是富含膳食纤维的食物，具体含量见表 2-4，其中芸豆及亚麻仁中总膳食纤维的含量较高，均达到了 22.3g/100g；水果中膳食纤维含量相对较低。

表 2-4 常见食物中膳食纤维的含量（Spiller，2001；Khanum et al.，2000）

来源		膳食纤维含量（g/100g 干重）		
		总膳食纤维	不溶性膳食纤维	可溶性膳食纤维
谷物	玉米	13.4	—	—
	燕麦	10.3	6.5	3.8

续表

来源		膳食纤维含量（g/100g 干重）		
		总膳食纤维	不溶性膳食纤维	可溶性膳食纤维
谷物	大米	1.3	1.0	0.3
	小麦全谷物	12.5	10.2	2.3
	小麦胚芽	14.0	12.9	1.1
豆类	芸豆	22.3	19.9	2.4
	扁豆	11.4	10.3	1.1
	绿豆	1.9	1.4	0.5
	豌豆	3.5	3.2	0.3
蔬菜	苦瓜	16.6	13.5	3.1
	甜菜根	7.8	5.4	2.4
	茄子	6.6	5.3	1.3
	西兰花	3.3	3.0	0.3
	胡萝卜	2.5	2.3	0.2
	洋葱	2.2	2.2	0
	番茄	1.2	0.8	0.4
	花椰菜	1.8	1.1	0.7
	芹菜	1.5	1.0	0.5
水果	猕猴桃	3.4	2.6	0.8
	梨	3.0	2.0	1.0
	草莓	2.2	1.3	0.9
	苹果	2.0	1.8	0.2
	桃子	1.9	1.0	0.9
	芒果	1.8	1.1	0.7
	橘	1.8	0.7	1.1
	香蕉	1.7	1.2	0.5
	李子	1.6	0.7	0.9
	菠萝	1.2	1.1	0.1
	葡萄	1.2	0.7	0.5
	石榴	0.6	0.5	0.1
	西瓜	0.5	0.3	0.2
坚果	亚麻仁	22.3	10.2	12.1
	杏仁	11.2	10.1	1.1
	花生	8.0	7.5	0.5

注：“—”表示无相关数据

2.4.1 谷物来源膳食纤维

2.4.1.1 燕麦

燕麦是禾本科燕麦属一年生草本植物。其主要品种包括皮燕麦和裸燕麦，我国主要种植裸燕麦。燕麦（尤其是燕麦麸皮）是膳食纤维的重要来源。燕麦中的膳食纤维分为可溶性膳食纤维和不溶性膳食纤维，其中可溶性膳食纤维约占膳食纤维总量的1/3，主要成分是β-葡聚糖（可占燕麦干重的3%～5%）。研究表明β-葡聚糖相对分子质量和浓度影响其在储存期间分散体的稳定性（Aktas-Akyildiz et al.，2018）。燕麦中不溶性膳食纤维约占膳食纤维总量的2/3，大部分存在于燕麦麸皮中，主要包括纤维素和半纤维素。燕麦不溶性膳食纤维能够增加胃肠道中食物的体积，但不被其中的消化酶消化，因此可顺利抵达大肠并最后排出体外。在此过程中它们还能够吸收食物中的有害物质、预防便秘并弱化消化道中细菌排出的毒素（Rebello et al.，2016）。

燕麦β-葡聚糖由吡喃型葡萄糖通过β-1,3和β-1,4糖苷键线性连接而成，通常与蛋白质、戊聚糖等紧密联结在一起。燕麦β-葡聚糖中β-1,3和β-1,4糖苷键分布既非完全有序，也非完全无序，两种糖苷键比例大致为7∶3，其中β-1,3键会单独在链上分布（Xu，2012；Johansson et al.，2000）。

2.4.1.2 玉米

玉米麸皮色泽棕黄，气味淡。与其他谷类外皮相比，玉米麸皮中的膳食纤维含量较高，而且其干研磨所得外皮植酸含量低于小麦麸皮、米糠，因此对钙、锌等矿物质元素吸附性小（马先红等，2017）。玉米膳食纤维可用于食品加工：将玉米皮中的膳食纤维添加至饼干等制品中，能使该类产品具有抑制血清胆固醇增加的功效。Liu等（2017）发现，将经枯草芽孢杆菌MA139发酵的玉米麸皮膳食纤维喂食肥育猪能够降低肥育猪肠道中的细菌群落丰度，特别是与纤维素降解有关的菌群。

2.4.1.3 小麦

小麦是一种在世界各地广泛种植的谷类作物，小麦麸皮是小麦制粉过程中的主要副产物，也是小麦膳食纤维的重要来源。小麦麸皮以其极好的保水性而在食品领域中应用广泛，如可用于制作添加麦麸纤维的面包、饼干。近年来，小麦麸皮还被用于开发天然保健饮料，如麸皮饮料、高纤维水果饮料等（邢家溧等，2019）。在烘焙食品（如面包、糕点）、面条、果酱等食品中，将小麦麸皮膳食纤维作为配料（3%～5%）加入后能弥补这些食品在膳食纤维含量方面的不足，但添加较高含量的小麦麸皮膳食纤维会对面团流变学特性和面包品质产生影响，需要将添加量控制在3g/100g左右。此外，尽管小麦麸皮膳食纤维吸水率高，持水力强，但其对面包的陈化速率影响不大，不能显著延缓面包老化进程（Kerckhoffs et al.，2003）。

2.4.2　水果来源膳食纤维

2.4.2.1　苹果

苹果加工的主要产品是果汁，在此过程中会产生苹果渣。苹果渣占苹果质量的 25%，含有较多的果胶类可溶性膳食纤维。果胶具有良好的凝胶性、增稠性（具体内容详见第 7 章），可用作食物稳定剂，此外还具有减肥、影响小肠消化酶活性等功能（Pluschke et al.，2018；Delphi and Sepehri，2016；Samout et al.，2016）。苹果中的膳食纤维主要集中在外果皮中，含有较多的钙、镁、锌等（Gorinstein et al.，2001a）。一项最新的研究表明，采用柠檬酸在 85℃下提取苹果果胶，所得果胶具有相对分子质量高、表观黏度高、甲酯化度高等优点（Cho et al.，2019）。

2.4.2.2　柑橘属植物

柑橘属水果，是世界上重要的一类水果，年产量超过 12 250 万 t 。30% 的柑橘用于食品加工，产生的副产物超过 150 万 t（Laufenberg et al.，2003）。在加工过程中，果皮是最主要的副产物，包含较多的膳食纤维（主要成分也是果胶），但是在日常处理过程中常被用于动物饲料，没有发挥出更高的经济价值。

Wang 等（2015）比较了 4 种不同类型柑橘属水果（橙、柚、柠檬、橘）膳食纤维的理化性质，发现 4 种柑橘属水果果皮中的可溶性膳食纤维呈现近似牛顿流体行为，其中柚可溶性膳食纤维比其他 3 种水果来源的可溶性膳食纤维具有更高的黏性。橙可溶性膳食纤维的主要单糖为葡萄糖，含量为 33.87%；其他 3 种柑橘属水果的膳食纤维中主要单糖为阿拉伯糖，含量为 38.67% ～ 44.83%。4 种柑橘属水果中，柚和橙的不溶性膳食纤维分别具有最高和最低的持水能力、持油能力与膨胀能力。Gorinstein 等（2001b）发现柠檬皮中膳食纤维含量约为 14%，其中不溶性膳食纤维含量为 9.04%，可溶性膳食纤维含量为 4.93%。

2.4.2.3　芒果

芒果主产于印度，主要用来加工芒果干和芒果原浆。芒果加工过程中产生的果渣占原料的 35% ～ 60%，包括芒果皮和芒果核（Rojas et al.，2018）。芒果皮含有较多的膳食纤维，有研究报道芒果皮中有 51% 左右的膳食纤维，其中可溶性膳食纤维有 19%（Ajila et al.，2010）。Vergara-Valencia 等（2007）也研究了芒果膳食纤维，发现其含量为 28.05%，其中不溶性膳食纤维为 13.80%。Garcia-Amezquita 等（2018）采用美国分析化学家协会（Association of Official Analytical Chemists，AOAC）2011.25 方法，测得芒果茎与皮中的总膳食纤维含量分别为（14.5±1.60）g/100g 与（42.50±1.80）g/100g。

2.4.2.4　梨

梨在世界各地广泛种植，在加工过程中的残留物通常包括核及皮，这些残留物常用于提取果胶。Grigelmo-Miguel 和 Martín-Belloso（1999）探究了梨（Sudanell 品种）中的膳食纤维组成，其总膳食纤维含量为 36.1%，不溶性膳食纤维占 22.0%，可溶性膳食纤维占 14.1%。Kurz 等（2008）的研究结果也证实梨的细胞壁多糖是果胶类物质，并且具有高度支化的鼠李半乳糖醛酸（Brahem et al.，2017）。

2.4.3 蔬菜来源膳食纤维

2.4.3.1 胡萝卜

胡萝卜由于其丰富的营养价值被人们广泛食用，加工方式包括冷冻、灌装及直接烹饪食用等。胡萝卜在烹饪和加工过程中都需进行去皮处理，胡萝卜皮是膳食纤维的丰富来源，胡萝卜皮中总膳食纤维含量为 45.45%（Chantaro et al.，2008）。早在 1825 年，人们便发现可以从胡萝卜中提取果胶类物质（Willats et al.，2006）。

2.4.3.2 花椰菜

花椰菜是一种富含果胶的膳食纤维资源，常被用于烹饪、做汤等，但花椰菜的茎和叶基本被丢弃。Femenia 等（1998）研究了花椰菜加工的副产物，发现不溶性膳食纤维组分要多于可溶性组分，并且果胶是花椰菜中最主要的非淀粉多糖。脱水处理的花椰菜中，菜茎、上茎及下茎的膳食纤维含量分别高达 40%、48% 及 65%；菜茎与上茎含有 50% ～ 60% 的果胶和 35% 的木质素，而下茎含有 51% 的纤维素和 21% 的半纤维素。Khanum 等（2000）报道，印度花椰菜干基、湿基总膳食纤维含量分别为 45.9% 和 4.2%。

2.4.3.3 洋葱

洋葱是百合科葱属的二年生草本植物，也是膳食纤维的良好来源（Benítez et al.，2012）。洋葱不同的层具有不同的膳食纤维含量，Jaime 等（2002）发现洋葱外皮的膳食纤维含量最高（68.3%），最内层的皮层膳食纤维含量最低（11.6%），其中不溶性膳食纤维的含量要高于可溶性膳食纤维含量，但很难给出一个确切的比例。Zhu 等（2017）采用不同的溶剂提取洋葱多糖，其中热缓冲液提取所得多糖组分中甘露糖含量（81.68%）最高，浓碱提取所得多糖组分中半乳糖含量（67.59%）最高。

2.4.3.4 马铃薯

马铃薯为世界上重要的蔬菜兼粮食作物之一，马铃薯皮渣是其加工过程中产生的主要副产物，皮渣中富含膳食纤维，占干基的 50% 左右（Cheng et al.，2017；Zaheer and Akhtar，2016）。Liu 等（1999）分析了整个马铃薯和马铃薯皮中的膳食纤维组成，发现两者的总膳食纤维含量无很大差别，均为 5.6% 左右。Toma 等（1979）发现马铃薯皮渣膳食纤维含量高于大麦麸皮。韩克等（2017）以常见的 6 个品种的马铃薯为研究对象，采用酶法提取马铃薯渣的膳食纤维，结果显示黑玫瑰品种马铃薯膳食纤维的各项理化性质均为最优，是最适合提取膳食纤维的马铃薯品种。

2.4.3.5 番茄

番茄是当今最重要的工业作物之一，可加工成多种食品，如番茄酱、蔬菜汁等。番茄是膳食纤维的良好来源，Herrera等（2010）研究了番茄的膳食纤维含量，总膳食纤维占番茄鲜重的82.7%，不溶性膳食纤维为可溶性膳食纤维含量的10倍。加工后的副产物（番茄皮和种子，约为4%）中膳食纤维占50%（干重），以不溶性膳食纤维为主（Navarro-González et al.，2011）。不同提取工艺对番茄皮膳食纤维提取率及理化性质（持水力、膨胀力、吸附性等）均有一定的影响（郑刚等，2010）。

2.5 膳食纤维的理化性质

2.5.1 持水能力

膳食纤维结构中因含有很多亲水性基团，所以具有很强的持水能力。持水能力是膳食纤维在人体消化道中发挥作用的一个重要因素，高持水能力有利于其发挥健康效应，如促进排便、促进肠道蠕动等。膳食纤维的持水能力与化学结构有关，如聚合高分子电解质（含有羧基的果胶，来自海藻类带有羧基和硫酸基团的多糖等）会受到离子形式、pH和温度的影响，而膳食纤维的孔隙体积同样会影响其持水能力（Dhingra et al.，2012）。膳食纤维的持水能力也与其来源有关，如藻类膳食纤维对水的结合能力强于水果来源膳食纤维，当然这种不同来源导致的持水能力差异，本质上是和不同膳食纤维的化学结构差异有关。膳食纤维的持水能力与温度有关，随温度的升高而增强。

2.5.2 溶解性和黏性

溶解性和黏性主要是针对可溶性膳食纤维而言。膳食纤维的溶解性与其结构有关，携带的羧基、硫酸基团能够促进其在水中溶解，一些具有较多分支结构的纤维，如阿拉伯胶，溶解性较好。水溶性黏性多糖能够阻碍肠道中营养物质的消化与吸收，其效率除与其溶解性有关外，还与黏性有关。通常，膳食纤维的溶液黏性随着纤维链长的增加而增大，长链聚合物（如瓜尔胶、黄芪胶等）能够吸收大量的水分并且表现出高黏性。可溶性膳食纤维溶解后形成的黏性溶液，能降低餐后血糖值及血浆中的胆固醇含量（Dhingra et al.，2012）。在食品加工中，可溶性膳食纤维组分可以更好地提供黏性、成胶性等功能。

2.5.3 对金属离子和有机分子的吸附

一些如果胶、海藻多糖等膳食纤维由于带有羧基、硫酸基团等电荷性基团，因此会对金属离子和有机分子起到吸附作用，当带电荷的膳食纤维与其他物质如植酸等结合时，对矿物质元素没有影响。目前，关于膳食纤维对人体对矿物质吸收的影响方式和机制还有一定争议（Baye et al.，2017）。有报道表明，膳食纤维具有吸附肠道中内源性和外源性有毒物质的作用（Ashmead，1993）。膳食纤维与胃肠道内金属离子结合，可部分清除体内的重金属离子，从而缓解重金属中毒（王大为等，2018）。此外，许多膳食纤维能够螯合胆汁酸等有机分子，具有降胆固醇的潜在作用（Dhingra et al.，2012）。

2.6 膳食纤维的生理功能

2.6.1 对消化、吸收的影响

可溶性膳食纤维与不溶性膳食纤维会降低机体对某些营养物质（蛋白质、脂类、矿物质等）的吸收速率。在胃或小肠中，黏性高和凝胶性好的可溶性膳食纤维比其他膳食纤维能更有效地减少机体对营养物质的吸收。Grundy 等（2016）报道了膳食纤维与某些大分子营养物质消化、吸收作用相关的可能机制，包括：①通过螯合吸附胆固醇和胆汁酸等有机小分子；②与酶和 / 或底物相互作用；③将营养物质包埋在食物基质中；④膳食纤维的微生物（肠道菌群）降解；⑤与肠道黏液层的相互作用。

Lin 等（2019a）采用酶解法从绿豆（*Vigna radiata* L.）副产物中提取不溶性和可溶性膳食纤维，并将其加入鱼松中，能够明显降低磷脂的消化速率。Lin 等（2019b）发现 IDF 或 SDF 强化的鱼糜能降低蛋白质的消化速率。Qi 等（2018）认为非淀粉多糖可以影响肠道运输时间，并且就葡萄糖的吸收而言，非淀粉多糖的黏性溶液可能形成屏障来阻碍葡萄糖接近转运蛋白，从而阻碍其进入血液；此外，非淀粉多糖还可能存在对转运蛋白的直接影响。

2.6.2 对胃肠动力的影响

膳食纤维对胃肠道功能的影响主要通过增加食物在胃肠道（胃、小肠和大肠）的转运时间来发挥作用。测定食物在胃和小肠中正常的转运时间，可以在几小时内完成，但是从盲肠到肛门的转运时间测定则需要几天的时间。尽管每个肠道运输部分的生理功能界限未得到明确，但是食物在肠道中的转运大部分时间是在大肠中。膳食纤维对胃动力的影响主要与胃排空时间有关，含有高膳食纤维的混合食物（水果、蔬菜和全谷物）和不含对应纤维的食物（果汁、蔬菜汁和精加工后的谷物）相比，前者胃排空时间为 232min，后者胃排空时间为 186min。另有研究表明（Sanaka et al.，2007），在以液体为基质的食物中，高黏度的可溶性膳食纤维（尤其是果胶）会减少胃排空的时间。

在小肠内，大块物质的存在，会导致小肠转运时间降低，但很少有研究直接评估健康人群体内和膳食纤维有关的小肠转运情况。在一个双盲交叉试验中，试验者被给予含 15g 麦麸的饼干，4 天后，研究人员发现麦麸可以明显降低试验者的小肠转运时间（Hebden et al.，2002）。在一个相似的研究中（McIntyre et al.，1997），研究者将 15g 麦麸直接加入以米饭为基础的食物中，也明显降低了试验者的小肠转运时间。

需要注意，膳食纤维对人体肠道转运时间的影响通常是以混合食物基质为基础的，而分离的膳食纤维对人体内大肠或整个肠道的影响仍未得到彻底阐明。

2.6.3 对肠道菌群的影响

胃肠道微生物群对人类健康具有重要作用，人类可通过膳食调节定植在胃肠道中的微生物的组成和代谢功能，以达到改善健康、预防或治疗疾病的目的（Holscher，2017）。

膳食纤维作为到达盲肠的主要组分，对大肠菌群数量和多样性有重要作用。一些膳食纤维在肠道中通过发酵，可以提高短链脂肪酸（尤其是丁酸）的水平，会使双歧杆菌和乳酸菌等有益菌含量升高（Topping and Clifton，2001）。同时，藻酸盐（Terada et al.，1995a）、壳聚糖（Terada et al.，1995b）和菊粉（Van den Abbeele et al.，2011）等膳食纤维可以减少有害微生物的相对丰度。

2.6.4 抗氧化作用

膳食纤维在机体中的抗氧化作用主要和其包埋或结合的抗氧化物质有关，如与膳食纤维结合的酚类化合物。膳食纤维中所含有的酚类物质通常不能被小肠中的酶水解，会随膳食纤维一起到达大肠，再进一步通过发酵，形成可吸收的代谢物，而未在大肠中发酵和被吸收的酚类物质，可以起到清除自由基的作用。Guo和Beta（2013）测定了谷物中可溶性膳食纤维和不溶性膳食纤维提取物中的酚酸组成及抗氧化能力，发现不溶性膳食纤维比可溶性膳食纤维和全谷物的提取物具有更高的抗氧化功能。

2.7 膳食纤维与人体健康

膳食纤维对人体健康的作用与其功能性有关，如表2-5所示。

表2-5　膳食纤维的功能性及其对人体健康的作用（Dreher，2018；Kieffer et al.，2016）

膳食纤维的功能性	对人体健康的作用
增加饱腹感	降低食欲
具有持水力，可在消化过程中形成凝胶，使葡萄糖的吸收变得缓慢	减缓血糖变化
影响胆固醇含量	降低患心脏病的风险
调节血压	降低患代谢综合征和糖尿病的风险
增加粪便体积	缓解便秘
平衡肠道pH，并且促进肠道中有发酵作用的短链脂肪酸的产生	降低患结肠癌的风险

2.7.1 降血糖作用与机制

2.7.1.1 降血糖作用

空腹血糖、餐后血糖及糖化血红蛋白（glycosylated hemoglobin，HbA1c）是临床上反映血糖水平的重要指标，其中空腹血糖和餐后血糖反映的是瞬时血糖变化水平，HbA1c则能反映检测前120天的平均血糖水平。因此，HbA1c是评价糖尿病患者长期血糖水平控制能力的标准，也是世界卫生组织推荐的糖尿病诊断标准（Mcalister et al.，2016）。

膳食纤维在控制空腹和餐后血糖、HbA1c及脂类代谢紊乱中起着重要作用。Jiang等（2012）通过对上海市900余例2型糖尿病患者进行研究，发现膳食纤维能有效控制HbA1c水平，且HbA1c水平与膳食纤维的摄入量有关，与病程的长短无关。此外，膳食纤维的含量也与食物血糖指数（glycemic index，GI）的高低有关，这对糖尿病患者的血糖控制具有重要意义。GI 代表食物升高血糖的能力，膳食纤维含量较高的食物，GI 较低（Eleazu，2016）。

2.7.1.2　降血糖机制

目前国内外大量研究显示（Fang et al.，2017; Ismaiel et al.，2016; Kubo et al.，2016），膳食纤维摄入量与糖尿病发病率呈现负相关，但由于糖尿病本身发病原因及发病机制具有很大的复杂性，因此膳食纤维对血糖的调节机制需进一步研究证实。目前认为膳食纤维对血糖调节作用的方式与途径包括（但不限于）：产生饱腹感（减少食物摄入）、阻碍葡萄糖和脂类的吸收、降低肠道消化酶的活性、增加胰岛素敏感性、激活糖原合成过程和改善肠道菌群等（Davison and Temple，2018）。

（1）产生饱腹感

饱腹感的产生与小肠及下丘脑有关，小肠接受食物的刺激会释放一种抑制食欲的激素（peptide YY3-36）至血液，该激素与下丘脑相应受体结合后导致饱腹感的产生。不溶性膳食纤维能加快消化道中食物的转运速度，从而快速产生 peptide YY3-36，释放饱腹信号，降低机体对食物的需求，有利于糖尿病、肥胖和高血糖患者控制饮食（Lustig，2012）。

（2）阻碍葡萄糖和脂类的吸收

膳食纤维吸收水分膨胀后，能够增加胃中内容物的黏稠性，增加胃排空时间，延缓葡萄糖进入小肠的进程，从而有效避免血糖的快速升高。此外，可溶性膳食纤维能够形成凝胶，并在一定程度上包裹食物糜，从而减缓葡萄糖、三酰甘油及胆固醇在肠道的吸收（Kaczmarczyk et al.，2012）。

（3）降低肠道消化酶的活性

膳食纤维能够降低葡萄糖在体内释放的速度，而这可能还与其能影响肠道内的消化酶活性有关。已有研究发现，部分膳食纤维能降低人体小肠内消化酶（包括胰淀粉酶、胰脂肪酶、胰蛋白酶和糜蛋白酶）的活性，干扰胰酶分泌的反馈调节。

（4）增加胰岛素敏感性

膳食纤维对提高外周组织的胰岛素敏感性和改善胰岛素抵抗具有重要意义。Liese 等（2005）研究发现膳食纤维能够提高胰岛素敏感性，从而控制肥胖。此外，一项由 Weickert 等（2011）完成的研究发现，高谷物膳食纤维的饮食干预能够提高超重人群的胰岛素敏感性。Lustig（2012）认为可溶性膳食纤维与 2 型糖尿病的患病风险无关，而不溶性膳食纤维则能提高胰岛素敏感性。

（5）激活糖原合成过程

糖原合成过程中，葡萄糖磷酸化激活糖原合成酶，从而生成糖原。然而，在糖尿病患者体内，这一活化作用通常不足。膳食纤维可促进糖原的合成，提高肝糖原的含量。Boby 和 Leelamma（2003）发现，黑豆膳食纤维降血糖作用显著，它能明显促进肝糖原合成，提高糖原磷酸化酶、己糖激酶、葡萄糖-6-磷酸脱氢酶、异柠檬酸脱氢酶等多种酶的活性，同时降低葡萄糖-6-磷酸酶的活性。

（6）改善肠道菌群

肠道菌群生态系统的紊乱与 2 型糖尿病的发生密切相关。肠道菌群紊乱导致短链脂肪酸（short-chain fatty acid，SCFA）的转化受到限制，而 SCFA 的缺乏是诱发糖尿病的重要原因；另外，肠道菌群紊乱将通过影响胆汁酸、内毒素、脂肪因子合成等导致糖尿病的发生（Canfora et al.，2019；Gowd et al.，2019；Makki et al.，2018）。Zhao 等（2018）发现摄入丰富多样的膳食纤维能使人体肠道中有益菌群的特异性增加，通过重建功能活跃的肠道菌群可以有效改善肠道菌群紊乱，促进 SCFA 的产生，从而改善 2 型糖尿病的临床症状。

2.7.2 降血脂作用与机制

2.7.2.1 降血脂作用

高脂血症是因为脂代谢异常或运转异常，使血浆中的一种或多种脂质高于正常水平，也指血液中胆固醇和 / 或三酰甘油过高或高密度脂蛋白胆固醇（high-density lipoprotein cholesterol，HDL-C）过低，现代医学称为血脂异常（Morris and Ferdinand，2016）。高脂血症对人体健康的危害大，并且高脂血症患者容易出现与之相关的并发症，如脑卒中、脂肪肝、冠心病等。

膳食纤维能够降低人体血脂水平。研究表明，膳食纤维的摄入有利于减少人体对胆固醇和胆汁酸的吸收（Odes et al.，1993）。Carr 等（2003）给实验大鼠提供了同时含有不同黏度的羟丙基纤维素和胆固醇的食物，发现实验大鼠血清和肝脏的总胆固醇（total cholesterol，TC）水平显著降低。此外，Hsu 等（2006）研究发现，胡萝卜渣不溶性膳食纤维能显著降低大鼠血清的总胆固醇、三酰甘油及其肝脏内的三酰甘油水平，而提高血清中高密度脂蛋白与三酰甘油的比值。Sembries 等（2004）发现大鼠摄入含 5% 苹果渣的膳食纤维后，体重增加速率下降，并且大鼠粪便中初级胆汁酸排出量增加了。

2.7.2.2 降血脂机制

脂肪及胆固醇的代谢主要发生在肝脏和肠道中，不同种类、来源的膳食纤维其降血脂机制也各异，大致可以分为以下几个途径：①膳食纤维能吸附、束缚胆酸盐，并促进其排出；②膳食纤维在盲肠中被菌群降解产生短链脂肪酸，抑制胆固醇合成；③膳食纤维改变相关的酶活性，影响脂代谢。其中，膳食纤维在小肠中束缚胆酸盐并促进其排出可能是其主要作用途径。人体中 40% ～ 50% 的胆固醇被分解代谢用于胆汁酸的合成，膳食纤维能通过吸附胆汁酸并对其二次吸收进行干扰，从而降低总胆固醇和三酰甘油消化产物的溶解性，使得机体对胆固醇及三酰甘油的吸收得到抑制或延缓（Roy et al.，2000）。

2.7.3 膳食纤维与肠道健康

食物被消化吸收后其残渣到达结肠并被微生物酵解，在此过程中，可能会产生多种有毒代谢物。膳食纤维的摄入，能对这些有毒代谢物进行吸附、螯合，降低其对肠壁的刺激；在结肠中，膳食纤维作为益生元发酵后可增加益生菌（如乳酸菌、双歧杆菌等）数量，此外膳食纤维能有效增大粪便体积，促使排便更加规律（Zhang et al.，2016；Gordon，2002）。So 等（2018）发现膳食纤维可对肠道菌群组成造成干预，导致粪便中双歧杆菌和乳酸杆菌丰度增加，但不影响 α 多样性（即群落中的物种多样性），尤其是涉及果聚糖和低聚半乳糖。

近年来研究表明，膳食纤维能调节肠道微生物，以及在结肠中发酵产生短链脂肪酸（SCFA）（Makki et al.，2018），其中乙酸、丙酸和丁酸为主要产物，三者总和占 90% 以上。SCFA 在调节机体功能方面发挥着重要作用（如调节肠道菌群、维持体液及电解质的平衡、为宿主细胞提供能量等）（Koh et al.，2016）。丁酸是 3 种主要 SCFA 中对结肠细胞发挥作用最强的一种。以丁酸为例，首先，它能为盲肠上皮细胞、结肠等提供能量，维持结肠黏膜的完整性，以及对结肠炎、肿瘤等疾病有改善效果；其次，丁酸还具有维持 DNA 稳定与修复其损伤的作用，从而促进正常细胞的形成；最后，不同水平的丁酸能起到控制肿瘤细胞的生长、抑制肿瘤基因的表达及诱导癌细胞的凋亡等作用（Zhang et al.，2018）。Miyamoto 等（2018）发现，食用大麦 β-葡聚糖的高脂饮食小鼠，肠道微生物发酵后产生的短链脂肪酸（尤其是丁酸）水平显著升高。

2.7.4 膳食纤维与肿瘤

2.7.4.1 抗肿瘤作用

大量研究显示（Mao et al.，2017；Narita et al.，2017；Farvid et al.，2016），膳食纤维能预防肿瘤发生。膳食纤维或者富含膳食纤维的食物摄入量与患结肠癌的风险呈现负相关（Mehta et al.，2017；Zeng et al.，2017）。此外，蔬菜的摄入量与患大肠癌的风险呈现负相关，这可能与膳食纤维对肠道蠕动有刺激作用，其可以减少致癌物质与肠道壁的接触，而且膳食纤维的摄入增多也在一定程度上减少了致癌物质在肠道内的含量有关。Park 等（2009）通过在数年内对 5461 例乳腺癌确诊患者的随访发现，膳食纤维的摄入量与患乳腺癌的风险亦呈现负相关，其可能的机制为膳食纤维在肠道内对雌激素的吸收与分泌有抑制作用，并且能促进雌激素随粪便的排泄，减少循环雌激素的浓度。膳食纤维还能降低子宫内膜癌的发病风险，这可能也是由于膳食纤维的摄入使内源的雌激素含量下降，减弱了雌激素的吸收（Bandera et al.，2007）。

2.7.4.2 可能的作用机制

膳食纤维发挥抗肿瘤作用的可能机制为：①通过增强肠道蠕动及提高粪便持水性，稀释毒素的浓度，同时缩短其在肠道的滞留时间；②促进包括双歧杆菌属、乳酸菌等益生菌的生长，抑制致癌物生成并促进其分解；③促进产生短链脂肪酸，进而发挥抑制肿瘤细胞增殖、为结肠壁细胞提供营养、诱导肿瘤细胞向正常细胞转化等功能；④提高巨噬细胞的吞噬能力，以此来杀伤肿瘤细胞；⑤通过吸附胆汁酸来降低胆固醇、脂肪酸及内源性毒素的吸收率；⑥通过增加咀嚼次数，从而促进唾液分泌，而唾液对防癌、抗癌具有一定的作用；⑦降低血液中诱导乳腺癌的雌激素水平，从而降低患乳腺癌的风险（Makki et al.，2018；McRae，2018；Farvid et al.，2016）。

膳食纤维有利于预防肿瘤的发生及阻碍肿瘤的发展这一观点目前为大多数人所接受，然而，仍然存在一些与该结论相左的案例。那么这是否又与膳食纤维摄入量的高低存在联系呢？其中，摄入过高的标准为何？以及随后可能带来的不健康因素又为何？这些方面的研究还需进一步深入。

2.7.5 膳食纤维与便秘

便秘是消化系统相关疾病中较为常见的病症，其通常表现为大便的次数减少及大便干燥难解。大多数患者的便秘为功能性便秘，该便秘一般包括排便反射失常、阻塞所致直肠性便秘及肠蠕动缓慢所致结肠性便秘（Ge et al.，2016）。日常饮食中摄入的粗纤维不足是导致便秘发生的主要原因。因此，膳食纤维的摄入量与便秘发生的概率存在关联（Shen et al.，2019）。膳食纤维具有独特的性质，能够在肠道中吸收水分，使得粪便体积增大、柔软度提升，从而增加粪便对肠道的压力，肠道受刺激后收缩，进而有助于粪便排出（Cirillo and Capasso，2015）。

2.7.6 膳食纤维与心血管疾病

心血管疾病（cardiovascular disease，CVD）是指包括心脏及其血管疾病、肺循环疾病、脑血管疾病在内的一组循环系统疾病，其中高血压、冠心病及脑卒中是较常见、危害较大的疾病。研究发现，摄入膳食纤维与患心血管疾病的风险下降之间存在联系。Kim 和 Je（2016）发现，摄入高膳食纤维与和 CVD 相关的死亡率下降有关。此外，由于全谷物类食物中富含膳食纤维（如小麦、燕麦、玉米等），通过摄入全谷物类食物可以降低 CVD 的发病率与死亡率。

摄入膳食纤维改善 CVD 的机制包括：①机体对可溶性膳食纤维的长期、定量摄入，能起到控制血脂水平、降低低密度脂蛋白和胆固醇水平、减弱机体对胆固醇的吸收并影响其代谢等作用；②通过对血液中胆固醇的结合作用，阻碍胆固醇穿透肠黏膜；③在胆汁酸和胆固醇的肝肠循环中起到阻断作用，并使之随粪便排出体内，从而减少脂肪在血液中的累积，进而降低动脉粥样硬化的患病概率（Threapleton et al.，2013）。

2.7.7 膳食纤维与呼吸道疾病

目前关于膳食纤维与呼吸道疾病相关性的报道不多，仅有少量报道显示较高的全麦食物摄入量能减少呼吸系统相关疾病的死亡率，同时能缓解咳痰、咳嗽等症状（Kan et al.，2007）。

2.8　膳食纤维的分析方法

2.8.1　酶-重量法

酶-重量法最初由德国科学家提出，该法通过酶除去碳水化合物并利用重量变化测定膳食纤维的含量，从而测定总膳食纤维、可溶性膳食纤维和不溶性膳食纤维的含量。1935 年，Williams 和 Olmsted 采用酶-重量法测定了不能消化的物质的含量；1979 年，Schweizer 和 Würsch 在其研究中尝试建立起更接近饮食中不能被消化的物质的分析方法（Asp et al.，1992）。1984 年，Prosky 等提出总膳食纤维的新测定方法，而后被 AOAC 收录为官方测定方法（AOAC985.29，表 2-6），该法通过酶解处理除去淀粉与部分蛋白质，对残留物干燥后，再通过称重计算含量，并对蛋白质、灰分进行校正。但若待测样品的脂肪含量＞10%，则要预先将其除去。由于上述方法简易，易于自动化，且样品处理量大，因此在很多国家用作膳食纤维的测定方法。

表 2-6　用于测定膳食纤维的 AOAC 官方分析方法

方法	方法类型	检测物质	对总膳食纤维的检测
AOAC985.29	酶-重量法（磷酸缓冲体系）	总膳食纤维	直接测定总膳食纤维
AOAC991.42	酶-重量法	不溶性膳食纤维	不适用
AOAC991.43	酶-重量法（MES-TRIS 缓冲体系）	不溶性、可溶性和总的膳食纤维	用独立的方法检测可溶性膳食纤维和不溶性膳食纤维之和
AOAC992.16	酶-重量法	不溶性、可溶性和总的膳食纤维	可溶性膳食纤维和不溶性膳食纤维之和
AOAC992.28	酶-分光光度法	大麦、燕麦等谷物中的（1,3 或 1,4）β-D-葡聚糖	不适用
AOAC993.19	酶-重量法	可溶性膳食纤维	不适用
AOAC993.21	无酶-重量法（淀粉含量≤ 2%）	总膳食纤维	膳食纤维残留量减去淀粉和蛋白质含量
AOAC994.13	酶-气相色谱-比色-重量法（Uppsala 法）	总膳食纤维	中性多聚体残留物、糖醛酸残留物、木质素之和
AOAC995.16	酶法	大麦、燕麦中的 β-D-葡聚糖	不适用
AOAC997.08	酶-HPAEC 法	果聚糖	不适用
AOAC999.03	酶-分光光度法	果聚糖	不适用
AOAC2000.11	酶-HPAEC 法	葡聚糖	不适用
AOAC2001.02	HPAEC-PAD 法	反式低聚糖	不适用
AOAC2001.03	酶-重量-HPLC 法	包括低相对分子质量抗性麦芽糊精在内的总膳食纤维	不溶性膳食纤维，高相对分子质量和低相对分子质量可溶性膳食纤维之和
AOAC2002.02	酶法	抗性淀粉和海藻纤维	不适用

2.8.2 酶-化学法

酶-化学法是通过化学方法来定量测定样品中的中性糖、总酸性糖及木质素含量，但受仪器设备的制约。该法通过酸水解处理膳食纤维，使之包含的单糖如葡萄糖、半乳糖、半乳糖醛酸等得以释放，继而采用不同的化学方法测定含量以定量分析膳食纤维。具体来说，经水解而得的单糖可以通过气相色谱法（gas chromatography，GC）、高效液相色谱法（high performance liquid chromatography，HPLC）检测；酸性糖的含量可以通过比色法/脱羧法测定；木质素的含量可通过 Klason 木质素法检测（Englyst and Cummings，1988）。因此，利用酶-化学法测定膳食纤维含量，需要结合所测得的中性糖、总酸性糖及木质素的含量。需要指出的是，膳食纤维的化学组成及酸水解所用条件对其中单糖的释放程度有影响，而且单糖水解的不可逆性与比色条件的差异也会导致结果存在误差。因此，酶-化学法通常需要进行校正以保证测定结果的准确。

2.8.3 酶-比色法

酶-比色法也可归属于酶-化学法一类，然而由于该法的测定值与待测样品中膳食纤维组成的中性糖、酸性糖种类有关，其分析结果通常依赖于较为严格的参考标准。与其他方法相比，酶-比色法由于受干扰因素大，因此准确性相对较差，但在已知单糖组成的情况下仍不失为一种可行的、快速简便的方法（Englyst and Cummings，1988）。

2.8.4 酶-色谱法

1981 年，Southgate 提出使用 GC 与 HPLC 对组成膳食纤维的单糖加以区分，以获得更全面的信息。由于当时的技术限制，人们难以除尽样品中的淀粉，因此该法的测定结果通常偏高。随后，Englyst 等（1982）在 Southgate（1981）方法的基础上进行了改进，能更加彻底地除去淀粉，并且用 GC 测定非淀粉多糖含量；同时，该法分离了纤维素与非纤维素多糖，使得可溶性与不溶性多糖分离开来。此后，还有更多的新兴方法涌现，使得膳食纤维的测定分析工作逐步完善：1984 年，Englyst 和 Cummings 采用二甲基亚砜（dimethyl sulfoxide，DMSO）除去非淀粉糖类中的抗性淀粉；1988 年，Shinnick 等通过 HPLC 测定出来源于纤维的单糖；1994 年，Theander 等通过 80% 的乙醇沉淀出可溶性纤维，从而使该过程得到简化。

2.8.5 美国分析化学家协会的官方分析方法

随着对膳食纤维研究的深入，膳食纤维测定方法也在不断改进，但因物质成分的复杂性，至今还没有哪一种方法可以适用于所有物质中膳食纤维含量的测定（Montoya et al.，2016）。AOAC985.29 是 AOAC 最早采纳，同时也是最为经典的膳食纤维测定方法。此后，AOAC 总结各国科学家的方法，先后建立了多种膳食纤维的测定方法，表 2-6 总结了用于测定膳食纤维的 AOAC 分析方法。

2.9　膳食纤维的推荐量

普通人群所需的膳食纤维直接从天然食物中摄入较好。在日常食品中，全谷物及豆类所含膳食纤维较多，是良好的膳食纤维补充来源;膳食纤维含量高的蔬菜有冬菇、木耳、茭白等;水果中的膳食纤维含量也较高，尤其是苹果、梨等（Dong et al.，2018）。对于糖尿病患者而言，推荐食用低 GI 值、未被精加工的食物（此类食物通常含有较多的膳食纤维），国外推荐的这类食物包括豆类、大麦通心粉、黑麦粗面包、燕麦等，国内则建议采用莜麦面、荞麦面、燕麦片、玉米面和大豆粉的混合面及豆类等食品。

尽管膳食纤维对人体健康有益，但当摄入量不当时也可能会对人体健康有一定影响。例如，过量摄入膳食纤维会影响其他营养元素（糖类、蛋白质类及矿物质元素等）的吸收，从而造成机体的营养不均衡。此外，膳食纤维的过量摄入还易造成腹胀等问题。目前，不同国家对普通人群膳食纤维的摄入量还没有统一的推荐标准。《中国居民膳食纤维摄入白皮书》指出，世界卫生组织和各国营养界对膳食纤维摄入给出了统一的建议，即每人每天摄入量在 25 ～ 35g。

2.10　膳食纤维在食品工业中的应用

2.10.1　在主食中的应用

随着人们健康意识的增强，消费者对膳食纤维强化食品的需求不断增加（Fayet-Moore et al.，2018；Salmas et al.，2017）。膳食纤维在主食应用上较为合适、方便，而全谷物是人们日常摄入膳食纤维的来源之一。膳食纤维可以作为配料加入馒头、面条及米饭中，其添加量通常为面粉的 6%。实际上，膳食纤维的加入能够赋予馒头特殊香味，使其口感良好且无粗糙感;对于面条类主食，膳食纤维的加入可以增强煮熟后面条的强度、韧性，但颜色较深;此外，米饭中添加膳食纤维可使其具有良好口感与清香（Kim et al.，1997）。目前，我国针对大豆膳食纤维粉的研究相对较多，专门提出了关于大豆膳食纤维粉的国家标准——《大豆膳食纤维粉》（GB/T 22494—2008），一级大豆膳食纤维粉中的总膳食纤维含量≥ 80%，可溶性膳食纤维含量≥ 10%；二级大豆膳食纤维粉中的总膳食纤维与可溶性膳食纤维含量分别要达到≥ 60% 与≥ 5%。这表明我国对膳食纤维类食品生产的许可、支持及标准化（中华人民共和国国家质量监督检验检疫总局和中国国家标准化管理委员会，2009）。

2.10.2　在肉制品中的应用

将膳食纤维加入肉制品中不仅能够降低成本，还可以减少肉制品的热量，这也使得膳食纤维成为减肥食谱的良好基料。另外，膳食纤维的抗氧化效果有利于某些高油脂含量肉制品的保存，从而使其品质下降得以延缓。Steenblock 等（2002）将 3% 的强吸水性和 3% 的漂白性燕麦纤维分别加入脂肪含量低的大腊肠中，结果表明两种纤维都提高了产品得率，增强了大腊肠的硬度，出现的较淡红色也美化了产品的外观。Garcia 等（2002）

用一些谷物纤维和水果纤维分别代替发酵香肠中的脂肪，将1.5%的谷物纤维添加至发酵香肠中（脂肪含量为6%），产品的热量下降35%；同时赋予了香肠类似脂肪的口感。Yilmaz（2004）在肉丸中添加了5%～20%的黑麦糠麸，用以替代其中的脂肪，降低了肉丸中总脂肪酸的量。

2.10.3 在饮料制品中的应用

将膳食纤维应用在各种高纤维饮料中，既可以使其稳定性、分散性和冲调性得到提高，又可以改善饮料营养结构，丰富饮料的种类，制造出低热、低脂肪、低糖的健康饮品（Hajmohammadi et al.，2016）。有研究发现，在乳酸菌饮品中添加膳食纤维，膳食纤维可作为活性菌的营养源，延长产品的货架期，优化乳制品的口感和风味（Mikušov et al.，2014）。骆嘉原等（2017）研制了一种添加香菇膳食纤维的饮料，该饮料富含膳食纤维并具有香菇特色风味。然而，目前膳食纤维强化饮料中大多仅仅强化了可溶性膳食纤维含量，对同时包含不溶性膳食纤维强化饮料的开发还有一定难度（Chakraborty et al.，2019）。

2.11 膳食纤维研究的前景展望

我国膳食纤维资源极其丰富，但对其研究和开发还远远不够。目前，我国对于膳食纤维组成、测定方法及分子结构等深层次问题的研究较少，且分析方法多借鉴国外，对其含量、组分结构及其功能等方面亟待深入研究。在膳食纤维产品开发方面，人们在关注健康的同时也重视产品的口味，从前的口感粗糙、口味不佳的产品终将被适应国际食品发展潮流的产品取代。此外，应充分认识我国的资源优势，可以合理开发植物加工过程中的副产物，如麸皮、豆渣、果渣皮等，提高产品附加值，减少环境污染。同时，注重加强国际合作，深入探究不同类型膳食纤维的生理功效，开发出更具现实意义的、真正可以改善人类健康状况的大众产品。

参考文献

韩克, 张正茂, 邢沁浍, 等. 2017. 不同品种马铃薯膳食纤维化学组成及理化性质分析. 食品科学, 38(17): 158-163.

骆嘉原, 常晨, 孙瑶, 等. 2017. 香菇可溶性膳食纤维饮品的研制. 中国酿造, 36(3): 182-187.

马先红, 贾宇涵, 刘鑫. 2017. 玉米膳食纤维研究进展. 食品研究与开发, 38(24): 209-212.

王大为, 宋云禹, 刘阳, 等. 2018. 毛葱膳食纤维性质及结构分析. 食品科学, 39(2): 53-57.

邢家溧, 杜志红, 周静, 等. 2019. 麦麸膳食纤维加工和利用研究进展. 食品研究与开发, 40(3): 195-199.

郑刚, 郭小佩, 赵国华, 等. 2010. 制备工艺对番茄皮膳食纤维理化性质的影响. 食品科学, 31(16): 24-28.

中华人民共和国国家质量监督检验检疫总局, 中国国家标准化管理委员会. 2009. 大豆膳食纤维粉: GB/T 22494—2008. 北京: 中国标准出版社.

Ajila C M, Aalami M, Leelavathi K, et al. 2010. Mango peel powder: a potential source of antioxidant and dietary fiber in macaroni preparations. Innovative Food Science & Emerging Technologies, 11(1): 219-224.

Ajila C M, Rao U J S P. 2013. Mango peel dietary fibre: composition and associated bound phenolics. Journal of Functional Foods, 5(1): 444-450.

Aktas-Akyildiz E, Sibakov J, Nappa M, et al. 2018. Extraction of soluble β-glucan from oat and barley fractions: process efficiency and dispersion stability. Journal of Cereal Science, 81: 60-68.

Ashmead H D. 1993. Comparative Intestinal Absorption and Subsequent Metabolism of Metal Amino Acid Chelates and Inorganic Metal Salts. Cleveland: American Academic Press.

Asp N G, Schweizer T F, Southgate D A T. 1992. Dietary Fibre Analysis. London: Springer: 57-101.

Bandera E V, Kushi L H, Moore D F, et al. 2007. Association between dietary fiber and endometrial cancer: a dose-response meta-analysis. The American Journal of Clinical Nutrition, 86(6): 1730-1737.

Baye K, Guyot J P, Mouquet-Rivier C. 2017. The unresolved role of dietary fibers on mineral absorption. Critical Reviews in Food Science and Nutrition, 57(5): 949-957.

Benítez V, Mollá E, Martín-Cabrejas M A, et al. 2012. Onion (*Allium cepa* L.) by-products as source of dietary fiber: physicochemical properties and effect on serum lipid levels in high-fat fed rats. European Food Research and Technology, 234(4): 617-625.

Boby R G, Leelamma S. 2003. Blackgram fiber (*Phaseolus mungo*): mechanism of hypoglycemic action. Plant Foods for Human Nutrition, 58(1): 7-13.

Brahem M, Renard C M G C, Gouble B, et al. 2017. Characterization of tissue specific differences in cell wall polysaccharides of ripe and overripe pear fruit. Carbohydrate Polymers, 156: 152-164.

Canfora E E, Meex R C R, Venema K, et al. 2019. Gut microbial metabolites in obesity, NAFLD and T2DM. Nature Reviews Endocrinology, 15: 261-273.

Carlson J L, Erickson J M, Lloyd B B, et al. 2018. Health effects and sources of prebiotic dietary fiber. Current Developments in Nutrition, 2(3): 1-5.

Carr T P, Wood K J, Hassel C A, et al. 2003. Raising intestinal contents viscosity leads to greater excretion of neutral steroids but not bile acids in hamsters and rats. Nutrition Research, 23(1): 91-102.

Chakraborty P, Witt T, Harris D, et al. 2019. Texture and mouthfeel perceptions of a model beverage system containing soluble and insoluble oat bran fibres. Food Research International, 120(1): 62-72.

Chantaro P, Devahastin S, Chiewchan N. 2008. Production of antioxidant high dietary fiber powder from carrot peels. LWT-Food Science and Technology, 41(10): 1987-1994.

Cheng L, Zhang X M, Hong Y, et al. 2017. Characterisation of physicochemical and functional properties of soluble dietary fibre from potato pulp obtained by enzyme-assisted extraction. International Journal of Biological Macromolecules, 101: 1004-1011.

Cho E H, Jung H T, Lee B H, et al. 2019. Green process development for apple-peel pectin production by organic acid extraction. Carbohydrate Polymers, 204: 97-103.

Cirillo C, Capasso R. 2015. Constipation and botanical medicines: an overview. Phytotherapy Research, 29(10): 1488-1493.

Dai F J, Chau C F. 2017. Classification and regulatory perspectives of dietary fiber. Journal of Food and Drug Analysis, 25(1): 37-42.

Davison K M, Temple N J. 2018. Cereal fiber, fruit fiber, and type 2 diabetes: explaining the paradox. Journal of Diabetes and its Complications, 32(2): 240-245.

Delphi L, Sepehri H. 2016. Apple pectin: a natural source for cancer suppression in 4T1 breast cancer cells *in vitro* and express p53 in mouse bearing 4T1 cancer tumors, *in vivo*. Biomedicine & Pharmacotherapy, 84: 637-644.

Dhingra D, Michael M, Rajput H, et al. 2012. Dietary fibre in foods: a review. Journal of Food Science and Technology, 49(3): 255-266.

Dong Y T, Chen L, Gutin B, et al. 2018. Total, insoluble, and soluble dietary fiber intake and insulin resistance and blood pressure in adolescents. European Journal of Clinical Nutrition, 73(8): 1172-1178.

Dreher M L. 2018. Overview of the health benefits of adequate fiber intake. *In*: Dreher M L. Dietary Fiber in Health and Disease. Clifton: Humana Press: 19-40.

Eleazu C O. 2016. The concept of low glycemic index and glycemic load foods as panacea for type 2 diabetes mellitus; prospects, challenges and solutions. African Health Sciences, 16(2): 468-479.

Elleuch M, Bedigian D, Roiseux O, et al. 2011. Dietary fibre and fibre-rich by-products of food processing: characterisation, technological functionality and commercial applications: a review. Food Chemistry, 124(2): 411-421.

Englyst H N, Cummings J H. 1984. Simplified method for the measurement of total non-starch polysaccharides by gas-liquid chromatography of constituent sugars as alditol acetates. Analyst, 109(7): 937-942.

Englyst H N, Cummings J H. 1988. Improved method for measurement of dietary fiber as non-starch polysaccharides in plant foods. Journal-Association of Official Analytical Chemists, 71(4): 808-814.

Englyst H N, Wiggins H S, Cummings J H. 1982. Determination of the non-starch polysaccharides in plant foods by gas-liquid chromatography of constituent sugars as alditol acetates. Analyst, 107(1272): 307-318.

Fang T T, Wu X J, Cao W, et al. 2017. Effects of dietary fiber on the antioxidant capacity, immune status, and antioxidant-relative signaling molecular gene expression in rat organs. RSC Advances, 7(32): 19611-19620.

Farvid M S, Eliassen A H, Cho E, et al. 2016. Dietary fiber intake in young adults and breast cancer risk. Pediatrics, 137(3): e20151226.

Fayet-Moore F, Cassettari T, Tuck K, et al. 2018. Dietary fibre intake in Australia. Paper Ⅱ: comparative examination of food sources of fibre among high and low fibre consumers. Nutrients, 10(9): 1223.

Femenia A, Robertson J A, Waldron K W, et al. 1998. Cauliflower (*Brassica oleracea* L), globe artichoke (*Cynara scolymus*) and chicory witloof (*Cichorium intybus*) processing by-products as sources of dietary fibre. Journal of the Science of Food and Agriculture, 77(4): 511-518.

Garcia M L, Dominguez R, Galvez M D, et al. 2002. Utilization of cereal and fruit fibres in low fat dry fermented sausages. Meat Science, 60(3): 227-236.

Garcia-Amezquita L E, Tejada-Ortigoza V, Heredia-Olea E, et al. 2018. Differences in the dietary fiber content of fruits and their by-products quantified by conventional and integrated AOAC official methodologies. Journal of Food Composition and Analysis, 67: 77-85.

Ge X L, Tian H L, Ding C, et al. 2016. Fecal microbiota transplantation in combination with soluble dietary fiber for treatment of slow transit constipation: a pilot study. Archives of Medical Research, 47(3): 236-242.

Gordon D T. 2002. Intestinal health through dietary fiber, prebiotics, and probiotics. Food Technology, 56(4): 22-23.

Gorinstein S, Martín-Belloso O, Park Y S, et al. 2001a. Comparison of some biochemical characteristics of different citrus fruits. Food Chemistry, 74(3): 309-315.

Gorinstein S, Zachwieja Z, Folta M, et al. 2001b. Comparative contents of dietary fiber, total phenolics, and minerals in persimmons and apples. Journal of Agricultural and Food Chemistry, 49(2): 952-957.

Gowd V, Xie L H, Zheng X D, et al. 2019. Dietary fibers as emerging nutritional factors against diabetes: focus on the involvement of gut microbiota. Critical Reviews in Biotechnology, 39(4): 524-540.

Grigelmo-Miguel N, Martín-Belloso O. 1999. Comparison of dietary fibre from by-products of processing fruits and greens and from cereals. LWT-Food Science and Technology, 32(8): 503-508.

Grundy M M L, Edwards C H, Mackie A R, et al. 2016. Re-evaluation of the mechanisms of dietary fibre and implications for macronutrient bioaccessibility, digestion and postprandial metabolism. British Journal of Nutrition, 116(5): 816-833.

Guo W, Beta T. 2013. Phenolic acid composition and antioxidant potential of insoluble and soluble dietary fibre extracts derived from select whole-grain cereals. Food Research International, 51(2): 518-525.

Hajmohammadi A, Pirouzifard M K, Shahedi M, et al. 2016. Enrichment of a fruit-based beverage in dietary fiber using basil seed: effect of carboxymethyl cellulose and gum tragacanth on stability. LWT-Food Science and Technology, 74: 84-91.

Hebden J M, Blackshaw E, D'Amato M, et al. 2002. Abnormalities of GI transit in bloated irritable bowel syndrome: effect of bran on transit and symptoms. The American Journal of Gastroenterology, 97(9): 2315-2320.

Herrera P G, Sánchez-Mata M C, Cámara M. 2010. Nutritional characterization of tomato fiber as a useful ingredient for food industry. Innovative Food Science & Emerging Technologies, 11(4): 707-711.

Hipsley E H. 1953. Dietary "fibre" and pregnancy toxaemia. British Medical Journal, 2(4833): 420-422.

Holscher H D. 2017. Dietary fiber and prebiotics and the gastrointestinal microbiota. Gut Microbes, 8(2): 172-184.

Hsu P K, Chien P J, Chen C H, et al. 2006. Carrot insoluble fiber-rich fraction lowers lipid and cholesterol absorption in hamsters. LWT-Food Science and Technology, 39(4): 338-343.

Ismaiel M, Yang H, Min C. 2016. Dietary fiber role in type 2 diabetes prevention. British Food Journal, 118(4): 961-975.

Jaime L, Mollá E, Fernández A, et al. 2002. Structural carbohydrate differences and potential source of dietary fiber of onion (*Allium cepa* L.) tissues. Journal of Agricultural and Food Chemistry, 50(1): 122-128.

Jiang J Y, Qiu H, Zhao G M, et al. 2012. Dietary fiber intake is associated with HbA1c level among prevalent patients with type 2 diabetes in Pudong New Area of Shanghai, China. PLoS One, 7(10): e46552.

Johansson L, Virkki L, Maunu S, et al. 2000. Structural characterization of water soluble β-glucan of oat bran. Carbohydrate Polymers, 42(2): 143-148.

Jones J M. 2014. CODEX-aligned dietary fiber definitions help to bridge the 'fiber gap'. Nutrition Journal, 13(1): 34.

Kaczmarczyk M M, Miller M J, Freund G G. 2012. The health benefits of dietary fiber: beyond the usual suspects of type 2 diabetes mellitus, cardiovascular disease and colon cancer. Metabolism, 61(8): 1058-1066.

Kan H D, Stevens J, Heiss G, et al. 2007. Dietary fiber, lung function, and chronic obstructive pulmonary disease in the atherosclerosis risk in communities study. American Journal of Epidemiology, 167(5): 570-578.

Kerckhoffs D A J M, Hornstra G, Mensink R P. 2003. Cholesterol-lowering effect of β-glucan from oat bran in mildly hypercholesterolemic subjects may decrease when β-glucan is incorporated into bread and cookies. The American Journal of Clinical Nutrition; 78(2): 221-227.

Khanum F, Swamy M S, Krishna K S, et al. 2000. Dietary fiber content of commonly fresh and cooked vegetables consumed in India. Plant Foods for Human Nutrition, 55(3): 207-218.

Kieffer D A, Martin R J, Adams S H. 2016. Impact of dietary fibers on nutrient management and detoxification organs: gut, liver, and kidneys. Advances in Nutrition, 7(6): 1111-1121.

Kim Y, Je Y. 2016. Dietary fibre intake and mortality from cardiovascular disease and all cancers: a meta-analysis of prospective cohort studies. Archives of Cardiovascular Diseases, 109(1): 39-54.

Kim Y S, Ha T Y, Lee S H, et al. 1997. Effect of rice bran dietary fiber on flour rheology and quality of wet noodles. Korean Journal of Food Science and Technology, 29(1): 90-95.

Koh A, De Vadder F, Kovatcheva-Datchary P, et al. 2016. From dietary fiber to host physiology: short-chain fatty acids as key bacterial metabolites. Cell, 165(6): 1332-1345.

Kubo K, Koido A, Kitano M, et al. 2016. Combined effects of a dietary fiber mixture and wheat albumin in a rat model of type 2 diabetes mellitus. Journal of Nutritional Science and Vitaminology, 62(6): 416-424.

Kurz C, Carle R, Schieber A. 2008. Characterisation of cell wall polysaccharide profiles of apricots (*Prunus armeniaca* L.), peaches (*Prunus persica* L.), and pumpkins (*Cucurbita* sp.) for the evaluation of fruit product authenticity. Food Chemistry, 106(1): 421-430.

Laufenberg G, Kunz B, Nystroem M. 2003. Transformation of vegetable waste into value added products: (A) the upgrading concept; (B) practical implementations. Bioresource Technology, 87(2): 167-198.

Liese A D, Schulz M, Fang F, et al. 2005. Dietary glycemic index and glycemic load, carbohydrate and fiber intake, and measures of insulin sensitivity, secretion, and adiposity in the Insulin Resistance Atherosclerosis Study. Diabetes Care, 28(12): 2832-2838.

Lin Y N, Chen K, Tu D, et al. 2019b. Characterization of dietary fiber from wheat bran (*Triticum aestivum* L.) and its effect on the digestion of surimi protein. LWT-Food Science and Technology, 102: 106-112.

Lin Y N, Wang H X, Rao W, et al. 2019a. Structural characteristics of dietary fiber (*Vigna radiata* L. hull) and its inhibitory effect on phospholipid digestion as an additive in fish floss. Food Control, 98: 74-81.

Liu P, Zhao J B, Guo P T, et al. 2017. Dietary corn bran fermented by bacillus subtilis MA139 decreased gut cellulolytic bacteria and microbiota diversity in finishing pigs. Frontiers in Cellular and Infection Microbiology, 7: 526.

Liu S, Stampfer M J, Hu F B, et al. 1999. Whole-grain consumption and risk of coronary heart disease: results from the Nurses' Health Study. The American Journal of Clinical Nutrition, 70(3): 412-419.

Lustig R H. 2012. Diabetes and dietary fibre: directive or distraction? Clinical & Experimental Ophthalmology, 40(3): 230-231.

Makki K, Deehan E C, Walter J, et al. 2018. The impact of dietary fiber on gut microbiota in host health and disease. Cell Host & Microbe, 23(6): 705-715.

Mao Q Q, Lin Y W, Chen H, et al. 2017. Dietary fiber intake is inversely associated with risk of pancreatic cancer: a meta-analysis. Asia Pacific Journal of Clinical Nutrition, 26(1): 89-96.

McAlister F A, Youngson E, Eurich D T. 2016. Treated glycosylated hemoglobin levels in individuals with diabetes mellitus vary little by health status: a retrospective cohort study. Medicine, 95(24): e3894.

McIntyre A, Vincent R M, Perkins A C, et al. 1997. Effect of bran, ispaghula, and inert plastic particles on gastric emptying and small bowel transit in humans: the role of physical factors. Gut, 40(2): 223-227.

McRae M P. 2018. The benefits of dietary fiber intake on reducing the risk of cancer: an umbrella review of meta-analyses. Journal of Chiropractic Medicine, 17(2): 90-96.

Mehta R S, Nishihara R, Cao Y, et al. 2017. Association of dietary patterns with risk of colorectal cancer subtypes classified by fusobacterium nucleatum in tumor tissue. Jama Oncology, 3(7): 921-927.

Mikušová L, Ciesarová Z, Hromádková Z, et al. 2014. Novel cereal fibre drink as a tool for civilisation disease prevention. Quality Assurance and Safety of Crops & Foods, 6(3): 357-366.

Miyamoto J, Watanabe K, Taira S, et al. 2018. Barley β-glucan improves metabolic condition via short-chain fatty acids produced by gut microbial fermentation in high fat diet fed mice. PLoS One, 13(4): e0196579.

Montoya C A, Henare S J, Rutherfurd S M, et al. 2016. Potential misinterpretation of the nutritional value of dietary fiber: correcting fiber digestibility values for nondietary gut-interfering material. Nutrition Reviews, 74(8): 517-533.

Morris A A, Ferdinand K C. 2016. Hyperlipidemia in racial/ethnic minorities: Differences in lipid profiles and the impact of statin therapy. Clinical Lipidology, 4(6): 741-754.

Narita S, Inoue M, Saito E, et al. 2017. Dietary fiber intake and risk of breast cancer defined by estrogen and progesterone receptor status: the Japan Public Health Center-based Prospective Study. Cancer Causes & Control: 28(6): 569-578.

Navarro S, Neuhouser M L, Cheng T Y D, et al. 2016. The Interaction between dietary fiber and fat and risk of colorectal cancer in the women's health initiative. Nutrients, 8(12): 779.

Navarro-González I, García-Valverde V, García-Alonso J, et al. 2011. Chemical profile, functional and antioxidant properties of tomato peel fiber. Food Research International, 44(5): 1528-1535.

Niu Y, Xia Q, Gu M, et al. 2018. Interpenetrating network gels composed of gelatin and soluble dietary fibers from tomato peels. Food Hydrocolloids, 89: 95-99.

Odes H S, Lazovski H, Stern I, et al. 1993. Double-blind trial of a high dietary fiber, mixed grain cereal in patients with chronic constipation and hyperlipidemia. Nutrition Research, 13(9): 979-985.

Pankaj K, Sinha A K, Sinha S K, et al. 2016. Effect of dietary substitution of maize with different levels of finger millet with and without non-starch polysaccharide degrading enzyme supplementation in broiler chicks. Animal Science Reporter, 10(3): 100-108.

Park Y, Brinton L A, Subar A F, et al. 2009. Dietary fiber intake and risk of breast cancer in postmenopausal women: the National Institutes of Health-AARP Diet and Health Study. American Journal of Clinical Nutrition, 90(3): 664-671.

Pluschke A M, Williams B A, Zhang D, et al. 2018. Dietary pectin and mango pulp effects on small intestinal enzyme activity levels and macronutrient digestion in grower pigs. Food & Function, 9(2): 991-999.

Prosky L, Asp N G, Furda I, et al. 1984. Determination of total dietary fiber in foods, food products and total diets. Journal-Association of Official Analytical Chemists, 67(6): 1044-1052.

Qi X, Al-Ghazzewi F H, Tester R F. 2018. Dietary fiber, fastric emptying, and carbohydrate digestion: a mini-review. Starch-Stärke, 70(9-10): 1700346.

Raja R R. 2016. Nutraceuticals and cosmeceuticals for human beings—An overview. American Journal of Food Science and Health, 2(2): 7-17.

Rebello C J, O'Neil C E, Greenway F L. 2016. Dietary fiber and satiety: the effects of oats on satiety. Nutrition Reviews, 74(2): 131-147.

Rojas R, Alvarez-Pérez O B, Contreras-Esquivel J C, et al. 2018. Valorisation of mango peels: extraction of pectin and antioxidant and antifungal polyphenols. Waste and Biomass Valorization, 11: 89-98.

Roy S, Vega-Lopez S, Fernandez M L. 2000. Gender and hormonal status affect the hypolipidemic mechanisms of dietary soluble fiber in guinea pigs. Journal of Nutrition, 130(3): 600-607.

Salmas G, DeVries J W, Plank D. 2017. Challenges for dietary fiber: benefits and costs of new US regulations. Cereal Foods World, 62(3): 88-94.

Samout N, Bouzenna H, Dhibi S, et al. 2016. Therapeutic effect of apple pectin in obese rats. Biomedicine & Pharmacotherapy, 83: 1233-1238.

Sanaka M, Yamamoto T, Anjiki H, et al. 2007. Effects of agar and pectin on gastric emptying and post-prandial glycaemic profiles in healthy human volunteers. Clinical & Experimental Pharmacology & Physiology, 34(11): 1151-1155.

Sembries S, Dongowski G, Mehrländer K, et al. 2004. Dietary fiber-rich colloids from apple pomace extraction juices do not affect food intake and blood serum lipid levels, but enhance fecal excretion of steroids in rats. Journal of Nutritional Biochemistry, 15(5): 296-302.

Shen L, Huang C, Lu X, et al. 2019. Lower dietary fibre intake, but not total water consumption, is associated with constipation: a population-based analysis. Journal of Human Nutrition and Dietetics, 32(4): 422-431.

Shinnick F L, Longacre M J, Ink S L, et al. 1988. Oat fiber: composition versus physiological function in rats. Journal of Nutrition, 118(2): 144-151.

Silveira A L M, Ferreira A V M, Teixeira M M. 2019. High-fiber diets in gastrointestinal tract diseases. *In*: Watson R R, Preedy V R. Dietary Interventions in Gastrointestinal Diseases. New York: Academic Press: 229-244.

So D, Whelan K, Rossi M, et al. 2018. Dietary fiber intervention on gut microbiota composition in healthy adults: a systematic review and meta-analysis. The American Journal of Clinical Nutrition, 107(6): 965-983.

Southgate D A T. 1981. Use of the Southgate method for unavailable carbohydrates in the measurement of dietary fiber. *In*: James W P T, Theander O. The Analysis of Dietary Fiber in Food. New York: Marcel Dekker: 1-19.

Spiller G A. 2001. CRC handbook of dietary fiber in human nutrition. Journal of the American College of Nutrition, 13(4): 398-398.

Steenblock R L, Sebranek J G, Olson D G, et al. 2002. The effects of oat fiber on the properties of light bologna and fat-free frankfurters. Journal of Food Science, 66(9): 1409-1415.

Tejada-Ortigoza V, Garcia-Amezquita L E, Serna-Saldívar S O, et al. 2016. Advances in the functional characterization and extraction processes of dietary fiber. Food Engineering Reviews, 8(3): 251-271.

Terada A, Hara H, Mitsuoka T. 1995a. Effect of dietary alginate on the faecal microbiota and faecal metabolic activity in humans. Microbial Ecology in Health & Disease, 8(6): 259-266.

Terada A, Hara H, Sato D, et al. 1995b. Effect of dietary chitosan on faecal microbiota and faecal metabolites of humans. Microbial Ecology in Health & Disease, 8(1): 15-21.

Theander O, Aman P, Westerlund E, et al. 1994. Enzymatic/chemical analysis of dietary fiber. Journal of AOAC International, 77(3): 703-709.

Threapleton D E, Greenwood D C, Evans C E, et al. 2013. Dietary fibre intake and risk of cardiovascular disease: systematic review and meta-analysis. British Medical Journal, 347: f6879.

Toma R B, Orr P H, D'Appolonia B, et al. 1979. Physical and chemical properties of potato peel as a source of dietary fiber in bread. Journal of Food Science, 44(5): 1403-1407.

Topping D L, Clifton P M. 2001. Short-chain fatty acids and human colonic function: roles of resistant starch and nonstarch polysaccharides. Physiological Reviews, 81(3): 1031-1064.

Trowell H. 1972. Ischemic heart disease and dietary fiber. The American Journal of Clinical Nutrition, 25(9): 926-932.

Trowell H. 1976. Definition of dietary fiber and hypotheses that is a protector factor in certain diseases. The American Journal of Clinical Nutrition, 29(4): 417-427.

Tungland B C, Meyer D. 2002. Nondigestible oligo- and polysaccharides (dietary fiber): their physiology and role in human health and food. Comprehensive Reviews in Food Science and Food Safety, 1(3): 90-109.

Van den Abbeele P, Gérard P, Rabot S, et al. 2011. Arabinoxylans and inulin differentially modulate the mucosal and luminal gut microbiota and mucin - degradation in humanized rats. Environmental Microbiology, 13(10): 2667-2680.

Vergara-Valencia N, Granados-Pérez E, Agama-Acevedo E, et al. 2007. Fibre concentrate from mango fruit: characterization, associated antioxidant capacity and application as a bakery product ingredient. LWT-Food Science and Technology, 40(4): 722-729.

Wang L, Xu H G, Yuan F, et al. 2015. Physicochemical characterization of five types of citrus dietary fibers.

Biocatalysis and Agricultural Biotechnology, 4(2): 250-258.

Weickert M O, Roden M, Isken F, et al. 2011. Effects of supplemented isoenergetic diets differing in cereal fiber and protein content on insulin sensitivity in overweight humans. American Journal of Clinical Nutrition, 94(2): 459-471.

Willats W G T, Knox J P, Mikkelsen J D. 2006. Pectin: new insights into an old polymer are starting to gel. Trends in Food Science & Technology, 17(3): 97-104.

Xu R. 2012. Oat fibre: overview on their main biological properties. European Food Research and Technology, 234(4): 563-569.

Yilmaz I. 2004. Effects of rye bran addition on fatty acid composition and quality characteristics of low-fat meatballs. Meat Science, 67(2): 245-249.

Zaheer K, Akhtar M H. 2016. Potato production, usage, and nutrition—A review. Critical Reviews in Food Science and Nutrition, 56(5): 711-721.

Zeng H, Taussig D, Cheng W H, et al. 2017. Butyrate inhibits cancerous HCT116 colon cell proliferation but to a lesser extent in noncancerous NCM460 colon cells. Nutrients, 9(1): 25.

Zhang N, Ju Z, Zuo T. 2018. Time for food: The impact of diet on gut microbiota and human health. Nutrition, 51-52: 80-85.

Zhang Z, Shi L, Pang W, et al. 2016. Dietary fiber intake regulates intestinal microflora and inhibits ovalbumin-induced allergic airway inflammation in a mouse model. PLoS One, 11(2): e0147778.

Zhao L, Zhang F, Ding X Y, et al. 2018. Gut bacteria selectively promoted by dietary fibers alleviate type 2 diabetes. Science, 359(6380): 1151-1156.

Zhu D Y, Ma Y L, Wang C H, et al. 2017. Insights into physicochemical and functional properties of polysaccharides sequentially extracted from onion (*Allium cepa* L.). International Journal of Biological Macromolecules, 105: 1192-1201.

第 3 章　生物活性多糖

3.1　引　　言

3.1.1　生物活性多糖的定义和来源

生物活性多糖是指从真菌界、动物界、植物界等中分离得到的具有某种特定生物活性的非淀粉天然大分子碳水化合物，一般是由 10 个甚至数千个一种或两种以上的单糖通过糖苷键缩合而成的聚合物，该聚合物可以共价结合一些特殊官能团、蛋白质、多肽等。其根据原料来源可分为三大类，包括植物多糖、动物多糖及微生物多糖。表 3-1 对生物活性多糖的来源进行了简要分类，并列出了其中研究较多的多糖的具体来源。

表 3-1　生物活性多糖来源的分类

资源分类		来源
植物来源	谷类	大麦、燕麦、小麦、黑麦、荞麦、高粱、青稞等
	薯类	马铃薯、山药、魔芋、芋艿、甘薯、木薯等
	豆类	大豆、芸豆、豌豆、红豆、绿豆、豇豆、鹰嘴豆等
	水果类	苹果、柑橘、龙眼、芒果、荔枝、西瓜、木瓜、香蕉、无花果、杨桃、柿子、西柚、山楂、榴莲、波罗蜜、猕猴桃等
	蔬菜类	南瓜、甜菜、大蒜、胡萝卜、黄瓜、芥菜、芹菜、芜菁、番茄、牛蒡、莴苣等
	藻类	褐藻、红藻、绿藻、羊栖菜等
	药食同源类	百合、龙眼肉、枸杞子、决明子、白果、白芷、薄荷、丁香、代代花、茯苓、黄精、覆盆子、甘草、葛根、荷叶、金银花、姜、菊苣、桔梗、菊花、橘皮、罗汉果、莲子、胖大海、蒲公英等
动物来源	陆地（或水生）动物	鸡冠、牛眼、河蚌、林蛙、泥鳅、大鲵等
	海洋动物	鲍鱼、海参、海星、鲨鱼、扇贝、牡蛎、鱿鱼、贻贝、海绵、乌贼等
微生物来源	真菌类	酵母、香菇、松茸、黑木耳、银耳、竹荪、猴头菇、滑子菇、平菇、虎奶菇、金针菇、羊肚菌、双孢菇、草菇、鸡纵菌等
	蓝藻类	螺旋藻、念珠藻等

3.1.2　生物活性多糖的重要性

多糖的常见生物活性包括免疫调节、降血糖、抗病毒、抗氧化、肠道菌群调节等，其中天然来源的生物活性多糖因具备无毒或毒副作用小等特点，成为研究重点和热点（聂少平等，2018）。例如，天然来源的β-葡聚糖、葡甘露聚糖、灵芝多糖等具有良好的免疫调节作用（Chen and Huang，2018；Oana et al.，2018），一些植物、动物多糖的降血糖功能也被大量研究（Zhou et al.，2015；Hu et al.，2014），多糖对肠道菌群的作用也是当前多糖研究领域的一大热点（Nie et al.，2019；Li et al.，2018；Zhao et al.，2018），其作用机制正逐步被揭示。

除在医药及功能性食品上的应用以外，多糖具备的理化特性也为其在食品、药品及日化等领域的应用奠定了良好基础，如透明质酸钠因具有良好的黏弹性、生物相容性、稳定的理化性质等优势，已被广泛应用于预防外科术后粘连（Liu et al.，2018a；Moldez et al.，2018；Martinelli et al.，2017）；高分子多糖类水凝胶，如半乳甘露聚糖、海藻酸盐、壳聚糖、卡拉胶、黄原胶等，因具有环境友好性、生物相容性、特殊功能性、生物可降解性等优势而备受重视（Chi and Catchmark，2018；Salarbashi et al.，2018）；在食品工业中，果胶通常作为食品配料或添加剂使用，并起到增稠、乳化等作用（Mungure et al.，2018；Nešić et al.，2018；Perumal et al.，2018；谢明勇等，2013）。

3.2　生物活性多糖制备和基本理化性质分析

3.2.1　提取与纯化

3.2.1.1　多糖提取

生物活性多糖的提取与分离纯化技术已有大量的研究积累，在传统的溶剂提取法基础上，建立起多种多糖的辅助提取技术，如微波辅助提取法、超声波辅助提取法、酶辅助提取法、双水相萃取、闪式提取、高压脉冲提取、动态超高压微射流辅助提取、冻融技术辅助提取、超临界流体提取等。提取方法不仅会影响多糖的提取效率，还会影响所得多糖的活性。相较于传统提取技术，新兴提取技术通常具有效率高、提取速度快、能耗少、溶剂用量少等优点，因而在目前的多糖提取分离中备受青睐，应用前景广阔。

有关多糖提取方法的文献报道较多（Nadar et al.，2018；Adetunji et al.，2017；Shi，2016），因此本章对多糖提取相关细节不作赘述。简而言之，多糖提取是指将多糖从动物、植物及微生物原料中用溶剂浸提出来同时尽量减少其中非多糖成分的过程，具体的提取方法则需要依据原料的性质来选择。例如，以植物种子为原料提取多糖，需要采取石油醚回流进行脱脂，再用热水浸提（Wang et al.，2017a；Lin et al.，2018）；以粮谷类作物（如荞麦、燕麦）为原料，需要在提取时辅以淀粉酶等酶解法处理除去淀粉（Aktas-Akyildiz et al.，2018）；以动物组织为原料，需要在提取多糖时辅以蛋白酶酶解、碱性溶剂水解等除去蛋白质（Nakano et al.，1998；Cui et al.，2012）；此外，以植物为原料提取非果胶类多糖时，还可添加果胶酶减少其果胶含量。

3.2.1.2　多糖的分离与纯化

由于天然动物、植物及微生物原料中的化学成分复杂，从中提取所得粗多糖一般含有色素、蛋白质甚至灰分等杂质，这不利于开展多糖研究，尤其是在结构与活性方面，因此粗多糖通常需要进一步分离、纯化。多糖的分离一般是指将粗多糖中的多糖与其他杂质成分分离开来以提高多糖的纯度，而纯化则是进一步将不同性质、不同结构的多糖组分分离。

(1) 多糖的分离

多糖的分离一般是将多糖中的蛋白质、色素、游离单糖、无机盐等与多糖分离，以达到富集多糖并提高其纯度的目的。鉴于单糖、无机盐等杂质成分通过醇沉、透析等简易方法即可除去，因此下文主要关注蛋白质、色素等的去除方法。

去除多糖中的蛋白质主要有三类方法：①物理法，即通过物理手段分离多糖和蛋白质，这类方法包括反复冻融法、絮凝剂法等；②化学法，即通过化学试剂使蛋白质变性、沉淀以实现分离目的，这类试剂包括Sevag试剂、三氯乙酸、三氟三氯乙烷、盐酸、氢氧化钠等；③生物法，即通过酶法降解蛋白质，再辅以透析、醇沉、膜分离等实现分离目的，这类酶包括胃蛋白酶、胰蛋白酶、木瓜蛋白酶、碱性蛋白酶等。其中三氯乙酸法作用强烈，需要在低温下操作；Sevag法虽然由Sevag等于1938年报道，但仍为当前常用的一种脱除蛋白质的手段（Li et al.，2019；Wu，2019），然而该法效率不高、多糖会有一定程度的损失且Sevag试剂有一定的毒性；酶法条件温和，操作简单，但酶的添加量通常需要探索，且加酶后的去酶不彻底也会重新向多糖中引入蛋白质。目前，将酶法与Sevag法结合起来去除多糖中的蛋白质是较为有效的方法。

常用的脱色方法包括活性炭脱色（Yang et al.，2017）、H_2O_2氧化法（Kasipandi et al.，2019；Chen et al.，2018）、大孔树脂吸附（Yang et al.，2017）、离子交换法（Shi et al.，2019a）等。实际上，许多天然来源的多糖都或多或少含有色素，可能是因为多酚（Rao et al.，2018）、黄酮（Mishio et al.，2015）、蒽醌类（Rao et al.，2017）带有发色基团。这些物质的极性通常强于多糖，因此常采用离子交换法脱除粗多糖中的色素，并能取得较好脱色效果。Shi（2016）提到，二乙氨乙基-琼脂糖（DEAE-Sepharose）、二乙氨乙基-纤维素（DEAE-Cellulose）及二乙氨乙基-葡聚糖（DEAE-Sephadex）是多糖纯化中广泛使用的填料，其中DEAE-Cellulose常作为离子交换中的首选填料（Wu，2019）。除DEAE类型填料外，离子交换型大孔树脂也是一种高效、低成本且脱色效果好的填料（He et al.，2018）。H_2O_2脱色的机制是其作为强氧化剂，在水中能电解成H^+和HO_2^-，该游离HO_2^-进一步氧化色素达到脱色效果。H_2O_2氧化法是将色素氧化而非直接去除，然而该法可能会破坏多糖的结构，使用时要根据多糖的性质和结构严格控制反应的温度、时间与pH（Yan et al.，2017；Xie et al.，2011）。

(2) 多糖的纯化

对多糖进行分离能够达到富集多糖的效果，进一步的纯化则能将不同的多糖组分分离。常用的纯化方法包括离子交换柱层析、凝胶柱层析、季铵盐沉淀法、分级醇沉法、冻融法等。

分级沉淀法根据试剂不同可分为有机试剂沉淀法和盐沉淀（盐析）法，其原理是依据相对分子质量不同的多糖组分在同一浓度的有机试剂或者盐溶液中具有不同溶解度的性质，通过改变试剂的浓度达到组分分离的目的，但分级沉淀法的分离分辨率较低。分级沉淀中常见的有机试剂包括一些低级醇或酮（甲醇、乙醇和丙酮等），盐析试剂一般为氯化钠和硫酸铵等中性盐。相对分子质量较大的多糖，溶解度相对较小，在逐渐增加有机试剂或者盐析试剂浓度的过程中会首先沉淀析出。乙醇在有机试剂沉淀法中最为常用，许多研究表明多糖组分沉淀通常发生在乙醇浓度为20%～80%时（Chou et al.，2019；

Wang et al.，2019a；Fan et al.，2018）。硫酸铵是盐沉淀法中较为常用的中性盐，与有机试剂沉淀法相比，盐析所得沉淀还需要进行溶解，再透析脱盐。Shi 等（2019b）采用硫酸铵盐析法在盐浓度为 40%、60%（ASP-6N）及 80%（ASP-8N）的条件下纯化出 3 种芦荟多糖，其中 ASP-6N 与 ASP-8N 都是乙酰化葡甘露聚糖。

柱层析法主要包括离子交换柱层析法和凝胶柱层析法。用于多糖纯化的离子交换柱层析法通常为阴离子交换层析，常用填料包括 DEAE-Cellulose、DEAE-Sepharose、DEAE-Sepharose Fast Flow 及 Q-Sepharose 等，可用于分离多糖中的酸性组分与中性组分（Shi，2016）。天然生物活性多糖中常含有酸性基团，这种基团越多，与交换剂的吸附作用越强。交换剂对直链（线性）多糖的吸附力大于带有支链的多糖，而在线性多糖中，相对分子质量越大，对交换剂的吸附力也就越大；吸附于柱填料上的不同酸性多糖组分，经不同强度的离子溶液洗脱则可以达到分离效果。这种离子交换方法在多糖纯化中越来越常见（Guo et al.，2019；Wu，2019；Xu et al.，2019；Zhang et al.，2019），而后续的多糖组分纯化一般由凝胶柱层析进行。

凝胶柱层析是通过凝胶的分子筛作用对尺寸大小不同的多糖进行分离，常用的填料包括 Sephadex、Sepharose 及 Sephacryl 等。凝胶柱层析是在多糖组分精细纯化中不可或缺的一种重要手段，其优点在于可以根据多糖分子质量分布情况，选择不同分离范围的凝胶填料多糖组分；而它的缺点主要是样品制备规模小、成本高、耗时长、效率低等。因此，凝胶柱层析作为纯化多糖组分的手段往往出现在对多糖纯度要求较高的研究中，尤其是多糖的结构解析或相关作用机制研究。凝胶柱的使用一般出现在纯化的最后一步，例如，Lu 等（2019）先用 DEAE-Sepharose Fast Flow 再结合 Sephacryl S-300 柱层析纯化得到分子质量为 3.074×10^5Da 的微生物来源多糖；Ji 等（2018）先采用 DEAE-Sepharose Fast Flow 再通过 Sephacryl S-300 柱层析纯化出一种中性枣多糖组分，并发现该组分由 Ara、Glc、Man 及 Xyl 组成；Wang 等（2019b）同样通过 DEAE-Cellulose 离子交换柱结合 Sephacryl S-100 凝胶柱的方法纯化出一种桑葚多糖。此类报道还有很多（Cao et al.，2019；Tang et al.，2019），表明了凝胶柱层析在多糖精细纯化中的重要地位。

此外，长链季铵盐凭借其能与酸性多糖或长链高分子质量多糖形成络合物的性质，常被用来分离酸性多糖及中性高分子多糖。通过季铵盐沉淀下来的络合物经高离子强度溶液溶解，再利用乙醇沉淀可使多糖与季铵盐分离开来。常用季铵盐包括十六烷基三甲基溴化铵（hexadecyl trimethyl ammonium bromide，CTAB）及其碱（CTAB-OH）和氯化十六烷基吡啶（cetylpyridinium chloride，CPC）。例如，赵盈（2011）利用 CTAB 对柿子粗多糖进行分离，得到分子质量为 2.05×10^5Da 的水溶性组分与 2.63×10^5Da 的 10% NaCl 盐溶性组分；Phélippé 等（2019）通过 CTAB 纯化得到一种显微藻类的酸性多糖。

超滤法属于膜分离技术，是通过滤膜的筛分性质只允许一定分子质量范围内的多糖通过超滤膜从而分离多糖。例如，Ma 等（2016）采用 100kDa 与 10kDa 超滤膜处理杏鲍菇粗多糖，成功分离得到了两个杏鲍菇多糖组分；Shao 等（2019）通过微滤、超滤等膜分离技术组合进行浒苔多糖的快速、大规模制备。总之，超滤法优点众多，如操作简单、安全无毒，体系一般为多糖料液与水而不引入其他杂质，滤膜可以重复使用，分离效率高、易工业化等；但需要指出的是滤膜对多糖的截留作用在一定程度上也会造成多糖的损失，同时超滤膜在处理如多糖类生物样品时也容易发生膜污染、膜孔堵塞等问题。

实际上，在多糖的分离、纯化过程中，有时一种纯化方法不能很好地达到纯化效果，因此可以依赖几种方法同时纯化。例如，Yin 等（2012）采用双水相色谱结合高速逆流色谱法分离纯化黄芪多糖；Liu 等（2015）使用季铵盐沉淀法联合超滤法对金福菇多糖进行纯化，与柱层析法相比，多糖的得率要高出 66.67%，且处理量更大（由 0.01g 增至 100g），纯化时间更短（由 8 天缩短至 2 天）。总之，多糖的纯化方法众多，并且随着科技的进步选择性更强。研究人员在对一种未知多糖进行纯化时，建议充分了解其理化特性，从而有针对性地选择纯化方法。

3.2.2　基本理化性质分析

3.2.2.1　纯度的评价

在前人和我们团队工作的基础上（谢明勇和聂少平，2010；聂少平等，2018），我们认为多糖纯化效果的优劣可考虑从纯化后多糖是否具有良好的"多糖均一结构的多维性"与"多糖结构的相对有序性"这两个角度去评价。评价"多糖均一结构的多维性"是指对多糖结构的均一与否，应该从其较窄的分子质量分布、均一的电荷性、较高的糖含量等角度进行综合评价，如表 3-2 所示。"多糖结构的相对有序性"是指在某种程度上，多糖的结构有一定规律可循，即绝大部分多糖往往可被归为某一特征结构类型的化合物，如葡聚糖、阿拉伯木聚糖、葡甘露聚糖、阿拉伯半乳聚糖、果胶等。

表 3-2　多糖纯度评价常用方法

评价指标	研究方法
中性糖含量	苯酚-硫酸法、蒽酮-硫酸法、3,5-二硝基水杨酸比色法
糖醛酸含量	间羟基联苯法、咔唑-硫酸法
多糖的分子质量分布	HPGPC、HPSEC-MALLS
单糖组成	完全酸水解结合 HPLC、HPAEC-PAD，或结合衍生化后再结合 GC、GC-MS

注：HPGPC，high performance gel permeation chromatography（高效凝胶渗透色谱法）；HPSEC-MALLS，high performance size exclusion chromatography-multiangle laser light scattering（高效尺寸排阻色谱-多角度激光光散射）；HPLC，high performance liquid chromatography（高效液相色谱法）；HPAEC-PAD，high performance anion exchange chromatography-pulsed amperometric detector（高效阴离子交换色谱-脉冲安培检测器）；GC，gas chromatography（气相色谱法）；GC-MS，gas chromatography-mass spectrometry（气相色谱-质谱法）

3.2.2.2　糖含量测定

糖含量是评价"多糖均一结构的多维性"的重要指标，包括中性糖含量与糖醛酸含量，因此纯度高的多糖其糖含量和 / 或糖醛酸含量必定较高。中性糖含量用显色法进行测定，原理是多糖经强酸水解为单糖后进一步脱水生成醛类衍生物，其再与酚类、蒽酮类等缩合形成有色物质，通过测定其在一定波长下的吸光值并结合相应单糖的标准曲线来实现定量分析。目前，中性糖含量测定以苯酚-硫酸法与蒽酮-硫酸法为主（Chen and Huang，2019；Gao et al.，2019a；Li et al.，2019），而其他糖含量测定的比色法，如萘酚-硫酸法、间苯二酚-盐酸法及地衣酚-盐酸法等应用相对较少。糖醛酸含量测定的方法报道较多的为咔唑-硫酸法（Cai et al., 2019; Deng et al., 2019; Huang et al., 2019）与间羟基联苯法（Abuduwaili, 2019; Jeong et al., 2019; Wang et al., 2017b），它们都是比色法，但间羟基联苯法测定糖醛酸含量的结果比咔唑-硫酸法更为准确，测定结果受中性糖的干扰小（Bitter and Muir, 1962）。

除比色法外，还可通过HPLC测定糖含量。例如，熊科胜等（2017）采用氨基柱建立了高效液相色谱-蒸发光散射检测器（high performance liquid chromatography-evaporative light-scattering detector, HPLC-ELSD），测定了油梨种子中的不同可溶性糖，样品的加标回收率为84.5%～104.7%，相对标准偏差（relative standard deviation, RSD）小于4.9%；王凤芹等（2018）采用XBridge™ C_{18}柱（250mm×4.6mm，5μm）建立了用1-苯基-3-甲基-5-吡唑啉酮（1-phenyl-3-methyl-5-pyrazolone, PMP）柱前衍生-高效液相色谱分离、检测新型细菌多糖中5种单糖及糖醛酸组成的分析方法。另外，酶比色法通过葡萄糖氧化酶在有氧条件下催化β-D-葡萄糖氧化生成D-葡萄糖酸-δ-内酯和H_2O_2，其中H_2O_2在过氧化物酶的催化下与4-氨基安替比林和苯酚生成红色醌亚胺，可在波长505nm处比色测定糖含量（郭周航，2017）。

总之，糖含量高低是评价多糖纯度高低的最基本、不可或缺的指标，而且糖含量高也是多糖纯度高的必要条件。

3.2.2.3　单糖组成

（1）多糖的降解

多糖通常由单糖或者单糖的衍生物组成，构成多糖的常见单糖包括果糖（Fru）、岩藻糖（Fuc）、阿拉伯糖（Ara）、鼠李糖（Rha）、木糖（Xyl）、葡萄糖（Glc）、半乳糖（Gal）、甘露糖（Man）、葡糖醛酸（GlcA）、半乳糖醛酸（GalA）及一些氨基糖、唾液酸等。单糖组成分析对于掌握多糖的结构至关重要，同时它也可作为多糖纯度评价的参考。

无论是单糖组成定性分析还是定量分析，通常需要水解样品，样品的水解方法有甲醇解、盐酸水解、硫酸水解和三氟乙酸（trifluoroacetic acid, TFA）水解等，其中硫酸水解法与三氟乙酸水解法最为常用。TFA水解法的优点在于能有效水解糖苷键，且不破坏单糖的结构，而且TFA挥发性强，通过减压浓缩、冷冻干燥等即可从体系中除去；硫酸水解法常用于水解中性糖，其水解效率高，但通常需要加入$Ba(OH)_2$中和体系，然而中和时产生的沉淀容易吸附单糖从而对结果造成干扰（Willför et al., 2009）。此外，酶法尽管反应条件温和、效率高，但许多天然多糖的单糖组成复杂，加上酶专一性要求高且价格高昂等因素限制，其应用仍处于发展阶段；但随着生物技术和酶工程的发展，利用酶的多样性和高度特异性，酶法在今后的应用潜力是巨大的。多糖的水解程度直接影响单糖的定性或定量分析，尽管水解方法众多，但是仍难保证多糖的完全酸水解。因此，研究人员在涉及多糖的单糖组成的研究报告、论文中应尽可能地提供单糖组成的回收率供他人参考，另外更要依据回收率的情况去决定是否适当优化水解试剂、温度和时间等因素，以提高实验数据的准确性与学术价值。

（2）单糖的检测

多糖水解后生成的单糖混合物或单糖甲基糖苷混合物可用薄层色谱法（thin-layer

chromatography，TLC）、高效阴离子交换色谱法（HPAEC）、高效液相色谱法（HPLC）、GC 或 GC-MS 等方法进行定性和定量分析。其中，TLC 结合茚三酮或茴香醛显色可以很好地判断和分离各单糖，但是该方法只能定性分析。

在 GC 分析前，难挥发性的糖类需要通过衍生转化成易挥发、对热稳定的衍生物，常见的衍生物包括糖腈乙酸酯衍生物、糖醇乙酸酯衍生物和糖的三甲基硅醚衍生物等。上述衍生化反应操作步骤较多，同时容易产生异构体，并且在此过程中往往需要用到吡啶或者呋喃等试剂，导致在实际应用中受到一定限制。此外，当样品的单糖组成复杂时，GC 的分离效果不佳。

HPLC 用于单糖组成分析具有分离速度快、分辨率高、重现性好等优点，可分为直接测定和柱前衍生两种方法。选用直接测定时，由于糖类物质不具有紫外吸收，因此通常选用通用型检测器，如示差折光检测器（differential refractive index detector，RID）或蒸发光散射检测器（ELSD），色谱柱有氨基柱和专用糖柱。为了提高检测灵敏度和分辨率，使用带有紫外或荧光标记的衍生物和糖类衍生（柱前衍生），然后利用反向 C_{18} 色谱柱结合紫外检测器或荧光检测器（不常用）进行分离检测，常用衍生化试剂有 1-苯基-3-甲基-5-吡唑啉酮（PMP）等。郭元亨等（2018）指出由于检测器的特殊性限制了分离手段，尤其是限制了梯度洗脱分离单糖的技术，且等梯度洗脱常导致部分单糖之间难以相互分离、峰形相互重叠，再加上许多多糖的结构复杂、组成单糖种类较多，因此单独使用液相色谱法（liquid chromatography，LC）难以准确检测全部单糖。

HPAEC 是糖类分析的另外一种便利方法，此方法的最大特点是不需要对单糖进行柱前衍生，而且分离能力强。该技术主要利用糖类分子的电化学活泼性质，通过强碱性质的流动相使糖分子呈离子化状态，然后通过相应的糖分析柱达到分离目的，用安培检测器检测糖信号，检测限低至 12.5×10^{-3}nmol，经优化后可同时分离 7 种中性糖、2 种糖胺（半乳糖胺、葡糖胺）、*N*-乙酰神经氨酸、*N*-羟乙酰神经氨酸和 5 种糖醛酸（葡糖醛酸、半乳糖醛酸、古洛糖醛酸、甘露糖醛酸、艾杜糖醛酸）（Zhang et al.，2012）。但不足之处是设备价格昂贵，普及率较低。

质谱（mass spectrum，MS）技术是一种可以详细解析化合物结构特征的分析手段，其通过与 LC 或 GC 等技术联用成为糖类化合物分离表征的有效工具，并可用于不同类型糖类化合物的定性和定量分析。例如，Ačanski 和 Vujić（2014）采用 GC-MS 分析了不同类型面粉中戊糖、己糖等单糖及双糖的组成情况。此外，HPLC-MS 也可用于糖的分析（Xu et al.，2014；Qian et al.，2008）。而近年来报道较多的离子淌度质谱则被用来鉴定单糖的同分异构体，其只需微量的样品即可用于单糖异头物的分析（Hofmann and Pagel，2017；Hofmann et al.，2015）。MS 技术虽有其自身的优势，但其设备价格昂贵，使用受到一定程度的限制。

单糖组成分析对于掌握多糖的结构至关重要，它可以提供重要的结构信息，同时也能辅助评价一个多糖的纯度，即上文提到的“多糖结构的相对有序性”，如含有 Ara 和 Xyl 的多糖主要归属于阿拉伯木聚糖（AX）类；由 Gal 和 Man 组成的多糖主要归属于半乳甘露聚糖（GM）类；果胶多糖主要由半乳糖醛酸和一些中性单糖构成（Guo et al.，2018）。因此某些多糖的糖含量高、分子质量分布均一，然而单糖组成却十分复杂，如单糖种类多达六七种，且各单糖之间含量差异较小，这就需要引起注意：究竟是相对分子质量分布相近的多糖组分未被分离开而导致单糖组成不同的多糖混杂，还是真的存在如此结构类型的多糖呢？随着科技不断进步，分离手段不断丰富，相信这些疑惑终将被揭开。

3.2.2.4　相对分子质量分布

相对分子质量分布的测定方法包括 HPGPC 与 HPSEC 结合示差折光检测器、黏度检测器、光散射检测器，而光散射检测器还能够测定多糖的重均相对分子质量（M_w）、数均相对分子质量（M_n）、黏均相对分子质量（M_η）。凝胶渗透色谱洗脱峰若均一对称且峰宽小，则相应多糖组分的相对分子质量分布范围窄、均一性良好。以下为几种平均相对分子质量的定义方程式：

$$M_n = \sum_i N_i M_i \tag{3-1}$$

$$M_w = \sum_i W_i M_i \tag{3-2}$$

$$M_\eta = \left(\sum_i w_i M_i^\alpha \right)^{1/\alpha} \tag{3-3}$$

式中，w 为分子的总质量，n 为总物质的量，η 为特性黏度，i 为种类序数；M_i 为第 i 种分子的相对分子质量，W_i 为整个样品中的质量分数，N_i 为相应物质的量分数，w_i 为第 i 种分子的总质量，α 是与聚合物和处理剂有关的常数，α 为公式 $[\eta]=KM^\alpha$ 中的指数，通常 $0.5 < \alpha < 1$。

多糖作为一种高相对分子质量、具有生物活性的化合物，相对分子质量是不均一的，并呈多分散分布。因此，多糖相对分子质量只代表相似链长的平均分布，通常可以用数均相对分子质量（M_n）、重均相对分子质量（M_w）、黏均相对分子质量（M_η）和 Z 均相对分子质量（M_Z）表示。其中，M_n 可通过尺寸排阻色谱法（size exclusion chromatography，SEC）、飞行时间质谱法（time of flight mass spectrometry，TOF-MS）、膜渗透压法等测量得到；M_w 可通过静态光散射和沉淀平衡法测定。对于某一特定多糖而言，$M_Z > M_w > M_\eta > M_n$，其中 M_w/M_n 的值称作多分散性指数（PDI），可以用于描述多糖的相对分子质量分布（Cui，2005；张俐娜等，2006），对于天然多糖，PDI 通常为 1.0 ～ 2.0。

测定多糖相对分子质量的方法包括相对法与绝对法，其中相对法有尺寸排阻色谱法、特性黏度法（intrinsic viscosity，IV）、SEC-IV 联用，常见的绝对法包括光散射（light scattering，LS）、SEC-LS 联用及飞行时间质谱法（TOF-MS）。HPSEC 与多角度激光光散射技术、示差折光检测器、黏度检测器联用（HPSEC-MALLS-RI-Vis）巧妙地将不同的相对分子质量测定方法结合起来，在提高测定多糖相对分子质量及分布的效率的同时还提供了如分散性（dispersity，DPI）、流体力学半径（R_h）、均方回转半径（R_g）等丰富的构象信息，从而广泛应用于多糖的相对分子质量测定与溶液构象研究中。例如，Hou 等（2019）采用 HPSEC-MALLS 测定了粒毛盘菌胞外多糖的相对分子质量分布；Zhang 等（2018）采用 HPSEC-MALLS 分析了黑灵芝多糖的相对分子质量分布及特性黏度、R_g、R_h 等构象参数；Gao 等（2019b）采用 HPSEC-MALLS-RID 测定了 3 种海带多糖组分的相对分子质量。此外，MALDI-TOF/MS 也越来越多地应用于多糖的相对分子质量测定及结构解析中。例如，López-García 等（2016）利用 MALDI-TOF/MS 比较了不同品种蘑菇作为商业化健康补充剂时，多糖在相对分子质量分布上的差异；Ai 等（2015）采用 MALDI-TOF/MS 分析了矽藻胞外多糖的相对分子质量分布。表 3-3 给出了以上方法所测多糖的平均相对分子质量类型及测定范围（何曼君等，2006）。

表 3-3　多糖平均相对分子质量表征常用方法

方法种类	方法名称	平均相对分子质量类型	相对分子质量范围（g/mol）
相对法	尺寸排阻色谱法	M_n、M_w	$10^3 < M < 10^6$
	特性黏度	M_η	$M < 10^6$
	SEC-IV 联用	M_n、M_w、M_η	$10^3 < M < 10^6$
绝对法	光散射	M_w	$10^4 < M < 10^7$
	SEC-LS 联用	M_w	$10^4 < M < 10^7$
	飞行时间质谱法	M_n、M_w	$M < 10^4$

3.3　生物活性多糖的结构解析

3.3.1　多糖的化学结构解析

天然多糖的化学结构一般较为复杂，因此需要结合大量的化学方法与仪器分析技术，最后综合解析获得多糖的化学结构。图 3-1 是对多糖结构解析手段与相应结构指标的归纳图，其中多糖结构解析的关键在于充分结合部分降解、甲基化及核磁共振（nuclear magnetic resonance，NMR）波谱技术手段。

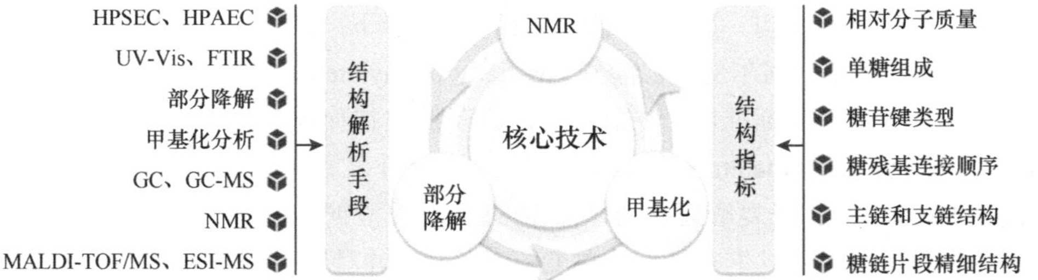

图 3-1　多糖结构解析的技术体系（聂少平等，2018）（彩图请扫二维码）

UV-Vis 为紫外-可见分光光度法

3.3.1.1　傅里叶变换红外光谱

傅里叶变换红外光谱（Fourier transform infrared spectrometer，FTIR）仪可以在短时间内收集广谱范围内的高分辨率数据，因而广泛用于碳水化合物分析（Guo et al.，2018）。在 4000 ～ 1300cm^{-1}，红外吸收峰都和一定的官能团对应，可用于分析有机物中的官能团；波数在 1200 ～ 950cm^{-1} 的 FTIR 被认为是碳水化合物的“指纹”区域，可以识别多糖中的主要化学基团。多糖中常见的一些 FTIR 数据列于表 3-4 中，其中 α 型和 β 型的多糖分别在波数 844cm^{-1} 和 891cm^{-1} 附近有吸收峰（Sun et al.，2009）。此外，FTIR 还可用于多糖结构中某些官能团的定量分析，如甲酯化果胶中的甲酯化度即可通过该法快速测定，具体是根据 1740cm^{-1} 和 1600cm^{-1} 附近吸收峰分别由酯羰基和羧酸根离子伸缩振动引起，其 DE 值可根据以下公式估算：

$$\text{DE} = \frac{A_{\sim 1740}}{\left(A_{\sim 1740} + A_{\sim 1600}\right)} \times 100\% \tag{3-4}$$

式中，$A_{\sim 1740}$ 与 $A_{\sim 1600}$ 为 1740cm^{-1}、1600cm^{-1} 附近吸收峰的峰面积积分值。

表 3-4 多糖中常见的 FTIR 吸收峰与对应官能团（Guo et al.，2018；Sun et al.，2009）

波数（cm^{-1}）	官能团 / 结构信息	峰形 / 强度
3500 ～ 3000	O—H 伸缩振动	峰较宽，信号强
3000 ～ 2800	C—H 伸缩振动	峰较窄，与 O—H 信号部分重叠
1630 ～ 1600	COO$^-$ 非对称伸缩振动，可能存在糖醛酸	信号强
～ 1400	COO$^-$ 对称伸缩振动	信号弱
～ 1380	C—H 弯曲振动	信号弱
～ 844	α 型	信号弱
～ 891	β 型	信号弱

3.3.1.2 单糖组成

多糖中常见的单糖种类、单糖组成的检测方法在 3.2.2.3 中已有详细介绍。

3.3.1.3 甲基化分析

甲基化分析是解析多糖糖苷键位置的关键手段，其原理是先将多糖中各种单糖残基上的游离羟基全部甲基化，再进行水解和衍生，通过 GC-MS 分析，最后借助质谱裂解规律解析各甲基化单糖结构。甲基化分析方法可概述如下：①根据实际的 GC-MS 条件比对文献中的部分甲基化阿尔迪醇乙酸酯（partially methylated alditol acetate，PMAA）在 GC 上的相对保留时间及标准图谱（文献数据、在线数据库如 https://glygen.ccrc.uga.edu/ccrc/specdb/ms/pmaa/pframe.html 等），即可较快地分析出各单糖残基的连接位点；②进一步根据 PMAA 的质谱裂解规律对所归属的不同类型糖残基的 PMAA 质谱峰进行验证，其规律为断裂主要发生在被取代的 C—C 之间，并且断裂顺序由易到难为“—CHNMeAc—CHOMe—”＞“—CHOMe—CHOMe—”＞“—CHOMe—CHOAc—”＞“—CHOAc—CHOAc—”。关于甲基化分析的原理、方法介绍及图、表整理等，本团队已做过较为细致、系统的归纳与总结（谢明勇和聂少平，2010）。此外，需要指出的是由于单糖残基种类复杂，因此一般直接以 GC-MS 峰面积比值来表示各个残基的相对含量，但更准确的方法是利用响应因子法进行校正，而且甲基化分析无法确定异头碳糖苷键构型和单糖残基的顺序信息。Sims 等（2018）认为尽管甲基化的实验方法已建立得较好，但研究人员在甲基化实验与分析中，仍需要有足够的经验并保持细心谨慎才能成功并正确地分析出甲基化结果。

3.3.1.4　质谱分析

在糖类研究过程中，质谱显示出了无可替代的作用，GC-MS 已广泛应用于糖组成分析和甲基化分析以确定糖残基连接方式。而后各种软电离技术的诞生，如快速原子轰击质谱法（fast atom bombardment mass spectrometry，FAB-MS）、电喷雾电离质谱法（electrospray ionization mass spectrometry，ESI-MS）、基质辅助激光解吸电离飞行时间质谱法（MALDI-TOF/MS）等，使糖结构分析研究取得了日新月异的发展。

快速原子轰击质谱法（FAB-MS），其原理是快速原子轰击导致样品的挥发和解离，形成分子离子和准分子离子，以及反映连接顺序等信息的碎片（Ohashi et al.，2004）。尽管 FAB-MS 可以显示碎片离子，但有时样品的分子离子峰却检测不到，因此，在糖类结构分析中，FAB-MS 逐渐被其他灵敏度更高的质谱技术代替。

电喷雾电离质谱法（ESI-MS），其除用以测定寡糖的聚合度、结构及序列外，还可用于测定衍生化糖。多糖样品经 ESI-MS 处理后，得到的分子离子一般带有多个电荷。故在正离子或负离子谱上会看到 $[M+nH]^{n+}$ 或 $[M-nH]^{n-}$ 峰。ESI-MS 具有很高的灵敏度，电离的分子可以带有多电荷，这种多电荷离子的产生大大扩展了普通质谱仪能分析的质量范围。对糖类而言，ESI-MS可以分析 25 个甚至更多单糖残基组成的含羧基或硫酸根等官能团的多糖（陈惠黎，1997）。

基质辅助激光解吸电离飞行时间质谱法（MALDI-TOF/MS）可准确、快速和灵敏地测定大分子多糖的分子质量。然而，多糖的多分散性使得高聚合度多糖的 MALDI-TOF/MS 质谱图的高分子质量区间内难以出现质谱峰。常用的解决方法是先对多糖进行分级处理，再对各级分别作 MALDI-TOF/MS 测定分析（邓慧敏等，2003）。

3.3.1.5　核磁共振波谱

一维核磁共振（one-dimensional nuclear magnetic resonance，1D NMR）和二维核磁共振（two-dimensional nuclear magnetic resonance，2D NMR）技术在多糖结构解析中的引入，使其成为表征糖苷键连接顺序的强有力手段。NMR 技术在多糖结构解析中的应用主要体现为对多糖糖环上不同位置的 ^{1}H 和 ^{13}C 信号进行归属，并利用 2D NMR 氢-氢相关、碳-碳相关谱的核磁信号获得糖苷键的连接顺序，从而解析出多糖一级结构。此外，三维核磁共振（three-dimensional nuclear magnetic resonance，3D NMR）的出现使得一些在 2D NMR 上重叠的信号得以分开。Dick-Perez 等（2012）更是借助多维固态核磁技术揭示了果胶在细胞壁中的流动性。

由于多糖的相对分子质量一般较高及糖苷键类型的复杂性，实际测得的 NMR 谱图峰的重叠现象较严重，不利于谱图的解析。因此，在多糖的 NMR 样品制备过程中，应尽可能地提高样品浓度以增强 NMR 谱图信号，但其黏度不宜过高；而对于高黏度的样品可在 NMR 测定中适当升温以降低样品黏度。此外，通过部分降解多糖获得其降解产物，再经分离纯化后进行 NMR 分析通常能获得更为理想的 1D 与 2D NMR 图谱。

1D NMR 包括 ^{1}H NMR 和 ^{13}C NMR。^{1}H NMR 主要解决多糖结构中糖苷键构型问题，通常 α 型糖苷异头碳上的质子信号大于 δ 5.0，其耦合常数 $^{3}J_{1,2}$ 值小于 4；β 型糖苷异头碳上的质子信号一般小于 δ 5.0，$^3J_{1,2}$ 值大于 4。此外，从 ^{1}H NMR 还可以获得其他一些特殊基团的特征信号，—$COOCH_3$ 的质子信号位于 δ 1.8 ~ 2.2，C—CH_3 的质子信号位于 δ 1.1 附近。然而多糖的异头质子信号在 ^{1}H NMR 中通常集中分布在 δ 4.3 ~ 6.0，其信号重叠严重，给图谱解析带来困扰；而在以重水（D_2O）为溶剂的 NMR 测定中，溶剂水峰甚至会与异头质子信号峰重叠，因此要补充变温氢谱实验或进行溶剂峰压制实验，以获得理想的 ^{1}H NMR。

与 ^{1}H NMR 相比，^{13}C NMR 的信号强度要低很多，但其化学位移范围广，所获得的核磁图谱重叠少、易于解析。δ 95 ~ 105 为异头碳信号，其中 β 型异头碳会出现在 δ 101 以上，而 α 型出现在 δ 95 ~ 103；δ 170 ~ 180 的低场信号为羰基碳的信号，表明可能存在糖醛酸；—OCH_3 的碳信号则会出现在 δ 55 ~ 61，—$COCH_3$ 中甲基碳的信号出现在 δ 22 附近（Cui，2005）。当糖环上不同位置的碳原子发生取代后，只要取代基的结构相同，不管是二糖、寡糖还是多糖，其向低磁场位移值变化基本相同，因此可以借助对应单糖的甲基苷、二糖及寡糖等的 ^{13}C NMR 化学位移资料进行区分判断。

2D NMR技术在复杂多糖化合物的结构研究中扮演重要角色，其使多糖各个糖残基的 ^{1}H NMR 和 ^{13}C NMR 信号得到归属，从而给出不同糖残基之间连接顺序的信息。同核位移相关谱中的化学位移相关谱（correlation spectroscopy，COSY）、双量子滤波 COSY（double quantum filtered correlation spectroscopy，DQFCOSY）等能够提供 H—H 之间的关系；异核单量子相干谱（heteronuclear single quantum coherence spectroscopy，HSQC）反映的是直接相连的 ^{1}H、^{13}C 核之间的耦合关系（$^1J_{CH}$），基于 COSY 分析，再通过 HSQC 可以找出糖基上每个氢所连接的碳信号；异核多键相关谱（heteronuclear multiple bond correlation spectroscopy，HMBC）把 ^{1}H 核与长程耦合 ^{13}C 核关联起来，可检测相连两糖残基间的 C/H 耦合，即异头氢 / 异头碳与另一糖残基相连位碳 / 氢的耦合，从而推断单糖残基间的连接片段（谢明勇和聂少平，2010；Cui，2005；李波等，2005）。

3.3.2　多糖的溶液构象特征

3.3.2.1　静态光散射法

静态光散射（static light scattering，SLS）技术是一种简单有效的多糖溶液构象特征表征方法，它依据高分子溶液光散射性质与相对分子质量、尺寸及浓度等相关特性，通过公式计算可获取绝对分子质量、相对分子质量分布、均方回转半径（R_g）及构象等多种结构信息。M_w 和 R_g 之间存在下述关系（Burchard，2005）：

$$Kc/R_\theta=1/M_w+1/3(R_g^2/M_w)q^2+2A_2c \quad (3\text{-}5)$$

式中，K 为光学对比因子，c 为聚合物浓度，R_θ 为 Rayleigh 比值，A 为第二维利系数，散射矢量 q 定义为：

$$q=4\pi n_0\sin(\theta/2)/\lambda_0 \quad (3\text{-}6)$$

式中，n_0 为溶剂折光指数，λ_0 为光在真空中的波长，θ 为散射角度。K 值可通过下述公式得到：

$$K=(4\pi^2/\lambda_0^4n_0)(dn/dc)^2 \quad (3\text{-}7)$$

式中，dn/dc 为溶剂折光指数。

利用 Kc/R_θ 对 q^2+kc（k 为某一特定常数）作图，得到 Zimm plot，根据式 3-5 外推 $\theta\to0$、$c\to0$，通过截距求得 M_w；利用 $[Kc/R_\theta]_{\theta\to0}$ 对 c 作图，从所得直线斜率求出 A_2；利用 $[Kc/R_\theta]_{c\to0}$ 对 q^2 作图，从所得直线斜率求出 R_g。由 R_g 和流体力学半径（R_h）的比值得到构象参数 ρ（R_g/R_h）（Burchard，2005），当 $\rho=0.78$ 时，为硬球构象；当 $\rho=1.22$ 时，为超支化结构；当 $\rho=1.5\sim1.8$ 时，为线性柔顺链；当 $\rho>2$ 时，为刚性链。

3.3.2.2　动态光散射法

动态光散射（dynamic light scattering，DLS）法常用于表征多糖分子尺寸或者粒径分布，主要通过测量散射光强度随时间的变化，得到时间相关函数（因此称为“动态”），进而求得平移扩散系数 D 和流体力学半径（R_h）。DLS 考虑溶液中分子存在布朗运动。

DLS 可确定时间依赖型相关函数 $G_2(t)=i(0)i(t)$，其中 $i(0)$ 为实验起始的光散射强度，$i(t)$ 为一段时间之后的光散射强度。在稀溶液中，光强-时间相关函数表示为

$$G_2(t)=B[1+f^2|g_1(t)|^2] \quad (3\text{-}8)$$

式中，B 为测量基线，f 决定了截距与基线的比值（$\leqslant 1$），$g_1(t)$ 为电场-电场的时间相关函数。对于大多数多糖而言，基本上为多分散体系，因此 $g_1(t)$ 和延迟常数 $\varGamma$ 之间不是简单的指数关系，此时 $g_1(t)$ 是与线宽分布函数有关的：

$$|g_1(t)|=\int_0^\infty G(\varGamma)\,\mathrm{e}^{(-\varGamma t)}\,\mathrm{d}\varGamma \quad (3\text{-}9)$$

对于单分散体系，$g_1(t)$ 和延迟常数 $\varGamma$ 存在指数关系

$$g_1(t)=\mathrm{e}^{(-\varGamma t)} \quad (3\text{-}10)$$

$$\varGamma=Dq^2 \quad (3\text{-}11)$$

式中，D 为平移扩散系数，q 为散射向量。当平移扩散系数已知时，流体力学半径（R_h）就可通过 Stokes-Einstein 公式计算出来：

$$D=\frac{kT}{6\pi\eta R_\mathrm{h}} \quad (3\text{-}12)$$

式中，k 为玻尔兹曼常数，T 为绝对温度，η 为溶剂的黏度，R_h 为流体力学半径。

3.3.2.3　黏度法

黏度法是一种所需仪器设备简单、操作便利又有一定准确性的测定相对分子质量的方法（Yamakawa，1971）。用黏度法测定聚合物的相对分子质量需要借助 Mark-Houwink 方程。

$$[\eta]=KM^\alpha \text{（1）} \quad (3\text{-}13)$$

$$\frac{\eta_\mathrm{sp}}{c}=[\eta]+K'[\eta]^2c \text{（2）} \quad (3\text{-}14)$$

$$\frac{\ln(\eta_\mathrm{r})}{c}=[\eta]+(K'-1/2)[\eta]^2c \text{（3）} \quad (3\text{-}15)$$

式中：（1）为 Mark-Houwink 方程，$[\eta]$ 为特性黏度，M 为黏均相对分子质量；（2）为 Huggins 方程，η_{sp} 为比浓黏度，K' 为 Huggins 常数，C 为溶液浓度；（3）为 Kraemer 方程，$\eta_{sp}=\eta_r-1$，η_r 为相对黏度，$\eta_r=\eta/\eta_0$，其中 η 比 $[\eta]$ 包括的范围更大，如溶液浓度。

在一定的分子质量范围内，K 和 α 是与分子质量无关的常数，因此在已知 K 和 α 值条件下，可根据所测 [η] 值计算出多糖的分子质量。测定多糖特性黏度的常用工具为乌氏黏度计，测试的溶液黏度一般配制在 1% 左右，相对黏度 η_r 一般在 1.6 ～ 2.0，溶液的流出时间在 200s 左右，然后逐步稀释，依次测定各个浓度溶液的流出时间（何曼君等，2006）。一般根据测定结果，对 Huggins 方程与 Kraemer 方程进行浓度外推至 0，两条直线在 Y 轴上相交的点即为特性黏度 [η]。

3.3.2.4　原子力显微镜

原子力显微镜（atomic force microscope，AFM）能够表征亚纳米级生物聚合物尺寸。在过去 20 年中，AFM 在基础和复杂的食品体系等领域得到了广泛的应用（Wang and Nie，2018）。目前，AFM 已成功应用于各种各样多糖高级结构的研究，如凝胶多糖、黄原胶、卡拉胶、木葡聚糖、果胶、阿拉伯木聚糖、裂褶菌素及淀粉等。

用于 AFM 测定的多糖样品需要有一定的纯度。通常，将多糖样品配成合适的浓度后，吸取少量多糖溶液滴加在新剥离的云母片上，在无尘条件下风干后用于 AFM 测定。但需要注意，多糖溶液需要完全溶解，对于难溶解的样品可辅以加热、超声或稀释等处理，以尽可能减少未溶解的样品对 AFM 测定结果的干扰。Posé 等（2012）先用蒸馏水稀释果胶，在 80℃下加热 10min 分散聚集体，以此获得了更好的单个分子和胶束的分辨率图像。Kavitake 等（2016）通过 AFM 研究了一种半乳糖体的结构特征，发现该聚合物含有许多最大高度为 39nm 的球形、不规则团块，形成密集网状结构。

3.3.2.5　圆二色谱

圆二色谱（circular dichroism spectrum，CDS）是一种在蛋白质、多肽、核酸及多糖构象分析中常用的旋光光谱，其可以推断非对称分子的构型与构象。化合物的圆二色谱特征一般用椭圆率 θ 来表征，并常以摩尔椭圆率 [θ] 形式出现。真空圆二色谱是指波长小于 200nm 并通过真空圆二色谱仪记录的色谱；诱导圆二色谱是指波长大于 200nm，并主要用于含有 π 电子功能基团的多糖的构象分析的色谱。CD 谱图的强度和形状与多糖的结构紧密相关，而 CD 谱图所能提供构象信息的程度则取决于多糖结构的复杂程度（段金友和方积年，2004）。Wang 等（2016）通过测定 200 ～ 300nm 的 CD 谱图研究了不同硫酸化白沙蒿多糖的构象。Zhu 等（2016）采用 CD 谱图研究了不同提取方法对所得多糖溶液构象的影响，并发现采用室温提取的虫草多糖具有螺旋结构。

3.4　生物活性多糖的功能

3.4.1　免疫调节功能

3.4.1.1　增加免疫器官指数

生物活性多糖对动物免疫器官（脾脏、胸腺等）有一定影响。高笑笑等（2017）发现雪灵芝多糖的高、中剂量组的体质量增率、胸腺指数、脾淋巴细胞增殖活性等高于环磷酰胺模型组，表明雪灵芝多糖对环磷酰胺致免疫抑制小鼠的免疫功能有保护作用；李海珊等（2017）发现采用江西婺源绿茶多糖干预的小鼠免疫器官指数均明显增大，证明茶多糖具免疫调节功能及促进小鼠肠道健康的作用。

3.4.1.2　增强免疫细胞活性

多糖能在多条途径、多个层面对免疫系统发挥作用，不仅能激活巨噬细胞、T 淋巴细胞（简称 T 细胞）、B 淋巴细胞（简称 B 细胞）、自然杀伤细胞（natural killer cell）（简称 NK 细胞）等免疫细胞，还能诱导细胞因子的产生和细胞因子受体的表达，促进抗体形成，激活网状内皮系统，活化补体系统的经典途径及变更途径。

1）多糖通过刺激巨噬细胞、促进细胞因子的生成与分泌等发挥其免疫调节作用。刘想等（2018）发现黑灵芝多糖能显著降低巨噬细胞吞噬能力并抑制 IL-1β、NO 和活性氧（reactive oxygen species，ROS）的生成，提示黑灵芝多糖可抑制巨噬细胞向 M1 表型极化。梁英等（2017）发现黄芩多糖可增加小鼠胸腺质量，显著增加小鼠脾脏质量；增加小鼠血清中免疫球蛋白 G（immunoglobulin G，IgG）含量，显著增加小鼠血清中 IgA含量与 IgM 含量等，表明黄芩多糖具有增强机体免疫功能的作用，并在一定程度上对小鼠的体液免疫有所增强，还能激活并提高小鼠非特异性免疫反应。许晓燕等（2014）报道金针菇子实体多糖能够促进 RAW264.7 巨噬细胞产生 NO 及分泌细胞因子（IL-1β、IL-6、TNF-α），能单独地促进小鼠淋巴细胞增殖，并协同增强伴刀豆球蛋白 A（concanavalin A，ConA）和脂多糖（lipopolysaccharide，LPS）对小鼠淋巴细胞的促增殖作用。一些研究发现多糖可通过巨噬细胞表面受体激活巨噬细胞释放免疫因子，促进细胞吞噬作用，然而关于多糖增强巨噬细胞吞噬功能与巨噬细胞表面多糖受体之间的关系及其作用机制的研究仍较少（赵丽等，2019）。

2）多糖通过增强淋巴细胞活性，促进淋巴细胞增殖和转化等途径发挥免疫调节作用。香菇多糖是一种典型的 T 淋巴细胞免疫调节剂，Suzuki 等（1994）报道香菇多糖能增强小鼠 T 淋巴细胞活性；朱科学等（2017）证实波罗蜜多糖在质量浓度为 40 ～ 160μg/mL 时可显著促进脾淋巴细胞 TNF-α、IFN-γ 和 IL-1β 的分泌；赵兴洪等（2014）研究发现川明参多糖能活化淋巴细胞，促进其显著增殖，与 ConA 和 LPS 具有协同增殖作用；朱晗等（2017）发现灰树花胞内多糖显著增加了脾淋巴细胞的增殖能力，且 T 淋巴细胞亚群中免疫细胞 CD4/CD8 的值随着用药量的增加而提高；郑小香等（2017）发现金线莲多糖可促进小鼠脾淋巴细胞增殖，其作用机制可能为促使小鼠脾淋巴细胞通过 G_1 期限制点，加速 G_0/G_1 期向 S 期、S 期向 G_2/M 期转化进入细胞增殖周期，并且可能与其促进 IL-2、IFN-γ 的分泌有关。

3）活性多糖还能提高淋巴因子激活的杀伤细胞（lymphokine-activated killer cell，LAK cell）和 NK 细胞的活性。张振宇等（2010）利用花脸香蘑、杏鲍菇、香菇等 6 种食用菌进行中药渣固体发酵，采用热水浸提法从不同食用菌的菌丝培养物中提取粗多糖，发现各种食用菌的提取物在一定浓度下对小鼠 NK 细胞活性均有显著增强作用，其中香菇与杨树菇的水提醇沉物表现明显的剂量正相关关系。香菇多糖的一级结构以 β-葡聚糖为主，其具有提高巨噬细胞吞噬功能，促进 T 淋巴细胞增殖及 NK 细胞杀伤活性，以及提高 IL-2、IL-12 及 IFN-γ 水平等免疫增强作用（Wang et al.，2015a；Ina et al.，2013）。

3.4.1.3　促进免疫分子的分泌

多糖能促进机体免疫分子（抗体、免疫因子）的分泌。赵大群等（2017）研究发现香菇多糖对体外培养的 HeLa 细胞有明显的抑制作用，且影响 HeLa 细胞的形态及凋亡周期，还能促进巨噬细胞从 G_0/G_1 期向 G_2 期和 S 期转化，同时刺激巨噬细胞产生 IL-6 和 TNF-α；黄杰等（2017）发现铁皮石斛多糖能促进 RAW264.7 细胞的增殖，增强巨噬细胞的吞噬活性，降低 TNF-α、IL-6、NO 的释放水平，以及促进细胞分泌 TGF-β1 并向 M2 型极化；周丽菁等（2017）报道刺五加多糖能显著上调 Toll 样受体（Toll-like receptor，TLR）TLR4 信号通路中 *TLR4*、*MyD88*、*TRAF6*、*NF-κB p65*、*AP-1* 基因和蛋白在荷瘤小鼠脾脏中的表达，并发现 TLR4 信号通路可能是刺五加多糖在 Lewis 荷瘤小鼠体内发挥免疫调节及抑制肿瘤作用的通路之一。

3.4.1.4　其他

除上述作用方式外，生物活性多糖还能通过调节补体系统、激活树突状细胞（dendritic cell，DC）（最强的专职抗原递呈细胞）、激活细胞通路等途径来促进机体免疫应答，从而增强机体的免疫功能。从柴胡中提取得到的多糖具有抗补体作用（Yamada et al.，1989），粪产碱杆菌凝胶多糖在热处理条件下能激活豚鼠补体替代途径（Matsushita，1990），三七多糖能够激活人类补体系统（Zhu et al.，2006）。王斌等（2006）通过研究发现灵芝多糖可明显促进小鼠脾脏 DC 的增殖，并且与细胞因子有显著的协同作用；黄丹菲（2009）研究发现大粒车前子多糖可通过促进 DC 表面 MHC Ⅱ类分子、共刺激分子的表达及 Th1 型细胞因子的分泌，刺激 T 淋巴细胞的增殖，诱导 Th1 型免疫应答并增强 T 淋巴细胞对肿瘤细胞的特异性杀伤活力；Ando 等（2002）报道红花多糖能通过 TLR4 激活 NF-κB 信号通路；Won 等（2011）从桦褐孔菌的子实体中分离获得的多糖能同时激活 MAPK 和 NF-κB 通路，从而增强巨噬细胞的活性；Yang 等（2015）等证实云芝多糖通过刺激细胞抗原受体 Ig 和 TLR4 激活丝裂原活化蛋白激酶（mitogen-activated protein kinase，MAPK）及 NF-κB 信号通路。

3.4.2　抗肿瘤功能

肿瘤是威胁人类生命健康的疾病之一，许多研究发现生物活性多糖具有抗肿瘤功能。活性多糖的抗肿瘤途径主要包括三类：①直接杀伤肿瘤细胞或者抑制肿瘤细胞生长；②通过激活机体的免疫系统间接抑制或杀死肿瘤细胞；③抑制肿瘤的转移。

一些生物活性多糖能够抑制肿瘤细胞的生长，诱发肿瘤细胞凋亡，达到直接杀伤或者抑制肿瘤细胞的目的。例如，Yamasaki 等（2009）的研究表明，体内体外实验均证实云芝多糖可加强紫杉萜对胃癌移植瘤的抗性；许爱华等（2001）发现银杏外种皮多糖可抑制小鼠肝癌，其作用机制可能与其阻止 G_2 向 M 期细胞转换而影响癌细胞在细胞周期中的进程、干扰 S 期细胞 DNA 合成及诱导小鼠肝癌细胞凋亡有关；Takimoto 等（2004）报道壳聚糖在体外能诱发人膀胱肿瘤细胞凋亡，促凋亡机制可能与 TNF-α 或 TNF-R1 有关。

还有些生物活性多糖通过激活免疫细胞、促进免疫细胞释放细胞转导信号，从而激发或增强免疫反应，达到间接抑制或杀死肿瘤细胞的目的。例如，有体外实验证明牛膝多糖（*Achyranthes bidentata* polysaccharide，ABP）在浓度为50～800mg/mL时并没有细胞毒性作用，但是可以增强腹腔巨噬细胞对肿瘤细胞的杀伤作用（Xiang and Li，1993）；女贞子多糖对人肝癌细胞（SMMC-7721）无直接杀伤作用，但是可增强由淋巴细胞YAC-1所致NK细胞的活性，从而抑制肿瘤细胞生长（李璘等，2008）。

还有些生物活性多糖通过对肿瘤细胞的直接作用及免疫调节作用来抑制肿瘤的转移（Kobayashi et al.，1995）。例如，从出芽短梗霉（黑酵母）分离得到的低分子质量（约为100kDa）β-葡聚糖通过促进NK细胞、IFN-γ阳性细胞的增殖来增强肠道免疫功能，从而起到抗肿瘤的作用（Kimura et al.，2006）。此外，实体瘤的生长和转移与新血管的形成有密切关系，如血管内皮生长因子（vascular endothelial growth factor，VEGF）是导致人类原发性和转移性结肠癌的重要因子（Takahashi et al.，1995）。有些生物活性多糖就是通过抑制肿瘤血管的生成来抑制肿瘤的转移，如从云芝菌丝体中分离得到的蛋白结合多糖，其抗肿瘤转移作用就归因于抑制肿瘤血管的生成（Kanoh et al.，1994）。

3.4.3　降血糖功能

生物活性多糖可以通过降低肝糖原水平、促进外周组织器官对糖的利用、提高降糖激素水平和降低升糖激素水平、减弱氧化应激作用、保护胰岛细胞及调节糖代谢酶活性等方式起到降血糖的作用。体内实验表明，五味子多糖可增加糖尿病大鼠的体重、改善糖耐量、降低空腹血糖值，以及提高胰岛素水平和胰岛素敏感指数（Niu et al.，2017）；Pan等（2017）从玉米丝中制备的多糖能够降低血糖和血清胰岛素水平，改善葡萄糖耐受不良，并且能够调节血脂水平、糖化血清蛋白水平，使非酯化脂肪酸水平显著降低；Wang等（2017c）发现桃胶多糖能够显著降低链脲佐菌素诱导的糖尿病小鼠餐后血糖值，恢复糖尿病小鼠的胰岛功能，并增强胰岛素和己糖激酶1的表达。

3.4.4　抗病毒功能

生物活性多糖发挥抗病毒作用的途径主要有：抑制细胞表面对病毒的吸附、抑制病毒抗原的表达及抑制病毒逆转录酶的活性等。硫酸化多糖是一类研究较多的抗病毒多糖，它是一类多聚阴离子多糖，带有大量负电荷，来源包括肝素、硫酸氨基多糖、天然中性多糖的硫酸衍生物及人工合成的硫酸化多糖等。现有研究认为硫酸化多糖的抗病毒机制可能是其掩蔽了病毒或细胞表面的正电荷区域，从而抑制了病毒的吸附。此外，体外实验也早已发现硫酸化葡聚糖和肝素能够显著降低人类免疫缺陷病毒（human immunodeficiency virus，HIV）的致病性（Ito et al.，1987）。

褐藻多糖是一类硫酸化多糖，具有广泛、非特异的抗病毒作用，包括对HIV、人乳头瘤病毒、烟草花叶病毒等具有一定的抑制作用。Wang等（2012）发现硫酸根取代度影响κ-卡拉胶寡糖的抗流感病毒活性，当取代度为0.8～1.0时抗流感病毒效果最佳。红藻硫酸化多糖主链上的α-D-1,3-吡喃型甘露糖发生硫酸化取代，对其抗单纯疱疹病毒

(herpes simplex virus，HSV) 活性非常重要。除了多糖中硫酸根含量外，硫酸基团在多糖上的取代位置也会影响其活性。Recalde 等 (2012) 对从红藻中提取的多糖进行硫酸化修饰后，其抗 HSV 活性和抗登革热病毒活性均明显升高，C-2 位硫酸化是抗病毒活性升高的关键因素。

3.4.5 抗氧化功能

生物活性多糖的抗氧化作用表现有清除自由基、抑制脂质过氧化、抑制亚油酸氧化等，相应的机制包括：直接清除活性氧、络合产生活性氧所必需的金属离子及提高抗氧化酶的活性等。另外，生物活性多糖的抗氧化性很可能是其抗肿瘤、抗衰老、降血糖等其他功能活性的作用机制之一。表 3-5 列出了常用的抗氧化实验的方法体系，并对比了其优缺点作为参考。

表 3-5　抗氧化实验的优缺点

抗氧化实验	优点	缺点
对 DPPH 自由基的清除能力	应用广泛、简单快速	不适用于水溶性抗氧化剂检测，不能反映抗氧化物质反应速度的差异
对羟自由基的清除能力	操作简单、费用少	灵敏度低、检测限较高
对超氧阴离子自由基的清除能力	简便、试剂价廉、操作简单	所使用缓冲液的组分较混乱，受 pH影响较大
对铁离子的还原能力	简单快速、不需要特殊设备	不能反映抗氧化物质反应速度的差异
对 β-胡萝卜素漂白的抑制能力	直接抗氧化方法，以亚油酸自氧化模拟生物体内自由基的产生	只能用抑制率一种方式来表达抗氧化能力，可重复性较差
对氧自由基的吸收能力	提供稳定的自由基和明确的供氢反应机制，自动化、标准化	对温度敏感，实验过程中应严格控制温度，分析时间较长

注：DPPH，1,1-二苯基-2-三硝基苯肼 (1,1-diphenyl-2-picrylhydrazyl)

在体内研究中，王丽雪等 (2018) 认为植物多糖参与调控抗氧化作用的机制主要包含以下两个方面：其一，植物多糖能通过调控炎症反应信号 (NF-κB) 通路调节机体或细胞内相关炎症因子的基因表达情况，缓解氧化应激带来的损伤。其二，植物多糖可以通过 MAPK/Nrf2 信号通路促进细胞对Ⅱ相解毒酶的分泌，促进抗氧化酶的分泌并提升其活性，降低机体或细胞内自由基水平，增强机体或细胞对氧化应激的抗性。王彦平等 (2017) 报道添加 4.0mg/mL 紫山药多糖可显著提高在急性氧化应激损伤实验中果蝇的过氧化氢酶 (catalase，CAT)、超氧化物歧化酶 (superoxide dismutase，SOD) 活力，显著降低丙二醛 (malondialdehyde，MDA) 含量，同时，Mn-SOD、CAT、Cu、Zn-SOD mRNA 表达水平显著上调，G 蛋白偶联受体 (G protein-coupled receptor，GPCR) 基因 mRNA 表达水平显著下降，这表明紫山药多糖可能通过上调抗氧化基因的表达实现延长果蝇寿命的作用。杨勇等 (2017) 采用热水浸提、微波辅助、超声波辅助提取喜树果多糖，在羟自由基和 DPPH 自由基清除能力实验中，CAP-H (热水浸提组分) 活性均高于 CAP-M (微波辅助提取组分) 和 CAP-U (超声波辅助提取组分)，总还原力也显著高于 CAP-M 和 CAP-U；而在铁离子螯合能力实验中 CAP-M 表现最佳，半抑制浓度 (IC_{50}) 值为 1.745mg/mL。

3.4.6 其他功能

除了上述功能活性之外，生物活性多糖还具有抗菌抗炎、抗凝血、抗突变、抗辐射、调节肠道益生菌、减肥等功能。海藻多糖主要通过调控一系列炎症相关信号通路，包括 NF-κB、MAPK、JAK/STAT、PI3K/AKT 及 Nrf2/HO-1 等，从而调节各种炎症相关因子的生成，进而发挥其抗炎作用（戴波等，2018）。从药用墨西哥牵牛花中获得的聚酰化寡糖具有明显的杀灭金黄色葡萄球菌的作用（Pereda-Miranda et al.，2006）。从黑大豆中分离获得的多糖具有抗辐射作用，能激活骨髓造血功能，促进脾细胞产生各种造血生长因子，重建骨髓（Liao et al.，2005）。

阿拉伯木聚糖（王清华和贺永惠，2013）、β-葡聚糖（申瑞玲等，2006）、车前子多糖（胡婕伦，2014）等均具有良好的胃肠道调节功能，具有整肠通便、调节肠道微生物代谢等作用，能够有效地促进肠道健康。天然碱性多糖、壳聚糖可以抑制胰脂肪酶的活性，降低血浆中三酰甘油浓度，促进脂质随粪便排泄，从而减少小肠对脂肪的吸收，达到减肥的效果；其他多糖也可以通过添加碱性基团来增加脂肪酶抑制活性，如葡聚糖本身是一个很弱的胰脂肪酶抑制剂，在葡聚糖上加上二乙氨乙基（DEAE）或哌啶乙基或 3-乙胺基-2-羟丙基，可以增强其脂肪酶抑制活性（Tsujita et al.，2006）。王小江等（2017）从青钱柳叶中提取分离的多糖组分 CP50 能显著抑制 α-葡糖苷酶活性，IC_{50} 为 3.3μg/mL，远小于抗 2 型糖尿病药物阿卡波糖（193.6μg/mL）的水平。

3.5 生物活性多糖的构效关系

3.5.1 分子质量与生物活性

多糖的分子质量能够影响其生物活性，如主链聚合度至少为 18 的肝素才具有肝素辅因子Ⅱ介导的凝血酶抑制作用（Kim and Linhardt，1989）；采用热降解法从凝胶多糖制备的硫酸化多糖，其抗凝血酶活性随着分子质量的增加而降低（Alban and Franz，1994）；Chen 等（2008）从茶叶中制备了 3 种水溶性多糖组分，其中分子质量为 4.2×10^4Da 的组分的抗氧化能力明显高于分子质量为 26.8×10^4Da 和 11.8×10^4Da 的组分；Błaszczyk 等（2015）发现低分子质量的 β-葡聚糖（69 700Da）饮食能有效降低氧化应激指标，而高分子质量的 β-葡聚糖（2 179 700Da）饮食能减轻脂质过氧化，降低大鼠脾脏 7-酮基胆固醇浓度和谷胱甘肽活性；Liu 等（2018b）研究发现分子质量为 1.82×10^6Da 的葡聚糖对促进炎性细胞因子的释放表现出更好的活性。

3.5.2 单糖组成、糖苷键类型与生物活性

一些多糖要具有特定的单糖组成和糖苷键类型才能发挥特定的生物活性，如香菇多糖中明确和免疫活性有关的只有 β-1,3 葡聚糖（C-6 上带有分支侧链），且 β-1,3 和 β-1,6 结合的侧链共存是抗肿瘤活性所必不可少的（黄益丽等，2001）。一般以 β-1,6 连接为主的 D-葡聚糖活性较低，以 β-D-1,3-葡聚糖为主链或 β-D-1,3-葡聚糖占优势的多糖就有较

强的生物活性，但支链上必须有β-1,6键（Wasser，2002）。异头碳构型与多糖生物活性的关系目前没有明确的结论，一般认为β型的多糖活性较高，香菇多糖、裂褶多糖、灰树花多糖等已应用于临床的抗肿瘤多糖药物制备，均是以β-1,3糖苷键为主的葡聚糖（杜巍等，2002）。

3.5.3 官能团与生物活性

一些官能团如磺基（—SO_3H）、乙酰基（CH_3CO—）、烷基和羧甲基等对生物活性多糖的功能活性影响显著。王长云和管华诗（2000）指出，大多数含有硫酸基的生物活性多糖，如硫酸葡聚糖、硫酸戊聚糖、硫酸木聚糖、硫酸香菇多糖等，具有显著的抗病毒活性。此外，硫酸化修饰也能显著改变多糖的诸多理化性质，并能增强其原有生物活性，甚至产生新的活性（谢明勇等，2015）。曹莉莉等（2017）发现经甲基化修饰的余甘多糖能够显著增强对NO_2^-的清除作用、提高对人肝癌细胞HepG-2增殖的抑制作用。一种天然卡拉胶中的抗病毒活性与α-D-2,6-半乳糖中硫酸基团的数量直接相关（Carlucci et al.，1997）。Shao等（2014）从马尾藻中制备了3种水溶性多糖组分，发现具有高硫酸盐含量与中等分子质量的马尾藻多糖组分表现出优异的抗氧化与抗肿瘤活性。另外，Yamada等（1986）发现车前子胶在脱乙酰基后其抗补体活性明显增强，而高碘酸氧化处理（脱羟基）则会使其活性下降，若将其还原（加羟基）则其活性可恢复。综上，多糖中的官能团对其生物活性具有重要作用，但官能团在体外、体内以何种方式、过程来影响其生物活性仍然有待深入揭示。

3.5.4 高级结构与生物活性

生物活性多糖可能呈现规则的构象（如单螺旋、双螺旋、三螺旋构象），也可能呈现无规卷曲构象。例如，小核菌葡聚糖激活细胞因子的功能活性依赖其三螺旋构象（Falch et al.，2000）；在水溶液中，β-D-1,3-葡聚糖在三螺旋构象下最为稳定，但当使用氢氧化钠溶液处理使三螺旋构象转变为单螺旋构象时，其激活凝血因子和宿主介导的抗肿瘤活性功能显著增强（Saito et al.，1991）；三螺旋构象的西索菲兰（SPG，一种临床应用的葡聚糖）对酵母聚糖介导的腹腔巨噬细胞合成过氧化氢的抵抗作用要比单螺旋构象的葡聚糖（SPG-OH，由SPG经碱处理后获得）强，而SPG-OH在激发LPS触发的TNF合成、一氧化氮合成、体内腹腔巨噬细胞过氧化氢合成方面的作用要比SPG强（Ohno et al.，1995）。Jin等（2016）对33种主要来源海藻多糖的构效关系进行探讨后发现：多糖相对分子质量越大，其活性越好；Gal和Fuc的摩尔比在低于10μg/mL的浓度范围内与其活性呈正相关，而在浓度高于10μg/mL时没有效果；硫酸基团对于海藻多糖发挥活性是十分关键的，但在浓度大于10μg/mL时，硫酸基团的含量、连接和支化方式对其活性没有影响；此外，单糖的类型对其活性的发挥没有影响。

不难发现，多糖的结构解析通常能解释其化学结构，而高级结构研究相对较少；然而无论是较为清晰的化学结构还是涉及相对较少的高级结构，其构效关系均未得到深入的了解。因此，多糖的结构解析与构效关系研究作为多糖研究中的重点与难点仍然需要科研人员的不懈努力。

3.5.5 物理特性与生物活性

多糖的溶解度、黏度及电荷密度等影响其生物活性的发挥。多糖的溶解度能显著影响多糖的生物活性，如水不溶性或难溶性多糖经羧甲基、磺基等结构修饰后，其溶解度增大，从而有助于其发挥功能活性。另外，多糖的黏度除影响多糖的溶解度外，还影响其在临床上的药效发挥，因为黏度过高不利于多糖药物的扩散与吸收。例如，从裂褶菌中提取的高分子质量、高黏度的多糖尽管具有抗肿瘤活性，却不便于临床应用；但经超声波处理后，多糖的相对分子质量及固有黏度降低，同时保持了其抗肿瘤活性，从而克服其临床应用问题（Tabata et al.，1981）。此外，多糖的电荷密度也与其生物活性的发挥密切相关，如肝素为酸性多糖，其抗凝血活性可能与其酸性基团的数目相关：在肝素羧基基团数目减少后，其抗凝血活性降低；采用高碘酸氧化肝素分子中未被硫化的糖醛酸残基后，其抗凝血活性下降。诸葛健等（2002）在海洋来源多糖的甲壳胺分子上引入—SO_3H 或使之与带有—SO_3H、—CH_2COOH 的聚阴离子多糖相互作用，从而制备出聚电解质复合物，并发现其具有类似肝素的结构与抗凝血作用。

3.5.6 多糖的结构修饰

目前应用最多的生物活性多糖的物理修饰方法是超声波，利用超声波增加质点振动能量来切断生物活性多糖中的某些化学键，使其相对分子质量降低、水溶性增加，从而改变生物活性多糖的生理活性。超声波设备简单、易于操作、易实现自动化，不会对环境造成污染，是一种理想的非热加工方式（马晓彬等，2015）。例如，使用超声波处理从裂褶菌中提取水溶性β-D-葡聚糖，降解后的多糖和降解前的多糖对S-180肉瘤具有同样的抗性，但是超声波降解后的多糖相对分子质量和固有黏度下降，更有利于应用到临床治疗中（Tabata et al.，1981）。

多糖的化学修饰方法包括主链的化学修饰、支链的化学修饰及化学降解等。主链的化学修饰是通过向主链的还原性末端加入长链芳香醇等来进行烷基化。如一些烷基化的硫酸低聚糖对HIV感染具有一定的抑制作用，而没有烷基化的硫酸低聚糖抗病毒作用相对较弱（Uryu et al.，1992）。壳聚糖通过长链脂肪酰卤反应制备的烷基化壳聚糖，其对灰霉菌（*Botrytis cinerea*）和稻瘟菌（*Pyricularia oryzae*）的抗性要比未修饰的壳聚糖强（Badawy et al.，2004）。支链的化学修饰是将化学基团引入多糖支链中，常见修饰包括硫酸化修饰、羧甲基化修饰、乙酰化修饰、磷酸化修饰、磺酰化修饰、硒化修饰、双基团衍生化修饰等。Wang等（2015b）通过羧甲基化修饰制备出了取代度不同的羧甲基化银耳多糖，并发现银耳多糖的抗氧化活性与其取代度呈正相关。Song等（2015）采用 $POCl_3$ 和吡啶对南瓜多糖进行了磷酸化修饰，后续的自由基清除试验与细胞试验皆表明磷酸化修饰能够提高南瓜多糖的抗氧化活性。王晶等（2008）以甲酰胺为溶剂、乙酸酐为酰化试剂、*N*-溴代琥珀酰亚胺为催化剂对海带褐藻多糖硫酸酯进行乙酰化，发现其抗氧化活性明显增强；陈浒华（2010）发现硒化后的黄芪多糖比未硒化的黄芪多糖具有更强的清除自由基能力。一些高黏度、低溶解度的多糖还可通过化学降解来改性，常用降解方法包括硫酸降解法、过碘酸降解法、乙酸降解法和乙酸酐降解法等。例如，从黑木耳（*Auricularia auricula-judae*）中分离得到的多糖组分，经高碘酸氧化和进一步的还原、酸水解等处理后，其抗肿瘤活性得到了增强（Misaki et al.，1981）。

多糖的生物修饰方法可分为酶修饰和基因工程修饰两大类。酶修饰法具有选择性好、效率高、反应条件温和及无副反应等优点。酶修饰的多糖产物相对分子质量分布比较均一，糖链的主体结构变化不大，因而酶修饰法越来越多地应用于多糖结构的修饰。例如，Yoshizawa 等（1996）采用酶降解江蓠多糖，并通过体内实验发现酶处理后的江蓠多糖能激活小鼠体内巨噬细胞的活性及增强小鼠免疫力。另外，基因工程修饰方法则适用于微生物来源的多糖，其原理是通过改变微生物基因表达或引入外源基因来控制微生物体内多糖的合成途径，达到生物活性多糖修饰的目的。例如，Jamas 等（1991）通过基因工程方法优化了酵母葡聚糖的一级结构，发现该法可以改变其空间构象并增加其对葡聚糖受体的亲和力，从而提高动物单核细胞和中性粒细胞的吞噬活性，增强动物对大肠杆菌、金黄色葡萄球菌的抵抗力。基因工程修饰多糖尚存在一些问题，如操作方面的不稳定性、外源基因获取困难等。

3.6 生物活性多糖研究存在的问题及前景展望

3.6.1 结构表征存在的问题

多糖结构表征过程中的问题集中在分离纯化和结构分析方面。天然活性多糖通常与蛋白质、脂类等结合形成复合物，因此要对多糖进行分离、纯化并获得均一的活性多糖组分一般较为耗时、耗力。此外，多糖的提取及分离纯化过程的重现性差。这种“重现性差”甚至常现于不同批次制备的多糖中，从而导致多糖的制备很难有一个稳定的质量控制标准。

在制备出多糖的纯化组分后，一些结构复杂的多糖难以用固定的或与文献报道相近的方法进行结构分析，从而增加了科研工作者在化学和仪器方法方面的投入，给深入研究多糖的构效关系带来了困难。另外，尽管以“部分降解-甲基化-NMR”为核心技术的多糖结构表征是现阶段切实可行的手段，但其实验过程与结构解析过程仍然较复杂；较为系统的针对不同结构类型多糖的结构数据库尚未完全建立，因此该项工作当前仍要求研究人员有丰富的相关学科知识，能够熟练掌握各种化学和仪器分析方法（如甲基化分析、核磁共振分析等）的测定结果。

3.6.2 功能研究存在的问题

多糖的生物活性研究存在的问题主要有两部分：一是研究更多地停留在体外实验阶段，二是构效关系的研究还不完善。许多研究对多糖的功能活性评价通过体外实验完成，而该多糖在体内的吸收、分布、作用机制，包括在细胞膜或脂质体表面的构象作用，多糖、蛋白质及脂类结合的化学和物理进程，以及这类分子聚集体所形成的微环境与它们的生物功能之间的关系等研究还不够深入。

3.6.3　前景展望

当前，多糖研究取得了一定进展，但还有许多地方需要加强，如加强提取过程中生物活性多糖组分的变化研究，完善生物活性多糖的结构表征方法，深入研究生物活性多糖的功能活性作用机制及其构效关系。多糖研究未来的发展方向有以下几个方面。

1）关注提取过程中多糖与小分子（单糖、寡糖、色素、氨基酸等）、多糖与多糖、多糖与蛋白质等之间的相互作用。

2）建立起一套科学、系统、快速的分离纯化、结构解析方法，摆脱长期以来依靠蛋白质理论体系和结构表征技术的进步来推进多糖结构表征的被动局面。

3）建立起系统、全面的多糖综合结构数据库，该数据库涵盖多糖结构解析中涉及的，如 FTIR、CDS、MS、GC-MS、NMR、MALDI-TOF/MS 等丰富的结构信息。

4）随着分子生物学的进步和基因组计划的完成，未来对生物活性多糖的功能活性作用机制应进一步深入到细胞水平多糖的调控和识别机制的研究上，从而在功能研究上获得更多的基础数据积累。

5）在生物活性多糖的构效关系研究方面，未来应该不断发展研究的新方法、新手段，加大对生物活性多糖进行分子修饰进而影响功能活性的研究，还要重点关注食品加工技术对生物活性多糖结构与活性的影响。

参考文献

蔡孟深, 李中军. 2007. 糖化学: 基础、反应、合成、分离及结构. 北京: 化学工业出版社.
曹莉莉, 李亮, 王芳, 等. 2017. 羧甲基化修饰余甘多糖及生物活性研究. 中国食品学报, 17(10): 57-63.
陈浒华. 2010. 黄芪多糖的硒化修饰及其体外抗氧化作用的研究. 南京: 南京农业大学硕士学位论文.
陈惠黎. 1997. 糖复合物的结构和功能. 上海: 上海医科大学出版社.
戴波, 魏丹, 孙鲁宁. 2018. 海藻多糖抗炎活性及其作用机制的研究进展. 解剖科学进展, 24(6): 656-659, 663.
邓慧敏, 张珍英, 查庆民, 等. 2003. MALDI-TOFMS 测定高聚合度葡聚糖及不同基体在测定中的作用比较. 高等学校化学学报, 24(6): 996-999.
杜巍, 李元瑞, 袁静. 2002. 食药用菌多糖生物活性与结构的关系. 中国食用菌, 21(2): 28-30.
段金友, 方积年. 2004. 圆二色谱在糖类化合物结构研究中的应用. 天然产物研究与开发, 16(1): 71-75.
方积年. 1981. 多糖体的结构分析. 国外医学 (药学分册), 4: 222-228.
高笑笑, 王刚, 张华, 等. 2017. 雪灵芝粗多糖对小鼠免疫细胞增殖与功能的体外激活作用. 天然产物研究与开发, 29(7): 1188-1192.
郭元亨, 张利军, 曹丽丽, 等. 2018. 植物多糖中单糖组成分析技术的研究进展. 食品科学, 39(1): 326-332.
郭周航. 2017. 葡萄糖氧化酶和 β-D-葡萄糖作用机制的分子动力学研究. 郑州: 郑州大学硕士学位论文.
韩澄, 聂少平, 黄丹菲, 等. 2009. 青钱柳多糖对人胃癌 MGC803 细胞生长的影响. 天然产物研究与开发,

21(6): 952-955.
何曼君, 张红东, 陈维孝, 等. 2006. 高分子物理. 3 版. 上海: 复旦大学出版社.
胡婕伦. 2014. 大粒车前子多糖体内外消化与酵解特征体系构建及其促进肠道健康的作用. 南昌: 南昌大学博士学位论文.
黄丹菲. 2009. 植物活性多糖对小鼠树突状细胞和巨噬细胞功能的调节作用. 南昌: 南昌大学博士学位论文.
黄杰, 章莹, 严婧, 等. 2017. 铁皮石斛多糖对脂多糖诱导的巨噬细胞免疫调节作用. 中国药学杂志, 52(7): 548-552.
黄益丽, 廖鑫凯, 李清彪, 等. 2001. 香菇多糖的生物活性. 生命的化学, 21(5): 371-373.
焦光联, 杨艳, 何葆华. 2010. 超滤提取黄芪多糖的工艺研究. 化学与生物工程, 27(8): 58-61.
李波, 陈海华, 许时樱. 2005. 二维核磁共振谱在多糖结构研究中的应用. 天然产物研究与开发, 17(4): 523-526.
李海珊, 刘丽乔, 聂少平. 2017. 茶多糖对小鼠肠道健康及免疫调节功能的影响. 食品科学, 38(7): 187-192.
李璘, 邱蓉丽, 程革, 等. 2008. 女贞子多糖抗肿瘤作用研究. 中国药理学通报, 24(12): 1619-1622.
梁英, 金迪, 李丹丹, 等. 2017. 黄芩多糖的免疫调节活性. 中国食品学报, 17(2): 23-27.
刘想, 付王威, 牛晓琴, 等. 2018. 黑灵芝多糖对脂多糖诱导巨噬细胞 M1/M2表型转化的影响. 食品科学, 39(19): 141-146.
刘昕. 2007. 青钱柳、黑灵芝、独角莲中的活性物质对人源宫颈癌 HeLa 细胞的作用研究. 南昌: 南昌大学硕士学位论文.
马晓彬, 张丽芬, 徐玉亭, 等. 2015. 多糖超声物理改性的研究进展. 中国食品学报, 15(10): 163-169.
聂少平, 唐炜, 殷军艺, 等. 2018. 食源性多糖结构和生理功能研究概述. 中国食品学报, 18(12): 1-12.
申瑞玲, 王章存, 董吉林, 等. 2006. 燕麦 β-葡聚糖对小鼠结肠菌群及其功能的影响. 营养学报, 28(5): 430-433.
屠美, 邹翰. 1999. 甲壳糖类肝素化合物的抗凝血性能. 暨南大学学报 (自然科学与医学版), 20(5): 78-83.
王斌, 萱垣昇, 李杰芬. 2006. 灵芝多糖对小鼠脾脏树突状细胞的增殖作用. 免疫学杂志, 22(3): 283-285.
王长云, 管华诗. 2000. 多糖抗病毒作用研究进展Ⅱ. 硫酸多糖抗病毒作用. 生物工程进展, 20(2): 3-8.
王凤芹, 张林, 路则庆, 等. 2018. 高效液相色谱法分析新型细菌多糖中单糖和糖醛酸组成. 分析科学学报, 34(1): 32-36.
王晶, 张全斌, 张忠山, 等. 2008. 乙酰化海带褐藻多糖硫酸酯的制备及其抗氧化活性研究. 中国海洋药物, 27(1): 50-54.
王丽雪, 解玉怀, 杨维仁, 等. 2018. 植物多糖通过核因子 κB 及丝裂原活化蛋白激酶 / 核因子 E2 相关因子 2 信号通路发挥抗氧化作用的机制. 动物营养学报, 30(10): 3857-3863.
王清华, 贺永惠. 2013. 小麦阿拉伯木聚糖的益生功能. 动物营养学报, 25(11): 2515-2519.
王小江, 单鑫迪, 胡明华, 等. 2017. 青钱柳叶多糖的结构表征及其抑制 α-葡萄糖苷酶活性研究. 中草药, 48(8): 1524-1528.
王彦平, 曹娅, 谢克英, 等. 2017. 紫山药多糖抗氧化及延长果蝇寿命的作用. 营养学报, 39(4): 386-389.
谢明勇, 李精, 聂少平, 等. 2013. 果胶研究与应用进展. 中国食品学报, 13(8): 1-14.
谢明勇, 聂少平. 2010. 天然产物活性多糖结构与功能研究进展. 中国食品学报, 10(2): 1-11.
谢明勇, 王之珺, 谢建华. 2015. 多糖的硫酸化修饰及其结构与生物活性关系研究进展. 中国食品学报, 15(2): 1-8.
熊科胜, 檀华蓉, 葛宇, 等. 2017. 高效液相色谱法测定油梨种子热处理后水溶性糖含量的变化. 分析试验室, 36(7): 794-798.
许爱华, 贾筱琴, 陈华圣, 等. 2001. 银杏外种皮多糖抑制小鼠肝癌及诱导肝癌细胞凋亡的研究. 中药新药与临床药理, 12(5): 340-341.
许晓燕, 余梦瑶, 魏巍, 等. 2014. 金针菇子实体多糖分离纯化及结构和免疫活性研究. 菌物学报, 33(2): 375-384.
杨勇, 邓银华, 韩巧红, 等. 2017. 喜树果多糖的理化性质和抗氧化活性研究. 天然产物研究与开发, 29(10): 1717-1722.
余婉莎, 陈虎, 陈果, 等. 2017. 药桑椹多糖组成分析及诱导肿瘤细胞凋亡研究. 营养学报, 39(3): 287-293.
张俐娜, 薛奇, 莫志深, 等. 2006. 高分子物理近代研究方法. 2 版. 武汉: 武汉大学出版社.
张敏, 纪晓光, 贝祝春, 等. 2006. 桑黄多糖抗肿瘤作用. 中药药理与临床, 22(3): 56-58.
张晓霜, 王妙妙, 辛萌, 等. 2016. 褐藻多糖抗病毒作用研究进展. 中国海洋药物, 35(2): 87-94.
张振宇, 田雪梅, 宋爱荣. 2010. 六种食用菌中药渣固体发酵及其粗多糖对 NK 细胞活性的影响. 食用菌学报, 17(3): 46-50.
赵大群, 丁祥, 刘露, 等. 2017. 香乳菇多糖对 Hela 细胞凋亡及对 RAW264.7 细胞免疫活性的影响. 食品与机械, 33(6): 1-6.
赵吉福, 么雅娟, 陈英杰, 等. 1996. 磺酰化新茯苓多糖的制备及抗肿瘤作用. 沈阳药科大学学报, 13(2): 125-138.
赵俊霞, 闫永鑫, 赵娟, 等. 2008. 刺五加多糖诱导人小细胞肺癌 H446 细胞凋亡. 细胞生物学杂志, 30(2): 239-242.
赵丽, 金周雨, 荆波, 等. 2019. 多糖受体与巨噬细胞吞噬作用关系的研究进展. 食品科学, 40(21): 311-316.
赵兴洪, 殷中琼, 贾仁勇, 等. 2014. 川明参多糖及其硫酸化物对小鼠脾淋巴细胞增殖的影响. 中国免疫学杂志, 30(2): 213-215, 221.
赵盈. 2011. 柿子多糖的提取、分离、结构分析及体外抗氧化作用研究. 西安: 陕西师范大学硕士学位论文.
郑小香, 李萍, 潘晓丽, 等. 2017. 金线莲多糖对小鼠脾淋巴细胞体外增殖、细胞周期及分泌 IL-2、IFN-γ 的影响. 中国食品学报, 17(6): 47-52.
周丽菁, 龙婷婷, 周星, 等. 2017. 刺五加多糖对 Lewis 荷瘤小鼠抗肿瘤免疫调节作用及机制的研究. 中国免疫学杂志, 33(6): 849-853, 858.
朱晗, 何欣, 李长田. 2017. 灰树花菌丝体胞内多糖对于小鼠的免疫调节作用. 中国农业大学学报, 22(3): 109-115.
朱科学, 王颖倩, 张彦军, 等. 2017. 菠萝蜜多糖对脾淋巴细胞抗氧化作用及免疫功能的影响. 食品科学, 38(23): 207-212.
诸葛健, 赵振锋, 方慧英. 2002. 功能性多糖的构效关系. 无锡轻工大学学报, 21(2): 209-212.
Abuduwaili A, Rozi P, Mutailifu P, et al. 2019. Effects of different extraction techniques on physicochemical properties and biological activities of polysaccharides from *Fritillaria pallidiflora* Schrenk. Process Biochemistry, 83(8): 189-197.
Ačanski M M, Vujić D N. 2014. Comparing sugar components of cereal and pseudocereal flour by GC-MS analysis. Food Chemistry, 145: 743-748.
Adetunji L R, Adekunle A, Orsat V, et al. 2017. Advances in the pectin production process using novel extraction techniques: a review. Food Hydrocolloids, 62: 239-250.
Ai X X, Liang J R, Gao Y H, et al. 2015. MALDI-TOF MS analysis of the extracellular polysaccharides released by the diatom *Thalassiosira pseudonana* under various nutrient conditions. Journal of Applied Phycology, 27(2): 673-684.
Aktas-Akyildiz E, Sibakov J, Nappa M, et al. 2018. Extraction of soluble β-glucan from oat and barley fractions: process efficiency and dispersion stability. Journal of Cereal Science, 81: 60-68.

Alban S, Franz G. 1994. Anticoagulant activities of β-1,3-glucansulfates in dependence on their molecular weight. Pure Applied Chemistry, 66(10-11): 2403-2406.

Ando I, Tsukumo Y, Wakabayashi T, et al. 2002. Safflower polysaccharides activate the transcription factor NF-κB via Toll-like receptor 4 and induce cytokine production by macrophages. International Immunopharmacology, 2(8): 1155-1162.

Badawy M E, Rabea E I, Rogge T M, et al. 2004. Synthesis and fungicidal activity of new *N*,*O*-acyl chitosan derivatives. Biomacromolecules, 5(2): 589-595.

Beigi M, Jahanbin K. 2019. A water-soluble polysaccharide from the roots of *Eremurus spectabilis* M.B. subsp. *spectabilis*: extraction, purification and structural features. International Journal of Biological Macromolecules, 128: 648-654.

Bitter T, Muir H M. 1962. A modified uronic acid carbazole reaction. Analytical Biochemistry, 4(4): 330-334.

Błaszczyk K, Wilczak J, Harasym J, et al. 2015. Impact of low and high molecular weight oat beta-glucan on oxidative stress and antioxidant defense in spleen of rats with LPS induced enteritis. Food Hydrocolloids, 51: 272-280.

Burchard W. 2005. Light scattering from polysaccharides. *In*: Dumitriu S. Polysaccharides-Structural Diversity and Functional Versatility. 2nd ed. New York: CRC Press: 198-236.

Cai B, Wan P, Chen H, et al. 2019. Composition characterization of oyster polysaccharides from *Crassostrea hongkongensis* and their protective effect against H_2O_2-induced oxidative damage in IEC-6 cells. International Journal of Biological Macromolecules, 124: 246-254.

Cao J J, Lv Q Q, Zhang B, et al. 2019. Structural characterization and hepatoprotective activities of polysaccharides from the leaves of *Toona sinensis* (A. Juss) Roem. Carbohydrate Polymers, 212: 89-101.

Carlucci M J, Pujol C A, Ciancia M, et al. 1997. Antiherpetic and anticoagulant properties of carrageenans from the red seaweed *Gigartina skottsbergii* and their cyclized derivatives: correlation between structure and biological activity. International Journal of Biological Macromolecules, 20(2): 97-105.

Chen F, Huang G L. 2019. Antioxidant activity of polysaccharides from different sources of ginseng. International Journal of Biological Macromolecules, 125: 906-908.

Chen H X, Zhang M, Qu Z S, et al. 2008. Antioxidant activities of different fractions of polysaccharide conjugates from green tea (*Camellia sinensis*). Food Chemistry, 106(2): 559-563.

Chen L, Huang G L. 2018. Antitumor activity of polysaccharides: an overview. Current Drug Targets, 19(1): 89-96.

Chen X Q, Shao S R, Xie J C, et al. 2018. Analysis of protein moiety of polysaccharide conjugates water-extracted from low grade green tea. Chemical Research in Chinese Universities, 34(4): 691-696.

Chi K, Catchmark J M. 2018. Improved eco-friendly barrier materials based on crystalline nanocellulose/chitosan/carboxymethyl cellulose polyelectrolyte complexes. Food Hydrocolloids, 80: 195-205.

Chou C H, Sung T J, Hu Y N, et al. 2019. Chemical analysis, moisture-preserving, and antioxidant activities of polysaccharides from *Pholiota nameko* by fractional precipitation. International Journal of Biological Macromolecules, 131: 1021-1031.

Cui Q, Li G, Yuan C. 2012. Optimization of glycosaminoglycan extraction on *Patinopecten yessoensis* waste. Procedia Environmental Sciences, 16: 131-137.

Cui S W. 2005. Food Carbohydrate: Chemistry, Physical Properties, and Applications. Boca Raton: CRC Press.

Deng X L, Fu Y J, Luo S, et al. 2019. Polysaccharide from Radix Codonopsis has beneficial effects on the maintenance of T-cell balance in mice. Biomedicine & Pharmacotherapy, 112: 108682.

Dick-Perez M, Wang T, Salazar A, et al. 2012. Multidimensional solid-state NMR studies of the structure and dynamics of pectic polysaccharides in uniformly ^{13}C-labeled *Arabidopsis* primary cell walls. Magnetic Resonance in Chemistry, 50(8): 539-550.

Falch B M H, Espevik T, Ryan L. 2000. The cytokine stimulating activity of (1→3)-β-D-glucans is dependent on the triple helix conformation. Carbohydrate Research, 329(3): 587-596.

Fan H R, Meng Q R, Xiao T C, et al. 2018. Partial characterization and antioxidant activities of polysaccharides sequentially extracted from *Dendrobium officinale*. Journal of Food Measurement Characterization, 12(5): 1054-1064.

Gao J, Lin L Z, Chen Z J, et al. 2019b. *In vitro* digestion and fermentation of three polysaccharide fractions from *Laminaria japonica* and their impact on lipid metabolism-associated human gut microbiota. Journal of Agricultural and Food Chemistry, 67(26): 7496-7505.

Gao X, Qu H, Gao Z, et al. 2019a. Protective effects of Ulva pertusa polysaccharide and polysaccharide-iron (Ⅲ) complex on cyclophosphamide induced immunosuppression in mice. International Journal of Biological Macromolecules, 133: 911-919.

Guo H, Zhang W, Jiang Y, et al. 2019. Physicochemical, structural, and biological properties of polysaccharides from dandelion. Molecules, 24(8): 1485.

Guo Q, Ai L, Cui S W. 2018. Monosaccharide composition analysis. *In*: Guo Q, Ai L, Cui S W. Methodology for Structural Analysis of Polysaccharides. Berlin: Springer: 29-36.

He B L, Guo L Q, Zheng Q W, et al. 2018. A simple and effective method using macroporous resins for the simultaneous decoloration and deproteinisation of *Cordyceps militaris* polysaccharides. International Journal of Food Science Technology, 54(5): 1741-1751.

Hofmann J, Hahm H S, Seeberger P H, et al. 2015. Identification of carbohydrate anomers using ion mobility-mass spectrometry. Nature, 526(7572): 241-244.

Hofmann J, Pagel K. 2017. Glycan analysis by ion mobility-mass spectrometry. Angewandte Chemie International Edition, 56(29): 8342-8349.

Hou G H, Chen X, Li J L, et al. 2019. Physicochemical properties, immunostimulatory activity of the *Lachnum* polysaccharide and polysaccharide-dipeptide conjugates. Carbohydrate Polymers, 206: 446-454.

Hu S W, Tian Y Y, Chang Y G, et al. 2014. Fucosylated chondroitin sulfate from sea cucumber improves glucose metabolism and activates insulin signaling in the liver of insulin-resistant mice. Journal of Medicinal Food, 17(7): 749-757.

Huang W, Deng H, Jin S Y, et al. 2019. A polysaccharide from dried aerial parts of *Agrimonia pilosa*: structural characterization and its potential therapeutic activity for steroid-induced necrosis of the femoral head (SANFH). Carbohydrate Polymers, 214: 71-79.

Ina K, Kataoka T, Ando T. 2013. The use of lentinan for treating gastric cancer. Anti-Cancer Agents in Medicinal Chemistry, 13(5): 681-688.

Ito M, Baba M, Sato A, et al. 1987. Inhibitory effect of dextran sulfate and heparin on the replication of human immunodeficiency virus (HIV) *in vitro*. Antiviral Research, 7(6): 361-367.

Jamas S, Easson D, Ostroff G. 1991. β-glucans: a novel class of macrophage-activating immunomodulators. Acs Symposium Series, 469: 44-51.

Jeong H K, Lee D, Kim H P, et al. 2019. Structure analysis and antioxidant activities of an amylopectin-type polysaccharide isolated from dried fruits of *Terminalia chebula*. Carbohydrate Polymers, 211: 100-108.

Ji X L, Liu F, Peng Q, et al. 2018. Purification, structural characterization, and hypolipidemic effects of a neutral polysaccharide from *Ziziphus Jujuba* cv. Muzao. Food Chemistry, 245: 1124-1130.

Jin W H, Zhang W J, Liang H Z, et al. 2016. The structure-activity relationship between marine algae polysaccharides and anti-complement activity. Marine Drugs, 14(1): 1-15.

Kanoh T, Matsunaga K, Saito K, et al. 1994. Suppression of *in vivo* tumor-induced angiogenesis by the protein-bound polysaccharide PSK. In Vivo, 8(2): 247-250.

Kasipandi M, Vrindarani A S, Sreeja P S, et al. 2019. Effect of *in vitro* simulated digestion on sugar content and biological activities of *Zehneria maysorensis* (Wight & Arn.) Arn. leaf polysaccharides. Journal of Food Measurement Characterization, 13(3): 1765-1772.

Kavitake D, Devi P B, Singh S P, et al. 2016. Characterization of a novel galactan produced by *Weissella confusa* KR780676 from an acidic fermented food. International Journal of Biological Macromolecules, 86: 681-689.

Kim Y S, Linhardt R J. 1989. Structural features of heparin and their effect on heparin cofactor Ⅱ mediated inhibition of thrombin. Thrombosis Research, 53(1): 55-71.

Kimura Y, Sumiyoshi M, Suzuki T. 2006. Antitumor and antimetastatic activity of a novel water-soluble low molecular weight beta-1,3-D-glucan (branch beta-1,6) isolated from *Aureobasidium pullulans* 1A1 strain black yeast. Anticancer Research, 26(6B): 4131-4141.

Kobayashi H, Matsunaga K, Oguchi Y. 1995. Antimetastatic effects of PSK (Krestin), a protein-bound polysaccharide obtained from basidiomycetes: an overview. Cancer Epidemiology, Biomarkers & Prevention, 4(3): 275-281.

Lattanzio V. 2013. Phenolic compounds: introduction. *In*: Ramawat K G, Mérillon J M. Natural Products: Phytochemistry, Botany Metabolism of Alkaloids, Phenolics, Terpenes. Berlin: Springer-Verlag: 1543-1580.

Li S, Li J H, Mao G Z, et al. 2018. A fucoidan from sea cucumber *Pearsonothuria graeffei* with well-repeated structure alleviates gut microbiota dysbiosis and metabolic syndromes in HFD-fed mice. Food & Function, 9(10): 5371-5380.

Li S, Wang A, Liu L, et al. 2019. Effect of deproteinization methods on the antioxidant activity of polysaccharides extracted from *Lentinus edodes* stipe. Journal of Food Measurement Characterization, 13(2): 1382-1389.

Liang X X, Gao Y Y, Pan Y, et al. 2019. Purification, chemical characterization and antioxidant activities of polysaccharides isolated from *Mycena dendrobii*. Carbohydrate Polymers, 203: 45-51.

Liao H F, Chen Y J, Yang Y C. 2005. A novel polysaccharide of black soybean promotes myelopoiesis and reconstitutes bone marrow after 5-flurouracil-and irradiation-induced myelosuppression. Life Sciences, 77(4): 400-413.

Lin T, Liu Y, Lai C J S, et al. 2018. The effect of ultrasound assisted extraction on structural composition, antioxidant activity and immunoregulation of polysaccharides from *Ziziphus jujuba* Mill var. *spinosa* seeds. Industrial Crops and Products, 125: 150-159.

Liu H W, Huang H T, Bi W T, et al. 2018a. Effect of chitosan combined with hyaluronate on promoting the recovery of postoperative facial nerve regeneration and function in rabbits. Experimental Therapeutic Medicine, 16(2): 739-745.

Liu L, Lu Y, Li X, et al. 2015. A novel process for isolation and purification of the bioactive polysaccharide TLH-3′ from Tricholoma lobayense. Process Biochemistry, 50(7): 1146-1151.

Liu Y F, Tang Q J, Zhang J S, et al. 2018b. Triple helix conformation of β-D-glucan from *Ganoderma lucidum* and effect of molecular weight on its immunological activity. International Journal of Biological Macromolecules, 114: 1064-1070.

López-García M, García M S D, Vilariño J M L, et al. 2016. MALDI-TOF to compare polysaccharide profiles from commercial health supplements of different mushroom species. Food Chemistry, 199: 597-604.

Lu Y, Xu L, Cong Y Z, et al. 2019. Structural characteristics and anticancer/antioxidant activities of a novel polysaccharide from *Trichoderma kanganensis*. Carbohydrate Polymers, 205: 63-71.

Ma G X, Yang W J, Fang Y, et al. 2016. Antioxidant and cytotoxicites of *Pleurotus eryngii* residue polysaccharides obtained by ultrafiltration. LWT-Food Science and Technology, 73: 108-116.

Martinelli F, Balducci A G, Kumar A, et al. 2017. Engineered sodium hyaluronate respirable dry powders for pulmonary drug delivery. International Journal of Pharmaceutics, 517(1-2): 286-295.

Matsushita M. 1990. Curdlan, a (1→3)-β-D-glucan from *Alcaligenes faecalis* var. *myxogenes* IFO13140, activates the alternative complement pathway by heat treatment. Immunology Letters, 26(1): 95-97.

Misaki A, Kakuta M, Sasaki T, et al. 1981. Studies on interrelation of structure and antitumor effects of polysaccharides: antitumor action of periodate-modified, branched (1→3)-β-D-glucan of auricularia auricula-judae, and other polysaccharides containing (1→3)-glycosidic linkages. Carbohydrate Research, 92(1): 115-129.

Mishio T, Takeda K, Iwashina T. 2015. Anthocyanins and other flavonoids as flower pigments from eleven *Centaurea* species. Natural Product Communications, 10(3): 447-450.

Moldez M A, Camones V R, Ramos G E, et al. 2018. Effectiveness of intra-articular injections of sodium hyaluronate or corticosteroids for intracapsular temporomandibular disorders: a systematic review and meta-analysis. Oral Facial Pain Headache, 32(1): 53-66.

Mungure T E, Roohinejad S, Bekhit A E D, et al. 2018. Potential application of pectin for the stabilization of nanoemulsions. Current Opinion in Food Science, 19: 72-76.

Nadar S S, Rao P, Rathod V K. 2018. Enzyme assisted extraction of biomolecules as an approach to novel extraction technology: a review. Food Research International, 108: 309-330.

Nakano T, Nakano K, Sim J S. 1998. Extraction of glycosaminoglycan peptide from bovine nasal cartilage with 0.1 M sodium acetate. Journal of Agricultural and Food Chemistry, 46(2): 772-778.

Nešić A, Gordić M, Davidović S, et al. 2018. Pectin-based nanocomposite aerogels for potential insulated food packaging application. Carbohydrate Polymers, 195: 128-135.

Nie Q X, Hu J L, Gao H, et al. 2019. Polysaccharide from *Plantago asiatica* L. attenuates hyperglycemia, hyperlipidemia and affects colon microbiota in type 2 diabetic rats. Food Hydrocolloids, 86: 34-42.

Niu J, Xu G, Jiang S, et al. 2017. *In vitro* antioxidant activities and anti-diabetic effect of a polysaccharide from *Schisandra sphenanthera* in rats with type 2 diabetes. International Journal of Biological Macromolecules, 94(Pt A): 154-160.

Oana C, Adriana T, Mircea C, et al. 2018. Natural macromolecules with protective and antitumor activity. Anticancer Agents in Medicinal Chemistry, 18(5): 675-683.

Ohashi Y, Itoh Y, Kubota M, et al. 2004. Analysis of sugar epimers using mass spectrometry: *N*-acetyllactosamine-6,6′-disulfate and the 2′-epimer. European Journal of Mass Spectrometry, 10(2): 269-278.

Ohno N, Miura N N, Chiba N, et al. 1995. Comparison of the immunopharmacological activities of triple and single-helical schizophyllan in mice. Biological & Pharmaceutical Bulletin, 18(9): 1242-1247.

Pan Y X, Wang C, Chen Z Q, et al. 2017. Physicochemical properties and antidiabetic effects of a polysaccharide from corn silk in high-fat diet and streptozotocin-induced diabetic mice. Carbohydrate Polymers, 164: 370-378.

Pereda-Miranda R, Kaatz G W, Gibbons S. 2006. Polyacylated oligosaccharides from medicinal Mexican morning glory species as antibacterials and inhibitors of multidrug resistance in *Staphylococcus aureus*. Journal of Natural Products, 69(3): 406-409.

Perumal P, Selvin P C, Selvasekarapandian S. 2018. Characterization of biopolymer pectin with lithium chloride and its applications to electrochemical devices. Ionics, 24(1): 3259-3270.

Phélippé M, Gonçalves O, Thouand G, et al. 2019. Characterization of the polysaccharides chemical diversity of the cyanobacteria *Arthrospira platensis*. Algal Research, 38: 101426.

Posé S, Kirby A R, Mercado J A, et al. 2012. Structural characterization of cell wall pectin fractions in ripe strawberry fruits using AFM. Carbohydrate Polymers, 88(3): 882-890.

Qian W L, Khan Z, Watson D G, et al. 2008. Analysis of sugars in bee pollen and propolis by ligand exchange chromatography in combination with pulsed amperometric detection and mass spectrometry. Journal of Food Composition and Analysis, 21(1): 78-83.

Rao N, Prabhu M, Xiao M, et al. 2017. Fungal and bacterial pigments: secondary metabolites with wide applications. Frontiers in Microbiology, 8: 1113.

Rao S, Schwarz L J, Santhakumar A B, et al. 2018. Cereal phenolic contents as affected by variety and environment. Cereal Chemistry, 95(5): 589-602.

Recalde M P, Carlucci M J, Noseda M D, et al. 2012. Chemical modifications of algal mannans and xylomannans: effects on antiviral activity. Phytochemistry, 73(1): 57-64.

Saito H, Yoshioka Y, Uehara N. 1991. Relationship between conformation and biological response for (1→3)-beta-D-glucans in the activation of coagulation factor-g from limulus amebocyte lysate and host-mediated antitumor-activity-demonstration of single-helix conformation as a stimulant. Carbohydrate Research, 217: 181-190.

Salarbashi D, Tafaghodi M, Bazzaz B S F, et al. 2018. Characterization of soluble soybean (SSPS) polysaccharide and development of eco-friendly SSPS/TiO_2 nanoparticle bionanocomposites. International Journal of Biological Macromolecules, 112: 852-861.

Sevag M G, Lackman D B, Smolens J. 1938. The isolation of the components of streptococcal nucleoproteins in serologically active form. Journal of Biological Chemistry, 124(2): 425-436.

Shao P, Chen X X, Sun P L. 2014. Chemical characterization, antioxidant and antitumor activity of sulfated polysaccharide from *Sargassum horneri*. Carbohydrate Polymers, 105(1): 260-269.

Shao W Y, Zhang H, Duan R, et al. 2019. A rapid and scalable integrated membrane separation process for purification of polysaccharides from *Enteromorpha prolifera*. Natural Product Research, 33(21): 3109-3119.

Shi L. 2016. Bioactivities, isolation and purification methods of polysaccharides from natural products: a review. International Journal of Biological Macromolecules, 92: 37-48.

Shi X D, Yin J Y, Zhang L J, et al. 2019b. Studies on polysaccharides from leaf skin of *Aloe barbadensis* Miller: Part Ⅱ. Structural characteristics and molecular properties of two lower molecular weight fractions. Food Hydrocolloids, 86: 50-61.

Shi Y Q, Yuan Z X, Xu T T, et al. 2019a. An environmentally friendly deproteinization and decolorization method for polysaccharides of *Typha angustifolia* based on a metal ion-chelating resin adsorption. Industrial Crops Products, 134(2): 160-167.

Sims I M, Carnachan S M, Bell T J, et al. 2018. Methylation analysis of polysaccharides: technical advice. Carbohydrate Polymers, 188: 1-7.

Song Y, Ni Y Y, Hu X S, et al. 2015. Effect of phosphorylation on antioxidant activities of pumpkin (*Cucurbita pepo*, Lady godiva) polysaccharide. International Journal of Biological Macromolecules, 81: 41-48.

Sun Y X, Liang H T, Zhang X T, et al. 2009. Structural elucidation and immunological activity of a polysaccharide from the fruiting body of *Armillaria mellea*. Bioresource Technology, 100(5): 1860-1863.

Suzuki M, Kikuchi T, Takatsuki F, et al. 1994. Curative effects of combination therapy with lentinan and interleukin-2 against established murine tumors, and the role of CD8-positive T cells. Cancer Immunol Immunother, 38(1): 1-8.

Tabata K, Ito W, Kojima T, et al. 1981. Ultrasonic degradation of schizophyllan, an antitumor polysaccharide produced by *Schizophyllum* commune fries. Carbohydrate Research, 89(1): 121-135.

Takahashi Y, Kitadai Y, Bucana C D, et al. 1995. Expression of vascular endothelial growth factor and its receptor, KDR, correlates with vascularity, metastasis, and proliferation of human colon cancer. Cancer Research, 55(18): 3964-3968.

Takimoto H, Hasegawa M, Yagi K, et al. 2004. Proapoptotic effect of a dietary supplement: water soluble chitosan activates caspase-8 and modulating death receptor expression. Drug Metabolism and Pharmacokinetics, 19(1): 76-82.

Tang M Y, Hou F, Wu Y W, et al. 2019. Purification, characterization and tyrosinase inhibition activity of polysaccharides from chestnut (*Castanea mollissima* Bl.) kernel. International Journal of Biological Macromolecules, 131: 309-314.

Tsujita T, Takaichi H, Takaku T, et al. 2006. Inhibition of lipase activities by basic polysaccharide. The Journal of Lipid Research, 48(2): 358-365.

Uryu T, Ikushima N, Katsuraya K, et al. 1992. Sulfated alkyl oligosaccharides with potent inhibitory effects on human immunodeficiency virus infection. Biochemical Pharmacology, 43(11): 2385-2392.

Walz G, Aruffo A, Kolanus W, et al. 1990. Recognition by ELAM-1 of the sialyl-Lex determinant on myeloid and tumor cells. Science, 250(4984): 1132-1135.

Wang C C, Feng L, Su J Y, et al. 2017a. Polysaccharides from Epimedium koreanum Nakai with immunomodulatory activity and inhibitory effect on tumor growth in LLC-bearing mice. Journal of Ethnopharmacology, 207: 8-18.

Wang C Y, Cheng J W, Zhang X H, et al. 2019b. The compositional analysis and antihypertensive activity of polysaccharides from White Mulberry Fruit. Current Topics in Nutraceutical Research, 17(1): 105-110.

Wang J L, Yang W, Tang Y Y, et al. 2016. Regioselective sulfation of *Artemisia sphaerocephala* polysaccharide: solution conformation and antioxidant activities *in vitro*. Carbohydrate Polymers, 136: 527-536.

Wang J Q, Nie S P. 2018. Application of atomic force microscopy in microscopic analysis of polysaccharide. Trends in Food Science Technology, 87: 35-46.

Wang L, Liu F C, Wang A X, et al. 2017b. Purification, characterization and bioactivity determination of a novel polysaccharide from pumpkin (*Cucurbita moschata*) seeds. Food Hydrocolloids, 66: 357-364.

Wang S N, Zhao L L, Li Q H, et al. 2019a. Rheological properties and chain conformation of soy hull water-soluble polysaccharide fractions obtained by gradient alcohol precipitation. Food Hydrocolloids, 91: 34-39.

Wang W, Zhang P, Yu G L, et al. 2012. Preparation and anti-influenza A virus activity of κ-carrageenan oligosaccharide and its sulphated derivatives. Food Chemistry, 133(3): 880-888.

Wang X M, Zhang Z S, Zhao M M. 2015b. Carboxymethylation of polysaccharides from *Tremella fuciformis* for antioxidant and moisture-preserving activities. International Journal of Biological Macromolecules, 72: 526-530.

Wang Y, Han X, Li Y D, et al. 2015a. Effects of tumor-specific antigen induced by lentinan on murine H22 hepatocellular carcinoma immunoprophylaxis. European Review for Medical & Pharmacological Sciences, 19(23): 4516-4524.

Wang Y, Lin D, Wang X, et al. 2017c. The impact of a novel peach gum-derived polysaccharide on postprandial blood glucose control in streptozotocin-induced diabetic mice. International Journal of Biological Macromolecules, 98: 379-386.

Wasser S P. 2002. Medicinal mushrooms as a source of antitumor and immunomodulating polysaccharides. Applied Microbiology and Biotechnology, 60(3): 258-274.

Willför S M, Pranovich A V, Tamminen T, et al. 2009. Carbohydrate analysis of plant materials with uronic acid-containing polysaccharides—A comparison between different hydrolysis and subsequent chromatographic analytical techniques. Industrial Crops and Products, 29(2-3): 571-580.

Won D P, Lee J S, Kwon D S, et al. 2011. Immunostimulating activity by polysaccharides isolated from fruiting body of *Inonotus obliquus*. Molecules and Cells, 31(2): 165-173.

Wu S J. 2019. Mulberry leaf polysaccharides suppress renal fibrosis. International Journal of Biological Macromolecules, 124: 1090-1093.

Xiang D B, Li X Y. 1993. Antitumor activity and immuno-potentiating actions of *Achyranthes bidentata* polysaccharides. Acta Pharmacologica Sinica, 14(6): 556-561.

Xie J H, Shen M Y, Nie S P, et al. 2011. Decolorization of polysaccharides solution from *Cyclocarya paliurus* (Batal.) Iljinskaja using ultrasound/H_2O_2 process. Carbohydrate Polymers, 84(1): 255-261.

Xu X B, Liu D B, Guo X M, et al. 2014. Improvement of sugar analysis sensitivity using anion-exchange chromatography-electrospray ionization mass spectrometry with sheath liquid interface. Journal of Chromatography A, 1366: 65-72.

Xu Y, Zhang X, Yan X H, et al. 2019. Characterization, hypolipidemic and antioxidant activities of degraded polysaccharides from *Ganoderma lucidum*. International Journal of Biological Macromolecules, 135: 706-716.

Xu Y X, Dong Q, Qiu H, et al. 2010. Structural characterization of an arabinogalactan from platycodon grandiflorum roots and antiangiogenic activity of its sulfated derivative. Biomacromolecules, 11(10): 2558-2566.

Yamada H, Nagai T, Cyong J C, et al. 1986. Relationship between chemical structure and activating potencies of complement by an acidic polysaccharide, plantago-mucilage A, from the seed of *Plantago asiatica*. Carbohydrate Research, 156: 137-145.

Yamada H, Ra K S, Kiyohara H, et al. 1989. Structural characterization of an anti-complementary pectic polysaccharide from the roots of *Bupleurum falcatum* L. Carbohydrate Research, 189: 209-226.

Yamakawa H. 1971. Modern Theory of Polymer Solutions. New York: Harper & Row.

Yamasaki A, Shoda M, Iijima H, et al. 2009. A protein-bound polysaccharide, PSK, enhances tumor suppression induced by docetaxel in a gastric cancer xenograft model. Anticancer Research, 29(3): 843-850.

Yan J K, Pei J J, Ma H L, et al. 2017. Advances in antitumor polysaccharides from *Phellinus* sensu lato: production, isolation, structure, antitumor activity, and mechanisms. Critical Reviews in Food Science and Nutrition, 57(6): 1256-1269.

Yang L Q, Zhang L M. 2009. Chemical structural and chain conformational characterization of some bioactive polysaccharides isolated from natural sources. Carbohydrate Polymers, 76(3): 349-361.

Yang S F, Zhuang T F, Si Y M, et al. 2015. Coriolus versicolor mushroom polysaccharides exert immunoregulatory effects on mouse B cells via membrane Ig and TLR-4 to activate the MAPK and NF-κB signaling pathways. Molecular Immunology, 64(1): 144-151.

Yang S Y, Li Y, Jia D Y, et al. 2017. The synergy of Box-Behnken designs on the optimization of polysaccharide extraction from mulberry leaves. Industrial Crops Products, 99: 70-78.

Yin J Y, Jiang Z H, Yu H, et al. 2012. A new application of an aqueous diphase solvent system in one-step preparation of polysaccharide from the crude water extract of Radix Astragali by high-speed counter-current chromatography. Journal of Chromatography A, 1262: 92-97.

Yoshizawa Y, Tsunehiro J, Nomura K, et al. 1996. *In vivo* macrophage-stimulation activity of the enzyme-degraded water-soluble polysaccharide fraction from a marine alga (*Gracilaria verrucosa*). Bioscience Biotechnology and Biochemistry, 60(10): 1667-1671.

Zeng Z H, Xu Y, Zhang B. 2017. Antidiabetic activity of a lotus leaf selenium (Se)-polysaccharide in rats with gestational diabetes mellitus. Biological Trace Element Research, 176(2): 321-327.

Zhang H, Cai X T, Tian Q H, et al. 2019. Microwave-assisted degradation of polysaccharide from *Polygonatum sibiricum* and antioxidant activity. Journal of Food Science, 84(4): 754-761.

Zhang H, Nie S, Guo Q, et al. 2018. Conformational properties of a bioactive polysaccharide from *Ganoderma atrum* by light scattering and molecular modeling. Food Hydrocolloids, 84: 16-25.

Zhang Z, Khan N M, Nunez K M, et al. 2012. Complete monosaccharide analysis by high-performance anion-exchange chromatography with pulsed amperometric detection. Analytical Chemistry, 84(9): 4104-4110.

Zhao L P, Zhang F, Ding X Y, et al. 2018. Gut bacteria selectively promoted by dietary fibers alleviate type 2 diabetes. Science, 359(6380): 1151-1156.

Zhou J, Yan J Y, Bai Z S, et al. 2015. Hypoglycemic activity and potential mechanism of a polysaccharide from the loach in streptozotocin-induced diabetic mice. Carbohydrate Polymers, 121: 199-206.

Zhu Y, Pettolino F, Mau S L, et al. 2006. Immunoactive polysaccharide-rich fractions from *Panax notoginseng*. Planta Medica, 72(13): 1193-1199.

Zhu Z Y, Dong F Y, Liu X C, et al. 2016. Effects of extraction methods on the yield, chemical structure and anti-tumor activity of polysaccharides from *Cordyceps gunnii* mycelia. Carbohydrate Polymers, 140: 461-471.

第 4 章 淀　粉

4.1 引　言

淀粉是自然界中极为丰富的一类碳水化合物，被认为是仅次于纤维素的第二大糖类化合物。淀粉是一种葡聚糖，分子式为 $(C_6H_{10}O_5)_n$（其中 n 为不定数），主要以颗粒形式存在于植物中，多分布在植物的种子、根、块茎等部位。淀粉颗粒大多是由线性多糖（直链淀粉）和高支链多糖（支链淀粉）组成的混合物，淀粉含量占颗粒干重的 98% ～ 99%，两种淀粉的比例因其来源而异，如“蜡质”淀粉含有不到 15% 的直链淀粉，普通淀粉为 20% ～ 35%，“高”直链淀粉大约为 40%（Tester et al.，2004）。淀粉分子结构紧密，不溶于冷水，淀粉颗粒形状、溶解性及大小与其来源、分子结构有关，颗粒大小一般为 2 ～ 100μm（Cui，2005；Tester et al.，2004）。

淀粉作为一种可再生、可降解性天然来源成分，在食品、医药、材料和生物等领域应用广泛。在食品领域，淀粉除了直接作为食物使用，还可用作稳泡剂、稳定剂、保鲜剂、胶凝剂、增稠剂、黏着剂、黏合剂、成膜剂、浑浊剂、喷粉剂等，但由于天然来源淀粉存在一些结构和性质等方面的缺点，在实际生产过程中一般不直接使用，常采用物理、化学等手段对其进行改性，提高溶解性、黏度、色泽及流动性等方面的性能，以满足特定使用需求。这种通过改性获得的淀粉称为改性淀粉，主要包括交联淀粉、可溶性淀粉、酯化淀粉、氧化淀粉、醚化淀粉、磷酸淀粉等。

4.2 淀粉的植物来源

据统计，我国有 171 种淀粉植物（赵琦和王文国，2013），但供工业生产利用的种类仅 10 种左右，大规模种植的淀粉植物主要为谷类、薯类、豆类等粮食作物，其按原料来源一般可分为谷类、薯类、豆类及其他类 4 种淀粉原料。目前已有研究建立了基于 DNA 的实时荧光 PCR 方法用于鉴定食用淀粉植物来源（韩建勋等，2019）。

4.2.1 谷类淀粉原料

谷类淀粉原料来源广泛，主要包括稻米、小麦、玉米、谷子、高粱、大麦、青稞等。我国生产淀粉最多的三种原料为玉米、小麦和稻米，淀粉颗粒的性状有所差别，稻米淀粉颗粒呈多面体形，分为单粒和复粒，直径分别为 3 ～ 8μm 和 150μm，但常常是多个粒子聚集在一起；玉米淀粉颗粒多呈球形或多面体形，直径为 2 ～ 30μm；小麦淀粉颗粒呈扁平形（A 型）、球形或椭圆形（B 型），直径分别为 15 ～ 35μm 及 2 ～ 10μm（van de Velde and de Ruiter，2002；Hoover，2001）。

4.2.2　薯类淀粉原料

薯类淀粉原料主要包括马铃薯、甘薯和木薯。马铃薯广泛种植于我国东北和华北地区，可用作淀粉生产原料；甘薯又称白薯、地瓜、红薯，在我国北至东北诸省区，南至海南岛都有种植，是我国高产作物之一，产量远高于谷类和豆类；木薯也名树薯，是淀粉生产的主要原料之一，主要分布在我国广东、广西、台湾诸省区。马铃薯淀粉颗粒通常是淀粉中最大的，为 5 ～ 100μm，外形呈橄榄形或卵圆形；甘薯淀粉颗粒与马铃薯淀粉颗粒外形类似，其直径为 2 ～ 72μm；木薯淀粉颗粒呈多面体形或削去一端的圆球形，直径为 5 ～ 45μm，平均直径约 23μm（van de Velde and de Ruiter，2002；Hoover，2001）。

4.2.3　豆类淀粉原料

豆类淀粉原料主要包括绿豆、豌豆和蚕豆等，绿豆的淀粉含量最高，豌豆次之，蚕豆最少。豆类淀粉中直链淀粉的含量一般较高，且具有黏度高、凝胶透明度高、凝胶强度强等优良性能，是制备粉丝、粉皮等的良好原料，如绿豆及豌豆中直链淀粉含量高，易凝沉，可用来制作粉丝。而支链淀粉分子质量大，易于膨化且膨化率大，小豆淀粉富含支链淀粉，因此多用于生产豆沙和膨化食品（赵琦和王文国，2013；郝小燕和麻浩，2007）。

4.2.4　其他类淀粉原料

其他类淀粉原料主要包括藕、百合、葛根、芭蕉芋、魔芋、菱等。常见淀粉原料的基本性质如表 4-1 所示。

表 4-1　常见淀粉原料的基本性质比较（Tester et al.，2004）

淀粉原料	类型	含量（%）					
		水分	灰分	淀粉	蛋白质	脂肪	直链淀粉
玉米	谷类	15.0	0.1	83.7	0.2	0.2	25.9
马铃薯	薯类	18.1	0.1	80.3	0.1	0.1	16.8
豌豆	豆类	9.8	0.1	86.4	2.1	0.2	32.2

4.3　淀粉的性质

淀粉为白色粉末，是由 D-葡聚糖通过 α-1,4 和 α-1,6 糖苷键结合而成的高聚物，可分为直链淀粉和支链淀粉。直链淀粉和支链淀粉在自然界中一般不会单独存在，天然淀粉为这两种淀粉组成的混合物，不同来源的淀粉中两者占比不同，一般直链淀粉的含量在 72% ～ 82%，支链淀粉含量在 18% ～ 28%。但也有研究发现个别植物中的支链淀粉含量特别高，如一些突变型植物的淀粉，其支链淀粉含量可达 70%，甚至更高；糯玉米淀粉的直链淀粉含量只有 1%（Le Corre et al.，2010）。

淀粉分子通常以白色固体淀粉颗粒形式存在，其基本性质主要由 5 种基本因素决定：①淀粉为葡聚糖；②淀粉聚合物分为直链型和支链型两种类型；③直链型高分子能互相缔合，且不溶于水；④高聚物的分子可以形成和压成不溶于水的粒状物；⑤淀粉在水中扩散，需要破坏它的粒状结构。

4.3.1 淀粉的吸湿性

由于淀粉中含有大量的羟基，颗粒具有渗透性，水和水渗液能自由渗入颗粒内部，因此淀粉具有吸湿性。但是天然淀粉吸湿率不高，一般为 15% 左右。但研究发现使用淀粉酶对淀粉颗粒进行酶解可增加淀粉颗粒表面的微孔数量，增大其比表面积，同时使其暴露出更多的活性吸附点，从而达到提高淀粉吸湿能力的目的。例如，邢明等（2011）以燕麦淀粉为原料，通过耐高温 α-淀粉酶水解制备出不同 DE 值的样品，并对燕麦淀粉酶酶解前后各样品的吸湿性进行分析，与原淀粉相比，酶解后的燕麦淀粉吸湿性有所增加，且 DE 值与吸湿性呈正相关。

4.3.2 淀粉的溶解度

淀粉的溶解度通常是指淀粉于一定温度下在水中加热处理 30min 后溶解在水中的质量分数，不同种类淀粉的溶解度一般不同。淀粉颗粒是由直链淀粉与支链淀粉相互平行部分彼此间以氢键结合成的呈放射状的微晶束构成的，由于淀粉颗粒微晶束的形成，淀粉中的许多极性基团如羟基以氢键结合，游离的极性基团很少，因此淀粉不易溶于冷水和一般的有机溶剂。当升高温度时，淀粉发生溶胀，支链淀粉部分会在热水中发生溶胀而不溶解，而直链淀粉部分会在热水中发生溶胀并破裂形成胶体溶液。支链淀粉和直链淀粉都可溶于二甲基亚砜、氯化钙和硝酸钙的浓溶液等试剂，易溶于稀碱溶液，纯的支链淀粉溶于冷水（邢明，2011）。通常可通过改变淀粉分子的结构方式来增强淀粉分子在水中的扩散，例如在淀粉分子上引入一些亲水基团，如磷酸基团、硫酸基团等；同时还可水解淀粉，使淀粉分子相对分子质量变小，同时破坏淀粉颗粒的结晶区，提高淀粉的溶解度（谢明勇，2011）。

4.3.3 淀粉与碘的作用

淀粉分子在水溶液中以螺旋形式存在，由于范德瓦耳斯力作用，每个螺旋可与一个碘分子结合，从而形成有色复合物，其颜色与淀粉分子的结构和大小有关。对于直链淀粉，聚合度不同，遇碘显色也有所差异，其中，聚合度为 4 ～ 6 的短链直链淀粉遇碘不显色，聚合度为 6 ～ 8 的短链直链淀粉遇碘显红色，而聚合度大于 40 的直链淀粉遇碘呈深蓝色。支链淀粉由于其分支侧链的聚合度为 20 ～ 30，因此遇碘呈紫红色。当淀粉螺旋呈伸展结构时，碘分子会游离出来，颜色消失，所以热淀粉溶液遇碘不显色，而当溶液冷却时显色（阚建全等，2002）。

由于直链淀粉和支链淀粉的结构不同，与碘作用后颜色不同，因此通过将一定量的两种淀粉按不同的比例混合配成溶液，测定不同比例淀粉溶液与碘作用后的吸光度值，以直链淀粉的质量分数为横坐标、配制溶液的吸光度值为纵坐标绘制标准曲线，测定淀粉样品的吸光度值后，代入标准曲线即可算出直链淀粉的含量。

4.3.4　直链淀粉与支链淀粉的理化性质

4.3.4.1　直链淀粉的理化性质

直链淀粉是由葡萄糖通过 α-1,4 糖苷键连接而形成的直链线状大分子（图 4-1），为线性多糖，其聚合度为 1000 ～ 10 000，分子质量一般为 1×10^5 ～ 2×10^5Da（赵米雪，2018）。天然直链淀粉分子卷曲，呈右手螺旋状态，每 6 个葡萄糖单元组成一个螺旋的节距，螺旋内部只含亲油的氢原子，亲水的羟基则位于螺旋外侧，结构如图 4-2 所示。部分直链淀粉分子中也含有微量的侧链，其分支点由 α-D-1,6 糖苷键连接而成，分支点间隔很远，占总糖苷键的比例很小，因此它的物理性质基本上和直线型直链淀粉相同。直链淀粉链上只有一个还原性端基和一个非还原性端基，分析直链淀粉分子结构的方法是通过测量标记还原末端上的氢（李海普等，2010）。

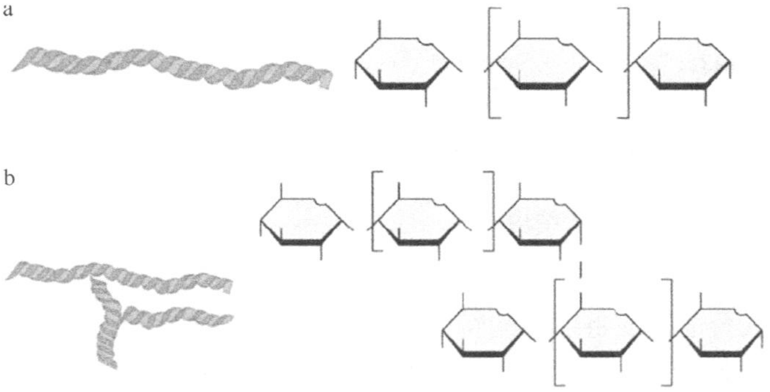

图 4-1　直链淀粉（a）及支链淀粉（b）的分子结构（Veelaert et al.，1995）

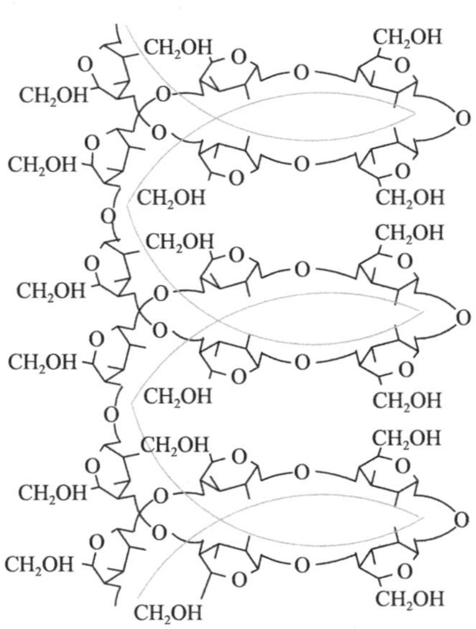

图 4-2　直链淀粉的螺旋结构

4.3.4.2 支链淀粉的理化性质

支链淀粉为高度分支的大分子多糖，由葡萄糖基通过 α-1,4 糖苷键连接构成主链，支链通过 α-1,6 糖苷键与主链连接（图 4-3），其中 α-D-1,6 糖苷键占总糖苷键的 5% ～ 6%（Buléon et al.，1998；赵燕等，2007）。支链淀粉包括 A、B、C 链（图 4-4），支链淀粉只含有一条 C 链，其含有还原末端以及部分分支点，与 C 链相连的侧链称为 B 链，含有一个或多个分支点，A 链与 B 链相连，且 A 链上没有侧链（Witt and Gilbert，2014）。支链淀粉的分支以成簇和双螺旋形式存在，其分子质量一般在 1×10^7 ～ 5×10^8Da（王璋等，2006）。

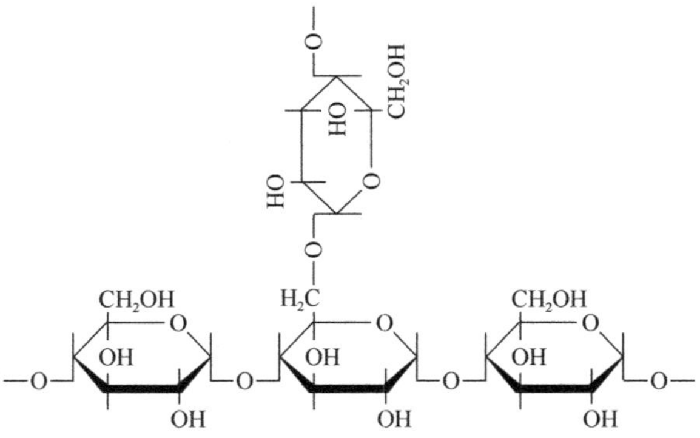

图 4-3 支链淀粉的分子结构

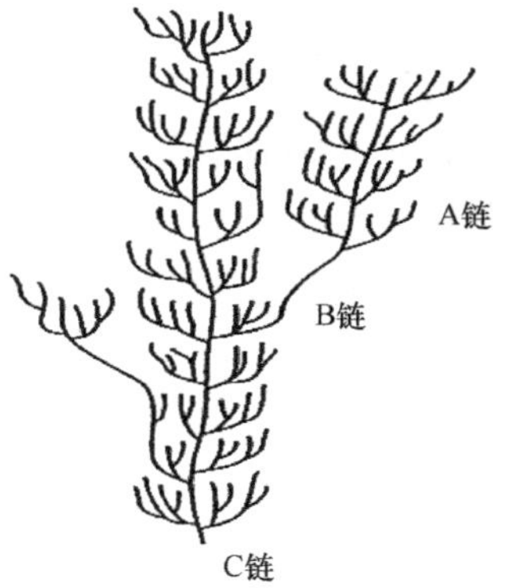

图 4-4 支链淀粉分子的结构示意图

A 链，外链（其上无侧链）；B 链，内链；C 链，主链

支链淀粉的大分子及支链的结构特征使得只有少量氢键缔合，阻碍大分子紧密定向，限制了其流动性。因此支链淀粉水溶液具有清晰、稳定的特征，能够阻止凝胶的形成，而且不像直链淀粉那样能形成坚韧的薄膜（梁桂花，2007）。

有些淀粉的结构介于直链淀粉与支链淀粉之间。这类淀粉虽然与直链淀粉和支链淀粉具有相同的糖苷键，但是它们的分子质量、分子质量分布及功能特性都与相同来源的支链淀粉和直链淀粉不相同。它们的线性链长度、支链长度、支链位置和密度介于直链淀粉与支链淀粉之间（Cui，2005）。

4.3.4.3 直链淀粉与支链淀粉的溶液性质

（1）直链淀粉的溶液性质

直链淀粉最主要的性质是其在水分散液中的胶凝趋向，在特定的用途中能否使用某一种淀粉取决于这种趋势。在稀溶液中，直链淀粉会从水溶液中溶出而被沉淀出来。在较浓的悬浮液中，液体被聚集的直链淀粉会把包围在部分缔合的直链淀粉网中，形成凝胶体。这种在室温下发生排列、缔合和沉淀的过程称为结晶过程，也被称作淀粉的退减作用（朱香云，2010）。退减速度与直链淀粉的分子大小及其浓度、体系温度和 pH 有关，其中温度越低，退减速度越快。改变分子并排及分子间生成氢键过程中的条件，或使用添加剂均会防止或逆转淀粉的退减作用。

一价阴离子和阳离子的盐还能阻滞退减作用，阻滞作用从大到小的次序如下：碘＞氰酸盐＞硝酸盐＞溴化物＞氯化物＞氟化物；钾＞铵钠＞锂。其中硝酸钙对退减作用有很强的阻滞效应，且甲醛、尿素和二甲基亚砜也具有阻滞作用。

（2）支链淀粉的溶液性质

由于支链淀粉的结构呈高度分支状态，与直链淀粉相比，支链淀粉更易溶于水，不容易发生结晶现象，不易凝胶。但是将支链淀粉悬浮液放置于4℃或结冰条件下时，它的透明度和持水能力下降，有形成凝胶的趋势（朱香云，2010）。这些影响是由支链淀粉分子外侧链的缔合造成的。此外，由于分子之间不易相互平行排列形成大量缔合性氢键，故支链淀粉不能形成坚固的薄膜（邓宇，2002）。

4.3.4.4　淀粉含量测定

淀粉测定包括多种方法，如酶水解法、酸水解法、旋光法、酶-比色法等，其中酶水解法和酸水解法是国标规定的测定方法。

（1）酶水解法

酶水解法是将试样除去脂肪和可溶性糖类后，采用淀粉酶将淀粉水解为小分子糖如麦芽糖、低分子糊精，再用盐酸进一步水解为葡萄糖，按还原糖测定方法测定葡萄糖含量，再换算为淀粉的含量。

由于酶具有专一性和选择性，只作用于淀粉而不会水解半纤维素、多缩戊糖、果胶质等多糖，因此该方法的选择性高，分析结果的准确性高，重现性好，但是由于酶的催化活力受很多条件如温度、pH等的影响，而且相对来说此法操作较烦琐，故其使用受到一定程度的限制。

（2）酸水解法

酸水解法是将试样除去脂肪和可溶性糖类后，采用无机酸将淀粉水解为葡萄糖，再采用还原糖测定的方法计算葡萄糖的含量，再将其换算为淀粉含量。换算系数为162/180=0.9。

采用酸水解法测定淀粉含量，简便易行，适用于淀粉含量较高的样品；对于脂肪、可溶性糖含量较高的样品，可采用乙醚除去脂肪、85%的乙醇除去可溶性多糖；对于半纤维素、多缩戊糖及果胶质含量较高的样品，因为水解时它们会水解为还原糖木糖、阿拉伯糖等，测量结果偏高（国家卫生和计划生育委员会和国家食品药品监督管理总局，2017；Cui，2005）。

（3）旋光法

采用旋光法测定淀粉含量，利用的是淀粉的旋光性，在一定条件下淀粉旋光度的大小与淀粉的浓度成正比，适用于不同来源的淀粉，具有重现性好、操作简便、快速等特点。用氯化钙溶液可以将淀粉与其他成分分离，用氯化锡除去提取液中的蛋白质，再测定溶液的旋光度，计算淀粉的含量（范雪荣等，1998），计算公式为

$$\text{淀粉含量}=\frac{\alpha\times 100}{L\times 203\times m}\times 100\% \tag{4-1}$$

式中，α为旋光度读数（°）；L为观测管长度（dm）；m为样品质量（g）；203为淀粉的比

旋光度（°）。

（4）酶-比色法

酶-比色法的原理是，淀粉在淀粉葡糖苷酶（amyloglucosidase，AGS）的作用下，水解的最终产物为葡萄糖。与氧气接触时，β-D-葡萄糖被葡萄糖氧化酶（glucose oxidase，GOD）催化氧化，生成D-葡萄糖酸-δ-内酯和过氧化氢。在过氧化物酶（peroxidase，POD）的催化作用下，过氧化氢与4-氨基安替比林、苯酚发生反应，生成红色醌亚胺，醌亚胺在505nm处有最大吸光度，可测定其吸光度，从而计算食品中淀粉含量（于红霞，2011）。

$$(C_6H_{10}O_5)_n+nH_2O \xrightarrow{AGS} nC_6H_{12}O_6$$

$$C_6H_{12}O_6+O_2 \xrightarrow{GOD} C_6H_{10}O_6+H_2O_2$$

$$H_2O_2+C_6H_5OH+C_{11}H_{13}N_3O \xrightarrow{POD} C_6H_5NO+H_2O$$

这个方法简单快速，选择性好，不受其他物质的影响，适用于各类样品中淀粉含量的测定，但是需要专用的试剂盒，且试剂盒的价格比较昂贵，不易保存，应用受到限制（王永华，2017，2010）。

4.4　淀粉的制备与分离纯化

作为一种经济环保的可再生工业原料，淀粉的需求量与日俱增，一方面促进了新淀粉资源的开发利用，另一方面也促进了淀粉生产科学技术的发展。

在植物中，淀粉可与蛋白质、纤维素、油脂和无机盐等其他物质共存，其常规制备方法是把植物根、块茎等组织中的淀粉提取出来。由于不同原料来源淀粉的结构不一样，因此制备方法存在差异，进而影响淀粉的性质。

湿法提取广泛应用于谷物类淀粉的制备。该法主要包括三个步骤：浸泡、碾磨、分离（图4-5a），其中浸泡的目的包括疏松晶体的紧密细胞结构，以最小的伤害最大限度地分离纯化淀粉，减少或抑制有害微生物的活动。通常浸泡的溶液会选择二氧化硫或乳酸水溶液（Cui，2005）。

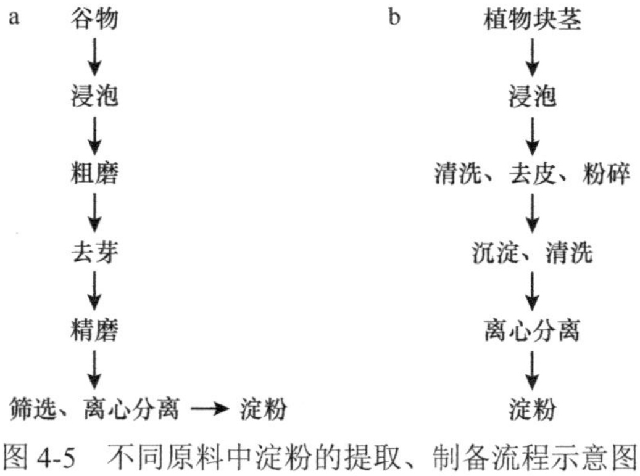

图4-5　不同原料中淀粉的提取、制备流程示意图

块茎类植物淀粉的提取，如马铃薯淀粉的提取主要包括块茎浸泡、粉碎和离心，具体见图4-5b。浸泡也是在特定的溶液中（控制特定的pH）进行，以防发生生化反应，粉

碎和离心的目的是把淀粉与其他组分分离。

豆类淀粉的制备分离相对来说更困难，因为豆类的蛋白和纤维组分会降低淀粉的沉淀率，并且共存物一起沉淀会使淀粉呈褐色。

张正茂等（2016）通过重力沉降法、酸浆法、碱法和纤维素酶法提取淀粉并探究各方法对甘薯淀粉性质的影响，结果发现，4 种提取方法的淀粉得率分别为 67.91%、68.76%、77.29% 和 53.20%。除重力沉降法获得的淀粉纯度只有 92% 以外，其他 3 种方法淀粉纯度都大于 98%。

4.5　淀粉的晶体特征

4.5.1　淀粉的形态

淀粉分子颗粒的结构形态和性质与淀粉的来源和淀粉植物所处的生长环境有关，常见的有卵形、卵圆形和多角形三种，颗粒直径一般为 2 ～ 100μm。聂丹（2014）采用扫描电镜（scanning electron microscope，SEM）比较了多种食用淀粉在电镜下的形态并对它们进行了归纳分析（表 4-2）。

表 4-2　多种食用淀粉在电镜下的形态分析

淀粉类别	颗粒形貌	颗粒形貌特征	颗粒大小（μm）
百合淀粉	扁平三角形	颗粒较大，扁平状，近似三角形，表面光滑	扁平面宽度：80 ～ 95 厚度：10 ～ 16
红薯淀粉	多面体	颗粒大小不一，呈多面体，无固定形态	等同直径：5 ～ 28
葛根淀粉	黏连多面体形	多颗多面体颗粒聚在一起形成颗粒团	等同直径：4 ～ 20
槟榔淀粉	梨形	较大的成熟颗粒呈梨形，一端锥形，一端钝圆；较小未成熟颗粒呈圆形或者椭圆形	长轴：18 ～ 90 短轴：10 ～ 55
绿豆淀粉	肾形	较大的颗粒呈肾形，形似绿豆状；粒径较小的颗粒呈圆形或卵圆形，表面光滑，颗粒腰部有折痕	等同直径：8 ～ 27
马铃薯淀粉	块茎形	较大成熟颗粒形似马铃薯块茎，表面光滑；较小的未成熟颗粒呈卵圆形	长轴：15 ～ 75 短轴：10 ～ 50
马蹄淀粉	卵圆形	颗粒呈不规则的卵圆形，表面大部分光滑，部分颗粒有月牙形小坑	等同直径：5 ～ 30
木薯淀粉	球形或半球形	颗粒多呈半球体，一半球体一半多面体，部分呈球体	等同直径：5 ～ 28
豌豆淀粉	扁平卵形	颗粒呈卵形，表面多褶皱，凹凸不平，表面较光滑	等同直径：5 ～ 35
小麦淀粉	扁平圆形	颗粒呈扁平圆状，表面光滑，较大的颗粒中心凹陷，较小的颗粒较圆润饱满	扁平面宽度：20 ～ 38 厚度：5 ～ 15
玉米淀粉	多面体	颗粒呈多面体形或球形，棱角圆滑，颗粒的表面部分有细孔，不光滑	等同直径：5 ～ 30

4.5.2　淀粉的晶体结构

淀粉中直链淀粉和支链淀粉含量的差异以及它们之间作用方式的不同，是不同植物来源甚至同种植物来源不同阶段的淀粉晶体大小、形状不一的两个主要因素。

长期以来，已有许多科学家致力于淀粉结晶特性相关研究，但始终不能完美地描述淀粉晶体结构（杨景峰等，2007；Buléon et al.，1998），而近年来才提出的淀粉多相结构模型在该方面作出极大突破（图 4-6）。淀粉的多相结构模型主要是从不同水平描述淀粉的晶体结构，首先是完整的淀粉晶体颗粒，不同植物来源的淀粉晶体大小不同，一般在 2 ～ 100μm；其次是在光学显微镜下观察到交替的晶体年轮和无定形区，一般在 100 ～ 500nm；再次是小角 X 射线衍射观察到的结晶区和无定形区，一般在 9 ～ 11nm；最后是构成直链淀粉和支链淀粉的葡萄糖单元，一般在 0.3 ～ 0.5nm（Wang and Copeland，2013）。

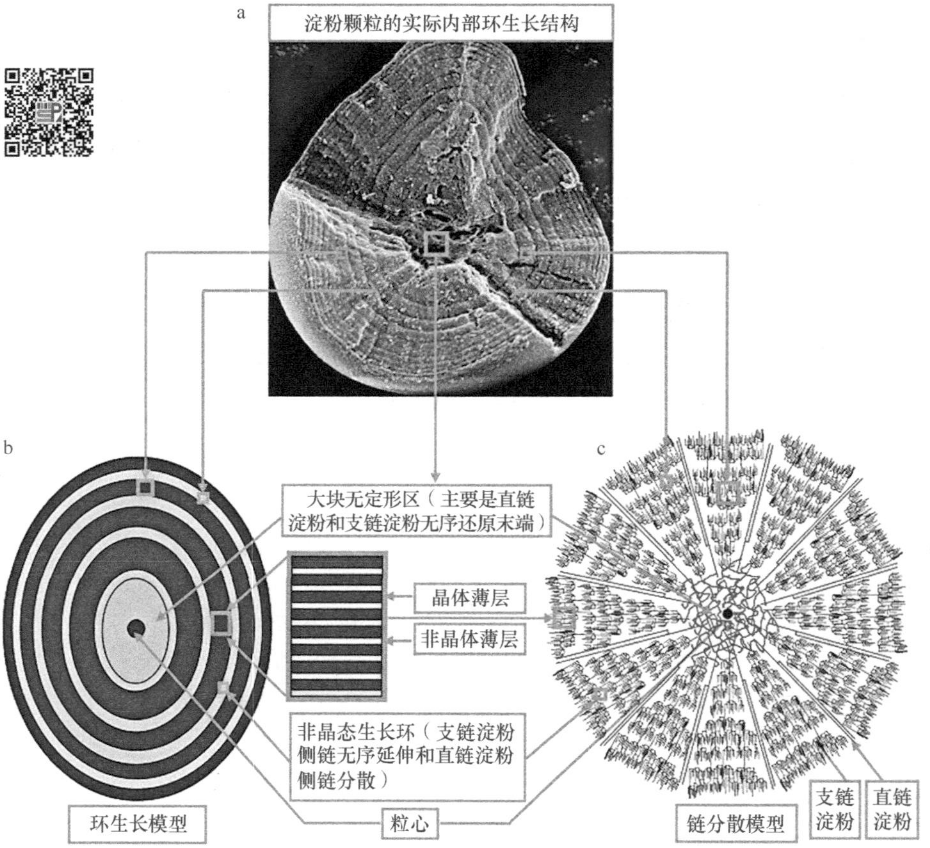

图 4-6　淀粉晶体及其分级结构（Wang and Copeland，2013）（彩图请扫二维码）

天然淀粉中，淀粉分支会聚集形成单螺旋或双螺旋结构。单螺旋通常由与各种小分子形成复合物的长线性直链淀粉分子产生，而双螺旋结构一般由短支链淀粉链构成。这些螺旋结构按照一定的规律排列进一步形成片层晶体中的晶体结构（Witt and Gilbert，2014）。根据 X 射线粉末衍射波谱显示的特征峰，淀粉晶体结构可以分为 A、B 和 C 三种晶型（Loftsson and Duchêne，2007）。禾谷类种子的淀粉晶型主要为 A 型，薯蓣类块根和根状茎淀粉的晶型主要为 B 型，豌豆等豆类作物淀粉的晶型主要为 C 型。C 型晶体同时具有 A 型和 B 型晶体的 X 射线波谱特征，因此常被认为是 A 型和 B 型晶体的混合物（Bogracheva et al.，1998）。有研究提出用双螺旋构象模型来解释A型晶体和B型晶体之间的不同：A型晶体双螺旋排列紧密，而且双螺旋结构之间结合着水分子，B型晶体双螺旋排列相对松散，水分子存在于由6个双螺旋形成的中央腔中（图4-7）（Le Corre et al.，2010；Imberty and Perez，1988；Imberty et al.，1987）。此外，还有研究表明，不同晶型淀粉的支链结构也不同（Jane et al.，1997），B型晶体淀粉的支链淀粉分支点成簇，形成一个小的非晶层；A型晶体淀粉的支链淀粉分散于结晶区和非结晶区，更易于双螺旋紧密结合。Gérard等（2000）的研究表明，α-1,6糖苷键之间的距离以及每个簇中支链的密集程度是淀粉结晶度大小的决定因素。支链的密集程度越大，α-1,6糖苷键之间的距离越小，晶体的结构越紧密，越易形成A型晶体。支链淀粉的长度越长，α-1,6糖苷键之间的距离越大，越易形成B型晶体。Wang等（2011，2008）应用酸水解法对C型晶体的结构进行研究，将C型晶体的核心部分水解后，显示为A型晶体的衍射图谱，这可能是因为B型晶体主要是构成C型晶体的无定形区，而A型晶体构成的是C型晶体的结晶区，所以相比于A型晶体，B型晶体更容易被水解。

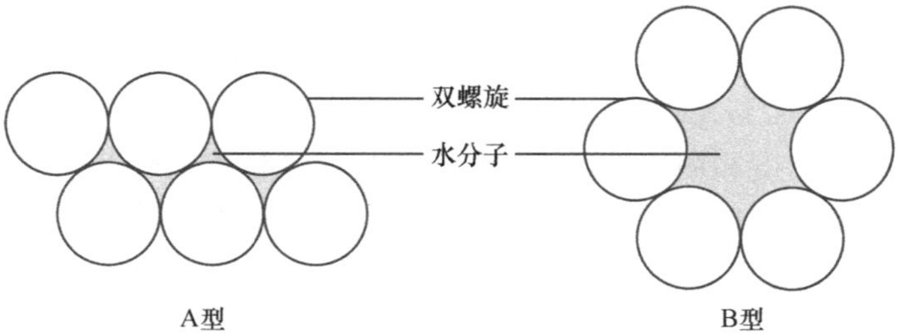

图4-7 A型晶体和B型晶体结构模拟图（彩图请扫二维码）

除A型、B型、C型外，淀粉晶体还可以V型状态存在。V型淀粉晶体是淀粉与小的客体分子，如碘、脂肪酸、丁醇、乳化剂等反应后形成的。V型晶体的典型特征是每个左手螺旋由6个葡萄糖单元构成（Avérous and Halley，2009）。

4.5.3 淀粉结晶控制技术研究进展

4.5.3.1 环糊精抑制淀粉结晶技术

环糊精是由6～8个葡萄糖单元通过α-1,4糖苷键连接形成的略呈锥形的环状化合物，具有双亲性（内侧疏水、外侧亲水）。研究表明β环糊精的存在会干预脂质-直链淀粉的形成，提高淀粉的糊化温度、降低淀粉的糊化焓，因此，可通过在食品制备过程中添加β环糊精的方式改善高淀粉谷物食品的糊化特性（Gunaratne and Corke，2007）。田耀旗（2011）研究了β环糊精对高直链淀粉含量样品重结晶的影响，当体系中β环糊精含量较低时，β环糊精与直链淀粉可通过分子间弱相互作用结合形成非包合物，非包合物的形成可显著抑制高直链淀粉含量样品的重结晶。当体系中β环糊精含量较高时，直链淀粉与脂质竞争性地与β环糊精结合，形成脂质-β环糊精-直链淀粉复合物，复合物的形成打破了淀粉分子链重排微环境，可减缓淀粉的重结晶过程（詹锦玲，2013；田耀旗，2011）。

4.5.3.2 乳化剂抑制淀粉结晶技术

乳化剂可以通过与支链淀粉非共价结合形成复合物，复合物的形成抑制了支链淀粉的重结晶过程，单甘酯和卵磷脂等乳化剂常用于食品行业，如用作米制品重结晶抑制剂，减缓米制品的重结晶过程。宋一诺（2015）报道单甘酯可以减缓糯性玉米淀粉的重结晶过程。此外，有研究者指出，单甘酯等小分子乳化剂抑制淀粉的重结晶过程基于直链淀粉-单甘酯复合物的形成：小分子乳化剂的疏水端与直链淀粉螺旋内侧相结合，亲水端与其他的小分子乳化剂或者直链淀粉通过氢键相结合，形成直链淀粉-单甘酯复合物，抑制淀粉的早期结晶，通过降低支链淀粉重结晶晶种源浓度减缓淀粉重结晶过程（肖东等，2015；石振兴等，2014）。

4.5.3.3 超高压抑制淀粉结晶技术

食品超高压处理技术是指在常温或者较低温度下，对体系施予 100 ～ 1000MPa 的压力，通过超高压处理直接干扰非共价键的形成和打破体系的非共价键作用来改变大分子的高级结构，从而达到灭菌、物料改性以及改变食品的某些理化反应速度的效果（Guo et al.，2015；Li et al.，2015；刘文婷等，2013）。对淀粉体系进行高压处理后，非共价键氢键被破坏，淀粉的糊化温度和糊化焓降低。超高压处理淀粉甚至可以达到让淀粉在常温下完全糊化的效果，即超高压糊化。同时，超高压处理也会影响糊化淀粉的重结晶行为（Li et al.，2015；King and Kaletunç，2009）。对粳米淀粉和糯米淀粉分别进行超高压处理，可以显著减缓粳米淀粉的重结晶过程，但是其对糯米淀粉的重结晶过程及晶核的成长方式影响不显著。同时，比较超高压糊化与热糊化粳米淀粉可知，超高压糊化的粳米淀粉在储藏过程中具有可冻结水的含量变化较小、直链淀粉的溶出量较低、颗粒的完整性更高等特点（Hu et al.，2011）。

4.6 淀粉的糊化和老化

4.6.1 淀粉的糊化

4.6.1.1 定义

淀粉的糊化是指淀粉溶液在加热后，通过氢键结合形成的结晶胶束区的支链淀粉与直链淀粉开始水化，彼此之间的氢键开始断裂，结晶胶束区被破坏，淀粉颗粒吸水膨胀，结晶区消失，大部分直链淀粉溶解到溶液中，溶液黏度增加，淀粉颗粒破裂，双折射现象消失的过程。糊化后的淀粉也叫 α-淀粉。具有胶束结构的生淀粉也叫 β-淀粉（周显青和张玉荣，2017）。

淀粉的糊化温度不是一个特定的温度，而是一定的温度范围，通常用开始糊化温度和完全糊化温度来表示，开始糊化温度是指糊化过程中双折射现象开始消失时的温度，完全糊化温度是指双折射现象完全消失时的温度。此外，淀粉的糊化温度受淀粉的来源、直链淀粉与支链淀粉的含量、淀粉颗粒的大小等因素的影响，一般淀粉中直链淀粉与支链淀粉的比值越大，糊化焓越高，糊化温度越高。淀粉颗粒越小，内部结构越紧密，糊化温度越高。

4.6.1.2 淀粉的糊化过程

淀粉的糊化过程包括可逆吸水、不可逆吸水、淀粉颗粒解体三个阶段。

首先是可逆吸水阶段，水分进入淀粉颗粒的非晶质部分并通过氢键互作与淀粉分子相结合。这一阶段虽然淀粉颗粒的体积略有膨胀，但是由于水分只是进入到非晶质的无定形区，淀粉颗粒内部晶体的结构没有被破坏，且淀粉粒的外观也没有显著改变。此阶段的淀粉颗粒可通过冷却干燥恢复至原来的晶体结构，双折射现象不变。

其次是不可逆吸水阶段，随着体系温度的升高，水分进入淀粉颗粒的微晶胶束区，淀粉颗粒大量不可逆地吸水，淀粉分子之间的氢键被破坏，分子结构发生伸展，淀粉颗粒体积膨胀，结晶区被破坏，双折射现象开始消失。

最后是淀粉颗粒解体阶段，随着体系温度的进一步升高，淀粉颗粒迅速吸水膨胀，胶束结构崩溃。当颗粒体积膨胀到一定限度后，开始破裂，颗粒内的淀粉分子向各方向伸展扩散，溶出颗粒，扩展开来的淀粉分子之间互相聚集、缠绕，形成水胶体网络，即淀粉糊化后形成的接近透明的糊状体（侯新秀，2010）。

4.6.1.3 影响淀粉糊化的因素

影响淀粉糊化的因素包括淀粉的种类、淀粉晶体的结构、水分活度、pH 及添加物类型和数量等。

（1）淀粉晶体的结构

淀粉糊化的本质是水分子进入淀粉的微晶胶束区并与淀粉分子争夺氢键，从而使淀粉分子微晶胶束区紧密结合状态被破坏的过程。因此如果淀粉分子间的相互作用力越大，分子间排列越紧密，微晶胶束区越大，水分子破坏这些作用和拆开微晶区所需的能量就越高，淀粉颗粒就不容易糊化。例如，如果淀粉分子中直链淀粉与支链淀粉的比值越大，淀粉糊化所需的温度就越高，因为直链淀粉分子间存在相对较大的作用力，在冷水中不易溶解、分散。

（2）水分活度

水分活度也会影响淀粉的糊化，在水分活度较低的体系中淀粉的糊化不能发生或发生的程度很低。有研究指出将水分含量低于 3% 的淀粉体系加热至 180℃后淀粉仍不发生糊化；但当淀粉体系的水分含量达到 60% 时，体系加热至 70℃时淀粉便糊化完全（谢明勇，2011）。

（3）pH

体系的酸碱性也会影响淀粉的糊化，一般在酸性环境条件下（pH 4 ～ 7）淀粉会较稳定，淀粉糊化较难，但是当体系 pH 小于 4 时，淀粉糊的黏度急剧下降。此外，淀粉在体系 pH 大于 7 的碱性条件下易糊化。

（4）添加物类型

向糊化淀粉的体系中添加不同类型的化合物可以促进或抑制淀粉的糊化。例如，在淀粉糊化过程中加入氢氧化钠可以促进淀粉的糊化，降低淀粉的糊化温度。相反，在淀粉糊化过程中加入糖类、脂类或者某些盐类会抑制淀粉的糊化，提高淀粉的糊化温度。

不同的糖以及相同的糖不同浓度对淀粉糊化的影响不一样，一般二糖抑制淀粉糊化的效果优于单糖，单糖中葡萄糖的抑制效果比果糖好，高浓度的糖会减缓淀粉的糊化。

脂类可以通过与螺旋直链淀粉以及支链淀粉较长侧链部分形成复合物而提高淀粉的糊化温度。例如，一酰甘油和二酰甘油可以通过与直链淀粉形成复合物而延缓淀粉的溶胀，从而抑制淀粉的糊化。其抑制机制在于脂质-淀粉复合物的形成影响了结合区的形成，可有效地阻止水分进入淀粉颗粒。

此外，体系中的盐离子也会影响淀粉的糊化，尤其是对含有磷酸盐基团的淀粉（如马铃薯支链淀粉和人工制造的离子化淀粉）。不同的盐离子对淀粉糊化的影响不一样，碱土金属离子如 Li^+、Na^+、K^+、Rb^+ 对淀粉的糊化具有促进作用，促进效果依次增强。OH^-、CN^-、I^-、Br^-、Cl^-、SO_4^{2-} 对淀粉的糊化也具有促进作用，促进效果依次增强。另外，如脲、胍盐、二甲基亚砜等一些可破坏淀粉氢键的化合物可以在常温下使淀粉糊化，其中二甲基亚砜因可在淀粉未发生溶胀前就将淀粉溶解而常被用作淀粉的溶剂。

4.6.1.4　淀粉糊化的分析技术

淀粉糊化过程是淀粉颗粒微晶束区发生不可逆熔融的过程，糊化后最直接的表现为黏度增加（刘瑞等，2014）。淀粉糊的品质将直接影响食品的品质，所以淀粉糊化的检测对于食品生产中食品质量的控制至关重要。目前常见的淀粉糊化研究方法主要包括用黏度测定仪研究淀粉的流变学特性、用示差扫描量热仪研究淀粉的热学特性、用核磁共振研究糊化过程物系中水分的流动性、用 X 射线衍射和同步 X 射线衍射研究淀粉糊化过程中晶体的熔化特性等，综合利用这些仪器可以较全面地分析探索淀粉的糊化过程（表 4-3）。

表 4-3　常用淀粉糊化分析技术的比较

测定方法	分析原理	优缺点
布拉班德黏度仪法	布拉班德黏度仪是在恒定转子转速下，在对淀粉乳进行连续、均匀加热升温过程中，旋转样品钵中淀粉乳（糊）与静止测定探头之间存在一个扭矩力，探头将扭矩信号转换成电信号并输入到相应计算机中，通过特定数据处理软件处理后，将黏度、温度和时间三者完美体现在同一张图像中	可得到糊化速度、糊化温度、黏度稳定性和淀粉糊凝沉性趋势等许多重要数据；可以反映淀粉与水整个混合物体系的糊化状态
快速黏度分析仪法	通过将产品复煮，测定淀粉转化程度来分析熟化度，获得的信息为糊化温度、黏度及糊化温度与黏度间的关系	仪器小巧、操作简单、速度快、可测试黏度范围广、需样量少
示差扫描量热法	将淀粉置于水中，淀粉颗粒发生溶胀，当加热淀粉溶液时，淀粉分子开始剧烈振动，淀粉分子内和分子间氢键断裂，氢键发生水合作用，淀粉结晶区被破坏，结晶慢慢消失，结晶区完全消失时的温度为糊化温度。因淀粉糊化过程伴随着能量变化，故可利用 DSC 进行测量	用料少，速度快，可提供糊化所需热焓，便于经济核算，但不能反映黏度

续表

测定方法	分析原理	优缺点
X射线衍射法	淀粉颗粒形状、大小不同，在某些部分具有微小结晶的微结晶结构。当X射线照射淀粉试样时，其结晶部分的晶格面与X射线在满足Bragg条件的角度θ时，来自晶格面的衍射X射线出现在与照射X射线成2θ角的方向，根据衍射线的位置（2θ，淀粉结晶物质所固有），通过Bragg公式$n\lambda=2d\cdot\sin\theta$（其中$n$为反射次数，一般设$n$=1；$\lambda$为波长）可求出结晶间距$d$。衍射的位置和强度是各种结晶物质的特征参数，通过分析淀粉糊化过程中淀粉晶型的变化，从而掌握淀粉的糊化性质	使用方便，分析速度快，2～5min就可以测完样品中的全部待测元素。非破坏分析，在测定中不会引起化学状态的改变，也不会出现试样飞散现象。同一试样可反复多次测量，结果重现性好。分析精密度高。但容易受相互元素干扰和叠加峰影响

（1）黏度测定法

a. 布拉班德黏度仪法

不同的淀粉具有不同的布拉班德黏度曲线，采用布拉班德黏度仪对淀粉糊化过程进行检测可以较为准确地得到淀粉糊化速度快慢、糊化温度，以及黏度稳定性和淀粉糊凝沉性趋势等信息，是目前全球淀粉行业通用的一种检测淀粉糊化特性的方法。

b. 快速黏度分析仪法

快速黏度分析仪（rapid visco analyzer，RVA）法检测淀粉糊化的基本原理是通过仪器控制对淀粉糊化过程进行一系列的循环检测，获得数据，绘制出糊化曲线，并对淀粉糊化的黏度进行分析。RVA法具有操作简便、测样时间短、可测试黏度范围宽广、仪器小巧、用样量小等特点（叶为标，2009）。

（2）示差扫描量热法

示差扫描量热法（differential scanning calorimetry，DSC）被广泛用来测定淀粉的糊化特性，其检测的基本原理是在程序升温的条件下，使待测物质与参照物温差为零，测定待测物因为相变或化学反应等的发生而引起输给它们所需能量与温度的变化，因为淀粉糊化本质是淀粉分子从有序状态到无序状态转变的过程，在此过程中，能量发生变化，所以可利用DSC进行测量（Liu et al.，2019）。采用该测定方法可以获得淀粉的糊化温度、淀粉糊化熔点变化以及结晶程度等信息。同时，DSC用于分析淀粉的糊化具有适用样品水分范围广、试样盒密封、样品水分不变、直接测出实验中试样热量变化、省时、不需额外技术等优点，但测定结果不能反映黏度（张森和张春华，2014；尚佳萃等，2015）。

（3）X射线衍射法

由于淀粉是在某些部分具有微小结晶的微结晶结构，因此可通过分析淀粉糊化过程中淀粉晶型的变化，从而掌握淀粉的糊化性质。目前X射线衍射（X-ray diffraction，XRD）法已经被广泛地应用于淀粉糊化特性的分析。Ji等（2016）综合采用RVA、DSC和X射线衍射研究了甲壳素纳米颗粒对玉米淀粉和马铃薯淀粉糊化的影响；Wang和Copeland（2013）采用DSC、热重分析（thermogravimetric analysis，TGA）、FTIR和X射线衍射技术研究了高直链淀粉糊化程度及其浓度对淀粉成胶性能的影响。

4.6.2　淀粉的老化

4.6.2.1　定义

淀粉的老化（retrogradation）是指经糊化后的α-淀粉在室温或低温下放置一段时间后，溶液变得不透明甚至凝固而沉淀的现象。

4.6.2.2　淀粉的老化过程

淀粉老化的实质是糊化的淀粉分子在冷却或者贮存过程中，直链淀粉和支链淀粉分子发生有序结合重结晶的过程。由于体系温度降低不能满足分子热运动所需的能量，体系开始处于热力学非平衡状态，完全糊化淀粉体系中的淀粉分子链间借氢键相互吸引、重排，最终形成结晶。结晶过程包括直链淀粉分子螺旋结构的形成和堆积、支链淀粉中双螺旋结构的形成与双螺旋结构之间的有序堆积。根据淀粉的老化重结晶动力学，淀粉的老化过程可分为4个阶段：单纯淀粉链构象变化、晶核诱导形成阶段、晶体增长过程、完美晶体形成阶段（代欢欢，2017）。整体的结晶速度主要由成核和生长这两个过程的速度所决定。根据老化时间长短，淀粉的老化分为两个阶段：短期老化和长期老化。

（1）短期老化

淀粉的短期老化是指在淀粉老化的早期，链长可聚合度较高的大分子直链淀粉分子之间形成交联网络，相对分子质量较小的淀粉与脂肪形成结晶的阶段（闫晓侠，2018）。

（2）长期老化

淀粉的长期老化主要是指支链淀粉的老化过程。支链淀粉分子具有的高度支叉结构使得支链淀粉分子之间的相互结合受到较强的抑制，在一般条件下较难形成胶体。支链淀粉的老化是一个长期缓慢的过程，但是一般由食品老化导致的食品品质劣变都是由淀粉的长期老化所引起的。

4.6.2.3　影响淀粉老化的因素

（1）淀粉类别

不同来源的淀粉具有不同的分子组成、直链淀粉与支链淀粉比。一般原料中直链淀粉含量越高越容易老化。

（2）淀粉分子结构

淀粉分子结构也会对淀粉的老化产生影响，直链淀粉分子由于在溶液中空间障碍小，易于取向，易老化。支链淀粉由于具有树状分支，空间位阻大，不易凝沉。此外，淀粉分子聚合度的大小也会影响淀粉的老化。一般聚合度高的淀粉分子相对分子质量也大，相对分子质量的增加会导致淀粉分子取向困难，较难老化；如果淀粉分子的聚合度太低，相对分子质量较小，其在老化过程中虽然易于取向，但是同时也易于扩散，所以也不利于凝沉，不易老化。所以只有聚合度适中的直链淀粉才容易发生凝沉现象。对于支链分子而言，相对分子质量越小，支链长度更均一及分支点更少等均会提高初始回生速率。

（3）水分

水分子可影响淀粉分子的迁移速率，决定淀粉分子链间的聚合速率。水分含量显著影响淀粉的老化速率。研究表明，当水分含量低于50%时，淀粉老化速率较低；水分含量在50%～80%时，水分含量的增加会提高淀粉的老化速率；若水分含量高于80%，水分含量的增加会降低淀粉的老化速率。因为当水分含量较低时，水分子的迁移速率低，溶液中的分子碰撞概率小；当水分含量增加时，水分子的迁移速率增加，溶液分子的碰撞机会变大，利于淀粉的老化；但是当水分含量继续增加时，体系中分子的浓度降低，分子碰撞概率降低，不利于淀粉的老化（刘长姣等，2018）。

（4）糖类

目前研究表明，糖类对淀粉的老化过程具有显著的影响，且不同的多糖对淀粉体系老化的影响不一样。对于多糖影响淀粉老化的具体机制还没有定论，到目前为止研究者提出过小分子糖降塑理论（Slade and Levine，1988）、相溶性理论（Biliaderis and Prokopowich，1994）及水化层（Cairns et al.，1991）来解释小分子多糖促进淀粉老化的机制。小分子糖降塑理论认为小分子糖类可以作为降塑剂增强淀粉链与淀粉分子间的次价键，降低分子链的迁移速率，不利于淀粉的老化。相溶性理论认为不同的小分子多糖与水分子的相溶性决定其对淀粉老化过程的影响，当小分子糖类与水的相溶性好时，糖分子的作用类似于水，对分子链有一定的稀释作用，可降低分子链的迁移速率，不利于淀粉的老化；相反，如果糖分子与水不相溶，则会加速淀粉的老化。此外，也有研究者提出水化层的形成间接提高了淀粉糊实际浓度，提高了淀粉链的迁移率，从而促进淀粉发生重结晶。

（5）脂类

Kaur和Singh（2000）认为脂类可以通过与直链淀粉形成复合物促进淀粉的老化。同时，在米的蒸煮过程中，米中的脂类会与其中的直链淀粉形成“V”形复合物，该复合物冷却后会转化为B型结晶，生成双螺旋微晶淀粉，促进直链淀粉的老化（王睿，2007）。但是，冯健等（2011）认为，脂类-直链淀粉复合物的形成会破坏直链淀粉双螺旋的交联缠绕和结晶，抑制淀粉的老化。Ji等（2016）的研究也表明米糕的老化速率随脂质含量的降低而加快。李雨露（2015）研究发现脂类可通过影响支链淀粉的重结晶抑制淀粉的老化。

（6）淀粉酶

淀粉酶对淀粉的老化有影响，但是由于淀粉酶水解规律性差，淀粉酶水解产物不一，因此不同的酶对淀粉老化的影响不同。Li等（2014）的研究表明，将α-淀粉酶喷涂于米饭表面可以抑制米饭的老化，并认为其作用机制是淀粉酶酶解后导致体系中支链淀粉的侧链短链（DP=6～9）增多，从而降低支链淀粉的回生度，抑制淀粉的老化。

（7）改性

不同的改性方法和改性的程度对淀粉老化的影响效果不同。引入磷酸基（磷酸酯淀粉）、乙酰基（乙酸酯淀粉）及羟丙基（羟丙基淀粉），可以增加淀粉分子的亲和力，延缓或抑制淀粉的老化（Włodarczykstasiak，2016）。相反，由于酸解和交联提高了淀粉的糊化温度，因此会促进淀粉老化。

（8）温度

温度及温度的下降速度对淀粉的老化有影响。低温促进淀粉的老化，高温不利于淀粉的老化。缓慢降温利于淀粉分子的取向排列，可促进淀粉的老化；而迅速降温时淀粉分子来不及取向，老化速率降低。

（9）盐类

盐类也会对淀粉的老化产生影响，且不同的盐类对淀粉的老化影响不同，有的促进淀粉的老化，有的则抑制淀粉的老化。常见的 CNS^-、PO_4^{3-}、CO_3^{2-}、I^-、NO_3^-、Br^-、Cl^-、Ba^{2+}、Sr^{2+}、Ca^{2+}、K^+、Na^+ 对淀粉的老化具有抑制作用。

4.6.2.4　淀粉老化的分析技术

淀粉的老化过程较复杂，通常伴随流变特性、热力学特性、光谱学特性等的变化，因此可通过对老化淀粉的流变学、热力学、光谱学等特性进行分析，以深入研究淀粉的老化。

目前淀粉老化测定方法主要包括流变学分析法（监测老化淀粉凝胶的黏弹性）、热分析法（检测凝胶结晶区的融化焓）、X 射线衍射法（测定淀粉结晶区的结构）、核磁共振光谱法［测定淀粉分子的链段运动、构象的化学转换（共振频率）和结晶度］等。不同的测定方法可以反映淀粉老化过程中的不同特性，但是单一方法的测定结果对老化过程的描述较为片面，所以一般会采用多种方法同时测定对老化过程进行全面、准确的分析。

（1）流变学分析法

流变学分析法主要是通过测定淀粉老化过程中黏度的变化来监测淀粉的老化过程的，包括大形变测试和小形变测试。大形变测试方法包括单轴压缩实验、淀粉糊化黏度曲线测定和质构仪测试，其基本原理是基于淀粉的老化过程中凝胶的质构会随之发生变化，因此淀粉老化过程可通过测定淀粉凝胶质构的变化来表征。其中，单轴压缩实验和质构仪测试是通过测定样品的硬度、脆性与弹性等性质，来描述淀粉的老化过程；淀粉糊化黏度曲线测定主要是通过测量淀粉糊化过程中回生值的大小来反映淀粉的老化特性（曹立松等，2014）。小形变测试主要是通过淀粉老化过程中结构的变化获得淀粉的黏弹性参数，从而反映淀粉的老化过程。

（2）热分析法

常见的热分析法有示差扫描量热法（DSC）、差热分析（differential thermal analysis，DTA）法和热重分析（thermogravimetric analysis，TGA）法。DSC 是通过测量程序控制温度下物质的物理性质与温度的关系来分析淀粉的老化度，DTA 法是通过测定淀粉糊的温差（ΔT）来检测淀粉的老化过程，TGA 法是根据体系束缚水的含量随着淀粉贮存时间的增长而增大来分析淀粉的老化。

（3）X 射线衍射法

X 射线衍射法是通过对晶体峰和非晶体峰的面积进行测定，以晶体峰面积与衍射峰总面积之比来描述淀粉的老化程度。该法对规则的重复双螺旋片段的测定较为准确，但是对不规则有序区的敏感性较差。因此，灵敏度较示差扫描量热法差。

（4）核磁共振光谱法

该法基本原理是NMR的自旋弛豫时间（T_2）随分子流动性的变化而变化，物体固态时的T_2值与液态时的T_2值能相差几个数量级，利用固态和液态分子在脉冲核磁场下的分子弛豫时间不同，来测定整个体系中的固形物含量（曹立松等，2014）。淀粉老化是淀粉分子从无序到有序变化的过程，伴随有晶体的生成，即固形物含量的增加，可通过监测固形物的含量分析淀粉的老化情况。

（5）酶法

酶法是淀粉老化早期监测老化过程较灵敏的方法。其依据是淀粉老化后形成结晶从而对淀粉酶具有一定的抗性，单位时间内生成的还原糖的量降低。通过检测生成的还原糖含量来分析淀粉的老化情况。

4.6.2.5　淀粉老化和Avrami方程

淀粉的老化过程是淀粉分子从无序状态到有序排列的重结晶过程，具有高分子聚合物部分结晶的特性，结晶过程包括晶核的形成、晶体生长和晶体稳定三个阶段。晶体的成核与成长方程从理论上描绘了晶体的结晶过程，但由于方程中所涉及的参数较多，测定难度较大，实际应用价值较低。因此，Avrami（1939）结合结晶理论和化学反应动力学方程提出描述高分子聚合物结晶的数学模型（Avrami方程）：

$$\Theta=1-\exp(-kt^n) \tag{4-2}$$

式中，Θ为在t时刻的结晶率；k为老化速度常数；n为Avrami指数。

Avrami方程显示聚合物结晶过程中晶体大小随时间呈指数形式增长，可以较为准确地描述淀粉的老化结晶过程。在实际应用Avrami方程时，需要先测定一定温度下淀粉的等温老化曲线，描绘出一定温度下θ与t的关系曲线，并通过回归分析获得每组老化等温线的速度常数k和Avrami指数n，通过不同条件下k和n的变化趋势研究温度、含水量等因素对k和n值的影响（李慧娟和柴松敏，2006）。

Avrami指数n提供有关晶核特性及晶体成长过程的信息，n值的大小取决于晶体成长过程的维数（如晶体形状）和成核的时间。n=0表示晶体瞬间成长，老化程度不随时间加重，储存时间对老化无影响。$0<n<1$表示晶体瞬间成核成长快速，一般在淀粉分支度减少、线性分子的相对分子质量分布变窄、分子结构的均一性增大时出现$0<n<1$。n=1表示瞬间成核的晶体以枝状（一维）形式成长。$1<n<2$表示偶然成核和瞬间成核的共同作用。n=2则表示偶然成核的枝状结晶的成长或瞬间成核的碟状晶体的成长。老化速度常数k可以提供淀粉老化过程中晶体结晶的进程，反映的是成核与晶体成长速度的复合作用。

4.7　改性淀粉的种类及性能特点

改性淀粉是指对原淀粉进行物理、化学、生物或复合处理，使其理化性质（如色泽、溶解度、口感、黏度、流动性等）发生一定改变，原有的性能得到改良，增加一些新功能或引进新的特性，从而可更好地适应不同领域工业生产的需求。

依据原淀粉来源的不同，改性淀粉可分为玉米改性淀粉、马铃薯改性淀粉、木薯改性淀粉、大米改性淀粉、小麦改性淀粉；依据改性方法的不同，其可分为物理改性淀粉（也称预糊化淀粉）、化学改性淀粉、酶改性淀粉，其中酶变性法目前在生产上采用较少，最常用的是化学变性法。

4.7.1 物理改性淀粉

物理改性的基本原理是淀粉在含水的体系中加热后，淀粉颗粒发生溶胀，有序排列的胶束被破坏，微晶消失，变为预糊化淀粉，预糊化淀粉比原淀粉稳定，不易凝沉老化。

4.7.2 化学改性淀粉

利用化学试剂与淀粉分子中未发生反应的羟基或失水缩合的糖苷键反应，经处理后得到的淀粉称为化学改性淀粉。依据化学试剂化学变性原理不同，化学改性淀粉包括氧化淀粉、降解淀粉、酯化淀粉、醚化淀粉、复合淀粉、接枝淀粉等。由于制备过程易控制、简便、可行性高，淀粉的化学改性法目前在食品工业中的应用最为广泛。

4.7.2.1 氧化淀粉

淀粉在酸、碱、中性介质中与氧化剂作用所生成的淀粉衍生物称为氧化淀粉。目前工业上一般采用干法生产氧化淀粉：首先使用碱液活化原淀粉，再加入氧化剂进行氧化，最后进行干燥、包装即得产品（刘军海等，2009）。常用的氧化剂包括高锰酸盐、过氧化氢、碱性次氯酸盐、过氧化物等。氧化淀粉具有糊化温度降低、热糊黏度变小、热稳定性增加、产品颜色洁白、糊透明、成膜性好等特性。食品工业生产中氧化淀粉可作为添加剂，代替阿拉伯胶和琼脂制造胶冻与软糖类食品；也可以作为增稠剂添加到柠檬酪、色拉油和蛋黄酱中（吴琦，2011）。

4.7.2.2 酸改性淀粉

酸改性淀粉属于降解淀粉，其是将原淀粉调成一定浓度，然后用酸来处理，改变淀粉团粒形状的一类改性淀粉，也称酸解淀粉。目前工业生产中一般是采用盐酸或者硫酸对原淀粉进行酸解，然后经中和、过滤、水洗、干燥即得产品。酸解淀粉具有保持原淀粉颗粒的形状、直链淀粉含量增加、热糊黏度降低、流度变大、透明度增加、冷却凝沉作用较强、易老化浑浊等特性（陈美荣等，2010）。食品生产中常将酸解淀粉用于糖果及果冻食品尤其是软糖、胶姆糖等的生产。

4.7.2.3 酯化淀粉

酯化淀粉是淀粉分子中未反应的羟基与酸或酸酐结合形成的淀粉酯。酯化淀粉具有热塑性、疏水性等性能（Ogunsona et al.，2018）。在食品工业中，酯化淀粉常被用作食品稳定剂、乳化剂和增稠剂等。此外，酯化淀粉也可用于纺织、造纸以及药品、乳胶涂料工业。

4.7.2.4　醚化淀粉

淀粉分子中的羟基与活性物质反应而生成的含有醚键的淀粉，称为醚化淀粉，依据带电性质的不同分为离子型和非离子型淀粉醚。醚化淀粉具有比普通淀粉更加稳定的优点，在食品工业中醚化淀粉常被用作增稠剂、悬浮剂、稳定剂和黏合剂，也能代替一部分价格高的植物胶（曹凯光，2003）。可用于饮料、乳制品、糕点、果酱、沙司、肉汁等食品生产中，起到改善食品口感和稳定性的作用。

4.7.2.5　交联淀粉

交联淀粉属于复合淀粉，淀粉的醇羟基与具有两个或多个官能团的化学试剂进行反应，导致淀粉分子之间的桥连，或分子之间形成交联，使不同淀粉分子的羟基间形成二醚键或酯键而交联起来，所得到的衍生物称为交联淀粉（徐志海等，2014）。交联淀粉具有糊化温度上升、定性提高、抗酸能力增强和膜强度上升等特性，可改善淀粉糊的耐热、耐酸、抗剪切能力。目前在食品工业，交联淀粉可用在罐装、瓶装、冷冻、焙烘和干制食品以及水果和奶油馅饼中。此外，由于交联淀粉成膜性能好，其可制成可食性保鲜膜。

4.7.2.6　接枝淀粉

淀粉与丙烯酸、丙烯腈、丙烯酰胺、甲基丙烯酸甲酯、丁二烯、苯乙烯等人工合成高分子单体起接枝反应生成的共聚物，称为接枝淀粉。接枝淀粉同时具有天然淀粉和人工合成高分子的性质，接枝百分率、接枝频率和平均相对分子质量均会影响接枝淀粉的性质（王盼盼，2010）。接枝淀粉可用作增稠剂、吸收剂、上浆料、胶黏剂和絮凝剂等。

4.8　淀粉水解产物

淀粉在酸或酶的作用下水解，水解过程中不同阶段可产生不同的产物，这些新产生的化合物称为淀粉水解产物，常见的淀粉水解产物包括酸变性淀粉、糊精、淀粉糖、微生物发酵多糖等。

4.8.1　酸变性淀粉

酸变性淀粉是淀粉在糊化温度下用无机酸酸解后的产物，具有比普通淀粉易溶于水等优点。可用作胶黏剂，以及纺织品和纸张的表面浆料，也可用于果冻的制作。

4.8.2　糊精

淀粉经焙烘法（热解）和 / 或酸法分解而得到的相对分子质量较小的多糖称为糊精，其按照分子结构的不同可分为直链糊精、支链糊精和环状糊精。糊精具有稍溶于冷水、易溶于热水等特性。目前，糊精主要用作胶黏剂，可用于食品、医药、纺织、造纸等工业。

4.8.3 淀粉糖

淀粉经酸水解、酶水解及酸酶水解而成的具有一定甜度的水解产物，称作淀粉糖，为饴糖、麦芽糖、葡萄糖、异构化糖等的混合物。

4.8.4 微生物发酵多糖及双糖

近年来人们发现微生物多糖及双糖具有许多独特的功能与性质，其中包括许多特殊的优良特性。工业上常通过微生物发酵培养或酶法对淀粉进行转化得到微生物多糖及双糖。其中茁霉多糖和海藻糖较为常见（王盼盼，2010）。茁霉多糖又名普鲁兰，是以麦芽三糖为单元，经 α-1,6 键连接得到的一种线状多糖，其聚合度为 100 ～ 500 葡萄糖单位。具有黏度低、黏结能力强、可塑性优良、使用安全和非消化吸收等特性。目前广泛应用于食品、医药、纺织等工业。海藻糖由两分子葡萄糖通过 1,1 糖苷键连接而成，有 α,α 型、α,β 型及 β,β 型三种构象，其中 α,α 型较为常见。不具备还原性，对酸碱性和温度变化非常不敏感，具有酶特异性，只有特异性的海藻糖酶才能将其水解，有良好的抗龋齿性。此外，海藻糖还具备防止食品中淀粉老化及蛋白质变性等功能，广泛应用于医药、食品工业。

4.9 淀粉在食品中的应用

近年来，淀粉由于具有成本低、生物可降解、可再生和来源广泛等优点而被广泛应用于医药、建筑、环境、食品等方面。在食品工业中，淀粉常被用作增稠剂、稳定剂、填充剂、保水剂、甜味剂、乳化剂和可食基膜等。例如，在面团的形成过程中加入淀粉可以改善淀粉中面筋的润胀度。在饼干生产过程中加入 5% ～ 10% 的淀粉可以改善酥性面团和韧性面团的性能。牛春艳和唐远发（2016）将玉米淀粉加入到花卷中，发现淀粉不会影响花卷的感官和质构。

此外，现在淀粉还可作为食品稳定剂和填充剂，添加到各类食品生产中。例如，将淀粉与卡拉胶等混合后可作为蛋黄的替代品，应用于生产蛋黄酱的稳定剂，可以同时降低产品中胆固醇的含量（曹清明，2005）。将可溶性淀粉用于蒜蓉酱的生产可起到稳定大蒜素风味的作用。面包生产过程中可加入 23% ～ 37% 的木薯淀粉作为填充剂。在芹菜纸型食品的生产过程中加入 10% 的玉米淀粉作为填充剂可以增加产品的厚实感，同时改善产品风味。

淀粉还可以作为肉糜类制品的保水剂，其具有保水、抗压、成本低廉的优点。例如，在西式火腿的生产过程中通常会加入低于 5% 的淀粉作为保水剂。玉米淀粉可作为填充剂用于生产高钙鸡骨泥罐头。另外，淀粉还可用于速溶饮料的生产。例如，槐角浓缩液 + 乳糖 + 淀粉，再烘干、粉碎可生产速溶槐角饮料（徐廷丽，2003）。淀粉及酸变性淀粉还可作为凝胶糖果的凝胶剂，还可以用生淀粉生产各种膨化食品。此外，用玉米淀粉加增塑剂（水），可生产可降解、可食性食品包装材料。而作为功能食品的抗消化淀粉有着降血糖、增加胰岛素敏感性、降低胆固醇、维持正常脂质构成、通便等功效。

淀粉由于具有良好的凝沉特性而被广泛用作可食用膜的基质。相比于市场上以聚乙烯塑料制品为原材料的食品保鲜材料，淀粉食用膜具有生物可降解、价格低廉等优点。此外，相比于以蛋白质和脂质为原料的可食用膜，淀粉基质食用膜具有分子质量更大、化学性质更稳定、机械性能好、适于各种储存环境等优良性能，具有良好的发展前景。

4.10 淀粉研究存在的问题及前景展望

淀粉是绿色植物以淀粉粒形式贮藏在细胞中的碳水化合物，主要存贮于植物的种子、块茎和块根细胞中。由于受到各种环境因素的影响，淀粉在结构和功能性质上存在很大的差别。虽然目前已经有很多学者致力于淀粉的研究，但是关于淀粉的高效提取方法、淀粉的分子结构和颗粒结构的研究还尚未透彻；食物中的其他组分与淀粉的作用对体内淀粉消化特性的影响机制还不清楚。此外，虽然目前市面上已有各种各样以淀粉为原料的新产品被开发应用，但还没有一个针对具体应用中淀粉原料选择的参考标准。

同时，目前直链淀粉已被广泛应用于食品工业、医药业、轻工业、纺织业和环境保护方面，但是对于直链淀粉的研究还不够深入。例如，目前直链淀粉的生产原料种类单一；提取和测定技术不够先进，操作步骤烦琐；生产成本较高。除此之外，淀粉糊化和老化的机制还需要进一步深入研究，尤其是食品中淀粉老化控制的技术。

参考文献

曹凯光. 2003. 高黏度荸荠羧甲基淀粉制备工艺的优化. 食品与发酵工业, 29(1): 53-56.

曹立松, 刘亚伟, 刘洁, 等. 2014. 淀粉老化测定技术研究进展. 粮食与饲料工业, (3): 30-34.

曹清明. 2005. 蕨根淀粉理化及加工特性的研究. 长沙: 中南林业科技大学硕士学位论文.

陈美荣, 黄莉, 关向阳. 2010. 变性淀粉在食品工业中的应用及发展趋势. 职业技术, (9): 81-82.

代欢欢. 2017. 甘薯回生淀粉晶体的制备及应用研究. 天津: 天津大学硕士学位论文.

邓宇. 2002. 淀粉化学品及其应用. 北京: 化学工业出版社.

范雪荣, 高卫东, 荣瑞萍, 等. 1998. 变性淀粉浆料的定性鉴别和定量测定. 棉纺织技术, (12): 24-27.

冯健, 刘文秀, 林亚玲, 等. 2011. 淀粉抗回生的研究进展. 食品科学, 32(9): 335-339.

国家卫生和计划生育委员会, 国家食品药品监督管理总局. 2017. 食品安全国家标准 食品中淀粉的测定: GB 5009. 9—2016. 北京: 中国标准出版社.

韩建勋, 陈颖, 吴亚君, 等. 2019. 实时荧光PCR法鉴定食用淀粉植物来源. 中国食品学报, 19(2): 291-300.

郝小燕, 麻浩. 2007. 豆类淀粉研究综述. 粮油食品科技, 15(3): 11-14.

侯新秀. 2010. 麦草基复合包装材料的加工条件与性能研究. 天津: 天津科技大学硕士学位论文.

阚建全, 刘雄, 陈宗道, 等. 2002. 抗消化淀粉的研究进展//中国粮油学会. 中国粮油学会第二届学术年会论文选集 (综合卷). 北京 : 中国粮油学会: 342-348.

李海普, 李彬, 欧阳明, 等. 2010. 直链淀粉和支链淀粉的表征. 食品科学, 31(11): 273-277.

李慧娟, 柴松敏. 2006. 淀粉的老化机理及抗老化研究. 粮食加工, 31(3): 42-45.

李雨露. 2015. 莲子淀粉老化及脂质抗老化机理的研究. 南昌: 南昌大学硕士学位论文.

梁桂花. 2007. 淀粉 / 丁苯橡胶复合材料的制备与应用研究. 北京: 北京化工大学硕士学位论文.

刘长姣, 姜爽, 朱珠. 2018. DSC法测定水分含量对玉米淀粉糊化和老化特性的影响. 粮食与油脂, 31(11): 7-9.

刘军海, 李志洲, 付蕾, 等. 2009. 变性淀粉在食品工业中应用的研究进展. 化工科技市场, 32(10): 31-35.

刘瑞, 冯佰利, 晁桂梅, 等. 2014. 苦荞淀粉颗粒及淀粉糊性质研究. 中国粮油学报, 29(12): 31-36.
刘文婷, 郭泽镔, 曾绍校, 等. 2013. 超高压处理对淀粉性质影响研究进展. 食品工业科技, 34(7): 361-364.
聂丹. 2014. 多种淀粉颗粒的扫描电镜下的形态分析. 安徽农业科学, 42(33): 11863-11865.
牛春艳, 唐远发. 2016. 玉米抗性淀粉在食品中的应用. 黑龙江科技信息, (25): 163-164.
尚佳萃, 刘洁, 刘亚伟. 2015. 测定醋酸酯淀粉热力学特性的方法研究进展. 食品安全质量检测学报, 6(5): 1758-1763.
石振兴, 熊犍, 叶君. 2014. FT-IR 研究 CMC、MCC 对小麦淀粉的抗回生规律. 现代食品科技, 30(3): 33-37.
宋一诺. 2015. 淀粉-脂肪酸复合物对小麦淀粉糊化和回生特性的影响. 郑州: 河南农业大学硕士学位论文.
田耀旗. 2011. 淀粉回生及其控制研究. 无锡: 江南大学博士学位论文.
王盼盼. 2010. 食品加工中的增稠剂 (七) 食品增稠剂——淀粉、变性淀粉及淀粉水解物. 肉类研究, (4): 47-54.
王睿. 2007. 即食方便米饭的抗老化研究及工艺改进. 无锡: 江南大学硕士学位论文.
王永华. 2010. 食品分析. 2 版. 北京: 中国轻工业出版社.
王永华. 2017. 食品分析. 3 版. 北京: 中国轻工业出版社.
王璋, 许时婴, 汤坚. 2006. 食品化学. 北京: 中国轻工业出版社.
吴琦. 2011. 物理交联淀粉的共混改性. 南昌: 南昌大学硕士学位论文.
肖东, 周文化, 邓航, 等. 2015. 3 种食品添加剂对鲜湿面抗老化作用研究. 食品与机械, 31(6): 142-145, 189.
谢明勇. 2011. 食品化学. 北京: 化学工业出版社.
邢明. 2011. 燕麦淀粉为基质的脂肪替代品的研究. 武汉: 武汉工业学院硕士学位论文.
邢明, 王展, 黄华, 等. 2011. 燕麦淀粉为基质的脂肪替代品的 DE 值选择. 食品科学, 13(32): 110-114.
徐廷丽. 2003. 百合淀粉理化性质及漂白工艺的研究. 长沙: 中南林学院硕士学位论文.
徐志海, 孙立斌, 孙丽雪, 等. 2014. 交联复合变性淀粉在食品中的应用. 黑龙江粮食, (9): 45-47.
闫晓侠. 2018. 直链淀粉纳米颗粒的结晶性质及其在热塑性淀粉复合材料中的应用. 长春: 吉林大学博士学位论文.
杨景峰, 罗志刚, 罗发兴. 2007. 淀粉晶体结构研究进展. 食品工业科技, (7): 240-243.
叶为标. 2009. 淀粉糊化及其检测方法. 粮食与油脂, (1): 7-10.
于红霞. 2011. 十二指肠灌注亮氨酸对奶山羊胰腺外分泌功能的影响. 杨凌: 西北农林科技大学硕士学位论文.
詹锦玲. 2013. 环糊精改性淀粉制备慢消化淀粉及其性质研究. 无锡: 江南大学硕士学位论文.
张森, 张春华. 2014. 糊化度测定方法的研究及进展. 粮食与饲料工业, 3(12): 52-54.
张正茂, 赵思明, 熊善柏. 2016. 不同提取方法对甘薯淀粉性质的影响. 食品科技, 41(4): 243-248.
赵米雪. 2018. 高静压协同酶法制备抗性淀粉及复合膜的研究. 呼和浩特: 内蒙古工业大学硕士学位论文.
赵琦, 王文国. 2013. 我国淀粉植物的地理分布特征分析. 四川农业大学学报, 31(2): 176-181.
赵燕, 李建科, 霍树春, 等. 2007. 酶法制备的玉米全淀粉 β-极限糊精性质初步研究. 食品科学, (9): 258-261.
周显青, 张玉荣. 2017. 米粉 (线) 加工及品质评价方法研究进展. 河南工业大学学报 (自然科学版), 38(3): 123-130.
朱香云. 2010. 异淀粉酶酶解玉米淀粉的性质及其成膜性研究. 天津: 天津大学硕士学位论文.
Avérous L, Halley P J. 2009. Biocomposites based on plasticized starch. Biofuels, Bioproducts & Biorefining, 3(3): 329-343.
Biliaderis C G, Prokopowich D J. 1994. Effect of polyhydroxy compounds on structure formation in waxy maize starch gels: a calorimetric study. Carbohydrate Polymers, 23(3): 193-202.
Bogracheva T Y, Ring S G, Hedley C L, et al. 1998. The granular structure of C-type pea starch and its role in gelatinization. Biopolymers, 45(4): 323-332.

Buléon A, Colonna P, Planchot V, et al. 1998. Starch granules: structure and biosynthesis. International Journal of Biological Macromolecules, 23(2): 85-112.

Cairns P, Miles M J, Morris V J. 1991. Studies of the effect of the sugars ribose, xylose and fructose on the retrogradation of wheat starch gels by X-ray diffraction. Carbohydrate Polymers, 16(4): 355-365.

Cui S W. 2005. Food Carbohydrates: Chemistry, Physical Properties, and Applications. Boca Raton: CRC Press.

Gérard C, Planchot V, Colonna P, et al. 2000. Relationship between branching density and crystalline structure of A- and B-type maize mutant starches. Carbohydrate Research, 326(2): 130-144.

Gunaratne A, Corke H. 2007. Influence of unmodified and modified cycloheptaamylose (β-cyclodextrin) on transition parameters of amylose-lipid complex and functional properties of starch. Carbohydrate Polymers, 68(2): 226-234.

Guo Z B, Zeng S X, Zhang Y, et al. 2015. The effects of ultra-high pressure on the structural, rheological and retrogradation properties of lotus seed starch. Food Hydrocolloids, 44: 285-291.

Hoover R. 2001. Composition, molecular structure, and physicochemical properties of tuber and root starches: a review. Carbohydrate Polymers, 45(3): 253-267.

Hu X T, Xu X M, Jin Z Y, et al. 2011. Retrogradation properties of rice starch gelatinized by heat and high hydrostatic pressure (HHP). Journal of Food Engineering, 106(3): 262-266.

Imberty A, Chanzy H, Perez S, et al. 1987. New three-dimensional structure for A-type starch. Macromolecules, 20(10): 2634-2636.

Imberty A, Perez S. 1988. A revisit to the three-dimensional structure of B-starch. Peptide Science, 27(8): 308-325.

Jane J L, Wong K S, Mcpherson A E. 1997. Branch-structure difference in starches of A- and B-type X-ray patterns revealed by their Naegeli dextrins. Carbohydrate Research, 300(3): 219-227.

Ji N, Liu C Z, Zhang S L, et al. 2016. Effects of chitin nano-whiskers on the gelatinization and retrogradation of maize and potato starches. Food Chemistry, 214: 543-549.

Kaur K, Singh N. 2000. Amylose-lipid complex formation during cooking of rice flour. Food Chemistry, 71(4): 511-517.

King A, Kaletunç G. 2009. Retrogradation characteristics of high hydrostatic pressure processed corn and wheat starch. Journal of Thermal Analysis & Calorimetry, 98(1): 83-89.

Lara S C, Salcedo F. 2016. Gelatinization and retrogradation phenomena in starch/montmorillonite nanocomposites plasticized with different glycerol/water ratios. Carbohydrate Polymers, 151: 206-212.

Le Corre D, Bras J, Dufresne A. 2010. Starch nanoparticles: a review. Biomacromolecules, 11(5): 1139-1153.

Li W H, Tian X L, Wang P, et al. 2015. Recrystallization characteristics of high hydrostatic pressure gelatinized normal and waxy corn starch. International Journal of Biological Macromolecules, 83: 171-177.

Li X L, Dan L, Hui T, et al. 2014. Reducing retrogradation of gelatinized rice starch and rice meal under low temperature storage by addition of extremely thermostable maltogenic amylase during their cooking. Food Research International, 62: 1134-1140.

Liu Y, Yu J L, Copeland L, et al. 2019. Gelatinization behavior of starch: Reflecting beyond the endotherm measured by differential scanning calorimetry. Food Chemistry, 284: 53-59.

Loftsson T, Duchêne D. 2007. Cyclodextrins and their pharmaceutical applications. International Journal of Pharmaceutics, 329(1-2): 1-11.

Ogunsona E, Ojogbo E, Mekonnen T. 2018. Advanced material applications of starch and its derivatives. European Polymer Journal, 108: 570-581.

Slade L, Levine H. 1988. Non-equilibrium behavior of small carbohydrate-water systems. Pure & Applied Chemistry, 60(12): 1841-1864.

Tester R F, Karkalas J, Qi X. 2004. Starch—composition, fine structure and architecture. Journal of Cereal Science, 39(2): 151-165.

van de Velde F, de Ruiter G. 2002. Polysaccharides Ⅱ: polysaccharides from eukaryotes. Biopolymers, 6: 381-438.

Veelaert S, Polling M, De Wit D. 1995. Structural and physicochemical changes of potato starch along periodate oxidation. Starch-Stärke, 47(7): 263-268.

Wang S J, Copeland L. 2013. Molecular disassembly of starch granules during gelatinization and its effect on starch digestibility: a review. Food & Function, 4(11): 1564-1580.

Wang S J, Sharp P, Copeland L. 2011. Structural and functional properties of starches from field peas. Food Chemistry, 126(4): 1546-1552.

Wang S J, Yu J L, Yu J G. 2008. The semi-crystalline growth rings of C-type pea starch granule revealed by SEM and HR-TEM during acid hydrolysis. Carbohydrate Polymers, 74(3): 731-739.

Witt T, Gilbert R G. 2014. Causal relations between structural features of amylopectin, a semicrystalline hyperbranched polymer. Biomacromolecules, 15(7): 2501-2511.

Włodarczykstasiak M. 2016. Physicochemical properties of waxy corn starch after three-stage modification. Food Hydrocolloids, 62: 182-190.

第5章　抗性淀粉

5.1　引　　言

抗性淀粉（resistant starch，RS）是由英国 Englyst 等（1982）在膳食纤维研究中发现，并对其进行命名的。近年来，已经有大量的研究表明，抗性淀粉具有类似于膳食纤维的很多生理功能，如有效防治肥胖、糖尿病、心血管疾病等严重威胁人类健康的慢性疾病（Matsuda et al.，2016；Wang et al.，2014）。同时，作为低能量、高膳食纤维含量的功能性食品，抗性淀粉能提高产品的膳食纤维含量，同时克服传统膳食纤维的某些缺点。例如，抗性淀粉更易被酶作用分解，从而为肠道益生菌提供能量，改善人体肠道健康；抗性淀粉具有持水性低、无异味的特点，可以改进食品的品质，使产品既营养又健康（Ma and Boye，2018）。

5.2　抗性淀粉的定义

淀粉在消化过程中，首先被口腔内的唾液淀粉酶水解成糊精及麦芽糖，然后糊精及麦芽糖被小肠内的胰淀粉酶和双糖酶分解为游离单糖，进而通过小肠被机体所吸收，但并不是所有类型的淀粉都能在小肠内被消化、吸收（李丰隆，2015）。根据淀粉能否在小肠内被完全消化分解生成葡萄糖以及在小肠内吸收的速率，人们通常将淀粉分成 3 种类型（Raigond et al.，2015）：快消化淀粉（rapid digestible starch，RDS）、慢消化淀粉（slow digestible starch，SDS）和抗性淀粉（resistant starch，RS）。快消化淀粉：在小肠中 20min 内能够被消化吸收的淀粉。慢消化淀粉：在小肠中 20 ～ 120min 才能够被完全消化吸收的淀粉，如天然玉米淀粉。抗性淀粉：不能在小肠中被消化吸收，但 120min 后可到达结肠并被结肠中的微生物菌群发酵，继而发挥有益的生理作用。

1992 年，联合国粮食及农业组织根据 Englyst 和欧洲抗性淀粉研究协作组建议，将 RS 定义为：不能被健康人体小肠消化吸收但能在大肠中发酵或部分发酵的淀粉和淀粉降解产物（Euresta，1993）。

5.3　抗性淀粉与膳食纤维的关系

本书第 2 章中已指出，对于膳食纤维的定义接受程度最高的是 2009 年国际食品法典委员会（Codex Alimentarius Commission）提出来的（Jones，2014），即膳食纤维是指 10 个或 10 个以上单体连接的碳水化合物，不能被人体小肠内的酶水解，且属于以下类别：食物中天然存在的可食用的碳水化合物，通过物理、酶和化学方法从食物原材料中获得的碳水化合物，对健康表现出有益生理作用的人造碳水化合物的聚合物。此定义的膳食纤维包括抗性低聚糖、抗性淀粉和抗性麦芽糊精。

作为一种新型的膳食纤维，抗性淀粉在代谢特性上类似于膳食纤维，但它们之间的理化性质却有所不同（Björck and Asp，1994）。抗性淀粉有较低的持水力、较好的口感，作为食品添加剂应用于食品加工中，不会影响食品的风味和质地，这些优点使抗性淀粉成为低热值食品首选的“膳食纤维”。抗性淀粉还可添加于焙烤和挤压食品中，以改善其加工工艺和制品质量：如将抗性淀粉添加至麦片中，可使麦片的持水力比添加燕麦纤维和 / 或小麦纤维的麦片低，但可使产品的膨胀率相对较大（余远江等，2018）。

5.4 抗性淀粉的分类

按照目前公认的分类方法，抗性淀粉可分为物理包埋淀粉（RS1）、天然抗性淀粉（RS2）、老化淀粉（RS3）、化学改性淀粉（RS4）和淀粉络合物（RS5）五类（Ashwar et al.，2016）（表 5-1）。

表 5-1　抗性淀粉的种类、食物来源及降低抗性的方法（Nugent，2010）

种类	说明	食物来源	降低抗性的方法
RS1	物理包埋淀粉	轻度碾磨的谷物、豆类等	碾磨、咀嚼
RS2	天然抗性淀粉	高直链玉米淀粉、生马铃薯、未成熟的香蕉、部分豆类	加工处理、加热
RS3	老化淀粉	加热冷却的马铃薯、面包、长时间或者反复湿热处理的食物	控制处理条件
RS4	化学改性淀粉	一些纤维饮料等应用了化学改性淀粉的食物	食品加工
RS5	淀粉络合物	直链淀粉含量高的食物	食品加工

5.4.1 RS1

那些因细胞壁的屏障作用或蛋白质的隔离作用从而不能被淀粉酶接近的淀粉颗粒称为 RS1，但是经过适当的研磨粉碎后，这类淀粉可在小肠中被完全消化和吸收。RS1 常见于轻度碾磨的谷类、豆类等食品中，人体口腔的咀嚼作用或一些食品加工方式会影响这类淀粉在食物中的含量（Raigond et al.，2018）。

5.4.2 RS2

RS2 指那些天然具有抗消化性的淀粉，主要存在于生马铃薯、生豌豆、未成熟的香蕉及高直链玉米淀粉中（Eerlingen and Delcour，1995）。此类淀粉在结构上存在特殊的构象或晶型，使其对酶具有高度拮抗性，这种特性与高直链玉米淀粉和未成熟马铃薯淀粉的抗消化特性相似。

根据 X 射线衍射图谱特性，RS2 淀粉晶体可分为 A 型、B 型和 C 型（俞东宁，2018），其中 A 型晶体主要在 15°、17°、18° 和 23° 处有强峰，存在于禾谷类作物种子中；B 型晶体在 5.6°、17°、22° 和 24° 有较强的衍射峰出现，主要存在于植物块茎和高直链作物种子中；C 型晶体由 A 型晶体和 B 型晶体共同组成，C 型晶体的波谱既有 A 型晶体的波谱也有 B 型晶体的波谱，主要存在于豆类作物种子和薯蓣类根状茎中（Wei et al.，2010；曾红华，2013），C 型晶体的波谱特性取决于 A 型和 B 型晶体的含量。

A 型晶体淀粉未经加热处理也能在小肠中被部分消化。B 型晶体淀粉经加热处理也难以消化，所以相比于 A 型晶体，B 型晶体淀粉更难被消化，其原因是酶只能作用于其晶体表面（Kawabata et al.，2010）。源自马铃薯的 B 型晶体淀粉是由双螺旋分子结构构成的，形成很大的“blocklets”，“blocklets”相互结合形成致密的晶体结构（Kossmann and Lloyd，2000；Tian et al.，2010），这些“blocklets”是马铃薯淀粉抗消化特性的决定因素；在谷物类淀粉晶体中，其“blocklets”要比马铃薯淀粉晶体的“blocklets”小，因此更易被酶作用水解。C 型晶体淀粉衍射的类型介于 A 型和 B 型之间，主要来自豆类淀粉（陈平生，2012）。

5.4.3 RS3

RS3 是指糊化后的直链淀粉、支链淀粉在冷却过程中部分重结晶，形成更稳定的氢键而难以被淀粉酶分解的淀粉。回生淀粉是目前研究最为广泛的一类抗性淀粉，由 RS3a（凝沉的支链淀粉）和 RS3b（凝沉的直链淀粉）两部分组成。RS3a 经过再次加热后，能够被淀粉酶酶解；RS3b 具有较强的抗酶解特性，老化后很难与淀粉酶的活性基团结合，从而产生抗酶解的特性（You et al.，2019）。回生淀粉具有不溶于水、持水力低、热量低的特点，广泛存在于煮熟后冷却的米饭、罐装的豌豆产品和冷面包等食物中，是膳食中抗性淀粉成分的主要来源，具有很大的研究前景和应用价值（孙春龙，2013）。

影响食物中 RS3 含量的因素分为内因和外因，内因指与食物中淀粉性质和食物组成成分有关的因素，外因则指有关的加工条件、处理方式以及食物形态等。具体而言，原料组成、直链淀粉与支链淀粉的比率、淀粉颗粒的大小、淀粉分子的聚合度、链长等是影响 RS3 形成的内因。加工过程中体系水分、pH、加热温度和时间、糊化-老化的循环次数、冷冻及干燥条件等因素是影响 RS3 形成的外因。所以通过控制体系水分、pH、加热温度和时间、糊化-老化的循环次数、冷冻及干燥条件等，可以影响淀粉或含淀粉类食品在加工过程中产生 RS3 的含量（Khan et al.，2019）。

RS1 与 RS2 或 RS3 一般可共存于同一种食物中（张灵超，2014）。

5.4.4 RS4

RS4 是指通过化学的方法在淀粉分子上引入新的官能团或改变淀粉分子大小和淀粉颗粒性质，从而改变淀粉的天然特性（如糊化温度、热黏度及其稳定性、冻融稳定性、凝胶力、成膜性、透明性等），产生的抗酶解淀粉，如乙酰化淀粉、接枝淀粉、交联淀粉、热变性淀粉、羟丙基淀粉及磷酸化淀粉等。同时，RS4 也指种植过程中，通过基因改造从而引起分子结构变化的淀粉，其往往更符合一定应用的要求（Xie et al.，2006）。

5.4.5 RS5

食物中还存在第 5 种淀粉类型（称为 RS5），RS5 是直链淀粉和支链淀粉的长链部分与脂肪酸或脂肪醇相互作用形成的复合物（Ai et al.，2013；Zhao et al.，2011；Okumus et al.，2018）。RS5 不溶于水，且具有热稳定特性，不易与淀粉酶结合。淀粉-脂类复合物的结构与支链淀粉分子缠绕在一起，阻碍淀粉颗粒的膨胀，淀粉酶不能进入淀粉颗粒内部，不易将其水解，因此其比直链淀粉具有更强的抗消化酶特性（Zhang et al.，2012）。直链淀粉-硬脂酸复合物是一种典型的RS5，淀粉颗粒中直链淀粉-硬脂酸复合物的形成限制了淀粉的膨胀，硬脂酸包裹在淀粉颗粒表面，从而进一步增强了RS5的消化酶抗性（Ai et al.，2013）。由脱分支的高直链玉米淀粉和游离脂肪酸形成的单螺旋复合物制备得到的RS5，其抗性淀粉含量最高可以达到75%（Hasjim et al.，2010）。

5.5 抗性淀粉的理化性质

5.5.1 基本理化性质

一般情况下，抗性淀粉不溶于水，能溶解于2mol/L氢氧化钾和二甲基亚砜溶剂中；持水能力仅为1.4～28g，是所有膳食纤维中最低的一种；具有极强的耐热性，高温蒸煮后，其含量也几乎不受损；热量较低，热值在10.0～10.5kJ/g；X射线衍射显示多为B型晶体；平均聚合度在30～200；熔点在100～165℃（Öztürk and Mutlu，2019；Remya et al.，2018）。

5.5.2 消化特性

抗性淀粉在小肠内不被消化或缓慢消化，因此其消化特性和消化后结构变化与普通淀粉有明显差异。抗性淀粉的复杂结构决定其独特的消化特性，形成这一特性的原因是直链淀粉晶体的存在。一方面，在温度为120～170℃时，直链淀粉晶体溶解，同时抗性淀粉有吸热高峰；另一方面，^{13}C NMR的结果也表明抗性淀粉晶体来源于直链淀粉晶体（黄雅萍等，2019）。虽然，在小肠中抗性淀粉因其坚实的结构而不易被消化，但抗性淀粉体外模拟消化实验表明，在大肠液中其质量明显降低，表明大肠中的微生物可以参与抗性淀粉的利用，从而发酵产生短链脂肪酸。

5.5.3 能量值

抗性淀粉含量高的食物在小肠中可以部分被消化吸收，葡萄糖的利用率较低，未被消化的部分可到达结肠，在结肠微生物帮助下，一般能够全部发酵，并产生可被吸收的短链脂肪酸（如乙酸、丁酸等），继续给机体提供能量（Rahat-Rozenbloom et al.，2017），这类食物能量的12%由结肠发酵产物短链脂肪酸提供。同时有研究表明，抗性淀粉在体内所产生的热量不及相等质量淀粉的1/10，因此抗性淀粉被认为是一种很有前途的减肥食品原料（Mathers，2010）。

5.6 抗性淀粉的制备

天然食物中抗性淀粉含量都比较低，所以获得有效提高抗性淀粉得率的物理、化学、生物或者复合技术方法，是目前该领域的重要研究方向。

5.6.1　原料

抗性淀粉的原料来源包括以下几种类型：①禾谷类淀粉，此种淀粉主要贮存在胚乳细胞和糊粉层的细胞壁中，胚中的淀粉含量较少，如小麦淀粉、玉米淀粉、高粱淀粉、荞麦淀粉、大米淀粉等（Xia et al.，2018）；②薯类淀粉，主要有木薯淀粉、甘薯淀粉、马铃薯淀粉等（Chisenga et al.，2019）；③豆类淀粉，主要有蚕豆淀粉、豌豆淀粉、赤豆淀粉、绿豆淀粉等（Singh et al.，2016）；④果蔬类淀粉，主要有香蕉淀粉、芒果淀粉等（Zhao et al.，2018）。制备抗性淀粉的原料选取主要参考直链淀粉的含量，国外许多研究都以高直链玉米淀粉为原料。

5.6.2　制备方法

通过物理、化学、生物或复合技术等手段，改变淀粉的颗粒结构、分子链长短、直链淀粉与支链淀粉的比率及淀粉内部的晶体结构等使得淀粉的抗酶解性能改变，可以高效制备抗性淀粉。目前，直链淀粉与支链淀粉的比率、淀粉链聚合度是显著影响抗性淀粉形成的两个因素。抗性淀粉的制备思路主要是针对显著影响抗性淀粉形成的这两个因素，有选择性地进行处理以获得目的产物。热液处理法、酸解压热法、脱支处理法、微波处理法、化学处理法、挤压处理法和超声波处理法是常用的抗性淀粉制备方法。

RS1 和 RS2 因为在糊化后抗性消失，所以实际应用意义不大；而 RS3 是淀粉糊化并经冷却处理后重结晶形成的抗性淀粉，制备的过程可以控制，是膳食中抗性淀粉的主要组成部分，所以具有较为广阔的应用前景。

5.6.2.1　热液处理法

根据热处理温度和淀粉乳水分含量的差异，制备抗性淀粉的热液处理法主要分为湿热处理、压热处理和韧化处理三种。

湿热处理：指在水分含量低于 35% 的情况下，使淀粉热处理温度介于淀粉的玻璃化转变温度和淀粉糊化温度之间，在此温度下处理一定时间。湿热处理会破坏结晶结构及非结晶区的双螺旋结构，促进聚合物链的相互作用，有利于老化的淀粉分子的重排（刘敏，2018）。

压热处理：在适当的温度和压力条件下，对淀粉溶液（含水量大于 40%）进行处理的方法。压热处理的具体步骤：在高温高压下对淀粉溶液进行热处理，淀粉颗粒在过量的水分下吸水溶胀，晶区崩裂，从而使淀粉分子之间的缔合状态遭到破坏，淀粉发生糊化作用，接着利用淀粉的老化性质，在低温下静置，使淀粉糊慢速冷却形成老化淀粉，即抗性淀粉。压热处理可使淀粉颗粒充分糊化，直链淀粉分子彻底溶出，从而有利于抗性淀粉的形成（Gu et al.，2018；张岩，2015）。

韧化处理：又称退火处理，是在低于淀粉糊化温度条件下，对含水量大于 40% 的淀粉溶液进行处理的方法。韧化处理对玉米淀粉颗粒形貌有较小影响，对淀粉的黏度、溶解度、起糊温度、膨胀度均有影响，而对热焓影响不大（杜双奎等，2012）。

淀粉的糊化程度主要受温度和时间的影响，多次高温高压处理可以使淀粉颗粒完全崩解糊化，彻底释放出直链淀粉，从而有利于抗性淀粉的形成。121℃压热法和压热-冷却循环处理3次，可以使抗性淀粉含量从4.87%分别提高至10.23%和12.56%，热稳定性分别提高至92.38%和94.46%（吴亨，2014）。Szczodrak和Pomeranz（1992）研究发现，采用压热-冷却循环处理大麦淀粉1～20次，可以使得大麦抗性淀粉含量从6%增加至26%。压热-冷却循环处理能使得抗性淀粉含量增加，原因可能是多次的高温高压处理使淀粉颗粒结构完全被破坏，从而释放出直链淀粉，同时部分糖苷键分解。这种处理一方面可以把淀粉链聚合度过长的分子缩短，另一方面增加了直链淀粉含量，从而促进淀粉分子在冷却回生的过程中重新凝聚结晶。

5.6.2.2 酸解压热法

在RS3的制备过程中，天然淀粉被破坏前后存在部分解聚作用，所以在热处理之前对淀粉有选择性地进行水解可以提高抗性淀粉的得率（吕博华等，2010）。酸解条件、淀粉糊浓度、热处理温度、热处理时间等都会影响抗性淀粉的得率。酸解处理主要水解支链淀粉的短直链淀粉形成的双螺旋结构，生成更多的短直链淀粉，从而有利于更多直链淀粉分子双螺旋的充分缔合及抗性淀粉的形成（Lin et al.，2011）。酸解处理中，酸解时间和酸浓度应适当，防止因酸解过度导致淀粉分子链过短而不利于结晶形成，而酸解程度弱将无法得到长度适中的分子链，不利于直链淀粉分子间形成双螺旋结构。淀粉糊浓度应适中的原因是，当淀粉糊浓度过低时，整个体系的黏度很低，从而使直链淀粉分子间相互接近的概率降低；当淀粉糊浓度过高时，即使在高温处理后，淀粉糊的黏度依然很大，不能有足够的水分子进入淀粉的结晶过程。热处理温度对抗性淀粉形成影响很大，随着热处理温度的增高，抗性淀粉的含量增高，释放出的直链淀粉分子较容易接近形成氢键，从而形成分子间双螺旋结构。热处理时间对抗性淀粉的形成也至关重要，处理的时间过短可能使淀粉糊的黏度达不到最佳状态，也可能使淀粉分子中的直链淀粉分子不能完全游离出来；但是热处理时间过长，淀粉分子发生过度降解，也会影响抗性淀粉的形成（吴亨，2014；Kwon et al.，2019）。

5.6.2.3 脱支处理法

天然淀粉颗粒中支链淀粉分支多，分子链聚合度大，直链淀粉含量普遍较低，不是形成抗性淀粉的最佳分子结构。因此，需要对淀粉链分子进行短化脱支的改性处理。酸法脱支和酶法脱支是淀粉脱支处理的两个主要方法。酸法脱支主要采用盐酸、硫酸等强酸处理淀粉，不仅水解α-1,6糖苷键，也会水解α-1,4糖苷键，随机性强，不易控制，因此现在较少采用（Lin et al.，2011）。酶法脱支主要采用普鲁兰酶和异淀粉酶对淀粉进行处理，水解淀粉中的α-1,6糖苷键，从而产生大量的短直链淀粉，经过一定的老化处理，制备出抗性淀粉（谭瑶瑶，2013）。

目前，工业上常用食品级的盐酸、硫酸、草酸水解淀粉氯化钠。尹秀华等（2013）利用柠檬酸、乳酸、磷酸水解处理木薯淀粉后，抗性淀粉含量极显著提高，且用磷酸制备抗性淀粉的效果优于柠檬酸、乳酸。相对于硫酸和草酸，盐酸的水解效率较高，且反应完成后可用氢氧化钠中和，生成的氯化钠容易除去，反应中产生的副产物容易分离（Zeng et al.，2019）。

耐高温淀粉酶和普鲁兰酶是淀粉脱脂常用的两种淀粉酶，前者可专一水解α-1,4糖苷键（降低淀粉分子链聚合度），后者可专一水解淀粉分支处的α-1,6糖苷键（增加直链淀粉含量）。刘婷（2012）以30U/g淀粉的酶量酶解木薯淀粉10min，木薯淀粉中的抗性淀粉含量从2%左右显著提高至9.13%。谭瑶瑶（2013）对比了耐高温α-淀粉酶法和普鲁兰酶法，两者均显著提高了抗性淀粉含量，且耐高温α-淀粉酶法制备抗性淀粉的效果略优于普鲁兰酶法。仅采用一种方法的作用效果有限，而将两种酶联合使用能更好地提高抗性淀粉的含量。张焕新（2012）用α-淀粉酶对玉米淀粉进行适当的水解后，再用普鲁兰酶进行脱支处理，抗性淀粉得率增加了，可以制备得到抗性淀粉含量约58.87%的产品。

5.6.2.4 微波处理法

微波处理法是指将淀粉与一定量的水混合后，在微波辐照过程中，淀粉的水分汽化，体系温度上升使得淀粉糊化，随后在冷却的过程中，直链淀粉重新聚集成有序的晶体结构，形成抗性淀粉的方法。

对于水分含量小于20%的淀粉样品，其经微波辐照后，温度迅速上升，但该过程中淀粉的结晶结构受到的影响较小，结晶区未遭到破坏；而水分含量为20%～35%的淀粉样品则升温缓慢，X射线衍射类型发生变化，溶解度明显减小，说明淀粉已经老化，形成新的晶体（赵凯，2009）。采用微波-湿热法制备马铃薯抗性淀粉时，在微波时间240s、微波功率750W、淀粉乳质量分数15%条件下，马铃薯抗性淀粉的最大得率为9.77%，在此过程中没有新的官能团产生，但分子间氢键发生变化（刘敏等，2018）。

5.6.2.5 化学处理法

化学处理法是指经过化学变性方法（如交联、酯化、醚化、糊精化和氧化等），淀粉的分子结构改变或化学官能团增加，从而制备抗性淀粉的方法。该方法主要应用于RS4的制备。

5.6.2.6 挤压处理法

挤压处理法是指将淀粉乳依靠挤压机螺旋推动，在这种推动力和摩擦力作用下，产生高温高压，使淀粉颗粒发生糊化的方法。该方法的原理是，在高温高压和高剪切作用下使淀粉分子发生解聚作用，线性片段形成抗酶解结构，从而促进抗性淀粉的形成（Ye et al.，2019）。利用挤压处理进行抗性淀粉制备过程中，传统挤压机在挤压时，糊状的物料被挤出模孔的瞬间，高温物料中的水分急剧汽化，使食品内部留下许多的微孔，从而导致物料膨化2～5倍，这个缺点限制了传统挤压技术在有些食品上的应用，张潜（2013）采用改良挤压技术，在大米淀粉中添加不同比例的高直链玉米淀粉，制备出了高抗性淀粉质构米。

5.6.2.7　超声波处理法

超声波处理法是指通过高频率的作用打断分子的糖苷键，使得长链淀粉分子降解，从而产生具有一定聚合度范围的淀粉分子链，其降解后的相对分子质量分布比其他淀粉降解方法要窄。牛春艳和刘阳阳（2017）以玉米淀粉为原料，采用超声波处理法制备抗性淀粉，在淀粉乳含量25%、超声时间10min、超声功率600W、超声温度45℃、回生时间24h条件下，抗性淀粉得率为25.06%。由于超声处理降解淀粉分子产物的相对分子质量分布较窄，因此在抗性淀粉的制备过程中，一般利用超声波对淀粉进行前处理，然后通过酶法等其他手段加以辅助。与湿热处理相比，超声波处理耗时短、操作相对安全，辅以酶法、酸解等技术制得的抗性淀粉有较大的实用和研究价值（Falsafi et al.，2019）。

5.6.2.8　其他方法

还有一些其他的处理方法也能提高抗性淀粉的得率。例如，采用反复脱水的方法处理马铃薯、玉米、木薯和小麦淀粉，制备出具有特定物理特性的抗性淀粉；采用基因改良法提高内生抗性淀粉的含量，目前，高产直链淀粉的突变体近亲繁殖技术和抑制支链淀粉酶活性两种方法也已经成功用于提高内生抗性淀粉的含量。

然而，采用单一的方法制备抗性淀粉都存在一定的局限性，如抗性淀粉得率低、原料利用率不高。因此，综合利用多种制备方法来提高抗性淀粉含量及原料利用率，是一条非常有效的途径。如挤压、微波处理技术用于淀粉原料的前处理，超声波处理用于酶解反应的前处理，将这些化学方法和物理方法结合起来制备抗性淀粉，可以加速反应的进程，提高抗性淀粉的得率。张伟等（2018）采用微波和酶解联合处理银杏淀粉，制得银杏抗性淀粉，抗性淀粉含量达25.3%。刘敏等（2018）采用微波-湿热法制备马铃薯抗性淀粉，抗性淀粉的得率为9.77%。任海斌等（2017）采用双螺杆挤压机挤压技术与普鲁兰酶酶解技术联用的方法制备玉米抗性淀粉，抗性淀粉质量分数达24.72%±0.87%。多种技术联合制备抗性淀粉的机制是，压热、微波等处理可以破坏淀粉颗粒，加快淀粉酶解、酸解速率（酶解或酸解可以增加直链淀粉含量，同时把长链淀粉分子变短），而在热处理后的冷却过程有利于抗性淀粉的形成。多种方法的联合使用，不仅可以互补单一制备法的不足，而且可以加速反应进程，提高抗性淀粉的得率。

5.7　抗性淀粉的分析方法

抗性淀粉的测定一般可分为体内测定法和体外测定法（袁腊梅，2012）。体内测定法是指测定体内未被小肠吸收的淀粉及其降解物的含量（杨晓惠，2011）；体外测定法是指经过模拟人体消化条件处理后，在体外测定不被淀粉酶水解的淀粉含量。体内测定法测定抗性淀粉直接可靠，但是需要以真实的人体为实验对象，对人的要求和成本较高（孟天真，2012），另外该实验对人体也有一定的影响。体外测定法是模拟体内食物消化条件，若其测定结果可以得到体内法的验证，则作为常规测定方法具有方便性和现实性（张岩，2015）。表5-2比较了不同抗性淀粉含量测定方法的原理及优缺点。

表 5-2 不同抗性淀粉含量测定方法的原理及优缺点

方法	测定原理	优缺点
AOAC 法	使用胰 α-淀粉酶和淀粉葡糖苷酶使样品中非抗性淀粉酶解为 D-葡萄糖，离心分离，底部残留絮状物即为样品中的抗性淀粉。使用碱作用于抗性淀粉使其分解为葡萄糖，D-葡萄糖用葡萄糖氧化酶 / 过氧化物酶试剂（GOD/POD）测定，测定结果乘以换算系数即得抗性淀粉含量	操作简单、准确性高、重复性好
Berry 法	先采用 AOAC 膳食纤维分析方法水解样品，再分析未水解的纤维素残渣中 RS 的含量	直接、简单，但是测定结果误差较大
Englyst 法	先采用胰酶和糖化酶作用 120min，计算样品总淀粉含量及在上述条件下被水解的淀粉含量，两者之差即为 RS 含量	适用于所有含淀粉食物的抗性淀粉测定，基本模拟了生理环境，可根据淀粉分类对样品采用不同的预处理，但本法测定过程较为复杂且重复性较差，不同实验室很难得到可重复的结果
改良 Goni 法	先将样品用胃蛋白酶酶解，然后加入胰淀粉酶酶解，用 GOD/POD 法测定水解液中的葡萄糖含量，再换算成抗性淀粉含量	模拟了人体胃肠道的生理条件，具有重复性好、操作简单、成本低、适用广泛等优势

5.7.1 体内测定法

体内测定法测定的是未被小肠消化吸收的淀粉及其降解物。目前，对人体进行体内抗性淀粉含量测定的方法主要有氢气呼吸法、回肠造口术法和插管法三种。

5.7.1.1 氢气呼吸法

碳水化合物发酵的最终产物之一是氢气，氢气由细菌在结肠中发酵产生，然后通过肺部呼出，肺部呼出的氢气量比较稳定，且该量与结肠细菌发酵产生的氢气量具有一定的对应关系。因此，如果测试者的食物中只含有淀粉而不含其他不能被消化吸收的碳水化合物，那么结肠产生的氢气量跟食物中抗性淀粉的含量就有一定的比例关系。

氢气呼吸法简单易行，但是肺部呼出氢气的量不仅与结肠内碳水化合物的含量有关，还与其在结肠内发酵的速度有关，与一般多糖相比，抗性淀粉发酵产生氢气的速度通常较慢，产生的氢气可能在结肠内被细菌进一步利用，造成测量误差，因而氢气呼吸法不适合定量，更适合用于抗性淀粉的定性或者半定量测定（孟天真，2012；武俊超，2012）。

5.7.1.2 回肠造口术法

回肠造口术法是直接测定小肠中流出的抗性淀粉含量。此法多以溃疡性结肠炎患者作为受试对象，试验者因为溃疡性结肠炎切除了结肠，并进行了腹部回肠造口术，因此，可用口袋定量收集回肠流出物，然后测定抗性淀粉含量。测试期间试验者食用添加了抗性淀粉的食物（不含植物多糖），收集的流出物保存于低温下待分析。

该方法对试验者无不良影响，所以得到较广泛的应用，但是流出物可能引起微生物的繁殖，从而造成抗性淀粉的降解，使得测定结果偏低。

5.7.1.3　插管法

插管法是将三腔聚乙烯管从健康志愿者鼻孔插入体内，管子的一端位于盲回肠连接处，另一端置于取样口上方处，用于灌注氯化钠溶液和聚乙二醇。用荧光检查仪确定管子在肠内的位置。受试者食用设计的早餐，试验员在14h试验过程中吸取受试者回肠样品，收集的样品保存在低温下，最后，测定抗性淀粉和聚乙二醇含量。该法不能定量收集小肠内的全部流出物，通过以聚乙二醇作为稀释标记物质，根据聚乙二醇的浓度来计算肠内物质在回肠末端的流动量（Maria et al.，2002；孟天真，2012）。

插管法是对于健康人体体内抗性淀粉含量的直接测定法，缺点是小肠内管子的存在可能影响肠内食物的移动，降低小肠消化效率，使得抗性淀粉的测量结果偏高；此外，插入长管可能引起试验者不适（陈平生，2012）。

5.7.2　体外测定法

体内测定法的测定对象是人体，试验的成本高且对人体也有一些影响，因此，体内测定法不适合作为常规方法测定抗性淀粉含量（孟天真，2012）。体外测定法（武俊超，2012）是模拟人体消化过程设计的，操作环境合适、过程适宜，从而获得和体内测定法相吻合的数据。体外测定法可操作性强，适合作为常规测定方法。目前，抗性淀粉的体外测定法有多种，但其原理基本一致（战晓凤，2012）。首先，用胰α-淀粉酶水解样品，分析剩余物中未被水解的淀粉含量，也可测定样品中总淀粉和可消化淀粉含量，两者的差值即为抗性淀粉含量。抗性淀粉的体外测定法主要包括1986年的Björck法和Berry法、1992年的Englyst法、1992年和1993年的Muir和O'Dea法、1992年的Champ法及1999年改性方法、1996年的Goni法、1998年的Akerberg法和2002年的Mc Cleary法，其中Mc Cleary法是目前唯一的AOAC采用的方法。国外通常采用AOAC法测定抗性淀粉的含量，国内常采用Goni法。AOAC法和Goni法有一定的相似之处，都是先除去可溶性淀粉，然后水解抗性淀粉，根据抗性淀粉中还原糖的含量，换算得到抗性淀粉的含量（薛慧等，2012）。

5.7.2.1　AOAC法

（1）实验原理

样品使用胰α-淀粉酶和淀粉葡糖苷酶酶解，产生D-葡萄糖，终止酶解反应后，离心上述溶液，收集上清，底部残留物即为样品中的抗性淀粉，用2mol/L KOH溶液溶解抗性淀粉，用乙酸盐缓冲液将溶液调至中性，用淀粉葡糖苷酶酶解，将淀粉定量水解成葡萄糖。根据D-葡萄糖含量，换算得到抗性淀粉含量（杨烨，2017）。

（2）实验步骤

该方法主要包括样品的制备、水解、溶液化非抗性淀粉、抗性淀粉测定4个步骤。样品的制备：主要是对样品进行粉碎处理。水解：采用胰α-淀粉酶除去非抗性淀粉。溶液化非抗性淀粉：采用碱（KOH）处理以溶解抗性淀粉。抗性淀粉测定：将抗性淀粉酶解为D-葡萄糖，测定葡萄糖含量。在测量过程中要注意，不要用涡旋器混匀，其易导致淀粉乳化；加入 KOH 溶液时，充分搅拌试管里的样品，以避免形成淀粉块（林姗，2016；杨烨，2017）。

5.7.2.2　Berry 法

（1）实验原理

Berry 法是 Berry 实验室在测定大量小麦麸皮和胚芽样品中抗性淀粉含量时提出的。Berry 法的基本原理是耐高温 α-淀粉酶作用于淀粉，使非抗性淀粉溶解，再加入淀粉葡糖苷酶使非抗性淀粉完全水解，最后分析残渣中抗性淀粉含量（Berry，1986）。

（2）实验步骤

先将样品粉碎，分别用胰 α-淀粉酶、淀粉葡糖苷酶和普鲁兰酶处理，以除去非抗性淀粉，再将酶作用后的溶液离心，将残渣反复洗涤 3 次，最后向 KOH 溶液处理后的试样中加入乙酸钠缓冲液和淀粉葡糖苷酶进行酶解，离心，收集上清，测定还原糖，即得抗性淀粉含量。

5.7.2.3　Englyst 法

（1）实验原理

该法由 Englyst 提出，它的测定原理是，在 pH 5.2 和 37℃条件下，胰酶和糖化酶作用 120min 后，不被水解的淀粉即为抗性淀粉。通过测定样品总淀粉含量及可消化淀粉含量，从而得出抗性淀粉含量（Englyst et al.，1996）。

（2）实验步骤

先混匀待测样品和酶液（含 α-淀粉酶、淀粉葡糖苷酶、转化酶），于 37℃酶解，再加入无水乙醇终止反应，用 80% 的乙醇反复洗涤沉淀并干燥，并用一定体积的水将沉淀转移至锥形瓶中，沸水加热后冷却至室温。然后，加入一定量的 KOH 溶液，在室温下混合，再加入淀粉葡糖苷酶溶液孵育，用葡萄糖氧化酶法测定葡萄糖含量，即抗性淀粉含量。

5.7.2.4　改良 Goni 法

（1）实验原理

该法是 Berry 法的改进，在胰 α-淀粉酶水解之前增加胃蛋白酶，以消化除去蛋白质，模拟体内消化环境，从而利于下步淀粉酶消化（Goñi et al.，1996）。

（2）实验步骤

先将样品用胃蛋白酶酶解，然后加入胰 α-淀粉酶酶解，离心，收集沉淀，用 2mol/L 的氢氧化钾（KOH）溶液溶解收集的沉淀，再加入淀粉葡糖苷酶酶解，用 GOD/POD 法测定水解液中的葡萄糖含量，再换算成抗性淀粉含量。

5.7.2.5　其他方法

另外，抗性淀粉的测定方法还有不溶性膳食纤维（insoluble dietary fiber，IDF）法、TSA 法、咀嚼法。其中 IDF 法是将样品碾磨，在热稳定性 α-淀粉酶中作用后，分别用胃蛋白酶和淀粉葡糖苷酶酶解，离心获得不溶性膳食纤维，用 2mol/L KOH 破坏 IDF，

25℃保温 30min，离心后，上清液用 GOD/POD 法测定抗性淀粉。该法简单又精确，所消耗的酶、溶剂和其他试剂更少。TSA 法是在 Berry 法的基础上进行改进，采用耐高温型 α-淀粉酶酶解可溶性淀粉，再测定抗性淀粉含量。该法能完全排除 RS2 的干扰，从而真实反映抗性淀粉的含量，准确性高，重现性好，简单方便，酶使用量少，测定成本低，但未模拟胃肠道环境。咀嚼法是 Muir 和 O'Dea 于 1993 年在 Englyst 法基础上进行改进而来的，用咀嚼代替机械消化，并与一些体内相关数据进行比较，结果的一致性有较大的提高，但所用样品是咀嚼后的 0.1g 原料，难以得到一个有代表性的同质样品。在此基础上，Åkerberg 等（1998）将此法进行改良，将做好的食物冷却至室温后获得较稳定的重量，6 名健康志愿者于标准状况下咀嚼 1g 待测物，能够得到有代表性的同质样品，具体流程见图 5-1。该法是向样品中添加增加酶活性的氯化镁（$MgCl_2$）、氯化钙（$CaCl_2$）和抑制微生物生长的异丙醇，使样品在胃蛋白酶、胰蛋白酶和 α-淀粉酶溶液中可以得到更彻底的消化，所得结果更接近体内测定的数据。此外，该法对质地粗糙的样品也同样适用（Åkerberg et al.，1998）。

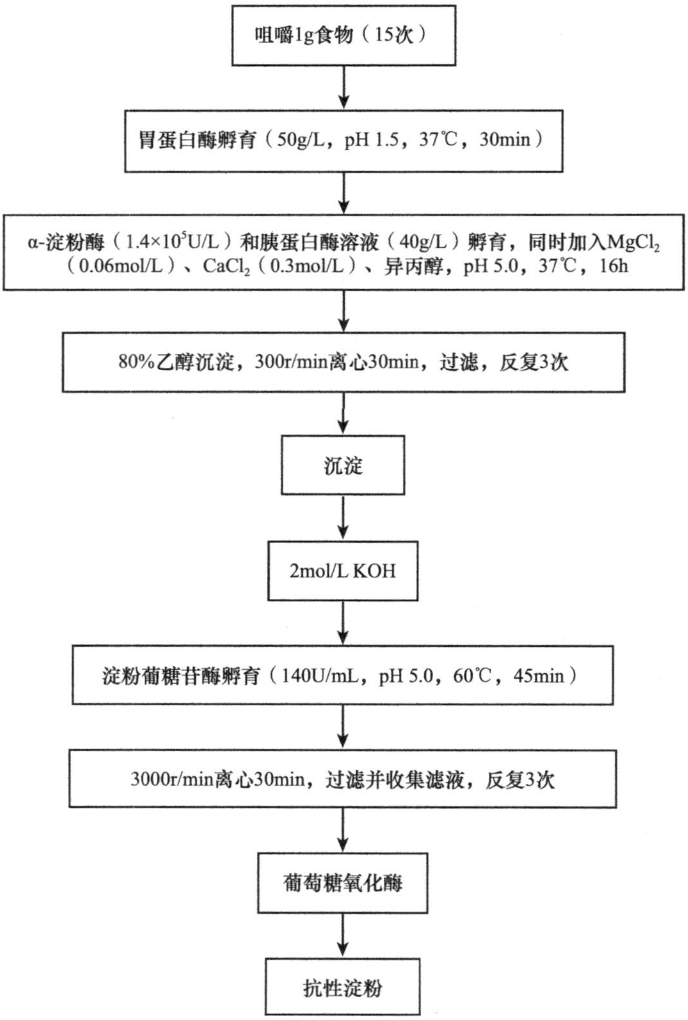

图 5-1　K. E. Anna 等的抗性淀粉测定流程

5.8 抗性淀粉的功能活性

抗性淀粉又称为功能性膳食纤维。随着食品营养学的发展，人们逐渐认识到，植物食品中的膳食纤维有着很好的生理功效，对于机体健康有着很好的医疗保健功能。因此，膳食纤维作为第七大类营养素，与碳水化合物、脂肪、蛋白质、水分、矿物质等并列。抗性淀粉作为膳食纤维的一种，能抵抗酶的分解作用，通过小肠后，进入大肠，并在大肠中发酵产生短链脂肪酸和其他产物。从功能性来看，抗性淀粉与膳食纤维类似，对人体健康有益，但与膳食纤维不同的是，它对机体有着独特而且重要的生理功能活性（Lockyer and Nugent，2017；Ma and Boye，2018），主要有以下5个方面：①通过控制体重与能量平衡，降低高脂血症、动脉粥样硬化及肥胖等疾病的发病风险（Barouei et al.，2017；Yuan et al.，2018）；②通过被大肠中的细菌发酵，产生对人体健康有益的短链脂肪酸，从而抑制致病菌生长、繁殖，减少肠机能失调现象，增强对便秘、腹泻、盲肠炎、痔疮等疾病的抵抗力（Maier et al.，2017；Metzler-Zebeli et al.，2019）；③通过控制餐后血糖和胰岛素水平，能有效地控制糖尿病患者的病情（Bindels et al.，2017）；④能够促进维生素、矿物质的吸收（杨艳，2015）；⑤是双歧杆菌良好的增殖因子，从而能促进有益菌的生长而抑制病原菌的生长，维持肠道健康（Bao et al.，2017）。

5.8.1 抗性淀粉对肠道的保护作用

抗性淀粉不被小肠吸收，主要在大肠中被肠道菌群利用产生SCFA，有利于降低各类疾病的发生风险。抗性淀粉产生的SCFA中的丁酸含量很高，可有效地降低肠道内的pH（Fuentes-Zaragoza et al.，2011）。研究报道指出，丁酸可抑制组蛋白去乙酰酶的能力、刺激调节性T细胞分化产生的促炎细胞因子、抑制巨噬细胞和树突状细胞，从而有助于调节肠道的免疫和抗氧化能力，维护肠道内稳态。与同等量的其他物质相比，肠内菌发酵抗性淀粉所产生的丁酸最多。研究表明，RS3可以促进双歧杆菌的生长和繁殖（Rodríguez-Cabezas et al.，2010；Zhang et al.，2014）。此外，膳食中非淀粉多糖（non-starch polysaccharide，NSP）和RS是使粪便量增加的主要成分。与天然淀粉相比，抗性淀粉能使粪便湿重和干重增加6倍。Van Munster等（1994）注意到，食用抗性淀粉后，人的粪便体积要比食用天然淀粉高25%；在人的饮料中添加高直链玉米淀粉可有效减缓结肠细胞增殖，提高粪便中短链脂肪酸的含量、降低次级胆汁酸的含量；食用含高抗性淀粉的膳食后，人体中的细胞毒素，如脱氧胆酸含量有所下降。

5.8.2 抗性淀粉与血糖代谢和胰岛素水平控制

血糖指数反映的是食物的最初消化与葡萄糖最终吸收之间的应答关系，抗性淀粉具有较低的血糖指数，可降低人体餐后血糖水平，并能显著改善血浆中脂类物质的浓度。在膳食中，用抗性淀粉部分替代易消化淀粉，可增加餐后饱腹感，减缓糖类吸收，从而有效调节机体血糖水平（Wang et al.，2019）。抗性淀粉是膳食纤维的一部分，能降低血糖指数和改善胰岛素水平，一方面原因可能是抗性淀粉的黏度增加，可以有效延缓胃排空；

另一方面原因是抗性淀粉在结肠中难消化，可被用作缓释葡萄糖的载体，以控制体内葡萄糖的释放、抑制餐后血糖的升高和增强胰岛素的分泌（Stewart and Zimmer，2018）。

5.8.3　抗性淀粉与体重控制

抗性淀粉对体重的控制作用主要有两方面的原因：一是抗性淀粉调节脂质代谢，从而有效减少肠系膜脂肪及肌内脂肪的沉积（向世琼和郐应龙，2014）。另外，抗性淀粉能够降低血清中三酰甘油和胆固醇的浓度，主要途径是通过对脂肪的束缚作用减少小肠对脂肪的吸收、促进排便和促进结肠有益微生物的生长繁殖。二是抗性淀粉能量很低，几乎不含热量，其在机体中产生的热量不及等量淀粉的 1/10（徐忠，2010）。

5.8.4　抗性淀粉与矿物质和维生素的吸收

膳食纤维会阻碍饮食中维生素、矿物质等微量营养素的吸收，而抗性淀粉则不会产生此影响。RS2 能与回肠中的细菌发酵产生 SCFA 而降低 pH，从而使镁、钙变成可溶性物质，被上皮细胞所吸收。但是，抗性淀粉的摄入不能过量，主要原因是抗性淀粉会影响脂类物质的吸收代谢，同时，脂溶性维生素的吸收代谢会受到影响（Zeng et al.，2017）。

5.9　抗性淀粉在食品中的应用

目前，抗性淀粉可作为膳食纤维营养强化剂、膨化和脆性食品的改良剂、食品增稠剂、热量添加剂应用于食品工业中。在日常膳食中，添加普通膳食纤维的产品口感及质构特性较差，这会在一定程度上影响产品的生产和销售。然而，抗性淀粉可弥补上述不足，添加抗性淀粉的谷物食品具有较好的外观、质构、口感、膨胀性和脆性，这些特性是普通膳食纤维无法比拟的。抗性淀粉应用于食品工业主要基于两方面优势（余远江等，2018）：①具有类似于膳食纤维的潜在生理功能；②具有独特的物理特性，包括低持水能力、细腻的口感等加工特性和感官特点。抗性淀粉与传统意义的膳食纤维相比，具有独特的品质特性（天然来源、颗粒大小、颜色、口味、低持水能力和高结合水能力、高糊化温度、挤压性能好等），使其被广泛添加到食品工业中（Homayouni et al.，2014），几种食品中常用的商业抗性淀粉见表 5-3。

表 5-3　几种食品中常用的商业抗性淀粉（Sharma et al.，2008；Zhang et al.，2008）

名称	抗性淀粉类型	抗性淀粉占总膳食纤维的比例（%）	理化性质或生理作用
Hi-maize	RS2	30 ～ 60	降低结肠 pH，增加短链脂肪酸浓度，利于肠道益生菌的生长，促进肠道蠕动，促进排便
CrystaLean	RS3	19.2 ～ 41	增加肠道丁酸浓度，促进大鼠近端结肠细胞的增殖，降低升糖指数
Novelose 240	RS2	47	降低升糖指数

续表

名称	抗性淀粉类型	抗性淀粉占总膳食纤维的比例（%）	理化性质或生理作用
Novelose 260	RS2	60	降低升糖指数
Novelose 300	RS3	＜ 30	降低升糖指数
C*Actistar	RS3	53	能量值低；提高免疫力，降低升糖指数，提高丁酸浓度
Fibersym™ HA	RS4	＞ 70	降低升糖指数，提高胰岛素敏感性
Fibersym™ 80ST	RS4	80	降低升糖指数，提高胰岛素敏感性
Nutriose FB	—	85	能量值低
Fibersol 2	—	90	提高短链脂肪酸浓度，调节肠道健康和糖代谢
Hylon® Ⅶ	RS2	23	

注：“—”代表无相关数据

5.9.1　膳食纤维营养强化剂

抗性淀粉具有多种功能活性，将其应用于保健食品中，不仅可以赋予保健食品能量平衡、内分泌调节、降胆固醇等功能，还可以降低保健食品的加工成本。目前，抗性淀粉作为膳食纤维的强化剂，已经应用到面类食品（如面包、包子、馒头、饼干等）中。在饼干类食品加工中，由于对面筋质量要求较低，可添加较大比例的抗性淀粉，此法可使稀释后的面粉面筋在焙烤时减少褐变机会，同时使饼干柔软、色泽光亮，并具有一定的保健功能。添加抗性淀粉的高纤维含量的面包，不仅在膳食成分上得到了优化，而且在颜色、体积、气孔结构及均匀性等感官品质上也得到了改善（Barros et al.，2018；Almeida et al.，2013）。

5.9.2　食品质地改良剂

抗性淀粉作为食品质地改良剂，能显著提高食品的结构特性、挤压谷物食品和休闲食品的膨化系数与脆性等，赋予这些食品非常独特的质地（Homayouni et al.，2014）。将抗性淀粉作为功能性成分添加到烘焙食品中，不仅能够阻碍凝胶网络的形成，从而使硬度减小，而且能够降低淀粉的膨胀特性和水溶指数（Jun et al.，2014）。将抗性淀粉添加到面条、通心粉中，有利于维持面条、通心粉的韧性结构，因此可避免蒸煮过程中出现的粘连现象。将抗性淀粉添加到糕点中，有利于糕点的凝固和保鲜。与传统富含不溶性膳食纤维的食品相比，抗性淀粉可改善某些产品的脆性、延展性和口感，使产品更容易被消费者接受和食用。

5.9.3　食品增稠剂

因为抗性淀粉具有良好的黏度稳定性、高流变学特性和较低的持水性等特点，所以在饮料、乳制品及汤料等食品加工中，抗性淀粉能够作为一种良好的食品增稠剂。抗性淀粉，作为汤料的增稠剂，使汤具有最佳凝胶和抗剪切特性，从而有效改善了汤的感官品质（Hasjim et al.，2010）。抗性淀粉不仅能增加饮料的不透明度和悬浮度，不掩盖饮料原有风味，还可以使饮料具备抗性淀粉的生理功能。此外，作为双歧杆菌、乳酸杆菌等益生菌繁殖的优良基质，抗性淀粉可以作为菌体的保存剂。

5.9.4　热量添加剂

抗性淀粉不被小肠吸收直接进入大肠，被大肠内的细菌发酵可产生降低肠 pH、促进肠道蠕动、增加粪便量的短链脂肪酸，如丁酸等，从而起到预防便秘、肠炎、痔疮等肠道疾病的生理活性。抗性淀粉应用于食品中，可以降低血糖含量，防治糖尿病（Meenu and Xu，2018）。向面团中添加 20% 的小麦抗性淀粉（RS2），可使面团变得更软，在不改变面条咀嚼性、顺滑度和口感等感官特性的情况下，使面条的消化性降低，从而使面条的升糖指数降低（Aravind et al.，2013）。另外，抗性淀粉通过调节脂质排泄机制，可对控制体重产生一定积极作用（Sanz et al.，2010）。

5.10　抗性淀粉研究存在的问题及前景展望

抗性淀粉作为一种食品添加剂，不仅具有优良的生理功能，而且具有独特的食品加工性能。人类对抗性淀粉的研究已有一百多年的历史，尤其是近几十年来，国外关于抗性淀粉的研究发展迅猛，在美国、西欧、澳大利亚等发达国家和地区关于其研究已系统化。相比国外，我国对抗性淀粉的研究大约从 20 世纪 90 年代末才开始起步，又有技术条件等的制约，导致对抗性淀粉的研究不够深入。

目前，国内外对抗性淀粉的研究仍存在较多问题，第一，对抗性淀粉的概念缺乏更为科学的定义，这导致因测定条件不统一而无法针对其制定简便、准确的定量分析方法；第二，制备得率低，产品种类单一，成本高，产业化水平低；第三，抗性淀粉形成机制尚未完全明确。

因此，未来对抗性淀粉的研究还需要从以下 5 个方面进行：第一，确定抗性淀粉的定义、分类；第二，新技术、新方法在抗性淀粉的提取、纯化工艺上的应用，实现抗性淀粉商品化；第三，抗性淀粉的结构组成、抗酶解特性等；第四，解决抗性淀粉因低能量易导致营养缺乏的问题；第五，重视和加强抗性淀粉生理功能的研究。与此同时，还应注重降低生产成本，减少和避免污染，以期提高抗性淀粉研究领域的整体水平。

参考文献

陈平生. 2012. 四个品种香蕉抗性淀粉的特性及其在后熟期间变化规律的研究. 广州: 华南理工大学硕士学位论文.

杜双奎, 王华, 赵佳, 等. 2012. 韧化处理对不同玉米淀粉理化特性的影响. 食品科学, 33(17): 78-81.

黄雅萍, 叶景芬, 邓凯波, 等. 2019. 抗性淀粉用于微胶囊制备的研究进展. 食品研究与开发, 40(7): 218-224.

李丰隆. 2015. 不同来源淀粉对育肥猪生长性能、养分消化率以及血液生化指标的影响. 杨凌: 西北农林科技大学硕士学位论文.

林姗. 2016. 莲子抗性淀粉分级分离及其益生元作用的研究. 福州: 福建农林大学硕士学位论文.

刘敏. 2018. 不同方法制备的马铃薯抗性淀粉结构与性质的研究. 呼和浩特: 内蒙古农业大学硕士学位论文.

刘敏, 韩育梅, 何君, 等. 2018. 马铃薯抗性淀粉的微波-湿热制备工艺优化及结构表征. 食品工业科技, 39(15): 176-180, 188.

刘婷. 2012. 酶法制备木薯抗性淀粉及形成机理研究. 南宁: 广西大学硕士学位论文.

吕博华, 翟爱华, 任志伟. 2010. 酸解压热复合制备玉米抗性淀粉. 黑龙江八一农垦大学学报, 22(3): 77-80.

孟天真. 2012. 中式烹饪对马铃薯抗性淀粉的影响研究. 杭州: 浙江大学硕士学位论文.

牛春艳, 刘阳阳. 2017. 超声波法制备玉米抗性淀粉的工艺条件. 江苏农业科学, 45(1): 181-183.

牛黎莉, 张盛贵, 郭奕乔, 等. 2013. 微波湿热处理对马铃薯抗性淀粉含量及性质的影响. 食品工业科技, 34(14): 156-159, 165.

任海斌, 肖志刚, 赵妍, 等. 2017. 挤压-酶解联用抗性淀粉制备工艺的优化研究. 中国粮油学报, 32(2): 30-36, 56.

孙春龙. 2013. 水稻抗性淀粉含量性状的 QTL 定位及遗传分析. 长春: 吉林大学硕士学位论文.

谭瑶瑶. 2013. 木薯抗性淀粉的制备工艺与加工特性的比较. 南宁: 广西大学硕士学位论文.

谭瑶瑶, 吴亨, 古碧, 等. 2013. 不同酶制备木薯抗性淀粉的性质比较. 食品工业科技, 34(11): 88-91.

吴亨. 2014. 抗性淀粉的制备工艺比较及其形成影响因素研究. 南宁: 广西大学硕士学位论文.

武俊超. 2012. 豌豆抗性淀粉的制备及其性质研究. 广州: 华南理工大学硕士学位论文.

向世琼, 邬应龙. 2014. RS4 型抗性淀粉对齐口裂腹鱼生长、脂肪代谢及相关基因表达的影响. 食品科学, 35(7): 223-228.

徐忠. 2010. 功能性变性淀粉. 北京: 中国轻工业出版社.

薛慧, 张国治, 吕飞杰, 等. 2012. 抗性淀粉测定方法的研究. 河南工业大学学报 (自然科学版), 33(4): 57-60.

杨晓惠. 2011. 木薯淀粉的理化性质及其抗性淀粉制备工艺研究. 广州: 暨南大学硕士学位论文.

杨艳. 2015. 灵芝孢子和抗性淀粉协同干预糖脂紊乱的研究. 天津: 天津科技大学硕士学位论文.

杨烨. 2017. 品种、熟化和贮藏方法对甘薯抗性淀粉含量的影响. 杭州: 浙江农林大学硕士学位论文.

尹秀华, 谭瑶瑶, 吴亨, 等. 2013. 不同酸法制备木薯抗性淀粉的比较. 食品工业科技, 34(21): 107-110, 114.

余远江, 何丽君, 谢承孟, 等. 2018. 抗性淀粉的生理功效及其在食品工业中的应用研究进展. 轻工科技, 34(5): 43-45.

俞东宁. 2018. 不同抗性淀粉理化特性及其体外发酵的研究. 杭州: 浙江工商大学硕士学位论文.

袁腊梅. 2012. 大薯抗性淀粉制备工艺及特性研究. 海口: 海南大学硕士学位论文.

曾红华. 2013. 抗性淀粉的理化性质及其益生效应. 长沙: 长沙理工大学硕士学位论文.

战晓凤. 2012. 羟丙基交联豌豆淀粉的制备与性质研究. 雅安: 四川农业大学硕士学位论文.

张焕新. 2012. 抗性淀粉酶法制备及其特性与应用的研究. 无锡: 江南大学博士学位论文.

张灵超. 2014. 马铃薯块茎抗性淀粉形成的影响因素及理化特性的研究. 呼和浩特: 内蒙古农业大学硕士学位论文.

张潜. 2013. 改良挤压技术制备耐蒸煮高抗性淀粉质构米及其性质研究. 南昌: 南昌大学硕士学位论文.

张伟, 张焕新, 张海涛, 等. 2018. 银杏抗性淀粉的微波-酶法制备及性质研究. 食品工业, 39(10): 5-10.

张岩. 2015. 不同热处理对抗性淀粉结构及相关功能的影响. 天津: 天津科技大学硕士学位论文.

赵凯. 2009. 淀粉非化学改性技术. 北京: 化学工业出版社.

Ai Y F, Hasjim J, Jane J L. 2013. Effects of lipids on enzymatic hydrolysis and physical properties of starch. Carbohydrate Polymers, 92(1): 120-127.

Åkerberg A K E, Liljeberg H G, Granfeldt Y E, et al. 1998. An *in vitro* method, based on chewing, to predict resistant starch content in foods allows parallel determination of potentially available starch and dietary fiber. Journal of Nutrition, 128(3): 651-660.

Almeida E L, Chang Y K, Steel C J. 2013. Dietary fibre sources in frozen part-baked bread: influence on technological quality. LWT-Food Science and Technology, 53(1): 262-270.

Aravind N, Sissons M, Fellows C M, et al. 2013. Optimisation of resistant starch Ⅱ and Ⅲ levels in durum wheat pasta to reduce *in vitro* digestibility while maintaining processing and sensory characteristics. Food Chemistry, 136(2): 1100-1109.

Ashwar B A, Gani A, Shah A, et al. 2016. Preparation, health benefits and applications of resistant starch-A review. Starch-Stärke, 68(3-4): 287-301.

Avrami M. 1939. Kinetics of phase change. I General theory. The Journal of chemical physics, 7(12): 1103-1112.

Bao C, Zeng H L, Zhang Y, et al. 2017. Structural characteristics of semen coicis resistant starch and its effect on the proliferation of bifidobacterium bifidum. Chinese Journal of Structural Chemistry, 36(3): 511-521.

Barouei J, Bendiks Z, Martinic A, et al. 2017. Microbiota, metabolome, and immune alterations in obese mice fed a high-fat diet containing type 2 resistant starch. Molecular Nutrition & Food Research, 61(11): 1700184.

Barros J H T, Telis V R N, Taboga S, et al. 2018. Resistant starch: effect on rheology, quality, and staling rate of white wheat bread. Journal of Food Science and Technology, 55(11): 4578-4588.

Berry C S. 1986. Resistant starch: formation and measurement of starch that survives exhaustive digestion with amylolytic enzymes during the determination of dietary fibre. Journal of Cereal Science, 4(4): 301-314.

Bindels L B, Munoz R R S, Gomes-Neto J C, et al. 2017. Resistant starch can improve insulin sensitivity independently of the gut microbiota. Microbiome, 5(1): 12.

Björck I, Asp N G. 1994. Controlling the nutritional properties of starch in foods—A challenge to the food industry. Trends in Food Science & Technology, 5(7): 213-218.

Chisenga S M, Workneh T S, Bultosa G, et al. 2019. Progress in research and applications of cassava flour and starch: a review. Journal of Food Science and Technology, 56(6): 2799-2813.

Eerlingen R C, Delcour J A. 1995. Formation, analysis, structure and properties of type Ⅲ enzyme resistant starch. Journal of Cereal Science, 22(2): 129-138.

Englyst H, Wiggins H S, Cummings J H. 1982. Determination of the non-starch polysaccharides in plant foods by gas-liquid chromatography of constituent sugars as alditol acetates. Analyst, 107(1272): 307-318.

Englyst H N, Kingman S M, Hudson G J, et al. 1996. Measurement of resistant starch *in vitro* and *in vivo*. British Journal of Nutrition, 75(5): 749-755.

Falsafi S R, Maghsoudlou Y, Aalami M, et al. 2019. Physicochemical and morphological properties of resistant starch type 4 prepared under ultrasound and conventional conditions and their *in-vitro* and *in-vivo* digestibilities. Ultrasonics Sonochemistry, 53: 110-119.

Fuentes-Zaragoza E, Sánchez-Zapata E, Sendra E, et al. 2011. Resistant starch as prebiotic: a review. Starch-Stärke, 63(7): 406-415.

Goñi I, García-Diz L, Mañas E, et al. 1996. Analysis of resistant starch: a method for foods and food products. Food Chemistry, 56(4): 445-449.

Gu H H, Yao H, Wang F J. 2018. Structural and physicochemical properties of resistant starch from Chinese chestnut (*Castanea mollissima*) prepared by autoclaving treatment and pullulanase hydrolysis. Journal of Food Processing and Preservation, 42(1): e13364.

Hasjim J, Lee S O, Hendrich S, et al. 2010. Characterization of a novel resistant-starch and its effects on postprandial plasma-glucose and insulin responses. Cereal Chemistry Journal, 87(4): 257-262.

Homayouni A, Amini A, Keshtiban A K, et al. 2014. Resistant starch in food industry: a changing outlook for consumer and producer. Starch-Stärke, 66(1-2): 102-114.

Jones J M. 2014. CODEX-aligned dietary fiber definitions help to bridge the 'fiber gap'. Nutrition Journal, 13(1): 34-44.

Jun S J, Lee K Y, Lee S, et al. 2014. Physicochemical and rheological properties of starches substituted with type 4 resistant starch (cross-linked corn starch). Starch-Stärke, 66(5-6): 468-474.

Kawabata A, Takase N, Miyoshi E, et al. 2010. Microscopic observation and X-ray diffractometry of heat/ moisture-treated starch granules. Starch-Stärke, 46(12): 463-469.

Khan A, Rahman U U, Siddiqui S, et al. 2019. Preparation and characterization of resistant starch type Ⅲ from enzymatically hydrolyzed maize flour. Molecular Biology Reports, 46(4): 4565-4580.

Kossmann J. 2000. Understanding and influencing starch biochemistry. Critical Reviews in Plant Sciences, 19(3): 171-226.

Kwon C, Kim H R, Moon T W, et al. 2019. Structural and physicochemical characteristics of granular malic acid-treated sweet potato starch containing heat-stable resistant starch. Journal of Chemistry, 9(2): 1-10.

Lin J H, Singh H, Wen C Y, et al. 2011. Partial-degradation and heat-moisture dual modification on the enzymatic resistance and boiling-stable resistant starch content of corn starches. Journal of Cereal Science, 54(1): 83-89.

Lockyer S, Nugent A P. 2017. Health effects of resistant starch. Nutrition Bulletin, 42(1): 10-41.

Ma Z, Boye J. 2018 Research advances on structural characterization of resistant starch and its structure-physiological function relationship: a review. Critical Reviews in Food Science and Nutrition, 58(7): 1059-1083.

Maier T V, Lucio M, Lee L H, et al. 2017. Impact of dietary resistant starch on the human gut microbiome, metaproteome, and metabolome. Mbio, 8(5): e01343-17.

Maria L A, Martine C, Henrik A. 2002. Effects of high-resistant-starch banana flour (RS2) on *in vitro* fermentation and the small-bowel excretion of energy, nutrients, and sterols: an ileostomy study. American Journal of Clinical Nutrition, 75(1): 104-111.

Mathers J C. 2010. Energy value of resistant starch. Journal of Food Science, 61(2): 453-455.

Matsuda H, Kumazaki K, Otokozawa R, et al. 2016. Resistant starch suppresses postprandial hypertriglyceridemia in rats. Food Research International, 89: 838-842.

Meenu M, Xu B J. 2018. A critical review on anti-diabetic and anti-obesity effects of dietary reesistant starch. Critical Reviews in Food Science & Nutrition, 59(3): 1-39.

Metzler-Zebeli B U, Canibe N, Montagne L, et al. 2019. Resistant starch reduces large intestinal pH and promotes fecal lactobacilli and bifidobacteria in pigs. Animal, 13(1): 64-73.

Muir J G, O'Dea K. 1993. Validation of an *in vitro* assay for predicting the amount of starch that escapes digestion in the small intestine of humans. American Journal of Clinical Nutrition, 57(4): 540-546.

Nugent A P. 2010. Health properties of resistant starch. Nutrition Bulletin, 30(1): 27-54.

Okumus B N, Tacer-Caba Z, Kahraman K, et al. 2018. Resistant starch type V formation in brown lentil (*Lens culinaris* Medikus) starch with different lipids/fatty acids. Food Chemistry, 240: 550-558.

Öztürk S, Mutlu S. 2019. Physicochemical properties, modifications, and applications of resistant starches// Clerici MTPS, Schmiele M. Starches for Food Application. Sakarya: Academic Press: 297-332.

Rahat-Rozenbloom S, Fernandes J, Cheng J, et al. 2017. The acute effects of inulin and resistant-starch on postprandial serum short-chain fatty acids and second-meal glycaemic response in lean and overweight humans. European Journal of Clinical Nutrition, 71(2): 227-233.

Raigond P, Dutt S, Singh B. 2018. Resistant starch in food. *In*: Mérillon J M, Ramawat K G. Bioactive Molecules in Food. Cham: Springer Cham: 1-33.

Raigond P, Ezekiel R, Raigond B. 2015. Resistant starch in food: a review. Journal of the Science of Food and Agriculture, 95(10): 1968-1978.

Remya R R, Jyothi A N, Sreekumar J. 2018. Morphological, structural and digestibility properties of RS4 enriched octenyl succinylated sweet potato, banana and lentil starches. Food Hydrocolloids, 82: 219-229.

Rodríguez-Cabezas M E, Camuesco D, Arribas B, et al. 2010. The combination of fructooligosaccharides and resistant starch shows prebiotic additive effects in rats. Clinical Nutrition, 29(6): 832-839.

Sanz T, Martínez-Cervera S, Salvador A, et al. 2010. Resistant starch content and glucose release of different resistant starch commercial ingredients: effect of cooking conditions. European Food Research & Technology, 231(5): 655-662.

Sharma A, Yadav B S, Ritika. 2008. Resistant starch: physiological roles and food applications. Food Reviews International, 24(2): 193-234.

Singh B, Singh J P, Shevkani K, et al. 2016. Bioactive constituents in pulses and their health benefits. Journal of Food Science and Technology, 54(4): 858-870.

Stewart M L, Zimmer J P. 2018. Postprandial glucose and insulin response to high-fiber muffin top containing resistant starch type 4 in healthy adults: a double-blind, randomized, controlled trial. Nutrition, 53: 59-63.

Szczodrak J, Pomeranz Y. 1992. Starch-lipid interactions and formation of resistant starch in high-amylose barley. Cereal Chemistry, 69(6): 626-632.

Tian S J, Rickard J E, Blanshard J M V. 2010. Physicochemical properties of sweet potato starch. Journal of the Science of Food & Agriculture, 57(4): 459-491.

Van Munster I P, Tangerman A, Nagengast F M. 1994. Effect of resistant starch on colonic fermentation, bile acid metabolism, and mucosal proliferation. Digestive Diseases and Sciences, 39(4): 834-842.

Wang J, Huang J H, Cheng Y F, et al. 2014. Banana resistant starch and its effects on constipation model mice. Journal of Medicinal Food, 17(8): 902-907.

Wang Y, Chen J, Song Y H, et al. 2019. Effects of the resistant starch on glucose, insulin, insulin resistance, and lipid parameters in overweight or obese adults: a systematic review and meta-analysis. Nutrition & Diabetes, 9(1): 1-19.

Wei C X, Qin F L, Zhou W D, et al. 2010. Granule structure and distribution of allomorphs in C-Type high-amylose rice starch granule modified by antisense RNA inhibition of starch branching enzyme. Journal of Agricultural and Food Chemistry, 58(22): 11946-11954.

Xia J, Zhu D, Wang R M, et al. 2018. Crop resistant starch and genetic improvement: a review of recent advances. Theoretical and Applied Genetics, 131(12): 2495-2511.

Xie X J, Liu Q, Cui S W. 2006. Studies on the granular structure of resistant starches (type 4) from normal, high amylose and waxy corn starch citrates. Food Research International, 39(3): 332-341.

Ye J P, Luo S J, Huang A, et al. 2019. Synthesis and characterization of citric acid esterified rice starch by reactive extrusion: a new method of producing resistant starch. Food Hydrocolloids, 92(2): 135-142.

You Q H, Zhang X J, Fang X X, et al. 2019. Ultrasonic-assisted preparation and characterization of RS3 from pea starch. Food and Bioprocess Technology, 12(3): 1277-1249.

Yuan H C, Meng Y, Bai H, et al. 2018. Meta-analysis indicates that resistant starch lowers serum total cholesterol and low-density cholesterol. Nutrition Research, 54: 1-11.

Zeng F, Li T, Zhao H, et al. 2019. Effect of debranching and temperature-cycled crystallization on the physicochemical properties of kudzu (*Pueraria lobata*) resistant starch. International Journal of Biological

Macromolecules, 129: 1148-1154.

Zeng H L, Huang C C, Lin S, et al. 2017. Lotus seed resistant starch regulates gut microbiota and increases short-chain fatty acids production and mineral absorption in mice. Journal of Agricultural and Food Chemistry, 65(42): 9217-9225.

Zhang B, Huang Q, Luo F X, et al. 2012. Structural characterizations and digestibility of debranched high-amylose maize starch complexed with lauric acid. Food Hydrocolloids, 28(1): 174-181.

Zhang G Y, Sofyan M, Hamaker B R. 2008. Slowly digestible state of starch: mechanism of slow digestion property of gelatinized maize starch. Journal of Agricultural and Food Chemistry, 56(12): 4695-4702.

Zhang Y, Zeng H L, Wang Y, et al. 2014. Structural characteristics and crystalline properties of lotus seed resistant starch and its prebiotic effects. Food Chemistry, 155(19): 311-318.

Zhao X, Andersson M, Andersson R. 2018. Resistant starch and other dietary fiber components in tubers from a high-amylose potato. Food Chemistry, 251: 58-63.

Zhao Y S, Hasjim J, Li L, et al. 2011. Inhibition of azoxymethane-induced preneoplastic lesions in the rat colon by a cooked stearic acid complexed high-amylose cornstarch. Journal of Agricultural and Food Chemistry, 59(17): 9700-9708.

第6章　纤维素、半纤维素和木质素

6.1 引　　言

纤维素（cellulose）是一种直链多糖，由许多葡萄糖经 β-1,4 糖苷键联结起来，再通过氢键的缔合作用形成微纤丝，而后微纤丝以不同的排列方式堆积形成不溶于水的大分子，其内部或相互之间的葡萄糖分子通过羟基连接，形成糖链片层（于跃和张剑，2016）。纤维素在自然界中分布广泛且含量丰富，一半以上的碳元素存在于纤维素中（夏延斌，2004）。1943 年，Gralen 和 Sredberg 通过超离心法测出纤维素的分子质量为 1.5×10^6 ～ 1.84×10^6Da。1943 ～ 1949 年，Hermans 报道了纤维素的弯曲模型，此后 Jones 等使用各种现代模拟方法探究了纤维素链构象（汪维云等，1998）。棉花是自然界中纤维素含量最高的天然产物，高达 97% ～ 99%，木材中有 41% ～ 53% 的纤维素，麻、草的纤维素含量也很高（张楚富，2003）。作为植物细胞壁的主要组分，纤维素常与半纤维素、木质素和果胶结合在一起（Rubin，2008；夏延斌，2004），构成其支持组织（汪小兰，2005）。

纤维素的用途很广泛，不仅可加工成纸张和纺织物品，还可参与人造丝、人造棉、玻璃纸、无烟火药、火棉胶、赛璐珞制品以及电影胶片等的制作（汪小兰，2005）。其在食品中应用于乳化剂（贾原媛等，2013）、肉丸等制品的胶体添加剂（马霞等，2002）及包装材料等方面（吕鸿皓等，2015）。除此以外，它还可应用于医药产品、乙醇发酵、新型复合饲料生产等领域，同时在纤维素吸附剂和澄清剂方面也有应用（夏延斌，2004）。半纤维素（hemicellulose）由科学家 Schulze 于 1891 年首次提出，以其表示植物中被碱性物质抽提出来的聚糖部分，它是由不同类型的单糖通过多种连接方式组成的带有支链的杂多糖。20 世纪 60 年代，Timell 进一步定义半纤维素为“低分子质量的聚糖类”（平均聚合度接近 200）。近年，伴随科研技术的发展，人们对半纤维素的关注度明显提高，相关文献报道也随之增多，包括其制备、纯化、结构、性质、应用等（Bouaziz et al.，2017；Silva et al.，2017；Suriya et al.，2017；Yao et al.，2017；Zhao et al.，2017）。半纤维素的用途也很广泛，除了可用于造纸外，半纤维素在焙烤食品中的作用也非常大，而且是膳食纤维的一个重要来源，大量研究及实践证明它能缓解心血管疾病及结肠紊乱，甚至具有抗肿瘤活性（Weber et al.，2009；夏延斌，2004；Aoe et al.，1993；Van Dokkum et al.，1983）。

木质素（lignin）是自然界中含量最为丰富的可再生芳香族聚合物，同时也是除纤维素以外储量最高的一种天然可再生资源（路瑶等，2013）。它广泛存在于植物中，主要是针叶材、阔叶材及草本植物，但不包括苔藓和菌类。早在 1830 年，一位名叫 Anselmen Peyen 的法国植物学家和化学家就首先提出木材不只是由纤维素构成，还含有另一种高碳含量的组成物质，纤维素的含碳量甚至低于该物质，揭示了木质素存在的可能性（Adler，1977）。自此人们对木质素的研究不断深入。

天然木质素为白色或几乎无色，但空气中的氧气非常容易将它氧化而导致其变色，颜色变化因制备方法的不同而有所差异，其相对密度在 1.34 ～ 1.51，熔点是不固定的，属于热塑性高分子（曲玉宁，2012）。天然木质素不溶于任何溶剂，但在分离过程中溶解度受溶剂影响，使其逐步变为可溶和不可溶两部分。木质素分子中存在着许多活性基团，可发生许多化学反应，如磺化、接枝聚合、烷基化、氧化、缩合等。使木质素发生化学改性反应采用的最重要、最常见的方法是接枝聚合，苯乙烯、丙烯酸、丙烯酰胺等是接枝聚合反应中常用的接枝单体（余慧群等，2010）。亚硫酸盐溶液与木质素间发生的磺化反应及磺酸基的引入，可以改善其亲水性（刘晓秋，2008）。许多氧化剂都能氧化木质素，因此氧化反应在维持木质素的结构和表面活性方面都起到很大的作用。此外，缩合反应也是木质素重要的化学改性方法之一，可生成性能优异的新型高分子材料（曲玉宁，2012；Crestini and Argyropoulos，1997；Lapierre et al.，1995）。

6.2 纤　维　素

6.2.1 纤维素的来源

木材、棉花、棉短绒、麦草、稻草、芦苇、麻、桑皮、楮皮和甘蔗渣等是纤维素的主要植物来源（张楚富，2003）。部分动物和细菌中也含有一定量的纤维素（张楚富，2003），其中动物纤维素，主要应用于食品、化妆品、医药、环境保护等方面；细菌来源纤维素主要是醋酸菌属、根瘤菌属、土壤杆菌属和八叠球菌属等在一定条件下经多个葡聚糖链装配、结晶与组合而产生的一种纯纤维素（de Oliveira Barud et al.，2016；李少慧，2012）。

6.2.2 纤维素的结构及构象

纤维素的分子式为 $(C_6H_{10}O_5)_n$，是纤维二糖聚合形成的高聚体（史正军，2013），分子质量为 5×10^4 ～ 4×10^9Da（张楚富，2003），由 β-1,4-葡萄糖以 C_1 椅式构象连接而成的线形高分子化合物（图 6-1）（Suhas et al.，2016；Huber et al.，2012；Demirbas，2008；Kocherbitov et al.，2008；汪小兰，2005）。糖链分子内或分子间的羟基通过氢键作用将平行面上的糖链连接成一层糖链片层，这一稳定的超大分子被称作纤维素的二级结构。除疏水作用力以外，糖链片层之间又借助氢键、范德瓦耳斯力及疏水作用力等相互作用力，规则有序地堆积成具有高度稳定结构的结晶纤维素，即植物细胞壁中的微纤丝结构，而微纤丝又会相互聚集 / 分散成直径 80 ～ 200nm 的纤维束结构，或以不同方式排列形成超

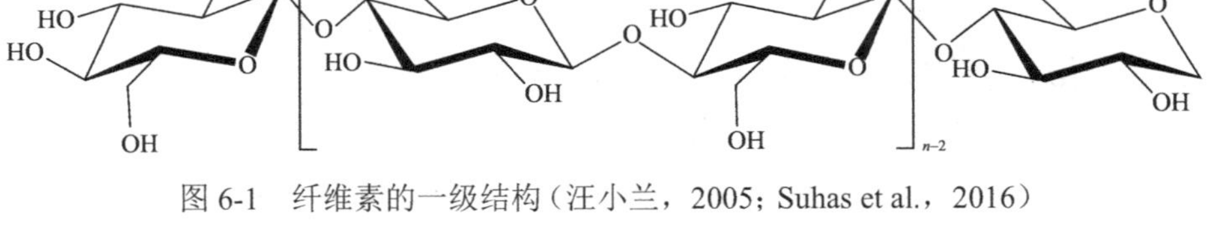

图 6-1　纤维素的一级结构（汪小兰，2005；Suhas et al.，2016）

分子结构，这种构象称为纤维素的高级结构（郭翰林，2012；Klemm et al.，2005）。

对天然纤维素超分子结构的研究表明，它是由结晶相和非结晶相互相交错形成的两相体（张景强等，2008）。从结晶区到非结晶区是循序渐进、无特殊界定的，一个纤维素分子链可通过多个结晶区和非晶区。X 射线衍射（X-ray diffraction，XRD）技术测试结果表明，非结晶相呈无定形状态，因为其大部分葡萄糖环上的羟基基团处于游离状态，分子间氢键结合量少，分子排列不规则，且间距较大；而结晶相中大量羟基基团间连接产生分子间氢键，形成致密的晶体结构。由此可见，结晶区对纤维素强度的贡献较大（Ling et al.，2017；Chundawat et al.，2011；Horikawa and Sugiyama，2009；Zugenmaier，2001；唐爱民，2000；张景强等，2008；Atalla and Vanderhart，1984）。

6.2.3　纤维素的物理和化学特性

纤维素无色、无味，并且由于其分子中排列紧密的结晶相与排列无序的非结晶相互相交错，属于半刚性链高分子化合物，因此不溶于水及常用有机溶剂（汪小兰，2005）。纤维素分子由于分子内存在大量游离的羟基而容易发生聚集，即使是极稀的溶液也不能完全抑制聚集体的生成，因此纤维素溶液是单分散纤维素分子和纤维素聚集体共存的体系（Qin et al.，2013；Henniges et al.，2011；Klemm et al.，2005；Schulz et al.，2000）。这一特性极大地限制了其应用，因此寻找新溶剂和溶解方法一直是纤维素研究中非常重要的课题。

衍生化法和非衍生化法（直接溶解法）是两种常见的纤维素溶解方法。衍生化法是指纤维素在溶解过程中发生衍生化反应而溶于体系中，这种方法使用的溶剂称为衍生化溶剂；非衍生化法则是指溶剂小分子直接溶解纤维素而没有发生化学反应，这种方法使用的溶剂则为非衍生化溶剂。常见的衍生化法有黏胶法、质子酸法、多聚甲醛 / 二甲基亚砜（paraformaldehyde/dimethyl sulfoxide，PF/DMSO）法、氨基甲酸酯法等；非衍生化法有铜氨法、*N*-甲基氧化吗啉（*N*-methyl morpholine oxide，NMMO）法、离子液体法、无机熔盐法、氯化锂 / 二甲基乙酰胺（LiCl/dimethylacetamide，LiCl/DMAc）法、NaOH 法等（李琳等，2009）。特别地，武汉大学张俐娜院士团队于 2011 年成功探究出一种新型纤维素溶剂——7% NaOH/12% 尿素水溶液，将此溶剂置于 –12℃环境时，分子质量在 1.2×10^5Da 以下的纤维素能在 2min 左右被迅速溶解。该体系溶解机制为：NaOH 水合物在低温条件下容易与纤维素形成氢键配体而结合，同时尿素又可与 NaOH 结合，构成尿素包裹纤维素-NaOH 的蠕虫状包合物。因此，这种快速动态自组装促使了纤维素的低温溶解。

纤维素化学的研究相对较为成熟，回顾研究历程，科研工作者已经十分细致地解析了其降解、酯化、醚化、接枝聚合等过程。但是纤维素溶解浆（可溶性纤维素）反应活性较低，需要经过物理、化学等方法活化以提高反应效率。物理方法有蒸汽爆炸、氨爆炸、溶剂交换等，化学方法有水解、氧化、热活化、丝光和再生方法等（叶代勇等，2006）。

纤维素几乎不还原费林试剂（夏延斌，2004），在酸性溶液中它可水解生成纤维二糖，在纤维素酶的作用下，则生成葡萄糖。纤维素能与乙酸、浓硝酸发生酯化反应，生成相应的纤维素酯。不同产物功能存在差异，如硝酸纤维素可作炸药，乙酸纤维素则是胶卷、人造丝及塑料制品的材料来源（张楚富，2003）。在纤维素分子中引入一些酸性或碱性官能团后可制得纤维素离子交换剂，这类物质能够用于天然产物的分离，效果很好，如二乙氨乙基-纤维素，即 DEAE-纤维素，是 *N,N*-二乙氨乙基取代纤维素分子中羟基上的氢原子后生成的醚，可用于分离蛋白质、核酸等复杂天然高分子化合物（汪小兰，2005）。近年来在纤维素化学领域内的较大成就主要表现在定点选择性取代上。该技术利用纤维素葡萄糖基环第 2、3、6 号碳原子上羟基反应活性的不同，先以特定的化学试剂作为保护官能团与糖基环上的某特定位羟基反应，接着用含酯基、醚基等其他基团的试剂与剩下的羟基反应，最后通过水解等化学方法去掉保护官能团，实施个别取代，以此合成结构、性能都很特殊的纤维素化合物（叶代勇等，2006）。

6.2.4　纤维素的生物合成

纤维素的合成实际上就是 β-1,4-葡聚糖链起始、延伸和终止的过程。结合科学技术发展，目前植物纤维素生物合成方案预想过程为三步：①与原生质膜相关的蔗糖合酶引导尿苷二磷酸葡糖（uridine diphosphate glucose，UDPG）为纤维素合成提供底物；②多种纤维素合酶（cellulose synthase，CesA）形成六边形的多聚体，聚合葡萄糖单体成为葡聚糖链，同时回收释放出的尿苷二磷酸（uridine diphosphate，UDP）返回到蔗糖合酶；③与膜相关的纤维素酶 KOR 作为一个葡聚糖链转换为纤维素微纤丝的编辑或监视者，切开有缺陷的葡聚糖链（闫绍鹏等，2008；Delmer and Haigler，2002；Molhoj et al.，2002）。

6.3　纤维素的物理改性产物

1980 年初，美国 ITT 公司的 Turbak 和 Herrick 等首次研发出一种名为微纤维化纤维素（microfibrillated cellulose，MFC）的新型纤维素产品，后成为一种备受关注的生物质纳米材料。MFC 是以天然木质纤维为原料制得的纳米微纤维（郭婷等，2016），是一种高度润胀的胶体状纤维素产品。MFC 的制备方法多种多样，目前主要有机械法、酸法与酶解法等（Cheng et al.，2007）。

MFC 外观为白色凝胶状固体。通过傅里叶变换红外光谱仪对 MFC 和针叶木纤维的比较分析（图 6-2）显示制备 MFC 并没有引起纤维素分子结构的变化，并且通过对比—OH 的伸缩振动可知 MFC 中的羟基含量要高得多（修慧娟等，2015）。另外，通过比较阔叶木纤维、针叶木纤维、MFC 的 XRD 图（图 6-3）可知三者的衍射峰位置及强度基本相同，由此推断 MFC 在生产过程中晶体晶型也未发生改变，仍然是天然纤维素Ⅰ单斜晶结构（修慧娟等，2015）。然而由于高度的微细纤维化，MFC 的纤维比表面积巨大且表面裸露着大量的极性羟基，因此在水介质中分散稳定性极好，并且其相较于常规纤维素产品具有较高的分散性、黏结力、稳定性、悬浮性、增稠性等特殊性质（Park et al.，2017；Raj et al.，2017；Adel et al.，2016；Nechyporchuk et al.，2016；张俊华，2008）。

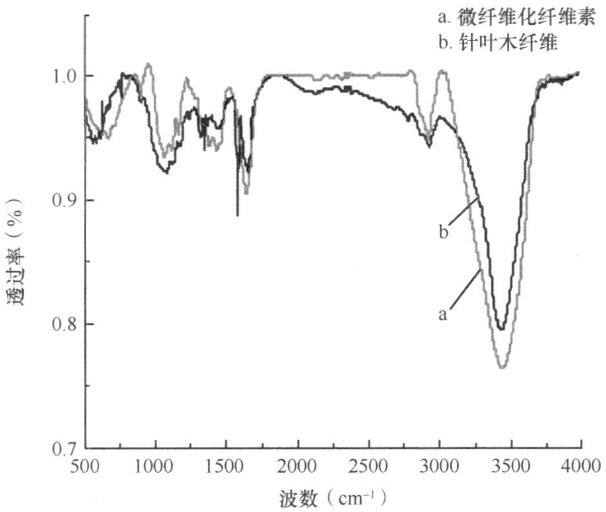

图 6-2　微纤维化纤维素和针叶木纤维傅里叶变换红外光谱图（修慧娟等，2015）（彩图请扫二维码）

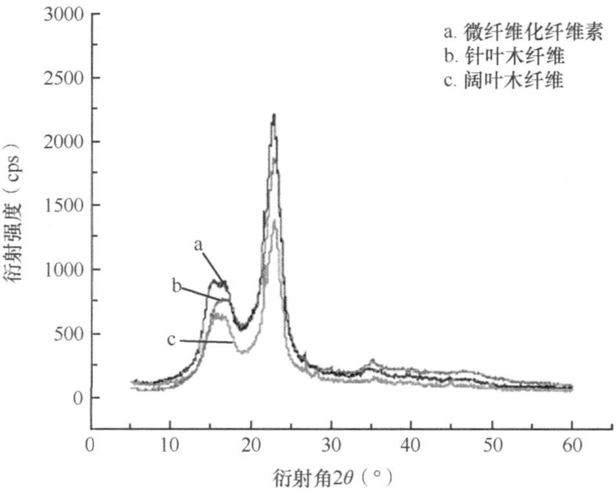

图 6-3　微纤维化纤维素、针叶木纤维和阔叶木纤维的 XRD 图（修慧娟等，2015）（彩图请扫二维码）

MFC 作为一种新型环保纳米材料，具有特殊的超微结构和形态，使之具备优良的力学及光学性能，在医药、材料、电子及造纸等领域显现出极高的应用价值。在医药领域，MFC 独特的超微形态使其能牢固吸附住药物成分，制成片剂时不易吸湿，但可迅速瓦解，因而被广泛用于赋形剂、崩解剂、咀嚼药片、糖衣片和膜衣片等的生产制作。极好的韧性及强度也是 MFC 的一大特点，将其加入复合材料中可有效提高材料强度；纸浆中加入 MFC 后，纸浆纤维间产生的结合力大大提高。在其他方面，利用 MFC 可制备强度更高、可生物降解的高分子薄膜。尽管 MFC 的用途广泛，但生产过程中成本较高且污染严重仍然是目前 MFC 商业化的主要障碍。因此，在生产制备过程中需要尽可能减少由制备过程产生的污染并降低生产能耗（李金宝等，2015）。

6.4　纤维素的化学改性产物

纤维素主要有两大类化学改性产物，微晶纤维素类和纤维素醚类。对于纤维素醚类，不同的取代基又决定着它们的种类，如表 6-1 所示。

表 6-1　纤维素的化学改性产物

名称	结构式
微晶纤维素	$[C_6H_7O_2(OH)_3]_x$
羧甲基纤维素	$[C_6H_7O_2(OH)_{3-m}(OCH_2COOH)_m]_x$
甲基纤维素	$[C_6H_7O_2(OH)_{3-m}(OCH_3)_m]_x$
乙基纤维素	$[C_6H_7O_2(OH)_{3-m}(OCH_2CH_3)_m]_x$
羟丙基纤维素	$[C_6H_7O_2(OH)_{3-m}(OCH_2CHOHCH_3)_m]_x$
羟丙基甲基纤维素	$[C_6H_7O_2(OH)_{3-m-n}(OCH_3)_m(OCH_2CHOHCH_3)_n]_x$

6.4.1　微晶纤维素类

微晶纤维素（microcrystalline cellulose，MCC）又称结晶纤维素，是由天然纤维素经稀酸水解至极限聚合度得到的物质，能自由流动。MCC 无臭无味，颜色为白色或类白色，形态多为高结晶度的多孔性颗粒，也有超细微短棒状晶体和粉末状（Das et al.，2010；张南等，2011）。其理化性质与天然纤维素有诸多差异。在溶解性方面，水、稀酸、油脂和有机溶剂都不能溶解 MCC，碱性溶液可以部分溶解或者润胀 MCC（苏思婷，2014）。MCC 具有极强的吸水性，在强力剪切作用下，在水介质中可以生成凝胶体。MCC 结晶度要高于相应的原始纤维素。MCC 的晶格特征是天然纤维素Ⅰ，即晶胞中心与四角子链按同一方向平行排列（朱墨书棋等，2016），且高度有序的结晶区在水解过程中仍然被保留着，还解聚了无定形区使其重结晶，从而使结晶度增加。

在国内，棉花、甘蔗渣、木浆等是生产 MCC 的主要原料，生产原料决定着 MCC 的结晶度、多孔结构等理化性质，不同原料水解得到的 MCC 的理化性质也会有所不同。以甘蔗渣举例说明 MCC 的生产制备过程。甘蔗渣是蔗糖工业中的废弃物，它的主要成分是纤维素，是制备 MCC 的优质原料。将甘蔗渣经过漂白、降低灰分等预处理后，按照料液比 1∶15 将其与适宜浓度的盐酸进行混合，在合适的温度和压力下水解 35min 后，中和、过滤、烘干和粉碎，制得 MCC，同时产生的母液也可经过加工后循环利用（罗素娟，1997）。

MCC 的基本组成成分是纤维素，水果、蔬菜中含有丰富的纤维素，这两种纤维素是完全一样的。联合国粮食及农业组织和世界卫生组织食品添加剂联合专家委员会（Joint FAO/WHO Expert Committee on Food Additives，JECFA）认证批准，MCC 可作为一种安全可靠且普遍的食品添加剂，可作为一种膳食纤维来源使用（GB 1886.103—2015）。以下食品种类中 MCC 应用比较广：①低热量食物，在焙烤食物中，MCC、卵磷脂和黄原胶混合后可作为面粉替代物使用；改善低脂奶酪的风味和口感（杜堒和张亚宁，2005）。②冷冻食品，在冰淇淋中加入 MCC 能防止产品收缩及减少冰晶生成（刘梅森等，2006），提高其黏度，但对溢出量无影响。③饮料，在速溶饮料中加入 MCC 可以形成稳定的胶体溶液，大大提高其分散性和稳定性（殷露琴等，2007）；在乳饮料中 MCC 可作为乳化稳定剂，改善乳液分离现象（陈珍珍，2014）。④其他食品，MCC 可延长贮存时间，因此常用于罐头及冷藏食品中（宋杰和侯永发，1995）。但目前我国对 MCC 的应用还存在三方面的不足：①制备成本较高，且难以大规模应用于工业化生产；②对其的研究主要集中在物理和化学性质方面，鲜有关于其营养、功能及作用机制的研究；③应用技术仍处于起步阶段，大部分研究未能实现商品化（陆红佳等，2011）。

6.4.2 纤维素醚类

纤维素醚（cellulose ether，CE）类是无味无毒、外观为白色或乳白色、具有流动性的粉末，吸水性强，溶于水后形成透明的黏稠状稳定胶体。它是纤维素大分子含氧六元环单元上的羟基被醚化基团部分或全部取代的产物。醚化过程对其性质有较大影响，在纤维素分子链中引入醚基团后，纤维素分子内及分子间的氢键受到破坏，从而提高了纤维素醚类在水中的溶解能力（龚蕾，2007）。

纤维素分子的重复单元是 β-D-脱水葡萄糖，其 C-2、C-3 及 C-6 位均可被一个醚化基团取代，最多可被三个醚化基团取代。根据取代基的不同，纤维素醚类可大致分为三种：烷基类、羟烷基类和其他羧甲基纤维素等。取代基种类不同、数量不同以及在纤维素主链上分布的不同也决定了不同纤维素醚类产物理化性质上的差异（姜帝，2013）。

6.4.2.1 羧甲基纤维素

羧甲基纤维素（carboxymethyl cellulose，CMC）是以天然纤维素、一氯乙酸和氢氧化钠为主要原料得到的一种高聚合纤维素醚（Jia et al.，2016）。其无臭无味，外观为纯白或乳白色的纤维状颗粒或粉末，不溶于酸和有机溶剂如甲醇、乙醇、乙醚、丙酮、氯仿，但可溶于水，与其他水溶性胶、树脂及软化剂具有相似相溶性，如可溶性淀粉、动物胶、海藻酸钠等。

一般 CMC 的取代度范围为 1 ～ 3，其取代度越高，吸湿性就越大。CMC 的化学性质与纤维素有许多类似之处，如在碱性环境中遇到过氧化氢、二氧化氮、碘酸等，其主链易被破坏，从而出现聚合度降低，黏度下降。CMC 还可与胺类、碱金属等发生反应生成各种盐，其中钠盐是最普遍的。

由于具有独特的持水性、增稠性、悬浮性和黏合性等特性，CMC 在油脂、蛋白质含量高的饮料中可以发挥乳化稳定的作用；若将乳清蛋白浓缩物与其混合，则可以代替脱脂奶粉和鸡蛋蛋白；将 CMC 添加入制作糕点、饼干的面粉中可防止老化、水分蒸发等（王文枝，2007），其在美国、日本等发达国家被广泛用于食品工业中。

6.4.2.2 甲基纤维素

甲基纤维素（methyl cellulose，MC）是纤维素中 C-2、C-3 及 C-6 位上一部分或全部羟基上的氢被甲基取代得到的产物（张宁等，2014）。MC 是一种白色粉末，无味无毒，具有优良的水溶性和成膜性（岳晓华等，2005）。由于其分子独特的长链螺旋结构，MC 还具有良好的透明度、柔曲性、韧性和对油脂的阻隔性（Dicastillo et al.，2016a，2016b；Aminabhavi et al.，2008）。

MC 被广泛应用于食品、医药、烟草等行业，例如，MC 与植物油、水制成乳状液，可生产出代替动物脂肪的含脂量低的香肠（颜正勇等，2009）等。中华人民共和国国家卫生和计划生育委员会批准 MC 在各类食品中可按生产需要适量添加（GB 1886.256—2016）。

6.4.2.3　乙基纤维素

乙基纤维素（ethyl cellulose，EC）是由纤维素在碱化后，与氯乙烷发生进一步反应得到的产物（Mohammad et al.，2017；Davidovich-Pinhas et al.，2015），又称纤维素乙基醚或纤维素乙醚。EC 无臭无味，呈现白色或浅褐色，是具有良好流动性的粒状或粉末状热塑性固体，水溶性较差而易溶于有机溶剂，如丁醇、芳烃或乙醇的混合溶剂中，其中最常用的溶剂是 20% ～ 40% 醇和 60% ～ 80% 芳烃所组成的混合有机溶剂。EC 对光、热均具有优良的稳定性，燃烧时灰分含量极低，可生成坚韧的薄膜，其膜具有优越的柔韧性和机械强度。从化学稳定性角度出发，在所有纤维素衍生物中，EC 具有最好的稳定性。

EC 在食品工业中主要用作食品包装材料，也可用来调配涂料及食用色素（Hill et al.，2008）。其中，EC 制得的微胶囊具有缓释效果好、安全、稳定等优点，既能保护活性，又能延长有效作用时间（李书国等，2005）。

6.4.2.4　羟丙基纤维素

羟丙基纤维素（hydroxypropyl cellulose，HPC）是以纤维素为原料与氢氧化钠、环氧丙烷在高温高压下反应制得的高分子聚合物（邱湘龙等，2007），分子质量为 6×10^4 ～ 1.2×10^6Da，取代度一般为 2.2∶2.8。根据取代基羟丙基含量的不同，HPC 可分为高取代度羟丙基纤维素（H-HPC，羟丙基含量为 20% ～ 80%）和低取代度羟丙基纤维素（L-HPC，羟丙基含量小于 20%）（徐琴，2011）。H-HPC 和 L-HPC 均为白色或类白色粉末，无臭无味且安全无毒。L-HPC 在水中吸水溶胀成为胶体溶液，不溶于乙醚、丙酮、乙醇等有机溶剂，具有乳化、黏合、成膜等性质；而 H-HPC 在常温下溶于多种有机溶剂和水，并具有良好的成膜性、热塑性和黏结性（邱湘龙等，2007）。

HPC 广泛地应用于组合和挤压食品、坚果、巧克力豆、糖果、糕点、果蔬保鲜薄膜、高强度可食性食品包装薄膜以及香料香精等食品中（El-Wakil et al.，2016；Wypych，2016；杨湘庆，1986）。

6.4.2.5　羟丙基甲基纤维素

羟丙基甲基纤维素（hydroxypropyl methyl cellulose，HPMC）分子结构为 $[C_6H_7O_2(OH)_{3-m-n}(OCH_3)_m(OCH_2CHOHCH_3)_n]_x$（赵明和吕少一，2012）。其合成途径有两种：一种是将甲基纤维素经 NaOH 处理后，再置于高温高压条件下与环氧丙烷反应，让甲基和羟丙基以醚键的形式连接到纤维素的脱水葡萄糖环上；另一种是先用NaOH处理纤维素，再先后加入氯化甲烷和环氧丙烷与其反应，经过进一步的精制、粉碎，得到细微均匀的粉末或颗粒。

HPMC为白色或乳白色粉末，无臭无味，形态呈颗粒状或纤维状，易流动，可溶于水，形成具有一定黏性的胶体溶液（武慧超等，2013），也能溶于70%以下的乙醇及丙酮中（赵明和吕少一，2012）。由于其良好的分散、乳化、增稠、黏结、保水、保胶等性能，HPMC被广泛用于食品领域中，如制成可食用膜、包衣（Ruiz-Henestrosa et al.，2017）（GB 1886.109—2015）。

6.5 纤维素凝胶

纤维素凝胶作为一种重要的纤维素材料，可用于不同介质中使纤维素分散形成胶体（乔彩利等，2016）。根据不同的分散相介质，可将其分为水凝胶、醇凝胶和气凝胶（Pokhade et al.，2006；Numanoglu and Sungur，2004）。

6.5.1 水凝胶

水凝胶是一种功能高分子材料，是由含亲水基团的单体和水溶性高分子通过适度交联形成的具有三维网络结构的物质，在溶剂中可高度溶胀但不溶解。纤维素水凝胶无毒，具有良好的机械性能和其他许多优良的性能，如可再生性、生物可降解性、生物相容性，是一种对环境友好的绿色材料，是国内外研究的热点（Maity and Ray，2017；Oliveira et al.，2017；Wang et al.，2017；Zhang et al.，2017；Zare-Akbari et al.，2016）。

纤维素水凝胶是一个多元体系，由高分子的三维网络与水组成（杨韶平，2010）。纤维素水凝胶可通过物理交联、化学交联、互穿网络等方法来制得。物理交联是通过加热至相变温度，从而实现由溶液至凝胶的转变。化学交联是通过加入交联剂，使纤维素或其衍生物在共价键的作用下形成三维亲水网络。互穿网络则是将引发剂和单体浸入水凝胶溶液中，激发后合成半互穿网络水凝胶；或引入交联剂，则形成全互穿网络水凝胶（王璟，2013；杨韶平，2010；Hoare and Kohane，2008）。

在纤维素水凝胶制备的过程中，其分子链与溶剂等相互作用，形成新的晶体结构（黄明明等，2013）。对纤维素水凝胶的表面进行SEM扫描，呈现出致密多孔结构，孔洞大小为20～60nm（吕晓文等，2011）。

6.5.2 醇凝胶

醇凝胶一般由少量小分子有机凝胶剂通过分子间相互作用（氢键、静电引力、范德瓦耳斯力以及π-π相互作用力等）形成各种带状、纤维状或线性结构，以此进一步构成三维网络结构，使溶剂的流动受限，最终使整个溶液凝胶化（夏慧芸等，2015）。纤维素骨架经结构修饰和改造后，可应用于醇凝胶超分子体系中（卢金荣和巨勇，2013）。纤维素醇凝胶可吸收醇溶剂（孙萍，2013），对温度、湿度敏感（王可可等，2010），并具备环保、经济、手性及生物相容性等新的特性（卢金荣和巨勇，2013）。

6.5.3　气凝胶

气凝胶是一类用气体替代凝胶内的液体，同时不改变其自身网络结构及体积的特殊凝胶，是水凝胶或醇凝胶干燥后的产物。天然纤维素气凝胶大多以天然纤维素固有的纳米网络结构作为基础，保持着天然纤维素 I 的结构。再生纤维素气凝胶是通过溶剂再生得到结构为纤维素Ⅱ的凝胶；而纤维素衍生物气凝胶则改变了纤维素本身的结构。在纤维素气凝胶的制备过程中，由于分子链上有大量的羟基，可通过构成分子内及分子间氢键来进行凝胶化，其合成途径可归纳为三个关键步骤：原材料的溶解和分散、凝胶的形成及溶剂置换、凝胶的干燥（耿红娟，2014；马书荣等，2014；陶丹丹等，2011；Surapolchai and Schiraldi，2010；Innerlohinger et al.，2006）。

纤维素凝胶兼具凝胶的特性，以及纤维素原料绿色天然、可再生、储量巨大等优点，加之优良的理化性质，使其成为一种有较好应用前景且极具开发利用价值的新型功能材料（颜正勇等，2012）。

6.6　半纤维素

6.6.1　定义与植物来源

半纤维素是与纤维素共同构成植物细胞壁结构，由不同种单糖组合形成的杂多糖高聚物（汪小兰，2005）。陆地植物均含有半纤维素，且多存在木质化部位（夏延斌，2004）。针叶木中半纤维素的含量为 25% ～ 35%；阔叶木中含量稍低，为 18% ～ 22%；禾本科植物为 16% ～ 25%（余紫苹，2012）。

6.6.2　结构

与纤维素共同构建形成细胞壁的半纤维素种类繁多，其支链结构十分复杂，同时物种、细胞类型、植物生长发育阶段有差别的时候，半纤维素的组分和结构也会存在不同程度的差异（朱晓芳，2014）。

从谷物等禾本科植物的细胞壁中分离得到的半纤维素，其主链由 β-D-1,4-吡喃木糖构成，C-2 或 C-3 位被 α-D-葡糖醛酸基、α-L-阿拉伯糖基或一些由阿拉伯糖、木糖和半乳糖（Chaikumpollert et al.，2004；Sun et al.，1996）等组成的短链糖残基取代。裸子植物中的半纤维素主要是葡甘露聚糖，从南洋杉中提取得到的半纤维素还含有许多半乳甘露聚糖。阔叶林中的半纤维素为 4-*O*-甲基葡糖醛酸木聚糖，主链为 β-D-1,4-木糖，C-2 位被 4-*O*-甲基-α-D-葡糖醛酸基取代（余紫苹等，2011）。同种作物不同品质，其半纤维素结构也会有差异。Revanappa 等（2010）通过一系列实验发现，品质不同的小麦粉，它们的阿拉伯糖和木糖比例、酚酸含量、糖醛酸含量、支链取代度、旋光度和取代位置等都不相同。不同生长时期的同一作物，其半纤维素结构也会有所不同。Cheng 等（2009）研究了香蕉果实在成熟过程中不同时期半纤维素的结构改变情况，发现半纤维素的相对分子质量有明显降低，1,4-吡喃葡萄糖基的含量也有差异。Yashoda 等（2005）在实验过程中发现成熟芒果中半纤维素的主链多为1,4-半乳聚糖或聚半乳糖醛酸，而未成熟芒果中半纤维素大部分是木糖葡聚糖。

6.6.3 应用

半纤维素在食品领域中也有不少的应用，功能性低聚木糖（Yang et al.，2005）就是由从玉米芯中提取出的半纤维素通过酶解而成的。除此之外，半纤维素还是膳食纤维的重要来源，在维护肠道健康、缓解高血糖症状、改善心血管疾病等方面有良好的功能，本书将在本书第十、十一章中进行详细介绍。

6.7 木　质　素

6.7.1 来源

木质素广泛存在于高等植物中（叶跃元，2012），且分布具有一定规律性，但随植物种类的不同而有所差异。在针叶材植物、阔叶材植物及草本植物中，木质素含量分别为27% ～ 33%、18% ～ 25% 和 17% ～ 24%（路瑶等，2013）。除了天然木质素，造纸废液是市场上工业木质素的主要来源，年产量约为 8000 万 t。与此同时，随着生物精制乙醇技术的快速发展与应用，大量新品种的工业木质素也不断涌现（余慧群等，2010）。

木质素的种类因采用的分离方法而异：按木质素在分离过程中的可溶性区分，分为可溶性木质素和不溶性木质素；根据处理剂种类区分，主要可以分为碱木质素、酸木质素、有机溶剂木质素三类（Drews et al.，2007；Jung and Himmelsbach，1989；Jin and Chen，2006）。其中，碱木质素是在高温高压条件下，通过使用碱液先将植物中的木质素组分溶解，然后再加入无机酸沉淀得到的。木质素分散剂可以通过后续的工业碱木质素磺化或磺甲基化改性处理制得。工业木质素具有产量大、价格低、来源广等特点，例如，美国的 MeadWestvaco 公司制备所得木质素产品的经济价值甚至远远高于造纸本身获得的利润（张晖等，2016）。而采用浓酸处理以将原料中的糖组分水解，而后再加入稀酸使之进一步水解，最后保留下来的残渣即为酸木质素。但是这种分离方法易使木质素发生改性。有机溶剂木质素则是通过选择合适的有机溶剂，在一定的温度、压力下将原料中的木质素溶解出来后再过滤，滤液经蒸发浓缩而得到的。由于新技术的不断进步与应用，学者对许多新的木质素分离手段（如酶解、超临界萃取、两水相萃取、离子液抽提、氢解等）开展了更为广泛的研究（表 6-2）（孙勇等，2005）。

表 6-2　木质素的分离方法及特征（孙勇等，2005）

分离方法	木质素名称	特征
酸解	Klason 木质素	化学改性大
	HF 木质素	有化学改性，不能发生 Wiesner 显色反应
	Willstatter 木质素	化学改性较小
	高碘酸木质素	发生氧化
	磷酸木质素	条件缓和，木质素变化小但有一定聚合

续表

分离方法	木质素名称	特征
碱解	碱木质素	木质素在碱性升温条件下易被溶解，发生化学改性
	碱熔木质素	氧化严重，羰基与羧基增加
有机溶剂萃取	有机木质素	发生化学改性，除二氧己烷外，有机溶剂可与木质素结合
缓和氢解	缓和氢解木质素	化学改性小，酚羟基增加
催化氢热解	催化氢热解木质素	化学改性小，与 Klason 法测量木质素结果相似
两水相萃取	两水相萃取木质素	化学条件温和，化学改性小
磨木处理	Bjorkman 木质素	化学改性大，但不能完全反映木质素结构
酶解	酶液木质素	选择专一性，化学改性小
离子液抽提	离子液木质素	化学条件温和，改性小

6.7.2　结构

木质素结构非常复杂，不同植物原料、部位和位置的木质素，其结构可能都会存在差异。同时，木质素的化学性质极不稳定，在分离提取过程中极易受到化学试剂、温度、酸度等诸多因素影响，使其性质发生改变。至今为止，人们还没有发现能不改变天然木质素性质及结构的分离方式（宋哲玉等，1996；武小芬等，2015）。因此，研究者只能根据实验测得的各项理化性质结果，如元素组成、相对分子质量、结构单元、连接方式及官能团等推断出木质素的结构模型，并推测天然木质素的生物合成途径，以此来了解木质素的结构。

6.7.2.1　元素组成

木质素的组成元素主要有碳、氢、氧，其含量分别约为 60%、6%、30%，另外还有约 0.67% 的氮元素（杨军等，2002），但因来源、产地、制备方法不同，其元素组成往往会存在一定的差异（郑大锋等，2005；Lawther and Sun，1996）。

6.7.2.2　相对分子质量

木质素是具有高相对分子质量的生物聚合物（Wang et al.，2019）。原本木质素是指存在于植物细胞中未经分离的木质素，其相对分子质量可以高达几十万。而分离得到的木质素因为在分离提取过程中发生了缩合或降解反应，其相对分子质量要低得多。由于木质素分离提取方法的不同，其相对分子质量一般会降到几千到数万，韩敏（2013）利用不同方法提取竹子中的木质素，发现其相对分子质量大小及分布存在差异。胡文冉等（2017）发现不同方法提取的棉花木质素相对分子质量也不相同。

6.7.2.3　结构单元

一直以来，人们普遍认为木质素是一种以苯丙烷作为结构单元所组成的复杂酚类聚合物。苯丙烷结构单元先分别生成对香豆醇（*p*-coumaryl alcohol）、松柏醇（coniferyl alcohol）和芥子醇（sinapyl alcohol）三种芳香族醇，而后以这三种芳香醇为前驱物质对应形成对羟苯基（*p*-hydroxyphenyl unit，H）、愈创木基（guaiacyl unit，G）和紫丁香基

（syringyl unit，S）三种单体，如图 6-4 所示（岳凤霞，2012；Ralph et al.，2004）。在不同种类的植物中，各结构单元的含量具有显著差异，针叶材植物主要由 G 型单体组成，阔叶材植物主要由 G 型和 S 型单体组成，而禾本科植物由 G 型、S 型和 H 型三种单体共同组成（陶用珍和管映亭，2003）。

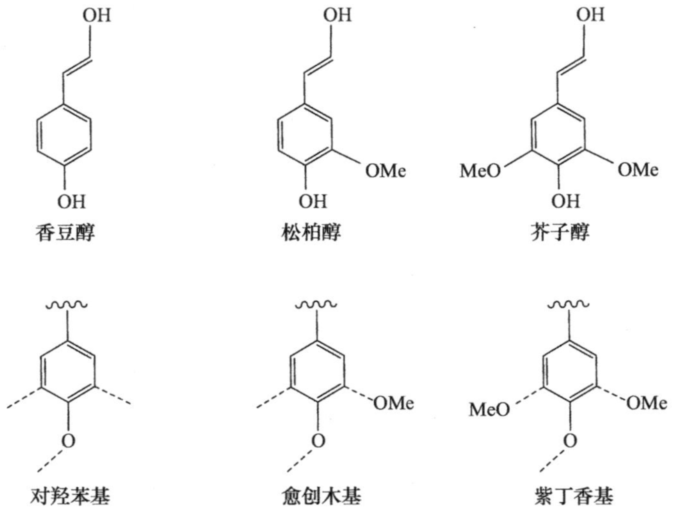

图 6-4　木质素的三种前驱物质及结构单元（曹双瑜等，2012）

6.7.2.4　主体连接方式

木质素结构单元主要由单体与单体、单体与低聚体及低聚体与低聚体经 C—C 键和 C—O—C 键联结而成（路瑶等，2013；沈德魁等，2013），其中醚键占 2/3 ～ 3/4。C—C 键和 C—O—C 的联结部位可发生在多个位点，如苯环上的酚羟基之间，也可发生在结构单元的三个碳原子之间，或发生在苯环侧链之间（宋哲玉等，1996）。与排列有序的纤维素不同，木质素分子间通过多种键型联结（图 6-5），如 β-O-4、β-β、β-5、β-1、5-5 等（Crestini and Argyropoulos，1997），导致其最终形成了无定形的高分子聚合物，这可以解释为何木质素在同种植物的不同部位结构存在差异。例如，通过对芦竹秆和叶中的木质素进行分离与表征，研究者发现芦竹的主要键型包括 β-O-4、β-β、β-5、β-1、α-β 五种，在秆和叶中所含比例分别为 79∶9∶8∶3∶1 和 71∶10∶12∶6∶1。不同比例组成的多种键型构成了结构不同的木质素，这可以解释芦竹秆和叶中木质素的差异（毛健贞，2014）。木瓜果实和茎中木质素化学结构特性不同，两组分 S/G 也存在显著差异（纪秀凤等，2019）。龚卫华等（2017）利用乙酸法提取的葵花籽木质素经核磁共振氢谱分析显示该木质素含有较高含量的愈创木基结构单元，结构单元间相互连接方式是 β-O-4、β-β、β-5、β-1，其中以 β-O-4 占比较大。

6.7.2.5　官能团

木质素分子中含有丰富的酚羟基、醇羟基、甲氧基、羰基、羧基、芳基等官能团，不同官能团所处位点不同，对木质素性质的影响不同。例如，酚羟基使其具有类似苯酚的特性，在碱性条件下可通过共聚交联与甲醛形成具有黏性的共聚物；脂肪族羟基和芳

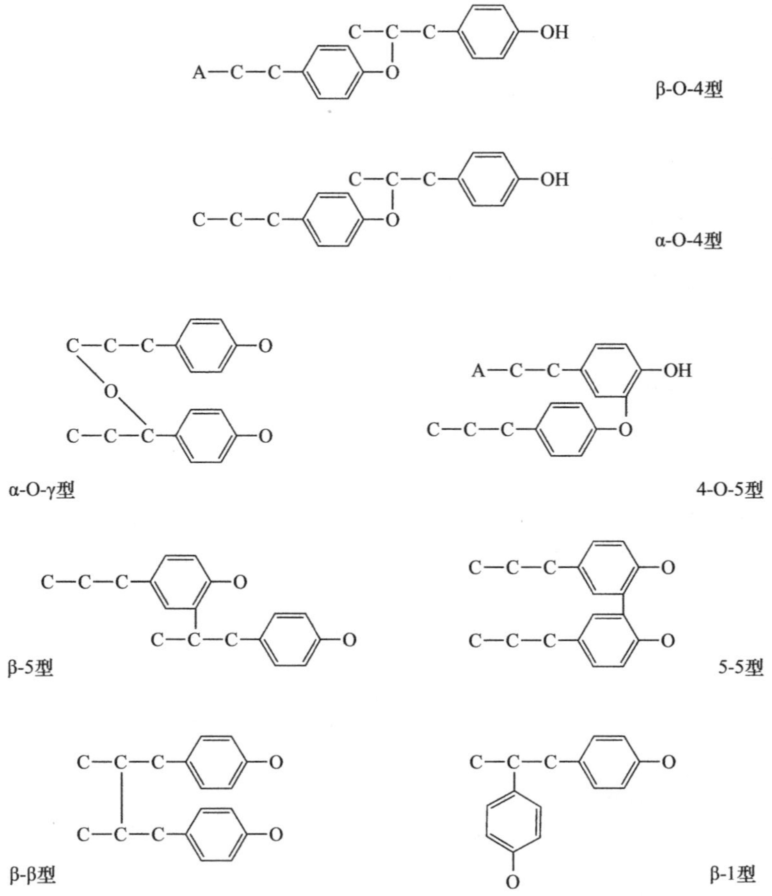

图 6-5　木质素结构单元的主要键型（谢建军和罗迎社，2007）

香族羟基可以与异氰酸酯等酯类化合物制备聚氨酯材料（黄曹兴等，2019）。主要存在于 G 型和 S 型单体中的甲氧基，可以根据其含量来推测木质素的植物来源及纯度；羟基可分为醇羟基和酚羟基，既可以游离形式存在，又可与其他烷基、芳基相连形成醚，位于苯环上的酚羟基可直接影响木质素的溶解性、醚化及缩合程度等理化性质；位于侧链上的羰基可分为共轭与非共轭两种（Schmidt et al.，1995；曹双瑜等，2012）。

6.7.2.6　生物合成

木质素的生物合成途径目前尚未完全清楚，近年来对其进行过多次修订。有研究表明生物体内合成木质素会经过以下三步：首先是莽草酸途径（shikimate pathway），即将植物的光合作用产物同化生成苯丙氨酸（phenylalanine）、酪氨酸（tyrosine）等；其次是苯丙烷途径（phenylpropanoid pathway），即将莽草酸途径的产物苯丙氨酸作为反应底物，其在一系列酶的催化作用下发生脱氨基、苯环侧链修饰（羟基化、甲基化等）、羧基活化等生成羟基肉桂酸及其辅酶 A 酯类；最后是木质素合成特异途径，即羟基肉桂酰辅酶 A 酯类生成三种单体并聚合形成木质素（图 6-6）（Humphreys and Chapple，2002；章霄云等，2006）。苯丙烷途径和特异途径在整个木质素合成过程中起到关键作用，也是研究木质素合成的关键所在。

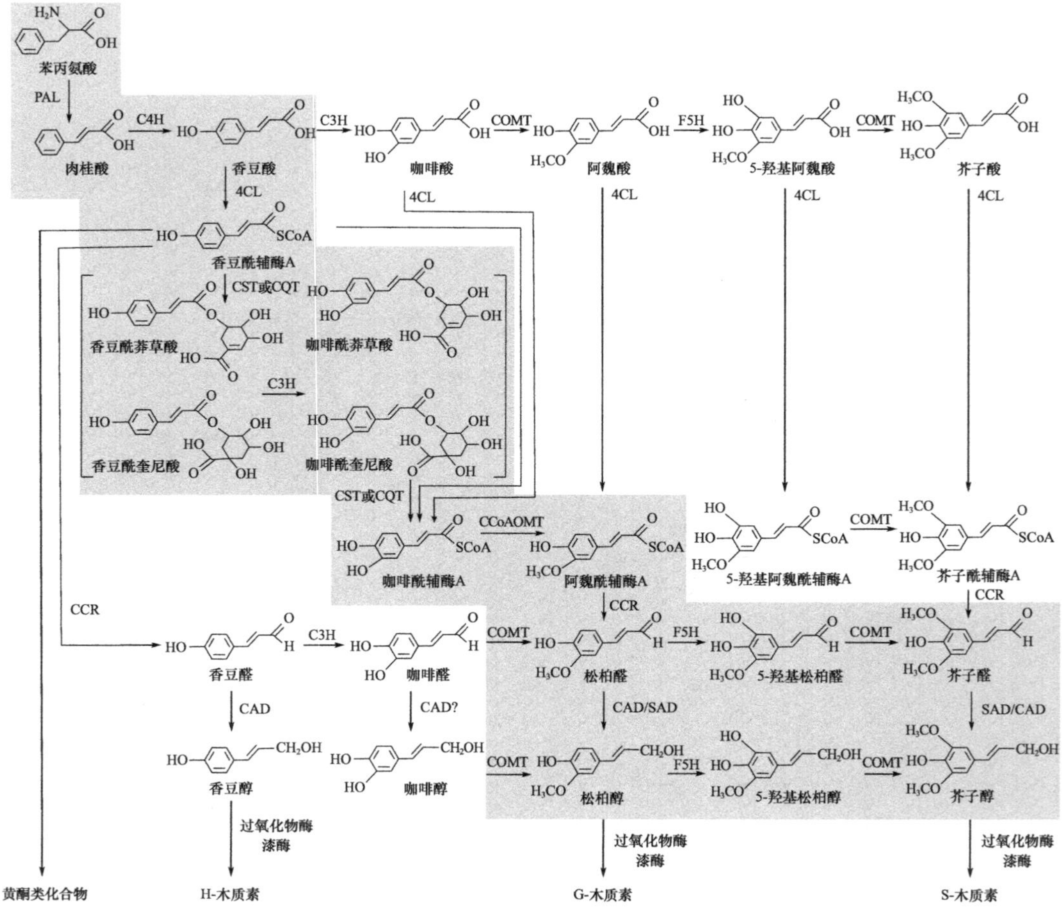

图 6-6　木质素生物合成途径（Humphreys and Chapple，2002；章霄云等，2006）

PAL，苯丙氨酸氨基裂解酶；C4H，肉桂酸-4-羟基化酶；4CL，4-香豆酸辅酶 A 连接酶；CST，羟基肉桂酰辅酶 A，莽草酸羟基肉桂酰转移酶；CQT，羟基肉桂酰辅酶 A，奎宁酸羟基肉桂酰转移酶；C3H，香豆酸-3-羟基化酶；CCoAOMT，咖啡酰辅酶 A-*O*-甲基转移酶；CCR，肉桂酰辅酶 A 还原酶；CAD，肉桂醇脱氢酶；SAD，芥子醇脱氢酶；COMT，咖啡酸 / 5-羟基阿魏酸-*O*-甲基转移酶；F5H，阿魏酸-5-羟基化酶

木质素合成的总量与苯丙氨酸氨基裂解酶、肉桂酸-4-羟基化酶和 4-香豆酸辅酶 A 连接酶生成量及其活性水平密切相关（胡丹等，2015）；而木质素的特异性与阿魏酸-5-羟基化酶、咖啡酸 /5-羟基阿魏酸-*O*-甲基转移酶和咖啡酰辅酶 A/5-羟基阿魏酰辅酶等紧密相关（Humphreys et al.，1999）。

6.7.3　活性

木质素因自身的三维网状结构、适宜的碳氢比例，以及木质素分子中具有多种活性官能团，是一种同时具备抗热老化、抗氧化、吸附、抗高温变形等多种功能的理性材料（冯泽宇等，2020）。近年来，木质素及其衍生物已被证实具有抗氧化、降血脂、降血糖、抗病毒、调节免疫、抗肿瘤、抗凝血等功效。Mitjans 和 Vinardell（2005）研究发现木质素具有多种生物活性，如抗肿瘤、抗菌、抗诱变等，尤其是抗氧化活性；Garcia 等（2012）的研究表明有机溶剂木质素、碱木质素和酸木质素表现出显著的体外抗氧化性；Rodriguez-Gutierrez 等（2014）研究发现木质素对胆汁酸具有很强的吸附能力。

6.7.4 在食品中的应用

木质素具有诸多应用，在工业上，可合成新型材料，具有很好的稳定性和黏结性；在医药方面，具有抗肿瘤和抗诱变性；在农业上，可用作肥料、生长调节剂、饲料添加剂等；此外，还常用于饮料、防腐剂等食品领域（Košíková et al.，2002；陶用珍和管映亭，2003）。

漆酶是木质素降解过程中涉及的主要酶之一。木质素降解后可为菌丝提供营养物质，减少培养时间。另外，漆酶在分解木质素过程中会产生酚类物质，酚类被氧化会生成醌类等物质，这些物质能够抑制杂菌的生长，可作为杀虫剂。因此，在香菇、灵芝、木耳等菌类培养过程中可利用漆酶 / 木质素液体培养，从而节约成本及扩大生产规模（励建荣和李丹，2006）。

参考文献

曹双瑜, 胡文冉, 范玲. 2012. 木质素结构及分析方法的研究进展. 高分子通报, (3): 8-13.

陈珍珍. 2014. 微晶纤维素在冰淇淋中的应用. 天津: 天津商业大学硕士学位论文.

陈珍珍, 刘爱国, 李晓敏, 等. 2014. 微晶纤维素的特性及其在食品工业中的应用. 食品工业科技, 35(4): 380-383.

丁霄, 曹彩荣, 李朋波, 等. 2016. 植物木质素的合成与调控研究进展. 山西农业科学, 44(9): 1406-1411.

杜堒, 张亚宁. 2005. 干酪的营养价值及研究动态. 中国食物与营养, (10): 45-46.

冯泽宇, 冯辉霞, 赵丹, 等. 2020. 木质素的分离方法及应用研究进展. 应用化工, 49(5): 1245-1250.

耿红娟. 2014. 低温溶解体系中纤维素薄膜与凝胶的制备、结构与性质研究. 济南: 齐鲁工业大学硕士学位论文.

龚蕾. 2007. 阳离子纤维素醚溶液性质的研究. 无锡: 江南大学硕士学位论文.

龚卫华, 马玥, 吕霞, 等. 2017. 葵花籽壳木质素的结构分析及抗氧化活性. 食品科学, 38(7): 23-28.

郭翰林. 2012. 纤维素超分子结构及其降解过程的表征分析. 济南: 山东大学硕士学位论文.

郭婷, 裴莹, 郑学晶, 等. 2016. 预处理对高压均质法制备微纤化纤维素结构与性能的影响. 功能材料, 47(1): 1049-1052.

韩敏. 2013. 不同提取方法对木质素分子量及其分布的影响. 洛阳理工学院学报 (自然科学版), 23(2): 1-4.

胡丹, 刘星贝, 汪灿, 等. 2015. 不同抗倒性甜荞茎秆木质素合成关键酶基因的表达分析. 中国农业科学, 48(9): 1864-1872.

胡文冉, 范玲, 李晓荣, 等. 2017. 棉花纤维中木质素的相对分子量. 作物学报, 43(6): 940-944.

黄曹兴, 何娟, 梁辰, 等. 2019. 木质素的高附加值应用研究进展. 林业工程学报, 4(1): 17-26.

黄明明, 陈斐然, 马浩, 等. 2013. 基于纤维素离子液体溶液制备纤维素水凝胶和干凝胶. 化学研究与应用, 25(10): 1386-1391.

纪秀凤, 吕长鑫, 王新明, 等. 2019. 果蔬中木质素提取及其生物活性应用研究进展. 食品研究与开发, 40(5): 213-219.

贾原媛, 万同, 霍明明, 等. 2013. 细菌纤维素纳米纤维稳定乳液的性能. 高等学校化学学报, 34(6): 1475-1482.
姜帝. 2013. 多种纤维素醚对瓷砖粘结剂性能的影响. 长春: 吉林建筑大学硕士学位论文.
黎先发, 罗学刚. 2007. 木质素在生物化工领域的应用研究进展. 化工进展, 26(12): 1722-1726.
李金宝, 杨国鑫, 修慧娟. 2015. 微纤化纤维素的制备及应用研究进展. 造纸科学与技术, 34(3): 35-37, 77.
李琳, 赵帅, 胡红旗. 2009. 纤维素溶解体系的研究进展. 纤维素科学与技术, 17(2): 69-75.
李少慧. 2012. 细菌纤维素生物合成的调控及其红曲霉菌复合发酵的研究. 武汉: 华中科技大学硕士学位论文.
李书国, 薛文通, 李雪梅, 等. 2005. 乙基纤维素微胶囊化 V_C 工艺参数及其活性保护的研究. 食品工业科技, 26(5): 143-145, 148.
李铁南, 魏立纲, 马英冲, 等. 2010. 双液相体系提取木质素转化香兰素. 大连工业大学学报, 29(4): 268-271.
励建荣, 李丹. 2006. 漆酶在食品工业中的应用. 现代食品科技, 22(4): 262-264, 268.
刘梅森, 何唯平, 陈胜利. 2006. 稳定剂对软冰淇淋品质影响研究. 食品科学, 27(5): 124-128.
刘晓秋. 2008. 木质素的改性及应用研究. 长春: 长春理工大学硕士学位论文.
卢金荣, 巨勇. 2013. 基于天然产物骨架的有机凝胶. 有机化学, 33(3): 469-482.
陆红佳, 郑龙辉, 刘维. 2011. 微晶纤维素在食品工业中的应用研究进展. 食品与发酵工业, 37(3): 141-145.
路瑶, 魏贤勇, 宗志敏, 等. 2013. 木质素的结构研究与应用. 化学进展, 25(5): 838-858.
罗素娟. 1997. 甘蔗渣微晶纤维素的研制. 广西化工, 26(3): 4-7.
吕鸿皓, 夏秀芳, 党苗苗, 等. 2015. 细菌纤维素特性及其应用. 食品安全质量检测学报, 6(1): 170-175.
吕晓文, 李露, 林章碧, 等. 2011. 离子液体再生纤维素水凝胶的形成机理及其在凝胶电泳中的应用. 高分子学报, (9): 1026-1032.
马书荣, 米勤勇, 余坚, 等. 2014. 基于纤维素的气凝胶材料. 化学进展, 26(5): 796-809.
马霞, 王瑞明, 贾士儒, 等. 2002. 细菌纤维素在食品工业中的应用. 食品研究与开发, 23(5): 11-12.
毛健贞. 2014. 乌拉草木质素结构解析及预处理过程中的木质素结构变化. 北京: 北京林业大学博士学位论文.
乔彩利, 范晓全, 刘慕华, 等. 2016. 再生纤维素凝胶对发酵香肠品质的影响. 食品科学, 37(15): 49-55.
邱湘龙, 李振华, 朱兴一. 2007. 药用辅料羟丙基纤维素在制剂中的应用. 中国现代应用药学杂志, 24(8): 693-695.
曲玉宁. 2012. 木质素的提取及在聚氨酯中的应用. 吉林: 吉林大学博士学位论文.
邵伟, 黄斌, 胡潘. 2002. 细菌纤维素在发酵香肠生产中的应用. 肉类工业, (6): 10-12.
沈德魁, 胡珺, 肖睿, 等. 2013. 造纸黑液中木质素的分离与结构表征. 东南大学学报 (自然科学版), 43(1): 120-124.
沈青, 顾庆峰, 胡剑锋, 等. 2003. 取代基及分子量对非离子型纤维素醚表面特性的影响. 纤维素科学与技术, 11(1): 1-7.
史正军. 2013. 甜龙竹及巨龙竹半纤维素、木质素结构诠释及相互间化学键合机制解析. 北京: 北京林业大学博士学位论文.
宋杰, 侯永发. 1995. 微晶纤维素的性质与应用. 纤维素科学与技术, 3(3): 1-10.
宋哲玉, 徐培华, 陶家朴. 1996. 木质素胺类沥青乳化剂分子结构式研究. 西安公路交通大学学报, (1): 4-7.
苏思婷. 2014. 微晶纤维素超分子结构与蛋白质的相互作用及机理研究. 广州: 华南理工大学硕士学位论文.
孙萍. 2013. 醇凝胶对难水溶药物的缓释作用研究. 广州: 仲恺农业工程学院硕士学位论文.
孙勇, 李佐虎, 萧炘, 等. 2005. 木质素分离方法的研究进展. 中华纸业, 26(10): 58-61.

唐爱民. 2000. 超声波作用下纤维素结构与性质的研究. 广州: 华南理工大学博士学位论文.
陶丹丹, 白绘宇, 刘石林, 等. 2011. 纤维素气凝胶材料的研究进展. 纤维素科学与技术, 19(2): 64-75.
陶用珍, 管映亭. 2003. 木质素的化学结构及其应用. 纤维素科学与技术, 11(1): 42-55.
汪维云, 朱金华, 吴守一. 1998. 纤维素科学及纤维素酶的研究进展. 江苏理工大学学报, 19(3): 20-28.
汪小兰. 2005. 有机化学. 4 版. 北京: 高等教育出版社.
王璟. 2013. 在 LiCl/DMAc 体系中制备环境敏感型纤维素水凝胶. 广州: 华南理工大学博士学位论文.
王可可, 贾强, 李三鸣. 2010. 有机凝胶在药物传递系统中的应用. 沈阳药科大学学报, 27(9): 759-766.
王丽, 阎雪莹. 2015. 乙基纤维素在药物制剂中的应用. 黑龙江医学, 39(5): 588-590.
王文枝. 2007. 豆渣制备高粘度羧甲基纤维素的研究. 南京: 南京农业大学硕士学位论文.
武慧超, 杜守颖, 陆洋, 等. 2013. 药用辅料羟丙基甲基纤维素在制剂中的应用. 中国实验方剂学杂志, 19(17): 360-365.
武小芬, 苏小军, 陈亮, 等. 2015. 木质素结构分析方法研究进展. 可再生能源, 33(2): 267-274.
武耀廷, 张恒木, 刘进元. 2003. 棉纤维细胞发育过程中纤维素的生物合成. 棉花学报, 15(3): 174-179.
夏慧芸, 李芳芳, 杨佩佩, 等. 2015. 基于超分子有机凝胶的纳米复合材料. 化工进展, 34(6): 1679-1689.
夏延斌. 2004. 食品化学. 北京: 中国农业出版社.
谢建军, 罗迎社. 2007. 木质素的结构及其改性研究进展. 功能材料, 38(9): 3296-3299.
修慧娟, 杨国鑫, 强丹丹, 等. 2015. 微纤化纤维素微观形态及物化特性的表征. 纸和造纸, 34(7): 16-20.
徐琴. 2011. 用于成纤的羟丙基纤维素的制备及溶液性质研究. 上海: 东华大学硕士学位论文.
薛璐, 杨谦, 李晓东. 2005. 细菌纤维素在低脂肉肠中的应用. 食品科学, 26(3): 272-274.
闫绍鹏, 王秋玉, 杨传平. 2008. 植物纤维素生物合成研究进展. 安徽农业科学, 36(21): 9049-9051.
颜正勇, Bellekom-Allen L, Frahm M, 等. 2009. 采用 METHOCEL MX™ 技术开发低脂肪香肠和肉制品. 中国食品添加剂, (S1): 146-151.
颜正勇, 孙子重, Soo W, 等. 2012. 超级热凝胶的甲基纤维素在食品中的应用. 中国食品添加剂, (S1): 278-286.
杨敬轩, 陈仕艳, 王华平. 2013. 细菌纤维素制备技术与应用. 高分子通报, (10): 115-127.
杨军, 吕晓静, 王迪珍. 2002. 木质素在塑料中的应用. 高分子通报, (4): 53-60.
杨韶平. 2010. 环境敏感型纤维素基水凝胶的制备及其吸附性能研究. 广州: 华南理工大学博士学位论文.
杨湘庆. 1986. 食品包装的热塑薄膜材料——羟丙基纤维素. 食品科学, (8): 52-57.
叶代勇, 黄洪, 傅和青, 等. 2006. 纤维素化学研究进展. 化工学报, 57(8): 1782-1791.
叶跃元. 2012. 木质素解聚新工艺及机理研究. 广州: 华南理工大学博士学位论文.
殷露琴, 王璋, 许时婴. 2007. 可可粉饮料的稳定性研究. 食品科学, 28(3): 166-170.
于跃, 张剑. 2016. 纤维素酶降解纤维素机理的研究进展. 化学通报, 79(2): 118-122, 128.
余慧群, 周海, 廖艳芳, 等. 2010. 工业木质素的来源及其改性应用进展. 企业科技与发展, (18): 19-23.
余紫苹. 2012. 毛竹半纤维素分离及结构研究. 南昌: 南昌大学硕士学位论文.
余紫苹, 彭红, 林妲, 等. 2011. 植物半纤维素结构研究进展. 高分子通报, (6): 48-54.
袁花, 周鹏, 揭红亮, 等. 2018. 生物质酚类表面活性剂的研究进展. 日用化学品科学, 41(11): 34-38.
岳凤霞. 2012. 木质素新型模型物的合成及其在木质素结构研究中的应用. 广州: 华南理工大学博士学位论文.
岳晓华, 沈月新, 寿霞, 等. 2005. 壳聚糖-甲基纤维素复合膜的制作研究与性能测定. 农产品加工 · 学刊, (3): 28-30, 34.
张楚富. 2003. 生物化学原理. 北京: 高等教育出版社.
张光华, 王义伟, 李慧. 2007. 纤维素醚的性能及其在日用化学工业中的应用. 日用化学品科学, 30(10): 15-17.

张晖, 周万鹏, 谌凡更. 2016. 木质素分散性的应用研究进展. 造纸科学与技术, 35(4): 22-26, 58.
张景强, 林鹿, 孙勇, 等. 2008. 纤维素结构与解结晶的研究进展. 林产化学与工业, 28(6): 109-114.
张俊华. 2008. 微纤化纤维素的制备及其对纸张增强效果的应用研究. 南宁: 广西大学硕士学位论文.
张俐娜, 常春雨, 史星伟, 等. 2011. 难溶性大分子的低温溶解及新材料的构筑. 北京: 全国高分子学术论文报告会.
张南, 赵国巍, 钟绍金, 等. 2011. 主成分分析和聚类分析法用于微晶纤维素分类. 中国实验方剂学杂志, 17(19): 4-8.
张宁, 隋思璐, 王亚静, 等. 2014. 魔芋葡甘聚糖-甲基纤维素可食膜的制备及其性能研究. 食品工业科技, 35(16): 302-307.
张伟. 2013. 低取代羟丙基纤维素制备及其成型加工性的研究. 苏州: 苏州大学硕士学位论文.
章霄云, 郭安平, 贺立卡, 等. 2006. 木质素生物合成及其基因调控的研究进展. 分子植物育种, (3): 431-437.
赵明, 吕少一. 2012. 羟丙基甲基纤维素生产技术与市场发展现状. 纤维素科学与技术, 20(3): 57-69, 86.
郑大锋, 邱学青, 楼宏铭. 2005. 木质素的结构及其化学改性进展. 精细化工, 22(4): 249-252.
中华人民共和国国家卫生和计划生育委员会. 2016a. 食品安全国家标准 食品添加剂 羟丙基甲基纤维素(HPMC): GB 1886.109—2015. 北京: 中国标准出版社.
中华人民共和国国家卫生和计划生育委员会. 2016b. 食品安全国家标准 食品添加剂 微晶纤维素: GB 1886.103—2015. 北京: 中国标准出版社.
中华人民共和国国家卫生和计划生育委员会. 2017. 食品安全国家标准 食品添加剂 甲基纤维素: GB 1886.256—2016. 北京: 中国标准出版社.
周乃锋. 2013. 纤维素醚化改性及活性染料印花糊料的应用研究. 杭州: 浙江理工大学硕士学位论文.
朱墨书棋, 骆微, 林春香. 2016. 微晶纤维素的研究现状及发展趋势. 华东纸业, 47(3): 6-9.
朱晓芳. 2014. 拟南芥细胞壁半纤维素结合铝的机制及其调控. 杭州: 浙江大学博士学位论文.
Adel A M, El-Gendy A A, Diab M A, et al. 2016. Microfibrillated cellulose from agricultural residues. Part Ⅰ: Papermaking application. Industrial Crops and Products, 93: 161-174.
Adler E. 1977. Lignin chemistry-past, present and future. Wood Science & Technology, 11(3): 169-218.
Aminabhavi T M, Balundgi R H, Cassidy P E. 2008. A review on biodegradable plastics. Polymer-Plastics Technology and Engineering, 29(3): 235-262.
Aoe S, Oda T, Tojima T, et al. 1993. Effects of rice bran hemicellulose on 1,2-dimethylhydrazine-induced intestinal carcinogenesis in fischer 344 rats. Nutrition and Cancer, 20(1): 41-49.
Atalla R H, Vanderhart D L. 1984. Native cellulose: a composite of two distinct crystalline forms. Science, 223(4633): 283-285.
Bouaziz F, Koubaa M, Ghorbel R E, et al. 2017. Biological properties of water-soluble polysaccharides and hemicelluloses from almond gum. International Journal of Biological Macromolecules, 95: 667-674.
Chaikumpollert O, Methacanon P, Suchiva K. 2004. Structural elucidation of hemicelluloses from Vetiver grass. Carbohydrate Polymers, 57(2): 191-196.
Cheng G P, Duan X W, Jiang Y M, et al. 2009. Modification of hemicellulose polysaccharides during ripening of postharvest banana fruit. Food Chemistry, 115(1): 43-47.
Cheng Q Z, Wang S Q, Rials T G, et al. 2007. Physical and mechanical properties of polyvinyl alcohol and polypropylene composite materials reinforced with fibril aggregates isolated from regenerated cellulose fibers. Cellulose, 14(6): 593-602.
Chundawat S P, Bellesia G, Uppugundla N, et al. 2011. Restructuring the crystalline cellulose hydrogen bond network enhances its depolymerization rate. Journal of the American Chemical Society, 133(29): 11163-11174.

Crestini C, Argyropoulos D S. 1997. Structural analysis of wheat straw lignin by quantitative ^{31}P and 2D NMR spectroscopy. The occurrence of ester bonds and α-*O*-4 substructures. Journal of Agricultural & Food Chemistry, 45(4): 1212-1219.

Das K, Ray D, Bandyopadhyay N R, et al. 2010. Study of the properties of microcrystalline cellulose particles from different renewable resources by XRD, FTIR, nanoindentation, TGA and SEM. Journal of Polymers and the Environment, 18(3): 355-363.

Davidovich-Pinhas M, Barbut S, Marangoni A G. 2015. The gelation of oil using ethyl cellulose. Carbohydrate Polymers, 117: 869-878.

de Oliveira Barud H G, da Silva R R, da Silva Barud H, et al. 2016. A multipurpose natural and renewable polymer in medical applications: bacterial cellulose. Carbohydrate Polymers, 153: 406-420.

Delmer D P, Haigler C H. 2002. The regulation of metabolic flux to cellulose, a major sink for carbon in plants. Metabolic Engineering, 4(1): 22-28.

Demirbas A. 2008. Heavy metal adsorption onto agro-based waste materials: a review. Journal of Hazardous Materials, 157: 220-229.

Dicastillo C L, Bustos F, Guarda A, et al. 2016a. Cross-linked methyl cellulose films with murta fruit extract for antioxidant and antimicrobial active food packaging. Food Hydrocolloids, 60: 335-344.

Dicastillo C L, Rodriguez F, Guarda A, et al. 2016b. Antioxidant films based on cross-linked methyl cellulose and native Chilean berry for food packaging applications. Carbohydrate Polymers, 136: 1052-1060.

Drews M J, Barr M, Williams M. 2007. A kinetic study of the SCWO of a sulfonated lignin waste stream. Industrial & Engineering Chemistry Research, 39(12): 1-4.

El-Wakil N A, Kassem N F, Hassan M L. 2016. Hydroxypropyl cellulose/rice straw oxidized cellulose nanocrystals nanocomposites and their use in paper coating. Industrial Crops and Products, 93: 186-192.

Garcia A, Alriols M G, Spigno G, et al. 2012. Lignin as natural radical scavenger. Effect of the obtaining and purification processes on the antioxidant behaviour of lignin. Biochemical Engineering Journal, 67: 173-185.

Henniges U, Kostic M, Borgards A, et al. 2011. Dissolution behavior of different celluloses. Biomacromolecules, 12(4): 871-879.

Hill K O, Fujii Y, Johnson D C, et al. 2008. Photosensitivity in optical fiber waveguides: application to reflection filter fabrication. Applied Physics Letters, 32(10): 647-649.

Hoare T R, Kohane D S. 2008. Hydrogels in drug delivery: progress and challenges. Polymer, 49(8): 1993-2007.

Horikawa Y, Sugiyama J. 2009. Localization of crystalline allomorphs in cellulose microfibril. Biomacromolecules, 10(8): 2235-2239.

Huber T, Mussig J, Curnow O, et al. 2012. A critical review of all-cellulose composites. Journal of Materials Science, 47(3): 1171-1186.

Humphreys J M, Chapple C. 2002. Rewriting the lignin roadmap. Current Opinion in Plant Biology, 5(3): 224-229.

Humphreys J M, Hemm M R, Chapple C. 1999. New routes for lignin biosynthesis defined by biochemicalc characterization of recombinant ferulate 5-hydroxylase, a multifunctional cytochrome P450-dependent monooxygenase. Proceedings of the National Academy of Sciences, 96(18): 10045-10050.

Innerlohinger J, Weber H K, Kraft G. 2006. Aerocellulose: aerogels and aerogel-like materials made from cellulose. Macromolecular Symposia, 244(1): 126-135.

Jia F, Liu H J, Zhang G G. 2016. Preparation of carboxymethyl cellulose from corncob. Procedia Environmental Sciences, 31: 98-102.

Jin S, Chen H. 2006. Structural properties and enzymatic hydrolysis of rice straw. Process Biochemistry, 41(6): 1261-1264.

Jung H J G, Himmelsbach D S. 1989. Isolation and characterization of wheat straw lignin. Journal of Agricultural & Food Chemistry, 11(3): 1777-1783.

Klemm D, Heublein B, Fink H P, et al. 2005. Cellulose: fascinating biopolymer and sustainable raw material. Angewandte Chemie International Edition, 44(22): 3358-3393.

Kocherbitov V, Ulvenlund S, Kober M, et al. 2008. Hydration of microcrystalline cellulose and milled cellulose studied by sorption calorimetry. Journal of Chemical Physics, 112(12): 3728-3734.

Košíková B, Slameňová D, Mikulášová M, et al. 2002. Reduction of carcinogenesis by bio-based lignin derivatives. Biomass & Bioenergy, 23(2): 153-159.

Lapierre C, Pollet B, Rolando C. 1995. New insights into the molecular architecture of hardwood lignins by chemical degradative methods. Research on Chemical Intermediates, 21(3-5): 397-412.

Lawther J M, Sun R. 1996. The fractional characterisation of polysaccharides and lignin components in alkaline treated and atmospheric refined wheat straw. Industrial Crops & Products, 5(2): 87-95.

Ling Z, Chen S, Zhang X, et al. 2017. Exploring crystalline-structural variations of cellulose during alkaline pretreatment for enhanced enzymatic hydrolysis. Bioresource Technology, 224: 611-617.

Maity J, Ray S K. 2017. Removal of Cu (Ⅱ) ion from water using sugar cane bagasse celluloseand gelatin based composite hydrogels. International Journal of Biological Macromolecules, 97: 238-248.

Mitjans M, Vinardell M P. 2005. Biological activity and health benefits of lignans and lignins. Trends Comparative of Biochemistry and Physiology, 11(3): 55-62.

Mohammad F, Arfin T, Al-Lohedan H A. 2017. Sustained drug release and electrochemical performance of ethyl cellulose-magnesium hydrogen phosphate composite. Materials Science and Engineering C, 71: 735-743.

Molhoj M, Pagant S, Hofte H. 2002. Towards understanding the role of membrane-bound-β-1,4-glucanases in cellulose biosynthesis. Plant & Cell Physiology, 43(12): 1399-1406.

Nechyporchuk O, Belgacem M N, Bras J. 2016. Production of cellulose nanofibrils: a review of recent advances. Industrial Crops and Products, 93: 2-25.

Numanoglu Y, Sungur S. 2004. β-galactosidase from kluyveromyces lactis cell disruption and enzyme immobilization using a cellulose-gelatin carrier system. Process Biochemistry, 39(6): 703-709.

Oliveira J P, Bruni G P, Lima K O, et al. 2017. Cellulose fibers extracted from rice and oat husks and their application in hydrogel. Food Chemistry, 221: 153-160.

Park B D, Ayrilmis N, Jin H K, et al. 2017. Effect of microfibrillated cellulose addition on thermal properties of three grades of urea-formaldehyde resin. International Journal of Adhesion and Adhesives, 72: 75-79.

Pokhade A P, Agnihotri S A, Patil S A, et al. 2006. Semi interpenetrating polymer network microspheres of gelatin and sodium carboxymethyl cellulose for controlled release of ketorolac tromethamine. Carbohydrate Polymers, 65(3): 243-252.

Qin X Z, Lu A, Cai J, et al. 2013. Stability of inclusion complex formed by cellulose in NaOH/urea aqueous solution at low temperature. Carbohydrate Polymers, 92(2): 1315-1320.

Raj P, Blanco A, Fuente E, et al. 2017. Microfibrilated cellulose as a model for soft colloid flocculation withpolyelectrolytes. Colloids and Surfaces A: Physicochemical and Engineering Aspects, 516: 325-335.

Ralph J, Lundquist K, Brunow G, et al. 2004. Lignins: natural polymers from oxidative coupling of 4-hydroxyphenylpropanoids. Phytochemistry Reviews, 3(1-2): 29-60.

Revanappa S B, Nandini C D, Salimath P V. 2010. Structural characterisation of pentosans from hemicellulose B of wheat varieties with varying chapati-making quality. Food Chemistry, 119(1): 27-33.

Rodriguez-Gutierrez G, Rubio-Senent F, Lama-Munoz A, et al. 2014. Properties of lignin, cellulose, and hemicelluloses isolated from olive cake and olive stones: binding of water, oil, bile acids, and glucose. Journal of Agricultural and Food Chemistry, 62(36): 8973-8981.

Rubin E M. 2008. Genomics of cellulosic biofuels. Nature, 454(7206): 841-845.

Ruiz-Henestrosa V M P, Bellesi F A, Camino N A, et al. 2017. The impact of HPMC structure in the modulation of *in vitro* lipolysis: the role of bile salts. Food Hydrocolloids, 62: 251-261.

Schmidt J A, Gurnagul N, Rye C S. 1995. Lignin inhibits autoxidative degradation of cellulose. Polymer Degradation & Stability, 49(2): 291-297.

Schulz L, Seger B, Burchard W. 2000. Structures of cellulose in solution. Macromolecular Chemistry and Physics, 201(15): 2008-2022.

Silva F F, Alves A M B, Serrano M L, et al. 2017. Isolation and purification of concentrated and non-concentrated hemicellulose alkaline extracts. Separation and Purification Technology, 173: 233-239.

Suhas, Gupta V K, Carrott P J M, et al. 2016. Cellulose: a review as natural, modified and activated carbon adsorbent. Bioresource Technology, 216: 1066-1076.

Sun R C, Lawther J M, Banks W B. 1996. Fractional and structural characterization of wheat straw hemicelluloses. Carbohydrate Polymers, 88(2): 134-139.

Surapolchai W, Schiraldi D A. 2010. The effects of physical and chemical interactions in the formation of cellulose aerogels. Polymer Bulletin, 65(9): 951-960.

Suriya P, Pongsathorn D, Wanna C, et al. 2017. Cellulose and hemicellulose recovery from oil palm empty fruit bunch (EFB) fibers and production of sugars from the fibers. Carbohydrate Polymers, 155: 491-497.

Van Dokkum W, Pikaar N A, Thissen J T. 1983. Physiological effects of fibre-rich types of bread. 2. Dietary fibre from bread: digestibility by the intestinal microflora and water-holding capacity in the colon of human subjects. The British Journal of Nutrition, 50(1): 61-74.

Wang H L, Pu Y Q, Ragauskas A, et al. 2019. From lignin to valuable products—strategies, challenges, and prospects. Bioresource Technology, 271(2): 449-461.

Wang Q Y, Guo J H, Wang Y X, et al. 2017. Creation of the tunable color light emission of cellulose hydrogelsconsisting of primary rare-earth compounds. Carbohydrate Polymers, 161: 235-243.

Weber T E, Trabue S L, Ziemer C J, et al. 2009. Evaluation of elevated dietary corn fiber from corn germ meal in growing female pigs. Journal of Animal Science, 88(1): 192-201.

Wypych G. 2016. Handbook of Polymers. 2nd ed. Toronto: ChemTec Publishing: 153-155.

Yang R, Xu S, Wang Z, et al. 2005. Aqueous extraction of corncob xylan and production of xylooligosaccharides. LWT-Food Science and Technology, 38(6): 677-682.

Yao S Q, Nie S X, Zhu H X, et al. 2017. Extraction of hemicellulose by hot water to reduce adsorbable organic halogen formation in chlorine dioxide bleaching of bagasse pulp. Industrial Crops and Products, 96: 178-185.

Yashoda H M, Prabha T N, Tharanathan R N. 2005. Mango ripening-chemical and structural characterization of pectic and hemicellulosic polysaccharides. Carbohydrate Research, 340(7): 1335-1342.

Zare-Akbari Z, Farhadnejad H, Furughi-Nia B, et al. 2016. pH-sensitive bionanocomposite hydrogel beads based on carboxymethyl cellulose/ZnO nanoparticle as drug carrier. International Journal of Biological Macromolecules, 93: 1317-1327.

Zhang H, Luan Q, Huang Q D, et al. 2017. A facile and efficient strategy for the fabrication of porous linseedgum/cellulose superabsorbent hydrogels for water conservation. Carbohydrate Polymers, 157: 1830-1836.

Zhao X H, Tong T T, Li H L, et al. 2017. Characterization of hemicelluloses from *Neolamarckia cadamba* (Rubiaceae) during xylogenesis. Carbohydrate Polymers, 156: 333-339.

Zugenmaier P. 2001. Conformation and packing of various crystalline cellulose fibers. Progress in Polymer Science, 26(9): 1341-1417.

第7章 果　　胶

7.1 引　　言

果胶（pectin）一词由法国药剂师 Braconnot 于 1825 年首先创造并使用，这是他从胡萝卜肉质根中提取的物质，因其能够形成凝胶，所以命名为“pectin”（胶质）（Willats et al.，2006）。果胶是一种来源于植物的凝胶聚合物，是生物体在初始细胞生长以及成熟过程中的重要组成部分。一般人们所说的果胶通常由原果胶（protopectin）、果胶酯酸（pectinic acid）和果胶酸（pectic acid）组成，但其化学概念尚未得到很好的澄清，因此通称果胶类物质［或果胶多糖（pectic polysaccharide）］（吴东儒等，1987）。

自然界中的天然果胶大多以不溶性原果胶形式存在，果胶的结构因植物种类、组织部位、生长环境等不同存在一定差异。图 7-1 为果胶典型的结构简图。

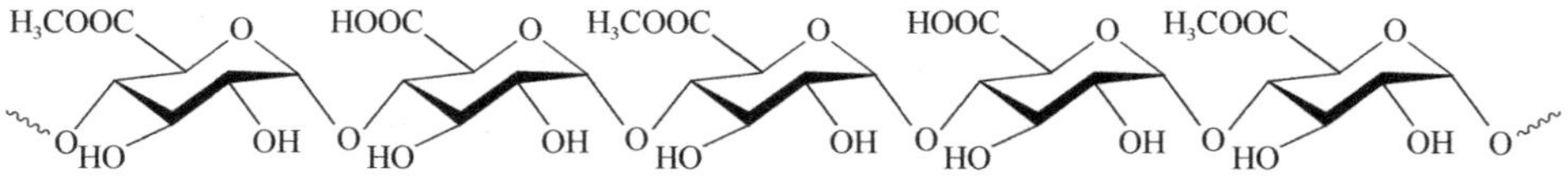

图 7-1　果胶典型的结构简图

由于良好的乳化、凝胶、增稠、稳定等性能，果胶广泛应用于食品、纺织、化妆品等领域。同时，更多研究结果显示，果胶还具有良好的生物活性，如改善肠道功能、降低胆固醇摄入水平、辅助排泄有毒金属等功能，部分改性果胶还具有良好的抗肿瘤活性，因此近年来在医药行业也有广泛应用。

7.2 果胶来源

果胶是一类结构非常复杂的多糖，广泛存在于高等植物细胞壁内，尤其是双子叶及非禾本科植物细胞壁非纤维素多糖的重要组成部分（Caffall and Mohnen，2009）。在高等植物细胞壁中，果胶约占干物质含量的 1/3，但在草本植物中含量较少，尤其是进入细胞内部后在初生壁和质膜中含量逐渐降低（Thakur et al.，1997）。果胶沉积于初生壁和细胞间层，是细胞间的连接物质，同时也在初生壁中与纤维素、半纤维素、木质素的微纤丝及某些伸展蛋白相互交联，使各种细胞组织结构坚硬，但不阻碍细胞生长，既能起到缓冲作用，也可以达到防止病原微生物入侵的目的（Pérez et al.，2000；黄钰，2008）。

目前，商品化果胶原料主要包括苹果皮、柑橘皮、柠檬皮（Cho et al.，2003）。此外，豆腐柴叶（马俊，2007）、香蕉皮（邱礼平等，2009）、榨油后的向日葵盘（张磊，2008）及薜荔籽（黄钰，2008；唐翠娥，2007）等副产物中也含有较多的果胶，只是目前尚未工业化应用。不同原料中果胶含量相差较大，表 7-1 列出了几种代表性原料中的果胶含量。

表 7-1　部分原料中的果胶含量（Thakur et al.，1997）

来源	果胶含量（% 鲜重）	来源	果胶含量（% 鲜重）
桃	0.1 ～ 0.9	香蕉	0.7 ～ 1.2
胡萝卜	0.2 ～ 0.5	甜菜渣	1.0
苹果	0.5 ～ 1.6	苹果皮	1.5 ～ 2.5
草莓	0.6 ～ 0.7	柠檬皮	2.5 ～ 4.0
木瓜	0.7 ～ 1.0	柑橘皮	3.5 ～ 5.5

7.3　果胶的提取

提取果胶需要先将不溶性原果胶转化为可溶性果胶，然后再利用溶剂进行提取，常用方法有酸法、碱法、草酸铵法，同时会利用酶法、微波及超声波等辅助手段（表 7-2）。

表 7-2　果胶提取方法及其优缺点

方法	原理	优缺点及改进措施	参考文献
酸法	利用（热）酸溶液将植物细胞中的原果胶转化成水溶性果胶后对其进行提取，再用醇沉或盐析法使水溶性果胶沉淀析出	优点：成本低，工艺成熟，条件易控制 缺点：强酸条件下长时间高温提取会使果胶变性分解，质量变差；由于提取液黏度大，因此过滤较慢，生产周期较长、效率偏低，同时易腐蚀设备 改进措施：可采用混合酸代替单一酸提高果胶得率	Levigne et al.，2002
碱法	利用强碱将原果胶水解成水溶性果胶后对其进行提取	优点：快速节能 缺点：果胶平滑区严重减少，相对分子质量、黏度和凝胶能力下降 改进措施：可采用梯度浓度分步提取，减少浓碱作用时间，同时高度重视温度的影响	张卫红和席晖，2009
草酸铵法	草酸根离子具有强的金属螯合作用，可将植物细胞壁中水不溶性果胶提取出来，使非水溶性果胶酸钙变成可溶性铵盐，钙以草酸钙沉淀形式除去	优点：减少酸碱对设备的腐蚀，环境污染程度低 缺点：灰分含量较高 改进措施：因此可采用离子交换柱多步纯化处理来降低灰分含量	Rombouts and Thibault，1986
酶法	主要是利用酶（纤维素酶、半纤维素酶、糖苷酶等）降解与果胶结合的植物细胞壁组织，使果胶分离出来	优点：减少化学药品对环境的污染，产品质量高，生产周期短 缺点：温度要求严格，酶价格高，不同原料对酶的要求不同 改进措施：可优化酶解工艺参数，筛选复合酶，以降低酶用量和扩大酶使用范围	魏亚冉，2008

续表

方法	原理	优缺点及改进措施	参考文献
微波辅助法	微波能量可直接深入试样内部，作用于目标成分——果胶，从而降低果胶与细胞间质的结合力，加速果胶溶出	优点：操作时间短，受热均匀，目标组分得率高 缺点：微波时间过长或/和功率过高会使果胶分解，另外，微波提取过程中温度升高太快，不易控制 改进措施：可在微波提取设备中加上控温组件，减少爆沸	Synytsya，2003；姚先超等，2013
超声波辅助法	通过高频机械振动产生的空化作用来减少原料与果胶间的结合力，从而实现果胶的分离	优点：节能、快速 缺点：噪声大，长时间提取会使果胶过度水解，副产物增多 改进措施：协同酸法提取或间歇超声处理可改善提取效果	Seshadri et al.，2003；Tiwari et al.，2010

其他提取方法还有超声波-微波协同法（陈义勇等，2012；宁海凤和童群义，2011）、超高压法（Guo et al.，2012）等。以上方法各有优缺点，现阶段仍需对果胶的提取方法进行不断改进，合理利用提取手段，以期在较低成本下获得较高品质的果胶。

7.4　果胶的理化特性

果胶多呈粉末状，不同来源果胶颜色有一定差异，从乳白色到淡黄褐色不等。与蔗糖、葡萄糖相比，果胶味微甜带酸，无异味，具有特殊的水果芳香，无固定熔点和溶解度。本小节所述果胶理化特性主要包括溶解性、酯化度（degree of esterification，DE）、单糖组成、半乳糖醛酸含量、相对分子质量、凝胶性、旋光性、稳定性和乳化性等几个方面，其中 DE、半乳糖醛酸含量和凝胶性是果胶较为重要的理化指标，在一定程度上决定了果胶的品质和价值。凝胶性将在 7.4.8 中进行详细阐述。

7.4.1　溶解性

根据溶解性，果胶一般分为水溶性果胶和水不溶性果胶。果胶在水中的溶解性与其聚合度、甲氧基数量及其分布有关，除此之外，溶液的离子强度、pH、温度对溶解性也有一定程度的影响。一般果胶的相对分子质量越小、酯化度越高，其溶解性越好（詹晓北和韩杰，2001），原因可能是果胶分子不是以直线形式存在，而是多呈折叠形式，极易形成分子内氢键。酯化度较高的果胶在脱脂后其相对分子质量、黏度和凝胶性下降，这是因为在该过程中常伴随着 β 消除反应（具体过程在 7.4.6 中进行介绍）（Kravtchenko et al.，1992）。

果胶溶液 pH 的改变会使果胶电离度发生变化，引起分子间库伦斥力和引力的改变，导致果胶分子链的构象发生改变，从而使得果胶溶液的黏度发生变化（张磊，2008）。在酸性条件下，果胶电离度低，增加了分子间扩散阻力，从而使果胶溶液黏度升高，溶解度下降；在碱性条件下，OH^- 能增加果胶的电离度，使得果胶溶液黏度下降，减小了分子间扩散的阻力，从而使得果胶溶解度有所升高。另外，由于不同果胶分子间存在相互作用的氢键（如—OH 与—OH、—COOH 与—COOH 及—OH 与—COOH 等），因此果胶在经过干燥后，分子与分子间的结合更加牢固，当果胶重新溶解时，果胶分子和水分子的作用不易破坏果胶分子间的相互作用，从而使得果胶的溶解度较低（Lin et al.，2005）。

果胶不溶于冷水、乙醇及其他有机溶剂，但能在质量为自身质量 20 倍的水中形成带负电荷的黏性溶液或者胶体，并且果胶颗粒能被乙醇、甘油和砂糖糖浆润湿，将其与 3 倍及以上的砂糖混合可提高其溶解性（李凤林等，2008）。

7.4.2　酯化度

果胶分子中半乳糖醛酸残基往往被甲氧基、乙酰基、酰胺基等基团取代发生酯化，因此果胶酯化度（DE）是半乳糖醛酸发生甲酯化、乙酰化、酰胺化比例的总和，但果胶的甲酯化是最为普遍的形式。

果胶中平均每 100 个半乳糖醛酸残基 C-6 位上以甲酯化形式（带有甲氧基）存在的百分数，称为果胶酯化度，自由羧基可部分地或全部地被 Na^+、K^+、NH_4^+ 中和。如果果胶分子中半乳糖醛酸残基被氨酯化，部分甲酯化的甲氧基转变成酰胺基，C-6 位上酰胺化的半乳糖醛酸残基数与半乳糖醛酸残基总数的比值称为酰胺化度（王卫平，1996）。根据果胶酯化度及其种类的差异，可将果胶分为两类：酯化度大于 50% 的果胶称为高甲氧基果胶（high-methoxyl pectin，HMP）（相当于甲氧基含量＞ 7%），反之称为低甲氧基果胶（low-methoxyl pectin，LMP）（相当于甲氧基含量≤ 7%），低甲氧基果胶中又包括普通低甲氧基果胶和低甲氧基酰胺化果胶（low-methoxyl amidated pectin，LMAP）（Thakur et al.，1997）。果胶的酯化度通常因原料多样性和提取工艺的不同而不同，表 7-3 列出了不同原料来源果胶的酯化度。

表 7-3　不同原料来源果胶的酯化度比较

原料	提取方法	酯化度（%）	对应的果胶种类	测定方法	文献来源
胡萝卜	酸法（调 pH 为 1.5，温度 85 ℃，90min）	66.31	高甲氧基果胶	滴定法	张晓阳等，2015
新鲜苹果皮	酸法（用柠檬酸调 pH 为 2.5，温度 97℃，30min）	50.14	高甲氧基果胶	滴定法	Pagán and Ibarz，1999
草莓	酸提法	—	低甲氧基果胶	红外光谱法	Paniagua et al.，2017
木瓜	酶法（耐高温 α-淀粉酶、淀粉葡糖苷酶）	44 ～ 50	低甲氧基果胶	核磁共振波谱法	Westerlund et al.，1991
香蕉皮	酸解法 + 酶解法	42.2	低甲氧基果胶	红外光谱法	王卉等，2014
甜菜渣	超声波 / 微波 + 酸法	61.29	高甲氧基果胶	滴定法	彭小燕等，2015
柠檬皮	酸法（用乳酸调 pH 至 2.0，温度 95℃，2h）	72.7	高甲氧基果胶	滴定法	刘义武等，2012
柑橘皮	表面活性剂 + 微波提取	69.8	高甲氧基果胶	滴定法	Su et al.，2019
干大豆皮	酸法（0.3mol/L 盐酸，90℃，45min，醇沉 pH 为 2.0）	60	高甲氧基果胶	红外光谱法	Kalapathy and Proctor，2001

果胶 DE 值的大小和酯化种类影响果胶的溶解性、凝胶性及乳化稳定性。在其他因素一定的情况下，果胶的酯化度越高，其水溶性越好（谢明勇等，2013）。此外，酯化度还影响果胶在肿瘤治疗中的效果，如相对分子质量更小、酯化度更低的改性柑橘果胶（modified citrus pectin，MCP）可以更容易被小肠微绒毛吸收并直接进入血管而在体内存留，侧链较低的酯化程度使果胶更好地连接到靶位点上（高林，2005）。

果胶 DE 值公认的标准测定方法是滴定法，此法优点在于简单易行，但其操作步骤费时，同时存在样品用量大等缺点。此外，还有红外光谱法（Mccann et al.，1997）、核磁共振波谱法（Grasdalen et al.，1988）等，其中红外光谱法具有简便、快速、样品消耗量少等优点，但结果误差较大；核磁共振波谱法测定结果较为准确，但对仪器及样品纯度要求较高。

7.4.3　单糖组成

不同原料的果胶单糖组成差异较大，表 7-4 列出了几种果胶原料的单糖组成（McFeeters，1985），其中 D-半乳糖醛酸（galacturonic acid，GalA）是果胶的主要单糖（Adetunji et al.，2017）。不仅如此，对单糖组成的分析可间接反映果胶结构，果胶的中性糖大多分布在侧链，因此中性糖含量低说明果胶中侧链较少，反之说明果胶中侧链较多。

表 7-4　不同来源的果胶及商业化果胶的单糖组成

果胶来源及种类	单糖含量（μg/mg）						
	Rha	Ara	Xyl	Man	Gal	Glc	糖醛酸
苹果	1.4	23.3	2	0.4	4.1	1.3	67.5
商业化果胶	7	2.03	1.12	1.32	8.49	2.03	78.01
木莓	1.6	3.4	2.6	5.5	3.5	4.9	78.5
草莓	2.3	9.5	1.5	—	8.4	6.9	71.4
胡萝卜	1	7.9	—	—	11.8	2	77.4
樱桃	2.3	20.6	1.4	2.1	5.9	1.5	66.3
木瓜	3	4.5	4.5	1	6.7	1	79.3
菠萝	0.7	29.8	36.5	0.6	9.7	4.2	18.4
芒果	1	15.5	1.8	0.6	4.4	2.7	74
梨	1.8	21.5	2.5	0.8	3.2	11	59.2
洋葱	0.6	3.8	2.3	0.6	40	4.4	48.3
黄瓜	0.6	5.8	2.2	—	11	1.8	78.7

注：表中数值存在修约，因此存在总和不为 100% 的情况，特此说明

7.4.4　半乳糖醛酸含量

上文已介绍果胶是一类以聚半乳糖醛酸为主的酸性杂多糖，许多文献通常以 GalA 含量来表示果胶纯度，商业化果胶 GalA 含量≥ 65%（中华人民共和国卫生部，2011）。

目前多糖中半乳糖醛酸含量测定的常见方法有硫酸-咔唑法（徐汶等，2006）、间羟

基联苯法（廖春美等，2017）、气相色谱法（李波和许时婴，2004）、高效液相色谱法（胡秋芬等，2004）、离子色谱法（Deconinck et al.，2000）等，这些方法同样适用于果胶。此外还有重量法（王菁等，2010）、蒸馏滴定法和果胶酸钙滴定法（曹德菊等，2000），其中有一些方法针对性地适用于特殊原料的果胶中半乳糖醛酸含量的测定，如烟草中的果胶含量可用酶解-流动分析法测定（徐志强等，2005）；果胶酸钙滴定法较适于纯果胶的测定，但柑橘果皮等有色样品会对滴定结果有所影响，因此不适用于有色果胶；蒸馏滴定法在蒸馏时部分糠醛会发生分解，影响回收率，故而使用得较少。

7.4.5　相对分子质量

果胶相对分子质量测定的主要方法有黏度法和高效尺寸排阻色谱法（鲁慧芳等，2007；王蓉蓉等，2018；张文博等，2007）两种。黏度法较为粗放，准确度不高，只能计算出果胶相对分子质量的大概范围；HPSEC 测定较为准确，且结果信息量大（张春蓬，2011）。

果胶相对分子质量为 $5\times10^4 \sim 3\times10^5$，不同原料和工艺对提取得到的果胶相对分子质量的影响较大。由于中性糖之间的糖苷键比半乳糖醛酸之间的糖苷键对 H^+ 更敏感（Dong et al.，2007；Tong et al.，2008），且鼠李半乳糖醛酸部分的相对分子质量比同型半乳糖醛酸聚糖部分更小，因此相对分子质量较小的水解片段来自鼠李半乳糖醛酸部分，相对分子质量较大水解片段所在的大片区域来自 HG 部分（陈颖等，2016）。

7.4.6　稳定性

由于果胶在水溶液中呈弱酸性，在热和酸的处理下，其结构都较为稳定，其中高甲氧基果胶在 pH 2.5 ～ 4.5 较为稳定，低甲氧基果胶在较高 pH 条件下要更加稳定。

果胶的不稳定性是由于聚半乳糖醛酸聚糖链会在 β 消除反应中发生解聚作用（图 7-2）（Bemiller，1986）。在 pH 3.5 时，果胶只有在高温下才发生链解聚；但当 pH 大于 5 时，高甲氧基果胶会有部分半乳糖醛酸主链发生解聚，而后糖苷键的酯化羧基断裂。当将弱碱溶液加入到果胶溶液中时，即使在室温下，果胶也能瞬间在接触的界面上发生脱酯反应（杨桂馥，1989）。

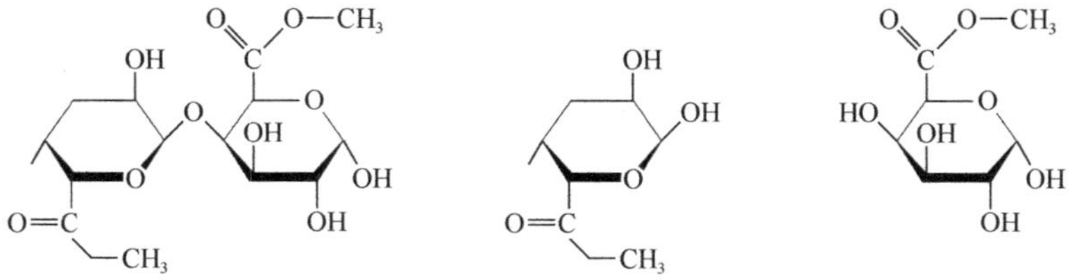

图 7-2　果胶的 β 消除机制（当 pH ＞ 5 时）

果胶在各种酶的作用下会降解，其中某些酶是植物本身产生的，如果胶水解酶。在水果加工中，将经果胶水解酶处理过的果蔬原料与未经适当酶变性处理的果胶一起使用，果胶的凝胶性与稳定性变差。

7.4.7 乳化性

乳化是一种液体以极微小液滴均匀地分散在与其不相溶的另一种液体中的作用。乳化是一种液-液界面现象，主要指两种不相溶的液体，如油与水，在容器中分成两层，密度小的油在上层，密度大的水在下层，若加入适量的表面活性剂并剧烈搅拌，水会将油分散，形成乳状液。果胶作为一种酸性阴离子多糖，拥有良好的乳化能力，尤其是甜菜果胶和柑橘果胶。甜菜果胶中的蛋白质使其具有良好的乳化能力（Siew and Williams，2008），蛋白酶对甜菜果胶乳化能力的影响较大，其次为阿拉伯聚糖酶 / 半乳糖酶混合物，聚半乳糖醛酸酶较前两者弱；同时根据 Akhtar 等（2002）和 Leroux 等（2003）的研究成果，富含蛋白质的柑橘果胶会吸附在油-水界面，形成较稳定的果胶乳液。

7.4.8 凝胶性

果胶在不同条件下的凝胶性与果胶的乳化、稳定、增稠等功能有关，凝胶性是果胶应用最广泛、最重要的性质之一，也是评价果胶品质的重要参数之一，其结构强度与果胶类型、溶剂、pH 及温度有很大关系。果胶形成的凝胶在结构和感官上均优于其他食品胶形成的凝胶。

7.4.8.1 果胶稀溶液

果胶溶液是黏稠的，但与瓜尔胶等其他胶相比，果胶并不是一种特别有效的增稠剂，如高甲氧基果胶单独应用时存在缺陷，需要较高质量分数的蔗糖溶液（55%）和高酸性条件（卢伟丽，2008）。稀果胶溶液几乎是牛顿流体，受钙盐的影响不大，相对分子质量高的果胶，其溶液的黏度要比相对分子质量低的大（张磊，2008）。果胶溶液根据其结构类型、Ca^{2+} 含量及溶液 pH 在质构上呈连续变化，会从简单像水一样的性质开始到具有塑变值的触变性溶液，再到呈现坚韧的凝胶状态（Pagán and Ibarz，1999）。

7.4.8.2 果胶凝胶形成机制

据前文阐述，果胶可分为高甲氧基果胶（HMP，DE ＞ 50%）和低甲氧基果胶（LMP，DE ≤ 50%），后者包括低甲氧基酰胺化果胶（LMAP，酰胺化度＞ 25%），三者的凝胶形成机制各有不同。在碱性条件下用氨-醇溶液处理 HMP，使部分甲氧基转变为酰胺基从而获得的 LMAP（Ishii et al.，1979），有较强的热可逆性，并且在高 pH 或高浓度 Ca^{2+} 条件下仍能形成凝胶。

果冻的冻胶态、果酱和果泥的黏稠态等均是果胶凝胶作用的结果。果胶形成的凝胶（冻胶态）有两种，一种是 HMP 与糖、酸形成的凝胶，利用果实汁液中原有的果胶和糖制成的果冻均属于此种凝胶；另一种是 LMP 的羟基与 Ca^{2+}、Mg^{2+} 结合形成的凝胶，利用果胶与硬水制成的“冰粉”或用 LMP 制成的果冻均属于此类（中华人民共和国卫生部，2011）。

（1）高甲氧基果胶凝胶机制

高甲氧基果胶凝胶的形成原因是—OH、—COOH 自身或彼此之间的氢键以及甲氧基之间疏水键的作用使得 HG 发生交联。在固形物含量高达 50% 以上的共溶物（糖、脱水剂）和 pH 低于 3.5 的酸性环境中，高甲氧基果胶才会表现出明显的凝胶作用，其联结区由 2 个聚合物链联结而成，高度水化果胶便脱水胶凝形成网状结构。因此，高甲氧基果胶与其他很多多糖胶的显著区别在于疏水基之间的相互作用，这种作用是联结区稳定与否的关键（凌关庭，1999）。

HMP 凝胶结构主要受果胶浓度、酯化度、相对分子质量、乙酰化度、果胶分子支链、pH、离子强度、水分活度、糖的类型及胶凝介质的冷却速度等因素的影响。同时，HMP 融化温度比凝胶温度高，在实际的应用过程中，如果融化温度过高会导致凝胶所形成的胶冻二次融化，对组织结构造成破坏，因此高甲氧基果胶在热力学上表现出不可逆性。

HMP 凝胶的可能机制如下。

1）加入的糖或多元醇利用其保水性降低体系的水分活度，形成较高酯化度的共溶物，促使果胶分子周围的水化结构发生变化，起到脱水剂的作用，以除掉果胶质胶体的水化膜，随后果胶质的胶体粒子逐渐连成线状胶束，又在分子间和分子内氢键及范德瓦耳斯力作用下，线线交联成很不规则的立体网络结构，根据氢键和分子间力的作用，其大量吸附水合分子，非解离的羧基与周围环境的羟基通过氢键连接、甲基间通过疏水作用连接形成联结区，从而构成外形似固体、其间饱含水分的凝胶状物质（方小东，1983）。

2）酸性环境可以抑制果胶分子上羧基的解离，阻止果胶分子中负电荷的产生，从而减少了果胶分子间的静电排斥，加速结晶、沉淀和胶凝过程，因此在 pH 低于 3.5（因其酸度系数为 3.5）时，能较好地形成高甲氧基果胶凝胶（凌关庭，1999）。

3）果胶分子中半乳糖醛酸的 C-2、C-3 位上羟基形成的反式构型及甲氧基，更利于果胶分子间氢键的形成。同时，果胶分子未交联部分的水化作用和空间网状结构的毛细管凝聚作用，使水分子在网眼中与果胶物质形成均相，从而使果酱加工产品含有很多的水分（方小东，1983）（图 7-3）。

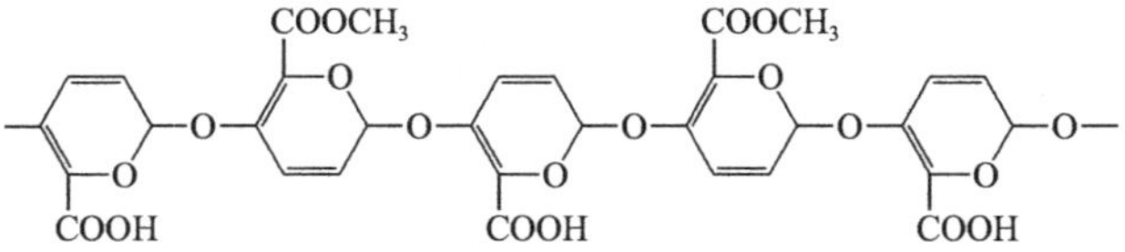

图 7-3　HMP 结构示意图

凝胶网络结构的连接点处常有疏水的酯基形成，因此甲酯化程度增加将导致凝胶的弹性模量增加，而甲酯化程度还决定着凝胶化速度及形成凝胶的外因条件，理论上完全甲酯化的聚半乳糖醛酸的甲氧基含量为 16.3%。根据甲酯化程度不同，又可以将 HMP 分成三种（方小东，1983）。

1）全甲酯化聚半乳糖醛酸：这种 100% 甲酯化的果胶在实际生产中应用很少，而理论上此种果胶形成凝胶只需加脱水剂。

2）速凝果胶：在加糖、酸后可在较高温度下形成凝胶，其甲酯化程度在 70% 以上（相当于甲氧基含量大于 11.4%），这种果胶相对分子质量的大小对凝胶性能的影响更为突出。

3）慢凝果胶：甲酯化程度在 50% ～ 70%（相当于甲氧基含量为 8.2% ～ 11.4%），在加糖、酸后（体系 pH 为 2.8 ～ 3.2）的较低温度下凝结，其中 pH 与分子中游离羧基数量有很大关系。这种凝胶多用于柔软果冻、果酱点心等生产，在果汁类食品中作增稠剂、乳化剂。

高甲氧基速凝果胶在低pH条件下会脱酯并水解，速凝果胶经过脱酯可变为慢凝果胶，慢凝果胶再脱酯逐步具有低甲氧基果胶的特性（杨桂馥，1989）。

（2）低甲氧基果胶凝胶机制

低甲氧基果胶凝胶又称为离子键凝胶，形成机制与高甲氧基果胶有本质上的区别。因为甲氧基化的程度低，LMP和LMAP分子上游离的COO^-相对较多，很难使分子间依靠自身作用形成结合区（詹晓北，2003），对多价金属离子比较敏感，少量的钙离子即能使之形成凝胶，因此它们的凝胶化是一个相当复杂的过程。以金属离子存在为前提，两个果胶分子链间的—COOH通过桥连模式实现离子连接及氢键的共同作用，其中包括金属离子和聚合体长链形成的带负电"空穴"之间的静电相互作用，金属离子嵌入其中形成"蛋-盒模型"（Alonso-Mougán et al.，2002）。金属离子是低甲氧基果胶形成凝胶的必要条件，其中以钙离子效果最佳。

LMAP的凝胶化机制与LMP相似，不同的是对形成凝胶的钙离子浓度要求有所不同：LMP中的甲氧基基团比LMAP中的酰胺基团更难进入结合区，同时LMAP的氢键较多，处于游离状态的羰基比LMP少，因此凝胶所需的钙离子数量比LMP少（Löfgren et al.，2006；Lootens et al.，2003）。

影响LMP形成凝胶的条件主要有果胶酯化度、相对分子质量、钙含量、其他取代基、冷却速度等，对糖、pH等要求不高（汪海波，2006）。例如，在果胶溶液中加入Ca^{2+}后，在24h内，当温度以对数增大时，其剪切系数开始迅速增大，当温度降至凝胶温度时，弹性模量与果胶的加钙量无关，部分酰胺化果胶的凝胶剪切系数稍稍变大，但是氨基对Ca^{2+}的络合作用没有受到很大的影响，桥连数目增加，键能以指数形式降低（Lootens et al.，2003）。同时，Ca^{2+}用量取决于果胶的—COOH数量。一般按成品重量计加入0.001%～0.006%钙离子。但用酶法制得的LMP，每克果胶需要的Ca^{2+}量为4～10mg，用碱法制得的LMP每克需15～30mg的Ca^{2+}，采用酸法制得的LMP每克需要30～60mg的Ca^{2+}（Nussinovitch，1997）。LMP对pH要求不高，30℃时，pH为1.78～3.10，溶胶向凝胶转变；当pH为3.10～5.00时，凝胶趋于稳定，而半乳糖醛酸残基与Ca^{2+}间形成"钙桥"；而当pH为5.00～6.62时，果胶分子间静电排斥力逐渐增强，果胶强度变小，发生解聚（韩万友，2016）。而酰胺化果胶更易在酸性条件下形成凝胶，但对Ca^{2+}的敏感性不高（Capel et al.，2006）。

LMP凝胶硬度和弹性随着果胶浓度的增大而增大，当Ca^{2+}浓度一定时，果胶浓度升高，分子间作用力增强，凝胶硬度增大、弹性变好；但是当果胶浓度超过一定范围后，硬度虽然仍较高，但会出现质地变脆、易破裂的现象，胶体澄清度变差，导致品质下降。

7.4.8.3 影响果胶凝胶性的因素

总体而言，果胶凝胶性强弱取决于其分子中—COOH被甲氧基化的程度，以及相对分子质量大小，甲氧基化程度越高、相对分子质量越大，形成凝胶的能力越强；反之则越弱。其他影响因素还有：pH、温度、糖等固形物浓度、果胶种类与性质等。溶液的pH

影响果胶所带的负电荷，当溶液适当偏酸性时，即增加氢离子浓度，能减少果胶的负电荷；凝胶的强度以溶液中电荷被中和时最大，但是pH过大或过小都不能使果胶形成凝胶。糖等固形物的作用是使高度水化果胶脱水，果胶脱水后才能形成凝胶。果胶溶液在50℃以下可形成凝胶，温度越低，形成凝胶的速度越快，强度也越大（王勇等，2017）。

7.5　果胶的生物学功能

果胶具有优良的生物可降解性、生物相容性、无毒和成本低等优点，因此在食品、生物和医药领域备受关注。目前诸多研究发现，果胶具有抗氧化、抗炎、抗肿瘤、降血脂、吸附重金属、药物载运等功能。

7.5.1　代谢特征

人体在新陈代谢过程中不产生果胶（分解）酶，且由于其分子结构特征，果胶并不能在人体内被消化吸收，但某些肠道微生物可以将果胶作为底物进行发酵，在碱性或有微生物存在的环境中（如回肠中），会有一定比例的果胶被降解（15%～46%）（Holloway et al.，1983）。在消化代谢的过程中，胰腺酶的活性因为消化液黏度的增加而降低，从而减少了酶与底物间的接触。果胶也可以通过与底物的相互作用阻碍酶对底物的吸附作用，从而抑制脂肪酶的活性（Tsujita et al.，2003）。

因此人们提出了果胶作为保健食品的理论依据：通过使用果胶，降低消化系统中脂肪酶活性，从而达到减少肥胖、高脂血症和动脉粥样硬化的目的。高纯度果胶血糖指数几乎为零，这意味着果胶能够降低血糖指数，同时果胶由于容易提高黏度、形成凝胶，因此延迟了葡萄糖和其他低聚糖的吸收及复杂碳水化合物的降解（Jenkins et al.，1978）。在单胃动物中，果胶由于黏性较强，从而阻碍了其他营养物质的消化吸收，因此被看成一种抗营养因子。例如，肉鸡在吃过添加了柑橘果胶的日粮后，营养物质的消化率降低（Langhout et al.，1999）；在猪饲料中添加8%的果胶，能降低能量和氮的表观消化率（Ben-Ghedalia et al.，1989）。不同于单胃动物，反刍动物的瘤胃能利用果胶具有提高有机物和纤维素降解率、促进短链脂肪酸生成等作用，从而为小肠提供更多的氮源（谭翔文，2002）。

7.5.2　对肠道健康的影响

果胶是膳食纤维的一种，进入人体消化道后，由于缺少相关消化酶而不能被分解，因此能够几乎不受影响地进入大肠。而后在大肠的盲肠、升结肠和降结肠中，果胶被人体的益生菌等微生物通过分泌到胞外的果胶酯酶、内切酶、果胶裂解酶等降解（Werch and Ivy，1941；Ndeh et al.，2017），然后再被吸收利用，因此果胶可作为益生菌的碳源，选择性地刺激益生菌的生长和活力，从而使益生菌增殖，产生有机酸（乙酸、丙酸、丁酸等短链脂肪酸），降低肠道pH，抑制有害菌生长繁殖，减少如氨、吲哚、胺类等蛋白质发酵产物，同时为机体供给维生素并提高免疫能力（Serena et al.，2008）。同时体内发酵生成的短链脂肪酸能刺激肠道黏膜，促进肠道蠕动，加速排泄粪便及其频率，及时排出体内有毒有害物质，促进肠道健康（Aksu and İşoğlu，2005）。

果胶能促进小肠细胞增殖，增加刷状缘膜酶的活性（Fukunaga et al.，2003），改变肠道形态结构，使小肠绒毛长度、隐窝深度以及回肠和中结肠的黏膜肌肉区得以增加（李文德和章克昌，1999）。通过喂食成年雄性小鼠含有8%纤维素或果胶的半合成饮食30天，研究者发现两组小鼠间空肠绒毛高度没有显著差异，但喂食果胶的小鼠空肠隐窝深度、回肠绒毛高度明显大于喂食纤维素的小鼠。喂食果胶的小鼠在空肠吸收细胞有很大的细胞间隙、回肠吸收细胞含有大量的过氧化物酶，但喂食纤维素的小鼠几乎没有（Nordby et al.，2003）。

7.5.3 对体重的控制

有别于淀粉类多糖，果胶与水、糖和酸在适当配比下容易形成胶冻，具有很强的吸水能力（Schwartz et al.，1988），可以减少胃部对食物的吸收。果胶能降低小肠中的胆汁酸浓度，限制肠内消化酶与食物的接触，并且在肠道中与食物成分相结合，减少对脂肪的吸收，同时降低食物的利用率和消化率，而且增加“饱腹感”（Dunaif and Schneeman，1981）。因此果胶在体重控制方面扮演着重要角色。

7.5.4 降低胆固醇

多数学者认为，果胶凝胶特性对其与胆固醇、消化酶、胆汁酸微团及肠黏膜的接触有一定影响，同时束缚胆酸、促进其排出，通过肝内胆固醇池平衡，调节血浆胆固醇，造成脂质乳化障碍，减缓肠系膜的淋巴循环及胆汁再循环，从而起到降胆固醇的作用（Fillery-Travis et al.，1997；蔡为荣等，2010）。此外，疏水性的酰胺化柑橘果胶可降低小鼠血液、肝脏中的胆固醇含量，而口服果胶可降低餐后血糖、维持正常的血胆固醇浓度，能增加饱腹感，减少能量的摄入，达到降低胆固醇、血脂的作用（Vilhena et al.，2004）。

果胶在肠道内构成物理屏障，在小肠内像海绵一样会吸收由肝脏分泌的消化液。其中一种消化液是以人体内贮存的胆固醇为原料而生成的胆盐，当果胶与其混合后，小肠就无法重新吸收胆固醇，从而使得胆固醇被排出体外，因此当要再制造胆盐时就只能从体内贮存的胆固醇中提取，逐渐降低体内胆固醇含量，避免胆固醇过多地积存于体内。当体内胆固醇量趋于正常时，果胶的这种作用就相应降低（马俊，2007）。果胶、瓜尔胶、车前子胶三者的摄入均可使肝脏中胆固醇的吸收率下降，但仅果胶可作用于血浆中的胆固醇，导致其吸收下降（Kelley and Tsai，1978）。果胶由于吸水性强且难消化，因此能与胆固醇形成螯合物而防止心血管的硬化（韩雅珊等，1985）。

7.5.5 对有毒重金属的吸附作用

砷[①]、镉、铅和汞等重金属富集，会扰乱或者破坏人体正常的内分泌系统、神经系统和

① 砷（As）为非金属，鉴于其化合物具有金属性，本书将其归入重金属一并统计

免疫系统等，导致一些如动脉硬化和高血压等慢性疾病的发生（唐会周和秦刚，2010）。目前，临床上通常采取服用乙二胺四乙酸（ethylenediamine tetraacetic acid，EDTA）、单甲胂酸二钠、二甲基聚硅烷等化工合成的螯合剂进行解毒，但可能引发副作用，如减少必需元素吸收、影响胃肠道功能、诱发皮疹等（Andersen and Aaseth，2002）。果胶（尤其是低甲氧基果胶）具有很强的螯合能力，可与高价态重金属离子发生螯合反应，有效除去肠胃、呼吸道中的 Pb、Hg，形成人体不能吸收的不溶物，起到良好的解毒作用。

果胶对重金属的螯合能力与其自身酯化程度、游离羧基分布、pH、离子强度、其他共存阳离子浓度等因素有关（Markoviě and Kohn，1984），如 Gérente 等（2000）发现甜菜渣中果胶和 Cu^{2+}、Ni^{2+}、Pb^{2+} 的相互作用与离子交换及表面吸附有关。Sharma 和 Forster（1994）研究了富含果胶的甜菜渣对重金属离子 Cr^{6+} 的吸附性能，在 pH 为 2 时吸附容量最优，为 0.7mmol/g。Dronnet 等（1997）研究发现甜菜渣对 Zn^{2+}、Cd^{2+} 的吸附能力分别为 0.3mmol/g、0.2mmol/g。Mata 等（2009）发现果胶对废水中 Cu^{2+}、Pb^{2+} 和 Cd^{2+} 有良好的去除效果。

此外，改性果胶吸附重金属的潜力更大，改性后的果胶由于相对分子质量小，因此可轻易地被小肠绒毛吸收，进入血管，从而使得血液中的重金属也能够被清除（Wai et al.，2010；Wong，2008），有效解决了果胶因相对分子质量大而只能在肠道内发挥其清除重金属作用的问题。

7.5.6　作为药物和细胞的运输载体

果胶虽然在上消化道中稳定，但结肠中的微生物能将其降解，因此可以作为向结肠定向运输药物的优良靶向载体。在基因治疗中，改性柑橘果胶也是一种很好的潜在 DNA 载体：将柑橘果胶用含胺基团改性，得到 pectin-NH_2-Q[Q=$N^+(CH_3)_3$] 改性柑橘果胶，其是 DNA 有效的运载体（Katav et al.，2008）。

7.6　果胶的结构特征

7.6.1　化学结构

果胶中的单糖种类极为复杂，据不完全统计，研究已经发现果胶中至少含有 17 种单糖，主要是半乳糖醛酸（GalA），其次是阿拉伯糖（Ara）、半乳糖（Gal）、鼠李糖（Rha）等其他中性糖（Kaya et al.，2014；Vincken，2003）。D-GalA 残基是果胶分子主链的结构单元，聚半乳糖醛酸中的部分羧基被甲基酯化，而其游离的羧基与钠、钾或铵离子形成盐（图 7-4）。

果胶主链结构中相隔一定距离就含有 α-L-鼠李吡喃糖基侧链，分子结构可分为光滑区和毛发区：光滑区由 α-D-半乳糖醛酸残基通过 1,4-糖苷键线性连接；毛发区由高度支链化的 α-L-鼠李半乳糖醛酸组成（图 7-5）。根据不同的主链和支链结构，可将果胶（图 7-5）大致分为四类：同型半乳糖醛酸聚糖（homogalacturonan，HG）、木糖半乳糖醛酸聚糖（xylogalacturonan，XG）、鼠李半乳糖醛酸聚糖 Ⅰ（rhamnogalacturonan Ⅰ，

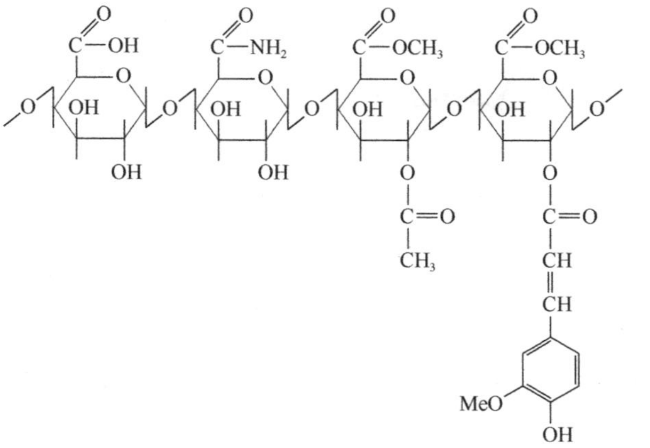

图 7-4 果胶分子中糖醛酸典型的酯化形式（Cho，2009）

RG-Ⅰ）和鼠李半乳糖醛酸聚糖Ⅱ（rhamnogalacturonan Ⅱ，RG-Ⅱ）（Pelloux et al.，2007；谢明勇等，2013）。

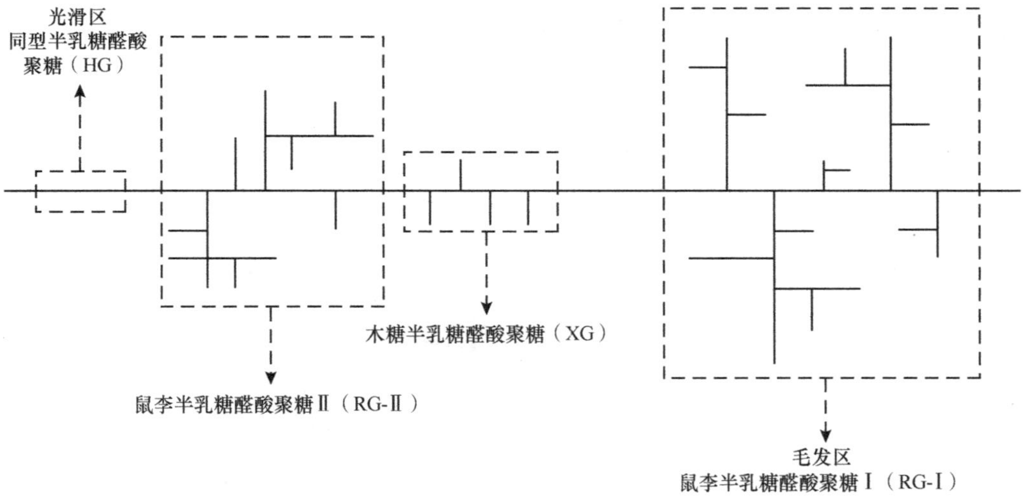

图 7-5 果胶基本结构示意图（谢明勇等，2013）

7.6.1.1 同型半乳糖醛酸聚糖

同型半乳糖醛酸聚糖（HG）（图 7-6）是由 D-半乳糖醛酸残基通过长且连续的 α-1,4 糖苷键连接成的线状糖链，是一种结构均匀聚合物，占果胶初生壁的 60%～65%。半乳糖醛酸 C-6 上的羧基可因原料种类、生长环境和所处阶段、采收与加工方式差异而存在不同程度的甲酯化或酰胺化，果胶的光滑区有时会被 1 或 2 个 α-1,2 糖苷键连接的 L-鼠李糖残基取代。除此之外，在一些植物中，有的 GalA 的 C-2 和 C-3 位的羟基可被乙酰化（Ishii，1997）。

HG 的许多功能性质与生物学功能是由离子相互作用决定的，高度甲酯化的 HG 可称作“果胶”，而低度甲酯化的 HG 则称为“果胶酸”。

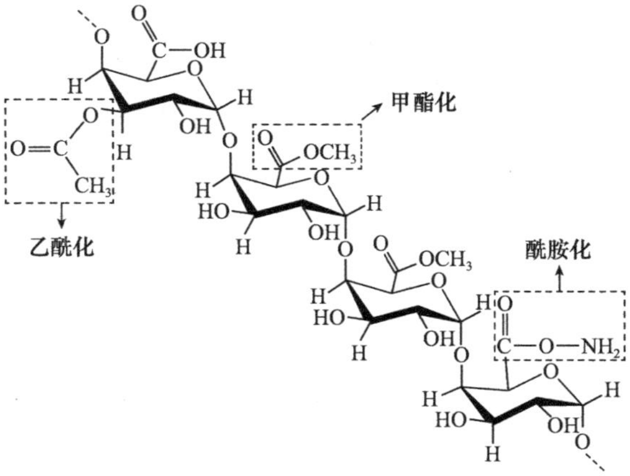

图 7-6　HG 结构中的重复单元（谢明勇等，2013）

7.6.1.2　木糖半乳糖醛酸聚糖

HG 通常含有 100 ～ 200 个 GalA 残基，其中 O-3 或 O-4 可被木糖取代，形成木糖半乳糖醛酸聚糖（XG）（图 7-7）（Willats et al.，2001）。

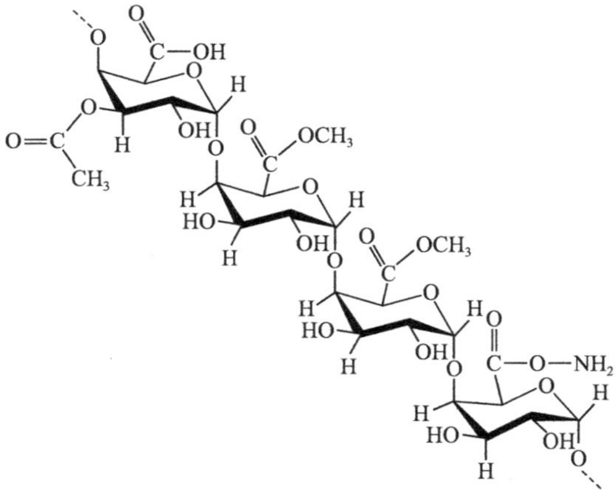

图 7-7　XG 结构中的重复单元（谢明勇等，2013）

XG 是一种半纤维素，为植物细胞壁多糖，不溶于水却能被碱液溶解（如 1mol/L、4mol/L KOH 溶液）。目前在大豆、水果、松花粉等细胞壁组织中发现和报道较多，XG 的糖基化度变化较大，从 25%（西瓜）到 75%（苹果）（Schols et al.，1995），但现阶段对 XG 的功能介绍等研究较少。

7.6.1.3　鼠李半乳糖醛酸聚糖 I

鼠李半乳糖醛酸聚糖 I（RG- I）由不同组分组成，一般被认为主链区域是几十甚至超过 100 个 Rha*p* 与 HG 的 →4)-α-Gal*p*A-(1→。重复单位：[→4)-α-D-Gal*p*A-(1→2)-α-L-Rha*p*-(1→]（图 7-8）。

RG- I 中有 20% ～ 80% 鼠李半乳糖醛酸残基 C-4 上的羟基被不同种类的中性或酸性寡糖支链取代，其支链长度与原料、提取方式相关，但侧链上通常含有线性或支化的

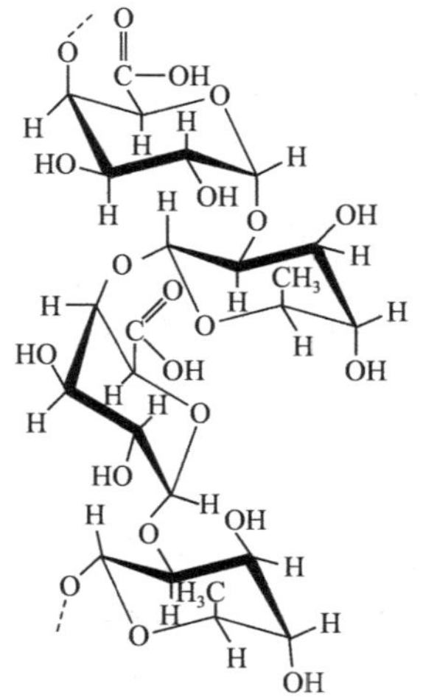

图 7-8 RG-Ⅰ主链结构中的重复鼠李半乳糖醛酸二糖（谢明勇等，2013）

α-L-Ara*f* 和 β-D-Gal*p*（O'Neill et al.，2004），典型的支链包括以下 3 种：阿拉伯半乳聚糖Ⅰ、阿拉伯半乳聚糖Ⅱ和阿拉伯聚糖。阿拉伯半乳聚糖Ⅰ由 →4)-α-Gal*p*-(1→5)-α-Ara*f*-(1→ 组成，并且通过 →4)-α-Ara*f*-(1→ 与主链相连；阿拉伯半乳聚糖Ⅱ是高度分支的半乳聚糖，侧链的主链由 →3)-α-D-Gal*p*-(1→ 组成，该主链被 →6)-α-D-Gal*p*-(1→ 取代，而该分支则被 →3)-α-L-Ara*f*-(1→ 取代（Pérez et al.，2000）。

7.6.1.4 鼠李半乳糖醛酸聚糖Ⅱ

鼠李半乳糖醛酸聚糖Ⅱ（RG-Ⅱ）为低分子质量（5 ～ 10kDa）果胶，在 1978 年第一次被报道（Darvill et al.，1978），随后其结构在双子叶植物和裸子植物与单子叶植物的初生壁及一些低等植物（蕨类、石松等）中得到证实。

RG-Ⅱ由至少 12 种单糖以多于 20 种糖苷键连接，结构更加复杂，主要包含 11 种稀有糖类，如芹菜糖、2-*O*-甲基-L-海藻糖、2-*O*-甲基-D-木糖、3-C-羧基-5-脱氧-L-木糖等（Yapo，2011），各糖残基结构如图 7-9 所示。

近年来，研究人员从 RG-Ⅱ的结构研究及保健功能探索果胶的奥秘。例如，从斑鸠菊根中提取得到的酸性果胶中含有 RG-Ⅱ结构，该成分具有促进补体自我修复及提高其周围 B 细胞与 T 细胞生长活性的功能（Nergard et al.，2005）。在植物中，RG-Ⅱ可与细

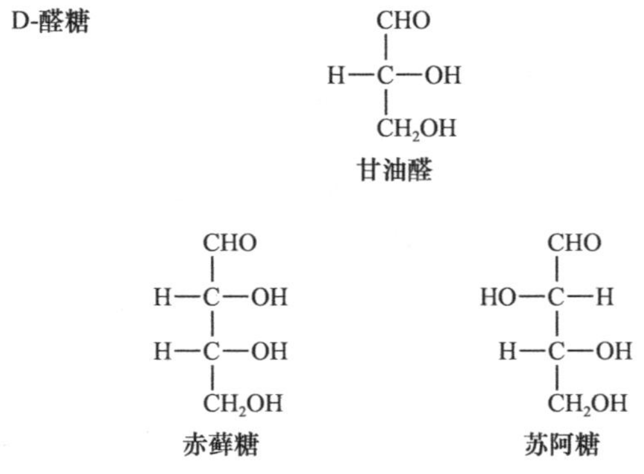

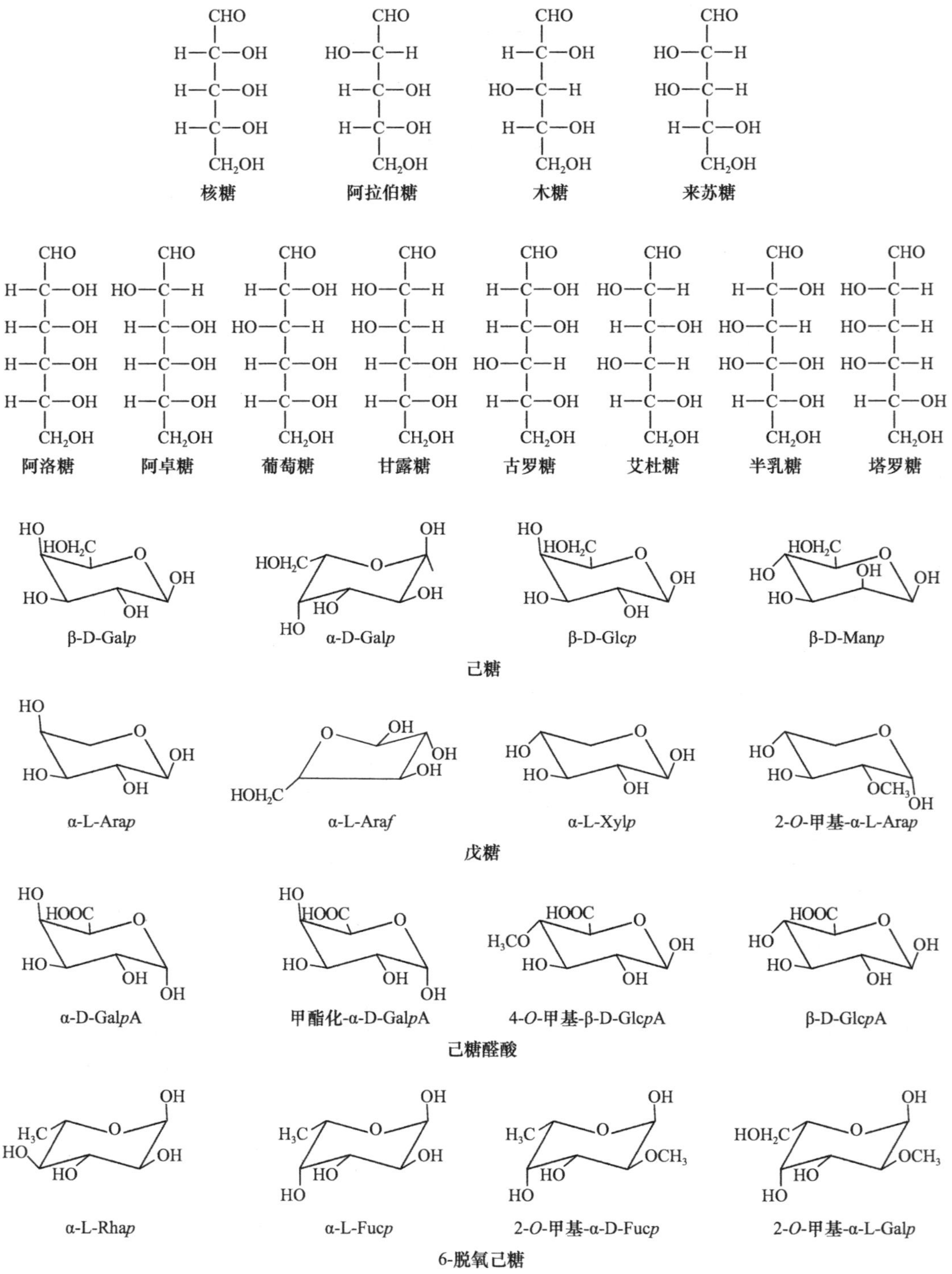

图 7-9　RG-Ⅱ中各种类型的糖残基

胞壁中的硼酸酯发生交联，形成复合物（Willats et al.，2001）。另外，RG-Ⅱ多糖也能与铅离子螯合，具有解毒与免疫调节活性（Pellerin and O'Neill，1998）。

7.6.2 溶液构象特征

果胶为阴离子多糖，其分子链在溶液中会呈现不同的构象（如柔性任意卷曲、紧凑球形和刚性棒状）（Morris et al.，2008）。果胶的分子链构象除了受其本身性质如相对分子质量、分子修饰等的影响，也会受溶剂、金属离子、温度、pH及物理场等外界条件影响。

果胶在水溶液中呈链状线性构象，分子间相互缠结形成交联结构，具有较强的分子间作用力，随着果胶浓度增大，连接区的果胶分子数增多，分子间引力逐渐加强，加剧了分子链段间及分子间相互缠结，而形成网状结构，使阻止流体流动的力增大，从而使表观黏度急剧增大；但随着剪切速率的增大，这种强化效应逐渐减弱（Braccini et al.，2005；Nascimento et al.，2016）。同时，在剪切速率非常低的时候，聚合物链的重排较少，黏度变化很小；剪切速率的加快使果胶分子构象加速重排，黏度以幂次方的速率下降；但当剪切速率高到一定程度，果胶分子构象会因其过高而来不及重排，使得黏度无限接近常数（谢明勇等，2013）。

从结构来看，HG的构象特征最容易得到解析。大量研究（X射线纤维衍射、圆二色谱、核磁共振光谱）已充分证明，在固体或凝胶状态，HG扩展而灵活，受水化程度、离子性质等因素影响形成右手二螺旋（2_1）和/或右手三螺旋（3_1）形态的构象（Jarvis and Apperley，1995；Walkinshaw and Arnott，1981）。除此之外，左手三螺旋（3_2）和右手四螺旋（4_1）也是有可能的（Pérez et al.，2000）。

相对来说，单纯的RG-Ⅰ构象较为简单，是一个随机的线圈（Morris et al.，2010）。鼠李糖残基主链带有聚半乳糖醛酸的RG-Ⅰ域中如果插入一个鼠李糖残基，会使得其相对HG主链有一位偏差，但模拟研究表明，插入超过2个鼠李糖残基会使整个链有一个类似HG的完全伸展的构象（Engelsen et al.，1996）。鼠李糖残基的重要性体现在进一步作为糖基化的位点（如含有糖蛋白的天冬酰胺和丝氨酸等氨基酸）上，因此一般不切断HG链（Zhan et al.，1998）。通过模型研究RG-Ⅰ的立体结构特征，研究者发现无论何种大小、复杂程度的链都可以接到RG-Ⅰ主链中，并且没有严重的空间位阻（Engelsen et al.，1996；Pérez et al.，2000）。连接在RG-Ⅰ上的半乳聚糖侧链，可以带来各种不同的螺旋结构（Engelsen et al.，1996；Pérez et al.，2000）。

考虑到分子质量大小（～5kDa）和高度保守性，RG-Ⅱ是一个二级结构的良好分析对象，但是通过单糖组成对其进行构象参数鉴定任务艰巨。虽然尚未有研究提出一个完整的三维模型，但目前可以通过核磁共振光谱（Herve et al.，1999）和分子模拟（Pérez et al.，2000）初步解决这个问题。

7.7 果胶的改性

果胶对机体有诸多生理功能调节作用，因相对分子质量大、容易形成凝胶等特点，不容易被人体吸收进入血液循环中，同时机械性能差、加工困难，限制了果胶的进一步应用。为了扩展果胶的作用，可以对果胶进行改性，根据果胶分子中存在羧基（—COOH）、羟基（—OH）和甲氧基（—OCH_3）等特征基团，可通过物理、化学和生物学方法对其有针对性地改性。改性果胶除凝胶性能得到改善外，相对分子质量及酯化度更低、水溶性更好，能更好地被人体吸收，在血液中的溶解性更高。

例如，将柑橘果胶“切碎”成更小的“碎片”，并巧妙地改变其结构，使其更容易被吸收，可得到改性柑橘果胶（modified citrus pectin，MCP）。目前市面上广受关注的商业化 MCP 主要为 La Jolla Pharmaceutical 公司生产的 CGS-100 和 EcoNugenics 公司生产的 Pectasol-C。CGS-100 主要由酸热法对柑橘皮果胶进行改性制备而得，即将一定浓度的果胶在高温高压下作用一定时间，使果胶降解为相对分子质量约 1.00×10^4 的片段，HG 区及 RG 区主链糖苷键断裂，生成较低相对分子质量的低聚半乳糖醛酸和 RG- Ⅰ 型果胶。在临床上，CGS-100 可用于慢性淋巴细胞白血病治疗，并表现出较高的安全性（Cotter et al.，2009）。Pectasol-C 是一种膳食补充剂，主要采用酶法改性制备而得，相对分子质量小于 1.50×10^4（Yan and Katz，2010），临床试验证明 Pectasol-C 能明显延长前列腺癌特异性抗原的倍增时间（Guess et al.，2003）。

果胶改性方法有很多，包括化学改性（也称 pH 改性）、酶法改性、辐照改性、热改性等方法，下面将展开阐述。

7.7.1 化学改性

化学改性是指通过某种化学方法对果胶的结构进行修饰，主要指利用酸（盐酸、硫酸、三氟乙酸等）、碱（NaOH）等对果胶结构进行修饰，具体方法包括碱法脱酯、酸法脱酯、酰胺化脱酯、接枝改性、交联改性、取代改性和其他化学改性法。化学改性方法效率高，可有效改善果胶的溶解性，但同时存在副反应多、试剂有一定污染等缺点。

7.7.1.1 碱法脱酯

碱法脱酯是将果胶分子的酯基在强碱条件下脱除，该法对脱酯条件（pH、温度等）要求严格，目前在工业上常用于制备低甲氧基果胶，工艺简便、安全性高、成本较低，不足之处在于容易使果胶发生 β 消除反应，还会引起 HG 骨架解聚、相对分子质量减小和酯化度降低等问题（Gunning et al.，2009；覃章龙等，2011），采用低温处理会减少该法所导致的 β 消除反应（刘刚等，2008）。

7.7.1.2 酸法脱酯

酸法脱酯是在酸性条件下制备低甲氧基果胶的方法，工艺复杂且对 pH、温度等脱酯条件要求极其严格。与碱法脱酯相比，在酸法脱酯过程中果胶降解程度较低，所得产品由于相对分子质量小，更利于被肠道消化、吸收。

酸化乙醇脱酯法常用于工业中制备低甲氧基柑橘果胶，例如用柠檬酸-乙醇溶液处理柑橘果胶，可使其分子间的氢键增多且分子内的羰基增加，果胶分子结构更加紧密（Kurita et al.，2010）。酸化的低甲氧基柑橘果胶应用于化妆品工业中，可避免某些化妆品对皮肤角质层的伤害。

7.7.1.3 酰胺化脱酯

酰胺化脱酯是将氨水、氨气、氨基化合物等直接作用于果胶的脱酯方法，相较于碱法、酸法脱酯，其制得的果胶酯化度最低。当果胶在脱酯过程中，氨化和酯化的糖醛酸会被酰胺基取代，形成酰胺化的低甲氧基果胶，使果胶凝胶性和水溶性得到改善（Kurita et al.，2012）。酰胺化低甲氧基果胶有热可逆性、高度触变性等优点，但其脱酯方式使得产品中含甲醇等有害副产物（李巧巧等，2007）。

7.7.1.4 接枝改性

接枝改性是指在果胶的一条聚合物链上的中间部分通过引发剂（硫酸盐、硫酸铈铵及过硫酸盐-亚硫酸氢盐等氧化还原体系等）接上另一种均聚物形成接枝聚合物的方法。接枝单体有丙烯酰胺（acrylamide，AM）、丙烯酸（acrylic acid，AA）、甲基丙烯酸（methacrylic acid，MAA）、*N*-异丙基丙烯酰胺（*N*-isopropylacrylamide，NIPAM）、2-丙烯酰胺基-2-甲基-1-丙烷磺酸（2-acrylamido-2-methy-l-propanesulfonic acid，AMPS）等水溶性单体，此外还常加入交联剂*N,N'*-亚甲基双丙烯酰胺（*N,N'*-methylene bisacrylamide，MBA）。改性后增加了果胶相对分子质量，改善了果胶的物理化学性质，可用于废水处理和药物释放等领域。

Mishra 等（2007）尝试使果胶接枝单体聚丙烯酰胺形成接枝聚合物，从而改善果胶凝胶强度、pH 依赖性、成膜性能、剪切稳定性等，从而更好地应用于药物输送。图 7-10 揭示了该过程的可能机制。

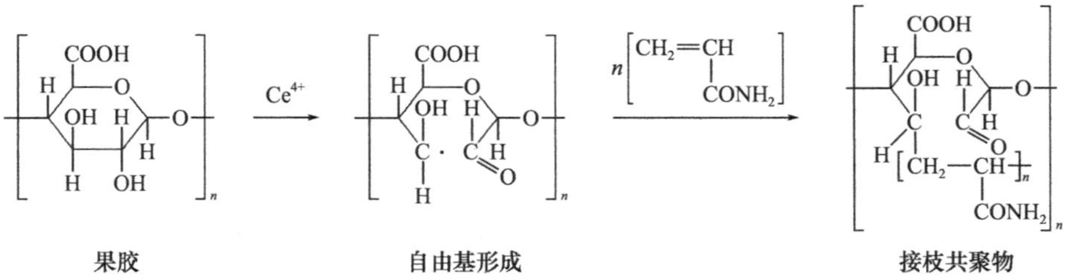

图 7-10 果胶接枝聚丙烯酰胺的机制

7.7.1.5 交联改性

交联改性是一种对果胶分子链进行扩（增）大的改性方法，即将几个果胶分子交联起来。果胶的交联改性产物可应用于重金属的吸附：将提取纯化的柑橘果胶先用 NaOH 进行皂化反应后，再用 H_2SO_4、己二酸、乙醇混合后进行交联反应，直到形成黄色黏液，沉淀物用乙醇洗涤，经真空干燥得己二酸交联改性果胶，可应用于废水中重金属离子的去除，对 Pb^{2+}、Cu^{2+} 和 Zn^{2+} 均有一定的吸附效果（Li et al.，2007）。Sha 等（2010）先用乙醇和 NaOH 处理橘皮，使橘皮内的果胶成分经皂化水解后，再利用氯化镁（Mg^{2+}）和氯化钾（K^+）进行交联反应，用这两种改性橘皮吸附水中的 Cu^{2+}，其吸附量分别为 40.37mg/g 和 59.77mg/g。

7.7.1.6　取代改性

取代改性是用不同基团取代果胶分子的基团，如羧基烷化、羟基烷化、酰胺化，从而可得到高甲氧基果胶、乙酰化果胶、酰胺化果胶。此外，还有季铵化、硫醇化、硫酸化等改性方法，通过氧化反应也能使果胶产生新的基团，达到类似取代改性的效果（Chen et al.，2015）。

以硫酸化改性为例，利用 SO_3^- 取代果胶主链上的半乳糖醛酸残基的 C-2、C-3 的羟基：取 200mg 果胶溶解在 40mL 甲酰胺和 40mL 吡啶中，在 0℃条件下将 16mL 氯磺酸逐滴（滴加时间大于 1h）加入该溶液中，混合溶液在 4℃温度下保存 12h，再滴定 0.1g/mL $NaHCO_3$ 溶液直至停止冒泡，经透析、冻干后得到的果胶即为硫酸化改性果胶（Cipriani et al.，2009）。

此外，还有研究利用微波辅助在 K_2CO_3 催化下对果胶和脂肪酸的混合物进行照射（3 ～ 6min），可得到果胶羟基部分酯化的改性产物。通过此方法改性的果胶具有更好的防水性，在包装领域有潜在应用价值（Calce et al.，2012；Monfregola et al.，2011）。

7.7.1.7　其他化学改性法

除碱法脱酯、酰胺化脱酯、酸法脱酯和取代改性等外，还可通过某些化学改性将新基团引入果胶分子，且此过程不会脱去果胶分子酯基。例如，在碱性环境下加入 3-氯-2-羟丙基氯化铵，引入季铵盐基团，抑制金黄色葡萄球菌等微生物的生长（Fan et al.，2012）；用硫酸基替代部分羧基以提升果胶的抗凝血特性（Maas et al.，2012）；将异羟肟酸基团引入果胶分子链，改善果胶的溶解性（Baea et al.，2011）。

7.7.2　酶法改性

酶法改性主要利用果胶甲酯酶、多聚半乳糖醛酸酶等对果胶结构进行修饰、改性，经该法得到的果胶具有相对分子质量大、反应底物专一等优点。用于果胶改性的酶可水解果胶分子中的甲酯键和糖苷键，也可通过反式消除作用断开糖苷键（张学杰等，2010）（图 7-11）。

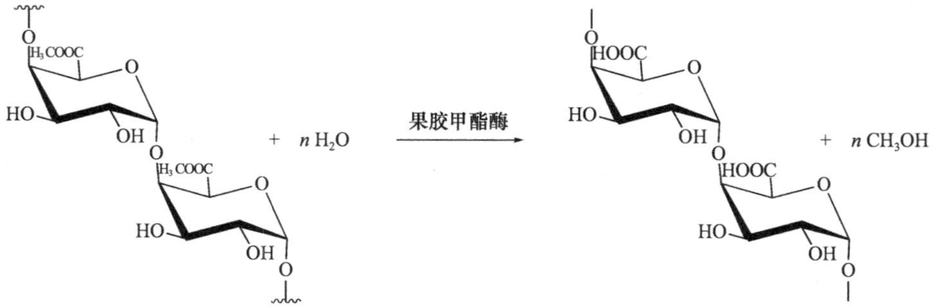

图 7-11　果胶甲酯酶作用示意图

根据果胶酶来源的不同，酶法改性存在外源酶脱酯和内源酶脱酯两种。外源酶脱酯是利用从植物组织或微生物中提取的果胶酶生成低甲氧基果胶的方法。现已有研究利用黑曲霉发酵产生的果胶裂解酶、多聚半乳糖醛酸酶和果胶甲酯酶来制备低甲氧基果胶，能够应用于乳液抗氧化剂和稳定剂（Huang et al.，2011），或利用外源柑橘果胶甲酯酶的转酰基催化作用制备 MCP，用于含糖量较低的果酱生产（Wang et al.，2013）。内源酶脱酯是指加内源酶激活剂（如碳酸钠），激活果胶固有的酶以达到改性的目的。果胶内源酯酶可随机切除果胶的半乳糖醛酸聚糖主链上的甲氧基，释放出游离羧基（李鸿玉和李祖明，2010）。

7.7.3 辐照改性

辐照改性是指利用钴-60（Co-60）等辐射源对果胶进行辐照处理而得到改性果胶的一种方法。有研究先对柑橘果胶用 Co-60 进行 20kGy 剂量的辐照处理，吸收剂量率为 10kGy/h，再对辐照后的溶液进行透析处理得到改性果胶，相对分子质量大大减小（Kang et al.，2006，2009）。

7.7.4 热改性

一般把经过高压蒸汽热处理获得的果胶称为热改性果胶。将未改性的柑橘果胶粉溶于去离子水，得到一定浓度果胶溶液，再经 123.2℃、0.12 ～ 0.15MPa 处理 30min 或 60min，冷却至室温并于 4℃条件下冷藏过夜，隔天会形成胶状沉淀，收集上清液并经冷冻干燥后便可得到热改性果胶（Crystal et al.，2007）；或用类似的方法将果胶溶液用高压蒸汽热处理 1h，冷至室温，离心收集上清，再加入乙醇沉淀并于 –20℃冷冻 2h，然后通过离心收集沉淀并经干燥便可以获得热改性果胶（Wang et al.，2010）。由于既用高温又用高压来处理，因此热改性果胶也被称为高温 / 高压改性果胶（Hao et al.，2013）。总体而言，果胶的热改性研究和应用相对较少。

7.8 果胶与其他组分相互作用

7.8.1 与蛋白质 / 多肽相互作用

由于果胶的带电性质，其羧基基团和负电荷与蛋白质的氨基基团发生静电交互作用，果胶在蛋白质表面与蛋白质分子作用，被认为是主要的稳定机制之一，二者结合形成硬脂一样结构的阻碍层（图 7-12）。许多研究表明，在天然的植物细胞壁结构，尤其是富含羟脯氨酸的细胞壁中，果胶与蛋白质是通过共价键形成的络合体结构，因此在一些果胶纯化研究中蛋白质并不能被有效清除（Leroux et al.，2003）。另外，由于果胶高度的水化作用，其在溶液中吸附到乳蛋白分子的表面时，可像胶体的保护层一样，阻止蛋白质分子的脱水作用。同时因为水化层的形成，蛋白颗粒间相互排斥，从而增加了蛋白质的稳定性，稳定性的大小依赖于形成水化层的厚度（Laurent and Boulenguer，2003）。

因为果胶与蛋白质、多肽之间的相互作用，所以可以根据结构和离子特征将二者自然关联或分离，从而导致相分离、互溶和络合。pH、离子强度、果胶与蛋白质比率、果胶和蛋白质电荷及相对分子质量等因素均会影响到果胶-蛋白质 / 多肽配合物的形成与稳

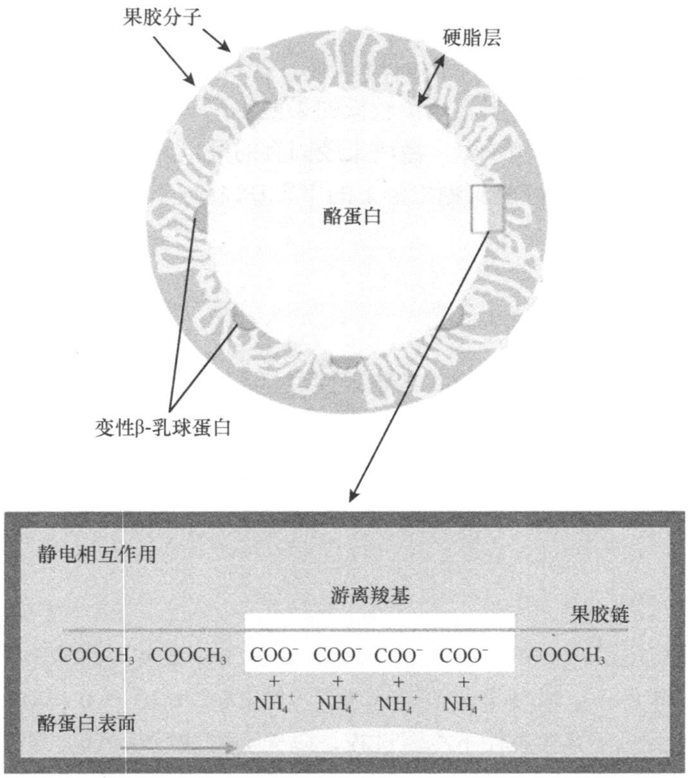

图 7-12　果胶包裹酪蛋白颗粒的模型（孙哲浩和赵谋明，2006）（彩图请扫二维码）

定（Syrbe et al.，1998）。

在稀溶液环境中的研究结果表明，聚半乳糖醛酸盐与肽的相互作用可以诱导构象变化（Paradossi et al.，1999），这意味着相互作用的能量可被立体化学结构影响（非静电力作用），肽与细胞壁中的果胶成分可能在一定电荷密度、电离等某些条件下形成凝胶（Marudova et al.，2004a，2004b）。

果胶浓度和 DE 均会影响其与蛋白质的相互作用。果胶浓度较低时，溶液呈现剪切稀化的特性，蛋白质容易絮凝出来，随着果胶的增加，其凝胶化的时间缩短（王翠娜，2015）。当 DE ≥ 70% 时，果胶在蛋白质分子表面形成长环形的厚硬脂层结构，排列在蛋白质分子表面的果胶分子相对较少，形成的该体系较为稳定；相反，当 DE < 70% 时，较多的果胶分子被吸附在蛋白质分子表面，体系的稳定性较差（孙哲浩和赵谋明，2006），其模型结构如图 7-13 所示。

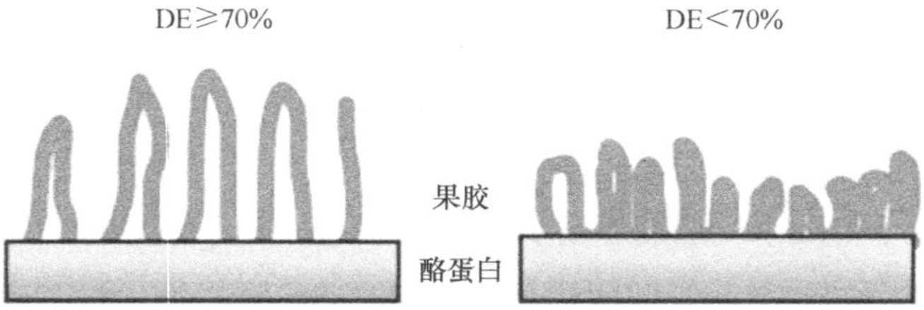

图 7-13　不同酯化度果胶在蛋白质表面的结构（彩图请扫二维码）

当球状蛋白处于原生态时，未经过加热的果胶-蛋白混合物会以兼容的方式存在于溶液中（Dumay et al.，1999）。某些球状蛋白（如肌红蛋白和牛血清蛋白）与LMP混合时，凝胶性质比其单独存在的情况有所加强，而由于可能增强每个生物聚合物局部的相分离过程，因此胶凝作用会增强(Donato et al.，2005)。在混合物中，LMP可以凝胶化的情况下，若存在钙离子，果胶-蛋白可以混合形成凝胶，称为有改性凝胶性质的相分离凝胶，但依赖于果胶-蛋白凝胶、钙含量和溶剂条件间的平衡（Beaulieu et al.，2001; Donato et al.，2005）。

果胶与β-乳球蛋白（β-lactoglobulin，β-lg）间的静电相互作用以及果胶主链上羧基分布情况影响二者间的反应性与局部的电荷密度分布（Kazmierski et al.，2010），而经酸化诱导果胶和β-lg络合物的形成遵循成核-生长机制（Girard et al.，2004）。

7.8.2 与其他多糖相互作用

7.8.2.1 果胶-半乳甘露聚糖体系

针对不同果胶-钙比率和不同的半乳甘露聚糖，有人利用半乳甘露聚糖、非凝胶中性多糖对不同低甲氧基果胶-钙的结构与黏弹性特点进行了研究（Silva et al.，1996）。对于具有弹性平衡模量的果胶-钙体系，额外添加半乳甘露聚糖，短时间内会使弹性模量和黏性模量都增加，但凝胶特性下降。果胶-钙体系在溶液-凝胶间转换或者低pH时，混合体系在非凝胶聚合物浓度增加的情况下变成黏弹性液体。研究结果表明，从果胶-半乳甘露聚糖凝胶流变特性的变化和果胶-钙结构的非凝胶多糖截留特性可以观察到这两个生物聚合物中存在非特异性联系（Giannouli et al.，2004），同时由于半乳甘露聚糖的离析相互作用与果胶的过度联系，其体系形成的效果会受到影响。

7.8.2.2 果胶-淀粉体系

对于果胶-淀粉体系，可以从流变特性和热力学等方面分析两者的相互作用情况，包括淀粉的分子结构、果胶的酯化度、多糖组分的浓度、其他共同溶质如钙或糖的存在，以及介质的离子环境等因素都会对体系产生影响。LMP混合物、钙、淀粉、有无蔗糖作为溶质均可以影响果胶的结构。高加氧基果胶-淀粉体系在冷却形成凝胶期间，高甲氧基果胶混合物中的黏弹性模量先急剧降低，后随着淀粉浓度的增加平稳上升（Evageliou et al.，2000）。而果胶-钙体系可以在淀粉（氧化淀粉、极低含量的带电组）部分解聚的条件下形成凝胶（Giannouli，2004）。

7.8.2.3 果胶-麦芽糊精体系

麦芽糊精，是一种可溶性淀粉衍生物，能够单独应用，也能够与食品中的其他成分结合应用（Bae and Lee，2008），但是其玻璃化转变温度较低，会在外界温度升高的情况下形成晶体，从而破坏墙体基质结构的完整性，并产生结块或微粒粉末的集聚，最终导致在储存过程中释放封装活性物质并被降解/氧化（Bae and Lee，2008; Drusch et al.，2006; Sansone et al.，2011）。果胶-麦芽糊精体系通过喷雾干燥方式获得，使多酚类物质胶囊化，并固定在中心，形成适合储存和控制的超细颗粒，其能够在几分钟内迅速溶解在水中并释放 100% 的生物活性提取物，并掩盖多酚提取物的不愉快气味，因此可广泛应用于携带、运输对环境条件要求严苛的功能性食品和食品补充剂的制作（Sansone et al.，2011）。

7.8.2.4 果胶-壳聚糖体系

壳聚糖是一种氨基多糖，可以与阴离子物质通过静电相互作用形成水凝胶，有良好的成膜性和广谱抗菌性(Morra et al.,2004)。由于壳聚糖和果胶亲水基团对水的吸附能力，因此凝胶具有溶胀性，壳聚糖-果胶-PEC 膜正是利用这一重要特性制成的。果胶-壳聚糖复合聚电解质在药物控释、分离膜、生物酶以及细胞固定化等领域有广泛应用（窦岩等，2007；刘贺等，2011；郑学芳等，2009）。

7.8.3 与多酚相互作用

果胶通过离子相互作用与多酚形成复合物，该作用分两个阶段完成，依次为快速的初始阶段和慢速的扩展阶段（Jakobek，2015）。在初始阶段，一部分果胶快速地通过酰基等官能团与多酚结合，随时间与多酚分子浓度的增加，二者结合位点暴露，果胶在扩展阶段逐步增强对多酚的结合（Padayachee et al.，2012a）。

有研究发现，柑橘果胶与花青素结合时，主要以离子作用和疏水作用直接或通过连接位点堆积结合（Padayachee et al.，2012b）。多酚分子聚合度越大，与果胶间的亲和性越强；低聚合度的多酚分子更容易发生自交联，从而限制其与果胶的相互作用；甲氧基化程度越高的果胶，与多酚（原花青素）间的疏水作用越强，结合时间也越长（Watrelot et al.，2013）。具有中性糖侧链的果胶，其与多酚关联能力大小依次为：鼠李糖＞阿拉伯聚糖＋半乳聚糖Ⅰ＋木糖半乳聚糖＞半乳聚糖Ⅰ＞阿拉伯聚糖＋半乳聚糖Ⅱ＞阿拉伯聚糖（Watrelot et al.，2014）。不同的细胞壁多糖对多酚的选择性吸附能力不同，果胶对多酚的吸附效果显著优于木质纤维素（Ruiz-Garcia et al.，2014），果胶酶的降解是影响果胶对多酚吸附力的重要因素（Le Bourvellec et al.，2009；Pinelo et al.，2006）。

果胶与多酚的相互作用既能降低多酚的生物利用率，也可以增加果胶的生物利用率，广泛应用于食品等领域，如通过添加果胶改变蛋白-单宁聚合物的溶解特性，从而改善饮料和酒的色泽及稳定性（Freitas et al.，2003；赵光远等，2011）。

7.8.4 与褐藻胶相互作用

褐藻胶（alginate，Alg）又名褐藻酸钠、海带胶、海藻酸钠，是从海带中提取的天然多糖，它与果胶类似，即作为一种凝胶单独使用时存在一定缺陷（卢伟丽，2008）。研究发现，Alg 与 HMP 具有协同作用，两者水溶性的复配体系能在两者单独都不能形成凝胶的低酸性条件下形成热可逆型凝胶（周爱梅等，2003）。

在 Alg-HMP 体系中添加 Ca^{2+}，这种凝胶能从热可逆型转变成热不可逆型。适量 Ca^{2+} 的加入可使体系的凝胶强度和持水性增加，但当 Ca^{2+} 浓度超过 0.1% 时，会在一定程度上降低体系的凝胶强度，使得持水性显著变差，从而容易发生脱水收缩现象（周爱梅等，2003）。添加蔗糖对 Alg-HMP 体系的凝胶性能有较大影响，相关性曲线近似“S”形（周爱梅等，2003）。适量蔗糖的添加不仅可增加体系的凝胶强度，也可改善凝胶的持水性；若在水中添加酸味剂——葡萄糖酸-δ-内酯，可发生解离产生葡萄糖酸，降低溶液 pH，其可作为缓释酸化剂添加到 Alg-HMP 体系，从而不需加热即形成凝胶，不仅使凝胶化过程变得简单易控，而且可将食品中的微粒包埋在凝胶网络中而使食品结构得到稳定。

同理，因 Alg 与 LMP 具有类似的遇 Ca^{2+} 形成胶凝的特性，其水溶性复配体系可以成为较好的水果馅料焙烤稳定剂（Young et al.，2003）、酸乳酪活菌保护体（Sandoval-Castilla et al.，2010）、叶酸食品载体（Madziva et al.，2006）、制模材料（Bierhalz et al.，2012；Gohil，2011；Silva et al.，2009）和医药控释载体（Liu and Krishnan，1999；Pillay and Fassihi，1999）等。

7.9 果胶在食品中的应用

果胶是 FAO/WHO 食品添加剂联合专家委员会推荐的，药品生产管理规范（good manufacturing practice，GMP）公认安全的食品添加剂，相关应用包括增稠、凝胶、乳化稳定等。日常生活中，我们通过食用水果和蔬菜摄入果胶，商业果胶由不同原料（苹果渣、柑橘皮等）、以不同制备工艺方式获取。用于食品添加剂的标准果胶，相对分子质量较高，以获得所需的高结合水能力；相对分子质量较低的果胶黏度低，可在高剂量的情况下使用，且不会对所需产品纹理造成影响。

我国果胶产业起步于 20 世纪 90 年代，当时我国国内果胶原料资源比较丰富，但是利用率较低、产品品质较差，在很长一段时间里，全世界只有美国（Cargill 公司）、德国（Herbstreith & Fox 公司）、丹麦[Danisco 公司（原 Grindsted）及 Copenhagen Pectin 公司（属 Hercules）]、瑞士（Obipekin 公司）等国家的少数企业掌握果胶生产技术。2008 年在我国烟台建成了亚洲最大的果胶生产基地——烟台安德利果胶股份有限公司，而后我国陆续有一批果胶生产基地建成，逐步摆脱了我国食品、医药用果胶大量依赖进口的局面。

7.9.1 果酱和果冻

果胶常被用于制备果酱，其所形成的胶凝剂在结构、外观、色、香、味等感官方面均优于其他食品胶制作的凝胶。在低 pH 下，多数食品胶的凝胶性能较差，果胶相对比较稳定。例如，在高酸度蜜饯中添加果胶的稳定性明显优于其他胶（王盼盼，2009）。除稳定性能外，果胶的使用可以使果酱表面有光泽且切割面清晰，易涂布而不流动，保持舒适的口感，在运输和保管时不破裂，不出现脱水收缩（王盼盼，2009）。

果酱制造过程是将水果中不溶性的原果胶质通过简单蒸煮变成可溶性果胶并释放出果汁，在加工时直接使用高浓度的果胶溶液更方便，而且可在加工后期根据需要添加固体或液体果胶，缩短受热时间（李文德和章克昌，1999）。同时，随着对果胶的逐渐开发，可以利用其良好的酸稳定性和清爽利口的味道对色拉酱进行改进，其特性所起的作用超过了黄原胶（赵利和王杉，1999）。尽管低甲氧基果胶具有凝胶时间难以控制的缺点，但与其他胶相比，LMP 在酸性条件下的稳定性更好。由于 LMP 作胶凝剂时对产品中固形物含量要求不高（在 50% 以下即可形成凝胶），因此可以用它代替其他食品添加剂，从而在保证口味不会发生较大改变的同时降低糖含量，这类产品（如低糖草莓果酱）适于患有高血压和身体肥胖的人食用（白岚和杜继煜，2002）。

在这些产品中，果胶（通常是高甲氧基果胶，含量为 0.1% ～ 0.4%）适用于充当防腐剂、甜味剂，而保质期较短的果酱类产品可溶性固形物含量至少需要达到 62°Brix（Endress，2011），果胶才能发挥其功效。

根据 HMP 具有热稳定性这一特点，其可用于制备果冻。如果增加配方中纤维素含量，纤维素的缠结作用将进一步加强果胶凝胶结构，使其更稳定（Thakur et al.，1997）。

7.9.2 水果风味制品

甜面包产品和发酵乳制品经常使用水果制剂来增加产品的新鲜味道。通过使用不同的水果，有可能创造出一系列的产品，提供多种口味。淋面酱是一种水果制品，可以优化水果月饼外观。果胶制备的水果制品可使烘焙产品（如饼干、曲奇）保持新鲜及热稳定性，也可作为水分来源，防止产品干燥。根据烘焙面包馅料硬度和烘焙稳定性的要求，最多可以使用 1.5% 的果胶；而在水果制品中通常使用低甲氧基果胶，对保持果实完整、不形成脱水收缩趋势有重要作用，并且能够保持水果制品的口感和稳定性。相对分子质量较低的果胶可添加到水果制品中，以增加各自产品中的可溶性膳食纤维，使用量在 0.5% ～ 1.5%，主要取决于果实中总可溶性固形物的含量（Endress，2011）。

7.9.3 糖果及甜点

利用果胶作为胶凝剂，采用与果酱、果冻相似的制作方法，还可制作果胶软糖。但由于各种果胶胶凝速度、凝胶强度的不同，在软糖制作中根据产品品种要求，应该选用特性不同的果胶。同时，一定的 pH 有助于糖-果胶凝胶的形成：利用 HMP 作胶凝剂制软糖时，最适 pH 为 3.3 ～ 3.6；而利用 LMP 作胶凝剂制软糖时，最适 pH 则为 4.0 ～ 4.5，并需加钙盐，pH 常用柠檬酸调节（白岚和杜继煜，2002）。在加工过程中，要尽快使物料达到工艺要求浓度，以免发生果胶降解和蔗糖转化。

根据 HMP 质构调节作用，其可用于制作软糖和胶冻夹心，在使用天然水果或合成香料来增加香味的产品中，果胶可表现出出色的形态和口感，在保证糖果具有极佳风味的同时，还能保持高度的透明性和不黏牙的品质。但是由于糖果产品的固形物含量非常高，应使用慢凝高甲氧基果胶及缓冲盐，以免发生预凝胶。

在低浓度下，LMP 可以使糖果夹心具有触变性，如果 Ca^{2+} 能够扩散于夹心中，则在高浓度下可获得一种冷凝胶作用；同时其所含的热量很低，是高级糖果的理想添加剂。当含果胶的浓缩果汁与冷奶混合时，不需要冷冻，就能生产出具有布丁稠度的甜食（Thakur et al.，1997）。

7.9.4　乳制品

低脂或无脂发酵乳制品（如酸奶、新鲜奶酪等）可能缺乏口感和黏性，因此乳制品中涉及水果类的产品多是由果胶制备，这主要是因为果胶能提供良好的流变特性与质感。作为稳定剂，随着 pH 的降低，乳制品中酪蛋白所带电荷逐渐降低，酪蛋白分子间排斥力降低，从而使酪蛋白发生絮凝沉降，HMP 利用羧基上所带电荷与酪蛋白结合，通过空间位阻作用防止酪蛋白絮凝沉降，从而使酸乳制品更加稳定（徐伟和马力，2005）。

LMP 不仅能防止果肉在酸乳中产生漂浮和不均匀分布的现象，还能与其他胶类配用以防乳清析出：新型的“钙反应果胶”在较强的酸性条件下对蛋白体系仍然具有良好的稳定作用。对于无脂酸奶类产品，添加果胶或改性果胶可以增强产品稳定性和改善口感（凌关庭，1999）。

7.9.5　饮料

具有特定功能的软饮料占有巨大的饮料市场份额，并且销量与需求逐年增长，对于该类产品，在降低甜味剂（蔗糖、高果糖浆或两者兼具）用量的前提下，还要保证传统饮料的口感。在口感方面的损失可以通过添加 0.05% ～ 0.10% HMP 来补偿（李文德和章克昌，1999）。在含有果肉的饮料中，为了消除单纯果汁饮料出现的分层现象，可在饮料中加入适量的果胶溶液，利用其悬浮剂和稳定剂的作用，使制品保持较好的外观，延长果肉的悬浮作用，同时还能改善饮料的口感（白岚和杜继煜，2002），所以酸性乳饮料中应用的果胶都是 HMP，其能够有效地稳定酸性乳饮料制品并改善它的风味，特别是对人工发酵的酸乳和使用化学方法酸化的牛奶饮料效果更好。其在国外市场上已被广泛应用，是饮用型酸奶、果汁奶及其他多种酸性乳饮料的主要稳定剂（张燕，2002）。

7.9.6　调味品

番茄酱通常需要稠化，果胶是较为合适的配料，用量在 0.6% ～ 1%。薄荷酱等其他水果调味品也可用果胶来进行染色。在某些烤肉调味酱中添加 LMP，有利于风味物质的释放以及优良产品质构的形成。在配方中，产品的最终稠度和质构由 LMP 与 Ca^{2+} 的含量决定（Thakur et al.，1997）。

7.9.7　烘焙食品、谷物产品

果胶具有很高的保水性，适用于在焙烤食品中控制水分，通过使用大约 0.1% 的高分子质量果胶可减慢水分流失的速度，从而延长焙烤食品的保质期。果胶与面筋中的醇溶蛋白相互作用，在提高面团持气性的同时，制品体积及口感也得到了改善，并可由此延长面包、月饼、三明治等的货架寿命（蒋岩，2012）。由于果胶的高熔点，其在焙烤时可以使果酱保持完整的原有形状，不会因融塌而影响外观。果胶还可以用来提高谷物制品的可溶性纤维含量。同时，焙烤制品会因为添加果胶而具有明显的天然水果香味（Endress，2011）。

7.9.8　胶囊及其他产品

果胶可与其他成分混合，压制成片剂或作为饮料等其他产品的干粉出售。而生产含果胶的片剂或胶囊很大程度上可以让消费者食用相对分子质量高的纯果胶，这是由于果胶对水的结合，同时也与果胶本身的质地有很大关联（Endress，2011）。

可食用膜被定义为一种包装材料，是介于食物成分和可食用材料之间的一种薄层（Mchugh，2000）。通过对果胶及添加不同添加剂后果胶的成膜特性研究，分析成膜条件与膜结构之间的关系，可以寻找一种方便、新型、无公害、可食的包装材料。果胶作为一种聚合物基质，具有成膜性，可以用流延法、挤压膨化、喷施法来制作可食用膜，其可被微生物降解并易于回收利用，从而引起了人们的极大兴趣（Espitia et al.，2014）。

果胶可用于制备糖果的可食性内包装膜以限制脂类迁移。通过将果胶混合在约 1% 的硫酸中制备的无气泡溶胶共混物（Thakur et al.，1997），可以用来制作高强度自支撑膜。同时果胶已用于制造可生物降解的吸管，当液体经过果胶层时会释放出有颜色和香味的物质（张燕，2002）。

7.10　果胶研究存在的问题及前景展望

虽然对果胶的研究与认识历经 200 余年，但由于受到植物种类、生长时期、储藏期、提取方法、加工工艺等因素的影响，因此人们获得的果胶结构及其功能团存在多样性，特别是目前对 RG-Ⅰ和 RG-Ⅱ仍未能有效分离、解析，导致对果胶结构和组成的认识仍不完善、不透彻。根据目前果胶的提取和分离纯化技术研究进展，今后果胶生产制备可重点关注以下几点：①探讨新型果胶生产技术，改进工艺条件，做到节能、环保、高效，以满足人们对其生理与物理、化学功能的需求；②探索合理的改性果胶的生产工艺，扩大其应用领域，具有重大的意义。

近年来，对凝胶强度的测定已有凝胶渗透法、压力破碎法、US-SAG 法等。但目前国内外没有一个标准的方法，而果胶制造商协会建议采用的 US-SAG 法误差较大，不能准确反映果胶的凝胶强度。已有大量学者研究了果胶形成凝胶后的弹性、硬度、黏聚性、破裂强度等以及各个影响因素对凝胶的影响。但对于凝胶强度，尚无数学模型可以反映各因素对凝胶强度的具体影响（韩万友，2016）。

果胶的应用很多，但其结构的复杂性导致我们对果胶结构特征的认识还远远不够。随着用于乳化和乳化稳定剂的植物果胶多糖越来越多，我们更应该注意不同侧链结构对于其理化特性的作用，需要深入了解结构修饰对其乳化性能的影响。此外，果胶容纳微量元素或油分的能力也会影响营养及生物利用度，以及风味的释放（Ngouémazong et al.，2015）。在之前的果胶研究中，原料使用范围较窄，多为苹果、柑橘、甜菜等，但其他来源也值得大力挖掘（Schreckinger et al.，2010）。

最后，随着健康意识的逐渐提高，人们对功能性低聚糖的消费需求也在日益增加。果胶低聚糖，被认为是一种新型的益生元，很多研究者利用果蔬加工的废弃残渣提取果胶，并通过进一步加工处理获得聚合度较低的果胶低聚糖，在未来可以重点关注以下几个方面：①开发果胶降解技术，从而获得具有特定生理活性和功能效用的果胶低聚糖；②改进果胶低聚糖的分离纯化技术；③利用现代分析技术和生物活性研究方法阐释果胶低聚糖结构与功能的关系；④对果胶低聚糖的生理功能活性、毒理性和安全性进行全面研究评价，为评价其是否能应用于实际生产提供理论依据，并为今后产品的开发提供参考。

参考文献

白岚, 杜继煜. 2002. 果胶在食品加工中的应用. 农业与技术, 22(6): 115-116.
蔡为荣, 孙元琳, 汤坚. 2010. 果胶多糖结构与降血脂研究进展. 食品科学, 31(5): 307-311.
曹德菊, 黄祥明, 刘小刚. 2000. AAS 法间接测定植物果胶含量的研究. 安徽农业大学学报, 27(2): 202-203.
陈义勇, 窦祥龙, 黄友如, 等. 2012. 响应面法优化超声-微波协同辅助提取茶多糖工艺. 食品科学, (4): 100-103.
陈颖, 华霄, 徐沙楠, 等. 2016. 不同分子质量及结构特征果胶片段的制备及分离. 食品与发酵工业, 42(11): 219-224.
邸铮, 付才力, 李娜, 等. 2007. 酶法提取苹果皮渣果胶的特性研究. 食品科学, 28(4): 133-137.
窦岩, 李俊杰, 姚康德. 2007. 壳聚糖-明胶-果胶膜对骨髓基质干细胞的细胞行为研究. 生物医学工程与临床, 11(4): 255-258.
方小东. 1983. 果胶凝胶机理及影响凝胶的因素. 食品科学, (11): 32-34.
高林. 2005. MCP 多糖的制备、分析鉴定及其抗肿瘤作用的研究. 天津: 天津大学硕士学位论文.
韩万友. 2016. 低甲酯苹果果胶凝胶模型、机理分析及基于 Apen Plus 的果胶工厂生产模拟. 西安: 陕西师范大学硕士学位论文.
韩雅珊, 蔡同一, 周山涛. 1985. 食用大黄的生物化学成分及其利用的研究. 中国农业科学, (1): 92-96.
胡秋芬, 何蓉, 杨光宇, 等. 2004. 高效液相色谱法测定饲料用灌木中的淀粉和果胶. 分析化学, 32(6): 836.
黄钰. 2008. 薜荔籽果胶的流变性质及其机理研究. 南昌: 南昌大学硕士学位论文.
蒋岩. 2012. 白木通果胶、油脂的理化特性及微囊化研究. 南昌: 南昌大学硕士学位论文.
李波, 许时婴. 2004. 气相色谱法测定多糖中的糖醛酸. 色谱, 22(5): 560.
李凤林, 黄聪亮, 余蕾. 2008. 食品添加剂. 北京: 化学工业出版社.
李鸿玉, 李祖明. 2010. 果胶酶及其应用. 北京: 知识产权出版社.
李健军. 2011. 柑橘果胶多糖可控性降解和寡糖片段的分离分析及其活性研究. 西安: 西北大学博士学位论文.
李巧巧, 雷激, 马力, 等. 2007. 果胶酰胺化脱酯技术的研究. 食品工业科技, (5): 87-90, 97.
李文德, 章克昌. 1999. 果胶的应用研究进展. 粮油食品科技, 7(4): 4-6.
梁轩, 王仲孚, 李建军. 2009. 毛细管气相色谱法测定果胶的单糖组成. 西北药学杂志, 24(1): 6-7.
廖春美, 唐小海, 黎霞, 等. 2017. 精制橘皮果胶的结构分析. 西北农林科技大学学报: 自然科学版, 45(11): 107-113.
凌关庭. 1999. 果胶的新进展. 食品工业, (3): 18-20.
刘刚, 雷激, 张庆坤, 等. 2008. 果胶碱法脱酯工艺影响因素的研究. 食品科技, 33(6): 61-64.
刘贺, 王雪, 郭晓飞, 等. 2011. 果胶-壳聚糖复合凝胶网络色素扩散动力学. 食品科学, 32(9): 72-75.
刘义武, 孔昭华, 王碧. 2012. 乳酸提取柠檬皮果胶的工艺. 食品研究与开发, 33(9): 76-79.
卢伟丽. 2008. 卡拉胶和褐藻胶流变学特性及凝胶特性的研究. 青岛: 中国海洋大学硕士学位论文.
鲁慧芳, 丁长河, 侯丽芬, 等. 2007. 苹果渣中果胶提取条件及其分子质量的测定研究. 食品与发酵工业, 33(6): 154-157.

马俊. 2007. 从豆腐柴中提取低酯果胶的工艺研究. 重庆: 西南大学硕士学位论文.
宁海凤, 童群义. 2011. 超声微波协同萃取豆腐柴叶中果胶的研究. 食品科技, 36(3): 147-151.
彭小燕, 木泰华, 孙红男, 等. 2015. 超高压处理对甜菜果胶结构及乳化特性的影响. 中国农业科学, 48(7): 1405-1414.
邱礼平, 姜录, 陈琼, 等. 2009. 果胶提取工艺数学模型的建立. 食品科学, 30(12): 86-89.
孙哲浩, 赵谋明. 2006. 蛋白质与果胶在界面上的交互作用. 现代食品科技, 22(2): 240-242.
覃章龙, 李文龙, 李川. 2011. 酶法与碱法制备低甲氧基果胶的比较研究. 湖南农业科学, (12): 46-47, 49.
谭翔文. 2002. 果胶对生长猪消化代谢和血糖、血氨的影响. 长沙: 湖南农业大学硕士学位论文.
唐翠娥. 2007. 薜荔籽果胶的提取工艺及其性质研究. 南昌: 南昌大学硕士学位论文.
唐会周, 秦刚. 2010. 修饰柑橘果胶生理功能研究进展. 食品与发酵科技, 46(2): 6-9.
汪海波. 2006. 低酯果胶的凝胶质构性能研究. 食品科学, 27(12): 123-129.
王翠娜. 2015. 聚合乳清蛋白与多糖相互作用对其凝胶特性影响及应用. 长春: 吉林大学博士学位论文.
王卉, 叶静静, 黄朝晖, 等. 2014. 香蕉皮果胶的制备及其性能的研究. 琼州学院学报, 21(5): 54-57.
王菁, 蒲彪, 伍红梅. 2010. 柑橘果皮中主要功能性成分含量测定. 食品工业科技, (3): 367-369.
王盼盼. 2009. 食品加工中的增稠剂 (三) 植物来源的增稠剂. 肉类研究, (12): 67-75.
王蓉蓉, 李高阳, 单杨. 2018. 不同品种枣果中果胶含量、中性单糖组成及分子质量分布. 中国食品学报, 18(6): 297-306.
王卫平. 1996. 食品品质改良剂: 亲水胶体的性质及应用 (之五)——果胶 (续). 食品与发酵工业, (5): 80-82.
王勇, 王春晓, 相光明, 等. 2017. 果胶的胶凝性质及应用. 中国果菜, 37(8): 13-15.
魏亚冉. 2008. 果胶多糖的提取、分离与应用研究进展. 中国食品添加剂, (4): 82-86.
吴东儒, 李振华, 黄德民, 等. 1987. 糖类的生物化学. 北京: 高等教育出版社: 414-441.
谢明勇, 李精, 聂少平. 2013. 果胶研究与应用进展. 中国食品学报, 13(8): 1-14.
徐伟, 马力. 2005. 高甲氧基果胶对酸奶饮料的稳定作用. 中国乳品工业, 33(8): 38-40.
徐汶, 王光辉, 王存文, 等. 2006. 咔唑比色法测定豆腐柴叶果胶含量的研究. 食品与机械, 22(3): 133-135.
徐志强, 陈开波, 蔡兵, 等. 2005. 酶解-流动分析法测定烟草中的果胶含量. 烟草科技, (9): 26-28.
杨桂馥. 1989. 果胶及其在食品中的应用. 食品工业科技, (4): 26-29.
姚先超, 张雪红, 梁玉石, 等. 2013. 响应面分析法优化微波辅助提取剑麻果胶的工艺. 食品科学, 34(18): 56-60.
詹晓北. 2003. 食用胶的生产、性能与应用. 北京: 中国轻工业出版社.
詹晓北, 韩杰. 2001. 热凝胶的性质及其在食品中的应用. 食品工业科技, (2): 85-88.
张春蓬. 2011. 磷酸氢二钠法制备甘薯果胶工艺及其凝胶特性研究. 北京: 中国农业科学院硕士学位论文.
张磊. 2008. 向日葵盘果胶的制备及其理化性质的研究. 石河子: 石河子大学硕士学位论文.
张卫红, 席晖. 2009. 碱化法制备低酯果胶工艺研究. 食品研究与开发, 30(3): 79-81.
张文博, 高林, 施秀芳, 等. 2007. 高效体积排阻色谱法测定改性柑橘果胶的分子质量. 色谱, 25(5): 711-714.
张晓阳, 袁池, 周春丽, 等. 2015. 不同提取方法对胡萝卜皮渣果胶理化性质影响. 食品工业, 36(5): 56-60.
张学杰, 郭科, 苏艳玲. 2010. 果胶研究新进展. 中国食品学报, 10(1): 167-174.
张燕. 2002. 果胶在发酵型酸性乳饮料中的应用. 食品与发酵工业, 28(12): 45-47.
赵光远, 刁华娟, 荆利强. 2011. 果胶对果胶-麦醇溶蛋白-儿茶素模拟体系稳定性的影响. 食品科学, (18): 68-71.
赵利, 王杉. 1999. 果胶的制备及其在食品工业的应用综述. 食品科技, (5): 32-34.
郑学芳, 杨华, 王立升. 2009. 壳聚糖 / 果胶及其衍生物水凝胶的制备与在药物控制释放中的应用. 高分子材料科学与工程, 25(4): 105-108.
中华人民共和国卫生部. 2011. 食品添加剂 果胶: GB 25533—2010. 北京: 中国标准出版社.

周爱梅, 郝淑贤, 刘欣, 等. 2003. 海藻酸钠-高甲氧基果胶复合体系凝胶特性的研究. 华南农业大学学报, 24(4): 75-78.

Adetunji L R, Adekunle A, Orsat V, et al. 2017. Advances in the pectin production process using novel extraction techniques: a review. Food Hydrocolloids, 62: 239-250.

Akhtar M, Dickinson E, Mazoyer J, et al. 2002. Emulsion stabilizing properties of depolymerized pectin. Food Hydrocolloids, 16(3): 249-256.

Aksu Z, İşoğlu A. 2005. Removal of copper (Ⅱ) ions from aqueous solution by biosorption onto agricultural waste sugar beet pulp. Process Biochemistry, 40(9): 3031-3044.

Alonso-Mougán M, Meijide F, Jover A, et al. 2002. Rheological behaviour of an amide pectin. Journal of Food Engineering, 55(2): 123-129.

Andersen O, Aaseth J. 2002. Molecular mechanisms of *in vivo* metal chelation: Implications for clinical treatment of metal intoxications. Environmental Health Perspectives, 110(Suppl 5): 887-890.

Bae E K, Lee S J. 2008. Microencapsulation of avocado oil by spray drying using whey protein and maltodextrin. Journal of Microencapsulation, 25(8): 549-560.

Baea I Y, Rhaa H J, Leeb S, et al. 2011. Preparation and vharacterization of pectin hydroxamates from citrus unshiupeels. Journal of Excipients & Food Chemicals, 2(3): 291-379.

Beaulieu M, Turgeon S L, Doublier J. 2001. Rheology, texture and microstructure of whey proteins/low methoxylpectins mixed gels with added calcium. International Dairy Journal, 11(11-12): 961-967.

Bemiller J. 1986. An introduction topectins: structure and properties. American Chemical Society, (310): 2-12.

Ben-Ghedalia D, Yosef E, Miron J, et al. 1989. The effects of starch- and pectin-rich diets on quantitative aspects of digestion in sheep. Animal Feed Science and Technology, 24(3-4): 289-298.

Bierhalz A, Silva M, Kieckbusch T G. 2012. Natamycin release from alginate/pectin films for food packaging applications. Journal of Food Engineering, 110(1): 18-25.

Braccini I, Rodríguezcarvajal M A, Pérez S. 2005. Chain-chain interactions for methyl polygalacturonate: models for high methyl-esterified pectin junction zones. Biomacromolecules, 6(3): 1322.

Caffall K H, Mohnen D. 2009. The structure, function, and biosynthesis of plant cell wall pectic polysaccharides. Carbohydrate Research, 344(14): 1879-1900.

Calce E, Bugatti V, Vittoria V, et al. 2012. Solvent-free synthesis of modified pectin compounds promoted by microwave irradiation. Molecules, 17(12): 12234-12242.

Capel F, Nicolai T, Durand D, et al. 2006. Calcium and acid induced gelation of (amidated) low methoxyl pectin. Food Hydrocolloids, 20(6): 901-907.

Chen J, Liu W, Liu C, et al. 2015. Critical reviews in food science and nutrition. Critical Reviews in Food Science and Nutrition, 55(12): 1684-1698.

Cho C, Lee D, Ki C. 2003. Concentration and purification of soluble pectin from mandarin peels using crossflow microfiltration system. Carbohydrate Polymers, 54(1): 21-26.

Cho S. 2009. Fiber Ingredients: Food Applications and Health Benefits. Boca Raton: CRC Press.

Cipriani T R, Gracher A H P, de Souza L M, et al. 2009. Influence of molecular weight of chemically sulfated citrus pectin fractions on their antithrombotic and bleeding effects. Thrombosis and Haemostasis, 101(5): 860-866.

Cotter F, Smith D A, Boyd T E, et al. 2009. Single-agent activity of GCS-100a first-in-class galectin-3 antagonistin elderly patients with relapsed chronic lymphocytic leukemia. Journal of Clinical Oncology, 27(15 suppl): 7006.

Crystal L, Jackson T M D L, Theobald K, et al. 2007. Pectin induces apoptosis in human prostate cancer cells:

correlation of apoptotic function with pectin structure. Glycobiology, 17(8): 805-819.

Darvill A G, McNeil M, Albersheim P. 1978. Structure of plant cell walls: Ⅷ. A new pectic polysaccharide. Plant Physiol, 62(3): 418-422.

Deconinck T J, Ciza A, Sinnaeve G M, et al. 2000. High-performance anion-exchange chromatography DAD as a tool for the identification and quantification of oligogalacturonic acids in pectin depolymerisation. Carbohydr Reaserch, 329(4): 907-911.

Donato L, Garnier C, Novales B, et al. 2005. Gelation of globular protein in presence of low methoxyl pectin: effect of Na^+ and/or Ca^{2+} ions on rheology and microstructure of the systems. Food Hydrocolloids, 19(3): 549-556.

Dong Q, Yao J, Fang J N, et al. 2007. Structural characterization and immunological activity of two cold-water extractable polysaccharides from *Cistanche deserticola* Y. C. Ma. Carbohydr Research, 342(10): 1343-1349.

Dronnet V M, Renard C M G C, Axelos M A V, et al. 1997. Binding of divalent metal cations by sugar-beet pulp. Carbohydrate Polymers, 34(1-2): 73-82.

Drusch S, Serfert Y, Van Den Heuvel A, et al. 2006. Physicochemical characterization and oxidative stability of fish oil encapsulated in an amorphous matrix containing trehalose. Food Research International, 9(7): 807-815.

Dumay E, Laligant A, Zasypkin D, et al. 1999. Pressure-and heat-induced gelation of mixed β-lactoglobulin/ polysaccharide solutions: scanning electron microscopy of gels. Food Hydrocolloids, 13(4): 339-351.

Dunaif G, Schneeman B O. 1981. The effect of dietary fiber on human pancreatic enzyme activity *in vitro*. The American Journal of Clinical Nutrition, 34(6): 1034.

Endress H U. 2011. Pectins: Production. Properties and Applications Renewable Resources for Functional Polymers and Biomaterials: Polysaccharides, Proteins and Polyesters. London: The Royal Society of Chemistry: 210-260.

Engelsen S B, Cros S, Mackie W, et al. 1996. A molecular builder for carbohydrates: application to polysaccharides and complex carbohydrates. Biopolymers, 39(3): 417-433.

Espitia P J P, Du W, Avena-Bustillos R D J, et al. 2014. Edible films from pectin: physical-mechanical and antimicrobial properties—A review. Food Hydrocolloids, 35: 287-296.

Evageliou V, Richardson R K, Morri E R. 2000. Effect of oxidised starch on high methoxy pectin-sucrose gels formed by rapid quenching. Carbohydrate Polymers, 42(3): 219-232.

Fan L, Cao M, Gao S, et al. 2012. Preparation and characterization of a quaternary ammonium derivative of pectin. Carbohydrate Polymers, 88(2): 707-712.

Fillery-Travis A J, Gee J M, Waldron K W, et al. 1997. Soluble non-starch polysaccharides derived from matrices do not increase average lipid droplet size during gastric emulsification in rats. Journal of Nutrition, 127(11): 2246-2252.

Freitas V D, Carvalho E, Mateus N. 2003. Study of carbohydrate influence on protein-tannin aggregation by nephelometry. Food Chemistry, 81(4): 503-509.

Fukunaga T, Sasaki M, Araki Y, et al. 2003. Effects of the soluble fibrepectin on intestinal cell proliferation, fecalshort chain fatty acid production and microbial population. Digestion, 67(1-2): 42-49.

Gérente C, Mesnil P C D, Andrès Y, et al. 2000. Removal of metal ions from aqueous solution on low cost natural polysaccharides-sorption mechanism approach. Reactive & Functional Polymers, 46(2): 135-144.

Giannouli P. 2004. Effect of polymeric cosolutes on calcium pectinate gelation. Part 1. Galactomannans in comparison with partially depolymerised starches. Carbohydrate Polymers, 55(4): 343-355.

Giannouli P, Richardson R K, Morris E R. 2004. Effect of polymeric cosolutes on calcium pectinate gelation. Part 2. Dextrans and inulin. Carbohydrate Polymers, 55(4): 357-365.

Girard M, Sanchez C, Laneuville S I, et al. 2004. Associative phase separation of β-lactoglobulin/pectin solutions: a kinetic study by small angle static light scattering. Colloids and Surfaces B: Biointerfaces, 35(1): 15-22.

Gohil R M. 2011. Synergistic blends of natural polymers, pectin and sodium alginate. Journal of Applied Polymer Science, 120(4): 2324-2336.

Grasdalen H, Bakoy O E, Larsen B. 1988. Determination of the degree of esterification and the distribution of methylated and free carboxyl groups in pectins by ^{1}H NMR spectroscopy. Carbohydrate Research, 184(88): 183-191.

Guess B W, Scholz M C, Strum S B, et al. 2003. Modified citrus pectin (MCP) increases the prostate-specific antigen doubling time in men with prostate cancer: a phase Ⅱ pilot study. Prostate Cancer and Prostatic Diseases, 6(4): 301-304.

Gunning A P, Bongaerts R J M, Morris V J. 2009. Recognition of galactan components of pectin by galectin-3. The FASEB Journal, 23(2): 415-424.

Guo X, Han D, Xi H, et al. 2012. Extraction of pectin from navel orange peel assisted by ultra-high pressure, microwave or traditional heating: a comparison. Carbohydrate Polymers, 88(2): 441-448.

Hao M, Yuan X, Cheng H, et al. 2013. Comparative studies on the anti-tumor activities of high temperature- and pH-modified citrus pectins. Food & Function, 4(6): 960-971.

Herve D P C, Gey C, Pellerin P, et al. 1999. An NMR solution study of the mega-oligosaccharide, rhamnogalacturonan Ⅱ. Journal of Biomolecular NMR, 14(3): 253-271.

Holloway W D, Tasman-Jones C, Maher K. 1983. Pectin digestion in humans. American Journal of Clinical Nutrition, 37(2): 253-255.

Huang P, Lu H, Wang Y, et al. 2011. Antioxidant activity and emulsion-stabilizing effect of pectic enzyme treated pectin in soy protein isolate-stabilized oil/water emulsion. Journal of Agricultural and Food Chemistry, 59(17): 9623-9628.

Ishii S, Kiho K, Sugiyama S, et al. 1979. Low-methoxyl pectin prepared by pectin esterase from *Aspergillus japonicus*. Journal of Food Science, 44(2): 611-614.

Ishii T. 1997. Structure and functions of feruloylated polysaccharides. Plant Science, 127(2): 111-127.

Jakobek L. 2015. Interactions of polyphenols with carbohydrates, lipids and proteins. Food Chemistry, 175: 556-567.

Jarvis M C, Apperley D C. 1995. Chain conformation in concentrated pectic gels: evidence from ^{13}C NMR. Carbohydrate Research, 275(1): 131-145.

Jenkins D J, Wolever T M, Leeds A R, et al. 1978. Dietary fibres, fibreanalogues, and glucose tolerance: importance of viscosity. British Medical Journal, 1: 1392-1394.

Kalapathy U, Proctor A. 2001. Effect of acid extraction and alcohol precipitation conditions on the yield and purity of soy hull pectin. Food Chemistry, 73(4): 393-396.

Kang H J, Jo C, Kwon J H, et al. 2006. Antioxidant and cancer cell proliferation inhibition effect of citrus pectin-oligosaccharide prepared by irradiation. Journal of Medicinal Food, 9(3): 313-320.

Kang H J, Kwon J H, Ahn D U, et al. 2009. Effect of citrus pectin oligosaccharide prepared by irradiation on high cholesterol diet B6. KOR-ApoE Mice. Food Science & Biotechnology, 18(4): 884-888.

Katav T, Liu L, Traitel T, et al. 2008. Modified pectin-based carrier for gene delivery: cellular barriers in gene delivery course. Journal of Controlled Release, 130(2): 183-191.

Kaya M, Sousa A G, Crepeau M J, et al. 2014. Characterization of citrus pectin samples extracted under different conditions: influence of acid type and pH of extraction. Annals of Botany, 114(6): 1319-1326.

Kazmierski M, Wicker L, Corredig M. 2010. Interactions of (β-lactoglobulin) and high-methoxylpectins in acidified systems. Journal of Food Science, 68(5): 1673-1679.

Kelley J J, Tsai A C. 1978. Effect of pectin, gum arabic and agar on cholesterol absorption, synthesis, and turnover in rats. Journal of Nutrition, 108(4): 630-639.

Kravtchenko T P, Arnould I V, oragen A, et al. 1992. Improvement of the selective depolymerization of pectic substances by chemical β-elimination in aqueous solution. Carbohydrate Polymers, 19(4): 237-242.

Kurita O, Miyake Y, Yamazaki E. 2012. Chemical modification of citrus pectin to improve its dissolution into water. Carbohydrate Polymers, 87(2): 1720-1727.

Kurita O, Murakami K, Fujiwara T. 2010. Chemical modification of polysaccharides by the use of intramolecular associations in polar organic solvents. Polymer Bulletin, 65(5): 443-454.

Langhout D J, Schutte J B, Van Leeuwen P, et al. 1999. Effect of dietary high- and low-methylated citrus pectin on the activity of the ileal microflora and morphology of the small intestinal wall of broiler chicks. British Poultry Science, 40(3): 340-347.

Laurent M A, Boulenguer P. 2003. Stabilization mechanism of acid dairy drinks (ADD) induced by pectin. Food Hydrocolloids, 17(4): 445-454.

Le Bourvellec C, Guyot S, Renard C M G C. 2009. Interactions between apple (*Malus* × *domestica* Borkh.) polyphenols and cell walls modulate the extractability of polysaccharides. Carbohydrate Polymers, 75(2): 251-261.

Leroux J, Langendorff V, Schick G, et al. 2003. Emulsion stabilizing properties of pectin. Food Hydrocolloids, 17(4): 455-462.

Levigne S, Ralet M, Thibault J O. 2002. Characterisation of pectins extracted from fresh sugar beet under different conditions using an experimental design. Carbohydrate Polymers, 49(2): 145-153.

Li F T, Yang H, Zhao Y, et al. 2007. Novel modified pectin for heavy metal adsorption. Chinese Chemical Letters, 18(3): 325-328.

Lin H, Aizawa K, Inakuma T, et al. 2005. Physical properties of water-soluble pectins in hot- and cold-break tomato pastes. Food Chemistry, 93(3): 403-408.

Liu P, Krishnan T R. 1999. Alginate-pectin-poly-L-lysine particulate as a potential controlled release formulation. Journal of Pharmacy and Pharmacology, 51(2): 141-149.

Löfgren C, Guillotin S, Hermansson A. 2006. Microstructure and kinetic rheological behavior of smidated and nonamidated LM pectin gels. Biomacromolecules, 7(1): 114-121.

Lootens D, Capel F O, Durand D, et al. 2003. Influence of pH, Ca^{2+} concentration, temperature and amidation on the gelation of low methoxyl pectin. Food Hydrocolloids, 17(3): 237-244.

Maas N C, Gracher A H P, Sassaki G L, et al. 2012. Sulfation pattern of citrus pectin and its carboxy-reduced derivatives: influence on anticoagulant and antithrombotic effects. Carbohydrate Polymers, 89(4): 1081-1087.

Madziva H, Kailasapathy K, Phillips M. 2006. Evaluation of alginate-pectin capsules in Cheddar cheese as a food carrier for the delivery of folic acid. LWT-Food Science and Technology, 39(2): 146-151.

Markovič O, Kohn R. 1984. Mode of pectin deesterification by *Trichoderma reesei* pectinesterase. Experientia, 40(8): 842-843.

Marudova M, Macdougall A J, Ring S G. 2004a. Physicochemical studies of pectin/poly-L-lysine gelation. Carbohydrate Research, 339(2): 209-216.

Marudova M, Macdougall A J, Ring S G. 2004b. Pectin-chitosan interactions and gel formation. Carbohydrate Research, 339(11): 1933-1939.

Mata Y N, Blázquez M L, Ballester A, et al. 2009. Sugar-beet pulp pectin gels as biosorbent for heavy metals: preparation and determination of biosorption and desorption characteristics. Chemical Engineering Journal, 150(2): 289-301.

Mccann M, Chen L, Roberts K, et al. 1997. Infrared microspectroscopy: sampling heterogeneity in plant cell wall composition and architecture. Physiologia Plantarum, 100(3): 729-738.

McFeeters R F. 1985. Changes in pectin and cellulose during processing. *In*: Williams P A. Renewable Resources for Functional Polymers and Biomaterials: Polysaccharides, Proteins and Polyesters. Berlin: Springer Netherlands: 347-372.

Mchugh T H. 2000. Protein-lipid interactions in edible films and coatings. Die Nahrung, 44(3): 148-151.

Mishra R K, Sutar P B, Singhal J P, et al. 2007. Graft copolymerization of pectin with polyacrylamide. Polymer-Plastics Technology and Engineering, 46(11): 1079-1085.

Monfregola L, Bugatti V, Amodeo P, et al. 2011. Physical and water sorption properties of chemically modified pectin with an environmentally friendly process. Biomacromolecules, 12(6): 2311-2318.

Morra M, Cassinelli C, Cascardo G, et al. 2004. Effects on interfacial properties and cell adhesion of surface modification by pectic hairy regions. Biomacromolecules, 5(6): 2094-2104.

Morris G A, de Al Torre J G, Ortega A, et al. 2008. Molecular flexibility of citrus pectins by combined sedimentation and viscosity analysis. Food Hydrocolloids, 22(8): 1435-1442.

Morris G A, Kök S, Harding S, et al. 2010. Polysaccharide drug delivery systems based on pectin and chitosan. Biotechnology and Genetic Engineering Reviews, 27(1): 257-284.

Nascimento G E D, Simas-Tosin F F, Iacomini M, et al. 2016. Rheological behavior of high methoxyl pectin from the pulp of tamarillo fruit (*Solanum betaceum*). Carbohydrate Polymers, 139: 125-130.

Ndeh D, Rogowski A, Cartmell A, et al. 2017. Corrigendum: complex pectin metabolism by gut bacteria reveals novel catalytic functions. Nature, 548(7669): 612.

Nergard C S, Kiyohara H, Reynolds J C, et al. 2005. Structure-immunomodulating activity relationships of a pectic arabinogalactan from *Vernonia kotschyana* Sch. Bip. ex Walp. Carbohydrate Research, 340(11): 1789-1801.

Ngouémazong E D, Christiaens S, Shpigelman A, et al. 2015. The emulsifying and emulsion-stabilizing properties of pectin: a review. Comprehensive Reviews in Food Science and Food Safety, 14(6): 705-718.

Nordby M H, Kjoniksen A L, Nystrom B, et al. 2003. Thermoreversible gelation of aqueous mixtures of pectin and chitosan-rheology. Biomacromolecules, 4(2): 337-343.

Nussinovitch A. 1997. Hydrocolloid Applications. New York: Springer US: 83-104.

O'Neill M A, Ishii T, Albersheim P, et al. 2004. Rhamnogalacturonan Ⅱ: structure and function of a borate cross-linked cell wall pectic polysaccharide. Annual Review of Plant Biology, 55(1): 109-139.

Padayachee A, Netzel G, Netzel M, et al. 2012a. Binding of polyphenols to plant cell wall analogues—Part 1: anthocyanins. Food Chemistry, 134(1): 155-161.

Padayachee A, Netzel G, Netzel M, et al. 2012b. Binding of polyphenols to plant cell wall analogues—Part 2: phenolic acids. Food Chemistry, 135(4): 2287-2292.

Pagán J, Ibarz A. 1999. Extraction and rheological properties of pectin from fresh peach pomace. Journal of Food Engineering, 39(2): 193-201.

Paniagua C, Santiago-Doménech N, Kirby A R, et al. 2017. Structural changes in cell wall pectins during strawberry fruit development. Plant Physiology and Biochemistry, 118: 55-63.

Paradossi G, Chiess E, Malovikova A. 1999. Study of the interactions of D- and L-polylysine enantiomers withpectate in aqueous solutions. Biopolymers, 50(2): 201-209.

Pellerin P, O'Neill M A. 1998. The interaction of the pectic polysaccharide rhamnogalacturonan Ⅱ with heavy metals and lanthanides in wines and fruit juices. Analusis, 26(6): 32-36.

Pelloux J, Rusterucci C, Mellerowicz E. 2007. New insights into pectin methylesterase structure and function. Trends in Plant Science, 12(6): 267-277.

Pérez S, Mazeau K, Penhoat C. 2000. The three-dimensional structures of the pectic polysaccharides. Plant Physiology and Biochemistry, 38(1-2): 37-55.

Pillay V, Fassihi R. 1999. *In vitro* release modulation from crosslinked pellets for site-specific drug delivery to the gastrointestinal tract Ⅱ. Physicochemical characterization of calcium-alginate, calcium-pectinate and calcium-alginate-pectinate pellets. Journal of Controlled Release, 59(2): 243-256.

Pinelo M, Arnous A, Meyer A S. 2006. Upgrading of grape skins: significance of plant cell-wall structural components and extraction techniques for phenol release. Trends in Food Science & Technology, 17(11): 579-590.

Rombouts F, Thibault J. 1986. Feruloylated pectic substances from sugar-beet pulp. Carbohydrate Research, 154(1): 177-187.

Ruiz-Garcia Y, Smith P A, Bindon K A. 2014. Selective extraction of polysaccharide affects the adsorption of proanthocyanidin by grape cell walls. Carbohydrate Polymers, 114: 102-114.

Sandoval-Castilla O, Lobato-Calleros C, García-Galindo H S, et al. 2010. Textural properties of alginate-pectin beads and survivability of entrapped Lb. casei in simulated gastrointestinal conditions and in yoghurt. Food Research International, 43(1): 111-117.

Sansone F, Mencherini T, Picerno P, et al. 2011. Maltodextrin/pectin microparticles by spray drying as carrier for nutraceutical extracts. Journal of Food Engineering, 105(3): 468-476.

Schols H A, Bakx E J, Schipper D, et al. 1995. A xylogalacturonan subunit present in the modified hairy regions of apple pectin. Carbohydrate Research, 279: 265-279.

Schreckinger M E, Lotton J, Lila M A, et al. 2010. Berries from South America: a comprehensive review on chemistry health potential and commercialization. Journal of Medicinal Food, 13(2): 233-246.

Schwartz S E, Levine R A, Weinstock R S, et al. 1988. Sustained pectin ingestion: effect on gastric emptying and glucose tolerance in non-insulin-dependent diabetic patients. American Journal of Clinical Nutrition, 48(6): 1413-1417.

Serena A, Hedemann M S, Knudsen K B. 2008. Influence of dietary fiber on luminal environment and morphology in the small and large intestine of sows. Journal of Animal Science, 86(9): 2217-2227.

Seshadri R, Weiss J, Hulbert G J, et al. 2003. Ultrasonic processing influences rheological and optical properties of high-methoxyl pectin dispersions. Food Hydrocolloids, 17(2): 191-197.

Sha L, Guo X, Feng N, et al. 2010. Isotherms, kinetics and thermodynamic studies of adsorption of Cu^{2+} from aqueous solutions by Mg^{2+}/K^{+} type orange peel adsorbents. Journal of Hazardous Materials, 174(1): 756-762.

Sharma D C, Forster C F. 1994. A preliminary examination into the adsorption of hexavalent chromium using low-cost adsorbents. Bioresource Technology, 47(3): 257-264.

Siew C A, Williams P. 2008. Role of protein and ferulic acid in the emulsification properties of sugar beet pectin. Journal of Agricultural and Food Chemistry, 56(11): 4164-4171.

Silva J, Alves M G, Doublier J L, et al. 1996. Effect of galactomannans on the viscoelastic behaviour of pectin/calcium networks. Polymer Gels and Networks, 4(1): 65-83.

Silva M A D, Bierhalz A C K, Kieckbusch T G. 2009. Alginate and pectin composite films crosslinked with

Ca^{2+} ions: effect of the plasticizer concentration. Carbohydrate Polymers, 77(4): 736-742.

Su D, Li P, Quek S Y, et al. 2019. Efficient extraction and characterization of pectin from orange peel by a combined surfactant and microwave assisted process. Food Chemistry, 286(11-12): 1-7.

Synytsya A. 2003. Fourier transform Raman and infrared spectroscopy of pectins. Carbohydrate Polymers, 54(1): 97-106.

Syrbe A, Bauer W J, Klostermeyer H. 1998. Polymer science concepts in dairy systems-an overview of milk protein and food hydrocolloid interaction. International Dairy Journal, 8(3): 179-193.

Tamura M, Suzuki H. 1997. Effects of pectin on jejunal and heal morphology and ultrastructure in adult mice. Annals of Nutrition and Metabolism, 41(4): 255-259.

Thakur B R, Singh R K, Handa A K, et al. 1997. Chemistry and uses of pectin—A review. Critical Reviews in Food Science and Nutrition, 37(1): 47-73.

Tiwari B K, Muthukumarappan K, O'Donnell C P, et al. 2010. Rheological properties of sonicated guar, xanthan and pectin dispersions. International Journal of Food Properties, 13(2): 223-233.

Tong H, Liang Z, Wang G. 2008. Structural characterization and hypoglycemic activity of a polysaccharide isolated from the fruit of *Physalis alkekengi* L. Carbohydrate Polymers, 71(2): 316-323.

Tsujita T, Sumiyosh M, Han L K, et al. 2003. Inhibition of lipase activities by citrus pectin. Journal of Nutritional Science and Vitaminology, 49(5): 340-345.

Vilhena C, Gonçalves M L, Mota A M. 2004. Binding of copper (Ⅱ) to pectins by electrochemical methods. Electroanalysis, 16(24): 2065-2072.

Vincken J P. 2003. If homogalacturonan were a side chain of rhamnogalacturonan Ⅰ. Implications for cell wall architecture. Plant Physiology, 132(4): 1781-1789.

Voragen A G J, Schols H A, Visser R G F, et al. 2003. Advances in pectin and pectinase research: 2nd symposium on pectins and pectinases. Dordrecht: Kluwer Academic Publishers: 403-441.

Wai W W, AlKarkhi A F M, Easa A M. 2010. Comparing biosorbent ability of modified citrus and durian rind pectin. Carbohydrate Polymers, 79(3): 584-589.

Walkenström P, Kidman S, Hermansson A M, et al. 2003. Microstructure and rheological behaviour of alginate/pectin mixed gels. Food Hydrocolloids, 17(5): 593-603.

Walkinshaw M D, Arnott S. 1981. Conformations and interactions of pectins. Ⅱ. Models for junction zones in pectinic acid and calcium pectate gels. Journal of Molecular Biology, 153(4): 1075.

Wang Y, Lien L, Chang Y, et al. 2013. Pectin methyl esterase treatment on high-methoxy pectin for making fruit jam with reduced sugar content. Journal of the Science of Food and Agriculture, 93(2): 382-388.

Wang Y, Nangia-Makker P, Balan V, et al. 2010. Calpain activation through galectin-3 inhibition sensitizes prostate cancer cells to cisplatin treatment. Cell Death Disease, 1(11): e101.

Watrelot A A, Le B C, Imberty A, et al. 2013. Interactions between pectic compounds and procyanidins are influenced by methylation degree and chain length. Biomacromolecules, 14(3): 709.

Watrelot A A, Le Bourvellec C, Imberty A, et al. 2014. Neutral sugar side chains of pectins limit interactions with procyanidins. Carbohydrate Polymers, 99: 527-536.

Werch S C, Ivy A C. 1941. On the fate of ingested pectin. American Journal of Digestive Diseases, 8(4): 101-105.

Westerlund E, Åman P, Andersson R, et al. 1991. Chemical characterization of water-soluble pectin in papaya fruit. Carbohydrate Polymers, 15(1): 67-78.

Willats W G T, Knox J P, Mikkelsen J R D. 2006. Pectin: new insights into an old polymer are starting to gel. Trends in Food Science & Technology, 17(3): 97-104.

Willats W G T, McCartney L, Mackie W, et al. 2001. Pectin: cell biology and prospects for functional analysis. Plant Molecular Biology, 47(1/2): 9-27.

Wong W W. 2008. Modification of durian rind pectin for improved biosorbent ability. International Food Research Journal, 15(3): 363-365.

Yan J, Katz A. 2010. PectaSol-C modified citrus pectin induces apoptosis and inhibition of proliferation in human and mouse androgen-dependent and- independent prostate cancer cells. Integrative Cancer Therapies, 9(2): 197.

Yapo B M. 2011. Pectin rhamnogalacturonan Ⅱ: on the "small stem with four branches" in the primary cell walls of plants. International Journal of Carbohydrate Chemistry, (25): 1-11.

Young N, Kappel G, Bladt T. 2003. A polyuronan blend giving novel synergistic effects and bake-stable functionality to high soluble solids fruit fillings. Food Hydrocolloids, 17(4): 407-418.

Zhan D, Janssen P J, Mort A. 1998. Scarcity or complete lack of single rhamnose residues interspersed within the homogalacturonan regions of citrus pectin. Carbohydrate Research, 308(3-4): 373-380.

Zhang J, Chen L, Cui J, et al. 2014. Physicochemical property of starch-pectin conjugates with resistance to enzymatic activity. Journal of the Science of Food and Agriculture, 94(8): 1505-1512.

第8章 菊　粉

8.1 引　言

抗性低聚糖（resistant oligosaccharide/non-digestible oligosaccharide）指一类能够抵抗人体唾液、胃酸及消化道酶水解但能够被肠道微生物消化利用的低聚糖（Swennen et al.，2006；Roberfroid and Slavin，2001）。

大多数低聚糖如蔗糖、麦芽糖等能够在胃肠道内被水解为单糖后被机体吸收，并通过血液运输到机体的各个部位，这些碳水化合物是维持机体健康的必需物质，它们既是构成机体细胞和组织的重要组成成分，同时又能够为机体生命活动提供能量，并在新陈代谢过程中起到重要作用。但是部分低聚糖由于其特殊的结构不能被人体胃肠道消化，从而直达大肠，为肠道细菌所酵解（Mussatto and Mancilha，2007）。这个酵解过程不仅为肠道菌群提供能量，还有利于维持肠道微生态的平衡，同时还产生乙酸、丙酸和丁酸等代谢产物，对维持机体健康产生有益影响（Holscher，2017；Tremaroli and Backhed，2012）。因此，尽管抗性低聚糖不直接为机体提供能量，但是它们可以作为机体间接的能量物质和代谢调节者。

抗性低聚糖种类较多，根据其制备方式可分为三类：一类抗性低聚糖天然存在于自然界中，可从不同资源中提取得到，这类抗性低聚糖中最具有代表性的是菊粉（inulin）；另一类抗性低聚糖可由单糖或双糖通过酶促合成获得，如半乳低聚糖（galactooligosaccharide）就是由蔗糖或乳糖等经酶合成制得；还有一类抗性低聚糖可由多糖经酶促、酸处理、热处理等手段水解获得，如焦糊精（pyrodextrin）可由玉米淀粉或马铃薯淀粉经热降解制得（Panesar et al.，2018；Swennen et al.，2006；Roberfroid and Slavin，2000）。

在诸多抗性低聚糖中，菊粉及其水解产物的研究最为深入、应用最为广泛、商业化生产最为成功。菊粉（又称菊糖），是由D-果糖以β-2,1糖苷键连接而成的长链多糖，通常在末端含有一个葡萄糖基（Mensink et al.，2015a；魏凌云等，2005）。它是一种多分散性能量储存多糖，广泛分布于自然界，尤其是菊科植物中（Schaafsma and Slavin，2015）。自19世纪首次被发现以来，菊粉及其水解产物已经在食品和药品领域得到广泛应用（Gupta et al.，2019；Wilson and Whelan，2017；Shoaib et al.，2016；Mensink et al.，2015b）。本章将针对菊粉的来源、制备、理化性质、结构特征、生物活性及应用等方面进行总结。

8.2 菊粉的来源

菊粉是一种果聚糖混合物，于1804年由德国科学家Rose首次从土木香（*Inula helenium*）根茎中结晶纯化得到；1818年，Thomson将其命名为菊粉（Suzuki，1993）。目前，菊粉主要来源于自然界中天然存在的富含菊粉的植物，还有部分研究报道能够通过酶促反应以蔗糖为原料合成菊粉，此外，基因改性技术的广泛应用也使得“定制化”生产菊粉成为可能。

8.2.1 天然菊粉

菊粉广泛分布于自然界，超过 36 000 种双子叶植物、单子叶植物的鳞茎、块茎及根等部位均发现菊粉的存在，如菊芋（*Helianthus tuberosus*）（Li et al.，2015）、菊苣（*Cichorium intybus*）（Rashid et al.，2018）、大蒜（*Allium sativum*）（Fiallos et al.，2017）、蒲公英（*Taraxacum mongolicum*）（Mudannayake et al.，2016）等植物均富含菊粉。此外，在人们日常食用的一些食物中也含有一定量的菊粉，如芦笋、洋葱、韭葱、香蕉和黑麦等。一些常见植物中的菊粉含量（鲜重）如表 8-1 所示。

表 8-1　一些常见植物中的菊粉含量（鲜重）（Singh et al.，2019）

植物名称	菊粉含量（%）	植物名称	菊粉含量（%）
菊苣	15 ～ 20	龙舌兰	7 ～ 10
菊芋	12～ 19	韭葱	3 ～ 10
大丽花	15 ～ 20	洋蓟	3 ～ 10
婆罗门参	15 ～ 20	甘薯	7.5
雪莲果	3 ～ 19	洋葱	2 ～ 6
云木香	18 ～ 20	牛蒡	3.5 ～ 4.0
大蒜	9 ～ 16	小麦	1.0 ～ 4.0
芦笋	10 ～ 15	黑麦	0.5 ～ 1.0
蒲公英	12 ～ 15	香蕉	0.3 ～ 0.7

菊粉，与淀粉类似，在植物中起到储存能量的作用。如表 8-1 所示，不同植物之间的菊粉含量具有较大差异，一般来说，菊科植物如菊苣、菊芋、大丽花中菊粉含量较高。此外，即使同一种植物在不同生长时期以及不同生长环境，其菊粉含量也不尽相同（Vandoorne et al.，2012）。

目前工业生产菊粉的主要原料为菊苣和菊芋，其中西方国家多以菊苣为原料生产菊粉，国内则以菊芋为主。菊苣为菊科菊苣属多年生草本植物，喜温耐寒，耐盐碱，喜水肥，对土壤要求不高，粗短的肉质根用于菊粉的生产。菊芋为菊科向日葵属多年生草本植物，对气候和土壤等自然环境要求低，生命力顽强，可以在贫瘠、盐碱的非耕边际土地种植，其富含菊粉的部位为块状地下茎。表 8-2 总结了菊苣和菊芋的产量、菊粉含量以及所含菊粉的平均聚合度。

表 8-2　菊苣和菊芋的产量、菊粉含量以及所含菊粉的平均聚合度（Franck et al.，2005）

项目	菊苣	菊芋
根或块茎产量（t/hm^2）	25 ～ 75	35 ～ 60
干重（%）	20 ～ 25	19 ～ 25

续表

项目	菊苣	菊芋
菊粉含量（%）	15 ～ 18	14 ～ 18
菊粉产量（t/hm^2）	5 ～ 11	4.5 ～ 8.5
菊粉平均聚合度	10 ～ 14	6 ～ 10

8.2.2　合成菊粉

植物合成菊粉通常分为两步进行，首先通过蔗糖 : 蔗糖 1- 果糖基转移酶（sucrose: sucrose 1-fructosyltransferase，1-SST）将两分子蔗糖转化为 1- 蔗果三糖和葡萄糖，然后通过果聚糖 : 果聚糖 1- 果糖基转移酶（fructose: fructose 1-fructosyltransferase，1-FFT）将 1- 蔗果三糖转化为聚合度更高的菊粉（Edelman and Jefford，1968）。已有许多报道利用从植物中纯化的 1-SST 和 1-FFT，在体外以蔗糖为原料合成菊粉。Luscher 等（1996）利用从菊芋中纯化的 1-SST 和 1-FFT 合成了聚合度高达 20 的菊粉，Radosta 等（1998）通过纯化后的果糖基转移酶获得了高分子质量的菊粉。

糖苷水解酶 GH68 家族的菊粉蔗糖酶（EC 2.4.1.9）能够将蔗糖的果糖部分聚合为菊粉。目前报道能够产生菊粉蔗糖酶的微生物有变形链球菌、柠檬色明串珠菌 CW28、约氏乳杆菌 NCC533、加氏乳杆菌和罗伊氏乳杆菌 121（Kralj et al.，2018）。一般来说，微生物合成的菊粉较植物来源菊粉分子质量大。Heyer 等（1998）利用从变形链球菌中纯化得到的果糖基转移酶合成得到分子质量为 6×10^7 ～ 9×10^7Da 的高分子质量菊粉。约氏乳杆菌 NCC533 产生的菊粉蔗糖酶合成的菊粉分子质量为 4×10^7Da（Anwar et al.，2008）。芽孢杆菌属菌株 217C-1、包含黏琼脂芽孢杆菌 WDG185 产生的一种菊粉合成酶以蔗糖为原料合成的菊粉与植物来源菊粉具有相似的特性（Kralj et al.，2018；Wada et al.，2005）。此外，菊粉蔗糖酶的不同存在形式，可以用来生产不同分子质量的菊粉。例如，来自柠檬色明串珠菌 CW28 的菊粉蔗糖酶，其存在于细胞内的酶利用蔗糖产生分子质量较大的菊粉，而存在于水溶液中的酶则产生小分子质量菊粉（Ortiz-Soto et al.，2004）。

8.2.3　基因改性菊粉

基因改性技术能够应用在富含菊粉的菊芋、菊苣等菊粉积累型植物中，控制产生菊粉的特征如聚合度，使得菊粉“定制”生产成为可能（Van Arkel et al.，2013）。从蒲公英中分离得到 *1-SST* 基因并将其通过农杆菌引入菊苣中进行过量表达，可以增强菊苣产生长链菊粉的能力（Maroufi et al.，2018，2016）。

基因改性技术还能够将菊粉积累型植物基因引入非菊粉积累型植物，这些转基因植物被称为“新平台作物”，丰富了菊粉资源库（Van Arkel et al.，2013）。较常用的植物有马铃薯、玉米，转基因后的马铃薯、玉米产生的菊粉与基因供体植物产生的菊粉具有类似的性状特征（Stoop et al.，2007；Koops et al.，2003；Hellwege et al.，2000）。同时，向天然高蔗糖含量工业作物（如甜菜、甘蔗）中引入合适的果糖基转移酶基因，能够为低成本生产菊粉提供一种可行且具有潜力的替代方案（Banguela and Hernández，2006）。

8.3　菊粉的制备

图 8-1 以菊苣为例介绍菊粉的生产工艺流程。菊苣菊粉的生产工艺可分为粗提、精制及干燥三个步骤：首先是菊粉的粗提，一般采用的方法是用 70 ～ 80℃的热水浸提 90min；然后是菊粉的纯化精制，提取得到的浸提液中常含有较多杂质，如蛋白质、色素等，这些杂质需要通过纯化步骤除去；最后为菊粉的浓缩和干燥，纯化后的菊粉浸提液经浓缩后获得浓缩液，浓缩液经喷雾干燥获得菊粉产品。

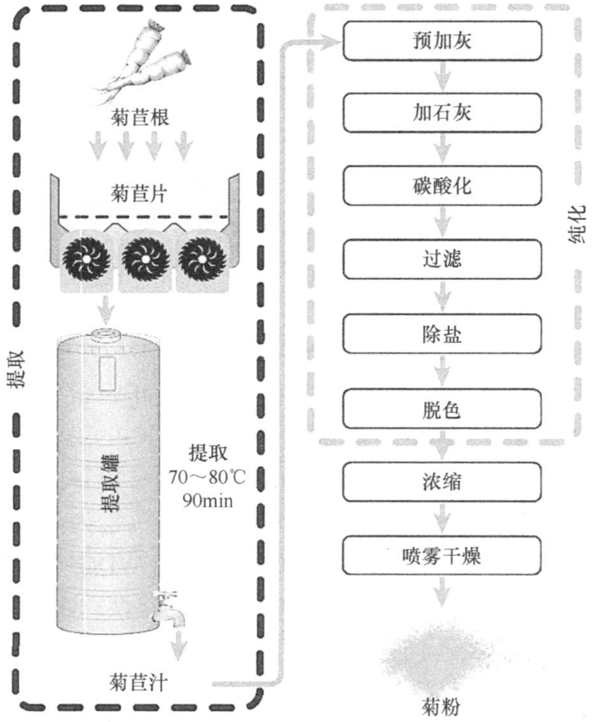

图 8-1　菊苣菊粉的生产工艺流程图（Zhu et al.，2016）（彩图请扫二维码）

8.3.1　菊粉的提取

在提取之前，一般先对植物组织进行前处理，首先通过洗涤或次氯酸钠浸泡除去土壤和微生物，然后煮沸或浸入 2% 乙酸溶液中以抑制多酚氧化酶活性，最后对其进行切片或粉碎处理。

菊粉的典型提取方法为热水提取法，由于菊粉在水中的溶解度会随温度的升高而升高，在温度达到 90℃时溶解度可达到 35%（在温度为 25℃时，几乎不溶解）。因此，工业中菊粉的生产都是在热水溶液中进行（Kim et al.，2001）。在菊粉的提取过程中，温度、时间和料液比是较为重要的影响因素，同时一些辅助提取手段如超声、微波、欧姆加热也能够被应用到菊粉的提取中，用以提高菊粉的提取效率（Zhu et al.，2016）。Zhu 等（2015）采用脉冲电场处理结合欧姆加热提取菊苣中的菊粉，结果表明脉冲电穿孔结合欧姆加热可有效损伤菊苣组织细胞，增加菊苣溶质扩散性，从而显著提高菊苣溶质的提取率。新型加热技术如电磁感应加热及欧姆加热等同样能够显著提高菊粉的提取效率，如采用传统热水提取方法提取菊粉的得率为 16.62%，而采用欧姆加热方式提取菊粉的得率为 17.59%（Termrittikul et al.，2018；Terkmane et al.，2016）。表 8-3 总结了近年来不同植物资源中菊粉的提取方法。

表 8-3　近年来不同植物资源中菊粉的提取方法

来源	提取方法	提取条件	参考文献
菊芋	欧姆加热提取	电场强度 21.1V/cm，85℃，0.5h，料液比 1∶38	Termrittikul et al.，2018
	热水提取	85℃，0.5h，料液比 1∶38	
	加速溶剂提取	80℃，20min，料液比 1∶5	Srinameb et al.，2015
党参	热水提取	100℃，2.5h，料液比 1∶40，提取两次	Fu et al.，2018
剑麻	热水提取	80℃，2h，料液比 1∶7	Apolinário et al.，2017
洋蓟	微波辅助提取	120℃，3min，料液比 1∶33	Ruiz-Aceituno et al.，2016
	加压液体提取	75℃，26.7min，料液比 1∶37	
	电磁感应加热提取	89℃，2h，料液比 1∶5	Terkmane et al.，2016
独尾草	热水提取	87.99℃，28.38min，料液比 1∶50	Pourfarzad et al.，2015
	间接超声提取	60℃，29.30min，超声振幅 79.97%	
	直接超声提取	60℃，29.27min，超声振幅 80%	
菊苣	脉冲电场处理结合欧姆加热提取	30℃预热，90min，料液比 1∶3	Zhu et al.，2015

8.3.2　菊粉的纯化

菊粉工业中，纯化过程直接影响菊粉品质的好坏。由于热水浸提获得的菊粉提取液中常含有蛋白质、果胶、色素等杂质，若不经纯化则制得的菊粉品质较差，颜色深且容易吸水结块。因此，还需对菊粉提取液进行纯化处理以获得纯度较高的菊粉（彭英云等，2012）。菊粉的纯化可借鉴蔗糖工业纯化方法，根据不同杂质的性质采用不同的处理方法（胡建锋和邱树毅，2010）。对于大分子杂质如蛋白质、果胶等，可经石灰乳-磷酸法或加灰充炭法除去；对于色素，可采用活性炭吸附法、过氧化氢法和树脂法进行脱色处理。工业化菊粉较为常用的除杂方法为碳酸盐沉淀法结合活性炭脱色法。Khuenpet 等（2018）向菊粉粗提液中加入氧化钙至 pH 为 11 ～ 12，然后在搅拌的条件下充入二氧化碳至 pH 为 6.8 ～ 7，静置离心除去沉淀，再通过含有树脂和活性炭的过滤系统除去离子和脱色，纯化后菊粉纯度达到 96.22%。吴洪新等（2006）在 70 ～ 80℃条件下向菊粉浸提液中加入石灰乳脱蛋白，并结合活性炭脱色处理，采用该方法的脱色率为 69.13%，菊粉损失率仅为 7.93%。采用石灰乳-磷酸法在 70℃水浴 20min 除杂以及 4% 活性炭 90℃水浴 20 min 脱色条件下获得的菊粉纯度为 92%（辛莉和施江，2013）。

色谱分离技术是实验室规模菊粉制备中较为常用的纯化方法，其优点为纯化效果好，但也存在纯化效率低且用于工业化生产成本较高等缺点。对于菊粉的纯化，常用的阴离子交换树脂有 DEAE 纤维素和 DEAE 琼脂糖凝胶。由于菊粉由葡萄糖和果糖组成，属于中性多糖，阴离子交换树脂对菊粉没有吸附作用，而对菊粉提取液中电负性的物质如蛋白质和果胶具有吸附作用，从而可以实现菊粉与杂质的分离。目前，阴离子交换树脂已广泛应用于党参菊粉（Khuenpet et al.，2018）、剑麻菊粉（Apolinário et al.，2017）、洋甘菊菊粉（Chaves et al.，2019）等各种植物来源菊粉的纯化中。

8.3.3　菊粉的生产供应商

随着菊粉良好生理功能的不断发掘以及人们健康意识的不断提高，全球菊粉消费急剧增长，菊粉产业正在蓬勃发展。工业作物及其应用的交互式欧洲网络在 2005 年提供的报告显示，菊粉产品的主要生产商来自比利时和荷兰，两国生产的菊粉占欧盟菊粉总产量的 98.8%（Holmes，2005）。比利时 Beneo-Orafti 公司和 Warcoing 公司以及荷兰 Sensus 集团是世界主要菊粉制造商，这些公司均以菊苣为原料制造菊粉（魏凌云等，2005）。

我国菊粉产业发展较晚，研究开始于 20 世纪 90 年代。国内规模化生产菊粉的企业有维乐夫集团和青海威德生物技术有限公司，其中维乐夫集团以菊苣为原料生产菊粉；而青海威德生物技术有限公司则以菊芋为主要生产原料，充分利用了我国丰富的菊芋资源（王金刚和杜宁娟，2008）。中国菊粉产业虽然尚处于起步阶段，是一个新兴的产业，但其发展具有自身特色。

8.4　菊粉的理化性质和结构特征

本节对菊粉的理化性质、一级结构、高级结构及其溶液构象进行介绍，为理解菊粉良好的生理活性功能与其理化性质及结构特征之间的关系奠定研究基础。

8.4.1　菊粉的理化性质

8.4.1.1　溶解性

影响菊粉溶解性的因素有溶解温度、菊粉类型以及溶剂类型等。温度对菊粉的溶解性影响较大。Wada 等（2005）研究了三种具有不同聚合度的菊粉在各温度下的溶解性，三种类型的菊粉分别是 Beneo-Orafti 公司生产的 Raftiline HP（高性能菊粉）和 Raftiline ST（标准菊粉），以及由蔗糖经酶促合成的菊粉。图 8-2a 为不同菊粉的分子质量分布情况，Raftiline HP 具有较高的聚合度（DP=23 ～ 25），Raftiline ST 的聚合度较低（DP=10 ～ 12），合成菊粉的聚合度与 Raftiline ST 类似，但具有更窄的分子质量分布。图 8-2b 展示了不同类型菊粉在不同温度下的溶解性，Raftiline HP 展现出最低的溶解性，其次为 Raftiline ST，经酶促合成的菊粉具有最好的溶解性。虽然合成菊粉具有较窄的分子质量分布且不含有高聚合度组分，但是它的溶解性要好于 Raftiline ST。

总之，室温下菊粉在水中的溶解性较低，但可以溶解在二甲基亚砜中（Naskar et al.，2010a，2010b；Dan et al.，2009a；Azis et al.，1999）。提高温度可以提高菊粉的溶解性。菊粉很难溶于乙醇，因此，可以通过乙醇沉淀来获取菊粉（Bouchard et al.，2008）。

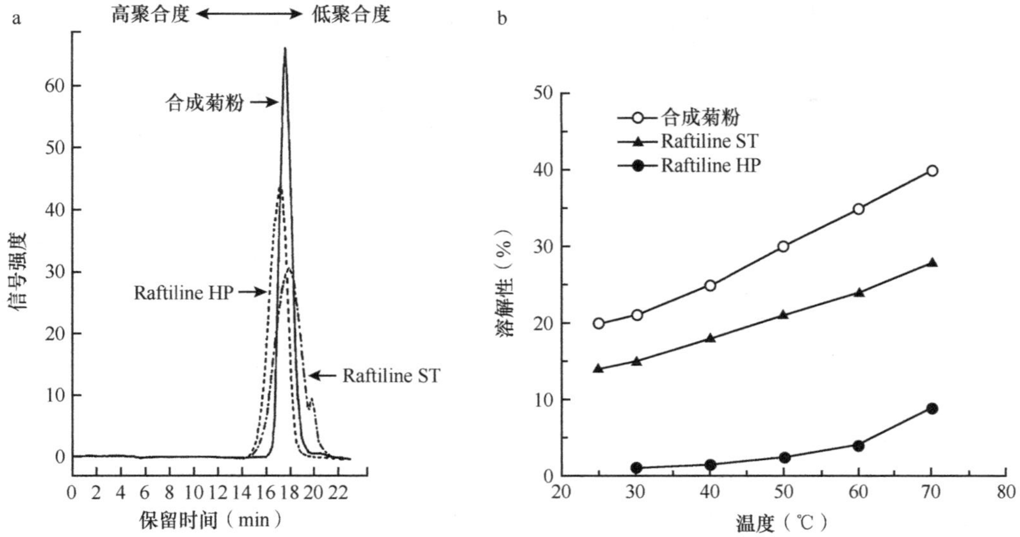

图 8-2　三种不同类型菊粉的分子质量分布（a）和三种不同类型菊粉的溶解性随温度的变化情况（b）（Wada et al.，2005）

8.4.1.2　酸热稳定性

菊粉的稳定性与其溶液环境有关，影响因素有温度和 pH。当 pH 为 5.0 ～ 7.0，温度在 100℃以下时菊粉溶液稳定性较好；而当 pH 为 3.0 ～ 5.0，温度高于 50℃时菊粉的稳定性下降，发生明显的水解；当 pH 低于 3.0 时，即使在室温下菊粉也能发生水解反应，且其水解速率呈温度依赖性，随温度升高而增大（许威，2012）。

8.4.1.3　吸附特性

菊粉对油脂有良好的吸附作用，且吸附能力与油脂种类有关。菊粉对大豆油的最高吸附量为 1.76g/g 菊粉，对猪油的最高吸附量为 0.75g/g 菊粉。同时，菊粉还具有较好的吸湿特性，其吸湿能力与环境相对湿度及温度有关。相对湿度越高，吸湿速率越高，达到平衡时吸湿度也越高，提高温度也有增加吸湿度的趋势。菊粉在 25℃、30℃、45℃时的临界相对湿度分别为 75.9%、88.1%、88.4%。菊粉在吸湿过程中发生形态的变化，由起始的无定形结构向半晶体转变（吸湿量在 6.5% ～ 11.25% 时），当吸湿量大于 11.25% 时存在大量晶体态菊粉（许威，2012）。

8.4.2　菊粉的一级结构

菊粉是由 D-呋喃果糖分子以 β-2,1 糖苷键连接而成的线性直链多糖，每个菊粉分子末端以 α-1,2 糖苷键连接一个葡萄糖残基。菊粉的分子式表示为 GF_n，其中 F 代表果糖分子，G 为终端葡萄糖分子，n 代表果糖基数目，其分子结构如图 8-3a 所示。也有部分菊粉分子仅由果糖组成而不含终端葡萄糖分子，分子式可表示为 F_n，分子结构如图 8-3b 所示。菊粉的主链主要包括呋喃糖环，其结构比吡喃糖环更加灵活，且其组成果糖呋喃环中的键不参与菊粉主链组成（Gupta et al.，2019；Shoaib et al.，2016；Mensink et al.，2015a）。

不同菊粉之间的结构差异主要体现为链长的不同，即聚合度的不同。天然菊粉聚合度为 2 ～ 60，平均聚合度为 10，平均分子质量在 3500 ～ 5500Da。菊粉聚合度大小取决于菊粉来源如原料生长地、收获季节及其生产工艺（Franck et al.，2005）。

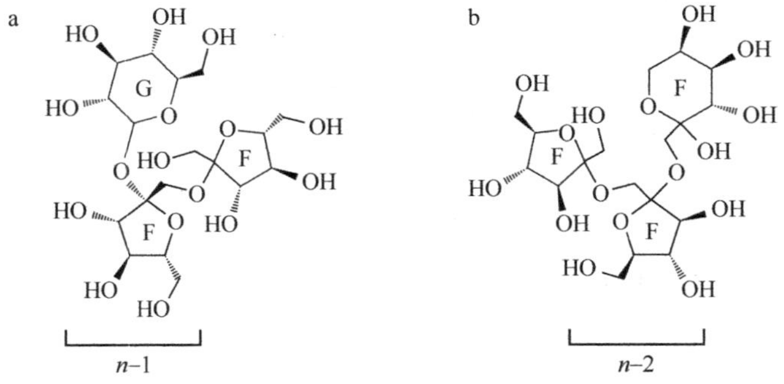

图 8-3　菊粉的化学结构（Zhu et al.，2016）

8.4.3　菊粉的高级结构

8.4.3.1　晶体形态学

菊粉晶体具有长椭圆形和针形两种形态。Lis 和 Preston（1998）介绍了一种通过控制温度生产长椭圆形和针形菊粉的方法，过冷却含有 10% ～ 50% 菊粉的 Instant Frbruline（DP=6 ～ 12）溶液可获得这两种不同形态的晶体，若溶液冷却温度高于菊粉相变温度，则获得长椭圆形晶体；若溶液冷却温度比菊粉的相变温度低，则获得针形晶体。两种晶体的相变温度是 75 ～ 95℃。生产中通过改变两种类型晶体的比例和两种晶体的大小来改变黏度。针形晶体可以显著提高黏度，而长椭圆形晶体则可提高润滑性。

8.4.3.2　晶体结构

Marchessault 等（1980）率先报道了菊粉的三维晶体结构，他们认为菊粉的晶体结构是一个五倍体螺旋结构，2.16Å 左手螺旋或右手螺旋，因此每环 10.8Å。其键角为 ψ=130°，φ=75°，ω=60°（右手螺旋），或者是 ω=180°（左手螺旋）。Andre 等（1996a，1996b）认为 Marchessault 等（1980）提出来的五倍体螺旋结构没有充分的数据支持，且事实上是不准确的。Andre 等（1996a）提出菊粉的晶体结构是右手六倍体螺旋结构，可分为半水合物晶体和一水合物晶体。一水合物晶体中一般的水是相当不稳定的，因为它能够在空气或真空干燥下离开晶体；而在半水合物中，剩余的水牢固地结合并且几乎不可能在不破坏晶体的情况下被除去。半水合物菊粉是斜方晶系半水合物晶体，每两个果糖基包含一个水分子，每六个单元的大小为 a=16.70Å，b=9.65Å，c=14.4Å。一水合物菊粉是伪六方单水化物晶体，每一个果糖基就包含一个水分子，每个螺旋的大小为 a=16.70Å，b=9.80Å，c=14.7Å。半水合物的螺旋构象被表征为 φ=66°，ψ=154°，ω=–82°，而单水合物的键角接近于 φ=68°，ψ=159°，ω=–87°。Andre 等（1996a）提出的半水合物菊粉及一水合物菊粉的晶体结构如图 8-4a、图 8-4b 所示。

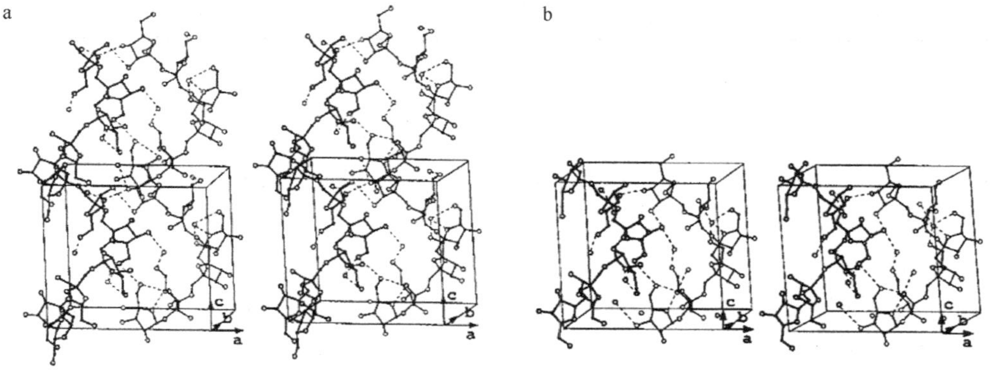

图 8-4　半水合物菊粉的晶体结构（a）和一水合物菊粉的晶体结构（b）（Andre et al.，1996a）

8.4.4　菊粉的溶液构象

8.4.4.1　溶液中的构象

许多文献报道了菊粉在溶液中的构象，包括右手螺旋型、球状、棒状、无规卷曲等，且菊粉分子在溶液中的构象受菊粉链长、溶剂类型以及菊粉来源的影响（Mensink et al.，2015a）。

French（1988）计算了菊粉在溶液中理论上的可能构象，发现菊粉的溶液构象和右旋糖酐相似，具有右手螺旋结构。Oka 等（1992）发现由于螺旋结构的存在，聚合度高于 8 的菊粉低聚物比短链菊粉低聚物形成的二级结构更具刚性。然而 Liu 等（1994）提出，聚合度等于 5 的菊粉分子能够形成单螺旋结构，但由于分子排阻作用，聚合度更大的分子不能形成螺旋结构。

Wolff 等（2000）采用静态光散射对经酶促合成的菊粉溶液构象进行分析，结果显示该高分子质量菊粉在水和 DMSO 中均表现为球状。Eigner 等（1988）使用小角度 X 射线散射测得来自菊芋中的分子质量为 7200Da 的菊粉在水溶液中为棒状。Naskar 等（2010b）认为菊粉在水溶液中形成球状聚集体，而在 DMSO 中形成棒状或纺锤状聚集体。

Vereyken 等（2003）采用分子动态模拟菊粉分子在水溶液中的构象，他们认为菊粉在溶液中倾向于呈现无规卷曲状。Barclay 等（2016）通过小角度 X 射线散射、分子动态模拟以及密度泛函理论数据确认菊粉分子在水溶液中以无规卷曲的形式存在。菊粉分子末端的葡萄糖能够与另一分子的果糖形成氢键并转变为螺旋结构。

8.4.4.2　黏度和凝胶作用

许多研究都报道了不同菊粉的固有黏度（Mensink et al.，2015a）。表 8-4 总结了不同菊粉在不同媒介中、不同温度下的特性黏度。研究表明加入盐之后，可以降低菊粉溶液特性黏度，随着温度的升高，菊粉溶液的黏度也会降低。一般来讲，菊粉的黏度随着菊粉分子质量及 DMSO 浓度的增大而增加。但是在 Wada 等（2005）的报道中，酶促合成的菊粉比两种商业样品 Raftiline ST 和 Raftiline HP 的黏度都低。

表 8-4　不同菊粉在不同媒介中、不同温度下的特性黏度（Mensink et al.，2015a）

来源	媒介	特性黏度（mL/kg）	哈金斯系数	温度（℃）	分子质量（Da）	文献
菊苣根	水	4.92	1.13	30	4450	Naskar et al.，2010b
菊苣根	水	4.49	1.10	30	4478	Kitamura et al.，1994
曲霉酶促合成	水	5.58	n.r.	25	1.49×10^4	Kitamura et al.，1994
曲霉酶促合成	水	6.97	n.r.	25	1.87×10^4	Kitamura et al.，1994
曲霉酶促合成	水	8.26	n.r.	25	2.38×10^4	Kitamura et al.，1994
曲霉酶促合成	水	10.5	n.r.	25	3.37×10^4	Kitamura et al.，1994
曲霉酶促合成	水	12.8	n.r.	25	7.52×10^4	Kitamura et al.，1994
曲霉酶促合成	水	16.3	n.r.	25	16.6×10^4	Kitamura et al.，1994
曲霉酶促合成	水	16.5	n.r.	25	60.4×10^4	Kitamura et al.，1994
曲霉酶促合成	水	16.5	n.r.	25	97.4×10^4	Kitamura et al.，1994
曲霉酶促合成	水	18.6	n.r.	25	178×10^4	Kitamura et al.，1994
曲霉酶促合成	水	19.1	n.r.	25	529×10^4	Kitamura et al.，1994
变异链球菌酶促合成	水	18	n.r.	25	54×10^6	Wolff et al.，2000
菊苣根	水：DMSO（3：1）	5.86	2.12	30	4450	Naskar et al.，2010b
菊苣根	水：DMSO（2：1）	6.63	1.50	30	4450	Naskar et al.，2010b
菊苣根	水：DMSO（1：1）	7.96	1.27	30	4450	Naskar et al.，2010b
菊苣根	水：DMSO（1：2）	11.0	1.09	30	4450	Naskar et al.，2010b
菊苣根	水：DMSO（1：6）	14.9	1.75	30	4450	Naskar et al.，2010b
菊苣根	DMSO	18.8	1.30	30	4450	Naskar et al.，2010b
菊苣根	DMSO	15.2	0.48	30	4478	Dan et al.，2009b
菊芋	DMSO	9.1±0.2	n.r.	25	3400±150	Azis et al.，1999
菊苣根	DMSO	10.7±0.2	n.r.	25	6200±200	Azis et al.，1999
菊苣根	0.5mol/L NH_4SCN（水溶液）	3.65	2.40	30	4478	Dan et al.，2009b
菊苣根	0.5mol/L NaCl（水溶液）	4.30	2.16	30	4478	Dan et al.，2009b
菊苣根	0.5mol/L Na_2SO_4	4.21	2.24	30	4478	Dan et al.，2009b

注：n.r. 表示未报道

8.5　菊粉的生物活性

8.5.1　益生元特性

由于菊粉特殊的化学结构，因此其在胃和小肠内不被消化吸收，从而能直达大肠（Gupta et al.，2019；Wilson and Whelan，2017；Shoaib et al.，2016）。在结肠中，超过90%的菊粉可以被肠道细菌分解。肠道中的益生菌如双歧杆菌、乳酸菌等能够优先利用菊粉，它们利用菊粉生成的发酵产物如短链脂肪酸、乳酸等抑菌物质，可抑制有害菌的生长繁殖，减少腐败因子和有毒物质的形成，并降低肠道感染的概率（Swennen et al.，

2006；Roberfroid and Slavin，2000）。

菊粉选择性地提高结肠中一些细菌的增殖和新陈代谢活性，尤其是双歧杆菌和乳酸杆菌，从而对人体的健康产生很大益处。目前，菊粉的益生元作用在体外和体内均得到证实（Gibson and Wang，1994；Wang and Gibson，1993）。研究显示，每天食用5g菊粉，可以明显提高肠道中双歧杆菌的数量（Roberfroid et al.，1998）。此外，最近的研究表明菊粉的肠道益生功能不仅仅与双歧杆菌有关，其还能够显著提高其他益生菌的丰度（Claus，2017）。在一项双盲、随机、交叉干预研究中，借助于第二代基因测序技术以及粪便代谢组学手段，菊粉的摄入能显著提高粪便中丁酸弧菌及双歧杆菌的相对丰度，同时能显著降低嗜胆盐菌的相对丰度（Vandeputte et al.，2017）。体外相关实验表明，菊粉的链长度决定其在结肠中的发酵速度，低聚合度的菊粉比长链菊粉发酵速度要快两倍，因此长链菊粉对于结肠末端的新陈代谢活性具有潜在的刺激作用（Roberfroid et al.，1998）。

菊粉的低热值主要归功于它的益生元特性。一项人体内 ^{14}C 标记实验显示，菊粉与低聚果糖的热值是1.5kcal/g。也有学者通过小鼠体内实验和体外发酵实验计算出菊粉与低聚果糖的热值为1.5kcal/g。因此，学者建议在食品营养标签中菊粉的热值应标为1.5kcal/g（Roberfroid，1999）。

8.5.2　调节脂肪代谢

菊粉对脂肪代谢的调节作用已在各个水平的研究中得到证实。在体外水平上，通过采用分离的肝细胞进行生化研究，结果表明菊粉和低聚果糖的消耗可以降低脂肪合成相关酶的活性（Kok et al.，1998a，1996）。小鼠体内实验表明菊粉对脂肪代谢有明显影响，其中主要受影响的是血清中三酰甘油水平（Fiordaliso et al.，1995；Levrat et al.，1994；Delzenne et al.，1993）。向脂肪食物中添加10%的菊粉，可以降低餐后血清中三酰甘油和胆固醇含量（Kok et al.，1998b）。Han等（2017）的研究验证了这一观点，给予5%菊粉的高脂饮食大鼠的血脂水平明显低于给予5%纤维素组。此外，给高脂饮食的大鼠喂食菊粉，可以明显降低其体内的脂肪含量（Rault-Nania et al.，2008）。在人体试验中，菊粉对脂肪代谢也具有调节作用。菊粉的消耗可以降低血清中三酰甘油的含量，有时还可以降低胆固醇含量。健康的血脂正常成年人的最佳脂肪参数通常不会受菊粉摄入影响。

8.5.3　调节肠道功能

菊粉对各种原因导致的肠道功能紊乱具有很好的调节作用。肠道功能紊乱患者的临床试验数据显示，菊粉和低聚果糖可以恢复其肠道菌群的平衡，还可以阻止疾病的复发（Anderson et al.，2004；Jain et al.，2004）。对于艰难梭状芽孢杆菌（*Clostridium difficile*）导致的腹泻患者，摄入低聚果糖可以明显提高其肠道内双歧杆菌的数量，减少腹泻的复发（Lewis et al.，2005）。溃疡性结肠炎患者补充摄入Synergyl（一种菊粉），能够恢复其结肠中的有益细菌水平，并且提高双歧杆菌的增殖速率，从而缓解炎症。类似结果在克罗恩病患者的治疗中也同样发现（Lindsay et al.，2005）。总的来说，菊粉能够通过以下途径发挥其调节肠道功能：①菊粉与病原菌的外源凝集素发生特异性结合，从而减少其与肠道上皮中的特异受体结合，避免病原菌在肠道上黏附，使得病原菌随菊粉从消化道排出，从而达到“洗脱”病原菌的效果；②菊粉在结肠中发酵，能够提高益生菌菌群丰度和产气量，增加渗透压，从而促进肠蠕动，缩短粪便在结肠内的停留时间，减少水分和电解质的重吸收，可有效预防便秘；③肠道菌群发酵菊粉产生短链脂肪酸，其中丁酸为结肠细胞主要能量来源，丁酸含量的增加能够促进肠道组织正常生长（Gupta et al.，2019；Holscher，2017；Wilson and Whelan，2017）。

8.5.4 抑菌活性

在体外，菊粉之所以产生抑菌活性，部分是因为有机酸的产生，有机酸是菊粉和低聚果糖发酵的终产物（Van Der Meulen et al.，2006）。同时，对上皮细胞层的研究表明，菊粉和低聚果糖发酵终产物可以起到屏障作用，从而抑制病原体的增殖。此外，各种动物实验研究表明，菊粉和低聚果糖可以加快有益菌的恢复，抑制病原体的生长，降低病原体的增殖速率（Naughton et al.，2001）。

8.5.5 对糖尿病的调节作用

菊粉在小肠中不能被消化吸收，在大肠中可被肠道菌群发酵利用，因此菊粉的摄入不会造成血糖浓度的波动。对糖尿病患者来说，菊粉可以作为糖替代品安全食用（Gargari et al.，2013）。同时，摄入菊粉有利于改善糖尿病患者的健康水平。Chen 等（2017）发现长链菊粉能够通过调节肠道-胰腺免疫和屏障功能，调节肠道菌群平衡，从而延迟 1 型糖尿病的发展。进一步的研究表明，该代谢调节功能通过抑制 JNK 与 P38 MAPK 通路而得以实现（Ning et al.，2017）。

8.5.6 促进矿物质的吸收

摄入菊粉能促进机体对 Ca、Mg、Fe 等矿物质元素的吸收。Abrams 等（2005）研究发现，每天平均摄入 8g 菊粉可使 Ca 吸收率提高 20%。菊粉能够与矿物质元素形成菊粉-矿物质复合物，在肠道发酵过程中由于菊粉被酵解，复合物将矿物质元素释放出来从而有利于肠道吸收。另外，菊粉在肠道中的发酵产物能使肠道 pH 降低 1 ～ 2 个单位，从而使得矿物质元素处于离子状态而易于被吸收。短链菊粉和长链菊粉一起食用，与单独食用菊粉或低聚果糖相比，能更有效地促进钙离子的吸收，维持钙平衡（Coudray et al.，2003）。菊粉可以促进骨盐的积累，从而促进骨组织的形成。在切除卵巢小鼠模型中，菊粉可以提高骨组织中矿物质的含量，并且可以阻止切除卵巢手术引起的骨骼结构丢失（Zafar et al.，2004）。

在一项以健康成年志愿者为对象的研究中，每天摄入 40g 菊粉，可以明显提高机体对钙离子的吸收。在另一项研究中，每天给青少年女孩摄入 8g Synergyl，钙离子的吸收提高了 20%（Griffin et al.，2003）。随后建立的一项针对 9 ～ 12 岁男孩或女孩（近 100 名参与者）长达一年的调查研究中，发育期的男孩和女孩每天摄入 8g Synergyl，8 周之后，摄入 Synergyl 的男孩和女孩具有更高的钙吸收水平，同时骨组织中矿物质含量也较高（Abrams et al.，2005）。

8.6　菊粉在食品工业中的应用

8.6.1　用于乳制品的生产

菊粉在乳制品中的应用是基于菊粉能够作为糖替代品（与甜味剂结合应用）、脂肪替代品以及质构改良剂的功能特性。菊粉的应用与其聚合度有关，短链菊粉比天然和长链菊粉更均匀、溶解性更好、甜味更强，并且有助于改善口感。长链菊粉比天然菊粉溶解性小、黏度高，可以作为质构改良剂。

8.6.1.1　液态乳制品

在液态乳制品中，添加菊粉能够影响牛奶硬度、流动性、表观黏度等流变、质构特性，不同聚合度菊粉的添加以及不同添加量对这些特性产生的影响均不同。表 8-5 总结了不同类型菊粉及添加量对液体乳制品流变或质构特性的影响。天然菊粉添加量在 2% ～ 4% 时，可以提高不同乳酸菌和双歧杆菌共同培养的嗜热链球菌发酵牛奶的硬度（De Souza Oliveira et al.，2011）。添加 5% 长链菊粉至脱脂牛奶中，不会显著影响它的假塑性，但可以提高流动性的时间依赖性，也可以显著提高表观黏度（Debon et al.，2010）。Tratnik 等（2006）报道添加 2% 菊粉至牛奶中，会提高牛奶的黏度。Villegas 和 Costell（2007）研究了添加不同浓度（2% ～ 10%）、不同类型的菊粉（短链菊粉、天然菊粉和长链菊粉）对不同脂肪含量牛奶的影响，结果显示在脱脂牛奶中，三种类型的菊粉对牛奶黏度的影响没有区别。提高菊粉的添加量（8% 和 10%），可以观察到剪切稀化现象；添加长链菊粉还可以提高其表观黏度。在全脂牛奶样品中，黏度随着短链菊粉和天然菊粉浓度的增大而增大，长链菊粉含量超过 6% 时，牛奶黏度有快速增大趋势。菊粉对牛奶这些流体力学指标的影响可能与菊粉的持水能力、菊粉和蛋白质分子的相互作用、菊粉微晶小聚集体的形成或者是较大的总固体含量有关（Soukoulis et al.，2009；Akalın et al.，2008；Gonzalez-Tomas et al.，2008）。

表 8-5　不同类型菊粉及添加量对液体乳制品流变或质构特性的影响

产品	牛奶类型	菊粉聚合度	菊粉添加量（%）	对流变或质构特性的影响	参考文献
发酵牛奶	脱脂	＞ 23	1，2，4	提高牛奶的硬度	De Souza Oliveira et al.，2009
	脱脂	＞ 23	5	显著提高表观黏度	Debon et al.，2010
牛奶饮料	全脂、脱脂	2 ～ 10 9 ～ 12 ＞ 23	2 ～ 10	长链菊粉对于改善牛奶的黏度更有效	Villegas and Costell，2007
	全脂、脱脂	2 ～ 10 9 ～ 12 ＞ 23	6，8，10		

续表

产品	牛奶类型	菊粉聚合度	菊粉添加量（%）	对流变或质构特性的影响	参考文献
Kefir	全脂（牛奶和羊奶）	ND	2	获得最好的感官评价得分	Tratnik et al.，2006
		ND	2	起到替代脂肪的作用	Ertekin，2008

注：ND 表示没有相关数据

8.6.1.2　半固体乳制品

近年来，半固体乳制品如酸奶、乳制品甜点等越来越受到人们的欢迎。半固体乳制品甜点由牛奶、增稠剂（淀粉、羧甲基纤维素钠和其他水溶性胶体）、蔗糖和色素等组成。酸奶是具有一定流变和质构特征的乳制品，它的质构主要与牛奶中蛋白质三维网络结构有关。酪蛋白微粒和乳清蛋白通过疏水作用与静电力而产生聚集。

酸奶表现出时间依赖性、剪切稀化流体行为和弱凝胶的黏度，不同聚合度菊粉的添加以及不同添加量对酸奶的流变特性和感官特性产生不同影响。Paseephol 等（2008）向不含脂肪酸奶中加入 4% 不同链长的菊粉，发现所有添加菊粉的酸奶都比未添加菊粉的酸奶拥有更低的硬度、表观黏度、屈服应力、复数黏度、储能及损耗模量。添加长链菊粉的样品表现出与全脂酸奶相似的流变学行为，他们认为菊粉对于酸奶结构的软化作用，可能是因为菊粉的加入降低了蛋白质含量，还可能是因为菊粉分散到酪蛋白微粒间发生相互作用。但是 Kip 等（2006）却发现，向低脂酸奶中添加菊粉能够提高酸奶的表观黏度，而且加入长链菊粉的样品提高程度最大。菊粉的添加对于低脂酸奶最重要的作用是对质构特性的影响，结果表明添加 3% 的长链菊粉可以获得最厚、最具黏性和最具脂肪色的酸奶。Guggisberg 等（2009）对长链菊粉的添加量（0% ～ 4%）及脂肪含量（0.1% ～ 3.5%）对流变特性的影响进行了研究，结果表明，菊粉和脂肪会显著影响其流变与感官特性，菊粉的添加量达到 2% 时会减少其脱水缩合作用，而且随着菊粉浓度的升高，屈服应力、硬度和奶油感等也升高了。在含有 1%、2% 和 3.5% 脂肪的酸奶中，奶油感会受菊粉浓度的影响，但是在含 0.1% 脂肪的酸奶中却没有明显作用。因此，可以通过添加菊粉改善低脂（2%）酸奶的流变和感官特性，使其达到跟全脂酸奶相似的水平；但是在脂肪含量为 0.1% 的酸奶中，即便菊粉浓度达到 4%，也没有明显的改善作用。

半固体乳制品甜点产品表现出时间依赖性、剪切稀化现象和较弱的黏弹特性等特点。Tarrega 和 Costell（2006）认为长链菊粉对以淀粉为基础产品的流变和质构特性的影响取决于淀粉的浓度，由于菊粉和淀粉能够共同竞争水分。而 Gonzalez-Tomas 等（2008）的研究表明，不同类型的菊粉对该类型系统中黏弹性和流变特性的影响不仅取决于淀粉浓度，也取决于菊粉浓度。Lobato 等（2009）以牛奶布丁为研究对象，研究牛奶、淀粉和中链菊粉的相互作用对其质构与感官参数的影响，研究发现牛奶和淀粉浓度影响硬度、黏度与黏合性，菊粉仅影响产品的凝聚力，凝聚力随菊粉浓度升高而下降，这可能是由于菊粉削弱了淀粉网络。表 8-6 总结了不同类型菊粉对半固体状乳制品流变或质构特性的影响。

表 8-6　不同类型菊粉对半固体状乳制品流变或质构特性的影响

产品	牛奶类型	菊粉聚合度	菊粉添加量（%）	对流变或质构特性的影响	参考文献
酸奶	全脂	ND	1.3	没有影响	Staffolo et al.，2004
	脱脂	＞23 ＞9	1.5，3，4	长链菊粉的添加能够增加酸奶的表观黏度，并形成奶油的口感	Kip et al.，2006
	脱脂	4 10 23	1.5	菊粉的添加能够增加酸奶的表观黏度，且与菊粉链长无关	Aryana et al.，2005
	脱脂	4 10 23	4	菊粉的添加能够获得更低的硬度、表观黏度、屈服应力、复数黏度、储能和损耗模量	Paseephol et al.，2008
	脱脂、全脂	＞23	0～4	菊粉的添加能够减少酸奶脱水缩合，提高屈服应力、硬度及乳化值	Guggisberg et al.，2009
	脱脂	ND	1，2，3	获得全脂牛奶类似的口感与质地	Guven et al.，2005
	脱脂	ND	2，4，6	显著提高表观黏度和储能模量，并获得全脂牛奶类似的口感与质地	Brennan and Tudorica，2008
	脱脂	＞23	0.7，2.7	显著提高表观黏度和储能模量，并获得全脂牛奶类似的口感与质地	Modzelewska-Kapitula and Klebukowska，2009
奶油冻	脱脂、全脂	＞23	6	提高表观黏度、储能模量及复数黏度，降低损耗角正切值	Tarrega and Costell，2006
	脱脂、全脂	7～9 9～12 ＞23	2.5，5，7.5		
	脱脂、全脂	7～9 9～12 ＞23	2.5，5，7.5	显著增加稠度指数值，降低流动指数和损耗角正切值	Gonzalez-Tomas et al.，2009a；Gonzalez-Tomas et al.，2008
	脱脂	10	0.68～2.39	降低凝聚力	Lobato et al.，2009
	脱脂	7～9 9～12 ＞23	7.5	获得与全脂牛奶相似的流动性能，但提高了口感粗糙度	Gonzalez-Tomas et al.，2009b
慕斯	脱脂、全脂	10	5	获得更高的机械硬度和更好的黏附性	Cardarelli et al.，2008

注：ND 表示没有相关数据

8.6.1.3　固体乳制品

菊粉在水中的黏度随浓度的增大而增大，可形成与脂肪相似的像奶油般柔滑的凝胶，其口感与油脂一样，故可作为脂肪替代品应用于食品中。目前，菊粉已经被广泛用作低脂食品的质构改良剂，尤其是在欧洲、美国和澳大利亚（Devereux et al.，2003）。菊粉适用于作低脂奶酪中的脂肪替代剂，因为它可以稳定水相结构，形成一个改善的乳脂层；在固体乳制品中可以与乳清蛋白和酪蛋白发生相互作用，获得奶油式的口感（Bot et al.，2004；Karaca et al.，2009；Meyer et al.，2011）。

最适合用作脂肪替代物的菊粉是具有长链和高分子质量的高性能菊粉，高性能菊粉的聚合度范围是 11 ～ 60，平均聚合度为 25，其长链结构可以降低菊粉类型果聚糖的溶解性，当和牛奶及水混合时，可以形成菊粉的微晶体，这些微晶体具有一种平滑、脂肪式的口感。

菊粉作为脂肪替代剂，不仅与流变学（厚度、黏度等）改性有关，还可以改变其他口感，如润滑性。当菊粉以较低浓度加入到食品中时，产品的流变特性和感官特性不会受到明显影响，因此要想使得低脂食品具有与全脂食品相同的流变特性和感官能力，需加入较高浓度的菊粉。研究表明，加入 10% 菊粉就可以获得具有与全脂食品类似流变特性和感官能力的低脂食品（Fadaei et al.，2012）。表 8-7 总结了菊粉对固体乳制品流变或质构特性的影响。

表 8-7　菊粉对固体乳制品流变或质构特性的影响

奶酪类型	菊粉含量（%）	对流变或质构特性的影响	储存情况	参考文献
冰淇淋奶酪	8，10，12	添加 10% 的菊粉可以获得较好的质构	4℃	Fadaei et al.，2012
人造奶酪	5，13，75	比全脂奶酪具有更高的硬度	4℃	Hennelly et al.，2006
新鲜奶酪	5	添加 5% 菊粉的低脂奶酪比未添加菊粉的低脂奶酪具有较低的硬度，但是比全脂奶酪的硬度要高一些	4 ～ 6℃；90 天	Koca and Metin，2004
超滤奶酪	1，1.5，2，3	提高奶酪质构、组织的均匀性和可接受的感官特性	5℃；56 天	Miočinović et al.，2011
新鲜奶酪	3	比未添加菊粉的奶酪具有较低的硬度、弹性、黏度和嚼劲，与用全脂牛奶做的奶酪具有相似性	4℃；11 天	Juan et al.，2013
马苏里拉奶酪 车达奶酪	5	添加菊粉降低了硬度和黏度，从而改善了低脂奶酪的质构，保持了它本身的凝聚力和弹性	4℃；90 天和 210 天	Wadhwani，2011
新鲜奶酪	2，5，7	包含菊粉的样品具有较低的硬度值和黏度值	4℃；20 天	Salvatore et al.，2014

除乳制品外，菊粉还可作为油脂替代物应用于低脂肉制品的生产中，菊粉的添加能够改进肉制品结构，并提高产品稳定性；菊粉还能替代焙烤食品中的脂肪和糖分，提高其松脆性；菊粉还可应用于饼干、面包、蛋糕中，生产益生元面包、高纤维饼干等新概念产品（彭英云等，2012）。

8.6.2　用于益生菌微型胶囊的生产

益生菌和益生元结合的微型胶囊已应用于食品生产，用以提高益生菌的存活率（Akhiar

and Aqilah，2010）。Okuro 等（2013）将菊粉与嗜酸乳杆菌（*Lactobacillus acidophilus*）混合后制成固体脂质微粒，研究了其稳定性及对模拟胃液和模拟肠液的抗性，结果表明菊粉的添加能够有效地提高益生菌的稳定性并增加其在胃液及肠液环境下的存活率。Fritzen 等（2012）采用喷雾干燥技术将双歧杆菌、菊粉、低聚果糖等微胶囊化，结果表明菊粉的添加能够显著提高益生菌的存活率，且该产品具有较高的稳定性。Zamora-Vega 等（2012）采用菊粉、海藻酸钠及仙人掌黏液作为包封材料将酵母菌 *Sacharomyces boulardii* 微胶囊化，在 4℃储存 30 天后微胶囊化的酵母菌存活率较高，因此采用菊粉、海藻酸钠和仙人掌黏液制成胶囊对益生菌具有保护作用。

8.6.3　用于高果糖浆的生产

高果糖浆（high fructose syrup）是一种甜味剂，在食品工业中具有广泛的应用。通过水解菊粉生产的高果糖浆中果糖含量约为 95%，而传统通过淀粉的酶促反应生产的高果糖浆中果糖含量约为 45%，因此，菊粉能够作为高果糖浆生产的优质原料（Singh et al.，2018）。

通过菊粉生产高果糖浆有化学法及酶法两条途径，分别采用酸水解及酶促水解的方式。通过酸水解菊粉生产高果糖浆需要在高温条件下进行，这一过程会产生杂质和焦味，需要对水解产物进一步纯化。相较于化学法，酶法生产高果糖浆条件更为温和可控(Zittan，1981）。一般采用微生物来源的菊粉酶催化菊粉生产高果糖浆，该水解过程具有反应温度低、水解时间短、副反应少等优点。Mutanda 等（2009）利用无花果曲霉生产菊粉酶，在 50℃条件下水解菊苣菊粉 48h，反应产生的高果糖浆中果糖含量为 106.4g/L。Singh 等（2017）通过壳聚糖固定来自马克斯克鲁维酵母的菊粉酶，催化菊芋提取物生产高果糖浆，在 50℃条件下水解 5h，产生的高果糖浆中果糖含量为 42.5g/L。

8.6.4　用于饲料添加剂的生产

2006 年，欧盟对在动物饲料中添加抗生素生长促进剂实施禁令。此后，寻找合适的天然饲料添加剂成为动物饲料研究领域的热点之一，而菊粉作为最常用和最有效的天然益生元添加剂之一，现已被广泛应用于畜禽及水产品的饲料生产。

在畜禽的饲料中添加菊粉，不仅能够提高动物的日常体重，还能刺激禽类产蛋，同时菊粉对畜禽的肠道微生物群、肠道组织形态学、免疫系统以及矿物质和脂质代谢起到积极作用（Buclaw，2016；Kozlowska et al.，2016）。在肉鸡的饲料中添加菊粉和乳酸菌代谢产物，能显著提高肉鸡体重和饲料转化率，同时能够调节肠道菌群、促进胰岛素样生长因子 1（insulin-like growth factor 1，IGF1）和生长激素受体（growth hormone receptor，GHR）mRNA 表达，并改善肠黏膜结构（Kareem et al.，2017，2016）。向富含饱和脂肪酸的高脂饮食猪的饲料中添加菊粉能够显著减少肉味，改善猪肉的嫩度和整体感官品质，并且对肉的最终 pH、色泽、乳酸水平和蛋白质含量具有积极影响（Przybylski et al.，2019）。

向水产品如鱼、虾饲料中添加菊粉，能够起到调节其肠道微生态平衡、增强免疫力等效果。例如，向尼罗罗非鱼的幼鱼饲料中添加菊粉，能够显著增加其血液中葡萄糖、蛋白质、矿物质元素的含量，同时能够增加总免疫球蛋白含量，提高溶菌酶活性，改善肠道菌群，并且增加肠绒毛高度和肠道杯状细胞数量（Boonanuntanasarn et al.，2018；Tiengtam et al.，2015）。对于虾类，菊粉（5mg/g）和低聚甘露糖（5mg/g）的联合补充能够显著增强虾的先天免疫反应与病原体抗性，该补充剂是一种有广阔应用前景的免疫刺激添加剂（Li et al.，2018）。

8.7　菊粉研究存在的问题及前景展望

自 1804 年 Rose 首次提取纯化得到菊粉以来，菊粉的结构及其生理活性得到了广泛关注。目前，在菊粉的分离纯化方面，关于菊粉中不同聚合度果聚糖的分离纯化尚处于初探阶段，下一步的研究应该关注建立含有单一聚合度、高纯度果聚糖的分离方法。同时，在菊粉的生理活性研究方面，虽然国内外大量研究表明菊粉具有优良的生物学功能，如调节肠道微环境、调节糖尿病、促进脂肪代谢等，但菊粉通过何种途径在体内发挥其有益功能还有待进一步的研究。此外，菊粉的结构及其溶液构象与其生理活性之间的构效关系也值得深入探讨。

在菊粉的产业化方面，目前我国菊粉产业链与国际相比仍处于落后水平，落后的关键就在于高附加值菊粉产品的缺失，因此有必要加强以菊粉为原料的高附加值产品的开发，这将有助于促进菊粉来源作物的综合利用和精深加工研究，促进菊粉产业链的进一步完善，增加菊粉的市场和经济效益，形成良性循环。

参考文献

胡建锋, 邱树毅. 2010. 菊芋中提取菊粉的纯化工艺研究. 食品工业科技, (5): 270-273.
彭英云, 郑清, 张涛. 2012. 菊粉的功能与利用. 食品研究与开发, 33(10): 236-240.
王金刚, 杜宁娟. 2008. 菊粉的工业化生产技术与发展前景. 食品工业科技, (11): 309-312.
魏凌云, 王建华, 郑晓冬, 等. 2005. 菊粉研究的回顾与展望. 食品与发酵工业, 31(7): 81-85.
吴洪新, 呼天明, 张存莉, 等. 2006. 菊苣菊粉提取与纯化研究. 西北农林科技大学学报 (自然科学版), 34(6): 91-95.
辛莉, 施江. 2013. 菊粉分离纯化工艺的研究. 食品研究与开发, 34(3): 51-55.
许威. 2012. 菊粉物化特性的研究. 洛阳: 河南科技大学硕士学位论文.
许威, 罗登林, 陈瑞红, 等. 2012. 菊粉酸降解动力学研究. 食品科学, 33(15): 95-98.
Abrams S A, Griffin I J, Hawthorne K M, et al. 2005. A combination of prebiotic short- and long-chain inulin-type fructans enhances calcium absorption and bone mineralization in young adolescents. American Journal of Clinical Nutrition, 82(2): 471-476.
Akalın A S, Karagözlü C, Ünal G. 2008. Rheological properties of reduced-fat and low-fat ice cream containing whey protein isolate and inulin. European Food Research and Technology, 227(3): 889-895.
Akhiar M, Aqilah N S. 2010. Enhancement of probiotics survival by microencapsulation with alginate and prebiotics MMG 445. Basic Biotechnology, 6: 13-18.
Anderson A D G, Mcnaught C E, Jain P K, et al. 2004. Randomised clinical trial of synbiotic therapy in elective surgical patients. Gut, 53(2): 241-245.

Andre I, Mazeau K, Tvaroska I, et al. 1996a. Molecular and crystal structures of inulin from electron diffraction data. Macromolecules, 29(13): 4626-4635.

Andre I, Putaux J L, Chanzy H, et al. 1996b. Single crystals of inulin. International Journal of Biological Macromolecules, 18(3): 195-204.

Anwar M A, Kralj S, Van Der Maarel M J E C, et al. 2008. The probiotic *Lactobacillus johnsonii* NCC 533 produces high-molecular-mass inulin from sucrose by using an inulosucrase enzyme. Applied and Environmental Microbiology, 74(11): 3426-3433.

Apolinário A C, De Carvalho E M, De Lima Damasceno B P G, et al. 2017. Extraction, isolation and characterization of inulin from *Agave sisalana* boles. Industrial Crops and Products, 108: 355-362.

Aryana K, Begum S, Mcgrew P. 2005. Fat free plain yogurt manufactured with inulins of various chain lengths and *Lactobacillus acidaphilus* or *Lactobacillus casei*. Journal of Dairy Science, 88: 267.

Azis B H, Chin B, Deacon M P, et al. 1999. Size and shape of inulin in dimethyl sulphoxide solution. Carbohydrate Polymers, 38(3): 231-234.

Banguela A, Hernández L. 2006. Fructans: from natural sources to transgenic plants. Biotecnología Aplicada, 23(3): 202-210.

Barclay T G, Rajapaksha H, Thilagam A, et al. 2016. Physical characterization and in silico modeling of inulin polymer conformation during vaccine adjuvant particle formation. Carbohydrate Polymers, 143: 108-115.

Boonanuntanasarn S, Tiengtam N, Pitaksong T, et al. 2018. Effects of dietary inulin and Jerusalem artichoke (*Helianthus tuberosus*) on intestinal microbiota community and morphology of Nile tilapia (*Oreochromis niloticus*) fingerlings. Aquaculture Nutrition, 24(S2): 712-722.

Bot A, Erle U, Vreeker R, et al. 2004. Influence of crystallisation conditions on the large deformation rheology of inulin gels. Food Hydrocolloids, 18(4): 547-556.

Bouchard A, Jovanović N, Hofland G W, et al. 2008. Supercritical fluid drying of carbohydrates: selection of suitable excipients and process conditions. European Journal of Pharmaceutics and Biopharmaceutics, 68(3): 781-794.

Brennan C S, Tudorica C M. 2008. Carbohydrate-based fat replacers in the modification of the rheological, textural and sensory quality of yoghurt: comparative study of the utilisation of barley beta-glucan, guar gum and inulin. International Journal of Food Science and Technology, 43(5): 824-833.

Brighenti F, Casiraghi M C, Canzi E, et al. 1999. Effect of consumption of a ready-to-eat breakfast cereal containing inulin on the intestinal milieu and blood lipids in healthy male volunteers. European Journal of Clinical Nutrition, 53(9): 726-733.

Buclaw M. 2016. The use of inulin in poultry feeding: a review. Journal of Animal Physiology and Animal Nutrition, 100(6): 1015-1022.

Cani P D, Daubioul C A, Reusens B, et al. 2005. Involvement of endogenous glucagon-like peptide-1 (7-36) amide on glycaemia-lowering effect of oligofructose in streptozotocin-treated rats. Journal of Endocrinology, 185(3): 457-465.

Cani P D, Joly E, Horsmans Y, et al. 2006. Oligofructose promotes satiety in healthy human: a pilot study. European Journal of Clinical Nutrition, 60(5): 567-572.

Cardarelli H R, Aragon-Alegro L C, Alegro J H A, et al. 2008. Effect of inulin and *Lactobacillus paracasei* on sensory and instrumental texture properties of functional chocolate mousse. Journal of the Science of Food and Agriculture, 88(8): 1318-1324.

Causey J L, Feirtag J M, Gallaher D D, et al. 2000. Effects of dietary inulin on serum lipids, blood glucose and the gastrointestinal, environment in hypercholesterolemic men. Nutrition Research, 20(2): 191-201.

Chaves P F P, Iacomini M, Cordeiro L M C. 2019. Chemical characterization of fructooligosaccharides, inulin and structurally diverse polysaccharides from chamomile tea. Carbohydrate Polymers, 214: 269-275.

Chen K, Chen H, Faas M M, et al. 2017. Specific inulin-type fructan fibers protect against autoimmune diabetes by modulating gut immunity, barrier function, and microbiota homeostasis. Molecular Nutrition & Food Research, 61(8): 1601006.

Claus S P. 2017. Inulin prebiotic: is it all about bifidobacteria? Gut, 66(11): 1883-1884.

Cooper P D, Rajapaksha K H, Barclay T G, et al. 2015. Inulin crystal initiation via a glucose-fructose cross-link of adjacent polymer chains: atomic force microscopy and static molecular modelling. Carbohydrate Polymers, 117: 964-972.

Coudray C, Tressol J C, Gueux E, et al. 2003. Effects of inulin-type fructans of different chain length and type of branching on intestinal absorption and balance of calcium and magnesium in rats. European Journal of Nutrition, 42(2): 91-98.

Dan A, Ghosh S, Moulik S P. 2009a. Physicochemical studies on the biopolymer inulin: a critical evaluation of its self-aggregation, aggregate-morphology, interaction with water, and thermal stability. Biopolymers, 91(9): 687-699.

Dan A, Ghosh S, Moulik S P. 2009b. Physicochemistry of the interaction between inulin and alkyltrimethylammonium bromides in aqueous medium and the formed coacervates. Journal of Physical Chemistry B, 113(25): 8505-8513.

Daubioul C, Rousseau N, Demeure R, et al. 2002. Dietary fructans, but not cellulose, decrease triglyceride accumulation in the liver of obese Zucker fa/fa rats. The Journal of Nutrition, 132(5): 967-973.

Davidson M H, Maki K C, Synecki C, et al. 1998. Effects of dietary inulin on serum lipids in men and women with hypercholesterolemia. Nutrition Research, 18(3): 503-517.

De Souza Oliveira R P, Perego P, Converti A, et al. 2009. The effect of inulin as a prebiotic on the production of probiotic fibre-enriched fermented milk. International Journal of Dairy Technology, 62(2): 195-203.

De Souza Oliveira R P, Perego P, De Oliveira M N, et al. 2011. Effect of inulin as prebiotic and synbiotic interactions between probiotics to improve fermented milk firmness. Journal of Food Engineering, 107(1): 36-40.

Debon J, Prudêncio E S, Petrus J C C. 2010. Rheological and physico-chemical characterization of prebiotic microfiltered fermented milk. Journal of Food Engineering, 99(2): 128-135.

Delzenne N M, Kok N, Fiordaliso M F, et al. 1993. Dietary fructooligosaccharides modify lipid-metabolism in rats. American Journal of Clinical Nutrition, 57(5): 820.

Devereux H M, Jones G P, Mccormack L, et al. 2003. Consumer acceptability of low fat foods containing inulin and oligofructose. Journal of Food Science, 68(5): 1850-1854.

Edelman J, Jefford T. 1968. The mechanisim of fructosan metabolism in higher plants as exemplified in *Helianthus tuberosus*. New Phytologist, 67(3): 517-531.

Eigner W D, Abuja P, Beck R H F, et al. 1988. Physicochemical characterization of inulin and sinistrin. Carbohydrate Research, 180(1): 87-95.

Ertekin B. 2008. Effect of using fat replacers on quality criteria of kefir. Süleyman Demirel University Graduate School of Natural & Applied Sciences, 65(3): 284-286.

Fadaei V, Poursharif K, Daneshi M, et al. 2012. Chemical characteristics of low-fat wheyless cream cheese containing inulin as fat replacer. European Journal of Experimental Biology, 2: 690-694.

Fiallos M L, Ricardo M J, Miñaca M C, et al. 2017. Technological proposal for a garlic-derived inulin extraction process. Puyo (Ecuador): International Conference Series on Multidisciplinary Sciences.

Fiordaliso M, Kok N, Desager J P, et al. 1995. Dietary oligofructose lowers triglycerides, phospholipids and cholesterol in serum and very low density lipoproteins of rats. Lipids, 30(2): 163-167.

Franck P, Moneret-Vautrin D A, Morisset M, et al. 2005. Anaphylactic reaction to inulin: first identification of specific IgEs to an inulin protein compound. International Archives of Allergy and Immunology, 136(2): 155-158.

French A D J C R. 1988. Accessible conformations of the β-D-(2→1)-and-(2→6)-linked d-fructans inulin and levan. Carbohydrate Research, 176(1): 17-29.

Fritzen-Freire C B, Prudêncio E S, Amboni R D M C, et al. 2012. Microencapsulation of bifidobacteria by spray drying in the presence of prebiotics. Food Research International, 45(1): 306-312.

Fu Y P, Li L X, Zhang B Z, et al. 2018. Characterization and prebiotic activity *in vitro* of inulin-type fructan from *Codonopsis pilosula* roots. Carbohydrate Polymers, 193: 212-220.

Gargari B P, Dehghan P, Aliasgharzadeh A, et al. 2013. Effects of high performance inulin supplementation on glycemic control and antioxidant status in women with type 2 diabetes. Diabetes & Metabolism Journal, 37(2): 140-148.

Gibson G R, Wang X. 1994. Bifidogenic properties of different types of fructo-oligosaccharides. Food Microbiology, 11(6): 491-498.

Gonzalez-Tomas L, Bayarri S, Coll-Marques J, et al. 2009a. Flow behaviour of inulin-enriched dairy desserts: influence of inulin average chain length. International Journal of Food Science and Technology, 44(6): 1214-1222.

Gonzalez-Tomas L, Bayarri S, Costell E. 2009b. Inulin-enriched dairy desserts: physicochemical and sensory aspects. Journal of Dairy Science, 92(9): 4188-4199.

Gonzalez-Tomas L, Coll-Marques J, Costell E. 2008. Viscoelasticity of inulin-starch-based dairy systems. Influence of inulin average chain length. Food Hydrocolloids, 22(7): 1372-1380.

Griffin I J, Hicks P M D, Heaney R P, et al. 2003. Enriched chicory inulin increases calcium absorption mainly in girls with lower calcium absorption. Nutrition Research, 23(7): 901-909.

Guggisberg D, Cuthbert-Steven J, Piccinah P, et al. 2009. Rheological, microstructural and sensory characterization of low-fat and whole milk set yoghurt as influenced by inulin addition. International Dairy Journal, 19(2): 107-115.

Gupta N, Jangid A K, Pooja D, et al. 2019. Inulin: a novel and stretchy polysaccharide tool for biomedical and nutritional applications. International Journal of Biological Macromolecules, 132: 852-863.

Guven M, Yasar K, Karaca O B, et al. 2005. The effect of inulin as a fat replacer on the quality of set-type low-fat yogurt manufacture. International Journal of Dairy Technology, 58(3): 180-184.

Han K H, Yamamoto A, Shimada K I, et al. 2017. Dietary fat content modulates the hypolipidemic effect of dietary inulin in rats. Molecular Nutrition & Food Research, 61(8): 1600635.

Hellwege E M, Czapla S, Jahnke A, et al. 2000. Transgenic potato (*Solanum tuberosum*) tubers synthesize the full spectrum of inulin molecules naturally occurring in globe artichoke (*Cynara scolymus*) roots. Proceedings of the National Academy of Sciences of the United States of America, 97(15): 8699-8704.

Hennelly P, Dunne P, O'Sullivan M, et al. 2006. Textural, rheological and microstructural properties of imitation cheese containing inulin. Journal of Food Engineering, 75(3): 388-395.

Heyer A G, Schroeer B, Radosta S, et al. 1998. Structure of the enzymatically synthesized fructan inulin. Carbohydrate Research, 313(3-4): 165-174.

Holmes C A. 2005. IENICA summary report for the European Union 2000-2005. Interactive European

Network for Industrial Crops and their Applications. Farnham (England): British Crop Protection Council.

Holscher H D. 2017. Dietary fiber and prebiotics and the gastrointestinal microbiota. Gut Microbes, 8(2): 172-184.

Jain P K, Mcnaught C E, Anderson A D G, et al. 2004. Influence of synbiotic containing *Lactobacillus acidophilus* La5, *Bifidobacterium lactis* Bb 12, *Streptococcus thermophilus*, *Lactobacillus bulgaricus* and oligofructose on gut barrier function and sepsis in critically ill patients: a randomised controlled trial. Clinical Nutrition, 23(4): 467-475.

Juan B, Zamora A, Quintana F, et al. 2013. Effect of inulin addition on the sensorial properties of reduced-fat fresh cheese. International Journal of Dairy Technology, 66(4): 478-483.

Karaca O B, Guven M, Yasar K, et al. 2009. The functional, rheological and sensory characteristics of ice creams with various fat replacers. International Journal of Dairy Technology, 62(1): 93-99.

Kareem K Y, Loh T C, Foo H L, et al. 2016. Effects of dietary postbiotic and inulin on growth performance, IGF1 and GHR mRNA expression, faecal microbiota and volatile fatty acids in broilers. Bmc Veterinary Research, 12(1): 163.

Kareem K Y, Loh T C, Foo H L, et al. 2017. Influence of postbiotic RG14 and inulin combination on cecal microbiota, organic acid concentration, and cytokine expression in broiler chickens. Poultry Science, 96(4): 966-975.

Khuenpet K, Jittanit W, Sirisansaneeyakul S, et al. 2018. The application of purification process for inulin powder production from Jerusalem artichoke (*Helianthus tuberosus* L.) tuber powder. Journal of Food Processing and Preservation, 42(8): e13695.

Kim Y, Faqih M N, Wang S S. 2001. Factors affecting gel formation of inulin. Carbohydrate Polymers, 46(2): 135-145.

Kip P, Meyer D, Jellema R H. 2006. Inulins improve sensoric and textural properties of low-fat yoghurts. International Dairy Journal, 16(9): 1098-1103.

Kitamura S, Hirano T, Takeo K, et al. 1994. Conformation of (2→1)-β-D-fructan in aqueous solution. International Journal of Biological Macromolecules, 16(6): 313-317.

Koca N, Metin M. 2004. Textural, melting and sensory properties of low-fat fresh kashar cheeses produced by using fat replacers. International Dairy Journal, 14(4): 365-373.

Kok N, Roberfroid M, Delzenne N. 1996. Dietary oligofructose modifies the impact of fructose on hepatic triacylglycerol metabolism. Metabolism-Clinical and Experimental, 45(12): 1547-1550.

Kok N N, Morgan L M, Williams C M, et al. 1998a. Insulin, glucagon-like peptide 1, glucose-dependent insulinotropic polypeptide and insulin-like growth factor Ⅰ as putative mediators of the hypolipidemic effect of oligofructose in rats. The Journal of Nutrition, 128(7): 1099-1103.

Kok N N, Taper H S, Delzenne N M. 1998b. Oligofructose modulates lipid metabolism alterations induced by a fat-rich diet in rats. Journal of Applied Toxicology, 18(1): 47-53.

Koops A J, Sevenier R, Van Tunen A J, et al. 2003. Transgenic plants presenting a modified inulin producing profile. Wageningen: Plant Research International B. V.

Kozlowska I, Marc-Pienkowska J, Bednarczyk M. 2016. Beneficial aspects of inulin supplementation as a fructooligosaccharide prebiotic in monogastric animal nutrition—A review. Annals of Animal Science, 16: 315-331.

Kralj S, Leeflang C, Sierra E I, et al. 2018. Synthesis of fructooligosaccharides (FosA) and inulin (InuO) by GH68 fructosyltransferases from *Bacillus agaradhaerens* strain WDG185. Carbohydrate Polymers, 179: 350-359.

Levrat M A, Favier M L, Moundras C, et al. 1994. Role of dietary propionic acid and bile acid excretion in the hypocholesterolemic effects of oligosaccharides in rats. The Journal of Nutrition, 124(4): 531-538.

Lewis S, Burmeister S, Brazier J. 2005. Effect of the prebiotic oligofructose on relapse of *Clostridium difficile*-associated diarrhea: a randomized, controlled study. Clinical Gastroenterology and Hepatology, 3(5): 442-448.

Li W, Zhang J, Yu C, et al. 2015. Extraction, degree of polymerization determination and prebiotic effect evaluation of inulin from Jerusalem artichoke. Carbohydrate Polymers, 121: 315-319.

Li Y, Liu H, Dai X, et al. 2018. Effects of dietary inulin and mannan oligosaccharide on immune related genes expression and disease resistance of Pacific white shrimp, *Litopenaeus vannamei*. Fish & Shellfish Immunology, 76: 78-92.

Lindsay J, Whelan K, Stagg A, et al. 2005. The clinical, microbiological and immunological effects of oral fructo-oligosaccharide in patients with active ileocolonic Crohn's disease: an open label trial. Gastroenterology, 128: A112.

Lis D G, Preston L A. 1998-11-24. Method for controlling crystal morphology of inulin: U.S., Patent 5,840,884.

Liu J H, Waterhouse A L, Chatterton N J. 1994. Do inulin oligomers adopt a regular helical form in solution. Journal of Carbohydrate Chemistry, 13(6): 859-872.

Lobato L P, Grossmann M V E, Benassi M T. 2009. Inulin addition in starch-based dairy desserts: instrumental texture and sensory aspects. Food Science and Technology International, 15(4): 317-323.

Luscher M, Erdin C, Sprenger N, et al. 1996. Inulin synthesis by a combination of purified fructosyltransferases from tubers of *Helianthus tuberosus*. FEBS Letters, 385(1-2): 39-42.

Marchessault R H, Bleha T, Deslandes Y, et al. 1980. Conformation and crystalline structure of (2→1)-β-D-fructofuranan (inulin). Canadian Journal of Chemistry, 58: 2415-2422.

Maroufi A, Karimi M, Mehdikhanlou K. 2016. Overexpression of sucrose: sucrose 1-fructosyltransferase gene in chicory to produce high DP inulin. Tehran (Iran): Second International Genetics Congress.

Maroufi A, Karimi M, Mehdikhanlou K, et al. 2018. Inulin chain length modification using a transgenic approach opening new perspectives for chicory. 3 Biotech, 8(8): 349.

Mensink M A, Frijlink H W, Van Der Voort Maarschalk K, et al. 2015a. Inulin, a flexible oligosaccharide Ⅰ: review of its physicochemical characteristics. Carbohydrate Polymers, 130: 405-419.

Mensink M A, Frijlink H W, Van Der Voort Maarschalk K, et al. 2015b. Inulin, a flexible oligosaccharide. Ⅱ: review of its pharmaceutical applications. Carbohydrate Polymers, 134: 418-428.

Meyer D, Bayarri S, Tarrega A, et al. 2011. Inulin as texture modifier in dairy products. Food Hydrocolloids, 25(8): 1881-1890.

Miočinović J, Puđa P, Radulović Z, et al. 2011. Development of low fat UF cheese technology. Mljekarstvo, 61(1): 33.

Modzelewska-Kapitula M, Klebukowska L. 2009. Investigation of the potential for using inulin HPX as a fat replacer in yoghurt production. International Journal of Dairy Technology, 62(2): 209-214.

Mudannayake D, Silva K, Wimalasiri K, et al. 2016. *In vitro* prebiotic properties of partially purified asparagus falcatus and taraxacum javanicum inulins. Journal of Food Nutritional Disorders, 5(6): 1-10.

Mussatto S I, Mancilha I M. 2007. Non-digestible oligosaccharides: a review. Carbohydrate Polymers, 68(3): 587-597.

Mutanda T, Wilhelmi B, Whiteley C G. 2009. Controlled production of fructose by an exoinulinase from *Aspergillus ficuum*. Applied Biochemistry Biotechnology and Molecular Biology Reviews, 159(1): 65-77.

Naskar B, Dan A, Ghosh S, et al. 2010a. Characteristic physicochemical features of the biopolymer inulin in solvent added and depleted states. Carbohydrate Polymers, 81(3): 700-706.

Naskar B, Dan A, Ghosh S, et al. 2010b. Viscosity and solubility behavior of the polysaccharide inulin in water, water plus dimethyl sulfoxide, and water plus isopropanol media. Journal of Chemical and Engineering Data, 55(7): 2424-2427.

Naughton P J, Mikkelsen L L, Jensen B B. 2001. Effects of nondigestible oligosaccharides on *Salmonella enterica* serovar typhimurium and nonpathogenic *Escherichia coli* in the pig small intestine *in vitro*. Applied and Environmental Microbiology, 67(8): 3391-3395.

Ning C, Wang X, Gao S, et al. 2017. Chicory inulin ameliorates type 2 diabetes mellitus and suppresses JNK and MAPK pathways *in vivo* and *in vitro*. Molecular Nutrition & Food Research, 61(8): 1600673.

Oka M, Ota N, Mino Y, et al. 1992. Studies on the conformational aspects of inulin oligomers. Chemical & Pharmaceutical Bulletin, 40(5): 1203-1207.

Okuro P K, Thomazini M, Balieiro J C C, et al. 2013. Co-encapsulation of *Lactobacillus acidophilus* with inulin or polydextrose in solid lipid microparticles provides protection and improves stability. Food Research International, 53(1): 96-103.

Ortiz-Soto M E, Olivares-Illana V, López-Munguía A. 2004. Biochemical properties of inulosucrase from *Leuconostoc citreum* CW28 used for inulin synthesis. Biocatalysis and Biotransformation, 22(4): 275-281.

Panesar P S, Kaur R, Singh R S, et al. 2018. Biocatalytic strategies in the production of galacto-oligosaccharides and its global status. International Journal of Biological Macromolecules, 111: 667-679.

Paseephol T, Small D M, Sherkat F. 2008. Rheology and texture of set yogurt as affected by inulin addition. Journal of Texture Studies, 39(6): 617-634.

Pourfarzad A, Najafi M B H, Khodaparast M H H, et al. 2015. Characterization of fructan extracted from *Eremurus spectabilis* tubers: a comparative study on different technical conditions. Journal of Food Science and Technology, 52(5): 2657-2667.

Przybylski W, Jaworska D, Salek P, et al. 2019. The effect of inulin supply to high-fat diet rich in saturated fatty acids on pork quality and profile of sarcoplasmic protein in meat exudate. Journal of Animal Physiology and Animal Nutrition, 103(3): 593-602.

Radosta S, Haberer M, Heyer A, et al. 1998. Synthesis of high molecular inulin by using purified fructosyltransferase. Starch, 50: 366-367.

Rashid S, Rakha A, Butt M S, et al. 2018. Physicochemical and techno-functional characterization of inulin extracted from chicory roots and Jerusalem artichoke tubers and exploring their ability to replace the fat in cakes. Progress in Nutrition, 20: 191-202.

Rault-Nania M H, Demougeot C, Gueux E, et al. 2008. Inulin supplementation prevents high fructose diet-induced hypertension in rats. Clinical Nutrition, 27(2): 276-282.

Roberfroid M, Slavin J. 2000. Nondigestible oligosaccharides. Critical Reviews in Food Science and Nutrition, 40(6): 461-480.

Roberfroid M, Slavin J L. 2001. Resistant oligosaccharides. *In*: Cho S S, Dreher M L. Handbook of Dietary Fiber. Boca Raton: CRC Press: 144-165.

Roberfroid M B. 1999. Caloric value of inulin and oligofructose. The Journal of Nutrition, 129(7S): 1436S-1437S.

Roberfroid M B, Van Loo J A E, Gibson G R. 1998. The bifidogenic nature of chicory inulin and its hydrolysis products. The Journal of Nutrition, 128(1): 11-19.

Ruiz-Aceituno L, Garcia-Sarrio M J, Alonso-Rodriguez B, et al. 2016. Extraction of bioactive carbohydrates from artichoke (*Cynara scolymus* L.) external bracts using microwave assisted extraction and pressurized liquid extraction. Food Chemistry, 196: 1156-1162.

Salvatore E, Pes M, Mazzarello V, et al. 2014. Replacement of fat with long-chain inulin in a fresh cheese made from caprine milk. International Dairy Journal, 34(1): 1-5.

Schaafsma G, Slavin J L. 2015. Significance of inulin fructans in the human diet. Comprehensive Reviews in Food Science and Food Safety, 14(1): 37-47.

Shoaib M, Shehzad A, Omar M, et al. 2016. Inulin: properties, health benefits and food applications. Carbohydrate Polymers, 147: 444-454.

Singh R S, Chauhan K, Pandey A, et al. 2018. Biocatalytic strategies for the production of high fructose syrup from inulin. Bioresource Technology, 260: 395-403.

Singh R S, Singh R P, Kennedy J F. 2017. Immobilization of yeast inulinase on chitosan beads for the hydrolysis of inulin in a batch system. International Journal of Biological Macromolecules, 95: 87-93.

Singh R S, Singh T, Larroche C. 2019. Biotechnological applications of inulin-rich feedstocks. Bioresource Technology, 273: 641-653.

Soukoulis C, Lebesi D, Tzia C. 2009. Enrichment of ice cream with dietary fibre: effects on rheological properties, ice crystallisation and glass transition phenomena. Food Chemistry, 115(2): 665-671.

Srinameb B O, Nuchadomrong S, Jogloy S, et al. 2015. Preparation of inulin powder from Jerusalem Artichoke (*Helianthus tuberosus* L.) Tuber. Plant Foods for Human Nutrition, 70(2): 221-226.

Staffolo M D, Bertola N, Martino M, et al. 2004. Influence of dietary fiber addition on sensory and rheological properties of yogurt. International Dairy Journal, 14(3): 263-268.

Stoop J M, Van Arkel J, Hakkert J C, et al. 2007. Developmental modulation of inulin accumulation in storage organs of transgenic maize and transgenic potato. Plant Science, 173(2): 172-181.

Suzuki M. 1993. History of Fructan Research: Rose to Edelman. Boca Raton: CRC Press: 21-39.

Swennen K, Courtin C M, Delcour J A. 2006. Non-digestible oligosaccharides with prebiotic properties. Critical Reviews in Food Science and Nutrition, 46(6): 459-471.

Tarrega A, Costell E. 2006. Effect of inulin addition on rheological and sensory properties of fat-free starch-based dairy desserts. International Dairy Journal, 16(9): 1104-1112.

Terkmane N, Krea M, Moulai-Mostefa N. 2016. Optimisation of inulin extraction from globe artichoke (*Cynara cardunculus* L. subsp. *scolymus* (L.) Hegi.) by electromagnetic induction heating process. International Journal of Food Science and Technology, 51(9): 1997-2008.

Termrittikul P, Jittanit W, Sirisansaneeyakul S. 2018. The application of ohmic heating for inulin extraction from the wet-milled and dry-milled powders of Jerusalem artichoke (*Helianthus tuberosus* L.) tuber. Innovative Food Science & Emerging Technologies, 48: 99-110.

Tiengtam N, Khempaka S, Paengkoum P, et al. 2015. Effects of inulin and Jerusalem artichoke (*Helianthus tuberosus*) as prebiotic ingredients in the diet of juvenile Nile tilapia (*Oreochromis niloticus*). Animal Feed Science and Technology, 207: 120-129.

Tratnik L, Božanić R, Herceg Z, et al. 2006. The quality of plain and supplemented kefir from goat's and cow's milk. International Journal of Dairy Technology, 59(1): 40-46.

Tremaroli V, Backhed F. 2012. Functional interactions between the gut microbiota and host metabolism. Nature, 489(7415): 242-249.

Van Arkel J, Sevenier R, Hakkert J C, et al. 2013. Tailor-made fructan synthesis in plants: a review. Carbohydrate Polymers, 93(1): 48-56.

Van Der Meulen R, Makras L, Verbrugghe K, et al. 2006. *In vitro* kinetic analysis of oligofructose consumption by *Bacteroides* and *Bifidobacterium* spp. indicates different degradation mechanisms. Applied and Environmental Microbiology, 72(2): 1006-1012.

Vandeputte D, Falony G, Vieira-Silva S, et al. 2017. Prebiotic inulin-type fructans induce specific changes in the human gut microbiota. Gut, 66(11): 1968-1974.

Vandoorne B, Mathieu A S, Van Den Ende W, et al. 2012. Water stress drastically reduces root growth and inulin yield in *Cichorium intybus* (var. *sativum*) independently of photosynthesis. Journal of Experimental Botany, 63(12): 4359-4373.

Vereyken I J, Van Kuik J A, Evers T H, et al. 2003. Structural requirements of the fructan-lipid interaction. Biophysical Journal, 84(5): 3147-3154.

Villegas B, Costell E. 2007. Flow behaviour of inulin-milk beverages. Influence of inulin average chain length and of milk fat content. International Dairy Journal, 17(7): 776-781.

Wada T, Sugatani J N, Terada E, et al. 2005. Physicochemical characterization and biological effects of inulin enzymatically synthesized from sucrose. Journal of Agricultural and Food Chemistry, 53(4): 1246-1253.

Wadhwani R. 2011. Investigating the strategies to improve the quality of low-fat mozzarella and cheddar cheeses. Logan: Utah State University.

Wang X, Gibson G R. 1993. Effects of the *in vitro* fermentation of oligofructose and inulin by bacteria growing in the human large intestine. Journal of Applied Bacteriology, 75(4): 373-380.

Wilson B, Whelan K. 2017. Prebiotic inulin-type fructans and galacto-oligosaccharides: definition, specificity, function, and application in gastrointestinal disorders. Journal of Gastroenterology and Hepatology, 32(S1): 64-68.

Wolff D, Czapla S, Heyer A G, et al. 2000. Globular shape of high molar mass inulin revealed by static light scattering and viscometry. Polymer, 41(22): 8009-8016.

Zafar T A, Weaver C M, Zhao Y D, et al. 2004. Nondigestible oligosaccharides increase calcium absorption and suppress bone resorption in ovariectomized rats. The Journal of Nutrition, 134(2): 399-402.

Zamora-Vega R, Montañez-Soto J L, Martínez-Flores H E, et al. 2012. Effect of incorporating prebiotics in coating materials for the microencapsulation of *Sacharomyces boulardii*. International Journal of Food Sciences and Nutrition, 63(8): 930-935.

Zhu Z Z, Bats O, Grimi N, et al. 2015. Better damage of chicory tissue by combined electroporation and ohmic heating for solute extraction. Food and Bioproducts Processing, 94: 248-254.

Zhu Z Z, He J R, Liu G, et al. 2016. Recent insights for the green recovery of inulin from plant food materials using non-conventional extraction technologies: a review. Innovative Food Science & Emerging Technologies, 33: 1-9.

Zittan L J S S. 1981. Enzymatic hydrolysis of inulin—An alternative way to fructose production. Starch-Stärke, 33(11): 373-377.

第 9 章　其他作为可溶性膳食纤维的食品亲水胶体

9.1　引　　言

9.1.1　亲水胶体的基本性质

亲水胶体（hydrocolloid）通常是指能溶解于水中，并在一定条件下充分水化形成黏稠、滑腻或胶冻液的大分子物质，俗称“胶”。亲水胶体常作为增稠剂、凝胶剂、乳化剂、稳定剂、药物载体、膜材料等，广泛应用于食品、医药、化工、石油钻探等领域（张利和杨迎伍，2002）。

天然大分子亲水胶体主要指蛋白质和多糖，具有增稠、凝胶、乳化、分散、阻止冰晶和糖晶形成，以及控制香味释放等功能。蛋白质类亲水胶体一般由氨基酸构成，其种类、数量与空间结构排列直接影响、制约着蛋白质类亲水胶体的功能特性。多糖类亲水胶体的基本组成是单糖及其衍生物，化学结构是以单糖为单元形成的大分子多糖。多糖因其聚合度、单糖种类、糖单元之间的键连及排列方式、糖单元上羟基取代情况等各异，可产生不同功能特性，主要体现在溶解性、流变特性、稳定性、成胶能力及凝胶强度、胶溶液对其他电解质的兼容性，以及各种多糖之间相互作用等方面（张献伟等，2011）。

近年来，由于亲水胶体具有生物活性高、生体相容性好和热量低等优点，其在食品工业领域的研究与应用得到了迅猛的发展。本小节着重从流变性质、黏弹性和协同作用三个方面，介绍亲水胶体的基本性质。

9.1.1.1　流变性质

亲水胶体常作为增稠剂应用于食品工业，具有增加产品黏度、赋予产品黏滑口感、稳定产品乳化状态和悬浮状态等作用。亲水胶体流变性质的重要指标是黏度，而影响亲水胶体黏度的因素主要有胶体种类、来源、相对分子质量，以及胶体溶液浓度、pH 及剪切特性等。

亲水胶体溶液零剪切黏度随浓度的变化曲线和胶体分子在不同浓度条件下的相互作用如图 9-1 所示。在稀溶液中，亲水胶体溶液黏度较低；随着溶液浓度增加，亲水胶体溶液黏度增大。当溶液浓度增加到某一临界浓度 C^* 时，亲水胶体溶液黏度明显增加。当溶液浓度大于 C^* 后，亲水胶体溶液黏度随溶液浓度的增加而增大，且增大幅度大于稀溶液。此时，胶体大分子间相互穿插交叠，胶体溶液表现出非牛顿流体的性质，即溶液黏度随剪切速率的增大而下降，发生剪切稀化的现象（图 9-2）。

对于一个典型的呈非牛顿流体状态的亲水胶体溶液，其黏度随剪切速率的变化趋势存在以下 4 个区域（图 9-2）：①第一牛顿区（1st Newtonian plateau），在较低的剪切速率（γ）下，胶体溶液的黏度（η_s）不依赖于剪切速率的变化而变化，表现出牛顿流体的性质（Williams and Phillips，2009a）。在该剪切速率范围内，溶液具有较高黏度，该黏度称为“零

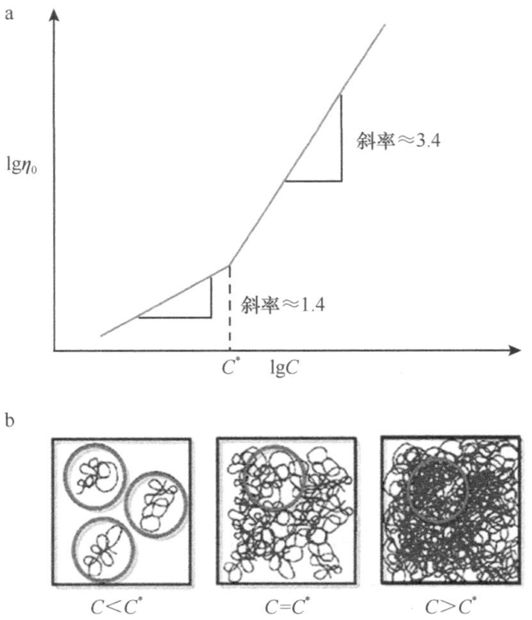

图 9-1　亲水胶体溶液零剪切黏度随浓度的变化曲线（a）和胶体分子在不同浓度条件下的相互作用示意图（b）（彩图请扫二维码）

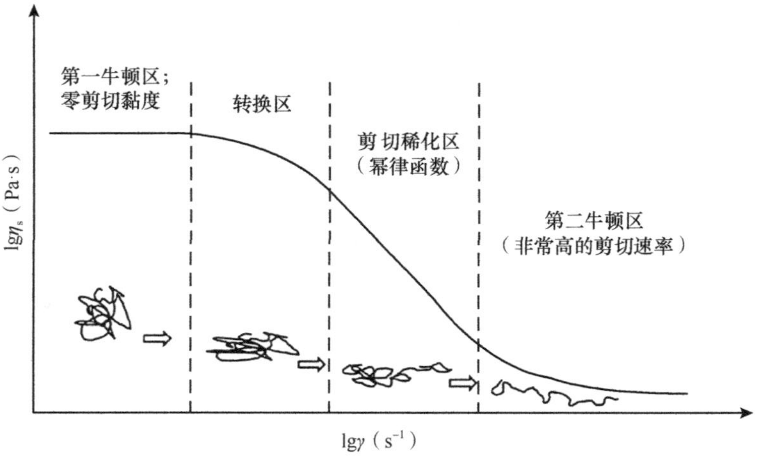

图 9-2　亲水胶体溶液典型黏度曲线（$C > C^*$）

剪切黏度”（η_0）。②转换区（transition area），随着剪切速率的增加，胶体溶液黏度开始降低。③剪切稀化区（shear thinning area），当剪切速率增大至一定程度时，胶体溶液黏度随剪切速率的增大而急剧下降，表现出假塑性流体行为。④第二牛顿区（2nd Newtonian plateau area），随着剪切速率的进一步增大，胶体溶液黏度恒定，表现出牛顿流体行为，此时，溶液的黏度称为“极限黏度”（η_∞）。

在上述 4 个区域中，“剪切稀化”行为是假塑性流体典型流变行为，这种流变行为与胶体的结构紧密相关，而胶体溶液流变行为取决于以下三个因素（Li et al.，2010）：①水胶体高分子链形态的严重“不对称性”，即长径比较大，这是最基本的因素；②亲水胶体溶液流动时，其流动单元不完全是单个分子，而是高分子群整体尺寸的变化（这种现象在高浓度或分散体系中更加明显）；③亲水胶体大分子之间物理交联点被破坏。当不对称高分子处于具有速度梯度的流动场中时，长链分子会发生沿速度方向的取向。这是由于胶体溶液在流动时，长链分子不同部位处于不同速度区，处于中心区的一端速度较快，而接近管壁的另一端速度较慢。此时，高分子两端会产生相对移动，结果导致高分子发生伸直和取向，且速度梯度愈大，这种取向就愈明显。在剪切速率很低的情况下，因分子布朗运动的影响，这种分子取向很快消失；相反，在较高剪切速率下，分子很快取向，而布朗运动的影响可以忽略；当剪切速率增大到某一值后，进一步提高剪切速率，分子取向度亦不会再提高。由于黏度是分子间内摩擦的量度，与分子形状有关，因此，亲水胶体在剪切速率很低或很高的条件下，其黏度基本为定值；而在中间剪切速率条件下，黏度随剪切速率的增加而降低。亲水胶体流动时的这种特点，反映在其黏度曲线上就是具有牛顿流体 → 非牛顿（假塑性）流体 → 牛顿流体的行为。

亲水胶体溶液的黏度受相对分子质量的影响较大（图 9-3）。当胶体相对分子质量较低时，溶液黏度随剪切速率的变化不大，表现出牛顿流体的行为。当胶体相对分子质量较高时，溶液黏度随剪切速率的增加而降低，表现出假塑性流体行为。与此同时，随着胶体相对分子质量的增加，剪切引起黏度降低的幅度增大，剪切稀化现象在更低的剪切速率下发生。

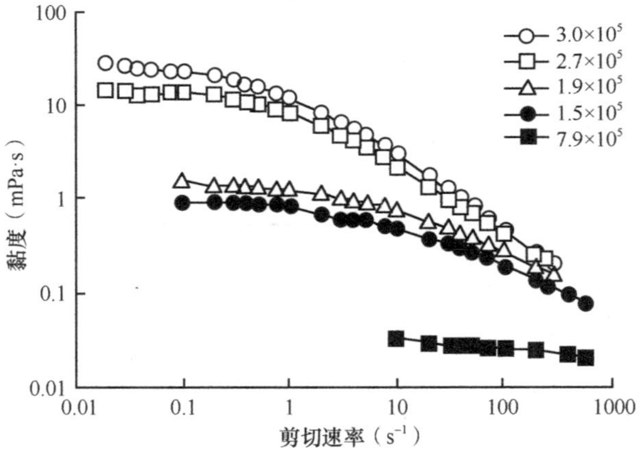

图 9-3　不同相对分子质量瓜尔胶（1%）的黏度曲线（Williams and Phillips，2009a）

溶液中胶体分子流体力学体积同样影响胶体溶液的黏度。流体力学体积与分子的结构紧密相关。对于相对分子质量相同的亲水胶体，线性、刚性分子结构比多分支、柔性分子结构具有更大的流体力学体积，因而黏度更高。例如，纤维素为刚性分子，短梗霉多糖为柔性分子，在低剪切速率下，纤维素溶液的黏度高于短梗霉多糖溶液；阿拉伯胶的支化度较高，分子在结构上较为紧凑，均方回转半径较小，相对于线性纤维素，在相对分子质量相同条件下，阿拉伯胶表现出牛顿流体行为。

此外，亲水胶体分子的极性对溶液黏度也有一定影响。分子间的电荷排斥作用使得大分子线团更加伸展，因此，极性亲水胶体的黏度高于非极性亲水胶体。然而，电解质的加入或 pH 的变化会影响带电基团的解离，进而使线团聚集，从而导致溶液黏度明显下降（丛峰松等，2004）。

9.1.1.2 黏弹性

亲水胶体在一定条件下能形成凝胶，具有黏弹性。黏弹性一般用储能模量（storage modulus，G'）、损耗模量（loss modulus，G''）以及二者对剪切振动频率的依赖性来表征。其中，G' 表示亲水胶体在形变过程中由于弹性形变而储存的能量，描述其固体特性，对应于体系的弹性；G'' 表示亲水胶体在形变时以热的形式而损耗的能量，描述液体特性，对应于体系的黏性。在稀溶液（溶液浓度小于临界浓度）中，亲水胶体分子不发生缠结，在很宽的频率范围内，G'' 都远大于 G'，且 G' 和 G'' 均具有明显的频率依赖性，即 G'' 与频率（ω）成正比，G' 与频率的二次方（ω^2）成正比。随着频率的增加，G' 和 G'' 发生交叉，当频率较高时，G' 大于 G''。当溶液浓度大于临界浓度时，G' 和 G'' 同样具有频率依赖性，在低频区，$G' < G''$；在高频区，$G' > G''$。与稀溶液相比，在浓溶液中，G' 和 G'' 在较低频率时发生交叉。图 9-4 为 1.0% 和 3.0% 葫芦巴胶溶液的动态流变曲线，在 3.0% 葫芦巴胶浓溶液中，当频率大于 0.6rad/s 时，即出现 G' 大于 G'' 的现象。

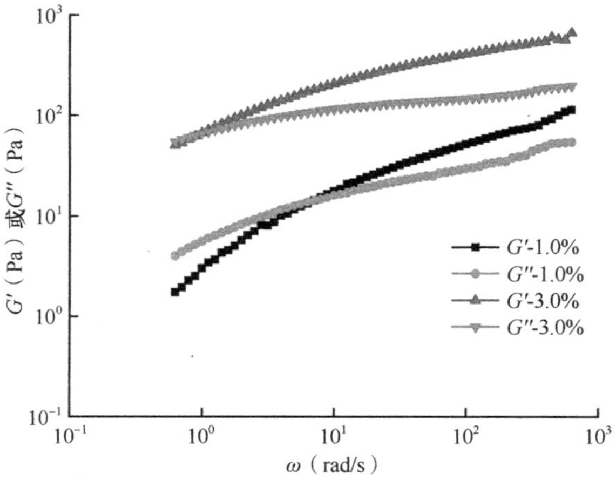

图 9-4　1.0% 和 3.0% 葫芦巴胶溶液的动态流变曲线

有些亲水胶体，如黄原胶，其二级结构是侧链绕主链骨架反向缠绕，通过氢键维系形成的棒状双螺旋结构。这种结构使得分子链倾向于发生弱的缔合作用，形成三维网络状凝胶结构。因此，即使在较低的剪切速率下，也会破坏分子缔合区（交联区）。对于这些体系，在较宽的频率范围内，G' 均略大于 G''，但二者仍然具有较弱的频率依赖性，如图 9-5a 所示。而另一些亲水胶体，如直链淀粉、琼脂、卡拉胶和结冷胶，能够形成稳定的分子链缔合区，从而可形成较强的凝胶结构。对于这些体系，在较宽的频率范围内，G' 均远大于 G''，且二者均无频率依赖性，如图 9-5b 所示。

9.1.1.3 协同作用

食品体系非常复杂，添加单一的亲水胶体往往只能满足部分要求。例如，瓜尔胶具有较好的增稠效果，耐酸耐盐，并具有较好的搅打性。然而，将瓜尔胶添加到乳制品中容易引起乳清分离，产生分层现象。海藻胶能与蛋白质反应形成稳定的络合物，若将其与瓜尔胶配合使用，既能提高乳制品的黏度，增加悬浮性，使产品质地均匀、口感好，

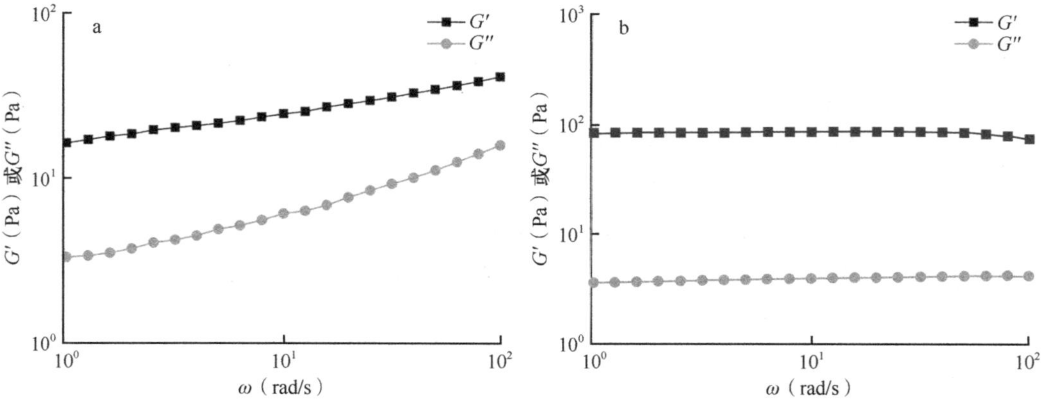

图 9-5　0.5% 黄原胶溶液的动态流变曲线（a）和 1.0% κ-卡拉胶溶液的动态流变曲线（b）

又可以延长货架期。因此，使用亲水胶体时，通常将多种胶协同使用，从而取得更好的使用效果和经济效益（宋晓飞，1999）。

对于不同亲水胶体分子，其协同作用本质上有两种，即分子间的缔合和解缔合，如图 9-6 所示。如果两种亲水胶体之间发生缔合，则会出现聚沉或凝胶现象。对于一些中性亲水胶体分子，分子间缔合会诱导凝胶形成；而对于带相反电荷的亲水胶体，混合后两种亲水胶体分子可能形成沉淀。如果两种亲水胶体不发生缔合，当溶液浓度较低时，它们以一种均一相（single phase）存在；当溶液浓度较高时，它们会分成两相（two phases）。如果两种亲水胶体中的某一种能单独形成凝胶，那么相分离和凝胶形成会同时发生，这两个过程的相对速率决定最终形成的凝胶特性（Liu et al.，2003）。亲水胶体的协同作用主要有协同增稠效应、协同形成凝胶作用和协同改变凝胶性质。

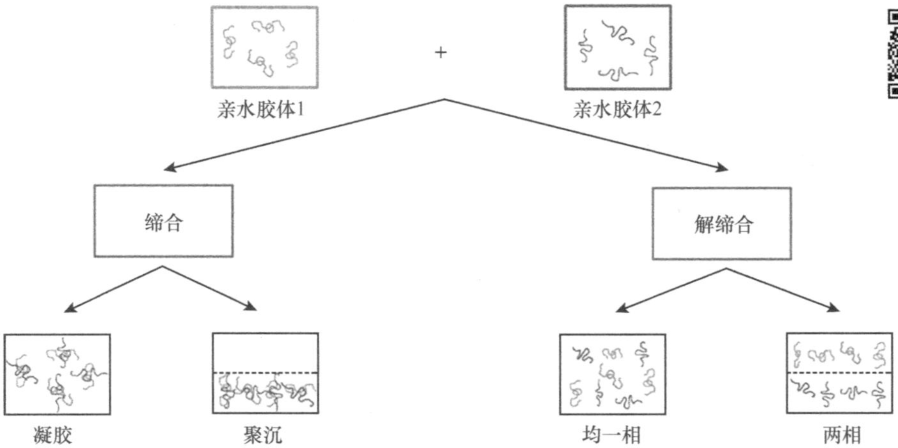

图 9-6　亲水胶体溶液混合后的相互作用示意图（彩图请扫二维码）

（1）协同增稠效应

亲水胶体分子的体积及水化程度是决定其溶液黏度的主要因素。体积大、水化程度高的亲水胶体分子相互连接后，将大大地提高其溶液黏度。例如，刺槐豆胶是以 1,4 糖苷键连接的甘露糖为主链，以半乳糖为支链的半乳甘露聚糖。由于支链分布不均匀，刺槐豆胶主链上有部分没有支链的链段，这些链段的空间位阻较小，易与具有双螺旋结构的黄原胶分子相互结合，形成分子间的稳定连接，使得复配体系体积变大，溶液的黏度提高。

(2) 协同形成凝胶作用

高分子化合物形成凝胶需要分子链靠近形成结点，然而亲水胶体分子在溶液中发生水化，其分子被水分子包围，这将阻碍分子链相互靠近形成结点。为了促使凝胶的形成，可将某些亲水胶体与强脱水剂协同使用。蔗糖具有多个向外伸展的羟基，易于与水结合，是强脱水剂。在果胶溶液中加入蔗糖，可以夺取其分子上的结合水，导致果胶分子部分形成分子间的结合点，进而形成凝胶。

(3) 协同改变凝胶性质

不同亲水胶体的凝胶性质不同，将其协同使用可以弥补由单一亲水胶体形成凝胶的不足之处。例如，琼脂是较有效的中性凝胶剂，可形成具有一定强度的脆性胶，在口中不融化，具有独特的口感。但单一使用时，制得的凝胶透明性差，冷冻后易破裂脱水。当与刺槐豆胶协同使用时，琼脂分子与刺槐豆胶分子的主链相连接，形成螺旋结构。复合体系持水性强，弹性好，可以提高琼脂凝胶强度，降低其脱水收缩性，改变透明度。

9.1.2　商品化食品亲水胶体产品

近年来，随着人们生活方式的改变，人们对速成食品、功能性食品以及高膳食纤维、低脂肪类食品的需求量增加。由于许多亲水胶体不仅具有调节肠胃功能、降低血糖指数等作用，其黏性和凝胶性还可以改善和控制食品的质构，因此亲水胶体在食品工业领域的应用越来越广，含有亲水胶体的代表性食品如图 9-7 所示。

图 9-7　含有亲水胶体的代表性食品（彩图请扫二维码）

迄今为止，世界上用于食品工业的亲水胶体已有 60 余种，根据其来源，可分为植物胶、海藻胶、微生物胶和动物胶，常用的商品化食品亲水胶体如表 9-1 所示（Williams and Phillips，2009a）。

表 9-1　主要商品化食品亲水胶体来源及分类

种类	来源	主要品种
植物胶	细胞壁	纤维素
	树干	阿拉伯胶、刺梧桐胶、印度树胶、黄芪胶
	植物	淀粉、果胶、纤维素
	种子	瓜尔胶、刺槐豆胶、塔拉胶、罗望子胶
	根	魔芋胶
海藻胶	红藻	琼脂、卡拉胶
	褐藻	海藻酸盐
微生物胶	—	黄原胶、凝结胶、葡聚糖、结冷胶、纤维素
动物胶	—	明胶、酪蛋白酸钠、乳清蛋白、大豆蛋白、蛋清蛋白、甲壳素

图 9-8 列举了国际亲水胶体市场概况（程丽鸿，2011）。2006 年，世界亲水胶体的总产值便已经达到 190 亿美元，其中淀粉及其衍生物的市场规模约 120 亿美元，除淀粉外亲水胶体的市场规模约 70 亿美元，并以年均 3% ～ 4% 的速度增加。亲水胶体消费市场中，淀粉及其衍生物占据了约 95%（以重量计），其他用途较广的亲水胶体主要有明胶、

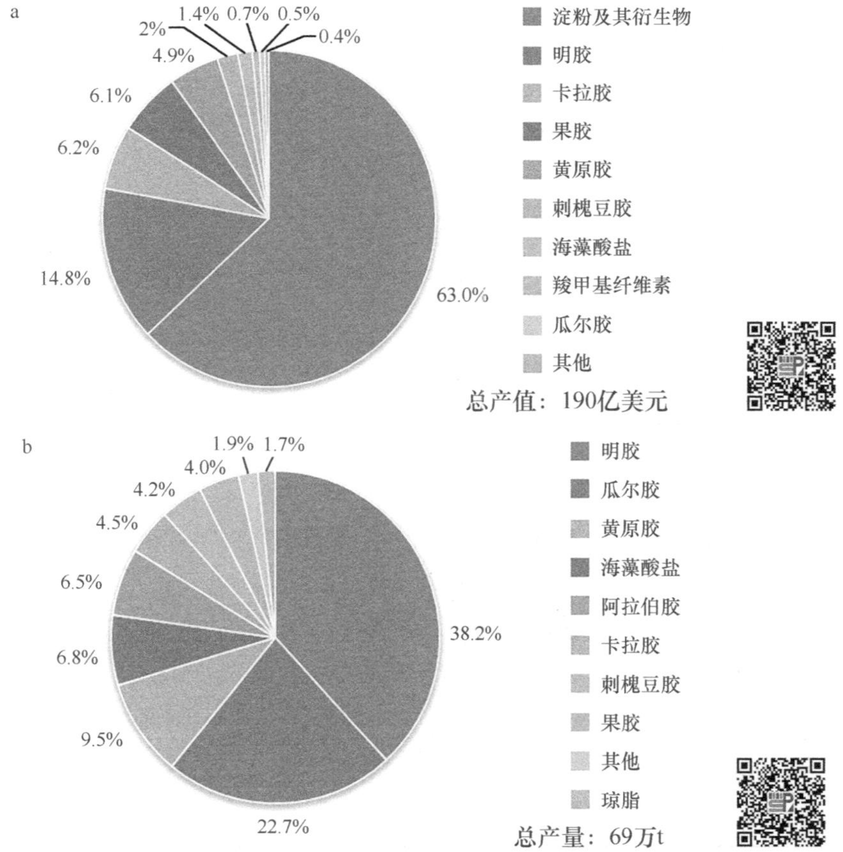

图 9-8　世界亲水胶体总产值及其分布（2006 年）(a) 和世界非淀粉类亲水胶体消费总量及其分布 (b)
（彩图请扫二维码）

瓜尔胶和黄原胶等。我国 2014 年发布的《食品安全国家标准 食品添加剂使用标准》(GB 2760—2014)中，明确规定了允许使用瓜尔胶、果胶、葫芦巴胶、刺槐豆胶、黄原胶和卡拉胶等亲水胶体的食品名称及最大使用量(表 9-2)。允许添加亲水胶体的食品种类分布较广，大致有乳与乳制品、脂肪、油和乳化脂肪制品、冷冻饮品、糖果类、糕点类、肉与肉制品、调味品和饮料类等。

表 9-2 国家标准中部分亲水胶体食品添加剂的适用范围及最大使用量(GB 2760—2014)

亲水胶体	CNS 号	食品分类号	食品名称	最大使用量 (g/kg)	备注
塔拉胶	20.041	01.06	干酪	8.0	
		03.0	冷冻饮品(03.04 食用冰除外)	5.0	
		04.01.02.05	果酱	5.0	
		07.0	焙烤食品	1.5	
		08.02	预制肉制品	10.0	
		08.03	熟肉制品	10.0	
		14.0	饮料类(14.01 包装饮用水类除外)	2.5	
		16.01	果冻	5.0	如用于果冻粉，按冲调倍数增加使用量
瓜尔胶	20.025	01.05.01	稀奶油	1.0	
		13.01.02	较大婴儿和幼儿配方食品	1.0g/L	
槐豆胶 / 刺槐豆胶	20.025	13.01	婴幼儿配方食品	7.0	
果胶	20.006	01.02.01	发酵乳	按生产需要适量使用	
		01.05.01	稀奶油	按生产需要适量使用	
		02.02.01.01	黄油和浓缩黄油	按生产需要适量使用	
		06.03.02.01	生湿面制品(如面条、饺子皮、馄饨皮、烧麦皮)	按生产需要适量使用	
		06.03.02.02	生干面制品	按生产需要适量使用	
		11.01.02	其他糖和糖浆(如红糖、赤砂糖、槭树糖浆)	按生产需要适量使用	
		12.09	香辛料类	按生产需要适量使用	
		14.02.01	果蔬汁(浆)	3.0	
葫芦巴胶	20.035	03.0	冷冻饮品(03.04 食用冰除外)	0.1	
		05.0	可可制品、巧克力和巧克力制品(包括代可可脂巧克力及制品)以及糖果	0.2	
		06.03.01	小麦粉	0.3	
		07.0	焙烤食品	0.15	

续表

亲水胶体	CNS 号	食品分类号	食品名称	最大使用量 (g/kg)	备注
黄原胶 / 汉生胶	20.009	01.05.01	稀奶油	按生产需要适量使用	
		02.02.01.01	黄油和浓缩黄油	5.0	
		06.03.02.01	生湿面制品（如面条、饺子皮、馄饨皮、烧麦皮）	10.0	
		06.03.02.02	生干面制品	4.0	
		11.01.02	其他糖和糖浆（如红糖、赤砂糖、槭树糖浆）	5.0	
		12.09	香辛料类	按生产需要适量使用	
		14.02.01	果蔬汁（浆）	按生产需要适量使用	
卡拉胶	20.007	01.05.01	稀奶油	按生产需要适量使用	
		02.02.01.01	黄油和浓缩黄油	按生产需要适量使用	
		06.03.02.01	生湿面制品（如面条、饺子皮、馄饨皮、烧麦皮）	按生产需要适量使用	
		06.03.02.02	生干面制品	8.0	
		11.01.02	其他糖和糖浆（如红糖、赤砂糖、槭树糖浆）	5.0	
		12.09	香辛料类	按生产需要适量使用	
		13.01	婴幼儿配方食品	0.3g/L	以即食状态食品中的使用量计
		14.02.01	果蔬汁（浆）	按生产需要适量使用	

9.2　海藻提取物

海藻是海洋生物资源的重要组成部分，属于低等隐花植物，主要分为红藻、褐藻、蓝藻和蓝绿藻四大类。由于地球上各海域的水温和含盐量不同，海洋中海藻的品种多达 15 000 种，但目前只有大约 25 种海藻得到开发利用。海藻胶是一类以海藻为原料制取的亲水胶体统称，重要的商品化海藻胶主要有来自褐藻的海藻酸及其钠、钾、铵和钙盐，来自红藻的卡拉胶、红藻胶、琼脂，以及经化学修饰的海藻酸衍生物——海藻酸丙二醇酯。不同的海藻品种所含亲水胶体结构不同，其功能、性质及用途也不尽相同。在食品工业生产中，来自红藻和褐藻的亲水胶体应用较为广泛。下面重点介绍海藻酸及其盐和卡拉胶的来源、结构组成与功能特性，以及在食品中的应用（Jensen et al.，2013；王卫平，1996）。

9.2.1　海藻酸及其盐

9.2.1.1　来源

海藻酸（alginic acid）及海藻酸盐主要是从褐藻（brown algae）的海带属北方海带（*Lamiaria hyperborea*）、掌状海带（*Lamiaria digitate*）及昆布属极大昆布（*Ecklonia maxima*），墨角藻属的齿缘墨角藻（*Fucus serratus*），岩衣藻属的泡叶藻（*Ascophyllum nodosum*）和巨藻属的巨藻（*Macrocystis pyrifera*）等海藻（海带）中提取的多糖类物质，是我国海藻工业中的一个主要产品。水溶性海藻酸盐包括海藻酸的一价盐（海藻酸钠、钾、铵等）、二价盐（海藻酸镁和海藻酸汞）和海藻酸衍生物。水不溶性海藻酸盐包括海藻酸、海藻酸二价盐（除海藻酸镁和海藻酸汞外）和海藻酸三价盐（海藻酸铝、铁等）。海藻酸钠（sodium alginate），又名褐藻胶，为白色或淡黄色粉末，是海藻酸盐代表性胶体，应用广泛（Ching et al.，2017；蒋建新等，2013）。

9.2.1.2　结构组成

海藻酸是一种酸性多糖，其主链由β-D-1,4-甘露糖醛酸（M）片段（图 9-9a）和α-L-1,4-古洛糖醛酸（G）片段（图 9-9b）组成，作为构成细胞膜或细胞膜间的物质而存在，相对分子质量可高达 20 万。海藻酸分子中，若单体以嵌段区的形式存在，即在某个嵌段区中只有一种单体而没有另一种单体，这种嵌段区可以称为 M 段（聚甘露糖醛酸）或 G 段（聚古洛糖醛酸）；若两种单体交替存在，或近似于交替序列存在，则这种嵌段区可以称为 MG 段。海藻酸分子中，可能只含有其中一种糖醛酸构成的连续链段，也可能含有由两种糖醛酸链节构成的嵌段共聚物，其化学结构如图 9-10 所示。不同来源海藻酸中甘露糖醛酸和古洛糖醛酸的比例以及两种糖醛酸所在位置，均会影响海藻酸性质（如黏性、凝胶性和离子选择性等）（Jang et al.，1995；黄来发等，2000；马萍等，2000）。表 9-3 和表 9-4 分别列举了不同藻类来源海藻酸中甘露糖醛酸与古洛糖醛酸的比例和不同藻类来源的海藻酸组成及序列参数。

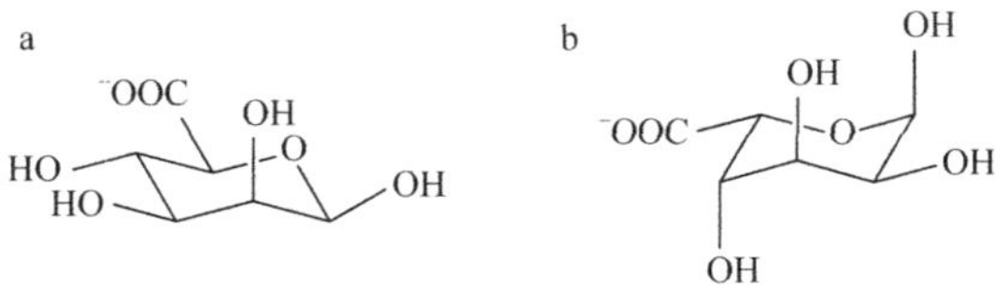

图 9-9　β-D-甘露糖醛酸和α-L-古洛糖醛酸的结构式（ChemDraw 绘制）

a. β-D-甘露糖醛酸；b. α-L-古洛糖醛酸

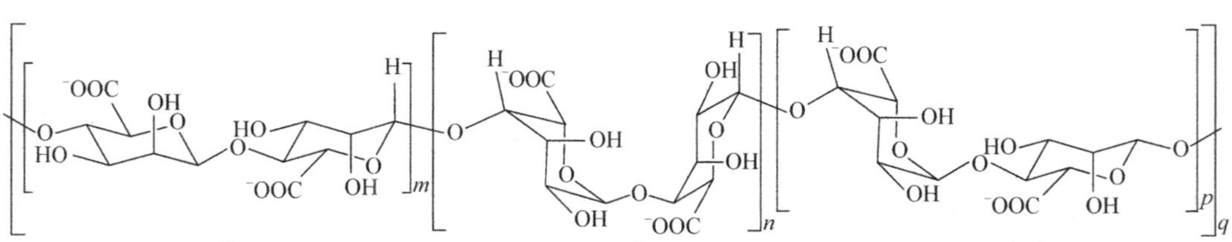

图 9-10　海藻酸的结构式示意图（ChemDraw 绘制）

表 9-3　不同藻类来源海藻酸中甘露糖醛酸与古洛糖醛酸的比例（黄来发等，2000）

藻类	甘露糖醛酸（M）含量（%）	古洛糖醛酸（G）含量（%）	M/G 值	M/G 值范围
巨型海带	61	39	1.56	—
泡叶藻	65	35	1.86	1.40 ～ 1.95

续表

藻类	甘露糖醛酸（M）含量（%）	古洛糖醛酸（G）含量（%）	M/G 值	M/G 值范围
掌状海带	59	41	1.44	1.40 ～ 1.60
长角藻	31	69	0.45	0.40 ～ 1.00
腔昆布与羽叶藻	62	38	1.63	—

表 9-4　不同藻类来源的海藻酸组成及序列参数（Draget，2009）

藻类	F_G[a]	F_M[a]	F_{GG}[b]	F_{MM}[b]	$F_{GM或MG}$[b]
海带	0.35	0.65	0.18	0.48	0.17
掌状海带	0.41	0.59	0.25	0.43	0.16
长角藻-叶	0.55	0.45	0.38	0.28	0.17
长角藻-茎	0.68	0.32	0.56	0.20	0.12
长角藻-外皮	0.75	0.25	0.66	0.16	0.09
淡黑巨海藻	0.38	0.62	0.19	0.43	0.19
大昆布藻	0.45	0.55	0.22	0.32	0.32
巨型海带	0.39	0.61	0.16	0.38	0.23
海茸	0.29	0.71	0.15	0.57	0.14
泡叶藻-叶状体	0.10	0.90	0.04	0.84	0.06
泡叶藻-组织	0.36	0.64	0.16	0.44	0.20

a. F_G 和 F_M：古洛糖醛酸（G）和甘露糖醛酸（M）单体 NMR 振动频率；b. F_{GG}、F_{MM} 和 $F_{GM或MG}$：古洛糖醛酸（G）二聚体、甘露糖醛酸（M）二聚体和古洛糖醛酸与甘露糖醛酸二聚体 NMR 振动频率

9.2.1.3　功能特性

（1）溶解性

海藻酸为淡黄色粉末，可溶于碱性溶液，微溶于水，不溶于大部分有机溶剂。海藻酸在水中的溶解度随 pH 降低而减小，主要表现为：①当溶液 pH 迅速降低时，海藻酸分子形成不溶于水的沉淀；②当溶液 pH 缓慢降低时（7.5 ～ 5.8），海藻酸溶液呈均匀透明胶状。酸性的进一步增强，会导致海藻酸溶液在较小的 pH 范围内形成沉淀，这一 pH 范围与海藻酸相对分子质量、化学组成和连接方式有关。与只含有均一单体的海藻酸相比，交替序列嵌段（GM 或 MG）含量较高的海藻酸在较低 pH 条件下容易形成沉淀。

海藻酸钠几乎无臭无味，溶于水，不溶于乙醇、乙醚、氯仿等有机溶剂。海藻酸钠水溶液为黏稠状胶体，浓度为 1%（m/V）的海藻酸钠水溶液，其 pH 为 6 ～ 8。

（2）流变性质

水溶性海藻酸盐溶液是具有高流动性的均匀溶液。影响海藻酸盐溶液流变性质的因素有浓度、温度、剪切力、聚合物分子体积和溶剂、pH、螯合剂、各种阳离子与季铵类化合物，其中浓度是影响海藻酸盐溶液流变性质的重要因素。

以海藻酸钠（褐藻胶）为例，海藻酸钠溶液黏度随着浓度的增加而增大，质量分数每增大 0.5%，其黏度将以 2.5 ～ 3 倍的比例增加。当浓度超过 1% 时，黏度将急剧上升。因此，将海藻酸钠作为增稠剂使用时，一般要求其质量分数在 1% 以内。3% 海藻酸丙二

酯溶液在很宽的剪切速率范围内表现为剪切稀化，但当溶液的浓度降低至 1% 或更低时，溶液在低于 $100s^{-1}$ 的剪切速率下，均具有几乎稳定的黏度（0.1Pa·s）（Tao et al.，2009）。

海藻酸钠溶液在极限温度范围内，其黏度随温度上升而逐渐下降，温度升高 1℃，黏度降低约 2.5%。在较高温度（< 70℃）、加热条件下，溶液黏度在较短时间内的变化是可逆的，当温度降低时，黏度可以恢复。但当加热时间较长或加热温度过高时，海藻酸钠分子会部分降解，导致黏度降低且不能恢复。

添加少量能与水混溶的非水溶剂（如乙醇、乙二醇、丙酮等），均会增大海藻酸盐水溶液的黏度，而当添加量过大时，将导致海藻酸盐沉淀。影响海藻酸盐溶液的溶剂相容性的主要因素有：海藻酸盐的来源、聚合度、溶液中存在的阳离子类型及溶液浓度。

pH 在 4 ～ 10 时，海藻酸钠水溶液的黏度变化较小。在接近中性时，胶体粒子的电荷最大，带负电的羧基相互排斥，增大了其与水的结合能力，导致胶体粒子吸水性增强，从而使黏度显著增大。

（3）凝胶性

海藻酸钠中的钠离子可以与二价或多价离子（如 Ca^{2+}、Sr^{2+}、Ba^{2+} 和 Zn^{2+} 等）发生离子交换反应，使得分子间发生交联，从而形成凝胶，其成胶机制如下：在海藻酸钠中，分子链由 G 段、M 段和 MG 交替段构成。当 G 单元的量达到一定程度时，海藻酸钠分子主要以双螺旋结构存在。G 段中的古洛糖醛酸呈现一个规则排列的带负电空腔，形成蛋盒空腔。由于古洛糖醛酸单元之间形成的空隙与钙离子大小相匹配，溶液中的钙离子优先与 G 单元形成的蛋盒空腔作用，并通过链段对称二聚体形成链段间的缔合，使得海藻酸钠分子链间结合得更紧密，协同作用更强，链间的相互作用最终导致三维网络结构即凝胶的形成。在此三维网络结构中，钙离子像鸡蛋一样位于蛋盒中，形成“蛋-盒结构”（Braccini and Pérez，2001；Gombotz and Wee，1998；Sikorski et al.，2007）。所形成的凝胶是一种不可逆凝胶，且其凝胶强度受藻胶溶液的浓度、钙离子浓度、与钙离子反应的时间、溶液 pH 和聚合度等因素影响。

（4）与其他亲水胶体的协同作用

目前，对于海藻酸钠与其他胶体协同作用的研究，主要集中在海藻酸钠-果胶以及海藻酸钠-明胶的复配方面。果胶只有在高质量分数（> 55%）蔗糖和高酸性的条件下才能形成凝胶，不符合低糖食品的发展趋势；海藻酸钠溶液需要钙离子等二价阳离子的加入才能成胶，但钙离子的浓度难以控制。然而，当果胶和海藻酸钠混合时，利用二者的协同作用，可以克服单独使用一种亲水胶体时存在的缺陷，扩大其使用范围。Walkenstrom 等（2003）应用动态流变和透射电镜（transmission electron microscope，TEM）技术，研究了具有不同甘露糖醛酸与古洛糖醛酸之比（M/G）的海藻酸和高酯化果胶、低酯化果胶、酰胺化果胶之间的协同作用。结果表明，M/G 较低的海藻酸与酯化度较高的果胶复配时，可形成分支度较高的线性结构，交联紧密，所成凝胶强度较高，当海藻胶与果胶以 1∶1 的比例复配时，凝胶强度最高；而 M/G 较高的海藻酸与低酯化果胶或酰胺化果胶复配时，形成分支度较低的长链结构，交联网络稀疏，凝胶强度较低。将海藻酸钠与果胶复配，制得的共混膜具有较好的均一性、相容性和透明度，可用于可食用膜的制造（Zhang et al.，2008）。海藻酸钠与明胶在一定条件下，可形成不可逆凝胶，利用这种性能，可以制作出品质良好的仿生鱼翅和燕窝（Huang et al.，2007；Peng et al.，2005）。

9.2.1.4　在食品中的应用

日本人将海藻酸钠称为“保健长寿食品”，美国人称其为奇妙的食品添加剂（Giese，1995）。海藻酸钠具有良好的增稠性、成膜性、稳定性、絮凝性和螯合性，可以广泛地应用于食品工业（表 9-5），具体应用可概括为以下几个方面。

表 9-5　海藻酸钠的主要功能及应用

功能	应用举例	功能	应用举例
增黏	面包、面食浇卤	凝集	酒类
黏结	香肠	泡沫稳定	啤酒、发泡糕点
增量	添加于食物中	胶凝	布丁等甜食
防结晶	冰淇淋、糖浆	保护胶体	饮料乳化
澄清	酒类	稳定	蛋黄酱
浑浊	果汁饮料	悬浊	巧克力
被膜	糕点类	膨化	肉类加工
乳化	色拉调味汁	脱水抑制	冷冻食品、奶酪
包膜	香料	增稠	果酱、调味汁
成膜	肠衣	发泡	发泡食品

（1）功能食品

海藻酸钠对二价及多价阳离子的亲和力较强，在人体内可与铅、铬、锶等重金属离子结合，有效地阻止重金属在体内的吸收和沉积。海藻酸钠作为一种亲水性胶体，具有较强的持水性和吸水膨胀能力，进入肠道后，可促进肠道蠕动、增加粪便质量，具有改善便秘和调节肠道等功能（Peng et al.，2003）。研究表明，海藻酸钠能够促进糖尿病小鼠 RIN-5F 细胞分泌胰岛素，改善机体糖耐受量，降低血糖（Liu et al.，2018a；Zhang et al.，2005），并具有显著的降血脂功能（Jensen et al.，2013；Paxman et al.，2008）。基于海藻酸钠的保健功能，通常将其与辅料混合后，加水溶解，用于颗粒状、面条状或纤维状食品的制备。

（2）仿生食品

海藻酸钠所形成的凝胶具有热不可逆性，在仿生食品领域显示了独特的优越性，可以根据需要制成仿肉食品、仿水果食品、仿水产食品、人造马铃薯片等各种形态的仿生食品。将海藻酸钠溶液与各种植物蛋白及配料混合后，用泵输送至喷丝头，压入可溶性钙盐溶液中，可制成细线状海藻酸钠-蛋白质纤维。例如，人造海蜇是以海藻酸钠为主要原料，添加大豆蛋白、味素等营养调味品，在可溶性钙盐溶液中，模拟天然海蜇皮的形状、色泽和风味加工定型制成的一种仿生食品。人造海蜇可用于凉拌，而且具有天然蜇皮的脆嫩和风味。

（3）食用膜剂材料

在传统食品加工工业中，香肠类食品的肠衣主要来源于动物膜。但由于动物膜的数量有限、成本较高，且不易贮存，近年来，国内外将海藻酸钠代替动物膜用于肠衣的制作。此外，海藻酸钠溶液和钙盐可以生成海藻酸钙凝胶，利用其特性，可制作肉类水果类食品的保鲜膜，不但能防止食品脱水，抑制微生物污染，而且可以防止食品成分氧化。

（4）食品添加剂

海藻酸钠作为食品添加剂，常应用于冷冻食品和乳制品。在冷冻食品（如冰棒和冰淇淋）中，海藻酸钠可以作为稳定剂和增稠剂，代替琼胶、明胶和淀粉。添加海藻酸钠的冰棒和冰淇淋，体积膨胀率大，能防止冰晶增大和冰乳分离，具有口感细腻、抗熔化的特点。此外，海藻酸钠的分散体系能够很快地形成稳定体系，在冰棒和冰淇淋的生产过程中，无需进行陈化，在提高生产效率的同时可以减少微生物的污染。在乳制品中，海藻酸钠作为稳定剂添加至冰冻牛乳中，可以使产品具有良好的口感，并在搅拌时有黏性和迟滞感（刘骞，2010）。

9.2.2 卡拉胶

9.2.2.1 来源

卡拉胶（carrageenan），又称角叉菜胶、鹿角菜胶，是从海洋红藻细胞壁中提取的一种水溶性多糖（James and Kerry，2013）。600年前，爱尔兰南部沿海地区居民首次将当地盛产的皱波角叉菜（爱尔兰苔藓）作为原料来制备食品、药物和肥料。随着大批爱尔兰人移民到美国，美国人逐渐认识了角叉菜，并在当地进行广泛养殖和开发。1837年，人们首次从海藻中成功分离出卡拉胶。含有卡拉胶的海藻有上百种，其中主要有：源自麒麟菜属（*Eucheuma*）的麒麟菜（*E. muricatum*）、耳突麒麟菜（*E. cottonii*）、琼枝麒麟菜（*E. gelatinae*）和粗麒麟菜（*E. isiforme*），源自角叉菜属（*Chondrus*）的皱波角叉菜（*C. crispus*）和角叉菜（*C. ocellatus*），源自杉藻属（*Gigartina*）的星芒杉藻（*G. stellata*），以及源自沙菜属（*Hypnea*）的冻沙菜（*H. japonica*）和钩沙菜（*H. musciformis*）等（Necas and Bartosikova，2013；史升耀，1985）。

9.2.2.2 结构组成

卡拉胶是由α-D-1,3-吡喃半乳糖和β-D-1,4-吡喃半乳糖作为基本骨架交替连接而成的线性多糖（Bodeaubellion，1983），不同来源的卡拉胶，其化学结构、凝胶性质均不尽相同。根据硫酸酯基在半乳糖上连接位置及含量的不同，可将卡拉胶分为β族卡拉胶、κ族卡拉胶和λ族卡拉胶。β族卡拉胶在1,3-连接的D-半乳糖单位上不含有硫酸基，包括γ-、β-、δ-和α-卡拉胶；κ族卡拉胶在1,3-连接D-半乳糖单位的C_4上带有一个硫酸基，包括μ-、κ-、υ-和ι-卡拉胶；λ族卡拉胶在1,3-连接D-半乳糖单位的C_2上带有一个硫酸基，包括ξ-、λ-、θ-和π-卡拉胶，其中，天然的θ-卡拉胶并不存在，而是λ-卡拉胶经过碱处理后形成的。不同类型卡拉胶的结构组成见表9-6（Campo et al.，2009），结构式如图9-11所示（Necas and Bartosikova，2013）。此外，新型卡拉胶ω-卡拉胶不属于上述三大类。目前，工业生产中常用的卡拉胶主要为κ-、ι-和λ-卡拉胶三种。

表 9-6　不同类型卡拉胶的结构组成

族	β-D-1,3-半乳糖	α-D-1,3-半乳糖	类型
β 族卡拉胶	D-半乳糖	6-硫酸基-D-半乳糖	γ
		3,6-内醚-D-半乳糖	γ，β
		2,6-二硫酸基-D-半乳糖	δ
κ 族卡拉胶	4-硫酸基-D-半乳糖	6-硫酸基-D-半乳糖	μ
		3,6-内醚-D-半乳糖	κ
		2,6-二硫酸基-D-半乳糖	υ
		2-硫酸基-3,6-内醚-D-半乳糖	ι
λ 族卡拉胶	2-硫酸基-D-半乳糖	6-硫酸基-D-半乳糖	ξ
		2,6-二硫酸基-D-半乳糖	λ
		2-硫酸基-3,6-内醚-D-半乳糖	θ
	2-硫酸基-4,6-*O*-(1-羟亚乙基)-D-半乳糖	2-硫酸基-D-半乳糖	π
ω-卡拉胶	6-硫酸基-D-半乳糖	3,6-内醚-D-半乳糖	ω

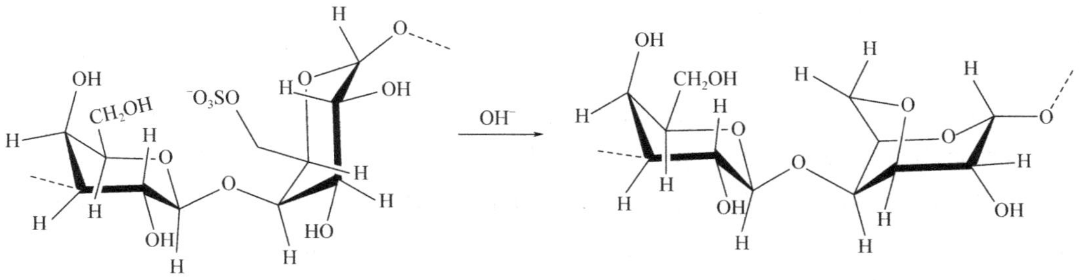
γ-卡拉胶　　β-卡拉胶

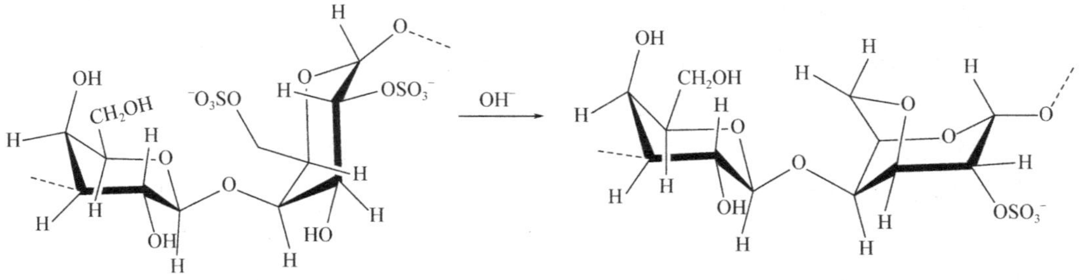
δ-卡拉胶　　α-卡拉胶

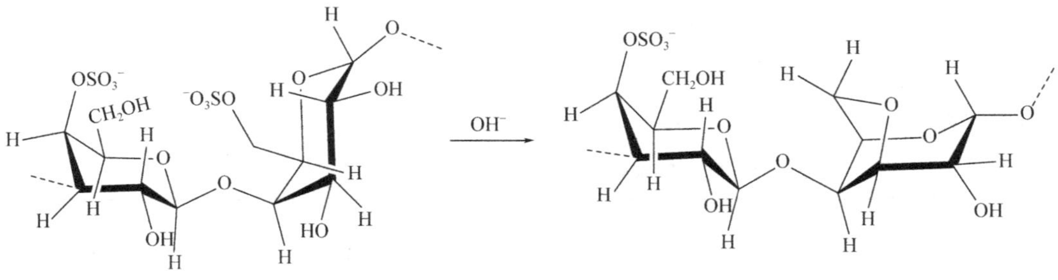
μ-卡拉胶　　κ-卡拉胶

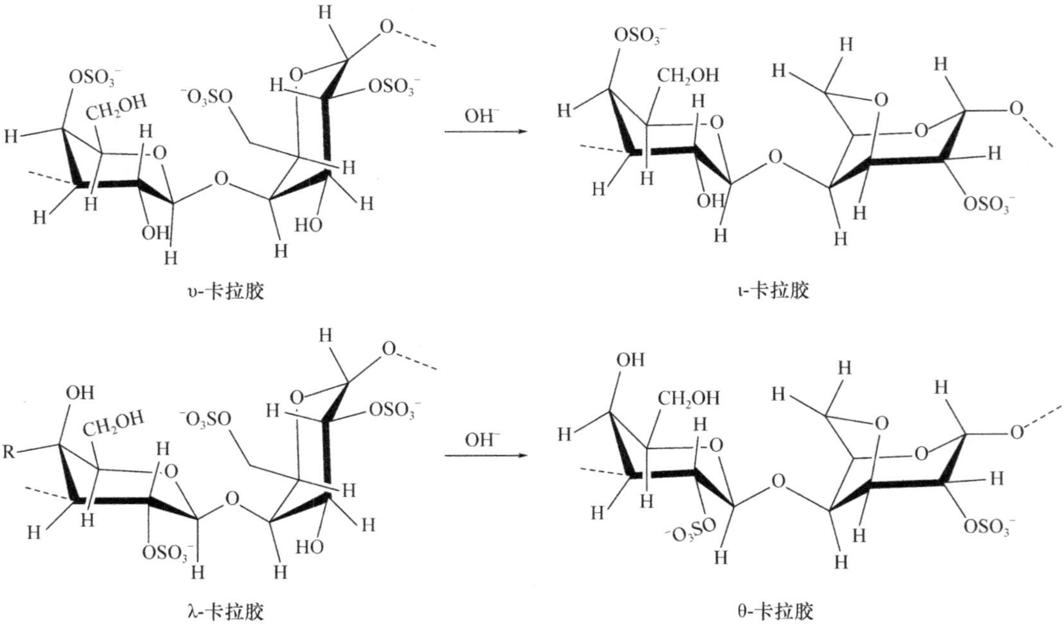

υ-卡拉胶　ι-卡拉胶　λ-卡拉胶　θ-卡拉胶

图 9-11　不同类型卡拉胶的结构式（Necas and Bartosikova，2013）（ChemDraw 绘制）

卡拉胶为极性长链高分子化合物，商品化卡拉胶的分子质量通常在 400 ～ 560kDa，一般用作食用或化妆品的卡拉胶分子质量在 20kDa 以上。联合国粮食及农业组织和世界卫生组织食品添加剂联合专家委员会（Joint FAO/WHO Expert Committee on Food Additives，JECFA）指出，卡拉胶具有较好的安全性（World Health Organization，2015），表 9-7 为部分国家和组织机构公布的卡拉胶质量标准。但近年来，卡拉胶的安全性受到了越来越多的质疑。相关实验证实，口服卡拉胶可导致豚鼠等实验动物结肠溃疡的发生（Tobacman，2001）。卡拉胶的毒性与硫酸基团的含量及聚合度密切相关（Liu et al.，2018b）。一方面，κ-卡拉胶低聚物硫酸基团含量最低，细胞毒性作用最强，而 λ-卡拉胶低聚物的硫酸基团含量最高，细胞毒性最弱；另一方面，卡拉胶聚合度越低，其毒性越高。这种毒副作用可能是，低聚卡拉胶能够通过活性氧的爆发损伤结肠上皮细胞，引起大量炎症因子的产生，从而导致结肠组织的损伤，引发结肠溃疡。1972 年，美国食品药品监督管理局（Food and Drug Administration，FDA）曾提出食用卡拉胶的分子质量需大于 100 000Da，然而，由于卡拉胶毒副作用的机制尚未明晰，该议案并未实施（Tobacman，2001）。2015 年，由世界卫生组织与联合国粮食及农业组织共同颁布的食品添加剂丛书中（Tang et al.，2017），通过对卡拉胶进行生物化学性质、毒性、临床试验及膳食暴露等方面的分析指出，卡拉胶安全无毒，可应用于食品加工工业。

表 9-7　部分国家和组织机构颁布的卡拉胶质量标准

项目	指标		
	GB 1886.169—2016	FAO/WHO（2007 年）	FCC（2007 年）
硫酸酯（以 SO_4^{2-} 计）	15 ～ 40	15 ～ 40	15 ～ 40
黏度（1.5%，75℃）（mPa·s）	≥ 5	≥ 5	≥ 5

续表

项目	指标		
	GB 1886.169—2016	FAO/WHO（2007 年）	FCC（2007 年）
水分（%）	≤ 15	≤ 12	≤ 12
灰分（%）	15 ～ 40	15 ～ 40	15 ～ 40
酸不溶物（%）	≤ 1	≤ 1	≤ 2
铅（以 Pb 计）（mg/kg）	≤ 5	≤ 5	≤ 10
砷（以 As 计）（mg/kg）	≤ 3	≤ 3	≤ 3

注：FAO/WHO. 联合国粮食及农业组织和世界卫生组织；FCC. 美国食品化学品法典

9.2.2.3　功能特性

（1）溶解性

卡拉胶一般为白色或淡黄色粉末或颗粒，无臭、无味，有的产品稍带海藻味，能溶于水，不溶于有机溶剂。卡拉胶的酸性较强，稳定性较差，商品化卡拉胶通常为卡拉胶的钠盐、钾盐或钙盐，稳定性较强，室温下保存一年，强度无明显变化。卡拉胶的溶解性与卡拉胶的结构、温度以及所含阳离子的类型相关，不同类型卡拉胶的溶解度不同。各种类型的卡拉胶均可溶于热水（> 75℃）中，浓度可达 10%（*m*/*V*）。κ-和 ι-卡拉胶的钠盐可完全溶于冷水，而其钾盐和钙盐不能完全溶于冷水，但具有高度溶胀性。这种溶胀性取决于所存在阳离子的类型和含量，以及卡拉胶本身颗粒的密度和孔隙度等因素。λ-卡拉胶在冷水中可完全溶解，且与其本身所结合的阳离子无关。ι-卡拉胶对钙离子具有较高的灵敏度，可与钙离子形成强触变性的冷分散体系，适合作悬浮剂。

在高浓度糖溶液中，κ-和 λ-卡拉胶可溶于热的蔗糖溶液，其浓度高达 65%（*m*/*V*），但在相同条件下，ι-卡拉胶只能少量溶解。ι-和 λ-卡拉胶溶液可承受高浓度的强电解质，如 20% ～ 25% 的 NaCl 溶液，但 κ-卡拉胶容易在高浓度强电解质溶液中析出。

各种卡拉胶均溶于热的乳液中，λ-卡拉胶可分散在冷乳液中，并增加乳液的黏稠性。这是因为 λ-卡拉胶对乳液中的钾和钙不敏感，故易分散，且增稠作用随其相对分子质量的增加而增大。ι-和 λ-卡拉胶在冷乳液中较难溶解，这是由于 ι-和 λ-卡拉胶对钾与钙敏感，乳液中的钾和钙对其溶解起到阻碍作用。

（2）流变性质

卡拉胶可以形成较高黏度的溶液，溶液黏度与卡拉胶的类型、溶液浓度、温度等因素有关（Zia et al.，2017；汤毅珊等，1994）。

卡拉胶溶液的黏度随温度升高呈指数规律下降。在稳定状态下，溶液黏度与温度具有可逆性关系（以温度变化时间短、不发生降解为前提），但升温和降温过程的“黏度-温度”曲线斜率不同。升温时，由于滞后现象，黏度曲线斜率较小；降温时，卡拉胶分子逐步开始缠结成网状结构，会使得黏度急剧增大。恒温加热时间对卡拉胶溶液的黏度影响主要体现在两个方面：当温度为 75℃时，卡拉胶溶液的黏度随恒温时间的延长而降低，这主要在于胶体大分子之间的缠结会因溶液的加热而发生解离，从而使得缠结减少，最终导致黏度下降；当温度为 100℃时，卡拉胶溶液的黏度会随加热时间的延长呈现出不规则的下降趋势。这是因为分子间的缠结受高热影响后，会发生解离，导致溶液黏度下降；而当分子缠结几乎完全被破坏后，会有一个平缓阶段，随后，大分子中的少数不稳定分子开始降解，导致黏度再次急剧下降。

当 $pH < 5.0$ 时，卡拉胶溶液的黏度与 pH 呈正相关关系，即随着 pH 的增大，卡拉胶溶液的黏度增大；当 pH=5.0 ～ 9.0 时，卡拉胶溶液的黏度基本稳定；当 pH 继续增大时，卡拉胶溶液的黏度会有所降低。这种现象产生的原因主要包括以下几点：当酸性增强时，溶液中 H^+ 浓度增加，促使卡拉胶分子发生解离，中和其电性，从而削弱了半酯化硫酸根之间的静电作用，使得溶液黏度随 pH 的增加而增大；当碱性增强时，溶液中 OH^- 浓度增加，使得游离 OH^- 与带负电的卡拉胶相互排斥，分子间的缠结减少，溶液黏度会降低。

（3）凝胶性

凝胶作用是卡拉胶的基本功能，受溶液浓度、温度、凝胶时间、电解质种类以及电解质浓度的影响（杨玉玲等，2008）。随着溶液浓度的增加，卡拉胶分子数量增多，所形成的凝胶强度增强。卡拉胶溶液的凝胶强度随温度上升呈现出下降的趋势，并且在温度的升降过程中，呈现出浓度曲线不一致的现象。在降温过程中，凝胶状态的卡拉胶分子首先会形成双螺旋体，接着形成立体网状结构，并在此过程中放热；而在升温过程中，凝胶会发生胶融现象，是一个吸热过程。吸热和放热均会使凝胶强度的变化产生滞后现象，导致曲线斜率不同。

阳离子可显著提高卡拉胶的凝胶强度，但不同种类阳离子对凝胶强度的作用不同。研究表明（Robal et al.，2017），K^+、Li^+、Na^+、NH_4^+、Mg^{2+} 和 Ca^{2+} 可增强 κ-卡拉胶和 ι-卡拉胶的凝胶强度，对于 κ-卡拉胶，阳离子的凝胶增强作用遵循以下顺序：$Li^+ < Na^+ \leqslant Mg^{2+}$，$Ca^{2+} < NH_4^+ < K^+$。而对于 ι-卡拉胶，阳离子的凝胶增强作用顺序如下：$NH_4^+ \approx Li^+ < Na^+ < K^+ < Ca^{2+}$。在一定浓度范围内，凝胶强度随电解质浓度的增大而增大。然而，当电解质浓度增加到一定值时，添加电解质不一定使凝胶强度增大。与未添加 KCl 的卡拉胶相比，在卡拉胶中添加 0.2% KCl，其凝胶强度显著增强（4.6 倍）。在凝胶形成初期，凝胶强度迅速增大，然后趋于稳定；而在凝胶形成后期，其强度开始下降。这是因为卡拉胶在凝固初期形成网络结构，凝胶强度迅速增大，进而达到一个稳定状态。但随着时间的推移，卡拉胶释放出游离水分，凝胶因脱水而发生收缩，导致凝胶强度下降，由于电解质加剧脱液收缩，因此添加了 KCl 的卡拉胶凝胶强度会快速下降。

（4）与其他亲水胶体的协同作用

卡拉胶所形成的凝胶具有所需样品浓度低、透明度高的优点，但同时存在凝胶脆性大、弹性小和易脱水收缩等问题，这些问题可以通过卡拉胶与其他亲水胶体的协同增效作用来解决。因此关于卡拉胶协同作用的研究，对于拓宽卡拉胶在食品工业中的应用具有十分重要的意义。

卡拉胶为凝胶多糖，刺槐豆胶为非凝胶多糖，两者经常混用以提高和改善凝胶的强度与结构（Arda et al.，2009；Lundin and Hermansson，1995）。刺槐豆胶的结构为半乳甘露聚糖，以甘露糖残基为主链，平均每隔 4 个毗连的甘露糖残基连接一个半乳糖残基支链。支链倾向于连接在一系列连续的甘露糖残基上，形成“毛发链段”，在“毛发链段”之间，留下未被取代的由甘露糖残基组成的“光秃链段”。这种“光秃链段”可以与 κ-卡拉胶凝胶中的双螺旋结合，产生附加的交联，增强其凝胶强度。此外，“毛发链段”在这些链之间虽不能结合，却为交联提供了柔韧性，使其凝胶变得柔软。这种凝胶不仅具有较强韧性和柔顺性，而且不易发生脱液收缩。另一种半乳甘露聚糖型亲水胶体瓜尔胶与 κ-卡拉胶不发生上述相互作用，可能是瓜尔胶的大分子链上每个甘露糖残基均连有一个半乳糖残基支链，以至于不能提供所需要的结合位置（Zhang et al.，2014a）。ι-卡拉胶与上述两种半乳甘露聚糖均不发生作用（Yu et al.，2015）。Camacho 等（2005）研究了 λ-卡拉胶与刺槐豆胶以不同比例复配时的流变行为，并着重考察了混合胶在改善高乳脂含量鲜奶油流变性质中的作用。λ-卡拉胶与刺槐豆胶复合体系具有增强高乳脂含量鲜奶油黏性和稳定性的作用。此外，卡拉胶与魔芋胶（王元兰和魏玉，2011；魏玉等，2010）、黄原胶（Pinheiro et al.，2011）和琼脂（刘波等，2012；孙哲浩等，2001；周爱梅等，2002）等亲水胶体的二元凝胶复配，以及卡拉胶的三元凝胶复配（Brenner et al.，2013）均有报道。

9.2.2.4　在食品中的应用

卡拉胶所形成的亲水胶体具有凝胶、增稠、乳化、成膜和稳定分散等作用，常作为凝胶剂、增稠剂、稳定剂、持水剂和悬浮剂用于乳制品、冷冻食品、果汁饮料、肉制品与调味品等食品生产及加工过程中，是食品工业中重要的食品添加剂。卡拉胶在食品工业中的应用主要包括以下几个方面。

（1）乳制品

卡拉胶是较好的蛋白质稳定剂，可以提高蛋白质的稳定性、乳化特性、凝胶能力及抗氧化特性。这些功能特性受混合体系 pH、离子强度、混合比例等因素影响，并因其结构不同而最终影响食品的质构（Shao et al.，2015a）。在可可牛奶、可可麦乳精和可可糖果浆中加入卡拉胶，可以起到悬浮和稳定的作用。通常情况下，在可可牛奶中，可可粉常发生沉淀，但如果加入卡拉胶，就能使可可粉均匀地分散在牛奶中，防止可可粉的下沉，并使产品具有饱满口感（Zhang et al.，2014b）。在酸牛奶、软干酪和奶油中加入卡拉胶，可以稳定乳状混合物，诱发凝胶的形成（He et al.，2016）。在炼乳中加入低浓度的卡拉胶，可使乳脂肪稳定，并能模拟全脂奶的口感和外观（He et al.，2015）。

（2）冷冻食品

亲水胶体常作为稳定剂添加到冷冻食品（如冰淇淋等）中，以改善产品口感和外观状态，提高产品的抗融性和稳定性，常用的亲水胶体有瓜尔胶、刺槐豆胶、果胶、黄原胶以及羧甲基纤维素钠等。乳蛋白是冷冻食品的重要组成。在弱酸性及中性条件下，乳蛋白与亲水胶体共存体系常常因排斥-絮凝作用而发生相分离现象（乳清分离现象），影响产品品质（Zhang et al.，2013a）。将卡拉胶作为一种辅助稳定剂添加到冷冻食品中，可有效阻止乳蛋白与亲水胶体相分离的发生，改善产品质量。Thaiudom 和 Goff（2003）以三种稳定剂瓜尔胶、刺槐豆胶和黄原胶与脱脂乳蛋白混合体系为研究对象，考察了不同浓度 κ-卡拉胶对相行为特性的影响。未加入 κ-卡拉胶时，脱脂乳蛋白与三种亲水胶体的混合体系在亲水胶体浓度较低（0.36%）的情况下均发生了相分离现象；而加入 κ-卡拉胶后，混合体系的相分离现象均受到抑制，宏观上表现为均一相。酪蛋白与 κ-卡拉胶交互作用微观结构的研究显示，κ-卡拉胶以双螺旋结构紧密作用于酪蛋白胶粒边缘，且 κ-卡拉胶之间相互交联形成弱的凝胶网状结构，阻止了酪蛋白胶粒间的聚集（Xie et al.，2013）。应用这一性质，在冰淇淋中加入卡拉胶，可以防止乳浆分离，使脂肪和其他固体成分均匀分布，避免冰晶在制造与存放过程中增大，增加冰淇淋的成型性和抗融性，提高冰淇淋在温度波动时的稳定性（Li et al.，2011a，2011b）。

（3）果汁饮料

卡拉胶在果汁饮料中的作用主要是凝胶、悬浮、赋形和增稠等。有些果汁放置时间稍长，其所含的细小果肉颗粒即会下沉，影响外观，且高压均质也无法解决这一问题。加入卡拉胶作为悬浮剂和稳定剂，能使细小的果肉颗粒均匀地悬浮在果汁中，极大减缓其下沉的速度，延长果汁的货架寿命。同时，低浓度卡拉胶的黏度较低，不易造成糊口，可改进饮用时的口感（宁发子等，2002）。如在猕猴桃果粒饮料中加入羧甲基纤维素钠、卡拉胶和结冷胶构成的复合稳定剂，不分层、不水析（李加兴等，2007）。在南瓜果肉饮料中加入卡拉胶与羧甲基纤维素钠的复合稳定剂，可使饮料体系所含有的果胶物质达到平衡状态，避免在饮料的贮藏和销售过程中出现沉淀或分层现象，起到保持饮料稳定性的作用（孔瑾等，2005）。卡拉胶由于能与蛋白质发生络合作用，在一定程度上可以提高植物蛋白饮料在受热时的稳定性。例如，在以花生仁、大豆为原料制成的植物蛋白饮料中加入一定量的分子蒸馏单甘酯、蔗糖酯、卡拉胶和瓜尔胶复合稳定剂，可有效改善植物蛋白饮料脂肪上浮、蛋白质聚集、絮凝和凝结等问题，获得稳定性较好的产品（Zhang et al.，2014c）。

此外，卡拉胶在肉制品、啤酒和果酒、果冻和布丁、人造蛋白纤维和人造肉、糖果、面包，以及罐头等方面的应用也十分广泛（表 9-8）。

表 9-8　卡拉胶在食品工业中的应用（Imeson，2009；黄来发等，2000）

食品名称	功能	卡拉胶种类	用量（%）
果冻	凝胶	κ-和 ι-卡拉胶 + 刺槐豆胶	0.5 ～ 1.0
肉冻	凝胶	κ-卡拉胶 + 刺槐豆胶	0.5 ～ 1.0
鱼冻	凝胶	κ-卡拉胶 + 刺槐豆胶或 κ-卡拉胶 +ι-卡拉胶	0.5 ～ 1.0
粉末果肉饮料	增稠	λ-卡拉胶	0.1 ～ 0.2
调味汁酱	增稠、弱凝胶	κ-卡拉胶	0.2 ～ 0.5
番茄酱	增稠、弱凝胶	ι-卡拉胶 + 淀粉	0.1 ～ 0.25
风味调味品	赋形	κ-卡拉胶	0.2 ～ 0.5
西式火腿	凝胶	κ-卡拉胶 + 三聚磷酸钠	1 ～ 2
意大利肉馅饼	赋形	κ-卡拉胶	0.2 ～ 0.5
仿制奶	乳化稳定	λ-卡拉胶 +ι-卡拉胶	0.05
冰淇淋	稳定	κ-卡拉胶 + 刺槐豆胶 +羧甲基纤维素 + 瓜尔胶	0.1 ～ 0.3
酸奶	稳定	κ-卡拉胶 + 刺槐豆胶	0.2 ～ 0.5
炼乳	稳定	ι-卡拉胶	0.005
巧克力奶	稳定	κ-卡拉胶	0.01 ～ 0.035
奶油	稳定	λ-卡拉胶	0.05 ～ 0.15
干酪	改进涂布性	κ-卡拉胶 + 刺槐豆胶	0.01 ～ 0.05

续表

食品名称	功能	卡拉胶种类	用量（%）
布丁	稳定悬浮	κ-卡拉胶	0.1 ～ 0.3
糕点顶饰	稳定悬浮、溢流	κ-卡拉胶 +ι-卡拉胶	0.1 ～ 0.3
点心	凝胶	κ-卡拉胶 +ι-卡拉胶	0.5 ～ 1.0
罐装宠物食品	稳定脂肪、增稠悬浮、凝胶	κ-卡拉胶	0.2 ～ 1.2

9.3　种子提取物

植物种子是传统亲水胶体的重要来源之一。多数情况下，植物种子内存储了较多淀粉，但也有许多植物种子中存储着非淀粉类多糖。不同植物种子所具有的多糖含量、种类及性质各异。即使同一属植物，不同品种所含多糖的成分和种类也略有不同。迄今为止，在食品工业上具有重要应用价值的商品植物种子胶主要来源于豆科（Leguminosae）植物，这种植物种子胶的主要成分为半乳甘露聚糖。

半乳甘露聚糖以 β-1,4-甘露糖为主链，在某些甘露糖残基上，半乳糖通过 α-1,6 糖苷键形成侧链，构成多分支聚糖。由于半乳甘露聚糖的植物资源品种多、分布广，且具有黏度高、热稳定性好、受离子强度和 pH 影响小等优点，故其常作为持水剂、增稠剂、稳定剂、胶黏剂和乳化剂，用于石油钻采、食品医药、纺织印染、采矿选矿、造纸和日化等行业（Cerqueira et al.，2011；Feng et al.，2018；He et al.，2017；Kurt et al.，2017；Sittikijyothin et al.，2005）。半乳甘露聚糖型植物种子胶中，以刺槐豆胶、瓜尔胶、塔拉胶和葫芦巴胶的研究较为深入，其中刺槐豆胶和瓜尔胶已实现商品化（Prajapati et al.，2013a）。欧洲食品安全局和 FAO/WHO 食品添加剂联合专家委员会指出，刺槐豆胶和瓜尔胶可以直接用作食品添加剂。我国 2014 年发布的《食品安全国家标准 食品添加剂使用标准》（GB 2760—2014）中，明确规定了瓜尔胶和刺槐豆胶允许使用的食品名称及最大使用量（表 9-2）。基于此，本节以代表性植物种子胶刺槐豆胶和瓜尔胶为对象，重点介绍其来源、结构组成、功能特性及在食品中的应用。

9.3.1　刺槐豆胶

9.3.1.1　来源

刺槐豆胶（locust bean gum），也称槐豆胶、洋槐豆胶、角豆胶、长角豆胶等，来源于豆科植物长角豆（*Ceratonia siliqua*）所结豆荚中种子的胚乳部分（图 9-12），为白色或微黄色粉末，是一种无臭或微臭的植物胚乳多糖。

9.3.1.2　结构组成

刺槐豆胶的主要成分为半乳甘露聚糖（表 9-9）（Barak and Mudgil，2014；Prajapati et al.，2013b），以 β-D-1,4-甘露糖为主链，支链由单个 D-半乳糖通过 α-1,6 糖苷键与甘露糖主链相连。天然刺槐豆胶的半乳糖与甘露糖比例一般为 1∶3.9 ～ 1∶3.1，相对分子

图 9-12　长角豆豆荚（a）、种子（b）及刺槐豆胶（c）（Prajapati et al.，2013b）（彩图请扫二维码）

质量为 30 万～200 万，结构如图 9-13 所示。单糖组成和相对分子质量的差异与种子来源、植物生长环境及加工过程相关。通过部分水解，对水解片段进行分析发现，半乳糖在主链上的分布并不均匀，即存在“毛刺段”及“光滑段”。

表 9-9　刺槐豆胶的组成

成分	含量（%）
半乳甘露聚糖	80.0 ～ 85.0
水分	10.0 ～ 12.0
蛋白质	5.0 ～ 6.0
脂肪	0.5 ～ 0.9
粗纤维	0.8 ～ 1.0
灰分	0.5 ～ 1.0

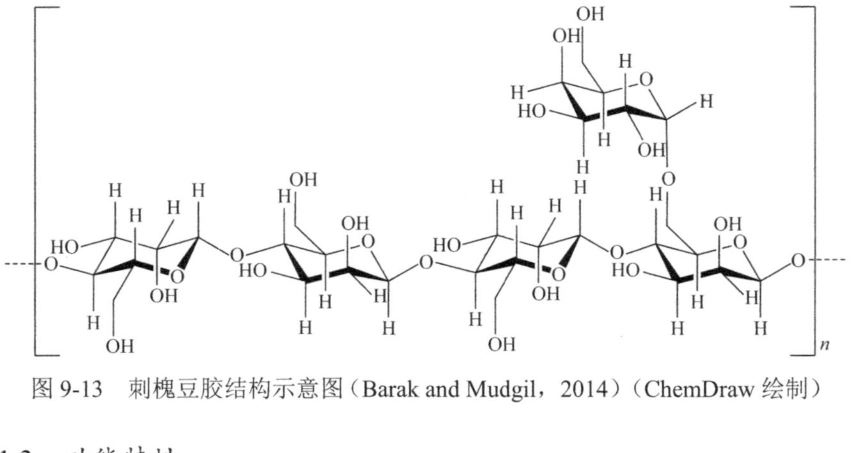

图 9-13　刺槐豆胶结构示意图（Barak and Mudgil，2014）（ChemDraw 绘制）

9.3.1.3　功能特性

（1）溶解性

在室温下，普通刺槐豆胶在水中溶解度有限，将溶液加热至 85℃并保持 10min 以上才能使其充分水化。冷却时，刺槐豆胶在溶液中保持游离的伸展状态，具有较大黏度。

刺槐豆胶主链上存在“光滑区”，这些“光滑区”上的甘露糖残基同毗邻主链上的甘露糖残基接触，彼此键合，形成氢键，使得刺槐豆胶的黏度较大。

（2）流变性质

影响刺槐豆胶流变性质的因素有溶液浓度、剪切速率、温度和 pH 等。图 9-14 为胶体浓度对刺槐豆胶表观黏度的影响，刺槐豆胶的表观黏度随胶体浓度的增加而增大，随着剪切速率的增加而下降，具有剪切稀化的现象，为假塑性流体（Lazaridou et al., 2001）。

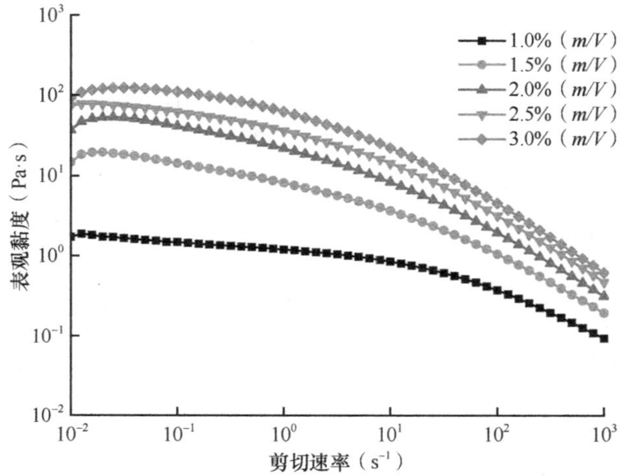

图 9-14　不同浓度刺槐豆胶的流变曲线（ARES G-2 流变仪，20℃）

杨永利等（2001a）对冷水溶和热水溶的刺槐豆胶流变性质进行了对比研究，发现随着加热温度的升高，刺槐豆胶的黏度有所升高，且热水溶部分样品黏度增加的幅度大于冷水溶部分（图 9-15a）。由图 9-15b 可知，加热时间对刺槐豆胶热水溶和冷水溶部分的黏度影响不同。对于冷水溶部分，当加热时间不超过 150min 时，加热使刺槐豆胶的黏度有较大幅度增加；当加热时间超过 150min 时，黏度有所下降。对于热水溶部分，当加热时间不超过 120min 时，加热对胶体溶液黏度的影响较小；当加热时间超过 120min 后，胶体溶液黏度略有升高。

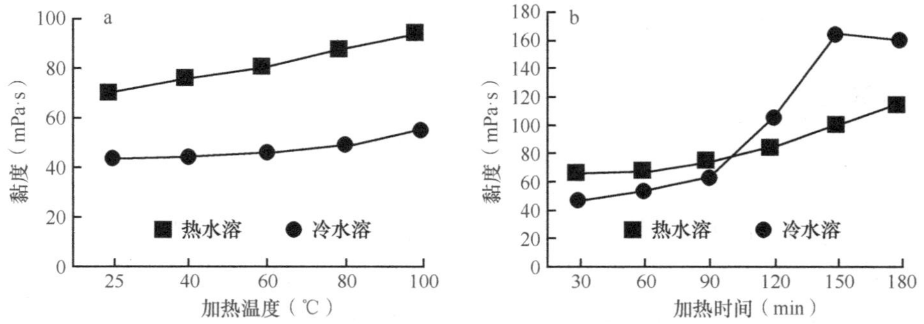

图 9-15　加热温度（a）和加热时间（b）对冷水溶与热水溶刺槐豆胶溶液黏度的影响（杨永利等，2001a）

pH 对刺槐豆胶溶液黏度的影响较小（杨永利等，2001b），即刺槐豆胶在酸性溶液和碱性溶液中都较为稳定，这一特点使得刺槐豆胶有更广泛的应用前景。

（3）与其他亲水胶体的协同作用

刺槐豆胶自身无法形成凝胶，但由于刺槐豆胶的支链取代度低，分子中的“光滑区”相对较多，可以与其他天然胶体（如螺旋结构的黄原胶和双螺旋结构的卡拉胶等）产生协同效果，增加其黏度、凝胶能力及强度。

Lundin 和 Hermansson（1995）采用透射电镜与动态流变技术，研究了刺槐豆胶与κ-卡拉胶的相互作用。混合凝胶体系的流变性质与刺槐豆胶浓度、盐浓度以及刺槐豆胶中甘露糖与半乳糖的比例有关。在混合胶体系中同时存在两种交联，即卡拉胶分子自身的交联和刺槐豆胶的甘露聚糖主链与卡拉胶分子单螺旋体的交联。当体系中刺槐豆胶含量较高时，将阻碍卡拉胶的自交联，同时形成较强的均一网络结构，使该结构变得稳定。Sandolo 等（2010）研究了刺槐豆胶与黄原胶的协同作用，结果表明混合胶体所形成的网状结构类型取决于二者的比例及热处理条件。当刺槐豆胶与黄原胶的比例为 1∶1 时，混合胶体可形成网状结构；当两者的比例为 1∶3 时，在较低温度下可以检测到凝胶点，在较高温度下只能观测到弱凝胶；而当刺槐豆胶与黄原胶的比例为 1∶9 时，在较高温度下就可检测到凝胶点。黄原胶与刺槐豆胶的侧链相互作用形成凝胶结构，凝胶能力的大小取决于刺槐豆胶侧链的数量及分布情况。具有较少的半乳糖侧链及较多光滑区域的刺槐豆胶，与黄原胶的相互作用较强，形成的凝胶结构较稳定。

9.3.1.4 在食品中的应用

在食品工业中，刺槐豆胶作为持水剂常用于乳制品及冷冻乳制品中，以改善产品口感，防止冰晶的形成。在干酪生产中，刺槐豆胶可加快奶酪的絮凝作用，增加产量并增强涂布效果。将刺槐豆胶用于肉制品、西式香肠等的生产加工，可以改善其持水性并改进其组织结构和冷冻 / 融化稳定性。刺槐豆胶用于膨化食品，在挤压加工时起润滑作用，并且能增加产品产量和延长货架期；用于面制品，可以控制面团的吸水效果、改进面团特性及品质，延长老化时间。

此外，刺槐豆胶常与其他亲水胶体复配，作为增稠剂、黏合剂和胶凝剂等。例如：单独使用卡拉胶则只能获得脆性果冻，而将刺槐豆胶与卡拉胶复配使用，可形成弹性果冻；刺槐豆胶、海藻胶与氯化钾的复配已广泛用作罐头食品的复合胶凝剂；刺槐豆胶、卡拉胶和羧甲基纤维素的复配可用作良好的冰淇淋稳定剂。

9.3.2 瓜尔胶

9.3.2.1 来源

瓜尔胶（guar gum），又名瓜尔豆胶、瓜尔聚糖或胍尔胶，是从广泛种植于印巴次大陆的一种豆科植物瓜尔豆（*Cyamposis tetragonolobus*）的种子中提取得到的胚乳多糖（Prajapati et al.，2013a）（图 9-16），呈奶白色，有豆腥味，是具有一定流动性的粉末状天然高分子亲水胶体。

图 9-16　瓜尔豆豆荚（a）、种子（b）及瓜尔胶（c）（Prajapati et al.，2013a）（彩图请扫二维码）

9.3.2.2　结构组成

与刺槐豆胶类似，瓜尔胶的主要成分也是半乳甘露聚糖（表 9-10）（Mudgil et al.，2014），但其连接的半乳糖支链数量比刺槐豆胶多。瓜尔胶半乳糖与甘露糖比值一般在 1∶1.8 ～ 1∶1.6，相对分子质量达 100 万～ 200 万，结构如图 9-17 所示。从化学结构来看，瓜尔胶的半乳糖在主链上呈无规则分布，通常以两个或三个为一组。这种具有一定规律性的分布方式及其所具有的分支化分子结构特征，决定了瓜尔胶的物理化学性质，使得瓜尔胶不同于分支化程度较小的刺槐豆胶。

表 9-10　瓜尔胶的组成

成分	含量（%）
半乳甘露聚糖	75 ～ 85
水分	8.0 ～ 14
蛋白质（N×6.25）	5.0 ～ 6.0
纤维	2.0 ～ 3.0
灰分	0.5 ～ 1.0

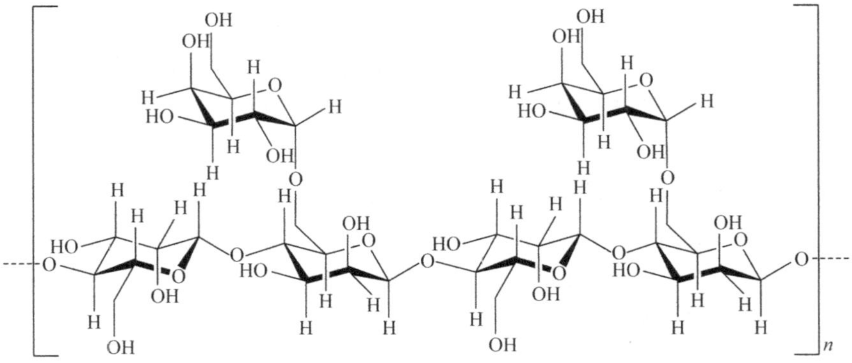

图 9-17　瓜尔胶的结构（ChemDraw 绘制）

9.3.2.3　功能特性

（1）溶解性

瓜尔胶是一种冷水溶胀的高聚物，在冷水中即可充分水化（一般需要 2h 以上），加热可以缩短瓜尔胶溶液到达最高黏度所需时间。水化速率是瓜尔胶溶液的重要参数，影响瓜尔胶在应用中的难易程度。当胶体水溶液中存在其他电解质时，瓜尔胶的水化速率大大减缓，且无法达到正常的最大黏度。pH 直接影响瓜尔胶的水化速率，酸性条件下，水化速率较快，而碱性条件下水化速率较慢，当 pH ＞ 10 时，胶体溶液不能发生水化。此外，瓜尔胶的水化速率随温度的升高而加快。

（2）流变性质

不同浓度瓜尔胶溶液的流变曲线如图 9-18 所示（Torres et al.，2014）。由图 9-18 可知，瓜尔胶溶液浓度在 1 ～ 2g/L 时，溶液的表观黏度值很小，剪切速率对表观黏度的影响不大，表现为牛顿流体性质；而当胶体溶液浓度增加到 5g/L 时，其表观黏度迅速上升，剪切速率低于 $10s^{-1}$ 时，具有牛顿流体的性质，随着剪切速率的增加，溶液表观黏度下降，出现剪切稀化的现象。

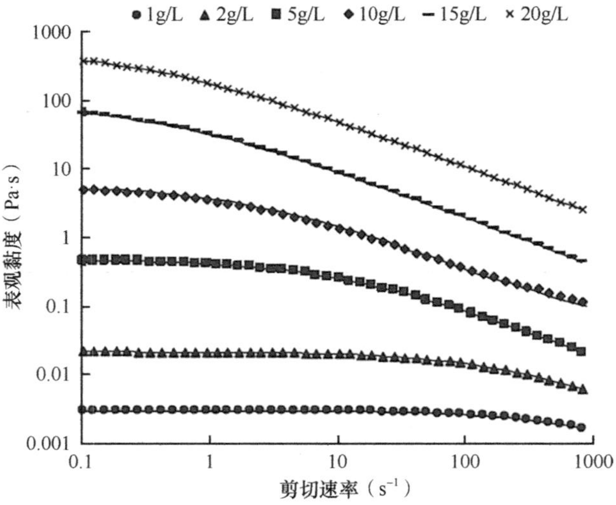

图 9-18　不同浓度瓜尔胶溶液的流变曲线（Torres et al.，2014）

瓜尔胶的水化速率随温度的上升而加快，当用 85℃的水制备瓜尔胶溶液时，10min 后即可充分水化，冷却后即可达到最大黏度。对于已充分水化的瓜尔胶溶液，加热时溶液可逆变稀，但若长时间保持在高温下，瓜尔胶会随时间发生不可逆热降解，导致黏度下降。

瓜尔胶水溶液为非离子型溶液，在 pH 4 ～ 10，溶液的流变性质随 pH 的变化较小。在 pH 为 6 ～ 8，瓜尔胶溶液的黏度可达到最大值；在 pH ≤ 3 的酸性溶液中，瓜尔胶的糖苷键会发生降解，导致黏度急剧下降；而在偏碱条件下（pH ＞ 10），瓜尔胶还原末端发生 β 消除，使得分子链缩短，最终导致黏度的下降。

（3）与其他亲水胶体的协同作用

瓜尔胶是直链非离子型大分子，与不同胶体复合时，可能引起黏度的变化。图 9-19 为瓜尔胶与黄原胶混合溶液和单一黄原胶溶液及瓜尔胶溶液流变行为的对比（Amundarain et al.，2009）。结果表明，在胶体溶液总浓度相同的条件下，混合溶液的表观黏度均大于单一溶液。除黄原胶外，瓜尔胶可以与多种线型多糖通过协同作用增加溶液的表观黏度，这类线型多糖主要有琼脂（Garcia and Andrade，1997）、海藻酸钠（Kurkuri et al.，2002）、魔芋胶（刘良忠和卢耀辉，2001）和淀粉（Rayment et al.，1998）等。瓜尔胶与双螺旋结构的卡拉胶几乎没有协同效应。

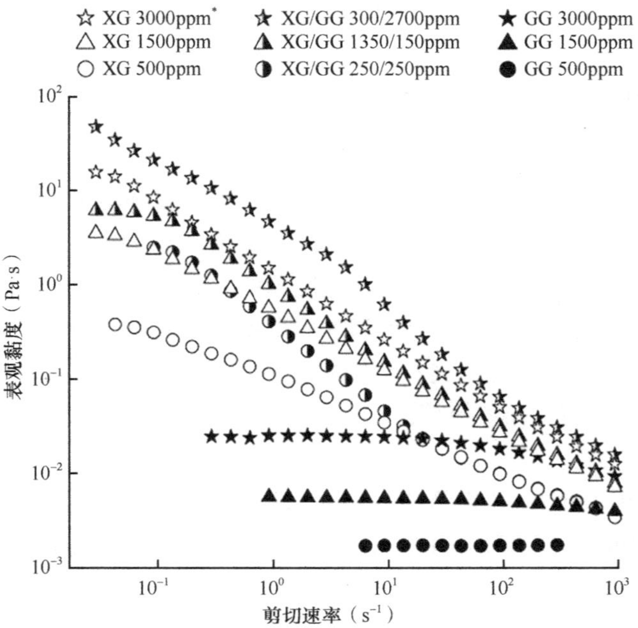

图 9-19　瓜尔胶与黄原胶混合溶液和单一黄原胶（XG）溶液及瓜尔胶（GG）溶液流变行为对比（胶体溶液总浓度一定）（Amundarain et al.，2009）

*1ppm=0.0001%

（4）改性

虽然瓜尔胶具有较好的水溶性，但其仍有水不溶物含量高、不能快速溶胀和快速水合、黏度难控制、耐剪切性较弱及易被微生物分解而不能长期保存等缺点，使得瓜尔胶的应用受到了很大限制。因此，需要对瓜尔胶进行改性，制得相应的瓜尔胶衍生物，从而改变原胶的理化性质，提高瓜尔胶性能。瓜尔胶改性的方法中，以化学改性的应用最为广泛，常见的化学改性方法有羧甲基化、阳离子化、羟烷基化和磷酸酯化等（Wang et al.，2017；朱昌玲等，2005）。

9.3.2.4　在食品中的应用

瓜尔胶具有较强的水合能力，可作为增稠剂、持水剂和改良剂应用于食品工业（Rather et al.，2017；Sharma et al.，2018；Thombare et al.，2016；吉毅，2005）。在冰淇淋的生产加工过程中常常添加少量的瓜尔胶，虽然无法显著地增加冰淇淋的黏度，但加入的瓜尔胶可以赋予产品奶油般滑腻的口感，并能减缓产品融化，提高产品抗骤热的性能。与此同时，瓜尔胶还可作为乳化稳定剂，可以控制冰淇淋中冰晶的生成，避免颗粒的存在，抑制水分子的迁移，有助于产品保持蓬松的质地和良好的形态。罐头类食品的生产加工中，要求产品尽可能地不含有流动态的水，瓜尔胶作为增稠剂加入到这类食品，可以稠化产品，使得肉菜固体部分表面包裹一层稠厚的肉汁，赋予食品黏滑的口感。在软奶酪的加工中添加瓜尔胶，可以增加奶酪的涂布性，控制产品的稠度及其扩散性质。将瓜尔胶添加在调味汁和色拉调味品中，可以改善产品质构性质，提高产品品质。

9.4 根粉（魔芋胶）

9.4.1 魔芋胶的来源

魔芋（*Amorphophallus konjac*），又名蒟蒻、鬼芋、花梗莲、虎掌等，天南星科魔芋属多年生草本植物。魔芋属种类繁多，已有学名的魔芋属种不少于 160 个。我国是最早利用魔芋的国家，已记载的魔芋属植物有 30 种，药食兼用的魔芋有 8 种，其中较具研发价值的魔芋品种为花魔芋和白魔芋。块茎是魔芋的主要器官，不同种类魔芋的块茎成分差异较大。依据化学成分，魔芋可分为葡甘露聚糖型、淀粉型和中间型。葡甘露聚糖型是指以含葡甘露聚糖为主的魔芋属种，如白魔芋、花魔芋等；淀粉型是指以含淀粉为主的魔芋属种，如疣柄魔芋、南蛇棒等；介于两种类型之间的魔芋称为中间型，如攸乐魔芋、勐海魔芋等。

魔芋胶（konjak gum），又称葡甘露聚糖（glucomannan），由葡甘露聚糖型魔芋地下块茎的精粉加工而成（图 9-20），具有生物可降解性，是目前发现最优良的可溶性膳食纤维之一。

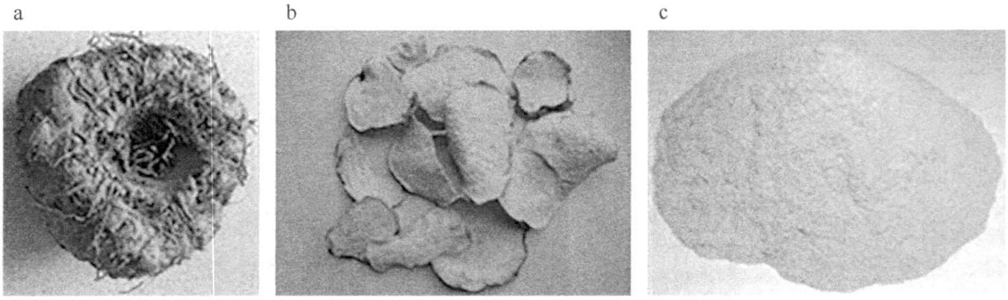

图 9-20　魔芋块茎（a）、魔芋干燥块茎（b）及魔芋胶（c）（彩图请扫二维码）

9.4.2 魔芋胶的结构组成

魔芋胶是由分子比为 1∶1.6～1∶1.4 的葡萄糖和甘露糖残基通过 β-1,4 糖苷键聚合而成，在某些糖残基 C-3 位上存在由 β-1,3 糖苷键组成的支链，主链上大约每 19 个糖残基中就有 1 个在甘露糖残基 C-6 上以酯键结合的乙酰基（图 9-21）（Zhang et al., 2014d）。魔芋胶的相对分子质量因魔芋种类、生长环境、加工方式及储藏时间的不同而有所差异，一般在 50 万～200 万。

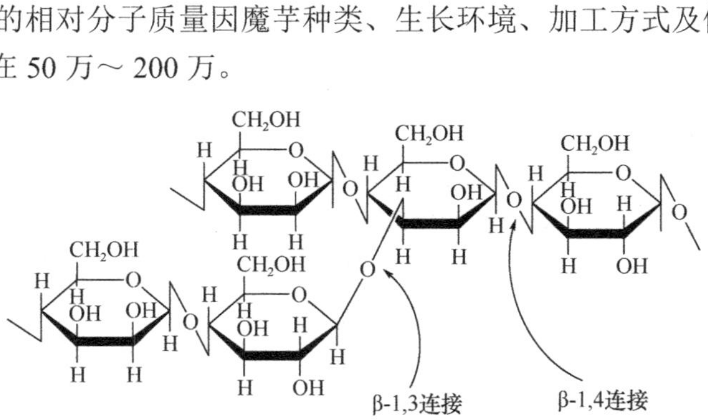

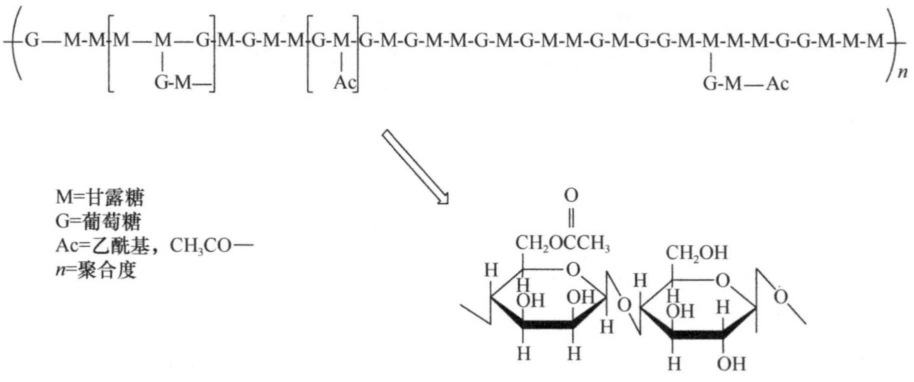

图 9-21　魔芋胶的结构（Zhang et al.，2014d）（ChemDraw 绘制）

9.4.3　魔芋胶的功能特性

（1）溶解性

魔芋胶易溶于水，不溶于甲醇、乙醇、丙酮等有机溶剂，溶于水后可吸收 20 ～ 200 倍的水，与水分子之间可以通过氢键、分子偶极、诱导偶极、瞬间偶极等作用力聚集成庞大而难以自由运动的巨型分子。与水分子的扩散迁移速度相比，魔芋胶大分子的扩散迁移速度大大降低，导致魔芋胶颗粒发生溶胀，在颗粒表面产生一层黏稠溶液，从而使魔芋胶颗粒相互粘连而结块，降低了魔芋胶在水中的溶解度。因此，在溶解魔芋胶的同时，需要添加蔗糖、葡萄糖、盐或淀粉之类的稀释分散剂，以防止结块。倘若没有加入稀释分散剂，则需要在高速搅拌下溶解魔芋胶。

（2）流变性质

魔芋胶溶于水后形成的溶胶流变性能与胶体的浓度、剪切速率、温度和 pH 等密切相关。在一定温度和相同剪切速率下（图 9-22），魔芋胶水溶液的黏度随浓度的增大而升高；在一定温度和浓度下，溶液黏度随剪切速率的增加而急剧下降，出现剪切稀化现象，

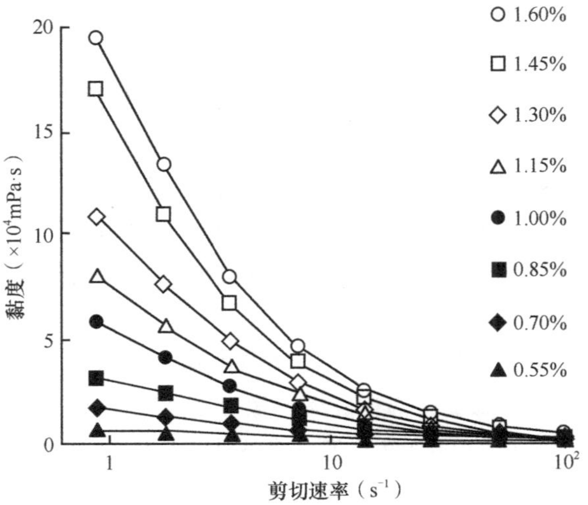

图 9-22　不同浓度魔芋胶溶液的流变曲线（25℃）（Wang et al.，2012）

表明魔芋胶水溶液为典型的假塑性流体。当胶体溶液浓度小于 0.55% 时，溶液黏度受剪切速率的影响较小，表现出牛顿流体性质。随着剪切速率的增大，剪切力打乱了魔芋胶水溶液中各水化分子间的相对位置，破坏了多糖分子间的交联，致使溶液黏度随剪切力的升高而降低，产生了剪切稀化现象（Wang et al.，2012）。生产过程中，搅拌、泵送都是施加剪切力的操作方法，一旦去除剪切力，即可恢复魔芋胶的结构黏度，从而使得添加了魔芋胶的冰淇淋、雪糕浆料在泵送时或在凝冻机中因搅拌稀化而易于操作。

魔芋胶溶液黏度与温度的相关性如下（图 9-23）（Wang et al.，2012）：①在 25 ～ 85℃，浓度为 1.00% 的魔芋胶溶液黏度均随剪切速率的增大而降低，具有剪切稀化现象，为假塑性流体；当温度高于 85℃时，胶体溶液黏度随剪切速率的变化不大，接近于牛顿流体。②在相同的剪切速率条件下，魔芋胶溶液（1.00%）的黏度随温度的升高而降低。

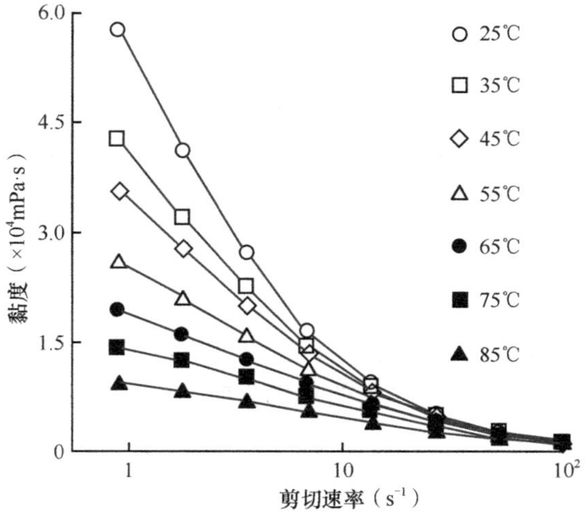

图 9-23　不同温度下魔芋胶溶液的流变曲线（c=1.00%，m/V）（Wang et al.，2012）

杨永利等（2003）考察了 pH 对魔芋胶溶液黏度的影响，在酸性和中性条件下（pH=1 ～ 7），魔芋胶溶液的黏度较为稳定；但是在碱性条件下，魔芋胶溶液的黏度随 pH 的增加而大幅下降。

（3）凝胶性

魔芋胶在不同条件下会形成热稳定（热不可逆）凝胶和热不稳定（热可逆）凝胶。在加热或碱性条件（pH=11.3 ～ 12.6）下，会发生脱乙酰基反应，形成热不可逆凝胶（Zhou et al.，2018）。KOH、NaOH、K_2CO_3 和 Na_2CO_3 是常用的皂化剂，可以脱除魔芋胶的乙酰基，其中 KOH 的效果较好（Zhang et al.，2014d）。李斌和谢笔钧（2002）通过对魔芋胶胶凝前后分子构象变化的研究，发现魔芋胶可以形成柔软的螺带，在螺带上有十分精致的、维持其构象的修饰基团——乙酰基，使之形成具有空隙的双螺旋结构。这些糖链是游离的、可移动的，能够保持大量水分，使魔芋胶在冷水中具有溶解性好、溶胀倍数大的特点。乙酰基脱除后，螺旋结构被破坏，螺带相互交织成网状结构，当浓度较高时，形成不可逆、强度高、可拉伸的凝胶。在中性条件下，魔芋胶与黄原胶、卡拉胶等复配形成的凝胶，一般为热可逆凝胶。

（4）与其他亲水胶体的协同作用

魔芋胶可以与其他亲水胶体进行物理复配，以提高凝胶性、成膜性、增稠性、黏结性等理化性能，起到复配增效的作用。

王元兰和魏玉（2011）与魏玉等（2010）研究了 κ-卡拉胶及魔芋胶（质量比为 5.5∶4.5）复配胶的流变特性，30℃时复配胶的储能模量 G' 高于 κ-卡拉胶和魔芋胶单体胶的储能模量，其损耗模量 G'' 则低于 κ-卡拉胶的损耗模量，复配胶的凝胶性质更加明显。随着温度的升高，复配胶体系的 G' 始终大于 G''，具有典型黏弹性流体的特性。当加入 0.1g/100mL KCl 和 $CaCl_2$ 时，两种盐溶液均能使复配胶体系的 G' 下降，并能使复配胶溶胶转化温度提高，其中，加入 KCl 后的影响更为明显。

黄原胶与魔芋胶均为非凝胶多糖，但二者在一定条件下共混可以得到凝胶。当黄原胶与魔芋胶以 0.7/0.3 的配比共混，多糖总浓度为 1% 时，二者的凝胶强度最大，协效凝胶性最强。当制备温度为 80℃、盐离子浓度为 0.2mol/L 时，凝胶强度最大（杨新亭等，2001）。Mao 等（2012）使用双组分级联模型分析了魔芋胶与黄原胶混合凝胶的流变学特性，结果表明，魔芋胶与黄原胶可以发生 6 个或更多单位连续的葡萄糖残基与魔芋胶的结合（图 9-24）。

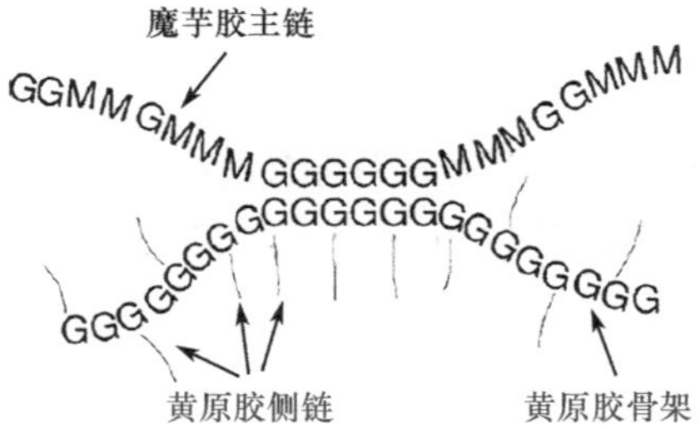

图 9-24 魔芋胶与黄原胶混合胶体黏结示意图（Mao et al.，2012）

G，葡萄糖残基；M，甘露糖残基

9.4.4 魔芋胶在食品中的应用

魔芋胶为非离子型高分子多糖，含有大量羟基，易溶于水，黏度高、持水性强，可作为增稠剂用于果汁、果酱、八宝粥、调味品和糊类食品中。魔芋胶可参与海藻类多糖如卡拉胶、琼脂凝胶的形成，大大提高单独使用海藻类多糖时的凝胶强度，具有凝胶增效的作用。因此，魔芋胶可与其他亲水胶体复配，作为凝胶剂添加于果冻和软糖之中（Akesowan，2015）。在碱性条件下，魔芋胶脱去乙酰基后，分子链呈线状，在热源的催化下相互缠绕靠近形成热不可逆的稳定凝胶，可用于仿生肉类和仿生水果的生产。利用魔芋胶的增稠性和持水性，将其用于肉制品的生产加工中，可防止肉制品析水、析油，提高肉制品的黏结力。魔芋胶用于面制品中，可以增强面筋的筋力，使其更富弹性。此外，魔芋胶还可作为悬浮稳定剂用于含有果肉等颗粒的饮品中。生产者可以根据果肉等颗粒的相对密度不同，调整悬浮稳定剂的用量。魔芋胶溶液脱水后形成的薄膜经过处理，其透明度、透气性及柔软性等性能得到改变后，可以作为蔬菜水果等的保鲜剂（贺雪姣，2012）。

9.5　植物渗出液

植物渗出液又称树胶，是树木在受到创伤时，受伤部位分泌的一种可食用的黏性体液在阳光下干燥形成的胶状物。气候条件、土壤条件和胶树树种对植物渗出液的产量、化学结构与理化性质有一定影响。植物渗出液安全、无毒、理化性质独特，越来越受到食品和保健等领域学者的密切关注。

目前，食品工业中常用的植物渗出液有阿拉伯胶、刺梧桐胶、黄芪胶、印度胶和桃胶等。其中，阿拉伯胶、刺梧桐胶和黄芪胶已得到FAO/WHO食品添加剂联合专家委员会等机构批准，可作为安全的食品添加剂应用于食品工业中。我国2014年发布的《食品安全国家标准 食品添加剂使用标准》（GB 2760—2014）中指出，阿拉伯胶、刺梧桐胶和黄芪胶可作为天然香料应用于食品工业，其中，阿拉伯胶可在各类食品中按生产需要适量使用。本节主要介绍阿拉伯胶和刺梧桐胶的来源、结构组成、功能特性及在食品中的应用。

9.5.1　阿拉伯胶

9.5.1.1　来源

阿拉伯胶（gum acacia）是使用历史最为悠久的亲水胶体之一，因最早起源于阿拉伯国家而得名。早在4000多年前，古埃及人就将阿拉伯胶作为黏结剂用于矿物颜料的制备，并作为防腐剂用于木乃伊的制作（Islam et al.，1997）。阿拉伯胶来源于豆科（Leguminosae）植物金合欢（*Acacia* spp.）的树干渗出物，经干燥后形成（图9-25）。联合国粮食及农业组织和世界卫生组织食品添加剂联合专家委员会（JECFA）通过对不同来源的阿拉伯胶进行多次评估，最终定义阿拉伯胶为一种由阿拉伯胶树（*Acacia senegal*）和赛伊尔相思树（*Acacia seyal*）树干的渗出物所形成的干固胶状物（Shao et al.，2015b）。

图9-25　未加工的阿拉伯胶形态（彩图请扫二维码）

9.5.1.2　结构组成

阿拉伯胶的组成随着气候、季节、树龄的不同而改变。总体来说，阿拉伯胶主要是由多糖组成，并含有少量蛋白质。多糖主要由半乳糖、阿拉伯糖、鼠李糖、葡糖醛酸以及4-甲氧基葡糖醛酸组成。不同种类阿拉伯胶蛋白质的氨基酸组成不同，但是主要氨基酸种类一致，其中含量较高的有羟脯氨酸、丝氨酸和天冬氨酸（表 9-11）（Williams and Phillips，2009b；吴锜和李雄彪，1993）。从不同树种中采集的阿拉伯胶的成分分析和理化指标如表 9-12 所示（Shao et al.，2014；Williams and Phillips，2009b）。

表 9-11　从不同树种中所采集的阿拉伯胶的氨基酸组成（氨基酸单体占总氨基酸的数量）（Williams and Phillips，2009b）

氨基酸	*A. senegal*	*A. seyal*
羟脯氨酸（Hyp）	256	240
天冬氨酸（Asp）	91	65
苏氨酸（Thr）	72	62
丝氨酸（Ser）	144	170
谷氨酸（Glu）	36	38
脯氨酸（Pro）	64	73
甘氨酸（Gly）	53	51
丙氨酸（Ala）	28	38
半胱氨酸（Cys）	3	—
缬氨酸（Val）	35	42
甲硫氨酸（Met）	2	—
异亮氨酸（Ile）	11	16
亮氨酸（Leu）	70	85
酪氨酸（Tyr）	13	13
苯丙氨酸（Phe）	30	24
组氨酸（His）	52	51
赖氨酸（Lys）	27	18
精氨酸（Arg）	15	11

表 9-12　从不同树种中所采集的阿拉伯胶的成分分析和理化指标

（Shao et al.，2014；Williams and Phillips，2009b）

项目	*A. senegal*	*A. seyal*
总灰分含量（%）	3.93	2.87
含氮量（%）	0.29	0.14
甲氧基含量（%）	0.25	0.94
旋光度	–30	+51
特性黏度（mL/g）	13.4	12.1
相对分子质量（$\times 10^3$）	380	850
糖醛酸含量（%）	16	12
4-甲氧基葡糖醛酸含量（%）	1.5	5.5
葡糖醛酸含量（%）	14.5	6.5
半乳糖含量（%）	44	38

续表

项目	*A. senegal*	*A. seyal*
阿拉伯糖含量（%）	27	46
鼠李糖含量（%）	13	4

阿拉伯胶是一种杂多糖，是以β-1,3糖苷键连接的半乳糖为主链，支链阿拉伯糖、鼠李糖和葡糖醛酸通过O-3或O-6与主链连接而形成的多分支结构。Randall等（1988，1989）发现阿拉伯胶主要含有三种组分，分别为阿拉伯半乳聚糖（arabinogalactan，AG）、阿拉伯半乳聚糖蛋白（arabinogalactan protein，AGP）和糖蛋白（glycoprotein，GP）。三种组分的蛋白质含量不同，重均相对分子质量不同，体现了阿拉伯胶的多分散性。阿拉伯胶（来源于*Acacia senegal*）在GPC-MALLS系统中的色谱图如图9-26所示（Aoki et al.，2007a）。由图9-26可知，阿拉伯胶的示差信号（RI）和光散射信号（LS）均为两个峰，紫外信号（UV）为三个峰。其中，出峰时间约为7.5min的组分占总量的10%左右，相对分子质量高达几百万，蛋白质含量为10%左右，约占总蛋白质的50%。这一组分是由分子质量约2.5×10^5Da的多糖通过多肽链串联到一起形成的糖蛋白复合物，称为AGP，赋予阿拉伯胶乳化性。出峰时间约为12min的组分约占总量的90%，相对分子质量为几十万，蛋白质含量低于1%，约占总蛋白质的20%，即为AG。紫外信号中出峰时间约为15min的组分含量非常少，只占总量的1%左右，分子质量约为2.0×10^5Da，蛋白质含量约为50%，占总蛋白质的27%，称为GP。谢明勇教授及其团队利用一维和二维核磁共振波谱对阿拉伯胶的分子结构进行了修正（图9-27），提出阿拉伯胶是高支链多糖结构，其主链由1,3-吡喃半乳糖构成，且在O-2、O-6或O-4羟基位连有取代基（Nie et al.，2013）。Atgie等（2019）采用二维色谱法对阿拉伯胶进行了分离。该研究首先采用尺寸排阻色谱法从阿拉伯胶中分离得到5个组分，分别收集各组分，经浓缩、冻干、复溶后，继而采用疏水色谱法进行进一步分离。结果显示，尺寸排阻色谱法分离得到的5个组分分子质量分布范围较小，每个组分中均含有多个疏水性不同的组分。此研究表明，阿拉伯胶的组成复杂，传统意义上的AG、AGP和GP均可能为多个组分的混合物。

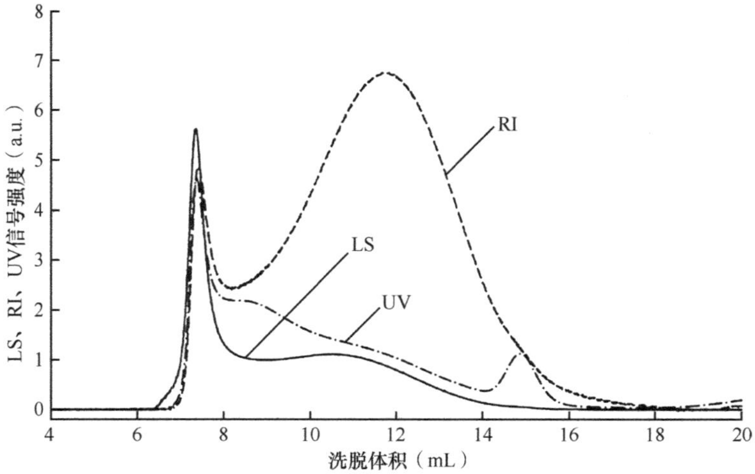

图9-26　阿拉伯胶的GPC-MALLS图谱（Aoki et al.，2007a）

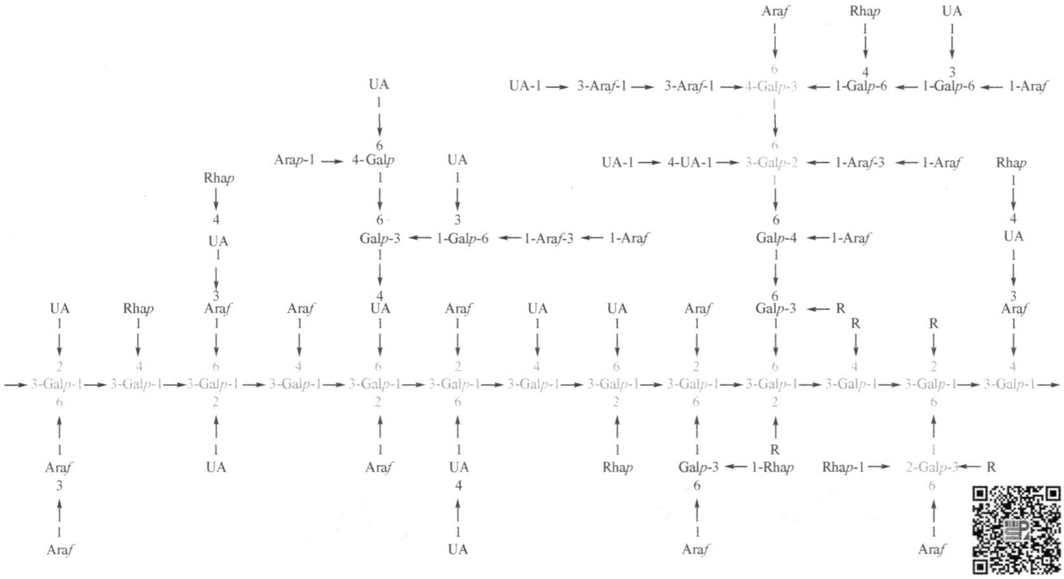

图 9-27　阿拉伯胶结构示意图（Nie et al.，2013）（ChemDraw 绘制）（彩图请扫二维码）

R 为以下糖残基中的一种：T-Rhap1→，T-L-Arap1→，T-UA1→，T-L-Araf1→3-L-Araf1→，T-UA1→4-UA1→。所有半乳糖和糖醛酸均为 β-D 型，所有阿拉伯糖和鼠李糖均为 α-L 型。红色表示与已报道的阿拉伯胶结构相同部分

9.5.1.3　功能特性

（1）溶解性

阿拉伯胶无毒、无臭，呈浅白色至淡黄褐色半透明块状或白色至橙棕色粒状或粉末状，易燃。阿拉伯胶不溶于乙醇等有机溶剂，但具有高度的水溶性及较低的溶液黏度，易溶于冷 / 热水，当配制成 50% 浓度的水溶液时仍具有流动性，这是其他亲水胶体所不具备的特点之一。

（2）流变性质

阿拉伯胶溶液在低浓度时表现出牛顿流体特性，当浓度大于 40% 时，呈现假塑性流体特性。阿拉伯胶对温度的变化较为敏感，且对 pH 的耐受性较好（张建荣等，2009）。浓度为 40% 的阿拉伯胶在室温下 80h 内黏度未改变，表明阿拉伯胶溶液的稳定性良好，易于存放。在 25 ～ 80℃，阿拉伯胶黏度随温度增加而降低，且在 30 ～ 70℃时下降较快，70℃后下降缓慢。由于阿拉伯胶结构上带有酸性基团，40% 质量分数的阿拉伯胶溶液的 pH 为 5.85。当溶液 pH 在 4 ～ 8 时，阿拉伯胶溶液的黏度较为稳定；当溶液 pH 在 5 ～ 5.5 时，阿拉伯胶溶液黏度较大。当 pH 低于 3 时，阿拉伯胶的溶解度和黏度均有所下降。

（3）乳化性质

乳化性是阿拉伯胶最主要的性能之一。在很宽的 pH 范围内，阿拉伯胶对大多数油可以起到稳定的乳化作用，是一种有效的乳化剂，可广泛地应用于各种水包油食品乳液体系的制备。在实际使用过程中，阿拉伯胶的结构是决定其乳化性能的关键所在，而影响阿拉伯胶乳化性能的因素主要有 AGP 含量、蛋白质含量和多糖含量等。

AGP 是阿拉伯胶中约 2% 的蛋白质通过丝氨酸和羟脯氨酸残基，以共价键的方式与多糖相连而形成的糖蛋白复合物。Castellani 等（2010）在蛋白质含量以及其他化学成分

相同的条件下，改变 AGP、GP、AG 的比例，通过对薄膜性质、液滴大小和界面张力的研究，考察 AGP 含量对阿拉伯胶乳化性能的影响，发现 AGP 含量越高，阿拉伯胶乳化性能越好。AGP 具有类似合欢花形状的结构（图 9-28a），图 9-28b 为 AGP 吸附在油水界面的示意图（Dickinson，2003），疏水的多肽链吸附在油水界面上，与之相连的亲水性多糖部分则伸入水相中，在油水界面形成了具有黏弹性的膜（Buffo et al.，2001），这层膜可以降低油水间的界面张力（Dickinson，2003），增强乳状液的稳定性，是阿拉伯胶具有乳化性能的主要原因。

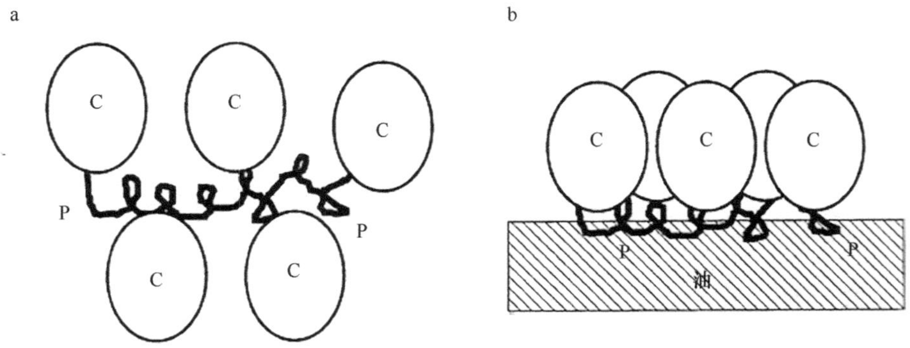

图 9-28　阿拉伯胶“合欢花”状功能活性成分在水溶液（a）和油水界面（b）的示意图（Dickinson，2003）

C，多糖碳链（亲水）；P，连接于碳链上的蛋白（疏水）

早期研究认为，阿拉伯胶中的蛋白质含量越高，其乳化性能越好。Randall 等（1988）采用蛋白酶将 AGP 酶解后，发现阿拉伯胶的乳化性能大大降低。Chikamai 等（1996）发现，将阿拉伯胶水溶液在 100℃下加热 6h 以上，其乳化性能大幅度降低；而在 65℃下加热 24h，阿拉伯胶只丧失小部分乳化性能，表明乳化性能的丧失与蛋白质的变性有关。Ray 等（1995）采用尺寸排阻色谱法和疏水作用色谱法研究阿拉伯胶各组分的乳化性能，指出蛋白质含量和相对分子质量较高的组分乳化性能最好，与 Randall 等（1989）得出的结论一致。

阿拉伯胶的乳化性能与蛋白质含量并不具有简单的关联性。Buffo 等（2001）发现一些蛋白质含量相对较少的 *A. seyal* 乳化性能反而比 *A. senegal* 更好，这是因为阿拉伯胶的乳化性质不仅与蛋白质含量有关，而且与阿拉伯胶的相对分子质量及其所含蛋白质的结构有关。一方面，*A. seyal* 中低相对分子质量组分的含量较高，有助于其在油水界面上的分散。另一方面，*A. seyal* 的蛋白结构舒展，可在油滴表面形成稳定的吸附层，使之更好地吸附于油相表面。Flindt 等（2005）发现，在 *A. seyal* 和 *A. senegal* 乳液体系中，吸附于油滴表面的组分是不同的。对于 *A. senegal*，主要是具有高相对分子质量的蛋白质成分（AGP），这与 Randall 等（1988）的发现相一致；对于 *A. seyal*，高相对分子质量的组分难于吸附，而相对分子质量较低的蛋白质就成为吸附在油滴上的主要成分，这种差别是导致两种胶体乳化性质不同的根本原因。随后，Buffo 等（2002）指出，与未经处理的乳液样品相比，经 65℃巴氏灭菌 30min 的样品更加稳定，其原因是阿拉伯胶中的蛋白质在巴氏灭菌过程中形成了更加伸展的结构，从而可以更好地吸附在油水界面，提高了其乳化性能和体系稳定性。Al-Assaf等（2007）采用物理方法模拟阿拉伯胶的“熟化”过程，制备出了一种新型阿拉伯胶。在一定条件下，加热可以强化阿拉伯胶中AG与GP的聚集，使其形成与AGP类似的两亲性阿拉伯半乳聚糖和糖蛋白的聚集体（Aoki et al.，2007a）。经过“熟化”后的阿拉伯胶相对分子质量明显提高，AGP组分含量显著增加（Al-Assaf et al.，2007），黏度大大提高。因此，阿拉伯胶“熟化”后所形成的聚集体表面活性显著提高，其乳化性能也得以提高（Aoki et al.，2007b）。

此外，阿拉伯胶乳化性能还受外界环境因素的影响，如pH、温度和离子强度等（杨雷等，2013）。

（4）与其他胶体的协同作用

阿拉伯胶是用途最广泛的亲水胶体之一，它可以和其他大多数亲水胶体、蛋白质、糖相配伍。阿拉伯胶与淀粉复配，可用于可食用膜的制备，对于改善包装废物引发的环境问题具有十分重要的意义。当阿拉伯胶与淀粉的比为2∶2时，可制得轻薄透明、均一性高且弹性好的可食用膜。将该膜用于香蕉的包装，室温条件下，与未包装的香蕉相比，包装的香蕉失重减少约30%，且后熟过程得到延缓（Shao et al.，2013）。阿拉伯胶与卡拉胶复配可用于火腿类产品的生产、加工，当卡拉胶与阿拉伯胶之比为3∶2、总量为0.5%时，所得产品柔性较好、嫩而脆，无粉感，无发干和发散现象（扶庆权等，2008）。阿拉伯胶和明胶复配可用于脂肪替代品的制备，在最优生产工艺条件下（pH为4.25、配比为1∶1、搅拌温度为50℃、静置时间为0.5h、溶质浓度为2%、搅拌速度为100r/min），脂肪替代品的得率最高，所得产品具有油脂外观，平均粒径在10μm左右（刘贺等，2009）。

9.5.1.4　在食品中的应用

阿拉伯胶的消化性差，具有独特的流变和乳化性质，因此可广泛用作胶体稳定剂、水溶液胶黏剂、增稠剂和低热值食品添加剂等（表9-13）。

表9-13　阿拉伯胶在食品中的功能及应用

功能	应用	功能	应用
胶黏剂	面包薄膜	抗结晶剂	冰淇淋、糖浆
结合剂	香肠	膜形成剂	肠衣、保护层
胀大剂	营养食品	胶囊剂	粉末的佐料
澄清剂	白酒、啤酒	除霉剂	胶滴、胶状糖果
包被剂	糖果、蜜饯	稳定剂	蛋黄酱
云雾剂	果汁	增稠剂	果酱、馅饼、填充物、调味汁、肉汁
乳化剂	拌色拉的调味汁	泡沫稳定剂	食品顶部的配品、啤酒
絮凝剂	白酒	搅打剂	调味品、糖霜
悬浮剂	巧克力奶	保护胶体	佐料乳剂
膨胀剂	加工肉食	成胶剂	布丁、肉冻、奶油冻
脱水收缩抑制剂	奶酪、冰冻食品		

阿拉伯胶作为增稠剂和乳化剂用于糖果点心制造工业，不仅可以防止糖分结晶，减少蔗糖晶体析出，还可以有效地乳化奶糖中的乳脂，避免乳脂溢出。阿拉伯胶用于巧克力的生产加工，可以使巧克力表面更有光泽，具有“只溶于口、不溶于手”的效果。此外，蜜饯的透明糖衣是由阿拉伯胶制成的，咀嚼糖、止咳糖和菱形糖中也含有阿拉伯胶。

阿拉伯胶具有较强的吸水性，可作为稳定剂用于冷冻食品的生产加工。例如，在冰淇淋的制作中，阿拉伯胶可以结合大量的水并以水化物的形式保存这些水分，固定在冰淇淋内部形成更精细的结构，防止冰晶的析出。由于阿拉伯胶本身具有一定的黏度和黏着性，将其应用于面包生产中，可以增强面包表面的光滑感。阿拉伯胶是啤酒类饮料的泡沫稳定剂，可使饮料中产生类似水果汁的、引人注目的浑浊外观。在碳酸饮料中，将阿拉伯胶用于乳化、分散香精和色素，可以避免色素圈在瓶颈处出现。

9.5.2　刺梧桐胶

9.5.2.1　来源

刺梧桐胶（karaya gum）也称苹婆树胶、卡纳亚胶，主要来源于梧桐科（Sterculiaceae）高大的刺苹婆树（*Sterculia urens*），在胭脂树科（Bixaceae）的国王弯子木及其他弯子木属（*Cochlospermum*）的树干中也可以提取到刺梧桐胶。苏丹、塞内加尔、印度山区、巴基斯坦是刺梧桐胶的主要产区，我国云南地区也有大量产刺梧桐胶的树种分布。通过划破树干、人工切树皮等方式，采集胶状分泌物（图 9-29），经过干燥、粉碎即可得到粉末状刺梧桐胶。

图 9-29　刺梧桐胶（彩图请扫二维码）

9.5.2.2　结构组成

商品化刺梧桐胶粉外观为淡黄至淡红色，有明显的乙酸味，干燥失重可达 18%。刺梧桐胶是部分乙酰化的弱酸性多糖，具有复杂的支链，分子质量在 $9\times10^6 \sim 1.6\times10^7$Da。刺梧桐胶中主要含有糖醛酸（37%）、D-半乳糖（26.3%）、L-鼠李糖（29.2%）和乙酰基（8%），主链由 α-L-1,2-鼠李糖和 β-D-1,4-半乳糖醛酸连接而成，可能结构如图 9-30 所示。

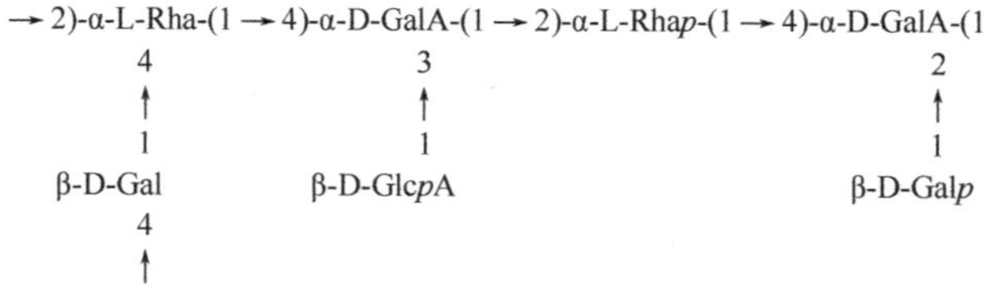

图 9-30　刺梧桐胶可能的化学结构（Ibrahimet al.，2010）（ChemDraw 绘制）

Rha，鼠李糖；Rhap，六元环鼠李糖；Gal，半乳糖；Galp，六元环半乳糖；GalA，半乳糖醛酸；GlcpA，葡糖醛酸

9.5.2.3　功能特性

（1）溶解性

刺梧桐胶在水中的溶解度较低，在冷水中约为 0.02%，热水中约为 0.06%。刺梧桐胶在水中通过吸水膨胀，可迅速形成体积增大至原来 60 ～ 100 倍的低浓度凝胶，具有较高的吸水膨胀性（López-Franco et al.，2009）。刺梧桐胶中含有较多的乙酰基，影响了刺梧桐胶的水溶性，赋予了刺梧桐胶较强的吸水膨胀性。经碱处理脱乙酰化的刺梧桐胶，其水溶性显著增强。亲水胶体粒径的大小会影响刺梧桐胶的水化速率，在质量相等的情况下，粗糙的亲水胶体颗粒水化速率小于细粉状亲水胶体颗粒（Zhang et al.，2014e）。

（2）流变性质

刺梧桐胶胶体分散体系的黏度与其浓度密切相关，0.5% 胶体分散体系的黏度为 120 ～ 400mPa·s，3% 胶体分散体系的黏度为 10 000mPa·s。储藏时间影响刺梧桐胶胶体分散体系的黏度，储藏时间越长，胶体分散体系的黏度越低，与未加工的刺梧桐胶相比，粉末状刺梧桐胶胶体分散体系黏度降低的幅度更大。完全水化的刺梧桐胶胶体分散体系的黏度随温度的变化而变化，当温度从 20℃增加至 85℃时，黏度随之降低。沸腾时，胶体分散体系的黏度很低，如果沸腾温度维持 2min 以上，黏度下降更快。

刺梧桐胶胶体分散体系的黏度随 pH 的变化而变化。在刺梧桐胶胶体溶液中加入酸或碱，都可使胶体溶液的黏度降低，如果想获得较高黏度和在较宽 pH 范围内稳定的胶体溶液，可在调节 pH 之前把胶体预先水化。在酸性介质中，胶体溶液色调明亮，在有鞣酸加入的碱性介质中，溶液色调深暗。中性或偏碱性条件下，不够稠化的刺梧桐胶溶液由于产生了脱乙酰作用，变成了具有黏性的凝胶状，黏度增加，且这一变化是不可逆的。

9.5.2.4　在食品中的应用

粉状刺梧桐胶可用于凉拌菜调味品、冰汽水、冰果子露、涂抹干酪、肉馅和蛋白甜饼等食品中。在制作凉拌菜调味品时，刺梧桐胶可作为稳定剂单独使用，也可与阿拉伯胶合用，作为胶体保护剂。在冰汽水和冰果子露的生产加工过程中，刺梧桐胶的用量为 0.2% ～ 0.4%，其作用是防止自由水的析出和大颗粒冰晶的生成。由于刺梧桐胶具有较好的持水性，且在酸性条件下较为稳定，可将其用于酸性食品的生产加工，如刺梧桐胶（≤ 0.8%）可用于涂抹干酪。刺梧桐胶黏合性较好，可用作蛋白甜饼的胶黏剂，减少蛋白质的用量。在生产肉馅制品时，加入 0.25% 的刺梧桐胶，能使肉类制品有光滑的外观。

9.6 微生物胶

微生物胶也称生物合成胶，即微生物在生长代谢过程中，在不同的外部条件下所产生的各种亲水胶体，其来源通常为细胞壁、细胞体内及细胞体外。微生物胶的商品化生产主要取决于以下因素：①微生物胶性质及其具有的应用价值；②提取工艺的可行性；③生产成本；④食用安全性（不含有毒素）（王卫平，1997）。由于细胞壁及细胞体内多糖提取难度大、成本高，开发的品种较少，大规模工业化生产的微生物胶大多来源于细胞体外。和来源于植物的亲水胶体相比，微生物胶具有生产周期短，不受气候、地域条件限制等优势，具有广阔的发展前景。目前，已工业化的微生物胶主要有黄原胶、结冷胶、葡聚糖、普鲁兰、凝胶多糖和酵母多糖等。迄今为止，微生物胶中只有黄原胶和结冷胶被国际食品立法机构允许广泛用作食品添加剂。

20 世纪 60 年代，美国 Kelco 公司首先实现黄原胶商业化生产。美国 FDA 于 1969 年通过了黄原胶的食用安全认证，批准其可用于食品。1978 年，FAO/WHO 食品添加剂联合专家委员会（JECFA）颁布允许黄原胶作为食品添加剂的国际标准；而直到 1980 年，欧洲共同体才正式赋予黄原胶食用安全代码（E-415）。我国黄原胶的研究起步较晚，1985 年南开大学率先开展食品级黄原胶的研究。1988 年，黄原胶被批准列入食品添加剂使用名单。1992 年，国家技术监督局制定了食品添加剂黄原胶的国家标准（GB 13886—1992），但其于 2007 年被 GB 13886—2007 替代，之后此标准于 2015 年被 GB 1886.41—2015 替代。

1978 年，美国科学家首次发现结冷胶，1988 年日本批准其为“天然的食品添加剂”。1992 年，结冷胶通过美国 FDA 许可；1994 年，欧洲共同体正式赋予其食用安全代码（E-418）。我国于 1996 年批准将结冷胶列入食品添加剂使用名单，并于 2010 年颁布了结冷胶的国家标准（GB 25535—2010）。本节主要介绍商业化微生物代谢胶——黄原胶和结冷胶。

9.6.1 黄原胶

9.6.1.1 来源

黄原胶（xanthan gum），又称黄胶、汉生胶和黄单胞多糖，是一种由野油菜黄单胞菌（*Xanthomonas campestris*）（又称甘蓝黑腐病菌）发酵产生的一种胞外酸性杂多糖。

9.6.1.2 结构组成

黄原胶的分子质量较高，一般为 2×10^6 ～ 5×10^7Da。黄原胶是由 D-葡萄糖、D-甘露糖和 D-葡糖醛酸以 2∶2∶1 的摩尔比构成的“五糖重复单元”组成的（图 9-31）（Garcia-Ochoa et al.，2000），其中葡萄糖以 β-1,4 糖苷键相连构成主链，为类纤维素结构。主链上间隔的葡萄糖基 C-3 位上连有由甘露糖、葡糖醛酸和甘露糖组成的三糖支链；支链上，与主链相连的部分甘露糖残基 C-6 位被乙酰基修饰，支链末端的部分甘露糖残基在 C-4 位和 C-6 位与丙酮酸发生缩醛反应而被修饰（Jansson et al.，1975），取代基的数目与菌种和发酵条件有关。一般地，乙酰化基团在 60% ～ 70%，丙酮酸取代基含量在

30% ～ 40%。黄原胶侧链上的葡糖醛酸和丙酮酸为酸性基团，使黄原胶在水溶液中呈现多聚阴离子特性。

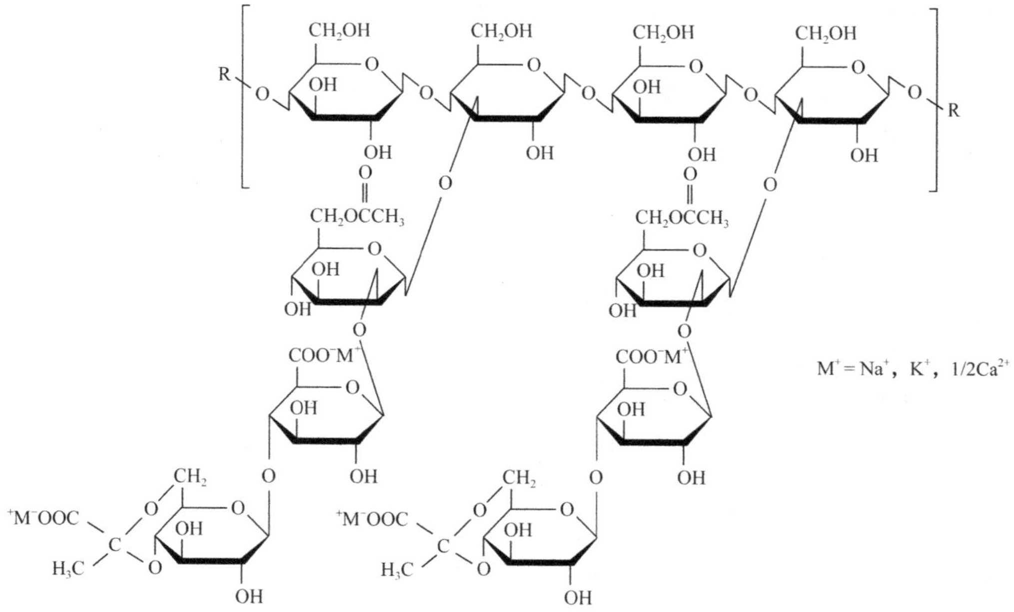

图 9-31　黄原胶的结构（Jansson et al.，1975；Melton et al.，1976）（ChemDraw 绘制）

黄原胶分子中含有羧基等强极性基团，分子中带电荷的三糖侧链围绕主链的骨架结构反向缠绕，通过氢键形成双螺旋结构，进而通过静电作用力形成多重螺旋聚合体（图 9-32）（崔孟忠等，2003）。这些网状结构使黄原胶分子具有较强的刚性，增强了黄原胶主链在酸、碱、酶解等条件下的稳定性，使黄原胶溶液的黏度不易受酸、碱影响，抗生物降解性较好。同时，该结构又使一定浓度条件下的黄原胶水溶液出现溶致液晶（一种包含溶剂化合物在内的两种或多种化合物形成的液晶，是在溶液中溶质分子浓度处于一定范围内时出现的液晶相）（Lee and Brant，2002）。

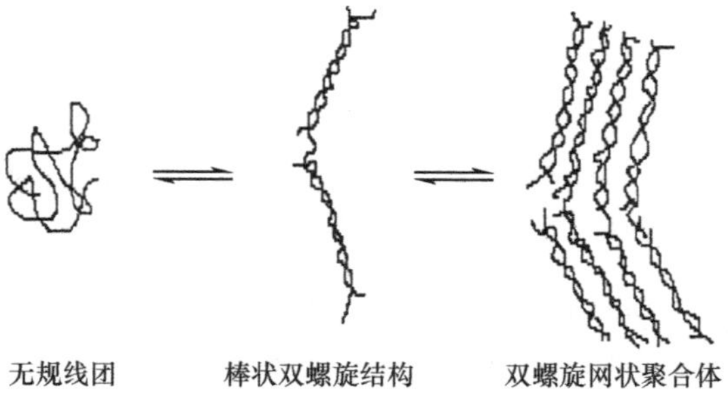

图 9-32　黄原胶的聚集态结构（崔孟忠等，2003）

9.6.1.3　功能特性

（1）溶解性

黄原胶具有较好的水溶性，可溶于冷水中，便于使用。黄原胶的溶解速度与搅拌速度、胶体粒径大小及溶剂（盐、pH 等）有关。黄原胶的亲水性较强，如果直接加入水中而不充分搅拌，胶体外层容易吸水膨胀形成胶团，阻止水分进入内层，影响黄原胶的溶解。因此，在使用时需要将黄原胶缓慢加入正在搅拌的水中。黄原胶的粒径越小，其溶解速度越快，加入 NaCl（2.5%）可加快黄原胶的溶解。

（2）流变性质

黄原胶分子中含有大量羟基，这些羟基通过氢键作用容易与水分子结合形成较为坚实的网状结构，从而使其水溶液在较低浓度下具有较高的黏度。黄原胶水溶液的黏度与温度、盐浓度和溶液 pH 等因素有关。

黄原胶水溶液的黏度与测定其黏度时的温度（T_M）有关。由图 9-33 可知，黄原胶溶液的黏度随测定温度的升高而降低。在 10 ～ 80℃时，黄原胶溶液黏度的变化可逆（Garcia-Ochoa et al.，2000）。同时，黄原胶溶液的黏度与溶解时的温度（T_D）密切相关。由图 9-34a 可知，当溶解温度从 20℃升高到 40℃时，黄原胶溶液的黏度降低。溶解温度在 40 ～ 60℃时，亲水胶体溶液黏度随溶解温度的升高而增加。当溶解温度超过 60℃时，溶液黏度随温度的升高而迅速降低。这一现象与黄原胶分子的溶液构象转变有关。图 9-34b 为溶解温度对黄原胶溶液旋光度与圆二色性的影响。由此可知，当溶解温度从 40℃升高到 60℃时，黄原胶分子的溶液构象发生了从螺旋型向不定型的转变（Garcia-Ochoa and Casas，1994；Milas and Rinaudo，1979）。

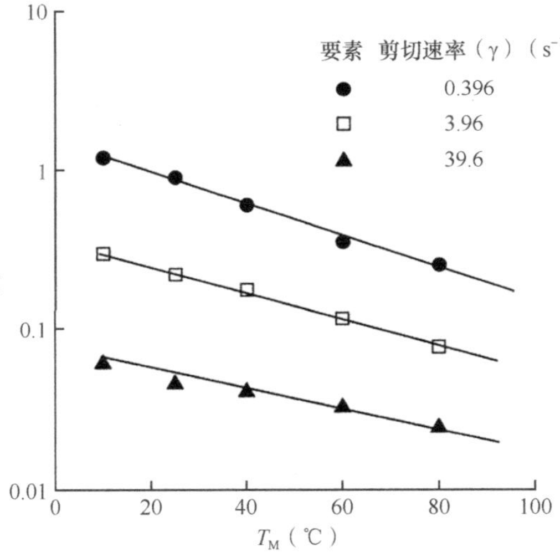

图 9-33　测定温度（T_M）对黄原胶溶液黏度（μ_a）的影响（Garcia-Ochoa et al.，2000）

黄原胶浓度为 2g/L；溶解温度为 40℃；溶剂为 1g/L NaCl

一些学者研究发现（Wyatt and Liberatore，2009；Zhang et al.，1996），不论在纯水溶液中还是在盐溶液中，黄原胶溶液黏度均随着其浓度的增加而增大，这是因为随着胶体溶液浓度的增加，胶体分子间作用力增强，分子间缠结增多，溶液的黏度增大。不同浓度的盐溶液对黄原胶溶液黏度的影响不同。由于黄原胶分子链的侧链带负电，因静电作用而相互排斥，黄原胶分子链形成一种盘旋结构。在低盐浓度条件下，黄原胶分子链间的静电排斥作用减弱，侧链盘绕在主链骨架上，黄原胶分子链收缩，溶液黏度随体系中盐离子浓度的增加而下降。在高盐浓度下，溶液的黏度随盐浓度的增加而增大。Dario 等

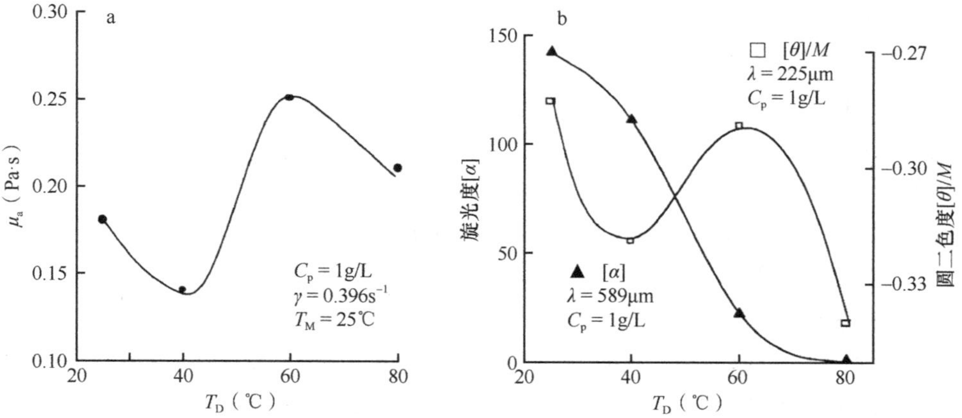

图 9-34　溶解温度（T_D）对黄原胶溶液黏度的影响（a）和溶解温度对黄原胶溶液旋光度与圆二色性的影响（b）（Garcia-Ochoa et al.，2000）

黄原胶浓度为 1g/L，溶剂为 1g/L NaCl

（2011）研究了 $CaCl_2$、$Ca(NO_3)_2$ 和 $Ca_3(PO_4)_2$ 对黄原胶溶液黏度的影响，发现当 $CaCl_2$ 和 $Ca(NO_3)_2$ 浓度均为 1.0g/L 或 10g/L 时，黄原胶分子的双螺旋结构转化为无序状态，导致溶液的黏度下降；而当 $CaCl_2$ 和 $Ca(NO_3)_2$ 浓度达到 10g/L 时，双螺旋结构恢复，溶液的黏度增大；当 $Ca_3(PO_4)_2$ 的浓度达到 100g/L 时，溶液的黏度急剧增大。

pH 对于黄原胶流变性质的影响较小，黄原胶溶液的黏度在 pH 为 3 ～ 11 时基本保持稳定。黄原胶溶液在较低 pH 下，能长期保持稳定，如表 9-14 所示（周盛华，2008）。当溶液的 pH 高于 9 或小于 3 时，虽然黄原胶分子链上的乙酰基和丙酮酸基团会被脱除，但是溶液的黏度基本不发生变化。然而，有报道（Agoub et al.，2007；Rinaudo and Moroni，2009）认为，溶液中 pH 的下降会使黄原胶分子链上带负电荷的基团与 H^+ 结合，减弱分子侧链间的排斥作用，导致分子链收缩，溶液黏度下降。

表 9-14　黄原胶在各种酸作用下的黏度变化

酸的种类	酸浓度（%）	黄原胶浓度（%）	90 天后黏度 /90 天前黏度（%）
乙酸	20	2	100
柠檬酸	20	1	75
盐酸	5	2	80
磷酸	40	2	100
硫酸	10	2	80
酒石酸	20	1	75

黄原胶溶液的黏度随剪切速率的增大而减小，剪切应力和法向应力均随着剪切速率的增加而增加，为假塑性流体，具有剪切稀化特性（Song et al.，2006）。浓度为 0.3% 的黄原胶溶液，在盐浓度为 1%、pH 为 1 ～ 12 时，溶液黏度均随剪切速率的增大而减小，并且在极低、极高 pH 和高温（70℃）条件下，溶液黏度下降更快（Sworn，2009a）。

（3）凝胶性

黄原胶水溶液呈现弱凝胶性质。Fujiwara 等（2000）研究了黄原胶水溶液在不同温度下（5℃和 40℃）的凝胶特性，在 0.1 ～ 100rad/s 时，黄原胶水溶液在两种温度下均以弹性为主。Pelletier 等（2001）考察了温度、盐浓度和角频率对黄原胶溶液凝胶性质的影响，在 0.008mol/L NaCl 中，浓度为 1% 的黄原胶溶液在 0.001 ～ 100rad/s 时，当温度低于 50℃时，弹性模量（G'）和黏性模量（G''）均随角频率的增加而增加，G' 始终大于 G''，溶液以弹性为主；当温度在 60 ～ 70℃时，在低角频率下，溶液以弹性为主，在高角频率下，溶液则以黏性为主；当温度升高到 80℃时，溶液在整个角频率范围内，均以黏性为主。在同一角频率下，黄原胶在不同盐浓度（0.008mol/L 和 0.08mol/L）溶液中的损耗角正切值均随温度的升高而增大，G' 和 G'' 均随温度的升高而减小；在 25 ～ 55℃时，黄原胶在高盐溶液中的损耗角正切值高于低盐溶液中的，而其在低盐溶液中的 G' 大于高盐溶液中的，G'' 基本相等；在 55 ～ 80℃时，黄原胶在低盐溶液中的损耗角正切值大于高盐溶液中的，而其在高盐溶液中的 G' 和 G'' 均大于低盐溶液中的。

（4）与其他亲水胶体的协同作用

黄原胶自身形成的凝胶机械性能较弱，但其可与其他亲水胶体，如淀粉（Zhang et al.，2012）、刺槐豆胶（Sandolo et al.，2010）、瓜尔胶（Ma et al.，2019）、卡拉胶（He et al.，2014）和魔芋胶（Sak，2014）等混溶产生协同作用。混溶后，复配体系的黏度显著提高，凝胶强度显著增强。

9.6.1.4　在食品中的应用

黄原胶安全无毒，溶解度好、黏度高，具有优良的悬浮性和良好的配伍性，且在较宽的 pH 和温度范围内基本保持稳定。因此，黄原胶从发现伊始便在食品工业中得到了广泛的应用（表 9-15）。研究表明，在低剪切速率条件下，黄原胶的黏度显著高于瓜尔胶、羧甲基纤维素和海藻胶，呈现出良好的悬浮性；在中高剪切速率条件下，黄原胶的黏度迅速降低，使其具有良好的喷涂性能，易于吸取，方便吞咽。

表 9-15　黄原胶的应用

用途	用量（%）	作用
液体饮料	0.1 ～ 0.3	增稠、混悬、提高感官质量
固体饮料	0.1 ～ 0.3	便于成型、增强口感
肉制品	0.1 ～ 0.2	嫩滑、持水、增强稳定性
冷冻食品	0.1 ～ 0.2	增稠、增加细腻度、稳定食品结构
调味品	0.1 ～ 0.3	乳化、增稠、稳定
馅类食品	0.5 ～ 1.5	便于成型、增强口感
面制品	0.03 ～ 0.08	增强韧性、持水、延长保质期

9.6.2　结冷胶

9.6.2.1　来源

结冷胶（gellan gum），又称凯可胶，是由从水百合中分离出的伊乐藻假单胞杆菌（*Pseudomonas elodea*）［后确认为少动鞘脂单胞菌（*Sphingomonas paucimobilis*）］在中性条件下经有氧发酵所产生的胞外多糖，是继黄原胶之后又一种在食品中使用的微生物胞外多糖。

9.6.2.2　结构组成

结冷胶是一种线性阴离子胞外多糖，分子质量约为 5×10^5Da，主链上基本重复单元是 β-D-1,3-葡萄糖-β-D-1,4-葡糖醛酸-β-D-1,4-葡萄糖-α-L-1,4-鼠李糖。结冷胶产品分为两类：一类是高酰基结冷胶，即发酵后直接产生的天然结冷胶，其结构如图 9-35a 所示，在每个重复单元上有 1.5 个 *O*-酰基基团，其中每个重复单元上有 1 个 *O*-甘油酰基，隔一个重复单元有 1 个 *O*-乙酰基，分别位于 1→3 链接成键的葡萄糖残基的第 2 位和第 6 位上；另一类则是由天然结冷胶经过碱处理脱除部分或全部乙酰基的低酰基结冷胶，结构如图 9-35b 所示；两者主要性质对比见表 9-16。我们通常所指的结冷胶为低酰基结冷胶。

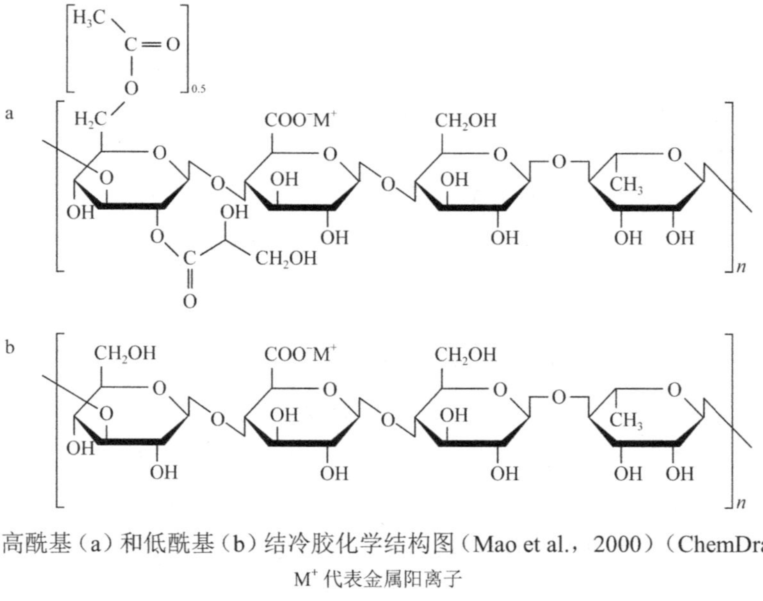

图 9-35　高酰基（a）和低酰基（b）结冷胶化学结构图（Mao et al.，2000）（ChemDraw 绘制）
M^+ 代表金属阳离子

表 9-16　低酰基和高酰基结冷胶主要性质对比

性质	低酰基结冷胶	高酰基结冷胶
分子质量	约 5×10^5Da	$1\times10^6\sim2\times10^6$Da
水溶性	冷、热水中均溶	溶于热水
凝胶形成条件	需要加入离子或酸才能形成	加热冷却后即可形成
凝胶形成温度	低于 40℃	起于 65℃

9.6.2.3 功能特性

（1）溶解性

商品化结冷胶为淡黄色粉末，可溶于热水中，当温度达到 90℃时，可形成透明溶液，不溶于乙醇等有机试剂。

（2）流变性质

结冷胶水溶液的流变性质主要与胶体浓度和溶液温度有关。结冷胶水溶液的黏度随其浓度的增大而增大。当结冷胶浓度在 0.01% ～ 0.04% 时，溶液黏度随剪切速率的增大而减小，呈假塑性流体特征；当黄原胶浓度大于 0.05% 时，开始形成弱凝胶（Moritaka et al.，1991）。低质量分数的结冷胶溶液的流变学特性接近 Cross 模型，具有剪切稀化性、触变性和屈服应力，且溶液黏度随结冷胶浓度的增加而增大。同时，温度越高，结冷胶黏度对剪切速率的依赖性越小。例如，在 5 ～ 20℃，低浓度结冷胶溶液（0.5%）呈现非牛顿流体特性，具有剪切稀化的特性；而在 45℃，高浓度结冷胶溶液（1.5%）呈现牛顿流体特性，溶液黏度不随剪切速率的增加而变化（Moritaka et al.，1992）。此外，阳离子也是影响结冷胶流变性质的重要因素。不含阳离子的结冷胶溶液呈现出牛顿流体特性，添加阳离子后，溶液呈现出非牛顿流体特性，具有典型的"流体凝胶"特征，表现为具有屈服应力、触变性和高度的剪切稀化性。

（3）凝胶性

结冷胶的凝胶性质与温度、酰基含量、金属阳离子和亲水物质密切相关。

在温度由热到冷的变化过程中，结冷胶溶液会迅速形成凝胶，这种由溶胶向凝胶的转变称为相转变。结冷胶的凝胶化过程一般分为两个阶段。首先，结冷胶溶于水后，卷曲的单股分子链之间会自动聚集形成双螺旋结构，此时的温度即为分子链从卷曲向双螺旋结构转变的温度 T_{ch}，此时体系的损耗模量（G''）迅速增大。双螺旋结构进一步聚集，三维网状结构开始形成，体系趋于固化，其储能模量（G'）迅速增大，对应的温度为临界凝胶温度 T_c。当温度继续降低，双螺旋结构形成"联结区"，体系形成稳定的凝胶网络，$G''=G'$，对应的温度称为溶胶转变温度 T_{sg}（Chen et al.，2018）。结冷胶溶液 T_{ch} 和 T_{sg} 与溶液浓度及阳离子种类等因素密切相关。结冷胶浓度越高，T_{ch} 和 T_{sg} 越高，表明高浓度结冷胶更易于形成凝胶（Jang et al.，1997；Zhou et al.，2017）。添加相同浓度的二价阳离子比一价阳离子的 T_{ch} 和 T_{sg} 更高，说明在二价阳离子存在的溶剂体系中，结冷胶更易于形成凝胶（Huang et al.，2004；Xie et al.，2017；Xiong et al.，2019）。

酰基含量是影响结冷胶凝胶性质的重要因素之一。天然结冷胶含有大量乙酰基和甘油酰基，这些酰基虽然可以促进结冷胶分子双螺旋链的形成，但同时也阻碍了双螺旋链间的交联。因此，高酰基结冷胶形成的凝胶比较柔软且富有弹性，为热可逆凝胶。与高酰基结冷胶不同，低酰基结冷胶的酰基含量较低，所形成的凝胶强度大，坚硬且容易脆裂，热稳定性更好（Mao et al.，2000）。

金属阳离子在结冷胶形成凝胶过程中发挥着重要的作用。结冷胶为一种阴离子型高分子，具有双螺旋结构，在纯水中，结冷胶带负电的羧基裸露在螺旋体的外侧，使得结冷胶分子因静电作用相互排斥，分子链间氢键较少而较难形成凝胶。当加入阳离子时，阳离子与羧基结合，屏蔽了静电效应，有利于双螺旋链相互聚集形成“交联区”，从而促进结冷胶凝胶结构的形成（Sha et al.，2018；Sun et al.，2019；Yang et al.，2009）。常用的金属阳离子分为两类，一类是以 K^+ 和 Na^+ 为代表的一价金属阳离子，另一类是以 Ca^{2+} 和 Mg^{2+} 为代表的二价金属阳离子（Chen et al.，2018）。结冷胶在一价阳离子与二价阳离子中形成的凝胶性能具有一定差异。在一价阳离子中，结冷胶形成的凝胶为热可逆凝胶，加热后凝胶可以融化，且该可逆过程可反复进行（Jing et al.，2016）。然而，在二价阳离子中，结冷胶形成的凝胶为热不可逆凝胶，热稳定性较高。此外，当结冷胶达到最大凝胶强度时，体系所需二价阳离子比一价阳离子的浓度低（Caltagirone et al.，2000）。这种凝胶性质的差异源于一价阳离子与二价阳离子的凝胶诱导机制不同。

阳离子与结冷胶分子链的结合，不仅与静电吸引有关，而且与结冷胶中负电基团羧基附近的氧原子对阳离子的螯合作用有关，即著名的“蛋-盒”模型理论（Islam et al.，1997；Li et al.，2018）。研究者应用 X 射线衍射技术发现（Chandrasekaran et al.，1988），在一价阳离子诱导的凝胶中，结合在结冷胶双螺旋链上的 K^+ 被周围的 5 个氧原子包围，这 5 个氧原子像一个“爪子”，将 K^+ 螯合在中间。阳离子的半径越大，氧原子与阳离子的螯合作用越强，促进形成凝胶的能力越强。一价阳离子促进结冷胶形成凝胶的能力大小为 $Cs^+ > Rb^+ > K^+ > Na^+ > Li^+$。$H_2O$ 在一价阳离子诱导形成的“交联区”中起到“桥梁”作用，以 K^+ 为代表的一价阳离子凝胶机制可表示为“$COO^-—K^+—H_2O—K^+—COO^-$”（Melton et al.，1976；Rodriguez-Hernandez and Tecante，1999）。然而，在二价阳离子诱导的凝胶中，H_2O 不参与“交联区”的形成，一个二价阳离子同时结合在相邻两个双螺旋结构的羧基上，以 Ca^{2+} 为代表的二价阳离子凝胶机制可表示为“$COO^-—Ca^{2+}—COO^-$”。与一价阳离子相似，二价阳离子半径越大，促进凝胶形成的能力越强。二价阳离子促进凝胶形成的能力大小为 $Pb^{2+} > Cu^{2+} > Zn^{2+} > Ba^{2+}$，$Sr^{2+}$，$Ca^{2+}$，$Mg^{2+}$。二价阳离子的这种“交联区”结构比一价阳离子通过 H_2O 形成“架桥”联结而成的“交联区”稳定，表现为二价阳离子诱导形成的凝胶具有较高热稳定性（Tang et al.，1996）。由两类阳离子的凝胶机制可知，一个“交联区”结构需要两个一价阳离子或一个二价阳离子参与形成，故二价阳离子在诱导结冷胶形成凝胶时比一价阳离子更有效，即使在低浓度（0.2%，*m*/*V*）的结冷胶溶液中加入 0.004% 的 Ca^{2+} 和 0.005% 的 Mg^{2+}，亦可以获得高强度的凝胶（Huang et al.，2004）。然而，过多的阳离子会使结冷胶凝胶强度降低（Milas and Rinaudo，1996）。这是因为，过多的阳离子会和结冷胶分子中的阴离子结合，从而阻碍结冷胶双螺旋分子的有序聚集，导致凝胶硬度下降。

亲水物质（如蔗糖、葡萄糖、果糖等）对结冷胶的凝胶性质有一定影响。Evageliou 等（2010）以 KCl（100mmol/L）诱导低酰基结冷胶成胶，研究了葡萄糖、蔗糖和果糖对凝胶性质的影响。葡萄糖对结冷胶凝胶网络交联结构的强度没有影响，但会降低凝胶硬度；蔗糖和果糖均会增强凝胶网络交联结构，与果糖相比，蔗糖的效果更佳，但二者均不影响凝胶硬度。这三种糖均不能改变凝胶的弹性，且在改善凝胶特性上无协同效应。Kasapis 等（2002）采用透射电镜考察了亲水物质（蔗糖和葡萄糖）的添加对结冷胶结构的影响，结果显示，在高浓度的糖溶液中，结冷胶分子链间的交联程度显著降低。Tang 等（2001）考察了亲水物质（果糖和蔗糖）对结冷胶凝胶温度、透明度和质构性质的影响，结果发现，结冷胶凝胶温度随蔗糖浓度的增加而增加，而果糖的添加对结冷胶凝胶温度的影响较小。蔗糖和果糖的添加均显著增加了结冷胶凝胶的透明度。蔗糖对结冷胶凝胶强度的影响主要依赖于二价离子的浓度，在低离子浓度条件下，添加蔗糖可提高结冷胶的凝胶强度；而在高离子浓度条件下，添加蔗糖会减弱结冷胶的凝胶强度。

（4）与其他亲水胶体的协同作用

尽管结冷胶凝胶具有诸多优良特性，然而，结冷胶所形成的凝胶较易脆裂，限制了其在食品工业中的应用。结冷胶具有良好的相容性，弥补了其凝胶性质缺陷。因此，在食品工业中，结冷胶通常以复配胶的形式进行使用。常与结冷胶进行复配的亲水胶体如表 9-17 所示。两种及两种以上的胶体复配，根据作用结果，可分为协同增效作用和减效作用。

表 9-17　几种亲水胶体性能比较

亲水胶体	优点	缺点
罗望子胶	良好的增稠剂、稳定剂	价格起伏大，含有不易溶解的植物蛋白
魔芋胶	良好的增稠剂、稳定剂、成膜剂	价格起伏大，含有不易溶解的植物蛋白
明胶	营养丰富、富含人体必需氨基酸	不耐热、70℃以上凝胶融化；主要来源于猪皮、鱼皮，品质受原材料影响大
黄原胶	价格低廉、与多种亲水胶体具有协同增效作用	非凝胶增稠剂，单独使用不能作为胶凝剂
高酰基结冷胶	优良的持水力	凝胶不透明，价格昂贵

结冷胶与多种亲水性胶体有协同增效作用。例如，结冷胶与魔芋胶复配，当两者质量比为 3∶5 时，协同增效作用最大，魔芋胶提高了结冷胶的凝胶强度和热稳定性（Mei et al.，2012；Nishinari et al.，1996）。另外，将结冷胶和魔芋胶（分子质量为 1.32×10^6Da）复配体系制成可食性膜，当两者质量比为 3∶7 时，膜的拉伸强度最大（Xu et al.，2007）。罗望子胶的主链结构与魔芋胶类似，均由 β-1,4 糖苷键构成，与结冷胶复配，亦有协同增效作用。结冷胶和魔芋胶、罗望子胶的协同增效作用与复配体系中形成的“双网络结构”有关。“双网络结构”由体系中两种多糖链直接相互作用形成。在结冷胶-魔芋胶复配体系中，结冷胶链仍保持双螺旋结构，魔芋胶通过多糖链上的乙酰基与结冷胶葡糖醛酸残基上的羧基相连（Xu et al.，2007）。而在结冷胶-罗望子胶复配体系中，双螺旋结构分别由一条结冷胶分子链和一条罗望子胶分子链构成。明胶是一种带正电荷的亲水性胶体，与带负电荷的结冷胶共存时，由于正负电荷的吸引，因此两者具有明显的协同增效作用（Chilvers and Morris，1987）。

然而，当几种亲水胶体共存时，高分子间的排斥作用会使复配胶体产生减效作用。例如，结冷胶与海藻酸钙复配，添加 2%（*m*/*m*）海藻酸钙，对 0.1 ～ 0.3%（*m*/*m*）结冷胶凝胶强度有增大作用，但对弹性无影响。这是因为，结冷胶作为分散相可分散在海藻酸钙网络中，形成了不连续的网络结构。结冷胶与琼脂复配体系的减效作用则是因为复配体系中的两种胶体各自形成网络结构并相互交叉渗透（Amici et al.，2000）。

9.6.2.4　在食品中的应用

结冷胶是食品工业中不可或缺的亲水性胶体，其凝胶特性如表 9-18 所示。结冷胶优良的凝胶特性，使得其在食品工业中具有广泛的应用。表 9-19 总结了结冷胶在食品工业中的主要应用。

表 9-18　结冷胶的凝胶特性及功能（许怀远等，2009）

序号	特性	功能
1	很低的浓度即可发挥作用	结冷胶作为一种非常有效的胶凝剂，用量范围为 0.012% ～ 0.4%
2	凝胶具有极高的透光度	结冷胶可满足透明度高的食品的要求
3	凝胶对酸的耐受性高（pH 4.0 ～ 7.5）	从酸性至中性产品配方都能获得满意的效果，应用范围广
4	控制凝胶离子的类型与浓度，能在一定范围内调节凝胶温度及融化温度	根据实际需要，通过控制阳离子类型和浓度调控凝胶对热的稳定性
5	凝胶具有热迟滞性，与其他亲水胶体具有很好的相容性，有良好的风味释放性	能耐受加工过程的加热、杀菌、蒸煮等高温处理，并且可通过复配得到具有多种质构特性的凝胶，有利于新产品的开发
6	弱凝胶具有良好的悬浮性	可作为高档悬浮剂

表 9-19　结冷胶在食品工业中的主要应用

主要的应用领域	典型食品举例
糖果	果浆软糖、凝胶软糖
果酱和果冻	低热量果酱、仿真果酱、焙烤食品馅料、水果果冻
人造食品	人造水果、人造蔬菜、人造肉
水基凝胶	甜点凝胶、肉片
水果馅料和布丁	布丁、水果馅料
饮料	果粒悬浮饮料、果汁饮料
乳品	凝胶乳品、低脂涂抹物
宠物食品	听装凝胶宠物食品

结冷胶用于面条，可以增强面条的硬度、弹性和黏性，也有改善口感、抑制热水溶胀、减少断面和减轻汤汁浑浊等作用；用于饼干，可以改良饼干的层次，使饼干具有一定的疏松度；结冷胶作为稳定剂应用于冰淇淋可提高保型性；用于蛋糕、奶酪饼中，具有保湿、保鲜和保型的效果；用于糖果，可以给产品提供优越的结构和质地，并缩短淀粉软糖胶体成型时间；结冷胶也可替代果胶制备果酱和果冻，用于糕点和水果馅饼填料；在肉制品和蔬菜类制品的加工过程中，添加结冷胶可使其具有清爽的口味，起到弥补产品口味不足的良好作用。果冻是结冷胶在食品工业中最主要的应用领域。结冷胶因其优良的凝胶性能，特别是其凝胶温度与融化温度可调的特性，成为一种理论上理想的多层果冻胶凝剂。

9.7 其他食品亲水胶体研究存在的问题及前景展望

随着食品和化学工业的发展，人们已认识到亲水胶体的增稠、胶凝和乳化稳定等重要作用大量应用于食品工业。一方面，单独使用亲水胶体可以改善烘焙食品和肉糜食品等的食品品质。另一方面，亲水胶体与亲水胶体或亲水胶体与淀粉之间的复配，可赋予复配体系特殊的质构品质，使其更好地应用于食品加工。然而，目前的研究主要集中在亲水胶体对产品流变性质、理化性质、质构以及其他品质特性的影响，而对其改善食品品质的机制探讨，尤其是结构层面的相互作用的研究相对较少，如何解决亲水胶体在含乳植物饮料中的稳定作用也面临重要挑战。今后，需要进一步利用合成生物学等技术开发稳定、高产、高品质的亲水胶体；同时利用分子模拟、原子力显微镜和热力学分析等技术，探讨复合物分子间相互作用机制，从而为其在传统食品和特殊营养健康食品（如老年食品、婴幼儿食品等）中的应用提供更多理论支撑。

参考文献

程丽鸿. 2011. 世界及我国亲水胶体的发展近况. 上海: 2008 年全国油田化学品和水溶性高分子研讨会.

丛峰松, 张洪斌, 张惟杰, 等. 2004. 天然大分子食品水溶胶的增稠性、粘弹性和协同作用. 食品科学, 25(1): 195-199.

崔孟忠, 李竹云, 徐世艾. 2003. 生物高分子黄原胶的性能、应用与功能化. 高分子通报, (3): 23-28.

扶庆权, 颜琴, 张晓敏. 2008. 卡拉胶和阿拉伯胶的复配及其在低温火腿中的应用研究. 肉类工业, (7): 19-20.

贺雪姣. 2012. 低限度降解魔芋胶与 κ-卡拉胶的复配研究及应用. 无锡: 江南大学硕士学位论文.

黄来发, 洪文生, 黄恺. 2000. 食品增稠剂. 北京: 中国轻工业出版社: 11-45.

James N B, Kerry C H. 2013. 碳水化合物 //Damodaran S, Parkin K L, Fennema O R. 食品化学. 4 版. 江波, 杨瑞金, 钟芳, 等译. 北京: 中国轻工业出版社: 176-179.

吉毅. 2005. 瓜尔胶衍生物的合成. 大连: 大连理工大学硕士学位论文.

蒋建新, 菅红磊, 朱莉伟, 等. 2013. 功能性多糖胶开发与应用. 北京: 中国轻工业出版社: 272-277.

孔瑾, 李新峥, 蔡鹏飞. 2005. 南瓜果肉饮料的研制及其稳定性的控制. 食品与发酵工业, 31(5): 130-133.

李斌, 谢笔钧. 2002. 魔芋葡甘聚糖凝胶机理研究. 中国农业科学, 35(11): 1411-1415.

李加兴, 袁秋红, 陈建伏, 等 2007. 猕猴桃果粒果汁饮料生产工艺及其稳定性研究. 食品科技, 32(4): 148-151.

刘波, 李丹丹, 李汴生, 等. 2012. 软糖用 κ-卡拉胶与明胶溶液及其复配液的表观粘度研究. 现代食品科技, (11): 1466-1469, 1540.

刘贺, 朱丹实, 刘丽萍, 等. 2009. 明胶与阿拉伯胶复合凝聚法制备脂肪替代品的研究. 食品科学, 30(8): 124-127.

刘良忠, 卢耀辉. 2001. 魔芋精粉与瓜尔豆胶等稳定剂的协同增效作用及配比分析研究. 食品工业科技, (4): 34-35.

刘骞. 2010. 食品加工中的增稠剂 (五) 海藻类胶食品增稠剂. 肉类研究, (2): 67-70, 75.

马萍, 孙淑英, 刘东春, 等. 2000. 海藻酸钠理化参数的测定. 中国海洋药物, 19(3): 54-56.

宁发子, 何新益, 殷七荣, 等. 2002. 卡拉胶的特性与应用. 食品工业, 23(3): 30-32.

史升耀. 1985. 卡拉胶及其在食品上的应用. 食品科学, (5): 18-24.

宋晓飞. 1999. 食品增稠胶结构与性能关系的探讨. 食品工业科技, (S1): 173-177.

孙哲浩, 赵谋明, 张源, 等. 2001. 明胶与 κ-卡拉胶交互作用特性及机理的研究——明胶与卡拉胶共凝胶体的力学特性. 食品科学, (1): 14-18.

汤毅珊, 赵谋明, 黎星尉, 等. 1994. 卡拉胶流变性能的研究. 广州食品工业科技, (4): 34-38.

王卫平. 1996. 食品品质改良剂: 亲水胶体的性质及应用 (之四)——海藻胶. 食品与发酵工业, (1): 72-78.

王卫平. 1997. 食品品质改良剂: 亲水胶体的性质及应用 (之六)——微生物代谢胶. 食品与发酵工业, (1): 76-80.

王元兰, 魏玉. 2011. κ-卡拉胶与魔芋胶复配胶体系的流变特性. 食品科学, 32(5): 92-95.

魏玉, 王元兰, 胡云楚. 2010. κ-卡拉胶与魔芋胶共混凝胶的质构特性研究. 食品科学, 31(5): 96-100.

吴锜, 李雄彪. 1993. 阿拉伯胶研究进展及其应用 (综述). 北京农业大学学报, (3): 41-46.

许怀远, 任向妍, 王垚. 2009. 结冷胶产品凝胶特性的影响因素研究. 食品科技, 34(11): 263-268.

杨雷, 仇丹, 周逸奎, 等. 2013. 阿拉伯胶的结构特征和乳化性能研究进展. 食品工业科技, 34(12): 353-356, 360.

杨新亭, 王林风, 王香东. 2001. 黄原胶与魔芋胶的协效凝胶性研究. 食品科学, 1(3): 38-40.

杨永利, 郭守军, 张继, 等. 2001a. 槐豆胶热水溶和冷水溶部分流变性的比较研究. 西北师范大学学报 (自然科学版), 37(4): 82-85.

杨永利, 刘阿萍, 王莱, 等. 2003. 魔芋胶的流变性研究. 西北师范大学学报 (自然科学版), 39(4): 70-73.

杨永利, 张继, 郭守军, 等. 2001b. 刺槐豆胶的流变性研究. 食品科学, 22(12): 27-29.

杨玉玲, 周光宏, 姜攀, 等. 2008. 卡拉胶凝胶质构特性的研究. 食品工业科技, (10): 220-223.

张建荣, 舒云波, 马晓伟, 等. 2009. 阿拉伯胶的性质研究. 农产品加工 · 学刊, (4): 62-63, 82.

张利, 杨迎伍. 2002. 食品品质改良剂——亲水胶体. 四川食品与发酵, 38(1): 30-33.

张献伟, 周梁, 蒋爱民, 等. 2011. 食品胶特性及其在食品中应用. 食品与机械, 27(1): 166-169.

周爱梅, 刘欣, 林日高, 等. 2002. 明胶与卡拉胶相互作用特性的研究. 华南农业大学学报, 23(1): 78-81.

周盛华. 2008. 黄原胶在水溶液中的构象转变及其流变学研究. 上海: 上海交通大学硕士学位论文.

朱昌玲, 薛华茂, 孙达峰, 等. 2005. 改性瓜尔胶的研究进展. 中国野生植物资源, 24(4): 9-12.

Agoub A A, Smith A M, Giannouli P, et al. 2007. "Melt-in-the-mouth" gels from mixtures of xanthan and konjac glucomannan under acidic conditions: a rheological and calorimetric study of the mechanism of synergistic gelation. Carbohydrate Polymers, 69(4): 713-724.

Akesowan A. 2015. Optimization of textural properties of konjac gels formed with kappa-carrageenan or xanthan and xylitol as ingredients in jelly drink processing. Journal of Food Processing and Preservation, 39(6): 1735-1743.

Al-Assaf S, Phillips G O, Aoki H, et al. 2007. Characterization and properties of *Acacia senegal* (L.) Willd. var. *senegal* with enhanced properties (Acacia (*sen*) SUPER GUM™): part 1—Controlled maturation of *Acacia senegal* var. *senegal* to increase viscoelasticity, produce a hydrogel form and convert a poor into a good emulsifier. Food Hydrocolloids, 21(3): 319-328.

Amici E, Clark A H, Normand V, et al. 2000. Interpenetrating network formation in gellan-agarose gel composites. Biomacromolecules, 1(4): 721-729.

Amundarain J L, Castro L J, Rojas M R, et al. 2009. Solutions of xanthan gum/guar gum mixtures: shear rheology, porous media flow, and solids transport in annular flow. Rheologica Acta, 48(5): 491-498.

Aoki H, Al-Assaf S, Katayama T, et al. 2007a. Characterization and properties of *Acacia senegal* (L.) Willd. var. *senegal* with enhanced properties (Acacia (*sen*) SUPER GUM™): part 2—Mechanism of the maturation process. Food Hydrocolloids, 21(3): 329-337.

Aoki H, Katayama T, Ogasawara T, et al. 2007b. Characterization and properties of *Acacia senegal* (L.)

willd. var. *senegal* with enhanced properties (Acacia (*sen*) SUPER GUM^{TM}): part 5. Factors affecting the emulsification of *Acacia senegal* and Acacia (*sen*) SUPER GUM^{TM}. Food Hydrocolloids, 21(3): 353-358.

Arda E, Kara S, Pekcan O. 2009. Synergistic effect of the locust bean gum on the thermal phase transitions of kappa-carrageenan gels. Food Hydrocolloids, 23(2): 451-459.

Atgie M, Garrigues J C, Chenneviere A, et al. 2019. Gum arabic in solution: composition and multi-scale structures. Food Hydrocolloids, 91: 319-330.

Barak S, Mudgil D. 2014. Locust bean gum: processing, properties and food applications—A review. International Journal of Biological Macromolecules, 66: 74-80.

Bodeaubellion C. 1983. Analysis of carrageenan structure. Physiologie Vegetale, 21(4): 785-793.

Braccini I, Pérez S. 2001. Molecular basis of Ca^{2+}-induced gelation in alginates and pectins: the egg-box model revisited. Biomacromolecules, 2(4): 1089-1096.

Brenner T, Wang Z, Achayuthakan P, et al. 2013. Rheology and synergy of kappa-carrageenan/locust bean gum/konjac glucomannan gels. Carbohydrate Polymers, 98(1): 754-760.

Buffo R A, Reineccius G A, Oehlert G W. 2001. Factors affecting the emulsifying and rheological properties of gum acacia in beverage emulsions. Food Hydrocolloids, 15(1): 53-66.

Buffo R A, Reineccius G A, Oehlert G W. 2002. Influence of time-temperature treatments on the emulsifying properties of gum acacia in beverage emulsions. Journal of Food Engineering, 51(4): 341-345.

Caltagirone S, Rossi C, Poggi A, et al. 2000. Flavonoids apigenin and quercetin inhibit melanoma growth and metastatic potential. International Journal of Cancer, 87(4): 595-600.

Camacho M M, Martinez-Navarrete N, Chiralt A. 2005. Rheological characterization of experimental dairy creams formulated with locust bean gum (LBG) and lambda-carrageenan combinations. International Dairy Journal, 15(3): 243-248.

Campo V L, Kawano D F, Silva D B D, et al. 2009. Carrageenans: biological properties, chemical modifications and structural analysis—A review. Carbohydrate Polymers, 77(2): 167-180.

Castellani O, Guibert D, Al-Assaf S, et al. 2010. Hydrocolloids with emulsifying capacity. Part 1—Emulsifying properties and interfacial characteristics of conventional (*Acacia senegal* (L.) Willd. var. *senegal*) and matured (Acacia (*sen*) SUPER GUM^{TM}) *Acacia senegal*. Food Hydrocolloids, 24(2-3): 193-199.

Cerqueira M A, Bourbon A I, Pinheiro A C, et al. 2011. Galactomannans use in the development of edible films/coatings for food applications. Trends in Food Science & Technology, 22(12): 662-671.

Chandrasekaran R, Puigjaner L C, Joyce K L, et al. 1988. Cation interactions in gellan—An X-ray study of the potassium-salt cation. Carbohydrate Research, 181: 23-40.

Chen L, Wei Y, Zhao S, et al. 2018. Antitumor and immunomodulatory activities of total flavonoids extract from persimmon leaves in H-22 liver tumor-bearing mice. Scientific Reports, 8(1): 10523.

Chikamai B N, Banks W B, Anderson D M W, et al. 1996. Processing of gum arabic and some new opportunities. Food Hydrocolloids, 10(3): 309-316.

Chilvers G R, Morris V J. 1987. Coacervation of gelatin-gellan gum mixtures and their use in microencapsulation. Carbohydrate Polymers, 7(2): 111-120.

Ching S H, Bansal N, Bhandari B. 2017. Alginate gel particles-A review of production techniques and physical properties. Critical Reviews in Food Science and Nutrition, 57(6): 1133-1152.

Dario A F, Hortencio L M A, Sierakowski M R, et al. 2011. The effect of calcium salts on the viscosity and adsorption behavior of xanthan. Carbohydrate Polymers, 84(1): 669-676.

Dickinson E. 2003. Hydrocolloids at interfaces and the influence on the properties of dispersed systems. Food Hydrocolloids, 17(1): 25-39.

Draget K I. 2009. 29—Alginates. *In*: Phillips G O, Williams P A. Handbook of Hydrocolloids. 2nd ed. Cambridge: Woodhead Publishing: 807-828.

Evageliou V, Mazioti M, Mandala I, et al. 2010. Compression of gellan gels. Part Ⅱ: effect of sugars. Food Hydrocolloids, 24(4): 392-397.

Feng B, Peng J, Zhang W, et al. 2018. Use of locust bean gum in flotation separation of chalcopyrite and talc. Minerals Engineering, 122: 79-83.

Flindt C, Al-Assaf S, Phillips G O, et al. 2005. Studies on acacia exudate gums. Part Ⅴ. Structural features of *Acacia seyal*. Food Hydrocolloids, 19(4): 687-701.

Fujiwara J, Iwanami T, Takahashi M, et al. 2000. Structural change of xanthan gum association in aqueous solutions. Thermochimica Acta, 352(3): 241-246.

Garcia R B, Andrade C T. 1997. Evidence of interaction between agarose and guar gum from changes in network response to solvent pertubation. Carbohydrate Polymers, 34(3): 157-163.

Garcia-Ochoa F, Santos V E, Casas J A, et al. 2000. Xanthan gum: production, recovery, and properties. Biotechnology Advances, 18(7): 549-579.

Garcia-Ochoa I, Casas J A. 1994. Apparent yield stress in xanthan gum solutions at low concentrations. Biochemical Engineering Journal, 53(3): B41-B46.

Giese J. 1995. Developments in beverage additives. Food Technology, 49(9): 64-70.

Gombotz W R, Wee S. 1998. Protein release from alginate matrices. Advanced Drug Delivery Reviews, 31(3): 267-285.

He H, Ye J, Zhang X, et al. 2017. κ-Carrageenan/locust bean gum as hard capsule gelling agents. Carbohydrate Polymers, 175: 417-424.

He J Z, Xu Y Y, Chen H B, et al. 2016. Extraction, structural characterization, and potential antioxidant activity of the polysaccharides from four seaweeds. International Journal of Molecular Sciences, 17(12): 1-17.

He J Z, Zhang A Q, Ru Q M, et al. 2014. Structural characterization of a water-soluble polysaccharide from the fruiting bodies of *Agaricus bisporus*. International Journal of Molecular Sciences, 15(1): 787-797.

He R, Zhao Y, Zhao R, et al. 2015. Antioxidant and antitumor activities *in vitro* of polysaccharides from *E. sipunculoides*. International Journal of Biological Macromolecules, 78: 56-61.

Helgerud T, Gåserød O, Fjæreide T, et al. 2010. 4—Alginates. *In*: Imeson A. Food Stabilisers, Thickeners and Gelling Agents. 1st ed. Hoboken: John Wiley & Sons Publishing: 50-72.

Huang Q, Jin Y, Zhang L, et al. 2007. Structure, molecular size and antitumor activities of polysaccharides from *Poria cocos* mycelia produced in fermenter. Carbohydrate Polymers, 70(3): 324-333.

Huang Y Q, Singh P P, Tang J, et al. 2004. Gelling temperatures of high acyl gellan as affected by monovalent and divalent cations with dynamic rheological analysis. Carbohydrate Polymers, 56(1): 27-33.

Ibrahim N A, Abo-Shosha M H, Allam E A, et al. 2010. New thickening agents based on tamarind seed gum and karaya gum polysaccharides. Carbohydrate Polymers, 81(2): 402-408.

Imeson A P. 2009. 7—Carrageenan and furcellaran. *In*: Phillips G O, Williams P A. Handbook of Hydrocolloids. 2nd ed. Cambridge: Woodhead Publishing: 164-185.

Islam A M, Phillips G O, Sljivo A, et al. 1997. A review of recent developments on the regulatory, structural and functional aspects of gum arabic. Food Hydrocolloids, 11(4): 493-505.

Jang L K, Nguyen D, Geesey G G. 1995. Selectivity of alginate gel for Cu vs Co. Water Research, 29(1): 307-313.

Jang M S, Cai E N, Udeani G O, et al. 1997. Cancer chemopreventive activity of resveratrol, a natural product derived from grapes. Science, 275(5297): 218-220.

Jansson P E, Kenne L, Lindberg B. 1975. Structure of extracellular polysaccharide from *Xanthomonas campestris*. Carbohydrate Research, 45(1): 275-282.

Jensen M G, Pedersen C, Kristensen M, et al. 2013. Review: efficacy of alginate supplementation in relation to appetite regulation and metabolic risk factors: evidence from animal and human studies. Obesity Reviews, 14(2): 129-144.

Jing Z, Fei W, Zhou J, et al. 2016. Salvianolic acid B, a novel autophagy inducer, exerts antitumor activity as a single agent in colorectal cancer cells. Oncotarget, 7(38): 61509-61519.

Kasapis S, Abeysekera R, Atkin N, et al. 2002. Tangible evidence of the tranformation from enthalpic to entropic gellan networks at high levels of co-solute. Carbohydrate Polymers, 50(3): 259-262.

Kurkuri M D, Kulkarni A R, Aminabhavi T M. 2002. Rheological investigations on the dispersions of sodium alginate and guar gum mixtures at different temperatures. Polymer-Plastics Technology and Engineering, 41(3): 469-488.

Kurt A, Toker O S, Tornuk F. 2017. Effect of xanthan and locust bean gum synergistic interaction on characteristics of biodegradable edible film. International Journal of Biological Macromolecules, 102: 1035-1044.

Lazaridou A, Biliaderis C G, Izydorczyk M S. 2001. Structural characteristics and rheological properties of locust bean galactomannans: a comparison of samples from different carob tree populations. Journal of the Science of Food and Agriculture, 81(1): 68-75.

Lee H C, Brant D A. 2002. Rheology of concentrated isotropic and anisotropic xanthan solutions. 1. A rodlike low molecular weight sample. Macromolecules, 35(6): 2212-2222.

Li S, Xu S Q, Zhang L N. 2010. Advances in conformations and characterizations of fungi polysaccharides. Acta Polymerica Sinica, (12): 1359-1375.

Li W J, Chen Y, Nie S P, et al. 2011a. *Ganoderma atrum* polysaccharide induces anti-tumor activity via the mitochondrial apoptotic pathway related to activation of host immune response. Journal of Cellular Biochemistry, 112(3): 860-871.

Li W J, Nie S P, Chen Y, et al. 2011b. Enhancement of cyclophosphamide-induced antitumor effect by a novel polysaccharide from *Ganoderma atrum* in sarcoma 180-bearing mice. Journal of Agricultural and Food Chemistry, 59(8): 3707-3716.

Li W L, Yu H Y, Zhang X J, et al. 2018. Purple sweet potato anthocyanin exerts antitumor effect in bladder cancer. Oncology Reports, 40(1): 73-82.

Liu L Q, Li H S, Nie S P, et al. 2018b. Tea polysaccharide prevents colitis-associated carcinogenesis in mice by inhibiting the proliferation and invasion of tumor cells. International Journal of Molecular Sciences, 19(2): 506.

Liu L Q, Nie S P, Shen M Y, et al. 2018a. Tea polysaccharides inhibit colitis-associated colorectal cancer via interleukin-6/STAT3 pathway. Journal of Agricultural and Food Chemistry, 66(17): 4384-4393.

Liu X, Qian L, Shu T, et al. 2003. Rheology characterization of sol-gel transition in aqueous alginate solutions induced by calcium cations through in situ release. Polymer, 44(2): 407-412.

López-Franco Y, Higuera-Ciapara I, Goycoolea F M, et al. 2009. 18—Other exudates: tragancanth, karaya, mesquite gum and larchwood arabinogalactans. *In*: Phillips G O, Williams P A. Handbook of Hydrocolloids. 2nd ed. Cambridge: Woodhead Publishing: 495-534.

Lundin L, Hermansson A M. 1995. Influence of locust bean gum on the rheological behaviour and microstructure of kappa-carrageenan. Carbohydrate Polymers, 28(2): 91-99.

Ma Q, Jiang J G, Yuan X H, et al. 2019. Comparative antitumor and anti-inflammatory effects of flavonoids, saponins, polysaccharides, essential oil, coumarin and alkaloids from *Cirsium japonicum* DC. Food and Chemical Toxicology, 125: 422-429.

Mao C F, Klinthong W, Zeng Y C, et al. 2012. On the interaction between konjac glucomannan and xanthan in mixed gels: an analysis based on the cascade model. Carbohydrate Polymers, 89(1): 98-103.

Mao R, Tang J, Swanson B G. 2000. Texture properties of high and low acyl mixed gellan gels. Carbohydrate Polymers, 41(4): 331-338.

Mei T, Xu X, Li B, et al. 2012. Synergistic interaction of konjac glucomannan and gellan gum investigated by rheology and texture analysis. Journal of Applied Polymer Science, 125(2): 1363-1370.

Melton L D, Mindt L, Rees D A, et al. 1976. Covalent structure of the extracellular polysaccharide from *Xanthomonas campestris*: evidence from partial hydrolysis studies. Carbohydrate Research, 46(2): 245-257.

Milas M, Rinaudo M. 1979. Conformational investigation on the bacterial polysaccharide xanthan. Carbohydrate Research, 76: 189-196.

Milas M, Rinaudo M. 1996. The gellan sol-gel transition. Carbohydrate Polymers, 30(2-3): 177-184.

Moritaka H, Fukuba H, Kumeno K, et al. 1991. Effect of monovalent and divalent cations on the rheological properties of gellan gels. Food Hydrocolloids, 4(6): 495-507.

Moritaka H, Nishinari K, Nakahama N, et al. 1992. Effects of potassium chloride and sodium chloride on the thermal properties of gellan gum gels. Bioscience Biotechnology and Biochemistry, 56(4): 595-599.

Mudgil D, Barak S, Khatkar B S. 2014. Guar gum: processing, properties and food applications—A review. Journal of Food Science and Technology, 51(3): 409-418.

Necas J, Bartosikova L. 2013. Carrageenan: a review. Veterinarni Medicina, 58(4): 187-205.

Nie S P, Wang C, Cui S W, et al. 2013. A further amendment to the classical core structure of gum arabic (*Acacia senegal*). Food Hydrocolloids, 31(1): 42-48.

Nishinari K, Miyoshi E, Takaya T, et al. 1996. Rheological and DSC studies on the interaction between gellan gum and konjac glucomannan. Carbohydrate Polymers, 30(2-3): 193-207.

Paxman J R, Richardson J C, Dettmar P W, et al. 2008. Daily ingestion of alginate reduces energy intake in free-living subjects. Appetite, 51(3): 713-719.

Pelletier E, Viebke C, Meadows J, et al. 2001. A rheological study of the order-disorder conformational transition of xanthan gum. Biopolymers, 59(5): 339-346.

Peng Y F, Zhang L N, Zeng F B, et al. 2003. Structure and antitumor activity of extracellular polysaccharides from mycelium. Carbohydrate Polymers, 54(3): 297-303.

Peng Y F, Zhang L N, Zeng F B, et al. 2005. Structure and antitumor activities of the water-soluble polysaccharides from *Ganoderma tsugae* mycelium. Carbohydrate Polymers, 59(3): 385-392.

Pinheiro A C, Bourbon A I, Rocha C, et al. 2011. Rheological characterization of kappa-carrageenan/galactomannan and xanthan/galactomannan gels: comparison of galactomannans from non-traditional sources with conventional galactomannans. Carbohydrate Polymers, 83(2): 392-399.

Prajapati V D, Jani G K, Moradiya N G, et al. 2013a. Galactomannan: a versatile biodegradable seed polysaccharide. International Journal of Biological Macromolecules, 60: 83-92.

Prajapati V D, Jani G K, Moradiya N G, et al. 2013b. Locust bean gum: a versatile biopolymer. Carbohydrate Polymers, 94(2): 814-821.

Randall R C, Phillips G O, Williams P A. 1988. The role of the proteinaceous component on the emulsifying properties of gum arabic. Food Hydrocolloids, 2(2): 131-140.

Randall R C, Phillips G O, Williams P A. 1989. Fractionation and characterization of gum from *Acacia senegal*. Food Hydrocolloids, 3(1): 65-75.

Rather S A, Masoodi F A, Akhter R, et al. 2017. Effects of guar gum as a fat substitute in low fat meat emulsions. Journal of Food Processing and Preservation, 41(6): e13249.

Ray A K, Bird P B, Iacobucci G A, et al. 1995. Functionality of gum-arabic-fractionation, characterization and evaluation of gum fractions in citrus oil-emulsions and model beverages. Food Hydrocolloids, 9(2): 123-131.

Rayment P, Ross-Murphy S B, Ellis P R. 1998. Rheological properties of guar galactomannan and rice starch mixtures. Ⅱ. Creep measurements. Carbohydrate Polymers, 35(1-2): 55-63.

Rinaudo M, Moroni A. 2009. Rheological behavior of binary and ternary mixtures of polysaccharides in aqueous medium. Food Hydrocolloids, 23(7): 1720-1728.

Robal M, Brenner T, Matsukawa S, et al. 2017. Monocationic salts of carrageenans: preparation and physico-chemical properties. Food Hydrocolloids, 63: 656-667.

Rodriguez-Hernandez A I, Tecante A. 1999. Dynamic viscoelastic behavior of gellan-iota-carrageenan and gellan-xanthan gels. Food Hydrocolloids, 13(1): 59-64.

Sak K. 2014. Cytotoxicity of dietary flavonoids on different human cancer types. Pharmacognosy Reviews, 8(16): 122-146.

Sandolo C, Bulone D, Mangione M R, et al. 2010. Synergistic interaction of locust bean gum and xanthan investigated by rheology and light scattering. Carbohydrate Polymers, 82(3): 733-741.

Sha W, Zhou Y F, Ling Z Q, et al. 2018. Antitumor properties of salvianolic acid B against triple-negative and hormone receptor-positive breast cancer cells via ceramide-mediated apoptosis. Oncotarget, 9(91): 36331-36343.

Shao P, Chen X, Sun P. 2013. *In vitro* antioxidant and antitumor activities of different sulfated polysaccharides isolated from three algae. International Journal of Biological Macromolecules, 62: 155-161.

Shao P, Chen X, Sun P. 2014. Chemical characterization, antioxidant and antitumor activity of sulfated polysaccharide from *Sargassum horneri*. Carbohydrate Polymers, 105: 260-269.

Shao P, Chen X, Sun P. 2015a. Improvement of antioxidant and moisture-preserving activities of *Sargassum horneri* polysaccharide enzymatic hydrolyzates. International Journal of Biological Macromolecules, 74: 420-427.

Shao P, Liu J, Chen X, et al. 2015b. Structural features and antitumor activity of a purified polysaccharide extracted from *Sargassum horneri*. International Journal of Biological Macromolecules, 73: 124-130.

Sharma G, Sharma S, Kumar A, et al. 2018. Guar gum and its composites as potential materials for diverse applications: a review. Carbohydrate Polymers, 199: 534-545.

Sikorski P, Mo F, Skjak-Braek G, et al. 2007. Evidence for egg-box-compatible interactions in calcium-alginate gels from fiber X-ray diffraction. Biomacromolecules, 8(7): 2098-2103.

Sittikijyothin W, Torres D, Goncalves M P. 2005. Modelling the rheological behaviour of galactomannan aqueous solutions. Carbohydrate Polymers, 59(3): 339-350.

Song K W, Kim Y S, Chang G S. 2006. Rheology of concentrated xanthan gum solutions: steady shear flow behavior. Fibers and Polymers, 7(2): 129-138.

Sun J, Jiang T, Xu W, et al. 2019. Quantification of 1D, a novel derivative of curcumin with potential antitumor activity, in rat plasma by liquid chromatography-tandem mass spectrometry: application to a pharmacokinetic study in rats. Pharmaceutical Biology, 57(1): 287-294.

Sworn G. 2009a. 8—Xanthan gum. *In*: Phillips G O, Williams P A. Handbook of Hydrocolloids. 2nd ed. Cambridge: Woodhead Publishing: 186-203.

Sworn G. 2009b. Xanthan gum. *In*: Imeson A. Food Stabilisers, Thickeners and Gelling Agents. Hoboken:

Wiley-Blackwell: 325-342.

Tang J, Mao R, Tung M A, et al. 2001. Gelling temperature, gel clarity and texture of gellan gels containing fructose or sucrose. Carbohydrate Polymers, 44(3): 197-209.

Tang J, Tung M A, Zeng Y Y. 1996. Compression strength and deformation of gellan gels formed with mono- and divalent cations. Carbohydrate Polymers, 29(1): 11-16.

Tang W, Shen M, Xie J, et al. 2017. Physicochemical characterization, antioxidant activity of polysaccharides from *Mesona chinensis* Benth and their protective effect on injured NCTC-1469 cells induced by H_2O_2. Carbohydrate Polymers, 175: 538-546.

Tao Y, Zhang Y, Zhang L. 2009. Chemical modification and antitumor activities of two polysaccharide-protein complexes from *Pleurotus tuber-regium*. International Journal of Biological Macromolecules, 45(2): 109-115.

Thaiudom S, Goff H D. 2003. Effect of κ-carrageenan on milk protein polysaccharide mixtures. International Dairy Journal, 13(9): 763-771.

Thombare N, Jha U, Mishra S, et al. 2016. Guar gum as a promising starting material for diverse applications: a review. International Journal of Biological Macromolecules, 88: 361-372.

Tobacman J K. 2001. Review of harmful gastrointestinal effects of carrageenan in animal experiments. Environmental Health Perspectives, 109(10): 983-994.

Torres M D, Hallmark B, Wilson D I. 2014. Effect of concentration on shear and extensional rheology of guar gum solutions. Food Hydrocolloids, 40: 85-95.

Walkenstrom P, Kidman S, Hermansson A M, et al. 2003. Microstructure and rheological behaviour of alginate/pectin mixed gels. Food Hydrocolloids, 17(5): 593-603.

Wang C, Xu M, Lv W P, et al. 2012. Study on rheological behavior of konjac glucomannan. Physics Procedia, 33: 25-30.

Wang L, Wang X, Shen Y. 2017. Rheological characterization of modified guar gums with s-triazine group and their use as thickeners in reactive printing of cotton. Cellulose, 24(2): 1077-1085.

Williams P A, Phillips G O. 2009a. 1—Introduction to food hydrocolloids. *In*: Phillips G O, Williams P A. Handbook of Hydrocolloids. 2nd ed. Cambridge: Woodhead Publishing: 1-22.

Williams P A, Phillips G O. 2009b. 11—Gum arabic. *In*: Phillips G O, Williams P A. Handbook of Hydrocolloids. 2nd ed. Cambridge: Woodhead Publishing: 252-273.

World Health Organization. 2015. Safety Evaluation of Certain Food Additives. Geneva: The Seventy-Ninth Meeting of the Joint FAO/WHO Expert Committee on Food Additives (JECFA): 4-40.

Wyatt N B, Liberatore M W. 2009. Rheology and viscosity scaling of the polyelectrolyte xanthan gum. Journal of Applied Polymer Science, 114(6): 4076-4084.

Xie D, Zheng G Z, Xie P, et al. 2017. Antitumor activity of resveratrol against human osteosarcoma cells: a key role of Cx43 and Wnt/beta-catenin signaling pathway. Oncotarget, 8(67): 111419-111432.

Xie J H, Liu X, Shen M Y, et al. 2013. Purification, physicochemical characterisation and anticancer activity of a polysaccharide from *Cyclocarya paliurus* leaves. Food Chemistry, 136(3-4): 1453-1460.

Xiong H, Cheng J, Jiang S, et al. 2019. The antitumor effect of resveratrol on nasopharyngeal carcinoma cells. Frontiers in Bioscience (Landmark Edition), 24(5): 961-970.

Xu X, Li B, Kennedy J F, et al. 2007. Characterization of konjac glucomannan-gellan gum blend films and their suitability for release of nisin incorporated therein. Carbohydrate Polymers, 70(2): 192-197.

Yang C S, Wang X, Lu G, et al. 2009. Cancer prevention by tea: animal studies, molecular mechanisms and human relevance. Nature Reviews Cancer, 9(6): 429-439.

Yu Q, Nie S P, Wang J Q, et al. 2015. Toll-like receptor 4 mediates the antitumor host response induced by

Ganoderma atrum polysaccharide. Journal of Agricultural and Food Chemistry, 63(2): 517-525.

Zhang A Q, Li X Q, Xing C, et al. 2014e. Antioxidant activity of polysaccharide extracted from *Pleurotus eryngii* using response surface methodology. International Journal of Biological Macromolecules, 65: 28-32.

Zhang A Q, Xiao N N, Deng Y L, et al. 2012. Purification and structural investigation of a water-soluble polysaccharide from *Flammulina velutipes*. Carbohydrate Polymers, 87(3): 2279-2283.

Zhang C, Chen J D, Yang F Q. 2014d. Konjac glucomannan, a promising polysaccharide for OCDDS. Carbohydrate Polymers, 104(1): 175-181.

Zhang L, Li X L, Xu X J, et al. 2005. Correlation between antitumor activity, molecular weight, and conformation of lentinan. Carbohydrate Research, 340(8): 1515-1521.

Zhang S S, Nie S P, Huang D F, et al. 2013a. Polysaccharide from *Ganoderma atrum* evokes antitumor activity via Toll-like receptor 4-mediated NF-kappa B and mitogen-activated protein kinase signaling pathways. Journal of Agricultural and Food Chemistry, 61(15): 3676-3682.

Zhang S S, Nie S P, Huang D F, et al. 2013b. Immunomodulatory effect of *Ganoderma atrum* polysaccharide on CT26 tumor-bearing mice. Food Chemistry, 136(3-4): 1213-1219.

Zhang S S, Nie S P, Huang D F, et al. 2014a. A polysaccharide from *Ganoderma atrum* inhibits tumor growth by induction of apoptosis and activation of immune response in CT26-bearing mice. Journal of Agricultural and Food Chemistry, 62(38): 9296-9304.

Zhang S S, Nie S P, Huang D F, et al. 2014b. *Ganoderma atrum* polysaccharide evokes antitumor activity via cAMP-PKA mediated apoptotic pathway and down-regulation of Ca^{2+}/PKC signal pathway. Food and Chemical Toxicology, 68: 239-246.

Zhang S S, Nie S P, Huang D F, et al. 2014c. A novel polysaccharide from *Ganoderma atrum* exerts antitumor activity by activating mitochondria-mediated apoptotic pathway and boosting the immune system. Journal of Agricultural and Food Chemistry, 62(7): 1581-1589.

Zhang X W, Liu X, Gu D X, et al. 1996. Rheological models for xanthan gum. Journal of Food Engineering, 27(2): 203-209.

Zhang Y Y, Xu X J, Zhang L N. 2008. Gel formation and low-temperature intramolecular conformation transition of a triple-helical polysaccharide lentinan in water. Biopolymers, 89(10): 852-861.

Zhou W, Wang S Q, Ying Y, et al. 2017. miR-196b/miR-1290 participate in the antitumor effect of resveratrol via regulation of IGFBP3 expression in acute lymphoblastic leukemia. Oncology Reports, 37(2): 1075-1083.

Zhou Y, Jiang R S, Perkins W S, et al. 2018. Morphology evolution and gelation mechanism of alkali induced konjac glucomannan hydrogel. Food Chemistry, 269: 80-88.

Zia K M, Tabasum S, Nasif M, et al. 2017. A review on synthesis, properties and applications of natural polymer based carrageenan blends and composites. International Journal of Biological Macromolecules, 96: 282-301.

第 10 章　谷物中的β-葡聚糖

10.1　引　　言

葡聚糖为D-吡喃葡萄糖聚合体，分子式为$(C_6H_{10}O_5)_n$，相邻葡萄糖残基的C-1、C-2、C-3、C-4、C-5的半缩醛氧之间以糖苷键连接构成骨架，有α-型和β-型两种（赵红霞等，2003）。除淀粉外，自然界中的葡聚糖普遍是β-型的，广泛存在于微生物、植物乃至动物体内，主要以细胞结构成分（如细胞壁）形式存在，对异体宿主防御系统具有较强的诱导和活化作用，是一类活性强、毒副作用低的良好生物应答效应物。葡聚糖主链结构主要以β-1,3糖苷键连接，通常还含有不同比例和大小的β-1,2糖苷键、β-1,4糖苷键、β-1,6糖苷键连接的支链（Williams et al.，1988）。生物种类和生长条件不同，其中的β-葡聚糖结构也有差别。

β-D-1,3-葡聚糖和β-D-1,4-葡聚糖都简称β-葡聚糖，大麦和燕麦来源的β-葡聚糖目前研究得比较多，二者分别是由均一的D-吡喃葡萄糖单位通过β-1,3糖苷键和β-1,4糖苷键连接成的线性同聚多糖，糖残基数量在1200个以上。

β-葡聚糖具有重要的营养价值和生物功能，是一种重要的膳食纤维，主要来源于谷物（如大麦、小麦、黑麦、燕麦等）和微生物（真菌等）。

10.1.1　β-葡聚糖的微生物来源

真菌多糖主要有香菇多糖、裂褶菌多糖、云芝多糖、茯苓多糖、银耳多糖、猪苓多糖、金针菇多糖、虫草多糖、灵芝多糖、核盘菌多糖、黑木耳多糖、猴头菌多糖等，β-构型的葡聚糖是其中较为普遍存在的一类多糖（Dong et al.，2006；Manzi and Pizzoferrato，2000），而香菇多糖是其中研究最早、较多的一种，主链为β-1,3-D-葡聚糖，主链上约有23%的葡萄糖残基通过C-6分支点连有侧链（Chihara et al.，1969）。目前，药用、食用菌β-葡聚糖主要来源于药用、食用担子菌和酵母菌的细胞壁（孙培龙等，2008）。表10-1列出了部分β-葡聚糖的来源及其组成。

表 10-1　部分β-葡聚糖的来源、组成

名称	来源	键型	参考文献
热凝胶多糖	粪产碱杆菌	β-1,3糖苷键，无分支	李卫旗，2004
香菇多糖	香菇子实体、培养体	每5个β-D-1,3-Glc就有2个β-D-1,6-Glc	Chihara et al.，1969
裂褶菌多糖	裂褶菌菌丝体	以β-1,3糖苷键为主，支链是β-1,6糖苷键连接	李兆兰，1994
茯苓多糖	茯苓	β-D-1,3-葡聚糖为主，侧链含有β-1,6、α-1,6糖苷键	Chihara et al.，1969
云芝多糖	云芝	含有β-1,3糖苷键和β-1,6糖苷键	
酵母多糖	酿酒酵母	β-1,3-葡聚糖，含有β-1,6糖苷键	Manners et al.，1973
昆布多糖	褐藻	含有β-1,3糖苷键和β-1,6糖苷键	Sweeney et al.，2012

我国是酵母资源利用的大国，酿酒酵母是一种重要的食品和工业微生物。酵母细胞壁由外到内分为 3 层，分别主要含有甘露糖、蛋白质和葡聚糖，其中 β-葡聚糖主要以 β-1,3-Glc*p* 为主链、β-1,6-Glc*p* 为侧链，对酵母细胞壁的连接和稳定起到至关重要的作用（Nguyen et al.，1998）。酵母来源的 β-葡聚糖包括碱不溶性 β-1,3-葡聚糖（链间穿插 3% 的 β-1,6 糖苷键，并且有 1450±150 的聚合度，相当于 240kDa 的分子质量）、中间插有 β-1,3 糖苷键的无定形碱不溶性 β-1,6-葡聚糖，其中以碱不溶性 β-1,3-葡聚糖占绝大多数（Manners et al.，1973）。

10.1.2 β-葡聚糖的谷物来源

β-葡聚糖是植物细胞壁中重要的结构性非淀粉多糖，尤其集中在大麦和燕麦的亚糊粉层与胚乳细胞壁中，在燕麦和大麦中质量分数分别为 2% ～ 4% 和 2% ～ 10%（蔡成岗等，2011）。

有关燕麦 β-葡聚糖的研究比较多，其基本结构是由 D-葡萄糖以 β-1,3、β-1,4 糖苷键连接而成的线性多糖（汪海波等，2008），这两种糖苷键的比大约为 3∶7。燕麦 β-葡聚糖一般分为水溶性（占大多数）和非水溶性两种，这主要是其结构中 β-1,3 糖苷键的含量和聚合度不同导致的。水溶性 β-葡聚糖中 β-1,3 糖苷键与 β-1,4 糖苷键含量之比为 1∶2.6 ～ 1∶2.5，而非水溶性 β-葡聚糖中相应糖苷键含量之比为 1∶4.2（刘雨田和郭中文，2000）。燕麦 β-葡聚糖属于植物细胞壁中的结构性、非淀粉多糖，主要存在于胚乳和糊粉层细胞壁中，在籽粒的亚糊粉层中大量富集，在燕麦麸中含量为 6.6% ～ 11.3%，在去皮的燕麦粉中为 3.0% ～ 5.4%（柴继宽等，2009）。

小麦 β-葡聚糖主要存在于小麦亚糊粉层中（申瑞玲和姚惠源，2003），所以小麦 β-葡聚糖的提取原料应选择加工后所剩下的麸皮。国内外对于小麦 β-葡聚糖的研究也较少，究其原因可能是人们都将注意力集中在了麦粒以及小麦粉的研究上，但忽略了小麦所具有的营养特性主要集中于小麦麸皮中（江晖和何珣，2011）。

10.2 谷物中 β-葡聚糖的含量和功能性质

10.2.1 含量及其影响因素

β-葡聚糖含量随谷物品种、产地和环境的变化而变化，如加拿大东、西部地区的 75 个大麦品种在不同环境条件下的 β-葡聚糖含量以东部地区显著高于西部地区，品种间差异明显（Narasimhalu et al.，1995）。下面从基因、环境、加工处理三个方面来进行介绍。

10.2.1.1 基因

尽管气候等环境因素对谷物 β-葡聚糖的含量有明显影响，但基因因素的影响也很大（李贞等，2006）。张国平等（2002）研究了我国 185 个大麦品种在不同地区环境条件下 β-葡聚糖含量变化的差异，发现基因是影响大麦 β-葡聚糖含量的主要因素。不同燕麦品种中葡聚糖含量变化范围为 3.14% ～ 7.43%（Doehlert et al.，2001），而且皮、裸燕麦间的 β- 葡聚糖含量也存在差异（邓万和等，2005）。基因不仅影响大麦中水溶性 β- 葡聚糖与非水溶性 β- 葡聚糖的含量（刘雨田和郭中文，2000），还影响两者的比值（Zhang et al.，2001）。

10.2.1.2　环境

不同环境条件下，大麦中 β- 葡聚糖的含量有较大的差异，如连续 3 年测定西班牙 7 个地区 10 个大麦品种的 β- 葡聚糖含量，研究者发现不同品种、地区和年份之间大麦 β- 葡聚糖含量都有极显著的差异（Pérez-Vendrell et al.，1996）。下面从自然环境和栽培措施两方面进行阐述。

（1）自然环境

研究表明，籽粒发育期的温度、水分等自然环境条件对 β- 葡聚糖含量有显著影响。若籽粒成熟期温度相对较高，则籽粒 β- 葡聚糖含量也较高；干燥环境下生长的大麦，其 β- 葡聚糖的含量要高于在降雨充沛的高湿环境下生长的大麦（刘雨田和郭中文，2000），其机制可能是温度较高、水分适度缺乏有利于籽粒形成充分发育的胚乳及较厚的细胞壁，从而促进了 β- 葡聚糖的积累，提高了籽粒中的 β- 葡聚糖含量（Zhang et al.，2001）。Baur（1996）、Brunner 和 Freed（1994）曾在同一地点相同栽培条件下选用相同的燕麦品种进行田间试验，结果也表明不同年度燕麦籽粒的 β- 葡聚糖含量不尽相同。

（2）栽培措施

a. 播种期

同一品种谷物在不同播期下，其 β- 葡聚糖含量存在差异。Humphreys 等（1994）曾在 1990 ～ 1992 年对燕麦的播种期进行研究，发现随着播期的延迟，β- 葡聚糖含量也会有所提升。产生这种趋势的部分原因是成熟期的缩短及合成 β- 葡聚糖所需环境因子（如积温、总辐射等）条件积累量的降低。种子成熟期积温的降低、总辐射的减少限制了淀粉的合成，却使蛋白质含量增加，促进 β- 葡聚糖与蛋白质的共价结合，从而提高了 β- 葡聚糖含量。

b. 矿质营养

谷物能够吸收利用的氮素形态有氨态氮（NH_4^+-N）、硝态氮（NO_3^--N）、亚硝态氮（NO_2^--N）、单质态氮（N_2）及一些可溶性有机含氮化合物，如氨基酸、酰胺、核酸及其降解产物、尿素等（袁红梅，2011）。但关于磷、钾等其他矿质营养对 β- 葡聚糖合成及积累的影响还未见报道。Baur（1996）、Doehlert 等（2001）的研究表明，增施氮肥可使光合作用加强，增加葡萄糖含量，从而使葡聚糖的合成量增加，增加燕麦中 β- 葡聚糖含量。但也有一些研究认为，β- 葡聚糖与氮素使用量没有明显关系（Jackson et al.，1994）。Humphreys 等（1994）在燕麦孕穗期增施氮肥，但 β- 葡聚糖含量未随之变化。由于在田间条件下氮素的效应会受到多种因素（土壤性质、施加氮肥时间和方式、环境气候、水分、其他营养元素的互作等）的影响，因此为确定 β- 葡聚糖含量是否与氮素供应及吸收状况有关，必须进一步严格控制田间试验条件。

10.2.1.3　加工处理

加工处理对β-葡聚糖的含量也有一定影响，如经脱壳处理的籽实β-葡聚糖含量相对较高，脱壳燕麦的β-葡聚糖含量（49.8g/kg，干物质）比带壳燕麦（37.5g/kg，干物质）明显更高，这是因为燕麦籽粒中的β-葡聚糖主要分布在糊粉层和亚糊粉层中（Beer et al.，1997）。王常青和朱志昂（2002）用挤压法测得可溶性β-葡聚糖在燕麦麸中的含量远高于燕麦胚乳，前者含6.6%～11.3%，后者含3.0%～5.4%。马洁等（2018）在炒制青稞糌粑粉的过程中，发现内芯粉中的β-葡聚糖含量远高于麸皮，这可能是因为在加热的过程中β-葡聚糖受热分解，导致麸皮中的β-葡聚糖损失严重；而内芯中的β-葡聚糖所受影响较小。除此之外，对不同粉碎粒度的青稞粉进行提取时，粉末越细，可提取出来的β-葡聚糖越多，但粉末过细，提取时容易呈糊糊状，提取并不能完全（江丹等，2019）。

10.2.2　理化性质和功能特征

10.2.2.1　物理性状

高纯度β-葡聚糖是白色无味、无臭的粉末，pH呈中性，比较稳定，具有较强的持水性，纤维网络结构较稳定，溶于水后无色或略带黄色，具有一定黏度。不溶于乙醇、丙酮、正丁醇等有机溶剂（管骁和姚惠源，2002，2003；管骁等，2003），且有少量与蛋白质以结合的形式存在（管骁和姚惠源，2002）。

不同于仅由β-1,4糖苷键连接的纤维素，β-葡聚糖因在分子结构上存在β-1,3糖苷键而能溶于水；但连续存在的β-1,4糖苷键连接会使部分β-葡聚糖难溶于水。一般而言，水溶性β-葡聚糖中β-1,4糖苷键与β-1,3糖苷键含量之比约为2.3∶1，而非水溶性β-葡聚糖中该比值较高（Luhaloo et al.，1998）。此外，β-葡聚糖也溶于酸和稀碱，溶解性受谷物颗粒大小、β-葡聚糖酶活性、温度、pH和介质离子的影响（张娟等，2006）。

10.2.2.2　相对分子质量

β-葡聚糖等多糖的相对分子质量测定方法有许多，常用的有渗透压法（魏远安和方积年，1989）、端基分析法（孟显丽等，2005）、黏度法（Mahabadi，1984）、光散射法（Gómez et al.，1997）、凝胶渗透色谱法（Horváthová et al.，1990）和超离心法（Patsioura et al.，2011）等。

燕麦β-葡聚糖相对分子质量的测定方法中应用最多的是高效凝胶渗透色谱法（high performance gel permeation chromatography，HPGPC）（李贞等，2006）。不同的β-葡聚糖具有不同的长度和相对分子质量，常用重均相对分子质量（M_w）和数均相对分子质量（M_n）来表示，Wood等（1991）报道燕麦中β-葡聚糖相对分子质量大约为3.0×10^6，并且认为燕麦β-葡聚糖相对分子质量比大麦（2.0×10^6～2.75×10^6）和黑麦（1.0×10^6～1.2×10^6）中高，表10-2归纳了不同来源的谷物中β-葡聚糖的相对分子质量情况。

表 10-2　不同来源的谷物中 β-葡聚糖的相对分子质量

来源	相对分子质量	参考文献
燕麦	3.5×10^4	Lazaridou et al.，2003
燕麦	6.87×10^5	Kim and White，2010
燕麦	3.71×10^5	Kim and White，2010
燕麦	1.56×10^5	Kim and White，2010
燕麦	2.5×10^5	Kerckhoffs et al.，2003
大麦	$4.5\times10^5\sim1.32\times10^6$	Irakli et al.，2004
裸大麦	$6.3\times10^4\sim3.3\times10^5$	Vårum and Smidsrød，1988
小麦	3.29×10^5	Li et al.，2006a
小麦	$4.3\times10^5\sim7.58\times10^6$	Li et al.，2006a
小麦麸粉	$4.3\times10^4\sim7.58\times10^4$	Li et al.，2006a
高粱	3.6×10^4	Ramesh and Tharanathan，1998
黑麦麸	1.34×10^5	Roubroeks et al.，2000

10.2.2.3　黏度

β-葡聚糖的黏度受多方面因素的影响，如 DP3/DP4 值、相对分子质量、pH、分子结构等（Ahmad et al.，2012；Zhu et al.，2015）。黏度与 β-葡聚糖溶液的浓度正相关（Autio et al.，2006；Dongowski et al.，2005），当浓度低于 1% 时，β-葡聚糖有着较好的黏性流体特性；当浓度达到 2% 时，β-葡聚糖会具有部分黏弹性。由于 β-葡聚糖在酸性条件下易水解，因此在酸性条件下处理后的 β-葡聚糖溶液，一段时间后其黏度会有所下降。张美莉等（2006）的研究表明，随着剪切速率的增加，浓度相近葡聚糖溶液的黏度虽并无显著的变化，但都有下降的趋势；在高浓度范围内，随着 β-葡聚糖溶液浓度的下降，溶液黏度也明显下降。这可能是因为溶液中 β-葡聚糖分子具有长线性分子链，且分子间存在相互缠绕和交联，在静止或低剪切速率下将保持内部不规则次序；另一个可能的原因是葡聚糖分子含有大量亲水性基团，静止状态下溶质分子与水分子存在一种相互包容关系，剪切速率加大使溶解的葡聚糖分子脱出溶剂层，形成溶质分子外膜，引起流动阻力的分子间相互作用力减弱，从而导致黏度下降（管骁和姚惠源，2003）。

β-葡聚糖通常在进入肠道后或溶于水后表现出特殊的功能特性，因此高黏度的谷物 β-葡聚糖可减少肠道对胆固醇、胆汁酸的重吸收，并通过增加胃肠道代谢产物、延缓胃排空和肠道对营养素（可消化碳水化合物等）的吸收，从而降低餐后血糖和减少胰岛素分泌，对糖尿病患者的健康有好处（Lazaridou et al.，2008）。随着 β-葡聚糖含量的增加，单胃动物体内溶菌酶浓度呈四次方增长，因此在采食含酵母 β-葡聚糖的饲料（70mg/kg）后，单胃动物自身不能产生降解该糖的酶类，无法消化 β-葡聚糖，从而产生高黏性的消化道环境，直接阻碍淀粉酶、蛋白酶等与底物的接触，从而影响单胃动物对各种养分的消化吸收（Ma et al.，2015）。

10.2.2.4　乳化稳定性

据报道（Temelli，1997），当温度大于 45℃时，β-葡聚糖溶液起泡性和泡沫稳定性随温度与 pH 的增加而减小，在 pH 为 8.0、温度为 45℃时最佳。过高的温度和 pH 会降低其乳化性，在 pH 为 7.0、温度为 55℃的条件下乳化性最稳定。在中性条件下，β-葡聚糖比其他食用糖有更好的热稳定性（张美莉等，2006）。申瑞玲等（2004）的研究表明，过酸（pH 2.5）或过碱（pH 10.5）的环境下，β-葡聚糖会有解聚现象，导致其黏度降低，从而影响其乳化能力。温度对其乳化性也有一定的影响，温度越高，β-葡聚糖的乳化性及乳化稳定性越低。另外，燕麦 β-葡聚糖的乳化性与海藻酸钠、瓜尔胶、黄原胶相近，其乳化稳定性与海藻酸钠、卡拉胶相当。

Burkus 和 Temelli（1999）发现当在乳清蛋白液中加入 β-葡聚糖后，泡沫质量和乳化稳定性有了显著改善，说明 β-葡聚糖与乳清蛋白对泡沫形成和乳化稳定性具有协同效应。同时通过测定乳化微粒的直径发现，乳化微粒直径显著减小，并且乳化液的抗相分离能力明显增强。由于多糖不是表面活性剂，加入 β-葡聚糖后溶液中液相层黏度增加，乳化层中油滴聚集，其乳化性及乳化稳定性会被液相表现出的黏性所阻碍。但没有确切证据表明，β-葡聚糖黏性与乳化性能直接相关，提取出的谷物 β-葡聚糖中含有的淀粉、蛋白质等其他成分也会对其乳化性产生一定的影响（申瑞玲等，2004）。

10.3　谷物 β-葡聚糖的提取纯化与结构特征

10.3.1　提取与初步分离

β-葡聚糖的制备有很多方法，包括前期准备、提取、分离纯化等步骤，针对实验室小规模提取及工业化生产模式，步骤也不尽相同，具体参见图 10-1 与图 10-2。

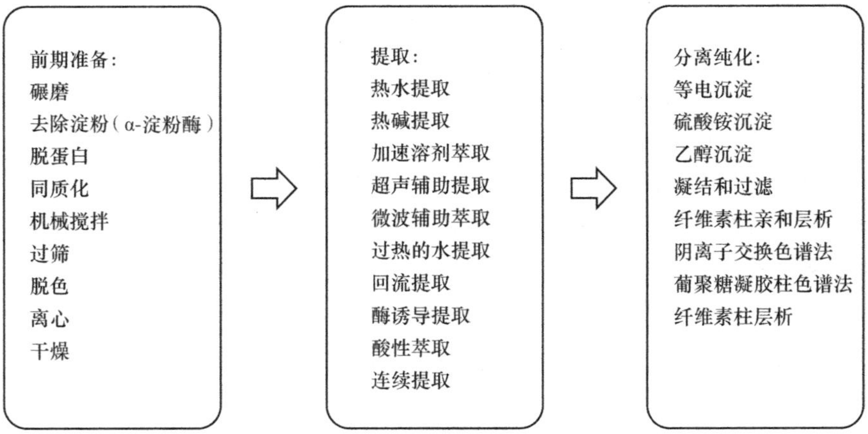

图 10-1　β-葡聚糖的小试和中试规模提取与生产工艺（Zhu et al.，2015）

在提取过程中，原料预处理和提取条件选择等会在不同程度上影响 β-葡聚糖最终的得率、纯度、相对分子质量、结构等。在实验室提取中，由于实验场地、能源、仪器等方面的限制，预处理大多采用乙醇回流、恒温干燥；由于酸碱处理条件会在一定程度

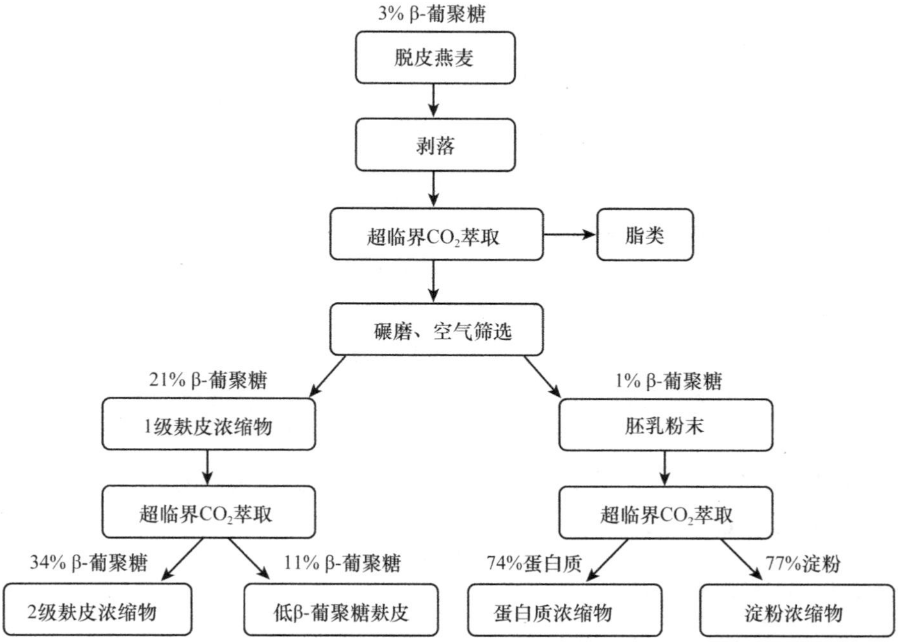

图 10-2　β-葡聚糖的规模化提取和生产工艺（Sibakov et al.，2012）

上引起糖苷键的分解，尤其有氧共存的条件下更甚（Aspinall et al.，2011），因此提取时主要采取以热水浸提为主、溶剂和酶作用为辅的这种相对温和的方式（Freimund et al.，2003）；温度从室温到 90℃以上不等，pH 一般在 6 ～ 10，料液比在 1∶30 ～ 1∶10；提取时间在 30min 到 2h 不等。除前文提及的谷物来源、基因型外，提取纯化的步骤不同也会影响终产物中 β-葡聚糖的含量（表 10-3）。

表 10-3　不同来源 β-葡聚糖的提取纯化方法比较

来源	提取方法	纯化方法	提取物的结构特征	参考文献
大麦	热水提取	酶法和酸法处理	高纯度 β-葡聚糖	Burkus and Temelli，1999
大麦	水、$Ba(OH)_2$、$Ba(OH)_2/H_2O$、NaOH 提取	离心处理	多分支葡聚糖	Storsley et al.，2003
大麦	热水提取	酶法处理	含少量阿拉伯木糖的 β-葡聚糖	Aktas-Akyildiz et al.，2018
燕麦	热水提取	酸法处理	高活性 β-葡聚糖	Wood and Weisz，1984
燕麦	碱水提取	酶法和酸法处理	含少量阿拉伯木糖的 β-葡聚糖	Cui et al.，2000
裸大麦、燕麦麸	碱提取	碱处理	高黏性 β-葡聚糖	Bhatty，1995
黑麦	热水提取	酶法和碱处理	含少量阿拉伯木糖的 β-葡聚糖	Ragaee et al.，2008
小麦麸	碱提取	硫酸铵处理	高纯度 β-葡聚糖	Li et al.，2006a
小麦麸粉	乙醇处理、酶法、碱提取	酶法处理、重复离心	高纯度 β-葡聚糖	Li et al.，2006a

10.3.1.1　物理提取方法

β-葡聚糖的物理提取方法主要包括干法分离提取、湿法分离提取两种。干法分离提取通过碾磨、筛分和空气分级技术，富集谷物粉末中的β-葡聚糖，其最大的优点是避免了使用溶剂，但所得β-葡聚糖含量基本小于30%（雷菊芳等，2014）。Knuckles等（1992）先将大麦在85℃干燥20h以钝化内源β-葡聚糖酶，然后干磨过筛（325目）数次，再将其反复粉碎过筛（100目），最后得到约含28% β-葡聚糖的大麦制品，其中可溶性β-葡聚糖占总β-葡聚糖的55%左右。湿法分离提取过程更为复杂，至少涉及两个阶段（Brennan and Cleary，2005）：将谷物麸皮或面粉用作原料，与溶剂（通常是水、碱性pH下的水溶液或含乙醇的溶液）接触，获得水提取物。这种水提取物除β-葡聚糖以外还含有其他物质（如淀粉、蛋白质和脂肪），因此需要一个净化步骤。为了获得更高的β-葡聚糖含量，研究者针对湿法分离提取进行了复杂深入的研究，使得β-葡聚糖的含量最大可以提升至70%（Benito-Román et al.，2011）。

10.3.1.2　化学提取方法

化学提取方法主要有热水浸提法、碱提法和酸提法三种。一般首先将原料磨粉过筛，灭内源酶（防止β-葡聚糖降解）（Irakli et al.，2004），然后用水、稀碱或酸在不同温度下提取，将提取物浓缩后通过用沉淀试剂（乙醇、硫酸铵、丙酮等）沉淀分离或反复多次离心沉淀、α-淀粉酶高温降解、透析等手段，除去部分酶、水溶性色素、淀粉、脂肪等杂质，以得到高纯度β-葡聚糖（Saulnier et al.，1994）。许多因素可能影响β-葡聚糖的提取，如谷物粉末颗粒大小、粒径分布、品种、籽粒发育阶段和生长条件（Lazaridou et al.，2004）。

热水提取法反应条件温和、β-葡聚糖降解程度小，是目前研究人员常采用的方法（Burkus and Temelli，1998；Temelli，1997）。Bhatty（1995）通过对葡聚糖提取率进行比较后发现，碱提法得率高于水提法，但其分子质量要小；用盐酸等强酸（Bhatty et al.，1991）几乎可完全提取β-葡聚糖，但黏度降低程度较大，而且在生产中用酸进行提取要考虑制冷、成本高等问题。

10.3.2　纯化

谷物中含有大量的淀粉（70%～80%）及蛋白质等营养物质，经过常规提取或膜分离提取得到的提取物杂质（如蛋白质、淀粉等）较多（表10-4），因此，为进一步提取较纯的β-葡聚糖，需要对粗提物进行分离纯化，最后得到纯度较高的多糖。

表10-4　谷物中β-葡聚糖纯化的部分处理方法

其他杂质	处理方法	参考文献
蛋白质	Sevag法，酶（木瓜蛋白酶）法、酸法等	Kurek et al.，2018
脂质	丙酮、乙醇回流等	Lazaridou et al.，2004；Zielke et al.，2019
淀粉	酶（α-淀粉酶）法等	Burkus and Temelli，1999；Aktas-Akyildiz et al.，2018
多糖混合物	分级醇沉、硫酸铵沉淀、凝胶过滤层析等（根据分子大小和形状分级来选择）	Singh et al.，2018；Zielke et al.，2019

除了图 10-1 中的沉淀、色谱等方法及表 10-3 中的方法，还可以采用透析或超滤的方法对 β-葡聚糖进行提取和纯化，其中透析可以将小分子杂多糖与 β-葡聚糖分离开，但此过程比较耗时，不适合制备大量的 β-葡聚糖（Beer et al.，1996）。

10.3.3 含量测定

10.3.3.1 黏度法

这是 β-葡聚糖含量测定最早采用的方法，其原理是提取物的黏性主要由 β-葡聚糖产生：将磨碎的谷物样品置于去离子水中，在 25℃的条件下观察 90min 内在 $147s^{-1}$ 的剪切速率下黏度的变化（Izydorczyk et al.，2000）。由于黏度不仅与 β-葡聚糖含量有关，还与其分子质量有关（Saulnier et al.，1994），故此法准确性低，现在很少有人采用。

10.3.3.2 酶法

酶法测定现在较普遍，准确性高，但所用的酶价格较贵、成本较高。该法的基本过程主要包括：样品预处理、多糖降解为寡糖或葡萄糖、降解产物的测定及含量计算。

Anderson 等（1978）首次采用特定的 β-葡聚糖内切酶使 β-1,3-葡聚糖水解为寡糖，然后寡糖经高氯酸水解为单糖，最后采用葡萄糖氧化酶法测定葡萄糖含量用以计算 β-葡聚糖含量。McClear 和 Glennie-Holmes（1985）在此方法基础上，使用 β-葡聚糖酶和 β-葡聚糖苷酶，将 β-葡聚糖降解为葡萄糖，再用葡萄糖氧化酶法测定葡萄糖含量，计算得到大麦和燕麦中 β-葡聚糖的含量，目前该法已被美国谷物化学家协会（American Association of Cereal Chemists，AACC）等机构认可，是测定谷粒、麦麸、麦芽汁和啤酒中 β-葡聚糖含量的标准方法，该法有关的试剂现已被 Megazyme 公司配成试剂盒进行商业化生产与销售。Henry 和 Blakeney（1986）在 Anderson 等（1978）方法的基础上，建立了一套通过测定 β-葡聚糖经 β-葡聚糖酶水解产生的寡糖组分来确定 β-葡聚糖含量的酶学方法，在该法中，β-葡聚糖含量由寡糖含量来计算，而寡糖定量测定是通过另一种测还原糖的方法（对羟基苯甲酸酰肼法）来完成的，其在准确性上不如 Mc Cleary 方法（McClear and Glennie-Holmes，1985）。

此外，Carr 等（1990）使用来源于青霉属的纤维素酶和葡萄糖氧化酶，对燕麦焙烤食品中 β-葡聚糖含量进行了测定。经此方法测得的燕麦片中可溶性 β-葡聚糖为（2.95±0.23）%，总 β-葡聚糖为（7.28±0.24）%。

10.3.3.3 荧光法

荧光物质可与 β-葡聚糖特异性结合，但与其他混合多糖（纤维素、戊聚糖）的亲和力很弱。同时，荧光物质和 β-葡聚糖形成的复合物会由于其含量变化而引起荧光谱散发强度变化，Wood 和 Weisz（1984）利用此法测定了燕麦 β-葡聚糖含量；Jørgensen 和 Aastrup（1988）则利用改进的 Calcofluor-FIA 法测定了大麦或麦芽汁的 β-葡聚糖含量，此法能在短时间内以最少的人力对大量大麦或麦芽 β-葡聚糖进行测定，操作简单，实用性强。

10.3.3.4　层析法

利用高效液相层析法测定β-葡聚糖含量，依据的是地衣酶[内(1→3)(1→4)-β-D-葡萄糖水解酶]对葡聚糖的水解专一性，生成的寡糖在C_{18}柱中分离，以水为流动相，根据检测折射率进行定量分析，此法结果较准确，但设备昂贵、成本高（游景水，2018）。

10.3.3.5　刚果红法

根据刚果红与β-葡聚糖的结合具有高度专一性，在样品溶液中加入刚果红，在一定温度下准确反应一定时间后，测定其吸光度，并绘制β-葡聚糖标准曲线，从而可知样品中β-葡聚糖的含量（张娟等，2006）。石川直幸等（1998）用此法测定了麦汁中的β-葡聚糖含量，此法操作简单，实用性很强。

10.3.4　谷物β-葡聚糖的一级结构

β-葡聚糖的结构具有多样性，不同谷物中β-葡聚糖的含量、β-1,3与β-1,4两种糖苷键的比和组合方式、寡糖的长度都有所不同（图10-3）。β-1,3键往往单个存在，β-1,4键可能连续存在，最大可以达到14个葡萄糖单位（Cui et al.，1998；Wood and Weisz，1984）。核磁共振光谱法等技术已证实大麦β-葡聚糖是由线性β-1,3和β-1,4糖苷键混合连接而成的，并且不含连续的β-1,3糖苷键（Tada et al.，2008）。这些结构特点使得β-葡聚糖表现出水溶性、高黏度、凝胶性等。

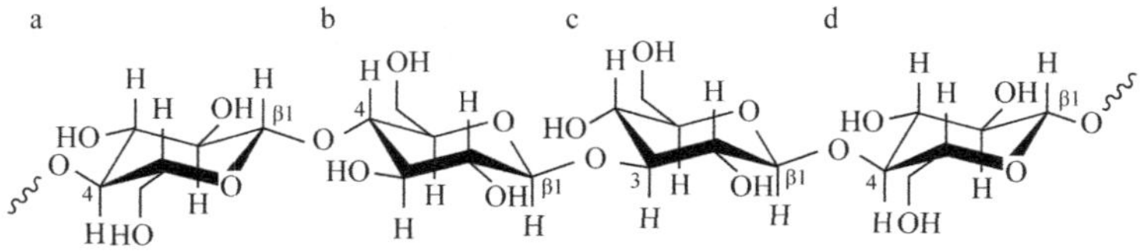

图10-3　β-葡聚糖结构式

由于D-葡萄糖残基彼此间结合样式的不同，葡聚糖可分为多种，其中异碳头糖苷键是以β方式连接为β-葡聚糖，主链结构由β-1,3糖苷键连接，通常还含有不同比例和大小的β-1,3、β-1,4、β-1,6键连接的支链，主要以细胞结构成分（如细胞壁）的形式存在。

Yadomae（2000）研究了不同菌类中β-葡聚糖的结构并进行了比较，证实β-葡聚糖结构的主链是β-1,3-和β-1,6-葡萄糖残基，真菌中的β-葡聚糖由D-葡萄糖通过β-1,3键相连组成的线性骨架和通过β-1,6键与主干相连的分支构成，但由于菌的种类不同，这些分支长短、相互之间的间隔各不相同，残基的多少直接影响β-葡聚糖的各种生物学活性。在用次氯酸钠-二甲基亚砜法从真菌的细胞壁中提取的可溶性β-葡聚糖中，β-1,3长链与β-1,6链结合，重合度是10%～50%，同时β-1,6链上还存在少量分支（Ohno et al.，2001，1999）。

谷物中的β-葡聚糖通常由1200个以上的β-D-葡萄糖残基以一定的比例互相连接，D-葡萄糖残基通过β-1,3和β-1,4糖苷键连接，形成许多纤维三糖（DP3）和纤维四糖

（DP4），它们彼此间再通过单独的 β-1,3 键相互连接成高分子形式（Irakli et al.，2004；Papageorgiou et al.，2005）。DP3 和 DP4 两大低聚物结构占据谷物 β-葡聚糖的 90% 左右，且比例（DP3/DP4）在不同的谷物中也不同：燕麦中为 1.5 ～ 2.3，大麦中为 1.8 ～ 3.5，小麦中为 3.0 ～ 4.5，黑麦中为 1.9 ～ 3.0（Miller et al.，1993）。

10.3.5　谷物 β-葡聚糖的溶液构象特征

不同的键接方式、支化结构、支化度、分子内氢键及取代基团的静电排斥作用不同导致多糖分子在溶液中以各种各样的链构象存在。由于多糖空间结构测试手段有限，因此对于 β-葡聚糖高级结构的研究报道较少，而已知的研究手段主要有动静态光散射、NMR、圆二色谱、X 射线衍射法、低温透射电镜技术等（Wang and Zhang，2006；Zielke et al.，2018）。

汪海波等（2008）通过圆二色谱分析发现，燕麦 β-葡聚糖分子质量的改变可导致溶液中燕麦 β-葡聚糖立体构象和非对称性的变化。Li 等（2011）使用排阻色谱结合激光光散射法测定了小麦 β-葡聚糖在不同溶液中的构象，证明谷物 β-D-葡聚糖的结构特性对其聚合特性有显著影响，而大分子的低扩散速率会导致聚合度的降低，当最低扩散速率为最高的 3/4 时，聚合度最低。高分子质量的 β-1,3-葡聚糖在中性水溶液中时，以单链形式存在的 β-葡聚糖分子无法被 NMR 检测到（Ohno et al.，1987；Ohno and Yadomae，1987；Saitô et al.，1991），这种结果与 β-1,3-葡聚糖的螺旋结构特性有关。由于分子质量高的 β-1,3 片段中氢键结合所介导的分子间作用很强，分子的运动性受到抑制，因此在 NMR 能观测的波长范围内不能看到单链分子。但是，当溶液的碱性不断增加时，随着分子间的相互作用减弱，溶液中单个分子也逐渐清晰可见，并且在约 0.3mol/L 的 NaOH 溶液中达到单个分子的观察峰值。在这种条件下 β-1,3-葡聚糖呈现黏度很低的凝胶状态（Ohno and Yadomae，1987）。用高分辨 NMR 对 β-1,3-葡聚糖的溶液、凝胶和固体物进行观察的研究表明，高分子质量的 β-1,3-葡聚糖主要以 1 重和 3 重螺旋等 2 种高级结构的形式存在，同时也存在由低分子质量或者带电荷的分子构成的随机链圈形式（Saitô et al.，1991）。β-1,3-葡聚糖在加压条件下温度达到 130℃以上的水溶液中，可以变成随机链圈形式，而且在不同的冷却条件下，溶液中 3 重螺旋结构分子的比例也会出现明显差异（Adachi et al.，1990）。

10.4　谷物 β-葡聚糖的凝胶性能

Doublier 和 Wood（1995）观察到解聚或部分水解的燕麦 β-葡聚糖可以形成凝胶。大麦 β-葡聚糖溶液的黏弹性在起初频率较小时，G'' 大于 G'（$\tan\delta > 1$），但是随着频率的增加，二者逐渐接近，然后 G' 大于 G''（$\tan\delta < 1$），并且 G'' 与 G' 逐渐趋于稳定，此时的溶液呈现出典型的凝胶网络。在一定条件下大麦 β-葡聚糖能够形成热可逆凝胶，具有凝胶特性，β-葡聚糖凝胶的形成与 β-葡聚糖的精细结构、分子大小、温度、浓度以及多羟基化合物等因素有关（Lazaridou et al.，2008）。

10.4.1　凝胶形成机制

关于 β-葡聚糖形成凝胶的机制主要有两种假说：一种认为凝胶的形成源于由 β-1,4 糖苷键连接的葡聚糖残基个数大于 3 的片段之间的交联；另一种则认为连续的由 β-1,3 糖苷键连接的纤维三糖单位使得糖链发生交联并扩展，导致形成了螺旋结构，从而形成网络结构，发生凝胶化现象（Zhang et al.，1998；申瑞玲等，2008），如图 10-4 所示。许多实验都支持后一种模型（Böhm and Kulicke，1999；Vaikousi et al.，2004；何俊，2009）。

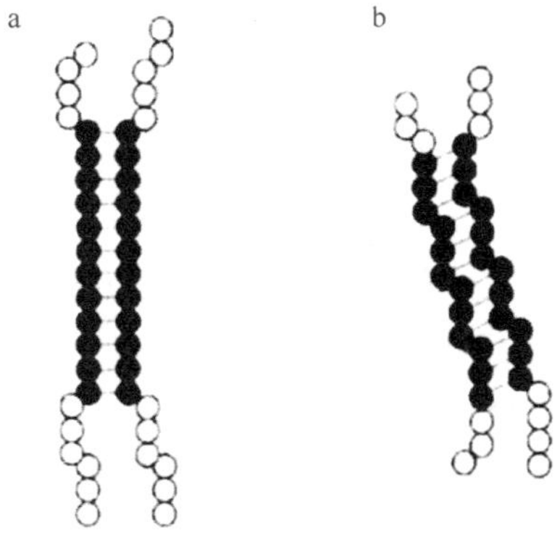

图 10-4　β-1,3-1,4-葡聚糖链的交叉模式图（申瑞玲等，2008）

a. 连续的由 β-1,3 糖苷键连接的纤维三糖单位；b. 可能形成的螺旋结构

10.4.2　影响葡聚糖凝胶性能的因素

10.4.2.1　分子结构和相对分子质量

谷物 β-葡聚糖的分子结构和分子大小对其凝胶行为及特性有重要影响。Böhm 等（Böhm and Kulicke，1999；Lazaridou and Biliaderis，2004）研究指出，β-葡聚糖分子中 DP3 含量越高，分子链规则性越好，越有利于凝胶的形成，如燕麦、大麦和小麦 β-葡聚糖分子中 DP3 单位的含量顺序为小麦＞大麦＞燕麦；在相同条件下其 β-葡聚糖凝胶能力也遵循小麦＞大麦＞燕麦的顺序。

相对分子质量对 β-葡聚糖的凝胶性能也有较大影响，来源、提取工艺等不同，所得 β-葡聚糖的凝胶性不同（Lazaridou and Biliaderis，2004）。对于大麦 β-葡聚糖来说，相对分子质量较小，分子链具有高运动性和高扩散性，比较容易形成三维网络结构，因此凝胶形成速度较快；也有人认为除扩散速度快之外，小分子的 β-葡聚糖链上含有较少比例的非活性片段，且分子内作用程度低，从而使得链间的有效碰撞概率增大，加快了凝胶形成速度，但相对分子质量大的葡聚糖所形成的凝胶机械稳定性要优于相对分子质量小的 β-葡聚糖凝胶（Böhm and Kulicke，1999；Kontogiorgos et al.，2006）。

通过分析冷冻-解冻循环作用形成的凝胶，也能够得到类似的结论，凝胶储能模量随相对分子质量的减小而增大，熔点随着相对分子质量的增大和 DP3 单位含量的增高而升高。抗压实验表明，随着相对分子质量的增大和 DP3 单位含量的降低，所形成凝胶的强度增大，但大形变测试结果则显示小分子的 β-葡聚糖形成的是软质凝胶，高相对分子质

量的 β-葡聚糖形成的是凝胶强度较大的硬质凝胶，其原因是高相对分子质量的 β-葡聚糖能在较大的分子范围内形成结构组织较好的网络（Lazaridou and Biliaderis，2004）。通过酸水解大麦 β-葡聚糖，能够得到相对分子质量不同但结构相似的产物，这些水解葡聚糖溶液表现出典型的黏弹性行为，在储存过程中，会发生溶胶向凝胶的转变。

总体而言，相对分子质量较低、DP3/DP4 高的 β-葡聚糖能够快速形成凝胶，这种样品有利于有序结构的形成（Vaikousi et al.，2004）。

10.4.2.2　温度与浓度

β-葡聚糖凝胶的形成与浓度、温度密切相关。Burkus 和 Temelli（1999）研究了恒定温度与浓度对大麦 β-葡聚糖凝胶性的影响，发现 3%、4% 高黏度的 β-葡聚糖于 4℃及 22℃温度下固化，24h 内基本都不形成凝胶；5% 的低黏度和中黏度样品在 4℃下固化 3 ～ 5 天能够形成凝胶，而储存于 22℃时，存放 24h 便能形成凝胶。浓度越大、黏度越小的 β-葡聚糖越容易形成凝胶，且凝胶的强度也随之增大，其机制是黏度越小的 β-葡聚糖分子越小，暴露的亲水基团越多，且随着浓度的增大，分子自身相互作用增强，能够形成三维网络结构，便于吸水形成凝胶。在浓度足够高时，β-葡聚糖溶胀后可以自发地形成凝胶，凝胶的强度随着浓度的增加而增加。

大麦 β-葡聚糖网络结构中的交联区域大都是通过非共价键（缠绕、氢键等）连接的，所以其形成的凝胶热可逆且凝胶强度低、融化温度低（50 ～ 80℃）（Böhm and Kulicke，1999; Vaikousi et al.，2004）。除此之外，凝胶形成速率与凝胶固化温度有关，在 31℃时凝胶形成速率最高（Vaikousi et al.，2004）。Lazaridou 等（2004）将燕麦、大麦、小麦 3 种谷物的 β-葡聚糖水溶液通过多次冷冻（-18℃，24h）和解冻（5℃，24h）循环，得到了 β-葡聚糖凝胶。β-葡聚糖在冷冻过程中会形成非共价键交联的网络结构，即发生“向冷性凝胶作用”，形成聚合物 cryogels，这种聚合物在生物医学、生物技术和食品等其他工业领域有着广泛的应用前景。

10.4.2.3　pH 及阳离子的添加

凝胶强度受阳离子的影响，如向 β-葡聚糖溶液中添加 Ca^{2+}，可以改变体系的离子强度，明显降低其凝胶的强度，同时随着 Ca^{2+} 浓度的增加，凝胶网络中的氢键被破坏，导致网络强度降低（孙元琳等，2009）。

此外，pH 对凝胶强度也有一定的影响。β-葡聚糖在 3.0 ～ 9.5 的 pH 范围内，加热处理都能形成凝胶，这一点与琼脂在 pH ＜ 4.5 的酸性环境下不能形成凝胶的性质有所不同。形成的凝胶在 pH=3 时强度最大，随着 pH 继续增加，凝胶强度几乎不变。当 pH ＞ 10 时凝胶强度有所下降。pH ＞ 12 时，其水悬浮液就不再形成凝胶（黄宇彬和黄国宏，2007）。

10.4.2.4　其他碳水化合物的影响

食品中经常会添加一些甜味物质如蔗糖、果糖，防腐剂如山梨醇等，这些多羟基化合物的添加能延缓大麦 β-葡聚糖凝胶的形成，并影响凝胶的其他性质。向 4% 的大麦 β-葡聚糖中添加 30% 的蔗糖，通过重复的冷冻（−30℃，2 天）和解冻（室温 2h）方式处理可延缓凝胶的形成（Vaikousi and Biliaderis，2005）。Lazaridou 等（2008）采用冷冻-解冻方式，比较系统、全面地研究了多羟基化合物对大麦 β-葡聚糖的凝胶形成及特性的影响：多羟基化合物的添加使形成的凝胶气孔减少，光滑度增加；热力学研究表明多羟基化合物的加入使得凝胶到溶胶转变的协同性更好，能够促进局部分子间相互作用及链的连接。

（1）β-葡聚糖-麦芽糊精体系

麦芽糊精也称水溶性糊精或酶法糊精，它是以各类淀粉做原料，经酶法工艺低程度控制水解转化、提纯、干燥而成的。Carriere 和 Inglett（1999）在研究 β-葡聚糖和麦芽糊精的混合体系中发现，在特定浓度和温度下，会有剪切增稠的区域产生，推测其原因可能是在特定的条件下，β-葡聚糖和麦芽糊精分子之间有着较强的作用力而影响整个体系的流变学特性。同时由于麦芽糊精是淀粉部分水解后的产物，其黏度低、溶解性好、稳定性好，而 β-葡聚糖是一种直链高分子聚合物，在溶液中性质相对较稳定；两者在溶液中都是以相对稳定的形式存在，因此低浓度麦芽糊精的添加并不会对体系黏度造成很大的影响（Faraj et al.，2006），两者能很好地相溶，构建一个稳定的体系。在复配过程中，2% 的 β-葡聚糖和不同浓度的麦芽糊精溶液在 4℃放置 12h 后能形成弱凝胶，增加麦芽糊精的浓度会使其强度增强，并且影响黏度；在低剪切速率下，凝胶体系的黏度较大，而随着剪切速率的增加，凝胶体系被打破，从而呈现剪切稀化的流体特性（彭杰等，2008）。

（2）β-葡聚糖-大豆蛋白体系

大豆中含有丰富的蛋白质，其中主要是大豆球蛋白，占大豆总蛋白量的 80% ～ 90%（高丽，2007），大豆蛋白的功能特性对于其在食品中的应用有很大影响，凝胶性是大豆蛋白最重要的功能特性之一，广泛应用于肉制品、膨化食品和浓缩食品等许多食品当中（程闰达等，1995）。β-葡聚糖是一种活性多糖，结合其多种生理功能，其不仅能够影响食品的质地和营养功能等，还可以修饰蛋白质，使其达到一种稳定的状态，改善食品体系营养价值及加工特性。例如，燕麦 β-葡聚糖和大豆分离蛋白以一定比例混合后均能形成凝胶，但当二者配比为 8∶2、保存在 4℃条件下时形成凝胶的时间最短，而适当提高体系的 pH 或离子浓度，均有利于凝胶的形成（董吉林等，2011）。

（3）β-葡聚糖-酪蛋白酸钠体系

酪蛋白酸钠（sodium caseinate，SC），亦称酪朊酸钠、酪蛋白钠或干酪素钠，是酪蛋白和钠的加成化合物，作为食品添加剂，其安全性高，且具有很好的乳化、增稠等作用（郭永和王振伟，2010）。

为改变蛋白质不稳定的性质，将 β-葡聚糖与酪蛋白酸钠组成复合乳化剂，根据其保水 / 油性和质构特性研究低温肉制品的乳化性能及改善低温肉制品品质的方法：不同质量分数、配比、pH 和温度对酪蛋白酸钠 /β-葡聚糖混合体系溶液的乳化性、稳定性及其黏度均有显著影响（王璐等，2012）。在相同条件下，酪蛋白酸钠 /β-葡聚糖混合溶液的乳化性能明显高于单一溶液的乳化性能，证明两者的相互作用对于这两种大分子物质的乳化性能都有较好的改善效果。

10.5　谷物 β-葡聚糖的生物活性

由于有支链的存在，β-葡聚糖可在水溶液中呈现不规则的性状，因此其溶解性和吸水溶胀能力较强，可形成高黏度溶液，在人体内具有多种生理功能，主链、支链及其基团、相对分子质量等均是其影响因素。下面将从免疫调节、对肠道功能的影响、调节血糖等方面进行详述。

10.5.1　免疫调节

过去 40 年中，从酵母、蘑菇和海藻中提取得到的 β-葡聚糖可广泛应用于生物免疫调节剂方面（Vetvicka and Vetvickova，2009）。临床研究发现，在 β-葡聚糖作为免疫增强剂时，其免疫效价随着相对分子质量、溶液构象、骨架结构、分支程度以及目标细胞类型的改变而改变（Sonck et al.，2010）。

β-葡聚糖通过结合存在于细胞表面的受体、巨噬细胞等，可将信息传递到细胞内，促进产生细胞分裂素，诱导激活 T 细胞、HK 细胞，从而增强免疫力。例如，β-葡聚糖通过结合巨噬细胞、树突状细胞等自然免疫系统细胞受体，将信息传递到细胞内，促进产生细胞分裂素，结果将激活 T 细胞、HK 细胞等，增强人体免疫力。

Yun 等（1997）通过灌胃和腹腔注射等手段，对实验小鼠血清免疫球蛋白（Ig）变化等进行了研究，发现 β-葡聚糖可增强小鼠免疫力，使 Ig 量和 *Eimeria vermiformis* 病抗原量明显增加。Estrada 等（1997）发现 β-葡聚糖可促进小鼠淋巴细胞的增殖，增强小鼠抵抗细菌侵袭的能力；可刺激小鼠腹膜巨噬细胞释放肿瘤坏死因子 α 和白细胞介素-1 及巨噬细胞 P338D1。Murphy 等（2004）通过实验证实 β-葡聚糖可以阻止小鼠体内癌细胞扩散过程。Estrada 等（1999）用燕麦 β-葡聚糖饲料喂养牛，发现牛体内的中性粒细胞和白细胞增多。Sang 和 Fotedar（2010）对小鼠体外注射 β-葡聚糖后，发现其血清免疫球蛋白的数量明显增加，免疫力得到提高。

10.5.2　对肠道功能的影响

作为食用膳食纤维，β-葡聚糖可以促进胃肠蠕动，但因不能被酶（如唾液淀粉酶等）分解而不易被消化吸收。Hamberg 等（1989）通过 H_2 呼吸实验检测膳食纤维对淀粉在小肠中吸收情况的影响发现，食用麦麸后肠道中未被吸收的淀粉含量由 4% ～ 17% 增加到了 5% ～ 22%，麦麸削弱了小肠中淀粉的吸收。

β-葡聚糖具备水溶性的优良特性，可防止便秘，缩短废弃物在肠道内滞留的时间（刘春萌，2013）。当 β-葡聚糖进入口腔即开始吸水膨胀，因其膨胀，食物体积增大、黏性增加，胃排空速度减慢，进而可以增强进餐时的满足感和餐后的饱腹感（Howarth et al.，2001）。Daou 和 Zhang（2012）通过给大鼠喂食可溶性纤维后发现，具有高黏度的可溶性纤维能够降低胃排空速率。在大鼠食物中添加燕麦胶，持续喂养 15 天，在停止摄入的 13h 后，大鼠肠道内容物仍能够维持较高的黏度（Ropert et al.，1996）。

胃排空延迟除了与 β-葡聚糖的黏度有关外，还与其在结肠中的短链脂肪酸（SCFA）

有关。SCFA 作为肠道内一类重要的阴离子，是肠道微生物主要的代谢产物，包括乙酸、丙酸和丁酸等，影响着宿主的健康（周梦怡等，2013）。β-葡聚糖在结肠处有渗透作用，可以作为大部分细菌的发酵底物被分解，生成有益菌能够利用的营养成分，有助于乳酸菌和双歧杆菌的繁殖，调整人体的微生态平衡，促进机体消化功能和免疫力的增强，延缓衰老；同时可以抑制有害菌繁殖，刺激肠道黏膜上皮细胞的增殖，促进有毒物质排出（申瑞玲，2005）。Immerstrand 等（2010）在小鼠体内研究 β-葡聚糖相对分子质量与 SCFA 时发现，不同相对分子质量大小的 β-葡聚糖经肠道微生物发酵产生的 SCFA 总量是相似的，但（丙酸 + 丁酸）/ 乙酸随着相对分子质量的增加而增加。

除此之外，β-葡聚糖能促进大鼠结肠黏膜的生长，为大肠细胞代谢提供能量，其中黏性的 β-葡聚糖可以促使诱发结肠癌的次级胆汁酸排出肠道（Ahmed et al.，2000），加上肠道有益菌在自身代谢过程中产生的乳酸等，它们均可降低肠道 pH，使肠道处于一个微酸的环境，并且增强肠道的抑菌和杀菌作用（刘春萌，2013），有效地抑制胃肠道中腐生菌的生长，改善如乳酸菌和双歧杆菌的生活环境，提供维生素，保护肝脏（Hu et al.，2014）。经发酵后的 β-葡聚糖能够在结肠微生物的作用下生成短链脂肪酸。一般来说，短链脂肪酸通过影响基因表达、形态学、黏液生成和黏膜免疫反应对肠道健康产生重要保护作用，以防致病菌（如大肠杆菌等）过度生长（Hedemann et al.，2009；Shimotoyodome et al.，2000）。而对大猪的研究发现，大麦中的 β-葡聚糖能刺激其产生更多的共生胃肠道菌群。这可能是因为 β-D-1,3-葡聚糖与 β-D-1,4-葡聚糖是一对共生菌发酵底物（O'Shea et al.，2011）。此外，β-葡聚糖可以通过促进断奶仔猪体内短链脂肪酸的产生，以修改部分基因的表达，从而解释 β-葡聚糖的生理作用（Metzler-Zebeli et al.，2012）。

总之，β-葡聚糖可以被看作一种益生元，对人体健康、肠道功能起着一定的作用。

10.5.3 调节血糖

β-葡聚糖是非淀粉类碳水化合物，能量低、难消化，因此食用富含 β-葡聚糖的食品，可减缓血液中葡萄糖含量的上升，从而对预防和控制糖尿病有积极作用。动物实验表明 β-葡聚糖调节血糖不是直接刺激胰岛分泌胰岛素，而是通过保护胰岛 B 细胞，修复其病变，改善其功能特性，进而达到调节血糖的作用。汪海波等（2004）研究了燕麦 β-葡聚糖对四氧嘧啶致糖尿病小鼠的血糖调节作用，发现其降糖机制与保护和修复胰岛功能有关，可能是因为燕麦 β-葡聚糖减少了胰岛素的释放量，减轻了胰岛的负担，从而使受损胰岛 B 细胞有恢复的可能。有人曾对非胰岛素依赖型糖尿病受试者进行研究，受试者早餐分别食用 4g、6g、8.6g 含有 β-葡聚糖的燕麦，与对照组相比，他们的血糖含量显著降低而胰岛素含量增加（Tappy et al.，1996）。

随着食物中 β-葡聚糖含量增加，由于其高黏性和胶凝性，受试者摄入后消化道内容物黏度增加、水分活度降低，消化酶活性受到影响。同时，β-葡聚糖可以部分覆盖待消化物质表面，这种作用可以增加对酶解的阻力，使底物的降解速度更慢，降低糖类代谢水平，在一定程度上降低餐后血糖值和胰岛负担（Symons and Brennan，2004）。例如，

Mäkeläinen 等（2007）认为 β-葡聚糖可以在肠壁形成黏滞层或非搅动层等，增强胃肠黏膜的屏障作用，从而降低从肠内吸收营养物质的速率。此外，β-葡聚糖之所以能改善糖代谢也可能是由于其干扰了碳水化合物代谢，从而减少了外源葡萄糖的吸收和内源葡萄糖的产生，Nazare 等（2009）通过单盲随机交叉试验研究摄入燕麦 β-葡聚糖对于超重者餐后血糖和胰岛素的影响，结果证明了这个猜想。

最新研究发现 β-葡聚糖除通过以上途径调节血糖外，还可以通过调节多种受体激活磷脂酰肌醇-3-激酶 / 丝苏氨酸蛋白激酶（PI3K/AKT）信号通路，进而改善胰岛素抵抗，起到降低血糖的作用（Chen and Seviour，2007）。Kang 等（2008）认为短梗霉（*Aureobasidium* sp.）β-葡聚糖减轻 2 型糖尿病（db/db）小鼠体重、调节小鼠血糖的机制与其保护胰岛 B 细胞有关。

因此，β-葡聚糖对血糖的作用机制并非直接通过刺激胰岛细胞分泌胰岛素来预防糖尿病，而是通过 β-葡聚糖可减少胰岛素的释放量，减轻胰岛负担，保护胰岛 B 细胞，从而使受损胰岛细胞有恢复的可能，进而达到降低血糖的效果（Mälkki，2001）。同时，β-葡聚糖的粗纤维结构可以产生饱腹感，阻碍碳水化合物的代谢，从而抑制外源葡萄糖的吸收，使糖类摄入减少。

10.5.4 降低胆固醇

β-葡聚糖能够降低血液中胆固醇[低密度脂蛋白胆固醇（low-density lipoprotein cholesterol，LDL-C）]水平及脂蛋白含量（Kalra and Jood，2000），研究表明：高胆固醇患者在食用含 β-葡聚糖的燕麦片或饼干 6 周后，血清中 LDL-C 含量明显降低（Davidson et al.，1991）；每天食用含 2.1g β-葡聚糖的燕麦提取物可以使总胆固醇（TC）下降 9.5%（Behall et al.，1997）。这是由于 β-葡聚糖的吸收增加了肠道黏度，减少了胆固醇的吸收，抑制了胆酸盐的再吸收，并促进了它的排泄。而在用 β-葡聚糖酶处理后，β-葡聚糖黏性下降，从而对胆固醇水平影响减小（Mullins et al.，1995）。

同时，Tiwari 和 Cummins（2011）通过荟萃分析（meta 分析）发现，每天摄入 3g 燕麦或者大麦 β-葡聚糖后人体血液中总胆固醇水平和低密度脂蛋白胆固醇水平均有显著下降，高密度脂蛋白胆固醇水平无明显变化。这种降总胆固醇机制可能是由于 β-葡聚糖不仅能够因形成的黏性环境而抑制脂类及胆固醇的吸收，从而降低血浆胆固醇；还能在小肠内与胆汁酸作用，促进它的排泄及初级胆汁酸的合成，加速胆固醇向胆汁酸的转化。

10.5.5 影响机体对某些矿物质元素的吸收

β-葡聚糖也存在着一些负面效应，如可能影响机体对 Zn、Fe、Ca 等元素的吸收。Bamforth 等（1979）在饲料中添加 β-葡聚糖，发现这会导致非反刍动物肠液黏度的增大，从而使其对饲料的消化和吸收变差。而 Platt 和 Clydesdale（1984）在体外实验中发现，在膳食纤维中添加 β-葡聚糖，在 pH 分别为 5.9、2.0 和 6.5 的条件下测定不溶性 Fe 的含量，结果与对照相比分别增加了 19.5%、11.4% 和 24.8%，因此判断 β-葡聚糖可以和 Fe 形成复合物，弱化机体对 Fe 的吸收作用。另外，过量摄入 β-葡聚糖会影响脂溶性维生素的吸收，这需要进行长期实验加以证明（李明泽，2013）。研究发现 β-葡聚糖可表现为抗营养性，因其高黏性会降低食糜通过速度，其还可与酶和底物结合，降低饲料养分；高亲水性可导致肠黏膜表面水层厚度增加，降低饲料养分吸收率；其还能够吸附 Ca^{2+}、Zn^{2+}、Na^{+} 等离子和有机质，从而影响这些物质的代谢（刘雨田和郭中文，2000）。

10.6　谷物 β-葡聚糖的应用

10.6.1　在食品中的应用

β-葡聚糖在食品中主要有两个方面的应用：作为食品组分和食品添加剂。

利用 β-葡聚糖独特的胶凝特性，可以改善原有食品品质或开发新型食品，如利用 β-葡聚糖制作面条形状的豆腐面及绿茶风味的果冻，这些产品经冷冻、冷藏保存后，即使食用前以微波加热或烹煮也不会变形或熔化（詹晓北，2003）。此外，Sharafbafi 等（2014）将高相对分子质量的燕麦 β-葡聚糖加入牛奶中获得乳制品，该乳制品含有较低热量和较少胆固醇，但当 β-葡聚糖的体积分数少于 0.2% 时，两者会产生相分离，通过增加其含量，该乳制品的流变性能得以优化。Rinaldi 等（2015）发现含有 β-葡聚糖的酸奶能比一般酸奶更快地降解，释放大相对分子质量肽的速率更低，酸奶中含有的游离氨基酸比无 β-葡聚糖的产品多，它是一个在水相分离中的"微反应器"。作为食品添加剂，β-葡聚糖可以极大地提高食品的品质，改善食品的口感，如添加了 β-1,3-1,6-葡聚糖的面包抗形变能力增加，且面团的流变性能得以改善，黏度稳定、柔顺性增强，同时也适当延迟了储存过程中面包屑的硬化（Perez-Quirce et al.，2018）。用 β-葡聚糖浓缩物替代部分玉米和米粉混合物后的挤压产品，在保证高营养价值的情况下，结晶度随 β-葡聚糖含量的增加而减少，更易消化，质地也得到改善（Kour et al.，2019）。Anthony 等（2003）从谷物（如燕麦和大麦）中提取得到了一种 β-葡聚糖含量高（≥ 18%）的产品，其可作为食品添加剂增加食品中的 β-葡聚糖含量。Sarteshniz 等（2015）通过对比抗性淀粉、β-葡聚糖、淀粉优化香肠中的益生元发现，β-葡聚糖对改善香肠的物理和感官特性具有明显的效果，因此，用 β-葡聚糖或抗性淀粉增加香肠中的益生元是有可能的。

10.6.2　在医药上的应用

含 β-葡聚糖的口服制剂已被用于临床试验（Faraj et al.，2006；Samuelsen et al.，2014）。含酵母 β-葡聚糖的特定制剂已被欧洲食品安全局普遍认可，并被接受为新型食品成分（Samuelsen et al.，2014）。

由于 β-葡聚糖具有良好的治愈伤口作用（Delatte et al.，2001），Venkatachalam 等（2013）用具有较大内环直径的环状 β-葡聚糖作为敷伤口的材料。在另一项研究中，Kim 等（2012）发现含有 β-葡聚糖的多聚膜（乳酸-乙醇酸）具有伤口愈合作用，不仅可以加速伤口愈合，也能够改善细胞增殖和血管生成等。Kogan 等（2005）发现，在体内实验中羧甲基化的 β-葡聚糖能够清除自由基，从而使血浆羰基水平大幅下降。因此羧甲基 β-葡聚糖被认为在佐剂性关节炎模型中负责抗氧化，具有能清除自由基的性质，这使此种葡聚糖衍生物在应用于治疗关节炎的药物中起到了一定的作用。

Levitz（2014）将β-葡聚糖作为一种新型的疫苗，其可装载抗原和免疫调节剂等，在β-葡聚糖被吞噬之后“有效载荷”被释放。另外，β-葡聚糖可以防止肌管成为肌成纤维细胞，经β-葡聚糖处理的肌肉细胞（C2C12）能够表现出快速的肌纤维转化，同时可以改善氧化代谢，因此功能性β-葡聚糖具有改善骨骼肌功能的潜力（Li et al.，2018）。

10.6.3　化妆品行业

随着生活水平提高，人们广泛追求延缓皮肤衰老、保持青春。而保持肌肤自然健康的方法之一是补充生物活性物质。Du 等（2014）回顾了谷物和微生物衍生的天然β-葡聚糖对皮肤健康的促进作用。β-葡聚糖具有良好的乳化性和乳化稳定性，在一般防护霜等化妆品中应用了几十年，可以用于保持水分、抗衰老、祛皱、促进伤口愈合和疤痕淡化、抗敏消炎等，因此可以利用β-葡聚糖的免疫调节活性来促进皮肤再生（Celine and Michaud，2007）。

葡聚糖的组合物对皮肤或黏膜等的保湿具有有利的影响，并具有抗衰老和使皮肤充满活力的作用（Werner et al.，2009）。Pillai 等（2005）通过燕麦β-葡聚糖在人皮肤模型中的应用，同时根据其减少皱纹的效果，发现β-葡聚糖可深入皮肤，进入表皮和真皮发挥作用。该项研究可支持使用β-葡聚糖来保养和维护健康的皮肤，并减缓衰老。

10.6.4　其他应用

以葡聚糖为原料的凝胶过滤剂是β-葡聚糖优良的应用实例之一。例如：使右旋糖酐在含有α,ω-二氧桥化合物等的碱溶液中反应，可得到有交联结构的不溶性和亲水性的葡聚糖凝胶（宋少云和廖威，2005）。在适当的条件下，可采用超声法制备β-葡聚糖稳定纳米乳剂。添加β-葡聚糖的纳米乳液对织物性能有显著影响；而添加 5% β-葡聚糖的初榨椰子油纳米乳液显著提高了鱼糜凝胶的破断力和白度，与直接加入初榨椰子油的凝胶相比具有更光滑、更精细的微观结构（Gani and Benjakul，2019）。

10.7　谷物β-葡聚糖研究存在的问题及前景展望

谷物β-葡聚糖具有多样性，是一个有价值的功能性成分，可以为人类提供许多生理功能，能够应用在各种食品中，也可以使农民能够高效地利用谷物生物量。各种食物资源中的β-葡聚糖能显示不同的分子结构和流变性能，其提取条件受β-葡聚糖理化性质的影响很大。因此，我们需要总结β-葡聚糖的来源、不同的提取分离纯化方法，并为此制定一系列标准。这些将有助于β-葡聚糖在食品、医药、化妆品等方面的应用（Zhu et al.，2016）。

β-葡聚糖生产工艺和功能特性的进步将大大提高我们评估当前及未来β-葡聚糖产品的能力。因此，今后的研究重点是开发新的提取法以提取高质量和高数量的β-葡聚糖。

分子结构、理化性质与生物活性之间的关系应研究透彻，特别是β-葡聚糖增强免疫系统的机制。

由于β-葡聚糖具有重要的应用价值，有不少研究者致力于其开发研究：免疫抗肿瘤、药物活性、临床使用、药用葡聚糖的结构、优质凝胶、食用葡聚糖添加剂等。但是在某些行业，葡聚糖的产生是会带来不利影响的。例如，在饲料业中，β-葡聚糖的高黏稠性和持水性会引起抗营养特性，这种特性能显著改变消化物的物理特性和肠道的生理活性，从而影响禽畜的消化能力，经研究，雏鸡消化物黏度的80%是由少量β-葡聚糖引起的（Bedford and Classen，1992）。创面愈合的临床试验结果表明，应对β-葡聚糖进行进一步的体内实验，这有助于开发抗肿瘤药物，并且还可对β-葡聚糖协助抗炎活性进行研究。此外，谷物β-葡聚糖在食品中作为增稠剂或稳定剂表现出巨大的潜力，进一步的研究将集中于它在食品系统中的表现。由于原料来源不同，很难保持不同β-葡聚糖结构和活性的一致性、重现性与可靠性（Zhu et al.，2016）。

在啤酒业中，酿造啤酒时β-葡聚糖的含量越低越好，以保证啤酒的品质。若含量过多，过量的β-葡聚糖除了会因为水溶性增加啤酒黏度而影响过滤阶段液体的滤出外，还会在发酵阶段与蛋白质结合，使酵母在早期沉积，影响发酵，使啤酒双乙酰还原期延长，发酵度降低，严重的会形成β-葡聚糖-蛋白质胶体层，沉积于发酵罐底部，影响啤酒过滤，使啤酒损失率上升（图10-5），理化指标极难达到要求（赵云龙，1993）。

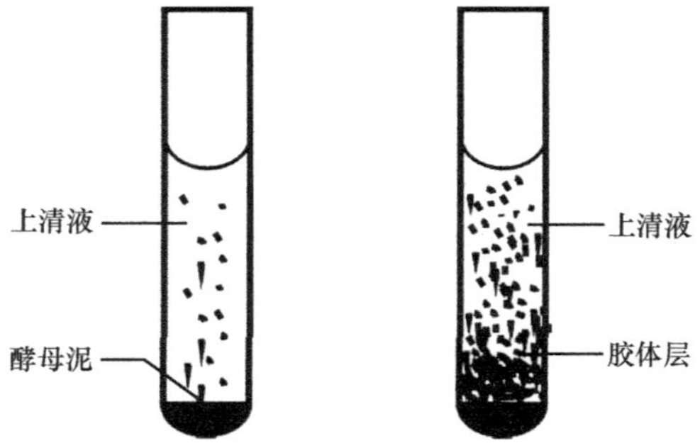

图10-5　β-葡聚糖-蛋白质胶体层示意图

尽管近年来对谷物β-葡聚糖的提取、结构分析、理化性质方面已有不少研究，但还远远不够深入。提取工艺对β-葡聚糖分子大小、功能性质以及作为功能性食品因子等方面有很大的影响，因此，从原始优良专用品种选育到提取β-葡聚糖产品，以及在现有基础上如何避免提取过程中β-葡聚糖分子的降解，从而进一步改进提取工艺及对其工业化生产的研究，都是目前我们需要重点关注的。同时，其保健功能也正在被越来越多的公众所认可，其也受到更多消费者的欢迎。深入研究不同谷物β-葡聚糖分子的结构和功能之间的关系，将对更加深入地了解β-葡聚糖性质与生理功能的关系、开发β-葡聚糖功能性产品、促进谷物β-葡聚糖在食品工业中的应用具有良好的意义。因此，β-葡聚糖作为一种食品添加成分，在今后的保健食品发展中有广阔的前景。把应用生产和β-葡聚糖的提取结合起来，合理有效地利用资源，充分挖掘谷物的潜在价值，丰富以大麦等谷物为原料的深加工产品，以期创造出更大的社会经济效益。

参考文献

蔡成岗, 蒋新龙, 蒋昌海. 2011. β-葡聚糖结构、功能与开发研究进展. 农产品加工・学刊, (9): 114-117.

柴继宽, 胡凯军, 赵桂琴, 等. 2009. 燕麦β-葡聚糖研究进展. 草业科学, 26(11): 57-63.

陈克复, 卢晓江, 金醇哲, 等. 1989. 食品流变学及其测量. 北京: 轻工业出版社: 319.

程闰达, 田坤英, 杨明. 1995. 植物蛋白饮料的稳定性研究. 食品科学, 16(4): 11-14.

邓万和, 王强, 吕耀昌, 等. 2005. 品种和环境效应对燕麦β-葡聚糖含量的影响. 中国粮油学报, 20(2): 30-32.

董吉林, 田广瑞, 李建光, 等. 2011. 燕麦β-葡聚糖 / 大豆分离蛋白混合体系凝胶性研究. 郑州轻工业学院学报 (自然科学版), 26(1): 30-33.

高丽. 2007. 大豆蛋白的凝胶特性及其应用. 武汉: 华中农业大学硕士学位论文.

管骁, 姚惠源. 2002. 燕麦麸中β-葡聚糖提取工艺的研究. 食品科技, (10): 2-4.

管骁, 姚惠源. 2003. 燕麦β-葡聚糖流变特性的测定. 中国粮油学报, 18(3): 28-31.

管骁, 姚惠源, 周素梅. 2003. 燕麦麸中β-葡聚糖的提取及其分子量分布测定. 食品科学, 24(7): 40-43.

郭永, 王振伟. 2010. 酵母β-葡聚糖的生物活性及开发利用. 中国食物与营养, (9): 24-26.

何俊. 2009. 燕麦β-葡聚糖的溶液和凝胶特性及其凝胶结构的研究. 郑州: 郑州轻工业学院硕士学位论文.

黄宇彬, 黄国宏. 2007. β-葡聚糖的凝胶特性及在食品中的应用. 广西轻工业, 23(12): 13-14.

江丹, 陈志元, 梅菊, 等. 2019. 不同粒度的青稞粉中提取β-葡聚糖的工艺研究. 中国食品, 762(2): 178-181.

江晖, 何珣. 2011. 小麦麸皮功能性成分的研究进展. 安徽农业科学, 39(2): 834-835.

雷菊芳, 苏立宏, 张玉玉. 2014-06-25. 利用谷物提取β-葡聚糖的方法: 中国, CN102585030B.

李明泽. 2013. 不同加工方式对青稞中β-葡聚糖含量及其生理功效的影响. 重庆: 西南大学硕士学位论文.

李卫旗. 2004. 热凝胶多糖 (Curdlan) 生产工艺及其分子结构的研究. 杭州: 浙江大学博士学位论文.

李兆兰. 1994. 裂褶多糖的结构研究. 南京大学学报 (自然科学版), 30(3): 482-487.

李贞, 王凤梅, 樊明寿, 等. 2006. 燕麦β-葡聚糖的合成与积累. 麦类作物学报, 26(5): 163-166.

刘春萌. 2013. 大麦β-葡聚糖的提取纯化及对小番茄保鲜工艺的研究. 长春: 吉林农业大学硕士学位论文.

刘雨田, 郭中文. 2000. β-葡聚糖与β-葡聚糖酶. 畜禽业, (7): 42-43.

马洁, 周洋, 陈璐瑶, 等. 2018. 3 种青稞糌粑分级粉性质差异及相关性分析. 食品与机械, 34(5): 49-53.

孟显丽, 陈国华, 侯进, 等. 2005. 关于端基分析法测定壳低聚糖的相对数均分子质量问题的探讨. 中国海洋大学学报 (自然科学版), 35(1): 142-144.

彭杰, 张晖, 王立, 等. 2008. 燕麦β-葡聚糖-麦芽糊精体系流变学性质的研究. 食品工业科技, (9): 63-65, 68.

申瑞玲. 2005. 燕麦β-葡聚糖的提取纯化及功能特性研究. 无锡: 江南大学博士学位论文.

申瑞玲, 曹高山, 刘延奇. 2008. 大麦β-葡聚糖凝胶特性研究进展. 食品与机械, 24(6): 141-143.

申瑞玲, 王章存, 姚惠源. 2004. 燕麦β-葡聚糖的乳化性研究. 食品与机械, 20(4): 4-5.

申瑞玲, 姚惠源. 2003. 谷物β-葡聚糖提取和纯化. 粮食与油脂, (7): 19-21.

宋少云, 廖威. 2005. 葡聚糖的研究进展. 中山大学学报 (自然科学版), 44(S2): 229-232.

孙培龙, 胡君荣, 杨开, 等. 2008. 药用、食用菌β-葡聚糖的研究进展. 中国食用菌, 27(1): 9-13.

孙元琳, 崔武卫, 顾小红, 等. 2009. 傅里叶变换红外光谱法测定当归果胶多糖的酯化度. 光谱学与光谱分析, 29(3): 682-685.

汪海波, 刘大川, 崔邦梓, 等. 2004. 燕麦β-葡聚糖对正常小鼠及四氧嘧啶致糖尿病小鼠血糖、血脂的调节作用研究. 食品科学, 25(7): 172-175.

汪海波, 刘大川, 汪海婴, 等. 2008. 燕麦β-葡聚糖的分子链高级结构及溶液行为研究. 食品科学, 29(10): 80-84.

王常青, 朱志昂. 2002. 挤压法生产可溶性燕麦纤维的研究. 食品与发酵工业, 28(2): 45-48.

王璐, 胡国华, 王爱敏, 等. 2012. 酪蛋白酸钠 / 酵母 β-葡聚糖复配在低温肉制品中应用的研究. 食品工业, 33(9): 30-32.

魏远安, 方积年. 1989. 高效凝胶渗透色谱法测定多糖纯度及分子量. 药学学报, (7): 532-536.

游景水. 2018. 高效液相色谱法测定保健食品中 β-葡聚糖. 食品安全质量检测学报, 9(1): 34-38.

袁红梅. 2011. 氮素形态对小麦矿质吸收和氮素代谢相关酶类活性的影响. 济南: 山东大学硕士学位论文.

詹晓北. 2003. 食用胶的生产、性能与应用. 北京: 中国轻工业出版社.

张国平, 陈锦新, 汪军妹, 等. 2002. 中国大麦 β-葡聚糖含量的品种和环境变异研究. 中国农业科学, 35(1): 53-58.

张静, 周家春, 黄龙. 2010. 不同大麦品种来源 β-葡聚糖流变学特性. 粮食与油脂, (2): 15-19.

张娟, 杜先锋, 戴前颖, 等. 2006. 燕麦 β-葡聚糖的研究. 农产品加工・学刊, (7): 34-37.

张美莉, 高聚林, 乌汉其木格, 等. 2006. 裸燕麦麸皮 β-葡聚糖特性及与食用胶的比较研究. 食品与发酵工业, 32(8): 44-47.

赵红霞, 詹勇, 沈水昌, 等. 2003. 葡聚糖在动物营养中的应用. 中国饲料, (18): 21-23.

赵云龙. 1993. 大麦 β-葡聚糖降解研究. 中国酿造, (5): 22-27.

周梦怡, 高延东, 张建法. 2013. β-葡聚糖在胃肠道方面的生理学功能. 食品工业科技, 34(18): 366-369, 374.

Adachi Y, Ohno N, Yadomae T, et al. 1990. Thermal denaturation of (1→3)-β-D-glucans in neutral aqueous solution above 130℃ : effect on physicochemical properties. Carbohydrate Research, 198(1): 111-122.

Ahmad A, Anjum F M, Zahoor T, et al. 2012. Beta glucan: a valuable functional ingredient in foods. Critical Reviews in Food Science and Nutrition, 52(3): 201-212.

Ahmed R, Segal I, Hassan H. 2000. Fermentation of dietary starch in humans. The American Journal of Gastroenterology, 95(4): 1017-1020.

Aktas-Akyildiz E, Sibakov J, Nappa M, et al. 2018. Extraction of soluble β-glucan from oat and barley fractions: process efficiency and dispersion stability. Journal of Cereal Science, 81: 60-68.

Anderson M A, Cook J A, Stone B A. 1978. Enzymatic determination of 1,3: 1,4-β-glucans in barley grain and other cereals. Journal of the Institute of Brewing, 84(4): 233-239.

Anthony C P, Fenske D J, Freeland M, et al. 2003-03-07. Beta-glucan process, additive and food product: United States, US6749885.

Aspinall G O, Khan R, King R R, et al. 2011. Base-catalyzed degradations of carbohydrates. Ⅴ. The conversion of 3-deoxyhex-2-enopyranoses into 2-furoic esters. Canadian Journal of Chemistry, 51(9): 1359-1362.

Autio K, Myllymäki O, Mälkki Y. 2006. Flow properties of solutions of oat β-glucans. Journal of Food Science, 52(5): 1364-1366.

Bamforth C W, Martin H L, Wainwright T. 1979. A role for carboxypeptidase in the solubilization of barley β-glucan. Journal of the Institute of Brewing, 85(6): 334-338.

Baur S K. 1996. Beta-glucan content in caryopses of oat varieties with regard to cultivation year and nitrogen level. Journal of Agronomy & Crop Science, 91(9): 5-14.

Bedford M, Classen H. 1992. Reduction of intestinal viscosity through manipulation of dietary rye and pentosanase concentration is effected through changes in the carbohydrate composition of the intestinal aqueous phase and results in improved growth rate and food conversion efficiency. Journal of Nutrition, 122(3): 560-569.

Beer M J. Wood P, Weisz J. 1997. Molecular weight distribution and (1→3)(1→4)-β-D-glucan content of consecutive extracts of various oat and barley cultivars. Cereal Chemistry, 74(4): 476-480.

Beer M U, Arrigoni E, Amadò R. 1996. Extraction of oat gum from oat bran: effects of process on yield, molecular weight distribution, viscosity and (1→3)(1→4)-β-D-Glucan content of the gum. Cereal Chemistry, 73(1): 58-62.

Behall K, Scholfield D, Hallfrisch J. 1997. Effect of beta-glucan level in oat fiber extracts on blood lipids in men and women. Journal of the American College of Nutrition, 16(1): 46-51.

Benito-Román O, Alonso E, Lucas S. 2011. Optimization of the β-glucan extraction conditions from different waxy barley cultivars. Journal of Cereal Science, 53(3): 271-276.

Bhatty R S. 1995. Laboratory and pilot plant extraction and purification of β-glucans from hull-less barley and oat brans. Journal of Cereal Science, 22(2): 163-170.

Bhatty R S, MacGregor A W, Rossnagel B G. 1991. Total and acid-soluble β-glucan content of hulless barley and its relationship to acid-extract viscosity. Cereal Chemistry, 68(3): 221-227.

Böhm N, Kulicke W. 1999. Rheological studies of barley (1→3)(1→4)-β-glucan in concentrated solution: investigation of the viscoelastic flow behaviour in the solstate. Carbohydrate Research, 315(3): 293-301.

Brennan C S, Cleary L J. 2005. The potential use of cereal (1→3, 1→4)-β-D-glucans as functional food ingredients. Journal of Cereal Science, 42(1): 1-13.

Brunner B, Freed R D. 1994. Oat grain β-glucan content as affected by nitrogen level, location, and year. Crop Science, 34(2): 473-476.

Burkus Z, Temelli F. 1998. Effect of extraction conditions on yield, composition, and viscosity stability of barley beta-glucan gum. Cereal Chemistry, 75(6): 805-809.

Burkus Z, Temelli F. 1999. Gelation of barley β-glucan concentrate. Journal of Food Science, 64(2): 198-201.

Burkus Z, Temelli F. 2005. Rheological properties of barley β-glucan. Carbohydrate Polymers, 59(4): 459-465.

Butt M S, Tahir-Nadeem M, Khan M K I, et al. 2008. Oat: unique among the cereals. European Journal of Nutrition, 47(2): 68-79.

Carr J M, Glatter S, Jeraci J L, et al. 1990. Enzymic determination of β-glucan in cereal-based food products. Cereal Chemistry, 67: 226-229.

Carriere C J, Inglett G E. 1999. Nonlinear viscoelastic solution properties of oat-based β-glucan/amylodextrin blends. Carbohydrate Polymers, 40(1): 9-16.

Celine L, Michaud P. 2007. New developments and prospective applications forβ-(1, 3)-glucans. Recent Patents on Biotechnology, 1(1): 59-73.

Chen J, Seviour R. 2007. Medicinal importance of fungal β-(1→3), (1→6)-glucans. Mycological Research, 111(6): 635-652.

Chihara G, Hamuro J, Maeda Y, et al. 1970. Antitumour polysaccharide derived chemically from natural hlucan (pachyman). Nature, 225(5236): 943-944.

Chihara G, Maeda Y, Hamuro J, et al. 1969. Inhibition of mouse sarcoma 180 by polysaccharides from *Lentinus edodes* (Berk.) Sing. Nature, 222(5194): 687-688.

Cui W, Wood P J, Blackwell B, et al. 2000. Physicochemical properties and structural characterization by two-dimensional NMR spectroscopy of wheat β-D-glucan-comparison with other cereal β-D-glucans. Carbohydrate Polymers, 41(3): 249-258.

Cui W S, Wood P J, Weisz J, et al. 1998. Unique gelling properties of non-starch polysaccharides from pre-processed wheat bran. Gums and Stabilisers for the Food Industry, 9: 34-42.

Daou C, Zhang H. 2012. Oat beta-glucan: its role in health promotion and prevention of diseases. Comprehensive Reviews in Food Science and Food Safety, 11(4): 355-365.

Davidson M, Dugan L, Burns J, et al. 1991. The hypocholesterolemic effects of β-glucan in oatmeal and oat bran: a dose-controlled study. JAMA: The Journal of the American Medical Association, 265: 1833-1839.

Delatte S J, Evans J, Hebra A, et al. 2001. Effectiveness of beta-glucan collagen for treatment of partial-thickness burns in children. Journal of Pediatric Surgery, 36(1): 113-118.

Doehlert D C, Mcmullen M S, Hammond J J. 2001. Genotypic and environmental effects on grain yield and quality of oat grown in North Dakota. Crop Science, 41(4): 1066-1072.

Dong Q, Jia L, Fang J. 2006. A β-D-glucan isolated from the fruiting bodies of *Hericium erinaceus* and its aqueous conformation. Carbohydrate Research, 341(6): 791-795.

Dongowski G, Drzikova B, Senge B, et al. 2005. Rheological behaviour of β-glucan preparations from oat products. Food Chemistry, 93(2): 279-291.

Doublier J L, Wood P J. 1995. Rheological properties of aqueous solutions of (1,3)(1,4)-beta-D-glucan from oats (*Avena sativa* L.). Cereal Chemistry, 72(4): 335-340.

Du B, Bian Z, Xu B. 2014. Skin health promotion effects of natural beta-glucan derived from cereals and microorganisms: a review. Phytotherapy Research, 28(2): 159-166.

Du B, Xu B. 2014. Oxygen radical absorbance capacity (ORAC) and ferric reducing antioxidant power (FRAP) of β-glucans from different sources with various molecular weight. Bioactive Carbohydrates and Dietary Fibre, 3(1): 11-16.

Estrada A, Van Kessel A, Laarveld B. 1999. Effect of administration of oat beta-glucan on immune parameters of healthy and immunosuppressed beef steers. Canadian Journal of Veterinary Research, 63(4): 261-268.

Estrada A, Yun C, Van Kessel A, et al. 1997. Immunomodulatory activities of oat β-glucan *in vitro* and *in vivo*. Microbiology and Immunology, 41(12): 991-998.

Faraj A, Vasanthan T, Hoover R. 2006. The influence of α-amylase-hydrolysed barley starch fractions on the viscosity of low and high purity barley β-glucan concentrates. Food Chemistry, 96(1): 56-65.

Freimund S, Sauter M, Käppeli O, et al. 2003. A new non-degrading isolation process for 1,3-β-D-glucan of high purity from baker's yeast *Saccharomyces cerevisiae*. Carbohydrate Polymers, 54(2): 159-171.

Gani A, Benjakul S. 2019. Effect of β-glucan stabilized virgin coconut oil nanoemulsion on properties of croaker surimi gel. Journal of Aquatic Food Product Technology, 28(2): 194-209.

Gómez C, Navarro A, Manzanares P, et al. 1997. Physical and structural properties of barley (1→3)(1→4)-β-D-glucan. Part Ⅰ. Determination of molecular weight and macromolecular radius by light scattering. Carbohydrate Polymers, 32(1): 7-15.

Hamberg O, Rumessen J, Gudmand-Høyer E. 1989. Inhibition of starch absorption by dietary fibre: a comparative study of wheat bran, sugar-beet fibre, and pea fibre. Scandinavian Journal of Gastroenterology, 24(1): 103-109.

Hedemann M, Theil P, Knudsen K. 2009. The thickness of the intestinal mucous layer in the colon of rats fed various sources of non-digestible carbohydrates is positively correlated with the pool of SCFA but negatively correlated with the proportion of butyric acid in digesta. The British Journal of Nutrition, 102(1): 117-125.

Henry R B, Blakeney A. 1986. Determination of total β-glucan in malt. Journal of the Institute of Brewing, 92(4): 354-356.

Horváthová M, Šoltés L, Mislovičová D, et al. 1990. High-performance gel permeation chromatography of water-soluble β-1,3-glucans. Journal of Chromatography A, 509(1): 213-218.

Howarth N, Saltzman E, Roberts S. 2001. Dietary fiber and weight regulation. Nutrition Reviews, 59(5): 129-139.

Hu X, Zhao J, Zhao Q, et al. 2014. Structure and characteristic of β-glucan in cereal: a review. Journal of Food Processing and Preservation, 39(6): 3145-3153.

Humphreys D G, Smith D L, Mather D E. 1994. Nitrogen fertilizer and seeding date induced changes in protein, oil and β-glucan contents of four oat cultivars. Journal of Cereal Science, 20(3): 283-290.

Immerstrand T, Andersson K E, Wange C, et al. 2010. Effects of oat bran, processed to different molecular weights of β-glucan, on plasma lipids and caecal formation of SCFA in mice. British Journal of Nutrition, 104(3): 364-373.

Irakli M, Biliaderis C G, Izydorczyk M S, et al. 2004. Isolation, structural features and rheological properties of water-extractable β-glucans from different Greek barley cultivars. Journal of the Science of Food and Agriculture, 84(10): 1170-1178.

Izydorczyk M S, Biliaderis C G, Macri L J, et al. 1998. Fractionation of oat (1→3), (1→4)-β-D-glucans and characterisation of the fractions. Journal of Cereal Science, 27(3): 321-325.

Izydorczyk M S, Storsley J, Labossiere D, et al. 2000. Variation in total and soluble β-glucan content in hulless barley: effects of thermal, physical, and enzymic treatments. Journal of Agricultural and Food Chemistry, 48(4): 982-989.

Jackson G, Berg R, Kushnak G, et al. 1994. Nitrogen effects on yield, beta-glucan content, and other quality factors of oat and waxy hulless barley. Communications in Soil Science and Plant Analysis, 25(17-18): 3047-3055.

Jørgensen K G, Aastrup S. 1988. Quantification of high molecular weight (1→3)(1→4)-β-D-glucan using calcofluor complex formation and flow injection analysis. Ⅱ. Determination of total β-glucan content of barley and malt. Carlsberg Research Communications, 53(5): 277-285.

Kalra S, Jood S. 2000. Effect of dietary barley β-glucan on cholesterol and lipoprotein fractions in rat. Journal of Cereal Science, 31(2): 141-145.

Kang S A, Kim S G, Han Y Y, et al. 2008. Inhibitory effect of blood glucose increase by *Aureobasidum* sp. beta-glucan genetic diabetic mice. Journal of Biotechnology, 136(2): S259.

Kerckhoffs D A, Hornstra G, Mensink R P. 2003. Cholesterol-lowering effect of β-glucan from oat bran in mildly hypercholesterolemic subjects may decrease when β-glucan is incorporated into bread and cookies. The American Journal of Clinical Nutrition, 78(2): 221-227.

Kim H, Lee J, Lee M, et al. 2012. Evaluation of electrospun (1, 3)-(1, 6)-β-D-glucans/biodegradable polymer as artificial skin for full-thickness wound healing. Tissue Engineering Part A, 18(21): 2315-2322.

Kim H J, White P J. 2010. *In vitro* bile-acid binding and fermentation of high, medium, and low molecular weight beta-glucan. Journal of Agricultural and Food Chemistry, 58(1): 628-634.

Knuckles B E, Chiu M M, Betschart A A. 1992. β-glucan-enriched fractions from laboratory-scale dry milling and sieving of barley and oats. Cereal Chemistry, 69(2): 198-202.

Kogan G, Staško A, Bauerová K, et al. 2005. Antioxidant properties of yeast (1→3)-β-D-glucan studied by electron paramagnetic resonance spectroscopy and its activity in the adjuvant arthritis. Carbohydrate Polymers, 61(1): 18-28.

Kontogiorgos V, Vaikousi H, Lazaridou A, et al. 2006. A fractal analysis approach to viscoelasticity of physically cross-linked barley β-glucan gel networks. Colloids and Surfaces B: Biointerfaces, 49(2): 145-152.

Kour J, Singh S, Saxena D C. 2019. Effect of nutraceuticals (beta-glucan concentrate, flaxseed lignan concentrate and gamma oryzanol concentrate) on nutritional, textural, pasting, thermal, structural and morphological properties of corn and rice flour blend based RTE extrudates. Journal of Food Measurement and Characterization, 13(2): 988-1003.

Kurek M A, Karp S, Stelmasiak A, et al. 2018. Effect of natural flocculants on purity and properties of β-glucan extracted from barley and oat. Carbohydrate Polymers, 188: 60-67.

Lazaridou A, Biliaderis C G. 2004. Cryogelation of cereal β-glucans: structure and molecular size effects. Food Hydrocolloids, 18(6): 933-947.

Lazaridou A, Biliaderis C G, Izydorczyk M S. 2003. Molecular size effects on rheological properties of oat β-glucans in solution and gels. Food Hydrocolloids, 17(5): 693-712.

Lazaridou A, Biliaderis C G, Micha-Screttas M, et al. 2004. A comparative study on structure-function relations of mixed-linkage (1→3), (1→4) linear β-D-glucans. Food Hydrocolloids, 18(5): 837-855.

Lazaridou A, Vaikousi H, Biliaderis C. 2008. Effects of polyols on cryostructurization of barley β-glucans. Food Hydrocolloids, 22(2): 263-277.

Lehtinen P, Laakso S. 2004. Role of lipid reactions in quality of oat products. Agricultural and Food Science, 13(1): 88-99.

Levitz S. 2014. β-glucan particles as a vaccine platform with intrinsic adjuvanticity. The FASEB Journal, 28(S1): 463-469.

Li W, Cui S, Kakuda Y. 2006a. Extraction, fractionation, structural and physical characterization of wheat β-D-glucans. Carbohydrate Polymers, 63(3): 408-416.

Li W, Cui S W, Wang Q, et al. 2011. Studies of aggregation behaviours of cereal β-glucans in dilute aqueous solutions by light scattering: part Ⅰ. Structure effects. Food Hydrocolloids, 25(2): 189-195.

Li W, Wang Q, Cui S, et al. 2006b. Elimination of aggregates of (1→3) (1→4)-β-D-glucan in dilute solutions for light scattering and size exclusion chromatography study. Food Hydrocolloids, 20(2-3): 361-368.

Li Y, Fan Y, Pan H, et al. 2018. Effects of functional β-glucan on proliferation, differentiation, metabolism and its anti-fibrosis properties in muscle cells. International Journal of Biological Macromolecules, 117(5): 287-293.

Luhaloo M, Rtensson A M, Andersson R, et al. 1998. Compositional analysis and viscosity measurements of commercial oat brans. Journal of the Science of Food and Agriculture, 76(1): 142-148.

Ma T, Tu Y, Zhang N, et al. 2015. Effects of dietary yeast β-glucan on nutrient digestibility and serum profiles in pre-ruminant Holstein calves. Journal of Integrative Agriculture, 14(4): 749-757.

Mahabadi H K. 1984. A new method for estimation of viscosity-average molecular weight of polymers from GPC. Journal of Polymer Science: Polymer Physics Edition, 22(3): 449-457.

Mäkeläinen H, Anttila H, Sihvonen J, et al. 2007. The effect of -glucan on the glycemic and insulin index. European Journal of Clinical Nutrition, 61(6): 779-785.

Mälkki Y. 2001. Physical properties of dietary fiber as keys to physiological functions. Cereal Foods World, 46(5): 196-199.

Manners D J, Masson A J, Patterson J C. 1973. The structure of a beta-(1→3)-D-glucan from yeast cell walls. Biochemical Journal, 135(1): 19-30.

Manzi P, Pizzoferrato L. 2000. Beta-glucans in edible mushrooms. Food Chemistry, 68(3): 315-318.

McClear B V, Glennie-Holmes M. 1985. Enzymic quantification of (1→3) (1→4)-beta-D-glucan in barley and malt. Journal of the Institute of Brewing, 91(5): 285-295.

Metzler-Zebeli B, Gänzle M G, Mosenthin R, et al. 2012. Oat-glucan and dietary calcium and phosphorus differentially modify intestinal expression of proinflammatory cytokines and monocarboxylate transporter 1 and cecal morphology in weaned pigs. Journal of Nutrition, 142(4): 668-674.

Miller S S, Wood P J, Pietrzak L N, et al. 1993. Mixed linkage beta glucans protein content, and kernel weight in *Avena* species. Cereal Chemistry, 70(2): 231-233.

Mullins J T, Nevins D, Shoemaker C, et al. 1995. Hypocholesterolemic potential of oat bran treated with an endo-β-D-glucanase from *Bacillus subfilis*. Journal of Food Science, 60(3): 558-560.

Murphy E A, Davis J M, Brown A S, et al. 2004. Effects of moderate exercise and oat -glucan on lung tumor metastases and macrophage antitumor cytotoxicity. Journal of Applied Physiology, 97(3): 955-959.

Naoyuki I, Masaru O, Masaharu K, et al. 1998. Improvement of the congo red method, a rapid beta-glucan quantification method for the breeding of high quality malting barley. Bulletin of the Tochigi Prefectural Agricultural Experiment Station, 47: 57-64.

Narasimhalu P, Kong D, Choo T M, et al. 1995. Effects of environment and cultivar on total mixed-linkage β-glucan content in eastern and western Canadian barleys (*Hordeum vulgar* L.). Canadian Journal of Plant Science, 75(2): 371-376.

Nazare J, Normand S, Triantafyllou A O, et al. 2009. Modulation of the postprandial phase by β-glucan in overweight subjects: effects on glucose and insulin kinetics. Molecular Nutrition & Food Research, 53(3): 361-369.

Nguyen T H, Fleet G H, Rogers P L. 1998. Composition of the cell walls of several yeast species. Applied Microbiology and Biotechnology, 50(2): 206-212.

O'Shea C, Sweeney T, Lynch M B, et al. 2011. The effect of introducing purified β-glucans to a wheat-based diet on total tract digestibility and gaseous manure emissions from pigs as compared with consumption of a β-glucan-rich, barley-based diet. Animal Feed Science and Technology, 165(1-2): 95-104.

Ohno N, Miura T, Miura N N, et al. 2001. Structure and biological activities of hypochlorite oxidized zymosan. Carbohydrate Polymers, 44(4): 339-349.

Ohno N, Shinohara H, Yadomae T. 1987. Conformation of the (1→3)-β-D-glucan in the sclerotia of *Sclerotinia sclerotiorum* IFO 9395 assessed by ^{13}C-c.p.-m.a.s. n.m.r. spectroscopy. Carbohydrate Research, 168(1): 110-114.

Ohno N, Uchiyama M, Tsuzuki A, et al. 1999. Solubilization of yeast cell-wall β-(1→3)-D-glucan by sodium hypochlorite oxidation and dimethyl sulfoxide extraction. Carbohydrate Research, 316(1-4): 161-172.

Ohno N, Yadomae T. 1987. Two different conformations of the antitumour β-D-glucan produced by *Sclerotinia sclerotiorum* IFO 9395. Carbohydrate Research, 159(2): 293-302.

Papageorgiou M, Lakhdara N, Lazaridou A, et al. 2005. Water extractable (1→3, 1→4)-β-D-glucans from barley and oats: an intervarietal study on their structural features and rheological behaviour. Journal of Cereal Science, 42(2): 213-224.

Patsioura A, Galanakis C M, Gekas V. 2011. Ultrafiltration optimization for the recovery of β-glucan from oat mill waste. Journal of Membrane Science, 373(1-2): 53-63.

Perez-Quirce S, Caballero P A, Vela A J, et al. 2018. Impact of yeast and fungi (1→3)(1→6)-β-glucan concentrates on viscoelastic behavior and bread making performance of gluten-free rice-based doughs. Food Hydrocolloids, 79: 382-390.

Pérez-Vendrell A M, Brufau J, Molina-Cano J L, et al. 1996. Effects of cultivar and environment on β-(1,3)-(1,4)-D-glucan content and acid extract viscosity of Spanish barleys. Journal of Cereal Science, 23(3): 285-292.

Pillai R, Redmond M, Röding J. 2005. Anti-wrinkle therapy: significant new findings in the non-invasive cosmetic treatment of skin wrinkles with beta-glucan. International Journal of Cosmetic Science, 27(5): 292.

Platt S R, Clydesdale F M. 1984. Binding of iron by cellulose, lignin, sodium phytate and beta-glucan, alone and in combination, under simulated gastrointestinal pH conditions. Journal of Food Science, 49(2): 531-535.

Ragaee S, Wood P J, Wang Q, et al. 2008. Isolation, fractionation, and structural characteristics of alkali-extractable β-glucan from rye whole meal. Cereal Chemistry, 85(3): 289-294.

Ramesh H P, Tharanathan R N. 1998. Structural characteristics of a mixed linkage β-D-glucan from sorghum (*Sorghum bicolor*). Carbohydrate Research, 308(1): 239-243.

Rinaldi L, Rioux L, Britten M, et al. 2015. *In vitro* bioaccessibility of peptides and amino acids from yogurt made with starch, pectin, or β-glucan. International Dairy Journal, 46: 39-45.

Ropert A, Cherbut C, Roze C, et al. 1996. Colonic fermentation and proximal gastric tone in humans. Gastroenterology, 111(2): 289-296.

Roubroeks J P, Andersson R, Aman P. 2000. Structural features of (1→3)(1→4)-beta-D-glucan and arabinoxylan fractions isolated from rye bran. Carbohydrate Polymers, 42(1): 3-11.

Saitô H, Yoshioka Y, Uehara N, et al. 1991. Relationship between conformation and biological response for (1→3)-β-D-glucans in the activation of coagulation factor G from limulus amebocyte lysate and host-mediated antitumor activity. Demonstration of single-helix conformation as a stimulant. Carbohydrate Research, 217: 181-190.

Samuelsen A B C, Schrezenmeir J, Knutsen S. 2014. Effects of orally administered yeast-derived beta-glucans: a review. Molecular Nutrition & Food Research, 58(1): 183-193.

Sang H M, Fotedar R. 2010. Effects of dietary β-1,3-glucan on the growth, survival, physiological and immune response of marron, *Cherax tenuimanus* (Smith, 1912). Fish & Shellfish Immunology, 28(5): 957-960.

Sarteshniz R A, Hosseini H, Bondarianzadeh D, et al. 2015. Optimization of prebiotic sausage formulation: effect of using β-glucan and resistant starch by D-optimal mixture design approach. LWT-Food Science and Technology, 62(1): 704-710.

Saulnier L, Gévaudan S, Thibault J. 1994. Extraction and partial characterisation of β-glucan from the endosperms of two barley cultivars. Journal of Cereal Science, 19(2): 171-178.

Sharafbafi N, Tosh S M, Alexander M, et al. 2014. Phase behaviour, rheological properties, and microstructure of oat β-glucan-milk mixtures. Food Hydrocolloids, 41: 274-280.

Shimotoyodome A, Meguro S, Hase T, et al. 2000. Short chain fatty acids but not lactate or succinate stimulate mucus release in the rat colon. Comparative Biochemistry and Physiology Part A: Molecular & Integrative Physiology, 125(4): 525-531.

Sibakov J, Myllymäki O, Holopainen U, et al. 2012. Minireview: β-glucan extraction methods from oats. Agro Food Industry Hi-Tech, 23(1): 10-12.

Singh S, Kaur M, Sogi D S. 2018. β-glucan from different Indian oat (*Avena sativa*) cultivars: chemical, functional, structural, and rheological properties. Journal of Food Processing and Preservation, 42(11): e13788.

Sonck E, Stuyven E, Goddeeris B, et al. 2010. The effect of β-glucans on porcine leukocytes. Veterinary Immunology and Immunopathology, 135(3-4): 199-207.

Storsley J M, Izydorczyk M S, You S, et al. 2003. Structure and physicochemical properties of β-glucans and arabinoxylans isolated from hull-less barley. Food Hydrocolloids, 17(6): 831-844.

Sweeney T, Collins C B, Reilly P, et al. 2012. Effect of purified β-glucans derived from *Laminaria digitata*, *Laminaria hyperborea* and *Saccharomyces cerevisiae* on piglet performance, selected bacterial populations, volatile fatty acids and pro-inflammatory cytokines in the gastrointestinal tract of pigs. British Journal of Nutrition, 108(7): 1226-1234.

Symons L J, Brennan C S. 2004. The influence of (1→3) (1→4)-beta-D-glucan-rich fractions from barley on the physiochemical properties and *in vitro* reducing sugar release of white wheat breads. Journal of Food Science, 69(6): 463-467.

Tada R, Adachi Y, Ishibashi K, et al. 2008. Binding capacity of a barley β-D-glucan to the β-glucan recognition molecule dectin-1. Journal of Agricultural and Food Chemistry, 56(4): 1442-1450.

Tappy L, Gügolz E, Würsch P. 1996. Effects of breakfast cereals containing various amounts of beta-glucan fibers on plasma glucose and insulin responses in NIDDM subjects. Diabetes Care, 19(8): 831-834.

Temelli F. 1997. Extraction and functional properties of barley β-glucan as affected by temperature and pH. Journal of Food Science, 62(6): 1194-1201.

Tiwari U, Cummins E. 2011. Meta-analysis of the effect of β-glucan intake on blood cholesterol and glucose levels. Nutrition, 27(10): 1008-1016.

Vaikousi H, Biliaderis C. 2005. Processing and formulation effects on rheological behaviour of barley β-glucan aqueous dispersions. Food Chemistry, 91(3): 505-516.

Vaikousi H, Biliaderis C, Izydorczyk M. 2004. Solution flow behavior and gelling properties of water-soluble barley (1→3, 1→4)-β-glucans varying in molecular size. Journal of Cereal Science, 39(1): 119-137.、

Vårum K M, Smidsrød O. 1988. Partial chemical and physical characterisation of (1→3), (1→4)-β-D-glucans from oat (*Avena sativa* L.) aleurone. Carbohydrate Polymers, 9(2): 103-117.

Venkatachalam G, Gummadi S, Doble M. 2013. Applications of cyclic β-glucans//Venkatachalam G, Gummadi S, Doble M. Cyclic β-Glucans from Microorganisms: Production, Properties and Applications. Berlin: Springer: 15-32.

Vetvicka V, Vetvickova J. 2009. Effects of yeast-derived β-glucans on blood cholesterol and macrophage functionality. Journal of Immunotoxicology, 6(1): 30-35.

Wang Y, Zhang L. 2006. Chain conformation of carboxymethylated derivatives of (1→3)-β-D-glucan from *Poria cocos* sclerotium. Carbohydrate Polymers, 65(4): 504-509.

Werner B, Sebastien M, Dietmar O. 2009-06-18. Glucan compositions: China, CN101394898A.

Williams D L, Sherwood E R, Browder I W, et al. 1988. Pre-clinical safety evaluation of soluble glucan. International Journal of Immunopharmacology, 10(4): 405-414.

Wood P J, Weisz J. 1984. Use of calcofluor in analysis of oat beta-D-glucan. Cereal Chemistry, 61(1): 73-75.

Wood P J, Weisz J, Blackwell B A. 1991. Molecular characterization of cereal β-D-glucans. Structural analysis of oat β-D-glucan and rapid structural evaluation of β-D-glucans from different sources by high-performance liquid chromatography of oligosaccharides released by lichenase. Cereal Chemistry, 68(1): 31-39.

Xu J, Inglett G E, Liu S X, et al. 2016. Micro-heterogeneity and micro-rheological properties of high-viscosity barley β-glucan solutions studied by diffusing wave spectroscopy (DWS). Food Biophysics, 11(4): 339-344.

Yadomae T. 2000. Structure and biological activities of fungal beta-1,3-glucans. Yakugaku Zasshi: Journal of the Pharmaceutical Society of Japan, 120(5): 413-431.

Yun C H, Estrada A, van Kessel A, et al. 1997. β-(1→3, 1→4) Oat glucan enhances resistance to *Eimeria vermiformis* infection in immunosuppressed mice. International Journal for Parasitology, 27(3): 329-337.

Zhang D, Doehlert D C, Moore W R. 1998. Rheological properties of (1→3), (1→4)-beta-D-glucans from raw, roasted, and steamed oat groats. Cereal Chemistry, 75(4): 433-438.

Zhang G, Chen J, Wang J, et al. 2001. Cultivar and environmental effects on (1→3, 1→4)-β-D-glucan and protein content in malting barley. Journal of Cereal Science, 34(3): 295-301.

Zhu F, Du B, Bian Z, et al. 2015. Beta-glucans from edible and medicinal mushrooms: characteristics, physicochemical and biological activities. Journal of Food Composition and Analysis, 41: 165-173.

Zhu F, Du B, Xu B. 2016. A critical review on production and industrial applications of beta-glucans. Food Hydrocolloids, 52: 275-288.

Zielke C, Lu Y, Nilsson L. 2019. Aggregation and microstructure of cereal β-glucan and its association with other biomolecules. Colloids and Surfaces A: Physicochemical and Engineering Aspects, 560: 402-409.

Zielke C, Stradner A, Nilssona L. 2018. Characterization of cereal β-glucan extracts: conformation and structural aspects. Food Hydrocolloids, 79: 218-227.

第 11 章　谷物中的阿拉伯木聚糖

11.1　引　　言

11.1.1　阿拉伯木聚糖的定义和分布

11.1.1.1　定义

1891 年，Schulze 首次提出了半纤维素一词，将半纤维素定义为构成植物细胞壁结构的一类碳水化合物高聚物（含量仅次于纤维素）。根据构成单糖单元的不同可将半纤维素分为木聚糖、甘露聚糖、半乳聚糖和阿拉伯聚糖等。

阿拉伯木聚糖（arabinoxylan，AX）是以 D-木糖为多糖链构成单元，并含有 L-Ara 取代基团的一类半纤维素。依据其溶解性，通常将其分为水溶性阿拉伯木聚糖（water-extractable arabinoxylan，WEAX）和水不溶性阿拉伯木聚糖（water-unextractable arabinoxylan，WUAX）两类。因阿拉伯木聚糖分子结构特性，其分子之间、与细胞壁结构其他物质（如木质素、纤维素、蛋白质、葡聚糖和阿拉伯半乳聚糖等）之间易存在物理或化学性的结合，使其有难溶于水的特征，分离制备过程中 WUAX 的得率通常要高于 WEAX。

阿拉伯木聚糖普遍存在于植物中，近年来相关研究也越来越多。早在 1992 年，Ishii 和 Saka 研究发现有阿魏酸取代基团的阿拉伯木聚糖能够调节植物的生长。2000 年，Fry 等通过研究发现阿拉伯木聚糖和阿魏酸聚合体的交联作用与细胞壁的张弛度相关，在细胞分泌过程中起到调节细胞壁张弛度的作用。之后，Wakabayashi 等（2005）发现阿拉伯木聚糖是谷物细胞壁的刚性网络结构的组成部分，而这个刚性网络结构很可能在细胞中起到承重作用。另外，还有研究发现阿拉伯木聚糖为大麦叶乳头状突起的组成部分，它同纤维素在乳头状突起中的交联作用可以提高抗渗透能力，增强植物的抗病性（Chowdhury et al.，2014）。

11.1.1.2　分布

作为植物细胞壁的重要组成成分，AX 广泛存在于多种植物细胞壁中，包括单子叶植物（以禾本科为代表）及双子叶植物细胞壁。谷物是阿拉伯木聚糖的一个重要来源，禾本科代表植物如大麦、燕麦、小麦、玉米、水稻等谷物细胞壁中均富含 AX。其他单子叶植物如禾本科竹亚科竹笋（Ishii，1991）和美人蕉科芭蕉芋（Zhang and Wang，2011）细胞壁中也含有 AX。双子叶植物如木姜子属（Banerji et al.，1986；Das et al.，2013）、拟南芥（Tan et al.，2013）、樟科的肉桂（Kanari et al.，1989）和厚壳桂（Muralikrishna and Tharanathan，2001）等植物中也含有 AX。

不同谷物细胞壁中 AX 含量存在差异，如小麦、大麦和燕麦的 AX 含量相近（分别为 6.6%、6.6% 和 5.8%），而黑麦的 AX 含量则较高（达 9%）（李利民等，2002）。同种谷物中 AX 含量在整个籽粒的分布并不均匀，通常情况下 AX 在谷物籽粒外层的含量比内层高。以小麦为例，小麦胚乳中 AX 含量为 1.5% ～ 3.0%，在麸皮中则高达 20.0% ～ 25.0%（Selvendran and Robertson，1991）。Lempereur 等（1997）研究也发现 AX 在小麦麸皮中的含量要高于胚乳。谷物中 AX 的含量受到基因型（Lempereur et al.，1997；Pritchard et al.，2011；Toole et al.，2012；Zhang et al.，2013）、生长条件（Zhang et al.，2010）和生长地点（Zhang et al.，2013）的影响。此外，研究发现 WEAX 含量也同样受到基因型（李硕碧，2007）、生长条件（Zhang et al.，2010）和生长地点（Zhang et al.，2013）的影响。

11.1.2　阿拉伯木聚糖的合成和降解

11.1.2.1　合成

阿拉伯木聚糖合成主要包括木聚糖骨架合成、阿拉伯糖基团取代和阿魏酸基团取代三个步骤。研究证实这三步均是在细胞内而并非细胞壁上完成的，且木聚糖骨架合成和阿拉伯糖基团取代是在细胞内高尔基体上完成的（Gibeaut and Carpita，1994；Obel et al.，2003）。以小麦为例，先由细胞内的 β-1,4-木糖基转移酶合成木聚糖骨架（Porchia and Scheller，2000），再通过中间蛋白质（可能是阿拉伯糖基转移酶）的转移作用将阿拉伯糖基团加到木聚糖骨架上（Porchia et al.，2002），然后以阿魏酸葡萄糖为底物将阿魏酸基团加到木聚糖骨架上（Obel et al.，2003）。

糖基转移酶是细胞内木聚糖骨架合成的关键性物质，而这些酶的合成又与特定的编码基因息息相关。例如，糖基转移酶 GT43 家族的 *IRX9*、*IRX14* 基因和 GT47 家族的 *IRX10* 基因控制双子叶植物拟南芥木聚糖的木聚糖骨架合成（Brown et al.，2007，2009；Peña et al.，2007；Wu et al.，2009）；*IRX9* 同系物 TaGT43_2 和 *IRX10* 同系物 TaGT47_2 影响禾本科植物小麦木聚糖骨架的合成；TaXAT1 则与 C-3 位阿拉伯糖单取代有关（Lovegrove et al.，2013）；TaGT43_2、TaGT47_2 和 TaXAT1 还会影响 WEAX 含量及糖链长度，从而影响小麦籽粒黏度（Freeman et al.，2016）。Mitchell 等（2007）认为 GT43 家族基因负责编码 β-1,4-木糖合成酶，GT47 家族基因负责编码 α-1,2-阿拉伯糖基转移酶或 α-1,3-阿拉伯糖基转移酶，GT61 和 PF02458 家族基因负责编码阿魏酰转移酶。

11.1.2.2　降解

自然界存在的木聚糖多为杂多糖（heteropolysaccharide），主链和侧链含有不同的取代基团，结构较复杂，完全降解需要多种专一性水解酶组成的复合系统的作用（Biely，1985）。木聚糖降解通常在木聚糖降解酶系统的参与下进行，降解酶系统包括 β-1,4-内切木聚糖酶、β-木糖酶、α-L-阿拉伯呋喃糖苷酶、α-葡糖醛酸酶、乙酰木聚糖酯酶、阿魏酸酯酶和香豆酸酯酶等。其中，β-1,4-内切木聚糖酶、β-木糖酶负责木聚糖主链的降解，β-1,4-内切木聚糖酶切割木聚糖主链的 β-1,4 键，释放不同链长和取代度的低聚木糖，β-木糖酶从低聚木糖的非还原性末端切割糖苷键释放木糖；α-L-阿拉伯呋喃糖苷酶、α-葡糖醛酸酶、乙酰木聚糖酯酶、阿魏酸酯酶和香豆酸酯酶等催化木聚糖上相关取代基团支链的分离（Rahman et al.，2003）。

阿拉伯木聚糖对木聚糖酶的敏感度取决于阿拉伯木聚糖自身的结构特点，以及它和植物组织之间的交联程度（Beaugrand et al.，2004）。除了这些通用的木聚糖降解酶系统之外，还有一些具有特异性的降解酶只对某种结构特征的木聚糖起作用，如 Correia 等（2011）发现一种梭状芽孢杆菌嗜热酶（命名为 CtXyl5A）只能降解阿拉伯木聚糖，但是不能降解无取代基的木聚糖。

本章探讨的主要是谷物中阿拉伯木聚糖的结构与功能活性作用。

11.2 谷物阿拉伯木聚糖的制备和理化性质

11.2.1 制备

11.2.1.1 提取

对谷物的预处理会影响 AX 的提取得率。苏东民等（2011）研究发现对小麦麸皮预先进行粉碎过筛、超微粉碎和发酵，都能提高 AX 的提取得率。此外，高压蒸煮预处理也可以提高碱提 WUAX 的提取得率及提取物中 WUAX 的含量（马福敏，2009）。

AX 的提取方法主要取决于 AX 的性质，WEAX 是水溶性组分，通常采用水提法制备。宋晓庆和董海洲（2003a）采用正交法优化水提醇沉提取 WEAX，得到黑麦 WEAX 的最佳工艺条件为：提取温度 60℃、提取时间 2h、料液比 1∶5。苏东民等（2012）采用响应面法优化小麦麸皮 WEAX 的提取工艺，得到的最优工艺条件为料液比 1∶11.06、提取温度 76.9℃、提取时间 2.24h，在此条件下的实际 WEAX 得率平均值为 1.4673%。

WUAX 不溶于水，通常采用碱提法制备。张晓娜等（2008）利用 NaOH 溶液和 H_2O_2 溶液提取小麦麸皮中的 WUAX，优化得到的最优条件为提取温度 88℃、提取时间 120min、NaOH 浓度 0.16mol/L、H_2O_2 浓度 1.5%，WUAX 得率为 20.89%。宋琳琳和张晓娜（2009）利用 NaOH 溶液提取玉米皮中的 WUAX，在提取温度 80℃、提取时间 4h、NaOH 浓度 0.3mol/L、料液比 1∶30 的条件下，WUAX 得率达到最大值（24.57%）。刘静和刘俊康（2015）研究发现，用 0.5mol/L NaOH 溶液提取玉米麸皮 WUAX 的得率最高（27.85%），且 WUAX 颜色较浅，降解较少。李雪等（2012）比较了不同碱性提取溶剂［饱和 $Ba(OH)_2$ 溶液、$Ca(OH)_2$ 溶液、NaOH 溶液、含 H_2O_2 的 NaOH 溶液以及碱性电解水］对小麦麸皮 WUAX 的提取效果，结果显示饱和 $Ba(OH)_2$ 溶液提取的 WUAX 得率以及 WUAX 含量均达到最佳（分别为 14.3% 和 78.90%）。此外，超声波和微波技术也可以用来辅助提取 AX。Jiang 等（2019）通过响应面法优化得到玉米麸中提取水不溶性阿拉伯木聚糖的最优条件为：超声功率 500W、NaOH 浓度 0.30mol/L、溶剂与物料比 30mL/g、超声微波协同作用时间 25min，该条件下阿拉伯木聚糖的得率达到 27.78%。

另外，还可以使用酶法提取阿拉伯木聚糖。通过木聚糖酶、半纤维素酶等的作用，催化细胞壁中不可溶的 AX 降解，将 AX 提取分离出来（Gruppen et al.，1993）。Mathew 等（2017）采用源自芽孢杆菌或地衣芽孢杆菌的 α-淀粉酶对小麦麸皮在 90℃下预处理

1.5h，接着再用中性蛋白酶在 50℃下处理 4h，再在 121℃下液化 15h，醇沉后获得纯度为 70.9% 的 WEAX。

11.2.1.2　分离纯化

从谷物中提取得到的多糖组分大多是粗多糖，还需要使用酶解法、沉淀法等方法去除粗多糖中的淀粉、蛋白质以及其他多糖组分（如葡聚糖、阿拉伯半乳聚糖等），才能获得比较纯的 AX。Trogh 等（2004）从青稞粉中得到 AX 粗提物，使用硅胶去除蛋白质，利用酶解和沉淀法去除其中的 β-葡聚糖、阿拉伯半乳聚糖蛋白、淀粉，最终得到纯度高达 84.9% ～ 91.8% 的 AX。马福敏（2009）用水提法提取全麦面粉中的 WEAX，将粗提液经硅藻土吸附蛋白质、耐高温 α-淀粉酶和高转化率糖化酶酶解淀粉、超滤去除小分子组分、乙醇沉淀等纯化步骤，最终得到纯度约为 93% 的 WEAX。此外，马福敏（2009）还研究了 WUAX 的提取和纯化工艺，对全麦面粉进行淀粉酶、碱性蛋白酶酶解等预处理，再用碱提法可以获得高纯度（92.09%）的 WUAX 组分。

杂质去除后，通过硫酸铵分级沉淀法、乙醇分级沉淀法、柱层析法等可进行 AX 的进一步分级纯化。Izydorczyk 和 Biliaderis（1993）通过硫酸铵分级沉淀法将 AX 分离成 F65、F75 与 F100（数字代表分级时硫酸铵的饱和度）三个组分，其中 F65 组分含量最多，黏度也最高，这三个组分的许多结构特征（如分子质量、木糖阿拉伯糖之比、阿魏酸基团含量、支链取代情况等）均存在差异。刘丽娅等（2013）采用戊聚糖酶解加碱提取的方法制备 AX，获得的组分再用 80% 乙醇进行沉淀，纯化得到分子质量为 5.23×10^4Da 的多糖组分。Prashanth 和 Muralikrishna（2014）使用 $Ba(OH)_2$ 与 KOH 进行碱提取，再用 DEAE-纤维素离子交换层析柱纯化（洗脱液为 0.1mol/L 碳酸铵），得到两种阿拉伯木聚糖组分：BE（阿拉伯糖和木糖占 75%、糖醛酸占 5.1%）和 KE（阿拉伯糖和木糖占 90%、糖醛酸占 8.8%），这两个组分再经 Sephacryl S-400 凝胶过滤层析，得到 BE、KE1 和 KE2 组分（分子质量分别为 430kDa、1028kDa 和 40kDa）。

11.2.1.3　含量测定

阿拉伯木聚糖含量的测定方法主要有间苯三酚比色法、气相色谱法和阴离子交换色谱-脉冲电流检测法（Saulnier et al.，2007）。

上述方法以间苯三酚比色法最为常用，其原理是通过测定五碳糖含量来推算样品中阿拉伯木聚糖的含量（Douglas，1981）。间苯三酚比色法测定原理为：将待测样品进行水提，水提物稀释后与间苯三酚混合液（含有乙酸、盐酸、间苯三酚和葡萄糖）混合后进行沸水浴加热，样品中的木糖与混合液中的乙酸和盐酸反应生成糠醛，糠醛与间苯三酚反应生成红色或粉色沉淀，通过比色测定糠醛的含量来间接测定阿拉伯木聚糖的含量（Kiszonas et al.，2012）。

间苯三酚比色法虽然较常用，但仍然存在一些缺点：①需要的待测样品和提取液的量比较大；②比较耗时；③测定试剂需使用高浓度酸，具有一定的危险性；④间苯三酚反应没有终止剂，从沸水浴上移除后沉淀消退迅速，容易导致组内和组间方差较大，影响测定的精度（Laidlaw et al.，2015）。

除了上述方法外，近年还有研究使用酶联免疫吸附试验（enzyme linked immunosorbent assay，ELISA）来测定阿拉伯木聚糖含量。ELISA 的原理是特异性抗原抗体结合并被酶标记，通过分析识别和量化反应溶液的颜色变化来计算特定物质的含量。在细胞壁聚合物结合抗体鉴定研究中，McCartney 等（2005）发现单克隆抗体（LM11）具有高度特异性结合小麦阿拉伯木聚糖的特点。而后 Hoffstetter 等（2018）便结合 LM11，采用 ELISA 测定方法快速测定了面粉中水溶性阿拉伯木聚糖的含量。ELISA 测定法因为不使用高浓度酸，操作比间苯三酚比色法更为安全，且测定耗时较短、精度较高，更适用于大批量样本的快速测定。

11.2.2　基本理化性质

11.2.2.1　溶解性

通常情况下，WEAX 在水中的溶解性要大于 WUAX。影响阿拉伯木聚糖溶解性的因素主要有溶剂极性、溶液温度、相对分子质量、糖链分支程度等。溶剂极性不同则 AX 溶解性也不同，溶剂极性越低，AX 溶解性越差；温度越高，AX 溶解性越大；相对分子质量越大，分支化程度越小（即支链越少），AX 在溶液中与溶剂的接触面积越小，越难溶解。

在工业上，人们常使用酶预处理的方法来促进阿拉伯木聚糖的溶解。例如，Santala 等（2011）使用内源性木聚糖酶对小麦麸皮进行处理，并考察不同含水量（20% ～ 90%）对促溶效果的影响，结果表明当含水量为 40% 和 90% 时，AX 的溶解性较好，而在含水量为 50% ～ 80% 时，AX 溶解效果较差。Santala 等（2011）认为在低水分含量（40%）条件下，内源性木聚糖酶的促溶效果反而比较高水分含量（50% ～ 80%）时好，可能与物料的形态存在一定关联：当含水量为 40% 时，麦麸混合物从粉状物转变成紧凑团块，一方面紧凑的物料增加了剪切力，使得麦麸细胞壁更容易破碎；另一方面物料紧凑还可促进底物与酶的结合，这两个原因最终促进了 AX 的溶解。

Kale 等（2018）使用木聚糖内切酶处理玉米麸皮阿拉伯木聚糖，其分子质量从 253kDa 降到 51.6 ～ 132kDa。酶处理后的阿拉伯木聚糖溶解度明显增加，水溶液黏度也下降，但乳化能力同原始 AX 相比几乎不受影响。

11.2.2.2　持水性

WEAX 通过分子内羟基、酯键或醚键与水分子形成氢键，通过分子间相互作用缠绕形成具有吸水性的胶体；WUAX 可以通过范德瓦耳斯力、离子键和极性键形成网络状结构结合部分水分子。WUAX 比 WEAX 的吸水作用更强，例如，小麦麸皮 WEAX 能吸收自重 6.1 倍的水，而 WUAX 则能吸收自重 8.8 倍的水；小麦面粉 WEAX 能吸收自重 7.7 倍的水，而 WUAX 却能吸收自重 9.7 倍的水（刘林，2011）。因 AX 的高持水性，早有研究将 AX 添加到面粉中，用以提高面团的持水力（Biliaderis et al.，1995）。AX 还可应用于面制品加工业中，一方面减缓面制品在贮藏过程中的水分损失速度，持续保持面制品的品质，延长面制品的保鲜期；另一方面增加面制品在胃肠道代谢后的粪便含水量，增大粪便体积，起到润肠通便的功效。

11.2.2.3　热稳定性

图 11-1 是利用玉米麸皮通过碱-过氧化氢法制备所得 AX 的热重分析（TGA）图，由图可知，当温度达到 50 ～ 100℃时，AX 出现失水，重量降低；温度继续升高至 215℃时 AX 开始分解，重量急剧下降，至 550℃时分解完全（刘静和刘俊康，2015）。

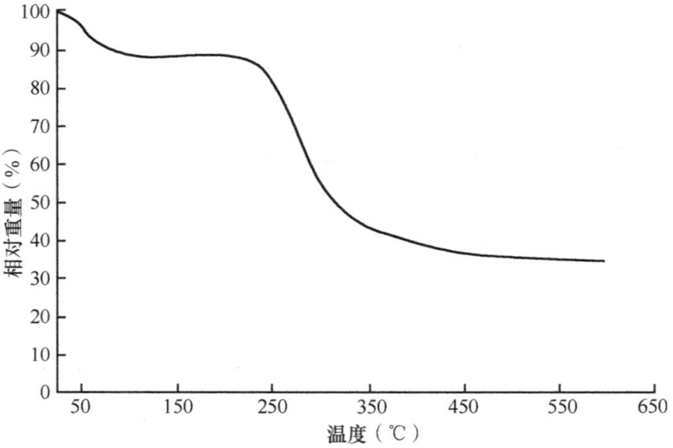

图 11-1　AX 的 TGA 图（刘静和刘俊康，2015）

11.2.2.4　玻璃态

Fessas 和 Schiraldi（2001）使用示差扫描量热法研究了两个不同分子质量阿拉伯木聚糖（HMW-AX，410kDa；LMW-AX，56kDa）的二元体系，如图 11-2、图 11-3 所示，HMW-AX 的玻璃化温度 T'_g 为 -17℃，而 LMW-AX 则为 -35℃，二者玻璃化温度对应的浓度 C'_g 均为 75%（m/m）。

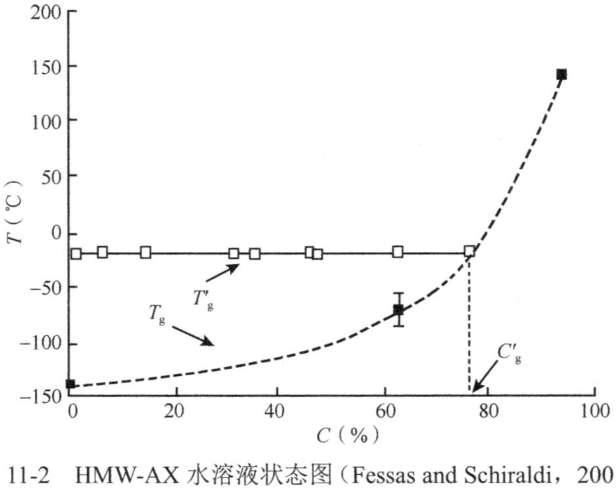

图 11-2　HMW-AX 水溶液状态图（Fessas and Schiraldi，2001）

T'_g 表示溶液仍处于液体状态的最低温度；C'_g 表示 T'_g 温度时的浓度；T_g 表示溶液的实际温度

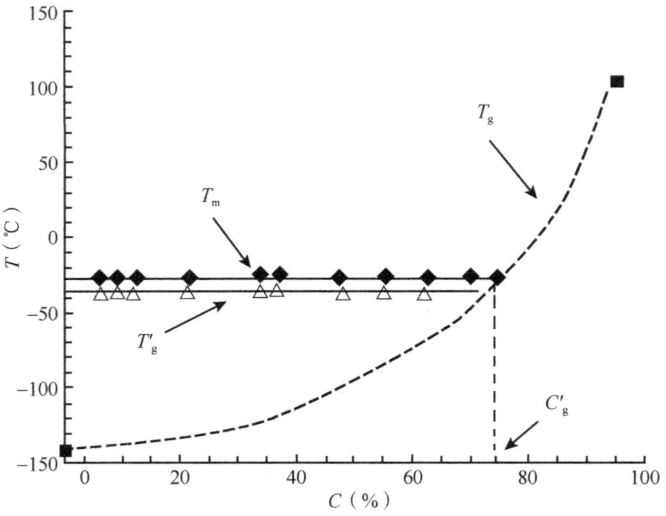

图 11-3　LMW-AX 水溶液状态图（Fessas and Schiraldi，2001）

T_m 表示为实际温度 T_g 出现冰聚变之后的延迟温度

11.2.3　相对分子质量

AX 的相对分子质量受到提取时间、提取温度、酸碱度、生物酶等的影响，在提取过程中这些因素都会导致 AX 相对分子质量的变化。袁建等（2014）通过化学分析法和高效凝胶渗透色谱法探究提取条件对小麦麸皮 AX 相对分子质量分布的影响，结果显示高温和高 pH 有利于高相对分子质量 AX 的提取，而延长提取时间则可以提高产品中低相对分子质量 AX 的含量。AX 在各种分析和处理过程中相对分子质量也会发生变化，例如，AX 在酶或者酸的作用下会发生降解，相对分子质量会降低。刘丽娅等（2013）用碱提法制备得到相对分子质量为 2.964×10^5 的 AX 组分，经戊聚糖酶降解和 80% 乙醇分级沉淀后其相对分子质量降至 5.2×10^4，使用盐酸于 95℃下处理 AX 后其相对分子质量继续下降至 7.5×10^3，当用柠檬酸在 95℃下降解 AX 后大部分组分相对分子质量降至 9.0×10^3。

11.3　谷物阿拉伯木聚糖的结构特征

11.3.1　一级结构

阿拉伯木聚糖的主链是由木糖（吡喃环形式）以 β-1,4 键连接而成，在 O-2 或者 O-3 位可能有阿拉伯糖（吡喃环形式）取代，且阿拉伯糖还可能与阿魏酸基团结合（酯化），在 O-2 位可能有 4-*O*-甲基葡糖醛酸取代，AX 主链还可能被乙酰基取代（图 11-4）。此外，糖链间阿魏酸基团还可能通过共价键连接，增强细胞壁内 AX 与其他多糖、蛋白质的连接作用（Saulnier et al.，1995）。

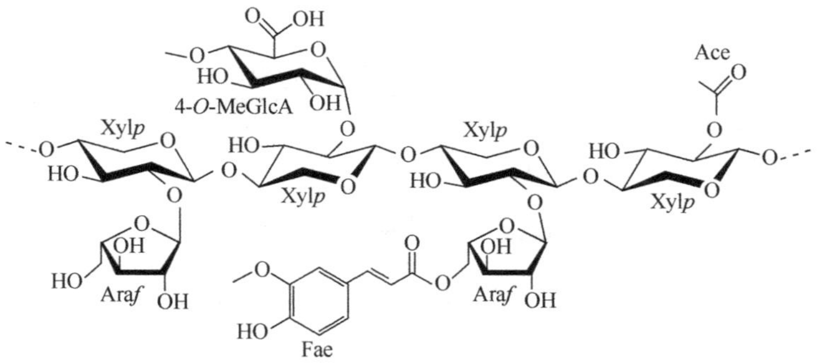

图 11-4　AX 结构示意图（Correia et al.，2011）

Ace，乙酰基；Ara*f*，α-L-呋喃阿拉伯糖；Xyl*p*，β-D-吡喃木糖；Fae，阿魏酸基；4-*O*-MeGlcA，4-*O*-α-甲基葡糖醛酸

图 11-5 ～图 11-10 和表 11-1 列举了不同来源谷物（水稻、小麦、大麦、黑麦、玉米、小米）的阿拉伯木聚糖结构。Höije 等（2006）分析了碱法制备的大麦壳 AX，先用内源性 β-木聚糖酶或者高碘酸将其进行降解，再进行核磁共振分析，结果证实 AX 主链由→4)-β-Xyl*p*-(1→ 残基组成，在 O-3 位置有 α-L-Ara*f* 或 β-D-Xyl*p*-1,2-α-L-Ara*f* 取代，在 O-2 位置有 4-*O*-甲基葡糖醛酸取代（图 11-9）。李兴军（2011）则分别研究了小麦籽粒胚乳 AX 和籽粒外部 AX 的结构，其中籽粒外部 AX 因含有葡糖醛酸及 4-*O*-甲基酯、半乳糖等，又被称为葡糖醛酸 AX 或异质木聚糖（图 11-10）。

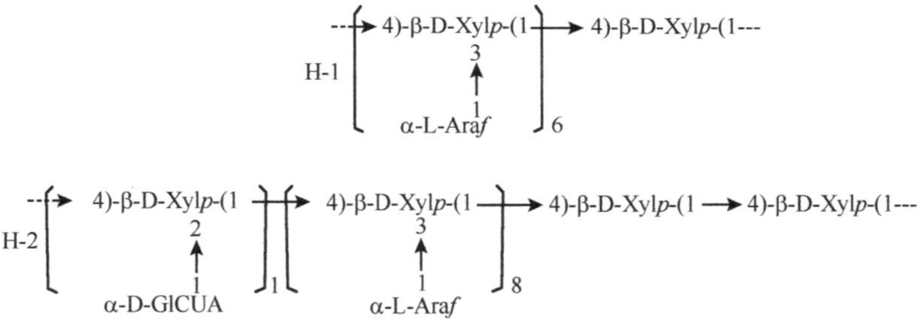

图 11-5　Shibuya 等（1983）报道的水稻胚乳中 AX 的结构

H-1 为中性 AX 组分；H-2 为酸性 AX 组分

阿拉伯低聚木糖
A_1X_3- Ⅱ

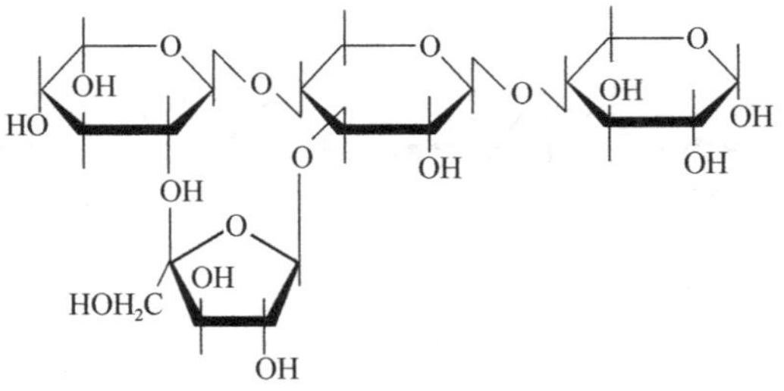

阿拉伯低聚木糖
A_1X_4- Ⅰ

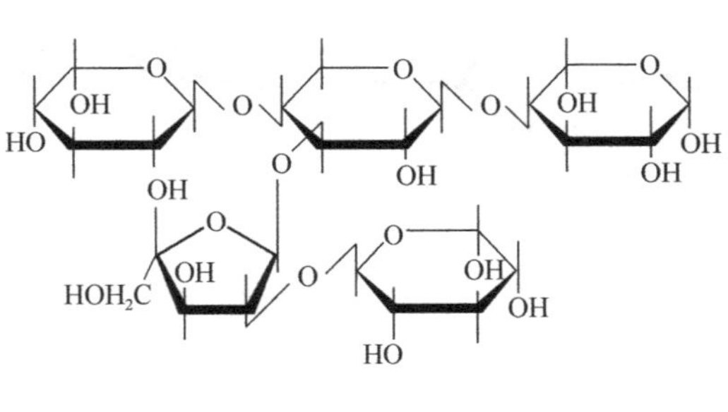

阿拉伯低聚木糖
A_1X_4-Ⅱ

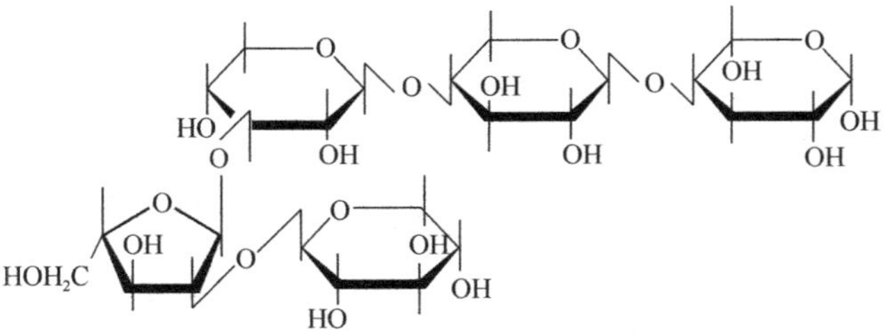

图 11-6　Kusakabe 等（1983）报道的玉米芯中 AX 的结构

α-L-Ara*f*-(1→3)-β-D-Xyl*p*-(1→4)-D-Xyl*p*

α-L-Ara*f*-(1→3)-β-D-Xyl*p*-(1→4)-β-D-Xyl*p*-(1→4)-D-Xyl*p*

图 11-7　Ito 等（1994）报道的大麦壳 AX 的结构

UF6a:α-L-Ara*f*-(1→2)-β-D-Xyl*p*-(1→4)-β-D-Xyl*p*-(1→4)-D-Xyl*p*

UF6b:α-L-Ara*f*-(1→2)-[α-L-Ara*f*-(1→3)]-β-D-Xyl*p*-(1→4)-β-D-Xyl*p*-(1→4)-D-Xyl*p*

UF5b:β-D-Xyl*p*-(1→4)-[α-L-Ara*f*-(1→2)-[α-L-Ara*f*-(1→3)]]-β-D-Xyl*p*-(1→4)-β-D-Xyl*p*-(1→4)-D-Xyl*p*

UF4a:β-D-Xyl*p*-(1→4)-[α-L-Ara*f*-(1→2)-[α-L-Ara*f*-(1→3)]]-β-D-Xyl*p*-(1→4)-β-D-Xyl*p*-(1→4)-β-D-Xyl*p*-(1→4)-D-Xyl*p*

UF5a:α-L-Ara*f*-(1→2)-β-D-Xyl*p*-(1→4)-β-D-Xyl*p*-(1→4)-β-D-Xyl*p*-(1→4)-D-Xyl*p*

UF5c:α-L-Ara*f*-(1→2)[α-L-Ara*f*-(1→3)]-β-D-Xyl*p*-(1→4)-β-D-Xyl*p*-(1→4)-β-D-Xyl*p*-(1→4)-D-Xyl*p*

图 11-8　Broberg 等（2000）报道的大麦麦芽 AX 的结构

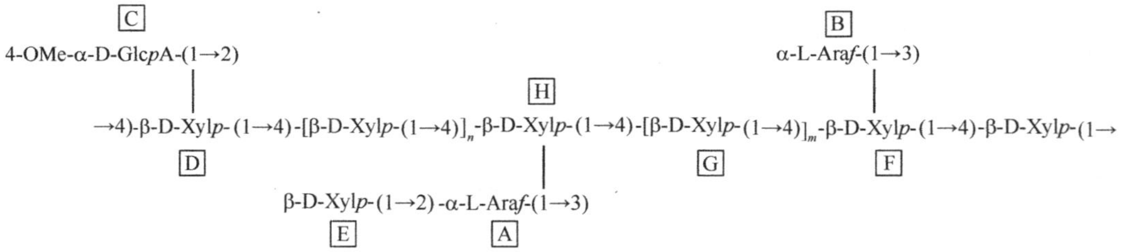

图 11-9　Höije 等（2006）报道的大麦壳中 AX 的结构

a. 籽粒胚乳

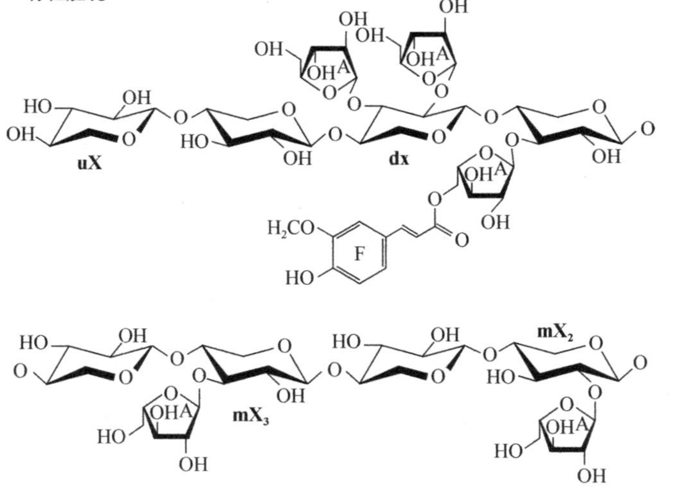

b. 籽粒外部组织

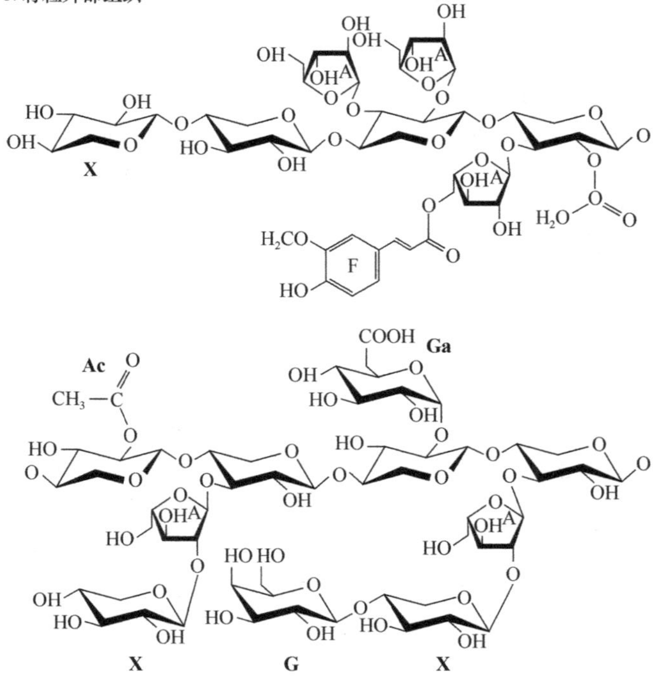

图 11-10　李兴军（2011）报道的小麦籽粒胚乳（a）和籽粒外部（b）AX 的主要结构

X，木糖；G，半乳糖；Ga，葡糖醛酸；F，阿魏酸；Ac，乙酰基；dX，双取代的木糖；uX，未取代的木糖；mX_2，O-2 单取代的木糖（小麦胚乳很少）；mX_3，O-3 单取代的木糖

通过分析这些图表可以发现，谷物来源的阿拉伯木聚糖大多以 Xyl*p* 残基通过 β-1,4 连接形成主链，主链上有单取代或者双取代（取代基团以阿拉伯糖为主，也可能有葡萄糖、半乳糖、糖醛酸、阿魏酸等）。

其他一些不同来源的阿拉伯木聚糖的结构比较见表 11-1。此外，车前科植物种子车前子的表皮中也含有大量阿拉伯木聚糖，在后续章节（第 21 章）中将进行单独阐述。

表 11-1　不同来源 AX 的结构比较

来源	分析方法	单糖组成	分子质量	结构特征	参考文献
水稻壳	提取：热水＋碱提取 结构分析：甲基化分析、部分酸水解、糖苷酶酶切	糖醛酸（1.5%）、阿拉伯糖∶木糖为 1∶19	—	主链重复单元由 19 个 β-D-1,4-Xyl 组成线性链，侧链由 1,3-Ara*f* 连接	Watanabe et al.，1983
黑麦麸皮	结构分析：部分酸水解、甲基化分析、^{13}C NMR	—	—	AX-Ⅰ：主链由 β-D-1,4-Xyl*p* 组成，第六或者第七个 Xyl*p* 上 O-3 位有 α-L-Ara*f* 取代	Hromádková et al.，1987

续表

来源	分析方法	单糖组成	分子质量	结构特征	参考文献
未成熟的大麦幼苗细胞壁	提取：碱提取（4% 氢氧化钾溶液） 结构分析：甲基化分析、部分酸水解	阿拉伯糖、木糖、葡萄糖、半乳糖的摩尔比为 36.2∶54.1∶3.7∶6.3	平均分子质量为 5.0×10^5Da	主链由β-D-1,4-Xyl*p* 组成，大约有 50% 在 O-2 或者 O-3 位有取代，取代基以 Ara*f* 和 GlcA 为主	Kato et al.，1981
小麦胚乳	结构分析：^{1}H 和 ^{13}C NMR、二维同核 Hartmann-Hahn 谱	—	—	主链由β-D-1,4-Xyl*p* 组成，在 O-3 位或者 O-2,3 位有 α-L1-Ara*f* 取代	Hoffmann et al.，1992
小麦面粉	提取：碱提取 结构分析：^{1}H NMR	—	—	主链由β-D-1,4-Xyl*p* 组成，在 O-3 位或者 O-2,3 位有 α-L-Ara*f* 取代	Gruppen et al.，1992
小麦面粉	提取：碱提取 用 β-1,4- 内切木聚糖酶Ⅲ（从泡盛曲霉 CMI 142717 中获得）处理 结构分析：^{1}H NMR	—	—	主链由β-D-1,4-Xyl*p* 组成，在 O-3 位或者 O-2,3 位有 α-L-Ara*f* 取代	Kormelink et al.，1993
大麦纤维	提取：碱提取 结构分析：^{1}H NMR 和 HPAEC-PAD	阿拉伯糖∶木糖 = 0.51	81kDa	主链由β-D-1,4-Xyl*p* 组成，在 O-2,3 位 α-L-Ara*f* 双取代居多	Pitkänen et al.，2008
大麦壳	提取：碱提取 结构分析：^{1}H NMR 和 HPAEC-PAD	阿拉伯糖∶木糖 = 0.28	49.3kDa	主链由β-D-1,4-Xyl*p* 组成，在 O-2 位 α-L-Ara*f* 单取代居多	Pitkänen et al.，2008
手指小米	提取：碱提取（氢氧化钡和氢氧化钾分别提取） 结构分析：^{1}H 和 ^{13}C NMR	氢氧化钡提取的 AX：总糖 95%（阿拉伯糖∶木糖为 1.0∶0.7）、糖醛酸 5.2% 氢氧化钾提取的 AX：总糖 90%（阿拉伯糖∶木糖为 1∶1.2）、糖醛酸 8.8%	有 430kDa、1028kDa 和 40kDa 组分	主链由β-D-1,4-Xyl*p* 组成，在 O-2 或 O-3 位上有 α-L-Ara*f* 单或双取代，侧链上还有糖醛酸和酚酸（阿魏酸等）	Prashanth and Muralikrishna，2014

注：“—”代表原文未提供相关信息

11.3.2　溶液构象特征

目前为止，有关阿拉伯木聚糖溶液构象特征的研究报道大多认为 AX 在溶液中呈现无规线性链结构。Dervilly-Pinel 等（2001a）将纯化后不含阿魏酸基团的小麦 WEAX 经过乙醇沉淀和高效尺寸排阻色谱法（high performance size exclusion chromatography，HPSEC）分级出 48 个亚组分，分析这些亚组分的可持续围长（L_p）、流体动力参数和 Mark-Houwink 方程指数（MH 指数 α），推导出所有的亚组分均为相似的半柔性随机线圈构象。但 Picout 和 Ross-Murphy（2002）认为 Dervilly-Pinel 等（2001a）得出的可持续围长数据偏高，他们改用经典的 Burchard-Stockmayer-Fixman 关系式估算出 AX 可持续围长，与文献报道估算的纤维素以及作者自己测定分析的一系列不同取代度半乳甘露聚糖的可持续围长相吻合。

Pitkänen 等（2008）研究了从大麦副产物纤维渣和大麦壳中分离制备的两种 AX 溶液的构象特征，在含有 0.01mol/L LiBr 的 DMSO 溶液中，HPSEC 结果显示两者的特性黏度分别为 0.73 和 0.45，MH 指数 α 分别为 0.89 和 0.75，说明大麦纤维渣 AX 的多糖链比大麦壳 AX 更加舒展，这也与前者比后者在溶剂中的溶解度更高相吻合。

Pitkänen 等（2009）依照 Bohdanecky（1983）模型，通过 HPSEC 测得小麦 AX 在不同溶剂中的溶液性质参数，其高黏度组分在 $NaNO_3$ 中 L_p 值为 1.9nm，在含有 0.01mol/L LiBr 的 DMSO 中 L_p 值为 2.0nm；中黏度组分在 $NaNO_3$ 溶液和 DMSO 中的 L_p 值分别为 1.9nm 和 1.8nm；而低黏度组分在 DMSO 中的 L_p 值为 1.2nm。Pitkänen 等（2011a）还首次使用非对称场流分离对小麦 AX 黏性组分进行表征，结果显示其测定的 R_g 值（36nm）要低于 HPSEC 的测定值（42nm）。

AX 侧链取代基团对其溶液构象具有很大的影响。当使用两种阿拉伯呋喃糖苷酶［AXH-m（去除木糖链上单取代位置的阿拉伯呋喃糖基）和 AXH-d3（去除木糖链上双取代位置上 1,3 连接的阿拉伯呋喃糖基）］对小麦 AX 高黏度组分和黑麦 AX 高黏度组分进行改性处理时，可获得两种阿拉伯呋喃糖基取代位点不同的 AX 组分（图 11-11）。HPSEC 等分析结果显示，AXH-d3 处理对 AX 溶液构象影响不显著，但 AXH-m 处理会使得 AX 在 DMSO 中的溶解度显著降低（Pitkänen et al.，2011b），这说明不同的侧链取代基团分布会影响 AX 的溶液构象特征。

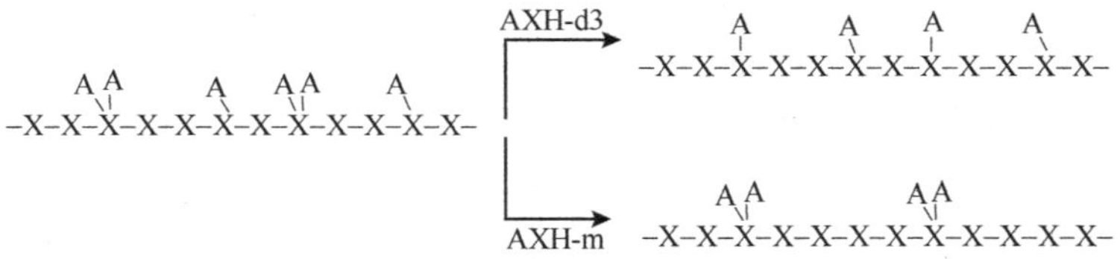

图 11-11　AXH-m 和 AXH-d3 对小麦 AX 的作用

A，Ara*f*；X，Xyl*p*

少数报道显示 AX 在溶液中具有一定的规则，Yui 等（1995）分析了水稻胚乳 AX，结果显示它是由 β-木糖残基以 α-1,4 糖苷键连接组成的，在 O-3 位置有大量的 α-L-阿拉伯呋喃糖取代，X 射线衍射法分析显示该 AX 溶液构象呈现左手三螺旋结构，而计算机模型分析进一步证实了该结构的合理性。

11.4　谷物阿拉伯木聚糖的流变性能

11.4.1　黏性

AX 的分子质量一般较大，其溶液具有较高黏度。例如，Ebringerova 和 Hromádková（1992）研究了两个黑麦麸皮 AX 组分（糖组成不同）的流变性能，发现两组分的表观黏度均呈现出很强的浓度和温度依赖性，流变曲线有明显的假塑性和触变性特点。牟振坤（2010）研究发现不同品种小麦 WEAX 溶液的零剪切黏度（η_0）有显著差异（变幅为 0.20 ～ 56.50Pa·s），但在强筋与弱筋两种类别小麦间（两个特别品种除外）并没有显著的差别，强筋麦 WEAX 的 η_0 平均值为 0.92Pa·s，而弱筋麦为 0.85Pa·s；类似地，不同品种小麦的 WUAX 溶液 η_0 差异也很显著（变幅为 0.10 ～ 49.82Pa·s）。

影响 AX 溶液黏度的因素包括制备方法、分子质量和结构特征等。

11.4.1.1 制备方法

碱提取的玉米阿拉伯木聚糖（corn arabinoxylan，CAX）和 CAX 的木聚糖酶酶解产物 CH，二者的流变性能存在差异：在剪切速率 $1s^{-1}$ 下，5% 和 10% 的 CAX 溶液黏度明显高于 5% 和 10% 的 CH 溶液黏度；CAX 溶液表现出牛顿流体特性，而 CH 溶液则表现出剪切稀化特点（Rumpagaporn et al.，2012）。

11.4.1.2 分子质量

从黑麦中提取得到的低度支化阿拉伯木聚糖 AX Ⅰ，其溶液呈现剪切稀化，且溶液黏度随着浓度的增加而增加（Nilsson et al.，2000）。不同品种黑麦 AX Ⅰ的黏度还与分子质量相关，如 Muskate-AX Ⅰ分子质量比 Anna-AX Ⅰ和 Danko-AX Ⅰ大，Muskate-AX Ⅰ的黏度也比 Anna-AX Ⅰ和 Danko-AX Ⅰ大；Anna-AX Ⅰ分子质量比 Danko-AX Ⅰ大，Anna-AX Ⅰ的黏度也比 Danko-AX Ⅰ大。

11.4.1.3 结构特征

Izydorczyk 和 Biliaderis（1992a）使用硫酸铵分级沉淀小麦粉 WEAX，在浓度为 60%、70%、80%、95% 时分别得到 4 个多糖组分 F60、F70、F80、F95。这 4 个多糖组分的阿拉伯糖和木糖比从 F60 至 F95 依次为 0.58、0.71、0.85 和 0.88，O-2 和 O-3 位置 Ara 双取代率从 F60 至 F95 依次上升，而未取代 Xyl 和单取代 Xyl 则从 F60 至 F95 依次下降。取代度最高的组分 F60 的阿魏酸含量最高，特性黏度也最高，从 F60 到 F95 各组分特性黏度依次为 4.70dL/g、4.20dL/g、3.16dL/g、1.90dL/g。

11.4.2 凝胶性

WEAX 溶液在特定化学氧化剂或氧化酶体系催化下，黏度会进一步增加，进而相互交联形成复杂的三维网状凝胶结构（Izydorczyk et al.，1990）。

关于阿拉伯木聚糖的凝胶形成机制，普遍的观点认为是氧化剂或氧化酶体系催化阿魏酸（ferulic acid，FA）基团的氧化交联进而形成凝胶。马福敏（2009）发现在 AX 溶液中加入氧化酶后，FA 单体数量明显减少，证实 FA 参与了氧化交联过程；而在水溶性阿拉伯木聚糖-漆酶（WEAX-LAC）和水不溶性阿拉伯木聚糖-漆酶（WUAX-LAC）体系中加入游离的 FA，游离在溶液中的 FA 在 LAC 的作用下也形成聚合物。Dervilly-Pinel 等（2001b）从小麦、大麦、黑麦和黑小麦面粉的 WEAX 中发现了 FA 二聚体的存在，认为 FA 二聚体与 WEAX 凝胶的形成有关。Carvajal-Millan 等（2005a）则认为 WEAX 的氧化凝胶是酶催化 FA 共价交联形成阿魏酸二聚体、阿魏酸三聚体甚至聚合度更高的阿魏酸聚合体，形成物理缠结而导致的。

虽然阿魏酸是 AX 形成凝胶的关键因素，但关于 FA 在凝胶过程中发挥的作用机制还尚不明确，AX 氧化交联的关键中心仍存在争议。现有研究报道认为：阿魏酸可能在两个活性位置产生交联作用——芳香核和活性双键。Hoseney 和 Faubion（1981）研究了富马酸（含活性双键、不含芳香核）及香草酸（含芳香核、不含活性双键）对 AX 凝胶的影响，发现富马酸能阻止凝胶的形成，香草酸却没有同样的作用，说明参与凝胶反应的是活性双键而不是芳香核。但还有些研究人员发现阿魏酸和香草酸都能够阻止凝胶形成，富马酸和肉桂酸没有作用，他们认为 AX 的氧化凝胶中心应该是芳香核而不是双键（Figueroa-Espinoza and Rouau，1998；Vinkx et al.，1991）。马福敏（2009）的实验也显示香草酸的加入对 AX 的氧化交联反应有很大影响，而富马酸的加入则无影响，说明 AX 的氧化交联中心为芳香核而非双键。

AX 凝胶的形成及其性能受到很多因素的影响，包括 AX 的分子质量、结构特征、氧化剂或氧化酶体系、pH、蛋白质、辐照等。

11.4.2.1　AX 分子质量和结构特征的影响

AX 的氧化凝胶性能与 FA 含量、分子质量和取代度相关。Izydorczyk 和 Biliaderis（1992a，1992b）研究发现高 FA 含量、高分子质量和低取代度有利于 AX 产生氧化交联并形成良好的凝胶网络。周素梅等（2003）分析了两种小麦粉中阿拉伯木聚糖的氧化凝胶性质，结果发现分子质量对 WEAX 的氧化胶凝性质影响很大。

11.4.2.2　氧化剂或氧化酶体系的影响

促进 AX 氧化交联的常用氧化剂或氧化体系有过氧化氢 / 过氧化物酶、葡萄糖氧化酶、过硫酸铵、亚氯化铁、高碘酸钠、亚油酸 / 脂肪氧化酶、漆酶等（Schooneveld-Bergmans et al.，1999）。

马福敏等（2008）研究了漆酶和过氧化物酶体系对阿拉伯木聚糖氧化交联的影响，结果表明漆酶的作用比过氧化物酶体系更强，尤其是对 WUAX 的作用效果更为明显。

在过氧化氢 / 过氧化物酶反应体系中，在一定酶用量范围内（2.4 ～ 4.8U/g）增加过氧化物酶的用量可提高胶凝的速率并增强凝胶的弹性，超过这个范围再继续增加酶用量则只能加快胶凝的速率；与过氧化物酶相比，葡萄糖氧化酶催化 WEAX 氧化胶凝则存在迟滞期；脂肪氧化酶对 WEAX 的胶凝作用要弱于前两种，且对于 WEAX 的氧化胶凝反应有最适用量，过低或过高均不利于凝胶的形成（周素梅和王强，2006）。

11.4.2.3　pH 的影响

研究显示，低浓度碱液提取的 AX 经漆酶处理后，在 pH 降到 5 时可形成凝胶（Carvajal-Millan et al.，2005a，2005b；Kale et al.，2013）。而最新的研究中，有两种碱溶性玉米阿拉伯木聚糖（阿魏酸取代基团有差异）经漆酶氧化后形成了氧化交联，在 pH 降到 5 时并不形成凝胶，而在 pH 继续下降到 2 时形成了更多阿魏酸取代、强度更高的凝胶（Zhang et al.，2019）。电位分析和红外光谱学分析解释了后者凝胶形成的机制：阿拉伯木聚糖溶液经漆酶氧化后形成络合物，络合物中氢键和疏水键出现共价交联，进而形成凝胶。

11.4.2.4 蛋白质的影响

在漆酶催化 1% WEAX 溶液氧化胶凝的过程中，加入 25mg/mL 的牛血清白蛋白（bovine serum albumin，BSA）会降低凝胶的弹性模量。但 BSA 的加入并不影响 FA 二聚体的生成，说明 BSA 并未通过 FA 与 WEAX 发生交联；通过尺寸排阻高效液相色谱法（SE-HPLC）对比分析凝胶中的 BSA 和添加之前的 BSA，也证实了 BSA 和 WEAX 并无共价交联（Vansteenkiste et al.，2004）。

Carvajal-Millan 等（2003）研究卵清蛋白对 WEAX 凝胶的作用时发现，当蛋白质和多糖的比为 5.0 时，卵清蛋白的—SH 基团氧化竞争会导致 FA 的氧化并延迟 FA 二聚体的形成，进而影响 WEAX 的胶凝进程。Carvajal-Millan 等（2006）还发现在 WEAX 中加入 10% 的卵清蛋白，并不会影响 FA 二聚体和三聚体的含量，但是会降低凝胶的弹性，这可能是因为卵清蛋白影响了 AX 链间的物理交联；卵清蛋白被包埋在 WEAX 凝胶中，当卵清蛋白含量增加时其扩散速率也增加，这说明 WEAX 凝胶有包埋蛋白质、控制蛋白质释放的潜力。

11.4.2.5 辐照的影响

在食品加工过程中，辐照技术可用于对食品进行杀虫、消毒、杀菌、防霉等处理。Micard 等（2003）研究了辐照对食品中 AX 性质的影响，结果证明 WEAX 在经过 γ 射线照射后发生降解，WEAX 溶液黏度急剧下降，单体 FA 消失且 FA 不发生聚合，WEAX 无法形成凝胶；WEAX 和 BSA 的混合物经过 γ 射线辐照之后也无法胶凝，说明 γ 射线处理不利于 AX 形成凝胶。

11.4.3 AX 凝胶的特性

11.4.3.1 热稳定性

AX 凝胶受热温度不超过 100℃时，凝胶体系内的自由水会蒸发，凝胶重量会下降；当受热温度超过 100℃时，凝胶体系内的结合水也会开始解吸；而当受热温度超过 200℃时，AX 则有可能会发生分解（Shen et al.，2010）。林超和杨成（2013）分别使用过氧化氢 / 过氧化物酶体系和漆酶 /O_2 体系催化制备玉米麸质 WEAX 凝胶，两种 WEAX 凝胶在 30 ～ 100℃均有 10% 左右的重量下降，这是自由水的蒸发导致的；高于 100℃时的重量改变则是结合水的解吸所致；当温度到达 250℃左右时，两种凝胶均发生了分解。

11.4.3.2 溶胀性

阿拉伯木聚糖凝胶的溶胀性与溶剂 pH、凝胶结构相关。

凝胶在酸性溶液中溶胀率要远小于中性溶液，原因是酸性溶液的质子化作用会导致氢受体基团（如羟基、酰胺基）分子间氢键的形成，阻碍凝胶的溶胀（İmren et al.，2010）。过氧化氢 / 过氧化物酶体系催化的 WEAX 凝胶在水中的溶胀率可达 230%，而在盐酸中只有 40%；类似地，漆酶 /O_2 体系的 WEAX 凝胶在水中的溶胀率高达 110%，而在盐酸中只有 25%（林超和杨成，2013）。

Ayala-Soto 等（2014）发现 AX 凝胶的溶胀率与 FA 的含量成正比，与 FA 脱氢三聚体的含量成反比。漆酶 /O_2 体系的 WEAX 凝胶比过氧化氢 / 过氧化物酶体系的 WEAX 凝胶具有更小的孔隙和更密集的结构，将不利于凝胶的溶胀，因此前者凝胶的溶胀率要小于后者（林超和杨成，2013）。

11.5　谷物阿拉伯木聚糖的生物活性

11.5.1　促进肠道健康

AX 及其低聚糖（arabinoxylan oligosaccharide，AXOS）主要通过以下两种方式促进肠道健康：一是润肠通便，改善便秘和腹泻情况；二是促进肠道益生菌的生长，以及肠道有益代谢物如短链脂肪酸（short-chain fatty acid，SCFA）的生成。

黄觉非等（2012）发现用复方地芬诺酯建立的小鼠便秘模型中，低、中、高剂量组的小麦麸皮 AX 提取物均可提高小鼠小肠墨汁推进率，说明 AX 具有促进排便和促进肠道蠕动的功能。在猪的高蛋白饮食中加入小麦 WEAX 能够提高粪便的含水量，减少蛋白质的平均保留时间，降低蛋白质的表观消化率，有利于促进消化系统的健康（Zhang et al.，2015）。随机对照试验显示摄入 AX 能够缓解肠易激综合征（irritable bowel syndrome，IBS）患者的症状，改善便秘和腹泻情况（Kamiya et al.，2014）。

体内外实验均表明 AX 及其降解产物 AXOS 能够改变肠道菌群组成，调节肠道微生物代谢。AXOS 被认为是非常有潜力的低聚糖益生元，其益生效果可与菊粉媲美（张梅红，2013；Grootaert et al.，2009）。

在体外实验中，AX 及 AXOS 能够降低毒性酵解标志物（苯酚和对甲苯酚）水平（Sanchez et al.，2009），增加丙酸、丁酸、异丁酸等 SCFA 含量（Rumpagaporn et al.，2016；Sanchez et al.，2009；Tian et al.，2019；Van den Abbeele et al.，2013），提高肠道益生菌如双歧杆菌（Tian et al.，2019；Van den Abbeele et al.，2013）、乳酸杆菌、拟杆菌和球形梭菌属（Sanchez et al.，2009）等的水平。研究证实 AXOS 是通过激活 AX 降解酶体系（木聚糖酶、阿拉伯呋喃糖苷酶和木糖苷酶等）来影响肠道微生物代谢的（Grootaert et al.，2009）。而不同肠道菌群对 AXOS 的利用情况有差别，即便是同菌属不同菌种，对 AX 的利用情况也存在着差异。例如，青春双歧杆菌更偏向于利用木聚糖低聚糖（xylan oligosaccharide，XOS），其次是 D-木糖，在 L-阿拉伯糖上则不生长，在利用 AXOS 时是利用 AXOS 水解后生成的 XOS；长双歧杆菌则只利用 L-阿拉伯糖，在利用 AXOS 时是利用 AXOS 水解后生成的游离 L-阿拉伯糖；短双歧杆菌则在任何底物上都不生长（Pastell et al.，2009）。

大量的体内实验（包括动物实验和临床试验）也进一步证实了 AX 和 AXOS 的肠道益生作用。表 11-2 列举的不同来源 AX 对肠道健康的改善作用显示，AX 和 AXOS 能够提高肠道益生菌水平，增加乙酸、丙酸、丁酸等有益代谢物浓度，减少有毒代谢物的浓度，对肠道健康有着积极的作用。

表 11-2　不同来源 AX 对肠道健康的改善作用

实验材料（来源）	动物模型	对肠道菌群的影响	对肠道代谢物的影响	其他影响作用	参考文献
AX（小麦粉副产物）	大鼠	未研究	增加 SCFA（尤其是乙酸）浓度	提高结肠上皮细胞增殖指数，降低细胞分化程度；降低肠道 pH，增加盲肠质量，显著增加粪便产量	Lu et al.，2000a
AXOS（小麦麸皮）	鸡	显著提高双歧杆菌水平	未研究	无研究	Courtin et al.，2008
AX（小麦粉）	鸡	显著提高双歧杆菌水平	未研究	显著降低体重	Courtin et al.，2008
AXOS-32-0.30（小麦麸皮）	鲟	显著提高乳酸菌和梭状芽孢杆菌水平	增加乙酸、丁酸和总 SCFA 浓度	无研究	Geraylou et al.，2012
AX（小麦）	猪	提高普氏菌属和梭菌属的丰度	增加乙酸、丙酸和总 SCFA 浓度，减少红肉喂食导致的蛋白质发酵产物浓度	减轻红肉喂食引发的结肠细胞 DNA 损伤	Belobrajdic et al.，2012
AX（小麦麸皮和黑麦片）	猪	提高 *Faecalibacterium prausnitzii*、*Roseburia intestinalis*、*Blautia coccoides-Eubacterium rectale*、双歧杆菌和乳酸杆菌水平	增加乙酸和总 SCFA 浓度	未研究	Nielsen et al.，2014
AX（小麦）	白公猪	提高粪杆菌水平	增加 SCFA（尤其是丙酸）浓度，减少蛋白质发酵及其有毒代谢物（氨等）的产生	未研究	Williams et al.，2016
AXOS（小麦）	健康人群	提高双歧杆菌水平	未研究	减少尿液中对甲苯酚的含量	Cloetens et al.，2010
AXOS（小麦麸皮）	健康人群	提高双歧杆菌水平	未研究	提高餐后血清中抗氧化剂阿魏酸水平	Maki et al.，2011
AXOS（小麦粉、黑麦粉和黑麦麸皮）	健康人群	提高乳酸菌水平	增加丁酸浓度，降低与蛋白质酵解相关的戊酸等脂肪酸浓度	未研究	Walton et al.，2012
AX（小麦）	代谢综合征人群	未研究	增加乙酸和丁酸浓度	未研究	Hartvigsen et al.，2014

续表

实验材料（来源）	动物模型	对肠道菌群的影响	对肠道代谢物的影响	其他影响作用	参考文献
AXOS（小麦麸皮）	健康儿童（8 ～ 12 岁）	显著提高双歧杆菌水平	减少蛋白质发酵产物（异丁酸和异戊酸）浓度	未研究	François et al.，2014
AX（全谷物黑麦和酶处理过的小麦麦麸）和 2 型抗性淀粉（马铃薯淀粉和高直链玉米淀粉）	代谢综合征人群	降低肠道菌群总物种多样性，提高细菌群落间的多样性，提高双歧杆菌水平	增加乙酸、丁酸和总 SCFA 浓度，减少蛋白质发酵代谢物（异丁酸、异戊酸）的生成	未研究	Hald et al.，2016

11.5.2　免疫调节

谷物阿拉伯木聚糖的免疫调节作用主要表现为增加免疫器官重量，增强免疫细胞功能，提高细胞因子和抗原水平，减轻机体的炎症反应，增强免疫系统功能等。在众多谷物中，免疫活性研究最多的是改性米糠 AX（MGN-3/Biobran），其次是小麦麸皮 AX、小麦 AX 和玉米皮 AX 等。

早在 1998 年，人们便发现米糠半纤维素经多糖降解酶处理得到的 MGN-3 能够增强 NK 细胞活性，具有潜在的免疫调节功能（Ghoneum，1998）。Ghoneum 和 Jewett（2000）的实验表明，MGN-3 能够有效诱导外周血淋巴细胞 TNF-α 和干扰素 IFN-γ 的分泌，提高活化抗原 CD69、IL-2 受体 CD25 和黏附分子 ICAM-1（CD54）水平；此外 MGN-3 与 IL-2 的协同作用还能促进 NK 细胞分泌 TNF-α 和干扰素 IFN-γ。Ghoneum 和 Abedi（2004）通过实验发现，MGN-3 能够增强老年小鼠 NK 细胞活性，而 Elsaid 等（2018）则通过随机、双盲、安慰剂对照临床试验发现 MGN-3 能够增强健康老年人 NK 细胞活性，因此 MGN-3 有增强老年人对病毒感染和癌症抵抗力的潜力；此外，在这项临床试验中他们还发现摄入 MGN-3 可以提高平均红细胞体积，降低肝谷草转氨酶［又称天冬氨酸转氨酶（aspartate amino transferase，AST）］水平，这表明 MGN-3 还能改善老年人的肝功能。Ghoneum 和 Matsuura（2004）的研究还表明 MGN-3 可以增强人巨噬细胞 U937、小鼠巨噬细胞 RAW264.7、小鼠腹腔巨噬细胞 P-Mphi 对酵母的吸附和吞噬作用，增强巨噬细胞的扩展能力，显著增加细胞因子 TNF-α 和 IL-6 以及一氧化氮的水平。此外，Ghoneum 等（2008）通过体外实验还发现 MGN-3 可以增强中性粒细胞和单核细胞对大肠杆菌的吞噬作用，触发氧化破裂和细胞因子（TNF-α、IL-6、IL-8 和 IL-10）的产生，而研究显示 MGN-3 本身并不会影响大肠杆菌的生长，说明这一结果是由 MGN-3 通过调节吞噬细胞功能而实现的。Sato 等（2012）发现 MGN-3 作为膳食补充剂能够调节 T 细胞，提高肉鸡脾脏中 CD3、白细胞介素 IL-2 和干扰素 IFN-γ 的 mRNA 水平；喂食 MGN-3 还能缓解肉鸡因大肠杆菌脂多糖诱发的炎症反应，降低脾脏中编码促炎症细胞因子（如 IL-2、IFN-γ、TL1A）的 mRNA 表达水平，降低前肠中 TLR4、TLR7 mRNA 的表达水平。此外，MGN-3 作为免疫调节剂提高肉鸡的免疫系统功能时，对肉鸡的生长性能并无影响，基于上述这些特点，MGN-3 或许有望作为抗生素药物的替代品，用作无抗生素家禽的免疫调节剂。临床试验结果还显示，MGN-3 能够降低慢性丙型肝炎患者的病毒携带量（$P < 0.05$），显著提高干扰素 IFN-γ 水平（$P < 0.001$），表明 MGN-3 具有治疗慢性丙型肝炎的潜在效果（Salama et al.，2016）。

给小鼠饲喂富含可溶性阿拉伯木聚糖的小麦麸皮 4 周，可增加小鼠 $CD4^+$ T 细胞数量，降低 IL-4 水平，提高小肠远端黏膜和管腔分泌的 IgA 水平（Choi et al.，2017）。小麦麸皮 AX（WBA）能够激活 1,25- 二羟维生素-D3 分化的 HL60 细胞的吞噬作用，这一吞噬作用及 IL-1 的生成会受到组织蛋白酶 B 和半胱天冬酶-1 的抑制（Monobe et al.，2012）。Akhtar 等（2012）研究了小麦麸皮 AX 对肉鸡柔嫩艾美耳球虫感染的保护作用，体液免疫结果显示 AX 组肉鸡总免疫球蛋白、IgG 和 IgM 抗体水平与对照组相比明显更高，对肉鸡的保护百分率和肉鸡日增重也显著高于对照组，平均每克粪便卵囊病变评分则明显低于对照组，说明小麦麸皮 AX 能够有效地保护肉鸡。小麦麸皮 AXOS 能够上调先天免疫抗炎抗菌蛋白（如胰腺炎相关蛋白）水平，从而减轻大肠杆菌引起的猪小肠免疫应激反应（Niewold et al.，2012）。小麦麸皮 AX 能够提高肠黏膜屏障功能，增强断奶仔猪的免疫力（Chen et al.，2015）。此外，小麦麸皮 AX 还可以减轻 5- 氟尿嘧啶诱导 BALB/c 小鼠引起的黏膜炎和骨髓抑制，增加小鼠胸腺重量，减少炎性介质的表达，降低肠黏膜中细胞凋亡水平、提高细胞增殖水平（Song et al.，2016）。除了加强免疫反应之外，小麦麸皮 AXOS 和益生菌的协同效应能够增强西伯利亚幼鲟的体液免疫反应，提高吞噬细胞的吞噬活性，激活补体替代途径（Geraylou et al.，2013）。

体外实验研究发现小麦 AX 能够提高小鼠脾淋巴细胞、腹腔巨噬细胞的活力以及吞噬指数，而这一免疫促进作用很可能与巨噬细胞溶酶体活性和活性氧中间体的产生密切相关（Choi et al.，2002）。此外，小麦 AX部分水解产物还能减轻脂多糖诱发的炎症反应（Mendis et al.，2016）。

Ogawa 等（2005）研究发现喂食水溶性玉米皮 AX（平均分子质量约为 53kDa）的小鼠白细胞介素 IL-2 和干扰素 IFN-γ 水平明显提高，NK 细胞活力增强两倍，注射抗 DNP-IgE 单克隆抗体引发皮炎后，小鼠耳朵厚度也比对照组小得多。

11.5.3 抗肿瘤

大量研究结果显示，AX 具有诱导癌细胞凋亡（Ghoneum and Gollapudi，2005，2011），辅助治疗肿瘤和癌症（Bang et al.，2010；Ghoneum et al.，2014；Ghoneum and Gollapudi，2003；Gollapudi and Ghoneum，2008；Golombick et al.，2016），辅助治疗化疗所致慢性疲劳综合征（Petrovics et al.，2016），以及降低癌症发病概率的作用（Femia et al.，2010）。

有研究显示，AX 的抗肿瘤机制可能与其激活和增强肿瘤患者的先天免疫功能有关。Cholujova 等（2013）通过临床试验发现，经 MGN-3 治疗后多发性骨髓瘤患者的 NK 细胞活性、外周血骨髓树突状细胞（dendritic cell，DC）水平、辅助性 T 细胞相关细胞因子浓度均有提高。Pérez-Martínez 等（2015）通过体内和体外实验发现 MGN-3 能够上调 NK 细胞活化标志物水平，增强 NK 细胞对成神经细胞瘤细胞的杀伤作用。小麦碱提酸水解 AX（AX1）和小麦水提酸水解 AX（AX2）均可以抑制 S-180 荷瘤小鼠肿瘤的增长，显著提高小鼠 NK 细胞活性，增强腹腔巨噬细胞的吞噬功能，其中 AX2 的抗肿瘤能力甚至与灵芝多糖相当（赵梦丽等，2015）。

有研究发现，AX 发挥的抗肿瘤功效与其具有的抗氧化能力有关。给小鼠腹腔注射 25mg/kg 体重的 MGN-3 能够起到抑制肿瘤生长、维持体重、降低脂质过氧化水平、提高内源性抗氧化酶水平等作用，且越早注射 MGN-3 则抗肿瘤和抗氧化效果越明显，说明 MGN-3 抑制肿瘤生长的机制可能与其对抗氧化应激、调节脂质过氧化、增强抗氧化防御系统有关（Noaman et al.，2008）。

11.5.4　降血糖、降血脂

体外实验证实，AX 能抑制肠道 α-葡糖苷酶活性，但并不能抑制淀粉酶的活性，这提示摄入富含 AX 的食物可降低餐后血糖水平（Malunga and Izydorczyk，2017）。

动物实验结果也显示谷物 AX 具有降血糖、血脂的功能。例如，富含 AX 的面包有利于控制患 2 型糖尿病肥胖大鼠的餐后血糖、延缓糖尿病病情的发展，其机制可能是 AX 可以促进胰岛素的分泌，上调脂肪甘油醛-3-磷酸脱氢酶（glyceraldehyde-3-phosphate dehydrogenase，GAPDH）和 AMP 活化蛋白激酶（AMP-activated protein kinase，AMPK）的表达，促进线粒体脂肪酸氧化以及脂肪组织对葡萄糖的利用（Hartvigsen et al.，2013）。相似地，小麦 AX 和黑麦 AX 也会影响猪的胰岛素分泌（Christensen et al.，2013），降低猪体内循环三酰甘油和胆汁酸水平，其作用机制是 AX 可以减少小肠对脂质的消化和吸收，降低回肠胆汁酸的分泌以及血浆中三酰甘油的水平（Gunness et al.，2016）。AX 通过激活脂类代谢（提高肝脏中脂蛋白脂酶、肝脂酶、总脂肪酶和酰基辅酶 A 氧化酶活性，降低三酰甘油和胆固醇水平），抑制脂质过氧化［增加肝脏中总超氧化物歧化酶（total superoxide dismutase，T-SOD）和谷胱甘肽过氧化物酶（glutathione peroxidase，GSH-Px）活性，降低氧化产物 MDA 和 4-HNE 水平］，来改善高脂饮食诱导的 SD 大鼠的脂代谢紊乱，缓解大鼠肝损伤（Chen et al.，2018）。小麦麸皮 AXOS 还可以消除西方饮食鼠粮引起的小鼠代谢紊乱，包括脂肪肿大、脂肪变性、高胆固醇血症、高瘦素血症、高血糖和高胰岛素血症等（Neyrinck et al.，2018）。

临床试验也表明，富含谷物 AX 的饮食可以改善糖耐量受损、糖尿病、代谢综合征受试者的血糖、血脂、胰岛素水平。Garcia 等（2006）通过随机对照试验调查发现，摄入 AX 可以改善受试者空腹血糖和三酰甘油水平，但并不影响空腹脂联素水平；AX 的摄入还可以改善糖耐量受损受试者的餐后血糖、胰岛素和三酰甘油水平（Garcia et al.，2007）。Lu 等（2004）研究也发现每天摄入 15g AX 能够显著改善 2 型糖尿病患者的血糖控制。Hartvigsen 等（2014）发现含 AX 和整粒黑麦籽粒的饮食可以降低代谢综合征受试者餐后血糖和胰岛素水平，并增强饱腹感。Nie 等（2018）用 AX 治疗高脂饮食和链脲佐菌素诱导的 2 型糖尿病大鼠，并采集大鼠尿标本进行非靶向代谢组学分析，结果显示与正常大鼠相比，糖尿病导致大鼠丙酮、葡萄糖、2-氧戊二酸和亮氨酸水平显著升高，肌酸、组氨酸、赖氨酸、L-色氨酸、马尿酸、L-半胱氨酸、犬尿酸原（kynurenine）和阿糖醇浓度显著降低（$P < 0.01$），且 AX 可显著改善 21 种尿液代谢物水平。

AX 对健康人群的血糖代谢也具有积极影响。Lu 等（2000b）的研究表明摄入富含小麦 AX 的早餐能够改善健康志愿者餐后血糖和胰岛素反应，Giulia Falchi 等（2016）也发现食用富含阿拉伯木聚糖的白面包能够降低健康志愿者的餐后血糖；而 Möhlig 等（2005）研究发现与对照组相比富含 AX 的早餐能够提高人体胃促生长素（ghrelin）水平，但是血糖和胰岛素反应无显著性变化。Boll 等（2016）发现摄入富含 AXOS 的晚餐能够提高健康志愿者第二天早晨时的糖耐受量，其机制是 AXOS 可以提高胰岛素敏感性以及促进肠道发酵。

11.5.5　抗氧化

体内外实验均能证明 AX 具有清除自由基、减少机体氧化应激损伤的功能。小麦麸皮经枯草芽孢杆菌木聚糖酶酶解而后纯化得到的降解产物——阿魏酸低聚糖（ferulic acid oligosaccharide，FOS），在体外条件下能够清除自由基 1,1-二苯基-2-三硝基苯肼（1,1-diphenyl-2-picrylhydrazyl，DPPH），抑制 2,2′-偶氮二 (2-甲基丙基咪) 二盐酸盐 [2,2′-Azobis (2-methylpropionamidine) dihydrochloride] 诱导的大鼠红细胞氧化性溶血（Yuan et al.，2005）。FOS 能够降低大鼠体内 AAPH 诱导的氧化应激反应，提高血浆中抗氧化酶，如超氧化物歧化酶（superoxide dismutase，SOD）、过氧化氢酶（catalase，CAT）和谷胱甘肽过氧化物酶（glutathione peroxidase，GSH-Px）的活性，降低氧化应激标志物谷胱甘肽（glutathione，GSH）和丙二醛（malondialdehyde，MDA）的水平（Wang et al.，2010）。小麦麸皮 FOS 能够减轻四氧嘧啶诱导的糖尿病大鼠的氧化应激损伤，具体表现为提高血清、肝脏和睾丸中总抗氧化能力（total antioxidant capacity，TAOC）水平、GSH-Px 和 SOD 活性，降低黄嘌呤氧化酶（xanthine oxidase，XOD）活性，降低血液中葡萄糖、MDA 水平，FOS 的抗氧化作用甚至比阳性对照组的阿魏酸钠和维生素 C 更好（Ou et al.，2007）。

11.5.6　其他

AX 和 AXOS 还具有减肥作用，其机制与其改善肠道菌群失调、降低胆固醇水平、增加调节饱腹感的肠肽水平、缓解内毒素血症相关。AX 可以缓解高脂饮食诱导的小鼠肠道微生态失调，降低血清和肝脏中胆固醇水平，改善胰岛素抵抗和肥胖状况（Neyrinck et al.，2011）；而 AXOS 则能够增加调节小鼠饱腹感的肠肽水平，缓解内毒素血症，缓解体重增加和脂肪堆积情况（Neyrinck et al.，2012）。

Ghoneum 等（2013）发现 MGN-3 具有辐照保护作用，辐照前后使用 MGN-3 处理能减轻辐照对小鼠的血细胞、骨髓细胞和脾脏的损害，表明 MGN-3 也许可以用于辅助放射治疗，减轻放射治疗带来的严重副作用。Zheng 等（2012a，2012b）发现 MGN-3 和从 MGN-3 中分离出来的低分子质量组分 LMW 对 D-氨基半乳糖诱发肝炎的大鼠肝脏具有明显的保护作用，保护机制是抑制白细胞介素 IL-18、NF-κB、JNK 磷酸化和 CD14 的表达。Kim 等（2014）研究还发现小麦 AX 具有增强记忆的功效，口服小麦 AX（25mg/kg 或 50mg/kg）时能够明显地减轻东莨菪碱（scopolamine，SCO）诱发的大鼠失忆症状，作用机制很可能是因为小麦 AX 能激活 cAMP 反应元件结合蛋白（cAMP response element binding protein，CREB），提高脑源性神经营养因子（brain-derived neurotrophic factor，BDNF）水平，从而提高大鼠的认知能力。

11.6　谷物阿拉伯木聚糖的构效关系

11.6.1　分子质量对谷物阿拉伯木聚糖功能活性的影响

AX 的分子质量大小会影响其益生作用，通常情况下分子质量越小，益生作用越强。Hughes 等（2007）选取分子质量分别为 354kDa、278kDa 和 66kDa 的小麦 AX 组分进行肠道菌群体外发酵，结果显示 AX 对双歧杆菌和乳酸菌的益生作用随着分子质量的降低而逐渐增强。张梅红（2013）比较了未降解小麦麸皮 AX 和降解程度不同的 AX_{EM} 和 AX_{P2} 的益生活性，发现多糖降解程度越高（分子质量：AX ＞ AX_{EM} ＞ AX_{P2}），益生作用越强（益生元活性值：AX_{P2} ＞ AX_{EM} ＞ AX）。

在某些情况下，AX 的益生作用并不完全取决于分子质量大小，还与其制备过程有关。张梅红（2013）对比了小麦麸皮 AX 酶解样品与酸解样品的益生元功能，发现酸解样品 AX_{C1} 和 AX_{C2} 的分子质量虽然小于酶解样品 AX_{P2}，但是其益生效果却不如酶解样品好，很可能是因为酸解作用在一定程度上破坏了 AX 的功能活性。

11.6.2　聚合度和取代度对谷物阿拉伯木聚糖功能活性的影响

AX 的聚合度和取代度也会影响其功能活性，聚合度和取代度越高，功能活性越强。Geraylou 等（2012）使用小麦麸皮制备出两个不同聚合度和取代度的阿拉伯木聚糖低聚糖：AXOS-32-0.30（平均聚合度为 32，平均取代度为 0.30）和 AXOS-3-0.25（平均聚合度为 3，平均取代度为 0.25），用这两种 AXOS 喂食西伯利亚鲟均能提高巨噬细胞的吞噬能力，前者还能提高总补体溶血活性和血清总过氧化物酶含量；此外，AXOS-32-0.30 组肠道乙酸、丁酸和总短链脂肪酸（SCFA）含量要高于 AXOS-3-0.25 组，前者促进乳酸菌和梭状芽孢杆菌生长的作用也更为显著。

Mendis 等（2017）研究了不同取代度的 AX 水解物 AXH 对两种结肠癌细胞系 Caco-2 和 HT-29 的免疫调节作用，发现 AX 糖链上阿拉伯糖的取代度越高，两种细胞系中促炎症细胞因子、IL-8 和 TNF-α 的水平越低，预示着阿拉伯糖高取代度的 AXH 可以更有效地降低结肠癌细胞的炎症。

11.6.3　结构对谷物阿拉伯木聚糖功能活性的影响

谷物阿拉伯木聚糖的发酵特性和益生功能还取决于其结构特征。Damen 等（2011）研究了用小麦麸皮制备的 WUAX、WEAX、AXOS 在大鼠肠道的酵解和益生作用，结果显示 WUAX 在盲肠和结肠仅部分发酵，能提高丁酸以及产丁酸菌水平；相比之下 WEAX

和 AXOS 则大量酵解，可以降低肠道 pH，抑制蛋白水解标记物的降解，选择性促进双歧杆菌的生长。

谷物阿拉伯木聚糖的免疫调节功能也与其结构特征相关。小麦阿拉伯木聚糖的水解产物中，1,4-吡喃木糖上 O-3 位置阿拉伯糖单取代度高的水解产物能够减轻脂多糖诱发的炎症反应，减少 NO 的生成；相反地，末端木糖比例高或者 1,4-吡喃木糖上 O-2 和 O-3 位置阿拉伯糖双取代度高的水解产物则会增强炎症反应，促进 NO 的生成（Mendis et al.，2016）。

AXOS 的抗氧化能力与其组成和结构（阿魏酸酯含量、阿拉伯糖和木糖的比值、聚合度等）相关，不同制备方法获得的 AXOS 其抗氧化能力也存在差异。Malunga 和 Beta（2015）发现，当使用由 *Trichoderma viride* 和 *Neocallimastix patriciarum* 产生的木糖酶处理小麦糊粉时，前者的 AXOS 得率要低于后者，但 FOS 占比高于后者，且抗氧化能力也比后者更强。

Li 等（2018）以芥子酸为原料，对玉米麸皮阿拉伯木聚糖进行酯化改性，得到芥子酸玉米麸皮阿拉伯木聚糖酯（SA-CAX），后者溶液比前者具有更高的黏度和更强的凝胶性能。体外实验还显示 SA-CAX 比 CAX 具有更强的抗氧化活性和更优异的紫外吸收能力。

11.7 谷物阿拉伯木聚糖的应用

11.7.1 阿拉伯木聚糖的应用

11.7.1.1 在面制品中的应用

在面团中添加阿拉伯木聚糖可改善烘焙面包的品质，改善作用与添加的阿拉伯木聚糖的含量和表观摩尔质量相关。在烘焙过程中，高分子质量 AX-蛋白复合物和 AX 复合物会发生部分分解，进而影响 AX 与淀粉、蛋白质之间的竞争性水合作用，导致淀粉高度膨胀，但是添加 AX 水解物面团的膨胀则比较有限，烘焙出的面包品质更好（Buksa and Krystyjan，2019）。类似地，WEAX 可以降低面筋的热聚合度和热聚合速率，有助于增大面包的体积、软化面包质地；相比于高分子质量、低支链度的 WEAX，分子质量低、支链度高、阿魏酸含量高的 WEAX 对面筋聚合的抑制作用更为显著（Wang et al.，2019）。在白面包中添加 0.8% ～ 1.2%（*m*/*m*）的小麦麸皮 AX，去除 2% ～ 3%（*m*/*m*）的面粉，可以使面团的吸水率增加 2%（Koegelenberg and Chimphango，2017）。在黑麦面粉中添加 WEAX 可以提高面包的持水力（与 WEAX 加入量和浓度成正比），增大面包的体积，降低面包屑的硬度，改善面包碎屑的纹理（Buksa et al.，2013）。在面包中添加 1% ～ 3% 的黑麦 WEAX，既可以增加面包的比容、含水量、柔软性，还可以减缓面包变硬的过程，起到一定的保鲜作用，延长面包的货架期（宋晓庆和董海洲，2003b）。此外，AX 还可显著提高面筋蛋白的黏弹性、凝胶强度和稳定性，改善面筋的品质（马福敏等，2013）。制作意大利面时添加 WEAX 可以降低其黏度，改善意大利面的品质（Turner et al.，2008）。在面粉中添加 AX（WEAX 和 WUAX 均可）还能增大馒头的体积，增强馒头的弹性，延缓馒头的老化过程（李雪，2012；邢丽艳，2012）。WEAX 还可以提高冷冻馒头面团储存过程中谷蛋白聚合体的含量，降低低分子可溶性蛋白的含量，可作为一种有效的冷冻馒头面团改良剂（Wang et al.，2016）。

11.7.1.2　在材料业中的应用

AX 可以用于制备薄膜材料，而为了提高薄膜材料的性能，通常需要对 AX 进行一些改性处理。使用等离子体和电子束辐射技术将丙烯酸酯或 ω-3 脂肪酸连接到 AX 上，可以显著提高 AX 薄膜材料的防水性能（Péroval et al.，2003，2004）。用三氟乙酸酐对大麦壳 AX 进行表面改性处理（Gröndahl et al.，2006），或使用脂肪酶和角质蛋白酶对黑麦 AX 进行酯化与乙酰化（Stepan et al.，2013），均能提升材料的防水性能。黑麦 AX 经乙酰化处理后，可制成包装材料或复合载体材料（Stepan et al.，2012）。玉米芯 AX 经漂白和乙酰化处理后能制备出具有优良隔热性能、强度和柔韧性的薄膜材料（Egüés et al.，2014）。

如果将 AX 和其他原材料进行复合，还能进一步提高薄膜材料的性能。

例如，AX 可与纤维素制成复合薄膜材料（Mikkonen et al.，2012；Stevanic et al.，2011）。使用纳米原纤化纤维素（nanofibrillated cellulose，NFC）加强后的黑麦 AX 薄膜表现出更好的防水性能（Stepan et al.，2014），硬度、强度、柔韧性和氧气阻隔性能也比原来的黑麦 AX 材料强（Stevanic et al.，2012）。

除了纤维素之外，AX 还可与其他多种材料制成性能优良的复合材料。如 AX 可与氢化棕榈仁油、乳化剂制成具有防潮性能的可食用薄膜和涂层（Péroval，2002；Phan The et al.，2002a，2002b）。AX 和木薯淀粉可制成均匀性良好的复合薄膜，与琼脂基质复合可获得具有防水性能的可食用薄膜材料（The et al.，2009）。AX 还可与纤维状海泡石复合制成硬度和强度加强的复合薄膜（Sárossy et al.，2013）。将 β-葡聚糖添加到 AX 材料中，可以提高其断裂拉伸强度和断裂伸长率，但同时也会减弱薄膜的防水性能（Sárossy et al.，2013）。

另外，在 AX 中加入塑化剂可改善薄膜材料的性能。例如，在玉米皮 AX 中添加塑化剂（甘油、丙二醇、山梨醇）不但可以提高薄膜的稳定性，还可以提高薄膜的防潮性能，其中以山梨醇的效果最好（Zhang and Whistler，2004）。在燕麦 AX 中添加适量的塑化剂（甘油或山梨醇）能改善薄膜材料的延展性，且当添加量为 10% 时甘油效果要优于山梨醇，当添加量为 40% 则正好相反；此外，山梨醇-AX 薄膜的防水性能要比甘油-AX 薄膜更好（Mikkonen et al.，2009）。

用 AX 制成的薄膜材料，还可用于口腔医疗业，与口腔治疗药物复合制备成黏附性口腔膜（Hanif and Zaman，2017；Zaman et al.，2018）。

除了薄膜材料外，AX 还可应用到其他材料行业中。在热调压缸内使用超临界二氧化碳可以将阿拉伯木聚糖发泡制成微孔泡沫材料，加入聚乙二醇进行改良可以降低微孔泡沫材料的生产温度（Härdelin et al.，2018）。Aduba 等（2016）制备出的载银阿拉伯木聚糖阿魏酸盐（arabinoxylan ferulate，AXF）泡沫具有抗菌功效，可用于制备伤口抗菌敷料。在纸浆生产过程中加入 AX 可增加纤维素之间的结合力，从而增强纸浆抗拉强度（Köhnke et al.，2008；Mandalika and Runge，2017）。AX 既可直接用于制备包埋材料，用于包埋蛋白质（Vansteenkiste et al.，2004；Carvajal-Millan et al.，2006；Berlanga-Reyes et al.，2009）、番茄红素（Hernández-Espinoza et al.，2012）、益生菌（Morales-Ortega et al.，2014）、胰岛素（Paz-Samaniego et al.，2018）或其他药物（Akbar et al.，2012；Bhatia and Ahuja，2015；Shujaat et al.，2017；Wang et al.，2017）；也可与藻酸盐复合制成微球，用于包埋药物（Martínez-López et al.，2019；Ahuja et al.，2016）、益生菌（Wu and Zhang，2018）。AX 还能制备成具有吸水能力的气凝胶，如 Marquez-Escalante 等（2013）使用超临界二氧化碳干燥法制备得到 WEAX 气凝胶，该气凝胶是由约 110nm 的纳米粒子并排构成的，呈现多孔结构。Parikka 等（2017）采用化学酶法使得小麦 AX 形成半缩醛交联，再用冰晶模板冻结法代替传统冻结法获得机械刚度更强的小麦 AX 气凝胶。该气凝胶的压缩模量约为 1200kPa，扫描电镜观察显示气凝胶内部由长而窄的孔组成，这些孔的长度达几百微米，宽度达 50 ～ 10μm。Berglund 等（2018）还以 AX 和纤维素纳米纤维（cellulose nanofiber，CNF）为原料，制备出三维气凝胶和水凝胶。研究人员还研究了添加不同含量的柠檬酸对该凝胶性质的影响：当柠檬酸含量为 1% 时，AX-CNF 水凝胶显示出良好的网络结构（溶胀率增加 5 倍）；当柠檬酸含量为 5% 时，凝胶抗压性能得到改善（抗压强度提高 7 倍）（Berglund et al.，2018）。该水凝胶的制备采用高效可持续利用的绿色方法，在软组织工程领域具有一定的应用潜力（Berglund et al.，2018）。

11.7.1.3 其他应用

AX 可应用于化妆品行业。从乙醇生产的副产物酒糟中分离得到的玉米 AX 蛋白胶具有乳化性能，可用于制作乳化剂（Xiang et al.，2014）。经阿魏酸改性的玉米麸皮 AX 具有抗氧化性和紫外吸收功能，且这些功能随着阿魏酸含量的增加而增强，可应用到化妆品中（Li and Yang，2016）。WEAX 还可与肉桂酸酯制成新型高分子紫外吸收剂，用于制作防晒霜和乳液（刘静，2013）。

AX 还可用作食品添加剂。使用 AXOS 替代蔗糖，既可减少蔗糖的使用量，又可增加食品中膳食纤维的含量（Pareyt et al.，2011）。

11.7.2 阿拉伯木聚糖对相关产品的不利影响

11.7.2.1 对面制品的不利影响

因为 AX 的吸水作用，它会促进淀粉在储藏过程中的老化，特别是当淀粉浓度为 50% ～ 60% 时，老化程度较大（Gudmundsson et al.，1991）。

此外，AX 与面筋蛋白的交联作用可能会对面团的品质造成不利影响。AX 与面筋蛋白可能通过以下几种方式产生交联：① AX 中的阿魏酸通过芳香环因共价结合形成交联；②面筋蛋白中酪氨酸上的芳香环之间形成交联；③阿魏酸的芳香环与面筋蛋白酪氨酸残基形成交联；④阿魏酸侧链被羟自由基氧化后与蛋白质的半胱氨酸残基形成交联（Hoseney and Faubion，1981）。而过氧化物酶的加入则会加剧 AX 之间以及 AX 和蛋白质之间的交联，导致小麦面团硬度增加，附着力下降，严重影响面团的品质（Revanappa et al.，2014）。

11.7.2.2　对啤酒酿造的不利影响

啤酒的主要原料为大麦麦芽，小麦麦芽中因为含有阿拉伯木聚糖，容易导致麦汁和啤酒黏度较高，影响其过滤性能。研究显示，阿魏酸介导的 AX 氧化交联很可能是导致麦芽过滤性能差的重要原因之一（周婷等，2015），而麦芽内源性的过氧化物酶则能够促进阿魏酸二聚体介导的氧化交联（Wu et al.，2016）。Schwarz 和 Han（1995）测定了 15 种商业啤酒（代表 4 类啤酒）中 AX 的含量，结果显示啤酒黏度与 AX 含量显著相关。要解决 AX 导致的麦汁和啤酒黏度高的问题，可以通过控制糖化条件来促进 AX 的溶解和水解（Li et al.，2005），也可以通过添加相关的水解酶来促进 AX 水解。例如，Li 等（2015）在麦芽中添加 6mU/g 的阿拉伯呋喃糖水解酶 AXAH-1，能够使麦芽汁过滤速率提高 31.8%、黏度下降 3.6%。

阿拉伯木聚糖还可能与啤酒酿造过程中酵母过早絮凝（premature yeast flocculation，PYF）相关。Shang 等（2015）发现，从大麦品种 PYF+ 和 PYF− 中提取，再经过乙醇分级沉淀得到的一些 AX 组分，很可能是 PYF 因子。当把这些特定的 PYF 因子加入到 PYF− 大麦中也会导致 PYF 现象。此外，AX 上的结合态阿魏酸也是重要的 PYF 因子之一。

11.7.2.3　对动物饲料的不利影响

小麦、小麦麦麸、黑麦、玉米等谷物及谷物副产物经常作为各种家禽、家畜的饲料，但这些原料中含有的阿拉伯木聚糖对动物消化吸收具有不利影响：一是会增加肠道中食糜的黏性，降低饲料的利用率（Canh et al.，1997）；二是会改变肠道形态，影响营养物质的吸收（Jin et al.，1994）；三是会改变肠道菌群分布，影响养分的吸收（Viveros et al.，1994）。

解决上述问题的方法有以下几种：一是在饲料中添加酶制剂，如在用作肉鸡饲料的黑麦或玉米中添加木聚糖酶和阿拉伯呋喃糖苷酶（Boros and Rek-Ciepla，2001；Ravn et al.，2018），或是在用作肉鸡饲料的小麦中添加木聚糖酶、阿拉伯呋喃糖苷酶和阿魏酸酯酶（Lei et al.，2016），通过这些酶对 AX 进行降解，可以减少其抗营养作用，改善肉鸡的生长性能和肠道健康；二是利用微生物发酵降解 AX，崔艳红等（2005）用黑曲霉、木霉、木质层孔菌以麦麸为原料进行固体发酵，麦麸中的阿拉伯木聚糖和 β-葡聚糖均发生了降解，饲料的黏稠度下降；三是选育基因改良谷物品种，如玉米细胞壁中木质素和 AX 可在阿魏酸的介导下形成交联，影响反刍动物对玉米的消化和吸收，而通过基因改良选育阿魏酸介导的交联作用少的玉米品系能够很好地解决这一问题（Jung et al.，2011）。

11.8　谷物阿拉伯木聚糖研究存在的问题及前景展望

11.8.1　存在的问题

尽管很多研究证实阿拉伯木聚糖（尤其是 AXOS）具有很好的益生作用，但是鉴于阿拉伯木聚糖聚合度的变化性、阿拉伯糖取代情况的复杂性，阿拉伯木聚糖的结构多样性要比其他商业肠道益生元高得多，这也给将阿拉伯木聚糖作为益生元商业化推向市场带来了很大的难题。另外，凝胶性能是谷物阿拉伯木聚糖的一个重要性质，关系到阿拉伯木聚糖凝胶的应用发展。现在关于谷物阿拉伯木聚糖的氧化凝胶机制还存在争议，这给阿拉伯木聚糖凝胶性能的改进，以及阿拉伯木聚糖凝胶的应用带来困难。

最后，阿拉伯木聚糖对谷物在面制品、啤酒酿造、动物饲料等行业的应用具有不利影响，只有缓解或消除这些不利影响才能推动阿拉伯木聚糖在各种产品中的应用，发挥阿拉伯木聚糖的功效。未来可以应用微生物来源的木聚糖酶来解决这些问题，但是阿拉伯木聚糖对各类产品的影响机制以及木聚糖酶的具体作用机制还不清楚。

11.8.2　前景展望

完善谷物阿拉伯木聚糖的结构研究，明确阿拉伯木聚糖的构效关系，解释清楚结构对阿拉伯木聚糖益生作用的影响，充分了解阿拉伯木聚糖的益生机制，为其商业化制定一个可靠的质量标准，将有利于推动开发以谷物阿拉伯木聚糖为基础的益生元产品。

将谷物阿拉伯木聚糖的凝胶机制研究清楚，有利于对阿拉伯木聚糖凝胶进行改良，将其更好地应用于复合薄膜材料、包埋材料等行业，有利于促进新型生物材料的发展，减少石油等能源的消耗。

将木聚糖酶对谷物阿拉伯木聚糖的具体作用机制研究透彻，消除阿拉伯木聚糖对面制品、啤酒、动物饲料等产品的不利影响，将大力推动谷物阿拉伯木聚糖的应用。

参考文献

崔艳红, 王士长, 黄怡, 等. 2005. 评价 NSP 微生物酶解效果方法的探讨. 饲料工业, 26(2): 46-48.
黄觉非, 刘晋, 唐振闯, 等. 2012. 小麦戊聚糖润肠通便功能的实验研究. 食品研究与开发, 33(8): 20-22, 31.
李利民, 侯业茂, 朱永义, 等. 2002. 谷物戊聚糖国内外研究进展. 粮油加工与食品机械, (5): 36-38.
李硕碧. 2007. 硬质小麦籽粒阿拉伯木聚糖含量的遗传变异研究. 麦类作物学报, 27(6): 1016-1022.
李兴军. 2011. 小麦阿拉伯木聚糖的结构、理化特性及合成研究. 粮食科技与经济, 36(2): 41-43.
李雪. 2012. 小麦麸皮水不溶性阿拉伯木聚糖对馒头品质的影响. 郑州: 河南工业大学硕士学位论文.
李雪, 苏东民, 苏东海, 等. 2012. 不同碱性提取剂对小麦麸皮水不溶性阿拉伯木聚糖提取效果的比较研究. 中国农学通报, 28(21): 272-276.
林超, 杨成. 2013. 玉米麸质中水提阿拉伯木聚糖凝胶的性能研究. 食品工业科技, 34(8): 135-137, 141.
刘静. 2013. 基于阿拉伯木聚糖的紫外吸收剂的制备. 无锡: 江南大学硕士学位论文.
刘静, 刘俊康. 2015. 玉米麸皮中阿拉伯木聚糖的提取、结构及性质. 应用化工, (2): 303-306, 310.
刘丽娅, 张梅红, 钟葵, 等. 2013. 酸法和酶法制备不同分子质量的麦麸阿拉伯木聚糖. 中国食品学报, 13(12): 52-58.
刘林. 2011. 不同品种小麦中阿拉伯木聚糖特性研究. 郑州: 河南工业大学硕士学位论文.
马福敏. 2009. 阿拉伯木聚糖的功能性质及其应用研究. 无锡: 江南大学博士学位论文.
马福敏, 郭乃菲, 徐美玲, 等. 2013. 小麦粉中水溶性阿拉伯木聚糖对面筋蛋白黏弹性的影响. 中国粮油学报, 28(10): 1-5.
马福敏, 刘燕, 王璋, 等. 2008. 全麦粉中阿拉伯木聚糖氧化交联性质的研究. 食品与发酵工业, 34(9): 20-26.
牟振坤. 2010. 不同小麦品种阿拉伯木聚糖基本构成及性能的研究. 呼和浩特: 内蒙古农业大学硕士学

位论文.
宋琳琳, 张晓娜. 2009. 玉米皮中阿拉伯木聚糖碱提取工艺的研究. 饲料广角, (17): 27-29.
宋晓庆, 董海洲. 2003a. 黑麦水溶性阿拉伯木聚糖提取工艺的研究. 西部粮油科技, 28(5): 22-24.
宋晓庆, 董海洲. 2003b. 黑麦水溶性阿拉伯木聚糖制备及其在面包生产中应用. 粮食与油脂, (7): 9-10.
苏东民, 刘林, 李雪, 等. 2011. 不同预处理方法对小麦麸皮阿拉伯木聚糖提取得率的影响. 粮食加工, 36(4): 37-39.
苏东民, 马四平, 苏东海, 等. 2012. 基于响应面法小麦麸皮水溶性阿拉伯木聚糖提取条件的优化. 河南工业大学学报 (自然科学版), 33(5): 1-5.
邢丽艳. 2012. 小麦粉水溶性阿拉伯木聚糖对馒头品质的影响. 郑州: 河南工业大学硕士学位论文.
袁建, 范哲, 王艳, 等. 2014. 提取条件对小麦麸皮阿拉伯木聚糖相对分子质量分布的影响. 食品科学, 35(17): 27-31.
张梅红. 2013. 小麦麸皮阿拉伯木聚糖的制备及益生活性研究. 北京: 中国农业科学院硕士学位论文.
张晓娜, 王世平, 周素梅, 等. 2008. 小麦麸皮阿拉伯木聚糖碱提工艺条件优化研究. 核农学报, 22(1): 60-64, 104.
赵梦丽, 王丽丽, 刘丽娅, 等. 2015. 小麦阿拉伯木聚糖对 S180 荷瘤小鼠免疫活性及肠道代谢产物的影响. 现代食品科技, 31(10): 1-6.
周素梅, 王强. 2006. 不同氧化酶体系对阿拉伯木聚糖溶液流变学性质影响的研究. 中国粮油学报, 21(2): 34-37.
周素梅, 王璋, 许时婴. 2003. 小麦粉中阿拉伯木聚糖氧化胶凝性质的研究. 中国粮油学报, 18(4): 18-21.
周婷, 金昭, 高飞, 等. 2015. 阿拉伯木聚糖的氧化交联与啤酒大麦麦芽过滤性能的相关性研究. 食品工业科技, 36(11): 110-115.
Aduba Jr D C, An S S, Selders G S, et al. 2016. Fabrication, characterization, and *in vitro* evaluation of silver-containing arabinoxylan foams as antimicrobial wound dressing. Journal of Biomedical Materials Research Part A, 104(10): 2456-2465.
Ahuja M, Bhatia M, Saini K. 2016. Sodium alginate-arabinoxylan composite microbeads: preparation and characterization. Journal of Pharmaceutical Investigation, 46(7): 645-653.
Akbar J, Iqbal M S, Chaudhary M T, et al. 2012. A QSPR study of drug release from an arabinoxylan using ab initio optimization and neural networks. Carbohydrate Polymers, 88(4): 1348-1357.
Akhtar M, Tariq A F, Awais M M, et al. 2012. Studies on wheat bran arabinoxylan for its immunostimulatory and protective effects against avian coccidiosis. Carbohydrate Polymers, 90(1): 333-339.
Ayala-Soto F E, Serna-Saldívar S O, Pérez-Carrillo E, et al. 2014. Relationship between hydroxycinnamic profile with gelation capacity and rheological properties of arabinoxylans extracted from different maize fiber sources. Food Hydrocolloids, 39: 280-285.
Banerji N, Sarkar K K, Das A K. 1986. An arabinoxylan from the mucilage of the leaves of *Litsea polyantha*. Carbohydrate Research, 147(1): 165-168.
Bang M H, Van Riep T, Thinh N T, et al. 2010. Arabinoxylan rice bran (MGN-3) enhances the effects of interventional therapies for the treatment of hepatocellular carcinoma: a three-year randomized clinical trial. Anticancer Research, 30(12): 5145-5151.
Beaugrand J, Crônier D, Debeire P, et al. 2004. Arabinoxylan and hydroxycinnamate content of wheat bran in relation to endoxylanase susceptibility. Journal of Cereal Science, 40(3): 223-230.
Beg Q, Kapoor M, Mahajan L, et al. 2001. Microbial xylanases and their industrial applications: a review. Applied Microbiology and Biotechnology, 56(3-4): 326-338.
Belobrajdic D P, Bird A R, Conlon M A, et al. 2012. An arabinoxylan-rich fraction from wheat enhances

caecal fermentation and protects colonocyte DNA against diet-induced damage in pigs. British Journal of Nutrition, 107(9): 1274-1282.

Berglund L, Forsberg F, Jonoobi M, et al. 2018. Promoted hydrogel formation of lignin-containing arabinoxylan aerogel using cellulose nanofibers as a functional biomaterial. RSC Advances, 8(67): 38219-38228.

Berlanga-Reyes C M, Carvajal-Millán E, Lizardi-Mendoza J, et al. 2009. Maize arabinoxylan gels as protein delivery matrices. Molecules, 14(4): 1475-1482.

Bhatia M, Ahuja M. 2015. Psyllium arabinoxylan: carboxymethylation, characterization and evaluation for nanoparticulate drug delivery. International Journal of Biological Macromolecules, 72: 495-501.

Biely P. 1985. Microbial xylanolytic systems. Trends in Biotechnology, 3(11): 286-290.

Biliaderis C G, Izydorczyk M S, Rattan O. 1995. Effect of arabinoxylans on bread-making quality of wheat flours. Food Chemistry, 53(2): 165-171.

Bohdanecky M. 1983. New method for estimating the parameters of the wormlike chain model from the intrinsic viscosity of stiff-chain polymers. Macromolecules, 16(9): 1483-1492.

Boll E V, Ekström L M, Courtin C M, et al. 2016. Effects of wheat bran extract rich in arabinoxylan oligosaccharides and resistant starch on overnight glucose tolerance and markers of gut fermentation in healthy young adults. European Journal of Nutrition, 55(4): 1661-1670.

Boros D, Rek-Ciepla B. 2001. A note on the effect of supplementation of rye diets with arabinoxylan degrading enzymes on production parameters of broiler chickens. Journal of Animal and Feed Sciences, 10(3): 497-504.

Broberg A, Thomsen K K, Duus J O. 2000. Application of nano-probe NMR for structure determination of low nanomole amounts of arabinoxylan oligosaccharides fractionated by analytical HPAEC-PAD. Carbohydrate Research, 328(3): 375-382.

Brown D M, Goubet F, Wong V W, et al. 2007. Comparison of five xylan synthesis mutants reveals new insight into the mechanisms of xylan synthesis. The Plant Journal, 52(6): 1154-1168.

Brown D M, Zhang Z, Stephens E, et al. 2009. Characterization of IRX10 and IRX10-like reveals an essential role in glucuronoxylan biosynthesis in *Arabidopsis*. The Plant Journal, 57(4): 732-746.

Buksa K, Krystyjan M. 2019. Arabinoxylan-starch-protein interactions in specially modified rye dough during a simulated baking process. Food Chemistry, 287(2): 176-185.

Buksa K, Ziobro R, Nowotna A, et al. 2013. The influence of native and modified arabinoxylan preparations on baking properties of rye flour. Journal of Cereal Science, 58(1): 23-30.

Canh T T, Verstegen M W A, Aarnink A J A, et al. 1997. Influence of dietary factors on nitrogen partitioning and composition of urine and feces of fattening pigs. Journal of Animal Science, 75(3): 700-706.

Carvajal-Millan E, Guigliarelli B, Belle V, et al. 2005b. Storage stability of laccase induced arabinoxylan gels. Carbohydrate Polymers, 59(2): 181-188.

Carvajal-Millan E, Guilbert S, Doublier J L, et al. 2006. Arabinoxylan/protein gels: structural, rheological and controlled release properties. Food Hydrocolloids, 20(1): 53-61.

Carvajal-Millan E, Landillon V, Morel M H, et al. 2005a. Arabinoxylan gels: impact of the feruloylation degree on their structure and properties. Biomacromolecules, 6(1): 309-317.

Carvajal-Millan E, Surget A, Rouau X, et al. 2003. Arabinoxylan networks as affected by ovalbumin content. Macromolecular Symposia, 200(1): 129-136.

Chen H, Fu Y, Jiang X, et al. 2018. Arabinoxylan activates lipid catabolism and alleviates liver damage in rats induced by high-fat diet. Journal of the Science of Food and Agriculture, 98(1): 253-260.

Chen H, Wang W, Degroote J, et al. 2015. Arabinoxylan in wheat is more responsible than cellulose for promoting intestinal barrier function in weaned male piglets. Journal of Nutrition, 145(1): 51-58.

Choi E M, Lim T S, Lee H L, et al. 2002. Immune cell stimulating activity of wheat arabinoxylan. Korean Journal of Food Science and Technology, 34(3): 510-517.

Choi Y S, Lee J K, Lee M G, et al. 2017. Splenic T cell and intestinal IgA responses after supplementation of soluble arabinoxylan-enriched wheat bran in mice. Journal of Functional Foods, 28: 246-253.

Cholujova D, Jakubikova J, Czako B, et al. 2013. MGN-3 arabinoxylan rice bran modulates innate immunity in multiple myeloma patients. Cancer Immunology, Immunotherapy, 62(3): 437-445.

Chowdhury J, Henderson M, Schweizer P, et al. 2014. Differential accumulation of callose, arabinoxylan and cellulose in nonpenetrated versus penetrated papillae on leaves of barley infected with *Blumeria graminis* f. sp. *hordei*. New Phytologist, 204(3): 650-660.

Christensen K L, Hedemann M S, Lærke H N, et al. 2013. Concentrated arabinoxylan but not concentrated β-glucan in wheat bread has similar effects on postprandial insulin as whole-grain rye in porto-arterial catheterized pigs. Journal of Agricultural and Food Chemistry, 61(32): 7760-7768.

Cloetens L, Broekaert W F, Delaedt Y, et al. 2010. Tolerance of arabinoxylan-oligosaccharides and their prebiotic activity in healthy subjects: a randomised, placebo-controlled cross-over study. British Journal of Nutrition, 103(5): 703-713.

Correia M A, Mazumder K, Brás J L, et al. 2011. Structure and function of an arabinoxylan-specific xylanase. Journal of Biological Chemistry, 286(25): 22510-22520.

Courtin C M, Swennen K, Broekaert W F, et al. 2008. Effects of dietary inclusion of xylooligosaccharides, arabinoxylooligosaccharides and soluble arabinoxylan on the microbial composition of caecal contents of chickens. Journal of the Science of Food and Agriculture, 88(14): 2517-2522.

Damen B, Verspreet J, Pollet A, et al. 2011. Prebiotic effects and intestinal fermentation of cereal arabinoxylans and arabinoxylan oligosaccharides in rats depend strongly on their structural properties and joint presence. Molecular Nutrition & Food Research, 55(12): 1862-1874.

Das D, Maiti S, Maiti T K, et al. 2013. A new arabinoxylan from green leaves of *Litsea glutinosa* (Lauraeae): structural and biological studies. Carbohydrate Polymers, 92(2): 1243-1248.

Dervilly-Pinel G, Rimsten L, Saulnier L, et al. 2001b. Water-extractable arabinoxylan from pearled flours of wheat, barley, rye and triticale. Evidence for the presence of ferulic acid dimers and their involvement in gel formation. Journal of Cereal Science, 34(2): 207-214.

Dervilly-Pinel G, Thibault J F, Saulnier L. 2001a. Experimental evidence for a semi-flexible conformation for arabinoxylans. Carbohydrate Research, 330(3): 365-372.

Douglas S G. 1981. A rapid method for the determination of pentosans in wheat flour. Food Chemistry, 7(2): 139-145.

Ebringerova A, Hromádková Z. 1992. Flow properties of rye bran arabinoxylan dispersions. Food Hydrocolloids, 6(5): 437-442.

Egüés I, Stepan A M, Eceiza A, et al. 2014. Corncob arabinoxylan for new materials. Carbohydrate Polymers, 102(1): 12-20.

Elsaid A F, Shaheen M, Ghoneum M. 2018. Biobran/MGN-3, an arabinoxylan rice bran, enhances NK cell activity in geriatric subjects: a randomized, double blind, placebo-controlled clinical trial. Experimental and Therapeutic Medicine, 15(3): 2313-2320.

Femia A P, Salvadori M, Broekaert W F, et al. 2010. Arabinoxylan-oligosaccharides (AXOS) reduce preneoplastic lesions in the colon of rats treated with 1,2-dimethylhydrazine (DMH). European Journal of

Nutrition, 49(2): 127-132.

Fessas D, Schiraldi A. 2001. State diagrams of arabinoxylan-water binaries. Thermochimica Acta, 370(1-2): 83-89.

Figueroa-Espinoza M C, Rouau X. 1998. Oxidative cross-linking of pentosans by a fungal laccase and horseradish peroxidase: mechanism of linkage between feruloylated arabinoxylans. Cereal Chemistry, 75(2): 259-265.

François I E, Lescroart O, Veraverbeke W S, et al. 2014. Effects of wheat bran extract containing arabinoxylan oligosaccharides on gastrointestinal parameters in healthy preadolescent children. Journal of Pediatric Gastroenterology and Nutrition, 58(5): 647-653.

Freeman J, Lovegrove A, Wilkinson M D, et al. 2016. Effect of suppression of arabinoxylan synthetic genes in wheat endosperm on chain length of arabinoxylan and extract viscosity. Plant Biotechnology Journal, 14(1): 109-116.

Fry S C, Willis S C, Paterson A E J. 2000. Intraprotoplasmic and wall-localised formation of arabinoxylan-bound diferulates and larger ferulate coupling-products in maize cell-suspension cultures. Planta, 211(5): 679-692.

Garcia A L, Otto B, Reich S C, et al. 2007. Arabinoxylan consumption decreases postprandial serum glucose, serum insulin and plasma total ghrelin response in subjects with impaired glucose tolerance. European Journal of Clinical Nutrition, 61(3): 334-341.

Garcia A L, Steiniger J, Reich S C, et al. 2006. Arabinoxylan fibre consumption improved glucose metabolism, but did not affect serum adipokines in subjects with impaired glucose tolerance. Hormone and Metabolic Research, 38(11): 761-766.

Geraylou Z, Souffreau C, Rurangwa E, et al. 2012. Effects of arabinoxylan-oligosaccharides (AXOS) on juvenile Siberian sturgeon (*Acipenser baerii*) performance, immune responses and gastrointestinal microbial community. Fish & Shellfish Immunology, 33(4): 718-724.

Geraylou Z, Souffreau C, Rurangwa E, et al. 2013. Effects of dietary arabinoxylan-oligosaccharides (AXOS) and endogenous probiotics on the growth performance, non-specific immunity and gut microbiota of juvenile Siberian sturgeon (*Acipenser baerii*). Fish & Shellfish Immunology, 35(3): 766-775.

Ghoneum M. 1998. Enhancement of human natural killer cell activity by modified arabinoxylane from rice bran (MGN-3). International Journal of Immunotherapy, 14(2): 89-99.

Ghoneum M, Abedi S. 2004. Enhancement of natural killer cell activity of aged mice by modified arabinoxylan rice bran (MGN-3/Biobran). Journal of Pharmacy and Pharmacology, 56(12): 1581-1588.

Ghoneum M, Badr El-Din N K, Abdel Fattah S M, et al. 2013. Arabinoxylan rice bran (MGN-3/Biobran) provides protection against whole-body γ-irradiation in mice via restoration of hematopoietic tissues. Journal of Radiation Research, 54(3): 419-429.

Ghoneum M, Badr El-Din N K, Ali D A, et al. 2014. Modified arabinoxylan from rice bran, MGN-3/Biobran, sensitizes metastatic breast cancer cells to paclitaxel *in vitro*. Anticancer Research, 34(1): 81-87.

Ghoneum M, Gollapudi S. 2003. Modified arabinoxylan rice bran (MGN-3/Biobran) sensitizes human T cell leukemia cells to death receptor (CD95)-induced apoptosis. Cancer Letters, 201(1): 41-49.

Ghoneum M, Gollapudi S. 2005. Synergistic role of arabinoxylan rice bran (MGN-3/Biobran) in *S. cerevisiae*-induced apoptosis of monolayer breast cancer MCF-7 cells. Anticancer Research, 25(6B): 4187-4196.

Ghoneum M, Gollapudi S. 2011. Synergistic apoptotic effect of arabinoxylan rice bran (MGN-3/Biobran) and curcumin (turmeric) on human multiple myeloma cell line U266 *in vitro*. Neoplasma, 58(2): 118-123.

Ghoneum M, Jewett A. 2000. Production of tumor necrosis factor-alpha and interferon-gamma from human peripheral blood lymphocytes by MGN-3, a modified arabinoxylan from rice bran, and its synergy with interleukin-2 *in vitro*. Cancer Detection and Prevention, 24(4): 314-324.

Ghoneum M, Matsuura M. 2004. Augmentation of macrophage phagocytosis by modified arabinoxylan rice bran (MGN-3/Biobran). International Journal of Immunopathology and Pharmacology, 17(3): 283-292.

Ghoneum M, Matsuura M, Gollapudp S. 2008. Modified arabinoxylan rice bran (MGN-3/Biobran) enhances intracellular killing of microbes by human phagocytic cells *in vitro*. International Journal of Immunopathology and Pharmacology, 21(1): 87-95.

Gibeaut D M, Carpita N C. 1994. Biosynthesis of plant cell wall polysaccharides. The FASEB Journal, 8(12): 904-915.

Giulia Falchi A, Grecchi I, Muggia C, et al. 2016. Effects of a bioavailable arabinoxylan-enriched white bread flour on postprandial glucose response in normoglycemic subjects. Journal of Dietary Supplements, 13(6): 626-633.

Gollapudi S, Ghoneum M. 2008. MGN-3/Biobran, modified arabinoxylan from rice bran, sensitizes human breast cancer cells to chemotherapeutic agent, daunorubicin. Cancer Detection and Prevention, 32(1): 1-6.

Golombick T, Diamond T H, Manoharan A, et al. 2016. Addition of rice bran arabinoxylan to curcumin therapy may be of benefit to patients with early-stage B-cell lymphoid malignancies (monoclonal gammopathy of undetermined significance, smoldering multiple myeloma, or stage 0/1 chronic lymphocytic leukemia): a preliminary clinical study. Integrative Cancer Therapies, 15(2): 183-189.

Gröndahl M, Gustafsson A, Gatenholm P. 2006. Gas-phase surface fluorination of arabinoxylan films. Macromolecules, 39(7): 2718-2721.

Grootaert C, Van den Abbeele P, Marzorati M, et al. 2009. Comparison of prebiotic effects of arabinoxylan oligosaccharides and inulin in a simulator of the human intestinal microbial ecosystem. FEMS Microbiology Ecology, 69(2): 231-242.

Gruppen H, Hoffmaann R A, Kormelink F J, et al. 1992. Characterization by ^{1}H NMR spectroscopy of enzymically derived oligosaccharides from alkali-extractable wheat-flour arabinoxylan. Carbohydrate Research, 233: 45-64.

Gruppen H, Kormelink F J, Voragen A G. 1993. Enzymic degradation of water-unextractable cell wall material and arabinoxylans from wheat flour. Journal of Cereal Science, 18(2): 129-143.

Gudmundsson M, Eliasson A C, Bengtsson S, et al. 1991. The effects of water soluble arabinoxylan on gelatinization and retrogradation of starch. Starch-Stärke, 43(1): 5-10.

Gunness P, Williams B A, Gerrits W J, et al. 2016. Circulating triglycerides and bile acids are reduced by a soluble wheat arabinoxylan via modulation of bile concentration and lipid digestion rates in a pig model. Molecular Nutrition & Food Research, 60(3): 642-651.

Hald S, Schioldan A G, Moore M E, et al. 2016. Effects of arabinoxylan and resistant starch on intestinal microbiota and short-chain fatty acids in subjects with metabolic syndrome: a randomised crossover study. PLoS One, 11(7): e0159223.

Hanif M, Zaman M. 2017. Thiolation of arabinoxylan and its application in the fabrication of controlled release mucoadhesive oral films. DARU Journal of Pharmaceutical Sciences, 25(1): 6.

Härdelin L, Ström A, Di Maio E, et al. 2018. Microcellular foaming of arabinoxylan and PEGylated arabinoxylan with supercritical CO_2. Carbohydrate Polymers, 181: 442-449.

Hartvigsen M L, Jeppesen P B, Laerke H N, et al. 2013. Concentrated arabinoxylan in wheat bread has beneficial effects as rye breads on glucose and changes in gene expressions in insulin-sensitive tissues of Zucker diabetic fatty (ZDF) rats. Journal of Agricultural and Food Chemistry, 61(21): 5054-5063.

Hartvigsen M L, Laerke H N, Overgaard A, et al. 2014. Postprandial effects of test meals including concentrated arabinoxylan and whole grain rye in subjects with the metabolic syndrome: a randomised study. European Journal of Clinical Nutrition, 68(5): 567-574.

Hernández-Espinoza A B, Piñón-Muñiz M I, Rascón-Chu A, et al. 2012. Lycopene/arabinoxylan gels: rheological and controlled release characteristics. Molecules, 17(3): 2428-2436.

Hoffmann R A, Kamerling J P, Vliegenthart J F. 1992. Structural features of a water-soluble arabinoxylan from the endosperm of wheat. Carbohydrate Research, 226(2): 303-311.

Hoffstetter A L, Griffin D P, Brown L K, et al. 2018. An ELISA based method for quantifying arabinoxylan in wheat flour. Journal of Cereal Science, 79: 148-153.

Höije A, Sandström C, Roubroeks J P, et al. 2006. Evidence of the presence of 2-*O*-β-D-xylopyranosyl-α-l-arabinofuranose side chains in barley husk arabinoxylan. Carbohydrate Research, 341(18): 2959-2966.

Hoseney R C, Faubion J M. 1981. A mechanism for the oxidative gelation of wheat flour water-soluble pentosans. Cereal Chemistry, 58(5): 421-424.

Hromádková Z, Ebringerová A, Petráková E, et al. 1987. Structural features of a rye-bran arabinoxylan with a low degree of branching. Carbohydrate Research, 163(1): 73-79.

Hughes S A, Shewry P R, Li L, et al. 2007. *In vitro* fermentation by human fecal microflora of wheat arabinoxylans. Journal of Agricultural and Food Chemistry, 55(11): 4589-4595.

İmren D, Gümüşderelioğlu M, Güner A. 2010. *In vitro* release kinetics of bovine serum albumin from highly swellable dextran hydrogels. Journal of Applied Polymer Science, 115(2): 740-747.

Ishii T. 1991. Acetylation at O-2 of arabinofuranose residues in feruloylated arabinoxylan from bamboo shoot cell-walls. Phytochemistry, 30(7): 2317-2320.

Ishii T, Saka H. 1992. Inhibition of auxin-stimulated elongation of cells in rice lamina joints by a feruloylated arabinoxylan trisaccharide. Plant and Cell Physiology, 33(3): 321-324.

Ito T, Yamai M, Nishio T, et al. 1994. Carbon-13 NMR spectra of peracetylated derivatives of methyl L-arabinofuranoside and oligosaccharides related to arabinoxylan. Journal of Carbohydrate Chemistry, 13(3): 491-498.

Izydorczyk M S, Biliaderis C G. 1992a. Influence of structure on the physicochemical properties of wheat arabinoxylan. Carbohydrate Polymers, 17(3): 237-247.

Izydorczyk M S, Biliaderis C G. 1992b. Effect of molecular size on physical properties of wheat arabinoxylan. Journal of Agricultural and Food Chemistry, 40(4): 561-568.

Izydorczyk M S, Biliaderis C G. 1993. Structural heterogeneity of wheat endosperm arabinoxylans. Cereal Chemistry, 70(6): 641-646.

Izydorczyk M S, Biliaderis C G, Bushuk W. 1990. Oxidative gelation studies of water-soluble pentosans from wheat. Journal of Cereal Science, 11(2): 153-169.

Jiang Y, Bai X, Lang S, et al. 2019. Optimization of ultrasonic-microwave assisted alkali extraction of arabinoxylan from the corn bran using response surface methodology. International Journal of Biological Macromolecules, 128: 452-458.

Jin L, Reynolds L P, Redmer D A, et al. 1994. Effects of dietary fiber on intestinal growth, cell proliferation, and morphology in growing pigs. Journal of Animal Science, 72(9): 2270-2278.

Jung H G, Mertens D R, Phillips R L. 2011. Effect of reduced ferulate-mediated lignin/arabinoxylan cross-linking in corn silage on feed intake, digestibility, and milk production. Journal of Dairy Science, 94(10): 5124-5137.

Kale M S, Hamaker B R, Campanella O H. 2013. Alkaline extraction conditions determine gelling properties of corn bran arabinoxylans. Food Hydrocolloids, 31(1): 121-126.

Kale M S, Yadav M P, Chau H K, et al. 2018. Molecular and functional properties of a xylanase hydrolysate of corn bran arabinoxylan. Carbohydrate Polymers, 181: 119-123.

Kamiya T, Shikano M, Tanaka M, et al. 2014. Therapeutic effects of biobran, modified arabinoxylan rice bran, in improving symptoms of diarrhea predominant or mixed type irritable bowel syndrome: a pilot, randomized controlled study. Evidence-Based Complementary and Alternative Medicine, 2014: 828137.

Kanari M, Tomoda M, Gonda R, et al. 1989. A reticuloendothelial system-activating arabinoxylan from the bark of *Cinnamomum cassia*. Chemical and Pharmaceutical Bulletin, 37(12): 3191-3194.

Kato Y, Iki K, Matsuda K. 1981. Cell-wall polysaccharides of immature barley plants. Ⅱ. Characterization of a xyloglucan. Agricultural and Biological Chemistry, 45(12): 2745-2753.

Kim C Y, Lee G Y, Park G H, et al. 2014. Protective effect of arabinoxylan against scopolamine-induced learning and memory impairment. Biomolecules & Therapeutics, 22(5): 467-473.

Kiszonas A M, Courtin C M, Morris C F. 2012. A critical assessment of the quantification of wheat grain arabinoxylans using a phloroglucinol colorimetric assay. Cereal Chemistry, 89(3): 143-150.

Koegelenberg D, Chimphango A F. 2017. Effects of wheat-bran arabinoxylan as partial flour replacer on bread properties. Food Chemistry, 221: 1606-1613.

Köhnke T, Pujolras C, Roubroeks J P, et al. 2008. The effect of barley husk arabinoxylan adsorption on the properties of cellulose fibres. Cellulose, 15(4): 537-546.

Kormelink F J M, Hoffman R A, Gruppen H, et al. 1993. Characterisation by ^1H NMR spectroscopy of oligosaccharides derived from alkali-extractable wheat-flour arabinoxylan by digestion with endo-(1-4)-β-D-xylanase Ⅲ from *Aspergillus awamori*. Carbohydrate Research, 249(2): 369-382.

Kusakabe I, Ohgushi S, Yasui T, et al. 1983. Structures of the arabinoxylo-oligosaccharides from the hydrolytic products of corncob arabinoxylan by a xylanase from *Streptomyces*. Agricultural and Biological Chemistry, 47(12): 2713-2723.

Laidlaw H K, Kooij-Liu P, Jobling S A. 2015. NOTE: hydrolysis temperature affects the phloroglucinol assay for arabinoxylan quantification in wheat flour. Cereal Chemistry, 92(1): 54-56.

Lei Z, Shao Y, Yin X, et al. 2016. Combination of xylanase and debranching enzymes specific to wheat arabinoxylan improve the growth performance and gut health of broilers. Journal of Agricultural and Food Chemistry, 64(24): 4932-4942.

Lempereur I, Rouau X, Abecassis J. 1997. Genetic and agronomic variation in arabinoxylan and ferulic acid contents of durum wheat (*Triticum durum* L.) grain and its milling fractions. Journal of Cereal Science, 25(2): 103-110.

Li X, Gao F, Cai G, et al. 2015. Purification and characterisation of arabinoxylan arabinofuranohydrolase Ⅰ responsible for the filterability of barley malt. Food Chemistry, 174: 286-290.

Li Y, He T, Liang R, et al. 2018. Preparation and properties of multifunctional sinapic acid corn bran arabinoxylan esters. International Journal of Biological Macromolecules, 106: 1279-1287.

Li Y, Lu J, Gu G. 2005. Control of arabinoxylan solubilization and hydrolysis in mashing. Food Chemistry, 90(1-2): 101-108.

Li Y, Yang C. 2016. Synthesis and properties of feruloyl corn bran arabinoxylan esters. International Journal of Cosmetic Science, 38(3): 238-245.

Lovegrove A, Wilkinson M D, Freeman J, et al. 2013. RNA interference suppression of genes in glycosyl transferase families 43 and 47 in wheat starchy endosperm causes large decreases in arabinoxylan content. Plant Physiology, 163(1): 95-107.

Lu Z X, Gibson P R, Muir J G, et al. 2000a. Arabinoxylan fiber from a by-product of wheat flour processing behaves physiologically like a soluble, fermentable fiber in the large bowel of rats. The Journal of Nutrition, 130(8): 1984-1990.

Lu Z X, Walker K Z, Muir J G, et al. 2000b. Arabinoxylan fiber, a byproduct of wheat flour processing, reduces the postprandial glucose response in normoglycemic subjects. The American Journal of Clinical Nutrition, 71(5): 1123-1128.

Lu Z X, Walker K Z, Muir J G, et al. 2004. Arabinoxylan fibre improves metabolic control in people with Type Ⅱ diabetes. European Journal of Clinical Nutrition, 58(4): 621-628.

Maki K C, Gibson G, Dickman R, et al. 2011. A double-blind, randomized, controlled crossover trial to assess the prebiotic effects of arabinoxylan-oligosaccharides (AXOS) in healthy men and women. Faseb Journal, 25(1): 587-588.

Malunga L N, Beta T. 2015. Antioxidant capacity of arabinoxylan oligosaccharide fractions prepared from wheat aleurone using *Trichoderma viride* or *Neocallimastix patriciarum* xylanase. Food Chemistry, 167C: 311-319.

Malunga L N, Izydorczyk M. 2017. Antiglycemic effect of water extractable arabinoxylan from wheat aleurone and bran. Journal of Nutrition and Metabolism, 2017: 5784759.

Mandalika A, Runge T M. 2017. Addition of corn stover arabinoxylan into hardwood during pulping for improved physical properties. Tappi Journal, 16(9): 495-504.

Marquez-Escalante J, Carvajal-Millan E, Miki-Yoshida M, et al. 2013. Water extractable arabinoxylan aerogels prepared by supercritical CO_2 drying. Molecules, 18(5): 5531-5542.

Martínez-López A L, Carvajal-Millan E, Sotelo-Cruz N, et al. 2019. Enzymatically cross-linked arabinoxylan microspheres as oral insulin delivery system. International Journal of Biological Macromolecules, 126: 952-959.

Mathew S, Karlsson E N, Adlercreutz P. 2017. Extraction of soluble arabinoxylan from enzymatically pretreated wheat bran and production of short xylo-oligosaccharides and arabinoxylo-oligosaccharides from arabinoxylan by glycoside hydrolase family 10 and 11 endoxylanases. Journal of Biotechnology, 260: 53-61.

McCartney L, Marcus S E, Knox J P. 2005. Monoclonal antibodies to plant cell wall xylans and arabinoxylans. Journal of Histochemistry & Cytochemistry, 53(4): 543-546.

Mendis M, Leclerc E, Simsek S. 2016. Arabinoxylan hydrolyzates as immunomodulators in lipopolysaccharide-induced RAW264.7 macrophages. Food & Function, 7(7): 3039-3045.

Mendis M, Leclerc E, Simsek S. 2017. Arabinoxylan hydrolyzates as immunomodulators in Caco-2 and HT-29 colon cancer cell lines. Food & Function, 8(1): 220-231.

Micard V, Surget A, Raffi J, et al. 2003. Feruloylated arabinoxylan and arabinoxylan-protein solutions do not gel upon γ-irradiation. Food Hydrocolloids, 17(3): 297-304.

Mikkonen K S, Heikkinen S, Soovre A, et al. 2009. Films from oat spelt arabinoxylan plasticized with glycerol and sorbitol. Journal of Applied Polymer Science, 114(1): 457-466.

Mikkonen K S, Pitkänen L, Liljeström V, et al. 2012. Arabinoxylan structure affects the reinforcement of films by microfibrillated cellulose. Cellulose, 19(2): 467-480.

Mitchell R A, Dupree P, Shewry P R. 2007. A novel bioinformatics approach identifies candidate genes for the synthesis and feruloylation of arabinoxylan. Plant Physiology, 144(1): 43-53.

Möhlig M, Koebnick C, Weickert M O, et al. 2005. Arabinoxylan-enriched meal increases serum ghrelin levels in healthy humans. Hormone and Metabolic Research, 37(5): 303-308.

Monobe M, Katayanagi Y, Maeda-Yamamoto M, et al. 2012. Enhancement of the immunostimulatory activity of 1,25-dihydroxyvitamin D3-differentiated HL60 cells with an arabinoxylan from wheat bran. Food Science and Technology Research, 18(3): 481-484.

Morales-Ortega A, Carvajal-Millan E, Brown-Bojorquez F, et al. 2014. Entrapment of probiotics in water extractable arabinoxylan gels: rheological and microstructural characterization. Molecules, 19(3): 3628-3637.

Muralikrishna G, Tharanathan R N. 2001. Arabinoxylan from Cryptocarya wightiana bark. Indian Journal of Chemistry-Section B, 40B(12) : 1287-1288.

Neyrinck A M, Hiel S, Bouzin C, et al. 2018. Wheat-derived arabinoxylan oligosaccharides with bifidogenic properties abolishes metabolic disorders induced by western diet in mice. Nutrition & Diabetes, 8(1): 15.

Neyrinck A M, Possemiers S, Druart C, et al. 2011. Prebiotic effects of wheat arabinoxylan related to the increase in *Bifidobacteria*, *Roseburia* and *Bacteroides*/*Prevotella* in diet-induced obese mice. PLoS One, 6(6): e20944.

Neyrinck A M, Van Hee V F, Piront N, et al. 2012. Wheat-derived arabinoxylan oligosaccharides with prebiotic effect increase satietogenic gut peptides and reduce metabolic endotoxemia in diet-induced obese mice. Nutrition & Diabetes, 2(1): e28.

Nie Q, Chen H, Hu J, et al. 2018. Arabinoxylan attenuates type 2 diabetes by improvement of carbohydrate, lipid, and amino acid metabolism. Molecular Nutrition & Food Research, 62(20): 1800222.

Nielsen T S, Laerke H N, Theil P K, et al. 2014. Diets high in resistant starch and arabinoxylan modulate digestion processes and SCFA pool size in the large intestine and faecal microbial composition in pigs. British Journal of Nutrition, 112(11): 1837-1849.

Niewold T A, Schroyen M, Geens M M, et al. 2012. Dietary inclusion of arabinoxylan oligosaccharides (AXOS) down regulates mucosal responses to a bacterial challenge in a piglet model. Journal of Functional Foods, 4(3): 626-635.

Nilsson M, Andersson R, Andersson R E, et al. 2000. Heterogeneity in a water-extractable rye arabinoxylan with a low degree of disubstitution. Carbohydrate Polymers, 41(4): 397-405.

Noaman E, El-Din N K B, Bibars M A, et al. 2008. Antioxidant potential by arabinoxylan rice bran, MGN-3/biobran, represents a mechanism for its oncostatic effect against murine solid Ehrlich carcinoma. Cancer Letters, 268(2): 348-359.

Obel N, Porchia A, Scheller H. 2003. Intracellular feruloylation of arabinoxylan in wheat: evidence for feruloyl-glucose as precursor. Planta, 216(4): 620-629.

Ogawa K, Takeuchi M, Nakamura N. 2005. Immunological effects of partially hydrolyzed arabinoxylan from corn husk in mice. Bioscience, Biotechnology, and Biochemistry, 69(1): 19-25.

Ou S Y, Jackson G M, Jiao X, et al. 2007. Protection against oxidative stress in diabetic rats by wheat bran feruloyl oligosaccharides. Journal of Agricultural and Food Chemistry, 55(8): 3191-3195.

Pareyt B, Goovaerts M, Broekaert W F, et al. 2011. Arabinoxylan oligosaccharides (AXOS) as a potential sucrose replacer in sugar-snap cookies. LWT-Food Science and Technology, 44(3): 725-728.

Parikka K, Nikkilä I, Pitkänen L, et al. 2017. Laccase/TEMPO oxidation in the production of mechanically strong arabinoxylan and glucomannan aerogels. Carbohydrate Polymers, 175: 377-386.

Pastell H, Westermann P, Meyer A S, et al. 2009. *In vitro* fermentation of arabinoxylan-derived carbohydrates by *Bifidobacteria* and mixed fecal microbiota. Journal of Agricultural and Food Chemistry, 57(18): 8598-8606.

Paz-Samaniego R, Rascón-Chu A, Brown-Bojorquez F, et al. 2018. Electrospray-assisted fabrication of core-shell arabinoxylan gel particles for insulin and probiotics entrapment. Journal of Applied Polymer Science, 135(26): 46411.

Peña M J, Zhong R, Zhou G K, et al. 2007. *Arabidopsis* irregular xylem8 and irregular xylem9: implications for the complexity of glucuronoxylan biosynthesis. The Plant Cell, 19(2): 549-563.

Pérez-Martínez A, Valentín J, Fernández L, et al. 2015. Arabinoxylan rice bran (MGN-3/Biobran) enhances natural killer cell-mediated cytotoxicity against neuroblastoma *in vitro* and *in vivo*. Cytotherapy, 17(5): 601-612.

Péroval C, Debeaufort F, Despré D, et al. 2002. Edible arabinoxylan-based films. 1. Effects of lipid type on water vapor permeability, film structure, and other physical characteristics. Journal of Agricultural and Food Chemistry, 50(14): 3977-3983.

Péroval C, Debeaufort F, Seuvre A M, et al. 2003. Modified arabinoxylan-based films. Part B. Grafting of omega-3 fatty acids by oxygen plasma and electron beam irradiation. Journal of Agricultural and Food Chemistry, 51(10): 3120-3126.

Péroval C, Debeaufort F, Seuvre A M, et al. 2004. Modified arabinoxylan-based films: grafting of functional acrylates by oxygen plasma and electron beam irradiation. Journal of Membrane Science, 233(1-2): 129-139.

Petrovics G, Szigeti G, Hamvas S, et al. 2016. Controlled pilot study for cancer patients suffering from chronic fatigue syndrome due to chemotherapy treated with BioBran (MGN-3-Arabinoxylane) and targeted radiofrequency heat therapy. European Journal of Integrative Medicine, 8: 29-35.

Phan The D, Debeaufort F, Péroval C, et al. 2002a. Arabinoxylan-lipid-based edible films and coatings. 3. Influence of drying temperature on film structure and functional properties. Journal of Agricultural and Food Chemistry, 50(8): 2423-2428.

Phan The D, Péroval C, Debeaufort F, et al. 2002b. Arabinoxylan-lipids-based edible films and coatings. 2. Influence of sucroester nature on the emulsion structure and film properties. Journal of Agricultural and Food Chemistry, 50(2): 266-272.

Picout D R, Ross-Murphy S B. 2002. On the chain flexibility of arabinoxylans and other β-(1→4) polysaccharides. Carbohydrate Research, 337(19): 1781-1784.

Pitkänen L, Tenkanen M, Tuomainen P. 2011a. Behavior of polysaccharide assemblies in field-flow fractionation and size-exclusion chromatography. Analytical and Bioanalytical Chemistry, 399(4): 1467-1472.

Pitkänen L, Tuomainen P, Virkki L, et al. 2008. Structural comparison of arabinoxylans from two barley side-stream fractions. Journal of Agricultural and Food Chemistry, 56(13): 5069-5077.

Pitkänen L, Tuomainen P, Virkki L, et al. 2011b. Molecular characterization and solution properties of enzymatically tailored arabinoxylans. International Journal of Biological Macromolecules, 49(5): 963-969.

Pitkänen L, Virkki L, Tenkanen M, et al. 2009. Comprehensive multidetector HPSEC study on solution properties of cereal arabinoxylans in aqueous and DMSO solutions. Biomacromolecules, 10(7): 1962-1969.

Porchia A C, Scheller H V. 2000. Arabinoxylan biosynthesis: identification and partial characterization of β-1,4-xylosyltransferase from wheat. Physiologia Plantarum, 110(3): 350-356.

Porchia A C, Sorensen S O, Scheller H V. 2002. Arabinoxylan biosynthesis in wheat. Characterization of arabinosyltransferase activity in Golgi membranes. Plant Physiology, 130(1): 432-441.

Prashanth M R S, Muralikrishna G. 2014. Arabinoxylan from finger millet (*Eleusine coracana*, v. Indaf 15) bran: purification and characterization. Carbohydrate Polymers, 99: 800-807.

Pritchard J R, Lawrence G J, Larroque O, et al. 2011. A survey of β-glucan and arabinoxylan content in wheat.

Journal of the Science of Food and Agriculture, 91(7): 1298-1303.

Rahman A K M S, Sugitani N, Hatsu M, et al. 2003. A role of xylanase, α-L-arabinofuranosidase, and xylosidase in xylan degradation. Canadian Journal of Microbiology, 49(1): 58-64.

Ravn J L, Glitsø V, Pettersson D, et al. 2018. Combined endo-β-1,4-xylanase and α-l-arabinofuranosidase increases butyrate concentration during broiler cecal fermentation of maize glucurono-arabinoxylan. Animal Feed Science and Technology, 236: 159-169.

Revanappa S B, Salimath P V, Prasada Rao U J S. 2014. Effect of peroxidase on textural quality of dough and arabinoxylan characteristics isolated from whole wheat flour dough. International Journal of Food Properties, 17(10): 2131-2141.

Rumpagaporn P, Kaur A, Campanella O H, et al. 2012. Heat and pH stability of alkali-extractable corn arabinoxylan and its xylanase-hydrolyzate and their viscosity behavior. Journal of Food Science, 77(1): H23-H30.

Rumpagaporn P, Reuhs B L, Cantu-Jungles T M, et al. 2016. Elevated propionate and butyrate in fecal ferments of hydrolysates generated by oxalic acid treatment of corn bran arabinoxylan. Food & Function, 7(12): 4935-4943.

Salama H, Medhat E, Shaheen M, et al. 2016. Arabinoxylan rice bran (Biobran) suppresses the viremia level in patients with chronic HCV infection: a randomized trial. International Journal of Immunopathology and Pharmacology, 29(4): 647-653.

Sanchez J I, Marzorati M, Grootaert C, et al. 2009. Arabinoxylan-oligosaccharides (AXOS) affect the protein/carbohydrate fermentation balance and microbial population dynamics of the Simulator of Human Intestinal Microbial Ecosystem. Microbial Biotechnology, 2(1): 101-113.

Santala O, Lehtinen P, Nordlund E, et al. 2011. Impact of water content on the solubilisation of arabinoxylan during xylanase treatment of wheat bran. Journal of Cereal Science, 54(2): 187-194.

Sárossy Z, Blomfeldt T O J, Hedenqvist M S, et al. 2012. Composite films of arabinoxylan and fibrous sepiolite: morphological, mechanical, and barrier properties. ACS Applied Materials & Interfaces, 4(7): 3378-3386.

Sárossy Z, Tenkanen M, Pitkänen L, et al. 2013. Extraction and chemical characterization of rye arabinoxylan and the effect of β-glucan on the mechanical and barrier properties of cast arabinoxylan films. Food Hydrocolloids, 30(1): 206-216.

Sato K, Takahashi K, Aoki M, et al. 2012. Dietary supplementation with modified arabinoxylan rice bran (MGN-3) modulates inflammatory responses in broiler chicken. The Journal of Poultry Science, 49(2): 86-93.

Saulnier L, Marot C, Chanliaud E, et al. 1995. Cell wall polysaccharide interactions in maize bran. Carbohydrate Polymers, 26(4): 279-287.

Saulnier L, Sado P E, Branlard G, et al. 2007. Wheat arabinoxylans: exploiting variation in amount and composition to develop enhanced varieties. Journal of Cereal Science, 46(3): 261-281.

Schooneveld-Bergmans M E F, Dignum M J W, Grabber J H, et al. 1999. Studies on the oxidative cross-linking of feruloylated arabinoxylans from wheat flour and wheat bran. Carbohydrate Polymers, 38(4): 309-317.

Schwarz P B, Han J Y. 1995. Arabinoxylan content of commercial beers. Journal of the American Society of Brewing Chemists, 53(4): 157-159.

Selvendran R R, Robertson J A. 1991. The chemistry of dietary fibre-an holistic view of the cell wall matrix //Southgate D A T, Waldron K, Johnson I T. Dietary Fibre. Cambridge: Woodhead Publishing: 27-43.

Shang Y L, Li X M, Cai G L, et al. 2015. The role of ferulic acid and arabinoxylan in inducing premature

yeast flocculation. Journal of the Institute of Brewing, 121(1): 49-54.
Shen D K, Gu S, Bridgwater A V. 2010. Study on the pyrolytic behaviour of xylan-based hemicellulose using TG-FTIR and Py-GC-FTIR. Journal of Analytical and Applied Pyrolysis, 87(2): 199-206.
Shibuya N, Misaki A, Iwasaki T. 1983. The structure of arabinoxylan and arabinoglucuronoxylan isolated from rice endosperm cell wall. Agricultural and Biological Chemistry, 47(10): 2223-2230.
Shujaat J, Erum A, Tulain U R, et al. 2017. Formulation, optimization and characterization of microspheres using biomaterial arabinoxylan. Journal of Polymer Materials, 34(4): 809-821.
Song M, Baik H W, Hong S G, et al. 2016. Wheat bran arabinoxylan supplementation alleviates 5-fluorouracil induced mucositis and myelosuppression in BALB/c mice. Journal of Functional Foods, 21: 312-320.
Stepan A M, Anasontzis G E, Matama T, et al. 2013. Lipases efficiently stearate and cutinases acetylate the surface of arabinoxylan films. Journal of Biotechnology, 167(1): 16-23.
Stepan A M, Ansari F, Berglund L, et al. 2014. Nanofibrillated cellulose reinforced acetylated arabinoxylan films. Composites Science and Technology, 98: 72-78.
Stepan A M, Höije A, Schols H A, et al. 2012. Arabinose content of arabinoxylans contributes to flexibility of acetylated arabinoxylan films. Journal of Applied Polymer Science, 125(3): 2348-2355.
Stevanic J S, Bergström E M, Gatenholm P, et al. 2012. Arabinoxylan/nanofibrillated cellulose composite films. Journal of Materials Science, 47(18): 6724-6732.
Stevanic J S, Joly C, Mikkonen K S, et al. 2011. Bacterial nanocellulose-reinforced arabinoxylan films. Journal of Applied Polymer Science, 122(2): 1030-1039.
Tan L, Eberhard S, Pattathil S, et al. 2013. An *Arabidopsis* cell wall proteoglycan consists of pectin and arabinoxylan covalently linked to an arabinogalactan protein. The Plant Cell, 25(1): 270-287.
The D P, Debeaufort F, Voilley A, et al. 2009. Biopolymer interactions affect the functional properties of edible films based on agar, cassava starch and arabinoxylan blends. Journal of Food Engineering, 90(4): 548-558.
Tian D, Xu X, Peng Q, et al. 2019. *In vitro* fermentation of arabinoxylan from oat (*Avena sativa* L.) by Pekin duck intestinal microbiota. 3 Biotech, 9(2): 54.
Toole G A, Le Gall G, Colquhoun I J, et al. 2012. Spectroscopic analysis of diversity in the spatial distribution of arabinoxylan structures in endosperm cell walls of cereal species in the HEALTHGRAIN diversity collection. Journal of Cereal Science, 56(2): 134-141.
Trogh I, Courtin C M, Delcour J A. 2004. Isolation and characterization of water-extractable arabinoxylan from hull-less barley flours. Cereal Chemistry, 81(5): 576-581.
Turner M A, Soh C H N, Ganguli N K, et al. 2008. A survey of water-extractable arabinopolymers in bread and durum wheat and the effect of water-extractable arabinoxylan on durum dough rheology and spaghetti cooking quality. Journal of the Science of Food and Agriculture, 88(14): 2551-2555.
Van den Abbeele P, Venema K, Van de Wiele T, et al. 2013. Different human gut models reveal the distinct fermentation patterns of arabinoxylan versus inulin. Journal of Agricultural and Food Chemistry, 61(41): 9819-9827.
Vansteenkiste E, Babot C, Rouau X, et al. 2004. Oxidative gelation of feruloylated arabinoxylan as affected by protein. Influence on protein enzymatic hydrolysis. Food Hydrocolloids, 18(4): 557-564.
Vinkx C J A, Van Nieuwenhove C G, Delcour J. 1991. Physicochemical and functional-properties of rye nonstarch polysaccharides. 3. Oxidative gelation of a fraction containing water-soluble pentosans and proteins. Cereal Chemistry, 68(6): 617-622.
Viveros A A, Brenes A, Pizarro M, et al. 1994. Effect of enzyme supplementation of a diet based on barley,

and autoclave treatment, on apparent digestibility, growth performance and gut morphology of broilers. Animal Feed Science and Technology, 48(3-4): 237-251.

Wakabayashi K, Soga K, Kamisaka S, et al. 2005. Increase in the level of arabinoxylan-hydroxycinnamate network in cell walls of wheat coleoptiles grown under continuous hypergravity conditions. Physiologia Plantarum, 125(1): 127-134.

Walton G E, Lu C, Trogh I, et al. 2012. A randomised, double-blind, placebo controlled cross-over study to determine the gastrointestinal effects of consumption of arabinoxylan-oligosaccharides enriched bread in healthy volunteers. Nutrition Journal, 11(1): 36.

Wang J, Li Y, Dong X, et al. 2017. A micelle self-assembled from doxorubicin-arabinoxylan conjugates with ph-cleavable bond for synergistic antitumor therapy. Nanoscale Research Letters, 12(1): 73.

Wang J, Sun B, Cao Y, et al. 2010. Wheat bran feruloyl oligosaccharides enhance the antioxidant activity of rat plasma. Food Chemistry, 123(2): 472-476.

Wang P, Hou C, Zhao X, et al. 2019. Molecular characterization of water-extractable arabinoxylan from wheat bran and its effect on the heat-induced polymerization of gluten and steamed bread quality. Food Hydrocolloids, 87: 570-581.

Wang P, Tao H, Jin Z, et al. 2016. Impact of water extractable arabinoxylan from rye bran on the frozen steamed bread dough quality. Food Chemistry, 200: 117-124.

Watanabe T, Shida M, Furuyama Y, et al. 1983. Structure of the arabinoxylan of rice hull. Carbohydrate Research, 123(1): 83-95.

Williams B A, Zhang D, Lisle A T, et al. 2016. Soluble arabinoxylan enhances large intestinal microbial health biomarkers in pigs fed a red meat-containing diet. Nutrition, 32(4): 491-497.

Wu A M, Rihouey C, Seveno M, et al. 2009. The *Arabidopsis* IRX10 and IRX10-LIKE glycosyltransferases are critical for glucuronoxylan biosynthesis during secondary cell wall formation. The Plant Journal, 57(4): 718-731.

Wu D, Zhou T, Li X, et al. 2016. POD promoted oxidative gelation of water-extractable arabinoxylan through ferulic acid dimers. Evidence for its negative effect on malt filterability. Food Chemistry, 197: 422-426.

Wu Y, Zhang G. 2018. Synbiotic encapsulation of probiotic *Latobacillus plantarum* by alginate-arabinoxylan composite microspheres. LWT, 93: 135-141.

Xiang Z, Anthony R, Tobimatsu Y, et al. 2014. Emulsifying properties of an arabinoxylan-protein gum from distillers' grains and the co-production of animal feed. Cellulose, 21(5): 3623-3635.

Yuan X, Wang J, Yao H, et al. 2005. Free radical-scavenging capacity and inhibitory activity on rat erythrocyte hemolysis of feruloyl oligosaccharides from wheat bran insoluble dietary fiber. LWT-Food Science and Technology, 38(8): 877-883.

Yui T, Imada K, Shibuya N, et al. 1995. Conformation of an arabinoxylan isolated from the rice endosperm cell wall by X-ray diffraction and a conformational analysis. Bioscience, Biotechnology, and Biochemistry, 59(6): 965-968.

Zaman M, Hanif M, Khan M A. 2018. Arabinoxylan-based mucoadhesive oral films of tizanidine HCL designed and optimized using central composite rotatable design. Polymer-Plastics Technology and Engineering, 57(5): 471-483.

Zhang B, Liu W, Chang S X, et al. 2010. Water-deficit and high temperature affected water use efficiency and arabinoxylan concentration in spring wheat. Journal of Cereal Science, 52(2): 263-269.

Zhang D, Williams B A, Mikkelsen D, et al. 2015. Soluble arabinoxylan alters digesta flow and protein digestion of red meat-containing diets in pigs. Nutrition, 31(9): 1141-1147.

Zhang J, Wang Z W. 2011. Arabinoxylan from Canna edulis Ker by-product and its enzymatic activities. Carbohydrate Polymers, 84(1): 656-661.

Zhang P, Whistler R L. 2004. Mechanical properties and water vapor permeability of thin film from corn hull arabinoxylan. Journal of Applied Polymer Science, 93(6): 2896-2902.

Zhang X, Chen T, Lim J, et al. 2019. Acid gelation of soluble laccase-crosslinked corn bran arabinoxylan and possible gel formation mechanism. Food Hydrocolloids, 92: 1-9.

Zhang X, Xue D, Wu F, et al. 2013. Genotypic and environmental variations of arabinoxylan content and endoxylanase activity in barley grains. Journal of Integrative agriculture, 12(8): 1489-1494.

Zheng S, Sanada H, Dohi H, et al. 2012a. Suppressive effect of modified arabinoxylan from rice bran (MGN-3) on D-galactosamine-induced IL-18 expression and hepatitis in rats. Bioscience, Biotechnology, and Biochemistry, 76(5): 942-946.

Zheng S, Sugita S, Hirai S, et al. 2012b. Protective effect of low molecular fraction of MGN-3, a modified arabinoxylan from rice bran, on acute liver injury by inhibition of NF-κB and JNK/MAPK expression. International Immunopharmacology, 14(4): 764-769.

第12章　香菇多糖

12.1　引　　言

香菇（*Lentinus edodes*），俗称香菌、香蕈、花菇，在日本被称为shiitake，是世界上第二大食用菌，随着研究的不断深入，已经证实其具有丰富的食、药用价值（Li et al.，2018a）。香菇味道鲜美，营养丰富，在我国有着悠久的食用历史，素有“山珍之王”和“植物皇后”之美誉。元代吴瑞在《日用本草》中写道，香菇具有“益气不饥，治风破血”之功效（刘茵华，1997）；明代著名药学家李时珍（1982）在《本草纲目》中描述香菇具有“味甘、性平、无毒，益胃清神、治痔”之特征。

12.1.1　分布与分类

香菇常生长于秋冬春季节，散生、群生或单生于阔叶树根部等低温潮湿处，广泛分布于东亚及东南亚国家，如韩国、日本、中国等。我国是香菇出口大国，在我国香菇属真菌有30多种，主要分布在四川、辽宁、江西、湖北、吉林、安徽、云南、浙江、福建、湖南、广西、海南等地区（Lin et al.，2018）。19世纪至今，香菇先后被归入12个真菌分类属，但是，因为对于香菇的形貌特征缺乏可靠描述，很难对香菇进行比较精准的种属分类。Berkeley于1877年首次在其文章中对香菇进行描述，并根据其形态特征认为香菇应属于伞菌属。后来，人们逐渐发现香菇不仅具有多孔菌的形态特征，也符合伞菌的形貌特征，于是，香菇归属问题变得众说纷纭，其中Singer和Pegler的分类得到较为广泛的认可。Singer（1941）认为香菇与其当时所属的口蘑属并无共同之处，参考其规律的子实体菌髓及厚壁菌丝等形态特征，认为香菇应归属于香菇属，并在随后的专著中继续将香菇保留在香菇属中（Singer，1962）。在此分类基础上，Pegler（1971）认为香菇应归入多孔菌科中，并依据菌丝结构，将香菇分为两个类型：单型菌丝和双型菌丝。除了从宏观特征、微观特征和个体发育对香菇进行分类研究，分子生物学特征也被应用于香菇系统学研究当中。现代分子水平的研究认为香菇属于多孔菌科或与多孔菌科关系很近（刘宇和图力古尔，2012），这与Pegler（1971）的观点一致。

12.1.2　栽培及其对生态的影响

随着市场对香菇的需求量越来越大，自然生长的香菇不能满足市场所需，因此，人工栽培香菇成了满足市场需求的重要途径。我国已有近千年的香菇栽培历史，主要分为传统季节性栽培和最近兴起的工厂化栽培模式。传统季节性栽培主要集中在有森林资源的丘陵、半山区，在冬季闲置的水稻田中搭建“三分阳，七分阴”的遮阴棚内进行，主要模式是埋地栽培和菌棒栽培。目前工厂化栽培效果比较显著的有“上海基于二次培养的菌砖栽培模式”、“山东短袋吊式栽培模式”和“湖北仿日韩菌砖栽培模式”。不过由于香菇具有栽培周期长、难以稳定地同步实现菌棒转色和不定点出菇及菌床补水困难等特点，现阶段国内暂时不适合进行香菇工厂化周年大面积栽培，工厂化栽培工艺还需要不断研究改进（黄毅，2016，2014）。

香菇属于木腐真菌，在生态循环中扮演着重要的角色。大批量传统季节性种菇会损害生态环境；而人工栽培香菇同样需要消耗大量的木屑，容易造成适合种植香菇的树种资源日益紧缺。因此，香菇资源的开发与生态保护之间的关系是一个亟待研究的重要课题。

12.1.3　主要营养成分

香菇肉质鲜美，口感极佳，香气独特，属于低脂肪、高蛋白、高膳食纤维的营养保健品，还含有种类丰富的维生素（表 12-1）。下面将具体介绍香菇中除香菇多糖外其他几种主要的营养成分。

表 12-1　香菇的营养组成（每 100g 干香菇）（Longvah and Deosthale，1998；Mattila et al.，2001）

名称	含量
蛋白质	22.8g
脂肪	2.1g
碳水化合物	64.4g
灰分	6.0g
磷	493mg
镁	200mg
钙	127mg
维生素 B_1	0.6mg
维生素 B_2	1.8mg
烟酸	31mg
肉桂酸	13.4μg
安息香酸	66.4μg
儿茶酸	11.7μg

12.1.3.1　氨基酸和蛋白质

香菇中含有18种氨基酸，其中，赖氨酸、苏氨酸、亮氨酸、甲硫氨酸、缬氨酸、异亮氨酸、苯丙氨酸为人体所必需的 7 种氨基酸（Longvah and Deosthale，1998）。除了谷蛋白、醇溶蛋白和白蛋白外，香菇中还含有多种酶和功能蛋白，其中功能蛋白常以糖蛋白形式存在。Sun 等（2011）从香菇的子实体中分离纯化得到一种漆酶，其分子质量为 67kDa，体外研究发现该漆酶具有抗 HIV 作用，对 HIV 逆转录酶的半抑制浓度为 7.5μmol/L。Ngai 和 Ng（2003）从香菇子实体中分离纯化得到一种蛋白质 Lentin，测得其分子质量为 27.5kDa，用氨基酸自动测序仪测定得到 15 种氨基酸。体外活性研究证实 Lentin 能抑制真菌菌丝体的生长。此外，Lentin 还可以抑制 HIV-1 的逆转录酶，且对白血病细胞 L1210 细胞株的增殖具有抑制作用。

12.1.3.2　核苷类化合物

核苷是香菇中不可或缺的物质之一，包含尿嘧啶、尿苷、腺苷等。紫外分光光度法是分析香菇中核苷类物质的主要方法，但近几年一些新的分析方法也逐渐被人们使用。李顺峰等（2018）采用高效液相色谱法（HPLC）分析香菇中 5′-核苷酸的组成及含量，该方法方便快捷，准确可靠，可用于食用菌中核苷类化合物的分析鉴定。

另外，日本学者 Kaneda 和 Tokuda（1966）从香菇中分离得到一种特有嘌呤类化合物——香菇嘌呤（又名香菇素），其分子式为 $C_9H_{11}N_5O_4$，相对分子质量为253.22，化学名为2,3-二羟基-4-(9-腺嘌呤)丁酸，香菇嘌呤主要有 4 种空间异构体（图 12-1）。香菇嘌呤具有显著的降血脂功效（唐庆九等，2011），并可通过抑制血管紧张素转化酶活性预防血栓形成和高血压等心血管疾病（Afrin et al.，2016）。Sugiyama 等（1995）发现，天然香菇嘌呤可通过改变肝脏中磷脂代谢降低磷脂酰胆碱与磷脂酰乙醇胺的比例，以发挥降低血清胆固醇功效。

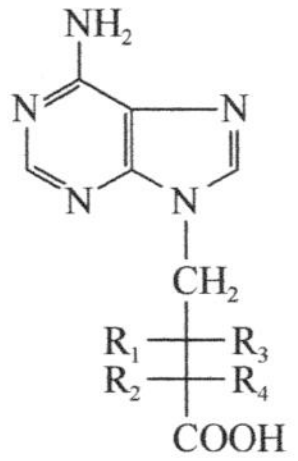

(1) R_1=R_2=OH，R_3=R_4=H
(2) R_1=R_2=OH，R_3=R_4=OH
(3) R_1=R_4=OH，R_2=R_3=OH
(4) R_1=R_4=OH，R_2=R_3=H

图 12-1　香菇嘌呤的分子结构式

12.1.3.3　挥发性物质

香菇具有独特的香味，不同品种、不同生长部位及不同发育阶段的香菇所含香味成分各有差异，而香味成分主要是挥发性组分，包括含硫化合物、八碳化合物以及醛、酸、酮、酯类等（Her et al.，2015；黄雯，2012）。含硫化合物主要有硫醚类和杂环类化合物，主要存在于干香菇中，以1,2,3,5,6-五硫杂环庚烷（俗称香菇精）为代表，有关其研究报道最多，包括对香菇精的三维结构（Nishikawa et al.，1967）、化学性质和前体物质（Yasumoto et al.，1971）的研究；而八碳化合物主要存在于新鲜香菇中，包括 1-辛烯-3-醇、1-辛烯-3-酮等，以亚油酸为前体物质，经过一系列酶促反应催化而成（张宁，2013）。

除此之外，香菇中含有的多酚类物质（Sapozhnikova et al.，2014；魏倩婷，2011）、麦角甾醇等甾醇类物质（Hammann et al.，2016）还具有抗氧化作用。

综上所述，香菇丰富的营养成分不仅可以增强食欲，还可以维持营养的均衡性，具有很好的食用价值，结合其增强免疫调节功能、降血脂等药用价值，使得香菇成为极具开发潜力和应用前景的食药用菌（Yu et al.，2016；Dai et al.，2015）。

12.2　香菇多糖的制备和理化性质

香菇多糖（lentinan）是香菇中非常重要的成分，通常从香菇子实体、菌丝体或发酵液中分离纯化获得。香菇多糖因具有良好的抗肿瘤、免疫调节、抗病毒等功能（Xu et al.，2012a），且毒副作用小、来源广泛而日渐引起人们的重视。

1969 年，日本科学家 Chihara 等首次采用热水浸提法从香菇子实体中分离纯化得到 4 个香菇多糖组分（LC-1、LC-33、EC-11、EC-14），并在小鼠体内发现 LC-1 和 LC-33 具有显著抑制肉瘤 S-180 活性的作用。20 世纪 80 年代后，对香菇多糖的研究更为深入和多元化，囊括多糖的提取、分离纯化、结构、活性及构效关系等各个方面。现如今，香菇多糖已作为优良的免疫调节剂广泛应用于国内外临床当中，日本学者已于 80 年代开始将香菇多糖应用于临床辅助治疗癌症中（Taguchi，1980），国内也于 90 年代开始在临床上应用香菇多糖治疗恶性肿瘤及肝炎等疾病（吴昌平和华铮，1996），表 12-2 列举了现有的被国家市场监督管理总局批准的香菇多糖药物信息。

表 12-2　香菇多糖药物信息一览表

药品名称	批准文号	生产单位	剂型	产品类别	批准日期
香菇多糖	国药准字 H20055744	南京易亨制药有限公司	原料药	化学药品	2015-09-07
香菇多糖	国药准字 H20066873	江苏盈科生物制药有限公司	原料药	化学药品	2016-04-28
香菇多糖	国药准字 H20064612	江苏康缘药业股份有限公司	原料药	化学药品	2016-03-04
香菇多糖	国药准字 H10970108	南京绿叶制药有限公司	原料药	化学药品	2015-08-12
香菇多糖	国药准字 H20030130	金陵药业股份有限公司福州梅峰制药厂	原料药	化学药品	2015-06-09
香菇多糖	国药准字 Z10920011	金陵药业股份有限公司福州梅峰制药厂	原料药	中药	2015-06-09
注射用香菇多糖	国药准字 H20055745	南京易亨制药有限公司	注射剂	化学药品	2015-07-22
注射用香菇多糖	国药准字 H10950078	南京绿叶制药有限公司	注射剂	化学药品	2015-07-22
注射用香菇多糖	国药准字 H20064611	山西振东泰盛制药有限公司	注射剂	化学药品	2016-04-18
注射用香菇多糖	国药准字 H20067183	江苏康缘药业股份有限公司	注射剂	化学药品	2016-06-15
香菇多糖注射液	国药准字 H20030131	金陵药业股份有限公司福州梅峰制药厂	注射剂	化学药品	2015-09-24
香菇多糖注射液	国药准字 Z10920012	金陵药业股份有限公司福州梅峰制药厂	注射剂	中药	2015-09-24
香菇多糖片	国药准字 Z20026215	浙江普洛康裕天然药物有限公司	片剂	中药	2015-06-19
香菇多糖胶囊	国药准字 Z20080579	湖北创力药业有限公司	胶囊剂	中药	2013-09-28

12.2.1　制备

实验室研究集中于从子实体中提取香菇多糖，由于香菇生长周期长，易受土壤、温度和湿度等环境因素的影响，且整套流程过于复杂，因此香菇多糖生产规模小、产量低、成本高，远不能满足临床和保健需求。通过发酵法获得香菇菌丝体或发酵液后，再提取多糖制备相关产品，为解决以上问题提供了新的途径。Fujii 等（1978）从香菇发酵菌丝体中分离到一种具有免疫活性的香菇多糖 KS-2。目前就生产原料而言，香菇多糖制备方式有两种：一种是从香菇子实体中获取；另一种是采用发酵法生产。表 12-3 列出了上述两种香菇多糖制备方式的提取流程和技术特点。

表 12-3　两种香菇多糖制备方法的提取流程和技术特点

提取方法	子实体提取	发酵法提取	
多糖来源	香菇子实体	发酵上清液	发酵菌丝体
提取流程	子实体粉碎后，脱脂除杂，然后进行热水浸提、酸提、碱提、酶提等	香菇菌种扩增后，进罐发酵，然后离心发酵得上清液，再进行浓缩醇沉	香菇菌种扩增后，上罐发酵，然后离心得菌丝体，再进行多糖提取（热水浸提法等）
优点	提取干扰因素较少，实验室小批量进行研究较为适宜	菌种生长速度快、周期短、产量高，可实现工业化生产、规模化提取	菌种生长周期短、得率高，可实现大规模工业化提取
缺点	子实体生长周期长，多糖得率低，环境影响较大，生产成本高	发酵干扰因素多，包括菌种的筛选、培养基的配比、培养条件等，费用高，菌种代谢产物影响多糖的纯化	发酵干扰因素多，包括培养条件、培养基的配比、菌种的筛选等，费用高，菌种代谢产物影响多糖的纯化

12.2.1.1　提取

香菇多糖不仅限于从子实体中提取，也可以从菌丝体及发酵液中获得。香菇多糖的提取过程主要是在不同条件下对细胞壁进行破坏来进行分离提取。1969 年，Chihara 等首次提出对香菇进行热水浸煮，使香菇内部细胞吸水膨胀，获得水溶性香菇多糖，这种热水浸提法一直被研究人员广泛应用至今（Li et al.，2015a；Chihara et al.，1970）。不同浓度的酸、碱可以进一步破坏其细胞壁，得到不同于水提多糖性质的香菇多糖。武汉大学张俐娜教授团队在碱提法的基础上，修改并建立了一种用 1.25mol/L NaOH/0.05% $NaBH_4$ 溶液从香菇子实体中提取香菇葡聚糖的新方法，这种方法的香菇多糖得率高达 5%，该团队之后对香菇多糖的研究一直采用该提取方法（Li et al.，2014）。不同溶剂提取得到的香菇多糖结构存在差异，水提醇沉法得到的多糖多为水溶性杂多糖，而少量碱提取得到的多为不溶或微溶于水的葡聚糖（Wang et al.，2014；Jeff et al.，2013；李盛，2013；Xu et al.，2012a）。

此外，近年兴起的微波辅助、超声波辅助、酶法及高压均质等提取方法，可以更加全面地破坏香菇细胞壁，提高得率和提取率（蔡锦源等，2016；Ke，2015；Zhu et al.，2014；Cheung et al.，2012）。苏晨曦等（2015）采用微波辅助法提取香菇多糖，优化工艺得到最佳提取条件为：液固比 35∶1，微波时间 8.5min，微波功率 900W，得率达 6.49%。彭川丛等（2011）采用响应面优化超声辅助法提取工艺得到的最佳条件为：料液比 1∶37，超声时间 7.3min，超声功率 550W，其得率高达 20.58%。Zhao 等（2016）采用酶法结合乙醇沉淀法提取香菇多糖，通过优化该方法得到的最佳提取条件是：采用纤维素酶（15g/kg）、木瓜蛋白酶（20g/kg）和果胶酶（15g/kg）混合作用，酶解温度 54℃，pH 5.0，酶解时间 93min，液料比 29∶1（mL∶g），由此香菇多糖得率高达 15.65%。Wang 等（2012）采用高压技术提取香菇柄多糖，在压力 210MPa、固（g）液（mL）比 1∶26 下，施加 20min 压力，从 1g 原料中可以提取到 53.62mg 香菇多糖。与热水浸提法相比，高压萃取法具有耗时短、得率高、成本低、可控性强等优点。Xu 等（2012b）比较了热水浸提法、超声波提取法、酶法和碱提法 4 种不同的提取方法对从香菇子实体中提取多糖的影响，发现不同提取溶剂和方式得到的多糖，其结构和溶液构象都有相似之处，但相对分子质量具有明显差别。

12.2.1.2 分离纯化

香菇多糖提取液一般含有一定的色泽，对香菇多糖进行脱色处理常采用有机试剂法、过氧化氢或树脂吸附法，脱蛋白处理采用 Sevag 法（氯仿和正丁醇）或酶法（木瓜蛋白酶和糖化酶等），最后采用透析法等除去小分子杂质。耿安静（2010）研究香菇多糖脱色和除蛋白工艺时发现，当添加 7% 过氧化氢，在 55℃、pH 7.0 条件下脱色 3h 时，脱色率为 76.8%；Sevag 法脱蛋白的最佳条件为：多糖溶液的体积约为 1/3，且氯仿 / 正丁醇（*V/V*）=5∶1，脱蛋白 5 次，振荡时间为 20min。

通过上述方法纯化得到的香菇多糖，一般是不同结构的混合物，有待进一步分级纯化。香菇多糖最初是使用季铵盐，如 CTAB 及其碱（CTAB-OH）沉淀法来纯化的（Chihara et al.，1970）。现在纯化香菇多糖的常用方法有凝胶柱层析、离子交换柱层析等柱层析法，常用的交换柱为琼脂糖凝胶柱和 DEAE- 纤维素阴离子交换柱（Wang et al.，2015a，2015b；Xu et al.，2012a）。Wang 等（2015b）对香菇菌丝体进行了纯化，采用 DEAE-52 离子交换柱层析得到较为均一的多糖。Xu 等（2015）将粗多糖进 DEAE-52 离子交换柱层析后，再用 Sephadex G-200 凝胶柱层析进行分离纯化，得到较为均一的精多糖。此外，一些新技术，如超滤法和制备色谱也同样用于分离纯化香菇多糖。You 等（2014）采用截留分子质量为 500kDa 的超滤膜对香菇多糖进行分离，所得组分在排阻色谱中呈现单一对称分布的峰（You et al.，2014）。Wang 等（2014）将水提和碱提的两种香菇多糖溶液在 0.1MPa 的压力下依次通过三种不同截留分子质量（500kDa、100kDa 和 10kDa）的超滤膜，得到 5 个分子质量分布较为均一的组分。蒋志国等（2009）在高速逆流色谱仪上利用双水相体系分离香菇多糖，得到一个分子质量为 293kDa 的组分，该方法具备处理量大、产品损失小，能一次性地分离复杂样品等优点，为香菇多糖的纯化提供了一种新思路。

12.2.2 理化性质

12.2.2.1 溶解性和旋光性

香菇多糖常温下为棕黄色或白色粉末，光稳定性和热稳定性较好，且无甜味和还原性，在 0.5mol/mL NaOH 溶液中的溶解度可达 50 ～ 100mg/mL。此外，香菇多糖吸湿性很强，在 25℃、相对湿度为 92.5% 的环境下放置 15 天，吸水量可达 40%（肖俊勇等，2018）。香菇碱提多糖溶解在水中，在室温（25℃）条件下不需要任何添加剂即可形成凝胶状态，并且这种溶液-凝胶转变是热可逆的（Zhang et al.，2011）。香菇多糖在不同溶液中旋光度不同，在水溶液中香菇多糖的旋光度为 +9.8°。碱液的存在会促使旋光性发生转变，碱提香菇多糖即使溶解在水溶液中，旋光度也较大，为 +54.7°（Qian et al.，2009），且在不同浓度的氢氧化钠溶液中的比旋光度不同，在 2.5mol/L NaOH 中为 +19.5° ～ +21.5°，在 0.5mol/L NaOH 中为 +13.5° ～ +14.5°（Chihara et al.，1970）。此外，香菇多糖的旋光度还会受干燥方式、香菇产地、保存时间、提取方法等因素影响，当超声提取和微波提取条件超过一定功率与时间后会显著影响香菇多糖的旋光性；冻干香菇多糖的旋光度较烘干或真空干燥的香菇多糖旋光度更大；当香菇多糖保存时间超过 6 周时，其旋光度也会显著变化（Qian and Chen，2014）。

12.2.2.2　分子质量

1971 年，Maeda 等首次采用光散射测得香菇多糖的分子质量为 $9.5\times10^5\sim10.5\times10^5$Da。研究者通过凝胶渗透色谱法（gel permeation chromatography，GPC）测得香菇多糖的分子质量范围为 $3\times10^5\sim8\times10^5$Da（Suzuki et al.，1982）。随着香菇多糖提取方法、部位和纯化方法的改进与发展，人们报道的香菇多糖分子质量范围有所增大。Cheung 等（2012）发现不同提取方法得到的香菇多糖其分子质量同样有所差异，相比于传统热水浸提法，超声波辅助提取法得到的香菇多糖在 GPC 色谱图中的分布为：分子质量大于 6.7×10^5Da 的峰信号明显减弱，另外还出现响应很大的分子质量小于 1.0×10^3Da 的峰。他们认为超声波辅助提取法导致香菇多糖从高分子质量向低分子质量转变的原因可能是，超声波辅助提取时较低的温度影响高分子质量多糖的提取和溶解，以及超声波导致了香菇多糖的部分降解。张欣和吕作舟（1998）从香菇菌盖中采用水提法与碱提法分离得到的两种香菇多糖，其分子质量分别为 9.40×10^4Da 和 8.31×10^4Da，首先用 Sepharose CL-6B 凝胶柱进行分离，再通过 3 种不同的凝胶柱（Sepharose CL-6B、Sephadex G-100、Sephadex G-75）进行再次纯化得到 6 种组分，并采用 SEC 测定其分子质量，结果差异显著，其中分子质量最大的是采用 Sepharose CL-6B 纯化得到的一种组分，分子质量大于 2.0×10^6Da；利用 Sephadex G-100 纯化得到的组分分子质量最小，为 7.48×10^3Da（Zheng et al.，2015）。此外，张俐娜教授团队发现香菇多糖在不同溶液中分子质量有所差异，他们采用光散射技术、尺寸排阻色谱和光散射联用技术测得香菇多糖在 0.5mol/L NaCl 溶液中的分子质量范围为 $10.22\times10^5\sim18.32\times10^5$Da，香菇多糖在二甲基亚砜（DMSO）中的分子质量范围为 $4.14\times10^5\sim5.58\times10^5$Da，香菇多糖的分子质量在 DMSO 中仅约为 0.5mol/L NaCl 溶液中的 1/3，推测分子质量的差异可能是香菇多糖在不同溶液中分散性和聚集状态不同所导致的（Xu et al.，2010）。

12.2.2.3　单糖组成

早在 1969 年，Chibata 等首次分离纯化香菇子实体，得到一种香菇葡聚糖，其分子质量较为均一。随着对香菇多糖研究的日益深入，人们发现香菇多糖并非均是同聚糖，有其他研究者从香菇当中提取得到杂多糖。但是具体的单糖种类和相应比例与香菇多糖来源和提取纯化工艺有关。表 12-4 总结了不同提取部位和提取分离方法得到的香菇多糖的单糖组成测定结果，可以看出香菇多糖单糖基本由葡萄糖、半乳糖和甘露糖等组成，且多数不含葡糖醛酸和半乳糖醛酸。Jeff 等（2013）和张洪涛等（2014）先后采用不同的提取纯化方法从香菇子实体中得到香菇多糖，发现它们基本是由不同比例的葡萄糖、半乳糖、甘露糖构成的。Kim 等（2013）从香菇液体发酵菌丝体中提取得到一种均一多糖，测得其单糖组成结果为葡萄糖、半乳糖、岩藻糖、甘露糖、鼠李糖、木糖和半乳糖醛酸。Zheng 等（2015）发现经 Sepharose CL-6B 凝胶柱分离后的香菇多糖由葡萄糖、半乳糖、

表 12-4　不同来源香菇多糖的提取分离方法、单糖组成、分子质量和结构特征

类型	样品	提取部位	提取分离方法	单糖组成	分子质量（Da）	结构特征	文献来源
葡聚糖	Lentinan	子实体	脱脂后，用 5% NaOH/0.05% $NaBH_4$ 提取，Sevag 法脱蛋白、干燥	葡萄糖	4.00×10^5～8.00×10^5	葡聚糖，不含氮、硫、磷，微溶于水	Chibata et al.，1969；Chihara et al.，1970
	Glucan	子实体	碱液提取	葡萄糖	—	α-D-1,3-葡聚糖，轻度支链化	Shida et al.，1978
	LE	菌丝体	水提醇沉后，丙酮洗涤，DEAE-纤维素纯化，透析，冻干	葡萄糖	5.08×10^5	β-D-1,3-葡聚糖	Liu et al.，1998
	L-FV-Ⅰ	子实体	甲醇和乙醇脱脂后，用 0.9% NaCl 和水提取，残渣再用 5% NaOH/0.05% $NaBH_4$ 溶液提取，离心除去沉淀，上清用乙醇沉淀，透析，脱蛋白后干燥	葡萄糖	7.79×10^5	β-D-1,3-葡聚糖，蛋白含量 10%，溶于水	Zhang et al.，1999
	L-Ⅱ	子实体	蒸馏水提取、浓缩，Sevag 法脱蛋白，乙醇沉淀，DEAE-纤维素纯化后冻干	葡萄糖	2.03×10^5	β-葡聚糖	Zheng et al.，2005
	SLNT1	子实体	乙醇脱脂，水提醇沉，H_2O_2 脱色除蛋白，超滤	葡萄糖	6.17×10^5	β-D-1,3-葡聚糖	Wang et al.，2013a
	LST1、LST2、LJT1、LJT2 和 LJT3	子实体	乙醇脱脂，水提醇沉，H_2O_2 脱色除蛋白，超滤	葡萄糖	5.24×10^5	β-D-1,3-葡聚糖	Wang et al.，2014
	LTN	子实体	乙醇脱脂，1% NaOH/0.05% $NaBH_4$ 溶液提取，Sevag 法脱蛋白，截留分子质量 500kDa 的超滤膜超滤纯化	葡萄糖	6.05×10^5	β-D-1,3-葡聚糖	You et al.，2014
	LTN	子实体	乙醇脱脂，1% NaOH/0.05% $NaBH_4$ 溶液提取，Sevag 法脱蛋白，截留分子质量 500kDa 的超滤膜超滤纯化	葡萄糖	6.05×10^5	β-D-1,3-葡聚糖	You et al.，2014
	LEP-1	—	酶辅助提取，依次通过 DEAE-52 阴离子交换柱和 Sephadex G-100 凝胶柱纯化	葡萄糖	1.52×10^5	—	Zhao et al.，2016

续表

类型	样品	提取部位	提取分离方法	单糖组成	分子质量（Da）	结构特征	文献来源
非葡聚糖	KS-2	菌丝体	水提醇沉	甘露糖	6.00×10^4～9.50×10^4	含有丝氨酸、苏氨酸、丙氨酸的α-甘露糖肽	Fujii et al.，1978
	PJFI	菌柄	SLS、PAW（苯酚、乙酸、水混合物）和DMSO处理，热水提取，琼脂糖纯化，冻干	葡萄糖、半乳糖、甘露糖和木糖	—	β-1,3键链接，Xyl∶Man∶Glc∶Gal=5∶6∶75∶5	耿立萍和郑建仙，1995
	Lew	菌盖	热水提取，乙醇和CTAB沉淀，Sevag法脱蛋白，透析，冻干	葡萄糖、阿拉伯糖、半乳糖、木糖和鼠李糖	2.03×10^4	β-杂多糖，Ara∶Rha∶Xyl∶Gal∶Glc=4.36∶2.03∶1.00∶5.64∶13.80	张欣和吕作舟，1998
	Lea	菌盖	热水提取，乙醇和CTAB沉淀，Sevag法脱蛋白，透析，冻干	葡萄糖、鼠李糖、半乳糖、木糖和阿拉伯糖	9.40×10^4	β-杂多糖，Ara∶Rha∶Xyl∶Gal∶Glc=9.37∶1.00∶1.64∶7.19∶23.36	张欣和吕作舟，1998
	Compound X	菌丝体	水提醇沉，沉淀复溶，再用0.2mol/L CTAB-OH沉淀，用丙酮洗涤后溶于NaOH中，透析，冻干	木糖、核糖和甘露糖	2.00×10^5～9.50×10^5	β-木聚糖	Tomati et al.，2004
	Heterogalactan	子实体	3%三氯乙酸提取，甲醇沉淀	半乳糖、岩藻糖、甘露糖	—	α-D-1,6-半乳聚糖	Shida et al.，1975
	FMG	子实体	水提醇沉后，用Cu^{2+}进一步沉淀，抽滤，冻干	半乳糖	1.63×10^4	α-D-1,6-半乳聚糖	Carbonero et al.，2008
	Lentinan	子实体	均质，水提醇沉，用液氮冷冻后冻干	脂肪、蛋白质和碳水化合物，含量分别为1%、11%和87.65%	—	—	Yap and Ng，2001
	L2	子实体	水提醇沉后，Sevag法脱蛋白，DEAE-纤维素柱分离纯化	阿拉伯糖、葡萄糖、半乳糖	2.60×10^4	杂多糖，以葡萄糖为主	Xu et al.，2012b
	WPLE-N-1	子实体	乙醇脱脂后，水提醇沉，Sevag法脱蛋白，DEAE-纤维素分离，再经过Sepharose CL-6B纯化	葡萄糖，极少量的半乳糖和甘露糖	7.58×10^5	β-D-1,6-葡聚糖	Jeff et al.，2013

续表

类型	样品	提取部位	提取分离方法	单糖组成	分子质量（Da）	结构特征	文献来源
非葡聚糖	WPLE-N-2	子实体	乙醇脱脂后，水提醇沉，Sevag 法脱蛋白，DEAE-纤维素分离（以 0.5mol/L NaCl 作洗脱剂），再经过 Sepharose CL-6B 纯化	葡萄糖、半乳糖和甘露糖	2.09×10^5	甘露半乳葡聚糖	Jeff et al.，2013
	WPLE-N-3	子实体			4.70×10^4	—	
非葡聚糖	LF	子实体	依次用 0.9% NaCl 和热水浸提	甘露糖、半乳糖、葡萄糖	1.35×10^6	杂多糖	张洪涛等，2014
	S-WPLE-Ⅰ-a，b	子实体	水提醇沉，Sevag 法脱蛋白，经 Sepharose CL-6B 纯化（以 0.5mol/L NaCl 作洗脱剂），再经 Sepharose CL-6B 纯化	葡萄糖、半乳糖和甘露糖	$>2.00\times10^6$（a） 7.55×10^5（b）	—	Zheng et al.，2015
	S-WPLE-Ⅱ-a，b	子实体	水提醇沉，Sevag 法脱蛋白，经 Sepharose CL-6B 纯化（以 0.5mol/L NaCl 作洗脱剂），再经 Sephadex G-100 纯化	葡萄糖、半乳糖和甘露糖	1.22×10^5（a） 2.36×10^4（b）	—	Zheng et al.，2015
	S-WPLE-Ⅲ-a	子实体	水提醇沉，Sevag 法脱蛋白，经 Sepharose CL-6B 纯化（以 0.5mol/L NaCl 作洗脱剂），再经 Sephadex G-75 纯化	葡萄糖、半乳糖和甘露糖	1.52×10^4	—	Zheng et al.，2015
	S-WPLE-Ⅲ-b	子实体	水提醇沉，Sevag 法脱蛋白，经 Sepharose CL-6B 纯化（以 0.5mol/L NaCl 作洗脱剂），再经 Sephadex G-75 纯化	葡萄糖、半乳糖、甘露糖、岩藻糖、葡糖醛酸和鼠李糖	7.48×10^3	—	Zheng et al.，2015
	LEP-2	—	酶辅助提取，依次通过 DEAE-52 阴离子交换柱和 Sephadex G-100 凝胶柱纯化	葡萄糖、甘露糖、半乳糖和糖醛酸	6.45×10^5	—	Zhao et al.，2016

甘露糖、岩藻糖、鼠李糖、木糖和葡糖醛酸组成，接着使用 Sephadex G-100 进行再次纯化后的单糖组成则变为葡萄糖、半乳糖和甘露糖。

12.3　香菇多糖的结构和溶液构象特征

12.3.1　一级结构

早在 1969 年香菇多糖研究便开始了，对于香菇多糖结构解析国内外一直都有相关报道，只是结构不完全一致。1976 年，Sasaki 和 Takasuka 通过甲基化、Smith 降解等手段对香菇多糖一级精细结构进行了分析，发现其主链由 β-D-1,3 键连接，C_6 位上有支链点（每 5 个 D-葡萄残基含两个支点），支链为 β-D-1,3 键和 β-D-1,6 键相连的 D-葡萄糖，如图 12-2 所示。对于香菇多糖结构报道最多的是 →3)-β-D-Glc*p*-(1→，并伴有不同分支度的侧链结构，但也有其他报道证明香菇多糖还有其他的结构，如半乳聚糖、β-杂多糖、→3)-α-Glc*p*-(1→、甘露半乳糖和葡聚糖等。日本学者从香菇子实体中用不同方法提取得到一种碱溶性多糖和一种水溶性多糖，通过对两种糖的精细结构解析发现，主链结构 →3)-α-D-Glc*p*-(1→ 多存在于碱溶性香菇多糖中，并呈现轻度支链化，支链主要是 →3)-α-Glc*p*-(1→ 和 →4)-α-Glc*p*-(1→，其中 →4)-α-Glc*p*-(1→ 主要集中在糖链的非还原末端附近；而主链结构 →6)-α-D-Gal*p*-(1→ 多存在于水溶性香菇多糖中，支链末端多为 D-甘露糖残基或 L-岩藻糖（Shida et al.，1978，1975）。Jeff 等（2013）从香菇子实体中分离纯化得到三种不同的香菇多糖组分（分别命名为 WPLE-N-1、WPLE-N-2 和 WPLE-N-3），对其精细结构进行解析发现，WPLE-N-1 是 β-1,6 键连接的葡聚糖；WPLE-N-2 和 WPLE-N-3 的结构较为复杂，含有不同比例的 →2,4)-Man*p*-(1→,→6)-α-D-Glc*p*-(1→,→4)-Glc*p*-(1→,→3)-Glc*p*-(1→,→6)-α-D-Gal*p*-(1→ 和 →3,6)-α-D-Gal*p*-(1→。此外，从香菇菌丝体中分离得到两种结构不同的均一组分（IA-a 和 IA-b）：IA-a 的主链是 α-D-1,4-葡聚糖，支链为 α-D-1,6 键连接的，具有类似糖原的结构；IA-b 的主链为 1,4 键连接的阿拉伯糖和木糖，推测可能是阿拉伯木聚糖结构（Kojima et al.，2010）。香菇多糖一级精细结构的差异可能归因于香菇来源不同、提取方法和部位不同、纯化方式不同等方面。

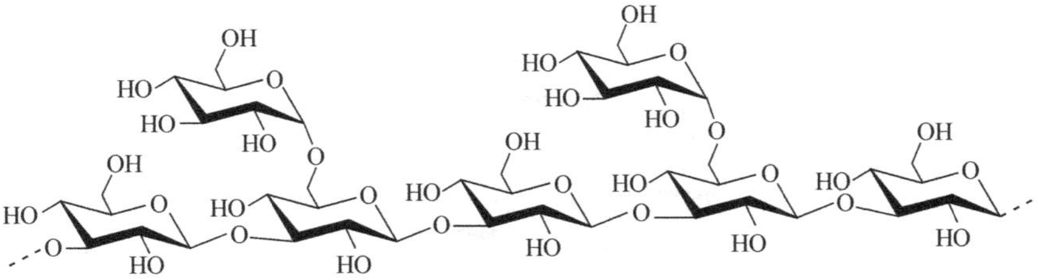

图 12-2　Sasaki 和 Takasuka（1976）报道的香菇多糖结构

国内有关香菇多糖结构解析较早的报道是 Zhang 等（1999）提出的，他们采用 5% NaOH/0.05% $NaBH_4$ 从香菇子实体中提取到两种多糖组分，并通过高效液相、红外光谱和核磁解析发现其中一种香菇多糖为含支链的 β-D-1,3-葡聚糖；另一种主链结构为 α-D-1,3-葡聚糖，带有少量的 α-D-1,6-葡萄糖残基（Zhang et al.，1999）。Zhang 等（2010a）从香菇子实体中采用热水浸提法提取香菇多糖，依次使用 DEAE-纤维素阴离子交换柱、

Sephadex G-200 凝胶柱进行分离纯化得到均一组分 LT1，通过解析其一级精细结构发现：LT1 主链由 1,3 键、1,4 键连接的葡萄糖残基组成，在 C_6 位置连接 β-1,4-葡萄糖残基（图 12-3）。对 70% 乙醇分级醇沉得到的香菇多糖组分进行结构解析发现，其主链结构为 β-D-1,6 键连接的葡聚糖，侧链为 β-D-1,6 键连接的葡萄糖残基，且连接在 C_4 位置上（图 12-4）（Wu et al.，2012）。Wang 等（2014）分别对水提和碱提两种香菇多糖采用超滤法进行分离纯化，得到 LST1、LST2、LJT1、LJT2 和 LJT3 5 种不同的组分，通过对所有组分的结构解析发现：这 5 种组分主链均为 β-D-1,3-葡聚糖，侧链为 →6)-β-Glc*p*-(1→，且具有不同的分支度，如图 12-5 所示。

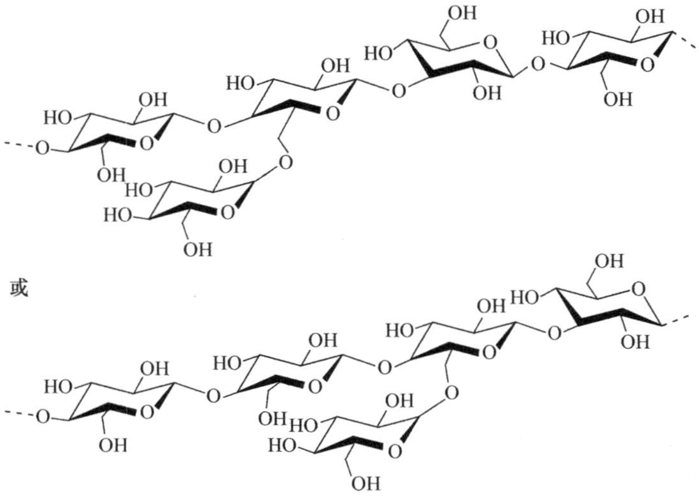

图 12-3　Zhang 等（2010a）报道的香菇多糖结构

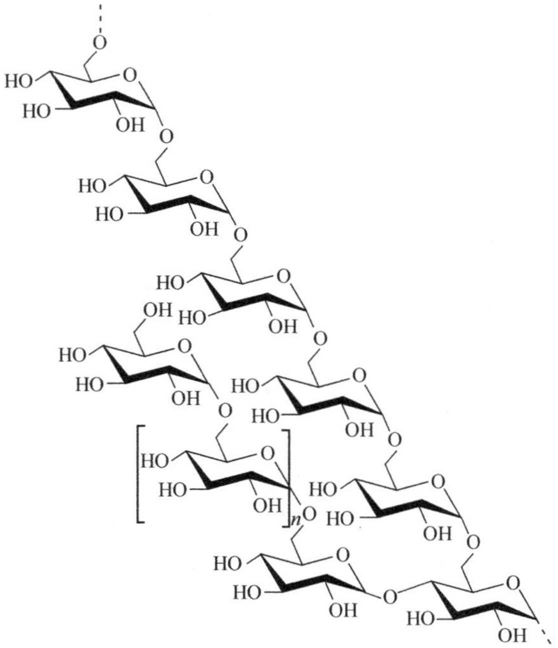

图 12-4　Wu 等（2012）报道的香菇多糖结构

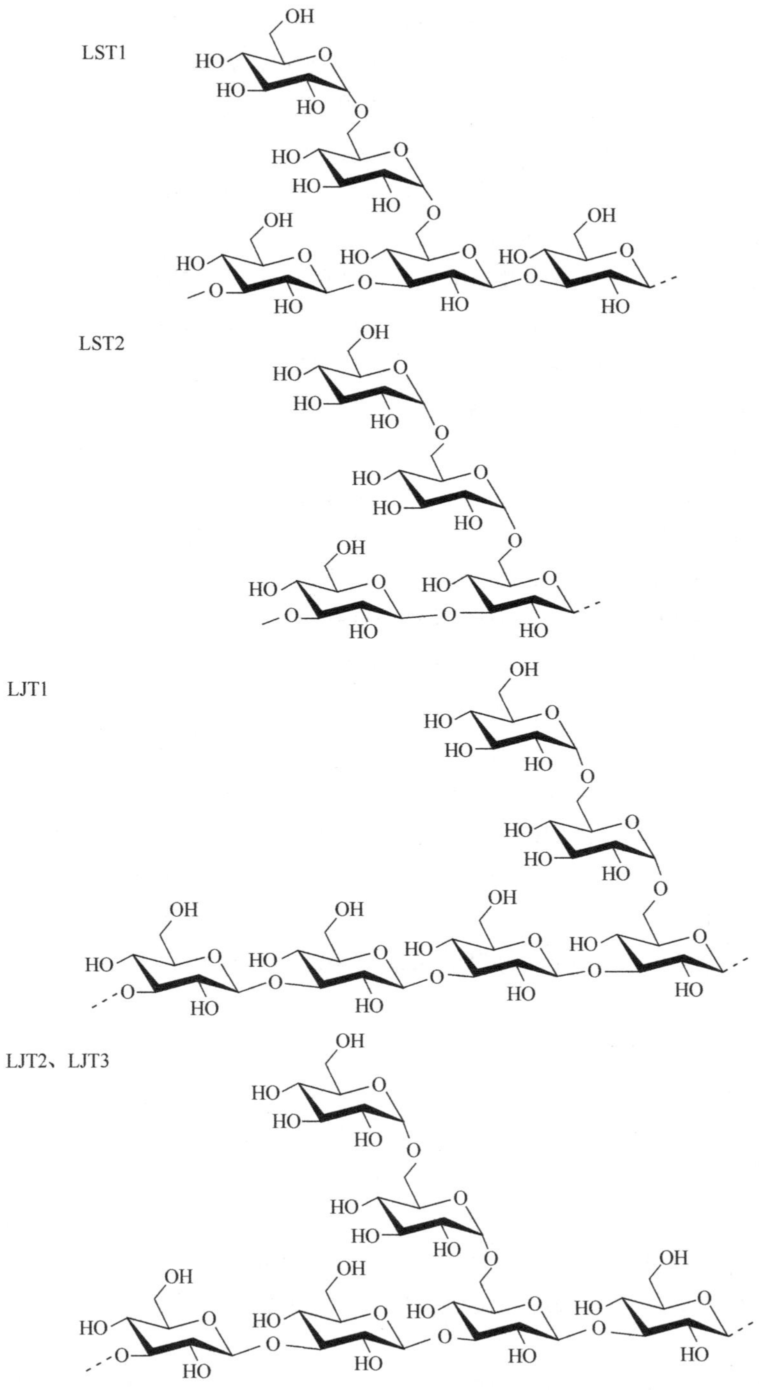

图 12-5　Wang 等（2014）报道的香菇多糖结构

12.3.2　溶液构象特征

12.3.2.1　溶液构象

国外早在 1976年就开始研究香菇多糖的溶液构象特征。Bluhm 和 Sarko（1977）通过 XRD 手段，证明具有 β-D-1,3-葡聚糖的香菇多糖的溶液构象有 5 种可能，包括两种双螺旋、两种三螺旋和一种单螺旋，后结合傅里叶变换，发现香菇多糖最可能具有的是右手三螺旋链构象。国内对于香菇多糖溶液构象的研究要比国外晚，其中张俐娜教授团队在香菇多糖溶液构象特征方面的研究比较权威。1999 年从香菇子实体中提取到 α-葡聚糖，发现其不溶于水是由于分子间氢键的巨大作用，在 DMSO/0.25mol/L LiCl 中也并无聚集体或多螺旋链构象存在（Zhang et al.，1999）。结合激光光散射、尺寸排阻色谱和光散射联用、黏度法分析香菇多糖 β-D-1,3-葡聚糖在 0.5mol/L NaCl 溶液中的构象参数，通过建立 R_g 与 M_w 关系式以及 Mark-Houwink 方程关系，认为在 0.5mol NaCl 溶液中，β-D-1,3-葡聚糖以刚性的三螺旋链构象存在，但在 DMSO 中呈现无规则线团构象（Zhang et al.，2001）。有报道表明，具有与香菇多糖相似三螺旋构象的裂褶菌多糖和硬葡聚糖可以形成有序的聚集体结构或具有液晶行为，而这种现象并没有出现在香菇多糖中，因此张俐娜教授团队的张阳洋便研究了香菇多糖三螺旋链稀溶液中的溶液行为：采用超声波法将香菇多糖长链降解成短链低相对分子质量的香菇多糖，采用动态光散射快和慢双模型研究相对分子质量较低的香菇多糖溶液性质，结果表明，除了占主要成分的三螺旋链之外，还含有极少量由很短的三螺旋链彼此紧密平行排列成的有序“柴火棒状”聚集体，AFM 也进一步证实了两者共存于水溶液体系中（Zhang et al.，2010b；张阳洋，2010）。由于多糖溶液构象测定过程的复杂性、结果不稳定、耗时长等特点，Li 等（2014）在前人的基础上，提出一种简单可靠的系列方法来确定香菇多糖的链构象，即采用尺寸排阻色谱-光散射仪-示差折光仪-毛细管黏度仪，并用该仪器研究在 0.9% NaCl 溶液中香菇多糖的溶液构象，发现该香菇多糖为三螺旋链构象且刚性链较强，而且在稀溶液中三螺旋链和聚集体共存，不过聚集体含量较少（4%），并呈无规则线团状，AFM 和 TEM 也进一步证实了该结论，此结果也与之前该团队的研究结果相同，这个方法简单、可靠，不再需要对多糖进行降解处理之后再研究其构象特征，可有效保证结果的准确性和真实性，为多糖结构的确定提供了新的途径。

12.3.2.2　溶液构象转变

多糖分子作用力主要包括氢键、静电力等非共价作用力及离子键、疏水作用力和偶极相互作用等，而分子间和分子内作用力及溶剂均会影响多糖链构象。香菇多糖水溶液的三螺旋构象主要取决于分子间和分子内的氢键：分子内氢键作用力导致了螺旋结构的形成，而分子间氢键主要促进三股链的形成。当分子间或分子内的氢键被破坏，或改变其他因素，如浓度、温度、溶剂种类和 pH 等，均会导致香菇多糖链构象的变化（张俐娜等，2012）。

香菇多糖分子内和分子间的氢键作用力容易被不同浓度的溶剂影响。Zhang 等（2000）在研究香菇中 α-葡聚糖溶液构象后，探讨了 NaOH 和尿素对多糖构象的影响，结果发现尿素比 NaOH 更容易破坏分子间氢键，从而改善香菇多糖的水溶性，影响香菇多糖的溶液构象变化，而尿素和 NaOH 的混合溶剂对香菇多糖溶液构象的影响更显著，例如：1.0mol/L 尿素 /1.0mol/L NaOH 混合溶剂不仅会破坏香菇多糖分子间氢键，也会破坏 α-葡聚糖的部分共价键，导致香菇多糖的相对分子质量和黏度降低；当 0.5mol/L NaOH 溶液中含有不同浓度的尿素（0.4 ～ 0.6mol/L）时，随着其中尿素浓度的增加，香菇多糖的溶液构象会发生转变，且 0.5mol/L 尿素 /0.5mol/L NaOH 水溶液是 α-葡聚糖最适合的溶剂。采用 SEC-LS、LS、黏度法、^{13}C NMR 和旋光法结合研究香菇多糖在 DMSO、0.2mol/L NaCl 水溶液，以及水 /DMSO 混合溶液中的链构象，结果表明，在不同浓度的 NaCl 水溶液中多糖水溶液均为三螺旋链构象，但是在 DMSO 中转变为无规则线团状，在不同比例的水 /DMSO 的混合溶液中发生了由三螺旋链解聚为无规则线团的构象转变，转变条件是混合溶液中 DMSO 的添加比例达 0.80 ～ 0.85，并且该转变是不可逆的。此时，强极性溶剂 DMSO 破坏了分子内和分子间的氢键，从而使被氢键束缚的主链解开转变成无规则线团状。Xu 等（2004）研究了香菇多糖在水 /DMSO 混合溶液中构象的坍塌和聚集现象，不同于之前的研究，此次是向 DMSO 中加水研究其构象变化，随着水的比例增大，原本 DMSO 中香菇多糖无规则线团构象由于分子内氢键加强开始坍塌（$W_{水}$=0.25），当 $W_{水}$＞ 0.25 时，分子间氢键作用加强促使坍塌的链开始聚集，图 12-6 更加直观地展示了香菇多糖构象随着水比例的变化而变化。

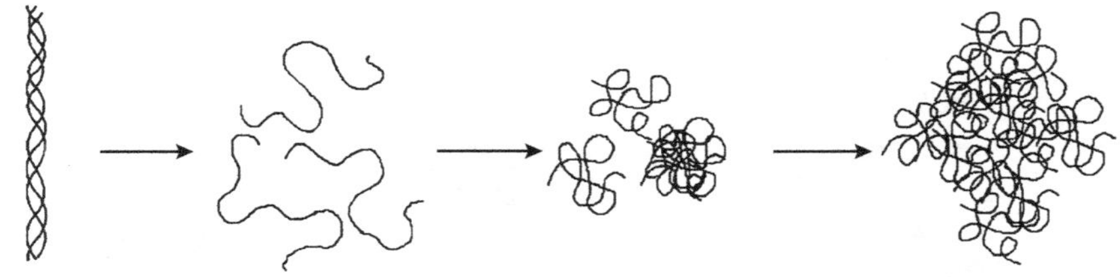

图 12-6　香菇多糖在水 /DMSO 混合液中的构象（Xu et al.，2004）

目前在 pH 对香菇多糖溶液构象的影响方面主要探讨 NaOH 的浓度对香菇多糖构象转变的影响。早在 1977 年，就有报道称香菇多糖在 0.2mol/L 的 NaOH 溶液中呈现有序构象，当 NaOH 浓度接近 0.19mol/L 时，香菇多糖呈现出单螺旋链构象（Ocirc et al.，1977）。Zhang 等（2004）发现当溶剂中 NaOH 浓度大于 0.08mol/L 时，香菇多糖为无规则线团状，NaOH 浓度小于 0.05mol/L 时，香菇多糖呈三螺旋链构象，而其间所测得的相对分子质量、黏度、均方回转半径等构象参数的变化说明香菇多糖在此浓度范围内发生了从有序到无序的不可逆构象转变。他们也首次发现，香菇多糖溶于 0.15mol/L NaOH 溶液中会变性成无规则线团状，将其装入透析袋中置于 15℃条件下用流动水透析 7 天后，香菇多糖可复性成三螺旋链构象（Zhang et al.，2004）。Nandi 等（2013）用小角 X 射线散射法也得出了相似的结果。

此外，温度同样会对多糖链构象变化产生影响。Wang 等（2008）在前人对构象研究的基础上，结合 SEC-MALLS、DLS、^{13}C NMR 和旋光法研究了香菇多糖的 0.9% NaCl 溶液在加热条件下构象参数的变化，结果表明在 130 ～ 145℃香菇多糖分子间和分子内的氢键被破坏，溶液构象发生从三螺旋链到单柔顺链的不可逆转变。同时根据 AFM 和 DLS 结果也首次发现相对分子质量高的香菇多糖三螺旋链构象存在分子内缠结，从而导致蠕虫状、交错网络结构的出现。张阳洋（2010）采用流变学方法研究发现，香菇葡聚糖水溶液在 7 ～ 9℃出现急剧的氢键作用力变化，香菇多糖侧链的葡萄糖残基与主链周围的水分子通过氢键作用形成刚性更强的结构，即发生从无序到有序的分子内构象转变。在不同比例 DMSO/ 水混合液中香菇多糖发生构象转变的基础上，研究者采用示差扫描微量热法研究温度对香菇多糖在 DMSO/ 水混合溶液中氢键作用和多重构象转变的影响。结果发现，温度升高导致香菇多糖在 DMSO/ 水混合溶液中发生两种截然不同的构象转变（图 12-7），第一种是从主链高度固定的三螺旋Ⅰ型到相对自由的三螺旋Ⅱ型的可逆转变，发生在低温区（8 ～ 45℃）；第二种是三螺旋链解链为单股柔顺链的不可逆转变，发生在高温区（90 ～ 140℃）。第一转变区的三螺旋Ⅰ型结构中主链固定度很强，温度逐渐升高，会阻碍侧链与水团簇氢键结合形成缔合水层，使得香菇多糖转变成主链和侧链相对易转动的三螺旋Ⅱ型结构；而第二转变区的转变是依赖于溶液中 DMSO 的浓度发生的不可逆转变，主要源于维持香菇多糖三螺旋链的分子内和分子间氢键作用同时被破坏，温度的变化打破了多种氢键的相互作用进而导致了不同溶液构象的转变（Wang et al.，2009）。同时值得注意的是，第一转变区的构象转变是因为侧链与溶剂分子由于氢键作用发生缔合或解缔合作用，因而转变温度依赖于溶剂本身的热力学性质（张阳洋，2010）。

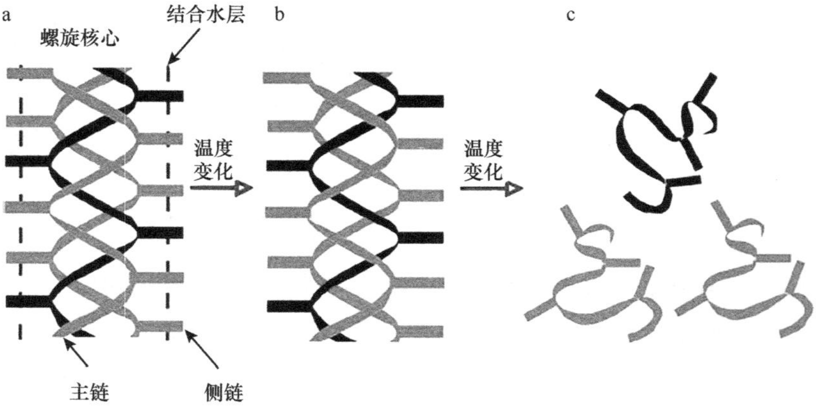

图 12-7　香菇多糖在溶液中的构象转变模型（Wang et al.，2009）（彩图请扫二维码）

a. 三螺旋Ⅰ型；b. 三螺旋Ⅱ型；c. 单股柔顺链

除此之外，多糖的修饰不仅会改变多糖的结构和活性，而且会对多糖溶液的构象产生影响。三螺旋链构象的香菇多糖经硫酸化修饰后在 0.15mol/L NaCl 溶液中呈单股柔顺链构象（Wang and Zhang，2009）。

12.4　香菇多糖的生物活性

香菇从古至今一直是科学家的研究热点，科学家尤其是在其中具有重要生物活性功能的多糖上投入了大量的精力。近些年，各国学者逐渐发现香菇多糖具有抗肿瘤、抗衰老、抗病毒、免疫调节等生物活性，并逐渐将其投入到临床应用中。下面将对香菇多糖的这些生物活性及其潜在功能进行详细的总结和归纳。

12.4.1　免疫调节作用

对香菇多糖免疫调节活性的研究已经趋于成熟，其中具有 β-1,3-葡聚糖结构的香菇多糖被人们广泛研究报道。已有的大量体内、体外实验证明，香菇多糖发挥其他生物活性是以其免疫调节作用为重要基础的。免疫调节作用体现在免疫器官、免疫细胞（树突状细胞、自然杀伤细胞、淋巴细胞、巨噬细胞）、细胞因子和补体系统等多方面。

在体外细胞实验中，香菇多糖被证明不仅可以提高细胞毒素的 T 淋巴细胞杀伤活力，而且可以促进 T 淋巴细胞的生成（Licciardi and Underwood，2011），同时还可通过各种细胞因子的释放来恢复辅助性 T 细胞的功能，增强抗体依赖性细胞介导的细胞毒作用（Gaullier et al.，2011）；另外，香菇多糖发挥免疫调节作用的另一条途径为激活骨髓来源的抑制细胞分化成巨噬细胞（Wu et al.，2012；Gaullier et al.，2011），促进巨噬细胞产生 TNF-α、IL-12 和 NO，增强巨噬细胞的免疫调节活性，使其发挥抗致病菌感染作用（Shivahare et al.，2016）。除了巨噬细胞和 T 细胞作为香菇多糖免疫调节的主要效应细胞外，香菇多糖的免疫调节活性也可通过树突状细胞、自然杀伤细胞等发挥免疫调节活性。香菇多糖能够促进树突状细胞分泌 TNF-α、IL-12、IL-10 等细胞因子，促进树突状细胞的增殖，增强免疫活性（胡婷婷等，2014）。此外，实验表明，以 β-葡聚糖为主要结构的香菇多糖可大幅度增加 NK 细胞的数量，其处理后的周边单核细胞可有效加强 NK 细胞的杀伤活性（Richter et al.，2016）。

香菇多糖不仅在体外实验中具有显著的免疫调节活性，在体内动物实验中同样具有显著的免疫调节活性。香菇多糖可显著增加 S-180 肉瘤小鼠胸腺和脾脏指数与血清中 TNF-α、IFN-γ 的含量，也可明显增强迟发性过敏反应以及巨噬细胞的吞噬能力，进而刺激巨噬细胞的免疫应答和 T 细胞发挥免疫调节作用（Jeff et al.，2016）。香菇多糖可促进小鼠脾脏细胞分泌 TNF-α、IL-12 和 IFN-γ，显著增加小鼠脾脏中 CD8 T 细胞数量，推测香菇多糖通过增强 CD8 T 细胞免疫应答发挥抗李斯特菌感染作用（Kupfahl et al.，2006）。Kim 等（2014，2013）发现香菇菌丝体多糖可激活小鼠体内巨噬细胞活性，促进小鼠脾淋巴细胞分泌 Th1 细胞因子，通过增强 Th1 免疫响应发挥抗沙门氏菌感染作用。香菇多糖不仅可以直接改善免疫活性，也可间接发挥免疫调节作用，将香菇多糖刺激后的免疫细胞转移到免疫缺陷小鼠中可显著改善小鼠的免疫活性（Yap and Ng，2003）。

综上所述，香菇多糖主要通过以下几种方式发挥免疫调节作用：①促进相关细胞因子的分泌及辅助性 T 细胞增殖；②促进巨噬细胞增殖分化和活性因子的分泌；③提高 NK 细胞和树突状细胞的功能活性。香菇多糖还可通过刺激急性时相反应蛋白和集落刺激因子，激活替代和经典两途径，进而激活补体系统，增强宿主免疫能力（Suga et al.，1986）。香菇多糖的免疫调节作用包括对获得性免疫和先天免疫的作用，与多种免疫细胞及受体有关(Chan et al.,2009)。Dectin-1 在树突状细胞、中性粒细胞和巨噬细胞中表达，是免疫系统识别 β-葡聚糖进而发挥生理活性的非常重要的一种受体（Bao et al.，2017）。香菇多糖可以与 Dectin-1 结合，通过相关活性蛋白调节相关细胞因子的分泌和激活 NF-κB 信号通路来发挥免疫调节作用。Dectin-1 还可与补体受体 3(complement receptor 3，CR3）以及 Toll 样受体协同激活 NF-κB 信号通路发挥免疫调节作用（Xu et al.，2012a）。

12.4.2 抗肿瘤作用

日本研究者首次从香菇子实体中分离得到香菇多糖时，就证实了它的抗肿瘤活性（Chihara et al.，1969），之后便引发对香菇多糖抗肿瘤作用及机制研究的热潮。目前对于香菇多糖发挥抗肿瘤活性的途径研究主要集中在以下三条：①通过口服香菇多糖预防肿瘤组织形成；②通过增强免疫系统功能进而发挥抗肿瘤活性；③通过直接杀死肿瘤细胞发挥抗肿瘤活性（Singdevsachan et al.，2016）。

同样，分别给小鼠提供含香菇多糖的饮食和普通饮食，之后接种肿瘤，结果显示，食用香菇多糖的小鼠肿瘤耐受性更强，由此说明香菇多糖可预防肿瘤组织的形成。

较早时期，研究人员普遍认为香菇多糖不能直接作用于肿瘤细胞。后期通过深入研究，研究人员发现香菇多糖对同种基因、异种基因和原发性肿瘤都具有显著抑制作用（Wasser，2002），对受试动物体内肿瘤抑制率高达 90%，甚至可使肿瘤完全退化（Chihara et al.，1970）。香菇多糖可以增加肝癌小鼠体内的淋巴细胞，调节与肿瘤生长相关的细胞因子分泌，加强小鼠免疫活性功能，从而发挥作用（Li et al.，2018b；Wang et al.，2015c）。香菇多糖的抗肿瘤活性在胸腺切除的新生小鼠体内无法体现，抗小鼠淋巴细胞血清的药物同样会减弱香菇多糖的抗肿瘤作用，说明香菇多糖发挥抗肿瘤作用要求机体具有完整的免疫系统（Maeda and Chihara，1971）。香菇多糖可明显降低患肝癌小鼠体内肿瘤质量，且效果在一定范围内呈剂量依赖关系，抑制率达 65.41%；与此同时，小鼠胸腺指数和脾脏指数显著增加，TNF-α 和血清 IL-2 含量增加，由此推测香菇多糖通过增强免疫能力发挥抗肿瘤活性（Wang et al.，2013a）。

香菇多糖不仅可以通过免疫调节发挥抗肿瘤作用，还可以直接杀死肿瘤细胞。实验证实，香菇多糖可抑制肿瘤细胞增殖，且其抑制率和相对分子质量有关（Zhang et al.，2005）；香菇多糖可有效抑制膀胱癌细胞株 T24 增殖，与抗癌药物共同作用时抑制效果更显著（Sun et al.，2015）；香菇多糖在体外可直接抑制 MCF-7 和 S-180 肿瘤细胞增殖，对接种 S-180 肿瘤的小鼠可促进 Smac 表达从而诱导 caspase-3 的活化，促进小鼠体内 p53 表达，通过上调 Bax/Bcl-2 的值和激活线粒体细胞凋亡通路诱导肿瘤细胞凋亡（Zhang et al.，2015）。另外，香菇多糖可结合 TLR4 受体，诱导激活单核细胞分化，通过 TLR4/MyD88/IKK/NF-κB 通路产生细胞因子，诱导肺癌细胞 A549 凋亡，发挥抗肿瘤作用（Lo et al.，2011a）。

目前化疗或抗肿瘤药物都会在一定程度上对病患产生副作用，如脱发、恶心、疼痛等，采用毒副作用极小的香菇多糖与化疗或抗肿瘤药物共同作用可显著改善化疗或抗肿瘤药物导致的副作用，更有效地发挥抗肿瘤效果（Ina et al.，2016，2013；Zhang et al.，2016a）。将香菇多糖加入抗肿瘤因子中也可以显著增强其抗肿瘤作用，例如：与香菇多糖或紫杉醇单独作用于肺癌细胞 A549 相比，香菇多糖与紫杉醇共同作用可显著抑制 A549 细胞增殖，其可能的作用机制是通过激活 ROS-TXNIP-NLRP3 炎症响应来发挥抗肿瘤作用（Liu et al.，2015a）；与单独使用抗肿瘤药物 5-氟尿嘧啶比较，香菇多糖与 5-氟尿嘧啶共同作用于肝癌小鼠能够显著减小肿瘤的体积，提高脾脏中 $CD4^+/CD8^+$ 值，增强 NK 细胞活性以增强机体免疫功能，从而更有效地发挥抗肿瘤效果（Ren et al.，2014）。

综上所述，香菇多糖并不是通过单一途径来发挥其抗肿瘤作用的，免疫调节功能是其中研究最多的一种，其大致的作用机制如下：香菇多糖可以增强巨噬细胞和辅助性 T 细胞的免疫应答，促进与肿瘤细胞相关细胞因子的分泌，引起机体免疫细胞的成熟、分化和增殖，最终使肿瘤细胞凋亡。香菇多糖还可通过激活补体系统正常通路和旁路通路，将补体系统 3（C3）分为 C3a 和 C3b，引起迟发性过敏反应，促进巨噬细胞活化，发挥抗肿瘤效应（Ina et al.，2013）。此外，香菇多糖直接的抗肿瘤机制也在不断地研究探讨中（图 12-8）：香菇多糖可促进活性氧的过量生成，激活线粒体通路（内源性途径），诱导肿瘤细胞凋亡；香菇多糖还可以通过促进分泌死亡受体 TNF-α，抑制 NF-κB 和 STAT3 的分泌，上调 p53 的表达，调节外源性途径诱导肿瘤细胞凋亡，来达到抑制肿瘤细胞增殖的目的；另外，香菇多糖可通过抑制血管内皮生长因子（vascular endothelial growth factor，VEGF）表达阻碍肿瘤的正常生长来发挥抗肿瘤作用（Wang et al.，2016a；Xu et al.，2016；Zhang et al.，2016a，2015）。

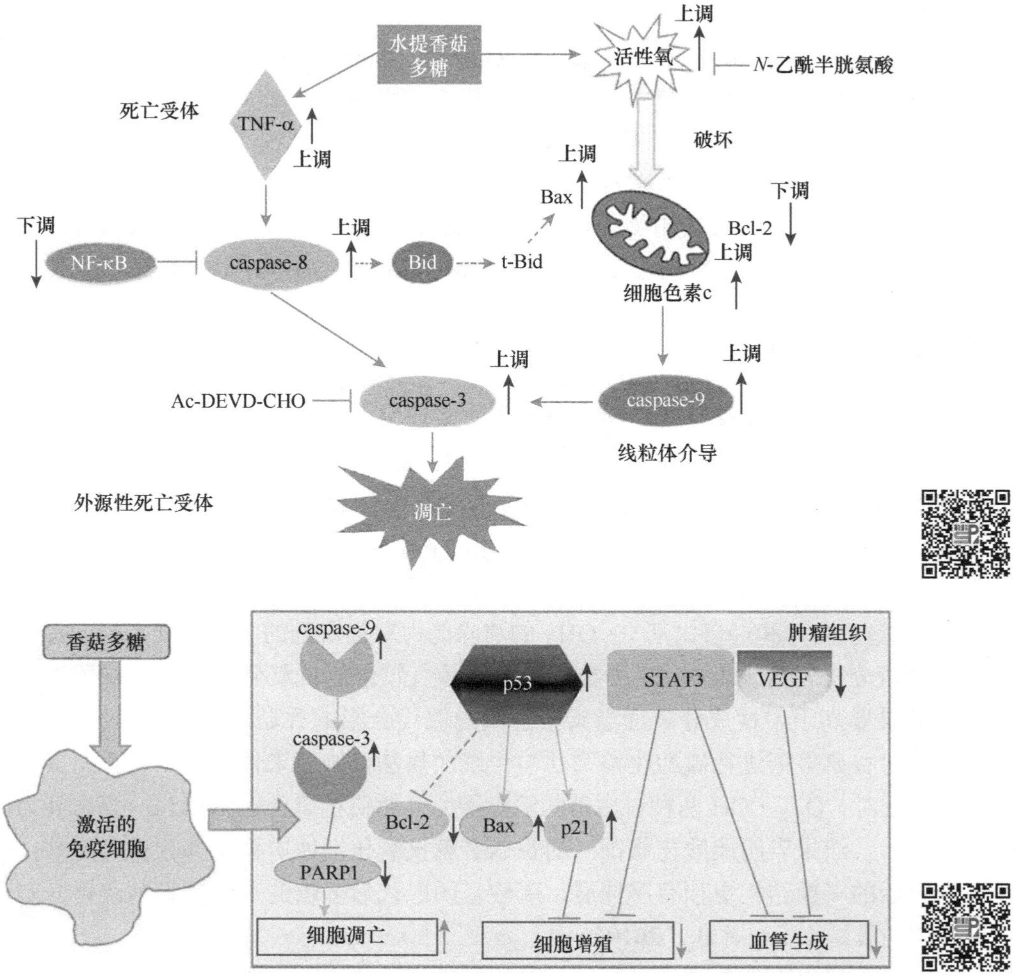

图 12-8　香菇多糖直接的抗肿瘤机制（Wang et al.，2016a；Xu et al.，2016）（彩图请扫二维码）

12.4.3 抗病毒作用

有报道提出香菇发酵物具有抗 1 型单纯疱疹病毒（herpes simplex virus，HSV-1）的作用，抗病毒机制可能是该提取物可抑制 HSV-1 复制（Sarkar et al.，1993）。比较香菇水提物和香菇多糖抵抗脊髓灰质炎病毒与牛疱疹病毒的能力，研究者发现它们均有抗病毒能力，香菇水提物和香菇多糖对病毒的抑制率最高的时期是病毒感染初期，在病毒吸附期间和感染后 2h 并无显著抑制性，说明它们不会影响病毒与细胞的结合，也没有直接杀病毒的能力。研究者同时还发现香菇多糖较香菇水提物具有更高的选择指数、更低的半数效应浓度（EC_{50}），由此推测香菇水提物中主要是香菇多糖发挥有效的抗病毒作用（Rincão et al.，2012）。

现有研究表明，香菇多糖对流感病毒、肝炎病毒、人类免疫缺陷病毒（HIV）、脊髓灰质炎病毒（PV-1）、烟草花叶病毒（TMV）等均有抑制作用，其作用机制可能与香菇多糖能够抑制病毒酶活性、抑制病毒在体内的复制和细胞病变，抵抗病原体的侵入有关（Wang et al.，2015a；Santoyo et al.，2012）。Guo 等（2009）通过研究硫酸化修饰后的香菇多糖对鸡新城疫疫苗的免疫效应，发现硫酸化香菇多糖比未修饰的香菇多糖可以更显著地促进淋巴细胞增殖，提高血清抗体效价，显著降低鸡发病率、死亡率。硫酸化修饰的香菇多糖还具有显著的抵抗烟草花叶病毒作用，其机制可能是硫酸化香菇多糖与烟草花叶病毒衣被蛋白结合，激活相关防御基因的表达；硫酸化香菇多糖可显著提高鸡胚成纤维细胞抵抗传染性支气管炎病毒感染的能力（Wang et al.，2013b，2010）。

12.4.4 抗氧化与抗衰老作用

香菇多糖具有的抗氧化功能已经被国内外许多研究人员证明。从 4 种常用菇类中提取多糖并比较不同来源多糖的抗氧化活性，研究人员发现清除 DPPH 自由基能力最强的为香菇多糖（$EC_{50} < 0.1mg/mL$），且还原力与其中葡聚糖和多酚的总含量呈较强的线性关系（Finimundy et al.，2013；He et al.，2012；Kozarski et al.，2012）。Chen 等（2012）从香菇中提取得到 2 种酸性多糖和 1 种中性多糖，并通过与亚铁离子（Fe^{2+}）的螯合能力、对超氧阴离子（$\cdot O_2^-$）和羟自由基（$\cdot OH$）的清除能力对提取到的 3 种香菇多糖的抗氧化活性进行比较分析。结果表明，3 种香菇多糖均具有较强的抗氧化能力，同时酸性成分的抗氧化效果要高于中性成分。适当离子基团的取代会影响香菇多糖发挥其生理活性，采用微波法对香菇多糖进行硫酸化修饰并与传统加热法修饰及未修饰的 3 种香菇多糖进行比较，通过对 $\cdot O_2^-$、$\cdot OH$ 两种自由基的清除能力、脂质抗氧化能力和 Fe^{2+} 螯合能力比较抗氧化能力，结果表明硫酸化修饰后的香菇多糖抗氧化活性更强，并分析可能是由于硫酸化修饰后的多糖结构更加有序伸展，硫酸基团取代后多糖的水溶性得到改善，有利于活性基团的暴露（Feng et al.，2010）。

香菇多糖不仅可在体外通过清除自由基发挥抗氧化作用，其体内抗氧化活性也有大量研究报道。采用苯酚刺激小鼠口腔使小鼠患有口腔溃疡后，给小鼠喂食香菇多糖，研究者发现实验组小鼠血清中 MDA 水平显著低于空白对照组，SOD 和 GSH-Px 活力显著高于空白对照组，由此证明香菇多糖在动物体内同样具有显著的抗氧化能力（Zi et al.，2018）。通过研究香菇多糖对高脂饮食诱导大鼠氧化应激反应的影响，研究者发现香菇多糖可显著增强血清中抗氧化酶的活性和总抗氧化能力，从而缓解高脂饮食导致的氧化应激反应（Handayani et al.，2011）。此外，也有研究者结合体内外研究探讨香菇多糖的抗氧化活性。梅光明等（2014）采用盐酸浸提法从香菇中提取得到 2 种香菇多糖（SP 和 SP2）并研究其在体内外的抗氧化活性，体外实验发现 SP 和 SP2 对·OH、·O_2^-、H_2O_2 均具有清除作用，并可抑制 DNA 氧化损伤；体内实验证明 SP 和 SP2 可增强血清中 SOD 的活力，减少小鼠肝脏组织中 MDA 的产生。香菇菌丝体多糖同样具有体内外抗氧化效果，研究发现香菇菌丝体多糖对 DPPH 自由基的清除效率随多糖的纯度及含量的增加而持续增加，纯化后的香菇菌丝体多糖具有清除·OH 和·O_2^- 的能力；体内研究发现香菇菌丝体多糖能够有效减少过氧化氢诱导的细胞内活性氧的生成，在一定范围内可有效抑制过氧化氢对红细胞溶血的诱导作用（Liu et al.，2016）。

衰老自由基学说自 1956 年被 Denham Harman 提出后，就一直受到许多科学家的支持，该学说主张细胞代谢过程中会产生一种具有氧化活性的自由基，且体内自由基含量会随着年龄的不断增长而逐渐增加，到达一定含量后，机体免疫功能受损，导致机体衰老。香菇多糖能够提高多种抗氧化酶的活性，同时抑制脂质过氧化反应，这与人体的抗衰老作用有关（Xu et al.，2017）。You 等（2011）研究了不同相对分子质量香菇多糖的抗衰老作用，给 D-半乳糖诱导衰老小鼠灌胃不同相对分子质量的香菇多糖 LT1、LT2 和 LT3（LT1 < LT2 < LT3），测定衰老小鼠体内红细胞膜流动性、GSH-Px 及 SOD 活力和 MDA 含量，发现三种香菇多糖均可在不同程度上增强抗氧化酶活性，提高红细胞膜流动性，降低 MDA 含量，显著改善小鼠因半乳糖导致的氧化应激状态，而其中相对分子质量处于中间的 LT2 在体内表现出最强的抗氧化活性，说明香菇多糖的抗氧化活性与香菇多糖的相对分子质量有关：相对分子质量过高，其因高黏度和低水溶性难以通过组织屏障进入细胞内部发挥作用；相对分子质量过低，则难以形成三螺旋链构象，影响生理活性的发挥。对菌丝体多糖体外抗氧化能力和体内抗衰老活性进行研究，结果证明香菇菌丝体多糖不仅在体外具有较强的清除·OH、DPPH 自由基的能力，且其体内抗衰老作用也十分显著，通过提高小鼠组织中 GSH-Px、SOD 活性和 TAOC 水平，降低组织中 MDA 含量等途径来实现（Wang et al.，2015b）。

12.4.5　防辐射作用

随着科技发展的日新月异，辐射无处不在地存在于我们的生活之中，其中电离辐射损伤已变成危害人体健康的重要原因之一。短期辐射可增强癌症患者的 T 细胞免疫应答，从而发挥抗肿瘤作用，但长期辐射会诱发多种症状和疾病。辐射对人体的损伤主要有两方面：一是对生物活性分子的直接损伤，如对蛋白质和 DNA 等的损伤；二是其所激发的自由基造成的损害（Audette-Stuart et al.，2011；Rao et al.，2011）。由于香菇多糖清除自由基的能力，研究者逐渐开始探讨香菇多糖的辐射防护作用。暴露于 γ 射线辐照小鼠的体重、脾脏和胸腺器官指数明显降低，影响了 T 淋巴细胞的活性和功能，注射香菇多糖后可显著缓解上述情况，其机制可能是通过调节NO和IL-2分泌改善T淋巴细胞活性发挥防辐射作用（Wang et al.，2013c）。香菇多糖的辐射预防作用不仅可以从免疫调节途径发挥，还有其他发挥作用的途径。研究香菇多糖对长期低剂量辐射小鼠的影响，发现香菇多糖对辐射造成的肝脏、脾脏和肺脏组织的损伤具有保护作用（Liu et al.，2014；柳迎华，2012）。

12.4.6　其他作用

除了上述功能，香菇多糖还具有很多其他生物活性，包括缓解疲劳、缓解烧伤脓毒血症、抗突变、抗菌和预防糖尿病引起的并发症等作用（Wang et al.，2016b；Zhang et al.，2016b）。此外香菇多糖还具有保肝功能，采用香菇多糖联合药物治疗慢性乙型肝炎具有疗效显著、安全可靠等特点（罗俊，2012）。香菇多糖可通过PPARγ/AKT信号通路抑制脂肪细胞分化和脂肪沉积，具有治疗肥胖及相关疾病的潜在作用（Li et al.，2015b）；香菇多糖可通过调节Dectin-1/AMPA受体相关信号通路发挥抗抑郁作用，具有治抑郁症的潜在临床价值（Bao et al.，2017）。

12.5　香菇多糖的构效关系

结构特征是生物活性物质的研究基础，多糖的构效关系指其一级结构和高级结构的差异对多糖发挥生物活性的影响。以清晰地了解多糖的化学结构为前提，去探讨生理活性多糖的化学结构与其生理活性之间的关系，为多糖功能性药物的开发提供思路，将成为今后主要的研究方向之一。

12.5.1　分子质量对其生物活性的影响

有研究显示，分子质量大小可以显著影响香菇多糖的活性作用。当向人体注入分子质量大于2×10^6Da的香菇多糖组分后，有形成血栓的可能，大量的实验研究集中在探究分子质量在4×10^5～8×10^5Da的香菇多糖所含有的生物活性方面（戴伟等，2012）。香菇多糖的抗肿瘤活性与其分子质量分布密切相关，且同一数量级（10^5）分子质量的香菇多糖在体内外的抗肿瘤活性也存在一定差异，分子质量较低的组分比分子质量较高的组分抗肿瘤活性差（Zhao et al.，2016；Zheng et al.，2015）。Zhang等（2005）采用超声波降解法将香菇多糖L-FV-IB降解成7种分子质量不同的组分（3.57×10^5～28.3×10^5Da），并在体内外研究7种组分多糖的抗肿瘤活性，体内实验发现对S-180细胞抑制力最强的是分子质量为14.9×10^5Da的组分，抑制率高达49.5%，与抗癌药物的抑制效果十分接近；而体外实验却发现对S-180细胞抑制力最强的是分子质量为5.71×10^5Da的组分，体内外结果存在一定差异。不同香菇菌种中可分离到不同分子质量的香菇多糖（1.47×10^6～1.67×10^6Da），抗肿瘤活性研究发现分子质量为1.52×10^6Da的香菇多糖肿瘤抑制率高达70%，抗肿瘤活性最高（Surenjav et al.，2006）。

12.5.2　单糖组成和糖苷键类型对其生物活性的影响

对于香菇多糖来说，不同的单糖组成和糖苷键类型同样会使其具有不同的活性功能（Lo et al.，2011b）。Zheng 等（2015）研究了香菇多糖的单糖组成及摩尔比与其刺激巨噬细胞活性的关系，发现组成香菇多糖主链结构的葡萄糖不是其刺激巨噬细胞活性的决定因素，阿拉伯糖、甘露糖、木糖和半乳糖以及单糖间的摩尔比与其刺激巨噬细胞活性及抗肿瘤功能具有一定联系。

Chan 等（2009）通过实验证明，具有 β-1,3 键连接的主链及 β-1,6 键连接的侧链的葡聚糖是发挥抗肿瘤活性的基础。香菇多糖被报道最多的结构就是含有 β-1,3 键的葡聚糖（Xu et al.，2016；Wang et al.，2014；Zhang et al.，2011）。通过研究与香菇多糖结构相似的 4 种合成寡糖，研究者发现主链为 β-1,3-且带有 α-1,3-和 β-1,6-分支连接的葡聚六糖类似物均可加速伴刀豆球蛋白 A 对脾淋巴细胞的诱导，并推测其可通过诱导脾淋巴细胞调节免疫响应发挥抗肿瘤活性，香菇多糖的免疫调节和抗肿瘤活性在一定程度上受到 β 型糖苷键的影响（徐晓飞等，2012）。虽然香菇多糖发挥生物活性的糖苷键主要是 β 型，但是也有报道发现具有 α-D-1,4 键主链结构的香菇葡聚糖能够激活巨噬细胞吞噬活性，促进巨噬细胞分泌 TNF-α（Kojima et al.，2010）。

12.5.3　支链结构对其生物活性的影响

多糖支链结构的差异影响多糖发挥生物活性，其取代基团、取代度、支链结构及分支度等都会对生物活性产生不同程度的影响。具有较高活性的香菇多糖一般含有适中的分支度。Bohn 和 BeMiller（1995）最先发现当 β-葡聚糖的分支度在 0.2 ～ 0.33 时，其具有更好的抗肿瘤活性。Bae 等（2013）通过比较 β-葡聚糖的不同分支度及其抗肿瘤活性，发现抗肿瘤作用最好的香菇多糖分支度为 0.29。Wang 等（2014）报道了从香菇子实体当中分离得到的 5 种不同分支度的香菇多糖组分及其体内外抗肿瘤活性，发现分支度为 0.33 的多糖组分活性最强，由此可见分支度对香菇多糖发挥抗肿瘤活性的影响不可忽视，合适的分支度有助于香菇多糖维持稳定的三螺旋构象，有助于 Dectin-1 的识别。

向多糖中加入化学基团一般会加强其原有的生物功能或使其出现一些新的活性，多糖的修饰成为当代医药学所研究的新兴领域。香菇多糖经过硫酸化修饰之后具有较强的抗病毒作用，其可能的作用机制是：向多糖中引入硫酸根基团后其可与病毒表面的阳离子结合，从而阻止病毒进入细胞内；硫酸化修饰后的香菇多糖与病毒衣壳蛋白的亲和力加强；另外，有研究表明，随着硫酸根取代度的升高，其抗病毒活性也会增强（Wang et al.，2015a，2013b，2010）。Wang 等（2015a）比较了三种不同取代度的硫酸化香菇多糖抗 TMV 的活性，结果与未硫酸化的香菇多糖相比，三种硫酸化香菇多糖抗 TMV 的作用更加显著，并呈剂量依赖关系；同时三种取代度的硫酸化香菇多糖抗病毒效果依次为：1.37 ＞ 0.98 ＞ 0.69。不论是自然发生还是人为改性修饰的硫酸化香菇多糖，除了已经广泛研究的抗病毒作用，还具有一些其他的生物活性，如抗肿瘤和抗氧化活性等（Feng et al.，2010）。除了硫酸化修饰之外，其他化学基团的引入同样会影响香菇多糖的生理活性，通过硝酸-亚硒酸钠（HNO_3-Na_2SeO_3）方法对香菇多糖进行硒化修饰，使得香菇多糖中含 O—Se—O、Se═O 和 Se—O—C 结构，结果显示，硒的引入可以显著加强香菇多糖体内外的抗氧化作用，并可通过增强体内抗氧化作用延缓慢性胰腺炎的发展，硒化后的香菇多糖可促进小鼠体内有益菌（乳酸菌、拟杆菌和普氏菌）的生长，降低厚壁菌的丰度（Ren et al.，2016，2015）。

12.5.4 高级结构与其生物活性的关系

多糖的化学结构和生物活性不仅与其一级结构密切相关，更与其高级结构有着千丝万缕的联系。因此，对多糖的溶液构象及链构象行为进行分析是一项必不可少的工作。多糖通过与细胞糖肽、糖蛋白和表面蛋白质受体的共同作用来发挥各种生物功能，细胞表面的受体蛋白和多糖的结合过程，与多糖构象息息相关。例如，巨噬细胞激活免疫因子、合成 NO 都与香菇多糖的三螺旋构象有着密切关系，由此可以看出，溶液中的三螺旋结构是香菇多糖发挥功能活性的重要构象特征（徐晓飞等，2012）。

香菇多糖的高级结构和香菇多糖的活性有关，添加尿素或 DMSO 会改变多糖的旋光性使香菇多糖变性，从而降低其对肥大细胞瘤 P-815的抵抗率，减弱 T 细胞免疫应答；NaOH 同样会使香菇多糖变性从而减弱其抗肿瘤活性，但是除去 NaOH 后其抗肿瘤活性可恢复（Maeda et al.，1988）。香菇多糖在 0.9% 的 NaCl 水溶液中呈三螺旋结构且抗肿瘤活性较强；当溶剂换成 DMSO 后三螺旋结构被破坏，香菇多糖呈无规则线团状，其体内抗肿瘤活性显著降低甚至丧失，说明香菇多糖抗肿瘤活性是受香菇多糖三螺旋结构影响的（Zhang et al.，2005）。Surenjav 等（2006）通过不同来源的香菇多糖再次验证，香菇多糖的三螺旋结构相比于单链结构来说具有更好的抗肿瘤活性。Wang 和 Zhang（2009）发现，三螺旋构象的香菇多糖甚至比硫酸化修饰后的香菇多糖具有更好的抗肿瘤活性，说明香菇多糖的三螺旋结构对其生物活性具有重要意义。

虽然国内外已有很多文献报道香菇多糖的构效关系，但是目前还无法在香菇多糖的结构与活性之间建立特定联系，香菇多糖结构差异如何影响其生物活性的发挥，还需要深入研究探讨。

12.6 香菇多糖的应用

12.6.1 临床应用

香菇多糖作为一种免疫增强剂，在辅助化疗或治疗恶性肿瘤性疾病（晚期或复发性肺癌、胃癌、结直肠癌、恶性腹水等）中发挥很好的效果，具有很大的临床应用前景（Ina et al.，2013；丛阳和黄敏，2010）。临床治疗复发性胃癌时，为病患注射香菇多糖可以减缓化疗所带来的痛苦，改善生活质量，甚至延长患者的生命（Yoshino et al.，2010）。日本最先于 20 世纪 90 年代将香菇多糖作为抗癌药进行销售，其主要作为恶性肿瘤治疗过程中的辅佐剂（Oka et al.，1992；Taguchi，1987）。现在已有多家医院将香菇多糖制剂用于治疗恶性肿瘤，国家市场监督管理总局批准的可临床使用的香菇多糖药物主要以香菇多糖注射剂（包括注射液和粉针剂两种）、香菇多糖片和香菇胶囊形式存在。另外，香菇注射液结合抗生素使用可有效辅助治疗反复呼吸道感染（韩玲，2001）。虽说香菇多糖毒副作用小、安全性高，但在临床使用上还是存在极少数发生不良反应的例子，主要表现为骨骼肌肉系统受损和变态反应（主要是一般过敏反应）（周陈西和刘孟娟，2010）。

12.6.2 在生物材料方面的应用

天然产物多糖具有较好的生物兼容性，利用多糖类物质进行材料表面的修饰有利于提高材料的生物相容性。香菇多糖衍生物可通过控制高分子材料表面的微观结构和化学组成改善生物活性，从而形成新型多功能医用高分子材料（姚祥雨，2011）。王艺峰等（2012）研究发现，可采用化学接枝法和层层自组装方法将香菇多糖羧甲基衍生物固定在聚乳酸材料表面，可改善聚乳酸材料的抗菌活性、血液相容性和亲水性等，并且发现层层自组装方法效果更佳。除了在医用高分子材料方面的应用，香菇多糖还可用来制备水分散性银纳米粒子、香菇多糖-纳米管和具有分层介孔结构的香菇多糖-碳酸钙杂化材料，为香菇多糖在医学领域、生物材料方面的应用提供了更多的可能性（Xing et al.，2016；Liu et al.，2015b；Li et al.，2011）。

12.7 香菇多糖研究中存在的问题及前景展望

随着香菇多糖研究的不断深入，虽已取得不少成果，但一些问题的存在阻碍了其快速发展，主要有以下方面。

1）目前尚未确定一种行之有效的香菇多糖提取方法。目前报道的方法提取效率不高，而且不同方法、不同部位提取得到的香菇多糖结构和生理活性有差异。

2）香菇多糖生物活性的作用机制尚不清楚。虽然β-葡聚糖免疫调节机制解释为β-葡聚糖与免疫细胞相应受体的相互作用，但香菇多糖不仅仅含β-葡聚糖，还含有具备其他结构特征的多糖，而其作用机制还不能被完全解释清楚，需要进一步的探究。

3）香菇多糖的构效关系仍需要进一步的科学验证和深入探讨。

4）香菇多糖的潜在应用。目前香菇多糖在临床上主要用于病毒性疾病的辅助治疗，而对香菇多糖的新剂型及其他生物活性的临床应用鲜有报道。

当前，国内外科学家对香菇多糖的研究方兴未艾，今后一段时期内，香菇多糖的研究将呈现以下几个方向：一是通过物种诱变和基因重组等手段选育出高产多糖菌株，开发出一套快速高效、可规模化的高纯度香菇多糖的制备分离纯化体系；二是利用多种手段探索香菇多糖在体内的吸收、代谢和分布过程，为探索香菇多糖的体内作用机制提供理论依据；三是综合香菇多糖结构特征与生物活性机制的研究，结合分子模拟技术构建三维模型，明确香菇多糖的构效关系；四是通过化学方式对多糖分子进行改性，不仅能强化其原有的较好的生物活性，还能使其获得更多人类所需的生物活性；五是有效利用香菇多糖的高分子性能和较强的生物活性，研究其作为生物医用高分子材料的潜力；六是制定香菇多糖的质量控制标准。

参考文献

蔡锦源, 朱炽雄, 孙松, 等. 2016. 香菇多糖的微波预处理-超声波提取工艺及其抗氧化活性研究. 河南工业大学学报(自然科学版), 37(4): 84-90.

丛阳, 黄敏. 2010. 香菇多糖抗肿瘤的基础研究及临床应用进展. 大连医科大学学报, 32(4): 465-469.

戴伟, 刘新义, 胡雄彬, 等. 2012. 香菇多糖的分子量和结构与生物活性之间的关系. 中南药学, 10(6): 453-456.

耿安静. 2010. 香菇多糖的制备、结构特性和生物活性的研究. 广州: 华南理工大学硕士学位论文.

耿立萍, 郑建仙. 1995. 香菇柄 PJFI 多糖的结构研究. 中国食用菌, 14(5): 7-9.

郭志军. 2007. 香菇多糖抗肿瘤应用研究概况. 中医药导报, 13(1): 78-80.

韩玲. 2001. 香菇多糖的临床应用进展. 中国新药杂志, 10(2): 88-92.

胡婷婷, 孟一鸣, 单风平. 2014. 香菇多糖对小鼠骨髓树突状细胞表型和功能的影响. 微生物学杂志, 34(2): 54-58.

黄雯. 2012. 香菇风味物质研究及酶解香菇技术探索. 杭州: 浙江大学硕士学位论文.

黄毅. 2014. 中国香菇工厂化栽培的现状及发展前景. 食药用菌, 22(5): 255-259.

黄毅. 2016. 香菇工厂化栽培的难点. 食药用菌, 24(1): 1-6.

蒋志国, 杜琪珍, 盛利燚. 2009. 制备型高速逆流色谱分离纯化香菇多糖. 分析化学, 37(3): 412-416.

李盛. 2013. 香菇三螺旋葡聚糖氢键键合作用及其功能化研究. 武汉: 武汉大学博士学位论文.

李时珍. 1982. 本草纲目(校点本)下册. 北京: 人民卫生出版社.

李顺峰, 王安建, 张雪彦, 等. 2018. 香菇柄中 5′-核苷酸的酶法提取及组成分析. 食品科学技术学报, 36(2): 52-57.

林电伟, 王植材, 郑其煌. 1992. 香菇嘌呤的改进合成法. 中国医药工业杂志, (9): 391-392.

林范学, 徐学锋, 朱九滨, 等. 2011. 香菇数量性状、遗传多样性和品种鉴定研究进展. 北方园艺, (12): 176-180.

林韵芳, 王家核, 方开明, 等. 1987. 香菇多糖注射液双盲对照治疗慢性肝炎 72 例. 中国新药与临床杂志, (6): 362-363.

刘剑利, 曹向宇, 芦秀丽, 等. 2011. 香菇菌丝体多糖的分离纯化和抗氧化作用. 食品科学, 32(12): 19-23.

刘茵华. 1997. 香菇的食用、药用价值. 食药用菌, (2): 36.

刘宇, 图力古尔. 2012. 中国侧耳型真菌六个属的分子系统学研究. 食用菌学报, 19(3): 21-28.

柳迎华. 2012. 香菇多糖的辐射防护作用及其机制研究. 青岛: 青岛大学硕士学位论文.

罗俊. 2012. 拉米夫定联合香菇多糖治疗慢性乙型肝炎疗效分析. 中国社区医师: 医学专业, 14(14): 40-41.

梅光明, 张小军, 郝强, 等. 2014. 酸提香菇多糖的抗氧化活性研究. 浙江海洋学院学报: 自然科学版, 33(5): 406-413.

彭川丛, 孔静, 游丽君, 等. 2011. 超声波辅助热水浸提香菇多糖响应面优化工艺及其抗氧化活性的研究. 现代食品科技, 27(4): 452-456.

苏晨曦, 陈文强, 彭浩, 等. 2015. 微波辅助提取香菇多糖工艺的响应面优化. 西北农林科技大学学报(自然科学版), 43(11): 200-206.

唐庆九, 王淑蕾, 刘艳芳, 等. 2011. HPLC 分析香菇中降血脂成分香菇嘌呤的含量. 广州: 中国菌物学会会员代表大会暨学术年会.

王健, 图力古尔, 李玉. 2001. 香菇属 (*Lentinus*) 真菌的研究进展兼论中国香菇属的种类资源. 吉林农业大学学报, 23(2): 41-45, 52.

王艺峰, 连鑫鑫, 吴仲岿, 等. 2012. 羧甲基香菇多糖表面修饰的聚乳酸材料的表面性能研究. 高分子学报, (10): 1164-1169.

魏倩婷. 2011. 香菇酚类物质的提取及功能学特性的研究. 福州: 福建农林大学硕士学位论文.
吴昌平, 华铮. 1996. 香菇多糖对恶性肿瘤的治疗作用. 中国新药与临床杂志, 15(1): 29-31.
肖俊勇, 熊瑜, 徐路, 等. 2018. 香菇多糖的干法制粒工艺优化及其对吸湿性和流动性的影响. 食品科技, 43(11): 202-208.
徐晓飞, 闫慧丹, 罗珍, 等. 2012. 香菇多糖 Lentinan 的提取分离、生物活性和构效关系的研究进展. 食品工业科技, 33(7): 435-439, 443.
姚祥雨. 2011. 香菇多糖及其衍生物对医用高分子材料表面修饰的研究. 武汉: 武汉理工大学硕士学位论文.
张洪涛, 赵小亮, 范尊晓, 等. 2014. 香菇子实体中水溶性多糖 LF Ⅰ 和 LF Ⅱ 的分级精制及其结构表征. 食品与发酵工业, 40(11): 1-7.
张俐娜, 许小娟, 王晓华, 等. 2012. 菌类多糖的二级结构及生物活性. 南京: 2012 年中国药学大会暨第十二届中国药师周论文集.
张宁. 2013. 香菇中的化学成分及相关应用的基础研究. 天津: 天津大学硕士学位论文.
张欣, 吕作舟. 1998. 香菇菌盖多糖的提取纯化及其理化性质的研究. 华中农业大学学报, 17(6): 537-541.
张阳洋. 2010. 香菇葡聚糖稀至浓溶液的行为研究. 武汉: 武汉大学博士学位论文.
周陈西, 刘孟娟. 2010. 香菇多糖注射液不良反应 30 例分析. 浙江中西医结合杂志, 20(10): 635.
Afrin S, Rakib M A, Kim B H, et al. 2016. Eritadenine from edible mushrooms inhibits activity of angiotensin converting enzyme *in vitro*. Journal of Agricultural and Food Chemistry, 64(11): 2263-2268.
Audette-Stuart M, Kim S B, Mcmullin D, et al. 2011. Adaptive response in frogs chronically exposed to low doses of ionizing radiation in the environment. Journal of Environmental Radioactivity, 102(6): 566-573.
Bae I Y, Kim H W, Yoo H J, et al. 2013. Correlation of branching structure of mushroom β-glucan with its physiological activities. Food Research International, 51(1): 195-200.
Bao H, Sun L, Zhu Y, et al. 2017. Lentinan produces a robust antidepressant-like effect via enhancing the prefrontal Dectin-1/AMPA receptor signaling pathway. Behavioural Brain Research, 317: 263-271.
Berkeley M J. 1877. Contributions to the botany of H. M. S. 'Challenger. ' XXXVIII . Enumeration of the fungi collected during the expedition of H. M. S. 'Challenger. ' 1874-75. Journal of the Linnean Society of London, Botany, 16(89): 38-54.
Bluhm T L, Sarko A. 1977. The triple helical structure of lentinan, a linear β-(1→3)-D-galucan. Canadian Journal of Chemistry, 55(2): 293-299.
Bohn J A, BeMiller J N. 1995. (1→3)-β-d-Glucans as biological response modifiers: a review of structure-functional activity relationships. Carbohydrate Polymers, 28(1): 3-14.
Carbonero E R, Gracher A, Komura D L, et al. 2008. *Lentinus edodes* heterogalactan: antinociceptive and anti-inflammatory effects. Food Chemistry, 111(3): 531-537.
Chan G C, Chan W K, Sze D M. 2009. The effects of beta-glucan on human immune and cancer cells. Journal of Hematology & Oncology, 2(1): 25-35.
Chen H, Ju Y, Li J, et al. 2012. Antioxidant activities of polysaccharides from *Lentinus edodes* and their significance for disease prevention. International Journal of Biological Macromolecules, 50(1): 214-218.
Cheung Y C, Siu K C, Liu Y S, et al. 2012. Molecular properties and antioxidant activities of polysaccharide-protein complexes from selected mushrooms by ultrasound-assisted extraction. Process Biochemistry, 47(5): 892-895.
Chibata I, Okumura K, Takeyama S, et al. 1969. Lentinacin: a new hypocholesterolemic substance in *Lentinus edodes*. Experientia, 25(12): 1237-1238.
Chihara G, Hamuro J, Maeda Y Y, et al. 1970. Fractionation and purification of the polysaccharides with

marked antitumor activity, especially lentinan, from *Lentinus edodes* (Berk.) Sing. (an edible mushroom). Cancer Research, 30(11): 2776-2781.

Chihara G, Maeda Y, Hamuro J, et al. 1969. Inhibition of mouse sarcoma 180 by polysaccharides from *Lentinus edodes* (Berk.) Sing. Nature, 222(5194): 687-688.

Dai X, Stanilka J M, Rowe C A, et al. 2015. Consuming *Lentinula edodes* (shiitake) mushrooms daily improves human immunity: a randomized dietary intervention in healthy young adults. Journal of the American College of Nutrition, 34(6): 1-10.

Feng Y L, Li W Q, Wu X Q, et al. 2010. Rapid and efficient microwave-assisted sulfate modification of lentinan and its antioxidant and antiproliferative activities *in vitro*. Carbohydrate Polymers, 82(3): 605-612.

Finimundy T C, Gambato G, Fontana R, et al. 2013. Aqueous extracts of *Lentinula edodes* and *Pleurotus sajor-caju* exhibit high antioxidant capability and promising *in vitro* antitumor activity. Nutrition Research, 33(1): 76-84.

Fujii T, Maeda H, Suzuki F, et al. 1978. Isolation and characterization of a new antitumor polysaccharide, KS-2, extracted from culture mycelia of *Lentinus edodes*. The Journal of Antibiotics, 31(11): 1079-1090.

Gaullier J M, Sleboda J, Øfjord E S, et al. 2011. Supplementation with a soluble β-glucan exported from Shiitake medicinal mushroom, *Lentinus edodes* (Berk.) singer mycelium: a crossover, placebo-controlled study in healthy elderly. International Journal of Medicinal Mushrooms, 13(4): 319-326.

Guo Z, Hu Y, Wang D, et al. 2009. Sulfated modification can enhance the adjuvanticity of lentinan and improve the immune effect of ND vaccine. Vaccine, 27(5): 660-665.

Hammann S, Lehnert K, Vetter W. 2016. Esterified sterols and their contribution to the total sterols in edible mushrooms. Journal of Food Composition & Analysis, 54: 48-54.

Handayani D, Chen J, Meyer B J, et al. 2011. Dietary shiitake mushroom (*Lentinus edodes*) prevents fat deposition and lowers triglyceride in rats fed a high-fat diet. Journal of Obesity, 2011: 258051.

He J, Ru Q, Dong D, et al. 2012. Chemical characteristics and antioxidant properties of crude water soluble polysaccharides from four common edible mushrooms. Molecules, 17(4): 4373-4387.

Her J Y, Kim M S, Kim M K, et al. 2015. Development of a spray freeze-drying method for preparation of volatile shiitake mushroom (*Lentinus edodes*) powder. International Journal of Food Science & Technology, 50(10): 2222-2228.

Ikekawa T. 2001. Beneficial effects of edible and medicinal mushrooms on health care. International Journal of Medicinal Mushrooms, 3(4): 291-298.

Ina K, Furuta R, Kataoka T, et al. 2016. Chemo-immunotherapy using lentinan for the treatment of gastric cancer with liver metastases. Medical Sciences, 4: 8.

Ina K, Kataoka T, Ando T. 2013. The use of lentinan for treating gastric cancer. Anti-Cancer Agents in Medicinal Chemistry, 13(5): 681-688.

Jeff I B, Fan E, Tian M, et al. 2016. *In vivo* anticancer and immunomodulating activities of mannogalactoglucan-type polysaccharides from *Lentinus edodes* (Berkeley) Singer. Central European Journal of Immunology, 41(1): 47-53.

Jeff I B, Yuan X, Sun L, et al. 2013. Purification and *in vitro* anti-proliferative effect of novel neutral polysaccharides from *Lentinus edodes*. International Journal of Biological Macromolecules, 52: 99-106.

Kamiya T, Saito Y, Hashimoto M, et al. 1972. Hypocholesterolemic alkaloids of *Lentinus edodes* (Berk.) Sing. —Ⅰ: structure and synthesis of eritadenine. Tetrahedron, 28(4): 899-906.

Kaneda T, Tokuda S. 1966. Effect of various mushroom preparation on cholesterol levels in rats. Journal of Nutrition, 90(4): 371-376.

Kazuhiko I, Noel M, Goro C, et al. 1992. Stimulation of microbicidal host defence mechanisms against aerosol influenza virus infection by lentinan. International Journal of Immunopharmacology, 14(6): 971-977.

Ke L Q. 2015. Optimization of ultrasonic extraction of polysaccharides from *Lentinus Edodes* based on enzymatic treatment. Journal of Food Processing & Preservation, 39(3): 254-259.

Kim S P, Park S O, Lee S J, et al. 2013. A polysaccharide isolated from the liquid culture of *Lentinus edodes* (Shiitake) mushroom mycelia containing black rice bran protects mice against a *Salmonella* lipopolysaccharide-induced endotoxemia. Journal of Agricultural and Food Chemistry, 61(46): 10987-10994.

Kim S P, Sun O P, Sang J L, et al. 2014. A polysaccharide isolated from the liquid culture of *Lentinus edodes* (Shiitake) mushroom mycelia containing black rice bran protects mice against *Salmonellosis* through upregulation of the Th1 immune reaction. Journal of Agricultural & Food Chemistry, 62(11): 2384-2391.

Kojima H, Akaki J, Nakajima S, et al. 2010. Structural analysis of glycogen-like polysaccharides having macrophage-activating activity in extracts of *Lentinula edodes* mycelia. Journal of Natural Medicines, 64(1): 16-23.

Kozarski M, Klaus A, Nikšić M, et al. 2012. Antioxidative activities and chemical characterization of polysaccharide extracts from the widely used mushrooms *Ganoderma applanatum*, *Ganoderma lucidum*, *Lentinus edodes* and *Trametes versicolor*. Journal of Food Composition and Analysis, 26(1): 144-153.

Kupfahl C, Geginat G, Hof H. 2006. Lentinan has a stimulatory effect on innate and adaptive immunity against murine *Listeria* monocytogenes infection. International Immunopharmacology, 6(4): 686-696.

Li D G, Li J L, Sun D Q, et al. 2015b. Lentinan depresses 3T3-L1 fat cell formation by inhibiting PPARγ/AKT signaling pathway. Genetics & Molecular Research Gmr, 14(3): 8084-8090.

Li H B, Wang M Y, Hu L B, et al. 2015a. Structural identification of *Lentinus edodes* cellulose derivative that inhibits aflatoxin production by *Aspergillus flavus*. Tropical Journal of Pharmaceutical Research, 14(3): 495-501.

Li S, Huang Y, Wang S, et al. 2014. Determination of the triple helical chain conformation of β-glucan by facile and reliable triple-detector size exclusion chromatography. Journal of Physical Chemistry B, 118(3): 668-675.

Li S, Wang A, Liu L, et al. 2018a. Evaluation of nutritional values of shiitake mushroom (*Lentinus edodes*) stipes. Journal of Food Measurement and Characterization, 12(3): 2012-2019.

Li S, Zhang Y, Xu X, et al. 2011. Triple helical polysaccharide-induced good dispersion of silver nanoparticles in water. Biomacromolecules, 12(8): 2864-2871.

Li W, Wang J, Chen Z, et al. 2018b. Physicochemical properties of polysaccharides from *Lentinus edodes* under high pressure cooking treatment and its enhanced anticancer effects. International Journal of Biological Macromolecules, 115: 994-1001.

Li X, Zhang H, Xu H. 2009. Analysis of chemical components of shiitake polysaccharides and its anti-fatigue effect under vibration. International Journal of Biological Macromolecules, 45(4): 377-380.

Licciardi P V, Underwood J R. 2011. Plant-derived medicines: a novel class of immunological adjuvants. International Immunopharmacology, 11(3): 390-398.

Lin H J, Liu G, Yang W M, et al. 2018. Discrimination of wild-growing and cultivated *Lentinus edodes* by tri-step infrared spectroscopy. Beijing: International Conference on Optical Instruments & Technology: Optoelectronic Imaging/spectroscopy & Signal Processing Technology.

Liu J, Wang W, Yu H, et al. 2016. Antioxidant activity of polysaccharides extracted from *Lentinus edodes* mycelia and their protective effects on INS-1 cells. Bioscience Journal, 32(6): 1679-1688.

Liu M, Li J, Kong F, et al. 1998. Induction of immunomodulating cytokines by a new polysaccharide-peptide complex from culture mycelia of *Lentinus edodes*. Immunopharmacology, 40(3): 187-198.

Liu W, Gu J, Qi J, et al. 2015a. Lentinan exerts synergistic apoptotic effects with paclitaxel in A549 cells via activating ROS-TXNIP-NLRP3 inflammasome. Journal of Cellular & Molecular Medicine, 19(8): 1949-1955.

Liu Y, Jiang Y, Hu M, et al. 2015b. Removal of triphenylmethane dyes by calcium carbonate-lentinan hierarchical mesoporous hybrid materials. Chemical Engineering Journal, 273: 371-380.

Liu Y, Ma S, Fu Q, et al. 2014. Effect of lentinan on membrane-bound protein expression in splenic lymphocytes under chronic low-dose radiation. International Immunopharmacology, 22(2): 505-514.

Lo T C, Chang C A, Chiu K, et al. 2011b. Correlation evaluation of antioxidant properties on the monosaccharide components and glycosyl linkages of polysaccharide with different measuring methods. Carbohydrate Polymers, 86(1): 320-327.

Lo T C, Hsu F, Chang C A, et al. 2011a. Branched α-(1,4) glucans from *Lentinula edodes* (L10) in combination with radiation enhance cytotoxic effect on human lung adenocarcinoma through the toll-like receptor 4 mediated induction of THP-1 differentiation/activation. Journal of Agricultural and Food Chemistry, 59(22): 11997-12005.

Longvah T, Deosthale Y G. 1998. Compositional and nutritional studies on edible wild mushroom from northeast India. Food Chemistry, 63(3): 331-334.

Maeda Y Y, Chihara G. 1971. Lentinan, a new immuno-accelerator of cell-mediated responses. Nature, 229(5287): 634.

Maeda Y Y, Hamuro J, Chihara G. 1971. The mechanisms of action of anti-tumour polysaccharides. Ⅰ. The effects of antilymphocyte serum on the anti-tumour activity of lentinan. International Journal of Cancer, 8(1): 41-46.

Maeda Y Y, Watanabe S T, Chihara C, et al. 1988. Denaturation and renaturation of a β-1,6; 1,3-glucan, lentinan, associated with expression of T-cell-mediated responses. Cancer Research, 48(3): 671-675.

Mattila P, Könkö K, Eurola M, et al. 2001. Contents of vitamins, mineral elements, and some phenolic compounds in cultivated mushrooms. Journal of Agricultural & Food Chemistry, 49(5): 2343-2348.

Moradali M, Mostafavi H, Ghods S, et al. 2007. Immunomodulating and anticancer agents in the realm of macromycetes fungi (macrofungi). International Immunopharmacology, 7(6): 701-724.

Nandi L G, Guerra J P, Bellettini I C, et al. 2013. Properties of aqueous solutions of lentinan in the absence and presence of zwitterionic surfactants. Carbohydrate Polymers, 98(1): 1-7.

Ngai P H K, Ng T B. 2003. Lentin, a novel and potent antifungal protein from shitake mushroom with inhibitory effects on activity of human immunodeficiency virus-1 reverse transcriptase and proliferation of leukemia cells. Life Sciences, 73(73): 3363-3374.

Nishikawa M, Kamiya K, Kobayashi S, et al. 1967. The X-ray analysis of lenthionine, an odorous substance of shiitake, an edible mushroom. Chemical & Pharmaceutical Bulletin, 15(6): 756-760.

Ocirc H S, Ohki T, Takasuka N, et al. 1977. A ^{13}C-N. M. R. -Spectral study of a gel-forming, branched (1→3)-β-D-glucan, (lentinan) from *Lentinus edodes*, and its acid-degraded fractions. Structure, and dependence of conformation on the molecular weight. Carbohydrate Research, 58(2): 293-305.

Ohnuma N, Amemiya K, Kakuda R, et al. 2000. Sterol constituents from two edible mushrooms, *Lentinula edodes* and *Tricholoma matsutake*. Chemical & Pharmaceutical Bulletin, 48(5): 749-751.

Oka M, Yoshino S, Hazama S, et al. 1992. Immunological analysis and clinical effects of intraabdominal and intrapleural injection of lentinan for malignant ascites and pleural effusion. Biotherapy, 5(2): 107-112.

Pegler D N. 1971. Lentinus Fr. and related genera from Congo-Kinshasa (fungi). Eulletin Du Jardin Botanique National De Belgique, 41(2): 273-281.

Qian J Y, Chen Y. 2014. Effect of origins of *Lentinus edodes* and sample preparation methods on the optical rotation of lentinan. Focusing on Modern Food Industry, 3(1): 19-27.

Qian J Y, Wei C, Zhang W M, et al. 2009. Adulteration identification of some fungal polysaccharides with SEM, XRD, IR and optical rotation: a primary approach. Carbohydrate Polymers, 78(3): 620-625.

Rao B N, Archana P R, Aithal B K, et al. 2011. Protective effect of zingerone, a dietary compound against radiation induced genetic damage and apoptosis in human lymphocytes. European Journal of Pharmacology, 657(1-3): 59-66.

Ren G, Li K, Hu Y, et al. 2015. Optimization of selenizing conditions for Seleno-Lentinan and its characteristics. International Journal of Biological Macromolecules, 81: 249-258.

Ren G, Yu M, Li K, et al. 2016. Seleno-lentinan prevents chronic pancreatitis development and modulates gut microbiota in mice. Journal of Functional Foods, 22: 177-188.

Ren M, Ye L, Hao X, et al. 2014. Polysaccharides from *Tricholoma matsutake* and *Lentinus edodes* enhance 5-fluorouracil-mediated H22 cell growth inhibition. Journal of Traditional Chinese Medicine, 34(3): 309-316.

Richter J, Kral V, Pohorska J, et al. 2016. Effects of β-Glucan on natural killer cells in patients recovering from cancer treatment: clinical trial. International Journal of Electrochemical Science, 2(22): 26-30.

Rincão V P, Yamamoto K A, Ricardo N M, et al. 2012. Polysaccharide and extracts from *Lentinula edodes*: structural features and antiviral activity. Virology Journal, 9: 37-42.

Santoyo S, Ramírez-Anguiano A C, Aldars-García L, et al. 2012. Antiviral activities of *Boletus edulis*, *Pleurotus ostreatus* and *Lentinus edodes* extracts and polysaccharide fractions against *Herpes* simplex virus type 1. Journal of Food and Nutrition Research, 51(4): 225-235.

Sapozhnikova Y, Byrdwell W C, Lobato A, et al. 2014. Effects of UV-B radiation levels on concentrations of phytosterols, ergothioneine, and polyphenolic compounds in mushroom powders used as dietary supplements. Journal of Agricultural and Food Chemistry, 62(14): 3034-3042.

Sarkar S, Koga J, Whitley R J, et al. 1993. Antiviral effect of the extract of culture medium of *Lentinus edodes* mycelia on the replication of herpes simplex virus type 1. Antiviral Research, 20(4): 293-303.

Sasaki T, Takasuka N. 1976. Further study of the structure of lentinan, an anti-tumor polysaccharide from *Lentinus edodes*. Carbohydrate Research, 47(1): 99-104.

Shamtsyan M, Konusova V, Maksimova Y, et al. 2004. Immunomodulating and anti-tumor action of extracts of several mushrooms. Journal of Biotechnology, 113(3): 77-83.

Shida M, Haryu K, Matsuda K. 1975. On the water-soluble heterogalactan from the fruit bodies of *Lentinus edodes*. Carbohydrate Research, 41(1): 211-218.

Shida M, Uchida T, Matsuda K. 1978. A (1→3)-α-D-glucan isolated from the fruit bodies of *Lentinus edodes*. Carbohydrate Research, 60(1): 117-127.

Shivahare R, Ali W, Singh U S, et al. 2016. Immuno-protective effect of lentinan in combination with miltefosine on *Leishmania* infected J-774A. 1 macrophages. Parasite Immunology, 38(10): 618-627.

Shoichi H, Seiji W, Manabu O, et al. 2009. Efficacy of orally administered superfine dispersed lentinan (β-1,3-glucan) for the treatment of advanced colorectal cancer. Anticancer Research, 29(7): 2611-2617.

Singdevsachan S K, Auroshree P, Mishra J, et al. 2016. Mushroom polysaccharides as potential prebiotics with their antitumor and immunomodulating properties: a review. Bioactive Carbohydrates and Dietary Fibre, 7(1): 1-14.

Singer R. 1941. Is shiitake a cortinellus? Mycologia, 33(4): 449-451.

Singer R. 1962. Agaricales in modern taxonomy. Mycologia, 55(5): 691.

Suga T, Maeda Y Y, Uchida H, et al. 1986. Macrophage-mediated acute-phase transport protein production induced by lentinan. International Journal of Immunopharmacology, 8(7): 691-699.

Sugiyama K, Akachi T, Yamakawa A. 1995. Eritadenine-induced alteration of hepatic phospholipid metabolism in relation to its hypocholesterolemic action in rats. Journal of Nutritional Biochemistry, 6(2): 80-87.

Sun J, Wang H, Ng T B. 2011. Isolation of a laccase with HIV-1 reverse transcriptase inhibitory activity from fresh fruiting bodies of the *Lentinus edodes* (Shiitake mushroom). Indian Journal of Biochemistry & Biophysics, 48(2): 88-94.

Sun M, Zhao W, Xie Q, et al. 2015. Lentinan reduces tumor progression by enhancing gemcitabine chemotherapy in urothelial bladder cancer. Surgical Oncology, 24(1): 28-34.

Surenjav U, Zhang L, Xu X, et al. 2006. Effects of molecular structure on antitumor activities of (1→3)-β-D-glucans from different *Lentinus edodes*. Carbohydrate Polymers, 63(1): 97-104.

Suzuki N, Wada A, Suzuki K. 1982. Hydrodynamic behavior of lentinan molecules as studied by quasielastic light-scattering. Carbohydrate Research, 109(82): 295-298.

Taguchi T. 1980. Phase Ⅰ, Ⅱ trials of Lentinan in cancer patient. International Journal of Immunopharmacology, 2(3): 172-180.

Taguchi T. 1987. Clinical efficacy of lentinan on patients with stomach cancer: end point results of a four-year follow-up survey. Supplement Official Publication of the International Society for Preventive Oncology Inc, 1: 333-349.

Tomati U, Belardinelli M, Galli E, et al. 2004. NMR characterization of the polysaccharidic fraction from *Lentinula edodes* grown on olive mill waste waters. Carbohydrate Research, 339(6): 1129-1134.

Wang D Y, Guo Z H, Xia M, et al. 2010. Effects of sulfated lentinan on cellular infectivity of avian infectious bronchitis virus. Carbohydrate Polymers, 79(2): 461-465.

Wang J, Li W, Huang X, et al. 2016a. A polysaccharide from *Lentinus edodes* inhibits human colon cancer cell proliferation and suppresses tumor growth in athymic nude mice. Oncotarget, 8(1): 610-623.

Wang J, Wang H Y, Xia X M, et al. 2013b. Inhibitory effect of sulfated lentinan and lentinan against tobacco mosaic virus (TMV) in tobacco seedlings. International Journal of Biological Macromolecules, 61(10): 264-269.

Wang J, Yu G, Li Y, et al. 2015a. Inhibitory effects of sulfated lentinan with different degree of sulfation against tobacco mosaic virus (TMV) in tobacco seedlings. Pesticide Biochemistry and Physiology, 122: 38-43.

Wang J, Yu Y, He J, et al. 2012. Polysaccharide extracts from *Lentinus Edodes* stems assisted by high pressures processing. Dallas: 2012 ASABE Annual International Meeting Sponsored by ASABE.

Wang K, Wang J, Li Q, et al. 2014. Structural differences and conformational characterization of five bioactive polysaccharides from *Lentinus edodes*. Food Research International, 62: 223-232.

Wang K, Zhang Q, Liu Y, et al. 2013a. Structure and inducing tumor cell apoptosis activity of polysaccharides isolated from *Lentinus edodes*. Journal of Agricultural and Food Chemistry, 61(41): 9849-9858.

Wang L, Wang C, Gao X, et al. 2015b. Purification, characterization and anti-aging capacity of mycelia zinc polysaccharide by *Lentinus edodes* SD-08. BMC Complementary and Alternative Medicine, 15(1): 111-121.

Wang S X, Liu Q Y, Li Y. 2016b. Lentinan ameliorates burn sepsis by attenuating $CD4^+$, $CD25^+$ Tregs. Burns, 42(7): 1513-1521.

Wang X, Xu X, Zhang L. 2008. Thermally induced conformation transition of triple-helical lentinan in NaCl aqueous solution. The Journal of Physical Chemistry B, 112(33): 10343-10351.

Wang X, Zhang L. 2009. Physicochemical properties and antitumor activities for sulfated derivatives of lentinan. Carbohydrate Research, 344(16): 2209-2216.

Wang X, Zhang Y, Zhang L, et al. 2009. Multiple conformation transitions of triple helical lentinan in DMSO/water by microcalorimetry. The Journal of Physical Chemistry B, 113(29): 9915-9923.

Wang Y, Han X, Li Y D, et al. 2015c. Effects of tumor-specific antigen induced by lentinan on murine H22 hepatocellular carcinoma immunoprophylaxis. European Review for Medical & Pharmacological Sciences, 19(23): 4516-4524.

Wang Y, Li M, Fu Q. 2013c. Protective effects of Lentinan against T lymphocytes injury in mice under chronic radiation stress. Chinese Herb Medicines, 5(1): 62-66.

Wasser S. 2002. Medicinal mushrooms as a source of antitumor and immunomodulating polysaccharides. Applied Microbiology and Biotechnology, 60(3): 258-274.

Wu H, Tao N, Liu X, et al. 2012. Polysaccharide from *Lentinus edodes* inhibits the immunosuppressive function of myeloid-derived suppressor cells. PLoS One, 7(12): 1-9.

Xing J, Liu Z, Huang Y, et al. 2016. Lentinan-modified carbon nanotubes as an antigen delivery system modulate immune response *in vitro* and *in vivo*. ACS Applied Materials & Interfaces, 8(30): 19276-19283.

Xu H, Zou S, Xu X, et al. 2016. Anti-tumor effect of β-glucan from *Lentinus edodes* and the underlying mechanism. Scientific Reports, 6(1): 28802-28814.

Xu X, Chen P, Zhang L, et al. 2012b. Chain structures of glucans from *Lentinus edodes* and their effects on NO production from RAW 264. 7 macrophages. Carbohydrate Polymers, 87(2): 1855-1862.

Xu X, Wang X, Cai F, et al. 2010. Renaturation of triple helical polysaccharide lentinan in water-diluted dimethylsulfoxide solution. Carbohydrate Research, 345(3): 419-424.

Xu X, Yan H, Zhang X. 2012a. Structure and immuno-stimulating activities of a new heteropolysaccharide from *Lentinula edodes*. Journal of Agricultural and Food Chemistry, 60(46): 11560-11566.

Xu X, Yang J, Ning Z, et al. 2015. Proteomic analysis of intestinal tissues from mice fed with Lentinula edodes-derived polysaccharides. Food & Function, 7(1): 250-261.

Xu X, Yang J, Ning Z, et al. 2017. ^{1}H NMR-based metabolic investigation of the effect of *Lentinula edodes*-derived polysaccharides on aged mice. Journal of Food Biochemistry, 41(3): e12371.

Xu X, Zhang X, Zhang L, et al. 2004. Collapse and association of denatured lentinan in water/dimethlysulfoxide solutions. Biomacromolecules, 5(5): 1893-1898.

Yan J, Zong H, Shen A, et al. 2003. The beta-(1→6)-branched beta-(1→3) glucohexaose and its analogues containing an alpha-(1→3)-linked bond have similar stimulatory effects on the mouse spleen as Lentinan. International Immunopharmacology, 3(13): 1861-1871.

Yap A T, Ng M L. 2001. An improved method for the isolation of lentinan from the edible and medicinal shiitake mushroom, *Lentinus edodes* (Berk.) Sing. (Agaricomycetideae). International Journal of Medicinal Mushrooms, 3(1): 11-21.

Yap A T, Ng M L. 2003. Immunopotentiating properties of lentinan (1→3)-β-D-glucan extracted from culinary? Medicinal shiitake mushroom *Lentinus edodes* (Berk.) Singer (Agaricomycetideae). International Journal of Medicinal Mushrooms, 5(4): 339-358.

Yap A T, Ng M L. 2005. The medicinal benefits of lentinan (β-1,3-D glucan) from *Lentinus edodes* (Berk.) Singer (shiitake mushroom) through oral administration. International Journal of Medicinal Mushrooms, 7(1-2): 175-192.

Yasumoto K, Iwami K, Mitsuda H. 1971. A new sulfur-containing peptide from *Lentinus edodes* acting as a precursor for Lenthionine. Agricultural & Biological Chemistry, 35(13): 2059-2069.

Yoshida O, Nakashima H, Yoshida T, et al. 1988. Sulfation of the immunomodulating polysaccharide lentinan: a novel strategy for antivirals to human immunodeficiency virus (HIV). Biochemical Pharmacology,

37(15): 2887-2891.

Yoshino S, Watanabe S, Imano M, et al. 2010. Improvement of QOL and prognosis by treatment of superfine dispersed lentinan in patients with advanced gastric cancer. Hepatogastroenterology, 57(97): 172-177.

You R, Wang K, Liu J, et al. 2011. A comparison study between different molecular weight polysaccharides derived from *Lentinus edodes* and their antioxidant activities *in vivo*. Pharmaceutical Biology, 49(12): 1298-1305.

You R X, Liu J Y, Li S J, et al. 2014. Alkali-soluble polysaccharide, isolated from *Lentinus edodes*, induces apoptosis and G2/M cell cycle arrest in H22 cells through microtubule depolymerization. Phytotherapy Research: PTR, 28(12): 1837-1845.

Yu S, Wu X, Ferguson M, et al. 2016. Diets containing shiitake mushroom reduce serum lipids and serum lipophilic antioxidant capacity in rats. Journal of Nutrition, 146(12): 2491-2496.

Zhang L, Li X, Xu X, et al. 2005. Correlation between antitumor activity, molecular weight, and conformation of lentinan. Carbohydrate Research, 340(8): 1515-1521.

Zhang L, Li X, Zhou Q, et al. 2002. Transition from triple helix to coil of lentinan in solution measured by SEC, viscometry, and ^{13}C NMR. Polymer Journal, 34(6): 443-449.

Zhang L, Zhang X, Zhou Q, et al. 2001. Triple helix of β-D-glucan from *Lentinus edodes* in 0. 5 M NaCl aqueous solution characterized by light scattering. Polymer Journal, 33(4): 317-321.

Zhang M, Cui S W, Cheung P C K, et al. 2007. Antitumor polysaccharides from mushrooms: a review on their isolation process, structural characteristics and antitumor activity. Trends in Food Science & Technology, 18(1): 4-19.

Zhang P, Zhang L, Cheng S. 1999. Chemical structure and molecular weights of α-(1→3)-D-glucan from *Lentinus edodes*. Bioscience, Biotechnology, and Biochemistry, 63(7): 1197-1202.

Zhang P, Zhang L, Cheng S. 2000. Effects of urea and sodium hydroxide on the molecular weight and conformation of α-(1→3)-D-glucan from *Lentinus edodes* in aqueous solution. Carbohydrate Research, 327(4): 431-438.

Zhang X, Zhang L, Xu X. 2004. Morphologies and conformation transition of lentinan in aqueous NaOH solution. Biopolymers, 75(2): 187-195.

Zhang Y, Gu M, Wang K, et al. 2010a. Structure, chain conformation and antitumor activity of a novel polysaccharide from *Lentinus edodes*. Fitoterapia, 81(8): 1163-1170.

Zhang Y, Li Q, Shu Y, et al. 2015. Induction of apoptosis in S180 tumour bearing mice by polysaccharide from *Lentinus edodes* via mitochondria apoptotic pathway. Journal of Functional Foods, 15: 151-159.

Zhang Y, Li Q, Wang J, et al. 2016b. Polysaccharide from *Lentinus edodes* combined with oxaliplatin possesses the synergy and attenuation effect in hepatocellular carcinoma. Cancer Letters, 377(2): 117-125.

Zhang Y, Li S, Wang X, et al. 2011. Advances in lentinan: isolation, structure, chain conformation and bioactivities. Food Hydrocolloids, 25(2): 196-206.

Zhang Y, Li S, Zhang L. 2010b. Aggregation behavior of triple helical polysaccharide with low molecular weight in diluted aqueous solution. The Journal of Physical Chemistry B, 114(15): 4945-4954.

Zhang Y, Mei H, Shan W, et al. 2016a. Lentinan protects pancreatic β cells from STZ-induced damage. Journal of Cellular & Molecular Medicine, 20(10): 1803-1812.

Zhao Y M, Wang J, Wu Z G, et al. 2016. Extraction, purification and anti-proliferative activities of polysaccharides from *Lentinus edodes*. International Journal of Biological Macromolecules, 93(Pt A): 136-144.

Zheng R, Jie S, Hanchuan D, et al. 2005. Characterization and immunomodulating activities of polysaccharide from *Lentinus edodes*. International Immunopharmacology, 5(5): 811-820.

Zheng Y, Hao M, Nan H, et al. 2015. Relationship of chemical composition and cytotoxicity of water-soluble polysaccharides from *Lentinus edodes* fruiting bodies. Pakistan Journal of Pharmaceutical Sciences, 28(3S): 1069-1074.

Zhu F, Du B, Xu B. 2014. Preparation and characterization of polysaccharides from mushrooms. Polysaccharides, Bioactivity and Biotechnology, 28(3): 1009-1027.

Zi Y, Zhang B, Jiang B, et al. 2018. Antioxidant action and protective and reparative effects of lentinan on oxidative damage in HaCaT cells. Journal of Cosmetic Dermatology, 17(6): 1108-1114.

第13章 灵芝多糖

13.1 引 言

灵芝别名石耳，古称瑞草，俗称还魂草、仙草、长生草。在真菌分类中属于担子菌纲多孔菌目多孔菌科灵芝属（*Ganoderma*），但早期古人所指的“灵芝”，除了灵芝还包括多孔菌目和伞菌目的其他真菌类（图13-1）。我国对灵芝的药用有着悠久的历史，早在《山海经 · 中山经》中，就有许多关于灵芝的记载。东汉时期的《神农本草经》，将灵芝列为人参之上的药物，称其有“主明目，补肝气，安精魂，仁恕。久食轻身不老，延年神仙”等功效。而李时珍在《本草纲目》中，称其可“明目，补肝，安神，增强记忆力”（李时珍，1982；崔述生和张浩，2005）。2000年，灵芝作为药物被收录于《中华人民共和国药典》，在药食两用上得到广泛的关注和研究。目前，国家市场监督管理总局已批准了超过180种灵芝（赤芝、紫芝、松杉灵芝、薄树芝）类药品、450种灵芝类保健品，且灵芝也被收录于《美国草药药典和治疗纲要》中。

图13-1 黑灵芝（彩图请扫二维码）

13.1.1 灵芝的分布与分类

灵芝最早被认为属于植物界（Plantae），然而随着对真菌类生物研究的深入，研究者发现其与植物界中各物种有着明显的差异，因此其被重新划分到菌物（fungus）界中，属于真菌门（Eumycophyta）中的一个属（林志彬，2007）。目前，有报道记载的灵芝有200余种，主要分布在亚洲、大洋洲、非洲及美洲热带和亚热带地区，少数分布于温带，涉及国家包括中国、挪威、马来西亚、丹麦、瑞典、波兰、芬兰、肯尼亚、英国、美国和坦桑尼亚等。我国地跨热带至寒温带，因而灵芝种类多、分布广，境内灵芝多达100多种，主要分布于云、贵、冀、吉、苏、浙、闽、台等地区，较常见的灵芝种类主要有赤芝、紫芝、松杉树芝以及树舌灵芝等（林志彬，2007；赵继鼎和张小青，1992）。

由于灵芝种类繁多，历史上没有明显的形态特征描述，因此以前对灵芝的准确分类比较困难。在我国民间，人们主要根据形态特征和地域对灵芝分类。《神农本草经》是最早提出灵芝分类的著作，该书根据中医阴阳五行学说，按颜色将灵芝分为“六芝”，即青芝、赤芝、黑芝、白芝、黄芝和紫芝。然而，这只是对当时已知的灵芝的分类，并非指六个物种（表 13-1）。这种根据子实体颜色进行分类的方法，至今还用于灵芝的辨识，如赤芝、黑芝、黄芝和紫芝。然而，现代真菌学家认为对“六芝”的认识是一种群体概念，每一种所代表的是一个群体。借助线粒体小亚基 rDNA 序列的信息，可将灵芝较为科学地分为六大单源群，分别为 *G. colossus*（巨型灵芝）、*G. applanatum*（树舌灵芝）、*G. tsugae*（松杉灵芝）、*G. lucidum*（亚洲赤灵芝）、*G. meredithiae*（梅瑞狄斯氏灵芝）和 *G. resinaceum*（无柄灵芝）。上述分类方法有一定交叉，因此在使用过程中会经常出现混用的现象。此外，目前国内外对赤芝和紫芝的研究、报道较多。

表 13-1 《神农本草经》中有关 6 种灵芝的分类与比较

名称	别名	特征	药性、气味、主治及功效
青芝	龙芝	菌盖革质，表面有绒毛，色彩变幻	酸、平、无毒，可明目、补肝气、安精魂、仁恕
赤芝	丹芝	菌盖表面褐色、褐红色，具油漆光泽，有表面光滑的菌柄	苦、平、无毒，主治胸中结，可益心气、补中、增智慧、不忘
黄芝	金芝	黄色如紫金，大者十余斤[①]，小者三四斤	甘、平、无毒，主治心腹五邪，可益脾气、安神、忠信和乐
白芝	玉芝	色白，形如马蹄，可达数斤，生于松树等针叶树上，可药用	辛、平、无毒，主治咳逆上气，可益肺气、通利口鼻、强志意、勇悍、安魄
黑芝	玄芝	菌盖黑色，新鲜时伤处变血红色，具黑色长柄	咸、平、无毒，主治癃，可利水道、益肾气、通九窍、聪察
紫芝	木芝	菌盖褐色、紫褐色至近黑色，菌肉为褐色至栗褐色，并具有长菌柄	甘、温、无毒，主治耳聋，可利关节、保神、益精气、坚筋骨、疗虚疲

13.1.2 灵芝的培养与种植

灵芝的生长经历孢子粉、菌丝体和子实体三个阶段，由于孢子粉难以收集，因此菌丝体和子实体是目前的主要研究对象。一般而言，灵芝可通过野外采集或人工栽培获得，野生灵芝多生长于深山树林或悬崖峭壁上，目前野生灵芝比较稀缺，所以灵芝大多通过人工栽培获得。常见的栽培方式有液体深层发酵法和固态发酵法。液体深层发酵法是将灵芝菌种接种于适合其生长的液体发酵培养基中，在适宜的时间、温度和 pH 下发酵。固态发酵法是液体深层发酵法的延续，将液体深层发酵生产的菌球接种到固体培养基中继续发酵，该方法的优点是发酵因素易控制、投资小、干燥费用低等（罗璐，2009）。而灵芝多糖主要分布在固体发酵的菌丝体和培养基中。

① 1 斤 =500g

13.1.3　灵芝中的主要非多糖类活性化合物

灵芝含有丰富的活性成分。到目前为止从灵芝中已发现400余种活性成分，主要包括7类：多糖类，三萜类化合物，蛋白质、多肽和氨基酸类，核苷和生物碱类化合物，无机元素，甾醇类化合物，呋喃类衍生物（Cor et al.，2018；Huie and Di，2004；Paterson，2006），其中多糖类和三萜类是灵芝的主要活性化合物。由于环境、气候和品种差异，不同产地和品种的灵芝以及灵芝孢子的质量有所差异，功能活性也有所不同。下面具体介绍灵芝中几种主要非多糖类活性化合物。

13.1.3.1　三萜类化合物

三萜（triterpene）类化合物是灵芝的主要化学成分之一，其广泛分布于草本植物中。三萜类化合物种类繁多，按分子中碳环的数目主要分为四环三萜和五环三萜两种，也有少数为链状、单环、双环和三环三萜。Kuboat等于1982年首次从赤芝子实体中分离得到两种三萜类化合物（灵芝酸A和灵芝酸B）。灵芝中含有种类繁多的三萜类化合物，已有超过150种羊毛甾烷型三萜类化合物被分离鉴定，且所有的灵芝三萜都是四环三萜类化合物（Wachtel-Galor et al.，2011）。羊毛甾烷型三萜类化合物基本骨架如图13-2所示。三萜类化合物是灵芝中主要的苦味成分，其含氧功能团对苦味的产生起着重要作用（Nishitoba et al.，1988，1985）。灵芝苦味程度因其含量不同而不同，一般味苦的灵芝中三萜类化合物含量较高。不同种灵芝中的三萜类化合物具有品种特异性，因而三萜类可以作为鉴定灵芝品种的依据之一（Grienke et al.，2011）。此外，灵芝三萜具有广泛的药理活性，如抗肿瘤、保肝、抗氧化及抗血小板聚集等作用。

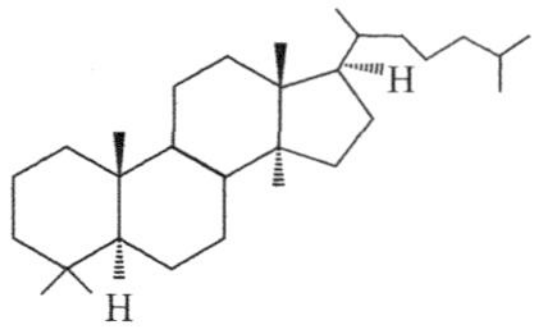

图13-2　羊毛甾烷型三萜类化合物基本骨架

13.1.3.2　蛋白质、多肽和氨基酸类

蛋白质是灵芝中的主要成分之一。灵芝中含有7.9%～11.8%的粗蛋白，通常以游离态形式或糖蛋白复合物形式存在。深层发酵的灵芝菌丝体中含有一种LZ-8蛋白质，分子质量为12kDa，由110个氨基酸残基组成，其分子形状与免疫球蛋白相似，结构也与免疫球蛋白重链的可变区相似。LZ-8在体外能凝集绵羊红细胞，但对人的红细胞无凝集作用，此外该蛋白具有有丝分裂原的作用，可活化小鼠脾淋巴细胞，抑制迟发型过敏反应，预防NOD小鼠1型糖尿病的自发免疫的发展，还具有双向调节免疫的功能（Bao et al.，2018；Kino et al.，1989）。灵芝中还含有具有血凝活性的蛋白组分——凝集素。Girjal等（2011）采用离子交换色谱从灵芝中分离得到一种分子质量为15kDa的凝集素，其具有抗菌活性，并可抵抗人体和动物红细胞聚集。此外，灵芝中还含有分子质量很大的蛋白质，如一种灵芝糖肽分子质量达513kDa，利用该灵芝糖肽具有显著的抗肿瘤活性和抗血管生

成作用，并推测其抗血管生成可能是发挥抗肿瘤功能的作用机制（Cao and Lin，2002）。除上述活性蛋白以外，灵芝中还含有木质素酶、纤维素酶、淀粉酶、蛋白酶等。

灵芝中含有少量多肽与多种氨基酸。灵芝多肽可抑制机体的脂质过氧化的发展，且可显著缓解 D-半乳糖胺诱导的小鼠肝细胞损伤（Xie et al.，2004）。此外，灵芝富含多种氨基酸，包括人体所需的所有必需氨基酸。灵芝子实体、菌丝体和孢子粉中氨基酸种类大致相同，但比例有所差异，其中必需氨基酸苏氨酸、赖氨酸、缬氨酸、亮氨酸、苯丙氨酸和甲硫氨酸在灵芝菌丝体中含量较高（于华峥等，2016）。

13.1.3.3 核苷和生物碱类化合物

核苷是灵芝中必不可少的重要物质之一。灵芝中含有尿嘧啶、腺嘌呤、腺苷、尿苷等成分。灵芝中所含的多种腺苷衍生物均有较强的药理活性，其可提高血红蛋白 2,3-二磷酸甘油的含量，增强血液供氧能力，加速血液微循环，提高血液对心、脑的供氧能力。腺嘌呤核苷是赤芝水提物中能抑制血小板凝集的有效成分（Shimizu et al.，1985）。此外，尿苷、鸟苷和腺苷是灵芝孢子粉中的主要核苷类成分（王金艳等，2016）。

灵芝中生物碱含量较低，但具有重要生物活性。目前已从灵芝子实体或孢子粉子中分离得到胆碱、甜菜碱、γ-氨基丁酸、硫组氨酸甲基内铵盐、灵芝碱甲和灵芝碱乙等。这些生物碱类物质可被用于治疗肌无力等疾病。此外，灵芝生物碱还对三高（高胆固醇、高脂血症和高血压）以及肝炎等疾病有部分治疗效果。

13.1.3.4 无机元素

灵芝是矿物质的“聚宝盆”。灵芝孢子中有钾、钠、钛、镍、钙、磷、镁、锰、锡、铜、铁、锌、钴、硅等 14 种常量元素或微量元素。灵芝中元素的种类和含量随灵芝品种不同而略有差异，人工栽培灵芝与野生灵芝中元素的种类和含量也不一致（韩蕴华等，1995）。灵芝中还富含有机锗和硒，而锗和硒对灵芝多糖的抗肿瘤作用有协同作用。人工培养与野生灵芝中有机锗含量不相同，野生灵芝中有机锗含量一般低于人工培养灵芝，部分野生灵芝中甚至检不出有机锗（Mizuno et al.，1995）。

13.1.3.5 其他化学成分

（1）甾醇类化合物

灵芝中富含甾醇。目前为止，已知从灵芝中分离得到的甾醇有近 20 种，其根据骨架不同可被分为麦角甾醇和胆甾醇两种类型（王周，2011）。灵芝中的甾醇主要为麦角甾醇，麦角甾醇占灵芝含量的千分之三左右（林志彬，2007）。以孢子粉为例，孢子粉的脂溶性提取物中所含甾醇为麦角甾醇类化合物：麦角甾-7,22-二烯-3β,5α,6α-三醇、麦角甾-7,22-二烯-3β,5α,6β-三醇、麦角甾-7,9,22-三烯-3β,5α,6α-三醇、麦角甾醇棕榈酯、麦角甾-4,6,8(14)-四烯-(3) 酮以及麦角甾醇（Chen et al.，1991）。本团队申明月（2007）从黑灵芝子实体的氯仿提取物中分离鉴定了 4 种麦角甾醇类化合物，分别为：麦角甾-4,6,8(14)-四烯-(3) 酮、麦角甾醇、麦角甾-7,22-二烯-3β-醇、麦角甾-7-烯-3β-醇。其中，麦角甾-7,22-二烯-3β-醇具有抑制单纯疱疹病毒（HSV）的作用（Niedermeyer et al.，2006）。

（2）呋喃类衍生物

灵芝含有多种呋喃类衍生物，包括 5-羟甲基呋喃甲醛、5-乙酰氧甲基呋喃甲醛等。余竞光等（1983）从薄盖灵芝深层发酵菌丝体中分离得到 4 种呋喃衍生物：5-羟甲基呋喃甲醛及其脱水二缩醚 1,1′-二-α-糖醛基二甲醚、5-乙酰氧甲基呋喃甲醛、5-丁氧甲基呋喃甲醛。其中 5-羟甲基呋喃甲醛具有抑制血小板聚集的作用。

13.1.4 灵芝的药理活性

根据上述活性成分介绍及灵芝长久以来的药用历史，不难理解为何灵芝对多种疾病具有显著疗效。在民间，自古以来灵芝就被作为滋补强壮、安神、健胃的良药，用来治疗肝病、神经衰弱、厌食、病后体虚等疾病与症状。现代基础医学研究表明，灵芝具有提高机体免疫力、抗衰老、抗肿瘤、抗辐射、提高机体核酸和蛋白质的合成能力、降血脂、降血糖、抗炎镇痛、镇咳祛痰、保护心血管、促进睡眠等功能。临床上灵芝制剂已被用于治疗慢性支气管炎、冠心病、肿瘤（辅助治疗）、肝炎、高脂血症、白细胞减少等疾病。灵芝药理活性的发挥既不同于药物对某种疾病的精准治疗，也不同于保健品针对机体所缺的某一营养素进行的补充和强化，灵芝主要是通过调节机体免疫功能（即中医中的扶正固本），改善机体新陈代谢水平以促使机体维持或恢复稳态（季哲，2007）。

13.2 灵芝多糖的制备和理化性质

除三萜类化合物以外，多糖是灵芝研究中最深入、最广泛的一类化合物。1981 年，Miyazaki 和 Nishijima 首次从灵芝子实体水提物中分离得到支化的阿拉伯木糖基葡聚糖，并对其结构与抗肿瘤活性关系进行了研究，此后有大量关于灵芝多糖的报道。截至目前，从灵芝属不同部位分离得到的多糖化合物有 200 多种。根据多糖来源不同，灵芝多糖可分为胞内多糖和胞外多糖，胞内多糖存在于灵芝子实体、孢子和发酵产生的菌丝体中，胞外多糖则存在于灵芝发酵液中（Feng et al.，2019）；根据单糖种类，可分为均多糖和杂多糖。

13.2.1 提取分离纯化

灵芝多糖是灵芝细胞壁的主要组成成分，分布于细胞壁的各个部位，因此既可从灵芝子实体和孢子中提取，也可从发酵法的菌丝体和发酵液中提取。灵芝多糖的具体提取方法虽不尽相同，但均是利用多糖易溶于水或稀酸、稀碱、稀盐溶液而不溶于醇、醚、丙酮等有机试剂的特点，从不同材料中提取。不过在提取前通常会采用乙醇等有机试剂浸泡菌丝体、孢子或子实体，主要是除去原料中的脂溶性物质，同时也可使分解多糖的酶失活，尽可能避免多糖在提取过程中发生降解（邢小黑和吴明忠，1996）。灵芝多糖提取最常用的方法还是传统的热水浸提法，不同提取方法所得的多糖成分不同，热水浸提法主要用于提取细胞壁外多糖，多为水溶性杂多糖，而稀酸、稀碱、稀盐溶液可以通过酸碱条件或渗透压差异破坏细胞壁，从细胞壁中溶出多糖组分，得到不同结构和性质的多糖。为了提高灵芝胞内多糖提取效率，可以单独使用或联合使用一些辅助方法，如超声波、微波、酶法、超滤法、超临界流体法等，通过加速破碎细胞壁，从而提高灵芝多糖的得率和提取效率，但这些方法也有其不足之处：成本高、影响多糖结构、干扰因素增加等（石凤敏等，2012）。而对于胞外多糖的提取则简单许多，只需将发酵液浓缩后直接加入数倍体积的高浓度乙醇即可沉淀析出。在黑灵芝多糖提取工艺中，利用微波辅助提取可使多糖提取率达到 2.64%，提取率显著高于水提法，最佳提取条件为：温度 129℃，时间 27min，水料比 31∶1（黄璞等，2007）。在灵芝子实体多糖的提取过程中，超声波法优于热水浸提法，并且可降低浸提剂用量和缩短 3/4 的提取时间（胡斌杰等，2007）。

采用上述方法提取得到的灵芝多糖为多糖粗品，仍然含有较多杂质，如蛋白质、色素、低聚糖等，需要进一步除去杂质，才能进行后续研究。灵芝多糖常用的脱蛋白方法有 Sevag 法、三氟三氯乙烷法、三氯乙酸法以及蛋白酶法，而比较常用的是 Sevag 法（Staub，1965）。蛋白酶法中常用于脱蛋白的蛋白酶有木瓜蛋白酶、胰蛋白酶、链霉蛋白酶等。蛋白酶法和 Sevag 法联合使用对灵芝多糖具有很好的脱蛋白效果，多糖蛋白脱除率可达 99.64%（何安乐等，2012）。除了传统的脱蛋白方法，也可采用一些新的方法脱蛋白，在保证除蛋白率的同时尽量减少多糖的损失。例如，在黑灵芝多糖提取过程中，使用 2% 的乙酸铅沉淀法可有效除去蛋白质，该法除蛋白率高，同时糖损失也最少（Chen et al.，2012a）。但铅的引入可能带来潜在的安全问题，因此较难在实际生产中得以推广应用。

多糖中色素主要有脂溶性色素、水溶性色素和其他色素。脂溶性色素主要为四萜类衍生物，这类色素不溶于水，难溶于甲醇，易溶于乙醇、乙醚和氯仿等溶剂。脂溶性色素在多糖提取预处理乙醇等有机试剂浸泡时可除去。水溶性色素如花色苷类，可溶于水与乙醇，不溶于乙醚和氯仿等有机溶剂，遇乙酸铅试剂会沉淀，并能被活性炭吸附，颜色随 pH 的改变而改变。其可以在热水浸提多糖时溶解在水中，通过乙醇沉淀多糖，色素则留在上清液中而被除去。此外，对于其他色素包括多酚类和多酚氧化酶类，以及和多糖结合的其他有色物质的去除，在具体实践中要根据实验要求选择合适的方法，如活性炭吸附、H_2O_2 氧化法或树脂法。活性炭是黑色细微多孔性物质，具有芳香环式的结构，它靠范德瓦耳斯力将色素吸附到自身表面，从而使有色物质脱色。可以吸附一定分子质量的化合物，通常最佳吸附的分子质量在 3000Da 以内。活性炭善于吸附芳香族有机物（糖汁中的有色物大部分属于这类），并易于吸附含有 3 个碳原子以上的其他有机物。它对不带电物质的吸附力较强，而对带电物质（如阴离子）的吸附力较弱（向东等，2004）。对于 H_2O_2 氧化法，强氧化剂与色素作用时，有色物质的分子被氧化从而失去原有的颜色。对于一些与植物多糖结合的色素，都可以用 H_2O_2 氧化脱色。H_2O_2 在水溶液中可电离出过氧氢根离子 HO_2^- 与有机物的发色基团（一般是不饱和共轭键）作用，过氧氢根离子 HO_2^- 破坏发色基团从而起到漂白作用。H_2O_2 在碱性介质中电离度增大，脱色作用增强，因此对于负性离子有很好的脱色作用。利用树脂脱色是新发展的一种脱色方法，其脱色效果较好（杨云等，2006）。树脂也是一种吸附性质的脱色剂，在干燥状态下其内部孔隙率较高，具有表面积较大、交换速度较快、机械强度高、抗污染能力强、热稳定性好的优点，在水溶液和非水溶液中都能使用。吸附树脂具有很好的吸附性能，它理化性质稳定，不溶于酸、碱及有机溶剂，对有机物选择性较好，不受无机盐类及强离子低分子化合物存在的影响，可以通过物理吸附从水溶液中有选择地吸附有机物质（曹鹏伟，2009）。

经过上述处理后得到的灵芝多糖，一般情况下仍然是混合组分，需要进一步纯化才可得到均一多糖。对于灵芝多糖，常用的纯化方法有分级沉淀法、季铵盐沉淀法、凝胶柱层析法、纤维素阴离子交换柱层析法等，纯化方法的选择取决于多糖的性质、组成及分离目的等，不同的纯化方法所得到的纯多糖可能会有很大的区别，而在实际操作中常常是几种方法配合使用，才能较好地达到分离效果，表 13-2 中总结了灵芝多糖主要的提取和纯化途径。

13.2.2　含量测定

多糖含量的测定方法主要有比色法、滴定法、色谱法等。随着分析技术的不断进步，在灵芝多糖含量测定方面也出现了一些新技术。高效液相色谱法是以分子质量与待测灵芝多糖分子质量最相近的标准右旋糖酐为标准，采用外标法，样品经过凝胶色谱柱分离后，用示差折光检测器测得峰面积，根据浓度与峰面积的关系绘制标准曲线即可测得灵芝多糖含量。陈勇等（2012）采用荧光光谱法对 9 种灵芝样品的多糖含量进行测定，荧光光谱法具有结果稳定、重复性好的优点，适用于天然产物中多糖含量的分析。红外光谱法也可用来测定灵芝多糖含量，主要是利用傅里叶变换红外光谱选择灵芝多糖最佳敏感波段组合构造吸光度变量，建立吸光度与灵芝多糖含量模型，预测灵芝多糖含量（曹佳佳等，2011）。Chen 等（2012b）采用近红外光谱法结合偏最小二乘（partial least square，PLS）法和径向基函数（radial basis function，RBF）构建预测模型并进行验证，结果发现两种模型均可有效分析灵芝多糖含量，相关系数 R^2 分别高达 0.973 和 0.989。

13.2.3　基本理化性质

13.2.3.1　溶解性

由于灵芝多糖的复杂性，不同提取方法所得到的多糖溶解性不同，水提法得到的灵芝多糖为水溶性多糖，而碱提法得到的则多为水不溶性多糖。本团队鄢嫣等（2009）研究了黑灵芝水溶性多糖在不同溶剂（二甲基亚砜、无水乙醇、丙酮、无水乙醚、氯仿、正丁醇和乙酸乙酯）中的溶解性，发现黑灵芝多糖不溶于无水乙醇、丙酮、氯仿、正丁醇和乙酸乙酯，部分溶解于二甲基亚砜中，完全溶解于稀碱溶液当中。同时由于灵芝多糖结构的复杂性，主链长度、支链分支化程度及溶液构象均会影响其溶解度，从而进一步影响多糖的生理活性。此外，对灵芝多糖进行化学修饰如硫酸化、羧甲基化等可显著改善多糖的水溶性（Jing et al.，2009；Zhang et al.，2000）。

13.2.3.2　旋光性

水提灵芝孢子多糖 GLP_1（*Ganoderma lucidum* polysaccharide）的旋光度 $[\alpha]_D^{20}$=+33.72°，而不同浓度的低醇溶液中比旋光度基本一致（张丽霞，2005）。此外，结构不同的灵芝多糖旋光性也不同。热水提取的灵芝孢子粉多糖经纯化后得两个多糖组分，用旋光仪分别测其旋光度，SGL-Ⅱ旋光度 $[\alpha]_D^{20}$=+23.25°，SGL-Ⅲ旋光度 $[\alpha]_D^{20}$=−17.1°（赵桂梅等，2006）。

表 13-2 不同来源灵芝多糖的获取与结构特征

种属	多糖来源	多糖名称	提取分离方法	单糖组成	平均相对分子质量	主链结构	文献来源
赤灵芝	子实体	—	热水浸提，乙醇分级结合 DEAE-纤维素柱和凝胶色谱进行分离	葡萄糖、木糖、阿拉伯糖	4×10^4	β-1,3-阿拉伯木糖基葡聚糖、1,6-阿拉伯木糖基葡聚糖、1,4-阿拉伯木糖基葡聚糖	Miyazaki and Nishijima，1981
赤灵芝	子实体	—	热水浸提	葡萄糖、半乳糖、甘露糖、阿拉伯糖、木糖、岩藻糖	—	水溶性杂多糖	Sone et al.，1985
赤灵芝	子实体	—	碱液浸提	葡萄糖	—	水不溶性 β-1,3-葡聚糖	Sone et al.，1985
赤灵芝	子实体	WSP-1	热水浸提，DEAE-Sephadex A-25 色谱分离	半乳糖、岩藻糖和甘露糖	1.0×10^4	线性 1,6-半乳聚糖	Nara and Kato，2015
赤灵芝	子实体	—	用碱液分别在 25℃和 65℃条件下提取	葡萄糖	—	线性 α-1,3-葡聚糖	Chen et al.，1998
赤灵芝	子实体	PL-1；PL-3；PL-4	热水提取，DEAE-纤维素柱和凝胶渗透色谱分离	葡萄糖、半乳糖、鼠李糖；葡萄糖；葡萄糖和甘露糖	8.3×10^3；6.3×10^4；2.0×10^5	α-1,4-杂聚糖，β-1,6-杂聚糖；β-1,3-葡聚糖；β-1,3-杂聚糖，1,4-杂聚糖，1,6-杂聚糖	Bao et al.，2002
赤灵芝	子实体	LZ-C-1	热水浸提，超滤，DEAE-Sepharose Fast Flow 和 Sephacryl S-300 凝胶柱分离	半乳糖、葡萄糖和岩藻糖	7×10^3	α-1,6-半乳糖，α-1,2/6-半乳糖，β-1,3-葡萄糖，β-1,4/6-葡萄糖	Ye et al.，2009
赤灵芝	子实体	GLP_{L1}；GLP_{L2}	热水浸提，DEAE-Cellulose-32 纤维素柱和 Sephacryl S-200 HR 凝胶柱分离	葡萄糖；葡萄糖、半乳糖和甘露糖	5.2×10^3；1.54×10^4	β-1,3、β-1,4/6-葡聚糖，但各残基比例有差异；杂多糖	Liu et al.，2010
赤灵芝	子实体	LZ-B-1	热水浸提，DEAE-Sepharose Fast Flow 和 Sepharose CL-6B 凝胶柱分离	半乳糖、葡萄糖和岩藻糖	1.12×10^4	α-1,6-半乳糖、α-1,2/6-半乳糖、β-1,3-葡萄糖、β-1,4/6-葡萄糖	Ye et al.，2010
赤灵芝	子实体	GLP-F1-1	超声 / 微波辅助提取，DEAE-Sepharose Fast Flow 和 Sephacryl S-500 凝胶柱分离	葡萄糖和半乳糖	2.5×10^6	β-1,4-葡萄糖	Huang et al.，2011
赤灵芝	子实体	FYGL-1	碱液提取，Sephadex G-75 凝胶柱和 DEAE-52 纤维素柱分离	半乳糖、鼠李糖和葡萄糖	7.8×10^4	α-1,6-半乳糖，α-1,6-葡萄糖，β-1,2-鼠李糖	Pan et al.，2012
赤灵芝	子实体	GLP20	热水浸提，20% 乙醇沉淀	葡萄糖	3.75×10^6	β-1,3-葡萄糖	Liu et al.，2014

续表

种属	多糖来源	多糖名称	提取分离方法	单糖组成	平均相对分子质量	主链结构	文献来源
赤灵芝	菌丝体发酵液	GLEP-2	70% 乙醇沉淀，DEAE-52 纤维素柱和 Sepharose CL-6B 凝胶柱分离	葡萄糖、半乳糖、甘露糖、阿拉伯糖和鼠李糖	2.08×10^4	α-1,4-葡萄糖	Zhou et al.，2014a
赤灵芝	菌丝体发酵液	—	—	葡萄糖	—	高支化 β-1,3-葡聚糖	Sone et al.，1985
赤灵芝	菌丝体发酵液	GLP-2	DEAE-Sephacel 和 Sephadex G-200 凝胶柱分离	半乳糖、甘露糖、葡萄糖、阿拉伯糖和鼠李糖	2.2×10^4	α-1,4-半乳糖	Li et al.，2007
赤灵芝	孢子粉	GLP	热水浸提，DEAE-Sephadex A-25 凝胶柱、Sepharose CL-6B 和 Sephadex G-25 凝胶 DEAE-柱分离	葡萄糖	1.43×10^5	α-1,6-葡萄糖，β-1,3-葡萄糖	Zhang L and Zhang Y，2011
赤灵芝	孢子粉	GLSA50-1B	热水浸提，乙醇分级，DEAE-纤维素柱和 Sephacryl S-300 凝胶柱分离	葡萄糖	1.03×10^5	β-1,6-葡萄糖	Dong et al.，2012
紫灵芝	子实体	GSP-6B	热水浸提，DEAE-Sepharose CL-6B 凝胶柱和 Sephacryl S-300 HR 凝胶柱分离	葡萄糖，痕量半乳糖和甘露糖	1.86×10^6	β-1,6-葡萄糖	Han et al.，2012
紫灵芝	子实体	G-A	碱液浸提，乙酸中和	葡萄糖	8.2×10^4	β-1,3-葡聚糖	Ukai et al.，1982
松杉灵芝	子实体	F Ⅲ	依次用热水、1% 草酸铵和 5% NaOH 溶液进行提取，DEAE-纤维素柱和 Toyopearl HW-65F 凝胶柱分离	半乳糖、葡萄糖、甘露糖和岩藻糖	—	结合有蛋白的葡萄糖基半乳聚糖和 β-1,3-葡聚糖	Wang et al.，1993
松杉灵芝	菌丝体	EPF2	DEAE-Sepharose CL-6B 凝胶柱分离	甘露糖、岩藻糖、木糖、半乳糖和葡糖胺	8.35×10^4	β-半乳糖基-α-甘露聚糖	Peng et al.，2003
黑灵芝	子实体	PSG-1	热水浸提，Superdex-G 200 凝胶渗透色谱分离	葡萄糖、甘露糖和半乳糖	1.01×10^6	β-1,3-葡萄糖，β-1,6-葡萄糖，α-1,4-半乳糖，α-1,2-甘露糖，α-1,4-甘露糖	Zhang et al.，2012
黑灵芝	子实体	AGAP	碱液提取	葡萄糖、木糖、甘露糖	1.665×10^6	低支化度的 α-1,4-葡聚糖	Zhang et al.，2015
无柄灵芝	子实体	DESSK5	碱液提取，冻融、透析和超滤分离	葡萄糖	2.6×10^4	高度支化的 β-1,3-葡聚糖	Amaral et al.，2008

注：“—”表示原文中无相关信息

13.2.3.3 纯度鉴定和分子质量

多糖是大分子物质，且分子质量分布范围较宽。多糖的纯度通常指相似链长多糖的平均分布，而纯多糖则是一定分子质量范围内的均一组分。纯度鉴定通常有比旋光度法、超离心法、电泳法、层析法和凝胶色谱法。前面四种方法误差较大，通常需要几种方法相互验证才能确定该多糖是否为均一多糖，目前最常用也最准确的纯度鉴定方法是高效凝胶排阻色谱法。Toshio 等（1982）采用碱提法从灵芝子实体中提取并分离得到灵芝多糖组分，并用玻璃纤维纸电泳、超离心及凝胶色谱法鉴定该组分的纯度，结果 3 种方法均证明其为均一多糖。尚德静等（2001）分别采用 Sephadex G-100、聚丙烯酰胺凝胶电泳和紫外光谱 3 种方法鉴定纯化后的灵芝硒多糖的纯度，结果表明分离纯化得到的两种灵芝硒多糖均为均一组分。

多糖的分子质量大小是多糖的基本理化性质，并且有研究报道多糖分子质量大小会影响多糖生理活性。过去常用的测定方法有超离心法、渗透压法、黏度法、端基法等，这些方法测的是相对分子质量，是一种统计平均值，代表链长的平均分布，这些方法操作比较麻烦而且误差很大。而现在较常用的是凝胶排阻色谱法，根据在凝胶柱上不同分子质量的多糖与洗脱体积成一定关系的特性，用已知分子质量的右旋糖酐制作标准曲线，根据样品的洗脱体积从曲线中求得分子质量。采用凝胶排阻色谱检测，通过将一系列不同分子质量的右旋糖酐和葡萄糖作为标准品绘制标准曲线并计算后，发现水溶性黑灵芝多糖的平均分子质量为 1.01×10^6Da（Chen et al.，2008）。赤灵芝多糖 GLP 的分子质量也通过这种方法计算得到，为 1.43×10^5Da（Zhang L and Zhang Y，2011）。

随着科学技术的发展，多糖分子质量的测定已不再是难题，尺寸排阻色谱-激光光散射（size exclusion chromatography-laser light scattering，SEC-LLS）技术现已完全可以实现对分子质量的测定。该方法是通过结合多糖在溶液中的光散射信号及尺寸排阻色谱洗脱得到峰型及峰面积测定多糖的分子质量。无论灵芝多糖在流动相中的分子状态如何，该方法都可以测定具有一定分子质量范围的高分子样品，测得的是分子质量，但它对检测样品的纯度要求很高，若样品不纯会严重影响测定结果（王建国，2010）。灵芝子实体中的 5 种水溶性杂多糖的相对分子质量大小为 $6.1\times10^4\sim18.4\times10^4$（Bao et al.，2001，Wang et al.，2011）。采用该法检测后，发现黑灵芝水溶性组分 PSG-2（*Ganoderma atrum* polysaccharide）分子质量为 6.9×10^4Da（Zhang et al.，2014a）。

13.2.3.4 单糖组成

目前报道的灵芝多糖既有杂多糖，也有葡聚糖，主要包括葡萄糖、半乳糖、甘露糖、岩藻糖、阿拉伯糖、木糖和鼠李糖等，有时也能检测到葡糖醛酸。不同来源灵芝多糖的单糖组成存在差异性，但以葡萄糖和半乳糖为主。Pan 等（2012）采用 GC 法证实赤灵芝子实体多糖 FYGL-1 由半乳糖、鼠李糖和葡萄糖组成，相对摩尔比为 1.0∶1.15∶3.22。此外，还有研究者从赤灵芝中分离得到一种岩藻糖基半乳聚糖，证实其由葡萄糖、岩藻糖和半乳糖以 1∶1.09∶4.09 的比例组成（Ye et al.，2008）。Chen 等（2008）用毛细管气相色谱法证明黑灵芝子实体多糖由葡萄糖、半乳糖和甘露糖以 0.683：0.178：0.139 的比例组成。Han 等（2012）用 GC-MS 分析紫芝子实体多糖的单糖组成，发现该多糖以葡萄糖为主，并含有少量的半乳糖和甘露糖。Peng 等（2005a）采用 GC 分析从松杉灵芝菌丝体中分离得到多种杂多糖，发现其单糖主要由半乳糖、葡萄糖和甘露糖组成，同时还含有少量的葡糖胺、岩藻糖和木糖。

灵芝多糖提取部位不同，如灵芝孢子粉、灵芝子实体、灵芝菌丝体和灵芝发酵液，其单糖组成也会有所差异。从赤灵芝子实体中提取得到的多糖多为杂多糖，单糖组成以葡萄糖、半乳糖为主，并含有岩藻糖、甘露糖、木糖和鼠李糖；而赤灵芝孢子粉多糖则多为葡聚糖；从赤灵芝发酵菌丝体中提取得到的多糖的单糖组成则同子实体情况类似，多为杂多糖，以葡萄糖为主。Pan 等（2012）从赤灵芝子实体中分离得到一种蛋白多糖，并对其多糖部分进行研究，发现它是一种由鼠李糖、半乳糖、葡萄糖和葡糖醛酸以 1.0：3.7：3.9：2.0 比例组成的杂多糖。Bao 等（2001）报道赤灵芝孢子粉多糖中的单糖为 D-葡萄糖。Zhou 等（2014a）报道了改善赤灵芝发酵条件后发酵液中多糖的单糖组成，证实其由葡萄糖、半乳糖、甘露糖、阿拉伯糖和鼠李糖以 332：55：32：13：3 的比例组成。Chien 等（2015）用热水浸提法和碱提法从不同形式的松杉灵芝（成熟灵芝、灵芝幼体、菌丝体和发酵液）中得到 8 种多糖，并对这 8 种多糖进行研究，发现其单糖组成及含量不完全相同，但基本都含甘露糖醇、肌醇和海藻糖，部分含有鼠李糖、木糖和岩藻糖。本课题组对黑灵芝孢子粉、子实体菌盖和子实体菌柄 3 个部位的多糖进行研究，发现 3 个部位的多糖均含有葡萄糖、半乳糖、甘露糖和岩藻糖，但含量差异较大。孢子粉中葡萄糖含量最高，半乳糖、甘露糖和岩藻糖含量很低，此外还检测出极少量的阿拉伯糖，可认为孢子粉多糖是一种杂葡聚糖；子实体菌盖多糖中主要含有葡萄糖、半乳糖和甘露糖，摩尔比为 4.32：2.21：1，还检测出少量的岩藻糖和核糖；而子实体菌柄多糖中葡萄糖含量相对其他部位的多糖较低，半乳糖和甘露糖含量相对增加（张汇等，2011）。

综上所述，不同灵芝品种和灵芝的不同来源之间多糖的单糖组成有所差异，体现了灵芝多糖结构的多样性和复杂性。事实上，灵芝多糖的化学成分也会因产地和种植期的不同而不同，这些差异可能会为灵芝的鉴别和品质管理提供理论依据，有助于构建指纹图谱进行品质鉴定（王浩豪，2012）。

13.3 灵芝多糖的精细结构特征

灵芝多糖的结构具有多样性，不同品种的灵芝、灵芝的不同部位及不同的提取方法所得到的灵芝多糖结构各不相同。根据单糖组成的种类，灵芝多糖可分为均多糖和杂多糖；根据在水中的溶解性，灵芝多糖又可分为水溶性多糖和水不溶性多糖。

β-1,3-葡聚糖是研究和报道相对较多的一种灵芝多糖结构，但由于其水不溶性特点，在提取过程中一般需要利用碱性溶液进行提取。紫灵芝子实体当中含有一种碱溶性的 β-1,3-葡聚糖（Ukai et al.，1982），赤灵芝子实体和菌丝体培养液中同样存在 β-1,3-葡聚糖（Sone et al.，1985）。此外，一些灵芝中的 β-1,3-葡聚糖还存在分支结构，如赤灵芝子实体中的一种β-1,3-葡聚糖，其主链上每隔两个葡萄糖就连接有一个O-6位的支链（图13-3）（Bao et al.，2001）；赤灵芝孢子粉中存在一种复杂的葡聚糖，其以β-1,3-葡萄糖为主链，在主链葡萄糖残基C-6位置上以β-1,3和β-1,6连接了葡萄糖、麦芽糖和低聚葡萄糖等支链结构片段，其化学结构式如图13-4所示。除了以β-1,3-葡萄糖为主链的葡聚糖外，灵芝中也存在以β-1,6-葡萄糖为主链的水溶性葡聚糖结构（图13-5），在葡萄糖残基O-4位置上以β-1,4连接不同长度的支链（Dong et al.，2012），或者每隔两个葡萄糖在O-3位置上有以β-1,4连接的葡萄糖侧链（Han et al.，2012）。另外，灵芝多糖中还含有一类以α型葡萄糖为单糖的葡聚糖。赤灵芝子实体中含有两种水不溶性的α-1,3-葡聚糖，采用1mol/L的NaOH溶液在25℃和65℃即可获得（Chen et al.，1998）。黑灵芝子实体中也含有α型葡聚糖。本课题组对从黑灵芝子实体中分离得到的一种水不溶性多糖的一级精细结构进行了表征，发现它是一种高分子质量、低支化度的α-1,3-葡聚糖，支链点出现在1,3,6-葡萄糖残基的O-6位置上，木糖和甘露糖作为还原性端基出现在支链的末端（Zhang et al.，2015）。

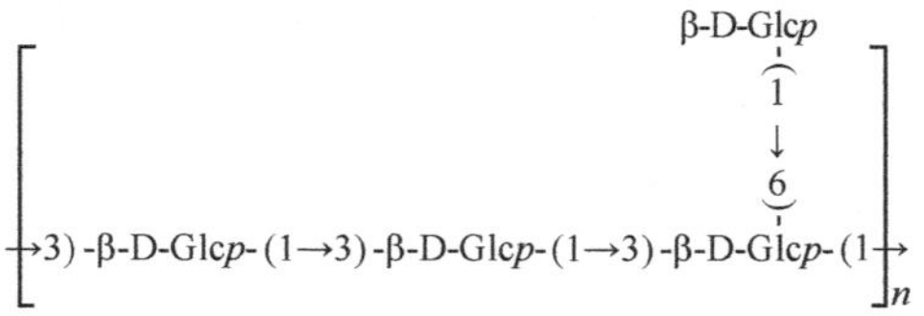

图13-3　赤灵芝子实体中β-葡聚糖的化学结构单元（Zhang et al.，2012）

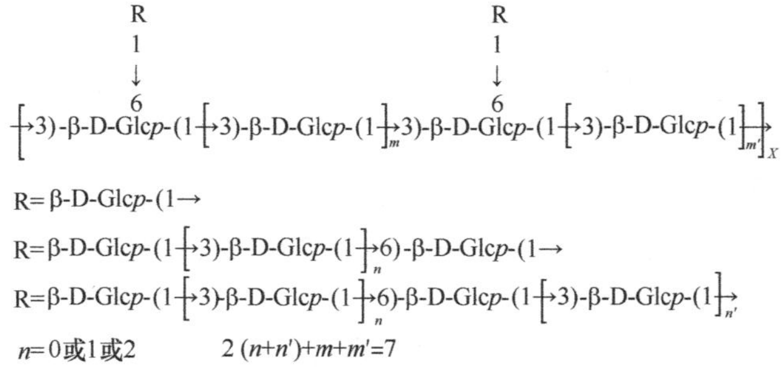

图13-4　赤灵芝孢子粉中β-葡聚糖的化学结构单元（Bao et al.，2001）

四个支链中有三个是末端的糖苷残基

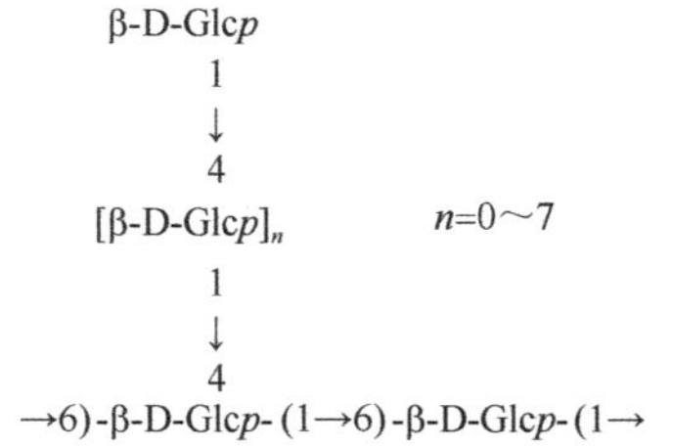

图13-5　赤灵芝孢子粉中水溶性β-葡聚糖的化学结构单元（Dong et al.，2012）

除上述结构较为规律的多糖外，灵芝多糖中还含有很多种类的杂多糖，其主链多以葡萄糖、半乳糖和甘露糖为主，支链上含有岩藻糖、阿拉伯糖和木糖等。以赤灵芝多糖为例，赤灵芝多糖是一种以α-1,4、β-1,6和β-1,3连接的水溶性的高支化阿拉伯木糖基葡聚糖（Miyazaki and Nishijima，1981）。而赤灵芝子实体中存在多种杂多糖，经采用 FTIR、GC、GC-MS 及一维、二维 NMR 对其结构进行解析后，图 13-6 是其中一种水溶性蛋白聚糖 FYGL-a 的化学结构重复单元，其主链由 β-1,6-葡萄糖、β-1,4-半乳糖、α-1,2-鼠李糖连接而成，在主链半乳糖残基 2 号位置上连有支链，支链上的苏氨酸连接在糖残基 O-6 上，该蛋白聚糖是蛋白酪氨酸磷酸酶 1B（PTP1B）抑制剂（Zhou et al.，2014b）。研究发现，赤灵芝菌丝体发酵液中含有一种主链为 α-D-1,4-半乳聚糖的杂多糖，甘露糖、葡萄糖、阿拉伯糖和鼠李糖作为分支以 1,6 糖苷键连接在主链上，其化学结构式如图 13-7 所示（Li et al.，2007）。树舌灵芝子实体中的两种杂半乳聚糖，其主链均由 α-1,6-半乳糖构成，且均被 *O*-乙酰基部分取代，通过甲基化、FTIR 和 NMR 分析推测出两者的结构重复单元（图 13-8）（Usui et al.，1981）。本团队在前期基础上采用甲基化结合 NMR 对所获得黑灵芝子实体多糖 PSG-1 进行结构解析，发现 PSG-1 是一种杂多糖，主链由 β-1,3-葡萄糖、β-1,4-葡萄糖、β-1,6-葡萄糖、α-1,4-半乳糖、α-1,2-甘露糖和 α-1,4-甘露糖连接构成，在葡萄糖残基 O-3和 O-6 位置上出现支链，支链残基有 β-1,3-葡萄糖、β-1,6-葡萄糖、α-1,4-半乳糖和 α-1,4-半乳糖醛酸，其结构重复单元如图 13-9 所示（Zhang et al.，2012）。此后，还采用 ÄKTA Purifier 100 生物大分子纯化系统从黑灵芝水溶性多糖 PSG 中分离得到不同于 PSG-1 的组分 PSG-2，通过单糖组成、FTIR、甲基化、部分酸水解和 NMR 分析表征其结构，发现它是一种 α-1,6-半乳聚糖类多糖，在 α-1,2,6-半乳糖的 O-2 位置上出现支链，支链主要为 T-岩藻糖，还会出现 T-α-D-Gal*p*-(1,6)-2-OAc-α-D-Gal*p*-(1→、T-α-D-Gal*p*-(1→6)-α-D-Gal*p*-(1→4)-β-D-Glc*p*-(1→、T-α-D-Gal*p* 或 T-α-D-Man*p* 等片段（图 13-10）（Zhang et al.，2014a）。

灵芝多糖的结构复杂多样，除了杂多糖以外，也可以分离出葡聚糖；单糖组成主要有葡萄糖、半乳糖、甘露糖、岩藻糖、木糖、阿拉伯糖和鼠李糖等，而单糖间的糖苷键有 1,3、1,4、1,6 等连接方式。大多数灵芝多糖有分支，有的还含有肽链片段。表 13-2 总结了不同来源的灵芝多糖的单糖组成、糖苷键连接方式及相对分子质量大小，以期为更好地比较和研究灵芝多糖提供便利。

→6)-β-D-Glc*p*-(1→4)-β-D-Gal*p*-(1→2)-α-L-Rha*p*-(1→6)-β-Glc*p*-(1→
　　　　2　　　　　　1
　　　　↓　　　　　　↓
　　　　R_1　　　　　　R_1

R_1: β-D-GlcA-(1→6)-β-D-Glc*p*-1→ 或-Thr-(β→6)-β-D-Glc*p*-1→

R_2: β-D-GlcA-(1→

图 13-6　赤灵芝子实体中一种蛋白聚糖的化学结构重复单元（Zhou et al.，2014b）

→4)-α-D-Gal*p*-(1→···→4)-α-D-Gal*p*-(1→···→4)-α-D-Gal*p*-(1→···→4)-α-D-Gal*p*-(···
　　6　　　　　　6　　　　　　6　　　　　　6
　　↑　　　　　　↑　　　　　　↑　　　　　　↑
　　1　　　　　　1　　　　　　1　　　　　　1
→6)-α-D-Man*p*-(1→　→4)-β-D-Glc*p*-(1→　L-Ara　　L-Rha

图 13-7　赤灵芝菌丝体发酵液中杂多糖 GLP-2 的化学结构单元（Li et al.，2007）

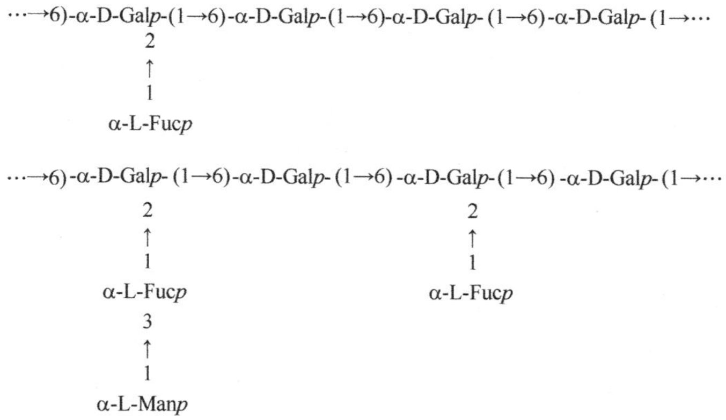

图 13-8　树舌灵芝子实体中两种杂半乳聚糖的结构重复单元

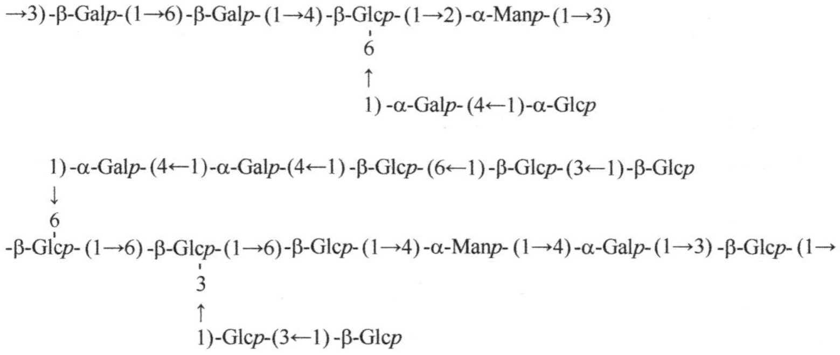

图 13-9　黑灵芝多糖 PSG-1 的结构重复单元（Zhang et al.，2012）

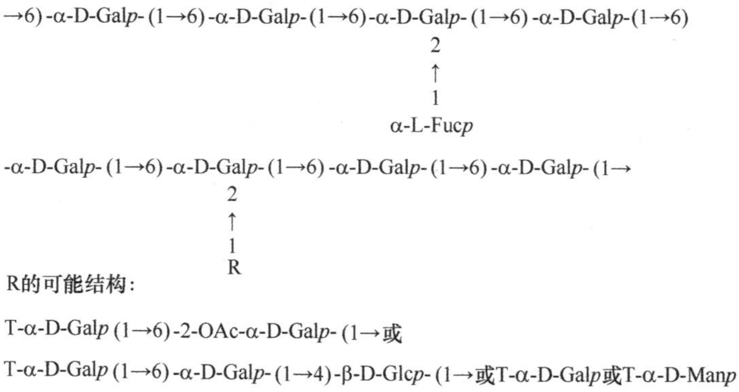

图 13-10　黑灵芝子实体多糖 PSG-2 可能的化学结构式（Zhang et al.，2014a）

13.4　灵芝多糖的溶液构象特征

溶液构象是多糖的重要结构信息之一，研究表明，构象特征与多糖的理化性质和功能特性密切相关。在水溶液中多糖糖链间的互相缔合是比较普遍的，这是由于糖链上存在着许多羟自由基，易形成氢键，因此多糖在水溶液中会呈现不同的构象。由于多糖结构的复杂性，很多应用于蛋白等生物大分子的构象研究方法（如 X 射线衍射、圆二色谱等）并不适用于多糖的研究。然而，随着技术的发展，多糖的构象表征逐渐有了自己独特的研究体系，其中，HPSEC、动静态光散射、原子力显微镜（atomic force microscope，AFM）和电镜等技术被广泛使用（李盛等，2010）。

首先是对于灵芝葡聚糖溶液构象的研究。通过对赤灵芝子实体中存在的线性β-1,3-葡聚糖的6种衍生物进行链构象研究，发现GL-IV-Ⅰ、S-GL、CM-GL、HE-GL、HP-GL和M-GL的分子质量分别为：13.3×10^4Da、10.1×10^4Da、6.3×10^4Da、7.2×10^4Da、5.1×10^4Da和14.1×10^4Da，其中GL-IV-Ⅰ在DMSO中是以紧凑的卷曲线团存在，而其余5种衍生物在0.9%的NaCl溶液中以散状易弯曲的形式存在（Wang et al.，2011）。刚果红实验显示，赤灵芝孢子粉中提取到的β-1,3-葡聚糖在水溶液中的构象与香菇多糖的三股螺旋构象相似，并证明其在水溶液中呈现一定的有序构象（Bao et al.，2001）。赤灵芝子实体中的一种β-1,6-葡聚糖GLP20，经HPSEC测得分子质量为3.75×10^6Da，多分散度为1.36，研究还发现GLP20在水溶液中以刚性链构象存在，在DMSO中以无规则线团形式存在，当NaOH浓度达到0.15mol/L后会发生构象转变，采用示差扫描量热法研究发现当GLP20水溶液加热到135℃后多糖链构象会从有序结构转变为单链构象，并且该转变是不可逆的（Liu et al.，2014）。本课题组从黑灵芝子实体中分离得到一种水不溶性的α-1,3-葡聚糖（AGAP），并对其溶液性质进行研究，结果表明AGAP的重均分子质量为1.665×10^6Da，均方回转半径R_g为65.49nm，推断其在磷酸盐缓冲液中以刚性链形式存在（Zhang et al.，2015）。在此基础之上，本团队张汇等（2013）对水不溶性黑灵芝多糖进行硫酸化改性，并研究化学修饰后多糖的溶液性质，发现其中高纯度的AGAPS5-1组分在0.1mol/L $NaNO_3$溶液中的重均分子质量和数均分子质量分别为5.19×10^4Da和2.63×10^4Da，呈多分散性，以无规线团状形式存在。用磷酸盐缓冲液于80℃从灵芝菌丝体中获得的多糖-蛋白质缀合物GLM-A，主要由葡萄糖组成。按照Yamakawa-Fujii-Yoshizaki蠕虫状圆筒模型的黏度理论和Bohdanecky表达式，求得GLM-A的分子参数为：单位围长摩尔质量M_L=（530±10）nm^{-1}，持续链长q=（2.8±0.2）nm，链直径d=0.75nm。表明，GLM-A在该溶液中为无规则线团构象（陈敬华等，2000）。

除了对灵芝葡聚糖溶液构象的研究外，对灵芝杂多糖的溶液构象特征也有相关研究。张俐娜和陈敬华（1997）从灵芝子实体中分离得到几种水溶性杂多糖，并采用SEC-LLS测得用磷酸盐缓冲液提取到的杂多糖GL2的特性黏度、重均相对分子质量（M_w）和数均相对分子质量（M_n），初步推断GL2中包含刚性链β-D-葡聚糖。在5种赤灵芝子实体水溶性杂多糖（GL-Ⅰ～GL-Ⅴ）中，高支度化的GL-Ⅰ在0.9%的NaCl溶液中以紧凑的卷曲线团形式存在，随着支化度的减小，糖链构象逐渐变成柔性链（Wang et al.，2011）。对于两种赤灵芝子实体和菌丝体中的杂多糖GLEP与GLMP，当水作为溶剂时，Huggins常数为0.59～0.93，表明在一定程度上发生了多糖分子的聚集，如果将溶剂换成DMSO，Huggins常数则会变小，表明多糖分子在DMSO中相互作用减弱（Lai and Yang，2007）。松杉灵芝菌丝体发酵液中有2种水溶性的杂多糖（EPF1和EPF2），经SEC-LLS检测后，发现EPF1在室温条件下0.2mol/L NaCl中以紧凑的卷曲线团形式存在，而EPF2则是半柔顺链构象（Peng et al.，2003）。此外，另一种松杉灵芝菌丝体中获得的碱溶性甘露木聚糖GM6-1在0.25mol/L LiCl/DMSO溶液中则是以无规卷曲的形式存在（Peng et al.，2005b）。

此外，研究人员还对灵芝中存在的糖蛋白和人工修饰的多糖进行了溶液构象的相关研究。灵芝菌丝体多糖在0.5mmol/L NaCl水溶液中，水溶性多糖-蛋白质复合物GM3的SEC图谱中出现两个峰，分别对应于重均相对分子质量（M_w）355×10^4和6.3×10^4。经尺寸排阻色谱-激光光散射（SEC-LLS）分析后，回转半径与分子质量的关系表明，在0.5mol/L NaCl水溶液中，组分Ⅰ的分子表现出比组分Ⅱ更紧密的螺旋构象（Peng and Zhang，2003）。灵芝水溶性多糖（GLYV-Ⅰ）经衍生化制备的硫酸化灵芝多糖（S-GL）和羧甲基灵芝多糖（CM-GL），取代度分别为0.94和1.09。经光散射法测定，GLYV-Ⅰ、S-GL和CM-GL的重均相对分子质量分别为13.3×10^4、10.1×10^4和6.3×10^4。体外实验发现，S-GL和CM-GL以剂量依赖的方式抑制S-180瘤细胞的体外增殖，IC_{50}值分别为26μg/mL和38μg/mL。它们还可抑制BALB/c小鼠体内移植的S-180实体瘤的生长，对动物的毒性较低。表明多糖中的硫酸化和羧甲基化基团在增强其抗肿瘤活性方面起着重要作用（Wang et al.，2009）。

从灵芝深层发酵液中获得的灵芝胞外多糖，经硫酸酯化处理后，其结构和构象都发生一定的变化。经单糖组成分析和光谱初步解析，硫酸化灵芝胞外多糖的单糖组成为鼠李糖、阿拉伯糖、甘露糖、葡萄糖、半乳糖，其摩尔比为9∶3∶2∶4∶48；其主链可能是以α-D-1,6-Gal为主，而侧链则包含α-D-Gal、Rha、α-D-Glc、α-D-Man以及Ara，其硫酸基团可能接在C-3、C-4、C-6位上。硫酸化前灵芝多糖的构象主要为单螺旋结构，而修饰后呈三维螺旋结构，X射线衍射亦证实其结构的有序变化（张珏等，2015）。

实验手段可以准确地表征多糖的溶液构象，但是描述多糖在生物体内的构象及运动状态则需要依靠计算机分子模拟技术。由于计算机性能和模拟水平的限制，分子模拟多运用于蛋白和核酸的结构与性质研究当中，而对于糖分子的模拟大多数集中在单糖和寡糖上。近年来随着计算机硬件水平的提高及多糖研究理论体系的日渐完善，多糖的分子模拟研究开始兴起（Lee et al.，2004）。Shen等（2014）在其实验室对发酵灵芝胞外多糖结构做过表征的基础上，利用药物设计与辅助软件Discovery Studio 2.5动力学模块首先对分子质量为9800Da的胞外多糖α-1,3/1,6-D-半乳聚糖和α-1,3/1,6-D-葡聚糖的链构象进行模拟，再采用分子对接模块（DS2.5ZDOCK模块）研究胞外多糖与人血清白蛋白（human serum albumin，HSA）的相互作用，结果发现α-1,3/1,6-D-半乳聚糖以无规则线团形式存在，大多数经硫酸化衍生后转变为直链构象，未硫酸化的1,3/1,6-α-D-半乳糖与HSA复合后具有较高的ZDOCK得分，说明其对HAS更具有亲和力；而α-1,3/1,6-D-葡聚糖构象比半乳聚糖更复杂，未硫酸化的葡聚糖对HAS更具亲和力。

13.5　灵芝多糖的功能活性

灵芝多糖作为灵芝中的主要活性成分，其所具备的生理活性吸引了国内外大量研究者的关注，灵芝多糖在很多方面都显示出良好的生物活性功能，包括免疫调节、抗肿瘤、抗氧化及抗衰老、改善糖尿病症状和保护心血管等。下面将对灵芝多糖活性功能做具体介绍。

13.5.1　免疫调节作用

灵芝多糖具有增强机体免疫的作用。机体免疫细胞包括固有免疫细胞和适应性免疫细胞。固有免疫细胞主要有吞噬细胞、树突状细胞（DC）、NK 细胞等。而适应性免疫应答分为 B 细胞介导的体液免疫应答和 T 淋巴细胞介导的细胞免疫应答两种类型。灵芝多糖不仅可在体外增强免疫细胞的免疫活性，还可在体内发挥增强机体免疫的作用。

灵芝蛋白多糖作用于 RAW264.7 巨噬细胞后，可显著促进 NO 产生，促进细胞因子 IL-1β、IL-12p35 和 IL-12p40 相关基因的表达（Ji et al.，2007）。灵芝多糖作用在人体单核巨噬细胞或 T 淋巴细胞培养液中，可显著促进细胞因子的分泌：促进巨噬细胞分泌 IL-1β、TNF-α 和 IL-6，促进 T 淋巴细胞释放 IFN-γ（Wang et al.，1997）。本团队在黑灵芝多糖（PSG-1）活性研究的基础上，以 PSG-1 为研究对象，运用细胞分子生物学技术研究黑灵芝多糖对巨噬细胞和脾淋巴细胞的免疫调节活性，并探讨其发挥免疫调节作用的机制，发现 PSG-1 可增强巨噬细胞吞噬能力，促进脾淋巴细胞增殖，显著提高脾淋巴细胞 $CD3^+$、$CD4^+$、$CD19^+$ 的百分比及 $CD4^+/CD8^+$ 值，促进细胞因子 TNF-α、IL-1β、IL-2、IFN-γ 和 IL-4 的分泌，提高 B 淋巴细胞的 Ig 分泌水平，同时诱导 NO 和 ROS 的生成，并认为 PSG-1 是通过 ROS/PI3K/AKT/MAPK/NF-κB 信号通路激活巨噬细胞，通过脾淋巴细胞 NO/cGMP、CAMP/PKA、Ca^{2+}/PKC/Calcineurin/NFAT 信号转导通路发挥免疫调节活性，并认为 TLR4 可能是 PSG-1 作用受体（Yu et al.，2015；Qiang et al.，2015）。本团队还利用体外诱导产生的小鼠骨髓来源 DC，发现 PSG-1 可显著增强 DC 表面 CD86、CD80 和 MHC Ⅱ的表达，促进 DC 趋化因子和细胞因子分泌，从而促进 DC 的成熟；此外，利用 RNA-seq 技术，从转录组水平出发，发现并验证了 PSG-1 可通过调节 MAPK、PI3K/AKT 信号通路诱导 DC 成熟（Wang et al.，2017，2019）。此外，灵芝水提物中分离得到的含岩藻糖的糖蛋白可活化人脐带血中 $CD16^+CD56^+$NK 细胞活性，并且该糖蛋白处理后 NK 细胞介导的细胞毒性也显著增强（Chen et al.，2004）。

灵芝多糖不仅对细胞具有显著的保护作用，也可强化机体整体的免疫能力。经环磷酰胺诱导免疫抑制模型小鼠，灵芝多糖作用后可加速恢复小鼠脾脏 NK 细胞和 NKT 细胞，促进 T、B 淋巴细胞增殖，可增强体内巨噬细胞吞噬能力和细胞毒性作用（Zhu et al.，2007）。紫灵芝子实体中的 β-葡聚糖 GSP-2，可显著诱导 BALB/c 小鼠体内脾细胞增殖，促进外周血单核细胞分泌细胞因子，诱导 DC 成熟（Han et al.，2014）。本团队李文娟等（2009）研究发现，黑灵芝多糖可显著提高免疫低下小鼠的胸腺和脾脏指数，缓解环磷酰胺所致的非特异性免疫功能下降，促进环磷酰胺处理的小鼠 T 淋巴细胞和 B 淋巴细胞增殖，提高机体的细胞免疫功能，增强机体的特异性免疫。此外，还发现 ROS 参与了黑灵芝多糖的免疫调节作用，黑灵芝多糖可通过对 ROS 的双向调节发挥对机体的免疫调节作用。灵芝多糖产品 Ganopoly® 对晚期癌症患者干预 12 周后，患者血清中 IL-2、IL-6、IFN-γ 水平显著增加，而 IL-1 和 TNF-α 显著降低，$CD56^+$、$CD3^+$、$CD4^+$、$CD8^+$ 细胞量显著增加，但 $CD4^+/CD8^+$ 并未变化，此外给药后 NK 细胞活性显著增强，表明 Ganopoly® 可增强晚期癌症患者的免疫响应（Gao et al.，2003）。图 13-11 总结了灵芝多糖对免疫细胞潜在的作用途径。

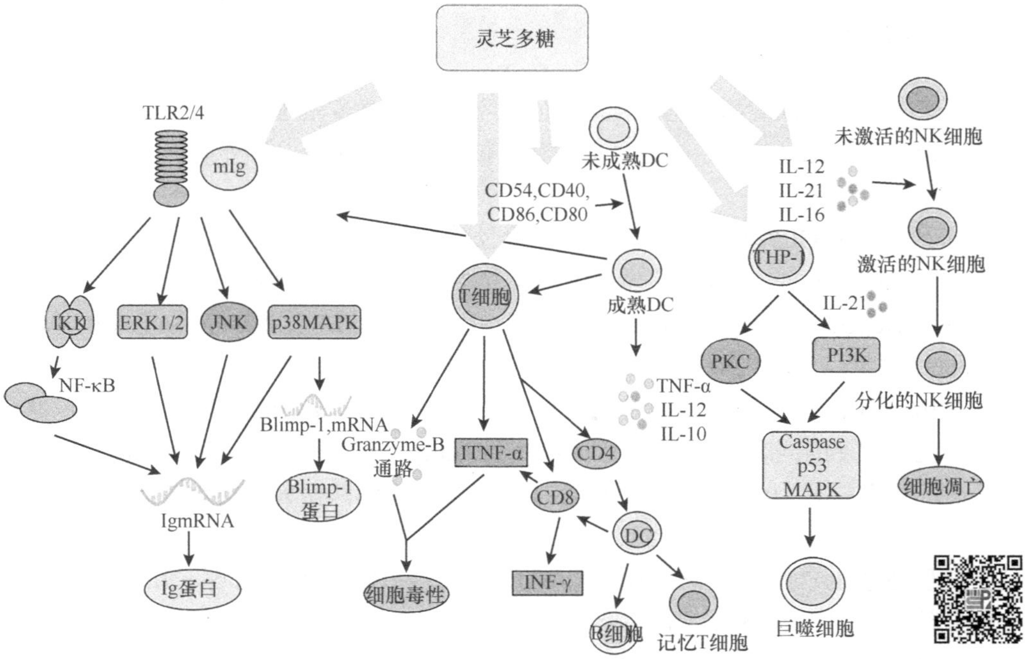

图 13-11　灵芝多糖作用于不同免疫细胞发挥免疫调节作用的信号通路（彩图请扫二维码）

多糖的免疫调节活性在激活过程中也存在和蛋白质类似的“活性中心”，当与免疫细胞受体作用时，多糖分子中的特异性寡糖片段与受体结合，识别配体的受体被活化从而启动细胞内的信号转导途径，产生效应功能。研究发现免疫细胞受体有很多种，包括 Toll 样受体（Toll-like receptor，TLR）、树突状细胞相关 C 型凝集素-1（Dectin-1）、甘露糖受体（mannose receptor，MR）、CD14、补体受体 3、清道夫受体（scavenger receptor，SR）等。研究发现灵芝多糖可以通过多条信号转导途径发挥其免疫调节活性，包括 G 蛋白介导的信号转导途径、MAPK 通路、PI3K 通路、PKC 通路及 NF-κB 信号转导途径（余强，2014）。Guo 等（2009）从赤灵芝孢子粉中分离得到一种支化葡聚糖 GSG，研究发现它可通过调节 MAPK 和 Syk 信号通路促进小鼠腹腔巨噬细胞分泌 TNF-α 和 IL-6，还可通过 Dectin-1 受体识别 GSG 发挥活性调节作用。表 13-3 总结了目前已报道的关于灵芝多糖免疫调节作用的信号转导途径。

表 13-3　灵芝多糖发挥免疫调节作用的信号转导途径

多糖名称	信号转导途径	文献来源
赤灵芝多糖 GLB7	通过提高小鼠 T 细胞和腹腔巨噬细胞中 cAMP、IP3 和二酰甘油（DG）浓度，增强 PKA 活性和 PKC 活性	李明春等，2000
赤灵芝多糖 Reishi-F3	激活人外周血 B 淋巴细胞 ERK、p38 MAPK、JNK 和 IKK 信号通路综合作用	Lin et al.，2006
赤灵芝多糖 EORP	通过 TLR4 调节蛋白激酶信号通路，增强巨噬细胞 PTK、MAPK、ERK、JNK 和 p38 表达	Hsu et al.，2004
赤灵芝多糖 F3	激活巨噬细胞 ERK、c-JNK 和 p38，诱导 IL-1 表达	Chen et al.，2004
赤灵芝多糖 PS-G	激活树突状细胞 NF-κB 及 p38 MAPK 细胞通路	Lin et al.，2005

13.5.2 抗肿瘤作用

灵芝多糖对不同肿瘤细胞的作用不同，不同的灵芝多糖对肿瘤细胞的作用也存在差异。无论是体内还是体外，灵芝多糖均存在抗肿瘤的潜力，但体外研究发现灵芝多糖也可能促进肿瘤增殖。

赤灵芝多糖 GLP 可通过激活线粒体途径和 MAPK 通路刺激人体结肠癌细胞 HCT-116 凋亡（Liang et al.，2014）。体外细胞实验中，赤灵芝菌丝体多糖（GLP）对不同人体肝癌细胞 HepG2、BEL-7402 和 Huh-7 的影响不同：在 GLP 作用 48h 内，GLP 可显著抑制 HepG2 的增殖，但 72h 之后不论作用剂量多少都会促进癌细胞生长，而对于肝癌细胞 BEL-7402 和 Huh-7 却呈剂量及时间依赖关系。研究者还发现硫酸化修饰后，多糖在提高癌细胞抑制率的同时也表现出对正常肝细胞 L02 的毒性作用，将两种糖混合后可有效减弱硫酸化多糖对 L02 的伤害（Liu et al.，2012）。本团队研究发现，黑灵芝多糖 PSG-1 作用于肿瘤细胞如腹水瘤 S-180、结肠癌 CT26、人肝癌细胞 BEL-7402 和 SMMC7721 及正常肝细胞 L02 后无显著细胞毒性（Shi et al.，2013）。Huang 等（2015）发现 PSG-1 可通过体外作用于 S-180、CT26 荷瘤小鼠腹腔巨噬细胞，增强其吞噬活性，促进 NO、TNF-α、IL-1β 等活性物质增加从而增强巨噬细胞的免疫功能，实现抗肿瘤的作用，并且发现 PSG-1 可能是通过激活 S-180 荷瘤小鼠体内巨噬细胞 G 蛋白介导的信号通路和 PI3K/AKT、MAPK、NF-κB 通路发挥抗肿瘤活性。

在体内实验中，众多研究也证实灵芝多糖具有很好的抗肿瘤作用，早在 1981 年 Miyazaki 和 Nishijima 就发现连续注射灵芝多糖 10 天可显著抑制 S-180 肿瘤的生长。灵芝子实体中含有 2 种水溶性多糖 FIo-a 和 FIo-b，研究发现其对 S-180 肿瘤的抑制率分别为 56.0% 和 61.8%，并可有效延长患病小鼠生存期（Zhang et al.，1994）。另一项研究对荷瘤模型小鼠灌胃灵芝多糖一周后，发现 Lewi 肺癌的抑制率高达 59.13%，结肠癌的抑制率最高为 49.14%（Hikino et al.，1989）。本团队采用 S-180、CT26 肿瘤细胞株构建荷瘤小鼠模型，通过灌胃给药，发现 PSG-1 具有很强的抑制肿瘤生长的效果，可通过改善荷瘤小鼠的免疫功能间接发挥抗肿瘤作用；通过对荷瘤小鼠腹腔巨噬细胞的研究发现，PSG-1 可作用于腹腔巨噬细胞膜上的 TLR4 受体，激活 NF-κB 和 p38 MAPK 信号通路，促进 TNF-α 的分泌，强化机体免疫力；此外，还发现该模型中 PSG-1 可以通过激活 cAMP/PKA 信号途径并下调 DG-PKC 信号通路，诱导并促进肿瘤细胞凋亡，从而抑制肿瘤的生长（Zhang et al.，2014b，2014c）。Qiang 等（2014）通过建立荷瘤 C3H/HeN（野生型）和 C3H/HeJ（TLR4 受体缺失）小鼠模型来研究 PSG-1 的体内抗肿瘤活性，结果表明 PSG-1 发挥抗肿瘤活性与增强腹腔巨噬细胞和脾淋巴细胞免疫功能相关。但 PSG-1 对荷瘤 C3H/HeJ 小鼠几乎无抗瘤作用，也不能激活腹腔巨噬细胞和脾淋巴细胞免疫功能，表明 TLR4 是 PSG-1 发挥免疫调节和抗肿瘤活性的关键受体。表 13-4 摘录了部分关于灵芝多糖体内外抗肿瘤活性的研究模型。

表 13-4 灵芝多糖体内外抗肿瘤活性的研究模型

研究方式	灵芝种类	多糖来源	多糖类型	模型	作用	相关机制或通路	文献
体外研究	赤灵芝	子实体和孢子	水提物和醇提物	人体膀胱癌相关细胞：HUC-PC 细胞和 MTC-11 细胞	灵芝醇提物和水提物均可抑制人体膀胱癌相关细胞生长，同时可诱导肌动蛋白聚合从而抑制致癌物在细胞内的迁移，并且醇提物效果更好	—	Lu et al.，2004
	赤灵芝	子实体	含多肽的杂多糖 GLPP	人肺癌细胞 PG	GLPP 单独作用不能抑制人肺癌细胞 PG 增殖，但 GLPP 处理后的血清可有效抑制 PG 细胞增殖	抵制新生血管生成和转移	Cao and Lin，2002
	赤灵芝	子实体	含蛋白及核酸的杂多糖 GLP	人体结肠癌细胞 HCT-116	GLP 可降低 HTC-116 细胞存活率，通过线粒体途径和 MAPK 通路诱导肿瘤细胞凋亡	MAPK 通路	Liang et al.，2014
	赤灵芝		水提物、醇提物和 Ganopoly®C+	人体前列腺癌细胞 PC3 和 DU145	三种物质均可抑制癌细胞生长，通过基因分析找到 4 条主要的生物活性通路	细胞黏附、细胞凋亡、DNA 修复和免疫响应	Kao et al.，2014
	黑灵芝	子实体	杂多糖	S-180、CT26 荷瘤小鼠的腹腔巨噬细胞	促进 NO、TNF-α、IL-1β 等活性物质增加从而增强巨噬细胞的免疫功能	激活 G 蛋白介导的信号通路 和 PI3K/AKT、MAPK、NF-κB 通路	Huang et al.，2015
体内研究	赤灵芝	子实体	支化阿拉伯木糖基葡聚糖 GL-1	移植 S-180 固体肿瘤的 ICR 小鼠模型	肿瘤生长抑制率可达到 42.0% ~ 98.5%	与 β-1,3、1,4、1,6 连接的葡聚糖结构有关	Miyazaki and Nishijima，1981
	赤灵芝	菌丝体	支化葡聚糖	移植 S-180 固体肿瘤的 IRC-JCL 小鼠模型	肿瘤生长抑制率达 91.6%	与 β-1,3 连接的葡聚糖结构有关	Sone et al.，1985
	赤灵芝	子实体	支化葡聚糖	移植 S-180 肿瘤的 BALB/c 小鼠	GLLP 50mg/kg、100mg/kg、200mg/kg 可有效抑制肿瘤细胞增殖，抑制率分别为 35.2%、45.2%、61.9%	抵制新生血管生成和转移	Cao and Lin，2002
	赤灵芝	子实体	—	Ehrlich 腹水肿瘤细胞诱导固体肿瘤模型	诱导肿瘤模型前后给 GLP，发现均可有效抑制肿瘤大小和质量，不过诱导前效果更好	—	Joseph et al.，2011
	黑灵芝	子实体	杂多糖	S-180、CT26 肿瘤细胞株构建的荷瘤小鼠模型	抑制肿瘤生长，促进 TNF-α 的分泌，强化机体免疫力	激活 NF-κB 和 p38 MAPK 信号通路，激活 cAMP/PKA 信号途径，激活 DG-PKC 信号通路及激活线粒体凋亡通路	Zhang et al.，2014b，2014c

虽然灵芝多糖抗肿瘤的效果已被国际所公认，但是其作用机制并不完全明确。目前对于灵芝多糖的抗肿瘤机制理论有两种：①增强机体免疫功能抑制肿瘤细胞生长；②直接作用于肿瘤细胞。增强机体免疫抑制肿瘤的机制涉及调节体液免疫和细胞免疫，促进淋巴细胞、巨噬细胞和NK细胞的增殖，提高巨噬细胞的吞噬能力，提高NK细胞活性，激活补体经典途径和替代途径，促进免疫因子分泌。大多数研究结果表明，灵芝多糖无直接的细胞毒性。但是灵芝多糖在体内能很好地阻止肿瘤的发生和抑制肿瘤生长。可能是通过以下4种方式发挥作用：①影响细胞生长周期，直接抑制肿瘤细胞增殖；②影响肿瘤细胞核酸和蛋白质相关基因表达；③诱导肿瘤细胞凋亡和坏死；④影响肿瘤细胞代谢信号的传递途径（刘昱均，2013；李晓冰等，2013）。因此，目前对于抗肿瘤机制探讨较多的还是通过调节免疫系统发挥作用。此外，值得注意的是目前体内研究过程中灵芝多糖的给药方式分为腹腔注射和灌胃给药。由于多糖属于大分子物质，我们并不清楚灵芝多糖是否能以原始结构被机体直接吸收入血，因此尽管发现两种给药方式均有抗肿瘤效果，但很可能作用的机制是截然不同的。

虽然目前有不少关于灵芝多糖抗肿瘤活性研究的临床报道，但一般都是直接给癌症患者提供灵芝提取物或孢子粉作为补充或增强药物，然后再根据相关指标推断是灵芝多糖发挥抗肿瘤活性，缺乏对提取物中发挥功效的成分的定性认证，这样的推断并不合理，也并不足以论证其论点。同时，很多临床报道在癌症类型选取、灵芝效率的比较及安慰剂对照组患者的选择等方面未完全按照临床研究标准，因此灵芝多糖的抗肿瘤活性仍需进一步探究。

13.5.3 抗氧化及抗衰老作用

脂质过氧化和自由基损伤是衰老、癌症及炎症等疾病的重要病因，因此清除体内自由基和抑制脂质过氧化被认为是延缓衰老与保护机体健康的有效手段。多糖碳氢链上的氢原子可快速地被·OH攫取使得多糖的碳原子留下一个成单电子成为碳自由基，进而氧化形成过氧自由基，最后分解成对机体无害的产物；对于·O_2^-，多糖可与其发生氧化反应，从而达到清除自由基的目的。另外，多糖还可以调节机体自身生成的抗氧化剂如谷胱甘肽过氧化物酶（GSH-Px）、超氧化物歧化酶（SOD）、过氧化氢酶（CAT）等内源性酶系起到抗氧化的作用（周国亮等，2014）。此外，多糖可以捕捉脂质过氧化链式反应中产生的活性氧，减少脂质过氧化反应链的长度，阻断或减缓脂质过氧化的进行。

体外抗氧化活性研究主要集中于其对各种自由基（·O_2^-、·OH、DPPH·）的清除能力，灵芝多糖能够直接清除氧自由基。实验表明浓度在0.8～4.8mg/mL的灵芝多糖对DPPH·自由基有明显的清除作用，且清除率随浓度增大而增大（张天笑等，2011）。灵芝子实体多糖浓度在0.1mg/mL时没有还原能力；而在1mg/mL时，多糖溶液的还原能力强于30μg/mL的V_C溶液；表明灵芝多糖具有抗氧化的可能性，尽管还原能力明显低于V_C的还原能力（张志军等，2011）。本团队研究发现黑灵芝多糖具有显著的清除羟自由基作用以及一定的抑制β-胡萝卜素-亚油酸氧化体系的作用，1mg黑灵芝多糖的总抗氧化能力与0.3716mmol的硫酸亚铁相当（鄢嫣等，2009）。游育红和林志彬（2004）运用激光共聚焦显微镜时间序列程序扫描实验结果证明，灵芝多糖肽体外给药的瞬间即可迅速减少静息状态小鼠腹腔巨噬细胞氧自由基含量，表明灵芝多糖肽可能对已经存在的自由基有直接清除作用。灵芝多糖肽也能迅速减少由腹腔内巨噬细胞“呼吸爆发”而增加的氧自由基的含量。张志军等（2012）研究发现灵芝多糖具有抗氧化、清除羟自由基和超氧阴离子自由基的能力，并且其清除能力与多糖的浓度存在明显的量效关系。本团队研究发现灵芝多糖预处理能显著减少心肌细胞的ROS产生和丙二醛（MDA）含量，抑制氧化应激引起的心肌细胞搏动频率下降、细胞存活率的减少和乳酸脱氢酶（lactate dehydrogenase，LDH）释放的增加，且呈剂量依赖性。表明灵芝多糖的抗心肌细胞氧化应激损伤的直接作用与抑制ROS的产生密切相关（李文娟等，2010）。灵芝多糖干预PC12细胞后，可以明显抑制 $A\beta_{25\text{-}35}$ 升高而诱导的细胞内ROS的产生，降低细胞内的氧化应激水平（于凤玲等，2012）。另外本团队研究发现，灵芝多糖可以显著抑制由高糖所致的人肾小球系膜细胞（HMC）增殖、清除羟自由基、抑制脂质过氧化反应（张璐璐等，2008）。

在阿尔茨海默病大鼠模型中，灵芝多糖可抑制血清和海马组织中MDA的增多、减少氧自由基的损伤、加速体内自由基的清除，表明灵芝多糖增强了大鼠神经元对氧化应激的保护作用（晏涛等，2011；郭燕君等，2006）。灵芝多糖还可降低力竭小鼠骨骼肌脂质过氧化水平，最终达到保护力竭小鼠肝脏、骨骼肌免受损伤的作用（史亚丽等，2006）。灵芝多糖能提高血清和胰腺中GSH-Px、SOD和CAT的活性（唐志刚等，2010；游育红和林志彬，2003）。本团队经体内实验探讨了PSG-1对D-gal诱导的衰老小鼠的抗衰老作用，结果表明PSG-1可显著抑制衰老小鼠血清和器官的脂质过氧化，提高酶系和非酶系抗氧化能力，从而发挥抗衰老作用（Li et al.，2012）。

此外，灵芝多糖是多个成分的混合物，其中含有的或者结合在多糖上的物质也可能起到增强抗氧化活性的作用。灵芝多糖中含有大量蛋白质、游离氨基酸等，可促进以氨基酸为基本结构单位的酶的合成。灵芝多糖还含有Zn、Se、Ge等微量元素，Zn是SOD的激活因子，Se是GSH-Px的组成部分，在一定范围内摄食中含硒量的升高可使GSH-Px和SOD活性提高。此外，灵芝多糖中残留的小分子物质，如三萜类物质，也可能成为促进抗氧化的成分。

13.5.4　对糖尿病的改善作用

糖尿病是一种以高血糖为特征的代谢性疾病。高血糖则是由胰岛素分泌缺陷或胰岛素抵抗所致。长期存在的高血糖会导致眼、肾、心脏、血管、神经等的慢性损害、功能障碍。糖尿病又可分为1型糖尿病和2型糖尿病。1型糖尿病主要表现为胰岛β细胞的功能受损，主要是体内胰岛素的绝对缺乏，而2型糖尿病的患者以胰岛素抵抗为主。

近年来，灵芝多糖对糖尿病的改善作用受到越来越多的关注。大量研究结果显示，灵芝多糖可促进糖原的合成、抑制糖原的分解和减少糖异生，从而发挥降血糖作用。Gao等（2004）对71位确诊为2型糖尿病的患者进行临床试验，以评估已生产灵芝多糖产品Ganopoly的有效性和安全性，结果发现通过连续12周每日3次口服后，患者血糖水平显著降低，糖化血红蛋白（HbA1c）水平显著降低，由此可知Ganopoly对于降低血糖水平非常有效并安全。在 STZ 诱导 2 型糖尿病模型中，本团队发现黑灵芝多糖 PSG-1 可显著降低糖尿病小鼠的血糖水平，降血糖作用与抑制胰腺炎症、提高胰腺的抗氧化能力及减轻氧化应激等有关（Cao and Lin，2002）。此外，2 型糖尿病大鼠模型中，PSG-1 可显著降低大鼠空腹血糖和血清胰岛素水平，缓解糖尿病大鼠多饮多食体重减轻的症状，调控胰腺组织中相关蛋白的基因表达，发挥抗糖尿病的功效（Kao et al.，2014）。

灵芝多糖不仅对糖尿病有显著的改善作用，越来越多的文献也开始报道灵芝多糖对糖尿病并发症的改善作用，主要包括对血脂代谢的调节和肾功能的保护作用。灵芝多糖可通过降低氧化应激水平，降低血清肌酐、尿素氮和尿蛋白水平，预防或延迟糖尿病并发症的发生（He，2006）。在 STZ 诱导糖尿病小鼠模型中，灵芝多糖 GL-PS 可显著降低血糖水平，改善脂代谢指标，使总胆固醇、三酰甘油、低密度脂蛋白胆固醇下降，而高密度脂蛋白胆固醇增加，由此可知 GL-PS 不仅具有良好的降血糖作用，还具有潜在的降血脂作用（Li et al.，2011）。灵芝多糖可通过改善肾损伤导致的代谢紊乱、肾功能不齐和氧化应激，降低血清肌酐、尿素氮和尿蛋白水平，发挥对糖尿病性肾病小鼠的肾保护作用。灵芝多糖 GL-PS 对 1 型糖尿病小鼠伤口复原也具有促进作用，结果发现 GL-PS 可显著改善因 1 型糖尿病导致的伤口复合延迟，可通过抑制皮肤表面 MnSOD 硝酸化、p66Sch 和线粒体内氧化应激水平，促进 STZ 诱导 1 型糖尿病小鼠伤口的血管生成（Tie et al.，2013）。本团队为探讨黑灵芝多糖 PSG-1 对糖尿病血管并发症的影响及可能的作用机制，采用 PSG-1 作用于高糖诱导的人脐静脉内皮细胞（human umbilical vein endothelial cell，HUVEC）功能损伤，结果发现 PSG-1 具有内皮保护作用，可能与线粒体凋亡信号转导通路和氧化应激有关（Cao and Lin，2002）。在动物模型中，黑灵芝多糖 PSG-1 对 2 型糖尿病诱发的高脂血症、糖尿病诱发的糖尿病肾病、肝损伤及血管病变也均有改善作用（Kao et al.，2014）。

13.5.5　对心血管疾病的作用

随着我国经济的高速发展及人们生活水平的提高，膳食结构不合理、人群体力活动减少、社会心理压力加重等因素导致我国心血管疾病发病率与致死率居高不下。目前，心血管疾病是人类健康的头号杀手，被世界卫生组织列为当前世界范围重点防范的疾病之一。心血管疾病，又称为循环系统疾病，是一系列涉及循环系统（主要是心脏和血管）的疾病。心血管疾病是由心脏和血管异常所导致，其症状包括冠心病、心肌梗死、高血压、高脂血症和动脉硬化等。

灵芝多糖具有保护心肌细胞和增强心肌功能的作用。杨丽娟等（2010）研究发现，不同浓度的灵芝多糖可通过减轻叔丁基氢过氧化物对原代人脐静脉内皮细胞的氧化损伤引起的细胞凋亡，减少细胞凋亡率，减轻细胞内线粒体等细胞器的氧化损伤，降低细胞内 caspase-3 的活性，发挥对人脐静脉内皮细胞氧化损伤的保护作用。本团队通过构建乳鼠心肌细胞缺氧 / 复氧损伤模型，探讨 PSG-1 的心肌保护作用，结果表明 PSG-1 可有效抑制由缺氧 / 复氧损伤导致的心肌细胞凋亡，从而发挥心肌保护作用（Li et al.，2009）。进一步研究发现 PSG-1 可通过心肌细胞的线粒体死亡通路抑制细胞凋亡，同时，PSG-1 还可增强内源性氧化酶的活性和促进蛋白的表达，直接清除细胞内的活性氧，减少线粒体膜电位的损失和细胞色素 c 的释放，调节半胱氨酸蛋白酶的表达，从而提高线粒体的抗氧化防御能力（Li et al.，2010）。研究表明，灵芝能增强心肌收缩力，扩张冠状动脉，增加心肌 ATP 含量，改善心肌缺氧状态，对抗垂体后叶素引起的急性心肌缺血，降低血压，延缓并减轻动脉粥样硬化的形成，以及改善内脏微循环（Lee and Rhee，1990）。

晚期糖基化终末产物（advanced glycation end product，AGE）是蛋白质或脂质经过非酶糖基化反应的产物。AGE 通过与 Ecm 基底膜上的分子形成交联，并与其受体结合进而引起多种微血管和大血管并发症。大量证据表明，体内 AGE 不断累积与心血管疾病发生发展密切相关。灵芝多糖高剂量（800mg/kg）组能使糖尿病大鼠血清 AGE 含量明显低于模型组（付四海和黄久仪，2004）。

13.5.6　其他功能

除了上述功能，灵芝多糖还具有很多其他生物活性，包括抑菌、抗病毒、抗辐射、抗疲劳、治疗胃溃疡、抗血栓和凝血、抑菌、抗突变等作用（Jung et al.，2004）。此外，灵芝多糖还具有一定的保肝功能（Zhang et al.，2002），国内也开始采用灵芝多糖综合疗法治疗慢性乙型肝炎，取得了慢性迁延性肝炎治愈率为 71.34%、慢性活动性肝炎治愈率为 53.33% 的良好效果（张端阳等，2001）。灵芝多糖在兔肝缺血再灌注损伤模型中，能够明显降低兔肝脏中 MDA 含量，减轻氧自由基介导的脂质过氧化反应对肝脏的损伤（陈洁等，2010）。

13.6　灵芝多糖的构效关系

多糖的构效关系研究意义重大，真菌类多糖往往因其具有特殊的化学结构而具有多种生物活性，对多糖结构和功能的相关性研究为更确切地解释多糖的构效关系，寻找具有生物活性或合成具有生物活性的多糖及多糖药物提供了坚实的基础。

13.6.1　物理性质与灵芝多糖生物活性

灵芝多糖的生物活性可受物理性质的影响，如分子质量、溶解度等。有报道称，灵芝多糖的主链越长，侧链支化度越高，分子质量越大，生物活性越高，并认为灵芝多糖只有分子质量大于 10^4Da 才具有生物活性，分子质量低于此值则活性很低甚至消失（何来英，1997）。GLSP2 与 GLSP1 为两种灵芝多糖组分，GLSP2 分子质量大于 GLSP1，经自由基清除能力测定发现 GLSP2 具有更强的抗氧化性，可能由于分子质量较小的 GLSP1 具有更简单的空间构型，功能基团较少，因而其自由基清除能力较弱（余钰骢，2014）。对灵芝子实体中水不溶性线性 β-D-1,3-葡聚糖进行羧甲基化改性后获得多糖衍生物 CM-GL，在经抗肿瘤活性研究后，结果表明引入羧甲基后 CM-GL 具有更好的水溶性和更显著的生物活性（王建国，2010）。

13.6.2　一级结构与灵芝多糖生物活性

多糖的主链结构和取代基的种类及取代度也是影响灵芝多糖生物活性极为关键的因素。灵芝多糖的抗衰老作用与其糖苷键及结构有关，灵芝子实体中多糖 GLA、GLB、GLC 组分中 GLB7 含有更多地以 β-1,6 键连接的糖基，其清除 · O_2^- 自由基的活性最强，GLB2 次之，表明在 β-1,4 键连接的主结构中含 β-1,6 键多的活性较强（陈琪等，1993）。灵芝子实体多糖的体外抗羟自由基的活性为 57%，进行羧甲基改性后，在质量浓度为 5mg/mL 下活性比改性前提高了 30%，说明羧甲基可显著影响该多糖的活性（Jing et al.，2009）。对树舌灵芝子实体和深层发酵菌丝体中多糖的结构与抗肿瘤活性的研究发现，具有更多羧基的菌丝体多糖抗肿瘤活性更强，进一步对多糖进行羧甲基化修饰，抗肿瘤活性显著提高，甚至高于菌丝体多糖，由此可推断羧基基团在树舌灵芝多糖发挥抗肿瘤活性中至关重要（Sun et al.，2015）。对赤灵芝孢子粉中的一种 β-葡聚糖降解前后的免疫调节活性变化研究发现，降解后的葡聚糖具有更强的免疫活性，其具有更强的促进小鼠 T、B 细胞增殖及抗绵羊红细胞抗体产生的能力，由此可知主链上取代度和侧链长度会显著影响其免疫活性（Bao et al.，2001）。本团队对黑灵芝水不溶性多糖进行硫酸化改性后，发现修饰后的多糖水溶性与取代度呈依赖关系，分子质量也减小了，同时在磷酸盐缓冲液中扩展为刚性构象，同时还发现硫酸化修饰可显著改善其抗氧化活性和抗肿瘤活性（Zhang et al.，2015）。黑灵芝多糖 PSG-1 被乙酰化和羧甲基化修饰后，其多糖活性发生了变化，反应过程中的轻微降解使得多糖分子质量减小，加之适当取代度的乙酰化，使得乙酰化多糖具有更强的清除 DPPH · 自由基的能力和更强的 β-胡萝卜素-亚油酸系统抑制能力，且可有效增强巨噬细胞的吞噬能力和促进 TNF-α 的分泌。与乙酰化修饰相比，羧甲基化修饰对活性的影响则比较轻微（Chen et al.，2014）。以上研究表明，灵芝多糖取代基的种类和取代度对活性的影响较大，因此，可通过化学基团修饰来调节多糖的生物活性，如通过乙酰基化、羧甲基化以及硫酸酯化等手段进行改性。

13.7　灵芝多糖研究存在的问题及前景展望

灵芝作为一种药用和营养型菌菇，可用来有效预防或治疗多种疾病。在古代，灵芝被认为具有扶正固本、滋补强壮、延年益寿功效，因而在帝王贵族间十分受推崇。多糖作为灵芝中的主要活性物质，国内外有关灵芝多糖的研究已获得不少成果，但仍然存在许多科学问题亟待解决，尤其是与研究较透彻的香菇多糖相比较，灵芝多糖的研究还不够深入，主要表现在以下几个方面。

1）灵芝多糖的提取分离。目前国内工业化生产仍以传统的水提醇沉法制备粗多糖，损失较大，而且剩余附加值也未得到有效利用。

2）灵芝多糖结构解析。由于灵芝多糖的复杂性和提取分离方法的差异，因此其一级结构和高级构象研究非常困难。

3）灵芝多糖的构效关系研究。由于灵芝多糖结构的复杂性，目前只能初步推断多糖的生物活性与其一级结构、高级结构、理化性质等相关，但仍缺乏系统性的研究和规律性的结论，需要更深入、更确切的研究和判断。

4）灵芝多糖的体内作用机制研究。目前只是通过体外细胞和体内动物实验证实灵芝多糖具有多种生物活性，但其在人体内具体的作用机制和途径仍需要进一步研究。

5）灵芝多糖的抗病毒活性研究。虽然对于灵芝多糖的活性研究已有不少，但是对于其抗病毒活性的研究还是比较少。

6）灵芝多糖的应用。目前市场上以灵芝多糖为主要活性成分的药品和保健品种类繁多，但技术含量较低，并且提取率不高，多为粗提取，对于功效解释存在疑问，因而需要改进生产工艺以更大幅度地提高灵芝多糖的提取率和纯度；同时还可扩展其应用范围。

当前，国内外研究者对于灵芝多糖的研究方兴未艾，今后一段时期内，灵芝多糖的研究将有以下几个趋势：①改进现有的提取分离纯化工艺，以期建立大规模、稳定的多糖纯化技术体系；②借助高分子理论和先进仪器分析，深入解析灵芝多糖的一级结构和高级结构；③采用生物工程技术，尤其是基因工程和体外扩增等先进技术研究灵芝多糖的构效关系；④结合灵芝多糖的一级结构特征和生物活性，应用分子模拟技术，更加真实地探讨灵芝的构效关系、结合位点和活性发挥机制；⑤运用组学概念研究灵芝多糖的结构及活性，形成完整的体系；⑥通过建立指纹图谱等方式制定灵芝多糖的质量控制标准；⑦继续探索灵芝中未被发现的多糖，研究其结构和生理活性，以求获得生物功能更好的新型多糖。

相信在不久的将来，灵芝多糖的相关研究会取得更大的进展，现在未能解决的问题到时候一定能够得到妥善处理，灵芝多糖也能够得到更加广泛的应用。从而为我国中草药资源的应用与开发做出贡献，为其他真菌类多糖的研究提供一定的指导。

参考文献

曹佳佳, 徐永群, 陈小康. 2011. 荧光光谱法测定灵芝中多糖含量. 光谱实验室, 28(4): 1644-1648.
曹鹏伟. 2009. 灵芝多糖脱色研究. 无锡: 江南大学硕士学位论文.
陈洁, 杨红梅, 裴瑞, 等. 2010. 灵芝多糖对肝缺血再灌注损伤保护作用的研究. 实用医学杂志, 26(4): 700-701.
陈敬华, 张俐娜, 余登寿, 等. 2000. 灵芝菌丝体多糖的化学组成和溶液性质. 高等学校化学学报, 21(6): 961-964.
陈琪, 李荣芷, 何云庆, 等. 1993. 灵芝抗衰老多糖的研究. 北京大学学报 (医学版), 25(4): 308.
陈勇, 徐永群, 彭翠红, 等. 2012. 荧光光谱法测定灵芝多糖的含量. 分析科学学报, 28(3): 411-413.
崔述生, 张浩. 2005. 本草纲目 通俗读本. 呼伦贝尔: 内蒙古文化出版社.
付四海, 黄久仪. 2004. 糖基化终末产物与血管疾病. 国外医学 (生理、病理科学与临床分册), 24(4): 360-362.
郭燕君, 袁华, 张俐娜, 等. 2006. 灵芝多糖对阿尔茨海默病大鼠海马组织形态学及抗氧化能力的影响. 解剖学报, 37(5): 509-513.
韩蕴华, 高宝岩, 宋慧源. 1995. ICP-AES 法测定栽培灵芝中 9 种微量元素. 光谱实验室, (5): 34-36.
何安乐, 江玉姬, 谢宝贵. 2012. 灵芝多糖酶解-Sevage 法联合脱蛋白工艺研究. 中国食品工业, (3): 55-58.
何来英. 1997. 灵芝的研究及进展—Ⅰ. 中国食品卫生杂志, (2): 33-36.
胡斌杰, 陈金锋, 王宫南. 2007. 超声波法与传统热水法提取灵芝多糖的比较研究, 食品工业科技. 食品工业科技, (2): 190-192.

黄璞, 谢明勇, 聂少平, 等. 2007. 响应曲面法优化微波辅助提取黑灵芝孢子多糖工艺研究. 食品科学, 28(10): 200-203.
季哲. 2007. 灵芝活性成分抗肿瘤作用机制的研究. 南京: 南京农业大学博士学位论文.
李明春, 梁东升, 许自明. 2000. 灵芝多糖对小鼠巨噬细胞 cAMP 含量的影响. 中国中药杂志, 25(1): 41-43.
李盛, 许淑琴, 张俐娜. 2010. 菌类多糖链构象及其表征方法研究进展. 高分子学报, (12): 1359-1375.
李时珍. 1982. 本草纲目 (校点本) 下册. 北京: 人民卫生出版社.
李文娟, 聂少平, 余强, 等. 2009. 黑灵芝多糖对免疫抑制小鼠的免疫调节作用. 食品科学, 30(19): 297-299.
李文娟, 聂少平, 余强, 等. 2010. 黑灵芝多糖对氧化应激所致大鼠乳鼠心肌细胞损伤的影响. 食品科学, 31(11): 221-225.
李晓冰, 谢忠礼, 朱艳琴, 等. 2013. 灵芝多糖抗肿瘤机制研究进展. 中国药学杂志, 48(16): 1329-1332.
林志彬. 2007. 灵芝的现代研究. 北京: 北京大学医学出版社.
刘昱均. 2013. 发酵灵芝多糖的硫酸酯化及其生物活性的研究. 无锡: 江南大学硕士学位论文.
罗璐. 2009. 灵芝多糖的结构分析与功能特性的研究. 武汉: 华中农业大学硕士学位论文.
尚德静, 王关林, 王孝敏, 等. 2001. 两种灵芝硒多糖分离纯化及性质鉴定. 大连理工大学学报, 41(2): 165-168.
申明月. 2007. 黑灵芝甾醇类的结构表征及其提取物活性和指纹图谱研究. 南昌: 南昌大学硕士学位论文.
石凤敏, 佟曦然, 丁自勉. 2012. 灵芝多糖制备及药理研究进展. 安徽农业科学, 40(10): 5860-5864, 6077.
史亚丽, 刘运祥, 韩立明, 等. 2006. 灵芝多糖对力竭小鼠抗脂质过氧化作用研究. 现代预防医学, 33(6): 889-890.
唐志刚, 薛华, 乔进, 等. 2010. 灵芝多糖对 2 型糖尿病大鼠胰岛损伤的保护作用. 苏州大学学报 (医学版), 30(5): 922-925.
王浩豪. 2012. 灵芝孢子粉多糖色谱指纹图谱及其免疫活性谱效关系的研究. 无锡: 江南大学硕士学位论文.
王建国. 2010. 灵芝多糖的结构及生物活性研究. 武汉: 武汉大学博士学位论文.
王金艳, 王晨光, 张劲松, 等. 2016. 灵芝孢子粉中核苷类成分分析. 菌物学报, 35(1): 77-85.
王周. 2011. 灵芝低聚糖的制备研究. 广州: 华南理工大学硕士学位论文.
向东, 王国政, 赖凤英, 等. 2004. 活性炭对南瓜粗多糖液的脱色研究. 河南科学, 22(6): 780-782.
邢小黑, 吴明忠. 1996. 灵芝多糖化学研究. 中国食用菌, 15(3): 14-15.
鄢嫣, 张汇, 聂少平, 等. 2009. 黑灵芝子实体水溶性多糖的理化性质及抗氧化活性的研究. 食品科学, 30(19): 55-60.
晏涛, 陈世保, 徐蕾, 等. 2011. 灵芝多糖对阿尔茨海默病大鼠学习记忆和氧化应激的影响. 陕西医学杂志, 40(4): 387-389, 425.
杨丽娟, 游育红, 林志彬, 等. 2010. 灵芝多糖肽对人脐静脉内皮细胞氧化损伤的保护作用. 中国药理学通报, 26(5): 657-660.
杨云, 冯卫生, 雷高明. 2006. 大枣渣多糖精制纯化工艺的研究. 中药材, 29(1): 78-80.
游育红, 林志彬. 2003. 灵芝多糖肽的抗氧化作用. 药学学报, 38(2): 85-88.
游育红, 林志彬. 2004. 灵芝多糖肽对小鼠巨噬细胞自由基的清除作用. 中国临床药理学与治疗学, 9(1): 52-55.
于凤玲, 刘晔石, 于洪泉. 2012. 灵芝多糖对 $A\beta_{(25-35)}$ 诱导的 PC12 细胞损伤的保护性研究. 中风与神经疾病杂志, 29(7): 633-635.
于华峥, 刘艳芳, 周帅, 等. 2016. 灵芝子实体、菌丝体和孢子粉化学成分的比较. 食品与生物技术学报, 35(8): 823-827.
余竞光, 陈若芸, 姚志熙. 1983. 薄盖灵芝深层发酵菌丝体化学成分的研究 (Ⅲ). 中草药, (10): 6-7.

余强. 2014. 黑灵芝多糖的免疫调节活性及其作用机制. 南昌: 南昌大学博士学位论文.
余钰骢. 2014. 灵芝结构多糖水解物提取分离纯化和免疫功能研究. 杭州: 浙江大学硕士学位论文.
张端阳, 王传斌, 莫尔敬. 2001. 慢性乙型肝炎综合疗法临床观察. 天津中医, 18(2): 8-9.
张汇, 王君巧, 聂少平, 等. 2013. 黑灵芝葡聚糖高活性硫酸化产物的制备及分离纯化. 食品科学, 34(23): 128-132.
张汇, 鄢嫣, 聂少平, 等. 2011. 黑灵芝不同部位多糖成分分析及抗氧化活性. 食品科学, 32(1): 56-61.
张珏, 沈洁, 刘昱均, 等. 2015. 硫酸化发酵灵芝胞外多糖的组成与结构. 食品与生物技术学报, 34(5): 547-553.
张丽霞. 2005. 灵芝孢子粉多糖的分离纯化及结构研究. 长春: 东北师范大学硕士学位论文.
张俐娜, 陈敬华. 1997. 灵芝子实体水溶性多糖的分离和分子量测定. 高分子学报, 1(1): 68-72.
张璐璐, 庞秀炳, 尹登科, 等. 2008. 灵芝多糖对肾小球系膜细胞增殖的影响和体外抗氧化活性的研究. 药物生物技术, 15(6): 435-438.
张天笑, 刘红兵, 张文竹, 等. 2011. 复合酶提取灵芝多糖工艺及其抗氧化能力研究. 安徽农业科学, 39(8): 4496-4498.
张志军, 李淑芳, 魏雪生. 2012. 灵芝多糖清除自由基活性的研究. 食品研究与开发, 33(3): 167-170.
张志军, 李淑芳, 魏雪生, 等. 2011. 灵芝多糖体外抗氧化活性的研究. 化学与生物工程, 28(3): 63-65.
赵桂梅, 张丽霞, 于挺敏, 等. 2006. 灵芝孢子粉水溶性多糖 SGL- Ⅲ的结构研究. 中国药学杂志, 41(12): 902-904, 957.
赵继鼎, 张小青. 1992. 中国灵芝科真菌资源与分布. 真菌学报, 11(1): 55-62.
周国亮, 宋翼升, 辛艳飞, 等. 2014. 灵芝多糖抗氧化和抗肿瘤活性的研究进展. 中华中医药学刊, 32(5): 1002-1005.
Amaral A E, Carbonero E R, Simão R D C G, et al. 2008. An unusual water-soluble β-glucan from the basidiocarp of the fungus *Ganoderma resinaceum*. Carbohydrate Polymers, 72(3): 473-478.
Bao D P, Bai R, Gao Y N, et al. 2018. Computational insights into the molecular mechanism of the high immunomodulatory activity of LZ-8 protein isolated from the Lingzhi or Reishi medicinal mushroom *Ganoderma lucidum* (Agaricomycetes). International Journal of Medicinal Mushrooms, 20(6): 537.
Bao X, Liu C, Fang J, et al. 2001. Structural and immunological studies of a major polysaccharide from spores of *Ganoderma lucidum* (Fr.) Karst. Carbohydrate Research, 332(1): 67-74.
Bao X F, Wang X S, Dong Q, et al. 2002. Structural features of immunologically active polysaccharides from *Ganoderma lucidum*. Ganoderma Lucidum Phytochemistry, 59(2): 175-181.
Cao Q Z, Lin Z B. 2002. The antitumor and anti-angiogenic activity of *Ganoderma lucidum* polysaccharides. Beijing: International Symposium on Ganoderma Research.
Chen H S, Tsai Y F, Lin S, et al. 2004. Studies on the immuno-modulating and anti-tumor activities of *Ganoderma lucidum* (Reishi) polysaccharides. Bioorganic & Medicinal Chemistry, 12(21): 5595-5601.
Chen J, Zhou J, Zhang L, et al. 1998. Chemical structure of the water-insoluble polysaccharide isolated from the fruiting body of *Ganoderma lucidum*. Polymer Journal, 30(10): 838-842.
Chen R Y, Wang Y H, Yu D Q. 1991. Studies on the chemical constituents of the spores from *Ganoderma lucidum*. Chinese Bulletin of Botany, 33(1): 65-68.
Chen Y, Xie M Y, Nie S P, et al. 2008. Purification, composition analysis and antioxidant activity of a polysaccharide from the fruiting bodies of *Ganoderma atrum*. Food Chemistry, 107(1): 231-241.
Chen Y, Xie M, Wenjuan L, et al. 2012a. An effective method for deproteinization of bioactive polysaccharides extracted from lingzhi (*Ganoderma atrum*). Food Science & Biotechnology, 21(1): 191-198.
Chen Y, Xie M, Zhang H, et al. 2012b. Quantification of total polysaccharides and triterpenoids in *Ganoderma*

lucidum and *Ganoderma atrum* by near infrared spectroscopy and chemometrics. Food Chemistry, 135(1): 268-275.

Chen Y, Zhang H, Wang Y, et al. 2014. Acetylation and carboxymethylation of the polysaccharide from *Ganoderma atrum* and their antioxidant and immunomodulating activities. Food Chemistry, 156: 279-288.

Cheng S, Sliva D. 2015. *Ganoderma lucidum* for cancer treatment: we are close but still not there. Integrative Cancer Therapies, 14(3): 249-257.

Chien R C, Yen M T, Tseng Y H, et al. 2015. Chemical characteristics and anti-proliferation activities of *Ganoderma tsugae* polysaccharides. Carbohydrate Polymers, 128: 90-98.

Cor D, Knez Z, Hrncic M K. 2018. Antitumour, antimicrobial, antioxidant and antiacetylcholinesterase effect of *Ganoderma Lucidum* terpenoids and polysaccharides: a review. Molecules, 23(3): 142-149.

Dong Q, Wang Y, Shi L, et al. 2012. A novel water-soluble β-D-glucan isolated from the spores of *Ganoderma lucidum*. Carbohydrate Research, 353: 100-105.

Feng J, Feng N, Tang Q J, et al. 2019. Optimization of *Ganoderma lucidum* polysaccharides fermentation process for large-scale production. Applied Biochemistry and Biotechnology, 189: 972-986.

Gao Y, Lan J, Dai X, et al. 2004. A phase Ⅰ/Ⅱ study of Ling Zhi mushroom *Ganoderma lucidum* (W. Curt.: Fr.) Lloyd (Aphyllophoromycetideae) extract in patients with type Ⅱ diabetes mellitus. International Journal of Medicinal Mushrooms, 6(4): 327-334.

Gao Y, Zhou S, Jiang W, et al. 2003. Effects of Ganopoly® (a *Ganoderma lucidum* polysaccharide extract) on the immune functions in advanced-stage cancer patients. Immunological Communications, 32(3): 15.

Girjal V U, Neelagund S, Krishnappa M. 2011. *Ganoderma lucidum*: a source for novel bioactive lectin. Phytochemistry, 18(11): 1150-1157.

Grienke U, Mihály-Bison J, Schuster D, et al. 2011. Pharmacophore-based discovery of FXR-agonists. Part Ⅱ: identification of bioactive triterpenes from *Ganoderma lucidum*. Bioorganic & Medicinal Chemistry, 19(22): 6779-6791.

Guo L, Xie J, Ruan Y, et al. 2009. Characterization and immunostimulatory activity of a polysaccharide from the spores of *Ganoderma lucidum*. International Immunopharmacology, 9(10): 1175-1182.

Han X Q, Chan B C L, Dong C X, et al. 2012. Isolation, structure characterization, and immunomodulating activity of a hyperbranched polysaccharide from the fruiting bodies of *Ganoderma sinense*. Journal of Agricultural and Food Chemistry, 60(17): 4276-4281.

Han X Q, Yue G L, Yue R Q, et al. 2014. Structure elucidation and immunomodulatory activity of a beta glucan from the fruiting bodies of *Ganoderma sinense*. PLoS One, 9(7): e100380.

He C Y. 2006. Effect of polysaccharides from *Ganoderma lucidum* on streptozotocin-induced diabetic nephropathy in mice. Journal of Asian Natural Products Research, 8(8): 705-711.

Hikino H, Ishiyama M, Suzuki Y, et al. 1989. Mechanisms of hypoglycemic activity of ganoderan B: a glycan of *Ganoderma lucidum* fruit bodies 1. Planta Medica, 55(5): 423-428.

Hsu H Y, Hua K F, Lin C C, et al. 2004. Extract of Reishi polysaccharides induces cytokine expression via TLR4-modulated protein kinase signaling pathways. Journal of Immunology, 173(10): 5989-5999.

Huang J, Nie Q, Liu X, et al. 2015. *Ganoderma atrum* polysaccharide modulates TNF-α secretion and mRNA expression in macrophages of S-180 tumor-bearing mice. Food Hydrocolloids, 53: 24-30.

Huang S Q, Li J W, Li Y Q, et al. 2011. Purification and structural characterization of a new water-soluble neutral polysaccharide GLP-F1-1 from *Ganoderma lucidum*. International Journal of Biological Macromolecules, 48(1): 165-169.

Huie C, Di X. 2004. Chromatographic and electrophoretic methods for Lingzhi pharmacologically active components. J Chromatogr B Analyt Technol Biomed Life Sci, 812(1-2): 241-257.

Ji Z, Tang Q, Zhang J, et al. 2007. Immunomodulation of RAW264. 7 macrophages by GLIS, a proteopolysaccharide from *Ganoderma lucidum*. Journal of Ethnopharmacology, 112(3): 445-450.

Jing X, Liu W, Yao W, et al. 2009. Carboxymethylation of a polysaccharide extracted from *Ganoderma lucidum* enhances its antioxidant activities *in vitro*. Carbohydrate Polymers, 78(2): 227-234.

Joseph S, Sabulal B, George V, et al. 2011. Antitumor and anti-inflammatory activities of polysaccharides isolated from *Ganoderma lucidum*. Acta Pharmacologica Sinica, 61(3): 335-342.

Jung K, Kim I H, Han D. 2004. Effect of medicinal plant extracts on forced swimming capacity in mice. Journal of Ethnopharmacology, 93(1): 75-81.

Kao C H, Bishop K S, Han D Y, et al. 2014. A comparison of the gene expression profiles and pathway network analyses after treatment of prostate cancer cell lines with different *Ganoderma lucidum* based extracts. Functional Foods in Health and Disease, 4(5): 182-207.

Kino K, Yamashita A, Yamaoka K, et al. 1989. Isolation and characterization of a new immunomodulatory protein, Ling Zhi-8 (LZ-8), from *Ganoderma lucidium*. Journal of Biological Chemistry, 264(1): 472-478.

Lai L S, Yang D H. 2007. Rheological properties of the hot-water extracted polysaccharides in Ling-Zhi (*Ganoderma lucidum*). Food Hydrocolloids, 21(5-6): 739-746.

Lee G, Nowak W, Jaroniec J, et al. 2004. Molecular dynamics simulations of forced conformational transitions in 1,6-linked polysaccharides. Biophysical Journal, 87(3): 1456-1465.

Lee S Y, Rhee H M. 1990. Cardiovascular effects of mycelium extract of *Ganoderma lucidum*: inhibition of sympathetic outflow as a mechanism of its hypotensive action. Chemical and Pharmaceutical Bulletin, 38(5): 1359-1364.

Li F, Zhang Y, Zhong Z. 2011. Antihyperglycemic effect of *Ganoderma lucidum* polysaccharides on streptozotocin-induced diabetic mice. International Journal of Molecular Sciences, 12(12): 6135-6145.

Li W J, Nie S P, Chen Y, et al. 2010. *Ganoderma atrum* polysaccharide protects cardiomyocytes against anoxia/reoxygenation-induced oxidative stress by mitochondrial pathway. Journal of Cellular Biochemistry, 110(1): 191-200.

Li W J, Nie S P, Peng X P, et al. 2012. *Ganoderma atrum* polysaccharide improves age-related oxidative stress and immune impairment in mice. Journal of Agricultural and Food Chemistry, 60(6): 1413-1418.

Li W J, Nie S P, Yan Y, et al. 2009. The protective effect of *Ganoderma atrum* polysaccharide against anoxia/reoxygenation injury in neonatal rat cardiomyocytes. Life sciences, 85(17): 634-641.

Li Y Q, Fang L, Zhang K C. 2007. Structure and bioactivities of a galactose rich extracellular polysaccharide from submergedly cultured *Ganoderma lucidum*. Carbohydrate Polymers, 68(2): 323-328.

Liang Z, Yi Y, Guo Y, et al. 2014. Chemical characterization and antitumor activities of polysaccharide extracted from *Ganoderma lucidum*. International Journal of Molecular Sciences, 15(5): 9103-9116.

Lin K I, Kao Y Y, Kuo H K, et al. 2006. Reishi polysaccharides induce immunoglobulin production through the TLR4/TLR2-mediated induction of transcription factor Blimp-1. Journal of Biological Chemistry, 281(34): 24111-24123.

Lin Y L, Liang Y C, Lee S S, et al. 2005. Polysaccharide purified from *Ganoderma lucidum* induced activation and maturation of human monocyte-derived dendritic cells by the NF-κB and p38 mitogen-activated protein kinase pathways. Journal of Leukocyte Biology, 78(2): 533-543.

Liu W, Wang H, Pang X, et al. 2010. Characterization and antioxidant activity of two low-molecular-weight polysaccharides purified from the fruiting bodies of *Ganoderma lucidum*. International Journal of Biological Macromolecules, 46(4): 451-457.

Liu Y, Zhang J, Tang Q, et al. 2014. Physicochemical characterization of a high molecular weight bioactive β-D-glucan from the fruiting bodies of *Ganoderma lucidum*. Carbohydrate Polymers, 101: 968-974.

Liu Y J, Shen J, Xia Y M, et al. 2012. The polysaccharides from *Ganoderma lucidum*: are they always inhibitors on human hepatocarcinoma cells? Carbohydrate Polymers, 90(3): 1210-1215.

Lu Q Y, Jin Y S, Zhang Q, et al. 2004. *Ganoderma lucidum* extracts inhibit growth and induce actin polymerization in bladder cancer cells *in vitro*. Cancer Letters, 216(1): 9-20.

Miyazaki T, Nishijima M. 1981. Studies on fungal polysaccharides. XXVII. Structural examination of a water-soluble, antitumor polysaccharide of *Ganoderma lucidum*. Chemical & Pharmaceutical Bulletin, 29(12): 3611-3616.

Miyazaki T, Nishijima M. 1982. Structural examination of an alkali-extracted, water-soluble heteroglycan of the fungus *Ganoderma lucidum*. Carbohydrate Research, 109(1): 290-294.

Mizuno T, Wang G, Zhang J, et al. 1995. Reishi, *Ganoderma lucidum* and *Ganoderma tsugae*: bioactive substances and medicinal effects. Food Reviews International, 11(1): 151-166.

Nara K, Kato Y. 2015. Structural characterization of a heterogalactan from antler-shaped *Ganoderma lucidum*. Journal of Applied Glycoscience, 62(4): 149-151.

Niedermeyer T H J, Lindequist U, Mentel R, et al. 2006. Antiviral terpenoid constituents of *Ganoderma pfeifferi*. Journal of Natural Products, 68(12): 1728.

Nishitoba T, Sato H, Kasai T, et al. 1985. New bitter C27 and C30 terpenoids from the fungus *Ganoderma lucidum* (Reishi). Agricultural & Biological Chemistry, 49(6): 1793-1798.

Nishitoba T, Sato H, Sakamura S, et al. 1988. Bitterness and structure relationship of the triterpenoids from *Ganoderma lucidum* (Reishi). Agricultural & Biological Chemistry, 52(7): 1791-1795.

Pan D, Wang L, Chen C, et al. 2012. Structure characterization of a novel neutral polysaccharide isolated from *Ganoderma lucidum* fruiting bodies. Food Chemistry, 135(3): 1097-1103.

Paterson R R M. 2006. Ganoderma: a therapeutic fungal biofactory. Phytochemistry, 67(18): 1985-2001.

Peng Y, Zhang L. 2003. Characterization of a polysaccharide-protein complex from *Ganoderma tsugae mycelium* by size-exclusion chromatography combined with laser light scattering. Journal of Biochemical and Biophysical Methods, 56(1-3): 243-252.

Peng Y, Zhang L, Zeng F, et al. 2003. Structure and antitumor activity of extracellular polysaccharides from mycelium. Carbohydrate Polymers, 54(3): 297-303.

Peng Y, Zhang L, Zeng F, et al. 2005a. Structure and antitumor activities of the water-soluble polysaccharides from *Ganoderma tsugae mycelium*. Carbohydrate Polymers, 59(3): 385-392.

Peng Y, Zhang L, Zhang Y, et al. 2005b. Solution properties of water-insoluble polysaccharides from the mycelium of *Ganoderma tsugae*. Carbohydrate Polymers, 59(3): 351-356.

Qiang Y, Nie S, Wang J, et al. 2014. Toll-like receptor 4 mediates the antitumor host response induced by *Ganoderma atrum* polysaccharide. Journal of Agricultural and Food Chemistry, 63(2): 517-525.

Qiang Y, Nie S, Wang J, et al. 2015. Signaling pathway involved in the immunomodulatory effect of *Ganoderma atrum* polysaccharide in spleen lymphocytes. Journal of Agricultural Food Chemistry, 63(10): 2734-2740.

Shen J, Wang H, Xia Y. 2014. Molecular simulation of model sulfated polysaccharides of low molecular weight from *Ganoderma lucidum* and their interaction with human serum albumin. Structural Chemistry, 25(5): 1423-1435.

Shi M, Zhang Z, Yang Y. 2013. Antioxidant and immunoregulatory activity of *Ganoderma lucidum* polysaccharide (GLP). Carbohydrate Polymers, 95(1): 200.

Shimizu A, Yano T, Saito Y, et al. 1985. Isolation of an inhibitor of platelet aggregation from a fungus, *Ganoderma lucidum*. Chemical & Pharmaceutical Bulletin, 33(7): 3012-3015.

Sone Y, Okuda R, Wada N, et al. 1985. Structures and antitumor activities of the polysaccharides isolated from fruiting body and the growing culture of mycelium of *Ganoderma lucidum*. Journal of the Agricultural Chemical Society of Japan, 49(9): 2641-2653.

Staub A M. 1965. Removeal of protein-Sevag method. Methods Carbohydrate Chemistry, 5: 5-6.

Sun X, Zhao C, Pan W, et al. 2015. Carboxylate groups play a major role in antitumor activity of *Ganoderma applanatum* polysaccharide. Carbohydrate Polymers, 123: 283-287.

Tie L, Lin Z B, Li X J, et al. 2013. *Ganoderma lucidum* polysaccharide accelerates refractory wound healing by inhibition of mitochondrial oxidative stress in type 1 diabetes. Acta Pharmacologica Sinica, S(3-4): 30.

Ukai S, Yokoyama S, Hara C, et al. 1982. Structure of an alkali-soluble polysaccharide from the fruit body of *Ganoderma japonicum* Lloyd. Carbohydrate Research, 105(2): 237-245.

Usui T, Iwasaki Y, Mizuno T. 1981. Isolation and characterization of two kinds of heterogalactan from the fruit bodies of *Ganodernra applannatum* by employing a column of concan. Carbohydrate Research, 92(1): 103-114.

Wachtel-Galor S, Yuen J, Buswell J A, et al. 2011. *Ganoderma lucidum* (Lingzhi or Reishi): A Medicinal Mushroom. 2nd ed. Boca Raton: CRC Press.

Wang G, Zhang J, Mizuno T, et al. 1993. Antitumor active polysaccharides from the Chinese mushroom songshan Lingzhi, the fruiting body of Ganoderma tsugae. Journal of the Agricultural Chemical Society of Japan, 57(6): 894-900.

Wang H, Yu Q, Ding X, et al. 2019. RNA-seq based elucidation of mechanism underlying *Ganoderma atrum* polysaccharide induced immune activation of murine myeloid-derived dendritic cells. Journal of Functional Foods, 55: 104-116.

Wang H, Yu Q, Nie S P, et al. 2017. Polysaccharide purified from *Ganoderma atrum* induced activation and maturation of murine myeloid-derived dendritic cells. Food and Chemical Toxicology, 108(Part B): 478-485.

Wang J, Ma Z, Zhang L, et al. 2011. Structure and chain conformation of water-soluble heteropolysaccharides from *Ganoderma lucidum*. Carbohydrate Polymers, 86(2): 844-851.

Wang J, Zhang L, Yu Y, et al. 2009. Enhancement of antitumor activities in sulfated and carboxymethylated polysaccharides of *Ganoderma lucidum*. Journal of Agricultural and Food Chemistry, 57(22): 10565-10572.

Wang S Y, Hsu M L, Hsu H C, et al. 1997. The anti-tumor effect of *Ganoderma Lucidum* is mediated by cytokines released from activated macrophages and T lymphocytes. International Journal of Cancer, 70(6): 699-705.

Xie B J, He H, Sun J. 2004. Novel antioxidant peptides from fermented mushroom *Ganoderma lucidum*. Journal of Agricultural and Food Chemistry, 52(21): 6646-6652.

Ye L, Li J, Zhang J, et al. 2010. NMR characterization for polysaccharide moiety of a glycopeptide. Fitoterapia, 81(2): 93-96.

Ye L B, Zhang J, Ye X, et al. 2008. Structural elucidation of the polysaccharide moiety of a glycopeptide (GLPCW-Ⅱ) from *Ganoderma lucidum* fruiting bodies. Carbohydrate Research, 343(4): 746-752.

Ye L B, Zhang J S, Yang Y, et al. 2009. Structural characterisation of a heteropolysaccharide by NMR spectra. Food Chemistry, 112(4): 962-966.

Yu Q, Nie S P, Wang J Q, et al. 2015. Molecular mechanism underlying chemoprotective effects of *Ganoderma atrum* polysaccharide in cyclophosphamide-induced immunosuppressed mice. Journal of

Functional Foods, 15: 52-60.

Zhang G L, Wang Y H, Ni W, et al. 2002. Hepatoprotective role of *Ganoderma lucidum* polysaccharide against BCG-induced immune liver injury in mice. World Journal of Gastroenterology, 8(4): 728.

Zhang H, Li W J, Nie S P, et al. 2012. Structural characterisation of a novel bioactive polysaccharide from *Ganoderma atrum*. Carbohydrate Polymers, 88(3): 1047-1054.

Zhang H, Nie S P, Yin J Y, et al. 2014a. Structural characterization of a heterogalactan purified from fruiting bodies of *Ganoderma atrum*. Food Hydrocolloids, 36: 339-347.

Zhang H, Wang J Q, Nie S P, et al. 2015. Sulfated modification, characterization and property of a water-insoluble polysaccharide from *Ganoderma atrum*. International Journal of Biological Macromolecules, 79: 248-255.

Zhang J, Wang G, Li H, et al. 1994. Antitumor active protein-containing glycans from the Chinese mushroom songshan Lingzhi, *Ganoderma tsugae* Mycelium. Bioscience Biotechnology & Biochemistry, 58(7): 1202-1205.

Zhang L, Zhang M, Zhou Q, et al. 2000. Solution properties of antitumor sulfated derivative of α-(1→3)-D-glucan from *Ganoderma lucidum*. Journal of the Agricultural Chemical Society of Japan, 64(10): 2172-2178.

Zhang L, Zhang Y. 2011. Structure and immunological activity of a novel polysaccharide from the spores of *Ganoderma lucidum*. African Journal of Biotechnology, 10(53): 10923-10929.

Zhang S, Nie S, Huang D, et al. 2014b. *Ganoderma atrum* polysaccharide evokes antitumor activity via cAMP-PKA mediated apoptotic pathway and down-regulation of Ca^{2+}/PKC signal pathway. Food and Chemical Toxicology, 68: 239-246.

Zhang S, Nie S, Huang D, et al. 2014c. A novel polysaccharide from *Ganoderma atrum* exerts antitumor activity by activating mitochondria-mediated apoptotic pathway and boosting the immune system. Journal of Agricultural and Food Chemistry, 62(7): 1581-1589.

Zhou H, Liu G Q, Huang F, et al. 2014a. Improved production, purification and bioactivity of a polysaccharide from submerged cultured *Ganoderma lucidum*. Archives of Pharmacal Research, 37(12): 1530-1537.

Zhou P, Hu B, Pan D, et al. 2014b. Structural characterization and bioactivity evaluation of an acidic proteoglycan extract from *Ganoderma Lucidum* fruiting bodies for PTP1B inhibition and anti-diabetes. Biopolymers, 101(6): 613-623.

Zhu X L, Chen A F, Lin Z B. 2007. *Ganoderma lucidum* polysaccharides enhance the function of immunological effector cells in immunosuppressed mice. Journal of Ethnopharmacology, 111(2): 219-226.

第 14 章　铁皮石斛多糖

14.1　引　　言

14.1.1　概括

石斛属（*Dendrobium*）为兰科第二大属（王东晖等，2019），共有 1000 多种（王东晖等，2019），广泛分布于热带地区及亚热带地区，如亚洲、大洋洲等（Zotz，2013；Pridgeon et al.，2014）。我国有 80 多种，主要分布于浙江、福建、云南东南部等地区。在我国传统中医药理论中，多种石斛属植物的茎被作为药材，具有降火消炎、滋阴补津、养益脾胃等功效。自古以来，许多石斛属植物被用作功能性食品和饮料的原料（何超红等，2018；李蕾等，2018）。例如，传统中医用石斛属植物缓解糖尿病、肥胖症、风湿性关节炎和其他疾病，这些效用在包括《本草纲目》在内的至少 18 本中国古代医学著作中有记载。石斛属植物按形态和产地分为铁皮、霍山、金钗等数十个品种，其中铁皮石斛药用价值最好。因此，中国人对铁皮石斛药材有着很高的需求。

铁皮石斛（*Dendrobium officinale*）是兰科石斛属植物，表面呈青绿色，被誉为“中华九大仙草之首”，具有养益脾胃、滋阴补津等功效（国家药典委员会，2015）。铁皮石斛作为一种具有药用价值和食用价值的可用于保健食品的传统中药越来越受到人们的关注，近年来，研究者的研究结果为铁皮石斛资源的充分利用和大规模栽培提供了技术保障。铁皮石斛的鲜茎可直接食用或作为药材被人们服用，其还可以加工成其他产品，如铁皮石斛功能性饮料（何超红等，2018；李蕾等，2018）等。目前，我国有大量关于铁皮石斛的产品以及各种新产品的研发专利，如铁皮枫斗颗粒、铁皮石斛口服液等，国家市场监督管理总局收录的以铁皮石斛为原料的保健品多达 51 种。

14.1.2　生长条件

目前，野生铁皮石斛主要生长在我国福建、浙江、云南东南部、安徽等地区（王东晖等，2019），通常生长于海拔 100 ～ 3000m 的山地潮湿的岩石及树皮上，多为温暖潮湿的环境。生长适温为 16 ～ 30℃，其中 16 ～ 21℃多为铁皮石斛的生长期，而休眠期在 16 ～ 18℃。冬季生长温度不能低于 10℃。幼苗在 10℃通常无法生存，因此铁皮石斛在幼苗期对生长环境条件的要求较为严格。

14.1.3　鉴定

铁皮石斛由于其独特的药用价值，已受到了人们的广泛关注，其市场需求也不断地加大。然而，由于生长环境的恶化和人们的过度开采，野生铁皮石斛已经濒临灭绝，并被列为国家保护植物。目前市场上为了提高利润或由于植物固有部分难以区分，经常出现铁皮石斛无意或者有意被其他廉价石斛所替代的情况（Kiran et al.，2010），同时现阶段铁皮石斛原料大部分来自未经专业培训的农户，因此，很容易出现掺假和替代现象（Khan et al.，2011）。铁皮石斛的化学组成对其药理活性有重要影响（Deng et al.，2018），因此，对铁皮石斛进行鉴定有利于保证其临床功效。目前常用的药材鉴定方法包括种属鉴定法、表面特征鉴定法、显微鉴定法、理化鉴定法、生物鉴定法等，《中华人民共和国药典》中明确规定铁皮石斛鉴别方式为色谱鉴定和显微鉴定（国家药典委员会，2015）。

14.1.3.1 形状鉴定

铁皮石斛形状鉴定主要是根据其表型特征与形态特征，其中表型特征包括茎的形状与颜色、茎的长度与宽度、叶片形状与颜色、叶片长度和宽度、叶片的斑点等（包英华，2014）。例如，不同来源的铁皮石斛品种在茎宽度、叶片形状上存在明显差异，云南来源的品种茎最粗（平均为4.24mm），叶片大；广西来源的品种茎特长且细（平均为2.86mm）；浙江与福建品种茎长和茎宽接近，两者的区别在于叶片及茎上是否具有明显的紫色斑点（冷春鸿等，2010）。

14.1.3.2 显微鉴定

显微鉴定相比于其他的鉴定方法具有速度快、成本较低、所需样品量少等特点，也是常用的中药材鉴定方法之一。铁皮石斛叶有一层较厚且连续的角质层以及一层薄薄的叶表皮细胞，叶气孔主要分布于下表皮且数目较少，传导组织不发达。茎表皮细胞为扁平状，细胞壁不均匀（国家药典委员会，2015；白音等，2011）。不同产地铁皮石斛的区别主要是皮下层细胞形态与层数、鞘纤维的数量以及直径等（包英华，2014）。

14.1.3.3 色谱鉴定

铁皮石斛的色谱鉴定常用的方法有薄层色谱法（thin layer chromatography，TLC）和高效液相色谱法（high performance liquid chromatography，HPLC）等。薄层色谱法主要应用于铁皮石斛纯度及其混合物的鉴别，还可应用于相关复方产品的检测。樊丽彤等（2013）运用薄层色谱法探究紫皮石斛、铁皮石斛、枫斗石斛之间的主要特征及品质差异，结果表明不同产地的石斛品质及特征存在显著区别。HPLC 主要是为铁皮石斛的鉴定提供精准的质量控制依据，例如，崔娟等（2013）采用 HPLC 得到了铁皮石斛的指纹图谱并分析其指纹特征及产品品质，为铁皮石斛的质量控制提供了宝贵的方法与依据。

14.1.3.4 分子鉴定

分子鉴定是指根据不同中药材遗传物质的多样性与差异性来鉴别真伪、品种、形态差异的一种方法。近年来，国内外学者利用分子手段建立了新的铁皮石斛鉴定方法，如基于 PCR 的分子标记技术、基于 DNA 序列分析的分子标记技术（如 DNA 条形码技术、微阵列技术等）（张岗等，2013）。基于这些现有的分子鉴定手段，目前研究者可以得到铁皮石斛品种的遗传多样性以及其功能基因诠释，为铁皮石斛新功能的开发与应用奠定了基础（张岗等，2013）。

14.1.4　铁皮石斛中的非多糖类活性成分

铁皮石斛中的非多糖类成分主要有生物碱、氨基酸、微量元素、芪类及其衍生物、木脂素类和酚类等化合物（聂少平和蔡海兰，2012）。

14.1.4.1　生物碱

生物碱是一大类含有氮原子的有机物，大部分天然来源的生物碱都具有较为复杂的环状结构，大多数的生物碱都具有较显著的生物活性（Gao et al.，2016；Khan et al.，2016；Kim et al.，2016；Fan et al.，2015）。生物碱是铁皮石斛中最早分离且结构清晰的化合物，但其在铁皮石斛中的含量较低，且不同来源、石斛部位、石斛年份的生物碱含量不同，随着生长年龄的增加其含量不断增加，各个部位的含量由高到低依次是：茎上段＞叶≈根＞茎中段≈茎下段（尚喜雨，2010a；诸燕，2010）。

14.1.4.2　芪类及其衍生物

很多植物中都含有芪类化合物，其主要由两个联苄环构成，包括菲类、联苄类等，研究报道其具有多种生物活性，如免疫调节（张雪琴等，2018）、抗肿瘤（李玲等，2011）、抗诱变活性（李畅，2014）等。铁皮石斛茎中含有大量的芪类化合物及其衍生物，如甲氧基菲类主要有2,5-二羧基-3,4-二甲氧基菲、2,7-二羧基-3,4,8-三甲氧基菲（图 14-1）（张雪琴等，2018），甲氧基联苄类主要有3′,4-二羟基-3′,5-二甲氧基联苄、3′,4-二羟基-5-甲氧基联苄（张雪琴等，2018）以及其他化合物如二氢白藜芦醇、2,4,7-三羟基-9,10-二氢菲等，这些化合物基本都具有较强的抗氧化活性（刘美凤等，2012）。

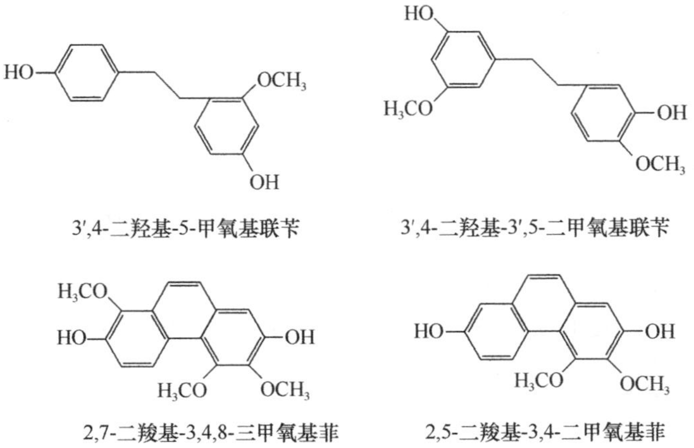

图 14-1　铁皮石斛茎中主要含有的芪类及其衍生物

14.1.4.3　酚类化合物

石斛当中另一类活性物质是酚类化合物，它是一种芳烃化合物，且具有特殊的芳香气味，并且文献报道其具有抗氧化活性（蒋蕾，2019），还可以改善冠状动脉慢血流现象（季俭等，2011）。铁皮石斛中主要含有的酚类物质包括：反-*N*-(4-羟基苯乙基)阿魏酸酰胺、*N-p*-香豆酰酪胺、二氢阿魏酰酪胺、二氢松柏醇二氢对羟基桂皮酸酯等（聂少平和蔡海兰，2012）（图 14-2）。

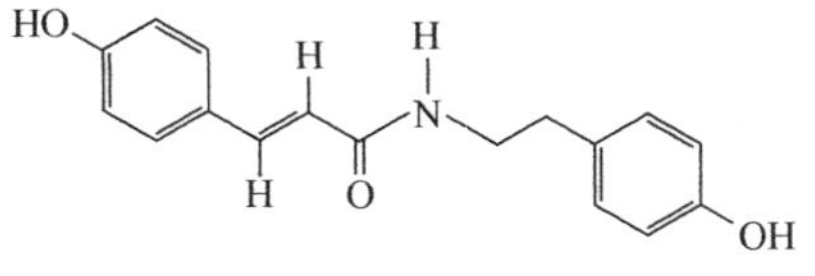

N-p-香豆酰酪胺

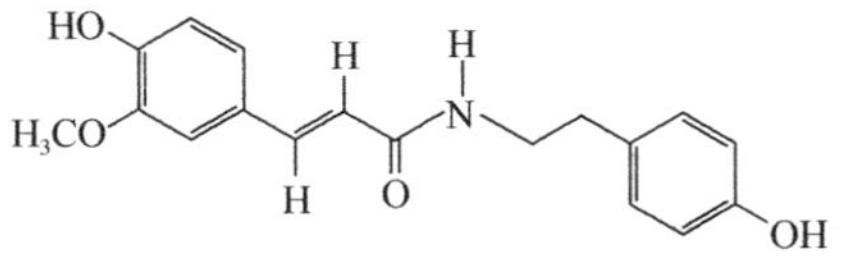

反-*N*-(4-羟基苯乙基)阿魏酸酰胺

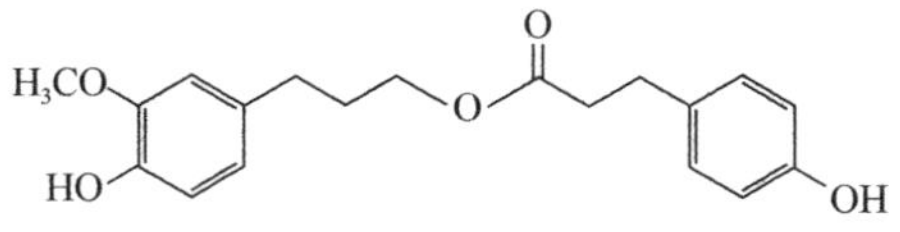

二氢松柏醇二氢对羟基桂皮酸酯

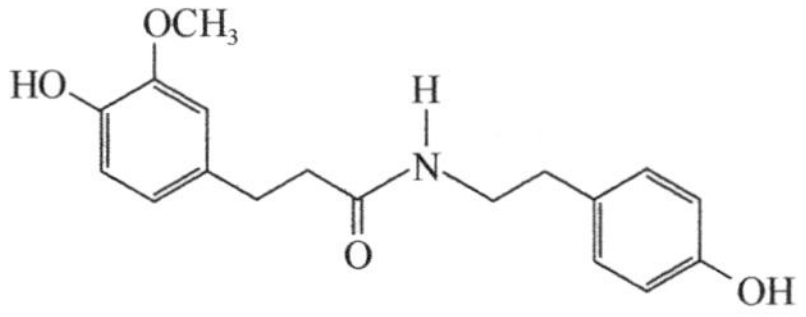

二氢阿魏酰酪胺

图 14-2　铁皮石斛中主要含有的酚类化合物

14.1.4.4　木脂素类化合物

木脂素是一类含有氧代苯丙醇或其衍生物结构的芳香烃聚合物，植物当中的木质素通过维持木质部极高强度及硬度的作用，使植物在水和矿物质的传输上保持畅通（范明慧，2014）。铁皮石斛中也含有木脂素类化合物，主要包括淫羊藿醇 A_2-4-*O*-β-D-吡喃葡萄糖苷、(+)-丁香脂素-*O*-β-D-吡喃葡萄糖苷、丁香脂素-4,4′-*O*-双-β-D-葡萄糖苷和丁香脂素、(+)-南烛木树脂酚-3α-*O*-β-D-吡喃葡萄糖苷（聂少平和蔡海兰，2012）（图 14-3）。

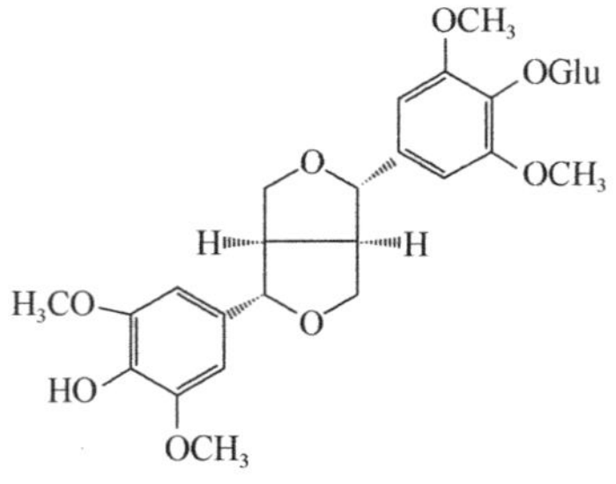

(+)-丁香脂素-*O*-β-D-吡喃葡萄糖苷

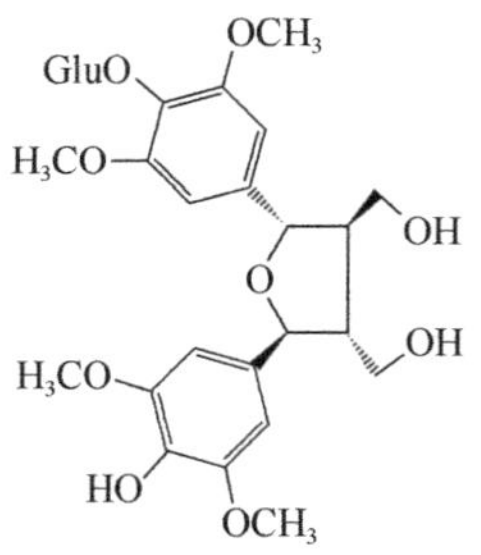

淫羊藿醇 A_2-4-*O*-β-D-吡喃葡萄糖苷

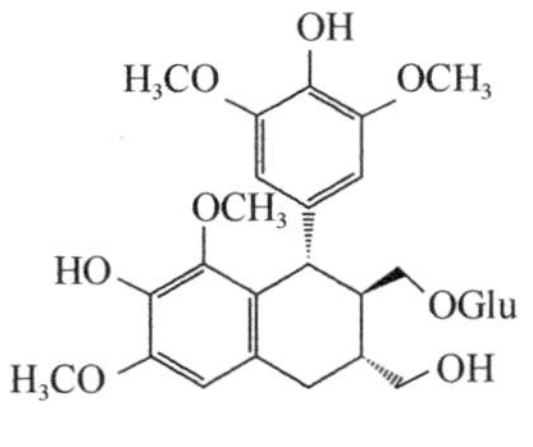

(+)-南烛木树脂酚-3α-*O*-β-D-吡喃葡萄糖苷

图 14-3　铁皮石斛中主要含有的木脂素类化合物

14.1.4.5　氨基酸

铁皮石斛含有丰富的氨基酸，主要有包括苏氨酸、亮氨酸、苯丙氨酸、赖氨酸等 7 种人体必需氨基酸在内的 16 种氨基酸，这些必需氨基酸的质量分数都在 0.28 ～ 2.96mg/g。铁皮石斛种质和生理年龄对氨基酸的积累存在显著影响，氨基酸含量随生理年龄增加而增加（张爱莲，2011）。不同部位其氨基酸含量也不同，铁皮石斛叶中总氨基酸含量为 6.76 ～ 7.97g/100g，而茎中则为 1.61 ～ 2.44g/100g，且叶中氨基酸组成更接近于 FAO/WHO 提出的理想蛋白质标准（刘振鹏等，2015）。

14.1.4.6 元素分析

微量元素指人体中存在量极少，占生物体总质量 0.01% 以下的一些元素。铁皮石斛含有大量人体所需的金属元素，如 Ca、K、Na、Mg、Fe、Zn、Mn、Cu、Sr，且不同种质含量存在显著差异。22 个铁皮石斛供试品中砷、汞、铅、镉 4 种重金属元素含量检测表明仅 1 个样品镉元素含量超过规定限度，但重金属含量远低于全国中药材中铅、砷、镉、汞平均超标 12.0%、9.7%、28.5%、6.9% 的现状，说明铁皮石斛在重金属限量方面整体上是安全的（诸燕，2010；Zhu，2011）。

14.2 铁皮石斛多糖的制备和理化性质

铁皮石斛多糖是铁皮石斛的主要活性物质，含量高，结构复杂。同时，由于品种、生长期、器官组织等因素的影响，铁皮石斛多糖含量本身存在着一定的差异。例如，不同产地的铁皮石斛中多糖含量不同，人工栽培和野生的铁皮石斛多糖含量也有差别。铁皮石斛的不同部位中多糖含量也存在差异，一般来说，茎中含量最高，其次是叶和花，根中含量最低。此外，不同收获季节、生长年限、开花前后及加工前后等因素也会影响铁皮石斛中的多糖含量。

14.2.1 提取、分离和纯化

14.2.1.1 提取方法

铁皮石斛多糖提取的方法主要有热水提取法、酶解提取法、超声波辅助提取法、微波辅助提取法、超高压提取法和闪式提取法。铁皮石斛多糖是一种水溶性多糖，相较其他几种方法，热水提取法最为常用。但在提取过程中，为了提高多糖得率，往往会结合超声波、微波等方法辅助提取。

（1）热水提取法

热水提取法是传统的多糖提取方法，该法所得多糖提取液可直接或离心除去不溶物，具有成本较低、取材方便的优点，在铁皮石斛多糖工业化提取上有广阔的应用前景。此外，通过优化提取条件，可提高铁皮石斛多糖的得率，例如，采用响应面法优化铁皮石斛多糖的提取工艺，得出铁皮石斛多糖提取的最佳工艺条件为水料比 30∶1（mL/g）、提取温度 90℃、提取时间 2h，在此条件下多糖得率为 30.56%（黄晓君，2013）。

（2）酶解提取法

纤维素酶能够有效地水解植物的细胞壁，将其中含有的胶质体及蛋白质酶解，从而使得多糖等物质释放出来，因此，酶解提取法有助于提高多糖的得率。尚喜雨（2010b）通过正交实验发现用水提法和酶法分别提取铁皮石斛多糖的提取率有明显差异，作者发现在含 4% 的酶、40℃和 pH 为 6 的提取液中酶解 3h，多糖得率为 26.49%，相比于水提法得率提高了 119%。酶法提取条件温和且无环境污染，非常适用于工业化大批量提取铁皮石斛多糖。目前提取中常见的水解酶有纤维素酶、半纤维素酶、果胶酶及复合酶等。

表 14-1 归纳了不同种类酶提取铁皮石斛多糖的方法及其得率。虽然利用酶法可提高多糖的提取效率，但仍然存在成本较高、酶灭活不完全影响产物纯度及得率等问题。

表 14-1　不同种类酶提取铁皮石斛多糖的方法及其得率

酶	提取方法	结论	文献来源
中性蛋白酶和纤维素酶复合酶系	pH 为 5.5，酶比例为 2∶1，酶浓度为 10%，55℃下提取 3h	铁皮石斛多糖提取率为 41.28%	薛燕等，2018
鼠李糖苷酶	酶浓度为 2.5%，酶解时间 1h，酶解温度 40℃	铁皮石斛多糖提取率为 38.4%	杨岩等，2017
复合酶系	酶量 3.5mg/mL，酶解温度 53℃，酶解时间 70min	铁皮石斛多糖提取率为 16.11%	Hu et al.，2014
纤维素酶与果胶酶复合酶系	pH 为 6.5，1% 浓度的纤维素酶与果胶酶 1∶1 等量混合，50℃下提取 2.25h	铁皮石斛多糖提取率为 41.33%	唐政等，2014
纤维素酶	0.6%（*m*/*m*）的酶量，酶解时间 1.5h，酶解温度 50℃，酶解 pH 5.0	铁皮石斛多糖提取率高达 19% 以上	张利等，2011

（3）超声波辅助提取法

超声波辅助提取法相比于其他提取法具有提取时间短、提取效率高且无需加热等优点。邱现创等（2018）在不断优化铁皮石斛多糖的超声提取工艺条件后，发现在提取温度 42℃、液料比 50∶1（mL/g）、超声波时间 29min、超声波功率 250W 的条件下铁皮石斛多糖的得率达到 25.39%，相比于之前文献报道的热水浸提法最佳条件下的多糖得率提高了 18%。刘莉等（2014）的研究表明铁皮石斛多糖超声提取的最佳参数为超声时间 40min，液料比为 220，该条件下能够大大节约提取时间，提高提取效率。然而，也有研究报道超声波会对铁皮石斛多糖原有的结构产生一定的影响。黄俊彬等（2017）发现随着超声功率及时间的增加，提取得到的铁皮石斛多糖，其分子质量发生了明显的变化，呈逐渐减小的趋势。

（4）微波辅助提取法

研究发现在微波的条件下，铁皮石斛的多糖类成分可以迅速溶出。因此，微波提取法被逐渐应用于铁皮石斛多糖的提取。微波提取法和超声波提取法一样，也具有速度快、成本低及无污染等优点。陈盛余等（2017）对微波提取条件进行优化后，得出提取的最佳条件为料液比 1∶45，微波功率 900W，提取时间 30min，温度 95℃，在此条件下铁皮石斛多糖的提取得率为 9.77%。同样，尚喜雨和王传铭（2010）探讨了不同的微波功率、料液比、浸提时间及提取液的 pH 等对提取得率的影响，得出最佳提取条件为微波功率 400W，提取液 pH 8，微波时间 6min，料液比 1∶50，该条件下多糖提取率为 17.48%，微波辅助提取相比于传统浸提法同样能提高多糖的提取率。

（5）超高压提取法

超高压提取法作为一种新型提取方法同样可以应用于铁皮石斛多糖的提取，其是通过破坏铁皮石斛叶或茎上的表皮细胞的细胞壁，从而促进细胞中含有的多糖快速溶出，因而具有提取时间短、提取效率高等优点。纵伟和李翠翠（2012）采用超高压法提取铁皮石斛中的多糖成分，发现采用 300MPa 的压力、料液比 1∶20，提取石斛粉末 6min 后，多糖的得率达 19.27%。同时，郭赛（2017）的研究表明在 330MPa、18min、35℃条件下，得到的铁皮石斛多糖提取率最高，且超高压的环境下鲜药中的微生物完全被杀死，有较好的工业化应用前景。

（6）闪式提取法

闪式提取法作为一种新型提取技术，其是依靠高速剪切和渗滤技术，快速地把物料粉碎至颗粒，并且能够使得其中的有效成分迅速溶出，具有提取时间短、提取效率高、操作简单、耗能低等优点（张晴晴，2019）。李娇等（2013）研究对比了热水浸提法、超声法和闪式提取法对铁皮石斛多糖的提取率，并采用正交实验法对提取条件进行优化。结果表明热水浸提 2h，多糖提取率仅为 10.90%；超声提取 1h，多糖提取率为 18.75%；而闪式提取法提取 2min，多糖提取率为 24.05%。结果表明与热水浸提法和超声法相比，闪式提取法具有明显的优越性。

14.2.1.2　分离纯化

在铁皮石斛多糖分离纯化的研究中，首先应该除去的是蛋白质。研究报道铁皮石斛除蛋白质的方法主要有 Sevag 法（Luo et al.，2016）和三氯乙酸法（Lin et al.，2015；Xiang et al.，2013）。

除蛋白质外，铁皮石斛中还含有一定量的淀粉（Guan et al.，2010），因此在常规方法提取得到的铁皮石斛水提物中也会含有淀粉，例如，Xing 等（2014）利用水提法从铁皮石斛中提取得到的粗多糖中测得淀粉含量为 17.09%。因此可以利用 α-淀粉酶除去铁皮石斛多糖提取物中的淀粉（Wei et al.，2016；Xing et al.，2014）。热水提取所得粗多糖经 α-淀粉酶酶解、多次冻融离心、透析醇沉得到分子质量为 312kDa 的铁皮石斛纯多糖（Xing et al.，2014）（图 14-4）。

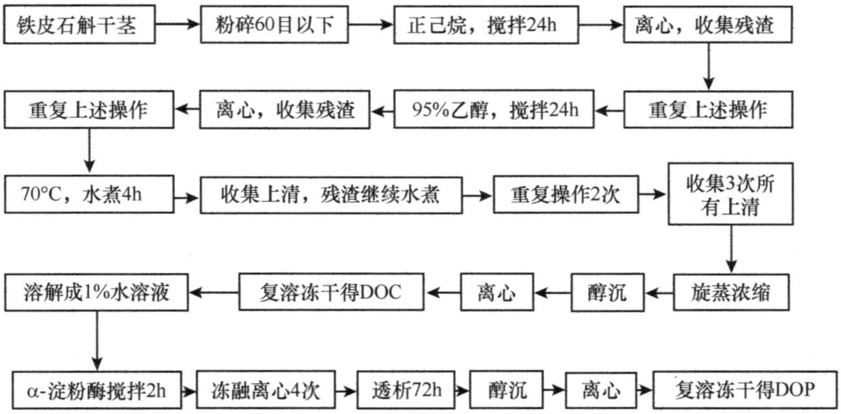

图 14-4　铁皮石斛多糖主要提取工艺流程（Xing et al.，2014）

DOC 为铁皮石斛的粗多糖；DOP 为铁皮石斛的纯化多糖

14.2.2　理化性质

铁皮石斛多糖通常呈灰白色絮状，可溶于水和二甲基亚砜（DMSO），不溶于甲醇、乙醇、丙酮和乙酸乙酯等有机溶剂。水解前后分别与费林试剂呈无反应及迅速反应状态，高碘酸-希夫试剂染色结果呈红紫色斑点，红外光谱图中出现典型的多糖特征吸收峰。

铁皮石斛多糖多为甘露糖和葡萄糖以β-1,4 糖苷键连接而成，还含有少量的阿拉伯糖、半乳糖、半乳糖醛酸和鼠李糖，不同来源文献报道的铁皮石斛多糖中单糖种类基本相同，但其分子质量和单糖组成比例因不同研究者而存在较大差异，这可能是多糖来源、提取方式及纯化方法的不同所致，相关研究结果见表 14-2。

表 14-2　铁皮石斛多糖结构特征

原料	提取纯化方法	分子质量（kDa）	单糖组成（摩尔比）	糖苷键连接方式	文献来源
铁皮石斛（浙江天方科技股份有限公司）	碱提醇沉得 DOA，再用 DEAE Sepharose Fast Flow 柱纯化得 DOA1，淀粉酶处理得 DOA1a，Sephacryl S-300 柱纯化得 S32	37	Xyl∶Ara∶Glc∶Rha∶Gal=73.6∶10.3∶7.4∶4.5∶4.2	β-D-1,4-Xyl	Yue et al.，2017
铁皮石斛（云南省普洱市）	水提醇沉，Sevag 法脱蛋白得粗多糖 DOP，再用乙醇分级，DEAE-52 柱纯化、Sephacryl S-200 柱纯化得 DOP-1-1	179	Man∶Glc=5.9∶1	β-D-1,4-Glc*p*、β-D-1,4-Man*p*	He et al.，2016
铁皮石斛（云南省）	水提醇沉，Sevag 法脱蛋白得粗多糖 DOP，再用 DEAE-Cellulose 柱纯化、Sephacryl S-400 柱纯化得 DOP-1-A	130	Man∶Glc=4.8∶1	β-D-1,4-Glc*p*、β-D-1,4-Man*p*	Hua et al.，2004；华允芬，2005
铁皮石斛（浙江满堂花生物科技有限公司）	水提醇沉，Sevag 法脱蛋白得粗多糖 DOP，再用 DEAE-Cellulose 柱纯化、Sephacryl S-400 柱纯化得 DOP-1、DOP-2	DOP-1=533.7 DOP-2=159.5	DOP-1：Man∶Glc∶Gal∶Ara =3.13∶1.34∶0.02∶0.01 DOP-2：Man∶Glc∶Gal∶Ara =3.13∶1.24∶0.12∶0.02		Xia et al.，2012
铁皮石斛（云南金九地生物科技有限公司）	采用水提醇沉，反复冻融得粗多糖，再用乙醇分级的方式进行纯化	数均分子质量=168 重均分子质量=312	Man∶Glc=6.9∶1	β-D-1,4-Glc*p*、β-D-1,4-Man*p*	Cai et al.，2015；Huang et al.，2015a；Huang et al.，2015b；Xing et al.，2014；Xing et al.，2015；Zhang et al.，2015
铁皮石斛（浙江省）	采用水提醇沉，Sevag 法脱蛋白得粗多糖，再用 DEAE-Cellulose-52 柱纯化、Sephacryl S-300 柱纯化得 DOPA-1、DOPA-2	DOPA-1=394 DOPA-2=362	DOP-1：Man∶Glc=5.8∶1 DOP-2：Man∶Glc=4.5∶1	β-D-1,4-Glc*p*、β-D-1,4-Man*p*	Huang et al.，2016

续表

原料	提取纯化方法	分子质量（kDa）	单糖组成（摩尔比）	糖苷键连接方式	文献来源
铁皮石斛（可能来自广西、安徽、云南、浙江）	采用水提醇沉得粗多糖，再用 DEAE 650M 柱纯化得 DOPa、DOPb	DOP=730 DOPa=810 DOPb=670	DOP：Man∶Glc=5.8∶1 DOPa：Man∶Glc=5.6∶1 DOPb：Man∶Glc=5.9∶1	β-D-1,4-Glc*p*、 β-D-1,4-Man*p*	Wei et al.，2016
铁皮石斛（广西百斛堂原生本草生物科技有限公司）	采用水提醇沉得粗多糖，再用 DEAE-Cellulose 柱进行纯化	8.5	Man∶Glc∶Ara∶Gal=6.2∶2.3∶2.1∶0.1	β-D-1,4-Glc*p*、 β-D-1,4-Man*p*	Luo et al.，2016
霍山铁皮石斛	采用水提醇沉，Sevag 法脱蛋白得粗多糖，再用 DEAE-Cellulose 柱纯化、Sephadex G-100 柱纯化得 DOPA-1、DOPA-2	15.43	Man∶Glc=4.5∶1	β-D-1,4-Glc*p*、 β-D-1,4-Man*p*、 β-D-1,3,6-Man*p*	Xie et al.，2016
铁皮石斛（云南省）	采用水提醇沉得粗多糖 DOYN	DOYNa=1500 DOYNb=71	Man∶Glc∶Gal=100∶206∶5		Meng et al.，2013
铁皮石斛（安徽省、浙江省）	采用水提醇沉的方法，分别得到粗多糖 DOAH、DOZJ	DOAH=120 DOZJ=49	Man∶Glc∶Gal=100∶44∶2 Man∶Glc∶Gal=100∶38∶1		Meng et al.，2013

14.3　铁皮石斛多糖的结构特征

14.3.1　一级结构

目前，研究者比较认可的铁皮石斛多糖结构，主要是由 β-D-吡喃葡萄糖和 β-D-吡喃甘露糖连接而成的一种 *O*-乙酰化葡甘露聚糖。但是关于 Man/Glc、糖苷键连接方式、乙酰基含量及取代的位点、分支的存在及主链甘露糖和葡萄糖重复单元等，不同人的报道结果会有一定差异，表 14-2 总结了一些铁皮石斛多糖结构特征。

He 等（2016）研究发现铁皮石斛多糖的部分结构为 *O*-乙酰化的 β-D-吡喃糖型，主要由甘露糖和葡萄糖以 5.9∶1 组成。Huang 等（2016）从铁皮石斛茎中分离并纯化得到两个组分，二者均有着 β-D-1,4-吡喃甘露糖和 β-D-1,4-吡喃葡萄糖主链结构，且均含有 *O*-乙酰基团，Man/Glc 分别为 5.8∶1 和 4.8∶1。Wei 等（2016）从铁皮石斛中分离得到 3 种多糖，三者均有着相似的 β-D-1,4-吡喃甘露糖和 β-D-1,4-吡喃葡萄糖主链结构，3 种多糖的 Man/Glc 分别为 5.8∶1、5.6∶1 和 5.9∶1。

虽然铁皮石斛多糖的主链结构相似，但是支链结构或连接位点及主链甘露糖和葡萄糖重复单元却存在差异。Xie 等（2016）从铁皮石斛茎中提取得到的多糖 DOP-W3-b，主链含有 →4)-β-D-Man*p*-(1→、→4)-β-D-Glc*p*-(1→、→3,6)-β-D-Man*p*-(1→ 残基，支链主要由 →4)-β-D-Man*p*-(1→、→4)-β-D-Glc*p*-(1→ 和末端 β-D-Glc*p* 残基组成，乙酰基位于 →4)-β-D-Man*p*-(1→ 糖残基的 O-2 位置。Xing 等（2015，2014）研究发现铁皮石斛多糖 DOP 是含有 →4)-β-D-Man*p*-(1→ 和 →4)-β-D-Glc*p*-(1→ 的线性葡甘露聚糖，其中大多 *O*-乙酰化的甘露糖在 O-2 或 O-3 位置处有 *O*-乙酰基单取代，有少量的甘露糖在 O-2 和 O-3 位置均被 *O*-乙酰化，极少量的甘露糖在 O-2、O-6 和 O-2、O-3 和 O-6 位置处被乙酰基取代。图 14-5 和图 14-6 分别列举了两种铁皮石斛多糖的一级结构。

```
-4M1-4M1-4M1-4M1-4M1-4M1-4G1-4M1-4M1-4M1-4M1-4M1-4G1-4M1-4M1-4M1-4M1
   3            3    2             3    2                 2
   '            '    '             '    '                 '
   a            a    a             a    a                 a
```

图 14-5　铁皮石斛葡甘露聚糖主要结构（Xing et al.，2015）

M：β-D-吡喃基甘露糖；G：β-D-吡喃基葡萄糖；a：*O*-乙酰基团

```
β-D-Manp-(1→3)-β-D-Manp-(1→3)-β-D-Manp                       D-Araf-(1→3)-β-D-Glcp
      OAc                               1           OAc                          1
       ↓                                ↓            ↓                           ↓
       2                                6            2                           6
[→4-β-D-Manp-(1→4)-β-D-Manp-(1→4)-β-D-Manp-(1→4)-β-D-Glcp-(1→4)-β-D-Manp-(1→4)-β-D-Glcp-(1→
4)-β-D-Manp-(1→4)-β-D-Manp-(1→4)-β-D-Manp-(1→4)-β-D-Manp-(1→]
```

图 14-6　铁皮石斛多糖 DOP-1-A1 主要重复单元结构（Hua et al.，2004）

另外一些研究报道的铁皮石斛多糖结构与上述报道有所不同，主要体现在糖苷键的类型与连接方式上。例如，何铁光（2007）得到的铁皮石斛多糖 DCPP1a-1 和 DCPP3c-1 中，DCPP1a-1 含有 α-吡喃糖苷键，分子中 1,2 或 1,4 键、1,3 键、1,6 键所占的比例分别为 52.1%、44.9%、4.0%；DCPP3c-1 分子中 1,6 键、1,2 或 1,4 键、1,3 键所占比例分别为 14%、40.7%、45.3%，且存在 α-吡喃糖苷键。

14.3.2　溶液构象特征

多糖溶液构象主要的特征包括分子无规则线团、棒状链、双螺旋、三螺旋和聚集体构象等，常用的方法有激光散射法、黏度法、电子显微镜法、原子力显微镜法、圆二色谱法、核磁共振法和微量热法等（Wang et al.，2017；李盛等，2010）。

目前关于铁皮石斛多糖溶液构象的报道较少，Luo 等（2016）利用原子力显微镜观察一种水溶性铁皮石斛多糖的溶液构象特征，发现铁皮石斛多糖在溶液中呈珠状、棒状和不规则球形块状。由于多糖分子的缠绕，这些块状物的直径和高度可达 10 ～ 500nm 和 5 ～ 40nm，同时不规则形块状物的高度明显高于单个糖链的高度，这表明多糖分子在溶液中有聚集行为。董泽梁（2014）采用凝胶渗透色谱与多角度激光光散射及示差检测（gel permeation chromatography and multi-angle laser light scattering and differential detection，GPC-MALLS-RI）系统得出霍山铁皮石斛多糖的分子质量为 3.538×10^5Da，分子回转半径与分散系数分别为 51.9nm 和 1.139，其分子构象趋向于无规则线团；扫描电镜结果显示其微观形态主要为大小不一的碎片状、无规则网团状和细线条状。王琳炜等（2017）根据刚果红实验结果推测霍山铁皮石斛具有三股螺旋构象。尽管关于铁皮石斛溶液构象的资料不多，但有许多关于石斛类多糖的报道可以作为参考。汪鹤等（2014）运用原子力显微镜观察密花石斛多糖，发现其多糖的形态呈纺锤状分布，且部分聚集体存在相互重叠的现象，聚集体的中心点高度、长轴与短轴的长度分别为 197.45nm、2428.92nm 和 1254.78nm。王军辉（2011）运用扫描电镜（scanning electron microscope，SEM）、原子力显微镜（atomic force microscope，AFM）、X 射线、尺寸排阻色谱-激光光散射（size exclusion chromatography-laser light scattering，SEC-LLS）、示差扫描量热法（differential scanning calorimetry，DSC）等对金钗石斛多糖的溶液构象进行了研究。X 射线、SEM 及 DSC 分析结果表明金钗石斛多糖没有完整单晶结构，玻璃化转变温度为 85℃。AFM 结果显示金钗石斛多糖中糖链分子相互缠绕，形成岛屿状结构与大小不一的无规线团。SEC-LLS 结果表明金钗石斛多糖在溶液中则主要以半柔顺链的无规线团存在。翟天龙（2013）利用扫描电镜发现细茎石斛多糖基本呈片状，相互连接，呈褶皱状，在水溶液中呈现出较大的团块状。

14.4　铁皮石斛多糖的生物活性

大量研究表明，铁皮石斛多糖具有多种功效，包括可调节机体免疫力（He et al.，2016；Huang et al.，2016，2015b；Lau et al.，2011；Meng et al.，2013；Wei et al.，2016；Xia et al.，2012）、抗炎症（Zhang et al.，2019）、抗肿瘤（Zheng et al.，2014；王杰等，2014）、抗氧化（Huang et al.，2015a；汤小华等，2010）、降血糖（Chen et al.，2019；常惠礼，2015）等，其中以免疫调节作用最为显著。

14.4.1　免疫调节作用

铁皮石斛多糖通过激活相关免疫细胞如巨噬细胞（李明智等，2018；蔡海兰等，2012），T、B 淋巴细胞，NK 细胞（Huang et al.，2015b）；刺激抗体（IgA、IgM、IgG）产生（Huang et al.，2015b）；诱生多种细胞因子生成（Zeng et al.，2019）等多条途径激活免疫系统，从而增强免疫系统对机体的保护，是一种很有价值的免疫增强剂（周思静等，2018；聂少平和蔡海兰，2012）。

小鼠巨噬细胞（RAW264.7 和小鼠腹腔巨噬细胞）和脾淋巴细胞（T、B 淋巴细胞）常被用作体外免疫活性的研究对象。铁皮石斛多糖能够促进巨噬细胞的吞噬作用、NO 的释放以及 IL-1α、IL-6、IL-10 和 TNF-α 的分泌（Meng et al.，2013；Wei et al.，2016）。铁皮石斛多糖还能够促进 THP-1 细胞分泌细胞因子，如 IL-1β、IL-10、TNF-α（He et al.，2016）；降低 LPS 诱导的 RAW264.7 细胞产生的炎症因子如 TNF-α、IL-6 及 NO 的水平，并促进细胞向 M2 型极化以减轻炎症症状（黄杰等，2017）。同时铁皮石斛粗多糖 DOP 及其纯化组分 DOP-1、DOP-2 均能显著促进 T、B 淋巴细胞的增殖，增强 NK 细胞的杀伤能力，增强巨噬细胞的吞噬能力，促进细胞因子（TNF-α、IL-1β、IL-2 和 IL-4）及炎症因子 NO 的分泌（Xia et al.，2012）。

此外，体内实验结果也表明铁皮石斛多糖能促进免疫系统的发育。铁皮石斛多糖能够促进环磷酰胺诱导的免疫抑制小鼠淋巴细胞的增殖，平衡脾淋巴细胞亚群的比例和提升血清细胞因子 IL-6 及 TNF-α 的水平，并提升血清 IgM、IgG 和溶血素的含量，同时其还能增强腹腔巨噬细胞的吞噬能力（Huang et al.，2015b）。大苞鞘石斛多糖与铁皮石斛多糖都能够提升胸腺和脾脏指数，以及耳肿胀率、抗体积数和吞噬指数（李杰等，2019）。同时铁皮石斛多糖还能通过改善肠道黏膜的结构，促进派尔集合淋巴结及肠固有层分泌细胞因子，促进肠固有层分泌 sIgA 来调节肠道黏膜免疫（Xie et al.，2016）。同时铁皮石斛多糖还可通过免疫系统抑制肿瘤细胞的生长，包括影响免疫器官和细胞因子分泌，影响 T、B 细胞及 NK 细胞，影响巨噬细胞和树突状细胞，影响补体系统等。王杰等（2014）研究结果显示铁皮石斛多糖对 Lewis 肺癌小鼠肿瘤有明显的抑制作用，其可能是通过提高脾脏指数，上调血清中 TNF-α、IL-2 等细胞因子的水平来抑制肿瘤细胞的生长。刘亚娟（2014）研究发现铁皮石斛多糖抑制癌细胞的生长可能是通过促进脾淋巴细胞相关的体液免疫来完成的。

随着研究的不断深入，研究者开始探寻免疫系统背后的免疫调节机制。蔡海兰等（2012）发现铁皮石斛多糖可以通过上调 TNF-α mRNA 的表达、降低胞质内 IκBα 蛋白水平及活化核转录因子 NF-κB 来促进 RAW264.7 巨噬细胞分泌 TNF-α。He 等（2016）发现铁皮石斛多糖能够调控 ERK1/2 和 NF-κB 通路来调节免疫反应。Huang 等（2018）报道铁皮石斛多糖可以通过作用于 TLR4 受体从而介导 NF-κB 信号通路来参与免疫反应。Zhao 等（2017）的研究表明铁皮石斛多糖能够通过 PI3K/AKT 和 MAPK 信号通路缓解 H_2O_2 造成的心肌细胞损伤。

14.4.2 降血糖作用

体外实验中，研究发现不同浓度的铁皮石斛多糖均能提升胰岛 β 细胞活性，并且促进胰岛 β 细胞的胰岛素分泌，减少胰岛 β 细胞的凋亡（杨芳，2013）。同时另有研究发现，铁皮石斛多糖对 α-淀粉酶也有抑制作用，其在浓度为 2mg/mL 反应 20min 时对酶抑制效果明显，抑制率达到 33.2%（樊溢，2018）。

Chen 等（2019）的研究表明铁皮石斛多糖能够改善糖尿病大鼠中的糖和脂代谢以及氨基酸代谢的紊乱，同时血糖、血清胰岛素、糖化血清蛋白、组织病理切片等结果表明铁皮石斛多糖能较好地改善糖尿病大鼠的病症。李秀芳（2012）采用四氧嘧啶构建糖尿病小鼠模型，并对比铁皮石斛、霍山石斛、流苏石斛、金钗石斛、鼓槌石斛粗多糖的降血糖活性，结果显示，5 种石斛粗多糖都能通过降低血液中 TC、TG 含量，增加 HDL-C 含量来调节血糖水平，并且能在一定程度上平衡糖尿病大鼠的血脂水平。汤志远等（2016）的实验结果显示，铁皮石斛多糖可以提升糖尿病模型小鼠中的血清胰岛素水平，同时降低糖化血清蛋白的含量以及空腹血糖值。

对于铁皮石斛多糖降血糖的作用机制已有较多研究。Chen 等（2019）研究发现铁皮石斛多糖能够较好地调节尿素循环和氨基酸代谢来缓解糖尿病引发的肾脏代谢性疾病。常惠礼（2015）采用高脂高糖-链脲佐菌素来构建糖尿病大鼠模型，结果表明铁皮石斛多糖能够显著降低大鼠胰岛组织中的 JNK 磷酸化水平，却增加 AKT 磷酸化水平，因而推断铁皮石斛多糖的降糖机制可能与 JNK 及 AKT 蛋白的调控有关。Zheng 等（2017）指出铁皮石斛水提物对糖尿病的改善效果可能与其促进肝糖原合成、上调能量与氨基酸代谢水平以及牛磺酸介导的抗氧化能力有关。Zhang 等（2016）研究发现铁皮石斛提取物对糖尿病诱导的心肌炎的改善能力与其抗氧化能力、抑制心脏脂肪堆积和抑制促炎因子的产生有关。李永贵（2012）发现铁皮石斛多糖能够显著增强大鼠胰岛 β 细胞瘤株 INS-1 细胞活力，促进瘤细胞的凋亡，同时还能提升胰岛素水平，其还发现 IL-1β 和 iNOS 蛋白的表达量显著降低，表明其降糖机制可能与抑制 INS-1 细胞胰岛素的分泌以及促进 NO 产生和 IL-1β 的表达有关。杨芳（2013）研究发现铁皮石斛多糖能显著抑制胰岛 β 细胞中的 NF-κB 及 iNOS 的蛋白表达，并且能促进 NO 的分泌。因此推断铁皮石斛多糖保护胰岛 β 细胞的机制可能与激活 NF-κB-iNOS-NO 通路有关。

14.4.3　抗氧化作用

铁皮石斛的体外抗氧化能力主要通过测定对金属离子的螯合能力和自由基的清除能力进行评价。铁皮石斛超微粉和纳米粉均具有较高的 ·OH、$\cdot O_2^-$、NO_2^-、DPPH 自由基清除作用，其清除效率在一定范围内呈剂量依赖性，且纳米粉的抗氧化能力强于超微粉，这可能是由于铁皮石斛纳米粉的多糖溶出速度及含量要高于超微粉（张娥珍等，2015）。何铁光（2007）发现铁皮石斛多糖 DCPP1a-1 对羟自由基和超氧阴离子均有不同程度的抑制作用，其还对由 Fe^{2+} 和 H_2O_2 诱导的肝组织过氧化具有极其显著的抑制作用（$P < 0.01$），同时也能抑制小鼠肝线粒体 MDA 的生成和肿胀，体现了铁皮石斛多糖在体外具备良好的抗氧化能力。Luo 等（2016）提取得到的一种小分子水溶性铁皮石斛多糖能较好地清除 DPPH 自由基，并能够增强羟自由基的清除能力和金属离子的螯合作用。李海春（2016）比较了 8 种石斛多糖在不同的抗氧化指标中的抗氧化活性，结果表明石斛多糖的抗氧化能力具有显著量效关系，但在不同的抗氧化体系中其抗氧化活性差异显著，其中铁皮石斛多糖在金属螯合作用方面表现出良好的优越性。

与体外抗氧化研究不同，体内抗氧化活性常通过测定超氧化物歧化酶（SOD）、谷胱甘肽过氧化物酶以及丙二醛（MDA）的水平来进行评价。大量研究表明铁皮石斛多糖在不同的疾病模型下都展现出良好的抗氧化能力。如在急性酒精性肝损伤模型中，汤小华等（2010）对新鲜铁皮石斛和铁皮枫斗进行体内抗氧化能力评估，结果表明新鲜铁皮石斛和铁皮枫斗均能在血清与脏器中提高超氧化物歧化酶、肝谷胱甘肽过氧化物酶（GSH-Px）的含量，同时也能够降低血清和肝中 MDA 的含量，表明铁皮石斛多糖能够对急性酒精性肝损伤模型小鼠发挥其抗氧化能力。在糖尿病模型中，Pan 等（2014）研究了石斛多糖对四氧嘧啶诱导的糖尿病小鼠的抗氧化能力，摄入铁皮石斛多糖能够降低肝、肾中丙二醛含量，提高过氧化氢酶（CAT）、超氧化物歧化酶和谷胱甘肽过氧化物酶水平，缓解由糖尿病引发的肝、肾等器官的氧化应激损伤。在免疫低下模型中，Huang 等（2015a）采用环磷酰胺诱导的免疫低下小鼠进行研究，结果显示铁皮石斛粉末（*Dendrobium officinale* powder，DO）、粗多糖（crude-*Dendrobium officinale* polysaccharide，C-DOP）和纯多糖（purified-*Dendrobium officinale* polysaccharide，P-DOP）都能够提升过氧化氢酶、超氧化物歧化酶与谷胱甘肽过氧化物酶的活性，并且降低血清、肝脏和胸腺中的丙二醛含量，表明铁皮石斛多糖对环磷酰胺诱导的免疫低下小鼠的氧化应激具有良好的保护作用，而铁皮石斛多糖的 β-1,4-甘露糖连接方式及其高乙酰基含量可能与其抗氧化能力有关。

14.4.4　对胃肠道功能的改善作用

近年来，随着对膳食纤维与胃肠道功能关系研究的深入，研究者发现胃肠道很可能是天然产物多糖发挥生物学活性的重要场所（聂少平和黄晓君，2015）。据研究报道，对铁皮石斛多糖来说，一方面其通过激活胃肠道黏膜免疫组织中分布的免疫细胞从而间接激活机体外周免疫系统作出免疫应答（徐婷婷，2017；王正明，2013）；另一方面，肠道中丰富多样的肠道菌群能够较好地利用铁皮石斛多糖，对其进行消化酵解，消化酵解产物可为肠道菌群和人体利用，从而促进肠道微生态平衡和人体健康（黄晓君，2016；张冠亚，2015）。

目前，已有大量关于铁皮石斛多糖对胃肠道健康影响的研究报道，现有报道表明铁皮石斛多糖能够通过激活或抑制肠道免疫系统来促进肠道健康。Xie 等（2016）通过给正常小鼠灌胃铁皮石斛多糖，发现铁皮石斛多糖能够改变肠黏膜结构，促进派尔集合淋巴结（PP）和肠系膜淋巴结（MLN）的细胞因子分泌及固有层中分泌型免疫球蛋白 A（sIgA）的产生，从而增强肠道的免疫作用。黄晓君（2016）发现铁皮石斛多糖可以降低结肠癌小鼠中肿瘤的形成率，促进肠道 sIgA 及肠组织中细胞因子的分泌。王正明（2013）的实验表明霍山石斛多糖能够促进 PP 细胞条件培养基刺激的骨髓细胞的增殖，且石斛多糖可以进入肠道黏膜系统，并与 PP 内的某些细胞结合。Zhang 等（2019）的研究表明铁皮石斛多糖可以缓解 DSS 诱导的结肠炎小鼠中肠道屏障的损伤，调节肠道中抑炎因子与促炎因子的平衡。

铁皮石斛多糖还可作为肠道菌群的酵解底物发挥其促进胃肠道健康的作用。张冠亚等（2014）对铁皮石斛多糖的体外消化、酵解行为进行了较为系统的研究。运用体外模拟消化系统研究了铁皮石斛多糖在口腔、胃和肠道中的消化行为，结果表明铁皮石斛多糖在模拟口腔环境不被降解，而在模拟胃液及胃肠液中分子质量降低，糖苷键发生断裂，但未在消化后的溶液中检测到单糖的存在，这说明铁皮石斛多糖在模拟胃液、胃肠液中仅发生部分降解但没有被完全消化。利用体外模拟酵解系统对铁皮石斛多糖的酵解行为进行研究发现，铁皮石斛多糖经人体肠道菌群酵解后，随着时间的延长，酵解液中总糖含量逐渐减少，而还原糖含量则是先增加后减少，且酵解液体系的 pH 显著降低，短链脂肪酸产量明显升高，表明铁皮石斛多糖能够被肠道菌群消化利用，同时产生的酵解产物能够被人体吸收并产生有益影响（张冠亚，2015）。黄晓君（2016）发现铁皮石斛多糖能够增加结肠癌小鼠中短链脂肪酸含量，提高粪便中菌群的丰富度和多样性。同时，周琪等（2017）发现铁皮石斛水提物能改善糖尿病小鼠的肠道菌群数量和多样性。Fu 等（2019）采用人体肠道菌群体外酵解铁皮石斛多糖发现铁皮石斛多糖能够显著增加短链脂肪酸的产量，且能够提高厚壁菌门和拟杆菌门的丰度，却降低变形菌门的丰度。Zhang 等（2015）探讨了铁皮石斛多糖对小鼠肠道健康的影响，体内实验发现铁皮石斛多糖能够增加小鼠结肠中短链脂肪酸的含量，提升结肠指数和长度以及粪便的水分含量，同时降低结肠内容物的 pH，缩短排便时间，表明适当摄入铁皮石斛多糖有利于肠道菌群的发酵与调控，从而维持结肠的健康。

总而言之，一方面铁皮石斛多糖能够通过直接激活肠道免疫系统发挥作用；另一方面铁皮石斛多糖并不能直接被人体消化吸收，而是通过肠道酵解作用促进肠道微生态平衡并产生短链脂肪酸等对人体健康有益的物质。铁皮石斛多糖在小肠中主要是通过降解的糖片段激活肠道免疫系统，而在结肠中则主要被肠道菌群所利用，通过菌群的酵解产物发挥生理功能。

14.4.5　其他功能活性

根据一些研究报道，铁皮石斛多糖还具有护肝、抗衰老等作用，这些功能大多与铁皮石斛多糖的免疫调节、抗氧化等活性有关。

李胜立（2013）采用急性酒精性肝损伤模型探究铁皮石斛多糖对肝损伤的保护作用。结果显示铁皮石斛多糖能够提升血清中谷丙转氨酶[又称丙氨酸转氨酶（alanine aminotransferase，ALT）]、天冬氨酸转氨酶（aspartate aminotransferase，AST）、碱性磷酸酶（alkaline phosphatase，ALP）的活性，并提升总胆红素（total bilirubin，TBIL）的含量，同时增加肝组织中醇脱氢酶（alcohol dehydrogenase，ADH）、乙醛脱氢酶（acetaldehyde dehydrogenase，ALDH）活性，促进酒精在体内的代谢，从而减少酒精和其代谢产物对肝脏产生的毒害作用。其还能够提升小鼠血清总胆固醇（total cholesterol，TC）、三酰甘油（triacylglycerol，TG）、低密度脂蛋白胆固醇（low-density lipoprotein cholesterol，LDL-C）、高密度脂蛋白胆固醇（high-density lipoprotein cholesterol，HDL-C）水平及肝组织中 TC、TG 水平，缓解酒精对小鼠造成的脂质代谢紊乱，同时增加肝组织中 SOD、CAT、GSH-Px、谷胱甘肽还原酶（glutathione reductase，GR）、谷胱甘肽硫转移酶（glutathione *S*-transferase，GST）等抗氧化酶的活性和非酶抗氧化物 GSH 的含量，减少脂质过氧化，保护机体免受氧化应激的危害，还能够抑制小鼠肝组织中 P4502E1、TNF-α、IL-1β mRNA 的表达，表明铁皮石斛多糖对亚急性酒精性肝损伤具有一定的保护作用。铁皮石斛多糖对 CCl_4 诱导的肝损伤小鼠也具有保护作用。当用 200mg/kg 和 400mg/kg 剂量的铁皮石斛多糖处理肝损伤小鼠后，与对照组相比，小鼠血清 AST、ALT 和 LDH 的水平显著降低，血清促炎细胞因子 IL-6、IL-12、TNF-α 和 IFN-γ 水平降低，在 400mg/kg 剂量组中组织病理学检查的肝组织恢复良好，NF-κB、iNOS 和 COX-2 的 mRNA 表达水平显著降低，IκBα 的表达水平增加，这表明铁皮石斛多糖可能通过发挥其免疫调节作用来缓解体内 CCl_4 诱导的肝损伤（Li et al.，2014）。

李静文等（2016）研究了铁皮石斛多糖对糖尿病大鼠的视网膜及体内炎症水平的影响，结果发现铁皮石斛多糖能够显著降低大鼠视网膜内 IL-6、TNF-α 的蛋白表达量，同时也能降低血清 IL-6、TNF-α 的表达量，免疫组化切片结果表明铁皮石斛多糖能够抑制大鼠视网膜内 NF-κB 的表达，表明铁皮石斛多糖作用于糖尿病大鼠视网膜的机制可能与 NF-κB 通路有关。张贝贝等（2015）研究了铁皮石斛多糖对高糖作用的人脐静脉内皮细胞的保护作用机制，结果表明铁皮石斛多糖能够在促进细胞生长的同时抑制 Bax 的表达并增强 Bcl-2 的表达，从而抑制血管内皮细胞凋亡，在一定程度上可缓解糖尿病引起的血管病变。

李利娜（2012）探讨了铁皮石斛多糖对小鼠衰老作用的影响及其可能机制，发现铁皮石斛多糖能够增加衰老小鼠的胸腺和脾脏指数，并且能够增加血清、肝和脑组织中 SOD 与 GSH-Px 的活性，同时降低 MDA 含量，表明铁皮石斛多糖的抗衰老作用机制可能是通过增强机体中 SOD 和 GSH-Px 的活性，并降低 MDA 的含量，从而促进氧自由基的清除，同时还可以通过增强机体的免疫功能来达到抗衰老作用。

李蕾等（2011）采用滤纸片抑菌圈法在体外评价了铁皮石斛多糖对金黄色葡萄球菌和大肠杆菌等有害菌的抑制作用，结果表明铁皮石斛多糖对大肠杆菌有显著的抑制作用，对于金黄色葡萄球菌则不具备抑制作用。

14.5　铁皮石斛多糖的构效关系

研究报道表明铁皮石斛多糖的理化性质（溶解度、黏度、分子质量）会对其生物活性产生一定的影响（李明智等，2018）。采用水提醇沉法从铁皮石斛中提取得到粗多糖 DSP，经乙醇分级后得到三个不同分子质量组分 DSP_1、DSP_2、DSP_3，分子质量分别为 1.48×10^4Da、3.53×10^4 ～ 7.44×10^4Da、11.51×10^4 ～ 15.7×10^4Da。结果表明这三种组分在不同抗氧化体系中均表现出抗氧化能力，但不同分子质量的铁皮石斛多糖表现出的抗氧化能力有强弱之分，其中 DSP_1 在多个体系中表现出最佳抗氧化能力，DSP_3 对 ·OH 的清除效果最佳，DSP_2 抗氧化能力次于 DSP_1、DSP_3。这表明铁皮石斛多糖的分子质量分布与其抗氧化能力相关，且铁皮石斛多糖分子质量小于 3.53×10^4Da 或大于 7.44×10^4Da 时生物活性较高（鲍素华等，2009）。研究者从铁皮石斛中提取分离得到两个分子质量分别为 7kDa 和 159.5kDa 的组分 DOP-1 和 DOP-2，单糖组成分析结果表明二者单糖组成几乎一致，但它们发挥免疫调节活性的途径不同，DOP-1 对淋巴细胞的激活作用更强，而 DOP-2 更侧重于发挥其巨噬细胞活化功能，这表明分子质量的不同能够影响铁皮石斛多糖发挥其免疫调节活性的方式（Xia et al.，2012）。

铁皮石斛多糖的一级结构如单糖组成、乙酰基含量、糖苷键连接方式和支链长度、取代度以及取代位置等均能影响其生物活性。研究者从铁皮石斛中提取纯化得到两种多糖组分 DOPA-1 和 DOPA-2，二者分子质量相近，分别为 394kDa 和 362kDa，单糖组成分析表明 DOPA-1 和 DOPA-2 均主要含有 Man 与 Glc，但 Man/Glc 不同，分别为 5.8∶1 和 4.5∶1。生物活性研究表明两种多糖都具有免疫调节和抗氧化作用，然而 DOPA-2 对于脾淋巴细胞的作用较 DOPA-1 弱，这表明单糖组成不同对于铁皮石斛多糖的生物活性有一定的影响（Huang et al.，2016）。对铁皮石斛多糖和霍山石斛多糖的抗氧化能力进行比较发现，二者对羟自由基、超氧阴离子自由基均展现出良好的清除作用，同时对烷基自由基引发的亚油酸氧化也有较为显著的抑制作用，霍山石斛多糖的抗氧化活性强于铁皮石斛多糖，这可能是两种多糖的结构差异所引起的。铁皮石斛多糖主要由葡萄糖和甘露糖组成，主链由含有乙酰基的 β-D-1,4-葡萄糖残基和 β-D-1,4-甘露糖组成，而霍山石斛多糖除了含有葡萄糖和甘露糖，还含有半乳糖，且其主链由 α-D-1,6-葡萄糖和 α-D-1,6-甘露糖残基组成（Xing et al.，2013）。从不同产地的铁皮石斛中提取得到三种不同的多糖，分别为 DOYN、DOAH 和 DOZJ。结构分析发现三种多糖单糖组成相同，均由甘露糖、葡萄糖和半乳糖组成，但比例却存在差异，分别为 100∶206∶5、100∶44∶2 和

100∶38∶1，且分子质量分别为 1.5×10^6Da、1.2×10^5Da 和 4.9×10^4Da；免疫活性分析显示三种多糖均具有良好的免疫活性，其中 DOYN 的免疫调节作用最强，这可能与三种多糖分子质量和单糖组成比例间存在的差异有关（Meng et al.，2013）。从铁皮石斛三个不同部位（茎、叶、花）分别提取得到三种多糖，分别命名为 SDPS（stem *Dendrobium officinale* polysaccharide）、LDPS（leaf *Dendrobium officinale* polysaccharide）和 FDPS（flower *Dendrobium officinale* polysaccharide）。三者主要含有 Man、Glc 和 Gal，但比例不尽相同，SDPS 与 LDPS 单糖比例类似，Man∶Glc∶Gal=1.7∶1∶2.2，而 FDPS 单糖比例为 Man∶Glc∶Gal=2.2∶1∶3.3。分子质量测定结果表明 SDPS 分子质量主要为 206kDa，LDPS 为 877kDa，而 FDPS 主要由两个组分组成，分别为 351kDa 和 36kDa；对三者的体外抗氧化活性和体外免疫调节活性的分析发现，它们都有一定的抗氧化活性和免疫调节活性，但它们在不同抗氧化研究体系中表现出的抗氧化能力不同，它们发挥免疫调节活性的途径也不同，这表明分子质量及单糖组成的差异可能导致铁皮石斛多糖生物活性的不同（张勇，2016）。

至于铁皮石斛高级结构与其生物活性，由于目前对铁皮石斛高级结构研究较少，其关系尚不明确，有待研究者的进一步探索。

14.6　铁皮石斛多糖研究存在的问题及前景展望

目前，我国市场上主要销售铁皮石斛鲜条和铁皮枫斗，但石斛鲜条不便于存放，铁皮枫斗价格高且易造成浪费，而且两者均存在服用不方便、有效成分溶出少等问题。

而商品化的铁皮石斛产品，如铁皮枫斗颗粒、石斛含片、铁皮石斛口服液等，是以铁皮石斛为主要原料的产品，大多停留在铁皮石斛整体功能上，其中的天然活性物质（尤其是其中含量很高的多糖类成分）开发利用的深度和广度还远远不够。

同时，综合国内外的文献报道，铁皮石斛的研究主要集中在铁皮石斛的种质鉴定、化学成分分析、药理活性和快速组织培养方法的研究上，对于铁皮石斛多糖等报道还较少，已有研究多停留在分析一级结构特征和常见的药理活性方面，而有关铁皮石斛多糖高级结构的研究，以及分子质量、乙酰基和硫酸基等官能团及高级结构对其功能的影响研究还是非常少，铁皮石斛多糖的构效关系研究对于铁皮石斛多糖的开发与应用具有引导作用，而且铁皮石斛多糖结构的“相对简单性”这一特点为研究其构效关系提供了方便。因此，对铁皮石斛今后的研究应更多地关注与天然产物结构和生物活性的紧密结合，以揭示其作用机制和物质结构之间的关系。

参考文献

白音, 包英华, 王文全. 2011. 石斛属植物及其混淆品的茎表皮细胞特征及其鉴别价值. 中草药, 42(3): 593-597.

包英华. 2014. 铁皮石斛种质资源的鉴定与评价研究. 广州: 广州中医药大学博士学位论文.

鲍素华, 查学强, 郝杰, 等. 2009. 不同分子量铁皮石斛多糖体外抗氧化活性研究. 食品科学, 30(21): 123-127.

蔡海兰, 黄晓君, 聂少平, 等. 2012. 铁皮石斛多糖对 RAW264. 7 细胞分泌 TNF-α 的影响. 中国药理学通报, 28(11): 1553-1556.
曹雪原, 唐雅楠, 姜秀梅, 等. 2018. 铁皮石斛不同部位多糖含量及其抗氧化活性研究. 食品与药品, 20(3): 227-230.
常惠礼. 2015. 铁皮石斛对 2 型糖尿病大鼠胰岛组织 JNK、AKT 蛋白磷酸化表达的影响. 中国药事, 29(1): 54-57.
陈盛余, 赵丹丹, 谢瑜, 等. 2017. 铁皮石斛多糖的微波辅助提取工艺研究. 食品研究与开发, 38(6): 49-52.
崔娟, 杨柳, 谭仕杰, 等. 2013. 铁皮石斛 HPLC 指纹图谱研究. 中国药学杂志, 48(19): 1673-1676.
董泽梁. 2014. 霍山铁皮石斛多糖的提取优化、分离纯化及结构特征的研究. 合肥: 安徽农业大学硕士学位论文.
樊丽彤, 杨洁, 周倩, 等. 2013. 紫皮石斛与铁皮石斛的鉴别研究. 中华中医药杂志, 28(3): 843-845.
樊溢. 2018. 铁皮石斛多糖体内外降糖降脂功能初探. 太原: 山西大学硕士学位论文.
范明慧. 2014. 木质素催化转化制芳香化合物的研究. 合肥: 中国科学技术大学博士学位论文.
郭赛. 2017. 铁皮石斛鲜药超高压加工工艺及其抗氧化活性研究. 合肥: 安徽中医药大学硕士学位论文.
国家药典委员会. 2015. 中华人民共和国药典 2015 年版 一部. 北京: 中国医药科技出版社.
何超红, 魏丕伟, 胡告, 等. 2018. 铁皮石斛复合饮料的研制. 保鲜与加工, 18(1): 52-58.
何铁光. 2007. 铁皮石斛原球茎多糖的诱导、提纯、理化性质及生物活性研究. 南宁: 广西大学博士学位论文.
华允芬. 2005. 铁皮石斛多糖成分研究. 杭州: 浙江大学博士学位论文.
黄杰, 章莹, 严婧, 等. 2017. 铁皮石斛多糖对脂多糖诱导的巨噬细胞免疫调节作用. 中国药学杂志, 52(7): 548-552.
黄俊彬, 黄丹丹, 陈欢欢, 等. 2017. 铁皮石斛多糖分子量测定及其影响因素分析. 食品工业科技, 38(7): 81-85.
黄晓君. 2016. 基于肠道免疫的铁皮石斛多糖免疫调节机制研究. 南昌: 南昌大学博士学位论文.
黄晓君, 聂少平, 王玉婷, 等. 2013. 铁皮石斛多糖提取工艺优化及其成分分析. 食品科学, 34(22): 21-26.
季俭, 卢英民, 姚能才, 等. 2011. 丹参多酚酸盐对冠状动脉慢血流现象的影响. 临床心血管病杂志, 27(10): 751-752.
蒋蕾. 2019. 莲子皮渣中酚类物质及其抗氧化活性研究. 杭州: 浙江大学硕士学位论文.
冷春鸿, 张征, 吴志刚, 等. 2010. 温州地区 4 个铁皮石斛栽培品种的形态特征与多糖含量分析. 浙江农业科学, (6): 1261-1262.
李畅. 2014. 基于天然莨类化合物的合成研究与活性评估. 杭州: 浙江大学博士学位论文.
李海春. 2016. 八种石斛多糖抗氧化、抗衰老活性的比较研究. 广州: 华南农业大学硕士学位论文.
李娇, 荣永海, 荣龙. 2013. 闪式提取铁皮石斛多糖. 中药材, 3(9): 1524-1527.
李杰, 章金辉, 叶庆生, 等. 2019. 大苞鞘石斛和铁皮石斛多糖提取及其免疫调节作用比较. 中国食品学报, 19(1): 89-95.
李静文, 李国文, 秦瑜, 等. 2016. 铁皮石斛多糖对糖尿病大鼠视网膜炎症因子表达干预的研究. 中国中医眼科杂志, 26(1): 7-11.
李蕾, 丁长春, 李付惠. 2011. 两种石斛多糖的抑菌作用研究. 安徽农业科学, 39(10): 5753-5754.
李蕾, 谭福能, 骆扬, 等. 2018. 铁皮石斛雪梨保健饮料的研制. 安徽农业科学, 46(19): 172-174.
李利娜. 2012. 铁皮石斛多糖改善 D-半乳糖诱导小鼠衰老作用研究. 苏州: 苏州大学硕士学位论文.
李玲, 邓晓兰, 赵兴兵, 等. 2011. 铁皮石斛化学成分及药理作用研究进展. 肿瘤药学, (2): 90-94.
李明智, 童微, 黄晓君, 等. 2018. 铁皮石斛多糖不同级分的制备、性质分析及免疫调节活性比较. 食品工业科技, 39(15): 10-14.

李胜立. 2013. 六种石斛多糖对酒精性肝损伤干预作用的比较研究. 合肥: 合肥工业大学硕士学位论文.
李盛, 许淑琴, 张俐娜. 2010. 菌类多糖链构象及其表征方法研究进展. 高分子学报, (12): 1359-1375.
李秀芳. 2012. 霍山石斛和四种药典石斛多糖降血糖活性比较研究. 合肥: 合肥工业大学硕士学位论文.
李永贵. 2012. PDC 对高糖环境下 INS-1 细胞胰岛素分泌、NO 产生和 IL-1β 表达的影响. 衡阳: 南华大学硕士学位论文.
刘莉, 钱均祥, 李晚谊, 等. 2014. 快速测定石斛多糖含量方法的优化. 西南农业学报, 27(2): 595-600.
刘美凤, 吕浩然, 丁怡. 2012. 竹叶兰中联苄类化学成分和抗肿瘤活性研究. 中国中药杂志, 37(1): 66-70.
刘亚娟. 2014. 铁皮石斛多糖对小鼠胚胎干细胞生长的影响及抗癌免疫活性研究. 杭州: 浙江工业大学硕士学位论文.
刘振鹏, 郭英英, 张新凤, 等. 2015. 铁皮石斛品系与部位对氨基酸含量的影响. 中国中药杂志, 40(8): 1468-1472.
聂少平, 蔡海兰. 2012. 铁皮石斛活性成分及其功能研究进展. 食品科学, 33(23): 356-361.
聂少平, 黄晓君. 2015. 天然产物多糖对胃肠道功能的影响. 中国食品学报, 15(5): 11-19.
邱现创, 赵宁, 李晨, 等. 2018. 铁皮石斛多糖提取工艺优化及对果蝇抗氧化能力的影响. 食品科学, 39(2): 273-280.
尚喜雨. 2010a. 不同来源铁皮石斛不同部位生物碱的分布规律研究. 安徽农业科学, 38(23): 12441-12442.
尚喜雨. 2010b. 水提法·酶法提取铁皮石斛多糖的比较研究. 安徽农业科学, 38(18): 9787-9788.
尚喜雨, 王传铭. 2010. 正交实验优选铁皮石斛多糖提取工艺的研究. 辽宁中医杂志, 37(4): 708-709.
汤小华, 陈素红, 吕圭源, 等. 2010. 铁皮石斛对小鼠急性酒精性肝损伤模型 SOD、MDA、GSH-Px 的影响. 浙江中医杂志, 45(5): 369-370.
汤志远, 周晓宇, 冯健, 等. 2016. 铁皮石斛多糖降血糖作用研究. 南京中医药大学学报, 32(6): 566-570.
唐政, 陈小香, 黄献珠. 2014. 混合酶提法提取铁皮石斛中石斛多糖的优化工艺研究. 北方园艺, (6): 132-134.
童微, 余强, 聂少平, 等. 2017. 铁皮石斛多糖化学修饰及其对免疫活性的影响. 食品科学, 38(7): 155-160.
汪鹤, 洪胜, 潘利华, 等. 2014. 超声波对密花石斛多糖理化性质及免疫调节活性的影响. 食品工业科技, 35(9): 121-124.
王东晖, 范蓓, 戴小枫, 等. 2019. 石斛属植物化学成分的研究进展. 中国食物与营养, 25(3): 12-18.
王杰, 葛颖华, 周萃, 等. 2014. 鲜铁皮石斛提取物抗 Lewis 肺癌的机制研究. 中国现代应用药学, 31(8): 953-957.
王军辉. 2011. 金钗石斛多糖的化学结构与抗白内障活性研究. 合肥: 合肥工业大学博士学位论文.
王琳炜, 欧阳臻, 张碧娟, 等. 2017. 霍山铁皮石斛多糖的脱蛋白工艺及结构分析. 食品科学, 38(12): 164-170.
王正明. 2013. 提取温度对霍山石斛多糖理化性质及肠道粘膜免疫活性的影响. 合肥: 合肥工业大学硕士学位论文.
徐婷婷. 2017. 鼓槌石斛肠粘膜免疫活性多糖的筛选及其理化性质和结构组成的研究. 合肥: 合肥工业大学硕士学位论文.
薛燕, 敢小双, 王巧娥, 等. 2018. 铁皮石斛多糖复合酶法提取工艺及其抗氧化性. 食品工业科技, 39(3): 215-219, 225.
杨芳. 2013. 铁皮石斛多糖对高糖状态下 Min6 细胞胰岛素分泌及 NF-κB-iNOS-NO 信号通路影响的研究. 衡阳: 南华大学硕士学位论文.
杨岩, 李利君, 冷晓冬. 2017. 酶法提取铁皮石斛多糖工艺优化及对挥发性成分的影响研究. 激光生物学报, 26(3): 274-280, 216.

翟天龙. 2013. 高压均质联合超滤技术提取细茎石斛多糖及其性质和活性. 合肥: 安徽大学硕士学位论文.
张爱莲, 魏涛, 斯金平, 等. 2011. 铁皮石斛中基本氨基酸含量变异规律. 中国中药杂志, 36(19): 2632-2635.
张贝贝, 刘文洪, 李俊峰, 等. 2015. 铁皮石斛多糖对高糖诱导的血管内皮细胞 Bax、Bcl-2 表达的影响. 中国药理学通报, 31(1): 64-70.
张娥珍, 黄梅华, 黄茂康, 等. 2015. 铁皮石斛纳米粉与超微粉的物理特性和体外抗氧化活性比较研究. 热带作物学报, 36(12): 2184-2191.
张岗, 张大为, 赵明明, 等. 2013. 铁皮石斛分子生物学研究进展. 中国药学杂志, 48(19): 1614-1619.
张冠亚. 2015. 铁皮石斛多糖在模拟消化、酵解体系中的代谢特点及其改善肠道功能的研究. 南昌: 南昌大学硕士学位论文.
张冠亚, 黄晓君, 聂少平, 等. 2014. 体外模拟 3 种消化液对铁皮石斛多糖的消化作用. 食品科学, 35(23): 279-283.
张利, 范明才, 冯喜文, 等. 2011. 铁皮石斛中石斛多糖与石斛碱的纤维素酶法提取研究. 化学研究与应用, 23(3): 356-359.
张晴晴. 2019. 闪式提取法在中药制剂工艺中的应用. 长春师范大学学报, 38(1): 65-68.
张雪琴, 赵庭梅, 胡亚东, 等. 2018. 石斛化学成分及药理作用研究进展. 中草药, 49(13): 3174-3182.
张勇. 2016. 铁皮石斛茎、叶、花多糖理化性质及抗氧化、免疫调节活性研究. 杭州: 浙江大学硕士学位论文.
周琪. 2017. 铁皮石斛水提物对糖尿病小鼠血糖和肠道菌群的影响. 大连: 大连医科大学硕士学位论文.
周思静, 刘桂君, 王平, 等. 2018. 石斛多糖的研究进展. 食品科学, 39(21): 316-322.
诸燕. 2010. 铁皮石斛种质资源收集与评价. 杭州: 浙江农林大学硕士学位论文.
纵伟, 李翠翠. 2012. 石斛多糖超高压提取工艺条件的优化. 郑州轻工业学院学报: 自然科学版, 27(4): 36-39.
Cai H L, Huang X J, Nie S P, et al. 2015. Study on *Dendrobium officinale* *O*-acetyl-glucomannan (Dendronan®): part Ⅲ—Immunomodulatory activity *in vitro*. Bioactive Carbohydrates and Dietary Fibre, 5(2): 99-105.
Chen H H, Nie Q X, Nie S P, et al. 2019. Glucomannans alleviated the progression of diabetic kidney disease by improving kidney metabolic disturbance. Molecular Nutrition & Food Research, 12(63): 1801008.
Deng Y, Li M, Zhao J, et al. 2018. Chemical characterization and immunomodulatory activity of acetylated polysaccharides from *Dendrobium*. Carbohydrate Polymers, 180: 238-245.
Fan Y, Wei N N, Piao X C, et al. 2015. Effect of several medium factors on polysaccharide and alkaloid accumulation in protocorm-like bodies of *Dendrobium candidum*, during bioreactor culture. Acta Physiologiae Plantarum, 37(5): 1-9.
Fu Y, Zhang J, Fan L, et al. 2019. An *in vitro* fermentation study on the effects of *Dendrobium officinale* polysaccharides on human intestinal microbiota from fecal microbiota transplantation donors. Journal of Functional Foods, 53(10): 44-53.
Gao L, Chen F, Huang W, et al. 2016. Three new alkaloids from *Veratrum grandiflorum* Loes with inhibition activities on Hedgehog pathway. Bioorganic & Medicinal Chemistry Letters, 26(19): 4735-4738.
Guan Y H, Li H T, Li X L, et al. 2010. Microexamination of histological differences between *Dendrobium devonianum* and *Dendrobium officinale*. Journal of Chinese Medicinal Materials, 33(12): 1869-1871.
He T B, Huang Y, Li L Y. 2016. Structural characterization and immunomodulating activity of polysaccharide from *Dendrobium officinale*. International Journal of Biological Macromolecules, 83: 34-41.
Hu J M, Li J L, Zhong M, et al. 2014. Optimization of enzymatic extraction of polysaccharide from

Dendrobium officinale by box-Behnken design and response surface methodology. Journal of Chinese Medicinal Materials, 37(1): 130-133.

Hua Y F, Zhang M, Chan G Y S, et al. 2004. Structural characterization of a 2-o-acetylglucomannan from *Dendrobium officinale* stem. Carbohydrate Research, 339(13): 2219-2224.

Huang K W, Li Y R, Tao S C, et al. 2016. Purification, characterization and biological activity of polysaccharides from *Dendrobium officinale*. Molecules, 21(6): 701.

Huang X J, Nie S P, Cai H L, et al. 2015a. Study on *Dendrobium officinale* *O*-acetyl-glucomannan (Dendronan®): part Ⅵ. Protective effects against oxidative stress in immunosuppressed mice. Food Research International, 72: 168-173.

Huang X J, Nie S P, Cai H L, et al. 2015b. Study on *Dendrobium officinale* *O*-acetyl-glucomannan (Dendronan): part Ⅳ. Immunomodulatory activity *in vivo*. Journal of Functional Foods, 15: 525-532.

Huang Y P, He T B, Hu J M, et al. 2018. 1,4-beta-D-Glucomannan from *Dendrobium officinale*activates NF-kappa B via TLR4 to regulate the immune response. Molecules, 23(10): 2658.

Khan R, Baeshen M N, Bora R S, et al. 2016. Antibacterial activities of *Rhazya stricta* leaf extracts against multidrug-resistant human pathogens. Biotechnology & Biotechnological Equipment, 30(5): 1016-1025.

Khan S, Mirza K J, Al-Qurainy F. 2011. Authentication of the medicinal plant *Senna angustifolia*, by RAPD profiling. Saudi Journal of Biological Sciences, 18(3): 287-292.

Kim D C, Quang T H, Ngan N T T, et al. 2016. Anti-neuroinflammatory activities of indole alkaloids from kanjang (Korean fermented soy source) in lipopolysaccharide-induced BV2 microglial cells. Food Chemistry, 213: 69-75.

Kiran U, Khan S, Ram M, et al. 2010. SCAR markers: a potential tool for authentication of herbal drugs. Fitoterapia, 81(8): 969-976.

Lau D T W, Poon M K T, Leung H Y, et al. 2011. Immunopotentiating activity of *Dendrobium* species in mouse splenocytes. Chinese Medicine, 2(3): 103-108.

Li G J, Sun P, Wang Q, et al. 2014. *Dendrobium candidum* Wall. ex Lindl. attenuates CCl_4-induced hepatic damage in imprinting control region mice. Experimental and Therapeutic Medicine, 8(3): 1015-1021.

Lin X, Liu J, Chung W, et al. 2015. Polysaccharides of *Dendrobium officinale* induce aquaporin 5 translocation by activating M3 muscarinic receptors. Planta Medica, 81(2): 130-137.

Liu Z P, Guo Y Y, Lu J J, et al. 2015. Effect of strains and parts on amino acids of *Dendrobium officinale*. China Journal of Chinese Materia Medica, 40(8): 1468-1472.

Luo A, Fan Y. 2011. Immune stimulating activity of water-soluble polysaccharide fractions from *Dendrobium nobile* Lindl. African Journal of Pharmacy & Pharmacology, 5(5): 625-631.

Luo Q, Tang Z, Zhang X, et al. 2016. Chemical properties and antioxidant activity of a water-soluble polysaccharide from *Dendrobium officinale*. International Journal of Biological Macromolecules, 89: 219-227.

Meng L Z, Lv G P, Hu D J, et al. 2013. Effects of polysaccharides from different species of *Dendrobium* (Shihu) on macrophage function. Molecules, 18(5): 5779-5791.

Pan L H, Li X F, Wang M N, et al. 2014. Comparison of hypoglycemic and antioxidative effects of polysaccharides from four different *Dendrobium* species. International Journal of Biological Macromolecules, 64: 420-427.

Pridgeon A M, Cribb P J, Rasmussen F N, et al. 2014. Genera Orchidacearum, Volume 6, Epidendroideae (Part 3). Oxford: Oxford University Press.

Wang Q, Sheng X J, Shi A M, et al. 2017. β-glucans: relationships between modification, conformation and functional activities. Molecules, 22(2): 257.

Wei W, Feng L, Bao W R, et al. 2016. Structure characterization and immunomodulating effects of polysaccharides isolated from *Dendrobium officinale*. Journal of Agricultural and Food Chemistry, 64(4): 881-889.

Xia L, Liu X, Guo H, et al. 2012. Partial characterization and immunomodulatory activity of polysaccharides from the stem of *Dendrobium officinale* (Tiepishihu) *in vitro*. Journal of Functional Foods, 4(1): 294-301.

Xiang L, Sze C W S, Ng T B, et al. 2013. Polysaccharides of *Dendrobium officinale* inhibit TNF-α-induced apoptosis in A-253 cell line. Inflammation Research, 62(3): 313-324.

Xie S Z, Liu B, Zhang D D, et al. 2016. Intestinal immunomodulating activity and structural characterization of a new polysaccharide from stems of *Dendrobium officinale*. Food & Function, 7(6): 2789-2799.

Xing X, Cui S W, Nie S, et al. 2013. A review of isolation process, structural characteristics, and bioactivities of water-soluble polysaccharides from *Dendrobium* plants. Bioactive Carbohydrates and Dietary Fibre, 1(2): 131-147.

Xing X, Cui S W, Nie S, et al. 2014. Study on *Dendrobium officinale* *O*-acetyl-glucomannan (Dendronan®): part Ⅰ. Extraction, purification, and partial structural characterization. Bioactive Carbohydrates and Dietary Fibre, 4(1): 74-83.

Xing X, Cui S W, Nie S, et al. 2015. Study on *Dendrobium officinale* *O*-acetyl-glucomannan (Dendronan®): part Ⅱ. Fine structures of *O*-acetylated residues. Carbohydrate Polymers, 117: 422-433.

Yue H, Liu Y, Qu H, et al. 2017. Structure analysis of a novel heteroxylan from the stem of *Dendrobium officinale* and anti-angiogenesis activities of its sulfated derivative. International Journal of Biological Macromolecules, 103: 533-542.

Zeng Y, Yang H, Zong M, et al. 2019. Immune enhancement activity of a novel polysaccharide produced by *Dendrobium officinale* endophytic fungus *Fusarium solani* DO7. Journal of Functional Foods, 53: 266-275.

Zhan L J, Huang X J, Shi X D, et al. 2019. Protective effect of three glucomannans from different plants against DSS induced colitis in female BALB/c mice. Food & Function, 10(4): 1928-1939.

Zhang G Y, Nie S P, Huang X J, et al. 2015. Study on *Dendrobium officinale* *O*-acetyl-glucomannan (Dendronan). 7. Improving effects on colonic health of mice. Journal of Agricultural and Food Chemistry, 64(12): 2485-2491.

Zhang Z H, Zhang D D, Dou M M, et al. 2016. *Dendrobium officinale* Kimura et Migo attenuates diabetic cardiomyopathy through inhibiting oxidative stress, inflammation and fibrosis in streptozotocin-induced mice. Biomedicine & Pharmacotherapy, 84: 1350-1358.

Zhao X Y, Dou M M, Zhang Z H, et al. 2017. Protective effect of *Dendrobium officinale* polysaccharides on H_2O_2-induced injury in H9c2 cardiomyocytes. Biomedicine & Pharmacotherapy, 94: 72-78.

Zheng H, Pan L L, Tang Z, et al. 2017. An NMR-based metabolomic approach to unravel the preventive effect of water-soluble extract from *Dendrobium officinale* Kimura & Migo on streptozotocin-induced diabetes in mice. Molecules, 22(9): 1543.

Zheng Q P, Qiu D S, Liu X J, et al. 2014. Extraction of anti-tumor constituents derived from *Dendrobium officinale*. Modern Food Science & Technology, 30(5): 12-17.

Zhu Y, Yuan H, Li A, et al. 2011. Study on 11 mental element contents in *Dendrobium officinal*. China Journal of Chinese Materia Medica, 36(3): 356-360.

Zotz G. 2013. The systematic distribution of vascular epiphytes—A critical update. Botanical Journal of the Linnean Society, 171(3): 453-481.

第15章 虫草多糖

15.1 引 言

虫草，指寄生于昆虫、少数真菌和植物体上的一类真菌。在最新的虫草分类系统中，虫草菌包括了隶属于子囊菌门（Ascomycota）粪壳菌纲（Sordariomycetes）肉座菌目（Hypocreales）的虫草科（Cordycipitaceae）、麦角菌科（Clavicipitaceae）、线虫草科（Ophiocordycipitaceae）等科的真菌（Sung et al.，2007）。我国著名的冬虫夏草，是麦角菌科麦角菌属真菌寄生在蝙蝠蛾科昆虫幼虫上形成的菌虫复合体。其由于特殊的季节性形态变化（冬天是虫，夏天长出子座变成“草”的形状），被称为“冬虫夏草”。此外，冬虫夏草作为一味传统中药有超过1000年的使用历史，具有益肺肾、益虚损、补筋骨、止咳喘等滋补作用。在过去几十年中，冬虫夏草相关的膳食补充剂市场一直稳步增长。然而，近年来由于野生冬虫夏草产量减少，再加上过度采伐、市场需求增加和生态环境恶化，我国于2012年正式宣布将野生天然冬虫夏草列为濒危物种（曾洋洋，2014）。因此，越来越多的研究人员尝试进行虫草菌的人工培育以寻找野生虫草的替代品。国际杂志 *Mycology* 在2012年刊登的关于虫草的研究术语综述，对常用的研究术语进行了区分和对比，并提议用“虫草”（*Cordyceps*）指代任何虫草真菌和宿主的复合体；“虫草菌”（*Cordyceps* fungus）特指能感染昆虫或其他宿主并形成虫草复合体的真菌；最新的分类学将从野生冬虫夏草中分离的虫草菌分为4个属，以“虫草菌属”（*Cordyceps s.l.*）为主，同时包含另外3个相邻的虫草属，*Metacordyceps*、*Elaphocordyceps*、*Ophiocordyceps*（Zhang et al.，2012a）。

15.1.1 虫草种类

目前已鉴定的虫草菌种约有750种，分布在世界许多地区，但主要分布在南亚、欧洲和北美洲（Olatunji et al.，2018）。但据报道只有35种虫草菌种可作为传统医药使用，其中又以冬虫夏草和蛹虫草的使用与研究较为广泛（Olatunji et al.，2018）。我国发现的虫草以冬虫夏草、蛹虫草、蝉花、古尼虫草和广东虫草等为主（祝长杰等，2011；张宗豪等，2015），其中冬虫夏草和蛹虫草使用较普遍，而蝉花和广东虫草因其功效显著且易于人工种植，相关研究日渐兴盛（Dong et al.，2015；Chiu et al.，2016）。

15.1.1.1 冬虫夏草

20世纪80年代开始从野生冬虫夏草（*Cordyceps sinensis*）上分离了22种真菌，包括中国被毛孢（*Hirsutella sinensis*）、蝙蝠蛾被孢霉（*Mortierella hepiali*）、中华头孢霉（*Cephalosporium sinensis*）和中华束丝孢（*Synnematium sinense*）等，分布在13属（Jiang and Yao，2002）。早期从天然冬虫夏草的子座、菌膜和菌核3个部位共分离到572种相

关菌株，根据形态特征将大部分菌株鉴定到37个不同的真菌属（Zhang et al.，2010）。近年来随着生物学分析技术的发展，高通量测序显示天然冬虫夏草的真菌多样性异常丰富，确认了子囊菌门是天然冬虫夏草子实体、菌膜以及生长环境中的优势菌门，并从冬虫夏草子实体和菌膜中鉴定出56个虫草菌属（Xia et al.，2016）。已开发为药品的真菌至少有5种，包括中国被毛孢、蝙蝠蛾被孢霉、蝙蝠蛾拟青霉、中华头孢霉及粉红粘帚霉（董彩虹等，2016）。值得注意的是，中国医学科学院药物研究所根据分离得到的蝙蝠蛾拟青霉Cs-4菌株研发了金水宝胶囊，其在1987年就被批准为国家中药类新药。目前，金水宝胶囊及系列产品由江西济民可信金水宝制药有限公司生产和经营（李兴高等，2000）。卫生部在2001年发布的通知称可将蝙蝠蛾拟青霉和蝙蝠蛾被毛孢用于保健食品生产（卫法监发〔2001〕84号）。

15.1.1.2　蛹虫草

蛹虫草（*Cordyceps militaris*）又称为蛹草、北虫草、北冬虫夏草、地虫草。野生的蛹虫草主要分布在广西、云南、贵州、吉林、河北、陕西、安徽、广东、四川等地，生长于针、阔叶林或混交林地表土层中的鳞翅目昆虫蛹体内。通过对野生蛹虫草中分离的真菌进行鉴定发现，这些真菌和冬虫夏草属于同一个属，均归为囊菌类的肉座菌目麦角菌科虫草属。目前人们所说的蛹虫草主要指以蚕蛹为寄主，用蛹虫草菌感染人工栽培有虫有草的蚕蛹虫草形成的复合体（Zheng et al.，2012）。蛹虫草与冬虫夏草具有相同的感染史，也有研究报道指出它们具有相似的化学组成成分（Zhao et al.，2014）和生物活性，如免疫调节、抗肿瘤、抗氧化和抗肿瘤等，蛹虫草被认为是冬虫夏草的理想代用品之一（Shashidhar et al.，2013）。随着对蛹虫草的研究不断深入，蛹虫草菌逐渐成为研究虫草属的模式菌种（Tung et al.，2016）。目前，蛹虫草子实体已经实现了产业化生产（肖千明，2017），蛹虫草也在2009年被卫生部列为新资源食品（现名为新食品原料），可以直接食用，也可制作成酒类及饮料等（中华人民共和国国家卫生和计划生育委员会，2014）。

15.1.1.3　蝉花

蝉花（*Cordyceps ciecadae*）又称为蝉草、金蝉花、虫花，是指蝉拟青霉（*Paecilomyces cicadae*）等侵染幼蝉形成的无性子实体（Lu et al.，2016）。蝉花的形成过程如下：蝉的幼虫羽化前被蝉拟青霉等虫草感染和寄生后，通过吸收虫体的营养生长、繁殖成虫草菌丝体，再从菌丝体逐渐转化为具有繁殖功能的“蝉花孢子粉”，最终从顶端分枝“发芽”呈花朵状，得名蝉花。蝉花也可以人工培养产生孢梗束，浙江泛亚生物医药股份有限公司已实现大规模工厂化生产（董彩虹等，2016）。

15.1.1.4　古尼虫草

古尼虫草（*Cordyceps gunnii*）为麦角菌科虫草属真菌，又名霍克斯虫草、亚香棒虫草，由古尼拟青霉（*Paecilomyces gunnii*）寄生于蝙蝠蛾科幼虫上生长繁殖而成，目前研究集中于菌种和无性型菌株分离确定，以及所含营养成分分析和相关活性研究等方面，已有研究表明古尼虫草多糖是其主要的功能活性成分之一。

15.1.1.5　广东虫草

广东虫草（*Cordyceps guangdongensis*）是近年发现并已成功驯化种植的食用型虫草属真菌，天然广东虫草是广东地区特有的种类，以春季生为主，散生或群生于阔叶林中。现代研究表明，广东虫草不仅有良好的保健功效，还有很高的食用安全性，2013 年被卫生部正式批准为新资源食品，可作为食品流通（中华人民共和国国家卫生和计划生育委员会，2014）。人工栽培广东虫草生长较快，较容易产生子实体（Lin et al.，2010），目前已可进行大规模产业化生产，预计广东虫草将成为继冬虫夏草、蛹虫草及蝉花之后的另一个虫草支柱产业（董彩虹等，2016）。

15.1.2　虫草多糖

虫草多糖作为冬虫夏草含量较多的重要活性成分之一（Olatunji et al.，2018），是一种主要由甘露糖、半乳糖、葡萄糖等组成的多聚糖（Nie et al.，2013）。现代研究证明其具有多种生物活性，如免疫调节（Song et al.，1998）、抗炎（Won and Park，2005；Yu et al.，2004a）、抗氧化（Wang et al.，2012a）、抗病毒（Ohta，2007）、降血糖（Zhang et al.，2006）和抗肿瘤（Lin and Chiang，2008）等。

15.2　虫草多糖的制备

虫草多糖根据多糖存在的部位，可以分为从子实体和菌丝体中提取的胞内多糖，以及从发酵培养液中提取的胞外多糖，制备虫草多糖的简要过程总结如图 15-1 所示。

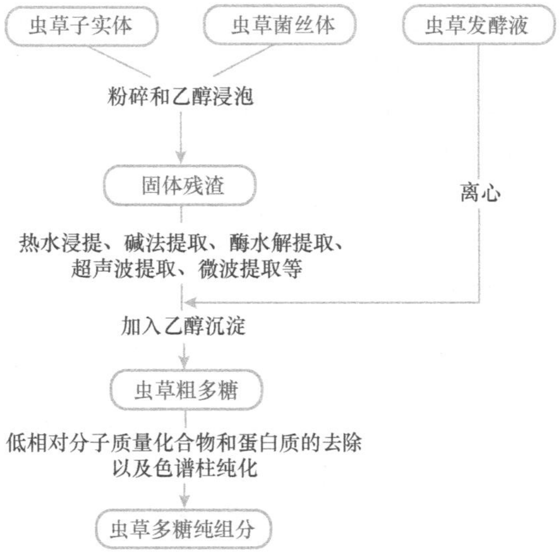

图 15-1　从子实体、菌丝体和发酵液中制备虫草多糖（彩图请扫二维码）

最常用的热水浸提法，提取过程与其他多糖的提取过程相似，大致为虫草粉残渣经过水煮后进行过滤离心，再经浓缩和乙醇沉淀获得虫草粗多糖（Liu et al.，2018；Wang et al.，2015a）。虫草粗多糖常常含有一些低相对分子质量化合物和蛋白质。低相对分子质量化合物常使用透析来进行初步分离，而蛋白质的主要脱除方法有 Sevag 法和酶法。经过初步除杂的多糖一般是经过乙醇分级沉淀或者柱层析等进行进一步纯化，从而获得高纯度组分。

15.3　虫草多糖的结构特征

15.3.1　一级结构

虫草多糖中葡萄糖、甘露糖和半乳糖含量较高，结构较为复杂，可利用完全酸水解、部分酸水解、Smith 降解、高碘酸氧化、甲基化、傅里叶变换红外光谱法（FTIR）、高效凝胶渗透色谱法（HPGPC）、高效阴离子交换色谱法（HPAEC）、气相色谱 - 质谱法（GC-MS）、核磁共振（NMR）等化学和仪器分析方法解析其一级结构（谢明勇等，2017）。从表 15-1 中可以看出，虽然不同来源的虫草多糖其单糖组成存在差异性，但其大部分主链主要含有葡萄糖和 / 或甘露糖，而支链则较为复杂，含有葡萄糖、半乳糖、甘露糖、阿拉伯糖、鼠李糖；糖醛酸主要存在于支链上。研究显示，从虫草中均能够分离出 α- 葡聚糖和 β- 葡聚糖，其主链主要有 α-1,4-Glc*p*、β-1,3-Glc*p*、β-1,4-Glc*p* 等类型残基，其中 β- 葡聚糖只在冬虫夏草中有报道。Wu 等（2006a，2005，2007）采用 0.5mol/L NaOH 从发酵冬虫夏草菌丝体中提取得到一种主链为 β-1,3-Glc*p*，支链为 β-1,6-D-Glc*p* 的葡聚糖；而采用 0.05mol/L 磷酸盐缓冲液和乙酸盐缓冲液得到了不同结构类型的多糖，分别是主链为 β-1,3-Glc*p*，在 O-4 具有分支的葡聚糖结构，以及主链为 α-1,4 和 α-1,3 连接的葡聚糖，支链为 α-1,6-D-Man*p* 的葡甘露聚糖结构；从该菌丝体发酵液中得到的多糖，是主链为 α-1,4-D-Glc*p*，支链为 α-1,6-D-Glc*p* 的葡聚糖结构（Wu et al.，2006b）。从冬虫夏草 Cs-HK1 发酵菌丝体中通过水提和碱提得到的多糖均为 α- 葡聚糖，其中水提葡聚糖的结构包括 α-1,4-Glc*p*（60%）主链和短的 α-1,4-Glc*p*（约 14%）支链，而碱提多糖是 α-1,4-Glc*p* 线性链，无分支（Yan et al.，2011）。此外，从这个菌的发酵液中经由超声降解和乙醇分级沉淀得到一种具有分支的 β-1,3- 葡聚糖，分子质量较高，大约为 730kDa（Chen et al.，2014a）。Hu 等（2016）从冬虫夏草 Cs-HK1 的菌丝体发酵液中通过乙醇沉淀获得一种具有梳状结构的多糖，其主链为 β-1,3-Glc*p*，并具有由单个 β-1,6-Glc*p* 组成的短而密集的支链。Zhu 等（2014）的研究表明古尼虫草多糖主链主要由 α-1,3-Glc*p* 组成。Sun 等（2018）研究了一种富硒古尼虫草菌丝体多糖的结构，发现其主要含有 α-1,4-Glc*p*、α-1,3-Glc*p*、β-1,6-Gal*p*、α-1,6-Man*p* 和 α-1,4-L-Rha*p*，而其主链是由 α-1,4-Glc*p* 组成。这种 α-1,4- 葡聚糖结构的主链在古尼虫草中也有报道（Zhu et al.，2012）。

另外，从天然和发酵虫草中获得的多糖结构也不尽相同。本团队前期对比了发酵虫草菌粉和天然冬虫夏草水提多糖的单糖组成和相对分子质量分布，发现从天然冬虫夏草分离的多糖相对分子质量显著高于发酵虫草菌粉的，且前者只含有葡萄糖、半乳糖和甘露糖，并且 80% 左右为葡萄糖，而发酵虫草多糖的单糖组成复杂，除了葡萄糖、半乳糖和甘露糖外，还含有少量的半乳糖醛酸和阿拉伯糖（王君巧，2017）。进一步的纯化和结

表 15-1　虫草多糖提取和一级结构

来源	提取	纯化	单糖组成（摩尔比或百分比）	分子质量（Da）	主链	分支	文献
天然冬虫夏草	水提	Sephadex G-100 柱层析	Gal：Man=1：1	NA	α-1,2-Man*p*	1,3/1,5/1,6-Gal*f*	Miyazaki et al.，1977
天然冬虫夏草	5% Na_2CO_3 提取	DEAE-Sephadex A-25 和 Sephacryl S-300 柱层析	Man：Gal=3：5	～23×10^3	α-1,6-Man*p*，α-1,2-Man*p*	β-1,5-Gal*f*，α-1,6-Gal*p*	Kiho et al.，1986
天然冬虫夏草	水提	G-50、G-100 和 DE-53 阴离子交换柱层析	NA	100×10^3	NA	NA	Chen et al.，1997
天然冬虫夏草	水提	DIAION HP-20 树脂分离	NA	260×10^3 35×10^3	NA	NA	Zhang et al.，2012b
天然冬虫夏草	水提	乙醇分级沉淀	Glc	976×10^3	α-1,4-Glc*p*	α-1,6-Glc*p*	Wang et al.，2017b
天然冬虫夏草	碱提	乙醇分级沉淀	Glc	424×10^3（在 0.5mol/L NaOH 中）	β-1,6-Glc*p*	β-1,6-Glc*p*	Wang et al.，2019
天然冬虫夏草	超临界流体萃取	乙醇分级沉淀和 Sephacryl S-200 柱层析	Man：Gal：Glc=4.4：3.8：1.0	22.37×10^3	α-1,2-Man*p*	NA	Wu et al.，2014a
发酵虫草	NA	NA	Glc：Man：Gal= 95.19%：0.91%：0.61%	NA	α-1,4-Glc*p*，α-1,3-Glc*p*	α-1,2/α-1,6-Glc*p*	Nie et al.，2011
发酵虫草菌丝体	热水提取	DEAE-Cellulose 和 Sephacryl S-300 柱层析	Glc：Man：Gal=1：0.6：0.75	～210×10^3	NA	NA	Li et al.，2003
发酵虫草菌丝体	碱提	DEAE-Toyopearl 650M 柱层析	Gal：Glc：Man=62%：28%：10%	45×10^3	NA	NA	Tadashi et al.，1993
发酵虫草 UST2000 培养液	—	DEAE-Cellulose、CM-Cellulose 和 Sephacryl S-300 柱层析	Glc：Man：Gal=2.4：2：1	～82×10^3	NA	NA	Cheung et al.，2009

续表

来源	提取	纯化	单糖组成（摩尔比或百分比）	分子质量（Da）	主链	分支	文献
发酵虫草	水提	50% 乙醇沉淀	Man：Rha：Ara：Xyl：Glc：Gal=38.37%：2.51%：2.21%：5.22%：27.44%：24.25%	12×10^3	NA	NA	Zhang et al.，2011
Hirsutella sinensis Liu, Guo, Yu & Zeng 深层培养液	—	DEAE-Sepharose 和 Sephacryl S-200 柱层析	Man：Rib：Rha：GlcA：GalA：Glc：Gal：Xyl：Ara= 6.47%：2.27%：1.25%：0.69%：0.42%：65.89%：16.17%：2.13%：4.26%	44×10^3	α-1,3-Rib*f*, α-1,4-Xyl*p*, β-1,4-Glc*p*	β-Man*p*, β-Gal*p*, α-Ara*p*	He et al.，2013
虫草发酵菌粉	水提	NA	Xyl：Man：Glc：Gal=2.51%：59.11%：18.60%：19.78%	9.3×10^3	NA	NA	付海田等，2014
虫草菌丝体发酵液	热水提取	DEAE-Sepharose Fast Flow 和 DEAE-Cellulose 柱层析	Glc	13.62×10^3	β-1,3-Glc*p*	β-1,4-Glc*p*	Wu et al.，2005
虫草菌丝体	磷酸盐缓冲液（0.05mol/L，pH 7.0）提取	DEAE-52 柱层析	Glc	184×10^3	α-1,4-Glc*p*	α-1,6-Glc*p*	Wu et al.，2006c
虫草菌丝体	碱提	DEAE-Cellulose 柱层析	Glc	$1\times10^4\sim1\times10^5$	β-1,3-Glc*p*	β-1,6-Glc*p*	Wu et al.，2005
虫草菌丝体	乙酸盐缓冲液（0.05mol/L，pH 约 6.0）提取	DEAE-Sepharose Fast Flow 和 Sephadex G-100 柱分离	Glc：Man=9：1	7.7×10^3	α-1,4 和 α-1,3 连接的 D- 葡聚糖	α-1,6-D-Man*p*	Wu et al.，2007
虫草菌丝体	超声水提	Sephadex G-100 柱层析	Glc：Man：Ara：Gal = 8%：90%：1%：1%	NA	NA	NA	Wu et al.，2006b
人工虫草菌丝	水提	DEAE-Toyopearl 50M 柱层析	Man：Gal：Glc=1.0：2.7：1.8	32×10^3	NA	NA	季晖等，1993

续表

来源	提取	纯化	单糖组成（摩尔比或百分比）	分子质量（Da）	主链	分支	文献
冬虫夏草发酵液	—	柱层析	Man：Gal：Glc= 10.3：3.6：1	43×10^3	1,6-Man*p*	1,3-Gal*f*，1,4-Glc*p*，1,4-Man*p*，1,2-Man*p*	龚敏等，1990
虫草发酵菌丝体	水提	离子交换纤维素柱分离	Glc：Man：Gal：Ara=46：36：18：1； Glc：Man：Gal：GalA：Xyl：Ara：Rib=30：25：14：4：3：3：1	25.6×10^3； 99.1×10^3	1,6-Man*p*；1,6-Man*p*，1,6-Glc*p*，1,6-Gal*p*	Glc，Gal，微量 Ara； Ara，Rha，GalA，Xyl	范卫强等，2008
虫草菌丝体	水提	高速离心分级	Glc：Man：Gal=21：2：1	210×10^3	β-1,3-Glc*p*	NA	Akaki et al.，2009
人工虫草菌丝体	水提	DEAE-32 纤维素柱层析	Man：Glc：Gal= 3.5：1：1.5	NA	NA	NA	Chen et al.，2010
冬虫夏草 G1 发酵液	—	DEAE-32 和 Sephadex G-200 柱层析	Man：Glc：Gal= 23：1：2.6	104×10^3	NA	NA	Sheng et al.，2011
冬虫夏草 Cs-HK1 液体发酵液	—	滤膜透析法	Glc	$5\times10^3\sim200\times10^3$	NA	NA	Leung et al.，2009
冬虫夏草 Cs-HK1 液体发酵液	—	乙醇分级沉淀	Glc	NA	β-1,3-Glc*p*	β-1,6-Glc*p*	Hu et al.，2016
Cs-HK1 菌丝体发酵液	—	乙醇分级沉淀；DEAE-Sephadex A-25 柱层析	Man：Gal=1.7：1.0	50×10^3	α-1,2-Man*p*	1,6-Gal*p*	Chen et al.，2014b
冬虫夏草 Cs-HK1 液体发酵液	—	DEAE-Cellulose-52 和 Sephadex G-100 柱层析	Glc：Man：Gal= 15.2：3.6：1.0	$\sim40\times10^3$	α-1,6-Glc*p*，α-1,6-Man*p*	α-1,6-Man*p*，α-1,6-Glc*p*，β-T-Gal*p*	Yan et al.，2010
冬虫夏草 Cs-HK1 菌丝体发酵液	—	DEAE-52 和 Sephadex G-75 柱层析	Glc：GlcU= 8：1	36×10^3	α-1,3-Glc*p*	α-Glc*p*，α-GlcU*p*	Wang et al.，2011a

续表

来源	提取	纯化	单糖组成（摩尔比或百分比）	分子质量（Da）	主链	分支	文献
Cs-HK1 菌丝体发酵液	超声降解	Sephacryl S-300 柱层析	Glc：Man：Gal=98.5%：1.3%：0.2%	730×10^3	β-1,3- Glc*p*	β-1,6-Glc*p*	Chen et al.，2014b
冬虫夏草 Cs-HK1 菌丝体	水提 碱提	DEAE-52 纤维素柱层析	Glc	1180×10^3 1150×10^3	α-1,4-Glc*p*; α-1,4-Glc*p*	α-1,6-Glc*p*; 无支链	Yan et al.，2011
冬虫夏草子实体	水提	Sephadex G-100 和 Sephacryl S-300 柱层析	Glc：Gal：Man=2：1：1	460×10^3	α-1,3-Glc*p*，β-1,3-Gal*p*	α-1,2-Man*p*	Kim，2010
冬虫夏草 UM01 菌丝体	微波辅助水提	DEAE-52 纤维素和 Sephacryl S-400 柱层析	Glc	5442×10^3	β-1,4-Glc*p*	β-1,3-Glc*p*	Wang et al.，2011a
冬虫夏草 UM01 菌丝体	水提	DEAE-Cellulose-52 和 Sephacryl S-200 柱层析	Man：Glc：Gal：GalA= 9.6：4.0：4.4：1.0	22.559×10^3	α-1,2-Man*p*	β-1,4-Glc*p*，β-1,2-Gal*f*，α-L-Gal*p*A，α-L-Man*p*	Cheong et al.，2016a
Hirsutella sinensis 菌丝体	—	Sephadex G-100 柱层析	Rha：Ara：Xyl：Man：Glc：Gal= 1.00：2.44：13.11：74.13：13.80：54.39	513.89×10^3	NA	NA	Zhu et al.，2016b
Paecilomyces sinensis 菌丝体	—	DEAE-52 纤维素和 Sephadex G-100 柱层析	Xyl：Man：Glc：Gal=3.7：12.2：33：48	2000×10^3	α-1,3 或 α-1,4 连接的 Glc 和 Gal	NA	Zhu et al.，2016c
蛹虫草	热水提取	Sephadex G-100 和 Sephadex G-200 柱层析	Rha：Xyl：Man：Glc：Gal=1：6.43：25.6：16.0：13.8	23×10^3	NA	NA	Yu et al.，2004a
人工蛹虫草	热水提取	DEAE-Cellulose-52 和 Sephacryl S-100 柱层析	Man：Glc：Gal=3.12：1：1.45	42×10^3	α-1,6-Man*p*	α-1,4-Glc*p*，β-1,6-Gal*p*	Yu et al.，2007
人工蛹虫草	碱提	DEAE-Cellulose-52 和 Sephacryl S-100 HR 柱层析	Man：Gal：Glc=3.15：4.34：1.00	17×10^3	α-1,4-Man	α-1,4-Glc，β-1,6-Gal	Yu et al.，2009

续表

来源	提取	纯化	单糖组成（摩尔比或百分比）	分子质量（Da）	主链	分支	文献
蛹虫草子实体	水提	XAD-7 大孔吸附树脂；DEAE-52 纤维素柱和 Sephadex G-25 柱层析	Glc：Rha=23.02：1.00	4.3×10^3	α-1,4-Glc，β-1,6-Glc，β-1,4-Glc	α-1,3-Rha*p*	Jing et al.，2014
蛹虫草子实体	模拟胃液提取	XAD-7 大孔吸附树脂；DEAE-52 纤维素柱和 Sephadex G-25 柱层析	Ara：Man：Gal= 1.00：2.89：2.03	9.3×10^3	α-1,3-Gal	α-1,2-Man，α-1,5-Ara，β-1,3-Ara	Jing et al.，2015
人工蛹虫草	热水提取	Sephadex G-100 柱层析	CMPS-Ⅱ Man：Glc：Gal=1：28.63：1.41 CBPS-Ⅱ Man：Glc：Gal=1：12.41：0.74	1402×10^3 1273×10^3	NA	NA	Liu et al.，2016a
蛹虫草	亚临界水提取	DEAE-52 纤维素和 Sephadex G-150 柱层析	CMP-W1 Man：Glc：Gal=2.84：1：1.29 CMP-S1 Man：Glc：Gal=2.05：1：1.09	NA	NA	NA	Luo et al.，2017
人工蛹虫草	0.3mol/L NaOH	DEAE-52 纤维素柱和 Sephadex G-25 柱层析	Gal：Glc：Man= 3.04：1.00：1.45	5.8×10^3	α-1,6-Glc，α-1,3-Glc	β-1,4-Man，α-1,6-Glc	Bi et al.，2018
人工蛹虫草发酵液和菌丝体	发酵液离心得到提取液；菌丝体多糖水提	DEAE-52 纤维素柱和 Sephadex G-100 柱层析	Man：Glc：Gal=51.95%：10.54%：37.25% Man：Glc：Gal=44.51%：18.33%：35.38%	32.5×10^3 20×10^3	NA	NA	Huang et al.，2018
蛹虫草	水提	Q-Sepharose™ Fast Flow 柱和 Sephacryl S-200 HR 柱层析	Man：Glc：Gal= 1.4：1.0：1.2	700×10^3	CM1：β-1,4-Glc*p* 和 α-1,2-Man*p*	β-1,2-Gal*f* 和 α-1,2-Man*p*	Hu et al.，2019
蛹虫草	水提	Q-Sepharose™ Fast Flow 柱和 Sephacryl S-200 HR 柱层析	Glc	18.2×10^3	β-1,6-Glc*p*		Hu et al.，2019

续表

来源	提取	纯化	单糖组成（摩尔比或百分比）	分子质量（Da）	主链	分支	文献
蝉花	水提	DEAE-52 纤维素离子交换柱和 Sephadex G-100 葡聚糖凝胶柱层析	Man：Glc：Gal= 0.479：1：0.615	28.2×10^3	β-1,3-Glc*p*，β-1,2-Gal，β-1,4-Man	NA	封燕，2016
古尼虫草	热水提取	Sephadex G-100 柱层析	Man：Glc：Gal=37.69：86.55：46.80	4100×10^3	α-1,3-Glc*p*	α-1,2/α-1,4	Zhu et al.，2014
古尼虫草	水提	Sephadex G-100 柱层析	Rha：Man：Glc：Gal=4.33：12.62：27.50：18.99	4120×10^3	α-1,3-Glc*p*	NA	Sun et al.，2018

注：NA 表示未在文献中说明；“—”表示胞外多糖直接离心得到上清，即为多糖提取液

构研究表明，天然冬虫夏草水提多糖为一种高纯度水溶性 α-1,4-葡聚糖，分支点在 O-6（Wang et al.，2017a）。另外，将水提残渣继续用稀碱液进行提取，经乙醇分级沉淀，分别得到 2 种组分，高相对分子质量多糖组分为一种水溶性的 β-1,3-葡聚糖，而低相对分子质量组分则为一种以 α-1,6-Man*p* 为主链的半乳甘露聚糖（Wang et al.，2017a，2019）。值得一提的是，以甘露聚糖为主链，甘露糖和 / 或半乳呋喃糖等残基存在于支链中的多糖结构在天然和发酵冬虫夏草中常见报道。早在 1977 年，Miyazaki 等就报道了主链为 α-1,2-Man*p* 和支链为 Gal*f* 的多糖结构。此外，以甘露糖为主链的多糖结构在蛹虫草和古尼虫草中也有相关报道（表 15-1）。

不同的提取条件也会显著影响多糖的分子质量变化。在 90℃条件下水提得到的冬虫夏草发酵菌粉多糖，其平均分子质量仅为 9300Da（付海田等，2014），使用乙酸盐缓冲液（0.05mol/L，pH 约 6.0）提取的冬虫夏草菌丝体多糖的分子质量可低至 7700Da（Wu et al.，2007）。也有研究表明，用磷酸盐缓冲液（0.05mol/L，pH 7.0）提取的冬虫夏草菌丝体多糖，分子质量可高达 1.84×10^5Da（Wu et al.，2006c）。不同提取方法得到的蛹虫草分子质量也不同，蛹虫草水提多糖分子质量为 9.3×10^3Da，而碱提得到的蛹虫草多糖分子质量为 5.8×10^3Da（Bi et al.，2018; Jing et al.，2015）。Zhu 等（2014）对比了超声辅助提取与直接水提对提取古尼虫草多糖的影响，发现水提古尼虫草多糖的分子质量为 4.1×10^6Da，而超声辅助提取的分子质量高达 112.2×10^6Da。

15.3.2　溶液构象特征

研究者早先使用原子力显微镜观察虫草多糖分子的三维结构时发现虫草多糖分子具有高度分支结构，并且糖链分子间和分子内还能形成指环状与螺旋状结构（蔡林涛等，1999）。同样使用原子力显微镜观察冬虫夏草 Cs-HK1 胞外酸性葡聚糖 AEPS-1 的溶液构象，发现 AEPS-1 在水溶液中形成大片交联网，且以三螺旋构象为主，单螺旋夹杂其中（Wang et al.，2011a）。虫草多糖的溶液构象与溶剂性质相关，且化学修饰，如硫酸化、羧甲基化等也会导致虫草多糖溶液构象的显著改变。Wang 等（2019）的研究发现天然冬虫夏草在 0.5mol/L 氢氧化钠溶液中呈现球状线圈构象，在 DMSO 溶液中形成聚集体，而在 0.1mol/L 硝酸钠溶液中以棒状构象为主。Yan等（2012）发现虫草胞外多糖硫酸化后，其在水溶液中的构象由无规则线圈和聚集网络结构变为单螺旋链。研究还发现人工发酵冬虫夏草子实体和菌丝体来源的虫草多糖在 0.05～0.15mol/L 的氢氧化钠溶液中具有三螺旋结构（Liu et al.，2016a）。但研究也表明冬虫夏草发酵菌丝体 UM01 的胞内多糖在氯化钠溶液和水溶液中具有球形构象（Cheong et al.，2016a; Wu et al.，2014b）。Wu 等（2014c）的研究表明冬虫夏草多糖在 0.9% NaCl 水溶液中呈现球状构象。Chen 等（2014a）发现虫草胞外多糖链在水溶液中为多螺旋链构象，而高强度超声不能使其变成单螺旋链。但是碱溶液能够破坏氢键，从而使多螺旋链解聚成单螺旋链，最终变成无规则线圈。古尼虫草多糖的立体结构为 α-螺旋链，而微观结构显示为聚集状态（Zhu et al.，2014）。闫景坤等（2012）通过紫外光谱和圆二色谱研究不同外界条件，如处理温度、金属离子（Ca^{2+}）、变性剂（尿素）及化学修饰剂（刚果红）对虫草胞外多糖构象的影响，结果显示外界条件不能改变多糖在溶液中的无规则线团，而是通过影响分子内和分子间氢键作用使其松散、无序。

15.4　虫草多糖的生物活性

近年来，有关虫草所含化学成分及其药理作用研究日趋深入，虫草多糖成为其中最受关注的研究热点之一。体内体外研究均表明，虫草多糖是虫草及其相关产品的重要活性成分，具有多种生物活性功能，如免疫调节、抗氧化、抗肿瘤、降血糖和降血脂等作用（Shashidhar et al.，2013；Nie et al.，2013）。

15.4.1　免疫调节作用

虫草多糖的免疫调节作用表现为促进免疫器官发育，增强体液免疫、细胞免疫以及单核吞噬细胞功能，还能促进细胞因子产生，从而影响细胞信号转导等。虫草菌丝体多糖对卵清蛋白致敏ICR小鼠体液免疫反应影响的研究结果显示，其在各剂量水平都能显著提高过敏ICR小鼠血清中卵清蛋白IgG、IgG1和IgG2b抗体的含量（Wu et al.，2006a）。虫草多糖可以显著提高小鼠胸腺和脾脏指数，促进细胞因子（TNF-α、IFN-γ、IL-1β）表达，以及提高血清中免疫细胞和抗体含量（Liu et al.，2016b）。虫草胞外多糖对脾细胞和胸腺细胞TNF-α、IFN-γ、IL-2 mRNA的表达都有明显促进作用，但只有100μg/mL的虫草多糖处理48h才能够提高脾淋巴细胞增殖能力（Sheng et al.，2011）。

虫草多糖不仅能激活脾淋巴细胞，还能刺激巨噬细胞功能。Cheung等（2009）发现虫草多糖能促进脾淋巴细胞增殖和细胞因子IL-2、IL-6、IL-8的分泌，同时也能增强巨噬细胞的吞噬作用并促进酸性磷酸酶的分泌。虫草多糖还能诱导小鼠M1巨噬细胞的产生，增强吞噬功能，激活机制与TLR2受体、MAPK和NF-κB信号通路相关（Bi et al.，2018）。虫草多糖对人源性巨噬细胞也具有免疫调节作用，体现为促进细胞因子（TNF-α、IL-6、IL-10）的分泌和表面分子CD11b的表达，以及增强单核细胞、白细胞和中性粒细胞的吞噬活性（Kuo et al.，2007）。将从虫草菌粉中分离出的蛋白多糖复合物作用于RAW264.7细胞，结果显示细胞内iNOS、TNF-α、IL-1β和NF-κB等的表达显著上升（He et al.，2013）。此外，酸性虫草多糖组分对小鼠RAW264.7巨噬细胞也具有相似的免疫调节效果（Chen et al.，2010；Wang et al.，2011a）。Lee等（2015）的免疫调节机制研究发现虫草多糖通过作用于巨噬细胞表面受体TLR2、TLR4和Dectin-1，经由MAPK信号通路激活NF-κB进行转录调控，从而起到免疫调节作用。

单核细胞是体内巨噬细胞和树突状细胞的前体细胞，研究表明虫草多糖除了能激活巨噬细胞外，对树突状细胞也有激活作用（Meng et al.，2014）。从人工培养的虫草无性型菌株得到虫草胞外多糖，用于小鼠骨髓来源的树突状细胞（DC）培养，结果显示虫草多糖能增强DC表面分子CD40、CD80、CD86、MHC Ⅱ的表达，促进细胞因子TNF-α、IL-12p40以及一氧化氮合酶的分泌，同时检测到DC中的核转录因子STAT3磷酸化水平降低，说明虫草多糖可能通过抑制STAT3磷酸化来促进DC的成熟和活化（Song et al.，2011）。将虫草多糖作用于慢性粒细胞白血病患者骨髓中分离所得特定DC和淋巴细胞混合培养，结果显示虫草多糖能快速促进分子 CD86 与 HLA-DR 以及 IL-12 的表达（Huang et al.，2011）。

此外，最新的研究表明虫草多糖还能通过肠道黏膜免疫发挥免疫调节作用，Chen 等（2019）从天然冬虫夏草中提取的多糖组分能够显著修复环磷酰胺引起的小鼠肠黏膜损伤，通过促进肠黏膜 Th1 型细胞因子（IL-2、IL-12 p40、IFN-γ 和 TNF-α）和核转录因子（T-bet）的表达来增强肠道黏膜免疫，该研究同时证明虫草多糖还可以通过促进 sIgA 和黏液的分泌来增强肠黏膜屏障，从而维持肠道健康。同时也有研究报道虫草多糖能够直接抑制肿瘤细胞生长或者通过增强机体免疫能力从而抑制肿瘤的生长、侵袭以及转移，并能通过促进肿瘤细胞凋亡相关基因的表达从而发挥抗肿瘤作用（Nie et al.，2013）。蛹虫草多糖对多种人肿瘤细胞系（HT-29、HeLa、HepG2 和 K562）均表现出一定的抑制作用（Jing et al.，2014）。将从人工培养的冬虫夏草无性型菌株 *Tolypocladium* spp. 发酵液中分离得到的胞外多糖作用于 B16 黑色素瘤荷瘤小鼠，结果显示虫草多糖能有效抑制肿瘤细胞向肺和肝脏转移，同时也能抑制 H22 荷瘤小鼠肿瘤的生长，此外还证明了虫草多糖可通过增强宿主的免疫力来发挥抗肿瘤效应（Zhang et al.，2005，2008）。从冬虫夏草发酵菌丝体中分离得到虫草胞内多糖，研究其对 S-180 荷瘤小鼠的治疗效果。结果显示虫草胞内多糖能明显抑制 S-180 肉瘤生长，显著提高脾脏重量，外周血免疫细胞流式分析表明 $CD4^+CD8^-/CD4^-CD8^+$ 值和 $CD4^+$ T 细胞亚群数量均有所上升，并且 Th1 型细胞因子 TNF-γ 和 IL-2 的分泌得到促进，结果说明虫草多糖的抗肿瘤机制可能与影响机体 T 淋巴细胞分化和细胞因子分泌有关（诸葛定娟等，2016）。

15.4.2　保护肝脏作用

四氯化碳（CCl_4）诱导的肝损伤模型是常用的评价肝脏保护作用的动物模型，以炎症损伤和纤维化为特征。CCl_4 引发的肝代谢异常指标包括谷丙转氨酶、谷草转氨酶、总胆红素、羟脯氨酸和血清白蛋白的活性增加，以及促进肝组织纤维化。经虫草多糖治疗后，上述肝脏生化指标得到恢复，进一步的机制研究表明虫草多糖通过作用于 TGF-β1/Smads 信号通路和促进基质金属蛋白酶的表达激活肝星状细胞，起到保护肝损伤作用。同时使用虫草多糖体外培养 CCl_4 损伤的肝细胞发现，虫草多糖可以抑制细胞培养上清中的肝酶（包括谷丙转氨酶和谷草转氨酶）活性（黄军民和卢建华，2010）。

免疫性肝损伤的主要特征是出现大面积的炎症反应，包括炎性细胞浸润，炎性肉芽肿，以及肝细胞结构损伤和功能紊乱（Nakano et al.，2010）。使用卡介苗和脂多糖联合诱导建立小鼠免疫性肝损伤模型，研究发现虫草多糖治疗可以显著降低小鼠血清中丙氨酸转移酶和天冬氨酸转移酶的含量，以及肝脏中丙二醛的含量，提高肝脏中超氧化物歧化酶活性（商玉萍等，2007）。另外，病理研究显示冬虫夏草多糖有明显的保肝作用，表现为对肿瘤坏死因子和炎性细胞因子表达的抑制作用（方士英等，2011）。

此外，虫草多糖还可通过影响肝脏脂肪堆积抑制脂肪肝的形成，从而发挥肝脏保护作用。利用高脂乳剂引起小鼠肝脏脂肪积累，同时每隔一天灌胃虫草多糖，持续 4 周，发现 400mg/kg 高剂量虫草多糖能够使小鼠的肝功能生化指标恢复正常，同时显著改善肝脏脂肪积累（Wang et al.，2015b）。此外，蛹虫草多糖也被证明能有效缓解急性酒精性肝损伤小鼠肝脏的脂肪变性程度（黄小莉等，2017）。体外细胞实验证实了虫草多糖能有效抑制对叔丁基过氧化氢诱导的肝细胞氧化应激损伤（Wang et al.，2012b；Yu et al.，2006）。

15.4.3　保护肾脏作用

虫草多糖被证明对多种慢性和急性肾衰竭具有很好的保护作用，其能显著降低血清中尿素氮、肌酐和钠离子的含量，同时促进白蛋白的分泌（尹鸿萍等，2007）。蛹虫草子实体多糖能有效缓解腺嘌呤所致的大鼠慢性肾衰竭（侯阿澧等，2009）。研究者根据肾脏冷冻联合肾脏5/6切除手术建立慢性肾功能衰竭大鼠模型，通过血液生化指标、血清抗氧化酶和丙二醛含量分析以及肾脏病理学变化再次确证了虫草多糖对慢性肾衰竭具有缓解作用（吕小波等，2007；陈涛，2009）。虫草多糖能显著改善顺铂引发的大鼠急性肾衰竭，表现为对血液生化指标、尿指标以及肾脏指数的改善作用，肾脏病理学检查结果也表明虫草多糖对肾小球充血状态和肾小管上皮细胞的改善作用显著（吕小波等，2008）。虫草多糖还能预防庆大霉素诱发的大鼠急性肾衰竭，研究同样观察到大鼠血清中尿素氮、肌酐，以及尿液中尿蛋白和尿量的降低，表明虫草多糖能改善肾脏病理损伤（周峰等，2008）。在通过夹闭肾动脉手术导致家犬急性肾衰竭模型中，虫草多糖能够改善因肾缺血诱发的急性肾功能衰竭，表现为改善肾功能、增加肾血流量、促进肾小管的修复与再生和纠正代谢紊乱等（尹鸿萍等，2007）。细胞实验结果显示虫草多糖可通过肾小球系膜细胞PDGF/ERK和TGF-β1/Smad通路抑制肾小球系膜细胞增殖，以及通过ERK1/2-AKT通路调节炎症反应和活性氧的产生，从而起到保护肾脏的作用（Wang et al.，2015c，2014）。在大鼠体内也观察到虫草多糖通过调控TGF-β1信号通路和活性氧的产生缓解电灼肾脏诱发的肾损伤（Wang et al.，2010a）。

肾间质纤维化和肾小球硬化是临床肾病的主要病理症状，病变过程涉及肾小球系膜细胞的异常增殖和分化，成纤维细胞大量增殖以及单核细胞的浸润，最终在炎症反应的参与下，导致肾脏细胞外基质的大量积聚，严重破坏和影响肾小球的正常结构与功能。虫草多糖可通过抑制TGF-β1和MCP-1表达影响肾间质成纤维细胞的增殖与积聚，改善肾功能。虫草多糖还能抑制肾小管α-平滑肌肌动蛋白和整合素连接激酶的表达，阻碍肾小管上皮间充质转化，从而减轻肾小管间质纤维化（吴冀宁等，2008）。在人肾皮质近曲小管上皮细胞（HK-2）体系中发现，虫草多糖通过抑制TGF-β受体的表达来抑制相关信号通路拮抗肾间质纤维化（Zhang et al.，2012b）。虫草多糖也能通过抑制氧化应激和改善炎症损伤，从而抑制肾纤维化，进而减轻肾脏的损伤。在脂多糖诱导的体内和体外肾细胞损伤模型中观察到，虫草水提物可通过改善细胞凋亡和自噬，以及肾小球滤过功能保护肾脏，接着从水提物中分离出虫草多糖组分，体内研究表明其通过抑制NF-κB的激活，从而改善脂多糖导致的炎症性肾脏损害（Chiu et al.，2014；Wu et al.，2011）。

15.4.4　降血糖作用

虫草多糖降血糖功能主要体现在对肝葡萄糖输出和葡萄糖转运蛋白的抑制，以及对肝葡萄糖代谢酶活力的增强和胰岛素分泌的促进等方面。链脲菌素诱导的糖尿病小鼠经灌胃碱提虫草胞外多糖后，体内参与肝糖酵解反应的关键酶，包括葡萄糖激酶、葡萄糖-6-磷酸脱氢酶和己糖激酶的活性显著增强，同时血液中三酰甘油和胆固醇的水平有所降低（Kiho et al.，1996）。另外，水提虫草胞外多糖也具有增强葡萄糖激酶活性和降低葡萄糖转运蛋白活性的能力（Kiho et al.，1999）。Zhang 等（2006）比较了四种药用真菌包括蛹虫草、冬虫夏草、蒙古口蘑和白蘑科真菌中富含多糖的水提物对糖尿病大鼠的降血糖作用，发现同等剂量下虫草多糖的降血糖效果要优于其他几种药用真菌，且蛹虫草多糖的降血糖效果要比冬虫夏草多糖好。胰岛 β 细胞分泌的胰岛素是机体内降低血糖的激素。虫草多糖对胰岛素的作用表现为促进其分泌和增强其敏感性等。研究使用链脲霉素和四氧嘧啶破坏小鼠胰岛 β 细胞的功能，成功诱导 1 型糖尿病。冬虫夏草胞外多糖能够显著改善 1 型糖尿病小鼠血糖水平，增加血液中胰岛素含量（Li et al.，2006a）。虫草多糖对 2 型糖尿病模型小鼠也具有降血糖作用。通过联合高脂饮食和链脲霉素诱导建立 2 型糖尿病小鼠模型，虫草多糖可通过改善 InsR/IRS-1 通路增强胰岛素敏感性，从而促进外周组织对葡萄糖的转运和利用，降低血糖和血脂（刘雪芹等，2011a，2011b）。虫草多糖降血糖活性研究也在 C57BL/6Job/ob 型糖尿病动物模型中开展，虫草多糖可以抑制小鼠由基因遗传背景差异导致的过量摄食和增加小鼠血清中的胰岛素水平，研究在 2 型糖尿病模型中也验证了虫草多糖的抗糖尿病作用（Choi，2011）。

15.4.5　降血脂作用

高脂血症在临床上属于脂质代谢紊乱疾病，主要特征为血浆中的一类或几种脂质成分含量升高，超过正常值，同时也是动脉粥样硬化发生发展的主要原因之一。其中，血胆固醇的异常升高被认为是动脉粥样硬化的发病因素。研究发现虫草粗多糖能够提高高胆固醇或高脂饮食小鼠血清中高密度脂蛋白的含量，从而降低动脉粥样硬化的风险（Koh et al.，2003；姚思宇等，2004）。虫草多糖也能拮抗高脂乳剂饮食小鼠的高脂血症，降低小鼠血清中的总胆固醇和三酰甘油含量，同时降低血清中低密度脂蛋白水平和升高高密度脂蛋白水平（Wang et al.，2015b）。此外，体外实验结果显示虫草多糖能够显著抑制胆固醇酯酶的活性（Kim，2010）。

15.4.6　抗氧化作用

虫草多糖在体外和体内均表现出显著的抗氧化活性。基于氧化反应的评价体系有超氧阴离子、DPPH 自由基和羟自由基清除实验。从蛹虫草子实体中分离得到虫草粗多糖 W-CBP50，经分离纯化得到两种纯组分 W-CBP50 Ⅰ和 W-CBP50 Ⅱ，使用体外氧化反应体系比较其抗氧化能力，发现 W-CBP50 Ⅰ组分对超氧阴离子、DPPH 自由基和羟自由基的清除能力均明显优于粗多糖 W-CBP50，且 W-CBP50 Ⅱ对 DPPH 自由基的清除能力是三种组分中最低的（Chen et al.，2013）。另有研究采用超高压提取法从蛹虫草中获得四种多糖组分（CMP-1、CMP-2、CMP-3 和 CMP-4），并使用体外抗氧化体系和蛹虫草粗多糖进行活性比较，在超氧阴离子清除实验中，粗多糖的自由基清除能力最强，而在羟自由基和 DPPH 自由基清除实验中 CMP-1 能力最强，同时也观察到虫草多糖抗氧化能力具有剂量依赖性（Chen et al.，2014c）。人工发酵天然虫草菌产生的胞内和胞外多糖对羟自由基、超氧阴离子和脂质过氧化物的生产均具有显著的抑制活性（Sharma et al.，2015）。虫草胞外多糖经硫酸水解后，得到分子质量为 3.0kDa 和 30kDa 的两种主要水解产物，抗氧化能力测定结果表明其水解产物的抗脂质过氧化和对自由基的清除能力均有所提升，抗氧化能力提高了 30% ～ 80%（Yan et al.，2010）。从虫草棒束孢 B05 中分离出胞内和胞外多糖，体外实验发现两种多糖均表现出很强的自由基清除能力、还原高价铁及抗脂质过氧化能力（Jiang et al.，2005，2008）。通过比较结构修饰前后的虫草多糖体外抗氧化活力发现，富硒虫草多糖表现出更高的抗氧化活性（Zhu et al.，2016a）。此外，富硒虫草多糖还能增强小鼠血清中谷胱甘肽过氧化物酶和超氧化物歧化酶的活性，减少丙二醛的生成（Wang et al.，2011b）。

细胞实验也证实了虫草多糖的抗氧化活性。虫草多糖可通过减少丙二醛的合成，以及增强谷胱甘肽过氧化物酶和超氧化物歧化酶的活性，缓解过氧化氢引起的氧化损伤，增加嗜铬细胞瘤 PC12 的存活率（Shao et al.，2003）。在 PC12 细胞中评价酸性虫草多糖的抗氧化能力发现，虫草多糖不仅能够增强抗氧化酶的活性以及减少脂质过氧化产物，还能够抑制 PC12 细胞中活性氧的产生，抵抗过氧化氢导致的氧化应激损伤（Shen et al.，2011）。蝉花多糖可以改善谷氨酸诱导的 PC12 细胞氧化损伤，表现为增加细胞存活率，提高细胞内抗氧化酶活力，以及减少活性氧的积累等（Olatunji et al.，2016）。

虫草多糖在体内动物模型也表现出了显著的抗氧化作用。在正常小鼠中，蛹虫草多糖能增强心脏、肝脏和肾脏中内源性抗氧化酶（超氧化物歧化酶、谷胱甘肽过氧化物酶和过氧化氢酶）的活性，提高总抗氧化能力，同时显著减少血清和各脏器中脂质过氧化终产物丙二醛的合成，改善机体的氧化应激反应（Liu et al.，2016b）。在环磷酰胺引起的免疫抑制小鼠中也发现了蛹虫草多糖对内源性抗氧化酶和脂质过氧化终产物的调节作用（Wang et al.，2012a）。虫草多糖还可以通过增强抗氧化酶的活力和减少氧化产物的合成改善荷瘤小鼠体内的氧化应激反应（Chen et al.，2006）。在 D-半乳糖诱导的衰老小鼠模型中，戴氏虫草和蛹虫草多糖均能显著提高小鼠血清超氧化物歧化酶、谷胱甘肽过氧化物酶和过氧化氢酶活力，降低血清和组织中丙二醛含量，提示虫草多糖可通过增强内源性抗氧化酶活性和抑制体内脂质过氧化，从而发挥抗衰老活性（Li et al.，2010；Xiao et al.，2012）。虫草多糖也能改善力竭运动后小鼠的氧化应激反应，除了对肝脏和血清抗氧化能力的提升外，还能显著增强小鼠肌肉组织中的抗氧化能力，拮抗急性运动所致氧化应激损伤（Yan et al.，2014）。

15.4.7　抗疲劳作用

糖酵解是为机体提供能量的一种重要生化反应。但在剧烈运动过后，由于供氧不足，将进行无氧糖酵解，实现快速供能，包括肌糖原和肝糖原的分解供能。随着运动时间的延长和糖原的消耗，蛋白质也会被部分分解代谢用于供能，从而产生大量尿素氮。因此，负重游泳时间的长短，以及游泳结束后血乳酸、尿素氮和肝糖原的含量可用于评价机体的抗疲劳能力。研究显示，相对于未服用虫草多糖的实验空白组小鼠，经过一定时间的自由游泳后，连续服用蛹虫草多糖 45 天的小鼠肝糖原含量要更高，同时尿素氮的含量更低，负重游泳时间更长，并且在游泳结束后，血乳酸下降幅度更快、清除率更高（王玢等，2012）。增加虫草多糖的剂量至 400mg/kg，连续灌胃 28 天后进行小鼠负重游泳实验，通过检测上述与疲劳相关的生化指标确认虫草多糖的抗疲劳作用，结果发现肌糖原含量升高（Yan et al.，2012）。后续研究负重游泳小鼠血清、肝脏和肌肉中的抗氧化酶发现，虫草多糖可通过增强超氧化物歧化酶、谷胱甘肽还原酶和过氧化氢酶等的活力拮抗疲劳运动引起的氧化应激损伤（Yan et al.，2013）。江海涛等（2014）的研究也表明虫草多糖的抗疲劳与其抗氧化能力有关。给小鼠灌胃虫草多糖果醋发现，长期服用虫草多糖果醋后，小鼠的负重游泳时间显著增加，肝糖原含量显著上升，游泳结束后血乳酸含量下降更快，表明虫草多糖果醋产品具有缓解体力疲劳的功能（贲松彬等，2008），该研究结果对虫草多糖抗疲劳产品的开发和深加工具有重要的参考价值。

15.5 虫草多糖研究存在的问题及前景展望

目前来看，我国在虫草多糖方面的研究存在以下几个问题：①对天然和人工培养虫草多糖的体内生物活性功能对比的研究较少；②对虫草多糖结构和其生物活性的关系方面研究较少，虫草多糖的构效关系研究还不够透彻，不同类型虫草菌发酵得到的虫草多糖结构和组成等都有待系统对比；③多糖在虫草菌中发挥作用的机制不够明确。

在过去的 10 年间随着高通量测序技术和微生物培养组学技术的发展，人体肠道微生物已经被证明对宿主的生理健康具有至关重要的调节作用，参与许多代谢性疾病如糖尿病、肥胖等的发生发展。*Gut* 上的最新研究证实了冬虫夏草高相对分子质量多糖组分能够有效拮抗高脂饮食引起的肥胖和代谢紊乱，调节肥胖小鼠的肠道菌群，特别是可显著促进 *Parabacteroides goldsteinii* 的生长（Wu et al.，2019）。因此，虫草多糖、肠道菌群与宿主健康的相互关系，虫草多糖在体内的代谢网络，以及多个器官之间的相互作用，将是未来研究的热点。

参考文献

贲松彬, 张月, 孙冬梅, 等. 2008. 虫草多糖苹果果醋的保健功能评价. 食品科学, 35(7): 232-237.
蔡林涛, 李萍, 陆祖宏. 1999. 原子力显微镜观察虫草多糖分子的结构形貌. 电子显微学报, (1): 103-105.
陈涛. 2009. 虫草多糖对慢性肾衰的治疗及其作用机制研究. 南京: 南京中医药大学硕士学位论文.
董彩虹, 李文佳, 李增智, 等. 2016. 我国虫草产业发展现状、问题及展望——虫草产业发展金湖宣言. 菌物学报, 35(1): 1-15.
范卫强, 尹鸿萍, 周长林. 2008. 虫草多糖的分离、纯化和初步药效活性研究. 生物加工过程, 6(1): 69-73.
方士英, 徐茂红, 叶良兵, 等. 2011. 冬虫夏草对免疫性肝损伤小鼠模型的保护作用研究. 中国免疫学杂志, 27(10): 891-894.

封燕. 2016. 金蝉花多糖的结构特征及免疫活性初步研究. 镇江: 江苏大学硕士学位论文.
付海田, 邓超, 王敏, 等. 2014. 虫草发酵多糖的提取, 结构分析及生物活性研究. 天然产物研究与开发, 26(1): 111-116.
龚敏, 朱勤, 王彤, 等. 1990. 冬虫夏草多糖的分子结构与免疫活性. 生物化学杂志, 6(6): 486-492.
侯阿澧, 刘艳, 孟庆繁, 等. 2009. 蛹虫草治疗腺嘌呤致大鼠慢性肾功能衰竭的研究. 时珍国医国药, 36(5): 1103-1105.
黄军民, 卢建华. 2010. 虫草多糖对肝损伤模型小鼠肝细胞胞外基质表达的影响. 山东中医药大学学报, 34(3): 258-259.
黄小莉, 朱培欣, 胡远亮, 等. 2017. 蛹虫草多糖对急性酒精性肝损伤改善作用的研究. 菌物学报, 36(2): 242-250.
黄志江, 季晖, 李萍, 等. 2002. 人工虫草多糖降血糖作用及其机制研究. 中国药科大学学报, 33(1): 51-54.
季晖, 涂红湖, 李耐三, 等. 1993. 人工虫草菌丝多糖的分离提取及其降血糖作用研究. 中国药科大学学报, 24(1): 39-42.
江海涛, 任源浩, 吴雨龙, 等. 2014. 蛹虫草多糖对小鼠抗疲劳作用的研究. 食用菌学报, 21(3): 55-59.
李兴高, 陈奇, 黄梦雨, 等. 2000. 金水宝胶囊药理研究进展. 江西中医药大学学报, (3): 143-144.
刘雪芹, 于湄, 张燕, 等. 2011a. 人工虫草多糖对2型糖尿病小鼠胰岛素抵抗的影响. 医药导报, 30(1): 5-8.
刘雪芹, 于湄, 张燕, 等. 2011b. 虫草多糖对2型糖尿病小鼠InsR/IRS-1通路及糖代谢的影响. 中国药师, 14(2): 163-166.
吕小波, 尹鸿萍, 李海涛, 等. 2007. 虫草多糖对大鼠肾脏冷冻诱发慢性肾功能衰竭的治疗作用. 药学进展, 31(7): 314-319.
吕小波, 尹鸿萍, 李海涛, 等. 2008. 虫草多糖对顺铂诱导急性肾衰的防治作用. 江苏中医药, 40(2): 77-78.
商玉萍, 方士英, 葛金芳, 等. 2007. 虫草多糖对小鼠免疫性肝损伤的保护作用. 华西药学杂志, 22(6): 654-655.
王玢, 朱培新, 梁运祥, 等. 2012. 冬虫夏草菌丝体多糖对小鼠抗疲劳和耐缺氧能力的影响. 食品科技, 2012(10): 164-167.
王华, 魏伟, 岳莉, 等. 2004. 白芍总苷对卡介苗加脂多糖引起的小鼠免疫性肝损伤的保护作用. 中国药理学通报, 20(8): 875-878.
王君巧. 2017. 天然冬虫夏草和发酵虫草菌粉的化学组成及其多糖精细结构表征. 南昌: 南昌大学博士学位论文.
吴冀宁, 刘必成, 夏慧玲, 等. 2008. 虫草多糖对单侧输尿管梗阻小鼠肾小管上皮-间充质转化的影响. 中国中西医结合肾病杂志, 9(5): 400-402.
吴瑶, 陈丽华, 金晨, 等. 2017. 发酵虫草菌粉类产品质量标准研究进展. 中国实验方剂学杂志, 23(20): 220-227.
肖千明. 2017. 辽宁蛹虫草产业的研究进展. 新农业, (18): 22-23.
谢明勇, 殷军艺, 聂少平. 2017. 天然产物来源多糖结构解析研究进展. 中国食品学报, 17(3): 1-19.
许建明, 丁长海, 李连德, 等. 1999. 冬虫夏草多糖保护小鼠免疫性肝损伤的筛选研究. 安徽医科大学学报, 34(3): 173-175.
闫景坤, 李琳, 吴建勇. 2012. 外界条件对冬虫夏草胞外多糖构象的影响. 食品科学, 33(13): 62-65.
姚思宇, 赵鹏, 刘荣珍, 等. 2004. 虫草多糖降血脂作用的动物试验研究. 中国热带医学, 4(2): 197-198.
尹鸿萍, 吕小波, 陈希. 2007. 虫草多糖治疗家犬夹闭肾动脉引起的急性肾衰. 生物加工过程, 5(4): 70-75.
曾洋洋. 2014. 虫草多糖的仿生合成及结构与活性研究. 青岛: 中国海洋大学博士学位论文.
张永文. 2015. 中药多糖成分的质控及评价要点. 中国新药杂志, 24(3): 260-263, 280.

张宗豪, 刘欣, 徐海峰, 等. 2015. 寸草金——神奇的冬虫夏草. 青海畜牧兽医杂志, 45(1): 51-52.

郑必胜, 唐芳勇, 何禄英, 等. 2009. 凝胶渗透色谱法表征广东虫草多糖柱层析分离纯化效果的研究. 食品科技, 34(5): 298-303.

中华人民共和国国家卫生和计划生育委员会. 2014. 关于批准塔格糖等 6 种新食品原料的公告 (2014 年第 10 号). 中国食品添加剂, (5): 202-204.

周峰, 陈涛, 尹鸿萍, 等. 2008. 虫草多糖对庆大霉素诱发的急性肾衰的预防作用. 药学与临床研究, 16(6): 432-435.

诸葛定娟, 陈爱瑛, 程敏, 等. 2016. 虫草多糖调节小鼠 T 淋巴细胞及其亚群数量的机制研究. 中国现代应用药学, 34(2): 171-176.

祝长杰, 李森, 李小宇, 等. 2011. 虫草的功效与甄别. 特种经济动植物, 14(12): 36-37.

Akaki J, Matsui Y, Kojima H, et al. 2009. Structural analysis of monocyte activation constituents in cultured mycelia of *Cordyceps sinensis*. Fitoterapia, 80(3): 182-187.

Bi S, Jing Y, Zhou Q, et al. 2018. Structural elucidation and immunostimulatory activity of a new polysaccharide from *Cordyceps militaris*. Food & Function, 9(1): 279-293.

Cai L, Li P, Lu Z. 1999. Observation of the structure morphology of *Cordyceps* polysaccharide by atomic force microscope. Journal of Chinese Electron Microscopy Society, 18(1): 103-105.

Chen J, Zhang W, Lu T, et al. 2006. Morphological and genetic characterization of a cultivated *Cordyceps sinensis* fungus and its polysaccharide component possessing antioxidant property in H22 tumor-bearing mice. Life Sciences, 78(23): 2742-2748.

Chen R, Jin C, Li H, et al. 2014c. Ultrahigh pressure extraction of polysaccharides from *Cordyceps militaris* and evaluation of antioxidant activity. Separation and Purification Technology, 134: 90-99.

Chen S, Wang J, Fang Q, et al. 2019. Polysaccharide from natural *Cordyceps sinensis* ameliorated intestinal injury and enhanced antioxidant activity in immunosuppressed mice. Food Hydrocolloids, 89: 661-667.

Chen W, Zhang W, Shen W, et al. 2010. Effects of the acid polysaccharide fraction isolated from a cultivated *Cordyceps sinensis*on macrophages *in vitro*. Cellular Immunology, 262(1): 69-74.

Chen X, Ding Z Y, Wang W Q, et al. 2014b. An antioxidative galactomannan-protein complex isolated from fermentation broth of a medicinal fungus Cs-HK1. Carbohydrate Polymers, 112: 469-474.

Chen X, Siu K C, Cheung Y C, et al. 2014a. Structure and properties of a (1→3)-β-D-glucan from ultrasound-degraded exopolysaccharides of a medicinal fungus. Carbohydrate Polymers, 106: 270-275.

Chen X, Wu G, Huang Z. 2013. Structural analysis and antioxidant activities of polysaccharides from cultured *Cordyceps militaris*. International Journal of Biological Macromolecules, 58: 18-22.

Chen Y J, Shiao M S, Lee S S, et al. 1997. Effect of *Cordyceps sinensis* on the proliferation and differentiation of human leukemic U937 cells. Life Sciences, 60(25): 2349-2359.

Cheong K L, Meng L Z, Chen X Q, et al. 2016a. Structural elucidation, chain conformation and immuno-modulatory activity of glucogalactomannan from cultured *Cordyceps sinensis* fungus UM01. Journal of Functional Foods, 25: 174-185.

Cheong K L, Wang L Y, Wu D T, et al. 2016b. Microwave-assisted extraction, chemical structures, and chain conformation of polysaccharides from a novel *Cordyceps sinensis* fungus UM01. Journal of Food Science, 81(9): C2167-C2174.

Cheung J K H, Li J, Cheung A W H, et al. 2009. Cordysinocan, a polysaccharide isolated from cultured *Cordyceps*, activates immune responses in cultured T-lymphocytes and macrophages: signaling cascade and induction of cytokines. Journal of Ethnopharmacology, 124(1): 61-68.

Chiu C H, Chyau C C, Chen C C, et al. 2014. Polysaccharide extract of *Cordyceps sobolifera* attenuates renal injury in endotoxemicrats. Food and Chemical Toxicology, 69: 281-288.

Chiu C P, Hwang T L, Chan Y, et al. 2016. Research and development of *Cordyceps* in Taiwan. Food Science and Human Wellness, 5(4): 177-185.

Choi J W. 2011. Anti-diabetic effect of the exopolysaccharides (EPS) produced from *Cordyceps sinensis* on ob/obmice. KSBB Journal, 26(1): 33-40.

Connelly L, Jacobs A T, Palacios-Callender M, et al. 2003. Macrophage endothelial nitric-oxide synthase autoregulates cellular activation and pro-inflammatory protein expression. Journal of Biological Chemistry, 278(29): 26480-26487.

Dong C, Guo S, Wang W, et al. 2015. *Cordyceps* industry in China. Mycology, 6(2): 121-129.

Gately D P, Howell S B. 1993. Cellular accumulation of the anticancer agent cisplatin: a review. British Journal of Cancer, 67(6): 1171-1175.

He L, Ji P, Cheng J, et al. 2013. Structural characterization and immunostimulatory activity of a novel protein-bound polysaccharide produced by *Hirsutella sinensis* Liu, Guo, Yu & Zeng. Food Chemistry, 141(2): 946-953.

Hu S, Wang J, Li F, et al. 2019. Structural characterisation and cholesterol efflux improving capacity of the novel polysaccharides from *Cordyceps militaris*. International Journal of Biological Macromolecules, 131: 264-272.

Hu T, Jiang C, Huang Q, et al. 2016. A comb-like branched β-D-glucan produced by a *Cordyceps sinensis* fungus and its protective effect against cyclophosphamide-induced immunosuppression in mice. Carbohydrate Polymers, 142: 259-267.

Huang Z, Jin J, Tong X, et al. 2011. The immunomodulatory effects of *Cordyceps sinensis* on dendritic cells derived from chronic myelogenous leukemia (CML). Journal of Medicinal Plants Research, 5(24): 5925-5932.

Huang Z F, Zhang M L, Zhang S, et al. 2018. Structural characterization of polysaccharides from *Cordyceps militaris* and their hypolipidemic effects in high fat diet fed mice. RSC Advances, 8(71): 41012-41022.

Jiang Y, Jiang X, Wang P, et al. 2008. The antitumor and antioxidative activities of polysaccharides isolated from Isariafarinosa B05. Microbiological Research, 163(4): 424-430.

Jiang Y, Yao Y J. 2002. Names related to *Cordyceps sinensis* anamorph. Mycotaxon, 84: 245-254.

Jiang Y H, Jiang X L, Wang P, et al. 2005. *In vitro* antioxidant activities of water-soluble polysaccharides extracted from Isariafarinosa B05. Journal of Food Biochemistry, 29(3): 323-335.

Jing Y, Cui X, Chen Z, et al. 2014. Elucidation and biological activities of a new polysaccharide from cultured *Cordyceps militaris*. Carbohydrate Polymers, 102(1): 288-296.

Jing Y, Zhu J, Liu T, et al. 2015. Structural characterization and biological activities of a novel polysaccharide from cultured *Cordyceps militaris* and its sulfated derivative. Journal of Agricultural and Food Chemistry, 63(13): 3464-3471.

Kiho T, Ookubo K, Usui S, et al. 1999. Structural features and hypoglycemic activity of a polysaccharide (CS-F10) from the cultured mycelium of *Cordyceps sinensis*. Biological and Pharmaceutical Bulletin, 22(9): 966-970.

Kiho T, Tabata H, Ukai S, et al. 1986. A minor, protein-containing galactomannan from a sodium carbonate extract of *Cordyceps sinensis*. Carbohydrate Research, 156: 189-197.

Kiho T, Yamane A, Hui J, et al. 1996. Polysaccharides in fungi. XXXVI. Hypoglycemic activity of a polysaccharide (CS-F30) from the cultural mycelium of *Cordyceps sinensis* and its effect on glucose metabolism in mouse liver. Biological & Pharmaceutical Bulletin, 19(2): 294-296.

Kim S D. 2010. Isolation, structure and cholesterol esterase inhibitory activity of a polysaccharide, PS-A, from *Cordyceps sinensis*. Journal of the Korean Society for Applied Biological Chemistry, 53(6): 784-789.

Koh J H, Kim J M, Chang U J, et al. 2003. Hypocholesterolemic effect of hot-water extract from mycelia of *Cordyceps sinensis*. Biological and Pharmaceutical Bulletin, 26(1): 84-87.

Kuo M C, Chang C Y, Cheng T L, et al. 2007. Immunomodulatory effect of exo-polysaccharides from submerged cultured *Cordyceps sinensis*: enhancement of cytokine synthesis, CD11b expression, and phagocytosis. Applied Microbiology and Biotechnology, 75(4): 769-775.

Lee J S, Kwon D S, Lee K R, et al. 2015. Mechanism of macrophage activation induced by polysaccharide from *Cordyceps militaris* culture broth. Carbohydrate Polymers, 120: 29-37.

Leung P H, Zhao S, Ho K P, et al. 2009. Chemical properties and antioxidant activity of exopolysaccharides from mycelial culture of *Cordyceps sinensis* fungus Cs-HK1. Food Chemistry, 114(4): 1251-1256.

Li S P, Yang F Q, Tsim K W K. 2006b. Quality control of *Cordyceps sinensis*, a valued traditional Chinese medicine. Journal of Pharmaceutical and Biomedical Analysis, 41(5): 1571-1584.

Li S P, Zhang G H, Zeng Q, et al. 2006a. Hypoglycemic activity of polysaccharide, with antioxidation, isolated from cultured *Cordyceps mycelia*. Phytomedicine, 13(6): 428-433.

Li S P, Zhao K J, Ji Z N, et al. 2003. A polysaccharide isolated from *Cordyceps sinensis*, a traditional Chinese medicine, protects PC12 cells against hydrogen peroxide-induced injury. Life Sciences, 73(19): 2503-2513.

Li X T, Li H C, Li C B, et al. 2010. Protective effects on mitochondria and anti-aging activity of polysaccharides from cultivated fruiting bodies. The American Journal of Chinese Medicine, 38(6): 1093-1106.

Lin Q Y, Song B, Huang H, et al. 2010. Optimization of selected cultivation parameters for *Cordyceps guangdongensis*. Letters in Applied Microbiology, 51(2): 219-225.

Lin Y W, Chiang B H. 2008. Anti-tumor activity of the fermentation broth of *Cordyceps militaris* cultured in the medium of *Radix astragali*. Process Biochemistry, 43(3): 244-250.

Liu J, Feng C, Li X, et al. 2016b. Immunomodulatory and antioxidative activity of *Cordyceps militaris* polysaccharides in mice. International Journal of Biological Macromolecules, 86: 594-598.

Liu X C, Zhu Z Y, Tang Y L, et al. 2016a. Structural properties of polysaccharides from cultivated fruit bodies and mycelium of *Cordyceps militaris*. Carbohydrate Polymers, 142: 63-72.

Liu Y, Sun Y, Huang G. 2018. Preparation and antioxidant activities of important traditional plant polysaccharides. International Journal of Biological Macromolecules, 111: 780-786.

Lu J, Gu G, Hao L, et al. 2016. Characterization and *in vitro* antioxidant activity of a polysaccharide from *Cordyceps sobolifera*. Journal of Food Processing and Preservation, 40(3): 447-452.

Luo X, Duan Y, Yang W, et al. 2017. Structural elucidation and immunostimulatory activity of polysaccharide isolated by subcritical water extraction from *Cordyceps militaris*. Carbohydrate Polymers, 157: 794-802.

Meng L Z, Feng K, Wang L Y, et al. 2014. Activation of mouse macrophages and dendritic cells induced by polysaccharides from a novel *Cordyceps sinensis* fungus UM01. Journal of Functional Foods, 9(1): 242-253.

Miyazaki T, Oikawa N, Yamada H. 1977. Studies on fungal polysaccharides. XX. Galactomannan of *Cordyceps sinensis*. Chemical and Pharmaceutical Bulletin, 25(12): 3324-3328.

Nakano T, Goto S, Lai C Y, et al. 2010. Immunological aspects and therapeutic significance of an autoantibody against histone H1 in a rat model of concanaval in a-induced hepatitis. Immunology, 129(4): 547-555.

Nie S, Cui S W, Xie M, et al. 2013. Bioactive polysaccharides from *Cordyceps sinensis*: isolation, structure features and bioactivities. Bioactive Carbohydrates and Dietary Fibre, 1(1): 38-52.

Nie S P, Cui S W, Phillips A O, et al. 2011. Elucidation of the structure of a bioactive hydrophilic polysaccharide from *Cordyceps sinensis* by methylation analysis and NMR spectroscopy. Carbohydrate Polymers, 84(3): 894-899.

Ohta Y, Lee J B, Hayashi K, et al. 2007. *In vivo* anti-influenza virus activity of an immunomodulatory acidic polysaccharide isolated from *Cordyceps militaris* grown on germinated soybeans. Journal of Agricultural and Food Chemistry, 55(25): 10194-10199.

Olatunji O J, Feng Y, Olatunji O O, et al. 2016. Polysaccharides purified from *Cordyceps cicadae* protects PC12 cells against glutamate-induced oxidative damage. Carbohydrate Polymers, 153: 187-195.

Olatunji O J, Tang J, Tola A, et al. 2018. The genus *Cordyceps*: an extensive review of its traditional uses, phytochemistry and pharmacology. Fitoterapia, 129: 293-316.

Peng Q, Zhang X, Shang M, et al. 2011. A novel esterase gene cloned from a metagenomic library from neritic sediments of the South China Sea. Microbial Cell Factories, 10(1): 95-106.

Shao P L, Zhao K J, Zhao N J, et al. 2003. A polysaccharide isolated from *Cordyceps sinensis*, a traditional Chinese medicine, protects PC12 cells against hydrogen peroxide-induced injury. Life Sciences, 73(19): 2503-2513.

Sharma S K, Gautam N, Atri N S. 2015. Optimization, composition, and antioxidant activities of exo-and intracellular polysaccharides in submerged culture of *Cordyceps gracilis* (Grev.) Durieu & Mont. Evidence-Based Complementary and Alternative Medicine, 2015: 462864.

Shashidhar M G, Giridhar P, Sankar K U, et al. 2013. Bioactive principles from *Cordyceps sinensis*: a potent food supplement—A review. Journal of Functional Foods, 5(3): 1013-1030.

Shen W, Song D, Wu J, et al. 2011. Protective effect of a polysaccharide isolated from a cultivated *Cordyceps mycelia* on hydrogen peroxide-induced oxidative damage in PC12 cells, Phytotherapy Research, 25(5): 675-680.

Sheng L, Chen J, Li J, et al. 2011. An exopolysaccharide from cultivated *Cordyceps sinensis* and its effects on cytokine expressions of immunocytes. Applied Biochemistry and Biotechnology, 163(5): 669-678.

Shrestha B, Zhang W, Zhang Y, et al. 2012. The medicinal fungus *Cordyceps militaris*: research and development. Mycological Progress, 11(3): 599-614.

Song C H, Jeon Y J, Yang B K, et al. 1998. The anti-complementary activity of exo-polymers produced from submerged mycelial cultures of higher fungi with particular reference to *Cordyceps militaris*. Journal of Microbiology and Biotechnology, 8(5): 536-539.

Song D, Lin J, Yuan F, et al. 2011. *Ex vivo* stimulation of murine dendritic cells by an exopolysaccharide from one of the anamorph of *Cordyceps sinensis*. Cell Biochemistry and Function, 29(7): 555-561.

Sun H Q, Zhu Z Y, Tang Y L, et al. 2018. Structural characterization and antitumor activity of a novel Se-polysaccharide from selenium-enriched *Cordyceps gunnii*. Food & Function, 9(5): 2744-2754.

Sung G H, Hyweljones N L, Sung J M, et al. 2007. Phylogenetic classification of *Cordyceps* and the clavicipitaceous fungi. Studies in Mycology, 57: 5-59.

Tadashi K, Ji H, Yamane A. 1993. Polysaccharides in fungi. XXXII. Hypoglycemic activity and chemical properties of a polysaccharide from the cultural mycelium of *Cordyceps sinensis*. Biological and Pharmaceutical Bulletin, 16(12): 1291-1293.

Tung B, Lan D, Lan P, et al. 2016. *Cordyceps militaris* (L.) Link: chemical bioactive compounds and pharmacological activities. Journal of Pharmacy and Nutrition Sciences, 6(4): 153-159.

Wang B S, Lee C P, Chen Z T, et al. 2012b. Comparison of the hepatoprotective activity between cultured *Cordyceps militaris* and natural *Cordyceps sinensis*. Journal of Functional Foods, 4(2): 489-495.

Wang J, Kan L, Nie S, et al. 2015a. A comparison of chemical composition, bioactive components and antioxidant activity of natural and cultured *Cordyceps sinensis*. LWT-Food Science and Technology, 63(1): 2-7.

Wang J, Nie S, Cui S W, et al. 2017b. Structural characterization and immunostimulatory activity of a glucan from natural *Cordyceps sinensis*. Food Hydrocolloids, 67: 139-147.

Wang J, Nie S, Cui S W, et al. 2019. Structural characterization and chain conformation of water-soluble β-glucan from wild *Cordyceps sinensis*. Journal of Agricultural and Food Chemistry, 67(45): 12520-12527.

Wang J, Nie S, Kan L, et al. 2017a. Comparison of structural features and antioxidant activity of polysaccharides from natural and cultured *Cordyceps sinensis*. Food Science and Biotechnology, 26(1): 55-62.

Wang L, Wang G, Zhang J, et al. 2011b. Extraction optimization and antioxidant activity of intracellular selenium polysaccharide by *Cordyceps sinensis* SU-02. Carbohydrate Polymers, 86(4): 1745-1750.

Wang L, Xu N, Zhang J, et al. 2015b. Antihyperlipidemic and hepatoprotective activities of residue polysaccharide from *Cordyceps militaris* SU-12. Carbohydrate Polymers, 131: 355-362.

Wang M, Meng X Y, Le Y R, et al. 2012a. *Cordyceps militaris* polysaccharides can enhance the immunity and antioxidation activity in immune suppressed mice. Carbohydrate Polymers, 89(2): 461-466.

Wang Y, Liu D, Zhao H, et al. 2014. *Cordyceps sinensis* polysaccharide CPS-2 protects human mesangial cells from PDGF-BB-induced proliferation through the PDGF/ERK and TGF-β1/Smad pathways. Molecular and Cellular Endocrinology, 382(2): 979-988.

Wang Y, Wang M, Ling Y, et al. 2009. Structural determination and antioxidant activity of a polysaccharide from the fruiting bodies of cultured *Cordyceps sinensis*. The American Journal of Chinese Medicine, 37(5): 977-989.

Wang Y, Wang Y, Liu D, et al. 2015c. *Cordyceps sinensis* polysaccharide inhibits PDGF-BB-induced inflammation and ROS production in human mesangial cells. Carbohydrate Polymers, 125: 135-145.

Wang Y, Yin H, Lv X, et al. 2010a. Protection of chronic renal failure by a polysaccharide from *Cordyceps sinensis*. Fitoterapia, 81(5): 397-402.

Wang Z M, Cheung Y C, Leung P H, et al. 2010b. Ultrasonic treatment for improved solution properties of a high-molecular weight exopolysaccharide produced by a medicinal fungus. Bioresource Technology, 101(14): 5517-5522.

Wang Z M, Peng X, Lee K L D, et al. 2011a. Structural characterisation and immunomodulatory property of an acidic polysaccharide from mycelial culture of *Cordyceps sinensis* fungus Cs-HK1. Food Chemistry, 125(2): 637-643.

Won S Y, Park E H. 2005. Anti-inflammatory and related pharmacological activities of cultured mycelia and fruiting bodies of *Cordyceps militaris*. Journal of Ethnopharmacology, 96(3): 555-561.

Wu D T, Cheong K L, Wang L Y, et al. 2014b. Characterization and discrimination of polysaccharides from different species of *Cordyceps* using saccharide mapping based on PACE and HPTLC. Carbohydrate Polymers, 103: 100-109.

Wu D T, Meng L Z, Wang L Y, et al. 2014c. Chain conformation and immunomodulatory activity of a hyperbranched polysaccharide from *Cordyceps sinensis*. Carbohydrate Polymers, 110: 405-414.

Wu D T, Xie J, Wang L Y, et al. 2014a. Characterization of bioactive polysaccharides from *Cordyceps militaris* produced in China using saccharide mapping. Journal of Functional Foods, 9: 315-323.

Wu M F, Li P C, Chen C C, et al. 2011. *Cordyceps sobolifera* extract ameliorates lipopolysaccharide-induced renal dysfunction in the rat. The American Journal of Chinese Medicine, 39(3): 523-535.

Wu T R, Lin C S, Chang C J, et al. 2019. Gut commensal *Parabacteroides goldsteinii* plays a predominant role in the anti-obesity effects of polysaccharides isolated from *Hirsutella sinensis*. Gut, 68(2): 248-262.

Wu Y, Hu N, Pan Y, et al. 2007. Isolation and characterization of a mannoglucan from edible *Cordyceps sinensis* mycelium. Carbohydrate Research, 342(6): 870-875.

Wu Y, Sun C, Pan Y. 2006b. Studies on isolation and structural features of a polysaccharide from the mycelium of an Chinese edible fungus (*Cordyceps sinensis*). Carbohydrate Polymers, 63(2): 251-256.

Wu Y, Sun C, Pan Y. 2006c. Structural analysis of a neutral (1→3), (1→4)-β-D-glucan from the mycelia of *Cordyceps sinensis*. Journal of Natural Products, 68(5): 812-814.

Wu Y, Sun H, Qin F, et al. 2006a. Effect of various extracts and a polysaccharide from the edible mycelia of *Cordyceps sinensis* on cellular and humoral immune response against ovalbumin in mice. Phytotherapy Research, 20(8): 646-652.

Wu Y L, Ishurd O, Sun C R, et al. 2005. Structure analysis and antitumor activity of (1→3)-β-D-glucans (cordyglucans) from the mycelia of *Cordyceps sinensis*. Planta Medica, 71(4): 381-384.

Xia F, Chen X, Guo M Y, et al. 2016. High-throughput sequencing-based analysis of endogenetic fungal communities inhabiting the Chinese *Cordyceps* reveals unexpectedly high fungal diversity. Scientific Reports, 6: 33437-33441.

Xiao J H, Xiao D M, Chen D X, et al. 2012. Polysaccharides from the medicinal mushroom *Cordyceps taii* Show antioxidant and immunoenhancing activities in a D-galactose-induced aging mouse model. Evidence-Based Complementary and Alternative Medicine, 2012: 273435.

Yalin W, Ishurd O, Cuirong S, et al. 2005. Structure analysis and antitumor activity of (1→3)-β-D-glucans (cordyglucans) from the mycelia of *Cordyceps sinensis*. Planta medica, 71(4): 381-384.

Yan F, Wang B, Zhang Y. 2014. Polysaccharides from *Cordyceps sinensis* mycelium ameliorate exhaustive swimming exercise-induced oxidative stress. Pharmaceutical Biology, 52(2): 157-161.

Yan F, Zhang Y, Wang B. 2012. Effects of polysaccharides from *Cordyceps sinensis*mycelium on physical fatigue in mice. Bangladesh Journal of Pharmacology, 7(3): 217-221.

Yan J K, Li L, Wang Z M, et al. 2010. Structural elucidation of an exopolysaccharide from mycelial fermentation of a *Tolypocladium* sp. fungus isolated from wild *Cordyceps sinensis*. Carbohydrate Polymers, 79(1): 125-130.

Yan J K, Wang W Q, Li L, et al. 2011. Physiochemical properties and antitumor activities of two α-glucans isolated from hot water and alkaline extracts of *Cordyceps* (Cs-HK1) fungal mycelia. Carbohydrate Polymers, 85(4): 753-758.

Yan J K, Wang W Q, Ma H L, et al. 2013. Sulfation and enhanced antioxidant capacity of an exopolysaccharide produced by the medicinal fungus *Cordyceps sinensis*. Molecules, 18(1): 167-177.

Yang C H, Kao Y H, Huang K S, et al. 2012. *Cordyceps militaris* and mycelial fermentation induced apoptosis and autophagy of human glioblastoma cells. Cell Death & Disease, 3(11): e431.

Yoo H S, Shin J W, Cho J H, et al. 2004. Effects of *Cordyceps militaris* extract on angiogenesis and tumor growth. Acta Pharmacologica Sinica, 25(5): 657-665.

Yu H M, Wang B S, Huang S C, et al. 2006. Comparison of protective effects between cultured *Cordyceps militaris* and natural *Cordyceps sinensis* against oxidative damage. Journal of Agricultural and Food Chemistry, 54(8): 3132-3138.

Yu R, Song L, Zhao Y, et al. 2004a. Isolation and biological properties of polysaccharide CPS-1 from cultured *Cordyceps militaris*. Fitoterapia, 75(5): 465-472.

Yu R, Wang L, Zhang H, et al. 2004b. Isolation, purification and identification of polysaccharides from cultured *Cordyceps militaris*. Fitoterapia, 75(7-8): 662-666.

Yu R, Yang W, Song L, et al. 2007. Structural characterization and antioxidant activity of a polysaccharide from the fruiting bodies of cultured *Cordyceps militaris*. Carbohydrate Polymers, 70(4): 430-436.

Yu R, Yin Y, Yang W, et al. 2009. Structural elucidation and biological activity of a novel polysaccharide by alkaline extraction from cultured *Cordyceps militaris*. Carbohydrate Polymers, 75(1): 166-171.

Zhang G, Huang Y, Bian Y, et al. 2006. Hypoglycemic activity of the fungi *Cordyceps militaris*, *Cordyceps sinensis*, *Tricholoma mongolicum*, and *Omphalia lapidescens* in streptozotocin-induced diabetic rats. Applied Microbiology and Biotechnology, 72(6): 1152-1156.

Zhang J, Yu Y, Zhang Z, et al. 2011. Effect of polysaccharide from cultured *Cordyceps sinensis* on immune function and anti-oxidation activity of mice exposed to ^{60}Co. International Immunopharmacology, 11(12): 2251-2257.

Zhang W, Li J, Qiu S, et al. 2008. Effects of the exopolysaccharide fraction (EPSF) from a cultivated *Cordyceps sinensis* on immunocytes of H22 tumor bearing mice. Fitoterapia, 79(3): 168-173.

Zhang W, Yang J, Chen J, et al. 2005. Immunomodulatory and antitumour effects of an exopolysaccharide fraction from cultivated *Cordyceps sinensis* (Chinese caterpillar fungus) on tumour-bearing mice. Biotechnology and Applied Biochemistry, 42(1): 9-15.

Zhang X L, Liu B C, Al-Assaf S, et al. 2012b. *Cordyceps sinensis* decreases TGF-β1 dependent epithelial to mesenchymal transdifferentiation and attenuates renal fibrosis. Food Hydrocolloids, 28(1): 200-212.

Zhang Y, Li E, Wang C, et al. 2012a. *Ophiocordyceps sinensis*, the flagship fungus of China: terminology, life strategy and ecology. Mycology, 3(1): 2-10.

Zhang Y J, Sun B D, Zhang S, et al. 2010. Mycobiotal investigation of natural *Ophiocordyceps sinensis* based on culture-dependent investigation. Mycosystema, 29(4): 518-527.

Zhao J, Xie J, Wang L Y, et al. 2014. Advanced development in chemical analysis of *Cordyceps*. Journal of Pharmaceutical and Biomedical Analysis, 87: 271-289.

Zheng P, Xia Y, Xiao G, et al. 2012. Genome sequence of the insect pathogenic fungus *Cordyceps militaris*. a valued traditional Chinese medicine. Genome Biology, 12(11): 116-138.

Zhu Z, Dong F, Liu X, et al. 2016a. Effects of extraction methods on the yield, chemical structure and anti-tumor activity of polysaccharides from *Cordyceps gunnii* mycelia. Carbohydrate Polymers, 140: 461-471.

Zhu Z, Liu N, Si C, et al. 2012. Structure and anti-tumor activity of a high-molecular-weight polysaccharide from cultured mycelium of *Cordyceps gunnii*. Carbohydrate Polymers, 88(3): 1072-1076.

Zhu Z Y, Liu X C, Fang X N, et al. 2016b. Structural characterization and anti-tumor activity of polysaccharide produced by *Hirsutella sinensis*. International Journal of Biological Macromolecules, 82: 959-966.

Zhu Z Y, Meng M, Sun H, et al. 2016c. Structural analysis and immunostimulatory activity of glycopeptides from *Paecilomyces sinensis*. Food & Function, 7(3): 1593-1600.

Zhu Z Y, Pang W, Li Y Y, et al. 2014. Effect of ultrasonic treatment on structure and antitumor activity of mycelial polysaccharides from *Cordyceps gunnii*. Carbohydrate Polymers, 114: 12-20.

第16章 茶 多 糖

16.1 引 言

16.1.1 茶叶

茶叶属于双子叶植物纲山茶目山茶科中的山茶属，通常来自茶树的嫩芽。茶叶已有5000多年的使用历史，特别是在中国、日本、印度和泰国等亚洲国家盛行（Cao，2013）。茶是在全球范围内仅次于水的第二大饮品，消费量远超碳酸饮料、葡萄酒、啤酒和咖啡（Cai et al.，2013）。

据《神农本草经》记载：茶叶味苦寒，久服安心益气，轻身耐劳。唐代《本草拾遗》中更是将茶奉为万药之药。大量研究表明，茶叶具有丰富的生物活性，如抗氧化、抗癌、抗炎、免疫调节、降血糖等（Chen et al.，2016；Granato et al.，2014；李海琳等，2014）。这些生物活性与茶叶中丰富的营养成分息息相关。目前，已报道的功能成分主要有茶多酚、茶多糖、茶氨酸、生物碱、儿茶素、氨基酸、蛋白质等（Wang et al.，2013a；张建勇等，2011）。由于其丰富的营养和药用价值，茶叶现被广泛用于食品、医药、日用和化工等领域。

16.1.2 茶叶的命名与分类

茶叶命名除因形状、色香味和茶树品种等不同外，还因生产地区、采摘时期和技术措施以及销路等不同。通常茶名以形容其形状居多，如瓜片、毛峰等。一些名茶常冠以地名，如西湖龙井、洞庭碧螺春、黄山毛峰、庐山云雾茶、六安瓜片、君山银针、信阳毛尖、武夷岩茶、安溪铁观音和祁门红茶等中国十大名茶。

茶叶的科学分类方法应表明其品质、制法以及主要内含物变化的系统性（陈椽，1979）。制法是基础，品质的不同取决于制法的不同。我国杰出的茶学家陈椽于1978年系统性地提出了茶叶分类理论，并根据茶叶制法和品质的不同，参照习惯上的分类，按照黄烷醇含量的次序，将茶分为绿茶、黄茶、黑茶、白茶、红茶五大类。目前国际上比较通用的分类方法是按照其加工过程的不同进行分类，分为不发酵茶（绿茶）、轻微发酵茶（白茶和黄茶）、半发酵茶（青茶）、全发酵茶（红茶）和后发酵茶（黑茶）（Zhao et al.，2014；吴平，2014），如图16-1所示。茶叶的科学分类为茶叶的研究与日常生活认识提供了巨大帮助。

16.1.2.1 绿茶

绿茶属于不发酵茶类，是以茶青为原料，经过杀青、揉捻、干燥等主要工序加工而成，因其甘茶及冲泡后的茶汤色泽都为绿色而得名。茶青是从茶树新梢上采摘的新鲜芽叶。一般包括单芽、一芽一叶、一芽二叶、一芽三叶等。绿茶的种类繁多，按干燥方法

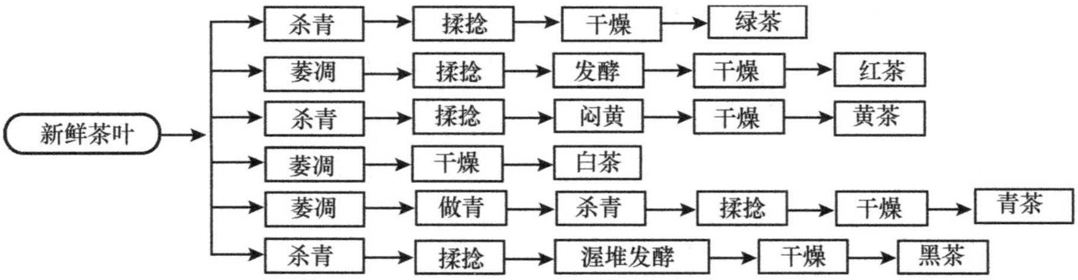

图 16-1　不同种茶叶的加工过程

不同可分为炒青绿茶、烘青绿茶、晒青绿茶。炒青绿茶是用炒锅将茶叶炒干，常见的有浙江杭州的龙井和江苏太湖洞庭山的碧螺春。烘青绿茶是采用烘焙的方法将茶叶烘干，如信阳毛尖、都匀毛尖、六安瓜片和黄山毛峰。晒青绿茶是在阳光下晒干而得，产量较少，以云南大叶种制成的滇青品质最好。绿茶属凉性，适于高血压、冠心病、动脉硬化、糖尿病等患者使用。

16.1.2.2　黄茶

黄茶是以茶青为原料经杀青、揉捻、闷黄、干燥等工序加工而成，因闷黄工序形成了黄汤、黄叶而得名，其发酵度为 10% ～ 20%。闷黄的主要目的是使茶坯在水热作用下进行非酶性自动氧化而形成色变。按原料芽叶嫩度和大小可分为“黄芽茶”（如湖南洞庭湖君山银芽、四川雅安名山区的蒙顶黄芽、安徽霍山的霍山黄芽）、“黄小茶”（如湖南岳阳的北港茶、湖南宁乡的沩山毛尖、浙江平阳的平阳黄汤、湖北远安的鹿苑）、“黄大茶”（如广东的大叶青、安徽的霍山黄大茶）三类。在闷黄工序中会产生大量消化酶，使得黄茶具有助消化、增进食欲和健脾胃的功效。

16.1.2.3　白茶

白茶以一芽一叶、大小均匀、芽叶成朵的鲜茶叶为原料，经萎凋和干燥工序加工而成，主要有白牡丹、白毫银针等品种，产于福建一带。其发酵度为 20% ～ 30%。萎凋是白茶的外形、色泽、香味形成的关键工序。白茶鲜叶经萎凋后直接进入干燥工序，从而形成了白茶特有的品质特征，具有清凉、退热、降火、祛暑等功效。

16.1.2.4　青茶

青茶又称乌龙茶，发酵程度为 30% ～ 60%。因其在制作时适当发酵，使叶片稍有红变，是介于绿茶与红茶之间的一种茶类。青茶综合了红茶和绿茶的制法，包括萎凋、做青、杀青、揉捻和干燥等步骤。既有红茶的浓鲜滋味，又有绿茶的清淡芳香。同时，因其叶片中间为绿色，叶缘呈红色，有“绿叶红镶边”之称。因其在分解脂肪和减肥健美方面有着突出功效，在日本被称为“健美茶”。

16.1.2.5　红茶

红茶是以茶青为原料经萎凋、揉捻、发酵、干燥等工序加工而成，属前发酵的全发酵茶，其发酵度高达 80% ～ 90%。发酵是其独特的制作工序，对于其品质的优劣至关重要。

发酵过程中，酶的活性增加使所含的茶多酚氧化，形成红色的化合物。这种化合物一部分溶于水，一部分不溶于水而积累在叶片中，从而形成红汤、红叶。红茶按制作方法不同，可分为小种红茶、工夫红茶和红碎茶。红茶作为我国第二大茶类，远销国外，深受英国、爱尔兰、加拿大、智利、德国、荷兰等西方国家的喜爱。红茶性温，适宜胃肠比较弱的人或在冬季食用。

16.1.2.6　黑茶

黑茶属于后发酵茶类，发酵度达到了 100%，一般以一芽五六叶较粗老的茶鲜叶为原料，经杀青、揉捻、渥堆发酵、干燥等主要工艺流程制作而成。属中国特有的茶叶种类，已成为边疆少数民族日常生活必备的饮品。黑茶根据产区及制作工艺的不同可概括为湖南黑茶、湖北老青茶、四川边茶和滇桂黑茶。黑茶具有消食去腻、降脂、降血压、降血糖、暖胃、安神、解酒等功效。

16.1.3　茶叶的主要功能成分

16.1.3.1　茶多酚

茶多酚是一类从茶叶中提取得到的多元酚混合物，占茶叶干重的 18% ～ 36%，主要包括儿茶素类、黄酮及黄酮醇类、花色素类、酚酸及缩酚酸类等四大类物质，分别占茶叶干重的 12% ～ 24%、3% ～ 4%、2% ～ 3%、5% 左右。多酚类儿茶素占茶多酚总量的 70% ～ 80%，主要包括表儿茶素（epicatechin，EC）、表儿茶素没食子酸酯（epicatechin gallate，ECG）、表没食子儿茶素（epigallocatechin，EGC）、表没食子儿茶素没食子酸酯（epigallocatechin gallate，EGCG）、儿茶素（catechin）和棓儿茶素（gallocatechin，GC）（又称没食子儿茶素），结构如图 16-2 所示。其中 EGCG 含量最高，占总儿茶素的 65%。研究表明，这些多酚类儿茶素能够有效地清除自由基（Azam et al.，2004；Zaveri，2006；Zhao et al.，2003）。EGCG 作为最主要的功能活性物质之一，具有抗氧化、保肝、抑菌、

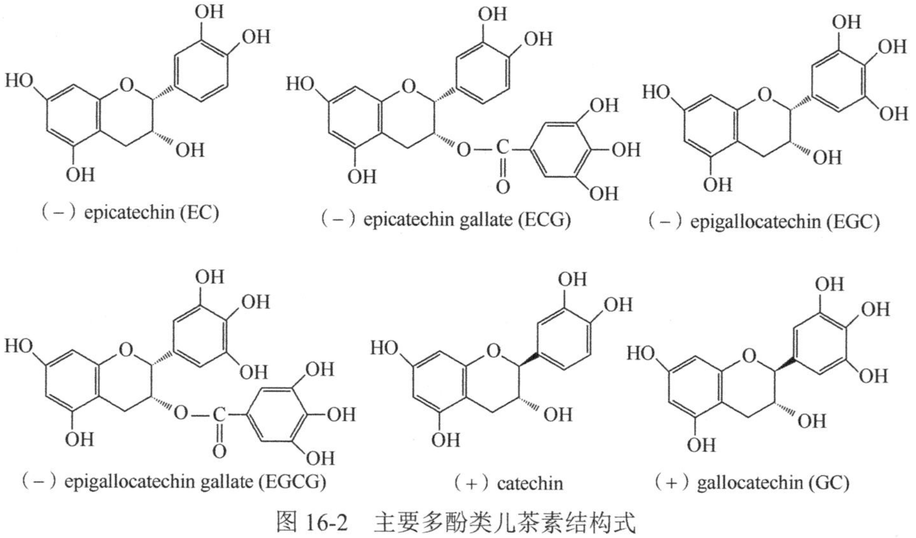

图 16-2　主要多酚类儿茶素结构式

抗辐射、抗炎等生理功能（Ahmed et al.，2017；Gan et al.，2016；Han et al.，2017；Lee et al.，2017；Liu et al.，2016a；Wu et al.，2017a，2017b）。

16.1.3.2　生物碱

生物碱是茶汤苦味的重要来源，主要包括咖啡碱（1,3,7-三甲基黄嘌呤，caffeine）、茶碱（1,3-二甲基黄嘌呤，theophylline）、可可碱（3,7-二甲基黄嘌呤，theobromine）等。其中，咖啡碱含量最高，占干重的 2% ～ 4%。目前研究表明，茶叶的抗氧化、抗菌和其他有益的健康作用归因于它的咖啡碱含量和咖啡碱与多酚之间的相互作用（Gramza-Michałowska，2014）。此外，茶叶生物碱被证明具有兴奋中枢神经、舒缓平滑肌、利尿醒酒、抗肿瘤、抗氧化、减肥及抑菌等作用（Braud et al.，2015；Hwang et al.，2016；Igarashi et al.，2016；Temple et al.，2017）。

16.1.3.3　茶色素

茶色素是茶叶中所有水溶性色素和脂溶性色素的总称。茶黄素（theaflavin，TF）是茶色素的主要成分，被认为是 EC、ECG、EGC 和 EGCG 等多酚类物质酶促发酵过程形成的产物，如茶黄素-3-没食子酸酯（theaflavin-3-gallate，TF3G）、茶黄素-3′-没食子酸酯（theaflavin-3′-gallate，TF3′G）和茶黄素双没食子酸酯（theaflavin-3,3′-digallate，TFDG），结构式如图 16-3 所示。大量科学研究表明茶黄素具有抗癌、抗氧化、抗炎、抗病毒、抗心血管疾病、预防阿尔茨海默病及减肥的功效（Chastain and Moss，2016；Ko et al.，2015；沈丽萍，2010）。

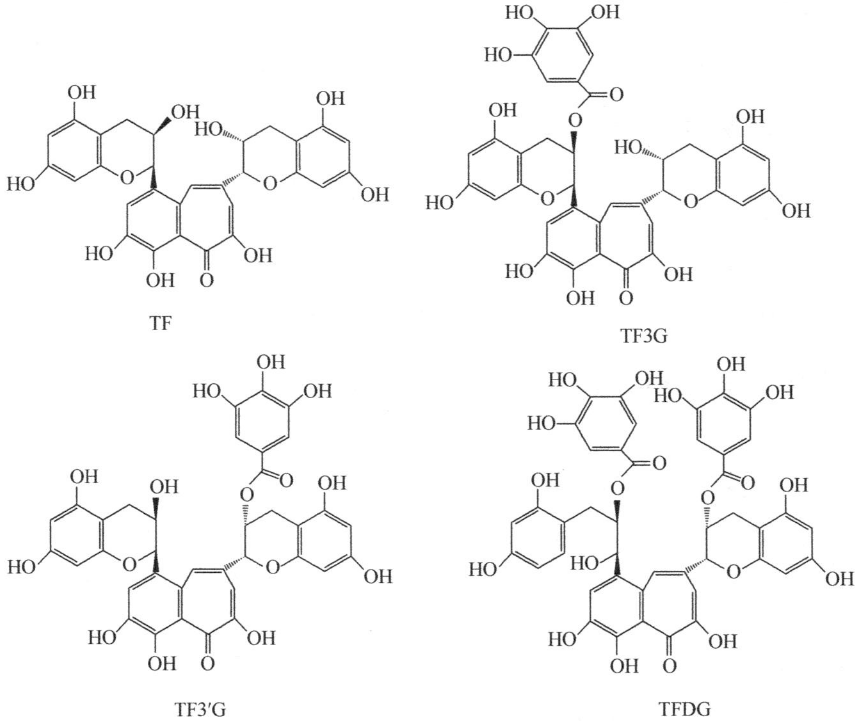

图 16-3　几种茶黄素结构式

16.1.3.4　L-茶氨酸

L-茶氨酸是一种水溶性非蛋白氨基酸，是茶叶中含量最高的游离氨基酸，占茶叶干重的 1% ～ 2%。在酸性溶液中稳定，但在碱性环境下易水解生成谷氨酸和乙胺。化学分子式为 $C_7H_{14}N_2O_3$，摩尔质量为 174.2g/mol，在其中心包含一条谷氨酰胺主链，结构式如图 16-4 所示。L-茶氨酸具有提高认知和学习能力、免疫调节、抑制癌症、保护肝脏和舒张血管等作用（Gong et al.，2018；Williams et al.，2016；唐颢等，2010）。

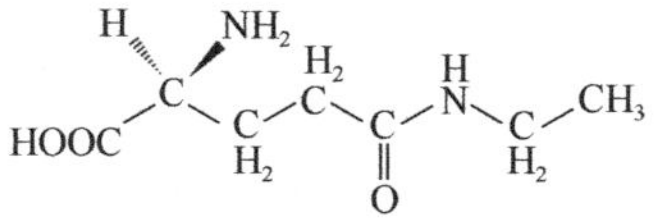

图 16-4　L-茶氨酸的化学结构式

16.1.3.5　维生素和矿物质元素

茶叶中维生素及类维生素共有 16 种，分别为维生素 A、B 族（B_1、B_2、B_6、B_7、B_{11}、B_{12}、泛酸、烟酸）、C、D、E、K、H、U、P 和肌醇等，占茶叶干重的 0.6% ～ 1.0%，均与茶树的生长代谢有关，如维生素 B_6 和 B_{11} 分别参与氮代谢和核酸、咖啡碱代谢，肌醇则与儿茶素的合成有关（黄亚亚，2013）。

目前茶叶中发现的无机矿物质元素约有 27 种，主要有磷、钾、钙、镁、锰、铝、硫等。这些矿物质元素大多以有机态存在，有利于人体的吸收。茶叶中氟的含量远高于其他植物，对预防龋齿和防治老年骨质疏松有明显效果。另外，茶叶中的硒对人体具有抗癌功效（邹盛勤，2004）。

16.1.3.6　茶多糖

茶叶中的糖类物质包括单糖、寡糖和多糖，也是茶汤甜味的呈味物质之一，占茶叶干重的 20% ～ 25%。茶叶中具有生物活性的复合多糖称为茶多糖（tea polysaccharide，TPS），是一类与蛋白质结合在一起的酸性多糖或者酸性糖蛋白。目前研究指出，茶多糖具有降血糖、降血脂、降血压、免疫调节、抗糖尿病、抗癌、抗氧化、抗动脉粥样硬化、抗凝、抗血栓及抗辐射等突出功效（Cao，2013；Chen et al.，2016；Nie and Xie，2011）。

16.1.4　茶叶在食品、保健品及化妆品等领域的应用

过去，人们对茶叶的利用以冲泡慢饮为主。随着社会发展及生活水平提高，人们开始追求更加快捷、多元化的茶叶消费方式，因此各类茶叶相关食品大量出现，如茶叶饮料、茶叶食品、茶叶食品添加剂等（张建勇等，2011）。由于茶叶中含有维生素 C、维生素 E 以及茶多酚三种强抗氧化活性物质，茶叶也作为天然抗氧化剂被加以利用。

随着科学技术的不断发展，茶叶中的生物活性成分如茶多酚、茶多糖、茶色素、咖啡碱等被有效地从茶叶中分离出来，以便用于医药行业。茶多酚由于其抗癌、降脂、抗衰老、抗菌等特性，已发展成为如“肿瘤多药抗药性逆转剂”、“心脑健胶囊”、茶多酚保肝药等药物（邹盛勤，2004）。茶色素胶囊在舒张血管、治疗高脂血症、抗糖尿病、治疗

肾病等方面发挥重要作用。茶叶咖啡碱在医药和临床领域具有广泛应用，如兴奋剂、强心剂、利尿剂、麻醉剂、镇痛剂等。此外，茶多糖胶囊制剂降血糖的临床效果已被证实。

由于以茶叶为原料的化妆品比以化学合成品为原料的化妆品安全性要高，因此茶叶被广泛用于化妆品领域。目前，国内外许多著名的化妆品公司将茶叶用于化妆品中，如绿茶原液精华系列产品、控油保湿系列产品、绿茶轻盈祛痘面膜等（陈刚等，2014）。

16.2 茶多糖的制备和理化性质

16.2.1 前处理

茶叶的叶、花和种子是制备茶多糖的三种主要资源。由于它们富含脂类、酚类、色素、单糖、蛋白等物质，因此进行有效的前处理除去这些物质能够大幅提高茶多糖的提取得率。对于茶叶和茶花，常用的前处理方法是乙醇浸泡。例如，Cai 等（2013）在室温条件下用无水乙醇浸泡绿茶叶 24h。Lu 等（2013）在进行多糖提取前采用 6 倍体积的 95% 乙醇于 60℃浸泡黄山毛峰绿茶叶粉末 4h 进行脱脂处理。Wang 等（2010a）采用 6 倍体积的 95% 乙醇在室温条件下对绿茶茶花重复处理 3 次以除去大多数酚类、色素、单糖等物质。虽然，对于不同来源茶叶所采用的乙醇预处理条件在乙醇浓度、料液比、温度、时间等条件方面存在差异，但有研究指出乙醇预处理过程中温度是其最显著的影响因素，乙醇浓度次之，料液比和预处理时间影响较小（杨军国等，2016a，2016b）。至于茶叶的种子，所采用的预处理方法较为特殊。茶叶种子被除去外壳后，经粉碎、钠-柠檬酸缓冲溶液提取、酶提取等预处理后再用于多糖的提取（Wang et al.，2013a；Wei et al.，2011）。

16.2.2 茶多糖的提取

16.2.2.1 水提法

一般而言，采用水提法提取茶多糖的得率随着提取温度的增加而提高，所以热水浸提法是最常用的提取方法。但是，经热水浸提所得的茶多糖得率实际并不高。Yang 等（2008）采用 10 倍体积的热水于 80℃下从绞股蓝茶叶中提取 3 次（每次 1h）得到水溶性精制多糖，得率为 3.75%。Han 等（2012）采用 10 倍体积的热水于 80℃下从茶花中重复提取 3 次（每次 3h）得到精制多糖，得率为 0.8%。Chi 等（2015）采用 10 倍体积的热水于 80℃下从富硒紫阳绿茶中重复提取 3 次（每次 1h）得到的粗多糖得率为 3.46%。此外，过高的温度可能会破坏茶多糖的分子结构。

另外，多糖提取得率的影响因素还有提取时间、料液比、提取次数等。所以，研究者常采用单因素实验法、Box-Behnken 设计和响应面分析等对这些工艺参数进行优化。在尽可能减少茶多糖结构破坏的前提下，提高茶多糖的提取得率。Jia 等（2014）采用单因素实验结合 Box-Behnken 设计方法得到老鹰茶叶中粗多糖提取的最佳工艺条件为：提取温度 88.9℃，提取时间 128.2min，提取液料比 11.4mL/g，得率可高达 12.71%。Guo 等（2016）采用单因素实验、Box-Behnken 设计等手段对花果山云雾茶中粗多糖提取工艺进行优化，得到最优条件为：提取温度 99℃，提取时间 175min，提取液料比 46mL/g，得率可达 6.14%。罗玲等（2012）采用单因素实验、Box-Behnken 设计优化普洱茶叶中粗多糖的提取工艺，得到最佳工艺条件为：提取温度 80℃，提取时间 78.5min，提取液料比 17.0mL/g，得率为 12.72%。茶多糖的提取得率除受提取温度、提取时间和提取料液比三大主要因素的影响外，还会因来源、茶龄、干燥方式的不同而不同。采用相同的热水浸提方法分别从绿茶和青茶的叶子中提取粗多糖，绿茶粗多糖的得率高于青茶粗多糖（Scoparo et al.，2013）。普洱茶叶中多糖提取得率随着茶龄的增长而提高，同时，蛋白质和糖醛酸含量也增加（Xu et al.，2014）。对茶叶叶子分别采用冷冻干燥、真空干燥、喷雾干燥和微波真空干燥 4 种干燥方式进行多糖提取，所提粗多糖的得率差异显著（Wang et al.，2013b）。考虑到热水浸提法得率低、成本高、耗时长等缺点，一部分研究者也考虑采用酶法、微波及超声波等辅助方法提高提取效率。

16.2.2.2　酶法辅助提取法

酶法辅助提取法与水提法相比，能够在更温和的条件下分解植物组织，使得其中的活性成分有效溶出，且多糖具有更高的提取得率。酶法辅助提取茶叶和茶花中的多糖得率高于热水与沸水提取的多糖得率（Wang et al.，2010b）。在茶多糖酶法辅助提取过程中，蛋白酶、果胶酶和纤维素酶应用较为广泛。此外，还可应用茶叶水解酶、胰酶以及一些复合酶。郭艳红等（2009）研究发现在茶多糖的提取过程中，酶的活力顺序从高到低依次为茶叶水解酶、β-葡聚糖酶、纤维素酶 +β-葡聚糖酶、果胶酶。酶法辅助提取过程中，温度、pH、加酶量和提取时间等是主要影响因素。王元凤和金征宇（2005）比较了热水提取、复合酶提取、果胶酶提取对茶多糖提取效果的影响。结果表明，采用果胶酶单独提取的最佳工艺参数是 pH 4.5、加酶量 0.3%、温度 45℃、提取时间 2h，最佳条件下茶多糖的提取率为 2.21%，是水提法的 1.81 倍。采用复合酶提取的最佳工艺参数是温度 40℃、pH 5.5、加酶量 0.5%、提取时间 3h，最佳条件下茶多糖的提取率为 3.29%，是水提法的 2.70 倍。周小玲等（2007）比较了果胶酶、胰蛋白酶以及复合酶等 3 种提取法和不加酶水浸提法提取崂山粗老绿茶中的茶多糖，发现复合酶提取法的提取率最高，达到 5.17%。

16.2.2.3　超声波辅助提取法

由于超声波能够加速茶叶的细胞破碎使多糖更快地释放出来，因此在茶多糖的热水浸提中应用广泛。影响茶多糖浸出率的主要因素有超声波功率、超声温度、超声时间、浸提时间、液料比（苏冰霞等，2013a，2013b）。苏冰霞等（2013b）提出超声波辅助提取山苦茶叶中水溶性多糖的最佳工艺参数为：超声波功率 250W，超声时间 40min，超声温度 60℃，液料比 15.0mL/g，热水浸提时间 30min。张彬等（2008）采用单因素实验、Box-Behnken 中心组合实验和响应面分析法确定超声提取绿茶叶中多糖的最佳工艺条件为：液料比 28.0mL/g，提取温度 60℃，提取时间 70min。杨红燕等（2016）采用 Box-Behnken 中心组合实验法优化苦荞茶叶中多糖超声波提取工艺为：超声功率 300W，提取 3 次，提取温度 59.21℃，液料比 24.72mL/g，提取时间 74.30min。可见，对于不同种茶叶所采用的超声波辅助提取参数也不相同。

16.2.2.4　微波辅助提取法

与酶法辅助提取法、水提法相比，微波辅助提取法具有时间短、得率高的优点。Wei等(2010)研究发现单一地增加微波功率对茶花中茶多糖的提取得率并无显著影响。所以，在使用微波辅助提取时有必要对微波功率、料液比、微波处理时间等工艺参数进行优化。聂少平等（2005）采用单因素实验和正交实验的方法得到提取粗老绿茶中茶多糖的最佳工艺参数为：茶叶与水的质量比为1∶15，在微波强度为100%的条件下提取75s。张忠等（2007）认为微波辅助提取对茶籽中多糖浸出率影响的主次顺序依次为功率、pH、固液比、时间，并采用正交优化实验方法得到茶籽多糖的最佳提取工艺为：浸提功率400W，固液比1∶30，pH 5，浸提时间30s。微波辅助提取对茶多糖的活性影响与茶叶的提取部位不同有很大关系。在抑制α-葡糖苷酶的活性方面，茶花中经微波辅助提取所得的茶多糖远低于水提所得的茶多糖。在抑制α-淀粉酶活性上，茶叶中经微波辅助提取所得的茶多糖与水提所得的茶多糖相差无几。而对于茶籽多糖，微波辅助提取所得远高于水提所得。

16.2.2.5　碱提法

茶叶经水提后的残渣，可以使用稀碱溶液提取出剩余的大量多糖类复合物。研究表明，热水浸提后的绿茶和红茶残渣经同一种碱溶液提取所得的茶多糖，在单糖组成和糖苷键连接上存在着相似之处（Scoparo et al.，2016）。但是，同一种低档绿茶茶叶残渣经不同浓度碱提取得到的茶多糖，表现出不同的单糖组成。采用1.0% NaOH溶液对残渣进行提取所得的茶多糖主要由阿拉伯糖和半乳糖组成，2.0% NaOH提取所得茶多糖则主要由甘露糖和半乳糖组成（陈小强，2015；陈小强等，2008）。在使用稀碱溶液提取茶叶残渣中的茶多糖时，往往需要加入氮气或加入硼氢化钠以防止糖苷键断裂（Scoparo et al.，2016；付珊珊，2009）。

16.2.2.6　其他提取方法

超临界CO_2萃取法是一种新兴的无毒、无害、分离效率高的多糖提取方法，已被应用于茶多糖的提取。此方法既可有效地提取茶叶中的多糖，又可最大限度地保护茶多糖的结构完整和保持其生物活性。例如，在茶粉颗粒度为40目、20%无水乙醇为夹带剂、萃取压力35MPa、萃取温度45℃、萃取时间2h的条件下，茶多糖的提取得率高达92.5%。此外，其他提取方法如乙醇、丙酮、十六烷基三甲基溴化铵沉淀法及超滤法等也可用于茶多糖的提取（李春雷等，2015）。

16.2.3　茶多糖的分离与纯化

16.2.3.1　脱蛋白

除去茶多糖中游离的蛋白质常用的方法是Sevag法和三氯乙酸法。与其他方法相比，Sevag法条件更为温和，能够避免多糖的降解。但是，Sevag法一次只能除去少量蛋白质，需要反复多次才能除尽蛋白质。而且，多次反复操作，可能会造成较多的多糖损失。所以，

Sevag 法脱蛋白以 3 次为宜（杨立杰，2007）。此外，Sevag 法使用大量有机试剂，对人体及环境都有一定危害，且操作烦琐。因此，可用硫酸铵沉淀法达到脱除大部分游离蛋白质的目的（张彬等，2008）。

16.2.3.2　脱色

由于茶叶中富含茶多酚，采用热水等方法提取得到的茶多糖中含有较多茶多酚。此类成分极易氧化而变色，尤其是当加热干燥后颜色更深，因此需要对其进行脱色处理。常用的脱色方法有活性炭脱色法、大孔吸附树脂法、过氧化氢脱色法和纤维素柱层析脱色法。绿茶茶多糖活性炭脱色的最佳条件为温度 60℃，吸附时间 30min，活性炭用量 15%，pH 4.5。在此条件下，多糖脱色率达 89.7%，多糖保持率为 52.6%（张彬等，2008）。D101 大孔树脂和 D-900 大孔弱碱性阴离子交换树脂能够同时用于茶多糖中的脱色及蛋白质去除处理，当普洱茶多糖溶液体积为 50mL，在 pH 4、温度 50℃、料液质量浓度 3.8mg/mL、D101 大孔树脂用量 11mL 的条件下，普洱茶多糖的脱色率为 82.33%、蛋白质去除率为 70.89%（杨新河等，2015）。用 D-900 大孔弱碱性阴离子交换树脂进行红茶茶多糖的脱色时，在树脂用量为 2.5g、pH 4.5、温度 75℃条件下，茶多糖溶液的脱色率为 78.573%，蛋白质去除率为 94.112%（李涛，2016）。过氧化氢脱色效果较好，具有较高的脱色率和多糖保留率，但易破坏茶多糖的生物活性。纤维素柱层析脱色法既能够达到脱色的目的，又能对茶多糖进行初步分级。但其适合用于处理量小、黏性小、色素含量较低的多糖组分。二乙氨乙基（DEAE）纤维素柱层析法广泛用于茶叶粗提物中多糖和小分子物质的分离（Cai et al.，2013；Chen et al.，2010；Jia et al.，2014；Wang et al.，2015a，2010a）。此外，聚酰胺柱层析法也能够用于脱色、脱蛋白。此方法多糖保留率、茶多糖得率和抗氧化活性显著高于 Sevag 法。其中，乌龙茶多糖聚酰胺柱层析法脱色、脱蛋白的最佳工艺条件为 4mg 茶多糖 /mL 聚酰胺，2/5 倍柱体积去离子水溶解上样，吸附平衡 20min，以 3mL/min 的速率洗脱（张芸等，2014）。

16.2.3.3　分离与纯化

醇沉法和 DEAE 纤维素柱层析法是茶多糖分离纯化最常用的方法。醇沉法可以除去醇溶性物质，如茶多酚、茶色素及其他小分子物质，从而得到茶多糖沉淀，同时还能达到进一步脱色的目的。一般所用的乙醇浓度为 75% ～ 100%，糖溶液与乙醇的体积比为 1∶10 ～ 1∶3，醇沉温度为 4 ～ 25℃（Ai et al.，2016；Jia et al.，2014；Nie et al.，2007；Wang et al.，2013c，2010a）。分级醇沉的方法常用于茶多糖的分离。通过对雪茶多糖进行乙醇分级沉淀发现，雪茶多糖组分主要集中在 30% ～ 40% 乙醇沉淀部分（陈玉杰，2005）。不同乙醇浓度所得的茶多糖往往表现出不同的理化性质和生物活性。以粗茶多糖提取物为原料，用 50%、60%、70%、80% 和 90% 等 5 个浓度梯度乙醇沉淀分级可以制得 5 个具有不同糖含量及抗氧化活性的茶多糖样品（杨军国等，2016a）。采用 30%、50%、70% 和 90% 等 4 个浓度梯度乙醇对茶多糖进行分级沉淀制备相对分子质量不同的 4 种茶多糖组分时，发现这 4 种茶多糖具有不同的单糖组成比例和降血糖效果（张高帆等，2015）。

茶多糖主要为酸性多糖，中性糖含量较少。在DEAE纤维素柱层析法中，茶多糖的酸性多糖可被DEAE纤维素柱吸附。吸附力随多糖分子中酸性基团的增加而增强，中性糖被溶剂洗脱出来，所以DEAE纤维素柱能够广泛用于茶多糖的分离。常用的DEAE纤维素柱有DEAE-52柱（郭威等，2013；林华娟等，2013）、DEAE琼脂糖快速交换柱（Wang et al.，2009a）、DEAE快速阴离子交换柱（范嘉龙等，2013）、DEAE琼脂糖CL-6B柱（Cai et al.，2013）等。一般以0～1.0mol/L浓度范围的NaCl水溶液为洗脱溶剂。此外，聚酰胺树脂柱层析法也能够以水为洗脱溶剂而用于茶多糖的分离（Guo et al.，2010）。

茶多糖的其他分离方法有季铵盐沉淀法（杨其林等，2004）、超滤法和微滤法（张艳，2014）、冻融法（Scoparo et al.，2016；Yang et al.，2008）等。虽然，有一部分茶多糖经上述一系列脱蛋白、脱色和分离处理后能够得到纯度较高的茶多糖样品。但是，大部分茶多糖还需经进一步的纯化处理才能得到相应纯品。主要的纯化方法是凝胶柱层析法，此方法是根据多糖分子大小的不同进行分离。常用的凝胶有葡聚糖凝胶（Sephadex）（Nie et al.，2007；Wang et al.，2013a）、琼脂糖凝胶（Sepharose）（范海涛等，2016）以及丙烯葡聚糖凝胶（Sephacryl）（林华娟等，2013；田晓春，2011），同时常采用NaCl水溶液作为洗脱溶剂。

16.2.4 茶多糖的理化性质

16.2.4.1 基本理化性质

茶多糖多为水溶性多糖，除有单糖外，还结合有糖醛酸，缀合有蛋白质、无机元素等配体。经分离纯化、冻干后所得的茶多糖为粉末状固体，不易潮解，无味，溶于水，不溶于高浓度的乙醇、丙酮、乙酸乙酯等有机溶剂。茶多糖具有吸附氟的能力（高慧敏等，2016），并且能够抑制小麦淀粉回生（张春媛等，2014）。

16.2.4.2 多糖含量

常用的茶多糖中多糖含量的测定方法是苯酚-硫酸法和蒽酮-硫酸法，其含量的高低是评价多糖提取效率的重要指标之一。除受不同提取工艺和不同种茶叶来源两大重要因素影响之外，茶多糖得率还因干燥方式、产地、酵龄、叶龄、提取部位、原料等不同而有所差别，见表16-1。采用冷冻干燥、真空干燥、喷雾干燥、微波-真空干燥等4种前处理干燥方式处理后发现，茶多糖的糖含量在冷冻干燥方式下最高（Wang et al.，2013b）。从西湖龙井、安溪铁观音、茶闻天下、惠州绿茶4种茶叶中提取得到的茶多糖的中性糖和酸性糖含量有所差别（Xiao et al.，2011）。不同酵龄（1年、3年、5年）的普洱茶叶中提取得到的茶多糖中性糖和糖醛酸含量各有不同，且酵龄为5年的茶多糖中性糖含量最高（Xu et al.，2014）。从老鹰茶叶最嫩芽中制备得到的茶多糖的糖含量高于从其新叶和成熟叶中提取得到的茶多糖（Jia et al.，2013）。从绿茶叶子中提取得到的茶多糖的糖含量远高于从其种子和花中提取所得的茶多糖（Wei et al.，2011）。从同属乌龙茶的3个品种不同茶叶（铁观音、凤凰单丛、大红袍）中提取得到的茶多糖，中性糖和糖醛酸含量差别明显（邵淑宏，2015）。

表 16-1 影响茶多糖中多糖含量的因素

因素	来源	多糖含量	参考文献
不同干燥方式	冷冻干燥茶叶	42.71%	Wang et al.，2013b
	真空干燥茶叶	42.01%	
	喷雾干燥茶叶	41.16%	
	微波-真空干燥茶叶	41.08%	
不同产地	西湖龙井	36.06% 中性糖 +31.76% 酸性糖	Xiao et al.，2011
	安溪铁观音	36.38% 中性糖 +33.50% 酸性糖	
	茶闻天下	38.71% 中性糖 +35.21% 酸性糖	
	惠州绿茶	37.12% 中性糖 +37.99% 酸性糖	
不同酵龄	轻度发酵 1 年普洱茶叶	15.32% 中性糖 +32.63% 糖醛酸	Xu et al.，2014
	轻度发酵 3 年普洱茶叶	14.36% 中性糖 +40.66% 糖醛酸	
	轻度发酵 5 年普洱茶叶	20.20% 中性糖 +40.44% 糖醛酸	
不同叶龄	老鹰茶叶的最嫩芽	80.09%	Jia et al.，2013
	老鹰茶叶的新叶	70.06%	
	老鹰茶叶的成熟叶	76.85%	
不同提取部位	绿茶种子	47.58%	Wei et al.，2011
	绿茶叶子	62.84%	
	绿茶花	20.80%	
同属茶叶不同品种	铁观音	27.56% 中性糖 +45.89% 糖醛酸	邵淑宏，2015
	凤凰单丛	16.71% 中性糖 +56.46% 糖醛酸	
	大红袍	20.74% 中性糖 +63.11% 糖醛酸	

16.2.4.3 多糖纯度和分子质量

高效凝胶渗透色谱法（high performance gel permeation chromatography，HPGPC）是茶多糖纯度鉴定与分子质量测定最常用的方法（Nie et al.，2005）。如表 16-2 所示，茶多糖分子质量范围为 1.2 ～ 3900kDa。同一来源茶叶经不同提取条件所得的茶多糖，分子质量大小各异；同一提取条件下，茶多糖分子质量大小随着茶叶来源和茶叶品种的变化而变化；不同等级、不同地理位置或不同提取部位的茶叶，所提取得到的茶多糖分子质量也存在较大差别。此外，茶多糖的重均分子质量、数均分子质量及二者之比等分子特征参数可由高效液相色谱联用多角度激光散射技术检测得到（Guo et al.，2010）。

16.2.4.4 单糖组成

大多数茶多糖都含有一部分糖醛酸，所以茶多糖的单糖组成除了中性单糖外，还包括酸性单糖。例如，绿茶茶叶经果胶酶提取和乙醇醇沉后所得到的果胶类多糖所含葡糖醛酸和半乳糖醛酸的比例高达 43.6%（Park et al.，2017）。在茶多糖单糖组成测定之前，往往采用三氟乙酸或硫酸试剂将茶多糖完全水解得到其水解产物，或者采用柱前衍生或糖腈乙酸酯衍生的方法制备其衍生物，随后将其水解物或衍生物经高效液相色谱法（high

表 16-2 部分茶多糖的理化性质

多糖	提取原料	提取方法	多糖种类	分子质量（kDa）	主要单糖组成	参考文献
TPC-1、TPC-2、TPC-3	低档绿茶	热水浸提（料液比 1∶20，70℃，3 次）	糖蛋白	268、118、42	TPC-1（Ara∶Rib∶Xyl∶Glc∶Gal∶Man=3.3∶2.0∶2.7∶4.1∶1.0∶2.5），TPC-2（Ara∶Rib∶Glc∶Man=1.9∶1.6∶2.7∶1），TPC-3（Ara∶Rib∶Xyl∶Glc∶Gal=4.5∶2.0∶2.8∶1.8∶1.0）。皆为摩尔比	Chen et al.，2008
TPC3-1	低档绿茶	热水浸提（70℃，30min，3 次）	酸性糖蛋白	120	Ara∶Rib∶Xyl∶Glc∶Gal= 4.9∶2.2∶3.1∶1.8∶1.0（摩尔比）	Chen et al.，2010
TPC	低档绿茶	热水浸提（料液比 1∶20，3 次）	糖蛋白	120	Ara∶Rib∶Xyl∶Glc∶Gal∶GlcA=1.00∶0.77∶2.65∶0.88∶0.42∶2.13（摩尔比）	Chen et al.，2005
TPSA	低档绿茶	1% NaCl 水溶液提取	酸性多糖	470	Gal∶Ara∶Glc∶Rha∶Rib∶Man∶Xyl=20.3∶20.0∶15.2∶6.7∶2.5∶2.1∶1.3（摩尔比）	Wu et al.，2017a
7WA	绿茶	热水浸提（料液比 1∶10，100℃，2h，2 次）	阿拉伯半乳聚糖	71	Ara∶Gal=1.0∶0.96（摩尔比）	Wang et al.，2015b
GTPS	绿茶	热水浸提（70℃，60min，3 次）	酸性糖蛋白	9.2～251.5	Rha∶Ara∶Xyl∶Man∶Gal∶Glc=7.8∶41.8∶7.1∶7.3∶18.7∶17.0（摩尔比）	Chen et al.，2009a
TGP	绿茶	热水浸提（料液比 1∶20，50℃，4h，2 次）	糖蛋白	126.513	Rib∶Rha∶Ara∶Xyl∶Man∶Glc∶Gal=1.71∶5.88∶13.70∶1.99∶1.00∶1.84∶33.75（摩尔比）	Nie et al.，2008
HMTP	黄山毛峰（绿茶）	热水浸提（料液比 1∶10，80℃，4h，3 次）	酸性杂多糖	—	Gal∶Ara∶GalA=35.0∶28.9∶11.3（摩尔百分比）	Lu et al.，2013
MTP06	毛尖茶叶	沸水提取 30min	杂多糖	220	Ara∶Xyl∶Glc∶Gal=2.03∶1∶7.81∶1.18（摩尔比）	范海涛等，2016
Se-ZYTP	紫阳绿茶	热水浸提（100℃，3h，3 次）	硒-复合多糖	—	Gal∶Glc∶Ara∶Rha∶Fuc∶Man∶GlcA=2.4∶1.5∶1.2∶0.2∶0.1∶0.3∶0.3（摩尔比）	Wang et al.，2013c
Se-GTPs	富硒紫阳绿茶	热水浸提（料液比 1∶20，80℃，2h，3 次）	杂多糖	—	Man∶Rib∶Rha∶GlcA∶GalA∶Glc∶Xyl∶Gal∶Ara∶Fuc=4.3∶1.4∶4.1∶2.6∶3.0∶31.4∶4.6∶21.8∶23.5∶3.3（摩尔百分比）	He et al.，2013

续表

多糖	提取原料	提取方法	多糖种类	分子质量（kDa）	主要单糖组成	参考文献
ZTPs	富硒紫阳绿茶	热水浸提（料液比 1∶10，80℃，1h，3 次）	酸性糖蛋白	—	Man∶Rib∶Rha∶GlcA∶GalA∶Glc∶Xyl∶Gal∶Ara∶Fuc=4.3∶1.4∶4.1∶2.6∶3.0∶31.4∶4.6∶21.8∶23.5∶3.3（摩尔百分比）	Wang et al.，2014a
Se-TP	紫阳绿茶	热水浸提（料液比 1∶10，80℃，1h，3 次）	富硒糖蛋白	150	Man∶Rha∶Glc∶Gal∶Ara∶GalA=3.57∶1.69∶32.35∶25.81∶30.64∶2.26（摩尔百分比）	Chi et al.，2015
GTE-Ⅱ	绿茶	果胶酶提取 +95% 醇沉	果胶多糖 RG-Ⅱ	9	Rha∶Ara∶Gal∶Glc∶GalA∶GlcA=13.5∶12.8∶7.7∶6.9∶32.9∶10.7（摩尔百分比）	Park et al.，2017
TPS	绿茶	胰蛋白酶 + 果胶酶提取	糖蛋白	107 ～ 110	Ara∶Xyl∶Fuc∶Glc∶Gal=6.49∶2.60∶6.53∶43.27∶41.11（摩尔百分比）	周小玲等，2007
NTPS-1	绿茶	植物水解酶提取（40℃，3h）+ 热水浸提（60℃，2h）	半乳聚糖	21.247	Gal	Wang et al.，2009b
GTPS	绿茶	热水浸提残渣后经 10% NaOH/$NaBH_4$ 提取（100℃，3h，3 次）	糖蛋白	—	Rha∶Fuc∶Ara∶Gal=6∶7∶47∶40（相对比例）	Scoparo et al.，2016
TPS	红茶	热水浸提（料液比 1∶8，90℃，1h，2 次）	酸性糖蛋白	—	Rha∶Fuc∶Ara∶Xyl∶Man∶Gal∶Glc=8.62∶6.21∶23.15∶7.29∶8.40∶22.50∶23.85（摩尔百分比）	Wu et al.，2016
BTPS	红茶	热水浸提（70℃，60min，3 次）	酸性糖蛋白	3.8 ～ 32.7	Rha∶Ara∶Gal∶Glc=14.4∶36.4∶19.7∶29.4（摩尔百分比）	Chen et al.，2009a
BTPS	红茶	热水浸提残渣后经 10% NaOH/$NaBH_4$ 提取（100℃，3h，3 次）	糖蛋白	—	Rha∶Fuc∶Ara∶Gal=7∶8∶53∶32（相对比例）	Scoparo et al.，2016
OTPS	乌龙茶	热水浸提（70℃，60min，3 次）	酸性糖蛋白	5.3 ～ 100.9	Rha∶Ara∶Gal∶Glc=16.2∶43.7∶18.0∶21.9（摩尔百分比）	Chen et al.，2009a
OTPS	乌龙茶	热水浸提（70℃，30min，3 次）	酸性糖蛋白	1280	Rha∶Ara∶Gal∶Glc=1.37∶1.89∶1.00∶1.30（摩尔比）	Chen et al.，2009b
WTPS-1	乌龙茶	热水浸提（料液比 1∶20，50℃，1h，2 次）	杂多糖	—	Rha∶Ara∶Xyl∶Man∶Glc∶Gal=2.57∶3.67∶0.57∶1∶2.16∶9.65（摩尔比）	陈梅春等，2016
TPC-P	普洱茶叶	热水浸提（90℃，2h）	糖蛋白	251.2	Ara∶Gal∶Glc=2.3∶3.0∶3.1（摩尔比）	Chen et al.，2017

续表

多糖	提取原料	提取方法	多糖种类	分子质量（kDa）	主要单糖组成	参考文献
PTPS-1、PTPS-3、PTPS-5	普洱茶叶	热水浸提（70℃，60min，3 次）	酸性糖蛋白	2700；1930、630；3900、1160	PTPS-1（Ara∶Man∶Gal∶Glc=21.86∶21.59∶26.93∶16.52）；PTPS-3（Ara∶Man∶Gal∶Glc=26.22∶13.83∶39.34∶10.23）；PTPS-5（Rha∶Ara∶Man∶Gal=15.98∶20.84∶15.29∶40.33）。皆为摩尔百分比	Xu et al.，2014
HMP-1	老鹰茶	热水浸提（料液比 1∶11.4，88.9℃，128.2min）	杂多糖	133	Glc∶Man∶Gal∶Ara=27.34∶57.06∶6.43∶9.17（摩尔百分比）	Jia et al.，2014
HMP-2	老鹰茶			100	Glc∶Man∶Gal∶Ara=24.56∶39.04∶8.34∶28.06（摩尔百分比）	
TBTP	苦荞茶	超声辅助提取（超声功率 300W，料液比 1∶24.72，59.21℃，74.30min，3 次）	杂多糖	—	Man∶Rib∶Rha∶GlcA∶GalA∶Glc∶Xyl∶Gal∶Ara=4.47∶3.09∶8.55∶2.52∶6.28∶22.08∶12.49∶26.88∶13.64（摩尔百分比）	杨红燕等，2016
XTPS	西湖龙井	热水浸提（料液比 1∶10，90℃，2h，2 次）	酸性糖蛋白	810、54.5、1.26	Rha∶Ara∶Gal∶Glc∶Man∶GalA=9.50∶8.79∶13.17∶5.52∶3.52∶11.60（相对比例）	Xiao et al.，2011
TTPS	安溪铁观音			762、164、22.64、1.26	Rha∶Ara∶Gal∶Glc∶Man∶GalA=7.41∶13.78∶20.16∶12.74∶5.7∶15.49（相对比例）	
CTPS	茶闻天下			805、138、19、12	Rha∶Ara∶Gal∶Glc∶Man∶GalA=8.73∶11.95∶16.53∶11.06∶3.81∶15.06（相对比例）	
HTPS	惠州绿茶			771、137、11、1.2	Rha∶Ara∶Gal∶Glc∶Man∶Rib∶GalA=9.48∶23.06∶30.68∶7.28∶3.75∶4.37∶18.36（相对比例）	
TFPS1	茶花	热水浸提（90℃，2h）	糖蛋白	500	Rha∶Ara∶Man∶Glc∶Gal=1.0∶2.9∶0.5∶1.3∶3.3（摩尔比）	Wang et al.，2010a
TFP-1	新鲜茶花	热水浸提（料液比 1∶10，80℃，3h，3 次）	—	132	Xyl∶Glc∶Ara∶Gal=1.0∶2.9∶4.6∶21.8（摩尔比）	Han et al.，2012
TSPS	茶叶种子	钠-柠檬酸缓冲液 55℃提取 + 酶提取 6h（55℃）+ 水提（料液比 1∶6，70℃，1.5h）	—	500、130、5	Rha∶Xyl∶Ara∶Glc∶Gal∶GalA∶GlcA=4.9∶1.7∶11.1∶27.2∶14.0∶3.4∶1（摩尔比）	Wei et al.，2011

注：“—”表示不确定或未测定

performance liquid chromatography，HPLC）和气相色谱法（gas chromatography，GC）进行单糖组成分析（Ai et al.，2016；Chen et al.，2009a；范嘉龙等，2013；郭威等，2013）。如表 16-2 所示，茶多糖由阿拉伯糖（arabinose，Ara）、核糖（ribose，Rib）、木糖（xylose，Xyl）、葡萄糖（glucose，Glc）、半乳糖（galactose，Gal）、甘露糖（mannose，Man）、岩藻糖（fucose，Fuc）、鼠李糖（rhamnose，Rha）、葡糖醛酸（glucuronic acid，GlcA）和半乳糖醛酸（galacturonic acid，GalA）等单糖中的一种或几种组成。茶多糖的单糖组成因原料、品种、地理位置、等级、提取方法与提取条件、提取部位等因素的不同而各有差异。

16.2.4.5　氨基酸组成

大多数茶多糖属于茶多糖与蛋白质的轭合物，这种与茶多糖相缩合的蛋白质是结合蛋白质，是茶多糖的重要组成部分。在分析茶多糖单糖组成的同时，往往需要对茶多糖进行氨基酸分析，以便得到茶多糖更全面的化学组成信息。表 16-3 是部分从绿茶茶叶中提取得到的茶多糖的氨基酸组成。绿茶茶多糖可由 13 ～ 18 种氨基酸组成，如天冬氨酸（aspartic acid，Asp）、谷氨酸（glutamic acid，Glu）、甘氨酸（glycine，Gly）、赖氨酸（lysine，Lys）、亮氨酸（leucine，Leu）、丝氨酸（serine，Ser）、丙氨酸（alanine，Ala）、精氨酸（arginine，Arg）、苯丙氨酸（phenylalanine，Phe）、异亮氨酸（isoleucine，Ile）、脯氨酸（proline，Pro）、苏氨酸（threonine，Thr）、缬氨酸（valine，Val）、半胱氨酸（cysteine，Cys）等。

表 16-3　部分来自绿茶茶叶的茶多糖的氨基酸组成

多糖	来源	多糖种类	氨基酸组成	分析方法与手段	参考文献
TPC	绿茶	糖蛋白	15 种氨基酸，主要为 Asp∶Glu∶Gly∶Lys∶Leu=0.59∶0.94∶1.16∶0.47∶0.45（相对比例）	HPLC	Chen et al.，2005
TGP	绿茶	糖蛋白	18 种氨基酸，主要为 Asp∶Ser∶Glu∶Gly∶Ala∶Arg∶Leu=0.65∶0.47∶0.76∶0.56∶0.43∶0.91∶0.42（质量百分含量）	氨基酸自动分析仪	Nie et al.，2008
TPC-E	绿茶	糖蛋白	15 种氨基酸，主要为 Glu∶Phe∶Leu∶Ile∶Ser=6.14∶4.32∶3.68∶3.54∶2.69（mg/g）	HPLC	陈小强，2015
TPC-W			16 种氨基酸，主要为 Glu∶Asp∶Gly∶Lys∶Arg∶Ser=4.54∶3.46∶3.23∶1.89∶1.59∶1.54（mg/g）		
TPC-A			16 种氨基酸，主要为 Asp∶Glu∶Ser∶Gly∶Arg∶Thr∶Ala∶Pro∶Val∶Ile∶Leu∶Lys∶Phe=18.49∶20.45∶7.65∶11.30∶8.17∶6.75∶9.23∶7.86∶9.96∶7.40∶11.49∶6.43∶7.26（mg/g）		
TPS	绿茶	糖蛋白	16 种氨基酸，主要为 Asp∶Glu∶Leu∶Phe∶Pro=0.81∶1.5∶1.24∶0.66∶0.879（mg/100mg）	氨基酸自动分析仪	王林戈，2011

续表

多糖	来源	多糖种类	氨基酸组成	分析方法与手段	参考文献
TPC3-1	低档绿茶	酸性糖蛋白	16 种氨基酸，主要为 Asp∶Glu∶Gly∶Ala∶Ser∶Thr=6.6∶7.2∶5.9∶2.6∶3.1∶2.5（g/kg）	氨基酸自动分析仪	Chen et al.，2010
TPS	粗老绿茶	酸性糖	13 种氨基酸，主要为 Asp∶Glu∶Gly∶Ala∶Cys=0.018∶0.022∶0.033∶0.222∶0.019（相对含量）	氨基酸自动分析仪	丁婧思，2015

16.3　茶多糖的结构特征

茶多糖的结构特征主要包括糖苷键的构型、类型和位置，单糖序列，附加的非糖基团的数目、位置和分子链构象。根据单糖组成种类，一般将含有糖醛酸的茶多糖定义为酸性茶多糖，不含糖醛酸或糖醛酸含量很低的称为中性茶多糖。酸性茶多糖有杂酸性糖、鼠李半乳糖醛酸聚糖、聚半乳糖醛酸果胶等。中性茶多糖有杂多糖、阿拉伯半乳聚糖、葡聚糖、半乳聚糖、杂木聚糖等（表 16-4）。

表 16-4　部分茶多糖的结构特性

多糖	来源	多糖种类	结构特征	分析方法与手段	参考文献
ATPS-2	粗老绿茶	酸性糖	主链：→4)-α-D-Gal*p*A-(1→2)-α-L-Rha*p*-(1→4)-α-D-Gal*p*A-(1→。支链：α-L-Rha*p* 和 β-D-Gal*p*	高碘酸氧化-Smith 降解、1D/2D NMR（^{1}H NMR、^{13}C NMR、COSY、HSQC、HMBC、ROESY）	Wang et al.，2009a
TPS	粗老绿茶	酸性糖蛋白	糖残基：→4)-β-Gal*p*A-(1→、→3,4)-β-Gal*p*-(1→、α-Glc*p*-(1→ 和 β-Gal*p*-(1→	糖醛酸还原、甲基化、部分酸水解、1D/2D NMR（^{1}H NMR、^{13}C NMR、COSY、TOCSY 和 HSQC）	丁婧思，2015
TPSN	粗老绿茶	葡聚糖	主链：→4)-β-Glc*p*-(1→、→6)-β-Glc*p*-(1→ 和 β-Glc*p*-(1→。支化度为 43.90%	糖醛酸还原、甲基化分析、GC、1D/2D NMR（^{1}H NMR、^{13}C NMR、COSY、HSQC、HMBC）	付珊珊，2009
TPSA		杂多糖	主链：→4)-β-Gal*p*-(1→、→3)-β-Ara*p*-(1→ 和 β-Glc*p*-(1→。支化度为 42.27%		
7WA	绿茶	阿拉伯半乳聚糖	主链：→3)-Gal*p*-(1→ 和 →6)-Gal*p*-(1→，取代位点 O-3、O-4 和 O-6。支链：→6)-Gal*p*-(1→ 和 →3)-Gal*p*-(1→	甲基化、部分酸水解、NMR（^{13}C NMR、HSQC、HMBC、DEPT135 NMR）	Wang et al.，2015b
NTPS-1	绿茶	半乳聚糖（中性糖）	→4)-β-Gal*p*-(1→ 重复单元	FTIR、高碘酸氧化-Smith 降解、GC、1D/2D NMR（^{1}H NMR、^{13}C NMR、COSY、HMBC、NOESY）	Wang et al.，2009b
TGC	绿茶	中性糖	糖残基：→3)-β-Gal*p*-(1→、→3)-β-Glc*p*-(1→ 和 →3)-β-Rha*p*-(1→	高碘酸氧化-Smith 降解、部分酸水解、^{1}H NMR	Peng et al.，2004

续表

多糖	来源	多糖种类	结构特征	分析方法与手段	参考文献
GSP	绿茶	鼠李半乳糖醛酸聚糖	主链：→4)-6-*O*-Me-α-D-Gal*p*A-(1→重复单元。支链：α-L-Rha*p*	甲基化分析、1D/2D NMR（^{1}H NMR、^{13}C NMR、DEPT135 NMR）	Scoparo et al.，2013
GTPS	绿茶	阿拉伯半乳聚糖糖蛋白	主链：→3)-β-Gal*p*-(1→，取代位点 O-6。支链：β-Gal*p*-(1→、→3)-α-Ara*f*-(1→、→2)-α-Ara*f*-(1→、→5)-α-Ara*f*-(1→ 和 →2)-α-Rha*f*-(1→	甲基化分析、GC-MS、1D/2D NMR（^{1}H NMR、^{13}C NMR、HSQC）	Scoparo et al.，2016
GTPI	绿茶	杂木聚糖（水不溶性）	主链：→4)-β-Xyl*p*-(1→，取代位点 O-3。支链：→2)-β-Ara*f*-(1→、→6)-β-Gal*p*-(1→ 和 →4,6)-β-Glc*p*-(1→	甲基化分析、GC-MS、1D/2D NMR（^{1}H NMR、^{13}C NMR、HSQC）	Scoparo et al.，2016
TPS1-2a 和 TPS1-2b	绿茶	聚半乳糖醛酸果胶	主链：→4)-α-D-Gal*p*A-(1→	甲基化、NMR（^{1}H NMR、DEPT-NMR、^{13}C NMR、HSQC、HMBC）	Wang et al.，2014b
BSP	红茶	鼠李半乳糖醛酸聚糖	主链：→4)-6-*O*-Me-α-D-Gal*p*A-(1→重复单元。支链：α-L-Rha*p*	甲基化分析、1D/2D NMR（^{1}H NMR、^{13}C NMR、DEPT135 NMR）	Scoparo et al.，2013
BTPS	红茶	阿拉伯半乳聚糖糖蛋白	主链：→3)-β-Gal*p*-(1→，取代位点 O-6。支链：β-Gal*p*-(1→、→3)-α-Ara*f*-(1→、→2)-α-Ara*f*-(1→、→5)-α-Ara*f*-(1→ 和 →2)-α-Rha*f*-(1→	甲基化分析、GC-MS、1D/2D NMR（^{1}H NMR、^{13}C NMR、HSQC）	Scoparo et al.，2016
BTPI	红茶	杂木聚糖（水不溶性）	主链：→4)-β-Xyl*p*-(1→，取代位点 O-3。支链：→2)-β-Ara*f*-(1→、→6)-β-Gal*p*-(1→ 和 →4,6)-β-Glc*p*-(1→	甲基化分析、GC-MS、1D/2D NMR（^{1}H NMR、^{13}C NMR、HSQC）	Scoparo et al.，2016
TPS3-1	金花茶	果胶	由高度酯化的半乳糖醛酸平滑区域和 3 类不同化学结构特征的毛发区域片段组成	IR、多步部分酸水解、NMR（^{1}H NMR、^{13}C NMR）	林华娟等，2013

茶多糖的糖苷键构型既有 α 型又有 β 型。目前，已发现的糖苷键类型有 →4)-α-D-Gal*p*A-(1→、→2)-α-Rha*p*-(1→、→3)-β-Rha*p*-(1→、→2)-α-Rha*f*-(1→、β-Gal*p*-(1→、→3)-β-Gal*p*-(1→、→4)-β-Gal*p*-(1→、→3,4)-β-Gal*p*-(1→、→6)-β-Gal*p*-(1→；α-Glc*p*-(1→、β-Glc*p*-(1→、→4)-β-Glc*p*-(1→、→6)-β-Glc*p*-(1→、→3)-β-Glc*p*-(1→、→4,6)-β-Glc*p*-(1→、→2)-α-Ara*f*-(1→、→3)-α-Ara*f*-(1→、→5)-α-Ara*f*-(1→、→3)-β-Ara*p*-(1→、→4)-β-Xyl*p*-(1→ 等。酸性茶多糖的多糖主链以 →4)-α-D-Gal*p*A-(1→ 为主，中性茶多糖的多糖主链主要以鼠李糖、半乳糖、葡萄糖或阿拉伯糖等糖残基较为常见。此外，仅以 →4)-β-Xyl*p*-(1→ 为主链的茶多糖难溶于水。对于绿茶而言，从不同等级的绿茶茶叶中得到的茶多糖表现出不同的糖苷键特征。从粗老绿茶中制备得到的茶多糖主链往往含有几种不同的糖苷键连接方式，如 1-、1,3,4-、1,3-、1,2-、1,6-等。然而，从绿茶中分离得到的大多数茶多糖其主链具有单一的糖苷键连接方式，如 1,3-或

1,4-。采用相同的提取方法从绿茶和红茶中提取分离得到的茶多糖，除了糖残基的组成比例存在较大差别外，在糖苷键连接上具有许多相似之处。经热水浸提法从绿茶和红茶茶叶中制备得到的茶多糖属于鼠李半乳糖醛酸聚糖，主链以 →4)-6-*O*-Me-α-D-Gal*p*A-(1→ 重复单元组成，支链由 α-L-Rha*p* 糖残基连接而成（Scoparo et al.，2013）。经碱提法从绿茶和红茶茶叶中提取得到的茶多糖经进一步分离纯化为水溶性部分与水不溶性部分。水溶性部分茶多糖为阿拉伯半乳聚糖糖蛋白，主链由 →3)-β-Gal*p*-(1→ 片段构成，在 O-6 位置发生了取代，支链上连接有 β-Gal*p*-(1→、→3)-α-Ara*f*-(1→、→2)-α-Ara*f*-(1→、→5)-α-Ara*f*-(1→ 和 →2)-α-Rha*f*-(1→ 等糖残基。而水不溶性部分茶多糖为杂木聚糖，主链由 →4)-β-Xyl*p*-(1→ 片段构成，在 O-3 位置发生了取代，支链上连接有 →2)-β-Ara*f*-(1→、→6)-β-Gal*p*-(1→ 和 →4,6)-β-Glc*p*-(1→ 等糖残基（Scoparo et al.，2016）。至于茶多糖酸性糖中较为特殊的果胶类多糖，一般包括半乳糖醛酸平滑区域片段和其他类型毛发区域片段。图 16-5 展示了从绿茶茶叶中提取分离得到的两种茶多糖（TPS1-2a 和 TPS1-2b）的基本化学结构单元，主链均由 →4)-α-D-Gal*p*A-(1→ 构成。由表 16-4 可知，茶多糖的支链取代可发生在 O-6、O-3 和 O-4 位置，其中 O-6 较为常见。当然，一种茶多糖中也可能含有多个取代位点。如图 16-6 所示，一种从绿茶茶叶中提取得到的阿拉伯半乳聚糖（7WA）的支链取代发生在 O-3、O-4 和 O-6 位置，O-3 上连接 →6)-Gal*p*-(1→ 糖残基，而 O-4 和 O-6 上连接 →3)-Gal*p*-(1→ 糖残基。

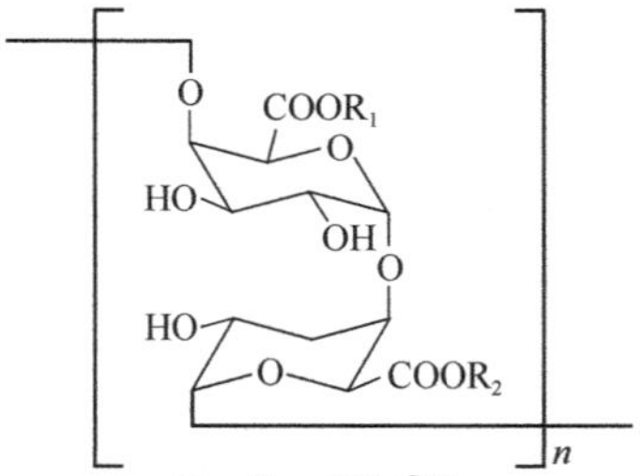

R_1、R_2 = CH_3或H

图 16-5　TPS1-2a 和 TPS1-2b 的基本化学结构单元（Wang et al.，2014b）

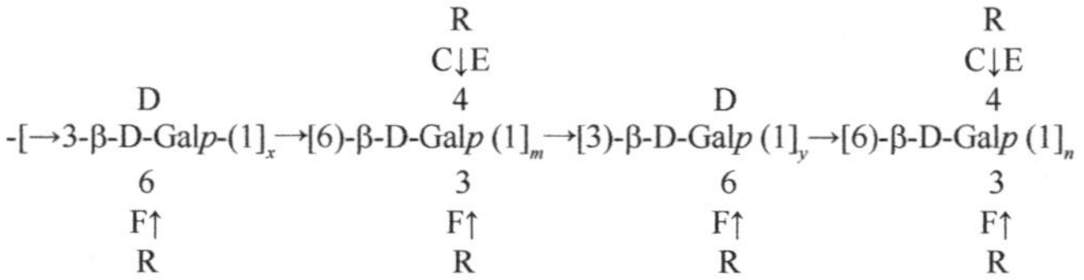

C=1,4,5-β-Gal*p*，D=1,3-β-Gal*p*，E=1,6-β-Gal*p*，F=1,3,6-β-Gal*p*，

R= α-L-Ara*f*-(1-[5)-α-L-Ara*f*-(1]$_{0-c}$

图 16-6　7WA 的一级结构（Wang et al.，2015b）

茶多糖的溶液特性一般由动、静态光散射，黏度测定法，HPSEC-MALLS 等方法与手段进行测定。大多数茶多糖在 NaCl 水溶液中呈现一种球形构象。这可能是由其超分支的结构所决定的（Yang et al.，2010a）。这种溶液构象特征在使用原子力显微镜（atomic force microscope，AFM）、扫描电镜（scanning electron microscope，SEM）、透射电镜（transmission electron microscope，TEM）等手段研究茶多糖的表面形态及微观结构时得

到了进一步验证（Chen et al.，2009b）。但是，中性茶多糖与酸性茶多糖在 NaCl 水溶液中的溶液行为有所差别。研究表明，中性茶多糖在 NaCl 水溶液中是超支化的球形构象，而酸性茶多糖在 NaCl 水溶液中为紧密的球形构象。同时，圆二色谱法表明温度和 pH 会影响茶多糖的溶液构象。温度的升高，使得分子链更加伸展，不对称性降低。酸性和碱性条件下均会使茶多糖的不对称性增强，发生构象的转变（付珊珊，2009）。

16.4　茶多糖的生物活性

16.4.1　降血糖作用

茶叶在东亚国家用于治疗糖尿病具有悠久的历史，茶多糖作为其重要生物活性物质之一，其降血糖作用得到广泛证实（表 16-5）。调节糖代谢相关酶系统可能是茶多糖的降血糖作用途径之一。付珊珊（2009）研究发现从粗老绿茶茶叶中提取得到的茶多糖能够降低葡萄糖的扩散率，吸附葡萄糖，抑制 α-淀粉酶的活性。李淑琴等（2014）研究发现从红茶茶叶中制备的茶多糖具有抑制 α-淀粉酶和 α-葡糖苷酶的活性。茶多糖抑制 α-淀粉酶活性的能力可能通过与 α-淀粉酶相结合而实现。例如，Wu 等（2017a）从绿茶茶叶中分离得到的酸性分支茶多糖能够与 α-淀粉酶结合形成聚合物从而达到抑制 α-淀粉酶活性的作用。茶多糖抑制 α-淀粉酶和 α-葡糖苷酶活性的能力受茶叶的生长年龄、地理位置、前处理方式、提取方法等因素所调控。Xu 等（2014）发现从轻度发酵 1 年、3 年、5 年的普洱茶叶中提取得到的茶多糖具有抑制 α-葡糖苷酶活性的作用，且抑制 α-葡糖苷酶活性的能力随着发酵时间的增加而提高。Xiao 等（2011）从西湖龙井、安溪铁观音、茶闻天下和惠州绿茶等四种茶叶中分离得到的茶多糖具有抑制 α-葡糖苷酶和 α-淀粉酶活性的能力，且从西湖龙井茶叶中提取得到的茶多糖比从其他三种茶叶中得到的茶多糖的抑制能力更强。Wang 等（2013b）发现从经不同的干燥方式处理后的茶叶中提取得到的茶多糖皆能够抑制 α-葡糖苷酶和 α-淀粉酶活性，且从真空干燥处理后的茶叶中提取得到的茶多糖的抑制能力高于从冷冻干燥、喷雾干燥和微波-真空干燥处理的茶叶中所得的茶多糖。Wang 等（2010b）指出以酶提法从绿茶茶叶和茶花中制备得到的茶多糖与以热水浸提或沸水浴提取所得的茶多糖相比，具有更强的 α-葡糖苷酶和 α-淀粉酶活性抑制作用，且从绿茶茶叶和茶花中提取得到的茶多糖对 α-葡糖苷酶的抑制率高于对 α-淀粉酶的抑制率。

表 16-5　部分茶多糖的降血糖作用

原料来源	作用对象	作用体现与机制	参考文献
低档绿茶	四氧嘧啶致糖尿病小鼠	降低血糖水平	Wang et al.，2010c
速溶绿茶	高脂饮食诱导 SD 大鼠	对血脂水平无影响，抑制肝脏脂肪累积，促进粪便排出	Nakamura et al.，2016
绿茶	四氧嘧啶致糖尿病小鼠	降低血糖水平，提高血清胰岛素水平，维持总三酰甘油（TG）、总胆固醇（TC）正常，修复低密度脂蛋白胆固醇（LDL-C）和高密度脂蛋白胆固醇（HDL-C）平衡	Liu et al.，2016b

续表

原料来源	作用对象	作用体现与机制	参考文献
绿茶	自发性糖尿病小鼠（db/db 小鼠）	降低血糖，逆转糖尿病小鼠心脏结构重塑，防止左心室肥大；减少糖尿病小鼠心肌间质Ⅰ、Ⅲ型胶原沉积，尤其是Ⅰ型胶原的沉积，防止心肌纤维化	陈维维，2014
绿茶	自发性糖尿病小鼠（db/db 小鼠）	降低小鼠的体重、饮水量和进食量，改善胰岛素抵抗，降低血糖，刺激胰岛素释放，改善胰岛功能，减少小鼠的肝脏损伤	高茜，2013
绿茶	四氧嘧啶致糖尿病小鼠	降低空腹血糖和糖化血清蛋白水平	Zhou et al.，2007
绿茶	链脲佐菌素（STZ）诱导糖尿病小鼠	降低血糖，降低 TC 和 LDL-C，恢复 TG 和 HDL-C 至正常水平，减轻胰岛素抵抗，具有细胞保护作用，提高肝脏和肾脏组织中的 SOD、GSH-Px 水平，使 PI3Kp85/p-AKT/GLUT4 水平上调	Li et al.，2015
绿茶	四氧嘧啶致糖尿病小鼠	降低高血糖小鼠的血糖，可提高高血糖小鼠的脾脏指数及胸腺指数，提高高血糖小鼠抗氧化能力，使血糖进入肝细胞，使肝糖原合成增加，葡萄糖氧化分解加快	刘安军等，2012
粗老绿茶	体外实验	降低葡萄糖的扩散率，吸附葡萄糖，抑制 α-淀粉酶的活性	付珊珊，2009
粗老绿茶	STZ 诱导 MIN6 细胞	恢复 STZ 损伤 MIN6 细胞的胰岛素分泌功能，对受损 MIN6 细胞具有保护修复作用，减少 ROS 引起的氧化损伤，抑制 caspase-3 活性，抗细胞凋亡	王林戈，2011
粗老绿茶	四氧嘧啶致糖尿病小鼠	恢复或改善糖尿病小鼠肝脏功能（提高 GR、GSH、SOD 和 CAT 水平），延缓糖尿病引起的肝脏损伤（改变肿大情况，减轻组织病理变化），对糖尿病胰岛有修复作用	陈萍，2014
乌龙茶	四氧嘧啶致糖尿病小鼠	通过抑制 α-葡糖苷酶活性抑制葡萄糖在小肠的吸收，降低餐后血糖；缓解糖尿病患者机体胰岛数目减少和胰岛面积减小的症状，改善胰岛功能，提高机体胰岛素的供给；通过抗氧化作用减轻自由基对胰岛 β 细胞的损伤	邵淑宏，2015
红茶	高脂饮食诱导 SD 大鼠	降低体重、Lee’s 指数、内脏脂肪重量和脂肪细胞尺寸，降低血清和肝脏的 TG、TC、LDL-C、MDA 水平，增加血清和肝脏的 HDL-C、T-SOD、脂联素水平，增加粪便脂肪酸含量	Wu et al.，2016
红茶	体外实验	抑制 α-淀粉酶和 α-葡糖苷酶活性	李淑琴等，2014
苦丁茶	四氧嘧啶致高血糖小鼠、去甲肾上腺素致糖尿病小鼠	降低糖尿病小鼠血糖水平，提高糖尿病模型小鼠的葡萄糖耐量	于淑池等，2017

大量动物实验表明，茶多糖能够降低自发性（db/db）和四氧嘧啶、链脲佐菌素（streptozotocin，STZ）、去甲肾上腺素致糖尿病小鼠的血糖水平（Li et al.，2015；Liu et al.，2016b；Wang et al.，2010c；Zhou et al.，2007；陈维维，2014；高茜，2013；刘安军等，2012；于淑池等，2017）。茶多糖在降低小鼠血糖水平的同时，还能起到维持小鼠正常血脂和胆固醇水平的作用。Liu 等（2016b）发现从绿茶中提取得到的茶多糖能够维持四氧嘧啶致糖尿病小鼠血清总三酰甘油（TG）、总胆固醇（TC）正常，修复低密度脂蛋白

胆固醇（LDL-C）和高密度脂蛋白胆固醇（HDL-C）平衡。Li 等（2015）研究发现绿茶茶多糖还能降低 STZ 诱导的糖尿病小鼠血清 TC 和 LDL-C 水平，恢复 TG 和 HDL-C 至正常水平。此外，茶多糖可逆转 db/db 小鼠心脏结构重塑，防止左心室肥大，减少糖尿病小鼠心肌间质 Ⅰ、Ⅲ型胶原沉积，尤其是Ⅰ型胶原沉积，防止心肌纤维化，从而达到对心肌保护的作用(陈维维,2014)。茶多糖在糖尿病小鼠体内主要通过提高血清胰岛素水平，保护胰岛细胞而发挥降血糖作用。四氧嘧啶致糖尿病小鼠经绿茶茶多糖作用后，其血清胰岛素水平提高，胰岛功能得到改善（Liu et al.，2016b；陈萍，2014；邵淑宏，2015）。db/db 小鼠在绿茶茶多糖的作用下，胰岛素抵抗和胰岛功能得到改善，胰岛素释放增加（高茜，2013）。绿茶茶多糖作用于 STZ 诱导糖尿病小鼠后，可减轻胰岛素抵抗，对胰岛细胞具有保护作用（Li et al.，2015）。乌龙茶茶多糖能通过抗氧化作用减轻四氧嘧啶致糖尿病小鼠体内自由基对胰岛 β 细胞的损伤（邵淑宏，2015）。此外，茶多糖能够减轻四氧嘧啶致糖尿病小鼠和 db/db 小鼠的肝脏损伤或肾脏损伤（Li et al.，2015；陈萍，2014；高茜，2013）。

近年来，关于茶多糖降血糖作用机制的研究不断深入。粗老绿茶茶多糖能够恢复 STZ 损伤 MIN6 细胞的胰岛素分泌功能，对受损 MIN6 细胞具有保护修复作用，减少 ROS 引起的氧化损伤，抑制 caspase-3 活性，抗细胞凋亡，其降血糖作用通过 PI3K/AKT 信号通路实现（Li et al.，2015）。从绿茶中提取得到的一种茶多糖能够通过 cAMP-PKA 途径促进 RIN-5F 细胞在高葡萄糖水平条件下分泌胰岛素（Wang et al.，2015b）。

此外，茶多糖对高脂饮食诱导肥胖大鼠的体重、脂肪累积和胆固醇水平有明显的改善作用。从速溶绿茶中提取得到的茶多糖虽对高脂饮食诱导 SD 大鼠的血脂水平无影响，但能够抑制其肝脏的脂肪累积，促进粪便排出（Nakamura et al.，2016）。提取自红茶茶叶的茶多糖能够降低高脂饮食诱导 SD 大鼠的体重、Lee's 指数、内脏脂肪重量和脂肪细胞尺寸，以及血清和肝脏的 TG、TC、LDL-C、MDA 水平，增加血清和肝脏的 HDL-C、T-SOD、脂联素水平，增加粪便脂肪酸含量（Wu et al.，2016）。

16.4.2 免疫调节作用

茶多糖对巨噬细胞和淋巴细胞这两大免疫细胞均具有调节作用。范海涛等（2016）发现毛尖茶叶多糖对小鼠巨噬细胞 RAW264.7 的增殖、吞噬能力和产生 NO 的能力均有促进作用。Yang 等（2008）发现一种从绞股蓝茶叶中提取得到的茶多糖能够促进小鼠腹腔巨噬细胞 NO、ROS 和 TNF-α 的分泌。研究表明，分别从不成熟的茶叶和成熟的茶叶中提取得到的茶多糖免疫调节活性有所差别。从前者制备得到的茶多糖对巨噬细胞的免疫促进作用强于从后者的叶子中提取得到的茶多糖，这主要是由茶叶中的儿茶素含量差异所导致的（Monobe et al.，2010）。茶多糖对免疫抑制小鼠脾淋巴细胞具有促进增殖和细胞因子分泌的作用。茶多糖可以显著促进免疫抑制小鼠脾淋巴细胞的体外增殖，并可与 ConA 发挥协同作用而促进 T 淋巴细胞的增殖，但对 LPS 诱导的 B 淋巴细胞的增殖无显著影响。茶多糖可显著提高 T 淋巴细胞 $CD3^+$、$CD4^+$ 的百分率，提高 $CD4^+/CD8^+$ 的值，从而抵抗环磷酰胺引起的免疫抑制；显著促进 Th1 细胞分泌细胞因子 IL-2，Th2 细胞分泌 IL-4，还可促进免疫抑制小鼠脾淋巴细胞分泌 NO（冯燕玲，2015）。动物实验表明，茶多糖能够促进绵羊红细胞作用下小鼠的血小板细胞、血清溶血素增加和迟发型过敏反应增强，显著增加小鼠的胸腺指数和脾脏指数（Yang et al.，2010）。此外，从绿茶中提取得到的两种以线性 →4)-α-D-Gal*p*A-(1→ 为主链的半乳糖醛酸聚糖具有明显的抗补体活性（Wang et al.，2013d）。

16.4.3　抗肿瘤作用

茶多糖被证明在肝癌、结肠癌、乳腺癌、肉瘤、白血病、淋巴瘤、肺癌等方面发挥抗肿瘤作用（表 16-6）。茶多糖的抗肿瘤作用主要通过 3 条途径实现：①直接杀死肿瘤细胞或通过激活自然杀伤细胞（NK 细胞）间接杀死肿瘤细胞；②抑制肿瘤细胞生长与增殖；③促进肿瘤细胞凋亡。Park 等（2017）研究发现从成熟绿茶叶子中提取得到的茶多糖能够直接杀死肿瘤细胞，同时能够激活 NK 细胞而达到杀死肿瘤细胞的目的。大多数情况下，茶多糖能够抑制肿瘤细胞生长与增殖。从绿茶茶叶中提取得到的茶多糖能够在体外以剂量依赖的方式抑制肝癌 HepG2 细胞、乳腺癌 MCF-7细胞和骨肉瘤 U-2 OS 细胞的生长或增殖（Wang et al.，2013c；陈小强，2015；何念武和李丹，2015）。从绿茶种子和安吉白茶茶叶中制备得到的茶多糖在抑制白血病 K562 细胞增殖和 S-180 实体瘤生长方面的作用分别与茶多糖浓度呈正相关关系（Wang et al.，2013a；夏道宗等，2013）。动物实验表明，富硒紫阳绿茶多糖能够抑制无胸腺 BALB/c 小鼠内骨肉瘤的转移（Wang et al.，2013c），安吉白茶对小鼠 S-180 实体瘤和 H22 腹水型肝癌移植瘤的生长均有显著抑制作用（夏道宗等，2013）。随着研究的深入，茶多糖抗肿瘤作用机制逐渐被揭露，诱发线粒体凋亡通路促进肿瘤细胞凋亡是主要机制之一。He 等（2013）研究发现富硒紫阳绿茶多糖作用于乳腺癌 MCF-7 细胞能够促使其凋亡，这种凋亡作用与 p53 蛋白表达上调，诱发线粒体凋亡通路，增加 Bax/Bcl-2 值和激活 caspase-3、caspase-9 有关。富硒紫阳绿茶多糖还能够通过激活 caspase-3 和聚腺苷二磷酸-核糖聚合酶，增加 Bax 的 RNA 表达水平，降低 Bcl-2 和 NG2 的 RNA 表达水平而诱发瘢痕疙瘩成纤维细胞凋亡（Lu et al.，2017）。此外，茶多糖还能够增强阿霉素对肺癌 A549 细胞增殖的抑制作用（魏楠等，2016）。

表 16-6　部分茶多糖的抗肿瘤作用

原料来源	作用对象	作用体现与机制	参考文献
绿茶	小鼠淋巴瘤 Yac-1 细胞	杀死肿瘤细胞，增强 NK 细胞毒性	Park et al.，2017
绿茶	肝癌 HepG2 细胞	抑制增殖，且呈现剂量效应	陈小强，2015
绿茶	结肠癌 HCT-15 和 Caco-2 细胞	抑制增殖	Nie et al.，2007
商洛绿茶	乳腺癌 MCF-7 细胞	抑制生长，且抑制率与浓度呈正相关	何念武和李丹，2015
富硒紫阳绿茶	无胸腺 BALB/c 小鼠内骨肉瘤 U-2 OS 细胞	抑制增殖，且抑制率与浓度呈正相关，抑制无胸腺 BALB/c 小鼠内骨肉瘤的转移	Wang et al.，2013c
绿茶种子	白血病 K562 细胞	抑制增殖，抑制率随着浓度的增加而提高	Wang et al.，2013a
乌龙茶	肝癌 SMMC7721 细胞	抑制增殖和生长	Wang et al.，2017
绿茶种子	白血病 K562 细胞	抑制生长	Wei et al.，2011

续表

原料来源	作用对象	作用体现与机制	参考文献
安吉白茶	S-180 实体瘤 / 荷瘤 S-180 实体瘤和H22腹水型肝癌移植瘤ICR小鼠	体外能显著抑制 S-180 细胞的生长，且具有剂量依赖关系；对小鼠 S-180 实体瘤和 H22 腹水型肝癌移植瘤的生长均有显著抑制作用，增加荷瘤小鼠脾脏指数和胸腺指数	夏道宗等，2013
富硒紫阳绿茶	乳腺癌 MCF-7 细胞	抑制生长，促进凋亡；使 p53 表达上调，诱发线粒体凋亡通路，使 Bax/Bcl-2 值增加，激活 caspase-3 和 caspase-9	He et al.，2013
富硒紫阳绿茶	瘢痕疙瘩成纤维细胞	诱发细胞凋亡，激活 caspase-3 和聚腺苷二磷酸-核糖聚合酶，增加 Bax 的 RNA 表达水平，降低 Bcl-2 和 NG2 的 RNA 表达水平	Lu et al.，2017
茶多糖	肺癌 A549 细胞	增强阿霉素对肺癌 A549 细胞的增殖抑制作用	魏楠等，2016

16.4.4 抗氧化作用与保肝作用

茶多糖的抗氧化作用主要表现在两方面，一是直接清除自由基，二是通过改善由抗氧化酶和非酶物质构建的抗氧化系统减少氧化损伤。常通过 DPPH · 自由基清除能力、铁离子还原能力（ferric ion reducing antioxidant power，FRAP）、氧自由基清除能力、$ABTS^+$ 自由基清除能力和脂质过氧化抑制能力等模型来评价茶多糖的 DPPH ·、$ABTS^+$、· OH、· O_2^- 自由基清除作用与抑制脂质过氧化能力。Chen 等（2005）研究指出绿茶多糖具有清除 · OH 和 · O_2^- 自由基与抑制脂质过氧化的能力。Chen 等（2009b）还发现乌龙茶多糖对清除 · OH 自由基和抑制脂质过氧化具有较强的作用。Zhang 等（2016）发现安吉白茶多糖能够清除 · OH 和 · O_2^- 自由基。Guo 等（2016）研究发现花果山云雾茶水提物［茶多糖含量为（245.03±18.12）mg/g］具有较高的 DPPH ·、· OH 和 · O_2^- 自由基清除能力以及 Fe^{2+} 还原能力与总抗氧化能力。茶多糖的体外抗氧化作用受茶叶来源、前处理方式、提取方法、茶龄及其理化性质等众多因素的影响。研究表明，提自富硒绿茶茶叶的茶多糖比从普通绿茶茶叶中提取得到的茶多糖具有更强的 DPPH · 和 · O_2^- 自由基清除能力（Wang et al.，2015a；Yu et al.，2007）。Xiao 等（2011）通过研究从 4 种来自不同地方的茶叶（西湖龙井、安溪铁观音、茶闻天下和惠州绿茶）中提取的茶多糖的体外抗氧化活性发现，惠州绿茶茶多糖具有比其他三种茶叶茶多糖更强的 · O_2^- 自由基清除能力。茶多糖的体外抗氧化活性随着茶叶的茶龄延长而增强。Xu 等（2014）从 3 种不同发酵程度［即轻度发酵 1 年（PTPS-1）、轻度发酵 3 年（PTPS-3）和轻度发酵 5 年（PTPS-5）］的普洱茶叶中提取得到茶多糖，研究其 DPPH · 和 $ABTS^+$ 自由基清除作用、Fe^{2+} 螯合能力与 Fe^{2+} 还原能力发现，它们的抗氧化活性顺序依次为：PTPS-5 ＞ PTPS-3 ＞ PTPS-1。从采自老鹰茶不同部位的茶叶（嫩芽、新叶和老叶）中制备茶多糖，发现来自新叶的茶多糖具有比由其他两种茶叶制备的茶多糖更强的 DPPH · 和 · OH 自由基清除能力与 Fe^{2+} 还原能力（Jia et al.，2013）。茶叶经 4 种不同干燥方式（真空干燥、冷冻干燥、喷雾干燥和微波-真空干燥）处理后用于提取茶多糖，从经冷冻干燥后的茶叶中提取得到的茶多糖具有最高的 Fe^{2+} 螯合能力

和 ·O_2^- 自由基清除能力（Wang et al.，2013a）。从六堡茶中提取得到的粗多糖经不同浓度（30%、50% 和 70%）乙醇进行分离后发现，70% 乙醇溶液沉淀所得的茶多糖具有最强的 $ABTS^+$ 自由基清除能力和 Fe^{2+} 还原能力（应乐等，2017）。Wang 等（2012）指出茶多糖具有高的 DPPH · 自由基清除能力和脂质过氧化抑制能力，且其低的 Fe^{2+} 螯合能力和 Fe^{2+} 还原能力可能是高己糖醛酸含量与相对分子质量所决定的。Chen 等（2008）研究发现多糖复合物的相对分子质量和蛋白质含量对于提高茶多糖的抗氧化活性至关重要。其进一步研究发现来源于绿茶、乌龙茶、红茶的茶多糖清除 DPPH · 和 · OH 自由基的能力与其单糖组成及相对分子质量分布的差异相关（Chen et al.，2009a）。此外，研究表明茶多糖对 NO_2^- 自由基也具有一定的清除能力（于淑池和侯金鑫，2012）。

茶多糖在动物体内对抗氧化酶和非酶物质的调控是其保肝作用的重要途径。茶多糖对溴化苯、乙醇和四氯化碳（CCl_4）等引起的小鼠肝脏损伤具有保护作用。在 CCl_4 作用之前给予小鼠从黄山毛峰中提取的绿茶多糖能够有效地缓解 CCl_4 引起的肝脏损伤以及血清中丙氨酸转氨酶（ALT）、天冬氨酸转氨酶（AST）、总胆固醇（TC）和三酰甘油（TG）的变化，抑制肝脏脂质氧化产物丙二醛（MDA）和 15-F-2t 异前列腺素的增加，提高肝脏谷胱甘肽（GSH）和超氧化物歧化酶（SOD）的活性（Lu et al.，2013）。对小鼠灌胃富硒紫阳绿茶多糖也能够缓解造模后 CCl_4 引起的小鼠血清中 ALT、AST 和乳酸脱氢酶（LDH）水平的增加，促进肝脏生成 MDA，恢复谷胱甘肽过氧化物酶（GSH-Px）和 SOD 的活性至正常水平，从而减少 CCl_4 引起的肝脏损伤（Wang et al.，2014a）。同样地，给小鼠灌胃祁门红茶来源的茶多糖能够抵抗 CCl_4 引起的血清中 ALT、AST、TG 和 TC 与肝脏中 MDA 及 8-iso-PGF2a 的增加，同时可提高 GSH 和 SOD 的活性（Sun et al.，2013）。茶多糖对酒精引起的小鼠肝脏损伤的保护作用主要表现为显著降低小鼠血清中 ALT 和 AST 含量，减少肝脏 MDA 的产生和提高肝脏 GSH 含量（文杰，2015）。从茶花中提取得到的茶多糖通过提高肝脏 SOD 活性和总抗氧化能力，减少肝脏 MDA 生成而缓解溴化苯引起的肝脏脂质氧化（Han et al.，2012）。

此外，茶多糖的抗氧化作用可增强其抗疲劳活性。采用 Morris 水迷宫实验研究富硒紫阳茶多糖对小鼠游泳能力与疲劳恢复的影响发现，此茶多糖能够明显延长小鼠游泳力竭时间，恢复血清血糖和肝脏肝糖原水平，降低血清尿素氮和乳酸水平，显著提高肝脏组织 GSH-Px 活性和降低肝脏组织 MDA 含量（池爱平等，2014）。其进一步研究发现，富硒紫阳茶多糖可降低血清 LDH 和肌肉组织 MDA 水平，提高肌肉组织 GSH-Px 活性和肝糖原水平。

16.4.5　其他作用

茶多糖还具有抑菌、抗炎、抗溃疡、抗凝、抗脓毒症等生物活性。绿茶多糖能够抑制幽门螺杆菌依附于胃上皮细胞上，痤疮丙酸杆菌和金黄色葡萄球菌依附在 NIH3T3 成纤维细胞上（Lee et al.，2006）。茶多糖的抑菌作用与其含量高低密切相关。蔡鹃等（2014）研究发现苦丁茶多糖对大肠杆菌、金黄色葡萄球菌和绿脓杆菌 3 种菌的抑制作用与苦丁茶多糖含量的变化规律基本一致。茶多糖能够促进佐剂性关节炎大鼠脾细胞 IL-2

的产生（Wang et al.，2001）。绿茶和红茶茶叶中提取分离得到的茶多糖的水溶性部分与不溶性部分均能够通过保持胃黏液及 GSH 水平而保护胃黏膜，从而减少乙醇诱导的大鼠胃黏膜损伤（Scoparo et al.，2016）。体外实验表明茶多糖能够延长活化部分凝血活酶时间、前凝血酶时间和凝血酶时间，通过内源性途径发挥抗凝作用（Cai et al.，2013）。绿茶和红茶茶叶的茶多糖在抵抗小鼠脓毒症的过程中，能够降低小鼠的死亡率，减少肺组织中性粒细胞浸润和组织损伤（Scoparo et al.，2013）。

16.5 茶多糖的结构修饰

前面已经提及富硒茶多糖往往具有比一般茶多糖更强的生物活性。另外，还可通过物理、化学和生物的方法修饰茶多糖的结构，以提高其生物活性。应用超声处理、部分酸解和酶解处理三种不同的处理方式探讨结构修饰与红茶多糖活性的关系发现，这三种结构修饰方式对红茶多糖的抗氧化活性均有影响，且相应的结构修饰可增强红茶多糖的降血糖作用（李淑琴等，2014）。乌龙茶多糖经乙酰化后铁还原能力明显提高，经硫酸化后抑制脂质过氧化的能力显著增强（李淑琴等，2015）。Wang 等（2010c）发现硫酸化修饰后的茶多糖降血糖作用显著高于原来的茶多糖。

16.6 茶多糖研究存在的问题及前景展望

茶多糖作为茶叶中继茶多酚后极具开发利用价值的又一种生物活性物质，在未来将会被广泛用于医药、人体保健、食品加工等方面。目前，关于茶多糖在提取、纯化与结构及生物活性方面的研究比较系统，但是也存在着缺陷与不足。茶多糖的大批量提取、分离与纯化依旧存在困难。茶多糖的结构受来源、地理位置、茶龄、前处理方式、提取方法及蛋白质结构的多样性等多种因素的影响，目前主要集中于绿茶多糖的研究，其他来源茶多糖的结构鉴定不够深入。茶多糖被证明具有降血糖、降血脂、免疫调节、抗肿瘤、抗氧化、抑菌、抗炎等生物活性，但关于机制的剖析不多。鉴于茶多糖结构与生物活性作用机制研究系统性不够，所以茶多糖的结构-活性关系研究很少。为了更好地利用和开发茶多糖，茶多糖的结构-活性关系可能成为未来的一大研究热点。

参考文献

蔡鹃, 黄敏桃, 黄云峰, 等. 2014. 苦丁茶多糖活性成分动态累积及其抑菌活性. 食品科学, 35(9): 43-47.
陈椽. 1979. 茶叶分类的理论与实际. 茶业通报, 1(2): 48-56.
陈刚, 陈祖辉, 周意, 等. 2014. 茶叶在药妆品及保健作用的研究概况. 海峡药学, 26(3): 10-12.
陈梅春, 张海峰, 陈峥, 等. 2016. 乌龙茶多糖分离提纯及其组分分析. 食品安全质量检测学报, 7(3): 1298-1303.
陈萍. 2014. 茶叶非淀粉多糖的分离制备、功能特性及降糖机制研究. 杭州: 中国计量学院硕士学位论文.
陈维维. 2014. 茶多糖对糖尿病 db/db 小鼠心肌保护作用的初步研究. 石家庄: 河北医科大学硕士学位论文.
陈小强. 2015. 不同方法提制的绿茶多糖理化特性及生物学活性研究. 杭州: 浙江工商大学博士学位论文.
陈小强, 周瑛, 叶阳, 等. 2008. 碱溶性茶多糖的提取及其分析. 应用化学, 25(12): 1496-1498.

陈玉杰. 2005. 雪茶多糖的提取、分离、纯化及组分的研究. 贵阳: 贵州大学硕士学位论文.
池爱平, 李虹, 康琛喆, 等. 2014. 富硒茶多糖的提取及其对运动疲劳恢复的影响. 食品科学, 35(13): 240-244.
丁婧思. 2015. 酸性茶多糖组分的分离及精细结构研究. 南昌: 南昌大学硕士学位论文.
范海涛, 刘庄, 张照康, 等. 2016. 一种毛尖茶叶多糖 MTP06 的提取分离及其活性测定. 茶叶科学, 36(5): 531-536.
范嘉龙, 马丽苹, 叶红, 等. 2013. 苦丁冬青苦丁茶多糖的单糖组成分析. 食品科学, 34(11): 72-76.
冯燕玲. 2015. 茶多糖对免疫抑制小鼠腹腔巨噬细胞与脾淋巴细胞免疫功能的影响. 南昌: 南昌大学硕士学位论文.
付珊珊. 2009. 茶多糖的化学结构、溶液性质及其降血糖机理研究. 广州: 中山大学硕士学位论文.
高慧敏, 朱晓静, 李攀攀, 等. 2016. 茶多糖对氟离子的吸附特性研究. 茶叶科学, 36(4): 396-404.
高茜. 2013. 茶多糖对 db/db 小鼠血糖及胰岛功能的影响. 石家庄: 河北医科大学硕士学位论文.
郭威, 周斌星, 罗玲, 等. 2013. 柱前衍生 HPLC 法分析普洱茶多糖中单糖组成. 农业科学与技术, 14(4): 556-558.
郭艳红, 魏新林, 王元凤, 等. 2009. 酶法提取茶多糖工艺条件的研究. 农产品加工・学刊, (4): 4-7.
何念武, 李丹. 2015. 商洛绿茶多糖的分离纯化及体外抗氧化和抗肿瘤活性研究. 食品与发酵工业, 41(8): 79-83.
黄亚亚. 2013. 茶叶中维生素的研究进展. 湖北农业科学, 52(12): 2737-2740.
李春雷, 步召胜, 李志鹏. 2015. 茶多糖提取分离工艺综述. 中国茶叶加工, (1): 43-47.
李海琳, 成浩, 王丽鸳, 等. 2014. 茶叶的药用成分、药理作用及开发应用研究进展. 安徽农业科学, 42(31): 10833-10835, 10838.
李淑琴, 陈海霞, 曲志爽, 等. 2014. 红茶多糖的体外抗氧化及糖苷酶抑制活性研究. 食品安全质量检测学报, 5(6): 1615-1620.
李淑琴, 陈海霞, 曲志爽, 等. 2015. 乌龙茶多糖的化学修饰及其理化性质和活性研究. 食品安全质量检测学报, 6(5): 1764-1769.
李涛. 2016. 滇红工夫红茶茶多糖的提取和纯化研究. 广州: 华南农业大学硕士学位论文.
林华娟, 田晓春, 秦小明, 等. 2013. 金花茶多糖单一成分的化学结构特征解析. 食品科学, 34(3): 141-146.
刘安军, 邓颖, 王雅静. 2012. 茶多糖及协同因子的降血糖作用研究. 现代食品科技, 28(2): 139-141, 138.
罗玲, 周斌星, 郭威, 等. 2012. 普洱茶茶多糖的提取工艺的响应面分析研究. 中国农学通报, 28(30): 263-266.
聂少平, 谢明勇, 罗珍. 2005. 微波技术提取茶多糖的研究. 食品科学, 26(11): 103-107.
邵淑宏. 2015. 乌龙茶多糖理化性质及抗氧化、降血糖活性研究. 杭州: 浙江大学博士学位论文.
沈丽萍. 2010. 茶黄素研究进展. 中国农学通报, 26(1): 134-139.
苏冰霞, 葛会林, 段云, 等. 2013a. 山苦茶多糖提取工艺及其部分成分分析. 食品科学, 34(12): 51-55.
苏冰霞, 吴学进, 叶海辉, 等. 2013b. 超声波辅助提取水溶性山苦茶多糖. 食品研究与开发, (11): 17-20.
唐颢, 唐劲驰, 凌彩金, 等. 2010. 茶氨酸的制备与生理活性研究进展. 中国茶叶, 32(1): 18-21.
田晓春. 2011. 金花茶多糖的分离纯化及化学结构的研究. 湛江: 广东海洋大学硕士学位论文.
王林戈. 2011. 绿茶茶多糖与茶多酚对胰岛细胞的协同保护作用研究. 青岛: 中国海洋大学硕士学位论文.
王元凤, 金征宇. 2005. 酶法提取茶多糖工艺的研究. 江苏农业科学, (3): 122-124.
魏楠, 朱强强, 陈际名, 等. 2016. 茶多糖对阿霉素抑制肺癌 A549 细胞增殖作用的影响. 茶叶科学, 36(5): 477-483.
文杰. 2015. 茶多糖护肝降糖作用研究及茶多糖重复结构寡糖的合成. 湘潭: 湘潭大学硕士学位论文.
吴平. 2014. 茶叶分类进展研究——兼论六堡茶的归属. 茶叶科学, 34(4): 408-416.

夏道宗, 张元君, 倪达美, 等. 2013. 安吉白茶多糖抗肿瘤及免疫调节研究. 茶叶科学, 33(1): 40-44.
杨红燕, 赵志壮, 商庆超, 等. 2016. 苦荞茶多糖超声波提取工艺优化及组成分析. 食品与发酵工业, 42(3): 231-236.
杨军国, 陈键, 王丽丽, 等. 2016a. 醇沉分级粗茶多糖的抗氧化活性比较及变化机制. 食品工业科技, 37(17) : 96-100, 105.
杨军国, 王丽丽, 陈键, 等. 2016b. 乙醇在茶叶多糖提取中的应用研究. 茶叶学报, 57(4): 192-199.
杨立杰. 2007. 乌龙茶中茶多酚、茶多糖的提取及其纯化和性质研究. 厦门: 集美大学硕士学位论文.
杨其林, 刘钟栋, 任健, 等. 2004. 采用 CTAB 沉淀法提取茶多糖. 食品与发酵工业, 30(10): 139-142.
杨新河, 黄建安, 刘仲华, 等. 2015. 树脂对普洱茶多糖的纯化与分离. 食品科学, 36(2): 19-24.
应乐, 潘越, 王岳飞, 等. 2017. 六堡茶多糖理化性质、体外抗氧化及其对人脐静脉血管内皮细胞的保护作用. 茶叶科学, 37(1): 25-37.
于淑池, 陈文, 杭瑜瑜, 等. 2017. 海南苦丁茶多糖的降血糖功效评价. 食品研究与开发, 38(4): 161-164.
于淑池, 侯金鑫. 2012. 龙井茶多糖对自由基和 NO_2^- 清除作用研究. 食品研究与开发, 33(4): 28-31.
张彬, 谢明勇, 殷军艺, 等. 2008. 响应面分析法优化超声提取茶多糖工艺的研究. 食品科学, 29(9): 234-238.
张春媛, 朱跃进, 张海华, 等. 2014. 茶多糖对小麦淀粉回生动力学影响的研究. 中国茶叶加工, (2): 16-19, 27.
张高帆, 陈萍, 徐思绮, 等. 2015. 茶多糖对四氧嘧啶模型小鼠的降糖作用及其体内分布规律研究. 营养学报, (4): 384-388.
张建勇, 江和源, 崔宏春, 等. 2011. 茶叶功能成分与新型食品开发. 湖南农业科学, (3): 104-108.
张艳. 2014. 茶多糖的分离纯化及其含片制备工艺的研究. 合肥: 安徽农业大学硕士学位论文.
张芸, 倪德江, 余志, 等. 2014. 乌龙茶多糖的聚酰胺柱层析法纯化工艺. 食品科学, 35(14): 1-4.
张忠, 李静, 花旭斌, 等. 2007. 微波辅助提取茶籽多糖工艺条件的研究. 食品与发酵科技, 43(1): 23-25.
周小玲, 汪东风, 李素臻, 等. 2007. 不同酶法提取工艺对茶多糖组成的影响. 茶叶科学, 27(1): 27-32.
邹盛勤. 2004. 茶叶的药用成分、药理作用及应用研究进展. 中国茶叶加工, (3): 35-37.
Ahmed N A, Radwan N M, Aboul Ezz H S, et al. 2017. The antioxidant effect of green tea mega EGCG against electromagnetic radiation-induced oxidative stress in the hippocampus and striatum of rats. Electromagnetic Biology & Medicine, 36(1): 1-11.
Ai Y, Yu Z, Chen Y, et al. 2016. Rapid determination of the monosaccharide composition and contents in tea polysaccharides from Yingshuang green tea by Pre-column derivatization HPLC. Journal of Chemistry, (34): 1-5.
Azam S, Hadi N, Khan N U, et al. 2004. Prooxidant property of green tea polyphenols epicatechin and epigallocatechin-3-gallate: implications for anticancer properties. Toxicology in Vitro, 18(5): 555-561.
Braud L, Peyre L, De S G, et al. 2015. Effect of brewing duration on the antioxidant and hepatoprotective abilities of tea phenolic and alkaloid compounds in a t-BHP oxidative stress-induced rat hepatocyte model. Molecules, 20(8): 14985-15002.
Cai W, Xie L, Chen Y, et al. 2013. Purification, characterization and anticoagulant activity of the polysaccharides from green tea. Carbohydrate Polymers, 92(2): 1086-1090.
Cao H. 2013. Polysaccharides from Chinese tea: recent advance on bioactivity and function. International Journal of Biological Macromolecules, 62: 76-79.
Chastain S E, Moss M. 2016. Multi-trget therapeutic potential of green tea catechins and black tea theaflavins toward Aβ-induced signal pathways involved in Alzheimer's disease. Biophysical Journal, 110(3): 552-552.
Chen G, Yuan Q, Saeeduddin M, et al. 2016. Recent advances in tea polysaccharides: extraction, purification,

physicochemical characterization and bioactivities. Carbohydrate Polymers, 153: 663-678.

Chen H, Qu Z, Fu L, et al. 2009a. Physicochemical properties and antioxidant capacity of 3 polysaccharides from green tea, oolong tea, and black tea. Journal of Food Science, 74(6): 469-474.

Chen H, Wang Z, Lu X, et al. 2010. Isolation and chemical characterisation of a polysaccharide from green tea (*Camellia sinensis* L.). Journal of the Science of Food & Agriculture, 88(14): 2523-2528.

Chen H, Wang Z, Qu Z, et al. 2009b. Physicochemical characterization and antioxidant activity of a polysaccharide isolated from oolong tea. European Food Research and Technology, 229(4): 629-635.

Chen H, Zhang M, Xie B. 2005. Components and antioxidant activity of polysaccharide conjugate from green tea. Food Chemistry, 90(1-2): 17-21.

Chen H X, Zhang M, Qu Z H, et al. 2008. Antioxidant activities of different fractions of polysaccharide conjugates from green tea (*Camellia sinensis*). Food Chemistry, 106(2): 559-563.

Chen X Q, Zhang Z F, Gao Z M, et al. 2017. Physicochemical properties and cell-based bioactivity of Pu'erh tea polysaccharide conjugates. International Journal of Biological Macromolecules, 104(Pt A): 1294-1301.

Chi A, Li H, Kang C, et al. 2015. Anti-fatigue activity of a novel polysaccharide conjugates from Ziyang green tea. International Journal of Biological Macromolecules, 80: 566-572.

Gan R Y, Li H B, Sui Z Q, et al. 2016. Absorption, metabolism, anti-cancer effect and molecular targets of epigallocatechin gallate (EGCG): an updated review. Critical Reviews in Food Science & Nutrition, 58(6): 924-941.

Gong Z, Liu Q, Lin L, et al. 2018. L-Theanine prevents ETEC-induced liver damage by reducing intrinsic apoptotic response and inhibiting ERK1/2 and JNK1/2 signaling pathways. European Journal of Pharmacology, 818: 184-190.

Gramza-Michałowska A. 2014. Caffeine in tea *Camellia sinensis*—Content, absorption, benefits and risks of consumption. Journal of Nutrition Health & Aging, 18(2): 143-149.

Granato D, Grevink R, Zielinski A C A, et al. 2014. Analytical strategy coupled with response surface methodology to maximize the extraction of antioxidants from ternary mixtures of green, yellow, and red teas (*Camellia sinensis* var. *sinensis*). Journal of Agricultural and Food Chemistry, 62(42): 10283-10296.

Guo L, Du X, Lan J, et al. 2010. Study on molecular structural characteristics of tea polysaccharide. International Journal of Biological Macromolecules, 47(2): 244-249.

Guo L, Guo J, Zhu W, et al. 2016. Optimized synchronous extraction process of tea polyphenols and polysaccharides from Huaguoshan Yunwu tea and their antioxidant activities. Food & Bioproducts Processing, 100: 303-310.

Han Q, Xiong C, Shi J, et al. 2012. Isolation, chemical characterization and antioxidant activities of a water-soluble polysaccharide fraction of tea (*Camellia sinensis*) flower. Journal of Food Biochemistry, 36(1): 46-55.

Han X D, Zhang Y Y, Wang K L, et al. 2017. The involvement of Nrf2 in the protective effects of (-)-epigallocatechin-3-gallate (EGCG) on $NaAsO_2$-induced hepatotoxicity. Oncotarget, 8(39): 65302-65312.

He N, Shi X, Zhao Y, et al. 2013. Inhibitory effects and molecular mechanisms of selenium-containing tea polysaccharides on human breast cancer MCF-7 cells. Journal of Agricultural & Food Chemistry, 61(3): 579-588.

Hwang J H, Koh E J, Lee Y J, et al. 2016. Anti-inflammatory effect of caffeine by regulating NF-κB activation in murine macrophage. The FASEB Journal, 30(1): 256-256.

Igarashi K, Yamamoto N, Hayashi K, et al. 2016. Non-toxic efficacy of the combination of caffeine and valproic acid on human osteosarcoma cells *in vitro* and in orthotopic nude-mouse models. Anticancer Research, 36(9): 4477-4482.

Jia X, Ding C, Yuan S, et al. 2014. Extraction, purification and characterization of polysaccharides from Hawk tea. Carbohydrate Polymers, 99(1): 319-324.

Jia X, Dong L, Yang Y, et al. 2013. Preliminary structural characterization and antioxidant activities of polysaccharides extracted from Hawk tea (*Litsea coreana* var. *lanuginosa*). Carbohydrate Polymers, 95(1): 195-199.

Ko H J, Lo C Y, Wang B J, et al. 2015. Theaflavin-3,3′-digallate, a black tea polyphenol, stimulates lipolysis associated with the induction of mitochondrial uncoupling proteins and AMPK-FoxO3A-MnSOD pathway in 3T3-L1 adipocytes. Journal of Functional Foods, 17: 271-282.

Lee J H, Shim J S, Lee J S, et al. 2006. Inhibition of pathogenic bacterial adhesion by acidic polysaccharide from green tea (*Camellia sinensis*). Journal of Agricultural & Food Chemistry, 54(23): 8717-8723.

Lee S, Razqan G S, Kwon D H. 2017. Antibacterial activity of epigallocatechin-3-gallate (EGCG) and its synergism with β-lactam antibiotics sensitizing carbapenem-associated multidrug resistant clinical isolates of *Acinetobacter baumannii*. Phytomedicine, 24: 49-55.

Li S, Chen H, Wang J, et al. 2015. Involvement of the PI3K/Akt signal pathway in the hypoglycemic effects of tea polysaccharides on diabetic mice. International Journal of Biological Macromolecules, 81: 967-974.

Liu C, Zheng X Q, Xiang L P, et al. 2016a. Protective effect of (-)-epigallocatechin gallate on ultraviolet b-induced skin damage in hairless mice. Tropical Journal of Pharmaceutical Research, 15(6): 1183-1189.

Liu Y, Li S, Cheng Y, et al. 2016b. Antidiabetic activity of tea polysaccharides in mice with alloxan-induced diabetes. Journal of Investigative Medicine, 64(8): doi.org/10.1136/jim-2016-000328.41.

Lu L, Chai L, Wang W, et al. 2017. A selenium-enriched Ziyang green tea polysaccharide induces Bax-dependent mitochondrial apoptosis and inhibits TGF-β1-stimulated collagen expression in human keloid fibroblasts via NG2 inactivation. Biological Trace Element Research, 176(2): 270-277.

Lu X, Zhao Y, Sun Y, et al. 2013. Characterisation of polysaccharides from green tea of Huangshan Maofeng with antioxidant and hepatoprotective effects. Food Chemistry, 141(4): 3415-3423.

Monobe M, Ema K, Azuma K, et al. 2010. Enhancement of phagocytic activity by a crude polysaccharide from tea (*Camellia sinensis*) extract. Animal Cell Technology: Basic & Applied Aspects, 16: 333-338.

Nakamura M, Miura S, Takagaki A, et al. 2016. Hypolipidemic effects of crude green tea polysaccharide on rats, and structural features of tea polysaccharides isolated from the crude polysaccharide. International Journal of Food Sciences & Nutrition, 68(3): 321-330.

Nie S, Xie M, Fu Z, et al. 2008. Study on the purification and chemical compositions of tea glycoprotein. Carbohydrate Polymers, 71(4): 626-633.

Nie S, Xie M, Peng Z, et al. 2007. *In vitro* antioxidative and anticancer activities of tea glycoprotein in green tea. European Food Research & Technology, 224(4): 437-442.

Nie S, Xie M, Wang Y. 2005. Preparation of tea glycoprotein and its application as a calibration standard for the quantification and molecular weight determination of tea glycoprotein in different tea samples by high-performance gel-permeation chromatography. Analytical and Bioanalytical Chemistry, 383(4): 680-686.

Nie S P, Xie M Y. 2011. A review on the isolation and structure of tea polysaccharides and their bioactivities. Food Hydrocolloids, 25(2): 144-149.

Park H R, Hwang D, Suh H J, et al. 2017. Antitumor and antimetastatic activities of rhamnogalacturonan-Ⅱ-type polysaccharide isolated from mature leaves of green tea via activation of macrophages and natural killer cells. International Journal of Biological Macromolecules, 99: 179-186.

Peng Z, Xie M, Nie S, et al. 2004. Primary structure and configuration of tea polysaccharide. Science in China Series C: Life Sciences, 47(5): 416-424.

Scoparo C T, Souza L M, Dartora N, et al. 2016. Chemical characterization of heteropolysaccharides from green and black teas (*Camellia sinensis*) and their anti-ulcer effect. International Journal of Biological Macromolecules, 86: 772-781.

Scoparo C T, Souza L M D, Rattmann Y D, et al. 2013. Polysaccharides from green and black teas and their protective effect against murine sepsis. Food Research International, 53(2): 780-785.

Sun Y, Yang X, Lu X, et al. 2013. Protective effects of Keemun black tea polysaccharides on acute carbon tetrachloride-caused oxidative hepatotoxicity in mice. Food & Chemical Toxicology, 58(3): 184-192.

Temple J L, Bernard C, Lipshultz S E, et al. 2017. The safety of ingested caffeine: a comprehensive review. Frontiers in Psychiatry, 8: 80-99.

Wang D, Zhao Y, Sun Y, et al. 2014a. Protective effects of Ziyang tea polysaccharides on CCl4-induced oxidative liver damage in mice. Food Chemistry, 143(1): 371-378.

Wang D F, Jun L, Zhao G. 2001. Components and activity of polysaccharides from coarse tea. Journal of Agricultural & Food Chemistry, 49(1): 507-510.

Wang H, Shi S, Bao B, et al. 2015b. Structure characterization of an arabinogalactan from green tea and its anti-diabetic effect. Carbohydrate Polymers, 124: 98-108.

Wang H, Shi S, Gu X, et al. 2013d. Homogalacturonans from preinfused green tea: structural characterization and anticomplementary activity of their sulfated derivatives. Journal of Agricultural & Food Chemistry, 61(46): 10971-10980.

Wang H, Wei G, Liu F, et al. 2014b. Characterization of two homogalacturonan pectins with immunomodulatory activity from green tea. International Journal of Molecular Sciences, 15(6): 9963-9978.

Wang J, Liu W, Chen Z, et al. 2017. Physicochemical characterization of the oolong tea polysaccharides with high molecular weight and their synergistic effects in combination with polyphenols on hepatocellular carcinoma. Biomedicine & Pharmacotherapy, 90: 160-170.

Wang Y, Chen J, Zhang D, et al. 2013c. Tumoricidal effects of a selenium (Se)-polysaccharide from Ziyang green tea on human osteosarcoma U-2 OS cells. Carbohydrate Polymers, 98(1): 1186-1190.

Wang Y, Li Y, Liu Y, et al. 2015a. Extraction, characterization and antioxidant activities of Se-enriched tea polysaccharides. International Journal of Biological Macromolecules, 77(6182): 76-84.

Wang Y, Liu Y, Huo J, et al. 2013a. Purification, characterization and biological activities *in vitro* of polysaccharides extracted from tea seeds. International Journal of Biological Macromolecules, 62(10): 508.

Wang Y, Liu Y, Huo J, et al. 2013b. Effect of different drying methods on chemical composition and bioactivity of tea polysaccharides. International Journal of Biological Macromolecules, 62: 714-719.

Wang Y, Liu Y, Mao F, et al. 2010c. Sulfation of tea polysaccharides: synthesis, characterization and hypoglycemic activity. International Journal of Biological Macromolecules, 46(2): 270-274.

Wang Y, Wei X, Jin Z. 2009a. Structure analysis of an acidic polysaccharide isolated from green tea. Natural Product Research, 23(7): 678-687.

Wang Y, Yang Z, Wei X. 2010b. Sugar compositions, α-glucosidase inhibitory and amylase inhibitory activities of polysaccharides from leaves and flowers of *Camellia sinensis* obtained by different extraction methods. International Journal of Biological Macromolecules, 47(4): 534-539.

Wang Y, Yang Z, Wei X. 2012. Antioxidant activities potential of tea polysaccharide fractions obtained by ultra filtration. International Journal of Biological Macromolecules, 50(3): 558-564.

Wang Y, Yu L, Zhang J, et al. 2010a. Study on the purification and characterization of a polysaccharide conjugate from tea flowers. International Journal of Biological Macromolecules, 47(2): 266-270.

Wang Y F, Wei X L, Jin Z Y. 2009b. Structure analysis of a neutral polysaccharide isolated from green tea.

Food Research International, 42(5): 739-745.

Wei X, Chen M, Xiao J, et al. 2010. Composition and bioactivity of tea flower polysaccharides obtained by different methods. Carbohydrate Polymers, 79(2): 418-422.

Wei X, Mao F, Cai X, et al. 2011. Composition and bioactivity of polysaccharides from tea seeds obtained by water extraction. International Journal of Biological Macromolecules, 49(4): 587-590.

Williams J, Kellett J, Roach P D, et al. 2016. L-theanine as a functional food additive: its role in disease prevention and health promotion. Beverages, 2(13): 1-16.

Wu S, Luo J, Pan J, et al. 2017a. Interactions between α-amylase and an acidic branched polysaccharide from green tea. International Journal of Biological Macromolecules, 94: 669-678.

Wu T, Guo Y, Liu R, et al. 2016. Black tea polyphenols and polysaccharides improve body composition, increase fecal fatty acid, and regulate fat metabolism in high-fat diet-induced obese rats. Food & Function, 7(5): 2469-2478.

Wu Y R, Choi H J, Kang Y G, et al. 2017b. *In vitro* study on anti-inflammatory effects of epigallocatechin-3-gallate-loaded nano- and microscale particles. International Journal of Nanomedicine, 12: 7007-7013.

Xiao J, Huo J, Jiang H, et al. 2011. Chemical compositions and bioactivities of crude polysaccharides from tea leaves beyond their useful date. International Journal of Biological Macromolecules, 49(5): 1143-1151.

Xu P, Wu J, Zhang Y, et al. 2014. Physicochemical characterization of puerh tea polysaccharides and their antioxidant and α-glycosidase inhibition. Journal of Functional Foods, 6(1): 545-554.

Yang L, Fu S, Zhu X, et al. 2010a. Hyperbranched acidic polysaccharide from green tea. Biomacromolecules, 11(12): 3395-3405.

Yang X, You L, Tian L, et al. 2010b. Composition and systemic immune activity of the polysaccharides from an herbal tea (*Lycopus lucidus* Turcz). Journal of Agricultural & Food Chemistry, 58(10): 6075-6080.

Yang X, Zhao Y, Yang Y, et al. 2008. Isolation and characterization of immunostimulatory polysaccharide from an herb tea, gynostemma pentaphyllum makino. Journal of Agricultural & Food Chemistry, 56(16): 6905-6909.

Yu F, Sheng J, Xu J, et al. 2007. Antioxidant activities of crude tea polyphenols, polysaccharides and proteins of selenium-enriched tea and regular green tea. European Food Research & Technology, 225(5-6): 843-848.

Zaveri N T. 2006. Green tea and its polyphenolic catechins: medicinal uses in cancer and noncancer applications. Life Sciences, 78(18): 2073-2080.

Zhang Z, Wang X, Li J, et al. 2016. Extraction and free radical scavenging activity of polysaccharide from 'Anji Baicha' [*Camellia sinensis* (L.) O. Kuntze]. International Journal of Biological Macromolecules, 84: 161-165.

Zhao Y, Yu W, Wang D, et al. 2003. Chemiluminescence determination of free radical scavenging abilities of 'tea pigments' and comparison with 'tea polyphenols'. Food Chemistry, 80(1): 115-118.

Zhao Z Y, Huangfu L T, Dong L L, et al. 2014. Functional groups and antioxidant activities of polysaccharides from five categories of tea. Industrial Crops & Products, 58(1): 31-35.

Zhou X L, Wang D D, Sun P N, et al. 2007. Effects of soluble tea polysaccharides on hyperglycemia in alloxan-diabetic mice. Journal of Agricultural & Food Chemistry, 55(14): 5523-5528.

第 17 章 茯苓多糖

17.1 引　　言

茯苓（*Poria cocos*），又名茯灵、茯兔、松腴、不死面等，常寄生在赤松或马尾松的根上（李时珍，1982），属于真菌门（Eumycophyta）担子菌纲（Basidiomycetes）多孔菌目（Polyporales）多孔菌科（Polyporaceae）卧孔属（*Poria*）（边超，2006），是一种药食两用资源。茯苓药用历史悠久，始载于《神农本草经》，是中药“四君八珍”中“四君”之一，味甘，性平；归心、肺、脾、肾经，具有利水渗湿、健脾和宁心等功能。茯苓可用于治疗水肿尿少、痰饮眩悸、脾虚食少、便溏泄泻、心神不安和惊悸失眠等，在我国药典中的推荐用量为 10 ～ 15g（国家药典委员会，2015）。在加工“茯苓片”“茯苓块”时，收集削下的外皮阴干，得到的茯苓皮也可入药，具有利水消肿的功能，其推荐用量为 10 ～ 30g。

17.1.1 茯苓的栽培技术

茯苓药材分野生种和人工栽培种。野生茯苓主要产地是中国、日本、韩国、北美洲、澳大利亚等国家和地区。我国野生茯苓主要产自云南和贵州，其他产区包括湖北、安徽、河南等，其中来自云南的茯苓称为“云苓”，来自安徽和福建的茯苓分别称为“安苓”和“闽苓”。茯苓人工栽培包括固体栽培和液体发酵两种手段。固体栽培开始于 1000 多年前，当时采用“肉引根种法”（使用新鲜的茯苓菌核作种进行栽培），但此方法存在种苓用量大、成活率不高和产量不稳定等问题，远远不能满足需求。后来人们成功利用茯苓纯菌种进行栽培，并开始进行大规模培养。茯苓栽培的工艺流程主要包括：分离菌种、菌种培育、袋料分装、置于松木窖（深 30cm，宽 40 ～ 50cm，长 60 ～ 70cm）、田间管理、鲜茯苓采收、加工处理（发汗、剥皮、切制）、晒干等（於小波等，2011）。茯苓的液体发酵指在生化反应器中，模仿自然界，将药用菌在生命过程中所必需的糖类、有机和无机含氮化合物、无机盐等一些微量元素以及其他营养物质溶解在水中作为培养基，灭菌后接入菌种，通入无菌空气并加以搅拌，控制适宜的外界条件，进行菌丝体大量培养繁殖的过程（陈杰，2009）。茯苓液体发酵技术一方面可以缩短生产周期，易于大规模连续生产；另一方面能够节约木材资源，更利于可持续发展。

17.1.2 茯苓中的化学成分

茯苓具有抗肿瘤、调节免疫、利尿等多种生物活性，其有效成分主要为多糖类、三萜类，还有蛋白质、有机酸及微量元素等（Jia et al.，2016；Wang et al.，2013）。

17.1.2.1　三萜类化合物

目前，茯苓菌核和茯苓皮来源的三萜类化合物以羊毛甾型四环三萜为主，根据其结构特点和差异，这些化合物可以分为 4 种类型（Wang et al.，2013）。羊毛甾-8-烯型三萜（lanosta-8-ene type triterpene），该类化合物母核的 8(9) 位有一个双键；羊毛甾-7,9(11)-二烯型三萜［lanosta-7,9(11)-diene type triterpene］，其母核的 7(8)、9(11) 位各有一个双键；3,4-开环-羊毛甾-7,9(11)-二烯型三萜［3,4-seco-lanosta-7,9(11)-diene type triterpene］，由羊毛甾-8-烯型三萜的 3,4 位开环形成；3,4-开环-羊毛甾-8-烯型三萜（3,4-seco-lanostan-8-ene type triterpene），由羊毛甾-7,9(11)-二烯型三萜的 3,4 位开环形成，其母环的 7(8) 和 9(11) 位各有一个双键，此外，4(28) 位还有一个碳碳双键。4 种三萜类化合物的母核结构如图 17-1 所示。

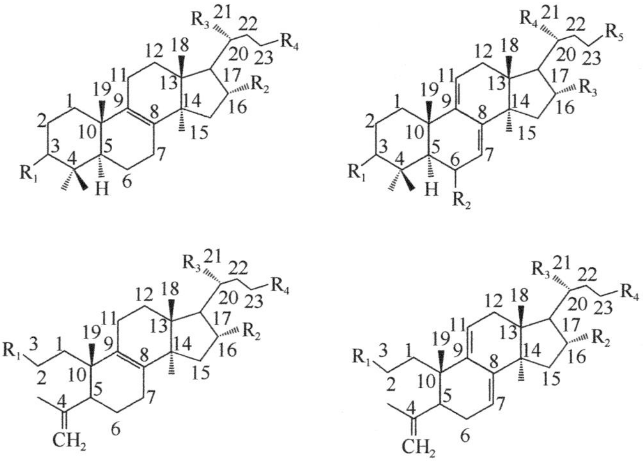

图 17-1　茯苓三萜类化合物的 4 种母核结构类型（王坤凤，2014）

三萜类化合物具有抗炎、抗癌、抗氧化、抗菌和使线虫灭活等显著生理活性（Cuellar et al.，1997；Wang et al.，2013）。以茯苓酸（pachymic acid）为例，它是一种羊毛甾烷型三萜（lanostane type triterpene）。它可以通过抑制细胞外信号调节激酶（Erk1/2 和 p38）通路，防止脂多糖诱发的 H9c2 细胞炎症反应引起的细胞凋亡（Li et al.，2015）；通过上调死亡受体 5（death receptor 5，DR5）和活性氧（reactive oxygen species，ROS）的生成、调节抗凋亡蛋白（Bcl-2）和凋亡抑制蛋白（inhibitor of apoptosis protein，IAP）的分泌诱导膀胱癌细胞的生成（Jeong et al.，2015），抑制胰腺癌细胞的生长（Cheng et al.，2015）。另外，茯苓酸的衍生物也具有显著的生理活性。如去氢茯苓酸（dehydropachymic acid）能够通过重塑溶酶体酸化和回复自噬来清除由巴佛洛霉素 A1 损伤所致的细胞中 β-淀粉样蛋白（β-amyloid protein，$A\beta_{1\text{-}42}$）的积累（Yu et al.，2017）。

17.1.2.2　多糖类及其衍生物

茯苓多糖是茯苓最重要的活性成分，占茯苓干粉的 70% 及以上（Warsi and Whelan，1957）。茯苓多糖及其衍生物被报道具有抗肿瘤、抗癌、增强免疫、抗氧化、保肝退黄等生理作用，在作为治疗或辅助抗肿瘤、免疫调节和抗病毒药物方面具有巨大的发展潜力（Sun，2014）。根据 Jia 等（2016）的综述报道，茯苓多糖在很多研究中被鉴定为一种支化的葡聚糖，以 β-1,3 糖苷键、β-1,4 糖苷键和 β-1,6 糖苷键连接而成。本章将主要对茯苓多糖的提取制备方法、分离纯化技术、理化性质、化学结构和功能活性等相关内容进行介绍。

17.1.2.3　其他成分

天然产物来源的微量元素可以直接补充和调节人体的必需元素，还可能与其他活性成分形成配合物，产生协同作用，增强疗效。微量元素的含量通常采用火焰原子吸收光谱法测定。研究发现天然茯苓和液体发酵茯苓中均含铁、锰、铬等微量元素。天然茯苓的微量元素含量与液体发酵茯苓不同，不同地区的茯苓中微量元素的含量也不相同（李羿和杨万清，2011；张晓娟等，2010）。另外，茯苓液态发酵液中有 51 种蛋白质被检测并鉴定出来，其种类丰富，具有开发前景（胡朝暾等，2016）。

17.2　茯苓多糖的制备和理化性质

17.2.1　茯苓多糖的提取

对于固体栽培的茯苓，茯苓多糖主要存在于菌核中；而对于液体发酵的茯苓，茯苓多糖包括胞外多糖和胞内多糖（菌丝体多糖）。胞外多糖的提取较为简单，只需将茯苓发酵液通过离心，收集上清液，经浓缩、Sevag 法脱蛋白、乙醇沉淀、有机试剂（无水乙醇、丙酮和乙醚等）洗涤、干燥等流程，即可获得茯苓胞外粗多糖（牛爽等，2012）。茯苓胞外多糖的提取工艺优化，通常需要考察发酵液预处理的 pH 和加热温度、多糖提取分离过程的 pH、乙醇体积分数及醇沉时间对提取的影响。

菌核或者菌丝体多糖的提取方法主要有水提醇沉法、稀碱浸提法，还有超声辅助提取法、酶辅助提取法、发酵醇沉法、微波辅助提取法等（Jia et al.，2016；Khaskheli et al.，2017；Wang et al.，2013；许甜甜等，2014；龚志华等，2010）。表 17-1 列出了部分茯苓多糖的提取工艺。下文对茯苓多糖的几种提取方法进行简单介绍。

17.2.1.1　水提醇沉法

茯苓多糖的提取通常采用水提醇沉法。茯苓粗多糖的制备过程一般为：首先用有机溶剂进行脱脂处理，然后用热水浸提得到多糖提取液，再经浓缩、脱蛋白、透析、冻干等处理得到粗多糖。例如，李俊等（2000）按如下方法步骤提取云苓多糖：称取云苓 500g，切成碎片，加入 4 ～ 6 倍量的水进行回流提取，提取次数为 3 次，提取时间为 1 ～ 3h。合并滤液，除去不溶性杂质后，将所得的滤液进行浓缩、醇沉，加水复溶除去不溶物，再次醇沉，低温干燥即得目标样品。水提醇沉法主要优点是成本低、无毒、操作安全，但是提取时间长，提取效率较低（Wang et al.，2013）。

表 17-1　部分茯苓菌核多糖和菌丝体多糖的提取方法、分子质量及单糖组成

多糖来源	多糖名称	提取方法	分子质量（Da）	单糖组成	参考文献
菌核	PC-PS	冷水提取（4℃）	16.0×10^4	—	Chen and Chang，2004
菌核	PCS0	1mol/L NaOH 提取	25.1×10^4	Glc	Chen et al.，2015
菌核	PC1	0.9% NaCl 提取	6.9×10^4	Glc：Xyl：Man：Gal=20：26：20：34（百分比）及少量 GlcA	张俐娜等，1997
菌核	PC2	热水提取	—	Glc：Xyl：Man：Gal=10：25：55：10（百分比）	丁琼等，2000
	PC2-A	热水提取	6.7×10^4	Glc：Xyl：Man=3：18：79（百分比）及少量 GlcA	
	PC3	0.5mol/L NaOH 提取	20.6×10^4	Glc 及少量 GlcA	
	PC4	88% 甲酸提取	17.1×10^4	Glc 及少量 GlcA	
菌核	Native	超声提取	12.3×10^4	—	Wang et al.，2011
	Oxidized	四甲基哌啶氧化物提取	9.1×10^4	—	
菌核	Poria cocos wolf	水提	—	Rib：Ara：Xyl：Man：Glc：Gal=0.2：1.1：0.5：11.3：9.9：1.0（百分比）	Ke et al.，2010
菌核	PCP-Ⅱ	温水提取（50℃）	29.0×10^4	Fuc：Man：Glc：Gal=1.0：1.6：0.2：6.3（摩尔比）	Wu et al.，2016
麸皮提取物培养野生型菌丝体（No.P0）	wb-PCM0	胞外多糖甲醇沉淀	14.4×10^4	Ara：Xyl：Man：Gal：Glc=6.1：3.9：11.4：5.9：71.7（百分比）	Jin et al.，2003
	wb-PCM1	0.9% NaCl 提取（120℃）	33.3×10^4	Man：Gal：Glc=7.7：19.2：73.1（百分比）	
	wb-PCM2	热水提取（120℃）	—	Man：Gal：Glc=0.9：1.3：95.9（百分比）；少量 Ara、Xyl	
	wb-PCM3-Ⅰ	0.5mol/L NaOH 提取	23.1×10^4	Xyl：Man：Glc=1.0：2.2：95.6（百分比）；少量 Gal	
	wb-PCM-Ⅱ	0.5mol/L NaOH 提取	11.3×10^4	Ara：Xyl：Man：Gal：Glc=2.6：2.0：1.2：2.0：91.4（百分比）	
	wb-PCM4-Ⅰ	88% 甲酸提取	132.3×10^4	Man：Glc=5.8：94.1（百分比）；少量 Xyl	
	wb-PCM4I-Ⅱ	88% 甲酸提取	121.1×10^4	Gal：Glc=23.9：76.1（百分比）	
玉米浆培养野生型菌丝体（No.P0）	wc-PCM0	胞外多糖甲醇沉淀	9.2×10^4	Fuc：Ara：Xyl：Man：Gal：Glc=4.1：3.0：2.5：61.7：15.0：13.7（百分比）	Jin et al.，2003
	wc-PCM1	0.9% NaCl 提取（120℃）	26.2×10^4	Fuc：Man：Gal：Glc=10.5：24.5：27.5：37.5（百分比）	
	wc-PCM2	热水提取（120℃）	89.2×10^4	Fuc：Man：Gal：Glc=3.4：12.5：13.4：70.7（百分比）	
	wc-PCM3-Ⅰ	0.5mol/L NaOH 提取	54.5×10^4	Xyl：Man：Glc=6.4：16.7：46.9（百分比）	
	wc-PCM-Ⅱ	0.5mol/L NaOH 提取	8.9×10^4	Glc 及少量 Man 和 Gal	

续表

多糖来源	多糖名称	提取方法	分子质量（Da）	单糖组成	参考文献
	wc-PCM4-Ⅰ	88% 甲酸提取	—	—	
	wc-PCM4-Ⅱ	88% 甲酸提取	—	—	
菌丝体	*Poria cocos* SPS	0.1mol/L 乙酸钠提取（pH=5.5）	292.7×10^4	Fuc：Gal：Glc：Man=77.4：289.9：1347.1：158.9（含量），少量 GA	Cheng et al.，2012
菌丝体	PS Ⅰ	热水提取	61.072×10^4	Fuc：GalAN：GA：Gal：Glc：Man=35.6：55.9：67.9：104.0：47.2：77.4［含量（mol/L）］	Lu et al.，2010
	PS Ⅱ		40.7×10^3	Fuc：GalAN：Gal：Glc：Man=44.4：3.9：159.0：0.9：16.5（含量）	
	PS Ⅲ		7.9×10^3	—	
	PS Ⅳ		1.6×10^3	Fuc：Gal：Glc：Man=33.1：35.1：3.7：6.8（百分比）	
	PS Ⅴ		0.3×10^3	Fuc：GalAN：GA：Gal：Glc：Man=17.8：8.2：6.3：11.0：2.3：5.4（百分比）	
菌丝体	PCM1	0.9% NaCl 提取	—	Rha：Xyl：Man：Gal：Glc/GlcA=11.8：2.8：29.7：47.1：8.6（百分比）	丁琼等，2000
	PCM2	热水提取	—	Rha：Fuc：Xyl：Man：Gal：Glc/GlcA=2.4：2.4：3.1：15.3：65.4：11.3（百分比）	
	PCM3	0.5mol/L NaOH 提取	16.8×10^4	Man：Glc=5.7：94.3（百分比）	
	PCM4	88% 甲酸提取	—	Glc 及少量 GlcA	
发酵菌丝体	Pi-PCM0	浓缩醇沉	6.5×10^4	Ara：Xyl：Man：Gal：Glc=2.5：1.5：70.6：18.5：7.0（百分比）	Huang et al.，2007
	Pi-PCM1	0.9% NaCl 提取	30.4×10^4	Fuc：Ara：Xyl：Man：Gal：Glc=10.9：1.0：2.8：23.6：36.5：25.2（百分比）	
	Pi-PCM2	热水提取	10.3×10^5	Fuc：Man：Gal：Glc=1.9：29.6：38.9：29.7（百分比）	
	Pi-PCM3-Ⅰ	0.5mol/L NaOH 提取	14.9×10^4	Glc	
	Pi-PCM3-Ⅱ	0.5mol/L NaOH 提取	45.2×10^4	Man：Gal：Glc=10.9：21.0：68.1（百分比）	
	Pi-PCM4-Ⅰ	88% 甲酸提取	20.1×10^5	Glc	
	Pi-PCM4-Ⅱ	88% 甲酸提取	43.6×10^5	Gal：Glc=45.6：54.4（百分比）	

注：“—”表示相关信息未报道。Fuc，岩藻糖；Ara，阿拉伯糖；Xyl，木糖；Man，甘露糖；Gal，半乳糖；Glc，葡萄糖；GlcA，葡糖醛酸；GlcNAc，乙酰葡糖胺；GalAN，半乳糖胺；GA，葡糖胺；Rha，鼠李糖；Rib，核糖

17.2.1.2　稀碱浸提法

茯苓多糖中除水溶性多糖外，还有一部分是碱溶性多糖，需要采用稀碱液进行提取。具体流程为：在用热水提取完水溶性多糖后，于低温条件下采用稀碱溶液浸提。浸提液用抽滤除杂，乙酸中和，再用乙醇沉淀，有机溶剂洗涤，低温干燥得到碱溶性多糖。采用稀碱提取茯苓多糖，需要对碱液的浓度和提取时间等参数进行优化。从表 17-1 可以看出，研究者通常采用 0.5mol/L 或 1mol/L NaOH 溶液进行提取。稀碱浸提法提取率较高，但是此法获得的多糖水溶性差，常常需要通过化学修饰等方法提高其溶解性才能发挥很好的生物功效。

17.2.1.3　超声辅助提取法

为提高多糖的提取效率，可以采用超声、微波和酶辅助的方法提取多糖。其中超声辅助提取法具有提取时间短、效率高和所需提取温度低等优点，是诸多方法中最有效的一种。姜玥等（2012）比较了 60℃下用 500W 超声辅助提取不同时间与热水提取茯苓多糖的得率。结果显示：超声辅助提取法的多糖得率是水提法的 2.8 倍。王博（2008）以多糖得率为考察指标，优化超声辅助法提取水溶性菌核多糖的提取工艺。确定最佳工艺条件为：超声时间 25min、提取温度 80℃、液固比 60。进一步研究发现与热水浸提的茯苓多糖相比，经超声处理后茯苓菌核细胞的结构遭到破坏，超声提取所得茯苓多糖分子呈现长短不一的近棒状结构，而传统水提茯苓多糖则呈现网状结构。由此可见，超声对于茯苓多糖的天然结构可能会有一定的破坏。

17.2.1.4　微波辅助提取法

微波可以用于多糖的提取是因为物质吸收微波能后，细胞内部温度迅速上升，压力超过细胞壁膨胀承受能力，使细胞破裂，细胞内有效成分自由流出，被介质捕获溶解（张晓娟等，2009）。在微波提取过程中，微波的功率、提取温度、料液比和微波时间是影响茯苓多糖提取效率的重要因素。聂金媛等（2005）以提高茯苓多糖的提取率为目标，采用均匀设计实验对微波辅助提取进行优化，最终得到微波提取的最佳条件为：时间 18min、固液比 1∶50、微波占空比 42%。此条件下，茯苓多糖的提取率高于超声提取和水提法。与传统水提法相比，微波辅助提取具有快速、选择性好、提取率高、需要的溶剂少、操作简单等优点。

17.2.1.5　酶辅助提取法

由于水提多糖中除了多糖之外还有蛋白质、纤维素和果胶等物质，纤维素等难以被水解，因此采用纤维素酶、蛋白酶和果胶酶等组成的混合酶系降解这些干扰物质，有助于多糖的快速提取以及含量的提高。陈莉和郁建平（2007）报道了茯苓多糖的酶辅助提取工艺流程。首先将茯苓粉碎，然后加水浸泡 30min，同时将复合酶于 40℃活化 10min，在 pH 5 的条件下加入复合酶浸提 90min，中和，然后于 80℃浸提 90min 得到浸提液。浸提液经乙醇沉淀，无水乙醇、丙酮、乙醚分别洗涤得到茯苓粗多糖。结果显示，加酶辅助提取后，浸提时间缩短一半。此外，张晓娟等（2009）采用均匀设计实验优化所得的微波辅助最佳工艺条件为：微波时间 17min、功率 550W、固液比 1∶30、提取次数 2 次。实验采用的酶是木瓜蛋白酶，酶解条件为：酶解温度 60℃、酶解时间 120min、加酶量 0.5%、pH 6.0。以最优条件提取所得的水溶性粗多糖的提取率分别比单独使用微波提取、热水提取的提取率高 1.33 倍和 2.14 倍。

总体说来，以上不同的提取方法各有优势，同时也存在一些缺陷。例如，传统的热水浸提法提取效率不高；稀碱浸提法必须严格控制碱液的浓度，否则多糖可能会产生降解；超声辅助提取中需要控制超声的声强、频率和作用时间等因素，以免对多糖提取率及结构产生影响；微波辅助提取也可能引起多糖糖链的裂解；酶辅助提取法对实验条件的控制要求较高，不同的酶有不同的最适温度、pH、作用时间及浓度等。根据茯苓中多糖成分的溶解特性，图 17-2 提供了一种同时提取多种茯苓多糖的工艺流程（金勇，2004），可以作为提取茯苓多糖的一个参考。

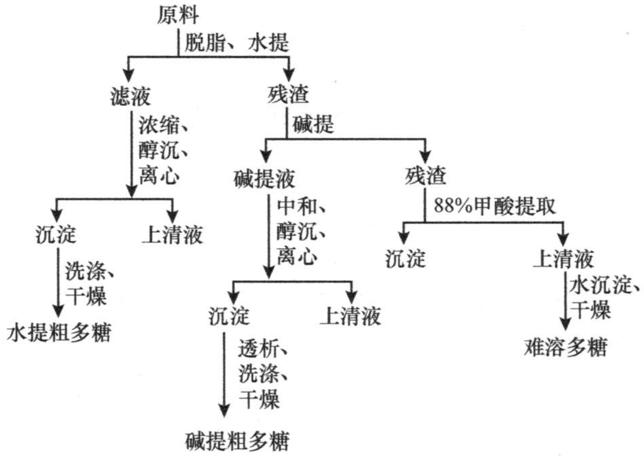

图 17-2　茯苓多糖提取工艺流程图

17.2.2　茯苓多糖的纯化

针对茯苓粗多糖中混有的蛋白质、色素、低聚糖以及其他小分子杂质的纯化过程是解析多糖结构等后续研究的重要一步。蛋白质是茯苓多糖中常见的一种杂质，相关的研究比较多。脱蛋白的过程一般为：将氯仿和正丁醇按 5∶1 混合成 Sevag 试剂，然后按一定体积比与多糖溶液混合，剧烈振摇，最后经分液漏斗分离。重复多次。然后再经透析、浓缩、干燥得到较纯的茯苓多糖（王艺峰，2004）。其中酶法结合 Sevag 法是一种脱除蛋白质较为理想的方法。

茯苓多糖的纯化主要采用柱层析法。在纯化过程中通常采用凝胶柱和离子交换柱。例如，一种白茯苓多糖的纯化方法是采用 DEAE-650C 离子交换层析柱进行分离，依次以蒸馏水、0mol/L、1mol/L、2mol/L、3mol/L NaCl 溶液进行梯度洗脱，流速为 1.0mL/min，分别收集，每管收集 2mL。最后获得两个分布均一的多糖组分 TAP1 和 TAP2（颜军等，2011）。茯苓粗多糖的纯化还可以将生物酶处理与柱层析联合使用，如边超（2006）先用β-葡聚糖酶 C 水解茯苓多糖得到其降解组分 WSP，再用 Sephadex G-100 葡聚糖凝胶对 WSP

进行分级，得到 WSP-1 和 WSP-2 两种组分。在茯苓多糖的纯化过程中，为取得更好的分离效果，还可以同时使用多个层析柱。例如，Chen 和 Chang（2004）报道将茯苓多糖溶解后，先后使用 DEAE-Sephadex C-25 色谱柱（1.1cm×30cm）和 DEAE-Sephadex A-25 色谱柱（1.1cm×30cm）两种阴离子交换柱纯化。纯化的组分用 Sephacryl S-400（1.1cm×100cm）凝胶柱再次分级得到最终的活性组分 PC-PS。Kanayama 等（1983）则是先使用离子交换柱然后再用凝胶柱对茯苓多糖进行纯化。其操作过程如下：茯苓菌丝体经 1mol/L KOH 提取、乙醇沉淀、离心冻干得到粗糖样品 fr·A。再将 fr·A 用硫酸铵沉淀得到 fr·ASP，然后用 DEAE-Sephadex A-25 进行纯化，洗脱液为 0.1mol/L Tris-HCl 溶液和 0 ～ 0.1mol/L NaCl 溶液，分别得到 fr·F_1 和 fr·F_2。其中的 fr·F_1 用 ConA-Sepharose 琼脂糖凝胶柱再次纯化，得到 fr·H_{11} 和 fr·H_{12} 两种组分。

17.2.3　茯苓多糖的理化性质

茯苓菌丝体胞内多糖纯化后为白色絮状，在冷水、热水中均易溶解。不溶于高浓度乙醇、丙酮、乙醚、正丁醇和异丙醇等。α-萘酚实验呈阳性，在试液和硫酸的界面可以看到紫色的环；硫酸-苯酚法呈正反应；遇碘不变蓝，说明不含淀粉；茚三酮反应呈阴性，说明不含蛋白质（陈杰，2009）。

单糖组成和分子质量是多糖的两个主要结构特征，表 17-1 总结了部分茯苓菌核多糖和茯苓菌丝体多糖的单糖组成及分子质量。由此可以看出，茯苓菌核多糖中的单糖种类从 1 种变化到 7 种，检测出的主要成分包括葡萄糖、半乳糖和甘露糖。例如，Chen 等（2015）采用 1mol/L NaOH 作为溶剂提取的菌核多糖 PCS0 主要由葡萄糖组成，而茯苓菌核水提多糖水解组分 PCP-1 则由大量的葡萄糖组成（Tang et al.，2014），还有少量鼠李糖、核糖、木糖、岩藻糖和葡糖醛酸，极少量的阿拉伯糖。茯苓菌丝体多糖主要是由多种单糖组成，大部分只有经分级之后才会获得组成单一的葡聚糖。相比于菌核多糖，菌丝体多糖中岩藻糖、阿拉伯糖、木糖更为常见，另外还有半乳糖胺、葡糖胺和乙酰葡糖胺等单糖被检出。

茯苓多糖的分子质量分布范围很广，多数茯苓菌核多糖分子质量集中在几万至几十万道尔顿，可以通过过氧化氢或者超声等处理使其降解成为几千道尔顿的多糖组分。茯苓发酵培养所得胞外多糖的分子质量为 10 万 Da 左右，对菌丝体采用不同溶剂处理得到不同分子质量的菌丝体多糖，此类多糖的分子质量为 5 万～ 130 万 Da。

17.3　茯苓多糖的结构特征

17.3.1　一级结构

茯苓多糖的结构因多糖的来源（茯苓皮、菌核、菌丝体和发酵液）、提取方式和生长或培养条件等而有所差异。茯苓菌核多糖及菌丝体多糖一般以 α/β-D-1,3-葡聚糖为主要一级结构，此外，还有 α-1,3-半乳聚糖（Lu et al.，2010）和甘露聚糖（Lee and Jeon，2003）。支链可能被部分阿拉伯糖（Ara）、木糖（Xyl）、甘露糖（Man）、半乳糖（Gal）

等取代。表 17-2 列出了部分茯苓菌核与菌丝体来源的茯苓多糖可能的一级结构。

表 17-2　部分茯苓多糖的结构信息

来源	多糖名称	纯化方法	主链结构	支链信息	参考文献
菌核	—	DMSO、水、丙酮、乙醚依次洗涤	β-1,3-葡聚糖	→6)-Glc-(1→	Saito et al.，1968
菌核	—	柱层析	β-1,3-葡聚糖	3 ～ 6 个分支；→6)-Glc-(1→	Hoffmann et al.，1971
菌核	PC3	—	β-D-1,3-葡聚糖	—	张俐娜等，1997
	PC4	—	β-D-1,3-葡聚糖	少量支链	
菌核	—	—	β-D-1,3-葡聚糖	—	Chen et al.，2009
菌丝体	—	冻融法	β-D-1,3-葡聚糖	—	Warsi and Whelan，1957
菌丝体	—	硫酸铵盐析结合柱分离	β-D-1,3/1,6-葡聚糖	—	Kanayama et al.，1983
菌丝体	Pi-PCM2	30% H_2O_2 脱色、Sevag 法脱蛋白、透析	β-D-半乳呋喃聚糖、α-D-1,3-葡聚糖、甘露聚糖	—	Huang et al.，2007
	Pi-PCM3-Ⅰ		α-D-1,3-葡聚糖	→6)-Glc-(1→	
	Pi-PCM3-Ⅱ		α-D-1,3-葡聚糖与 β-半乳聚糖共存	—	
	Pi-PCM4-Ⅰ		α-D-1,3-葡聚糖	—	
菌丝体	wb-PCM3-Ⅰ	30% H_2O_2 脱色、Sevag 法脱蛋白、透析	α-D-1,3-葡聚糖	→6)-Glc-(1→	Jin et al.，2003
	wb-PCM3-Ⅱ		β-D-1,3-葡聚糖	—	
	wb-PCM4-Ⅰ		β-D-1,3-葡聚糖	—	
	wb-PCM4-Ⅱ		β-D-1,3-葡聚糖	—	
菌丝体	wc-PCM3-Ⅰ	30% H_2O_2 脱色、Sevag 法脱蛋白、透析	α-D-1,3-葡聚糖	→6)-Glc-(1→	Jin et al.，2003
	wc-PCM3-Ⅱ		β-D-1,3-葡聚糖	—	
	wc-PCM4-Ⅰ		β-D-1,3-葡聚糖	—	
	wc-PCM4-Ⅱ		β-D-1,3-葡聚糖	—	
菌丝体	PC-Ⅱ	柱层析	α-D-1,3-半乳聚糖	→6)-Gal-(1→	Lu et al.，2010

注：“—”表示原文未提供相关信息

由表 17-2 可以看出，茯苓菌核多糖主要为 β-1,3-葡聚糖。早在 1957 年，国外研究者 Warsi 和 Whelan 对茯苓聚糖（pachyman）的结构进行解析。研究显示茯苓聚糖是一种 β-1,3 连接的线性葡聚糖。随后，Saito 等（1968）的研究表明茯苓菌核碱提多糖为具有分支的 β-1,3-葡聚糖，存在 4 个分支点，通过 1,6 糖苷键连接。β-1,3-葡聚糖支链上有 1,6 糖苷键连接的特征也被 Chihara 等（1970）的研究证实。关于茯苓聚糖分支点的位置，Hoffmann 等（1971）的研究结果表明采用二甲基亚砜提取的茯苓细胞壁中茯苓聚糖的分支点在 O-4 位。

与菌核多糖相比，茯苓菌丝体多糖的结构则更多样化，既有 β-1,3-葡聚糖又有 α-D-

1,3-葡聚糖。例如，Narui 等（1980）用 6mol/L 尿素水溶液在沸水浴条件下从冻干的茯苓菌丝体中提取得到粗多糖，再经冻融法纯化得到纯多糖 U-pachyman f，该多糖主要由葡萄糖组成，还有少量木糖，相对分子质量约为 3.7×10^5。核磁分析表明 U-pachyman f 是线性 β-D-1,3-葡聚糖，具有 9 ～ 10 个 →6)-β-D-Glc*p*-(1→ 连成的支链。Kanayama 等（1983）报道了一种具有抗肿瘤活性的茯苓多糖 H_{11}。首先采用 1mol/L KOH 提取，然后经过中和、醇沉得到多糖组分 fr.A，此组分再经硫酸铵盐析、DEAE-Sephadex A-25 和 ConA-Sepharose 柱子分级，得到 H_{11}，经过甲基化和核磁分析，鉴定出 H_{11} 是一种带有支链的 β-D-1,3/1,6-葡聚糖，且 1,3 糖苷键与 1,6 糖苷键的比例为 4∶1（Kanayama et al.，1983）。除了简单的葡聚糖结构，茯苓菌丝体多糖还有 β-D-半乳呋喃聚糖、α-D-1,3-葡聚糖、甘露聚糖、α-D-1,3-半乳聚糖等结构类型（Huang et al.，2007; Lu et al.，2010）。

人工培养的茯苓胞外多糖则主要为杂多糖，单糖组成以甘露糖、半乳糖和葡萄糖为主。图 17-3 为茯苓聚糖的 3 种代表性结构。

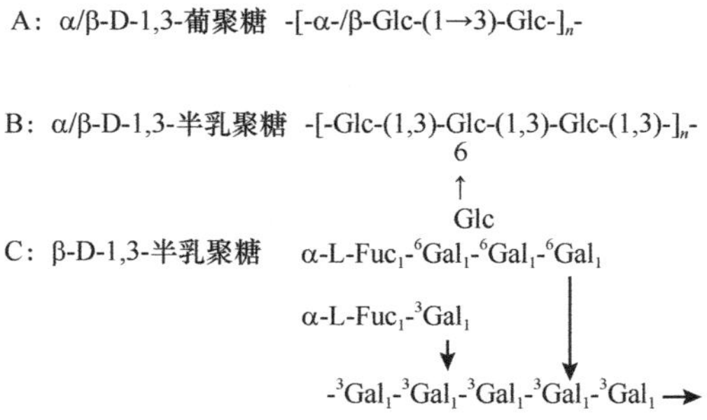

图 17-3　茯苓聚糖的一级结构

17.3.2　溶液构象特征

多糖的溶液性质是影响其功能活性的重要指标。茯苓多糖及其衍生物在溶液中主要呈现伸展的链构象或者聚集体状态。早在 20 世纪 90 年代，国内知名聚合物构象研究学者张俐娜院士团队便用激光光散射技术研究了茯苓多糖在溶液中的性质，开始了茯苓多糖溶液构象特征研究。表 17-3 列出了部分茯苓多糖的溶液构象参数。

以茯苓菌核碱提多糖 PC3（一种线性 β-D-1,3-葡聚糖）为例，首先将 PC3 溶于 0.2mol/L NaOH 溶液中，然后采用乙醇分级获得 8 个组分，选择其中的第四个组分和第七个组分（PC3-F4 和 PC3-F7）做构象分析。以 20% 氢氧化铬乙二胺（20% Cadoxen）和 Cadoxen 作为溶剂，测定 PC3、PC3-F4 和 PC3-F7 在两种溶液体系中的分子质量分布与聚集状态。结果显示，3 个组分在 20% Cadoxen 溶液中的重均分子质量、均方回转半径和特性黏度均明显高于 Cadoxen 中所测的结果（表 17-3）。由此推测 PC3 在 20% Cadoxen 溶液中形成了聚集体，在 Cadoxen 溶液中则解聚成单链结构（Zhang et al.，1997）。类似地，采用丙酮对 PC3 分级处理得到 3 个组分 FR1、FR2 和 FR3。经动静态光散射技术分析可知 25℃条件下 PC3 的 3 个丙酮分级组分在二甲基亚砜（DMSO）中具有伸展的链构象，在 0.5mol/L NaOH 溶液中则倾向于形成疏松的聚集体结构（Ding et al.，1998）。由

表 17-3 部分茯苓多糖的构象参数 [a]

多糖来源（名称）	溶剂	重均分子质量（kDa）	[η]（cm^3/g）	R_g（nm）	R_h（nm）	R_g/R_h	A_2（$\times 10^4 mol\cdot mL/g^2$）	M_L（nm^{-1}）	q（nm）	C_∞	参考文献
菌核（PC3）	20% Cadoxen	206	61.6	32.4	—[b]	—	—	—	—	—	Zhang et al.，1997
	Cadoxen	89.3	38.7	26.7	—	—	—	—	—	—	
	0.5mol/L NaOH	143	41.7	—	—	—	—	—	—	—	
乙醇分级组分（PC3-F4）	20% Cadoxen	518	103.2	55.0	—	—	—	—	—	—	
	Cadoxen	148	52.0	31.3	—	—	—	—	—	—	
乙醇分级组分（PC3-F7）	20% Cadoxen	278	—	62.8	—	—	—	—	—	—	
	Cadoxen	46.9	29.2	21.2	—	—	—	—	—	—	
丙酮分级组分（FR1）	DMSO	920	—	15.0	7.7	2.0	5.7	—	—	—	Ding et al.，1998
	0.5mol/L NaOH	457	—	48.2	31	1.6	56	—	—	—	
丙酮分级组分（FR2）	DMSO	106	—	22.0	8.4	2.6	5.5	—	—	—	
	0.5mol/L NaOH	111	—	37.7	26	1.5	14	—	—	—	
丙酮分级组分（FR3）	DMSO	67	—	17.0	6.2	2.7	1.6	—	—	—	
	0.5mol/L NaOH	238	—	38.3	25	1.5	134	—	—	—	
菌核（PC3）	0.25mol/L LiCl/DMSO	91.5		56.3	—	—	—	—	—	—	Zhang et al.，1999
SEC 分级组分（PC3-2）		195	35.3	—	—	—	5.40	—	—	—	
SEC 分级组分（PC3-4）		206	33.4	—	—	—	4.76	—	—	—	
SEC 分级组分（PC3-6）		171	32.1	—	—	—	5.95	—	—	—	
SEC 分级组分（PC3-8）		148	30.7	—	—	—	6.49	—	—	—	

续表

多糖来源（名称）	溶剂	重均分子质量（kDa）	$[\eta]$ (cm^3/g)	R_g（nm）	R_h（nm）	R_g/R_h	A_2 ($\times 10^4 mol \cdot mL/g^2$)	M_L (nm^{-1})	q（nm）	C_∞	参考文献
SEC 分级组分（PC3-10）		86.3	28.9	—	—	—	13.90	—	—	—	Zhang et al.，1999
菌核（PCS3-Ⅱ）	0.5mol/L NaOH/0.2mol/L 尿素	—	—	—	—	—	—	580	2.3	3.63	Chen et al.，2009
F1		514	134	—	—	—	3.14	—	—	—	
F2		450	124	—	—	—	3.40	—	—	—	
F3		432	105	—	—	—	3.86	—	—	—	
F4		381	100	—	—	—	3.46	—	—	—	
F5		368	90.6	—	—	—	3.56	—	—	—	
F6		334	76.7	—	—	—	3.25	—	—	—	
F7		171	72.2	—	—	—	2.61	—	—	—	
F8		110	46.9	—	—	—	1.73	—	—	—	
F9		77	35.7	—	—	—	3.34	—	—	—	
F1	DMSO	—	—	—	—	—	—	—	—	—	
F2		410	165.0	—	—	—	5.77	—	—	—	
F3		390	146.5	—	—	—	3.11	—	—	—	
F4		369	138.9	—	—	—	2.49	—	—	—	
F5		310	137.1	—	—	—	5.88	—	—	—	
F6		—	—	—	—	—	—	—	—	—	
F7		190	91.9	—	—	—	1.56	—	—	—	
F8		—	—	—	—	—	—	—	—	—	
F9		67	59.4	—	—	—	13.5	—	—	—	

续表

多糖来源（名称）	溶剂	重均分子质量（kDa）	$[\eta]$（cm^3/g）	R_g（nm）	R_h（nm）	R_g/R_h	A_2（$\times 10^4 mol \cdot mL/g^2$）	M_L（nm^{-1}）	q（nm）	C_∞	参考文献
菌丝体（F0）	DMSO	168	—	26.5	15.4	1.7	1.82	—	—	—	Ding et al.，1999
（F1）	DMSO	348	—	31.2	16.3	1.9	0.76	—	—	—	
（F2）		220	—	—	12.3	—	2.35	—	—	—	
菌丝体（F-1）	0.25mol/L LiCl/DMSO	290	152	29.2	—	—	—	690	4.5	11.9	Jin et al.，2004
（F-2）		125	82.9	21.2	—	—	—	—	—	—	
（F-3）		114	78.1	16.7	—	—	—	—	—	—	
（F-4）		106	74.5	20.9	—	—	—	—	—	—	
（F-5）		89	63.2	15.8	—	—	—	—	—	—	
（F-6）		74.1	53.5	16.0	—	—	—	—	—	—	
（F-7）		4.2	34.6	14.6	—	—	—	—	—	—	
菌丝体（F0）	DMSO	168	65.3	7.0	—	—	1.82	—	—	10.1	Ding et al.，2001
（F2）		348	124.0	19.4	—	—	0.76	—	—	13.4	
（F6）		220	87.0	10.7	—	—	2.35	—	—	11.8	
（F8）		183	67.5	7.6	—	—	2.30	—	—	10.0	
（F9）		128	48.1	—	—	—	—	—	—	—	

a. $[\eta]$ 为特性黏度；R_g 为均方回转半径；R_h 为流体力学半径；A_2 为第二维利系数；M_L 为单位围长摩尔质量；q 为持续链长；C_∞ 为极限特征比

b. 文献未提供相关信息

此可见，茯苓多糖的构象与所选溶剂密切相关。另外，温度也会影响茯苓多糖的溶液构象，例如，该研究团队利用制备型尺寸排阻色谱将 PC3 分成 10 个级分（PC3-1 ～ PC3-10），选取其中的 PC3-2、PC3-4、PC3-6、PC3-8 和 PC3-10 进行分子质量、黏度与渗透压测定。实验结果表明在 0.25mol/L LiCl/DMSO 溶液中 PC3 在 40℃时发生聚集，此时的分子质量明显高于 80℃时所测的分子质量，而 80℃时所测得的分子质量与在 Cadoxen 和 DMSO 溶液中光散射所测得的结果接近。Zhang 等（1999）认为在 80℃下，茯苓多糖的聚集体结构被破坏形成了单股链，呈现无规卷曲的构象，这与渗透压法与黏度测定的结果一致。

采用类似的研究方法，对茯苓菌丝体多糖 PCM3（β-D-1,3-葡聚糖）的构象研究表明 PCM3 在二甲基亚砜中为半柔顺链。当变换溶剂，将 PCM3 溶于含水的 DMSO 中时，多糖分子在不同测定温度下存在不同的聚集过程（快速聚集过程和缓慢聚集过程），并且聚集过程还包括了聚集体重建，分子间氢键在这个重建过程中起到重要作用（Ding et al.，1999，2001）。除 β-型葡聚糖外，茯苓菌丝体中的线性 α-D-1,3-葡聚糖 PCM3-Ⅰ在 0.25mol/L LiCl/DMSO 中也呈现一种较伸展的柔顺链构象（Jin et al.，2004）。

该研究团队对茯苓多糖衍生物的溶液构象也有所报道，如茯苓菌核 β-D-1,3-葡聚糖的羧甲基衍生物和硫酸酯衍生物在 0.2mol/L NaCl 水溶液中表现为较伸展的柔顺链构象，并且茯苓葡聚糖硫酸酯在水溶液中的链柔顺性大于它的羧甲基衍生物（王艺峰，2004）。另外，茯苓菌丝体 α-D-1,3-葡聚糖的硫酸酯衍生物（S-ab-PCM3-Ⅰ）在溶液中为半刚性链构象。硫酸酯基的空间位阻和静电排斥使分子链更加扩张，从而使水不溶性多糖转变为水溶性多糖（陈莉，2004）。

17.4 茯苓多糖的生物活性

茯苓药用历史悠久，主要被用于消痰祛肿、治疗肾病和慢性胃炎、改善高脂血症和利尿等。茯苓可以与多种其他中药配伍，素有“十药九茯苓”之说（Jia et al.，2016；Miao et al.，2016）。现代药理学研究表明茯苓多糖具有显著的生物活性，包括免疫调节、抗氧化和抗凋亡等（Huang et al.，2007；Kanayama et al.，1986；Ke et al.，2010；Li et al.，2019）。

17.4.1 免疫调节

增强免疫是茯苓多糖对机体的重要生物作用之一，其中抗肿瘤活性是茯苓多糖研究最多的生物活性之一，在体内外水平的实验中都已经得到证实。一般而言，茯苓多糖主要通过作用于机体免疫器官、T/B 淋巴细胞、巨噬细胞、自然杀伤细胞及细胞因子等发挥其提高机体免疫力的活性（Tian et al.，2019；Zhang et al.，2018，2019）。茯苓多糖的抗肿瘤活性对细胞具有选择性。例如，茯苓多糖 H_{11} 对荷瘤小鼠的皮下肉瘤-180（Sacroma-180，S-180）细胞具有抑制作用，而对腹水瘤没有抑制作用（Kanayama et al.，1983，1986）。发酵的茯苓胞外多糖 ac-PCM0（一种杂多糖）对 S-180 肿瘤细胞具有抑制作用，而对宫颈癌 HeLa 细胞不显示抗肿瘤活性（Zhang et al.，2005a）。茯苓菌核多糖

PC0 及其超声降解产物 PC10 和 PC90 对结肠癌细胞 SW620 的增殖具有抑制作用，但对巨噬细胞 RAW264.7 和肾脏细胞（vero cell）的作用则相对较小（Chen et al.，2015）。对于液体发酵菌丝体，菌种和培养基等发酵条件对其多糖的抗肿瘤活性有影响。用野生茯苓菌种和玉米浆培养基培养菌丝体，从其中提取的杂多糖在体内具有最高的抗肿瘤活性，从麸皮培养基培养的菌丝体中获得的水溶性多糖不显示体内抑瘤活性。同时，茯苓菌丝体水溶性多糖在体外均有抑制悬浮细胞 HL-60 增殖的活性，而对贴壁细胞 HepG2 的抗增殖活性较低，所以茯苓菌丝体多糖的抗肿瘤活性也具有选择性（Jin et al.，2003）。

茯苓多糖发挥抗肿瘤活性的机制是研究的重点。一方面，研究发现茯苓多糖直接作用于肿瘤细胞发挥作用可能与膜生化特性有关。茯苓多糖（polysaccharide from *Poria cocos*，PCP）对小鼠肉瘤 S-180 细胞、人白血病 K562 细胞在体外的增殖均有强烈的抑制作用。作者对 S-180 细胞膜成分进行了分析，发现 PPS 与细胞接触 24h 后，细胞膜上的唾液酸含量升高，膜磷脂含量降低，膜磷脂脂肪酸组成中 $C_{20:1}$ 和 $C_{18:1}$ 的含量降低。但是膜胆固醇含量、膜流动性以及膜中性脂肪酸组成与对照组相比没有变化。将 PCP 与 S-180 细胞膜在适当条件下一同温育，发现 PCP 可干扰膜的肌醇磷脂代谢，明显抑制磷脂酰肌醇转换。这些结果提示 PCP 的抗瘤机制与膜生化特性改变有关，且茯苓多糖对膜磷脂含量、脂肪酸组成和作为膜磷脂组分之一的肌醇磷脂代谢的影响是抗瘤的重要环节（吴波等，1994）。另一方面，茯苓多糖通过增强机体的免疫发挥作用。在体外实验中，茯苓多糖 PCSC（一种带少量杂糖的甘露聚糖）能显著促进小鼠巨噬细胞一氧化氮（NO）的生成，通过激活 NF-κB/Rel，促进一氧化氮合酶（NOS）的表达。体内注射 PCSC 可促进 B6C3F1 小鼠腹膜巨噬细胞 NO 的产生，并且 PCSC 对小鼠腹膜巨噬细胞 RAW264.7 NO 生成的影响具有剂量依赖性。RAW264.7 细胞中 iNOS 的表达和 mRNA 转录被强烈地影响。因此，PCSC 可通过激活小鼠巨噬细胞中的 pk38 激酶通路激活 NF-κB/Rel 和 iNOS 的表达（Lee and Jeon，2003；Lee et al.，2004）。近期，茯苓多糖通过抑制 S-180 肿瘤细胞 Bcl-2 蛋白的表达、激活胱天蛋白酶-9（caspase-9）、激活下游胱天蛋白酶-3 的启动子级联和促进肿瘤细胞凋亡等发挥抗肿瘤作用的机制也被 Shi 等（2017）的研究证实。Li 等（2019）近期发表的文献综述表示茯苓多糖（PCP）通过帮助宿主克服不利的生物应激，增加对肿瘤的免疫力和直接促进肿瘤细胞凋亡的机制来发挥其抗肿瘤活性。茯苓多糖发挥抗肿瘤作用的相关机制如图 17-4 所示。由于多糖结构和人体消化代谢途径都比较复杂，茯苓多糖发挥抗肿瘤活性的机制仍需要更深入的研究。

此外，经动物实验和组织学观察发现，在免疫组织和器官水平，茯苓多糖治疗组的荷瘤小鼠的脾脏、脾小结清晰，脾中央动脉周围淋巴鞘的淋巴细胞密集，表现出脾保护作用（谈新提等，2004）。茯苓菌核多糖 PCSC22（sodium carbonate soluble polysaccharide from *Poria cocos*）能够刺激 T 淋巴细胞的增殖，促进 B 淋巴细胞产生抗体和巨噬细胞系 RAW264.7 产生氮氧分泌物（Rhee et al.，1999）。另一种茯苓多糖 PCP- Ⅱ会促进脾淋巴细胞的增殖，刺激树突状细胞中 IL-12 p70 和巨噬细胞中 TNF-α 的分泌，从而发挥免疫活性（Wu et al.，2016）。结合体内外实验的结果，Tian 等（2019）认为茯苓多糖 PCP 可能是通过 TLR4/TRAF6/NF-κB 这一信号通路发挥免疫调节活性。

茯苓多糖还能作用于肠黏膜组织。研究发现茯苓多糖能促进肠道卵清蛋白特异性肠

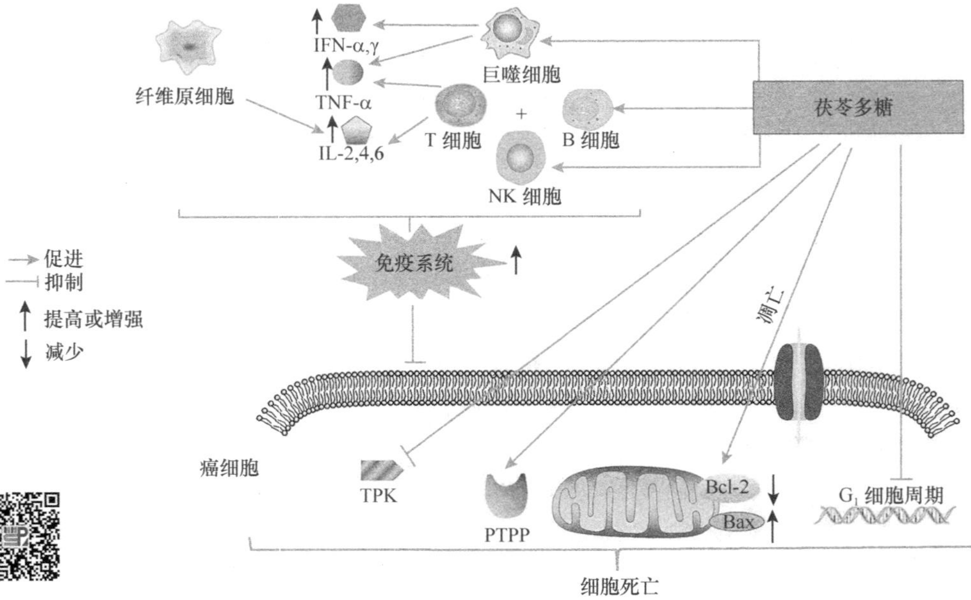

图 17-4　茯苓多糖可能的抗肿瘤活性机制（Li et al.，2019）（彩图请扫二维码）
TPK 为酪氨酸蛋白激酶；PTPP 为磷酸酪氨酸蛋白磷酸酶

黏膜的主要免疫球蛋白（sIgA）的分泌，增强肠黏膜免疫组织派尔集合淋巴结 B 淋巴细胞 CD80 和 CD86 等共刺激分子的表达，提示茯苓多糖对小鼠肠道黏膜免疫功能有增强作用，这种作用与其活化 B 淋巴细胞有关（王青等，2011）。茯苓多糖衍生物通过类似的途径发挥免疫作用。例如，硫酸酯化茯苓多糖可显著提高自然杀伤细胞（NK 细胞）杀伤小鼠淋巴瘤细胞 Yac-1 的活性，且在实验范围内的杀伤率随茯苓多糖硫酸酯剂量的增加而提高（陈群等，2009）。

17.4.2　抗炎

茯苓多糖的抗炎活性首先在小鼠原发性抗肾小球基底膜肾炎实验模型中得到证实。研究发现茯苓聚糖能够防止尿液蛋白的排放和血浆胆固醇含量的升高。对肾小球的组织病理学观察发现在肾炎对照组中肾小球囊毛细管壁的黏附和核数量显著增加。相比对照组，茯苓聚糖处理使得肾小球细胞过多和细胞黏附等病理症状得到缓解。茯苓聚糖能够抑制血清补体 CH50 的降低，还能明显减少小鼠补体 C3 在肾小球的沉积。所以茯苓聚糖可以有效抵抗小鼠原发性肾小球基底膜肾炎，而且这种抗肾炎效果的机制与对肾小球中 C3 沉积的抑制有一定的关联（Hattori et al.，1992）。另外，茯苓多糖 PS1 和 PS2 对炎症模型小鼠巨噬细胞 RAW264.7 与二甲苯所致小鼠急性炎症及无菌棉球所致大鼠慢性炎症的抗炎效果也得到证实（Lu et al.，2010；侯安继等，2003）。

茯苓多糖的抗炎活性也表现在缓解溶骨性病变症状方面。研究人员通过抗酒石酸酸性磷酸酶（tartrate resistant acid phosphatase，TRAcP）染色、免疫荧光、逆转录聚合酶链式反应和蛋白质印迹技术，发现茯苓多糖（polysaccharide from *Poria cocos*，PCP）能够抑制核 κB 配体的受体激活剂（RANKL）诱导的破骨细胞形成和骨吸收。PCP 还能下调 STAT3、P38、ERK 和 JNK 等蛋白的磷酸化，从而在 RANKL 诱导的破骨细胞生成过程中抑制 NFAcT1 和 c-Fos 的表达。此外，PCP 还可以抑制骨吸收相关基因如 *TRAcP* 和 *CTSK* 的表达（Song et al.，2018）。

17.4.3　抗氧化

茯苓多糖及其衍生物还可以作为一种极具潜力的天然抗氧化剂，其抗氧化活性在体外抗氧化体系和动物模型中均得到证实。体外研究表明茯苓多糖具有很强的自由基清除能力，表现出较强的抗氧化性能（Tang et al.，2014；李燕凌等，2012）。不同提取方式所得的茯苓多糖表现出的抗氧化能力有所不同。其中微波辅助提取的茯苓多糖（microwave extracted polysaccharide from *Poria cocos*，PCP-M）的还原能力和对羟自由基、DPPH 自由基的清除能力最强，热水提取的组分（hot water extracted polysaccharide from *Poria cocos*，PCP-H）和酶辅助提取的组分（enzyme extracted polysaccharide from *Poria cocos*，PCP-E）次之，而超声辅助提取的茯苓多糖（ultrasound extracted polysaccharide from *Poria cocos*，PCP-U）抗氧化能力最弱（Wang et al.，2016）。动物实验发现茯苓多糖能增加血清中超氧化物歧化酶（T-SOD 和 Cu-SOD）的活性，降低丙二醛（MDA）的含量。茯苓多糖能显著降低动物体内自由基水平，提高动物体内自由基清除酶的活力，提高动物耐寒和抗疲劳能力（侯安继等，2004）。茯苓多糖的不同衍生物（如羧甲基化、硫酸酯化、羧甲基-硫酸酯化）也可以抑制小鼠血清和肝脏中丙二醛的生成，增强小鼠血清和肝脏中 SOD 的活性，清除羟自由基、超氧阴离子和过氧化氢等，说明茯苓多糖衍生物具有抗氧化性（Li et al.，2014；曹宇等，2009；程水明等，2013）。

17.4.4　其他功能

除上述几种主要的活性以外，研究表明茯苓多糖及其衍生物还能显著抑制细胞因子 1L-1β 和 TNF-α 的 mRNA 表达，茯苓多糖高剂量组可显著促进 IL-4 的 mRNA 表达，并且呈剂量依赖关系，发挥其保肝退黄作用（刘成等，2012）。Wu 等（2018，2019）也通过体内和体外实验证实茯苓多糖（PCP）可抑制细胞死亡，减少肝细胞炎症应激和减少热激蛋白-90（heat shock protein，Hsp90）表达，在体内和体外实验中均表现出对乙酰氨基酚损伤的肝细胞起到保护作用。茯苓多糖还能显著缩短小鼠的睡眠潜伏期，延长小鼠睡眠时间（徐煜彬等，2014）。此外，茯苓多糖还有抗病毒和预防或消除结石的作用（Wang et al.，2012a；韦英益等，2009）。

茯苓菌核中水不溶性茯苓多糖（WIP）还能够调节肠道微生物群以改善高血糖和高脂血症。实验中发现 WIP 口服治疗显著改善了肥胖小鼠的葡萄糖和脂质代谢并减轻了肝脏脂肪变性。WIP 处理组小鼠盲肠内容物中产生丁酸盐的细菌 *Lachnospiracea* 和 *Clostridium* 数量增加，肠道中丁酸盐的水平提高，肠黏膜完整性得到改善，同时肠道 PPARγ 通路也被激活。粪便移植实验明确证实了 WIP 具有调节肠道微生物的作用（Sun et al.，2019）。

17.5　茯苓多糖的结构修饰

茯苓多糖包括水溶性、碱溶性和酸溶性 3 种类型。其中碱溶性茯苓多糖水溶性差，生物活性低（Wang et al.，2012b；Zhang et al.，2016）。因此研究者采用各种方式对碱溶性多糖进行分子结构修饰，试图获得更高的生物活性或产生新的生物活性。多糖的修饰手段主要为化学修饰（表 17-4），另外还有生物方法和物理方法。

表 17-4　部分衍生化茯苓多糖的理化性质和生物活性

样品名称	结构	分子质量（kDa）	溶解度或溶解性	取代度或含量	生物活性	参考文献
羧甲基化茯苓多糖	β-D-1,3-葡聚糖	—[a]	6.7g/100mL	0.95	抗肿瘤	Hamuro et al.，1971
CMP	β-D-1,3-葡聚糖	—	—	—	对肠上皮细胞的保护作用	Zhang et al.，2016
CMP	—	—	—	—	肝保护作用	王灿红等，2016
CMP	—	—	—	—	免疫增强	廖海锋等，2016
CTM3a	高度支化β-葡聚糖	629	—	0.61	—	Tao et al.，2015
CF4 ~ CF11	—	3 ~ 1364	—	0.51 ~ 0.69	—	
CMP1 ~ CMP5	—	60.0 ~ 252.7	2.5 ~ 5.2g/100mL	0.40 ~ 0.88	抗氧化、结合胆酸	Wang et al.，2012b
CP	β-D-葡聚糖	—	—	—	抗菌	Wang et al.，2010
—	β-D-1,3-葡聚糖	90 ~ 3440	—	0.26 ~ 0.91	结合胆酸	Wang et al.，2009
CMP	β-D-1,3-葡聚糖	42	—	—	氧化损伤抑制作用	Wei et al.，2011
CMP	β-D-1,3-葡聚糖	—	—	0.96	—	Wang et al.，2014
S-CMP		—	—	0.92	—	
C-PCSG	β-D-1,3-葡聚糖	251	—	—	—	Wang and Zhang，2006
C-1 ~ C-8		54 ~ 61	—	—	—	
Sample 2	β-D-1,3-葡聚糖	—	极易溶解	1.02[b]；1.21[c]	抗肿瘤	Wang et al.，2004
硫酸酯化 SPSs	—	0.43 ~ 2927	—	496.7μmol/g	抗血管生成活性	Cheng et al.，2012
S-P	β-D-1,3-葡聚糖	—	—	1.12	抗氧化	Wang et al.，2014
S-CMP		—	—	1.14	抗氧化	
S1 ~ S6	α-D-1,3-葡聚糖	26.5 ~ 145	—	0.86 ~ 1.02	抗肿瘤	Huang et al.，2006

续表

样品名称	结构	分子质量（kDa）	溶解度或溶解性	取代度或含量	生物活性	参考文献
ab-PCM-Ⅰ-S1 ～ S5	α-D-1,3-葡聚糖	20 ～ 113	—	0.39 ～ 0.67	抗肿瘤	Lin et al.，2004
ac-PCM-Ⅰ-S1 ～ S5		47 ～ 400	—	0.73 ～ 0.96	抗肿瘤	
Sample 1	β-D-1,3-葡聚糖	—	极易溶解	1.27[b]；1.34[c]	抗肿瘤	Wang et al.，2004
甲基化 Sample 3		—	极易溶解	0.69[b]；0.82[c]		
羟乙基化 Sample 4		—	易溶解	0.49[b]；0.60[c]		
羟丙基化 Sample 5		—	易溶解	0.23[b]；0.30[c]		
磷酸化 P1-PCS3-Ⅱ～P7-PCS3-Ⅱ	β-D-1,3-葡聚糖	26 ～ 268	—	0.06 ～ 0.15	抗肿瘤	Chen et al.，2009

a. 原文未提供相关信息

b. 数据来源于 ^{13}C NMR

c. 数据来源于元素分析

17.5.1 化学修饰

17.5.1.1 羧甲基化

羧甲基化是茯苓多糖的化学修饰中研究较多的一种（表 17-4）。茯苓多糖的羧甲基化主要有水媒法（陈春霞，1996）和溶媒法（Hamuro et al.，1971）。一般而言，水媒法进行羧甲基化是将多糖溶于稀碱溶液，然后加入一定量的一氯乙酸水溶液，适当温度下进行醚化反应；溶媒法是使多糖分散于有机溶剂中，加碱一段时间后，再加一氯乙酸，在适当温度下进行醚化反应（石清东和蒋先明，1996；王利亚和喻宗源，1998）。图 17-5 为采用水媒法合成羧甲基茯苓多糖的原理图。

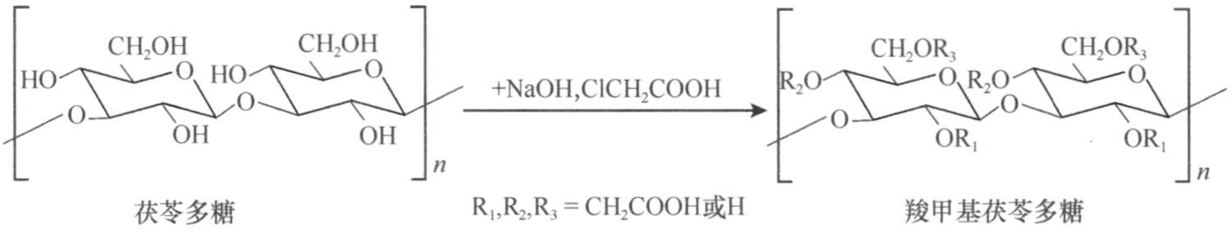

图 17-5 羧甲基茯苓多糖的合成（Hamuro et al.，1971）

Hamuro 等（1971）就在《自然》（*Nature*）杂志上报道了一种羧甲基茯苓次聚糖的抗肿瘤活性，该多糖的羧甲基取代度为 0.95 每单位葡萄糖，溶解度为 6.7g/100mL（30℃）。该多糖经多个小鼠肿瘤模型被证实具有显著的抗肿瘤活性。羧甲基茯苓多糖（CMP）易溶于水，动物实验表明 CMP 对小鼠肿瘤 U14、S-180、肝癌 H22 和小鼠艾氏腹水癌均具有抑制作用。细胞实验表明 CMP 能增强荷瘤小鼠腹腔巨噬细胞的吞噬功能，明显增加小鼠脾抗体分泌细胞数以及特异的抗原结合细胞数，明显增强小鼠的牛血清白蛋白诱导的迟发型超敏反应以及促进小鼠脾 T 细胞生长因子的增长（陈春霞，2001，2003）。

羧甲基化后的茯苓多糖分子由于引入了带负电荷的羧基，同性电荷的排斥作用破坏了分子的有序结构，因此多糖的水溶性随羧甲基取代度增加而提高（Wang et al.，2012b）。经动静态光散射技术分析，研究者发现羧甲基化茯苓聚糖在 0.2mol/L 氯化钠溶液中的溶解性和链刚性也得到提高（Wang and Zhang，2006）。高度支化的羧甲基化茯苓 β-D-葡聚糖衍生物 CTM3a 在磷酸盐缓冲液中能够保持羧甲基化后高度支化的结构，呈现一种膨胀的球体构象。在碳化二亚胺中，羧甲基与纤维蚕丝蛋白交联形成亲水胶体，产生的亲水胶体有多孔性和交联结构，有好的机械性和溶胀性（Tao et al.，2015）。在生物活性方面，羧甲基茯苓多糖的抗氧化性和胆酸结合能力增强，并且其生物活性随着取代度增加而提高（Kagimura et al.，2015；Wang et al.，2009，2012b；Wei et al.，2011）。抗菌实验表明，茯苓 β-D-葡聚糖（glucan from *Poria cocos*，PCSG）的水溶性羧甲基化衍生物可以共价连接到聚氨酯（polyurethane，PU）上，对该复合物表面吸收纤维蛋白原和白蛋白、体外血液相容性，以及对绿脓假单胞菌的抗性等进行研究，结果显示，与对照 PU 相比，改性后 PU 表面疏水性增加，对纤维蛋白原的吸收减少 51.5%，能够抑制绿脓假单胞菌生长（Wang et al.，2010）。羧甲基茯苓多糖能抑制免疫系统的氧化损伤，实验结果显示羧甲基茯苓多糖可增加小鼠的胸腺指数和脾脏指数，以及溶菌酵素、崩溃酶、过氧化物酶活力和总抗氧化性，降低黄嘌呤氧化酶的活性和丙二醛水平（Wei et al.，2011）。细胞实验发现羧甲基茯苓多糖 CMP33 能够刺激 RAW264.7 细胞中一氧化氮的释放和 IL-1β、IL-6、TNF-α 等细胞因子的分泌，也能够抑制脂多糖诱导的一氧化氮、IL-6、TNF-α 和 IL-1β 等的过量产生，从而发挥抗肿瘤或抗炎活性（Liu et al.，2019）。该组分还被证明对 TNBS 诱导的小鼠炎症性肠病（inflammatory bowel disease，IBD）具有保护作用。实验结果表明 CMP33 能够显著改善结肠炎的严重程度，降低促炎细胞因子的水平并增加结肠组织和结肠小鼠血清中抗炎细胞因子的水平。通过蛋白质组学分析得知，7 种蛋白质（Hmgcs2、Fabp2、Hp、B4galnt2、B3gnt6、Sap 和 Ca1）是 CMP33 和药物 SASP 的靶向蛋白质组。基于 GC-TOF-MS 的代谢组学分析发现，油酸和二氢睾酮可能是 CMP33 的靶标。蛋白质组学和代谢组学的综合分析确定了关键的蛋白质-代谢物途径（protein-metabolite pathway，PMP），高剂量的 PMP 为 2-羟基丁酸—GPT 或 GGH—谷胱甘肽—ALB—睾酮—TTR—二氢睾酮，低剂量 PMP 为 PYY、FABP2、HMGCS2—油酸—TTR—二氢睾酮（Liu et al.，2018）。

17.5.1.2 硫酸酯化

多糖的硫酸酯化方法主要有浓硫酸法、三氧化硫-吡啶法和氯磺酸-吡啶法。茯苓硫酸酯化多糖的制备常采用氯磺酸-吡啶法。不同研究者报道的方法有所差别，首先在溶剂选择方面，有的采用无水二甲基亚砜（DMSO）溶解多糖（金勇，2004），而有些则将多糖溶于 0.25mol/L Li/DMSO 中（Lin et al.，2004；Zhang et al.，2005b）。具体操作过程也不尽相同，例如，金勇（2004）首先在 50℃下，将茯苓聚糖分散于干燥的二甲基亚砜中形成悬浮液，搅拌过夜。次日，加入吡啶，再将溶液升温至 60℃或 80℃，然后在持续搅拌下逐步滴加氯磺酸，反应 2 ～ 6h 后，冷却至室温，再加入 25mL 蒸馏水，然后用 1mol/L NaOH 调节 pH 到 10。所得的硫酸酯多糖衍生物用乙醇沉淀，沉淀物过滤后再溶于水，并对 pH=9 的碱溶液透析除去吡啶，然后用蒸馏水透析 3 天直到透析袋中的溶液显弱酸性。而 Lin 等（2004）则是先将多糖 ab-PCM3- Ⅰ和 ac-PCM3- Ⅰ溶于 0.25mol/L Li/DMSO 中搅拌形成均一的溶液，在冰浴中加入不同比例的氯磺酸吡啶盐，反应结束后，用 1mol/L NaOH 中和到 pH=9，分别用自来水透析 3 天、蒸馏水透析 4 天，透析液浓缩后冷冻干燥得硫酸酯化多糖衍生物。另一种硫酸化的方法则是在冰浴中先加入吡啶，然后加入氯磺酸，再加入干燥的多糖样品。之后迅速将烧杯移入沸水浴中，100℃恒温搅拌反应 1h。反应结束后将反应液减压蒸馏回收吡啶 50mL。然后加入 100mL 水，用 2.5mol/L NaOH 中和至 pH=7 ～ 8，再加入 3 倍体积无水乙醇沉淀。沉淀溶于 100mL 水后装于透析袋中，经自来水透析 2 天、蒸馏水透析 1 天。最后用 0.5mol/L NaOH 中和稍微变酸的透析液，保证最终硫酸化产物为钠盐（陈群等，2009）。

硫酸酯化反应打断了茯苓多糖的分子链，使得多糖具有较好的刚性和水溶性，其黏度相对原多糖降低。茯苓多糖硫酸酯化衍生物的抗肿瘤活性增强在体内外研究中均得到证实（Huang et al.，2007，2006；Lin et al.，2004；Zhang et al.，2005a）。

17.5.1.3　磷酸化

茯苓多糖的磷酸化修饰也是其化学修饰的一种。茯苓 β-D-1,3- 葡聚糖被磷酸化后在 0.15mol/L NaCl 水溶液中呈现一种相对伸展的链构象，对 S-180 肿瘤细胞表现出较强的抑制作用。在体内，分子质量相对高的组分在低剂量时就有很高的抗肿瘤活性。研究结果显示，分子质量和链构象能够影响抗肿瘤活性。分子质量为 2.6×10^4 ～ 26.8×10^4Da 的茯苓多糖具有延展性的链构象，这有利于增强抗肿瘤活性（Chen et al.，2009）。类似地，茯苓菌丝体水不溶性多糖 α-D-1,3- 葡聚糖经磷酸化修饰后，在 0.15mol/L NaCl 溶液中具有半刚性链，相比未被磷酸取代的葡聚糖，水溶性和链刚性提高，并且所得磷酸衍生物都表现出很强的抗肿瘤活性（Huang and Zhang，2011）。

17.5.1.4　其他化学修饰

除上述 3 种化学修饰外，还可以用甲基化、羟乙基化、羟丙基化，甚至将两种修饰方法结合起来对多糖进行修饰。例如，茯苓多糖 β-D-1,3- 葡聚糖（PCS3- Ⅱ）可以经羧甲基化 - 硫酸化合成一种衍生物（CS-PCS3- Ⅱ）。羧甲基取代度和硫酸基团取代度分别为 1.05 和 0.36。经 SEC 结合 LLS 技术检测，建立在 0.15mol/L NaCl 溶液中均方回转半径对重均相对分子质量的依赖性方程：$\langle R_g \rangle_z^{1/2}=6.92\times10^{-2}M_w^{0.59}$，表明 CS-PCS3- Ⅱ在该溶液中呈现伸展的柔性链。CS-PCS3- Ⅱ对 S-180 肿瘤细胞具有更高的抑制率，可能是因为羧甲基和硫酸基团通过氢键结合能力及静电作用力增强了它与免疫细胞的受体联系，从而有更强的免疫活性。小鼠吞噬细胞和胸腺指数、脾脏指数、溶血活性及脾脏抗体增生等指标也明显改善（Chen et al.，2010）。Wang 等（2014）合成了 3 种类型的 β-D-1,3- 葡聚糖衍生物，依次为硫酸化葡聚糖（β-D-1,3-glucan from the sclerotium of *Poria cocos* sulfate，S-P）、羧甲基化葡聚糖（carboxymethyl β-D-1,3-glucan from the sclerotium of *Poria cocos*，CMP）和羧甲基-硫酸化多糖（carboxymethyl β-D-1,3-glucan from the sclerotium of *Poria cocos* sulfate，S-CMP）。体外自由基清除实验显示 S-CMP 对活性氧的清除和细胞的氧化抑制效果比 S-P 及 CMP 强。水不溶性茯苓 β-D-1,3-葡聚糖经硫酸化、羧甲基化、甲基化、羟乙基化和羟丙基化 5 种化学修饰得到水溶性衍生物，SEC-LLS 测定 5 种衍生物在磷酸盐缓冲液中的重均分子质量依次为 3.8×10^4Da、18.9×10^4Da、16.0×10^4Da、76.8×10^4Da、224.3×10^4Da，而其中羟乙基化和羟丙基化茯苓聚糖由于在溶液中形成了聚集体，因此分子质量比实际偏高，它们在 DMSO 中的分子质量分别为 20.1×10^4Da 和 19.1×10^4Da。

17.5.1.5　茯苓多糖的结构与活性的关系（以抗肿瘤活性研究为例）

多糖的结构与其功能活性密切相关。天然茯苓多糖没有抗肿瘤活性，而硫酸化和羧甲基化后的茯苓多糖对 S-180 与胃腺癌有显著的抗肿瘤活性。研究表明水溶性好、链刚性相对较高、分子质量适中的茯苓多糖衍生物在水溶液中抗肿瘤活性更高（Wang et al.，2004）。茯苓多糖的分子质量和其化学组成对其抗肿瘤活性起关键作用。Zhang 等（2005a）报道了茯苓水溶性胞外多糖 ab-PCM0 的分级组分 ac-PCM0-Ⅰ～ac-PCM0-Ⅳ（重均分子质量和蛋白质含量依次降低）对荷瘤小鼠肿瘤生长的抑制效果，发现 ac-PCM0-Ⅰ和 ac-PCM0-Ⅱ比其他两个组分具有更高的抑制率。因此，作者推断茯苓多糖的分子质量和蛋白质含量越高，多糖的抗肿瘤活性越强。与之不同的是，体外实验却发现分子质量相对较低的组分抗肿瘤活性更强，如 Chen 等（2015）对比了茯苓菌核多糖 PC0 及其超声降解的组分 PCS90 对结肠癌细胞 SW620 的抑制效果。结果发现相对高的甘露糖含量以及相对较低的分子质量有利于增强其体外抗肿瘤活性。取代基团也会影响茯苓多糖的抗肿瘤活性。茯苓碱溶性多糖本身不溶于水，没有显著的生物活性，而经过高碘酸氧化、硼氢化钠还原得到的衍生物Ⅱ以及温和酸水解后的衍生物Ⅲ具有明显的抗肿瘤活性，而且没有毒性（Chihara et al.，1970）。茯苓菌丝体 α-D-1,3-葡聚糖 ab-PCM3-Ⅰ、ac-PCM3-Ⅰ、Pi-PCM3-Ⅰ的硫酸酯衍生物比天然多糖具有更显著的抗肿瘤活性（Huang et al.，2006；Lin et al.，2004）。茯苓菌核水不溶性 β-D-1,3-葡聚糖的氧化、羧甲基化、甲基化、硫酸酯化、羟乙基化、羟丙基化、磷酸化、羧甲基化-硫酸化衍生物明显比原葡聚糖的抗肿瘤活性更强（Chen et al.，2010；Huang and Zhang，2011；Wang et al.，2011，2012b，2004）。

17.5.2　生物修饰

茯苓多糖的化学修饰具有目的性强、周期短、方法可以不断优化等优势，但存在能耗大、反应条件剧烈、有化学物质残留等问题。而生物修饰具有能耗小、反应条件温和、无有毒物质的残留、可以高密度发酵进行大规模生产、生产条件容易控制的优势，因此，可以将生物修饰和化学修饰综合应用在茯苓多糖的修饰中。同时，茯苓多糖是一类分子结构紧密的大分子物质，在分子内部很难进行酶解反应，使得反应效率低。因此选择合适的降解方法是开发利用茯苓资源的关键。细菌或真菌多糖的生物修饰主要是指在细菌或真菌发酵过程中外加物质对其结构和性能进行调控，酶法修饰能直接引入某些功能基团获得多糖衍生物或降解多糖制备其低聚糖（胡国元等，2013）。例如，不溶性茯苓多糖水解后得到水溶性茯苓多糖，该多糖及其纯化组分在体外培养条件下均能抑制 S-180、HeLa、CCL-220 和 SP2 细胞的生长。体内实验也表明，酶解后的多糖对小鼠 S-180 的实体瘤有明显的抑制作用，并且荷瘤小鼠的脾脏指数和胸腺指数增加，腹腔巨噬细胞的吞噬能力增强（边超，2006）。

17.5.3　物理修饰

通过物理手段如超声降解、微波、辐照等也可以改变多糖结构。与化学修饰不同，物理修饰不需要考虑化学试剂的残留问题，方便快捷。超声处理是一种常用的有效改性方法，它可以部分解聚多糖链，获得具有更低分子质量的多糖组分。将茯苓多糖 PCS0 分别超声 10min 和 90min 后获得降解组分 PCS10 和 PCS90。经透射电镜观察，超声处理后，多糖的紧凑结构被破坏，变成线性链，并且处理后的多糖对结肠癌细胞增殖的抑制作用明显增强（Chen et al.，2015）。目前关于茯苓多糖物理改性以及改性后多糖的理化性质、生物活性的变化研究还比较缺乏，可以作为今后开展茯苓多糖研究的一个方向。

17.6　茯苓多糖研究存在的问题及前景展望

茯苓作为一种非常重要的药食资源，是非常值得深入研究和开发的天然产物。目前，茯苓多糖的科学研究中还存在以下几个方面需要改进的问题。

首先，在茯苓发酵培养技术方面，市场上茯苓菌种参差不齐，品质没有保障，所以需要建立更加有效的菌种筛选模型，利用物理、化学诱变技术和基因工程等先进技术进行优良菌种的选育，这是获得高品质茯苓多糖的重要途径。

其次，针对茯苓多糖，在物理特性（如流变性质）、高级结构（如构象）和构效关系等方面依然缺乏深入系统的研究。建议使用计算机模拟结合仪器分析技术确定其三维结构，这对了解多糖的结构特点起到至关重要的作用，并可在此基础上更好地了解其抗肿瘤和提高免疫力等作用机制。

再次，茯苓多糖的化学改性方法很多，改性条件差别也很大。开发高效制备结构稳定均一、活性理想的多糖的技术，同时加大对多糖衍生物生理活性的研究，有利于拓展多糖研究与应用范围，更好地为人类健康服务。因此加强对多糖化学修饰的研究，包括修饰方法的改进、修饰后构效关系的分析等，有目的地进行多糖的改造需要研究者的进一步工作。

最后，基于茯苓多糖的活性开发相关的茯苓产品并且制定产品质量标准也是今后的一个研究方向。目前茯苓产品主要见于各种茯苓药膳和糕点类食品，茯苓或茯苓多糖也被添加到医药产品中，如茯苓片或者复方口服液等。

参考文献

边超. 2006. 酶水解制备水溶性茯苓多糖及其抗肿瘤活性的研究. 武汉: 华中农业大学硕士学位论文.
曹宇, 高文远, 张黎明, 等. 2009. 羧甲基茯苓多糖的抗氧化研究. 食品研究与开发, 30(11): 148-151.
陈春霞. 1996. 羧甲基茯苓多糖 (CMP) 的制取及鉴定. 食用菌学报, 3(3): 31-36.
陈春霞. 2001. 羧甲基茯苓多糖的抗肿瘤活性与免疫效应. 食用菌学报, 8(3): 39-44.
陈春霞. 2003. 羧甲基茯苓多糖的保肝与催眠作用. 食用菌, 25(S1): 46-47.
陈杰. 2009. 茯苓发酵生产条件优化及多糖的提取分离与生物活性研究. 福州: 福建农林大学硕士学位论文.
陈莉. 2004. 人工培养菌种茯苓菌丝体多糖的结构和生物活性. 武汉: 武汉大学硕士学位论文.
陈莉, 郁建平. 2007. 茯苓多糖提取工艺优化. 食品科学, 28(5): 136-138.
陈群, 王爱云, 焦庆才. 2009. 茯苓多糖硫酸酯的制备与鉴定及其增强小鼠 NK 细胞活性. 食用菌学报, 16(3): 48-52.
程水明, 刘莹, 梅光明, 等. 2013. 羧甲基茯苓多糖的抗氧化活性研究. 食品研究与开发, 34(3): 1-5.
丁琼, 张俐娜, 张志强. 2000. 茯苓菌丝体多糖的分离及结构分析. 高分子学报, 1(2): 224-227.
龚志华, 陈美丽, 肖文军. 2010. 辐照降解茯苓多糖效应研究. 分析测试学报, 29(10): 1011-1016.
国家药典委员会. 2015. 中华人民共和国药典 2015 年版 一部. 北京: 中国医药科技出版社: 240-241.
侯安继, 陈腾云, 彭施萍, 等. 2004. 茯苓多糖抗衰老作用研究. 中药药理与临床, 20(3): 10-11.
侯安继, 彭施萍, 项荣. 2003. 茯苓多糖抗炎作用研究. 中药药理与临床, 19(3): 15-16.
胡朝暾, 唐霞, 肖震, 等. 2016. 茯苓发酵液中蛋白质的电泳分离与质谱分析. 中草药, 47(13): 2269-2276.
胡国元, 李伟伟, 袁军, 等. 2013. 茯苓多糖的修饰技术及其构效关系研究进展. 林产化学与工业, 33(5): 121-126.
姜玥, 潘利华, 罗建平. 2012. 超声辅助提取对茯苓多糖免疫活性的影响. 食用菌学报, 19(4): 79-82.
金勇. 2004. 不同茯苓菌丝体的多糖结构和生物活性. 武汉: 武汉大学博士学位论文.
李俊, 韩向晖, 李仲洪, 等. 2000. 茯苓多糖的提取及含量测定. 中国现代应用药学, 17(1): 49-50.
李时珍. 1982. 本草纲目 (校点本) 下册. 北京: 人民卫生出版社: 2145-2151.
李燕凌, 张志旭, 胡令. 2012. 茯苓多糖抗氧化性研究. 天然产物研究与开发, 24(8): 1126-1128.
李羿, 杨万清. 2011. 火焰原子吸收光谱法测定茯苓中微量元素. 化学研究与应用, 23(9): 1278-1280.
廖海锋, 邓向亮, 罗霞, 等. 2016. 羧甲基茯苓多糖对巨噬细胞极化的影响. 中国实验方剂学杂志, 22(13): 122-126.
刘成, 杨宗国, 陆云飞, 等. 2012. 茯苓多糖退黄疸作用的实验研究. 中国实验方剂学杂志, 18(10): 195-198.
聂金媛, 吴成岩, 吴世容, 等. 2005. 微波辅助提取茯苓中茯苓多糖的研究. 中草药, 35(12): 1346-1348.
牛爽, 郝利民, 赵树欣, 等. 2012. 茯苓多糖的研究进展. 食品科学, 33(13): 348-353.
石清东, 蒋先明. 1996. 二次碱化法制备羧甲基茯苓多糖. 天然产物研究与开发, 8(2): 78-81.
谈新提, 王艺峰, 张俐娜, 等. 2004. 化学修饰的茯苓多糖抗肿瘤效应的组织学观察. 武汉大学学报 (医学版), 25(6): 652-654, 683.
王博. 2008. 超声萃取对茯苓菌核多糖提取率及动物影响的研究. 西安: 陕西师范大学硕士学位论文.
王灿红, 何晓山, 张丽静, 等. 2016. 羧甲基茯苓多糖对氟尿嘧啶肝损伤小鼠减毒及肝脏保护作用. 现代食品科技, 32(9): 28-34.
王坤凤. 2014. 茯苓化学成分及质量控制方法研究. 北京: 北京中医药大学硕士学位论文.
王利亚, 喻宗源. 1998. 羧甲基茯苓聚糖制备新工艺. 林产化学与工业, 18(1): 59-64.
王青, 胡明华, 董燕, 等. 2011. 茯苓多糖对小鼠肠道分泌型免疫球蛋白 A, CD80, CD86 表达的影响. 中国实验方剂学杂志, 17(13): 127-129.

王艺峰. 2004. 茯苓菌核多糖及其衍生物的结构及生物活性. 武汉: 武汉大学博士学位论文.
韦英益, 帅学宏, 胡庭俊, 等. 2009. 硫酸化茯苓多糖对PRRSV体外感染Marc-145细胞作用的影响. 动物医学进展, 30(10): 23-28.
吴波, 梁谋, 佟丽, 等. 1994. 茯苓多糖抗肿瘤作用与机理的实验研究. 中国药理学通报, 10(4): 300-304.
徐煜彬, 徐志立, 李明玉, 等. 2014. 茯苓及其化学拆分组分学习记忆及镇静催眠的性味药理学研究. 中草药, 45(11): 1577-1584.
许甜甜, 聂松柳, 沈炳香, 等. 2014. 茯苓多糖的研究进展. 海峡药学, 26(7): 8-11.
颜军, 陶涛, 孙晓春, 等. 2011. 茯苓多糖的纯化及分子量测定. 化学与生物工程, 28(3): 88-90, 94.
於小波, 昝俊峰, 王金波, 等. 2011. 我国茯苓药材主要产区资源调查. 时珍国医国药, 22(3): 714-716.
张俐娜, 丁琼, 张平义, 等. 1997. 茯苓菌核多糖的分离和结构分析. 高等学校化学学报, 18(6): 990-993.
张晓娟, 胡选萍, 冯自立, 等. 2009. 微波辅助酶法提取茯苓中茯苓多糖的工艺研究. 安徽农业科学, 37(28): 13793-13794, 13796.
张晓娟, 江海, 唐洁, 等. 2010. 原子吸收光谱法测定茯苓中微量元素的含量. 光谱实验室, 27(2): 637-640.
Chen J, Chen L, Lin S, et al. 2015. Preparation and structural characterization of a partially depolymerized beta-glucan obtained from *Poria cocos* sclerotium by ultrasonic treatment. Food Hydrocolloids, 46: 1-9.
Chen X, Xu X, Zhang L, et al. 2009. Chain conformation and anti-tumor activities of phosphorylated (1→3)-β-D-glucan from *Poria cocos*. Carbohydrate Polymers, 78(3): 581-587.
Chen X, Zhang L, Cheung P C K. 2010. Immunopotentiation and anti-tumor activity of carboxymethylated-sulfated β-(1→3)-D-glucan from *Poria cocos*. International Immunopharmacology, 10(4): 398-405.
Chen Y Y, Chang H M. 2004. Antiproliferative and differentiating effects of polysaccharide fraction from fuling (*Poria cocos*) on human leukemic U937 and HL-60 cells. Food and Chemical Toxicology, 42(5): 759-769.
Cheng J J, Chang C C, Chao C H, et al. 2012. Characterization of fungal sulfated polysaccharides and their synergistic anticancer effects with doxorubicin. Carbohydrate Polymers, 90(1): 134-139.
Cheng S, Swanson K, Eliaz I, et al. 2015. Pachymic acid inhibits growth and induces apoptosis of pancreatic cancer *in vitro* and *in vivo* by targeting ER stress. PLoS One, 10(4): 1-20.
Chihara G, Hamuro J, Maeda Y, et al. 1970. Antitumour polysaccharide derived chemically from natural glucan (pachyman). Nature, 225: 943-944.
Cuellar M J, Giner R M, Recio M D C, et al. 1997. Effect of the basidiomycete *Poria cocos* on experimental dermatitis and other inflammatory conditions. Chemical and Pharmaceutical Bulletin, 45(3): 492-494.
Ding Q, Jiang S, Zhang L, et al. 1998. Laser light-scattering studies of pachyman. Carbohydrate Research, 308(3): 339-343.
Ding Q, Zhang L, Wu C. 1999. Formation and structure of pachyman aggregates in dimethyl sulfoxide containing water. Journal of Polymer Science: Part B: Polymer Physics, 37(22): 3201-3207.
Ding Q, Zhang L, Xu X, et al. 2001. Solution properties of pachyman from *Poria cocos* mycelia in dimethyl sulfoxide. Journal of Macromolecular Science, Part B, 40(2): 147-156.
Hamuro J, Yamashita Y, Ohsaka Y, et al. 1971. Carboxymethylpachymaran, a new water soluble polysaccharide with marked antitumour activity. Nature, 23: 486-488.
Hattori T, Hayashi K, Nagao T, et al. 1992. Studies of antinephritic effects of plant components (3). Effects of pachyman, a main component of *Poria cocos* Wolf on original-type anti-GBM nephritis in rats and its mechanisms. Japanese Journal of Pharmacology, 59(1): 89-96.
Hoffmann G C, Simson B W, Timell T E. 1971. Structure and molecular size of pachyman. Carbohydrate Research, 20(1): 185-188.
Huang Q, Jin Y, Zhang L, et al. 2007. Structure, molecular size and antitumor activities of polysaccharides

from *Poria cocos* mycelia produced in fermenter. Carbohydrate Polymers, 70(3): 324-333.

Huang Q, Zhang L. 2011. Preparation, chain conformation and anti-tumor activities of water-soluble phosphated (1→3)-α-D-glucan from *Poria cocos* mycelia. Carbohydrate Polymers, 83(3): 1363-1369.

Huang Q, Zhang L, Cheung P C K, et al. 2006. Evaluation of sulfated α-glucans from *Poria cocos* mycelia as potential antitumor agent. Carbohydrate Polymers, 64(2): 337-344.

Jeong J W, Lee W S, Go S, et al. 2015. Pachymic acid induces apoptosis of EJ bladder cancer cells by DR5 Up-regulation, ROS generation, modulation of Bcl-2 and IAP family members. Phytotherapy Research, 29(10): 1516-1524.

Jia X, Ma L, Li P, et al. 2016. Prospects of *Poria cocos* polysaccharides: Isolation process, structural features and bioactivities. Trends in Food Science & Technology, 54: 52-62.

Jin Y, Zhang L, Tao Y, et al. 2004. Solution properties of a water-insoluble (1→3)-α-D-glucan isolated from *Poria cocos* mycelia. Carbohydrate Polymers, 57(2): 205-209.

Jin Y, Zhang L, Zhang M, et al. 2003. Antitumor activities of heteropolysaccharides of *Poria cocos* mycelia from different strains and culture media. Carbohydrate Research, 338(14): 1517-1521.

Kagimura F Y, da Cunha M A A, Theis T V, et al. 2015. Carboxymethylation of (1→6)-β-glucan (lasiodiplodan): preparation, characterization and antioxidant evaluation. Carbohydrate Polymers, 127: 390-399.

Kanayama H, Adachi N, Togami M. 1983. A new antitumor polysaccharide from the mycelia of *Poria cocos* Wolf. Chemical & Pharmaceutical Bulletin, 31(3): 1115-1118.

Kanayama H, Togami M, Adachi N, et al. 1986. Studies on the antitumor active polysaccharides from the mycelia of *Poria cocos* Wolf. Ⅲ. Antitumor activity against mouse tumors. Yakugaku Zasshi: Journal of the Pharmaceutical Society of Japan, 106(4): 307-312.

Ke R D, Lin S F, Chen Y, et al. 2010. Analysis of chemical composition of polysaccharides from *Poria cocos* Wolf and its anti-tumor activity by NMR spectroscopy. Carbohydrate Polymers, 80(1): 31-34.

Khaskheli A A, Khaskheli S G, Liu Y, et al. 2017. Optimization of enzyme assisted extraction of polysaccharides from *Poria cocos*. Journal of Medicinal Plants Research, 11(17): 331-337.

Lee K Y, Jeon Y J. 2003. Polysaccharide isolated from *Poria cocos* sclerotium induces NF-κB/Rel activation and iNOS expression in murine macrophages. International Immunopharmacology, 3(10): 1353-1362.

Lee K Y, You H J, Jeong H G, et al. 2004. Polysaccharide isolated from *Poria cocos* sclerotium induces NF-κB/Rel activation and iNOS expression through the activation of p38 kinase in murine macrophages. International Immunopharmacology, 4(8): 1029-1038.

Li F F, Yuan Y, Liu Y, et al. 2015. Pachymic acid protects H9c2 cardiomyocytes from lipopolysaccharide-induced inflammation and apoptosis by inhibiting the extracellular signal-regulated kinase 1/2 and p38 pathways. Molecular Medicine Reports, 12(2): 2807-2813.

Li X, Gao W Y, Cao Y, et al. 2014. Antioxidant activity relationships of pachymaran derivatives. Journal of Food Biochemistry, 38(3): 307-315.

Li X, He Y, Zeng P, et al. 2019. Molecular basis for *Poria cocos* mushroom polysaccharide used as an antitumour drug in China. Journal of Cellular and Molecular Medicine, 23(1): 4-20.

Lin Y, Zhang L, Chen L, et al. 2004. Molecular mass and antitumor activities of sulfated derivatives of α-glucan from *Poria cocos* mycelia. International Journal of Biological Macromolecules, 34(5): 231-236.

Liu X, Wang X, Xu X, et al. 2019. Purification, antitumor and anti-inflammation activities of an alkali-soluble and carboxymethyl polysaccharide CMP33 from *Poria cocos*. International Journal of Biological Macromolecules, 127: 39-47.

Liu X, Yu X, Xu X, et al. 2018. The protective effects of *Poria cocos*-derived polysaccharide CMP33 against IBD in mice and its molecular mechanism. Food & Function, 9(11): 5936-5949.

Lu M K, Cheng J J, Lin C Y, et al. 2010. Purification, structural elucidation, and anti-inflammatory effect of a water-soluble 1,6-branched 1,3-α-D-galactan from cultured mycelia of *Poria cocos*. Food Chemistry, 118(2): 349-356.

Miao H, Zhao Y H, Vaziri N D, et al. 2016. Lipidomics biomarkers of diet-induced hyperlipidemia and its treatment with *Poria cocos*. Journal of Agricultural and Food Chemistry, 64(4): 969-979.

Narui T, Takahashi K, Kobayashi M, et al. 1980. A polysaccharide produced by laboratory cultivation of *Poria cocos* Wolf. Carbohydrate Research, 87(1): 161-163.

Rhee S D, Cho S M, Park J S, et al. 1999. Chemical composition and biological activities of immunostimulants purified from alkali extract of *Poria cocos* sclerotium. The Korean Journal of Mycology, 27(4): 293-298.

Saito H, Misaki A, Harada T. 1968. A comparison of the structure of curdlan and pachyman. Agricultural and Biological Chemistry, 32(10): 1261-1269.

Shi C, Ma Q, Ren M, et al. 2017. Antitumorpharmacological mechanism of the oral liquid of *Poria cocos* polysaccharide. Journal of Ethnopharmacology, 209: 24-31.

Song D, Cao Z, Tickner J, et al. 2018. *Poria cocos* polysaccharide attenuates RANKL-induced osteoclastogenesis by suppressing NFATc1 activity and phosphorylation of ERK and STAT3. Archives of Biochemistry and Biophysics, 647: 76-83.

Sun S S, Wang K, Ma K, et al. 2019. An insoluble polysaccharide from the sclerotium of *Poria cocos* improves hyperglycemia, hyperlipidemia and hepatic steatosis in ob/ob mice via modulation of gut microbiota. Chinese Journal of Natural Medicines, 17(1): 3-14.

Sun Y. 2014. Biological activities and potential health benefits of polysaccharides from *Poria cocos* and their derivatives. International Journal of Biological Macromolecules, 68: 131-134.

Tang J, Nie J, Li D, et al. 2014. Characterization and antioxidant activities of degraded polysaccharides from *Poria cocos* scelrotium. Carbohydrate Polymers, 105: 121-126.

Tao Y, Zhang R, Yang W, et al. 2015. Carboxymethylated hyperbranched polysaccharide: synthesis, solution properties, and fabrication of hydrogel. Carbohydrate Polymers, 128: 179-187.

Tian H, Liu Z, Pu Y, et al. 2019. Immunomodulatory effects exerted by *Poria Cocos* polysaccharides via TLR4/TRAF6/NF-κB signaling *in vitro* and *in vivo*. Biomedicine & Pharmacotherapy, 112(108709): 1-9.

Wang N, Zhang Y, Wang X, et al. 2016. Antioxidant property of water-soluble polysaccharides from *Poria cocos* Wolf using different extraction methods. International Journal of Biological Macromolecules, 83: 103-110.

Wang Q, Chen S, Han L, et al. 2014. Antioxidant activity of carboxymethyl (1→3)-β-D-glucan (from the sclerotium of *Poria cocos*) sulfate (*in vitro*). International Journal of Biological Macromolecules, 69: 229-235.

Wang S, Mu X, Zhang L, et al. 2012a. The incidence and clinical features of acute kidney injury secondary to ureteral calculi. Urological Research, 40(4): 345-348.

Wang Y, Liu S, Yang Z, et al. 2011. Oxidation of β-glucan extracted from *Poria cocos* and its physiological activities. Carbohydrate Polymers, 85(4): 798-802.

Wang Y, Mo Q, Li Z, et al. 2012b. Effects of degree of carboxymethylation on physicochemical and biological properties of pachyman. International Journal of Biological Macromolecules, 51(5): 1052-1056.

Wang Y, Xu W, Chen Y. 2010. Surface modification on polyurethanes by using bioactive carboxymethylated fungal glucan from *Poria cocos*. Colloids and Surfaces B: Biointerfaces, 81(2): 629-633.

Wang Y, Zhang L. 2006. Chain conformation of carboxymethylated derivatives of (1→3)-β-D-glucan from *Poria cocos* sclerotium. Carbohydrate Polymers, 65(4): 504-509.

Wang Y, Zhang L, Li Y, et al. 2004. Correlation of structure to antitumor activities of five derivatives of a β-glucan from *Poria cocos* sclerotium. Carbohydrate Research, 339(15): 2567-2574.

Wang Y J, Yu Y Z, Mao J W. 2009. Carboxymethylated β-glucan derived from *Poria cocos* with biological activities. Journal of Agricultural and Food Chemistry, 57(22): 10913-10915.

Wang Y Z, Zhang J, Zhao Y L, et al. 2013. Mycology, cultivation, traditional uses, phytochemistry and pharmacology of *Wolfiporia cocos* (Schwein.) Ryvarden et Gilb.: a review. Journal of Ethnopharmacology, 147(2): 265-276.

Warsi S A, Whelan W J. 1957. Structure of pachyman, the polysaccharide component of *Poria cocos*. Chemistry & Industry, 48: 1573.

Wei X J, Hu T J, Chen J R, et al. 2011. Inhibitory effect of carboxymethylpachymaran on cyclophosphamide-induced oxidative stress in mice. International Journal of Biological Macromolecules, 49(4): 801-805.

Wu K, Fan J, Huang X, et al. 2018. Hepatoprotective effects exerted by *Poria cocos* polysaccharides against acetaminophen-induced liver injury in mice. International Journal of Biological Macromolecules, 114: 137-142.

Wu K, Guo C, Yang B, et al. 2019. Antihepatotoxic benefits of *Poria cocos* polysaccharides on acetaminophen-lesioned livers *in vivo* and *in vitro*. Journal of Cellular Biochemistry, 120(5): 7482-7488.

Wu Y, Li S, Li H, et al. 2016. Effect of a polysaccharide from *Poria cocos* on humoral response in mice immunized by H1N1 influenza and HBsAg vaccines. International Journal of Biological Macromolecules, 91: 248-257.

Yu M, Xu X, Jiang N, et al. 2017. Dehydropachymic acid decreases bafilomycin A1 induced β-Amyloid accumulation in PC12 cells. Journal of Ethnopharmacology, 198: 167-173.

Zhang J, Lu Y, Wei J, et al. 2016. Protective effect of carboxytmethylpachymaran on TNF-α-induced damage in Caco-2 cell monolayers. International Journal of Biological Macromolecules, 93(Pt A): 506-511.

Zhang L, Chen L, Xu X, et al. 2005a. Effect of molecular mass on antitumor activity of heteropolysaccharide from *Poria cocos*. Bioscience, Biotechnology, and Biochemistry, 69(3): 631-634.

Zhang L, Chen L, Xu X, et al. 2005b. Comparison on chain stiffness of a water-insoluble (1→3)-α-D-glucan isolated from *Poria cocos* mycelia and its sulfated derivative. Carbohydrate Polymers, 59(2): 257-263.

Zhang L, Ding Q, Meng D, et al. 1999. Investigation of molecular masses and aggregation of β-D-glucan from *Poria cocos* sclerotium by size-exclusion chromatography. Journal of Chromatography A, 839(1): 49-55.

Zhang L, Ding Q, Zhang P, et al. 1997. Molecular weight and aggregation behaviour in solution of β-D-glucan from *Poria cocos* sclerotium. Carbohydrate Research, 303(2): 193-197.

Zhang W, Chen L, Li P, et al. 2018. Antidepressant and immunosuppressive activities of two polysaccharides from *Poria cocos* (Schw.) Wolf. International Journal of Biological Macromolecules, 120: 1696-1704.

Zhang W, Cheng N, Wang Y, et al. 2019. Adjuvant activity of PCP-Ⅱ, a polysaccharide from *Poria cocos*, on a whole killed rabies vaccine. Virus Research, 270: 197638.

第18章 芦荟多糖

18.1 引　　言

18.1.1 芦荟简介

芦荟属于百合科芦荟属（*Aloe*）多年生草本植物。芦荟属植物有300多种，不同品种间的形状和性质差异性很大（阙志强等，2019；吴小芳等，2015；施晓丹，2019）。芦荟叶的形状是莲座状且叶长、像披针形，其生于茎的顶端，边缘通常带有许多小小的尖刺。芦荟花的形状有很多种，如伞状、圆锥状等。花色多样且带有少许斑点。芦荟属于热带植物，原产于非洲，随后在全球热带、亚热带地区均被种植（Rodriguez et al.，2010）。

芦荟有多种用途，能应用于医疗行业、食品行业、美容行业（王展英，2014）。早在2000多年前，芦荟就作为民间用药，用于促进伤口愈合和治疗溃疡等（Akaberi et al.，2016；施晓丹，2019）。现代科学研究发现，芦荟还具有治疗糖尿病和高脂血症（Chen et al.，2019）、抗菌（Radha and Laxmipriya, 2015）、抗氧化（Sacan et al.，2017）、抗病毒（Tester and Al-Ghazzewi，2017）等多种其他生物活性。虽然芦荟种类很多，但是能够作为食品或药品的只有几种，下面对5种常见的食用或药用芦荟做简单的介绍（Guo and Mei，2016；吴小芳等，2015）。

1）库拉索芦荟（*Aloe vera*），也被称为巴巴多斯芦荟。其叶片较大且叶肉饱满肥厚，是世界上数量最多且加工生产最多的一类芦荟，因此被研究者广泛研究。

2）木立芦荟（*Aloe arborescens*），又称作直立芦荟等。木立芦荟叶片较小且薄，其生长速度较快。在日本，木立芦荟被广泛种植与加工，被日本民众常作为食品和药品的原料。

3）芦荟（*Aloe vera* var. *chinensis*），又名中国芦荟，其是库拉索芦荟的一个变种。芦荟叶片生长速度很快，分叶能力很强，但是其叶片体积比库拉索芦荟小，叶片较薄。该种主要分布在我国广东、广西等地区。

4）皂质芦荟（*Aloe saponaria*），该种芦荟的叶片中没有芦荟大黄素，因而没有通便效果，也没有苦味，但是对皮肤病、外伤的疗效较好。国外对皂质芦荟的成分有所报道，但是国内相关的研究很少。

5）开普芦荟（*Aloe ferox*），别名青鳄芦荟或好望角芦荟。开普芦荟叶片较薄且呈半透明状，所以又被称为“透明芦荟”，叶片又宽又短，肉质较厚。

18.1.2 芦荟的主要活性成分

芦荟含有丰富的活性成分，并且主要存在于芦荟叶中（谢宇婷和陈昭斌，2018）。芦荟花和芦荟根中的活性成分也有报道，如侯冬岩等（2003）鉴定出芦荟花中主要含有萜类化合物、醇酮类以及烃类化合物，从而使得芦荟具备特殊的香气以及生物活性。表18-1

列出了库拉索芦荟不同部位的主要化学成分（Sanchez-Machado et al.，2017）。本小节主要对芦荟叶中的各类活性成分（蒽醌类、蛋白质类、有机酸以及矿物质、维生素等）进行简要介绍。多糖类物质作为本章主要内容将在其他小节进行详细介绍。

表 18-1　库拉索芦荟不同部位的主要化学成分（Sanchez-Machado et al.，2017）

营养物质	芦荟外皮	芦荟叶肉	芦荟胶	参考文献
水分	90%	98%	98% ~ 99%	Bozzi et al.，2007 Rodríguez-González et al.，2011 Femenia et al.，1999
总脂	2.7%	4.21%	4% ~ 5%	Luta and McAnalley，2005 Femenia et al.，1999
脂肪酸	—	—		Nejatzadeh-Barandozi，2013
$C_{12:0}$	—	—	0.32mg/kg	
$C_{14:0}$	—	—	0.74mg/kg	
$C_{16:1}$	—	—	1.32mg/kg	
$C_{18:2n\text{-}6}$	—	—	102mg/kg	
甾醇	—			
谷甾醇	—	—	2.89%	
豆甾醇	—	—	2.1%	Bawankar et al.，2013
蛋白质	6.33%	7.26%	8.92%	Femenia et al.，1999
可溶性糖	11.22%	16.48%	26.81%	Femenia et al.，1999
多糖	—	—	66.9%	阙志强等，2019
膳食纤维	62.34%	57.64%	35.47%	Femenia et al.，1999
灰分	13.46%	15.37%	23.61%	Femenia et al.，1999
维生素	—	—	维生素 A、B_1、B_2、B_{12}、C、E，烟酸、胆酸、叶酸	Saini and Saini，2011 Miranda et al.，2009

注：“—”表示无相关信息

18.1.2.1　蒽醌类

蒽醌类是芦荟汁中的主要成分，将芦荟汁冻干，发现蒽醌类物质占 9% ~ 30%。蒽醌属于酚类物质，可溶于水、酸性、呈淡黄色，带有少量荧光。当其水溶液由酸性变为碱性时，溶液的颜色由淡黄色向橙黄色转变。此外，若将蒽醌水溶液长时间放置在空气中，由于接触到空气被氧化，其颜色会逐渐加深。芦荟中含有多种蒽醌类物质，如芦荟大黄素（*Aloe* emodin）、芦荟苷（*Aloe* A，barbaloin）、异芦荟苷（*Aloe* B，isobarbaloin）、高那特芦荟素（homonataloin）、芦荟大黄酚（*Aloe* chrysophanol）及其苷、蒽酚（anthranol）、芦荟宁（aloenin）等（樊娇娇，2018）。图 18-1 为芦荟叶中几种蒽醌类物质的结构式。

芦荟中所含有的蒽醌类化合物具有丰富的药理活性，例如，芦荟大黄素对于许多有害微生物（包括一些杆菌及链球菌等）具有抑制作用（Cock，2008），还能通过抑制巨噬细胞表面的 Toll 样受体 2（TLR2）介导的 NF-κB 及 MAPK 信号通路发挥抑炎作用（Lee

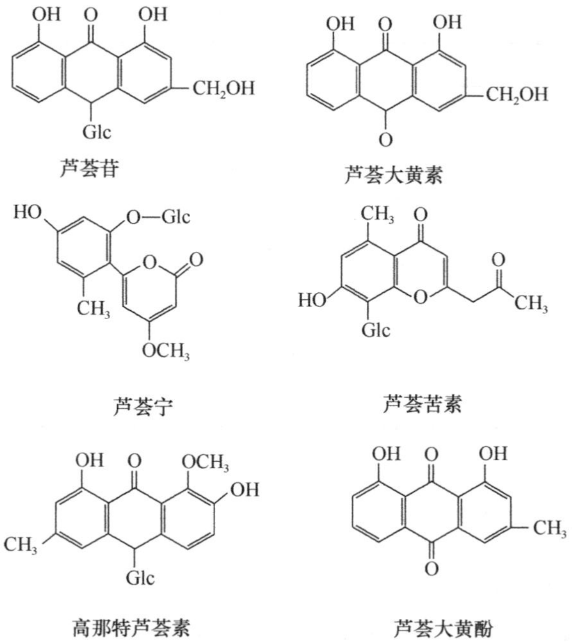

图 18-1　芦荟叶中几种蒽醌类化合物的结构式（Choi and Chung，2003）

et al.，2016）。此外，芦荟中的蒽醌类化合物还有抗病毒（Li et al.，2014）、抗氧化（Anilakumar et al.，2010）等其他活性。

18.1.2.2　蛋白质类

芦荟叶中存在多种优质的蛋白质，其蛋白质含量约占总固形物的 9%，主要以两种形式存在，一部分以酶的形式存在，参与生理反应；另一部分与多糖结合成糖蛋白。目前，已发现的芦荟叶中有 20 多种多肽酶，具体包括纤维素酶、过氧化氢酶、淀粉酶、超氧化物歧化酶等（樊娇娇，2018）。

18.1.2.3　有机酸

芦荟叶中还包含 20 多种有机酸类物质，如苹果酸、柠檬酸、酒石酸等，其中柠檬酸是最主要的成分，它主要以钙盐的形式存在于叶肉组织中。此外，芦荟中还含有部分脂肪酸，包括己酸、月桂酸、油酸、花生四烯酸等（樊娇娇，2018；杨培玉，2013）。

18.1.2.4　矿物质和维生素

除以上几种主要的营养成分外，芦荟叶的外皮中还存在少量的矿物质及维生素，如钾、钙、钠、镁、铝等矿物质元素，维生素 A、B_1、B_2、B_6、B_{12}、C 和 E 等维生素。研究发现芦荟中的维生素 C 以及铜、铁、锌、钙和磷等必需矿物质元素在不同叶龄、不同品种芦荟中的含量无明显差别（樊娇娇，2018；杨培玉，2013），但是在库拉索芦荟的不同部位分布有所差别（Femenia et al.，1999），如表 18-2 所示。

表 18-2 库拉索芦荟各部位矿物质组成（%）[a]

矿物质	芦荟外皮	芦荟叶肉	芦荟胶
钙（Ca）	4.48	5.34	3.58
镁（Mg）	0.90	0.76	1.22
钠（Na）	1.82	1.98	3.66
钾（K）	1.84	3.06	4.06
磷（P）	0.01	0.01	0.02
铁（Fe）	0.04	0.04	0.10
铜（Cu）	0.02	0.04	0.06
锌（Zn）	0.02	0.02	0.02

a. 数据引用自 Femenia et al.，1999

18.1.3 芦荟产业发展状况

随着经济文化的不断发展与交流，芦荟现已遍及全球，广泛应用于药品、保健品、化妆品等领域（Benítez et al.，2015；Rodriguez et al.，2010），在食品中应用较少（孙凉爽和莫春源，2018）。随着芦荟产品的工业化生产及其质量标准和技术标准的制定、监督、检查逐渐完善，人们对芦荟的开发和研究兴趣日益增长。目前，国外的芦荟产业发展较好，芦荟的生产规模较大，已经实现芦荟种植、加工和营销一体化，其中美国、日本和韩国的芦荟产业较为发达。相比之下，我国芦荟产业较为落后，主要体现在芦荟种植规模、加工技术、产品开发实力等方面有待提高。由于芦荟产品的价格基本定位于城市大众消费水平，因此我国的芦荟市场前景很好，发展潜力巨大。目前，芦荟主要应用在护肤、美容等化妆品中。

18.2 芦荟多糖的制备

18.2.1 芦荟凝胶多糖的提取

18.2.1.1 常规提取方法

从新鲜的芦荟叶中可以分离出透明的凝胶汁，其含 98% 以上的水分。除掉其含有的水分后，多糖是主要的物质，占芦荟凝胶总固形物的 60% 以上（Sanchez-Machado et al.，2017）。

芦荟凝胶多糖可以直接由鲜叶进行提取或者先制成芦荟凝胶粉，再进行提取。直接由芦荟鲜叶提取多糖的方式通常包括如下步骤：①前处理，将芦荟叶刷洗干净，除去表面的小刺，然后将芦荟皮与叶肉分开；②制备芦荟浓缩胶，将芦荟凝胶洗干净，切成小片或小块，然后榨汁或均质，离心得到的上层溶液即为芦荟浓缩胶；③粗多糖的制备，采用热水提取或乙醇溶液提取，然后醇沉（或直接醇沉），离心、干燥获得芦荟凝胶多糖粗制品（Shi et al.，2018，2017）。郭菲等（2013）选用直接醇沉方法制备库拉索芦荟多糖，即将库拉索芦荟叶清洗干净后去刺，浸泡于去离子水中以除去表皮的渗出液，将皮与叶肉分离，刮取叶肉。称取透明叶肉，均质，匀浆液于 8000r/min 离心 15min，收集上清液进行浓缩然后醇沉，并于 4℃静置，将沉淀物用无水乙醇洗涤，60℃下真空干燥。得到的最佳醇沉工艺条件为：乙醇体积分数 70%，醇沉时间 6h。在此条件下，芦荟多糖平均得率达 0.076%，平均纯度为 57.37%。齐祥明等（2009）则采用水提醇沉法进行芦荟多糖的提取，其工艺流程为：将芦荟叶洗净、去除芦荟叶上的小刺，浸泡于去离子水中以除去表皮的渗出液。然后将表皮与叶肉分离，取叶肉凝胶进行榨汁，经离心、抽滤、浓缩并调节浓缩液 pH 后加入乙醇，进行醇沉得到多糖沉淀。

18.2.1.2　超声辅助提取

为了提高芦荟多糖的提取率，常以超声、微波、酶等新技术作为辅助手段。由于细胞在超声波的作用下会破裂，胞内多糖溶出速率变快，溶出量增大，因此超声辅助提取是多糖提取常用的一种方式。在水浴提取的同时进行超声处理，可以大大提高芦荟多糖的提取率。例如，刘晓鹏等（2008）以芦荟鲜叶为原料进行超声辅助提取，并优化提取条件，从而得到最佳提取工艺：控制提取温度（45 ～ 85℃）、提取时间（1 ～ 3h）、料液比（1∶6 ～ 1∶2）、pH（5.0 ～ 9.0）和超声功率（80 ～ 120W），同时进行芦荟多糖的水浴和超声辅助提取。提取液经醇沉、Sevag 法脱蛋白得到芦荟多糖。对比多糖的提取率（提取所得多糖与芦荟叶干重的比值），发现超声辅助提取法的提取率比水浴提取法高 6 倍，且料液比、超声功率、超声时间和 pH 的改变都会显著改变芦荟多糖提取率。

另有报道将芦荟凝胶粉作为原料，研究超声提取工艺对其得率的影响。称取一定量的芦荟粉末在设定条件下进行浸提、收集滤液，然后进行浓缩，醇沉，离心等操作，再用无水乙醇洗涤沉淀，即得芦荟粗多糖。在提取过程中作者还探究了料液比、超声温度及时间、乙醇浓度等对芦荟多糖提取率的影响，发现料液比的改变对提取率的影响最大，超声温度次之（王玲丽等，2013）。

18.2.1.3　酶辅助提取

酶辅助提取的原理是通过加入纤维素酶酶解植物细胞壁，提升细胞壁和细胞膜的通透性，从而加速细胞中内溶物的溶出。在芦荟多糖的提取过程中，Kang 等（2014）采用 5 种与碳水化合物相关的酶、5 种蛋白酶进行酶辅助提取，首先称取 50g 芦荟胶，加入 2L 水进行均质，然后加入 500μL 酶，混合，将体系的温度和 pH 调至所使用的酶的最适条件，提取 24h，然后沸水浴灭活 10min。离心（3000r/min，4℃，20min）除去沉淀。然后将提取液的 pH 调至 7.0，作为特定的酶提取液。酶提取液再经醇沉即可获得粗多糖。李亚辉等（2015）在用芦荟干粉提取过程中对比超声辅助纤维素酶法提取、超声提取和纤维素酶提取 3 种方式所得的芦荟多糖的提取率，发现在料液比 1∶30（g/mL）、超声波功率 600W、pH 5.0 时芦荟多糖最佳提取条件（提取率为 5.99%）为加酶量 0.2%、提取温度 49℃、提取时间 16min。

18.2.1.4　双水相萃取法

近年来，双水相萃取法也被应用于芦荟多糖的提取纯化过程中（Tan et al.，2015），此方法可以直接将蛋白质、色素等杂质除去。双水相提取芦荟多糖的具体操作如下：将芦荟叶洗净、除去表皮、刮取内层叶肉凝胶，均质，4℃过夜。取一定量的浓缩液，加入一定量的聚乙二醇（polyethylene glycol，PEG），溶解后，再加入一定量的硫酸铵，充分振荡混匀，静置分层，离心，去除上层清液得到沉淀物，用乙醇、丙酮和乙醚洗涤，真空干燥得到芦荟多糖。采用双水相萃取体系所得到的芦荟多糖含量比醇沉法所得到的含量更高，高达 75.63%，并且能大幅度减少有机溶剂的用量（邢健敏等，2007）。在提取的过程中还可以采用正丁醇和硫酸铵体系进行芦荟多糖的提取（Tan et al.，2015）。

18.2.2 芦荟花多糖的提取

芦荟花中多糖的提取与其他天然产物中多糖的提取类似。以冯咏梅等（2007）的报道为例，首先将开普芦荟花用食品级粉碎机粉碎，过 40 ～ 60 目的筛子。然后称取 150g 粉末置于 1500mL 蒸馏水（80℃）中搅拌提取 2h，重复 3 次，合并的提取液进行真空浓缩，Sevag 法除去其中的蛋白，1% 的活性炭脱色，加入一定体积的无水乙醇进行醇沉，将沉淀先后用无水乙醇、丙酮、乙醚洗涤两次，真空干燥，得到的浅灰色粗多糖即为芦荟花多糖。

18.2.3 芦荟皮多糖的提取

工业化生产中，通常是将芦荟叶洗净、去刺、剥皮、刮下叶内胶体部分进行加工，而大量的表皮则成为废弃物。实际上，除了凝胶外，在芦荟叶皮中亦含有大量的多糖，这些多糖贮存于表皮角质层中。因此，有一些学者也对芦荟皮中的多糖进行了研究（Shi et al.，2017；陈巧灵等，2013）。芦荟皮多糖的提取同样可以采用常规的天然产物提取方法。马艳弘等（2015）运用微波辅助提取法提取芦荟皮多糖，将芦荟皮洗净，烘干，粉碎，过 60 目筛，然后称取一定量的样品粉末，按照一定的料液比置于微波炉中，设置不同的微波功率和不同的微波时间进行微波辅助提取。合并滤液进行过滤，滤渣再提取 1 次，合并滤液，浓缩，醇沉，离心，最后用无水乙醇洗涤即得芦荟皮多糖粗提物。

18.2.4 芦荟全叶多糖的提取

芦荟全叶中多糖的提取同样是采用水提醇沉法。将芦荟鲜叶捣碎直接用热水提取，醇沉后的沉淀物复溶，加活性炭脱色，作者得出的最佳提取条件为料液比 1∶6（芦荟鲜叶与水的比例），提取时间 2h，最佳脱色条件是活性炭用量为样品用量的 0.5%，脱色温度 80℃，脱色时间 60min（郑婷婷等，2005）。库拉索芦荟全叶干制品粉碎后，先用沸水浴灭酶 5min，然后按一定料液比（1∶35 ～ 1∶5）加水提取，用 1mol/L HCl 调节 pH 至 1.5。提取液过滤后，用氨溶液调节 pH 为 3.0，再加入等体积的 95% 乙醇溶液进行醇沉。将沉淀用 95% 乙醇洗涤 3 次后，挥干乙醇即得芦荟果胶多糖（Geng et al.，2014）。

18.2.5 芦荟多糖的分离纯化

18.2.5.1 非多糖类化学成分的分离

由于天然产物提取物组成通常比较复杂，可能存在低聚糖、蛋白质和无机盐等组分，因此必须进一步地进行分离纯化。

蛋白质是芦荟粗提物中主要的杂质之一。何沂飞等（2014a）主要以蛋白质脱除率和多糖保留率为评价指标，比较了三氯乙酸（trichloroacetic acid，TCA）法、Sevag 法、木瓜蛋白酶法、木瓜蛋白酶-TCA 联用法、木瓜蛋白酶-Sevag 联用法脱除芦荟凝胶多糖中蛋白质的效果，结果显示木瓜蛋白酶-TCA 联用法效果最好，其条件为：酶用量 2%、酶解温度 60℃、酶解时间 1h、pH 6，采用 5% TCA 除蛋白 1 次，此时蛋白质去除率为 83.4%，多糖保留率为 74.9%。不同的脱蛋白方法所得芦荟凝胶多糖中的蛋白质含量有明显的差异。

另外，芦荟全叶或芦荟皮多糖中可能混有色素，可以在醇沉的沉淀物溶解时采用活性炭脱色。郑婷婷等（2005）采用正交实验优化芦荟全叶多糖的最佳脱色条件为：活性炭用量为样品用量的 0.5%，脱色温度 80℃，脱色时间 60min。与其他多糖类似，芦荟粗提物中的可溶性糖、氨基酸等比较容易除去。通常在除蛋白和色素等杂质的过程中便可一并除去（谢明勇等，2017）。

18.2.5.2 芦荟多糖的分级纯化

芦荟粗提物通过初步纯化能够获得化学组成较为单一的组分，但是在研究过程中，为了结构解析，还需要将芦荟多糖中不同相对分子质量混合或者带不同电荷的多糖组分进行分离，获得相对分子质量分布均一且电荷均一的多糖组分。常用的多糖分离纯化方法包括有机试剂分级沉淀法、盐沉淀法、柱层析法、超滤膜法、高速逆流色谱法等（谢明勇等，2017）。由表 18-3 可知上述方法在芦荟多糖的研究中均有报道。例如，党秀丽等（2012）运用 DEAE-Cellulose-52 和 Sephadex G-100 凝胶色谱柱纯化芦荟多糖，可得到纯化组分 PSA2，相对分子质量为 8457，其多糖含量为 61%。Shi 等（2018，2017）运用硫酸铵分级分别纯化芦荟胶多糖和芦荟皮多糖，分别得到组分 AGP_{40} 和 ASP-4N、ASP-6N、ASP-8N。

表 18-3 芦荟多糖的提取、分离纯化

原料	前处理	提取方法	纯化方法	参考文献
库拉索芦荟	切去外皮，刮取内层凝胶，然后干燥、粉碎	95% 乙醇提取，醇沉温度 60℃，醇沉时间 30min	Sevag 法脱蛋白	王艺，2007
库拉索芦荟	鲜叶洗净，去刺，剥皮，取凝胶榨汁，冷藏过夜	纱布过滤后用 80% 乙醇醇沉，重复 3 次	反复冻融除蛋白，透析，然后用 DEAE-Cellulose-52 纯化	党秀丽等，2012
库拉索芦荟凝胶冻干粉	无	热水提取	有机试剂洗涤、30% CCl_3COOH 除蛋白、超滤膜纯化	苗艳艳，2009

续表

原料	前处理	提取方法	纯化方法	参考文献
库拉索芦荟凝胶	清洗、剪刺、去皮、凝胶打浆	超声辅助提取工艺	—	何沂飞等，2014b
库拉索芦荟凝胶	芦荟鲜叶洗净，分离叶皮和叶肉，将叶皮干燥、粉碎备用	水提醇沉	硫酸铵分级	Shi et al.，2018
库拉索芦荟凝胶	凝胶打碎	超声辅助提取	高速逆流色谱（聚乙二醇 / 磷酸盐）分离纯化	王晓丽等，2011
库拉索芦荟凝胶	凝胶烘干，制粉	超声提取、纤维素酶酶解	纤维素酶酶解法分离纯化	李亚辉等，2015
中华芦荟	鲜叶洗净，去刺和叶片根部，水泡 30min，然后去表皮，浸洗内层凝胶榨汁，冷藏过夜	离心、醇沉得到粗多糖	DEAE-C32（26cm×32cm）、Sephadex G-100 分离纯化	王俊玲等，2003
开普芦荟花	食品加工机粉碎、过 40 ～ 60 目筛	热水提取、Sevag 法脱蛋白、1% 活性炭脱色、有机试剂洗涤	DEAE-Sephadex A-25（20mm×480mm）、Sepharose 4B（20mm×450mm）分离纯化	冯咏梅等，2007
库拉索芦荟叶皮	将芦荟皮清洗剪碎，冷冻干燥，粉碎	水提醇沉法和加速溶剂萃取仪提取	—	陈巧灵等，2013
库拉索芦荟叶皮	芦荟鲜叶洗净，分离叶皮和叶肉，将叶皮干燥、粉碎备用	水提醇沉	硫酸铵分级	Shi et al.，2017

注：“—”表示原文献无相关信息

相比有机试剂沉淀法和柱层析法，超滤膜纯化不需要添加化学试剂，能量消耗低、操作简便，因此也有人将此方法运用到芦荟多糖的分离纯化中。苗艳艳（2009）采用60℃热水提取获得芦荟粗多糖，然后用无水乙醇、丙酮、乙醚洗涤、干燥得到精制多糖。用 3.0% 三氯乙酸除蛋白，醇沉再次纯化后得到 AP1。称取 AP1 溶于双蒸水，然后用不同规格的超滤膜截留不同分子质量（M）的芦荟多糖，得到 AP11（M > 100kDa）、AP12（30kDa < M < 100kDa）、AP13（M < 30kDa）。

高速逆流色谱法（high-speed countercurrent chromatography，HSCCC）是一种连续液液分配色谱技术，具有无固相载体样品、无需严格预处理等优点，在芦荟多糖分离纯化中也有应用（王晓丽等，2011）。

18.3 芦荟多糖的理化性质

18.3.1 一般性质

芦荟凝胶中的多糖干制品一般为白色纤维状。有些样品由于混入芦荟外层皮中的色素而表现为暗红色或浅紫色。从芦荟皮或芦荟全叶中提取的多糖通常为颜色更深的粉末状物质。不同来源的芦荟多糖表观有所差别。

分子质量的大小和分布是多糖的一个重要理化性质，文献报道的芦荟多糖的分子质量分布范围较广，在 0.47 ～ 523kDa（表 18-4）。造成如此巨大差异的原因，可能是所采用的原料、制备多糖的方法和分子质量测试的实验条件不同。

表 18-4　芦荟多糖的基本性质及结构特征

种类	组分	类型	分子质量（kDa）	单糖组成（摩尔比）	乙酰基含量（%）	主要连接方式	参考文献
库拉索芦荟							
（1）	PSA1	葡甘露聚糖	—	Glc：Man=1.3：1	—	1,4	闫吉昌等，2003
	PSA2	乙酰甘露聚糖	—	Man	—	1,4 1,6	
（2）	—	杂聚葡甘露聚糖		Man：Glc：Gal：GalA：Fuc：Ara：Xyl=120：9：6：3：2：2：1，以及少量 Rha、GlcA	—	1,4	Chow et al.，2005
（3）	GAPS-1	半乳葡甘露聚糖	174	Man：Glc：Gal=120：2：3	—	1,4	Liu et al.，2007
	SAPS-1	半乳葡甘露聚糖	39.7	Man：Glc：Gal=296：36：1	—	1,4	
（4）	AV	葡甘露聚糖	—	Ara：Man：Gal：Glc=1.8：37.3：1.2：57.8（百分比）	—	1,4	Simões et al.，2012
（5）	PF	乙酰葡甘露聚糖	—	Man：Glc：UA（糖醛酸）=94.2：3.9：1.9（百分比）	18.4	1,4	Campestrini et al.，2013
（6）	AvP1	果胶类	523	GalA：Rha：Man：Gal：Ara：Glc：Fuc：Xyl=95.8：0.46：2.02：1.04：0.31：0.19：0.16：0.06（百分比）	—	—	McConaughy et al.，2008
	AvP2	果胶类	435	GalA：Rha：Man：Gal：Ara：Glc：Fuc：Xyl=94.5：0.49：2.40：1.39：0.53：0.41：0.17：0.12（百分比）	—	—	
	AvP3	果胶类	405	GalA：Rha：Man：Gal：Ara：Glc：Fuc：Xyl=96.9：0.54：1.23：0.48：0.43：0.11：0.16：0.10（百分比）	—	—	
	AvP4	果胶类	330	GalA：Rha：Man：Gal：Ara：Glc：Fuc：Xyl=98.0：0.52：0.32：0.46：0.39：0.06：0.18：0.12（百分比）	—	—	
	AvP5	果胶类	200	GalA：Rha：Man：Gal：Ara：Glc：Fuc：Xyl=97.1：0.33：1.37：0.69：0.15：0.16：0.14：0.08（百分比）	—	—	
（7）	ASP-4N	乙酰甘露聚糖	339	Man	33.9	1,4	Shi et al.，2017
	ASP-6N	乙酰葡甘露聚糖	130	Glc：Man=1：8.97	31.7	1,4	
	ASP-8N	乙酰葡甘露聚糖	67.6	Glc：Man=1：2.96	40.3	1,4	

续表

种类	组分	类型	分子质量（kDa）	单糖组成（摩尔比）	乙酰基含量（%）	主要连接方式	参考文献
木立芦荟							
（1）	ACM1	葡甘露聚糖	45.6	Glc∶Man∶Gal∶Fru∶Fuc∶Xyl=5∶12∶1∶4∶0.1∶0.4	—	—	陈洪亮等，2002
芦荟							
（1）	AI	葡甘露聚糖	38	Man∶Glc =0.51∶1.0	—	—	王俊玲等，2003
（2）	PAC-Ⅰ	甘露聚糖类	10	90% Man 和 5%～6% Gal（百分比），Glc，Ara	—	1,4	Leung et al.，2004
	PCA-Ⅱ	甘露聚糖类	1.3	90% Man 和 5%～6% Gal（百分比），Glc，Ara	—	1,4	
	PCA-Ⅲ	甘露聚糖类	0.47	54% Man、33% Gal 和 13% Ara（百分比），Glc	—	—	

注：“—”表示原文献无相关信息。Man，甘露糖；Glc，葡萄糖；Gal，半乳糖；Fuc，岩藻糖；Rha，鼠李糖；Ara，阿拉伯糖；Xyl，木糖；Fru，果糖；GalA，半乳糖醛酸；GlcA，葡糖醛酸。单糖组成中“百分比”为占总碳水化合物百分比，且存在四舍五入，因此存在和大于 100% 的情况，特此说明

单糖组成是另一个重要的性质。目前，已经在芦荟多糖中检测到葡萄糖、甘露糖、半乳糖、鼠李糖、阿拉伯糖、木糖、岩藻糖等多种单糖和糖醛酸（半乳糖醛酸）（表 18-4）。葡萄糖、甘露糖、半乳糖、半乳糖醛酸作为果胶类多糖和半乳聚糖中的主要成分也成为芦荟多糖中最为常见的几种单糖或糖醛酸。在不同的多糖组分中，这些结构单元按照一定的比例和方式连接成大分子糖链（Shi et al.，2018，2017）。

乙酰基团是芦荟乙酰甘露聚糖最为重要的官能团，其含量为 10%～40%，通常以单取代或者双取代的形式连接在芦荟多糖的甘露聚糖主链上甘露糖残基的 O-2、O-3 或 O-6 位（Shi et al.，2017；Campestrini et al.，2013）。

18.3.2 流变特性

了解芦荟多糖的流变性质对于芦荟产品的定向加工和保证产品的质量至关重要（Kiran and Rao，2014）。Lad 和 Murthy（2013）报道芦荟凝胶的弹性模量在芦荟凝胶汁中起主要作用。Kiran 和 Rao（2014）较为全面地研究了经冷冻干燥（FD）、干燥空气干燥（DH）、热空气干燥（HA）后非纤维素不溶性组分（NFAIR）在不同温度（30～60℃）与浓度（0.2%～3.2%，*m*/*V*）情况下的流动性质及动态振荡行为，所有样品在测试条件下均表现为剪切稀化行为，并且符合幂律模型（power law model），流动指数在 0.172～0.731，稠度指数在 0.012～4.157Pa·s。动态振荡测试显示，在含纤维素的体系中，芦荟凝胶的临界体积相对更低，弹性模量更大，表现出固体特性；而在没有纤维的混合体系（NFAIR）中，芦荟凝胶的临界体积更高，表现出溶胶-凝胶行为。芦荟凝胶的流变行为与多种因素相关，如是否存在不溶性纤维、乙酰基含量、加工条件、聚合物的浓度和加工温度等（Kiran and Rao，2014）。

在工业生产中，芦荟凝胶的高黏性常常会成为加工的一个难点，而多糖是芦荟凝胶中的主要化学成分，因此对芦荟多糖的流变行为、芦荟多糖与其他化学成分相互作用对其流变特性影响的研究对于指导芦荟产品的加工具有重要意义。

18.4　芦荟多糖的结构与溶液构象特征

18.4.1　一级结构

芦荟多糖的结构分析方法与其他多糖类似，主要包括酸水解或酶解结合甲基化、核磁共振等技术。随着研究的深入，许多研究结果显示芦荟多糖的甘露聚糖主链上可能存在不同的侧链，如 →4)-β-Gal*p*-(1→ 残基连接在 O-2 位、→2,4)-β-Gal*p*-(1→ 残基连接在 O-6 位、→4)-β-Man*p*-(1→ 残基连接在 O-6 位。在芦荟的葡甘露聚糖主链上还可能混有少量中性糖，如鼠李糖、岩藻糖、阿拉伯糖和木糖等（Chow et al.，2005；闫吉昌等，2003；施晓丹，2019）。乙酰葡甘露聚糖中的乙酰基取代则包括 O-2、O-3 和 O-6 的单取代或者 O-2/O-3、O-3/O-6 双取代（Simões et al.，2012）。一种芦荟乙酰葡甘露聚糖的结构式如图 18-2 所示。

→4)-β-Man*p*-(1→4)-β-Glc*p*-(1→4)-β-Man*p*-(1→
(2→6)
→4)-β-Gal*p*-(1→4)-β-Gal*p*-(1→
a

→4)-β-Ma*p*-(1→4)-β-Glc*p*-(1→4)-β-Man*p*-(1→
(1→6)
→4)-β-Man*p*-(1→4)-β-Man*p*
b

图 18-2　芦荟乙酰葡甘露聚糖可能的结构式（Chow et al.，2005）

果胶类物质是芦荟多糖中另一类主要多糖（McConaughy et al.，2008）。图 18-3 为芦荟果胶类多糖可能的结构式。表 18-4 列出了文献报道的几种芦荟多糖的分子质量、单糖组成、乙酰基含量和糖苷键连接类型，除了乙酰甘露聚糖、果胶类多糖，芦荟中还包含半乳聚糖、阿拉伯聚糖和葡甘露聚糖等结构类型的多糖。Mandal 和 Das（1980）采用热水提取法从库拉索芦荟凝胶中得到混有 D-半乳聚糖、葡甘露聚糖和阿拉伯聚糖的果胶多糖，经氯化钙处理除去果胶酸，再用 DEAE-纤维素柱层析纯化最终获得高纯度半乳聚糖，该多糖由 Gal*p*-(1→、→4)-β-Gal*p*-(1→ 和 →4,6)-β-Gal*p*-(1→ 三种糖苷键以 1∶26∶1 的比例连接。

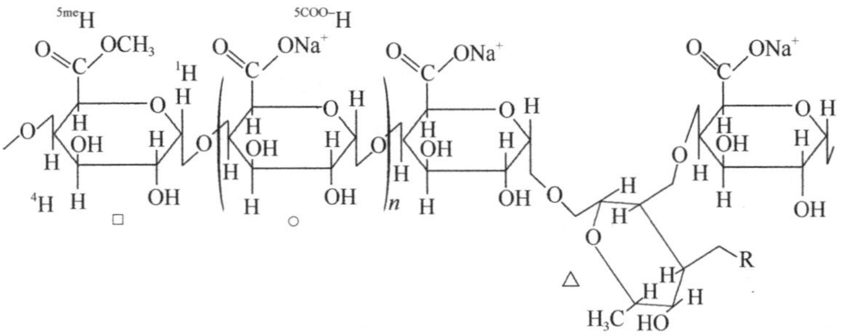

图 18-3　芦荟果胶类多糖可能的结构式（McConaughy et al.，2008）

果胶的结构一般包括带有甲酯的半乳糖醛酸单元（正方形）、钠盐形式的半乳糖醛酸（圆圈）、鼠李糖（三角形），以及用质子 ^{1}H、^{4}H、^{5me}H 和 $^{5COO^-}$H 来标记中性糖分支 R 之后进行核磁共振氢谱鉴定多糖是芦荟叶干物质中含量最多的一类成分。从表 18-4 能看出，芦荟多糖主要包括乙酰甘露聚糖和果胶类多糖两种类型。不同研究者的报道结果有差别，这与芦荟的种类、芦荟生长的条件、芦荟叶龄、原料采收的季节、原料处理方式和多糖的分离纯化方式均有关系（Minjares-Fuentes et al.，2018）。Ni 等（2004）报道不同结构类型的多糖分布在芦荟叶组织的不同部位，在细胞壁中主要是以半乳糖醛酸为主的果胶类多糖，在退化的细胞器中则主要是以半乳糖为主的半纤维素类，叶肉细胞中的多糖则主要是甘露糖类的半纤维素（图 18-4）。因此，多糖的结构解析结果与前期多糖的提取和纯化直接相关。

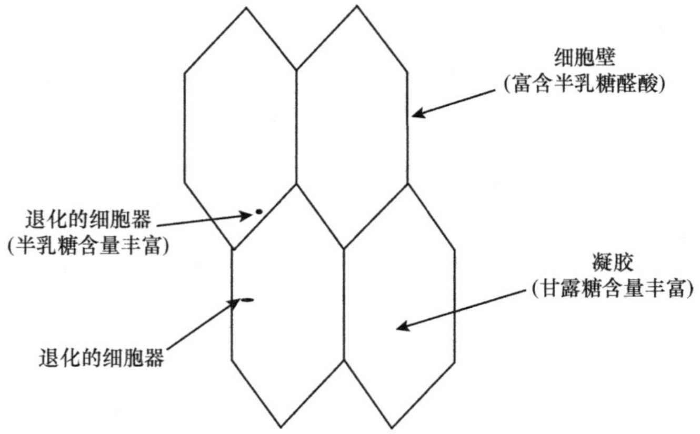

图 18-4　库拉索芦荟叶肉组织中多糖类物质的分布（Ni et al.，2004）

18.4.2　高级结构

芦荟多糖构象相关的报道很少，目前仅有 Ni 等（2004）采用了多角度激光光散射技术结合尺寸排阻色谱法研究了库拉索芦荟果胶类多糖（*Aloe vera* polysaccharide，AVP）在稀溶液中的性质。AvP 在 0.02 ～ 0.20mol/L NaCl 溶液中以伸展的无规线团形式存在。经 Yamakawa-Fuji 模型拟合，计算出在 0.1mol/L NaCl 溶液中，AvP 的持续链长为 15 ～ 17nm。经高效液相色谱结合光散射技术测定的芦荟多糖在 0.1mol/L 硝酸钠溶液中主要以无规卷曲构象存在，经计算其流体力学半径和均方回转半径分别为 23.5nm 和 40.7nm（Shi et al.，2018）。

18.5　芦荟多糖的生物活性

芦荟，最早因可治疗烧伤、促进伤口愈合而受到关注。现代科学研究表明芦荟具有多种生物活性，包括抗炎、抑菌、免疫调节和抗氧化等（Lee et al.，2018；Hussain et al.，2017）。因其活性广泛，芦荟可用于组织再生工程和饲料添加剂、水污染处理等方面（Giannakoudakis et al.，2018；Patil et al.，2017；Rahman et al.，2017）。这些活性与芦荟中的不同化学成分相关，如芦荟植物甾醇具有降血糖的功能（Pothuraju et al.，2016），芦荟蒽醌类物质可以用作泻药（Radha and Laxmipriya，2015）。芦荟多糖也被报道具有促进伤口愈合、降血糖、免疫调节等多种生理功能，成为研究的热点。

18.5.1　促进伤口愈合

虽然目前关于芦荟促进伤口愈合的活性成分没有定论，但芦荟多糖被认为是芦荟的一种重要活性成分（Koga et al.，2018；Fox et al.，2017；Bhalang et al.，2013）。乙酰甘露聚糖（acemannan）是芦荟多糖的代表物质之一，体外和体内实验研究发现 acemannan 可以通过诱导牙周韧带细胞的增殖和刺激血管内皮生长因子（vascular endothelial growth factor，VEGF）与Ⅰ型胶原的合成促进伤口愈合及硬组织再生，可以作为促进牙周组织再生的活性物质（Chantarawaratit et al.，2014；樊娇娇，2018）。为进一步研究 acemannan 促进皮肤愈合的机制，研究人员以雄性 BALB/c 小鼠为实验动物，制作小鼠背部皮肤损伤模型，然后皮下注射不同剂量的 acemannan，观察伤口愈合的情况，并测定 AKT/mTOR 相关蛋白的表达，发现 acemannan 能显著加速皮肤伤口闭合和刺激伤口肉芽组织中纤维原细胞的增殖与胶原的分泌，证明 acemannan 促进皮肤伤口愈合的机制部分通过激活 AKT/mTOR 介导的蛋白质的翻译实现（Xing et al.，2015）。

Tabandeh 等（2014）制作了大鼠背部皮肤伤口模型，并给予芦荟多糖（AVP）30 天，10 天后，基质金属蛋白酶-3（matrix metalloproteinase-3，MMP-3）基因的表达被抑制，随后被上调。AVP 增强了基质金属蛋白酶组织抑制因子（tissue inhibitor of matrix metalloproteinase-2，TIMP-2）基因的表达以及胶原、*N*-乙酰葡糖胺（*N*-acetyl glucosamine，NAGA）和 *N*-乙酰半乳糖胺（*N*-acetyl galactosamine，NAGLA）的合成，从分子水平上揭示了芦荟多糖促进伤口愈合的另一种机制。

18.5.2　抗炎

芦荟可以用于治疗小面积烧伤和皮炎等，研究认为这些活性与芦荟凝胶有关，它能够发挥抗炎、抑菌和促进伤口愈合，甚至免疫调节作用。以雄性 Wistar Furth 大鼠（200 ～ 250g）进行抗炎机制研究，将大鼠分为对照组（control，CON）、不做处理的烧伤组（untreated burn-wound rat，BURN）、正常生理盐水处理的烧伤组（normal saline-treated burn-wound rat，BURN-NSS）和库拉索芦荟处理的烧伤组（*Aloe vera*-treated burn-wound rat，BURN-ALOE）。采用背部皮肤皱褶小室和活体荧光显微技术检测白细胞在后毛细管静脉上的附着情况，用 ELISA 技术检测血清中 TNF-α 和 IL-6 的水平。在第 14 天，与烧伤组相比，库拉索芦荟处理的烧伤组的白细胞附着数量显著减少，同时 TNF-α 和 IL-6 也明显减少。因此库拉索芦荟能够通过减少白细胞的附着和促炎因子的表达来抑制烧伤后的炎症反应（Duansak et al.，2003）。

在体外实验中，芦荟多糖 APS 对 TNF-α 诱导的 HaCaT 细胞增殖的抑制作用和作用机制也被报道。APS 可抑制 TNF-α 诱导的角质细胞过度增殖和 NF-κB 信号通路的过度活化（Leng et al.，2018）。芦荟多糖的抗炎活性在结肠炎和胃溃疡大鼠模型中也得到了证实（Park et al.，2011；Eamlamnam et al.，2006；Prabjone et al.，2006）。芦荟多糖在体外人外周血 T 细胞模型中同样体现出了抗炎活性。Ahluwalia 等（2016）研究发现库拉索芦荟多糖 AVH200®（芦荟苷含量小于 1mg/kg）能使 CD25 和 $CD3^+$ 型 T 细胞的表达减少，同时抑制 T 细胞的增殖，使 $CD3^+$ 型 T 细胞上 CD28 的表达也减少。AVH200® 还使得外周血单核细胞的 IL-2、IFN-γ 和 IL-17A 的分泌减少。因此，AVH200® 能够抑制健康成人的血液中 T 细胞的激活、增殖和细胞因子的分泌。

结肠炎是一种常见的肠道炎症，芦荟多糖 AP 可以抑制结肠内溃疡的形成。Zhang 等（2019）用芦荟多糖灌胃结肠炎小鼠 18 天，发现肠道黏膜上的杯状细胞及黏蛋白显著增加，抑炎因子分泌也增加，同时其可以减少促炎因子的分泌并促进一些受体的表达来缓解炎症性肠炎。Hu 等（2017）用结肠炎细胞模型和动物模型同时研究芦荟多糖缓解结肠炎的机制。在细胞实验中，模型组 IL-6 的浓度和细胞凋亡的速率比正常组显著增加。相比模型组，芦荟多糖处理组的 IL-6 浓度和凋亡速率显著下调，并且芦荟多糖处理组的 *JAK2* 和 *STAT-3* 基因的表达显著高于模型组。芦荟多糖处理组的 JAK2、P-JAK2、STAT-3 和 p-ATAT3 蛋白表达高于模型组。在动物模型中，相比模型组，芦荟多糖处理组血清 IL-6 的浓度显著降低，结肠长度增加，JAK2、P-JAK2、STAT-3 和 p-ATAT3 蛋白表达同样高于模型组。因此芦荟多糖能够通过 JAK2/STAT-3 信号通路有效控制结肠组织的凋亡。

18.5.3　免疫调节

芦荟多糖在免疫系统发挥重要作用，在体内和体外实验中均表现出免疫调节活性（朱鸿哲，2018；Nazeam et al.，2017；Kumar and Tiku，2016；Sun et al.，2011），其抗肿瘤效果非常显著（卢碧玉和蔡小连，2013；张淑娜和李洁，2011；朱坤杰等，2010）。

体外实验发现芦荟多糖对多种免疫细胞发挥作用。Nazeam 等（2017）以人肝癌细胞为对象，探究水溶性及酸溶性木立芦荟多糖对癌细胞的抑制率，发现其 IC_{50} 值为 26.14μg/mL 和 21.46μg/mL。此外其还发现木立芦荟多糖能促进淋巴细胞的转化以及增强巨噬细胞的吞噬活性。Budai 等（2013）以脂多糖刺激的人 THP-1 型细胞和巨噬细胞为对象，研究芦荟凝胶对于 Nlrp3 炎性复合体介导的 IL-1β 分泌的抗性机制，发现芦荟凝胶可以显著降低 IL-8、TNF-α、IL-6、IL-1β 的分泌，并且呈剂量依赖关系。这种抑制效果在原代细胞中更明显。进一步研究发现，芦荟凝胶可以抑制初代巨噬细胞中 pro-IL-1β、Nlrp3、caspase-1 以及 P2X7 受体的表达，并且 LPS 诱导的 NF-κB、p38、JNK 和 EPK 信号通路被抑制。

体内实验发现芦荟多糖可以刺激固有免疫及特异性免疫发挥免疫调节作用。Lee 等（2016）发现芦荟多糖可以通过促进淋巴细胞的增殖，增强毒性 T 细胞的杀伤能力，促进抗体生产来缓解慢性压力导致的免疫低下。Lee 等（2018）发现芦荟凝胶可以通过促进 IL-10 的分泌来缓解食物过敏小鼠中的 Th2 型过敏反应。Qiao 等（2013）报道芦荟多糖可以通过促进 IL-2、IFN-r、IL-4 的分泌来提升断奶仔猪的免疫力，从而降低腹泻的发生率。Sun 等（2011）的研究表明芦荟多糖可以通过增加血清中抗体的水平、血液中淋巴细胞的比例，促进脾脏 T 淋巴细胞的增殖来增强禽波氏杆菌感染的小鸡的免疫力。同时，Vahedi 等（2011）证明在家兔中，芦荟多糖可以通过改变血液中淋巴细胞的组成以及增加血清免疫球蛋白来增强细胞免疫和体液免疫。

18.5.4 改善糖尿病症

芦荟提取物对糖尿病的治疗效果在 1985 年便被印度学者 Agarwal 报道，该研究给予 3167 个糖尿病患者含有库拉索芦荟叶的特定膳食，每日两次，持续 5 年，发现患者的空腹血糖、餐后血糖水平、血清总胆固醇和总脂水平显著降低。后来的实验证明，芦荟在临床试验（Huseini et al.，2012；Yagi et al.，2009；Devaraj et al.，2008）和四氧嘧啶与链脲霉素诱导的糖尿病动物模型中均具有改善糖尿病症的效果（Chen et al.，2019；Yimam et al.，2014；Kim et al.，2009）。

现代科学研究发现，芦荟多糖可以通过调节体内的血糖、血脂和胆固醇的代谢，发挥抗糖尿病效果（Chen et al.，2019；Rahoui et al.，2018）。Chen 等（2019）发现给糖尿病大鼠灌胃芦荟多糖，可以改善尿酸循环、糖脂代谢以及氨基酸代谢，从而减轻糖尿病症。糖尿病大鼠经口服用芦荟多糖（300mg/kg 体重）21 天后，血清、肝脏、肾脏组织中的胆固醇、总脂、游离脂肪酸和磷脂的含量均显著减少，血清中高密度脂蛋白（high-density lipoprotein，HDL）胆固醇含量降低，低密度脂蛋白（low-density lipoprotein，LDL）胆固醇和极低密度脂蛋白（very low-density lipoprotein，VLDL）胆固醇水平增加（Rajasekaran et al.，2006）。另外，在体内大鼠糖尿病模型中，芦荟多糖可显著降低血清中的丙二醛（malondialdehyde，MDA）和超氧化物歧化酶（superoxide dismutase，SOD）水平，升高谷胱甘肽（glutathione，GSH）水平（Abo-Youssef and Messiha，2013）。芦荟多糖抗糖尿病的作用机制仍需要进一步的研究。

18.5.5 抗氧化

芦荟多糖的体内和体外抗氧化活性均有报道。为研究芦荟多糖（AVP）的抗氧化活性，李亚辉等（2014）发现随着多糖浓度的增加，其总抗氧化能力、DPPH 自由基和羟自由基清除能力逐渐增强，并且在 25mg/mL 时，其 DPPH 自由基和羟自由基清除率分别达到 75% 和 90%。Kaithwas 等（2014）在体外建立 DPPH 自由基、NO、过氧化氢、超氧阴离子的清除能力和总还原力 5 个化学体系，在体内建立阿霉素诱导大鼠氧化应激模型。结果显示，AVP 对所选自由基均表现出抑制作用，还原能力较强。处于氧化应激状态的大鼠服用 14 天 AVP 后，血清乳酸脱氢酶、肌酸磷酸激酶、心脏硫代巴比妥酸反应物质、过氧化氢酶和超氧化物歧化酶水平明显降低，血清和组织中的谷胱甘肽水平呈剂量依赖性增加，AVP 在体内外实验中均表现出强的抗氧化活性。Debnath 等（2018）发现芦荟花水提物能显著增加过氧化氢处理的 BALB/c 小鼠肝脏中的超氧化物歧化酶、过氧化氢酶、谷胱甘肽过氧化物酶的活性。Khaliq 等（2019）报道向籼稻植物提取物中添加 50% 或者 100% 的芦荟凝胶能显著增加抗坏血酸、总黄酮、总酚类的含量以及增强羟自由基清除能力等。芦荟多糖的体内外抗氧化活性在 AAPH 诱导的氧化应激模型和口腔溃疡模型中也得到了证实（Kang et al.，2014；Yu et al.，2009）。

芦荟皮来源的多糖同样被报道具有抗氧化性。马艳弘等（2015）采用微波辅助提取芦荟皮多糖，然后采用 DPPH 自由基、亚油酸（脂质过氧化物）、羟自由基 3 种体外化学体系检测芦荟皮多糖的抗氧化活性，结果表明芦荟皮多糖对 DPPH 自由基、羟自由基和脂质过氧化物均表现出抗氧化性。Liu 等（2007）对比了芦荟凝胶（GAPS-1）和芦荟皮（SAPS-1）来源的多糖抗氧化性，结果显示 GAPS-1 和 SAPS-1 对超氧阴离子自由基均具很强的清除能力，铁离子螯合能力、羟自由基清除能力和抑制脂质氧化能力次之。GAPS-1 对过氧化氢的清除能力较 SAPS-1 强。

18.5.6　芦荟多糖的构效关系研究

多糖的结构特性对其活性具有直接的影响（Xu et al.，2019；Li et al.，2016）。乙酰基作为乙酰甘露聚糖的主要官能团，与芦荟多糖的活性紧密相关。血管内皮生长因子（VEGF）是新血管的形成和内皮细胞增殖与迁移过程中的一个重要化学物质（Rossiter et al.，2004），研究发现脱除乙酰基后会减少纤维原细胞中的 VEGF 和 I 型胶原蛋白的表达（Chokboribal et al.，2015；施晓丹，2019）。脱乙酰化程度越高，芦荟多糖抗菌能力越弱（Salah et al.，2017）。

分子质量是影响芦荟多糖活性的另一个重要指标。Im 等（2005）的研究显示芦荟多糖的免疫调节活性与其分子质量有关，以 3 个分子质量不同的芦荟多糖样品 G2E1DS3（$M \geqslant$ 400kDa）、G2E1DS2（5kDa $\leqslant M \leqslant$ 400kDa）和 G2E1DS1（$M \leqslant$ 5kDa）同时处理小鼠巨噬细胞 RAW264.7 与荷瘤小鼠，分子质量在 5 ～ 400kDa 的芦荟多糖对于巨噬细胞的激活能力和体内抗肿瘤活性最强。

18.6　加工方式对芦荟多糖的影响

18.6.1　对芦荟多糖结构的影响

在芦荟产品的加工过程中，为保证产品的质量常常需要进行加热、脱水、杀菌等处理，而芦荟多糖在这些加工过程中不可避免地会发生结构和性质上的变化（Minjares-Fuentes and Femenia，2017）。因此，研究加工过程对芦荟多糖的影响也十分重要。

Femenia 等（2003）较早地系统研究了热加工和脱水加工过程中加工温度（30 ～ 80℃）对芦荟中不同种类多糖理化性质的影响。对于芦荟多糖，加工温度为 30 ～ 60℃时，脱水样品中甘露聚糖损失 11.3% ～ 14.1%；当温度为 70℃和 80℃时，甘露聚糖损失率分别达到 20.7% 和 25.3%。另外，随着加工温度的升高，尤其是温度达到 70℃和 80℃时，半乳糖的含量显著降低。结构分析发现加工后的乙酰甘露聚糖中 →4)-3-Man*p*-(1→ 残基含量减少，连接在甘露糖 O-3 位的乙酰基团也减少，支化度降低（Femenia et al.，2003）。类似地，Minjares-Fuentes 等（2017）比较了 4 种热加工（喷雾干燥、工业级别的冷冻干燥、折射窗干燥和辐射干燥）对芦荟多糖结构的影响，4 种干燥方式使得芦荟乙酰甘露聚糖的得率降低约 40%。多糖的主链和侧链均被降解，主链上 60% 以上的甘露糖发生了脱乙酰化。结构上的变化引起功能特性的改变，如持水性降低 50% 左右，溶胀能力和脂肪吸收能力降低 80%。在巴氏杀菌的过程中也观察到类似的不同类型多糖结构上的变化（Rodríguez-González et al.，2011）。

通常，在干燥（或脱水）过程中，将温度控制在 60℃以下时，芦荟凝胶结构只发生微小的变化，而温度在 80℃以上的长时间处理则会对芦荟多糖的结构造成较大的破坏（Medina-Torres et al.，2016；Miranda et al.，2010）。

18.6.2 对芦荟多糖功能性质的影响

多糖的加工特性与其化学结构密切相关。脱水热加工会引起芦荟乙酰甘露聚糖的单糖组成和分子质量的变化，芦荟果胶多糖分子糖链的断裂，在加工特性上则表现为溶胀（swelling，SW）能力和持水力（water retention capacity，WRC）的变化，并且不同的加工温度对多糖产生的影响不一样。当加工温度为 30℃和 40℃时，溶胀能力明显增强；加工温度为 50 ～ 80℃时，溶胀能力降低。持水力的变化趋势与溶胀能力类似，在 30℃和 40℃时增强，70℃以上会降低（Femenia et al.，2003）。

食品中的微生物是导致食品变质的一个重要因素，因此杀菌处理是食品保藏常用的技术。在芦荟加工过程中，选取最优的杀菌条件对于延缓芦荟产品变质和最大程度保留产品质量至关重要。Rodríguez-González 等（2012，2011）报道，经 65℃和 75℃巴氏杀菌后，芦荟多糖溶胀能力（SW）、持水力（WRC）和脂肪吸收能力（FAC）增加，而温度增加到 85℃时，SW、WRC 和 FAC 的值均降低。

芦荟凝胶含 98% 以上的水分，在工业生产中，干燥技术是芦荟加工中最常见的一种。为了保证产品质量，减少干燥处理对芦荟产品产生不利的影响，Minjares-Fuentes 等（2016）以冷冻干燥（freeze-drying）作为参考，比较了喷雾干燥（spray-drying）、折射窗干燥（refractance window-drying）和辐射区干燥（radiant zone-drying）对芦荟凝胶的理化性质（如水活力、溶解性、吸水性和流变性）的影响，结果显示，所有加工后的凝胶产品水分活力降低，溶解性和吸水性增强，芦荟凝胶的流变特性也发生变化，由非牛顿流体变为牛顿流体，并且温度依赖性增强。作者将这些理化性质的改变归因于芦荟凝胶中乙酰甘露聚糖结构的改变，尤其是乙酰基取代程度的变化。不同干燥方式所得到的芦荟凝胶产品的黏度和凝胶特性也不一样，喷雾干燥的芦荟胶的黏度和玻璃化温度都比冷冻干燥与折射窗干燥后的芦荟凝胶的低（Nindo et al.，2010）。

高静水压处理对芦荟凝胶的性质也会产生一定的影响，Vega-Gálvez 等（2011）将芦荟凝胶分别置于 300MPa、400MPa 和 500MPa 压力处理的圆柱形装载容器，用水作加压介质加压 3min，并立即检测样品质量，发现高静水压处理能显著增加总酚含量和维生素 C、E 含量，显著提升抗氧化活性及芦荟素含量。同时，Opazo-Navarrete 等（2012）也报道压力处理降低了芦荟悬浮液屈服应力值和流动性指数，升高了稠度系数。

18.6.3 对芦荟多糖生物活性的影响

目前，加工对芦荟多糖功能活性影响的相关研究较少，仅有少数文献报道芦荟凝胶的抗氧化活性在 80 ～ 90℃的高温处理后会有所降低，这可能与凝胶中的维生素 C 和维生素 E 等营养物质流失有关（Miranda et al.，2009）。因此，需要加强这方面的研究。

18.7　芦荟多糖研究存在的问题及前景展望

芦荟多糖的研究在国外开始得比较早，国内起步较晚，总体而言，芦荟多糖的研究存在以下问题。

1）目前对于芦荟多糖的结构研究主要停留在较早阶段的认识，近年来关于芦荟多糖的结构深入解析与探讨的报道不多，应深入研究不同类型芦荟多糖的一级结构。芦荟多糖的构象研究尤其缺乏，可以作为今后芦荟多糖研究的重点。

2）关于芦荟功效的研究很多，但是功效成分究竟来自芦荟凝胶（gel）还是外层黄色汁液（yellow juice），目前仍存在争议。因为在加工过程中，芦荟外皮中的化学物质可能会进入到凝胶中。因此，考虑到芦荟的化学组成复杂，在未来的研究中，应先将芦荟叶的不同部位严格区分，确认芦荟中的功效成分，然后再研究不同化学成分之间是否存在相互作用。

3）因芦荟多糖的结构特性、理化性质受多种因素的影响，因此当在芦荟加工过程中以芦荟多糖作为功能因子时，应规范芦荟多糖的提取工艺流程，以确保产品品质。另外，加工对于芦荟多糖的结构、功能活性的影响也应给予关注。

4）虽然有实验证明芦荟比较安全，没有明显的副作用，但是仍然有必要控制芦荟中化学物质的含量。芦荟凝胶的质量控制和保藏问题有待解决。

参考文献

陈洪亮, 李德发, 常碧影, 等. 2002. 芦荟多糖的提取及结构分析. 兽药与饲料添加剂, 7(2): 1-3.
陈巧灵, 何沂飞, 陈德力, 等. 2013. 库拉索芦荟皮多糖 ASE 提取工艺研究. 食品科技, 38(8): 229-231, 235.
党秀丽, 刘雪英, 王庆伟, 等. 2012. 芦荟多糖的分离纯化及其相对分子质量和含量测定. 医药导报, 31(1): 67-70.
樊娇娇. 2018. 四种药用芦荟的活性成分及体外溶栓活性比较研究. 重庆: 重庆大学硕士学位论文.
冯咏梅, 常秀莲, 王文华. 2007. 开普芦荟花多糖的分离纯化及组成分析. 食品科技, (7): 132-134.
郭菲, 蒋金珩, 石森林. 2013. 正交试验优选库拉索芦荟多糖的醇沉工艺. 中国实验方剂学杂志, 19(24): 53-55.
何沂飞, 黄良果, 刘平怀, 等. 2014b. 库拉索芦荟凝胶多糖超声提取工艺的响应面法优化. 食品科技, 39(7): 176-183.
何沂飞, 刘平怀, 黄良果, 等. 2014a. 库拉索芦荟凝胶多糖脱蛋白方法研究. 食品工业科技, 35(17): 190-192, 197.
侯冬岩, 回瑞华, 杨梅, 等. 2003. 干鲜芦荟花挥发性化学成分的分析. 食品科学, 24(6): 126-128.
李亚辉, 马艳弘, 黄开红, 等. 2014. 响应面法优化复合酶提取芦荟多糖工艺及其抗氧化活性分析. 食品科学, 35(18): 63-68.
李亚辉, 马艳弘, 黄开红, 等. 2015. 芦荟多糖的超声波辅助纤维素酶提取及抗肿瘤活性研究. 中国食品学报, 15(11): 91-97.
刘晓鹏, 姜宁, 向东山, 等. 2008. 库拉索芦荟多糖超声辅助提取工艺的研究. 食品科学, 29(10): 286-289.
卢碧玉, 蔡小连. 2013. 芦荟多糖抑制肿瘤新生血管作用的研究. 中医药导报, 19(1): 83-84.
马艳弘, 刘晨, 张宏志, 等. 2015. 响应面法优化芦荟皮多糖的微波辅助提取工艺及抗氧化活性研究. 江西农业大学学报, 37(1): 149-156.
苗艳艳. 2009. 库拉索芦荟多糖的提取纯化及含量测定. 中华中医药学刊, 27(10): 2172-2173.
齐祥明, 王静, 侯冰, 等. 2009. 芦荟多糖提取工艺的优化. 食品研究与开发, 30(4): 16-18.
阙志强, 施晓丹, 余强, 等. 2019. 库拉索芦荟多糖的分离、纯化及其理化性质. 中国食品学报, 19(2): 125-131.
施晓丹. 2019. 不同来源葡甘露聚糖的结构特征、溶液性质及在小鼠肠道中的酵解特征. 南昌: 南昌大学博士学位论文.
孙凉爽, 莫春源. 2018. 芦荟在化妆品中的应用. 中国化妆品, (10): 62-67.
王俊玲, 齐祥明, 宗志敏, 等. 2003. 芦荟多糖的分离纯化及性质研究. 天然产物研究与开发, 15(2): 130-132, 137.
王玲丽, 杨兆艳, 郭艳茹. 2013. 超声波辅助提取库拉索芦荟多糖工艺优化研究. 北方园艺, (19): 141-143.
王晓丽, 李燕, 骆佼君, 等. 2011. 高速逆流色谱仪分离纯化芦荟多糖的研究. 天然产物研究与开发, 23(6): 1151-1155.
王艺. 2007. 耐盐芦荟理化指标的检测及多糖的提取. 大连: 大连理工大学硕士学位论文.
王展英. 2014. 芦荟营养成分及其食用性研究. 合肥: 安徽农业大学硕士学位论文.
吴小芳, 万金志, 钟佳胜, 等. 2015. 芦荟化学成分的研究进展. 热带作物学报, 36(8): 1542-1550.
谢明勇, 殷军艺, 聂少平. 2017. 天然产物来源多糖结构解析研究进展. 中国食品学报, 17(3): 1-19.
谢宇婷, 陈昭斌. 2018. 芦荟的生物学活性成分及其抗微生物作用的研究现状. 中国消毒学杂志, 35(8): 608-611.
邢健敏, 李芬芳, 梁逸曾, 等. 2007. 聚乙二醇 / 硫酸铵双水相体系提取分离芦荟多糖及含量的测定. 中国药学杂志, 42(7): 541-544.
闫吉昌, 崔春月, 张奕, 等. 2003. 芦荟多糖的分离纯化及结构分析. 高等学校化学学报, 24(7): 1189-1192.
杨培玉. 2013. 芦荟叶的组成及功效. 内江科技, 34(3): 75.
张春玲, 赵秀兰, 厉保秋. 2007. 芦荟通便作用的研究进展. 食品与药品, (3): 59-62.
张淑娜, 李洁. 2011. 芦荟的主要成分及其抗肿瘤机制研究进展. 上海中医药杂志, 45(3): 78-80.
郑婷婷, 李多伟, 张嘉. 2005. 芦荟中芦荟多糖提取及脱色工艺的研究. 食品工业科技, 26(9): 120-121.
朱鸿哲. 2018. 芦荟多糖对免疫功能影响的实验研究. 中医药信息, 35(4): 34-37.
朱坤杰, 宋娟, 沈云虹, 等. 2010. 库拉索芦荟多糖和木立芦荟多糖体内抗肿瘤作用. 中成药, 32(11): 1978-1980.
Abo-Youssef A M H, Messiha B A S. 2013. Beneficial effects of *Aloe vera* in treatment of diabetes: comparative *in vivo* and *in vitro* studies. Bulletin of Faculty of Pharmacy, Cairo University, 51(1): 7-11.
Agarwal O P. 1985. Prevention of atheromatous heart disease. Angiology, 36(8): 485-492.
Ahlawat K S, Khatkar B S. 2011. Processing, food applications and safety of *Aloe vera* products: a review. Journal of Food Science and Technology, 5(48): 525-533.
Ahluwalia B, Magnusson M K, Isaksson S, et al. 2016. Effects of *Aloe barbadensis* Mill. extract (AVH200®) on human blood T cell activity *in vitro*. Journal of Ethnopharmacology, 179: 301-309.
Akaberi M, Sobhani Z, Javadi B, et al. 2016. Therapeutic effects of *Aloe* spp. in traditional and modern medicine: a review. Biomedicine & Pharmacotherapy, 84: 759-772.
Anilakumar K R, Sudarshanakrishna K R, Chandramohan G, et al. 2010. Effect of *Aloe vera* gel extract on antioxidant enzymes and azoxymethane-induced oxidative stress in rats. Indian Journal of Experimental Biology, 48(8): 837-842.
Bawankar R, Deepti V C, Singh P, et al. 2013. Evaluation of bioactive potential of an *Aloe vera* sterol extract. Phytotherapy Research, 27(6): 864-868.

Benítez S, Achaerandio I, Pujolà M, et al. 2015. *Aloe vera* as an alternative to traditional edible coatings used in fresh-cut fruits: a case of study with kiwifruit slices. LWT-Food Science and Technology, 61(1): 184-193.

Bhalang K, Thunyakitpisal P, Rungsirisatean N. 2013. Acemannan, a polysaccharide extracted from *Aloe vera*, is effective in the treatment of oral aphthous ulceration. The Journal of Alternative and Complementary Medicine, 19(5): 429-434.

Bozzi A, Perrin C, Austin S, et al. 2007. Quality and authenticity of commercial aloe vera gel powders. Food Chemistry, 103(1): 22-30.

Budai M M, Varga A, Milesz S, et al. 2013. *Aloe vera* downregulates LPS-induced inflammatory cytokine production and expression of NLRP3 inflammasome in human macrophages. Molecular Immunology, 56(4): 471-479.

Campestrini L H, Silveira J L M, Duarte M E R, et al. 2013. NMR and rheological study of *Aloe barbadensis* partially acetylated glucomannan. Carbohydrate Polymers, 94(1): 511-519.

Chantarawaratit P, Sangvanich P, Banlunara W, et al. 2014. Acemannan sponges stimulate alveolar bone, cementum and periodontal ligament regeneration in a canine class Ⅱ furcation defect model. Journal of Periodontal Research, 49(2): 164-178.

Chen H, Nie Q, Hu J, et al. 2019. Glucomannans alleviated the progression of diabetic kidney disease by improving didney metabolic disturbance. Molecular Nutrition & Food Research, 63(12): e1801008.

Choi S, Chung M H. 2003. A review on the relationship between *Aloe vera* components and their biologic effects. Seminars in Integrative Medicine, 1(1): 53-62.

Chokboribal J, Tachaboonyakiat W, Sangvanich P, et al. 2015. Deacetylation affects the physical properties and bioactivity of acemannan, an extracted polysaccharide from *Aloe vera*. Carbohydrate Polymers, 133: 556-566.

Chow J T N, Williamson D A, Yates K M, et al. 2005. Chemical characterization of the immunomodulating polysaccharide of *Aloe vera* L. Carbohydrate Research, 340(6): 1131-1142.

Cock I E. 2008. Antimicrobial activity of *Aloe barbadensis* Miller leaf gel components. The Internet Journal of Microbiology, 2(4): 17.

Debnath T, Ghosh M, Lee Y M, et al. 2018. Identification of phenolic constituents and antioxidant activity of *Aloe barbadensis* flower extracts. Food and Agricultural Immunology, 29(1): 27-38.

Devaraj S, Jialal R, Jialal I, et al. 2008. A pilot randomized placebo controlled trial of 2 *Aloe vera* supplements in patients with pre-diabetes/metabolic syndrome. Planta Medica, 74(9): 926.

Duansak D, Somboonwong J, Patumraj S. 2003. Effects of *Aloe vera* on leukocyte adhesion and TNF-α and IL-6 levels in burn wounded rats. Clinical Hemorheology and Microcirculation, 29(3-4): 239-246.

Eamlamnam K, Patumraj S, Visedopas N, et al. 2006. Effects of *Aloe vera* and sucralfate on gastric microcirculatory changes, cytokine levels and gastric ulcer healing in rats. World Journal of Gastroenterology, 12(13): 2034-2039.

Femenia A, García-Pascual P, Simal S, et al. 2003. Effects of heat treatment and dehydration on bioactive polysaccharide acemannan and cell wall polymers from *Aloe barbadensis* Miller. Carbohydrate Polymers, 51(4): 397-405.

Femenia A, Sanchez E S, Simal S, et al. 1999. Compositional features of polysaccharides from *Aloe vera* (*Aloe barbadensis* Miller) plant tissues. Carbohydrate Polymers, 39(2): 109-117.

Fox L T, Mazumder A, Dwivedi A, et al. 2017. *In vitro* wound healing and cytotoxic activity of the gel and whole-leaf materials from selected aloe species. Journal of Ethnopharmacology, 200: 1-7.

Geng L, Zhou W, Qu X, et al. 2014. Optimization of the preparation of pectin from *Aloe* using a Box-Behnken design. Carbohydrate Polymers, 105(1): 193-199.

Giannakoudakis D A, Hosseini-Bandegharaei A, Tsafrakidou P, et al. 2018. *Aloe vera* waste biomass-based adsorbents for the removal of aquatic pollutants: a review. Journal of Environmental Management, 227: 354-364.

Guo X, Mei N. 2016. *Aloe vera*: a review of toxicity and adverse clinical effects. Journal of Environmental Science and Health Part C-Environmental Carcinogenesis & Ecotoxicology Reviews, 34(2): 77-96.

Hu L, Li H L, Li W F, et al. 2017. The mechanism of alopolysaccharide protecting ulceralive colitis. Biomedicine & Pharmacotherapy, 88: 145-150.

Huseini H F, Kianbakht S, Hajiaghaee R, et al. 2012. Anti-hyperglycemic and anti-hypercholesterolemic effects of *Aloe vera* leaf gel in hyperlipidemic type 2 diabetic patients: a randomized double-blind placebo-controlled clinical trial. Planta Medica, 78(4): 311-316.

Hussain S A, Patil G R, Reddi S, et al. 2017. *Aloe vera* (*Aloe barbadensis* Miller) supplemented probiotic lassi prevents Shigella infiltration from epithelial barrier into systemic blood flow in mice model. Microbial Pathogenesis, 102: 143-147.

Im S A, Oh S T, Song S, et al. 2005. Identification of optimal molecular size of modified *Aloe* polysaccharides with maximum immunomodulatory activity. International Immunopharmacology, 5(2): 271-279.

Kaithwas G, Singh P, Bhatia D. 2014. Evaluation of *in vitro* and *in vivo* antioxidant potential of polysaccharides from *Aloe vera* (*Aloe barbadensis* Miller) gel. Drug and Chemical Toxicology, 37(2): 135-143.

Kang M C, Kim S Y, Kim Y T, et al. 2014. *In vitro* and *in vivo* antioxidant activities of polysaccharide purified from *Aloe vera* (*Aloe barbadensis*) gel. Carbohydrate Polymers, 99: 365-371.

Khaliq G, Ramzan M, Baloch A H. 2019. Effect of *Aloe vera* gel coating enriched with *Fagonia* indica plant extract on physicochemical and antioxidant activity of sapodilla fruit during postharvest storage. Food Chemistry, 286: 346-353.

Kim K, Kim H, Kwon J, et al. 2009. Hypoglycemic and hypolipidemic effects of processed *Aloe vera* gel in a mouse model of non-insulin-dependent diabetes mellitus. Phytomedicine, 9(16): 856-863.

Kiran P, Rao P S. 2014. Rheological and structural characterization of prepared aqueous *Aloe vera* dispersions. Food Research International, 62: 1029-1037.

Koga A Y, Pereira A V, Lipinski L C, et al. 2018. Evaluation of wound healing effect of alginate films containing *Aloe vera* (*Aloe barbadensis* Miller) gel. Journal of Biomaterials Applications, 32(9): 1212-1221.

Kumar S, Tiku A B. 2016. Immunomodulatory potential of acemannan (polysaccharide from *Aloe vera*) against radiation induced mortality in Swiss albino mice. Food and Agricultural Immunology, 27(1): 72-86.

Lad V N, Murthy Z V P. 2013. Rheology of *Aloe barbadensis* Miller: a naturally available material of high therapeutic and nutrient value for food applications. Journal of Food Engineering, 115(3): 279-284.

Lee D, Kim H S, Shin E, et al. 2018. Polysaccharide isolated from *Aloe vera* gel suppresses ovalbumin-induced food allergy through inhibition of Th2 immunity in mice. Biomedicine & Pharmacotherapy, 101: 201-210.

Lee M J, Park M Y, Kim S K. 2016. Aloe-emodin inhibits Pam_3CSK_4-induced MAPK and NF-κB signaling through TLR2 in macrophages. Journal of Nutrition and Health, 49(4): 241-246.

Leng H, Pu L, Xu L, et al. 2018. Effects of *aloe* polysaccharide, a polysaccharide extracted from *Aloe vera*, on TNF-α induced HaCaT cell proliferation and the underlying mechanism in psoriasis. Molecular Medicine Reports, 18(3): 3537-3543.

Leung M Y K, Liu C, Zhu L F, et al. 2004. Chemical and biological characterization of a polysaccharide biological response modifier from *Aloe vera* L. var. *chinensis* (Haw.) Berg. Glycobiology, 14(6): 501-510.

Li S, Xiong Q, Lai X, et al. 2016. Molecular modification of polysaccharides and resulting bioactivities. Comprehensive Reviews in Food Science and Food Safety, 15(2): 237-250.

Li S W, Yang T C, Lai C C, et al. 2014. Antiviral activity of aloe-emodin against influenza A virus via galectin-3 up-regulation. European Journal of Pharmacology, 738: 125-132.

Liu C H, Wang C H, Xu Z L, et al. 2007. Isolation, chemical characterization and antioxidant activities of two polysaccharides from the gel and the skin of *Aloe barbadensis* Miller irrigated with sea water. Process Biochemistry, 42(6): 961-970.

Luta G, McAnalley B. 2005. *Aloe vera*: chemical composition and methods used to determine its presence in commercial products. GlycoScience & Nutrition, 6: 1-12.

Mandal G, Das A. 1980. Structure of the D-galactan isolated from *Aloe barbadensis* Miller. Carbohydrate Research, 86(2): 247-257.

McConaughy S D, Stroud P A, Boudreaux B, et al. 2008. Structural characterization and solution properties of a galacturonate polysaccharide derived from *Aloe vera* capable of in situ gelation. Biomacromolecules, 9(2): 472-480.

Medina-Torres L, Calderas F, Minjares R, et al. 2016. Structure preservation of *Aloe vera* (*barbadensis* Miller) mucilage in a spray drying process. LWT-Food Science and Technology, 66: 93-100.

Minjares-Fuentes J R, Femenia A. 2017. Effect of processing on the bioactive polysaccharides and phenolic compounds from *Aloe vera* (*Aloe barbadensis* Miller)//Hosseinian F, Oomah B D, Campos-Vega R. Dietary Fiber Functionality in Food and Nutraceuticals. Hoboken: John Wiley & Sons Ltd: 263-287.

Minjares-Fuentes R, Femenia A, Comas-Serra F, et al. 2016. Effect of different drying procedures on physicochemical properties and flow behavior of *Aloe vera* (*Aloe barbadensis* Miller) gel. LWT-Food Science and Technology, 74: 378-386.

Minjares-Fuentes R, Femenia A, Comas-Serra F, et al. 2018. Compositional and structural features of the main bioactive polysaccharides present in the *Aloe vera* Plant. Journal of AOAC International, 101(1): 1-9.

Minjares-Fuentes R, Rodríguez-González V M, González-Laredo R F, et al. 2017. Effect of different drying procedures on the bioactive polysaccharide acemannan from *Aloe vera* (*Aloe barbadensis* Miller). Carbohydrate Polymers, 168: 327-336.

Miranda M, Maureira H, Rodriguez K, et al. 2009. Influence of temperature on the drying kinetics, physicochemical properties, and antioxidant capacity of *Aloe vera* (*Aloe barbadensis* Miller) gel. Journal of Food Engineering, 91(2): 297-304.

Miranda M, Vega-Gálvez A, García P, et al. 2010. Effect of temperature on structural properties of *Aloe vera* (*Aloe barbadensis* Miller) gel and Weibull distribution for modelling drying process. Food and Bioproducts Processing, 88(2): 138-144.

Nazeam J A, Gad H A, Esmat A, et al. 2017. *Aloe arborescens* polysaccharides: *in vitro* immunomodulation and potential cytotoxic activity. Journal of Medicinal Food, 20(5): 491-501.

Nejatzadeh-Barandozi F. 2013. Antibacterial activities and antioxidant capacity of *Aloe vera*. Organic and Medicinal Chemistry Letters, 3(1): 5.

Ni Y, Turner D, Yates K M, et al. 2004. Isolation and characterization of structural components of *Aloe vera* L. leaf pulp. International Immunopharmacology, 4(14): 1745-1755.

Nindo C I, Powers J R, Tang J. 2010. Thermal properties of *Aloe vera* powder and rheology of reconstituted gels. Transactions of the ASABE, 53(4): 1193-1200.

Opazo-Navarrete M, Tabilo-Munizaga G, Vega-Gálvez A, et al. 2012. Effects of high hydrostatic pressure

(HHP) on the rheological properties of *Aloe vera* suspensions (*Aloe barbadensis* Miller). Innovative Food Science & Emerging Technologies, 16: 243-250.

Park M Y, Kwon H J, Sung M K. 2011. Dietary aloin, aloesin, or aloe-gel exerts anti-inflammatory activity in a rat colitis model. Life Sciences, 88(11): 486-492.

Patil A K, Thakur D, Anamika K G, et al. 2017. *Aloe vera* as potential emerging herbal feed additive: a boon for livestock rearing. International Journal of Chemical Studies, 5(4): 494-502.

Pothuraju R, Sharma R K, Onteru S K, et al. 2016. Hypoglycemic and hypolipidemic effects of *Aloe vera* extract preparations: a review. Phytotherapy Research, 30(2): 200-207.

Prabjone R, Thong-Ngam D, Wisedopas N, et al. 2006. Anti-inflammatory effects of *Aloe vera* on leukocyte-endothelium interaction in the gastric microcirculation of Helicobacter pylori-infected rats. Clinical Hemorheology and Microcirculation, 35(3): 359-366.

Qiao J, Li H H, Zheng C J, et al. 2013. Dietary supplementation with *Aloe vera* polysaccharide enhances the growth performance and immune function of weaned piglets. Journal of Animal and Feed Sciences, 22(4): 329-334.

Radha M H, Laxmipriya N P. 2015. Evaluation of biological properties and clinical effectiveness of *Aloevera*: asystematic review. Journal of Traditional and Complementary Medicine, 5(1): 21-26.

Rahman S, Carter P, Bhattarai N. 2017. *Aloe vera* for tissue engineering applications. Journal of Functional Biomaterials, 8(6): 1-17.

Rahoui W, Merzouk H, El Haci I A, et al. 2018. Beneficial effects of *Aloe vera* gel on lipid profile, lipase activities and oxidant/antioxidant status in obese rats. Journal of Functional Foods, 48: 525-532.

Rajasekaran S, Ravi K, Sivagnanam K, et al. 2006. Beneficial effects of *Aloe vera* leaf gel extract on lipid profile status in rats with streptozotocin diabetes. Clinical and Experimental Pharmacology and Physiology, 33(3): 232-237.

Rodriguez E R, Martin J D, Romero C D. 2010. *Aloe vera* as a functional ingredient in foods. Critical Reviews in Food Science and Nutrition, 50(4): 305-326.

Rodríguez-González V M, Femenia A, González-Laredo R F, et al. 2011. Effects of pasteurization on bioactive polysaccharide acemannan and cell wall polymers from *Aloe barbadensis* Miller. Carbohydrate Polymers, 86(4): 1675-1683.

Rodríguez-González V M, Femenia A, Minjares-Fuentes R, et al. 2012. Functional properties of pasteurized samples of *Aloe barbadensis* Miller: optimization using response surface methodology. LWT-Food Science and Technology, 47(2): 225-232.

Rossiter H, Barresi C, Pammer J, et al. 2004. Loss of vascular endothelial growth factor a activity in murine epidermal keratinocytes delays wound healing and inhibits tumor formation. Cancer Research, 64(10): 3508-3516.

Sacan O, Akev N, Yanardag R. 2017. *In vitro* inhibitory effect of *Aloe vera* (L.) Burm. f. leaf extracts on the activity of some enzymes and antioxidant activity. Indian Journal of Biochemistry & Biophysics, 54(1-2): 82-89.

Saini D K, Saini M R. 2011. Evaluation of radioprotective efficacy and possible mechanism of action of *Aloe* gel. Environmental Toxicology & Pharmacology, 31(3): 427-435.

Salah F, El G Y, Mahdhi A, et al. 2017. Effect of the deacetylation degree on the antibacterial and antibiofilm activity of acemannan from *Aloe vera*. Industrial Crops and Products, 103: 13-18.

Sanchez-Machado D I, Lopez-Cervantes J, Sendon R, et al. 2017. *Aloe vera*: ancient knowledge with new frontiers. Trends in Food Science & Technology, 61: 94-102.

Shi X, Yin J, Huang X, et al. 2018. Structural and conformational characterization of linear *O*-acetyl-glucomannan purified from gel of *Aloe barbadensis* Miller. International Journal of Biological Macromolecules, 120(B): 2373-2380.

Shi X D, Nie S P, Yin J Y, et al. 2017. Polysaccharide from leaf skin of *Aloe barbadensis* Miller: part Ⅰ. Extraction, fractionation, physicochemical properties and structural characterization. Food Hydrocolloids, 73: 176-183.

Simões J, Nunes F M, Domingues P, et al. 2012. Mass spectrometry characterization of an *Aloe vera* mannan presenting immunostimulatory activity. Carbohydrate Polymers, 90(1): 229-236.

Sun Z, Wei K, Yan Z, et al. 2011. Effect of immunological enhancement of aloe polysaccharide on chickens immunized with *Bordetella avium* inactivated vaccine. Carbohydrate Polymers, 86(2): 684-690.

Tabandeh M R, Oryan A, Mohammadalipour A. 2014. Polysaccharides of *Aloe vera* induce MMP-3 and TIMP-2 gene expression during the skin wound repair of rat. International Journal of Biological Macromolecules, 65: 424-430.

Tan Z J, Wang C Y, Yi Y J, et al. 2015. Three phase partitioning for simultaneous purification of *Aloe* polysaccharide and protein using a single-step extraction. Process Biochemistry, 50(3): 482-486.

Tester R, Al-Ghazzewi F H. 2017. Role of Glucomannans in Immunology. Journal of Pharmacy and Pharmaceutical Sciences, 20: 97-114.

Vahedi G, Taghavi M, Maleki A K, et al. 2011. The effect of *Aloe vera* extract on humoral and cellular immune response in rabbit. African Journal of Biotechnology, 10(26): 5225-5228.

Vega-Gálvez A, Miranda M, Aranda M, et al. 2011. Effect of high hydrostatic pressure on functional properties and quality characteristics of *Aloe vera* gel (*Aloe barbadensis* Miller). Food Chemistry, 129(3): 1060-1065.

Xing W, Guo W, Zou C H, et al. 2015. Acemannan accelerates cell proliferation and skin wound healing through AKT/mTOR signaling pathway. Journal of Dermatological Science, 79(2): 101-109.

Xu Y, Wu Y, Sun P, et al. 2019. Chemically modified polysaccharides: synthesis, characterization, structure activity relationships of action. International Journal of Biological Macromolecules, 132: 970-977.

Yagi A, Hegazy S, Kabbash A, et al. 2009. Possible hypoglycemic effect of *Aloe vera* L. high molecular weight fractions on type 2 diabetic patients. Saudi Pharmaceutical Journal, 17(3): 209-215.

Yimam M, Zhao J, Corneliusen B, et al. 2014. Blood glucose lowering activity of aloe based composition, UP780, in alloxan induced insulin dependent mouse diabetes model. Diabetology & Metabolic Syndrome, 6(61): 1-8.

Yu Z H, Jin C, Xin M, et al. 2009. Effect of *Aloe vera* polysaccharides on immunity and antioxidant activities in oral ulcer animal models. Carbohydrate Polymers, 75(2): 307-311.

Zhang L, Huang X, Shi X. 2019. Protective effect of three glucomannans from different plants against DSS induced colitis in female BALB/c mice. Food & Function, 10(4): 1928-1939.

第 19 章　枸杞多糖

19.1　引　　言

枸杞属为茄科（Solanaceae）茄族（Solanceae）枸杞亚族（Lyciinae）植物（王晓宇等，2011），而平常称呼和食用的枸杞，正式学名为枸杞（*Lycium chinese*），是枸杞的干燥成熟果实，在西方国家称为“薄叶西方雪果”（wolfberry）。枸杞最早记载于《神农本草经》，我国很多省份分布着野生枸杞或通过人工方式进行栽培的枸杞，朝鲜、日本、南北美洲、西欧地中海沿岸各国等国家和地区也有广泛引种。

我国枸杞约有 7 个种和 3 个变种，主要分布在 3 个地区：第一个是甘肃省张掖一带，所产枸杞称为“甘枸杞”；第二个是宁夏回族自治区的中卫、中宁地区，称为“西枸杞”，也就是现在非常普遍的“宁夏枸杞”；第三个是天津地区，据说是清朝庚子年间从宁夏引种发展起来的，称为“津枸杞”。常见枸杞属植物有宁夏枸杞（*Lycium barbarum*）和黑果枸杞（*L. ruthenicum*）2 种，其中最负盛名的是宁夏枸杞。我国药典（国家药典委员会，2015）中对枸杞的定义为：茄科植物宁夏枸杞的干燥成熟果实。

枸杞为落叶灌木，果实枸杞子味甘、性平，有滋肾补髓、养肝明目和祛风的作用，是传统滋补中药，其药用价值备受历代医家的推崇。《本草纲目》中记载，枸杞主五内邪气、热中消渴、周痹风湿。久服，坚筋骨，轻身不老，耐寒暑。下胸胁气。强阴，利大小肠，补精气不足，易颜色，变白，明目安神，令人长寿。《神农本草经》称枸杞子久服坚筋骨;《名医别录》谓枸杞擅长“补益精气”。因为使用历史悠久，同时许多知名数据（如 Medline、TOXNET）指出其没有明显的毒副作用（Amagase and Farnsworth，2011），古籍中相关记载也没有非常明确地指出其潜在的危害，因此许多国家都认为食用枸杞是比较安全的，我国国家食品药品监督管理局（现国家市场监督管理总局）也将枸杞子列为可用于保健食品的物品，其食用推荐剂量为 5 ～ 12g（Potterat，2010）。目前，枸杞已用于开发枸杞汁、枸杞果醋、枸杞果酒、枸杞多糖、枸杞黄酮、枸杞籽油、枸杞干制品等产品（葛邦国等，2014）。

19.2　枸杞的生物活性成分

枸杞中的化学成分比较复杂，主要包括多糖、类胡萝卜素、酚类物质、黄酮、生物碱、香精油、脂肪酸、微量元素等（Kocyigit and Sanlier，2017；Wang et al.，2018a）。

多糖占枸杞果实干重的 5% ～ 8%（Redgwell et al.，2011），具有抗氧化、免疫调节与抗肿瘤、神经保护、抗糖尿病、辐射防护、肝脏保护等生物活性和健康益处（Cheng et al.，2015；Jin et al.，2013）。由于多糖是枸杞中的重要活性成分，因此枸杞常被用于开发枸杞茶、枸杞酒、枸杞饮料、枸杞口服液、枸杞胶囊、枸杞片、枸杞颗粒等产品。这些产品具有增强免疫力、改善睡眠质量和营养性贫血、减少视力疲劳和身体疲劳、降低血糖、防止肝脏化学损伤等作用（Wu et al.，2018）。

类胡萝卜素占枸杞果实干重的 0.2% ～ 0.4%（Kocyigit and Sanlier，2017），是枸杞的第二大类生物活性物质，包括玉米黄质（83%）、β-隐黄质（7%）、β-胡萝卜素（0.9%）、橘黄质（1.4%）等（Molnar et al.，2003），具有抗氧化、抗癌、免疫调节、抗糖尿病等功能作用（Gao et al.，2017；Hsu et al.，2017；Wang et al.，2010）。

枸杞中的酚类物质主要包括咖啡酸、对香豆酸、芸香苷、东莨菪亭、穆坪马兜铃酰胺等（Forino et al.，2016），是枸杞抗氧化功能的重要物质来源。

黄酮主要存在于枸杞叶子中，占叶子干重的 4.4% ～ 6.2%，具有抗氧化、抗菌、抗癌等生物活性（Mocan et al.，2014；Mohammed et al.，2015）。花青素是黄酮类物质的重要组成物质之一，具有抗氧化和神经细胞保护作用（Tang et al.，2017；Wang et al.，2018b）。

目前从枸杞中分离和鉴定的生物碱有 72 种，主要分为降莨菪碱、咪唑、哌啶、吡咯、精胺、托品烷等 6 种（Qian et al.，2017），具有抗氧化和降血压的生物活性（Khan et al.，1969；Qian et al.，2004）。

枸杞中的脂肪酸主要包括多不饱和脂肪酸与单不饱和脂肪酸，化学组成为棕榈酸、9-十六碳烯酸、硬脂酸、油酸、亚油酸、花生酸、α-亚麻酸、巨头鲸鱼酸、二十二酸和二十四酸等（Endes et al.，2015）。研究表明枸杞脂肪酸具有抗氧化活性（Chung et al.，2014；Endes et al.，2015）。其中，香精油因枸杞的种类不同而存在差异。例如，宁夏枸杞中的香精油主要是棕榈酸（47.5%）、亚油酸（9.1%）、β-榄香烯（5.4%）、肉豆蔻酸（4.2%）和棕榈酸乙酯（4.0%），中华枸杞中主要是二十七烷（14.3%）、亚油酸乙酯（10.0%）、二十六烷（7.0%）、二十九烷（6.2%）和棕榈酸乙酯（5.8%）（Altintas et al.，2006）。枸杞中香精油的生物活性已经得到证实，具有抗氧化和抗癌功能（Rosa et al.，2017）。

此外，枸杞含有 K、Ca、Zn、Fe、Cr、Mn、Cu、Se、Mg 及以无机物的形式存在的其他矿物质（Wojcieszek et al.，2017），其中 Fe、Mn、Zn、Cu 和 Cr 为人体必需的微量元素（Gogoasa et al.，2014）。

19.3　枸杞及其提取物的生物功能

枸杞由于含有丰富的生物活性物质，而表现出多种生物功能，如抗氧化、免疫调节与神经保护、降血糖及降血脂、肝脏保护、抗衰老等（Kocyigit and Sanlier，2017）。

枸杞的果实、花粉、叶子和花均表现出如清除 DPPH 自由基和还原 Fe^{2+} 的体外抗氧化活性，且不同部位提取物具有不同的活性强度（Jabbar et al.，2014）。另外，通过不同溶剂得到的同种枸杞提取物往往具有不同的体外抗氧化活性，如宁夏枸杞的乙酸乙酯提取物对 DPPH 自由基的清除作用明显强于其水提物（Benchennouf et al.，2017）。同时，不同产地的枸杞也往往具有不同的体外抗氧化活性（Zhang et al.，2016）。

枸杞的免疫增强作用在动物实验和细胞实验中均得到证实。Mo 等（2016）的研究表明，往鱼的膳食饲料中添加枸杞提取物能够有效地增强鱼的非特异性免疫能力和抗菌活性。Oh 等（2012）指出枸杞水提物可降低脂多糖刺激的 RAW264.7 巨噬细胞内炎症因子的表达。

体外实验表明枸杞提取物具有抵抗肝癌（Ceccarini et al.，2016；Chao et al.，2006）、乳腺癌（Li et al.，2009；Telang et al.，2014）、肺癌（Ghali et al.，2015）等癌症的生物活性。而且，从枸杞不同部位得到的提取物具有不同的抗癌功效。例如，枸杞树皮提取物对乳腺癌细胞 MCF-7的生长抑制作用明显强于枸杞果实提取物（Telang et al.，2014）。

大量研究表明，枸杞提取物具有神经保护功能（Chang et al.，2018；Hsieh et al.，2018；Hu et al.，2018；Simonyan et al.，2016；Ye et al.，2015）。其神经保护功能与改善视力和神经退行性疾病息息相关。枸杞提取物对紫外线照射引起的人视网膜色素上皮细胞 ARPE-19 损伤的保护作用主要通过降低 ROS 水平和减轻 DNA 损伤实现（Hsieh et al.，2018）。Hu 等（2018）的研究发现枸杞水提物对 L-谷氨酸诱导的分化 PC12 细胞和阿尔茨海默病小鼠具有神经保护作用。Ye 等（2015）通过研究食用枸杞提取物的阿尔茨海默病小鼠在 Morris 水迷宫实验中的表现，指出枸杞提取物处理能够改善小鼠的学习和记忆缺陷。

动物实验表明枸杞提取物具有降血糖及降血脂的生物活性。Zhang 等（2015a）发现枸杞提取物能够降低盐敏感性高血压大鼠的血压和血糖水平，且可能通过下调肾内皮细胞 lncRNA sONE 的表达而起作用。Luo 等（2004）的研究表明枸杞提取物能够降低四氧嘧啶致糖尿病或高脂血症兔的血糖和血脂水平。

枸杞提取物在高脂饮食诱导的非酒精性脂肪肝小鼠（Lin et al.，2015）、对乙酰氨基酚诱导的急性肝中毒大鼠（Gündüz et al.，2015）和甲硫氨酸胆碱缺乏引起的脂肪性肝炎小鼠（Bae et al.，2017）等模型中展现出肝脏保护作用。枸杞提取物减轻小鼠非酒精性脂肪肝疾病主要通过增强 AMPK 信号通路而实现（Lin et al.，2015）；其可以改善对乙酰氨基酚诱导的急性肝中毒大鼠的肝脏组织形态改变、血清氧化应激指标和血清肝功能标志物酶水平（Gündüz et al.，2015）；对甲硫氨酸胆碱缺乏引起的脂肪性肝炎小鼠的肝脏保护作用与降低 JNK 活性和提升 ERK 活力有关（Bae et al.，2017）。

此外，枸杞提取物还具有保护生殖系统（Dursun et al.，2015；Huang et al.，2016；Moon et al.，2017）、抗菌（Alassadi et al.，2015；Alsaggaf et al.，2017；Bilgic et al.，2015；Mocan et al.，2014）、改善胃肠道（Lee et al.，2019；Olatunji et al.，2015）、抗糖尿病（Muselin et al.，2015）、抗焦虑（Karakaş et al.，2016）等生物功能。

19.4　枸杞多糖的提取与分离纯化

19.4.1　枸杞多糖的提取

水提法是枸杞多糖大规模提取的有效方法，包括热水浸提法和冷水浸提法。热水浸提最为常用，据此方法所得的枸杞多糖的得率受提取温度、提取时间、料液比和提取次数等因素影响。Yin 和 Dang（2008）采用 Box-Behnken 实验设计和响应面分析方法对枸杞多糖热水浸提工艺进行优化，得到最佳提取工艺为：提取时间 5.5h、提取温度 100℃、料液比 1∶31.2、提取次数 5 次。Jing 等（2009）采用正交实验设计对枸杞多糖提取工艺进行优化，所得最优工艺参数为提取温度 93℃、提取时间 4.3h、料液比 1∶43。冷水浸提法也用于从枸杞中提取多糖（Qin et al.，2000，2001；宋于洋等，2006）。在冷水浸提过程中，枸杞多糖的得率受冷浸时间、冷浸次数、搅拌频率、料液比等因素影响（陈靖等，2009；宋于洋等，2006）。两种提取方法相比，热水浸提法所得枸杞多糖的得率高于冷水浸提法（Yin and Dang，2008；陈靖等，2009；宋于洋等，2006）。两种提取方法所得的枸杞多糖在理化性质上存在差异。经热水浸提法所得枸杞多糖可为杂多糖（Liu et al.，2012；Zhu and Zhang，2013）或糖蛋白（Gan et al.，2003，2004），而目前在冷水浸提法所得枸杞多糖中仅发现糖蛋白（Chen et al.，2009a，2009b，2008）。

枸杞多糖因多为酸性杂多糖而易溶于稀碱溶液中，所以碱提法也可用于枸杞多糖的提取以获得更高的得率。胡仲秋等（2008）采用单因素实验和正交实验对碱液提取枸杞多糖工艺进行优化，得到最佳工艺为：液料比 70∶1、浸提液 pH 10.0、浸提温度 65℃、浸提时间 3.5h。经此工艺提取得到的枸杞多糖得率比传统水提法所得枸杞多糖得率高 1.59%。在此基础上，采用碱性乙醇溶液对枸杞多糖进行提取，并采用单因素实验和正交实验对工艺条件进行优化，得到最佳工艺条件为（胡仲秋等，2009）：液料比 50∶1、乙醇体积分数 8%、浸提液 pH 10.5、浸提温度 70℃、浸提时间 6.5h，多糖得率比传统水提法所得枸杞多糖得率高 9.51%。

为了提高水提法过程中枸杞多糖的得率，常采用酶、超声、微波等辅助手段（田晓静等，2017；王岩岩等，2007；严成和严夏，2008）。在酶法辅助提取中，常使用纤维素酶、木瓜蛋白酶、淀粉酶等酶（Zhou et al.，2018a，2018b，2018c）。酶法辅助提取枸杞多糖过程中，纤维素酶和木瓜蛋白酶的最佳使用浓度分别为 2.0% 和 1.0%，最佳提取工艺条件为（Zhang et al.，2011）：提取时间 91min、提取温度 59.7℃、浸提液 pH 5.0。Muatasim 等（2018）研究发现经双频超声辅助提取方法所得的枸杞多糖得率比传统热水浸提法提高了 73.41%。采用 Box-Behnken 实验设计对枸杞多糖超声辅助提取的工艺条件进行优化，得到最佳工艺参数为：提取温度 100℃、提取时间 53min、料液比 1∶26、超声波功率 160W（Zhao et al.，2013）。微波辅助提取被认为是枸杞多糖提取的另外一种理想工艺技术手段，与传统热水浸提相比具有速度快、操作便捷的特点（陈金娥等，2006）。Liu 等（2013）对枸杞多糖微波辅助提取工艺参数进行优化，得到最佳工艺条件为：提取时间 25.8min、料液比 1∶31.5、超声波功率 544.0W。随着技术手段的发展与更新，几种提取手段复合使用也能用于枸杞多糖的提取，如微波-超声波辅助（Dong et al.，2011）和超声波-酶法辅助（Liu et al.，2014）协同提取。

19.4.2　枸杞多糖的分离纯化

经提取制备的枸杞多糖往往含有蛋白质、酚类物质、色素及其他小分子物质等多种成分，需通过一系列分离纯化后才能得到纯多糖组分以便用于结构特征研究。Sevag 法广泛用于枸杞多糖的蛋白质脱除（Deng et al.，2017；Gong et al.，2016；Liu et al.，2012；Tang et al.，2015；Yuan et al.，2016；Zhang et al.，2019a，2013，2015b）。枸杞多糖可采用 H_2O_2 试剂（Gong et al.，2016）和大孔树脂法进行脱色处理，常用的大孔树脂型号有 S-8

（Zhu et al.，2013a）、ADS-7（Liu et al.，2012）、AD-8 等（Gao et al.，2015）。

枸杞多糖常用分离纯化方法有阴离子交换柱层析法和凝胶渗透色谱法。阴离子交换柱层析法中常用的阴离子交换柱有 DEAE 纤维素柱（Tang et al.，2015；Zhu et al.，2013a；Zou et al.，2010）、DEAE-Sephadex A-25 柱（Liu et al.，2012）、DEAE-Sepharose 快速交换柱（Yao et al.，2018a；Yuan et al.，2016；Zhou et al.，2018a，2018b）等。凝胶渗透色谱法常用的葡聚糖凝胶柱有 Sephadex G-100（Peng and Tian，2001；Wang et al.，2014a；Zhang et al.，2014a）、Sephacryl S400（Liu et al.，2016a）、Sephacryl S-200 HR（Yuan et al.，2016；Zhou et al.，2018c）、Sephacryl S-300 HR（Zhou et al.，2018d）等。当然，有一些研究者常依次采用 DEAE 纤维素柱和葡聚糖凝胶柱对枸杞多糖进行洗脱，最终得到纯多糖组分（Gong et al.，2016；Hsieh et al.，2018；Zhang et al.，2015b，2014b）。简单高效的超滤（Deng et al.，2017；Zhang et al.，2013）和乙醇分级沉淀（Gong et al.，2018）方法也可用于枸杞多糖的分离纯化。

此外，Wang 等（2016a）采用热敏三嵌段共聚物盐水两相萃取-透析膜分离法建立了一种新型的枸杞多糖分离纯化方法。

19.5　枸杞多糖的结构特征

人们采用多种化学手段和仪器技术对枸杞多糖进行结构特征研究，如表 19-1 所示，枸杞多糖分子质量为 4.92 ～ 2250kDa，Ara、Gal、Xyl、Rha、Man、Glc、GlcA、GalA、Fuc、Rib 等 10 种组分常见于枸杞多糖中。从枸杞果实中经水提法提取和柱层析法纯化得到的枸杞多糖的主链由 →6)-Gal*p*-(1→ 糖残基组成，其支链可由 Gal*p*、Glc*p*、Ara*f*、Rha*p* 等糖残基单元组成。Wang 等（2014a）从宁夏枸杞果实中得到高度分支水溶性多糖（LbGp1），其含有 →6)-Gal*p*-(1→ 主链，支链由 →3)-Gal*p*-(1→、→4)-Gal*p*-(1→、→2)-Ara*f*-(1→ 和 →3)-Ara*f*-(1→ 糖残基组成，且分支点在 O-3 位置。Peng 和 Tian（2001）从宁夏枸杞果实中获得糖缀合物（LbGp2），它含有 →6)-β-D-Gal*p*-(1→ 主链，且由 Gal*p* 或 Ara*f* 糖残基单元在 C-3 位置取代。Yuan 等（2016）从宁夏枸杞果实中纯化得到的阿拉伯半乳聚糖的主链由 →6)-β-D-Gal*p*-(1→ 糖残基组成，其支链由 α-L-Ara*f*-(1→、α-L-Ara*f*-(1→5)-α-L-Ara*f*-(1→、β-L-Ara*f*-(1→5)-α-L-Ara*f*-(1→ 和 α-L-Rha*p*-(1→4)-β-D-Glc*p*A-(1→6)-β-D-Gal*p*-(1→ 等结构片段组成，且在 O-3 位置发生取代。Lv 等（2013）从黑果枸杞果实中获得的高分支多糖（LRP4-A）具有 →6)-β-D-Gal*p*-(1→ 主链，其支链由 →3)-Gal*p*-(1→、→3)-Ara*f*-(1→、→5)-Ara*f*-(1→ 和 →2,4）-Rha*p*-(1→ 等糖残基组成，且与主链在 O-3位置相连。

从枸杞果实或叶子中经水提法提取和柱层析法纯化得到的枸杞多糖的主链可由 →3)-Gal*p*-(1→ 糖残基组成，其支链可由 Gal*p*、Ara*f*、Rha*p* 等糖残基组成。Gong 等（2016）从宁夏枸杞叶子中分离得到的糖缀合物（LBLP5-A）的主链由 →3)-Gal*p*-(1→ 糖残基组成，支链由 →3)-Gal*p*-(1→、→4)-Gal*p*-(1→、→3)-Ara*f*-(1→、→5)-Ara*f*-(1→ 和 →2,4)-Rha*p*-(1→ 等糖残基构成，且支链在主链的 O-6 位置取代。Peng 等（2012a）从黑果枸杞果实中分离纯化得到两种含有 →3)-Gal*p*-(1→ 主链的不同性质的多糖（LRGP3 和 LRGP1），其

表 19-1　枸杞多糖的结构特征

来源	多糖	提取与纯化方法	分子质量（kDa）	主要单糖组成	主链结构	支链结构	结构分析方法	参考文献
宁夏枸杞果实	LbGp1	水提、Sephadex G-100 柱层析	49.1	Ara：Gal=5.6：1（摩尔比）	→6)-Gal*p*-(1→	→3)-Gal*p*-(1→、→4)-Gal*p*-(1→、→2)-Ara*f*-(1→ 和 →3)-Ara*f*-(1→ 在 O-3 位置取代	HPGPC、GC、β消除反应、部分酸水解、甲基化分析、ESI-MS	Wang et al., 2014a
宁夏枸杞果实	LbGp2	水提、Sephadex G-100 柱层析	68.2	Xyl：Rha：Man=8.8：2.3：1（摩尔比）	→6)-β-D-Gal*p*-(1→	Gal*p* 或 Ara*f* 在 C-3 位置取代	SEC、GC、β消除反应、甲基化分析、GC-MS、部分酸水解、NMR（^{1}H、^{13}C）	Peng and Tian, 2001
宁夏枸杞果实	LBPA	水提（80℃）、DEAE-Sepharose 快速交换柱层析和 Sephacryl S-200 HR 柱层析	470	Ara：Gal：Rha：GlcA=9.2：6.6：0.9：1.0（摩尔比）	→6)-β-D-Gal*p*-(1→	α-L-Ara*f*-(1→、α-L-Ara*f*-(1→5)-α-L-Ara*f*-(1→、β-L-Ara*f*-(1→5)-α-L-Ara*f*-(1→、α-L-Rha*p*-(1→4)-β-D-Glc*p*-(1→6)-β-D-Glc*p*-(1→ 在 O-3 位置取代	HPGPC、GC、甲基化分析、GC-MS、部分酸水解、NMR（^{1}H、^{13}C、COSY、TOCSY、HSQC、HMBC）	Yuan et al., 2016
宁夏枸杞果实	LBP-1	水提（80℃）、DEAE 交换柱层析	2250	Rha：Ara：Xyl：Gal：Man：GalA=1.00：7.85：0.37：0.65：3.01：8.16（摩尔比）	→5)-α-L-Ara*f*-(1→［可能有 →4)-α-D-Gal*p*A-(1→］	→3,6)-Man*p*-(1→	HPLC、GC、FTIR、甲基化分析、GC-MS、NMR（^{1}H、^{13}C）	Zou et al., 2010
宁夏枸杞果实	*p*-LBP	水提（80℃）、Sephacryl S400 凝胶渗透色谱法	64	Fuc：Rha：Ara：Gal：Glc：Xyl：GalA：GlcA=1.00：6.44：54.84：22.98：4.05：2.95：136.98：3.35（摩尔比）	→4)-α-Gal*p*A-(1→	→4)-α-Gal*p*A-(1→ 和 →2)-Rha*p*-(1→	HPAEC-PAD、HPSEC、FTIR、甲基化分析、部分酸水解、酶解 GC-MS、NMR（^{1}H、^{13}C、COSY 和 HSQC）	Liu et al., 2016a

续表

来源	多糖	提取与纯化方法	分子质量（kDa）	主要单糖组成	主链结构	支链结构	结构分析方法	参考文献
宁夏枸杞果实	LBP1C-2	酶解、DEAE Sepharose™ 快速交换柱和 Sephacryl S-300 HR 柱层析	99.8	Ara：Gal：Rha：GalA=49.9：33.6：8.0：8.5（摩尔比）	→4)-α-Gal*p*A-(1→、→2)-α-Rha*p*-(1→	β-Gal*p*、α-Ara*f*和β-Rha*p*单元在 C-4 位置取代	HPGPC、HPLC、甲基化分析、GC-MS、部分酸水解、NMR（^{1}H、^{13}C）	Zhou et al., 2018a
宁夏枸杞果实	LBP1A1-1	酶解、DEAE Sepharose™ 快速交换柱和 Sephacryl S-300 HR 柱层析	45.0	Ara：Gal：Glc：Rha=47.8：49.8：1.4：1.2（摩尔比）	→4)-α-Gal*p*-(1→、→3)-β-D-Gal*p*-(1→和→6)-β-D-Gal*p*-(1→	α-L-Ara*f*-(1→、β-L-Ara*f*-(1→、→5)-α-L-Ara*f*-(1→、β-D-Gal*p*-(1→和β-L-Rha*p*-(1→	HPGPC、HPLC、GC、FTIR、甲基化分析、GC-MS、部分酸水解、NMR（^{1}H、^{13}C、COSY、HSQC、HMBC）	Zhou et al., 2018b
宁夏枸杞果实	LBP1B-S-2	酶解、DEAE Sepharose™ 快速交换柱和 Sephacryl S-300 HR 柱层析	80.0	Rha：Ara：Gal：GlcA=3.13：53.55：39.37：3.95（摩尔比）	→3)-β-D-Gal*p*-(1→和→6)-β-D-Gal*p*-(1→	β-Glc*p*A、β-Gal*p*、α-Ara*f*、β-Ara*f*和β-Rha*p*单元在 C-3 或 C-6 位置取代	HPGPC、HPLC、FTIR、甲基化分析、GC-MS、部分酸水解、NMR（^{1}H、^{13}C、COSY、HSQC、HMBC）	Zhou et al., 2018c
宁夏枸杞果实	LBP-s-1	水提（80℃）、DEAE 交换柱层析	1920	Rha：Ara：Xyl：Man：Glc：Gal：GalA=1.00：8.34：1.25：1.26：1.91：7.05：15.28（摩尔比）	NA	NA	HPSEC、GC、HPLC、IR、NMR（^{1}H、^{13}C）	Zhu et al., 2013a
宁夏枸杞果实	LBP3b	水提（60℃）、有机膜超滤（300～50kDa）、DEAE-纤维素交换柱层析	4.92	Man：Rha：Glc：Gal：Xyl=5.52：5.11：28.06：1.00：1.70（摩尔比）	NA	NA	HPGPC、UV、FTIR、NMR（^{1}H、^{13}C）	Tang et al., 2015

续表

来源	多糖	提取与纯化方法	分子质量（kDa）	主要单糖组成	主链结构	支链结构	结构分析方法	参考文献
宁夏枸杞果实	PLBP	沸水浴提取、DEAE-纤维素交换柱层析	121	NA	NA	NA	HPSEC、FTIR	Liang et al.，2011
宁夏枸杞果实	LBP-Ⅰ-1、LBP-Ⅰ-2 和 LBP-Ⅰ-3	水提、梯度乙醇沉淀	31.9、29.2 和 91.2	Ara∶Glc∶Gal=21.95∶51.22∶17.07；Ara∶Glc∶Gal=19.35∶32.26∶35.48；Ara∶Gal=48.15∶44.44（皆为摩尔比）	NA	NA	HPGPC、GC、IR	Gong et al.，2018
宁夏枸杞叶子	LBP-IV	水提（90℃）、DEAE-Sephadex A-25 柱层析	418	Rha∶Ara∶Xyl∶Glc∶Gal=1.61∶3.82∶3.44∶7.54∶1.00（摩尔比）	NA	NA	HPGPC、UV、IR、GC、NMR（^{1}H、^{13}C）	Liu et al.，2012
宁夏枸杞叶子	LBLP5-A	水提（80℃）、DEAE-52 纤维素交换柱和 Sephadex G-100 柱层析	113.3	Rha∶Ara∶Gal=0.5∶1.9∶1.0（摩尔比）	→3)-Gal*p*-(1→	→3)-Gal*p*-(1→、→4)-Gal*p*-(1→、→3)-Ara*f*-(1→、→5)-Ara*f*-(1→ 和 →2,4)-Rha*p*-(1→ 在 O-6 位置取代	HPGPC、GC、β消除反应、甲基化分析、FTIR、GC-MS、部分酸水解、高碘酸氧化和 Smith 降解、ESI-MS 与 NMR（^{1}H、^{13}C、COSY、HSQC、HMBC、NOESY）	Gong et al.，2016
宁夏枸杞叶子	LP5	水提（121℃）、DEAE-52 纤维素交换柱和 Sephadex G-100 柱层析	250	Rib∶Xyl∶Man∶Gal∶Glc∶GlcA=1.0∶3.38∶4.60∶2.48∶1.75∶2.59（摩尔比）	NA	NA	HPSEC、GC、FTIR、NMR（^{1}H、^{13}C）	Zhang et al.，2019a

续表

来源	多糖	提取与纯化方法	分子质量（kDa）	主要单糖组成	主链结构	支链结构	结构分析方法	参考文献
宁夏枸杞果茎	PLBP-Ⅰ-Ⅰ和PLBP-Ⅱ-Ⅰ	沸水浴提取、DEAE Sepharose 快速交换柱和 Sepharose 6FF 凝胶过滤色谱法	599.5 和 716.6	Ara∶Rha∶Xyl∶Gal∶GalA=25.7∶12.4∶0.5∶27.5∶33.9；Ara∶Rha∶Xyl∶Gal∶GalA=26.6∶20.8∶1.9∶7.6∶43.1（皆为摩尔比）	→4)-α-Gal*p*A-(1→	AG-Ⅰ和 AG-Ⅱ结构	GC、FTIR、甲基化分析、GC-MS、NMR（^{1}H、^{13}C）	Yao et al., 2018b
黑果枸杞果实	LRGP1	水提（70℃）、DEAE-52 纤维素交换柱和 Sephadex G-100 柱层析	56.2	Rha∶Ara∶Xyl∶Man∶Glc∶Gal=0.65∶10.71∶0.33∶0.67∶1∶10.41（摩尔比）	→3)-Gal*p*-(1→	→5)-Ara*f*-(1→、→2)-Ara*f*-(1→、→6)-Gal*p*-(1→、→3)-Gal*p*-(1→、→4)-Gal*p*-(1→ 和 →2,4)-Rha*p*-(1→	HPGPC、β消除反应、GC、甲基化分析、GC-MS、部分酸水解、ESI-MS	Peng et al., 2012a
黑果枸杞果实	LRGP3	水提（70℃）、DEAE-52 纤维素交换柱和 Sephadex G-100 柱层析	75.6	Ara∶Gal∶Rha=14.9∶10.4∶1.0（摩尔比）	→3)-Gal*p*-(1→	→6)-Gal*p*-(1→ 和 →3,6)-Gal*p*-(1→ 在 O-6 位置取代	乙酰水解、GC、酶解、部分酸水解、甲基化分析、GC-MS、ESI-MS	Peng et al., 2016，2012a
黑果枸杞果实	LRGP5	水提（70℃）、DEAE-52 纤维素交换柱层析	137	Rha∶Ara∶Xyl∶Gal∶GalA=1.0∶2.2∶0.5∶1.2∶4.7（摩尔比）	→4)-α-Gal*p*A-(1→	AG 在 O-4 位置取代	HPGPC、GC、甲基化分析、GC-MS、部分酸水解、NMR、ESI-MS	Peng et al., 2014b
黑果枸杞果实	LRP4-A	水提（80℃）、DEAE-52 纤维素交换柱和 Sephadex G-100 柱层析	105	Rha∶Ara∶Glc∶Gal=1∶7.6∶0.5∶8.6（摩尔比）	→6)-β-D-Gal*p*-(1→	→3)-Gal*p*-(1→、→3)-Ara*f*-(1→、→5)-Ara*f*-(1→ 和 →2,4)-Rha*p*-(1→ 在 O-3 位置取代	HPGPC、GC、甲基化分析、部分酸水解、FTIR、NMR（^{1}H、^{13}C）、ESI-MS	Lv et al., 2013

续表

来源	多糖	提取与纯化方法	分子质量（kDa）	主要单糖组成	主链结构	支链结构	结构分析方法	参考文献
中华枸杞果实	Cp-1-C 和 Cp-1-D	水提（4℃）、DEAE-纤维素交换柱层析	42 和 23	Ara：Gal=3：1；Ara：Gal=1：1（皆为摩尔比）	NA	NA	HPLC、IR、甲基化分析、GLC、GC-MS、NMR（^{1}H、^{13}C）	Qin et al.，2000
中华枸杞果实	Cp-2-B	水提（4℃）、DEAE-纤维素交换柱层析	71	Ara：Gal=1：1（摩尔比）	NA	NA	GLC、甲基化分析、GC-MS、HPLC、NMR（^{1}H、^{13}C）	Qin et al.，2001
	Hp-2-C	水提（4℃）、水提（120℃）、DEAE-纤维素交换柱层析	120	Ara：Gal=1：1（摩尔比）				

注：NA 代表无可用信息

中一种多糖（LRGP3）的支链由 →6)-Gal*p*-(1→ 和 →3,6)-Gal*p*-(1→ 糖残基构成，在主链的 O-6 位置取代（Peng et al.，2012b）。而另一种多糖（LRGP1）的支链由 →5)-Ara*f*-(1→、→2)-Ara*f*-(1→、→6)-Gal*p*-(1→、→3)-Gal*p*-(1→、→4)-Gal*p*-(1→ 和 →2,4)-Rha*p*-(1→ 等糖残基组成（Peng et al.，2016，2012a）。

从枸杞果实或果茎中经水提法提取和柱层析法纯化得到的酸性多糖的主链由 →4)-α-Gal*p*A-(1→ 糖残基组成。Liu 等（2016a）指出从宁夏枸杞果实中纯化得到的果胶（*p*-LBP）含有 →4)-α-Gal*p*A-(1→ 主链，支链由 →4)-α-Gal*p*A-(1→ 和 →2)-Rha*p*-(1→ 糖残基组成。Yao 等（2018a）从宁夏枸杞果茎中获得的果胶多糖的主链由 →4)-α-Gal*p*A-(1→ 糖残基组成，支链含有Ⅰ型和Ⅱ型阿拉伯半乳聚糖（AG-Ⅰ和 AG-Ⅱ）结构。Peng 等（2014a）从黑果枸杞果实中分离纯化得到的果胶（LRGP5）的主链由 →4)-α-Gal*p*A-(1→ 糖残基构成，支链具有阿拉伯半乳聚糖（AG）结构，且支链在 O-4 位置与主链相连。

经酶解法和柱层析法从宁夏枸杞果实中获得的水溶性多糖的主链可由几种糖残基共同组成。Zhou 等（2018a，2018b，2018c）采用酶解法、DEAE Sepharose™快速交换柱和 Sephacryl S-300 HR 柱层析法从宁夏枸杞果实中分离纯化得到三种不同性质的枸杞多糖（LBP1C-2、LBP1A1-1 和 LBP1B-S-2）。LBP1C-2 的主链由 →4)-α-Gal*p*A-(1→ 和 →2)-α-Rha*p*-(1→ 糖残基组成，支链由 β-Gal*p*、α-Ara*f* 和 β-Rha*p* 单元组成，且在 C-4 位置发生取代（Zhou et al.，2018a）。LBP1A1-1 的主链结构由 →4)-α-Gal*p*-(1→、→3)-β-D-Gal*p*-(1→ 和 →6)-β-D-Gal*p*-(1→ 糖残基组成，支链由 α-L-Ara*f*-(1→、β-L-Ara*f*-(1→、→5)-α-L-Ara*f*-(1→、β-D-Gal*p*-(1→ 和 β-L-Rha*p*-(1→ 糖残基构成（Zhou et al.，2018b）。LBP1B-S-2 的主链由 →3)-β-D-Gal*p*-(1→ 和 →6)-β-D-Gal*p*-(1→ 糖残基构成，支链由 β-Glc*p*A、β-Gal*p*、α-Ara*f*、β-Ara*f* 和 β-Rha*p* 糖残基单元组成，且在 C-3 或 C-6 位置取代（Zhou et al.，2018c）。

此外，Zou 等（2010）从宁夏枸杞果实中提取纯化得到的酸性多糖的主链由 →5)-α-L-Ara*f*-(1→ 糖残基组成，支链由 →3,6)-Man*p*-(1→ 糖残基组成，而且其主链可能含有 →4)-α-D-Gal*p*A-(1→ 糖残基。

19.6　枸杞多糖的溶液构象特征

目前，已发现枸杞多糖在溶液中表现为球形和线圈构象，而不呈现三股螺旋结构构象（Rjeibi et al.，2018）。Liu 等（2016a）采用 HPSEC-MALLS 方法表征来源于宁夏枸杞果实的酸性多糖发现，这种酸性多糖具有球形构象，Zhang 等（2013，2014b）通过 AFM 技术手段也发现来源于宁夏枸杞果实的多糖具有紧密的球形构象。但也有宁夏枸杞果实多糖呈现灵活的线圈构象特征的报道（Zhu et al.，2010）。Zhu 等（2010）使用 HPSEC-MALLS 手段研究指出，枸杞叶子中的多糖也具有紧凑的球状体构象（Ren et al.，2017）。

19.7 枸杞多糖的生物活性

19.7.1 对视网膜的保护作用

大量动物实验表明，枸杞多糖对大鼠和小鼠的视网膜均具有保护作用，如表 19-2 所示。部分视神经横断术常用于建立大鼠视网膜损伤模型，从而用于评估枸杞多糖对大鼠视网膜的保护作用。枸杞多糖通过调节外视网膜信号途径、增加多焦视网膜电图的振幅而改善部分视神经横断术处理大鼠的视网膜功能（Chu et al.，2013）。Li 等（2015）发现枸杞多糖可减轻部分视神经横断术处理大鼠视网膜的轴突变性，体现为增加腹侧视网膜神经中轴突直径 / 纤维直径的值与小胶质细胞 / 巨噬细胞响应大小，减少中央视网膜神经轴突丢失。此外，枸杞多糖还通过提升小胶质细胞 / 巨噬细胞响应大小和降低视神经自我吞噬水平，而减轻部分视神经横断术处理对大鼠视网膜神经系统造成的二次退化（Li et al.，2019a）。

表 19-2 枸杞多糖保护视网膜功能

动物实验评价模型	发挥作用的方式	参考文献
光处理诱导小鼠光感受器退化	视网膜电图振幅、视网膜中 Nrf2 和 TrxR1 的 mRNA 水平、视网膜紫质水平（+）；视网膜组织形态改变、视网膜 ROS、视网膜中 PARP14 的 mRNA 表达水平（–）	Tang et al.，2018
部分视神经横断术处理大鼠	腹侧视网膜神经中轴突直径 / 纤维直径的值、小胶质细胞 / 巨噬细胞响应大小（+）；中央视网膜神经轴突丢失（–）	Li et al.，2015
部分视神经横断术处理大鼠	视网膜功能、多焦视网膜电图振幅（+）	Chu et al.，2013
视网膜缺血再灌注损伤小鼠	视网膜电图振幅和振荡电位响应、视网膜活细胞与钙网膜蛋白阳性细胞、PKC-α 表达（+）；GFAP 表达（–）	Yang et al.，2017；Yu et al.，2007
视网膜缺血再灌注损伤小鼠	GFAP、AQP4、PAR 和 NT 的表达水平，IgG 溢出物、视网膜厚度（–）	Li et al.，2011
视网膜缺血再灌注损伤小鼠	视网膜中 Nrf2 和 HO-1 的蛋白表达水平、视网膜神经节细胞层和内核层活细胞（+）；视网膜神经节细胞层和内核层细胞凋亡（–）	He et al.，2014
N- 甲基-*N*- 亚硝脲诱导大鼠光感受器细胞凋亡	PARP 和剪切的 PARP 蛋白表达水平、外层视网膜比率、总视网膜和外层视网膜厚度（+）；光感受器细胞丢失、视网膜组织形态改变、caspase-9/-7/-3 和剪切 caspase-9/-7/-3 的蛋白表达水平（–）	Zhu et al.，2016
链脲霉素诱导的糖尿病大鼠的视网膜病变	视网膜电图振幅和振荡电位、视网膜血流量、视网膜厚度、PEDG 的蛋白与 mRNA表达水平（+）；视网膜组织形态改变、视网膜微血管厚度、GFAP 和 VEGF 的蛋白与 mRNA 表达水平（–）	Yao et al.，2018a
色素性视网膜炎小鼠的光感受器退化	视网膜电图响应、光感受器存活、光响应视网膜神经节细胞比例、光反应、感光性、信噪比、响应速度（+）；微电极阵列中异常高的自发峰（–）	Liu et al.，2018a
色素性视网膜炎小鼠的光感受器退化	光感受器的组织形态和功能、锥光感受器生存、视敏度、GSH/GSSG（+）；小胶质细胞激活，TNF-α、IL-6β 和 CCL2 的水平，NF-κB 和 IκBα 的蛋白表达，HIF-1α、caspase-3/7 和 Bax 的表达水平（–）	Wang et al.，2014a

续表

动物实验评价模型	发挥作用的方式	参考文献
部分视神经横断术处理大鼠	小胶质细胞 / 巨噬细胞响应大小（+）；视神经自我吞噬水平（–）	Li et al.，2019a
紫外线 B 诱导的大鼠角膜上皮细胞（RCE）凋亡	细胞生存能力、线粒体膜电位、Bcl-2 表达（+）；RCE 凋亡、Bax 和 caspase-3 表达、JNK 磷酸化（–）	Du et al.，2017
急性高眼压模型	视网膜神经节细胞（+）；视网膜厚度、IgG 释放、视网膜形态改变，RAGE、ET-1、Aβ 和 AGE 的蛋白表达（–）	Mi et al.，2012a
慢性高眼压致大鼠青光眼模型	视网膜血管 ETA 的表达水平（+）；视网膜血管 ET-1 和 ETB 的表达水平（–）	Mi et al.，2012b
过氧化氢诱导的人视网膜色素上皮细胞（ARPE-19）损伤	细胞生存能力、Bcl-2 表达（+）；RCE 凋亡、Bax 表达（–）	Liu et al.，2015a
正常大鼠视网膜神经节细胞	细胞存活率和细胞生长（+）	Yang et al.，2011

注：（+）代表增加或改善；（–）代表降低或减弱

视网膜缺血再灌注损伤模型也常用于评估枸杞多糖对小鼠视网膜的保护作用。Li 等（2011）发现枸杞多糖可降低视网膜缺血再灌注损伤小鼠视网膜的厚度，并且减少视网膜中 GFAP、AQP4、PAR、NT 的表达水平和 IgG 溢出物。He 等（2014）提出枸杞多糖通过激活 Nrf2/HO-1 抗氧化信号通路而发挥对视网膜缺血再灌注损伤小鼠视网膜的保护作用，表现为提高视网膜神经节细胞层和内核层活细胞的数量，增加视网膜中 Nrf2 和 HO-1 的蛋白表达水平，减少视网膜神经节细胞层和内核层细胞凋亡。

糖尿病作为一种常见代谢性疾病，常常伴随着其他并发症（如视网膜病变），枸杞多糖对糖尿病引起的视网膜病变也有改善作用。Yao 等（2018a）采用链脲霉素诱导大鼠糖尿病模型，探究枸杞多糖对其视网膜病变的减轻作用，发现枸杞多糖可增加视网膜的电图振幅和振荡电位、血流量、厚度以及视网膜中 PEDG 的蛋白与 mRNA 表达水平，减轻视网膜组织形态改变，降低视网膜微血管厚度及视网膜中 GFAP 和 VEGF 的蛋白与 mRNA 表达水平。

通过高眼压大鼠模型评估枸杞多糖对视网膜的保护作用发现，枸杞多糖对急性和慢性高眼压模型大鼠视网膜的神经节细胞与血管系统均有保护作用（Mi et al.，2012a，2012b）。Mi 等（2012a）通过评估枸杞多糖对急性高眼压引起的大鼠视网膜损伤的保护功能发现，枸杞多糖可增加大鼠视网膜神经节细胞，减少视网膜厚度，抑制 IgG 释放，减轻视网膜形态改变，降低视网膜中 RAGE、ET-1、Aβ 和 AGE 的蛋白表达。Mi 等（2012b）的另一项研究表明，枸杞多糖可增加慢性高眼压致青光眼大鼠中视网膜血管 ETA 的表达水平，降低 ET-1 和 ETB 的表达水平。

视网膜光感受器退化是视功能受损的重要原因之一，枸杞多糖能够很好地改善这一状况。枸杞多糖对光照处理诱导的小鼠光感受器退化的保护作用机制是上调视网膜中 Nrf2 和 TrxR1 的 mRNA 水平，消除活性氧，降低线粒体相关的氧化应激和提高抗氧化能力，降低视网膜中 PARP14 的 mRNA 表达水平（Tang et al.，2018）。通过调节视网膜中 PARP 和 caspase 的表达而减缓 *N*-甲基-*N*-亚硝脲诱导大鼠光感受器细胞凋亡，具体表现为增加视网膜中 PARP 和剪切的 PARP 蛋白表达水平，降低 caspase-9/-7/-3 和剪切 caspase-9/-7/-3 的蛋白表达水平（Zhu et al.，2016）。

色素性视网膜炎是一种遗传性视网膜疾病，枸杞多糖可有效地改善模型小鼠的这一现象。Liu 等（2018a）发现枸杞多糖可增加或增强色素性视网膜炎小鼠视网膜电图响应、光感受器存活、光响应视网膜神经节细胞比例、光反应、感光性、信噪比和响应速度，减少视网膜电图微电极阵列中异常高的自发峰。Wang 等（2014a）报道枸杞多糖对色素性视网膜炎小鼠病症的改善包括增加视网膜 GSH/GSSG，降低视网膜中 TNF-α、IL-6β 和 CCL2 的水平，以及视网膜 NF-κB、IκBα、HIF-1α、caspase-3/7 和 Bax 的表达水平。

此外，体外实验表明枸杞多糖对视网膜细胞具有保护作用，可增加或增强正常大鼠视网膜神经节细胞的存活率和生长能力（Yang et al.，2011），同时抑制外在因素引起的细胞凋亡现象。枸杞多糖通过调节细胞凋亡因子 Bcl-2 和 Bax 的表达，抑制过氧化氢诱导的人视网膜色素上皮细胞（ARPE-19）损伤（Liu et al.，2015a），通过调节线粒体凋亡信号通路而抑制紫外线 B 诱导的大鼠角膜上皮细胞（RCE）凋亡现象，具体方式表现为增加细胞线粒体膜电位和促进 Bcl-2 表达，抑制 Bax 和 caspase-3 表达与 JNK 磷酸化（Du et al.，2017）。

19.7.2　抗糖尿病作用

枸杞多糖对 1 型和 2 型糖尿病均具有一定的改善作用，表 19-3 列举了枸杞多糖改善链脲佐菌素致 1 型糖尿病大鼠病症的作用。枸杞多糖能够有效调节 1 型糖尿病大鼠血清、肝脏和肾脏等的生理指标参数。Li（2007）研究发现枸杞多糖可增加链脲佐菌素致 1 型糖尿病大鼠的体重、血浆胰岛素水平、血清中 SOD 活力和高密度脂蛋白胆固醇水平以及肝脏和肾脏中 SOD、CAT、GSH-Px、GR 活力，降低血糖水平与血清、肝脏和肾脏的 MDA 水平，降低血清中 TC、TG、LDL 和 VLDL 水平。Zhao 等（2009）的研究指出枸杞多糖可保护链脲佐菌素致 1 型糖尿病大鼠的肾脏，其作用表现为增加肾脏中 CAT、SOD、GSH-Px、GST 和 GSH 水平，降低肾脏指数和血糖水平，降低血清中 TC、TG、BUN、尿蛋白、Scr、Ccr 和肾脏中 MDA 水平，抑制肾皮质膜 PKC 活力和肾小球系膜细胞中 ERK1/2 蛋白表达。此外，枸杞多糖还表现出对 1 型糖尿病大鼠的神经保护作用。Liu 等（2018b）的研究表明枸杞多糖对链脲佐菌素致 1 型糖尿病大鼠的坐骨神经具有保护作用，表现为增强大鼠坐骨神经中 P0、MBP、LC3 和 Beclin1 的蛋白表达，减弱坐骨神经髓鞘和轴索损伤及坐骨神经中 P62、mTOR、p-mTOR、p70S6K 和 p-p70S6K 的蛋白表达。

表 19-3 枸杞多糖抗糖尿病功能

动物实验评价模型	发挥作用的方式	参考文献
高脂饮食与链脲佐菌素诱导的糖尿病大鼠	空腹血糖、糖化血红蛋白、胰岛素抵抗的稳态模型评估值、尿液量、血清中肌酐（-）；肝糖原、SOD 水平、胰岛素和肝脏代谢物中肌醇（+）；肝脏代谢物中苹果酸、富马酸、阿拉伯糖醇、L-别苏氨酸-1、木糖醇、磷酸乙醇胺、核糖醇、5-甲氧基色胺-2、毛地黄毒素糖-2（-）；尿液代谢物中肌酐、半乳糖醛酸-2、2,3-二羟基丁酸、柠檬酸（+）；尿液代谢物中甲基丙二酸、苯甲酸和木糖醇水平（-）	Xia et al.，2019
高脂饮食与链脲佐菌素诱导的糖尿病大鼠	血清胰岛素、IL-4、SOD 和 GSH-Px 水平，p38 MAPK 的蛋白和 mRNA 表达（+）；血清 HbA1c、LDL-C、TG 和 IL-6 水平，血管损伤，ICAM-1 的蛋白和 mRNA 表达（-）	Wang et al.，2018c
高糖高脂饮食与链脲佐菌素诱导的糖尿病大鼠	胰岛素、褪黑素、附睾脂肪中 MT2 的 mRNA 表达、胰岛细胞中 CLOCK 和 BMAL1 的蛋白表达（+）；体重、脂肪重量、血糖水平、胰腺组织形态改变、瘦素、三酰甘油（-）	Zhao et al.，2016a
高脂饮食与链脲佐菌素诱导的糖尿病大鼠	体重、血清 SOD 和 GSH-Px 活力（+）；血糖，尿液中蛋白尿和血尿素氮浓度，血清中 IL-2、IL-6、TNF-α、IFN-α、MCP-1 和 ICAM-1 水平，肾脏中 NF-κB 和 IκBα 的蛋白表达水平（-）	Du et al.，2016
链脲佐菌素诱导的糖尿病大鼠	触摸痛和痛觉过敏、感觉神经传导速度和感觉神经动作电位振幅、复合动作电位，坐骨神经中 P0、MBP、LC3 和 Beclin1 的蛋白表达（+）；血糖水平，坐骨神经髓鞘和轴索损伤，坐骨神经中 P62、mTOR、p-mTOR、p70S6K 和 p-p70S6K 的蛋白表达（-）	Liu et al.，2018b
链脲佐菌素诱导的糖尿病大鼠	体重、血浆胰岛素水平、血清中 SOD 活力、血清中高密度脂蛋白胆固醇水平，肝脏和肾脏中 SOD、CAT、GSH-Px、GR 活力（+）；血糖水平，血清、肝脏和肾脏中 MDA 水平，血清中 TC、TG、LDL 和 VLDL 水平（-）	Li，2007
链脲佐菌素诱导的糖尿病大鼠	肾脏中 CAT、SOD、GSH-Px、GST 和 GSH 水平（+）；肾脏指数、肾脏组织形态改变，血糖水平，血清中 TC 和 TG 水平，血清中 BUN、尿蛋白、Scr 和 Ccr 水平，肾脏中 MDA 水平，肾皮质膜 PKC 活力，肾小球系膜细胞中 ERK1/2 蛋白表达（-）	Zhao et al.，2009
四氧嘧啶致糖尿病大鼠	体重、肾脏和肝脏功能、胰岛素水平、血清中高密度脂蛋白胆固醇，肝脏和肾脏中 CAT、SOD、GSH-Px、GSH 水平（+）；血糖、血脂水平，血清中尿素和肌酐、TC、TG、LDL 和 VLDL 水平，肝脏 ALT、AST 和 ALP 活力，肝脏和肾脏中脂质过氧化水平（-）	Al-Fartosy，2015
四氧嘧啶致糖尿病大鼠	尿蛋白、血清肌酐、尿素氮、肾脏指数、空腹血糖、肾皮质中 Ang Ⅱ 浓度，肾皮质中 MCP-1、ICAM-1 和 NF-κB 的蛋白与 mRNA 表达（-）	Zhao et al.，2016b
自发性 2 型糖尿病大鼠	葡萄糖输注率、脂肪细胞中 2-脱氧葡萄糖摄取、脂肪细胞中 PI3K 和 p38 MAPK 的蛋白表达（+）；血糖、胰岛素、葡萄糖耐量，GLUT4 向细胞表面转移（-）	Zhao et al.，2014

注：（+）代表增加或改善；（-）代表降低或减弱

枸杞多糖对自发性 2 型糖尿病具有抑制作用。枸杞多糖可提高自发性 2 型糖尿病大鼠的葡萄糖输注率、促进脂肪细胞中 2-脱氧葡萄糖摄取和脂肪细胞中 PI3K 与 p38 MAPK 的蛋白表达，降低血糖、胰岛素、葡萄糖耐量和抑制 GLUT4 向细胞表面转移（Zhao et al.，2014）。同时，枸杞多糖高脂（或高糖）饮食对链脲佐菌素诱导的 2 型糖尿病大鼠的生理现象也有改善作用。Du 等（2016）的研究表明，枸杞多糖可增加高脂饮食与链脲佐菌素诱导的 2 型糖尿病大鼠的体重、血清 SOD 和 GSH-Px 活力，降低血糖，减少尿液中蛋白尿和血尿素氮浓度，降低血清中 IL-2、IL-6、TNF-α、IFN-α、MCP-1 和 ICAM-1 水平，以及肾脏中 NF-κB 和 IκBα 的蛋白表达水平。研究指出枸杞多糖可提高高脂饮食与链脲佐菌素诱导的 2 型糖尿病大鼠血清中胰岛素、IL-4、SOD 和 GSH-Px 的水平，促进 p38 MAPK 的蛋白和 mRNA 表达，减轻血管损伤、降低血清中 HbA1c、LDL-C、TG 和 IL-6 的水平，抑制 ICAM-1 的蛋白和 mRNA 表达。研究发现枸杞多糖处理可增加链脲佐菌素诱导的 2 型糖尿病大鼠的胰岛素、褪黑素，促进附睾脂肪中 MT2 的 mRNA 表达及胰岛细胞中 CLOCK 和 BMAL1 的蛋白表达，减少体重、脂肪重量、血糖、瘦素和三酰甘油等。

此外，枸杞多糖还可通过改变高脂饮食与链脲佐菌素诱导的 2 型糖尿病大鼠的代谢水平而起抗糖尿病作用。Xia 等（2019）的研究指出枸杞多糖除了能够改变高脂饮食与链脲佐菌素诱导的 2 型糖尿病大鼠的血清与肝脏生理指标外，还能改变其肝脏和尿液中代谢物的表达，表现为减少肝脏代谢物中苹果酸、富马酸、阿拉伯糖醇、L-别苏氨酸-1、木糖醇、磷酸乙醇胺、核糖醇、5-甲氧基色胺-2 和毛地黄毒素糖-2，以及尿液代谢物中甲基丙二酸、苯甲酸和木糖醇的水平，增加尿液代谢物中肌酐、半乳糖醛酸-2、2,3-二羟基丁酸和柠檬酸的含量。

四氧嘧啶致糖尿病大鼠模型既可引发 1 型糖尿病，也可诱发 2 型糖尿病。枸杞多糖被证实能够改善四氧嘧啶致糖尿病大鼠的生化指标。枸杞多糖可增加四氧嘧啶致糖尿病大鼠血清胆固醇以及肝脏和肾脏中 CAT、SOD、GSH-Px、GSH 水平，降低血糖与血脂水平，血清中尿素、肌酐、TC、TG、LDL 和 VLDL 水平，肝脏中 ALT、AST 和 ALP 活力，以及肝脏和肾脏中脂质过氧化水平（Al-Fartosy，2015）。Zhao 等（2016b）研究发现，枸杞多糖处理可降低四氧嘧啶致糖尿病大鼠尿蛋白、血清肌酐、尿素氮、肾脏指数、空腹血糖、肾皮质中 Ang Ⅱ浓度，抑制肾皮质中 MCP-1、ICAM-1 和 NF-κB 的蛋白与 mRNA 表达。

19.7.3　对生殖系统的改善作用

枸杞多糖对生殖系统的改善作用总结如表 19-4 所示。前面已提及枸杞多糖的抗糖尿病功能，除此之外，枸杞多糖还能够改善链脲佐菌素诱导的糖尿病大鼠的生殖系统功能。枸杞多糖对链脲佐菌素诱导的糖尿病小鼠的交配行为具有积极促进作用，表现为增加性行为、生育水平、生殖器官（睾丸、附睾和精囊）指数、精子参数（精子数、活力、运动性）、交配频率、受孕率、生育率、血清睾酮、促卵泡激素和促黄体激素，减少精子参数的典型异常变化、不正常精子的数量（Shi et al.，2017a）。枸杞多糖还能提升链脲佐菌素诱导的糖尿病大鼠生殖器官的抗氧化水平，降低细胞凋亡信号分子表达水平，表现为增加睾丸中 SOD、GSH-Px 和 CAT 的活力，促进 Bcl-2 蛋白表达，降低睾丸中 ROS 和 MDA 的水平，下调 caspase-3 和 Bax 的蛋白表达（Shi et al.，2017b）。

表 19-4　枸杞多糖改善生殖系统功能

动物实验评价模型	发挥作用的方式	参考文献
链脲佐菌素诱导的糖尿病大鼠	体重，睾丸、附睾和精囊重量，精子参数（精子数、活力、运动性、精子头计数），睾丸 SOD、GSH-Px 和 CAT 活力，睾丸中 Bcl-2 蛋白表达（+）；血糖水平、睾丸和精原细胞组织形态改变、睾丸 ROS 和 MDA 水平、睾丸 caspase-3 和 Bax 蛋白表达（-）	Shi et al.，2017b
链脲佐菌素诱导的糖尿病小鼠	体重、性行为、生育水平、生殖器官（睾丸、附睾和精囊）指数、精子参数（精子数、活力、运动性）、交配频率、受孕率、生育率、血清睾酮、促卵泡激素、促黄体激素（+）；血糖水平、睾丸组织形态改变、精子参数的典型异常变化、不正常精子（-）；交配行为改善	Shi et al.，2017a
排卵障碍大鼠	血清中 E2 水平、血清中 FSH 和 LH 活力、子宫和卵巢指数（+）；卵巢组织中 Fas、FasL、FADD 以及 c-caspase-8、c-caspase-10、c-caspase-3、c-caspase-6 和 c-caspase-7 的蛋白表达（-）	Wang et al.，2016b
化疗致卵巢损伤大鼠	血清中 E2 和 AMH 水平，血清和卵巢中 SOD、CAT、GSH、GSH-Px 水平，卵巢中 Nrf2、HO-1 和 NQO1 的蛋白表达（+）；血清中 FSH 和 LH 水平、血清和卵巢中 MDA 水平、卵巢组织形态改变（-）	Yang et al.，2017b
镉睾丸中毒大鼠	睾丸 GSH、SOD 和 TEAC 水平（+）；细精管组织形态改变、睾丸硝基酪氨酸水平（-）	Varoni et al.，2017
镉睾丸中毒小鼠	体重、精子活力、血清睾酮、睾丸 SOD 和 GSH-Px 活力、附睾精子浓度（+）；异常精子、细精管退化、睾丸 MDA 水平、睾丸组织形态改变（-）	Zhang et al.，2017a
环磷酰胺诱导生殖系统受损小鼠	血清 IL-2、IL-12 和 TNF-α 水平，精子密度、精子活力、正常形态精子比例（+）	Qian，2019
环磷酰胺诱导生殖系统受损小鼠	精子密度、精子活力、正常形态精子比例、睾丸 SOD 活力（+）；睾丸 NO 含量（-）	Qian and Yu，2016
低剂量电离辐射致生殖系统受损大鼠	交配功能、睾丸脏器系数、Bcl-2 蛋白表达水平、线粒体膜电位（+）；睾丸组织形态改变、生精细胞凋亡、Bax 蛋白表达水平（-）	Luo et al.，2014
过氧化氢致人子宫内膜基质细胞损伤	子宫内膜基质细胞 SOD 活力、Bcl-2 蛋白和 mRNA 表达（+）；子宫内膜基质细胞死亡、子宫内膜基质细胞 MDA 水平、caspase-3 蛋白和 mRNA 表达（-）	Shan et al.，2017
过氧化氢致人滋养层 HTR8/SVneo 细胞损伤	细胞生存能力、线粒体膜电位、SOD 活力、生存素、HIF1-α 和 Bcl-2 蛋白表达水平（+）；ROS 水平、细胞凋亡、LDH 释放、Bax 蛋白表达水平（-）	Li et al.，2018b
铂化合物致睾丸间质 MLTC-1 细胞损伤	细胞生存能力、睾酮水平（+）；细胞凋亡，PERK 磷酸化，caspase-3/-7/-12 的蛋白表达，LC3 Ⅱ 和 Atg5 的蛋白表达，p-PERK、PERK、elF2α、p-elF2α 和 ATF4 的蛋白表达（-）	Yang et al.，2018

注：（+）代表增加或改善；（-）代表降低或减弱

枸杞多糖对排卵障碍大鼠的生殖系统具有改善作用。Wang 等（2016b）研究发现枸杞多糖可上调排卵障碍大鼠的血清中 E2 水平、FSH 和 LH 活力与子宫及卵巢指数，下调卵巢组织中 Fas、FasL、FADD、c-caspase-8、c-caspase-10、c-caspase-3、c-caspase-6 和 c-caspase-7 的蛋白表达。在研究枸杞多糖对大鼠生殖系统的改善作用过程中，常用模型有物理诱导模型和化学诱导模型。枸杞多糖对低剂量电离辐射引起的大鼠生殖系统损伤的改善作用表现为改善其交配功能，增加睾丸脏器系数、Bcl-2 蛋白表达水平、线粒体膜电位，减少生精细胞凋亡、睾丸组织形态改变，降低 Bax 蛋白表达水平（Luo et al.，2014）。枸杞多糖对镉和环磷酰胺诱导的大鼠或小鼠的生殖系统损伤具有改善作用。Varoni 等（2017）研究发现枸杞多糖能增加镉睾丸中毒大鼠睾丸中 GSH、SOD 和 TEAC 水平，减少细精管组织形态改变，降低睾丸硝基酪氨酸水平。Zhang 等（2017a）的研究表明枸杞多糖能提高镉睾丸中毒小鼠精子活力、血清睾酮、睾丸的 SOD 和 GSH-Px 活力以及附睾精子浓度，减少异常精子数量、细精管退化、睾丸 MDA 水平和睾丸组织形态改变。Qian 和 Yu（2016）研究发现枸杞多糖可增加环磷酰胺诱导生殖系统受损小鼠的精子密度、精子活力、正常形态精子比例、睾丸 SOD 活力，降低睾丸 NO 含量。Qian（2019）还发现枸杞多糖可提高环磷酰胺诱导生殖系统受损小鼠的血清 IL-2、IL-12 和 TNF-α 水平以及精子密度、精子活力、正常形态精子比例。此外，Yang 等（2017b）发现枸杞多糖处理对化疗致大鼠卵巢损伤具有抑制作用，表现为增加其血清中 E2 和 AMH 水平，血清和卵巢中 SOD、CAT、GSH、GSH-Px 水平，促进卵巢中 Nrf2、HO-1 和 NQO1 的蛋白表达，降低血清中 FSH 和 LH 水平以及血清和卵巢中 MDA 水平，减少卵巢组织形态改变。

另外，体外实验表明枸杞多糖对生殖系统细胞具有保护作用。Shan 等（2017）和 Li 等（2018b）的研究结果显示枸杞多糖分别对过氧化氢致人子宫内膜基质细胞和人滋养层 HTR8/SVneo 细胞的损伤具有抑制作用。Shan 等（2017）发现枸杞多糖预处理可增加过氧化氢致人子宫内膜基质细胞的 SOD 活力，促进 Bcl-2 蛋白和 mRNA 的表达，减少子宫内膜基质细胞死亡，下调子宫内膜基质细胞 MDA 水平以及 caspase-3 蛋白和 mRNA 的表达。Li 等（2018b）的研究表明枸杞多糖预处理可提升过氧化氢致人滋养层 HTR8/SVneo 细胞的生存能力、线粒体膜电位、SOD 活力、生存素水平以及 HIF1-α 与 Bcl-2 的蛋白表达水平，减少 ROS 水平、细胞凋亡、LDH 释放和 Bax 蛋白表达水平。同时，枸杞多糖预处理能抑制铂化合物致睾丸间质 MLTC-1 细胞损伤，其作用表现为提高其细胞生存能力和睾酮水平，减少细胞凋亡、PERK 磷酸化、caspase-3/-7/-12、LC3 Ⅱ、Atg5、p-PERK、PERK、elF2α、p-elF2α 和 ATF4 的蛋白表达（Yang et al.，2018）。

19.7.4　免疫调节作用

动物实验表明，枸杞多糖可增强正常动物的免疫功能和改善免疫低下现象，见表 19-5。例如，枸杞多糖可提高孵化肉鸡的免疫器官指数，血清中总蛋白、球蛋白、白蛋白和溶解酵素的水平，血清 T 细胞的 $CD4^+/CD8^+$ 值，促进血清 B 细胞和 T 细胞的增殖，降低平均日摄食量和饲料转化率，下调 TNF-α 的 mRNA 表达（Liu et al.，2017a）。枸杞多糖还可增加环磷酰胺致免疫低下小鼠的脾脏和胸腺指数，增强脾细胞（B 细胞和 T 细胞）增殖、腹腔巨噬细胞吞噬作用，提高血清溶血素与血清中 IL-2、IL-6 和 TNF-α 水平（Gong et al.，2015）。

表 19-5　枸杞多糖免疫调节功能

动物实验评价模型	发挥作用的方式	参考文献
环磷酰胺致免疫低下小鼠	脾脏和胸腺指数，脾细胞（B 细胞和 T 细胞）增殖，腹腔巨噬细胞吞噬作用，血清溶血素，血清中 IL-2、IL-6 和 TNF-α 水平（+）	Gong et al.，2015
正常小鼠的细胞	脾细胞（B 细胞和 T 细胞）增殖，巨噬细胞 TNF-α、IL-1β 和 NO 生成，巨噬细胞吞噬作用，脾细胞 NF-κB 蛋白表达（+）	Zhang et al.，2014a

续表

动物实验评价模型	发挥作用的方式	参考文献
孵化肉鸡	免疫器官指数，血清中总蛋白、球蛋白、白蛋白和溶解酵素的水平，血清 T 细胞的 $CD4^+/CD8^+$ 值，血清 B 细胞和 T 细胞的增殖（+）；平均日摄食量和饲料转化率、TNF-α 的 mRNA 表达（−）	Liu et al.，2017a
人原发性 NK 细胞	细胞增殖、细胞毒性、IFN-γ 和 NKp30 的基因表达（+）	Huyan et al.，2014
RAW264.7 细胞	细胞增殖、吞噬作用、NO 生成（+）	Yang et al.，2015
RAW264.7 细胞	CD86 和 MHC Ⅱ 分子表达，吞噬作用，ROS、NO、TNF-α 和 IL-6 的水平，iNOS 的 mRNA 表达（+）	Deng et al.，2018a
RAW264.7 细胞	吞噬作用，NO、TNF-α 和 IL-6 的水平（+）	Zhang et al.，2019b
RAW264.7 细胞	细胞生存能力、吞噬作用、NO 和酸性磷酸酶水平（+）	Gong et al.，2018
RAW246.7 细胞	细胞增殖、吞噬作用、NO 生成（+）	Liu et al.，2016b
小鼠腹腔巨噬细胞	TNF-α 和 IL-1β 生成、淋巴细胞增殖、TLR4/MD2 表达、p38 MAPK 的蛋白表达（+）；JNK 和 ERK1/2 的蛋白表达（−）	Zhang et al.，2014b
小鼠树突状细胞（DC）	I-A/I-E 和 CD11c 的表达、IL-12 p40 分泌、同种异体淋巴细胞增殖（+）；抗原吸收（−）	Zhu et al.，2007
小鼠 DC	I-A/I-E 和 CD11c 的表达、同种异体淋巴细胞增殖、IL-12 p40 生成、NF-κB p65 表达（+）	Zhu et al.，2013a
DC	CD40、CD80、CD86 和 MHC Ⅱ 分子表达，同种异体淋巴细胞增殖，IL-12 p40 和 p70 生成（+）；抗原吸收（−）	Chen et al.，2009a

注：（+）代表增加或改善；（−）代表降低或减弱

枸杞多糖对脾淋巴细胞、巨噬细胞、树突状细胞（DC）和人原发性 NK 细胞的免疫功能均具有调节作用。枸杞多糖可促进正常小鼠的脾细胞（B 细胞和 T 细胞）增殖，巨噬细胞 TNF-α、IL-1β 和 NO 生成，巨噬细胞吞噬作用和脾细胞 NF-κB 蛋白表达（Zhang et al.，2014a）。枸杞多糖还能促进小鼠腹腔巨噬细胞中 TNF-α 和 IL-1β 生成、淋巴细胞增殖、TLR4/MD2 表达和 p38 MAPK 的蛋白表达，抑制 JNK 和 ERK1/2 的蛋白表达（Zhang et al.，2014b）。RAW264.7 细胞常用于评估枸杞多糖对巨噬细胞免疫功能的调节作用。枸杞多糖可增强 RAW264.7 细胞的吞噬作用，促进 NO 生成（Deng et al.，2018a；Gong et al.，2018；Liu et al.，2016b；Yang et al.，2015；Zhang et al.，2019b）。枸杞多糖也可提升 RAW264.7 细胞中 TNF-α 和 IL-6 的水平（Deng et al.，2018a；Zhang et al.，2019b）。此外，Deng 等（2018a）的研究指出枸杞多糖处理可促进 RAW264.7 细胞中 CD86 和 MHC Ⅱ 分子以及 iNOS 的 mRNA 表达，提高 ROS 水平。Gong 等（2018）的研究发现枸杞多糖处理可增加 RAW264.7 细胞的酸性磷酸酶水平。

枸杞多糖能促进 DC 同种异体淋巴细胞增殖和 IL-12 p40 分泌（Chen et al.，2009a；Zhu et al.，2013a，2007）。Zhu 和 Zhang（2013）与 Zhu 等（2013a，2007）的研究表明，枸杞多糖处理还可促进 DC 中 I-A/I-E 和 CD11c 以及 NF-κB p65 的表达，减少抗原吸收。Chen 等（2009a）的研究还指出枸杞多糖处理可促进 DC 的 CD40、CD80、CD86 和 MHC Ⅱ 分子表达以及 IL-12 p70 生成。此外，Huyan 等（2014）发现枸杞多糖作用可促进 NK 细胞的细胞增殖、IFN-γ 和 NKp30 的基因表达，增强细胞毒性。

针对枸杞多糖的免疫调节功能，目前一部分研究已将枸杞多糖进行包埋制成脂质体用于免疫功能调节（Bo et al.，2019，2015，2017，2016）。

19.7.5　抗肿瘤作用

枸杞多糖对肝癌、肾癌、结肠癌、膀胱癌、前列腺癌、乳腺癌、宫颈癌等癌症具有抑制作用，如表 19-6 所示。其中，动物实验研究表明枸杞多糖具有抑制肝癌和前列腺癌的功能。Cui 等（2012）研究发现灌胃枸杞多糖可增加二乙基亚硝胺诱导肝癌大鼠的脾脏指数和胸腺指数，血清 GSH、SOD、CAT 和 GSH-Px 的水平与 ALB 水平，降低血清 MDA、ALT 和 AKP 水平，抑制 VEGF 和 Cyclin D1 的蛋白表达。Deng 等（2017，2018a）的研究结果表明，枸杞多糖能够抑制 H22 肝癌荷瘤小鼠的肿瘤生长。他们还发现枸杞多糖可提高 H22 肝癌荷瘤小鼠外周血中的 T 细胞数量、肿瘤引流淋巴结的数量、淋巴细胞的细胞毒性，促进 T 细胞 PD-1 的表达，减少肿瘤组织 $CD8^+$ T 细胞浸润及 T 细胞衰竭表型，降低血清 TGF-β1 和 IL-10 水平（Deng et al.，2018b）。同样地，枸杞多糖能够促进人前列腺癌细胞 PC-3 移植裸鼠的肿瘤生长，增加肿瘤体积和肿瘤重量。

表 19-6　枸杞多糖抗肿瘤功能

动物实验评价模型	发挥作用的方式	参考文献
二乙基亚硝胺诱导肝癌大鼠	脾脏指数和胸腺指数，血清 GSH、SOD、CAT 和 GSH-Px 水平，血清 ALB 水平（+）；血清 MDA、ALT 和 AKP 水平、VEGF 和 Cyclin D1 的蛋白表达（−）	Cui et al.，2012
H22 肝癌荷瘤小鼠	外周血中的 T 细胞数量、肿瘤引流淋巴结、淋巴细胞的细胞毒性、T 细胞 PD-1 的表达（+）；实体肿瘤生长、肿瘤组织 $CD8^+$ T 细胞浸润、血清 TGF-β1 和 IL-10 水平、T 细胞衰竭表型（−）	Deng et al.，2018b
H22 肝癌细胞和 H22 肝癌荷瘤小鼠	H22 肝癌细胞：增殖、生长、线粒体膜电位（−）；凋亡（+）。H22 肝癌荷瘤小鼠：肿瘤生长、肿瘤重量（−）	Deng et al.，2017
人肝癌细胞 SMMC-7721	细胞质钙离子浓度（+）；细胞增殖、细胞生长（−）	Zhang et al.，2015
小鼠肾癌细胞（RCC）	细胞凋亡、Bax 的蛋白表达（+）；细胞增殖、细胞生长、Cyclin D1、c-Myc 和 Bcl-2 的蛋白表达、MDSC 细胞、肿瘤体积（−）	Chen et al.，2015
人结肠癌细胞 SW480	PGC-1α、SOD1、CAT 和 GSTP1 的 mRNA 表达（+）	Yao et al.，2018b
膀胱癌细胞 BIU87	P21 和 P27 的蛋白表达（+）；细胞增殖和迁移、p-AKT 的蛋白表达、MMP-2/-9 的蛋白表达（−）	Zhang et al.，2017a
人前列腺癌细胞（PC-3 和 DU-145）和 PC-3 移植裸鼠模型	PC-3 和 DU-145 细胞：DNA 破坏、细胞凋亡（+）；细胞的生长、Bcl-2/Bax 蛋白表达（−）。PC-3 移植裸鼠：PC-3 肿瘤生长、肿瘤体积和肿瘤重量（−）	Luo et al.，2009
人乳腺癌细胞（MCF-7）	p-ERK 和 ERK 蛋白表达、p21 蛋白表达（+）；S 周期停滞	Shen and Du，2012
人乳腺癌细胞（MCF-7）	细胞增殖、IGF1 蛋白表达、PI3K 和 p-PI3K 的蛋白表达、HIF-1α 蛋白表达、VEGF 的蛋白和 mRNA 表达（−）	Huang et al.，2012
人宫颈癌细胞（HeLa）	细胞凋亡、细胞内钙离子浓度、NO 含量、NOS 和 iNOS 活力（+）；细胞增殖、线粒体膜电位（−）	Zhu and Zhang，2013

注：（+）代表增加或改善；（−）代表降低或减弱

细胞实验表明，枸杞多糖对肝癌、肾癌、结肠癌、膀胱癌、前列腺癌、乳腺癌和宫颈癌细胞的生长与增殖具有抑制作用。枸杞多糖处理可促进 H22 肝癌细胞的凋亡和降低其线粒体膜电位（Deng et al.，2017），提高人肝癌细胞 SMMC-7721 的细胞质钙离子浓度（Zhang et al.，2015b）。Chen 等（2015）研究发现枸杞多糖处理可促进小鼠肾癌细胞（RCC）的细胞凋亡与 Bax 的蛋白表达，下调细胞中 Cyclin D1、c-Myc 和 Bcl-2 的蛋白表达以及 MDSC 细胞与肿瘤体积。Yao 等（2018b）的研究结果表明枸杞多糖处理可提升人结肠癌细胞 SW480 的抗氧化水平，表现为促进 PGC-1α、SOD1、CAT 和 GSTP1 的 mRNA 表达。Zhang 等（2017a）指出枸杞多糖处理可促进膀胱癌细胞 BIU87 中 P21 和 P27 的蛋白表达，减少膀胱癌细胞迁移，抑制 p-AKT 与 MMP-2/-9 的蛋白表达。Luo 等（2009）的研究显示枸杞多糖处理可促进人前列腺癌细胞 PC-3 和 DU-145 的 DNA 破坏与细胞凋亡，抑制 Bcl-2/Bax 蛋白表达。枸杞多糖对人乳腺癌细胞（MCF-7）的作用机制与调节 ERK 磷酸化作用或 PI3K/AKT 信号通路有关。Shen 和 Du（2012）研究发现枸杞多糖处理可诱发 MCF-7 细胞的 S 周期停滞，促进 p-ERK、ERK 和 p21 的蛋白表达。Huang 等（2012）的研究表明枸杞多糖处理可抑制 IGF1、PI3K、p-PI3K 和 HIF-1α 的蛋白表达以及 VEGF 的蛋白和 mRNA 表达。Zhu 和 Zhang（2013）的研究显示枸杞多糖处理能够促进人宫颈癌细胞（HeLa）的细胞凋亡，增加细胞内钙离子浓度、NO 含量以及 NOS 和 iNOS 活力，并且降低线粒体膜电位。

此外，枸杞多糖与阿霉素对肝癌（Wang et al.，2019）和肾癌（Chen et al.，2015）具有协同辅助治疗作用。

19.7.6 神经保护功能

枸杞多糖的神经保护功能与抗阿尔茨海默病潜力见表 19-7。动物实验表明枸杞多糖能够改善脑缺血损伤引起的神经损伤现象（Shi et al.，2017b；Wang et al.，2014a）。Wang 等（2014b）研究发现枸杞多糖通过减缓线粒体凋亡信号通路而对局灶性脑缺血损伤小鼠具有神经保护作用，表现为促进脑组织 Bcl-2 蛋白表达，减少脑的神经元组织形态改变、神经元细胞凋亡、Tunel 阳性神经元数量，抑制 Bax、CytC、caspase-3/-9 和剪切 PARP1 的表达。Shi 等（2017b）的研究表明枸杞多糖可缓解短暂性缺血致大鼠神经损伤，伴随着提高神经元存活率以及促进 NR2A、pAKT 和 pCREB 的蛋白表达，降低神经元死亡率，减少神经元组织形态改变，下调神经元 NR2B 和 nNOS 表达，ROS 水平，Bad、CytC 和剪切 caspase-3 的蛋白表达，以及细胞内钙和线粒体通透性。他们的研究还发现，枸杞多糖对短暂性缺血大鼠的空间记忆缺陷现象具有改善作用。Lam 等（2015）的研究进一步证实了枸杞多糖能够改善动物的空间记忆缺陷病症。在他们的研究中，枸杞多糖可促进脑组织 Bcl-2、SOD-1/2 和 GPX-1 蛋白的表达，降低 Tunel 阳性神经元数量，抑制 Bax、CytC、剪切 caspase-3、TNF-α、FADD、剪切 caspase-8、Bad 和 MDA 的蛋白表达，降低 p-IκBα/总 IκBα 与 LC3 Ⅱ /LC3 Ⅰ，下调 NF-κB（p65/p50）、IL-1β、COX-2、Beclin-1、Atg12、Atg3 和 LAMP-1 的蛋白表达。Cao 等（2017）利用氯化钴处理致神经损伤模型和 Morris 水迷宫实验研究枸杞多糖对大鼠空间记忆能力的影响发现，枸杞多糖通过 Nrf2/HO-1 信号通路增强大鼠的空间记忆能力。此外，枸杞多糖还可减缓右美沙芬诱导的大鼠情绪障碍和神经抑制现象。Po 等（2017）的研究表明枸杞多糖在此方面的作用体现为增加 DCX/BrdU 阳性细胞，减少海马神经抑制，从而改善抑郁和焦虑行为。

表 19-7 枸杞多糖神经保护功能

动物实验评价模型	发挥作用的方式	参考文献
局灶性脑缺血损伤小鼠	Bcl-2 蛋白表达（+）；神经元组织形态改变、神经元细胞凋亡、Tunel 阳性神经元数量，Bax、CytC、caspase-3/-9 和剪切 PARP1 的表达（−）	Wang et al.，2014b
阻塞性睡眠呼吸暂停诱导空间记忆缺陷小鼠	Bcl-2 蛋白表达、SOD-1/2 和 GPX-1 蛋白表达（+）；Tunel 阳性神经元数量，Bax、CytC 和剪切 caspase-3 蛋白表达，TNF-α、FADD、剪切 caspase-8 和 Bad 蛋白表达，MDA 蛋白表达，p-IκBα / 总 IκBα，NF-κB（p65/p50）、IL-1β 和 COX-2 的蛋白表达，Beclin-1、Atg12、Atg3 和 LAMP-1 的蛋白表达，LC3 Ⅱ /LC3 Ⅰ（−）；空间记忆缺陷改善	Lam et al.，2015
短暂性缺血致神经损伤大鼠	神经元存活率，NR2A、pAKT 和 pCREB 的蛋白表达（+）；神经元死亡率，神经元组织形态改变，神经元 NR2B 和 nNOS 表达，ROS 水平，Bad、CytC 和剪切 caspase-3 的蛋白表达，细胞内钙和线粒体通透性（−）；空间记忆缺陷改善	Shi et al.，2017b
右美沙芬诱导的情绪障碍和神经抑制大鼠	DCX/BrdU 阳性细胞（+）；海马神经抑制（−）；抑郁和焦虑行为改善	Po et al.，2017
甲基汞致海马神经细胞异常分化	海马神经细胞分化率、微管相关蛋白阳性神经元的周长（+）；星形胶质细胞分化率（−）	Tian et al.，2016
突变亨廷顿舞蹈症致 HEK293 细胞死亡	细胞生存能力、AKT 蛋白表达（+）；caspase-3 活力、caspase-3 和突变亨廷顿蛋白表达（−）	Fang et al.，2016
双相脉冲电流诱导的小神经胶质细胞（BV-2）损伤	内源性自噬，Atg5、Beclin-1 和 LC3B 的蛋白表达，ERK 和 p38 MAPK 的蛋白表达（+）；细胞凋亡和坏死，caspase-3/-7 活力，iNOS、ED1 和 p62 的蛋白表达（−）	Bie et al.，2015
间充质干细胞（BMSC）的神经元分化	细胞生存能力，β- 微管蛋白Ⅲ、NF200 和突触蛋白的蛋白与 mRNA 表达（+）；Oct4 和 Klf4 的蛋白和 mRNA 表达（−）	Yan et al.，2018
过氧化氢诱导的 PC12 细胞；氯化钴处理大鼠	PC12 细胞：细胞生存能力、线粒体膜电位、Nrf2 和 HO-1 的蛋白与 mRNA 表达（+）；凋亡、ROS 水平、TUNEL 阳性细胞数量、caspase-3/-9 活力（−）。大鼠：脑组织中 Nrf2 和 HO-1 的 mRNA 表达（+）；脑组织细胞凋亡、大鼠找到平台的时间、逃避潜伏期、距平台的距离（−）	Cao et al.，2017
过氧化氢诱导人小梁网细胞（HTM）损伤	细胞生存能力，miR-4295 的 mRNA 表达，PI3K、AKT 和 ERK 的蛋白表达（+）；凋亡、ROS 水平、剪切 caspase-3/-9 的蛋白表达（−）	Liu and Zhang，2019
过氧化氢诱导 PC12 和 SH-SY5Y 细胞损伤	细胞生存能力、PI3K 和 AKT 表达（+）；凋亡、自我吞噬、ROS 水平、NO 水平、miR-194 表达（−）	Niu et al.，2018
三甲基氯化锡诱导的小鼠神经-2a（N2a）细胞凋亡	GSK-3β 磷酸化，Shh、PI3K、Gli1、CyclinD1、C-Myc 和 p-AKT 的蛋白表达，Bcl-2 蛋白表达，SOD 活力（+）；凋亡、ROS 水平、MDA 含量、Bax 蛋白表达、caspase-3 活力（−）	Zhao et al.，2016a

续表

动物实验评价模型	发挥作用的方式	参考文献
L-谷氨酸诱导分化PC12 细胞凋亡	细胞生存能力、Bcl-2 蛋白表达、AKT 和 ERK 的蛋白表达（+）；细胞凋亡、ROS 水平、线粒体功能障碍、caspase-3 活力、Bax 和剪切 caspase-3 的蛋白表达（–）	Kou et al.，2017
6-羟基多巴胺诱导的 PC12 细胞凋亡	细胞生存能力（+）；细胞凋亡、ROS 和 NO 水平、3-NT 和细胞内游离钙水平、nNOS 和 iNOS 的蛋白表达、剪切 caspase-3 活力（–）	Gao et al.，2015

注：（+）代表增加或改善；（–）代表降低或减弱

大量细胞试验证实枸杞多糖对 PC12 神经细胞具有保护作用，体现为提高 PC12 神经细胞的细胞生存能力，降低 PC12 细胞的 ROS 水平与减少细胞凋亡（Cao et al.，2017；Gao et al.，2015；Kou et al.，2017；Niu et al.，2018）。枸杞多糖主要通过 Nrf2/HO-1 信号通路（Cao et al.，2017）、PI3K/AKT 信号转导通路（Niu et al.，2018）、线粒体凋亡信号通路（Kou et al.，2017）和 ROS/NO 信号通路（Gao et al.，2015）对 PC12 神经细胞损伤起保护作用。枸杞多糖还对海马神经细胞（Tian et al.，2016）、小神经胶质 BV-2 细胞（Bie et al.，2015）、间充质干细胞 BMSC（Yan et al.，2018）、人小梁网 HTM 细胞（Liu and Zhang，2019）、SH-SY5Y 细胞（Niu et al.，2018）、小鼠神经-2a（N2a）细胞（Zhao et al.，2016a）等神经细胞的损伤具有抑制作用。此外，细胞试验证明枸杞多糖对突变亨廷顿舞蹈症具有改善作用（Fang et al.，2016）。

由于枸杞多糖具有神经保护功能，因此其常用于辅助治疗常见神经系统退行性疾病阿尔茨海默病。来源于枸杞果实多糖的阿拉伯半乳聚糖和果胶均具有抗阿尔茨海默病的生物功能。这两种类型的枸杞多糖均能够抑制 CHO/APPBACE1 和 HEK293-APPsw 细胞中 $A\beta_{42}$ 的生成与聚集（Zhou et al.，2018c，2018d）。其中，果胶多糖对 $A\beta_{42}$ 的生成和聚集的抑制作用通过调节 BACE1、ADAM10、IDE 的蛋白表达而实现。

目前，已有研究将枸杞多糖包埋至聚乳酸纳米纤维中应用于外周神经组织工程支架（Wang et al.，2018b）。

19.7.7　对机体的器官保护作用

枸杞多糖对肝脏、心脏、肺、肾和胃等器官具有保护作用，如表 19-8所示。Xiao 等（2012）和 Gan 等（2018）的研究表明，枸杞多糖对四氯化碳致肝脏氧化应激损伤具有保护作用。Xiao 等（2012）研究发现枸杞多糖可促进四氯化碳致肝脏损伤小鼠的肝再生，肝脏组织 CYP2E1 蛋白表达，肝脏组织中 GSH-Px、CAT 和 Cu/Zn SOD 活力增强，以及 TGF-β1 和 IL-6 的蛋白与 mRNA 表达，抑制肝坏死，下调血清 ALT 水平、细胞色素 P450 2E1 表达、肝脏组织硝基酪氨酸和 NO 水平，以及肝脏组织中 TNF-α、iNOS、IL-1β、COX-2、MCP-1 和 MIP-2 的 mRNA 表达，KC 的蛋白和 mRNA 表达与 NF-κB 的蛋白表达。Gan 等（2018）研究发现枸杞多糖可增加四氯化碳致肝脏损伤大鼠的肝脏中 SOD、GSH-Px 和 GSH 水平，减轻肝纤维化、肝脏组织形态改变，下调血清 AST、ALT、ALP 和肝脏 MDA 水平，肝脏中 α-SMA 的蛋白和 mRNA 表达，肝脏中 Col-Ⅰ、TGF-β1、

TNF-α、IL-1β、MCP-1、TLR4、TLR2、MyD88 和 NF-κB 的 mRNA 表达，以及肝脏中 TLR4、TLR2、NF-κB p65 和 p-p65 的蛋白表达。

表 19-8　枸杞多糖对机体的器官保护功能

动物实验评价模型	发挥作用的方式	参考文献
四氯化碳致小鼠肝脏损伤	肝再生，肝脏组织 CYP2E1 蛋白表达，肝脏组织中 GSH-Px、CAT 和 Cu/Zn SOD 活力，TGF-β1 和 IL-6 的蛋白与 mRNA 表达（+）；肝坏死，血清 ALT 水平，细胞色素 P450 2E1 表达，肝脏组织硝基酪氨酸和 NO 水平，肝脏组织中 TNF-α、iNOS、IL-1β、COX-2、MCP-1 和 MIP-2 的 mRNA 表达，KC 的蛋白和 mRNA 表达，NF-κB 的蛋白表达（-）	Xiao et al.，2012
四氯化碳致大鼠肝脏损伤	体重，肝脏中 SOD、GSH-Px 和 GSH 水平（+）；肝脏重量、肝脏指数、肝纤维化、肝脏组织形态改变，血清 AST、ALT 和 ALP 水平，肝脏中 α-SMA 的蛋白和 mRNA 表达，肝脏中 Col-Ⅰ和 TGF-β1 的 mRNA 表达，肝脏 MDA 水平，肝脏中 TNF-α、IL-1β 和 MCP-1 的 mRNA 表达，肝脏中 TLR4、TLR2、NF-κB p65 和 p-p65 的蛋白表达，肝脏中 TLR4、TLR2、MyD88 和 NF-κB 的 mRNA 表达（-）	Gan et al.，2018
甲硫氨酸胆碱缺乏饮食脂肪性肝炎小鼠	肝脏中 CAT 和 GSH-Px1 的蛋白表达、肝脏 IκBα 水平（+）；血清 ALT 和 AST 水平，肝脏组织形态改变，肝脏中 α-SMA、Smad2、TGF-β1 和 p-Smad2 的蛋白表达，肝脏 MDA 含量，肝脏 TXNIP 蛋白表达，肝脏中 TNF-α、IL-10 和 NF-κB 水平，肝脏 caspase-3/-7 活力（-）	Xiao et al.，2018
酒精性脂肪肝小鼠	肝脏中 GSH-Px 和 SOD 活力、肝脏 $AMPK_{\alpha2}$ 的 mRNA 表达（+）；体重、肝脏指数、肝脏组织形态改变，血清和肝脏 TG 水平，血清 TBil、ALT 和 AST 水平，肝脏 MDA 水平，肝脏中 TNF-α、IL-1β 和 IL-6 水平，肝脏中 SREBP-1c、CYP2E1、TLR4 和 Myd88 的 mRNA 表达（-）	Li et al.，2018b
酒精性肝损伤小鼠	肝脏 GSH/GSSG，肝脏 ERα、ERβ 和 AMPK 的蛋白表达（+）；肝脏组织形态改变、血清 ALT 和 AST 水平、肝脏 caspase-3/-7 活力和 MDA 水平、肝脏 TNF-α 和 IL-6 水平、肝脏 SCD1 和 CPT 的 mRNA 表达（-）	Wang et al.，2018e
高脂饮食诱导非酒精性脂肪性肝炎大鼠	肝脏中 ATGL 和脂联素的蛋白表达，肝脏中 CAT、GSH-Px 和 Bcl-2 的 mRNA 表达，肝脏 IκBα 蛋白表达，肝脏中 Atg5、LC3 Ⅱ 和 ERK1/2 的蛋白表达（+）；血糖水平、体重、肝脏重量，血清 AST 和游离脂肪酸水平，肝脏脂肪积累，肝脏组织形态改变，肝脏中 TGF-β1、α-SMA、SMAD2 和 SMAD4 的蛋白表达，肝脏中 SREBP-1c 和 PPARγ2 的 mRNA 表达，肝脏 MDA 和 NO 水平，肝脏 TNF-α、IL-1β、COX-2、MCP-1 和 Cytoc 的蛋白表达，肝脏 Bax 的 mRNA 表达，肝脏 NF-κB 活力，肝脏中 mTOR、p62p38、MAPK 和 JNK 的蛋白表达（-）	Xiao et al.，2014a
缺血再灌注大鼠	心脏 Na^+-K^+-ATPase 和 Ca^{2+}-ATPase 活力、心肌 Bcl-2 蛋白表达（+）；心肌乳酸脱氢酶水平、心肌 Bax 蛋白表达、心肌细胞凋亡（-）	Lu and Zhao，2010
缺血再灌注大鼠	心脏 Na^+-K^+-ATPase 和 Ca^{2+}-ATPase 活力、心肌 Bcl-2 蛋白表达（+）；心肌乳酸脱氢酶水平、心肌 Bax 蛋白表达、心肌细胞凋亡（-）	Hou et al.，2017
心脏收缩功能障碍小鼠	心电图和心脏功能异常，心脏组织形态改变，心脏 CaM、cMLCK、MLC2v、CaMK Ⅱ 和 cMyBP-C 的蛋白表达，心脏 miR-1 水平（-）	Zhang et al.，2018a

续表

动物实验评价模型	发挥作用的方式	参考文献
高氧性急性肺损伤小鼠	肺组织HO-1和GSH-Px的活性，肺组织HO-1、p-AMPK和Nrf2的蛋白表达（+）；肺组织MDA水平、肺水肿和肺组织形态改变、肺组织Keap1蛋白表达、肺组织IL-1β和IL-6的水平（-）	Zheng et al.，2019
高脂肪膳食致肾损伤大鼠	肾脏中脂联素和AMPK的表达（+）；血脂、血尿素氮、血清肌酐、尿蛋白，肾脏中SREBP-1、TNF-α和IL-6的表达（-）	Liao et al.，2019
酒精致胃溃疡大鼠	血清羟脯胺酸、胃组织Hsp70表达（+）；溃疡指数、血清MDA、胃组织IL-1β水平、MPO活力和ICAM-1表达（-）	Lian et al.，2019
酒精诱导大鼠肝细胞（BRL-3A）	细胞生存能力、CAT和GSH-Px1的蛋白表达（+）；细胞凋亡，ROS水平，TXNIP、NLRP3、ASC和caspase-1的蛋白表达，TNF-α、IL-6、IL-1β和IL-18水平（-）	Xiao et al.，2014b
低氧诱导大鼠心肌细胞（H9c2）损伤	细胞生存能力，细胞迁移，MEK、ERK和AMPK的蛋白表达（+）；细胞凋亡，p53、p21和p16的蛋白表达（-）	Li et al.，2019a
过氧化氢致大鼠心肌细胞损伤	细胞生存能力，SOD活力，Bcl-2、Nrf2、HO-1和NQO1的蛋白与mRNA表达（+）；细胞凋亡，ROS、MDA和LDH的水平，Bax蛋白和mRNA表达（-）	Pan et al.，2017
内质网应激诱导猪空肠上皮细胞（IPEC-J2）	细胞生存能力（+）；GRP78、p-pERK、p-elF2、ATF-6、IRE-1和CHOP的蛋白表达（-）	Huang et al.，2019

注：（+）代表增加或改善；（-）代表降低或减弱

枸杞多糖还可减轻酒精性脂肪肝损伤（Li et al.，2018a；Wang et al.，2018b）和非酒精性脂肪性肝炎（Xiao et al.，2018，2014a）症状。Li等（2018b）和Wang等（2018b）研究发现枸杞多糖可减轻酒精性脂肪肝小鼠的炎症效应（TNF-α、IL-1β、IL-6、TLR4或Myd88）和改善抗氧化水平（GSH-Px、SOD、GSH/GSSG或MDA）。Wang等（2018e）提出枸杞多糖通过SCD1-AMPK-CPT信号通路对酒精性脂肪肝损伤小鼠起肝脏保护作用。Xiao等（2014a，2018）的研究表明，枸杞多糖对甲硫氨酸胆碱缺乏或高脂饮食诱导的脂肪性肝炎小鼠的肝脏保护与调节NLRP3/6、NF-κB及MAPK信号通路有关。他们的研究还证实枸杞多糖对酒精致大鼠肝细胞BRL-3A损伤的缓解作用机制为抑制氧化应激和TXNIP-NLRP3炎症信号通路（Xiao et al.，2014b）。

枸杞多糖能够抑制缺血再灌注致心脏损伤和改善心脏收缩功能障碍现象。Lu和Zhao（2010）与Hou等（2017）的研究显示枸杞多糖可增强缺血再灌注大鼠心脏Na^{+}-K^{+}-ATPase和Ca^{2+}-ATPase活力、心肌Bcl-2蛋白表达，下调心肌乳酸脱氢酶水平、Bax蛋白表达，抑制心肌细胞凋亡。Zhang等（2018a）研究发现枸杞多糖可改善小鼠的心脏收缩功能障碍现象，表现为减少心电图和心脏功能异常，下调心脏中CaM、cMLCK、MLC2v、CaMK Ⅱ和cMyBP-C的蛋白表达以及miR-1水平。细胞试验表明枸杞多糖对心脏衰弱现象可能也具有改善作用。Li等（2019a）的研究指出枸杞多糖能够增强低氧诱导大鼠心肌H9c2细胞的生存能力、细胞迁移以及MEK、ERK和AMPK的蛋白表达，抑制细胞凋亡及p53、p21和p16的蛋白表达。Pan等（2017）研究发现枸杞多糖可提高过氧化氢致大鼠心肌损伤细胞的SOD活力，上调Bcl-2、Nrf2、HO-1、NQO1的蛋白和mRNA表达，下调ROS、MDA、LDH的水平以及Bax的蛋白和mRNA表达，以达到减轻细胞损伤的作用。

此外，枸杞多糖对高氧致小鼠急性肺损伤（Zheng et al.，2019）、高脂肪膳食致大鼠肾损伤（Liao et al.，2019）和酒精致大鼠胃溃疡（Lian et al.，2019）具有抑制作用。同时，Huang 等（2019）研究显示了枸杞多糖对内质网应激诱导猪空肠上皮 IPEC-J2 细胞的保护作用，且其能够通过降低 GRP78、p-pERK、p-elF2、ATF-6、IRE-1 和 CHOP 的蛋白表达而提高 IPEC-J2 细胞的生存能力。

19.7.8　抗氧化作用

枸杞多糖对 DPPH·、·OH、·O_2^- 和 $ABTS^+$ 自由基具有清除作用（Gong et al.，2018；Jiang，2014；Qiu et al.，2014；Rjeibi et al.，2018；Zhang et al.，2014a，2018a；Zhao et al.，2015a）。不同的干燥方式和加工方式会产生不一样的清除自由基能力。Zhao 等（2015b）研究了热风干燥（40 ～ 80℃）、真空干燥（40 ～ 60℃）和喷雾干燥三种干燥方式对枸杞多糖清除 DPPH·、·OH、·O_2^- 自由基作用的影响，结果发现经喷雾干燥处理后的枸杞多糖具有最强的自由基清除效力。Zhang 等（2014a）的研究指出从经超细粉碎后的原料中提取得到的枸杞多糖具有更强的 DPPH· 和 $ABTS^+$ 自由基清除作用。此外，Zhang 等（2018b）利用茶提取物和枸杞多糖合成了具有强清除 DPPH· 与 $ABTS^+$ 自由基能力的硒纳米颗粒。

枸杞多糖对化学药物和电离辐射造成的机体氧化应激损伤具有抑制作用。在 Rjeibi 等（2018）的研究中，枸杞多糖对 CCl_4 和铂化合物诱导的小鼠肝脏与肾脏损伤具有保护作用，枸杞多糖能够抑制 CCl_4 中毒引起的血清肝脏标志物（AST、ALT、LDH 和 GGT）和铂化合物诱导的血清肾脏标志物（尿素、血尿素氮、肌酐和尿酸）的增加。与此同时，枸杞多糖能够降低小鼠肝脏和肾脏组织的脂质过氧化水平。Nrf2/ARE 抗氧化信号通路在枸杞多糖抑制过氧化氢致软骨细胞和紫外线照射致人皮肤成纤维细胞的氧化损伤过程中扮演着重要角色。Chen 等（2018）发现枸杞多糖预处理可减缓过氧化氢致软骨细胞内 ROS 的生成与 DNA 损伤，增强 Nrf2、HO-1、NQO-1 的蛋白和 mRNA 表达，抑制 γH2AX、Chk1、PARP、caspase-3/8/9 的蛋白和 mRNA 表达。Liang 等（2018）的研究表明枸杞多糖对紫外线照射致人皮肤成纤维 HSF 细胞损伤的保护作用体现为上调 p-Nrf2 和 Nrf2 的表达、SOD 和 GSP-Px 的水平，降低 ROS 和 LPO 水平。此外，枸杞多糖还能够减少电离辐射引发的小鼠骨髓单核细胞的细胞凋亡、氧化应激损伤和下调细胞黏附分子 CD44 与 CD49d 的表达（Zhou et al.，2016）。

对多糖进行改性能够增强枸杞多糖的体内与体外抗氧化活性。Qiu 等（2014）利用 HNO_3-Na_2SeO_3 硒化的方法对枸杞多糖改性后发现，与原多糖相比，改性后的多糖对·OH 和·O_2^- 自由基具有更高的清除率，且可使白色罗马鸡的抗氧化能力增强。此外，枸杞多糖的抗氧化功能可能对于促进改善亚健康小鼠的疲劳状态有积极的作用（Zhao et al.，2015b）。枸杞多糖能够通过恢复线粒体功能和减少活性氧的生成而促进原低温保存的小鼠胚胎细胞的发育（Yang et al.，2019）。

19.7.9 降血糖及降血脂作用

枸杞多糖的降血糖及降血脂作用是其发挥抗糖尿病功能的重要途径之一。Zhao等（2015）研究发现枸杞多糖可显著降低高脂饮食与链脲佐菌素诱导的糖尿病大鼠的血糖水平与血清HbA1c、TC、TG和LDL-C水平，抑制肝脏组织中PEPCK、SREBP-1c和FAS的mRNA表达。体内和体外研究皆表明，枸杞多糖通过促进葡萄糖代谢和胰岛素分泌以及胰腺细胞增殖，从而产生明显的降血糖作用和胰岛素增敏活性。同时，枸杞多糖在其他动物模型中也表现出降血糖及降血脂的功能。对于缺血再灌注高血糖大鼠，枸杞多糖能够降低Drp-1的表达和增加Opa1的表达，通过维持线粒体动态平衡而减轻缺血再灌注高血糖而引起的脑损伤（Liu et al.，2017b）。Zhu等（2015）采用高脂血症模型小鼠联合慢性综合心理压力干预动物实验模型进行研究，发现枸杞多糖可显著降低血清中TG、TC与IL-6水平和肝脏中MDA含量，显著提高肝脏SOD活力与Hsp70水平，并促进CYP7A1的mRNA表达。

细胞试验研究表明，枸杞多糖能够降低Caco-2细胞的葡萄糖吸收水平。Tang等（2015）研究发现枸杞多糖可显著减少Caco-2细胞的葡萄糖吸收，且在一定范围内葡萄糖浓度越小、多糖浓度越高，这种作用越明显。Cai等（2017）研究了枸杞多糖下调Caco-2细胞葡萄糖吸收的作用机制，发现枸杞多糖可能通过SGLT-1转运而穿过Caco-2细胞，其通过下调SGLT-1的水平而抑制Caco-2细胞的葡萄糖吸收。

19.7.10 其他功能

枸杞多糖还具有抗炎（Peng et al.，2014a; Rjeibi et al.，2018）、改善关节炎（Liu et al.，2015b）、减轻热应激损伤（Yang et al.，2014）、促进成骨细胞的分化与增殖（Jing and Jia，2018; Liang and Yue，2019; Zhang et al.，2019b）和改变肠道菌群组成（Zhou et al.，2018a）的作用。

19.8 枸杞多糖的结构-活性关系

枸杞多糖往往结合着一部分蛋白质和酚类物质，这些物质影响着枸杞多糖的生物活性。Zhang等（2014b）通过比较从枸杞果实多糖中提取得到的多糖和多糖-蛋白质复合物的免疫调节功能发现，其多糖-蛋白质复合物对脾淋巴细胞的NF-κB活性具有更强的促进作用。Yang等（2015）研究了经热水提取（100℃）、超声辅助水提取（30～40℃）、热亚临界水提取（110℃）和超声辅助亚临界水提取等四种方法得到的枸杞多糖的免疫促进作用，结果表明经超声辅助亚临界水提取方法得到的多糖在提升RAW264.7巨噬细胞的吞噬作用和促进NO生成方面具有最明显的效果，而且具有最强的自由基清除能力与Fe^{2+}还原能力。经过化学成分分析发现，这种多糖含有最高的蛋白质和酚类物质含量。

分子质量对枸杞多糖的生物活性具有显著的影响。Deng等（2018a）提出枸杞多糖对RAW264.7巨噬细胞的免疫功能调节作用与其分子质量大小有关，枸杞多糖中分子质量小于350kDa的组分是增强其免疫功能的重要成分。当枸杞多糖分子质量小于350kDa时，高分子质量可能会带来更强的免疫促进功能。Gong 等（2018）研究了三种不同分子质量大小的多糖组分（LBGP-Ⅰ-1，31.9kDa；LBGP-Ⅰ-2，29.2kDa；LBGP-Ⅰ-3，91.2kDa）对 RAW264.7 巨噬细胞的免疫调节作用。分子质量最大的 LBGP-Ⅰ-3 能够显著地激发和提高 RAW264.7 细胞的 NO 生成和吞噬能力、酸性磷酸酶水平。Deng 等（2017）的另外一项研究表明，枸杞多糖的抗肿瘤作用也与其分子质量大小相关，位于中等分子质量大小范围（40 ～ 350kDa）的组分是抑制肝癌 H22 细胞生长和显著降低肝癌 H22 细胞荷瘤小鼠中肿瘤重量的有效多糖。

枸杞多糖的生物活性可能与其单糖组成有关。Zhang 等（2015b）研究了两种不同枸杞多糖分离组分（LBP-d 和 LBP-e）对肝癌 SMMC-7721 细胞凋亡的影响，结果发现含有更高含量蛋白质、糖醛酸和半乳糖的 LBP-e 组分对 G_0/G_1 和 S 周期的 SMMC-7721 细胞具有更高的抑制比例，表现出更明显的细胞凋亡诱发现象。

19.9 枸杞多糖研究存在的问题及前景展望

枸杞多糖由于丰富的生物活性和健康促进作用，具有作为保健品和医药产品的发展前景。枸杞的种类繁多，但是目前对其多糖的研究主要集中在宁夏枸杞、中华枸杞和黑果枸杞三种，尤其是宁夏枸杞。基于这种情况，现有研究对于枸杞多糖产品开发与利用的指导信息可能是片面的，未来需要将更多的工作投入到其他种类枸杞多糖的研究中。虽然有大量动物实验和细胞试验用于研究枸杞多糖的生物活性功能，但是临床试验方面的研究相对甚少，而且关于枸杞多糖功能产品的功能活性鲜有报道。关于枸杞多糖构效关系的信息缺乏，不利于枸杞多糖结构的选择，未来需要更进一步地进行剖析。

参考文献

陈金娥, 李成义, 张海容. 2006. 微波法与传统工艺提取枸杞多糖的比较研究. 中成药, 28(4): 573-576.
陈靖, 庞燕军, 曹春英, 等. 2009. 正交设计法优化枸杞多糖的提取工艺. 中国医药导报, 6(2): 16, 93.
葛邦国, 刘志勇, 朱风涛, 等. 2014. 枸杞加工研究现状与前景展望. 食品研究与开发, 35(4): 93-97.
国家药典委员会. 2015. 中华人民共和国药典 2015 年版 一部. 北京: 中国医药科技出版社.
胡仲秋, 刘建党, 王保玲. 2008. 枸杞多糖的碱液提取工艺研究. 西北农林科技大学学报: 自然科学版, 36(10): 173-178.
胡仲秋, 王利, 王保玲, 等. 2009. 枸杞多糖提取及消除羟自由基活性研究. 食品科学, 30(24): 93-98.
宋于洋, 南立军, 王炳举, 等. 2006. 枸杞果实水溶性多糖的水提优化工艺及抗氧化性研究. 食品科技, 31(9): 90-92.
田晓静, 景冰玉, 王彩霞, 等. 2017. 枸杞多糖提取方法的研究进展. 食品安全质量检测学报, 8(2): 439-445.
王晓宇, 陈鸿平, 银玲, 等. 2011. 中国枸杞属植物资源概述. 中药与临床, 2(5): 1-3, 50.
王岩岩, 陈东海, 车烈权, 等. 2007. 纤维素酶提取枸杞多糖及工艺优化. 食品科技, 32(3): 104-106.
严成, 严夏. 2008. 枸杞多糖提取工艺比较及体外抗氧化性研究. 食品科学, 29(7): 183-187.
Alassadi I J, Sabah F S, Alrubaie L A. 2015. Isolation of flavonoid compound from iraqi awsaj plant (*Lycium barbarum* L.) fruits and the study of its antibacterial activity. European Scientific Journal, 11(24): 268-276.
Al-Fartosy A J. 2015. Protective effect of galactomannan extracted from Iraqi *Lycium barbarum* L. fruits

against alloxan-induced diabetes in rats. American Journal of Biochemistry & Biotechnology, 11(2): 73-83.

Alsaggaf M S, Moussa S H, Elguindy N M, et al. 2017. Fungal chitosan and *Lycium barbarum* extract as anti-listeria and quality preservatives in minced catfish. International Journal of Biological Macromolecules, 104(Part A): 854-861.

Altintas A, Kosar M, Kirimer N, et al. 2006. Composition of the essential oils of *Lycium barbarum* and *L. ruthenicum* fruits. Chemistry of Natural Compounds, 42(1): 24-25.

Amagase H, Farnsworth N R. 2011. A review of botanical characteristics, phytochemistry, clinical relevance in efficacy and safety of *Lycium barbarum* fruit (Goji). Food Research International, 44(7): 1702-1717.

Bae U J, Oh M R, Park J, et al. 2017. Supplementation with *Lycium chinense* fruit extract attenuates methionine choline-deficient diet-induced steatohepatitis in mice. Journal of Functional Foods, 31: 1-8.

Benchennouf A, Grigorakis S, Loupassaki S, et al. 2017. Phytochemical analysis and antioxidant activity of *Lycium barbarum* (Goji) cultivated in Greece. Pharmaceutical Biology, 55(1): 596-602.

Bie M, Lv Y, Ren C, et al. 2015. *Lycium barbarum* polysaccharide improves bipolar pulse current-induced microglia cell injury through modulating autophagy. Cell Transplantation, 24(3): 419-428.

Bilgic Y, Harputluoglu M, Kutlu O, et al. 2015. Effects of *Lycium barbarum* on bacterial translocation in thioacetamide-induced liver injury in rats. European Journal of Inflammation, 13(3): 154-163.

Bo R, Liu Z, Zhang J, et al. 2019. Mechanism of *Lycium barbarum* polysaccharides liposomes on activating murine dendritic cells. Carbohydrate Polymers, 205: 540-549.

Bo R, Ma X, Feng Y, et al. 2015. Optimization on conditions of *Lycium barbarum* polysaccharides liposome by RSM and its effects on the peritoneal macrophages function. Carbohydrate Polymers, 117: 215-222.

Bo R, Sun Y, Zhou S, et al. 2017. Simple nanoliposomes encapsulating *Lycium barbarum* polysaccharides as adjuvants improve humoral and cellular immunity in mice. International Journal of Nanomedicine, 12: 6289-6301.

Bo R, Zheng S, Xing J, et al. 2016. The immunological activity of *Lycium barbarum* polysaccharides liposome *in vitro* and adjuvanticity against PCV2 *in vivo*. International Journal of Biological Macromolecules, 85: 294-301.

Cai H, Yang X, Cai Q, et al. 2017. *Lycium barbarum* L. polysaccharide (LBP) reduces glucose uptake via down-regulation of SGLT-1 in Caco2 cell. Molecules, 22(2): 341-352.

Cao S, Du J, Hei Q. 2017. *Lycium barbarum* polysaccharide protects against neurotoxicity via the Nrf2-HO-1 pathway. Experimental and Therapeutic Medicine, 14(5): 4919-4927.

Ceccarini M, Vannini S, Cataldi S, et al. 2016. *In vitro* protective effects of *Lycium barbarum* berries cultivated in Umbria (Italy) on human hepatocellular carcinoma cells. BioMed Research International, 2016: 1-9.

Chang J S, Lee Y J, Wilkie D A, et al. 2018. The neuroprotective and antioxidative effects of submicron and blended *Lycium barbarum* in experimental retinal degeneration in rats. Journal of Veterinary Medical Science, 8(7): 1108-1115.

Chao J C, Chiang S W, Wang C C, et al. 2006. Hot water-extracted *Lycium barbarum* and *Rehmannia glutinosa* inhibit proliferation and induce apoptosis of hepatocellular carcinoma cells. World Journal of Gastroenterology, 12(28): 4478-4484.

Chen S, Liang L, Wang Y, et al. 2015. Synergistic immunotherapeutic effects of *Lycium barbarum* polysaccharide and interferon-α2b on the murine Renca renal cell carcinoma cell line *in vitro* and *in vivo*. Molecular Medicine Reports, 12(5): 6727-6737.

Chen Y, Bi Q, Zhu Z, et al. 2018. *Lycium barbarum* polysaccharides exert an antioxidative effect on rat chondrocytes by activating the nuclear factor (erythroid-derived 2)-like 2 signaling pathway. Archives of Medical Science, 16(4): 964-973.

Chen Z, Lu J, Srinivasan N, et al. 2009a. Polysaccharide-protein complex from *Lycium barbarum* L. is a novel stimulus of dendritic cell immunogenicity. The Journal of Immunology, 182(6): 3503-3509.

Chen Z, Soo M Y, Srinivasan N, et al. 2009b. Activation of macrophages by polysaccharide-protein complex from *Lycium barbarum* L. Phytotherapy Research: An International Journal Devoted to Pharmacological and Toxicological Evaluation of Natural Product Derivatives, 23(8): 1116-1122.

Chen Z, Tan B K H, Chan S H. 2008. Activation of T lymphocytes by polysaccharide-protein complex from *Lycium barbarum* L. International Immunopharmacology, 8(12): 1663-1671.

Cheng J, Zhou Z W, Sheng H P, et al. 2015. An evidence-based update on the pharmacological activities and possible molecular targets of *Lycium barbarum* polysaccharides. Drug Design, Development and Therapy, 9: 33-78.

Chu P H, Li H Y, Chin M P, et al. 2013. Effect of *Lycium barbarum* (wolfberry) polysaccharides on preserving retinal function after partial optic nerve transection. PLoS One, 8(12): e81339.

Chung I M, Ali M, Praveen N, et al. 2014. New polyglucopyranosyl and polyarabinopyranosyl of fatty acid derivatives from the fruits of *Lycium chinense* and its antioxidant activity. Food Chemistry, 151: 435-443.

Cui B, Chen Y, Liu S, et al. 2012. Antitumour activity of *Lycium chinensis* polysaccharides in liver cancer rats. International Journal of Biological Macromolecules, 51(3): 314-318.

Deng X, Li X, Luo S, et al. 2017. Antitumor activity of *Lycium barbarum* polysaccharides with different molecular weights: an *in vitro* and *in vivo* study. Food & Nutrition Research, 61(1): 1399770.

Deng X, Liu Q, Fu Y, et al. 2018a. Effects of *Lycium barbarum* polysaccharides with different molecular weights on function of RAW264. 7 macrophages. Food and Agricultural Immunology, 29(1): 808-820.

Deng X, Luo S, Luo X, et al. 2018b. Polysaccharides from Chinese herbal *Lycium barbarum* induced systemic and local immune responses in H22 tumor-bearing mice. Journal of Immunology Research, 2018: 3431782.

Dong J Z, Wang Z C, Wang Y. 2011. Rapid extraction of polysaccharides from fruits of *Lycium barbarum* L. Journal of Food Biochemistry, 35(4): 1047-1057.

Du M, Hu X, Kou L, et al. 2016. *Lycium barbarum* polysaccharide mediated the antidiabetic and antinephritic effects in diet-streptozotocin-induced diabetic Sprague Dawley rats via regulation of NF-κB. BioMed Research International, 2016: 3140290.

Du S, Han B, Li K, et al. 2017. *Lycium barbarum* polysaccharides protect rat corneal epithelial cells against ultraviolet B-induced apoptosis by attenuating the mitochondrial pathway and inhibiting JNK phosphorylation. BioMed Research International, (7): 1-10.

Dursun R, Zengin Y, Gündüz E, et al. 2015. The protective effect of goji berry extract in ischemic reperfusion in testis torsion. International Journal of Clinical and Experimental Medicine, 8(2): 2727-2733.

Endes Z, Uslu N, Özcan M M, et al. 2015. Physico-chemical properties, fatty acid composition and mineral contents of goji berry (*Lycium barbarum* L.) fruit. Journal of Agroalimentary Processes and Technologies, 21(1): 36-40.

Fang F, Peng T, Yang S, et al. 2016. *Lycium barbarum* polysaccharide attenuates the cytotoxicity of mutant huntingtin and increases the activity of AKT. International Journal of Developmental Neuroscience, 52: 66-74.

Forino M, Tartaglione L, Dell'Aversano C, et al. 2016. NMR-based identification of the phenolic profile of fruits of *Lycium barbarum* (goji berries). Isolation and structural determination of a novel *N*-feruloyl tyramine dimer as the most abundant antioxidant polyphenol of goji berries. Food Chemistry, 194: 1254-1259.

Gan F, Liu Q, Liu Y, et al. 2018. *Lycium barbarum* polysaccharides improve CCl_4-induced liver fibrosis, inflammatory response and TLRs/NF-kB signaling pathway expression in wistar rats. Life Sciences, 192: 205-212.

Gan L, Zhang S H, Liu Q, et al. 2003. A polysaccharide-protein complex from *Lycium barbarum* upregulates cytokine expression in human peripheral blood mononuclear cells. European Journal of Pharmacology, 471(3): 217-222.

Gan L, Zhang S H, Yang X L, et al. 2004. Immunomodulation and antitumor activity by a polysaccharide-protein complex from *Lycium barbarum*. International Immunopharmacology, 4(4): 563-569.

Gao K, Liu M, Cao J, et al. 2015. Protective effects of *Lycium barbarum* polysaccharide on 6-OHDA-induced apoptosis in PC12 cells through the ROS-NO pathway. Molecules, 20(1): 293-308.

Gao Y, Wei Y, Wang Y, et al. 2017. *Lycium Barbarum*: a traditional chinese herb and a promising anti-aging agent. Aging and Disease, 8(6): 778-791.

Ghali W, Vaudry D, Jouenne T, et al. 2015. *Lycium europaeum* fruit extract: antiproliferative activity on A549 human lung carcinoma cells and PC12 rat adrenal medulla cancer cells and assessment of its cytotoxicity on cerebellum granule cells. Nutrition and Cancer, 67(4): 637-646.

Gogoasa I, Alda L, Rada M, et al. 2014. Goji berries (*Lycium barbarum*) as a source of trace elements in human nutrition. Journal of Agroalimentary Processes and Technologies, 20(4): 369-372.

Gong G, Dang T, Deng Y, et al. 2018. Physicochemical properties and biological activities of polysaccharides from *Lycium barbarum* prepared by fractional precipitation. International Journal of Biological Macromolecules, 109: 611-618.

Gong G, Fan J, Sun Y, et al. 2016. Isolation, structural characterization, and antioxidativity of polysaccharide LBLP5-A from *Lycium barbarum* leaves. Process Biochemistry, 51(2): 314-324.

Gong Y, Wu J, Li S T. 2015. Immuno-enhancement effects of *Lycium ruthenicum* Murr. polysaccharide on cyclophosphamide-induced immunosuppression in mice. International Journal of Clinical and Experimental Medicine, 8(11): 20631-20637.

Gündüz E, Dursun R, Zengin Y, et al. 2015. *Lycium barbarum* extract provides effective protection against paracetamol-induced acute hepatotoxicity in rats. International Journal of Clinical and Experimental Medicine, 8(5): 7898-7905.

He M, Pan H, Chang R C C, et al. 2014. Activation of the Nrf2/HO-1 antioxidant pathway contributes to the protective effects of *Lycium barbarum* polysaccharides in the rodent retina after ischemia-reperfusion-induced damage. PLoS One, 9(1): 1-11.

Hou Y M, Wang J, Zhang X Z. 2017. *Lycium barbarum* polysaccharide exhibits cardioprotection in an experimental model of ischemia-reperfusion damage. Molecular Medicine Reports, 15(5): 2653-2658.

Hsieh F C, Hung C T, Cheng K C, et al. 2018. Protective effects of *Lycium barbarum*extracts on UVB-induced damage in human retinal pigment epithelial cells accompanied by attenuating ROS and DNA damage. Oxidative Medicine and Cellular Longevity, 2018: 4814928.

Hsu H, Huang R, Kao T, et al. 2017. Preparation of carotenoid extracts and nanoemulsions from *Lycium barbarum* L. and their effects on growth of HT-29 colon cancer cells. Nanotechnology, 28(13): 135103.

Hu X, Qu Y, Chu Q, et al. 2018. Investigation of the neuroprotective effects of *Lycium barbarum* water extract in apoptotic cells and Alzheimer's disease mice. Molecular Medicine Reports, 17(3): 3599-3606.

Huang C, Yao R, Zhu Z, et al. 2019. A pectic polysaccharide from water decoction of Xinjiang *Lycium barbarum* fruit protects against intestinal endoplasmic reticulum stress. International Journal of Biological Macromolecules, 130: 508-514.

Huang L, Tian W, Qu F, et al. 2016. Assessment of *Lycium barbarum* L. fruits' effect on premature ovarian failure in rats. International Journal of Clinical and Experimental Medicine, 9(10): 19363-19371.

Huang X, Zhang Q Y, Jiang Q Y, et al. 2012. Polysaccharides derived from *Lycium barbarum* suppress IGF-1-induced angiogenesis via PI3K/HIF-1α/VEGF signalling pathways in MCF-7 cells. Food Chemistry, 131(4): 1479-1484.

Huyan T, Li Q, Yang H, et al. 2014. Protective effect of polysaccharides on simulated microgravity-induced functional inhibition of human NK cells. Carbohydrate Polymers, 101: 819-827.

Jabbar S, Abid M, Zeng X. 2014. Nutritional, phytochemical characterization and antioxidant capacity of Ningxia Wolfberry (*Lycium barbarum* L.). Journal of the Chemical Society of Pakistan, 36(6): 1079-1087.

Jiang L F. 2014. Preparation and antioxidant activity of *Lycium barbarum* oligosaccharides. Carbohydrate Polymers, 99: 646-648.

Jin M, Huang Q, Zhao K, et al. 2013. Biological activities and potential health benefit effects of polysaccharides isolated from *Lycium barbarum* L. International Journal of Biological Macromolecules, 54: 16-23.

Jing L, Cui G, Feng Q, et al. 2009. Orthogonal test design for optimization of the extraction of polysaccharides from *Lycium barbarum* and evaluation of its anti-athletic fatigue activity. Journal of Medicinal Plants Research, 3(5): 433-437.

Jing L, Jia X W. 2018. *Lycium barbarum* polysaccharide arbitrates palmitate-induced apoptosis in MC3T3-E1 cells through decreasing the activation of ERS-mediated apoptosis pathway. Molecular Medicine Reports, 17(2): 2415-2421.

Karakaş F P, Coşkun H, Sağlam K, et al. 2016. *Lycium barbarum* L. (goji berry) fruits improve anxiety, depression-like behaviors, and learning performance: the moderating role of sex. Turkish Journal of Biology, 40(4): 762-771.

Khan I, Qayum A, Qureshi Z. 1969. Study of the hypotensive action of berbamine, an alkaloid isolated from berberis lycium. Life Sciences, 8(17): 993-1001.

Kocyigit E, Sanlier N. 2017. A review of composition and health effects of *Lycium barbarum*. International Journal of Chinese Medicine, 1(1): 1-9.

Kou L, Du M, Zhang C, et al. 2017. Polysaccharide purified from *Lycium barbarum* protects differentiated PC12 cells against L-Glu-induced toxicity via the mitochondria-associated pathway. Molecular Medicine Rreports, 16(4): 5533-5540.

Lam C S, Tipoe G L, So K F, et al. 2015. Neuroprotective mechanism of *Lycium barbarum* polysaccharides against hippocampal-dependent spatial memory deficits in a rat model of obstructive sleep apnea. PLoS One, 10(2): e0117990.

Lee S R, Hwang H J, Yoon J G, et al. 2019. Anti-inflammatory effect of *Lycium barbarum* on polarized human intestinal epithelial cells. Nutrition Research and Practice, 13(2): 95-104.

Li D, Sun L, Yang Y, et al. 2018a. Preventive and therapeutic effects of pigment and polysaccharides in *Lycium barbarum* on alcohol-induced fatty liver disease in mice. CyTA-Journal of Food, 16(1): 938-949.

Li G, Sepkovic D W, Bradlow H L, et al. 2009. *Lycium barbarum* inhibits growth of estrogen receptor positive human breast cancer cells by favorably altering estradiol metabolism. Nutrition and Cancer, 61(3): 408-414.

Li H Y, Huang M, Luo Q Y, et al. 2019a. *Lycium barbarum* (Wolfberry) increases retinal ganglion cell survival and affects both microglia/macrophage polarization and autophagy after rat partial optic nerve transection. Cell Transplantation, 28(5): 607-618.

Li H Y, Ruan Y W, Kau P W F, et al. 2015. Effect of *Lycium barbarum* (Wolfberry) on alleviating axonal degeneration after partial optic nerve transection. Cell Transplantation, 24(3): 403-417.

Li J, Ding Z, Yang Y, et al. 2018b. *Lycium barbarum* polysaccharides protect human trophoblast HTR8/SVneo cells from hydrogen peroxide-induced oxidative stress and apoptosis. Molecular Medicine Reports, 18(3): 2581-2588.

Li Q, Zhang Z, Li H, et al. 2019b. *Lycium barbarum* polysaccharides protects H9c2 cells from hypoxia-induced injury by down-regulation of miR-122. Biomedicine & Pharmacotherapy, 110: 20-28.

Li S Y, Yang D, Yeung C M, et al. 2011. *Lycium barbarum* polysaccharides reduce neuronal damage, blood-retinal barrier disruption and oxidative stress in retinal ischemia/reperfusion injury. PLoS One, 6(1): e16380.

Li X M. 2007. Protective effect of *Lycium barbarum* polysaccharides on streptozotocin-induced oxidative stress in rats. International Journal of Biological Macromolecules, 40(5): 461-465.

Lian Y Z, Ni P Y, Chao J C. 2019. Protective role of *Lycium Barbarum* polysaccharides and C-phycocyanin against ethanol-induced gastric ulcer. The FASEB Journal, 165(Pt A): 1519-1528.

Liang B, Jin M, Liu H. 2011. Water-soluble polysaccharide from dried *Lycium barbarum* fruits: isolation, structural features and antioxidant activity. Carbohydrate Polymers, 83(4): 1947-1951.

Liang B, Peng L, Li R, et al. 2018. *Lycium barbarum* polysaccharide protects HSF cells against ultraviolet-induced damage through the activation of Nrf2. Cellular & Molecular Biology Letters, 23(1): 1-13.

Liang W, Yue Z. 2019. *Lycium barbarum* polysaccharides promote osteoblasts viability by regulating microRNA-17/PTEN. Life Sciences, 225: 72-78.

Liao J, Liu B, Zhong W, et al. 2019. Protective effect of *Lycium barbarum* polysaccharides against high-fat diet-induced renal injury and lipid deposition in rat kidneys. Journal of Biological Regulators and Homeostatic Agents, 33(1): 7-17.

Lin J, Zhang Y, Wang X, et al. 2015. *Lycium ruthenicum* extract alleviates high-fat diet-induced nonalcoholic fatty liver disease via enhancing the AMPK signaling pathway. Molecular Medicine Reports, 12(3): 3835-3840.

Liu F, Zhang J, Xiang Z, et al. 2018a. *Lycium barbarum* polysaccharides protect retina in rd1 mice during photoreceptor degeneration. Investigative Ophthalmology & Visual Science, 59(1): 597-611.

Liu H, Fan Y, Wang W, et al. 2012. Polysaccharides from *Lycium barbarum* leaves: isolation, characterization and splenocyte proliferation activity. International Journal of Biological Macromolecules, 51(4): 417-422.

Liu L, Lao W, Ji Q S, et al. 2015a. *Lycium barbarum* polysaccharides protected human retinal pigment epithelial cells against oxidative stress-induced apoptosis. International Journal of Ophthalmology, 8(1): 11-16.

Liu S Y, Chen L, Li X C, et al. 2018b. *Lycium barbarum* polysaccharide protects diabetic peripheral neuropathy by enhancing autophagy via mTOR/p70S6K inhibition in streptozotocin-induced diabetic rats. Journal of Chemical Neuroanatomy, 89: 37-42.

Liu W, Liu Y, Zhu R, et al. 2016a. Structure characterization, chemical and enzymatic degradation, and chain conformation of an acidic polysaccharide from *Lycium barbarum* L. Carbohydrate Polymers, 147: 114-124.

Liu W J, Jiang H F, Rehman F U, et al. 2017a. *Lycium barbarum* polysaccharides decrease hyperglycemia-aggravated ischemic brain injury through maintaining mitochondrial fission and fusion balance. International Journal of Biological Sciences, 13(7): 901-910.

Liu Y, Gong G, Sun Y, et al. 2016b. Isolation, structural characterization, and immunological activity of a polysaccharide LRLP4-A from the leaves of *Lycium ruthenicum*. Journal of Carbohydrate Chemistry, 35(1): 40-56.

Liu Y, Gong G, Zhang J, et al. 2014. Response surface optimization of ultrasound-assisted enzymatic extraction polysaccharides from *Lycium barbarum*. Carbohydrate Polymers, 110: 278-284.

Liu Y, Lv J, Yang B, et al. 2015b. *Lycium barbarum* polysaccharide attenuates type Ⅱ collagen-induced arthritis in mice. International Journal of Biological Macromolecules, 78: 318-323.

Liu Y, Yin R, Liang S, et al. 2017b. Effect of dietary *Lycium barbarum* polysaccharide on growth performance and immune function of broilers. Journal of Applied Poultry Research, 26(2): 200-208.

Liu Y, Zhang Y. 2019. *Lycium barbarum* polysaccharides alleviate hydrogen peroxide-induced injury by up-regulation of miR-4295 in human trabecular meshwork cells. Experimental and Molecular Pathology, 106: 109-115.

Liu Z, Dang J, Wang Q, et al. 2013. Optimization of polysaccharides from *Lycium ruthenicum* fruit using RSM and its anti-oxidant activity. International Journal of Biological Macromolecules, 61: 127-134.

Lu S P, Zhao P T. 2010. Chemical characterization of *Lycium barbarum* polysaccharides and their reducing myocardial injury in ischemia/reperfusion of rat heart. International Journal of Biological Macromolecules, 47(5): 681-684.

Luo Q, Cai Y, Yan J, et al. 2004. Hypoglycemic and hypolipidemic effects and antioxidant activity of fruit extracts from *Lycium barbarum*. Life Sciences, 76(2): 137-149.

Luo Q, Li J, Cui X, et al. 2014. The effect of *Lycium barbarum* polysaccharides on the male rats' reproductive system and spermatogenic cell apoptosis exposed to low-dose ionizing irradiation. Journal of Ethnopharmacology, 154(1): 249-258.

Luo Q, Li Z, Yan J, et al. 2009. *Lycium barbarum* polysaccharides induce apoptosis in human prostate cancer cells and inhibits prostate cancer growth in a xenograft mouse model of human prostate cancer. Journal of Medicinal Food, 12(4): 695-703.

Lv X, Wang C, Cheng Y, et al. 2013. Isolation and structural characterization of a polysaccharide LRP4-A from *Lycium ruthenicum* Murr. Carbohydrate Research, 365: 20-25.

Mi X S, Chiu K, Van G, et al. 2012a. Effect of *Lycium barbarum* polysaccharides on the expression of endothelin-1 and its receptors in an ocular hypertension model of rat glaucoma. Neural Regeneration Research, 7(9): 645-651.

Mi X S, Feng Q, Lo A C Y, et al. 2012b. Protection of retinal ganglion cells and retinal vasculature by *Lycium barbarum* polysaccharides in a mouse model of acute ocular hypertension. PLoS One, 7(10): e45469.

Mo W Y, Lun C H I, Choi W M, et al. 2016. Enhancing growth and non-specific immunity of grass carp and Nile tilapia by incorporating Chinese herbs (*Astragalus membranaceus* and *Lycium barbarum*) into food waste based pellets. Environmental Pollution, 219: 475-482.

Mocan A, Vlase L, Vodnar D, et al. 2014. Polyphenolic content, antioxidant and antimicrobial activities of *Lycium barbarum* L. and *Lycium chinense* Mill. leaves. Molecules, 19(7): 10056-10073.

Mohammed Z Y, Al-Sammarrae K, Hamza S J. 2015. Preliminary study for the anticancer activity of flavonoids extracted from wild *Lycium barbarum* leaves. International Journal of Research Studies in Biosciences, 3(12): 88-94.

Molnar P, Pfander H, Olah P, et al. 2003. The carotenoid composition of the fruits of box-thorn (*Lycium barbarum* L.) of Chinese and Hungarian origin. Olaj, Szappan, Kozmetika, 522: 50-55.

Moon H W, Park J W, Lee K W, et al. 2017. Administration of Goji (*Lycium chinense* Mill.) extracts improves erectile function in old aged rat model. The World Journal of Men's Health, 35(1): 43-50.

Muatasim R, Ma H, Yang X. 2018. Effect of multimode ultrasound assisted extraction on the yield of crude polysaccharides from *Lycium barbarum* (Goji). Food Science and Technology, 38(S1): 160-166.

Muselin F, Brezovan D, Savici J, et al. 2015. The use of Yellow Dock (*Rumex crispus* L.) and Goji Berry (*Lycium barbarum* L.) in alloxan induced diabetes mellitus in rats. Scientific Papers Animal Science and Biotechnologies, 48(1): 373-376.

Niu T, Jin L, Niu S, et al. 2018. *Lycium barbarum* polysaccharides alleviates oxidative damage induced by H_2O_2 through down-regulating microRNA-194 in PC-12 and SH-SY5Y cells. Cellular Physiology and Biochemistry, 50(2): 460-472.

Oh Y C, Cho W K, Im G Y, et al. 2012. Anti-inflammatory effect of *Lycium* fruit water extract in lipopolysaccharide-stimulated RAW 264. 7 macrophage cells. International Immunopharmacology, 13(2): 181-189.

Olatunji O, Chen H, Zhou Y. 2015. Anti-ulcerogenic properties of *Lycium chinense* Mill extracts against ethanol-induced acute gastric lesion in animal models and its active constituents. Molecules, 20(12): 22553-22564.

Pan H, Zhao Y, Wang N. 2017. Pretreatment of *Lycium barbarum* polysaccharide reduces H_2O_2-induced myocardial apoptosis. International Journal of Clinical and Experimental Medicine, 10(5): 7981-7988.

Peng Q, Liu H, Lei H, et al. 2016. Relationship between structure and immunological activity of an arabinogalactan from *Lycium ruthenicum*. Food Chemistry, 194: 595-600.

Peng Q, Liu H, Shi S, et al. 2014a. *Lycium ruthenicum* polysaccharide attenuates inflammation through inhibiting TLR4/NF-κB signaling pathway. International Journal of Biological Macromolecules, 67: 330-335.

Peng Q, Lv X, Xu Q, et al. 2012a. Isolation and structural characterization of the polysaccharide LRGP1 from *Lycium ruthenicum*. Carbohydrate Polymers, 90(1): 95-101.

Peng Q, Song J, Lv X, et al. 2012b. Structural characterization of an arabinogalactan-protein from the fruits of *Lycium ruthenicum*. Journal of Agricultural and Food Chemistry, 60(37): 9424-9429.

Peng Q, Xu Q, Yin H, et al. 2014b. Characterization of an immunologically active pectin from the fruits of *Lycium ruthenicum*. International Journal of Biological Macromolecules, 64: 69-75.

Peng X, Tian G. 2001. Structural characterization of the glycan part of glycoconjugate LbGp2 from *Lycium barbarum* L. Carbohydrate Research, 331(1): 95-99.

Po K K T, Leung J W H, Chan J N M, et al. 2017. Protective effect of *Lycium Barbarum* polysaccharides on dextromethorphan-induced mood impairment and neurogenesis suppression. Brain Research Bulletin, 134: 10-17.

Potterat O. 2010. Goji (*Lycium barbarum* and *L. chinense*): phytochemistry, pharmacology and safety in the perspective of traditional uses and recent popularity. Planta Medica, 76(1): 7-19.

Qian D, Zhao Y, Yang G, et al. 2017. Systematic review of chemical constituents in the genus *Lycium* (Solanaceae). Molecules, 22(6): 911.

Qian J Y, Liu D, Huang A G. 2004. The efficiency of flavonoids in polar extracts of *Lycium chinense* Mill fruits as free radical scavenger. Food Chemistry, 87(2): 283-288.

Qian L. 2019. Modulation of cytokine level and sperm quality of mice by *Lycium barbarum* polysaccharides. International Journal of Biological Macromolecules, 126: 475-477.

Qian L, Yu S. 2016. Protective effect of polysaccharides from *Lycium barbarum* on spermatogenesis of mice with impaired reproduction system induced by cyclophosphamide. American Journal of Reproductive Immunology, 76(5): 383-385.

Qin X, Yamauchi R, Aizawa K, et al. 2000. Isolation and characterization of arabinogalactan-protein from the fruit of *Lycium chinense* Mill. Journal of Applied Glycoscience, 47(2): 155-161.

Qin X, Yamauchi R, Aizawa K, et al. 2001. Structural features of arabinogalactan-proteins from the fruit of

Lycium chinense Mill. Carbohydrate Research, 333(1): 79-85.

Qiu S, Chen J, Chen X, et al. 2014. Optimization of selenylation conditions for *Lycium barbarum* polysaccharide based on antioxidant activity. Carbohydrate Polymers, 103: 148-153.

Redgwell R J, Curti D, Wang J, et al. 2011. Cell wall polysaccharides of Chinese Wolfberry (*Lycium barbarum*): part 1. Characterisation of soluble and insoluble polymer fractions. Carbohydrate Polymers, 84(4): 1344-1349.

Ren L, Li J, Xiao Y, et al. 2017. Polysaccharide from *Lycium barbarum* L. leaves enhances absorption of endogenous calcium, and elevates cecal calcium transport protein levels and serum cytokine levels in rats. Journal of Functional Foods, 33: 227-234.

Rjeibi I, Feriani A, Saad A B, et al. 2018. *Lycium europaeum* Linn as a source of polysaccharide with *in vitro* antioxidant activities and *in vivo* anti-inflammatory and hepato-nephroprotective potentials. Journal of Ethnopharmacology, 225: 116-127.

Rosa A, Maxia A, Putzu D, et al. 2017. Chemical composition of *Lycium europaeum* fruit oil obtained by supercritical CO_2 extraction and evaluation of its antioxidant activity, cytotoxicity and cell absorption. Food Chemistry, 230: 82-90.

Shan T, Shan T, Liu F, et al. 2017. Effects of *Lycium barbarum* polysaccharides on the damage to human endometrial stromal cells induced by hydrogen peroxide. Molecular Medicine Reports, 15(2): 879-884.

Shen L, Du G. 2012. *Lycium barbarum* polysaccharide stimulates proliferation of MCF-7 cells by the ERK pathway. Life Sciences, 91(9-10): 353-357.

Shi G J, Zheng J, Wu J, et al. 2017a. Beneficial effects of *Lycium barbarum* polysaccharide on spermatogenesis by improving antioxidant activity and inhibiting apoptosis in streptozotocin-induced diabetic male mice. Food & Function, 8(3): 1215-1226.

Shi G J, Zheng J, Wu J, et al. 2017b. Protective effects of *Lycium barbarum* polysaccharide on male sexual dysfunction and fertility impairments by activating hypothalamic pituitary gonadal axis in streptozotocin-induced type-1 diabetic male mice. Endocrine Journal, 64(9): 907-922.

Shi Z, Zhu L, Li T, et al. 2017c. Neuroprotective mechanisms of *Lycium barbarum* polysaccharides against ischemic insults by regulating NR2B and NR2A containing NMDA receptor signaling pathways. Frontiers in Cellular Neuroscience, 11: 288.

Simonyan K, Avetisyan L, Chavushyan V. 2016. Goji fruit (*Lycium barbarum*) protects sciatic nerve function against crush injury in a model of diabetic stress. Pathophysiology, 23(3): 169-179.

Tang H L, Chen C, Wang S K, et al. 2015. Biochemical analysis and hypoglycemic activity of a polysaccharide isolated from the fruit of *Lycium barbarum* L. International Journal of Biological Macromolecules, 77: 235-242.

Tang J, Yan Y, Ran L, et al. 2017. Isolation, antioxidant property and protective effect on PC12 cell of the main anthocyanin in fruit of *Lycium ruthenicum* Murray. Journal of Functional Foods, 30: 97-107.

Tang L, Bao S, Du Y, et al. 2018. Antioxidant effects of *Lycium barbarum* polysaccharides on photoreceptor degeneration in the light-exposed mouse retina. Biomedicine & Pharmacotherapy, 103: 829-837.

Telang N, Li G, Sepkovic D, et al. 2014. Comparative efficacy of extracts from *Lycium barbarum* bark and fruit on estrogen receptor positive human mammary carcinoma MCF-7 cells. Nutrition and Cancer, 66(2): 278-284.

Tian J Y, Chen W W, Cui J, et al. 2016. Effect of *Lycium bararum* polysaccharides on methylmercury-induced abnormal differentiation of hippocampal stem cells. Experimental and Therapeutic Medicine, 12(2): 683-689.

Varoni M V, Gadau S D, Pasciu V, et al. 2017. Investigation of the effects of *Lycium barbarum* polysaccharides against cadmium induced damage in testis. Experimental and Molecular Pathology, 103(1): 26-32.

Wang C, Chang S, Inbaraj B S, et al. 2010. Isolation of carotenoids, flavonoids and polysaccharides from *Lycium barbarum* L. and evaluation of antioxidant activity. Food Chemistry, 120(1): 184-192.

Wang C X, Chen J S, Sun Z X, et al. 2016a. Effect of Lycii fructus polysaccharides on ovulation failure in rats. Tropical Journal of Pharmaceutical Research, 15(4): 799-804.

Wang F, Tipoe G L, Yang C, et al. 2018a. *Lycium barbarum* polysaccharide supplementation improves alcoholic liver injury in female mice by inhibiting stearoyl-CoA desaturase 1. Molecular Nutrition & Food Research, 62(13): e1800144.

Wang G, Ju S, Yang B, et al. 2018b. Inhibitory effects and related mechanisms of *Lycium barbarum* polysaccharides on vascular lesions in type 2 diabetes mellitus. International Journal of Clinical and Experimental Medicine, 11(10): 10660-10666.

Wang H, Li J, Tao W, et al. 2018e. *Lycium ruthenicum* studies: molecular biology, phytochemistry and pharmacology. Food Chemistry, 240: 759-766.

Wang J, Tian L, He L, et al. 2018d. *Lycium barbarum* polysaccharide encapsulated poly lactic-co-glycolic acid nanofibers: cost effective herbal medicine for potential application in peripheral nerve tissue engineering. Scientific Reports, 8(1): 8669.

Wang K, Xiao J, Peng B, et al. 2014a. Retinal structure and function preservation by polysaccharides of wolfberry in a mouse model of retinal degeneration. Scientific Reports, 4: 7601.

Wang T, Li Y, Wang Y, et al. 2014c. *Lycium barbarum* polysaccharide prevents focal cerebral ischemic injury by inhibiting neuronal apoptosis in mice. PLoS One, 9(3): e90780.

Wang Y, Bai F, Luo Q, et al. 2019. *Lycium barbarum* polysaccharides grafted with doxorubicin: an efficient pH-responsive anticancer drug delivery system. International Journal of Biological Macromolecules, 121: 964-970.

Wang Y, Hu X, Han J, et al. 2016b. Integrated method of thermosensitive triblock copolymer-salt aqueous two phase extraction and dialysis membrane separation for purification of *Lycium barbarum* polysaccharide. Food Chemistry, 194: 257-264.

Wang Y, Luan G, Zhou W, et al. 2018c. Subcritical water extraction, UPLC-Triple-TOF/MS analysis and antioxidant activity of anthocyanins from *Lycium ruthenicum* Murr. Food Chemistry, 249: 119-126.

Wang Z, Liu Y, Sun Y, et al. 2014b. Structural characterization of LbGp1 from the fruits of *Lycium barbarum* L. Food Chemistry, 159: 137-142.

Wojcieszek J, Kwiatkowski P, Ruzik L. 2017. Speciation analysis and bioaccessibility evaluation of trace elements in goji berries (*Lycium barbarum* L.). Journal of Chromatography A, 1492: 70-78.

Wu D T, Guo H, Lin S, et al. 2018. Review of the structural characterization, quality evaluation, and industrial application of *Lycium barbarum* polysaccharides. Trends in Food Science & Technology, 79: 171-183.

Xia H, Tang H, Wang F, et al. 2019. An untargeted metabolomics approach reveals further insights of *Lycium barbarum* polysaccharides in high fat diet and streptozotocin-induced diabetic rats. Food Research International, 116: 20-29.

Xiao J, Liong E C, Ching Y P, et al. 2012. *Lycium barbarum* polysaccharides protect mice liver from carbon tetrachloride-induced oxidative stress and necroinflammation. Journal of Ethnopharmacology, 139(2): 462-470.

Xiao J, Wang F, Liong E C, et al. 2018. Lycium barbarum polysaccharides improve hepatic injury through NFkappa-B and NLRP3/6 pathways in a methionine choline deficient diet steatohepatitis mouse model. International Journal of Biological Macromolecules, 120(Part B): 1480-1489.

Xiao J, Xing F, Huo J, et al. 2014a. *Lycium barbarum* polysaccharides therapeutically improve hepatic functions in non-alcoholic steatohepatitis rats and cellular steatosis model. Scientific Reports, 4: 5587.

Xiao J, Zhu Y, Liu Y, et al. 2014b. *Lycium barbarum* polysaccharide attenuates alcoholic cellular injury through TXNIP-NLRP3 inflammasome pathway. International Journal of Biological Macromolecules, 69: 73-78.

Yan Z, Xu C, Teng J, et al. 2018. *Lycium barbarum* polysaccharide induce the neuronal differentiation of mesenchymal stem cell for potential application in neural regeneration. NeuroQuantology, 17(1): 42-49.

Yang D, So K F, Lo A C. 2017a. *Lycium barbarum* polysaccharide extracts preserve retinal function and attenuate inner retinal neuronal damage in a mouse model of transient retinal ischaemia. Clinical & Experimental Ophthalmology, 45(7): 717-729.

Yang D M, Zhang J Q, Fei Y F. 2017b. *Lycium barbarum* polysaccharide attenuates chemotherapy-induced ovarian injury by reducing oxidative stress. Journal of Obstetrics and Gynaecology Research, 43(10): 1621-1628.

Yang F, Wei Y, Liao B, et al. 2018. *Lycium barbarum* polysaccharide prevents cisplatin-induced MITc-1 cell apoptosis and autophagy via regulating endoplasmic reticulum stress pathway. Drug Design, Development and Therapy, 12: 3211-3219.

Yang L, Gao Z, Lei L, et al. 2019. *Lycium barbarum* polysaccharide enhances development of previously-cryopreserved murine two-cell embryos via restoration of mitochondrial function and down-regulated generation of reactive oxygen species. Journal of Reproduction and Development, 65(2): 163-170.

Yang M, Ding J, Zhou X, et al. 2014. Effects of *Lycium barbarum* polysaccharides on neuropeptide Y and heat? shock protein 70 expression in rats exposed to heat. Biomedical Reports, 2(5): 687-692.

Yang M, Gao N, Zhao Y, et al. 2011. Protective effect of *Lycium barbarum* polysaccharide on retinal ganglion cells *in vitro*. International Journal of Ophthalmology, 4(4): 377-379.

Yang R F, Zhao C, Chen X, et al. 2015. Chemical properties and bioactivities of Goji (*Lycium barbarum*) polysaccharides extracted by different methods. Journal of Functional Foods, 17: 903-909.

Yao Q, Yang Y, Lu X, et al. 2018a. *Lycium barbarum*polysaccharides improve retinopathy in diabetic Sprague-Dawley rats. Evidence-Based Complementary and Alternative Medicine, 2018: 7943212.

Yao R, Huang C, Chen X, et al. 2018b. Two complement fixing pectic polysaccharides from pedicel of *Lycium barbarum* L. promote cellular antioxidant defense. International Journal of Biological Macromolecules, 112: 356-363.

Ye M, Moon J, Yang J, et al. 2015. The standardized *Lycium chinense* fruit extract protects against Alzheimer's disease in 3xTg-AD mice. Journal of Ethnopharmacology, 172: 85-90.

Yin G, Dang Y. 2008. Optimization of extraction technology of the *Lycium barbarum* polysaccharides by Box-Behnken statistical design. Carbohydrate Polymers, 74(3): 603-610.

Yu M S, Lai C S W, Ho Y S, et al. 2007. Characterization of the effects of anti-aging medicine *Fructus lycii* on β-amyloid peptide neurotoxicity. International Journal of Molecular Medicine, 20(2): 261-268.

Yuan Y, Wang Y B, Jiang Y, et al. 2016. Structure identification of a polysaccharide purified from *Lycium barbarium* fruit. International Journal of Biological Macromolecules, 82: 696-701.

Zhang B, Wang M, Wang C, et al. 2019a. Endogenous calcium attenuates the immunomodulatory activity of a polysaccharide from *Lycium barbarum* L. leaves by altering the global molecular conformation. International Journal of Biological Macromolecules, 123: 182-188.

Zhang H, Zheng L, Yuan Z. 2019b. *Lycium barbarum* polysaccharides promoted proliferation and differentiation in osteoblasts. Journal of Cellular Biochemistry, 120(4): 5018-5023.

Zhang J, Jia S, Liu Y, et al. 2011. Optimization of enzyme-assisted extraction of the *Lycium barbarum* polysaccharides using response surface methodology. Carbohydrate Polymers, 86(2): 1089-1092.

Zhang L, Li Q, Zheng G, et al. 2017a. Protective effect of *Lycium barbarum* polysaccharides against cadmium-induced testicular toxicity in male mice. Food & Function, 8(6): 2322-2330.

Zhang M, Tang X, Wang F, et al. 2013. Characterization of *Lycium barbarum* polysaccharide and its effect on human hepatoma cells. International Journal of Biological Macromolecules, 61: 270-275.

Zhang M, Wang F, Liu R, et al. 2014a. Effects of superfine grinding on physicochemical and antioxidant properties of *Lycium barbarum* polysaccharides. LWT-Food Science and Technology, 58(2): 594-601.

Zhang Q, Chen W, Zhao J, et al. 2016. Functional constituents and antioxidant activities of eight Chinese native goji genotypes. Food Chemistry, 200: 230-236.

Zhang Q, Lv X, Wu T, et al. 2015a. Composition of *Lycium barbarum* polysaccharides and their apoptosis-inducing effect on human hepatoma SMMC-7721 cells. Food & Nutrition Research, 59: 28696.

Zhang R, Xu Y, Niu H, et al. 2018a. *Lycium barbarum* polysaccharides restore adverse structural remodelling and cardiac contractile dysfunction induced by overexpression of micro RNA-1. Journal of Cellular and Molecular Medicine, 22(10): 4830-4839.

Zhang W, Zhang J, Ding D, et al. 2018b. Synthesis and antioxidant properties of *Lycium barbarum* polysaccharides capped selenium nanoparticles using tea extract. Artificial Cells, Nanomedicine, and Biotechnology, 46(7): 1463-1470.

Zhang X, Li Y, Cheng J, et al. 2014c. Immune activities comparison of polysaccharide and polysaccharide-protein complex from *Lycium barbarum* L. International Journal of Biological Macromolecules, 65: 441-445.

Zhang X, Yang X, Lin Y, et al. 2015b. Anti-hypertensive effect of *Lycium barbarum* L. with down-regulated expression of renal endothelial lncRNA sONE in a rat model of salt-sensitive hypertension. International Journal of Clinical and Experimental Pathology, 8(6): 6981-6987.

Zhang X J, Yu H Y, Cai Y J, et al. 2017b. *Lycium barbarum* polysaccharides inhibit proliferation and migration of bladder cancer cell lines BIU87 by suppressing Pi3K/AKT pathway. Oncotarget, 8(4): 5936-5942.

Zhang X R, Qi C H, Cheng J P, et al. 2014b. *Lycium barbarum* polysaccharide LBPF4-OL may be a new Toll-like receptor 4/MD2-MAPK signaling pathway activator and inducer. International Immunopharmacology, 19(1): 132-141.

Zhao C, Yang R F, Qiu T Q. 2013. Ultrasound-enhanced subcritical water extraction of polysaccharides from *Lycium barbarum* L. Separation and Purification Technology, 120: 141-147.

Zhao Q, Dong B, Chen J, et al. 2015a. Effect of drying methods on physicochemical properties and antioxidant activities of wolfberry (*Lycium barbarum*) polysaccharide. Carbohydrate Polymers, 127: 176-181.

Zhao Q, Li J, Yan J, et al. 2016c. *Lycium barbarum* polysaccharides ameliorates renal injury and inflammatory reaction in alloxan-induced diabetic nephropathy rabbits. Life Sciences, 157: 82-90.

Zhao R, Cai Y, Shao X, et al. 2015b. Improving the activity of *Lycium barbarum* polysaccharide on sub-health mice. Food & Function, 6(6): 2033-2040.

Zhao R, Gao X, Zhang T, et al. 2016a. Effects of *Lycium barbarum*. polysaccharide on type 2 diabetes mellitus rats by regulating biological rhythms. Iranian Journal of Basic Medical Sciences, 19(9): 1024-1030.

Zhao R, Jin R, Chen Y, et al. 2015c. Hypoglycemic and hypolipidemic effects of *Lycium barbarum* polysaccharide in diabetic rats. Chinese Herbal Medicines, 7(4): 310-315.

Zhao R, Li Q W, Li J, et al. 2009. Protective effect of *Lycium barbarum* polysaccharide 4 on kidneys in streptozotocin-induced diabetic rats. Canadian Journal of Physiology and Pharmacology, 87(9): 711-719.

Zhao R, Qiu B, Li Q, et al. 2014. LBP-4a improves insulin resistance via translocation and activation of GLUT4 in OLETF rats. Food & Function, 5(4): 811-820.

Zhao W, Pan X, Li T, et al. 2016b. *Lycium barbarum* polysaccharides protect against trimethyltin chloride-induced apoptosis via sonic hedgehog and PI3K/Akt signaling pathways in mouse neuro-2a cells. Oxidative Medicine and Cellular Longevity, 2016: 9826726.

Zheng G, Ren H, Li H, et al. 2019. *Lycium barbarum* polysaccharide reduces hyperoxic acute lung injury in mice through Nrf2 pathway. Biomedicine & Pharmacotherapy, 111: 733-739.

Zhou F, Jiang X, Wang T, et al. 2018a. *Lycium barbarum* polysaccharide (LBP): a novel prebiotics candidate for *Bifidobacterium* and *Lactobacillus*. Frontiers in Microbiology, 9: 1034.

Zhou J, Pang H, Li W, et al. 2016. Effects of *Lycium barbarum* polysaccharides on apoptosis, cellular adhesion, and oxidative damage in bone marrow mononuclear cells of mice exposed to ionizing radiation injury. BioMed Research International, 2016(6): 4147879.

Zhou L, Huang L, Yue H, et al. 2018b. Structure analysis of a heteropolysaccharide from fruits of *Lycium barbarum* L. and anti-angiogenic activity of its sulfated derivative. International Journal of Biological Macromolecules, 108: 47-55.

Zhou L, Liao W, Chen X, et al. 2018c. An arabinogalactan from fruits of *Lycium barbarum* L. inhibits production and aggregation of $A\beta_{42}$. Carbohydrate Polymers, 195: 643-651.

Zhou L, Liao W, Zeng H, et al. 2018d. A pectin from fruits of *Lycium barbarum* L. decreases β-amyloid peptide production through modulating APP processing. Carbohydrate Polymers, 201: 65-74.

Zhu C P, Zhang S H. 2013. *Lycium barbarum* polysaccharide inhibits the proliferation of HeLa cells by inducing apoptosis. Journal of the Science of Food and Agriculture, 93(1): 149-156.

Zhu J, Liu W, Yu J, et al. 2013a. Characterization and hypoglycemic effect of a polysaccharide extracted from the fruit of *Lycium barbarum* L. Carbohydrate Polymers, 98(1): 8-16.

Zhu J, Zhang Y, Shen Y, et al. 2013b. *Lycium barbarum* polysaccharides induce Toll-like receptor 2- and 4-mediated phenotypic and functional maturation of murine dendritic cells via activation of NF-κB. Molecular Medicine Reports, 8(4): 1216-1220.

Zhu J, Zhao L H, Zhao X P, et al. 2007. *Lycium barbarum* polysaccharides regulate phenotypic and functional maturation of murine dendritic cells. Cell Biology International, 31(6): 615-619.

Zhu X, Hu S, Zhu L, et al. 2015. Effects of *Lycium barbarum* polysaccharides on oxidative stress in hyperlipidemic mice following chronic composite psychological stress intervention. Molecular Medicine Reports, 11(5): 3445-3450.

Zhu X, Zhang H, Yan H, et al. 2010. Kinetics of degradation of *Lycium barbarum* polysaccharide by ultrasonication. Journal of Polymer Science: Part B: Polymer Physics, 48(5): 509-513.

Zhu Y, Zhao Q, Gao H, et al. 2016. *Lycium barbarum* polysaccharides attenuates *N*-methy-*N*-nitrosourea-induced photoreceptor cell apoptosis in rats through regulation of poly (ADP-ribose) polymerase and caspase expression. Journal of Ethnopharmacology, 191: 125-134.

Zou S, Zhang X, Yao W, et al. 2010. Structure characterization and hypoglycemic activity of a polysaccharide isolated from the fruit of *Lycium barbarum* L. Carbohydrate Polymers, 80(4): 1161-1167.

第20章 黄芪多糖

20.1 引 言

黄芪又名黄耆，品种繁多，有野生黄芪、蒙古黄芪、膜荚黄芪、梭果黄芪、藏新黄芪等。作为一种常用的中药，根据药典记载，黄芪为豆科植物蒙古黄芪（*Astragalus membranaceus* var. *mongholicus*）或膜荚黄芪（*Astragalus membranaceus*）的干燥根。黄芪入药始载于《神农本草经》，迄今已有2000多年的历史，被我国列为可用于保健食品的中药，目前国家卫生健康委员会（2018）正考虑将其列为药食两用资源。

我国黄芪资源经过长期的种植演变，目前广泛种植于全国各地。黄芪地道产地随朝代的变换也不断变迁，根据南北朝《名医别录》中的记载，其种植始于四川、陕西及甘肃等地，接着在唐代转移至甘肃和宁夏，宋代则主要种植在山西，到清朝后期，内蒙古地区成为黄芪的地道产地，并在民国中期扩展到东北三省，形成东北三省、内蒙古、山西、陕西、甘肃、四川等全国南北各地分布种植现状（詹志来等，2016）。

在历史上，药用黄芪以野生为主，但长期过度的采挖导致野生黄芪几近枯竭，如今市场上的大部分药用黄芪来自人工种植，特别是在黑龙江、山西、内蒙古、河北、宁夏、甘肃等地，种植已规模化。蒙古黄芪主要产于山西、内蒙古等省区，膜荚黄芪主产于东北、内蒙古、山西等省区。此外，药典中还收录了一种黄芪的炮制加工品，叫作炙黄芪（*Astragalus radix*）（国家药典委员会，2015）。在传统医药中，黄芪用于补气养血，治疗全身虚弱和慢性病症，增加整体活力。西方国家从19世纪开始认识到黄芪的医疗价值，于1868年经一位研究东亚植物的医生首次报道后逐渐得到关注（钱子刚，1994）。现代药理研究表明，黄芪中的化合物包括多糖类、黄酮类、黄芪苷类、氨基酸、微量元素、胆碱、叶酸等，黄芪在心血管疾病、免疫功能紊乱、感染、肾功能障碍及衰老等方面有广泛药理作用（Fu et al.，2014）。

20.1.1 黄芪的鉴别

根据2015版《中华人民共和国药典》记载，药用黄芪呈圆柱形，或有分枝，上端较粗，长30～90cm、直径1～3.5cm，表面淡棕褐色或淡棕黄色，有不整齐的纵皱纹或纵沟。质硬而韧，不易折断，并显粉性，皮部黄白色，木部淡黄色，有放射状纹理和裂隙，老根中心偶呈枯朽状，黑褐色或呈空洞状。气微，味微甜，嚼之微有豆腥味（国家药典委员会，2015；滑聚娜，2012）。

蒙古黄芪各营养器官的结构有所不同，正品黄芪横切面木栓细胞多列，韧皮部射线外侧常弯曲，有裂隙。纤维呈束，壁厚，木化或微木化，与筛管群交互排列。近栓内层处有时可见石细胞，形成层成环。木质部导管单个散在或2～3个相聚，导管间有木纤维，射线中有时可见单个或2～4个成群的石细胞（王玲丽等，2017；杨勤福，1999）。同时，随着现代分子生物学的迅猛发展，分子生物学方法也可用于中药黄芪产地鉴别，如研究者利用随机引物聚合酶链反应技术对黄芪核糖体基因的内转录间隔区（internal transcribed spacer，ITS）1 区进行扩增并测序，从分子生物学角度说明了 23 种不同来源黄芪的变异程度，表明 ITS 区序列的差异能有效区分不同种类和产地的黄芪（崔占虎等，2012）。

20.1.2　黄芪的活性成分

目前广泛研究的黄芪化学成分以黄酮类、皂苷类和多糖类等化合物为主（Tan，2014），生长环境、植物部位和中药炮制方法等都会影响黄芪主要化学成分的含量与分布（Yang et al.，2015）。

黄酮类化合物具有广泛的生物活性，目前从黄芪植株中已分离并确定结构的黄酮类化合物多达 63 种，主要包括四大类：黄酮类、异黄酮类、异黄烷和紫檀烷，功能活性较强的有芒柄花素、毛蕊异黄酮及其葡萄糖苷等。黄芪皂苷类的种类也很多，从黄芪及其同属植物中已分离得到的结构确定的皂苷类化合物达 161 种，主要有四大类：黄芪皂苷、乙酰基黄芪皂苷、异黄芪皂苷、大豆皂苷，包括广泛报道的黄芪皂苷Ⅳ（黄芪甲苷）、齐墩果烷型皂苷、梭果黄芪苷等（Li et al.，2014a）。

黄芪多糖是黄芪发挥药理作用的非常重要的一类大分子物质，具有调节免疫、降血糖、抗病毒、抗肿瘤、抗衰老、抗氧化等生理调节作用（Jin et al.，2014）。此外，黄芪还含有多种氨基酸、微量元素和其他化合物，所含氨基酸种类多达 25种。

通过对国家市场监督管理总局中含有黄芪的 160 余种保健品的保健功能及组成进行统计分析发现，具有增强免疫力功能的产品最多，远高于其他保健功能（辅助降血糖、抗氧化、抗衰老、缓解体力疲劳、辅助降血脂和降血压、改善营养性贫血等）。同时对与黄芪配伍的药物使用频率的总结发现，黄芪与枸杞和西洋参的配伍频率分别达到了 37% 和 20%，其他常见的配伍药材有当归、茯苓、人参、党参、红景天、葛根、大枣等。

20.2　黄芪多糖的制备和理化性质

根据植物代谢物质累积的规律，黄芪多糖来源于植物初生代谢，存在于黄芪植株细胞壁和细胞质中。

20.2.1　提取、分离纯化

20.2.1.1　提取

黄芪多糖提取分离工艺中普遍的提取步骤包括黄芪干燥根粉碎、石油醚去除脂肪，同时利用高浓度乙醇浸泡去除色素、单糖和低聚糖以及亲脂性小分子等化合物（Chen et al.，2015）。经过上述前处理后的黄芪干粉再用于多糖提取，有水提取、碱液提取、酶法辅助提取、超声辅助提取，以及微波辅助提取、发酵提取等方法。

（1）传统提取方法

水提取和碱液提取黄芪多糖是早期研究中经常使用的方法，影响提取得率的主要因素按递减顺序依次为萃取温度、料液比、萃取时间（Wang et al.，2008）。黄芪中水溶性多糖较多，可以直接采用热水提取的方式进行制备，且从黄芪干燥根中提取的黄芪多糖以水溶性葡聚糖为主（Li and Zhang，2009；Li et al.，2009a，2009b；Niu et al.，2011），获得的多糖组分中有时也含有杂多糖，包括半乳糖、半乳糖醛酸、阿拉伯糖（Shao et al.，2004；Yang et al.，2016）。热水提取的黄芪多糖含有较多杂质，但提取所得多糖在理化性质和结构特征等方面较为稳定（Fu et al.，2014）。

由于黄芪多糖是黄芪纤维质的组成部分，将黄芪多糖置于碱性溶液中发现，碱液会显著增强多糖溶胀作用和溶解性（相对纤维成分而言），同时碱液会促进纤维之间酯键的断裂而发生剥皮反应。因此，碱液提取可以获得更多的多糖组分。Li 等（2000）通过对比水提法、氧化钙水溶液提取法和碳酸钠水溶液提取法比较黄芪多糖提取得率，发现 pH 为 9 ～ 10 的氧化钙水溶液提取多糖的得率最高，是水提法的 3.25 倍。

（2）现代技术辅助提取法

传统水提醇沉制备黄芪多糖存在提取温度高、时间长等缺点，而酶法辅助提取、超声辅助提取和微波辅助提取等新技术在提高黄芪多糖提取率、缩短提取时间等方面具有很大的优势。纤维素酶法提取黄芪多糖的原理主要是利用纤维素酶降解植物细胞壁，降低扩散阻力，从而提高传质速率和扩散系数，因而纤维素酶常用于黄芪多糖的酶法提取中（魏凤玉等，2012）。例如，Chen 等（2015）在固定提取时间、温度、pH 的条件下，通过考察多种酶组合对黄芪多糖得率的影响，发现纤维素酶对黄芪多糖的得率起着重要作用；其次是果胶酶和蛋白酶，同时发现 1.5% 纤维素酶、1.0% 果胶酶和 0.5% 蛋白酶组合为最佳的酶组合，该条件下黄芪粗多糖得率可达 3.7%。Chen 和 Oppenheim（2014）比较了 8 种糖苷水解酶辅助提取黄芪多糖的得率，发现葡萄糖氧化酶相比果胶酶、纤维素酶和淀粉酶等，更有助于提高黄芪多糖的得率，与无酶处理相比，提取率至少提高 1.5 倍。

微波辅助提取时，通过产热也可以直接破坏细胞壁，更加有效地提高得率，如 300W 功率的微波处理 10min，黄芪粗多糖的得率可达 14.6%（Gong，2004）。同时将微波和酶水解联用，在提高黄芪粗多糖得率的同时（16.07%），也会显著减少提取时间（董玲玲等，2011）。

此外，超声辅助提取法已广泛应用于黄芪多糖的提取，金汝城（2009）研究发现超声辅助提取中超声功率是影响黄芪多糖得率的最大因素，其次分别为提取温度和提取时间。另外，Shang 等（2018）也报道超声辅助提取和超声处理结合酶法辅助提取黄芪多糖，得率分别达到了 11.91% 和 13.60%，显著高于热水法提取所得黄芪多糖的得率（8.42%）。

综上所述，提取黄芪多糖的方法很多，热水浸提、碱液提取、酶法提取以及超声、微波辅助提取均能有效地提取黄芪多糖，但也各有其优缺点。传统热水和碱法提取对设备要求不高，但提取时间较长，而酶法、超声和微波辅助提取虽然具有省时、高效、节能等优点，但对黄芪多糖的理化性质和生物活性有何影响，有待深入研究（丁海龙等，2010）。

20.2.1.2 分离纯化

上述提取方法获得的黄芪粗多糖含有一些其他的杂质，包括蛋白质、色素和无机盐等，此时可以向浓缩后的多糖提取液中加入乙醇沉淀出多糖，再经丙酮和无水乙醇洗涤后可得到黄芪粗多糖。为了获得高纯度的黄芪多糖，还需进一步纯化。蛋白质的去除一般是先通过 Sevag 法进行，也可以使用蛋白水解酶，使多糖结合的蛋白质大分子降解（Jiang et al.，2010），有时可以采用两种方法联用（Yang et al.，2016）。

去除糖蛋白后的黄芪多糖还需进行更进一步的纯化，从而得到相对分子质量均一、纯度高的黄芪纯多糖组分，常用的纯化方法有分级沉淀和色谱柱纯化。黄芪多糖分级沉淀纯化常用到的有机溶剂主要为乙醇，其适用于分离各种溶解度相差较大的黄芪多糖，如向黄芪粗多糖溶液中依次缓慢加入无水乙醇，使终浓度达到 30%、40%、50%、70%，再联合 DEAE-Sephadex A-25 和 Sephadex G-75 柱层析进行纯化，各组分多糖含量明显提高（陈浒华，2010）。分级醇沉的另一个优点就是可以获得多种黄芪多糖组分，如对黄芪粗多糖溶液进行梯度乙醇沉淀可获得 5 种组分（Cho and Leung，2007）。但纯化效率较高的柱层析法仍然是黄芪多糖的主要分离纯化方法，并且涉及一种或多种柱层析法联合进行分离纯化（Chen et al.，2015；Zhu et al.，2016；Xu et al.，2008；Shimizu et al.，1991）。同时，也有利用双水相结合高速逆流色谱对黄芪多糖进行纯化的研究与报道（Yin et al.，2012a）。

20.2.2 理化性质

黄芪多糖的理化性质与药材种类、提取分离纯化方法和多糖的纯度相关。屈静（2010）从干燥的黄芪根中，经沸水煮提过滤，95% 乙醇沉淀、分离、干燥得到黄芪粗多糖，其为棕色粉末，易溶于水，糖含量为 59%，蛋白含量为 18.4%。也有研究（牟鲁霞等，2009）将黄芪粗多糖经蛋白酶与 Sevag 联用法除蛋白、DEAE-52 脱色处理，经 80% 乙醇沉淀，复溶后经真空干燥获得白色黄芪多糖。考虑到粗多糖和经初步精制的多糖化学成分复杂，其理化性质研究并不具有代表意义，因此需要比较分离纯化后所得多糖的理化性质。

黄芪多糖按单糖组成可分为葡聚糖和杂多糖，黄芪葡聚糖又可分为水溶性葡聚糖和水不溶性葡聚糖；已分离的黄芪多糖杂多糖多为水溶性酸性杂多糖，主要由葡萄糖、鼠李糖、阿拉伯糖和半乳糖组成，含有少量半乳糖醛酸和葡糖醛酸。也有少数文献报道黄芪多糖仅含葡萄糖和阿拉伯糖（表 20-1）。

20.3 黄芪多糖的结构特征

20.3.1 一级结构

黄芪多糖结构繁多，差异性主要源于提取原料产地、部位以及提取方法和分离纯化方法的不同。黄芪多糖主要为葡聚糖，也有少量报道为半乳甘露聚糖、阿拉伯木聚糖等

表 20-1 不同来源黄芪多糖的单糖组成、分子质量及主要糖残基类型

来源	提取和分离纯化方法	单糖组成（摩尔比）	重均分子质量（Da）	主要残基类型	文献来源
蒙古黄芪	80℃热水提取，DEAE-Cellulose 结合 Sephacryl-S400 色谱柱纯化，获得一个组分 APS	Glc	2.1×10^4	α-Glc*p*-(1→（9.1%）、→4)-Glc*p*-(1→（81.8%）、→4,6)-Glc*p*-(1→（9.1%）	Niu et al.，2011
蒙古黄芪	100℃ CaO 溶液提取，通过 30% 和 70% 乙醇分级，DEAE-Sephadex A-25 结合 Sephadex G-100 色谱柱纯化，获得两个组分 APS-Ⅰ和 APS-Ⅱ	APS-Ⅰ中 Glc∶Ara∶Xyl=18.14∶0.54∶1.00；APS-Ⅱ中 Glc∶Ara∶Xyl=29.39∶0.23∶1	APS-Ⅰ：5.02×10^6；APS-Ⅱ：8.68×10^3	APS-Ⅰ和 APS-Ⅱ结构形式，主链为→3)-α-Glc*p*-(1→，支链上含有少量→4)-Glc*p*-(1→、→6)-Glc*p*-(1→、→4)-Xyl*p*-(1→、Glc*p*-(1→等残基	Zhu et al.，2011
蒙古黄芪	热水提取，Sephadex G-50 结合 DEAE-Sephadex A-25 色谱柱纯化，获得均一组分	Ara∶Gal∶GalA∶GlcA=18∶18∶1∶1	7.6×10^4	主要残基 Ara*f*-(1→、→4)-Ara*f*-(1→、→3)-Gal*p*-(1→、→4)-Gal*p*A-(1→和→3,6)-Gal*p*-(1→的摩尔比为 9∶9∶5∶1∶10	Shimizu et al.，1991
兰州黄芪	100℃热水提取，Sevag 法脱蛋白，DEAE-Sephadex A-25 结合 Sephadex G-200 色谱柱纯化，获得 APS 组分	Glc	3.6×10^4	α-Glc*p*-(1→、→4)-α-Glc*p*-(1→和→4,6)-α-Glc*p*-(1→的摩尔比为 1.0∶8.9∶0.9	Li and Zhang，2009
蒙古黄芪	多糖由景林生物公司提供，纯度＞98%	Glc∶Man∶Ara∶Gal=1∶1.26∶0.099∶0.0115	无	无	Yan et al.，2010
黄芪	100℃热水提取，Sevag 法脱蛋白，薄层色谱结合 Sephadex G-100 色谱柱纯化，获得组分 AP	Glc	3.6×10^4	→4)-α-Glcp-(1→	Li et al.，2009b
黄芪	正交实验和响应面结合获得最佳酶法辅助提取方案：49.9℃、pH 5.1 的条件下，联合纤维素酶、果胶酶和木瓜蛋白酶提取 94.5min。DEAE Sepharose Fast Flow 结合 Sephadex G-200 色谱柱纯化，获得 APs-1-1、APs-2-1 和 APs-3-1 三个组分	APs-1-1：Rha∶Ara∶Xyl∶Glc=1.00∶5.91∶16.24∶49.56；APs-2-1：Rha∶Ara∶Xyl∶Glc∶Gal∶GalA=1.00∶1.74∶4.56∶6.98∶5.23∶2.12；APs-3-1：Rha∶Ara∶Xyl∶Glc∶Gal∶GalA∶GlcA=1.00∶1.82∶11.04∶23.23∶22.51∶1.32∶5.20	APs-1-1：1.12×10^5；APs-2-1：9.83×10^4；APs-3-1：2.04×10^4	无	Chen et al.，2015

续表

来源	提取和分离纯化方法	单糖组成（摩尔比）	重均分子质量（Da）	主要残基类型	文献来源
黄芪	沸水提取 1h，Sevag 法脱蛋白，Hiload 26/60 Superdex-200 色谱柱纯化，获得 RAP 组分	Rha：Ara：Glc：Gal：GalA= 0.03：1.00：0.27：0.36：0.30	1.33×10^6	主链上的主要残基有：→2,4)-Rha*p*-(1→、→4)-Glc*p*-(1→、→4)-Gal*p*A6Me-(1→、→3,6)-Gal*p*-(1→ 等	Yin et al.，2012b
黄芪残渣经中国拟青霉（*Paecilomyces sinensis*）固态发酵，发酵产物为 AP	80℃下水浴提取 2h，共 3 次，之后醇沉，Sevag 法脱蛋白，冻干。得到粗多糖 APP-Ⅰ，再经 Sephadex G-100 纯化，得到组分 APP-Ⅱ	APP-Ⅱ中 Rha：Ara：Xyl：Man：Glc：Gal=4.0：4.2：2.0：41.4：22.5：25.9	6.7×10^5	无	Sun et al.，2017a
膜荚黄芪	100℃热水提取 4h，共 2 次，醇沉，有机溶剂冲洗，得到粗多糖组分 CAAP，经 Sevag 法脱蛋白，醇沉得到组分 AAP。AAP 经过 DEAE-52 柱层析，用蒸馏水、0.1mol/L、0.3mol/L 和 0.5mol/L NaCl 溶液洗脱。分别得到三个组分，AAP-1（蒸馏水）、AAP-2（0.1mol/L NaCl）和 AAP-3（0.3mol/L NaCl）。利用 Sephadex G-100 进一步分离 AAP-2，得到两个组分，AAP-2A 和 AAP-2B	AAP-2A 中 Rha：Gal：Ara：Glc= 1：2.13：3.22：6.18	2.25×10^6	主要残基 →3)-Rha*p*-(1→、→3)-Gal*p*-(1→、→3)-Ara*f*-(1→、→5)-Ara*f*-(1→、→3,5)-Ara*f*-(1→、Gal*p*-(1→、→4)-Glc*p*-(1→ 和 →4,6)-Glc*p*-(1→ 的摩尔比为1.01：2.06：1.07：1.08：1.06：3.04：1.02：1.98	Pu et al.，2016
膜荚黄芪	100℃热水提取 3h，共 3 次，醇沉，蛋白酶法和 Sevag 法脱蛋白，95% 乙醇醇沉得到粗多糖组分 CP。CP 经过 Sepharose-CL 6B 柱分离纯化，0.15mol/L NaCl 为流动相，得到主要组分 LMw-ASP	Glc：Gal：Ara：Xyl：GalA= 10.0：1.3：1.7：1.0：0.9（百分比）	5.6×10^3	主链主要由 →4)-Glc*p*-(1→ 组成，含有少量 →4)-Gal*p*-(1→、→3)-Gal*p*A-(1→ 和 →2)-Xyl*p*-(1→	Yang et al.，2016

续表

来源	提取和分离纯化方法	单糖组成（摩尔比）	重均分子质量（Da）	主要残基类型	文献来源
蒙古黄芪	黄芪根粉经微波辅助提取、膜过滤、冻干得到黄芪精多糖 MAPS。MAPS 经过透析后上 DEAE-纤维素柱，先水洗脱后再用 0.01mol/L NaCl 洗脱。主峰多糖组分再经 Sephacryl S-400 HR 柱色谱反复分离纯化，冻干得到多糖 MAPS-5	Glc	1.32×10^4	由 →4)-α-D-Glc*p*-(1→ 连接构成主链，且平均每 15 个糖残基中有 2 个糖残基的 C-6 位被末端葡萄糖取代	林梦感等，2009
黄芪饮片（亳州市国苑中药材饮片有限公司）	沸水浴提取 2 次，每次 2h，醇沉，Sevag 法脱蛋白，透析冻干得到后黄芪多糖（APS）。采用 DEAE-52 和 Sephadex G-100 色谱柱分离纯化，得到黄芪均一多糖 APS-Ⅰ和 APS-Ⅱ	APS-Ⅰ中，Man∶Rha∶GlcA∶GalA∶Glc∶Gal=29.12∶1.89∶4.00∶1.35∶1∶81.97；APS-Ⅱ中，Man∶Rha∶GlcA∶GalA∶Glc∶Gal∶Xyl=50.46∶1.16∶1∶2.27∶2.66∶15.72∶7.86	APS-Ⅰ：1.06×10^4；APS-Ⅱ：2.47×10^6	无	唐雨薇等，2014
蒙古黄芪	用 0.5mol/L NaOH 于 4℃浸泡两次，醇沉，脱蛋白，醇沉，透析冻干得到粗多糖。粗多糖进行 DEAE-Sepharose CL-6B 和 Sepharose S-400 柱层析，流动相为 0.1mol/L NaCl，得到黄芪葡聚糖	Glc	5×10^4	可能由 →4)-α-Glc*p*-(1→ 构成主链，并且每 10 个重复单元有一个 O-6 位分支的葡聚糖	方积年和 Wagner，1988

类型杂多糖。我国糖化学先驱方积年先生和 Wagner 在 1988 年便报道了利用碱液从黄芪中提取多糖，再经过脱蛋白、醇沉以及 DEAE-Sepharose CL-6B、Sephacryl S-400 色谱柱纯化后，获得了白色粉状葡聚糖，其具有 →4)-α-Glc*p*-(1→ 主链结构，部分在其 O-6 上有分支（图 20-1）。

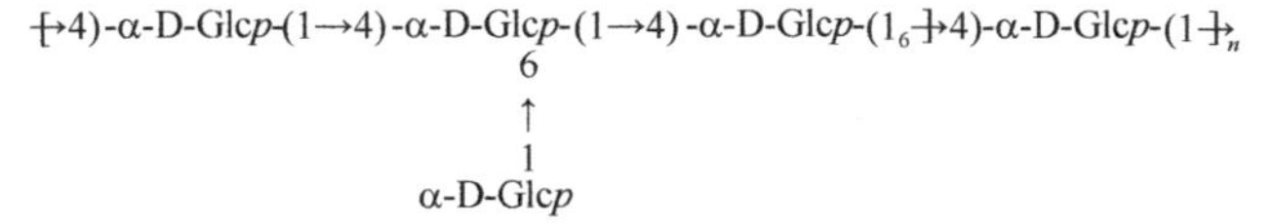

图 20-1　黄芪来源葡聚糖结构示意图

之后，也有学者陆续报道了黄芪来源葡聚糖结构。例如，屈静（2010）对黄芪干燥根进行沸水浸提，再经醇沉、酶解并联合脱蛋白和 Sepharose CL-6B 凝胶柱层析纯化等步骤，获得结构较为均一的低分子质量组分 LMW-APS，其平均分子质量仅为 5600Da，其一级结构如图 20-2 所示。Niu 等（2011）采用 80℃热水从黄芪中提取多糖，再经纯化后获得了平均分子质量为 2.07×10^4Da 的组分 APS，主要糖残基类型为 →4)-α-D-Glc*p*-

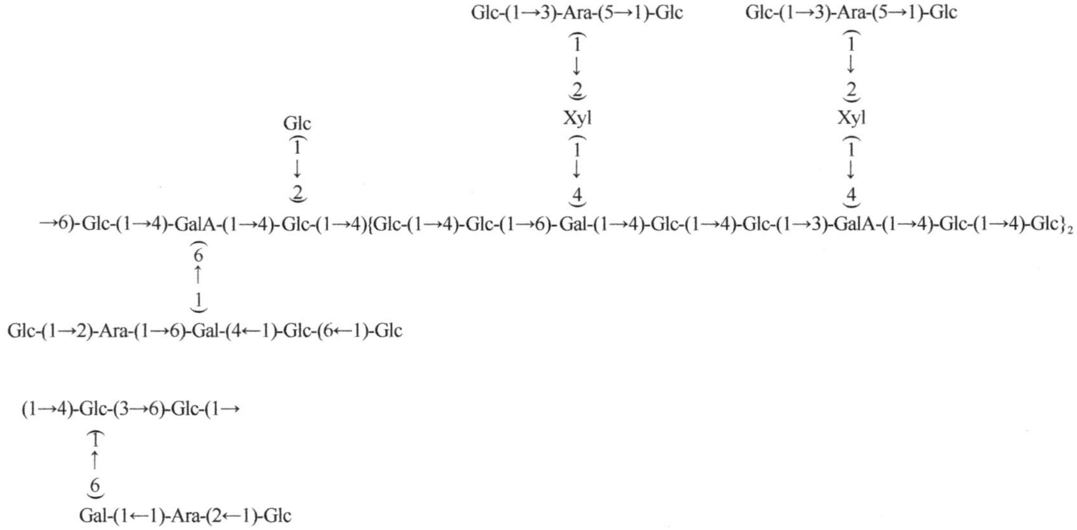

图 20-2　屈静（2010）报道的黄芪多糖 LMW-APS 一级结构

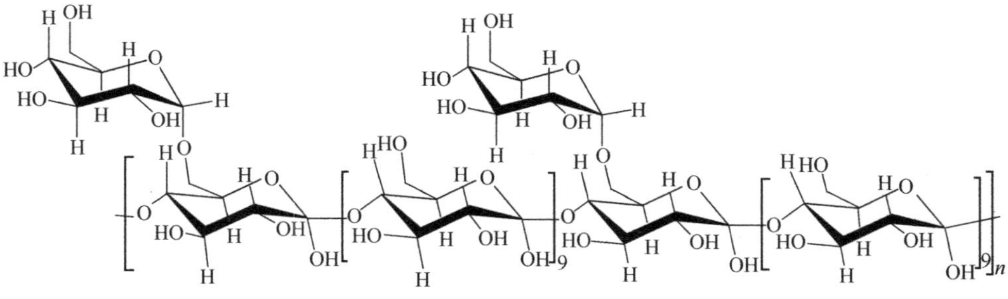

图 20-3　Niu 等（2011）报道的黄芪多糖 APS 一级结构

(1→ 和 →6)-α-D-Glc*p*-(1→，经 NMR 等分析后获得其一级结构（图 20-3）。此外，刘荣强（2011）从黄芪中提取、纯化获得的两个组分 APS-Ⅰ和 APS-Ⅱ也主要由葡萄糖组成，主链均由 →3)-α-Glc*p*-(1→ 组成，同时还有少量的 1,4、1,6 连接的葡萄糖、阿拉伯糖和木糖以分支存在。

此外，也有一些学者报道了黄芪中的非葡聚糖类多糖，如 Tomoda 等（1992）从膜荚黄芪中经十六烷基三乙基溴化胺处理并经柱层析得到一种多糖，其主要由 →2)-α-L-Rha*p*-(1→、→4)-α-Gal*p*-(1→ 和 →5)-Ara*f*-(1→ 组成，分支点位于鼠李糖和半乳糖上，属果胶类多糖。从黄芪药渣中提取获得的阿拉伯木聚糖组分，占黄芪细胞壁组分的 10%（郝霞等，2016），其中一个纯化所得组分 AX-Ⅰ-1 含有鼠李糖、阿拉伯糖、木糖、甘露糖、葡萄糖和半乳糖（摩尔比为 0.006∶14.113∶8.284∶0.116∶0.468∶1）（郝霞等，2016），其主链结构如图 20-4 所示，但该主链结构类型与其他来源阿拉伯木聚糖主链结构差异较大。唐雨薇等（2014）从黄芪（饮片）中沸水提取结合乙醇沉淀并进一步利用 DEAE-52 纯化，获得了两种酸性多糖组分 APS-Ⅰ（甘露糖、鼠李糖、葡糖醛酸、半乳糖醛酸、葡萄糖和半乳糖的摩尔比为 29.12∶1.89∶4.00∶1.35∶1∶81.97）和 APS-Ⅱ（甘露糖、鼠李糖、葡糖醛酸、半乳糖醛酸、葡萄糖、半乳糖和木糖的摩尔比为 50.46∶1.16∶1∶2.27∶2.66∶15.72∶7.86），从其单糖组成看，APS-Ⅰ和 APS-Ⅱ都是半乳甘露聚糖类多糖，但没有给出更多的结构信息。

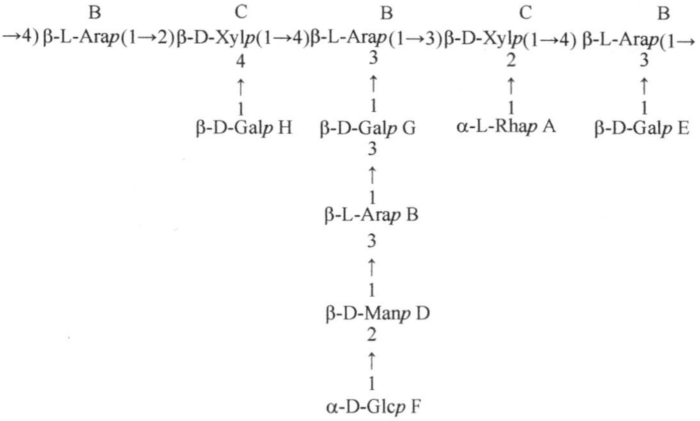

图 20-4　黄芪来源阿拉伯木聚糖一级结构

20.3.2　溶液构象特征

有关黄芪多糖高级结构的研究比较少见，仅有少量利用扫描电镜分析其固体形貌的报道。黄芪多糖固体粉末表面形貌圆滑工整，呈不规则的丝带状结构，并且彼此相互交错聚集形成环状（图 20-5）（唐雨薇等，2014）。与此同时，一些黄芪多糖表现为松散片状和卷曲聚集，原子力显微镜分析显示 3 ～ 70nm 的黄芪多糖糖链上分布有许多球状肿块，在溶液中黄芪多糖很有可能呈现分子聚集行为（图 20-6）（Yin et al.，2012b）。

图 20-5　黄芪均一多糖 APS-Ⅰ（a）和 APS-Ⅱ（b）的扫描电镜图

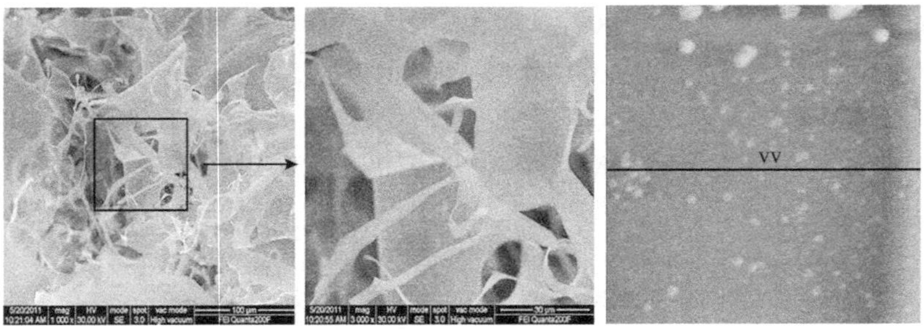

图 20-6　黄芪多糖 RAP 微观结构特征图（Yin et al.，2012b）

20.4　黄芪多糖的生物活性

作为黄芪主要活性成分之一，黄芪多糖在医学上应用较为广泛，包括用于免疫调节、改善糖尿病症、保护心血管系统、抗氧化、抗肿瘤、抗病毒等作用。

20.4.1　免疫调节功能

根据已有资料报道，黄芪多糖具有很好的免疫调节作用，可调节机体的非特异性免疫反应和特异性免疫反应，增强对机体的保护功能。

20.4.1.1　对非特异性免疫功能的影响

非特异性免疫反应，又称为固有免疫反应，主要指机体单核巨噬细胞系统中具有吞噬能力的免疫细胞产生的无病原体针对性的防御机能。黄芪多糖能促进和增强小鼠腹腔巨噬细胞的增殖与吞噬功能，同时也能促进骨髓来源的树突状细胞（dendritic cell，DC）分泌炎性细胞因子（IL-6、IL-12 p40、IL-1β、IL-1α）和趋化因子（CXCL1、CCL3）的表达，增强非特异性免疫（Huang et al.，2019）。将黄芪多糖用于巨噬细胞 RAW264.7 和 B6C3F1 小鼠腹腔巨噬细胞的培养发现，黄芪多糖可以特异性地促进巨噬细胞核转录因子 NF-κB 的转录，促进一氧化氮合酶的表达以及一氧化氮的合成，从而增强免疫炎症反应（Lee and Jeon，2005）。另有研究将结核杆菌加入体外小鼠腹腔巨噬细胞培养体系中，发现黄芪多糖在促进巨噬细胞分泌细胞因子 IL-1β、IL-6 和 TNF-α 的同时，还能显著增强巨噬细胞对结核杆菌的吞噬能力（Xu et al.，2007）。此外，黄芪多糖还能作用于人源 THP-1 和小鼠腹腔来源的巨噬细胞，抑制细菌脂多糖诱导的巨噬细胞促炎因子 TNF-α 和 IL-1β 的分泌，保护宿主健康（He et al.，2012）。另外，树突状细胞作为机体专属的抗原提呈免疫细胞，在调节非特异性和特异性免疫反应中扮演着重要的角色。黄芪多糖可以促进小鼠来源的树突状细胞（DC）的成熟，提高 DC 表面免疫分子 MHC Ⅰ/Ⅱ、CD40、CD80、和 CD86 的表达水平，从而增强 DC 对体外 T 细胞的激活能力（Shao et al.，2006）。自然杀伤细胞作为机体非特异性免疫细胞的重要组成部分，对外来抗原具有直接杀伤作用（Du et al.，2012）。研究还发现，黄芪多糖可以增强胃癌大鼠血液 NK 细胞的活性，并且具有剂量依赖性（Chen et al.，2015）。

非特异性免疫除了涉及上述免疫细胞外，还涉及黏膜免疫抗菌肽等固有免疫分子。体内和体外研究均显示黄芪多糖对此类免疫分子也具有调节作用，如黄芪多糖能够显著增加鲤鱼屏障黏膜免疫中抗菌肽的含量，增强机体固有免疫反应（Yuan et al.，2008）。最新研究证明黄芪多糖可以促进呼吸道上皮细胞 HBE16 和 A549 中人类抗微生物肽 LL-37（一种关键的宿主抗感染分子）在 mRNA 与蛋白质水平的表达，进一步研究发现黄芪多糖对 LL-37 的诱导可能归因于 p38 MAPK/JNK 和 NF-κB 通路的活化，结果有助于指导黄芪多糖在传染病治疗中的应用（Zhao et al.，2018）。

20.4.1.2 对特异性免疫功能的影响

特异性免疫，又称获得性免疫或适应性免疫，由免疫器官及免疫细胞组成，主要包括 T 淋巴细胞介导的细胞免疫和 B 淋巴细胞主导的体液免疫。黄芪能够作用于多种免疫器官，升高胸腺、脾脏及法氏囊等的脏器指数（李成，2016）。黄芪多糖对雏鸡、小鼠、实验猪等的体内研究结果显示，黄芪多糖对免疫器官的作用主要表现为刺激胸腺发育，通过刺激法氏囊的生长促进 B 淋巴细胞分化，通过对脾脏的增殖作用加强 T 淋巴细胞及 B 淋巴细胞参与的免疫应答，从而发挥黄芪多糖对特异性免疫反应的调节作用（Chen et al.，2015；Li et al.，2009b，2011a，2019）。黄芪多糖能有效地调节 T 淋巴细胞亚群的平衡，包括维持 $CD4^+/CD8^+$ T 细胞的平衡，以及使失衡的 T 淋巴细胞亚群 Th1 和 Th2 及其分泌的细胞因子恢复正常水平（Chen et al.，2010a；Li et al.，2008，2007a；Qiu et al.，2010）。

此外，黄芪多糖可通过作用于 Th 型细胞来调节细胞因子白细胞介素、干扰素和肿瘤坏死因子等的分泌，表现出多种免疫调节机制，如在免疫抑制小鼠中，黄芪多糖能恢复环磷酰胺免疫抑制模型小鼠血清中 IFN-γ 和 IL-2 的表达量（Guo et al.，2012a）。在 H22 荷瘤小鼠中，黄芪多糖能促进血清中 IL-2、IL-12 和 TNF-α 的分泌，同时降低 IL-10 的水平，发挥免疫抗肿瘤疗效（Yang et al.，2013a）。在炎症损伤模型中，黄芪多糖可通过调节细胞因子 IL-1、IL-6，以及诱导一氧化氮合酶的表达来发挥免疫调节效应（Zheng et al.，2013）。

黄芪多糖对内皮细胞凝血酶损伤也具有保护作用，其机制涉及抑制凝血酶诱导的细胞间黏附分子的表达，上调血管内皮细胞生长因子及其受体的表达等（Zhang et al.，

2016a）。$CD4^+$ $CD25^+$ 调节性 T 细胞（Treg 细胞）在维持免疫耐受和免疫应答的负调节中发挥作用，能够抑制和调节机体 $CD4^+$ 效应 Th 细胞的增殖与活化（Najafi et al.，2019）。研究还发现，在不同的生理病理条件下，黄芪多糖对 Treg 细胞也表现出不同的抑制或促进作用。首先黄芪多糖可以通过抑制 Treg 细胞增加乙型肝炎病毒疫苗的接种疗效；其次黄芪多糖还可以抑制肿瘤微环境中浸润的 Treg 细胞，从而增强抗肿瘤的免疫反应（Li et al.，2012a）。通过对 Treg 细胞调节机制的研究，发现黄芪多糖有可能是通过结合 Treg 细胞表面的 TLR4 受体来实现对 $CD4^+$ $CD25^+$ Treg 的抑制作用（Liu et al.，2011）。此外黄芪多糖在同种异体移植研究中表现出可促进 Treg 细胞的增殖和标志分子 Foxp3 的表达，延长同种移植物的存活周期（Qu et al.，2010）。因此，黄芪多糖对 Treg 细胞双向调节作用的分子基础有待进一步阐明。另外，黄芪多糖对 Treg 细胞和 TGF-β 的抑制，不仅可以促进其他 T 细胞亚群分泌 IFN-γ、IL-2 和 IL-4 等细胞因子，还可以促进 B 细胞分泌特异性抗体，增强体液免疫。

20.4.2　对糖尿病的改善作用

目前有关黄芪多糖改善糖尿病症状的报道，主要是针对 2 型糖尿病（表 20-2）。黄芪多糖对糖尿病大鼠的血糖升高具有显著抑制作用，同时还能降低血脂水平，对糖尿病及其并发症表现出一定的改善作用，进一步研究发现黄芪多糖可以促进糖尿病大鼠中肝糖原的合成和骨骼肌葡萄糖转运，从而起到降低血糖的效果（廖苇萍和石元刚，2007）。体外培养 C_2C_{12} 小鼠成肌细胞发现黄芪多糖能通过活化 MAPK 通路来抑制葡萄糖的毒性作用（Zou et al.，2009），而黄芪多糖对骨骼肌中葡萄糖转运的促进作用由磷酸化蛋白激酶 Ser473 和葡萄糖转运蛋白 GLUT4 所介导（Zhao et al.，2012）。

表 20-2　不同来源黄芪多糖对糖尿病及其并发症的改善作用

糖尿病模型	黄芪种类及其多糖提取方法（或来源）	对糖尿病的改善作用及其机制	参考文献
KKAy 糖尿病小鼠	膜荚黄芪，水提醇沉法	降血糖，增加胰岛素敏感性，改善脂肪肝；作用机制与增强内质网自适应、促进胰岛素信号转导相关	Mao et al.，2007
KKAy 糖尿病小鼠	蒙古黄芪，水提醇沉法	降血糖，增加胰岛素敏感性；作用机制与升高鼠骨骼肌中磷酸化的 PKB Ser473 表达水平和促进 GLUT4 的表达及易位相关	Liu et al.，2010
STZ 诱导 2 型糖尿病大鼠	蒙古黄芪，水提醇沉法	降血糖和增强胰岛素敏感性；作用机制与对 PTP1B 蛋白的表达抑制有关	Wu et al.，2005；Wang et al.，2009
STZ 诱导 2 型糖尿病大鼠	膜荚黄芪，水提醇沉法	降低海马丙二醛含量，增加超氧化物歧化酶的含量，缓解 2 型糖尿病大鼠记忆功能损伤；改善糖脂代谢和胰岛素抵抗，抗氧化	Dun et al.，2016
2 型糖尿病 Goto-Kakizaki 大鼠	黄芪多糖，Sigma-Aldrich 公司	改善胰岛素抵抗，改善肝脏内质网应激反应；作用机制与升高 miRNA-203a-3p 和下调内质网伴侣蛋白 GRP78 的表达相关	Wei et al.，2018

续表

糖尿病模型	黄芪种类及其多糖提取方法（或来源）	对糖尿病的改善作用及其机制	参考文献
2型糖尿病db/db小鼠	膜荚黄芪，水提醇沉法	降血糖，改善胰腺、肾脏等组织损伤，改善认知功能障碍；作用机制与调节肠道微生物群和SCFA的合成相关	Liu et al.，2019
2型糖尿病肾病大鼠	黄芪多糖，惠州市东方植物保健科技有限公司	降低空腹血糖、血肌酐、尿素氮、肾损伤标志物尿肾损伤分子-1、尿骨桥蛋白浓度；作用机制与对肾脏TGF-β1/Smads信号通路的抑制相关	李承德等，2010
2型糖尿病心肌病仓鼠	黄芪多糖，中国科学院上海生命科学研究院植物生理生态研究所	降低血糖，抑制糖化血清蛋白心肌酶谱和心肌血管紧张素Ⅱ的表达；机制与抑制chymase蛋白酶依赖性心肌血管紧张素Ⅱ的生成相关	Chen et al.，2010c
糖尿病仓鼠脂代谢紊乱	黄芪多糖，中国科学院上海生命科学研究院植物生理生态研究所	使血糖、糖化血清蛋白、心肌酶谱和血脂水平明显下降；机制为通过影响PPARα来改善心肌糖脂代谢紊乱，保护心肌	Chen et al.，2012b 陈蔚等，2010
高糖诱导H9c2心肌细胞凋亡模型	黄芪多糖，天津赛诺制药有限公司	抑制高糖诱导的H9c2细胞凋亡；作用机制为抑制线粒体内外通路促凋亡蛋白的表达，以及调节线粒体中Bcl-2与Bax的比值	Sun et al.，2017b
高糖诱导H9c2心肌细胞凋亡模型	黄芪多糖，天津赛诺制药有限公司	促进H9c2增殖，减少凋亡，降低细胞内活性氧水平，提高抗氧化能力；作用机制与NRG1/ErbB信号通路相关	Chang et al.，2018
3T3-L1脂肪细胞胰岛素抵抗模型	膜荚黄芪，水提醇沉法	促进脂肪细胞对葡萄糖的摄取，增加胰岛素敏感性；调节机制与Mir-720-PPARγ- PI3K/AKT-GLUT4信号通路相关	Ke et al.，2017
3T3-L1脂肪细胞胰岛素抵抗模型	黄芪多糖，上海源叶生物科技有限公司	促进前体脂肪细胞增殖和脂肪细胞内脂质积累，增加胰岛素敏感性；调节机制与AMPK信号通路的激活相关	Zhang et al.，2018
1型糖尿病小鼠	黄芪多糖	降血糖，调节血清胰岛素浓度，增加β细胞数；机制与抑制胰岛炎症和保护β细胞的凋亡相关	Li et al.，2007b
α-葡糖苷酶抑制活性评价	山西黄芪，水提醇沉并经色谱柱纯化	超高压处理提高了黄芪多糖对α-葡糖苷酶的抑制活性	Zhu et al.，2016

此外，黄芪多糖对糖尿病症状的改善作用既体现为抑制血糖升高，也表现为改善胰岛素抵抗性，促进胰岛β细胞分泌胰岛素。相关作用机制已有广泛研究，重点集中在蛋白酪氨酸磷酸酶1B（PTP1B）相关的作用机制研究上。作为一种胰岛素受体的抑制蛋白，PTP1B可调节胰岛素相关信号通路以及细胞因子的表达，体现为对胰岛β细胞增殖的抑制，促进β细胞凋亡，影响β细胞胰岛素分泌，调节内质网应激反应及炎症相关信号通路等（Zhang et al.，2015；Zachar et al.，2016）。早在2005年，就有研究显示黄芪多糖的降血糖和增强胰岛素敏感性的作用与黄芪多糖抑制糖尿病大鼠骨骼肌中PTP1B的表达、分泌有关，后续的研究也取得了相同的结果，即黄芪多糖会抑制糖尿病大鼠中损害β细胞的内质网应激反应，通过活化转录因子6继而下调PTP1B蛋白的表达（Wu et al.，

2005; Mao et al., 2007, 2009; Wang et al., 2009）。此外，使用黄芪多糖干预C2C12胰岛素抗性细胞模型发现，黄芪多糖对胰岛素敏感性的增强作用来自对PTP1B的抑制和转录因子NF-κB的调控，而不是MAPK通路激活，但需要进一步验证（Zhao et al., 2012）。

糖尿病心肌病是指糖尿病患者发生的心肌结构及功能变化，而chymase是一种糜蛋白酶样丝氨酸蛋白酶，可通过催化血管紧张素Ⅰ生成血管紧张素Ⅱ（AngⅡ）而引发或加剧糖尿病心肌病变。黄芪多糖能显著降低糖尿病仓鼠的糖化血清蛋白、胰岛素、C肽、心肌酶谱等心肌病变指标，同时还可抑制AngⅡ和金属蛋白酶及其前体物，即黄芪多糖可以抑制糖尿病仓鼠心肌局部chymase-AngⅡ系统的过度活化，从而对糖尿病心肌病变起到保护作用（Chen et al., 2010a, 2010b）。Wei等（2018）的研究结果也证实，黄芪多糖的摄入能改善糖尿病仓鼠的心脏功能障碍和代谢紊乱，机制研究发现黄芪多糖通过调控核转录因子PPARα控制脂质代谢基因，纠正心肌葡萄糖和脂肪酸代谢紊乱，改善糖尿病心肌病（Wei et al., 2018）。此外，黄芪多糖也可通过促进心肌葡萄糖转运蛋白GLUT4的表达进而改善糖尿病心肌病（Chen et al., 2012a）。

除糖尿病心肌病外，糖尿病常见的并发症还包括糖尿病肾病。黄芪对糖尿病肾病患者的空腹血糖、蛋白尿有降低效果，也能逆转肾小球高滤过状态，相关临床研究也得到广泛报道（Zhang et al., 2009; Li et al., 2011b）。同时，黄芪多糖对大鼠早期糖尿病肾病具有治疗和预防效果(Zhang et al.,2007a)。另外,黄芪多糖对1型糖尿病也具有改善作用,如黄芪多糖可以改善链脲佐菌素诱导的糖尿病小鼠的血糖值，升高血清胰岛素浓度以及增加β细胞数，其机制可能为通过抑制胰岛炎症和保护β细胞的凋亡来保护糖尿病宿主（Li et al., 2007b）。

20.4.3　对心血管系统的保护作用

关于动脉粥样硬化的发病机制有多个学说，它们分别从不同层面说明动脉粥样硬化的发病基础（Pirillo et al., 2018; Geovanini and Libby, 2018）。内皮功能学说认为内皮功能受损是动脉粥样硬化发病的首要环节（Souilhol et al., 2018）。一直以来，黄芪被看作是诸多中医药补血或补气方剂中的一类重要物质，现代研究也表明黄芪多糖对心血管系统有着广泛的影响。如前述关于黄芪多糖对糖尿病心肌病的保护作用，主要是由于黄芪多糖对心肌局部chymase-Ang Ⅱ系统的抑制作用（Chen et al., 2007）。现代药理研究证实黄芪多糖主要通过影响内皮细胞活性保护血管，避免“破坏性炎症”的发生而加重内皮损伤和血管重构，避免内皮损伤导致的大量脂质颗粒沉积于动脉内皮下（Hao et al., 2004）。例如，体内实验显示黄芪多糖通过调节炎症反应保护缺血再灌注损伤动物的心肌结构和功能，而体外研究发现黄芪多糖可抑制人心脏微血管内皮细胞和多形核白细胞的聚集，下调内皮细胞表面的黏附分子表达（Guo et al., 2013）。再利用TNF-α诱导炎症反应的功能，促进人脐静脉内皮细胞表面黏附分子的表达，而经过黄芪多糖处理后细胞间黏附分子（ICAM-1）和血管细胞黏附分子（VCAM-1）的表达显著得到抑制，作用机制涉及NF-κB信号通路和ROS产生的抑制（Zhu et al., 2013）。此外，黄芪多糖还能拮抗高迁移率族蛋白1诱导的内皮细胞通透性降低，也能通过增强抗氧化系统缓解同型半胱氨酸诱导的急性期内皮功能紊乱（Zheng et al., 2013; Zhang et al., 2007b）。因此，黄芪多糖可作用于内皮细胞发挥保护心血管系统的生理活性。

动脉粥样硬化的发生和发展是冠心病病理与生理基础，即某种程度上，细胞内胆固醇的含量决定着动脉粥样硬化发生发展为冠心病的进程。ATP-结合盒转运子 A1 有助于细胞内胆固醇释放，并转运至肝脏加以排泄，或者在肝内被合成为初级的 HDL，从而发挥抗动脉粥样硬化作用（Oram and Lawn，2001）。用黄芪多糖干预 TNF-α 诱导的人急性单核白血病细胞，能够促进细胞 ATP-结合盒转运子 A1 的表达，上调胆固醇流出率，导致细胞内总胆固醇含量显著下降，提示黄芪多糖能够拮抗 TNF-α 对于 ATP-结合盒转运子 A1 的下调作用，从而发挥抗动脉粥样硬化作用（Wang et al.，2010）。心肌肥厚是心肌梗死、糖尿病心肌病等诸多心血管疾病共同的病理过程之一，是心脏在长期压力负荷状况下的一种代偿机制，病理症状表现为心肌细胞肥大异常、心肌间质细胞过度增殖以及细胞外基质改建等多方面。现代研究表明黄芪多糖对心肌肥大具有显著抑制效果，如能抑制异丙肾上腺素诱导的心肌细胞肥大，改善效果表现为使蛋白质含量降低、心肌细胞体积减小，降低心房利尿肽、B 型钠尿肽和细胞内钙离子浓度等，这与黄芪多糖通过作用于钙调神经磷酸酶 /NFATc3 和 CaMK Ⅱ 信号通路发挥其保护作用有关（Dai et al.，2014）。后续使用相同的心肌肥厚模型大鼠进一步地确认黄芪多糖对异丙肾上腺素诱导的心肌肥厚大鼠存在保护作用（Yang et al.，2013b）。此外，黄芪多糖能拮抗棕榈酸酯对人心肌细胞的凋亡诱导毒性，作用机制可能与黄芪多糖抑制人心肌细胞中活性氧的产生和核呼吸因子 1 的累积相关（Zhang et al.，2015）。在缺氧性心肌损伤大鼠中，黄芪多糖也能抑制心肌细胞死亡，增强心脏功能（Ma et al.，2013）。目前，黄芪多糖对心肌细胞功能的保护作用已得到广泛认可，但具体的调节机制所涉及的信号转导通路及能量代谢等还有待于深入研究。

20.4.4　抗肿瘤作用

黄芪多糖对多种皮下接种肿瘤细胞构建的肿瘤小鼠具有治疗或改善作用，如黄芪多糖不同组分对 H22 腹水瘤有很好的治疗作用，可以显著抑制小鼠瘤重，抑瘤率可达到 40% 以上。同时，与阳性药物环磷酰胺比较，黄芪多糖对于小鼠免疫器官具有明显的保护作用（Zhu et al.，2011）。Yang 等（2013a）也发现黄芪多糖不仅可改善 H22 腹水瘤模型肿瘤小鼠的生长、脾脏和胸腺等免疫器官指数，还可增强巨噬细胞的吞噬功能，促进细胞因子 IL-2、IL-12 和 TNF-α 的分泌，增强抗肿瘤免疫反应。此外，黄芪多糖对 S-180 肉瘤小鼠也具有治疗作用，抑瘤率可达 16.76%，作用机制与对肠道上皮内 γδT 细胞增殖及免疫功能的促进相关（Sun et al.，2014）。黄芪多糖对 B16F10 黑色素瘤以及 Ehrlich 腹水瘤等也有一定疗效（Li et al.，2008）。

黄芪多糖抗肿瘤作用机制目前也得到了深入研究。首先，黄芪多糖可以有效抑制肿瘤细胞的增殖，将黄芪多糖用于 MDA-MB-468 乳腺癌细胞的培养，肿瘤细胞的增殖和胞内蛋白激酶的磷酸化水平均得到有效抑制（叶媚娜等，2011）。其次，黄芪多糖还可通过下调 NF-κB p65 的表达，抑制 NF-κB 活性，进而促进人肺腺癌细胞 A549 的凋亡（Liu and Zeng，2011）。黄芪多糖在体外实验和体内实验中均表现出诱导肿瘤细胞凋亡的能力，通过促进肿瘤组织中促凋亡蛋白 Bax 的表达，下调抗凋亡蛋白 Bcl-2 的表达，发挥其抗肿瘤作用（Li et al.，2008）。

除了通过直接抑制肿瘤细胞增殖和促进肿瘤细胞凋亡等功能外，黄芪多糖也可通过提高机体免疫力来实现抗肿瘤效应。黄芪多糖可作为免疫佐剂，主要与 Toll 样受体、T 细胞亚群、巨噬细胞以及细胞因子（白细胞介素、TNF-α、IFN-γ 等）相互作用有关（李钦等，2017）。如黄芪多糖能够通过上调 TLR4 的表达，增强膀胱上皮细胞的先天免疫反应，起到抗膀胱癌作用（Yin et al.，2010）。硫酸化修饰的黄芪多糖也可通过作用于 TLR4 受体抑制脂多糖在 Caco2 结肠癌细胞中诱发的炎症因子 TNF-α、IL-1β 和 IL-8 的表达，起到对抗炎症反应的作用（Wang et al.，2013）。从黄芪中分离得到的葡聚糖能促进胃癌模型 r 大鼠淋巴细胞的增殖，显著增加免疫球蛋白 IgA、IgG 及 IgM 的水平（Li et al.，2009b）。黄芪多糖对 T 细胞亚群的影响还包括显著增加肿瘤组织中的 CD3、CD8、CD4，CD4/CD8，以及显著降低肿瘤微环境中 Treg 细胞的数量（Li et al.，2012a，2008）。同时黄芪多糖也可通过激活巨噬细胞，刺激其释放 TNF-α、IFN-γ 等细胞因子来发挥抗肿瘤作用（Yang et al.，2013b）。此外，体内和体外实验均表明黄芪多糖通过促进巨噬细胞中核转录因子 NF-κB 的活化与转录，显著诱导一氧化氮的产生，而一氧化氮与巨噬细胞的细胞溶解作用相关（Lee and Jeon，2005）。

20.4.5 延缓衰老作用

许多植物来源多糖具有抗衰老作用，包括调节端粒酶活性、抑制脂质过氧化、清除自由基以及调节神经-内分泌功能等（Li et al.，2014b）。端粒是细胞染色体末端的一种在显微镜下呈条状的物质，端粒的长短和稳定性与细胞寿命呈正相关，还与细胞衰老和癌变密切相关，而端粒酶可促进端粒的生长。人类衰老过程中伴随着细胞染色体末端端粒缩短和端粒酶活性的下降（Brane and Tollefsbol，2019；Boccardi M and Boccardi V，2019）。

黄芪多糖可通过调节端粒酶活性或端粒结合蛋白，从而防止染色体末端限制性片段变短，达到抗衰老作用（朱贵明等，2012；Yao et al.，2005；毛宇奇和张建鹏，2014）。另外，采用 β-半乳糖苷酶及吖啶橙的荧光染色分析黄芪多糖对斑马鱼胚胎细胞衰老及凋亡的影响，发现黄芪多糖可通过有效延缓斑马鱼细胞凋亡和增强斑马鱼端粒酶基因表达的方式来改善细胞复制性衰老，其分子机制可能是黄芪多糖能够上调端粒酶基因和下调 p53 信号通路相关基因的表达（Xia et al.，2012）。

自由基学说作为广泛接受的衰老机制之一，认为随着年龄的增加，体内产生的自由基增多，但机体自身的抗氧化系统对自由基的清除能力变弱以及免疫功能下降等是衰老的主要原因。在 D-氨基半乳糖诱导衰老模型中，过量的 D-氨基半乳糖会提升机体代谢率，增加自由基而发生一系列与氧化应激相关的病理生理变化（Ho et al.，2003；Chen et al.，2010b）。黄芪多糖在体内能通过提高 D-半乳糖致衰老模型小鼠脾脏指数、血清和肝组织内 SOD 及 GSH-Px 的活性，增强机体抗氧化能力和直接清除自由基等发挥其延缓衰老的作用（Li et al.，2012b）。此外，通过秀丽线虫寿命实验，研究者发现黄芪多糖可以直接延长野生型和多聚谷氨酰胺秀丽线虫模型的寿命，抑制多聚谷氨酰胺聚集和缓解多聚谷氨酰胺聚集神经毒性。同时在此基础上，研究者还围绕DAF-16长寿基因的活性进行研究，揭示了黄芪多糖具有衰老调节和应激耐受等保健功能（张晗蕊，2011）。

在传统中医药方和药膳中，黄芪常与当归配伍，用于补益气血，现代研究表明黄芪和当归多糖合用可以协同增强其体外抗氧化能力，将其用于衰老模型小鼠的治疗，可以显著降低小鼠体内单胺氧化酶、羟脯氨酸和过氧化氢含量，提高谷胱甘肽过氧化物酶和黄嘌呤氧化酶活性，同时提升免疫器官指数，从而实现抗衰老作用（Pu et al.，2011，2016）。

20.4.6 保护肾脏作用

黄芪多糖对糖尿病肾病具有显著疗效，并被成功用于临床治疗。Zhang等（2009）通过对11篇已发表的黄芪治疗糖尿病肾病大鼠的论文进行系统性的分析总结，得出黄芪多糖是黄芪发挥抗糖尿病肾病功能的有效成分之一，表现为降低糖尿病肾病大鼠的空腹血糖值和尿蛋白排泄水平，同时还能逆转肾小球高滤过状态，改善增生性肾小球功能，缓解肾损伤。糖尿病肾病的病理机制复杂，闫凌云（2012）认为黄芪多糖对糖尿病肾病的治疗可能是通过以下方式进行：①通过改善糖代谢增强肾功能。黄芪多糖能促进肾脏胰岛素受体的表达及其信号的转导，增强肾组织对胰岛素的敏感性，发挥治疗糖尿病肾病的功效。②通过提高机体免疫力保护肾脏。黄芪多糖能显著活化单核巨噬细胞系统，增强巨噬细胞的吞噬功能，增强抗病毒能力，同时还能抑制肾脏系膜细胞增生和基质增多，并能减少免疫复合物的沉积，发挥肾脏保护作用。③通过调节肾脏蛋白代谢保护肾功能。黄芪多糖能有效促进肝脏中蛋白的合成，抵抗低蛋白血症，并有利于肾组织恢复对心钠素的敏感性。④通过降低血脂保护肾功能。通过减少脂质在肾间质和肾小球中的沉积从而抑制肾小球硬化与细胞外基质聚集的发生。同时对黄芪治疗糖尿病肾病临床研究的meta分析也验证了黄芪对糖尿病患者肾脏的保护作用，包括抑制血尿素氮、血清肌酐以及尿蛋白等代谢物的排泄，鉴于临床研究使用的是黄芪注射液，黄芪具体的活性成分和作用机制还有待更进一步的研究与验证（Li et al.，2011b）。

此外，研究发现黄芪多糖对慢性肾衰竭和肾小球性肾炎也表现出一定的治疗作用。黄芪多糖对肾脏的保护作用还体现在抑制肾细胞凋亡方面，在慢性肾衰竭大鼠中，黄芪多糖治疗可以降低肾脏指数，减轻肾脏病理损伤，维持肾功能，进一步的测定发现黄芪多糖可通过调节肾小管上皮细胞的凋亡，从而抑制慢性肾衰竭的进一步发展，作用机制与抑制肾脏细胞内质网应激相关（Lian et al.，2014）。黄芪多糖对肾小球性肾炎的治疗作用主要是通过抑制NF-κB核转录因子和炎症相关的细胞因子（包括IL-2、IL-6和TNF-α）表达来实现（Li et al.，2007c）。

20.4.7 对肺损伤的治疗与改善作用

临床研究发现黄芪注射液联合长春瑞滨和顺铂两种药物，可以显著延长与提高非小细胞肺癌患者的生存期和生活质量（Guo et al.，2012b）。同时黄芪多糖也可提高肺癌患者的免疫功能及生活质量，缓解化疗毒性。例如，将黄芪多糖作用于化疗晚期非小细胞肺癌患者 22 个月后，发现客观缓解率为 42.64%，且患者的疲劳、恶心呕吐、疼痛等症状均得到大幅改善（郑爱红等，2012）。黄芪多糖对其他肺部疾病也表现出潜在的治疗功能，如支气管肺发育不良。支气管肺发育不良为早产儿常见呼吸系统疾病，是导致早产儿死亡的主要原因之一（杨雨晨等，2018）。Huang 等（2013）以 EA.hy926 内皮细胞构建支气管肺发育不良的细胞模型，将黄芪多糖作用于该细胞后，细胞内活性氧和丙二醛含量显著降低，而超氧化物歧化酶的含量显著升高。同时黄芪多糖能下调炎症相关细胞因子 IL-8、细胞黏附分子 1 和转录因子 NF-κB 的表达。进一步使用新生大鼠构建体内支气管肺发育不良模型，在体内验证了黄芪多糖可通过改善新生大鼠体内的氧化应激和炎症，从而抑制气道重塑和肺泡损伤，起到治疗支气管肺发育不良的效果（Wang and Huang，2014）。此外，研究也报道了黄芪多糖对哮喘小鼠气道高反应性和气道炎症的调节作用（Shen et al.，2008；Yang et al.，2013c）。

此外，黄芪多糖对肺纤维化也具有一定的改善作用。肺纤维化是多种肺疾病和肺损伤发展到一定阶段所表现的一种病理变化，表现为成纤维细胞的增殖异常及细胞外基质的大量聚集，同时伴有炎症损伤、组织结构破坏等常见肺部疾病的终末期症状。肺纤维化大鼠经黄芪多糖治疗后，其肺组织肺泡炎、肺组织超微结构损伤明显减轻，黄芪多糖明显抑制了丙二醛和一氧化氮的异常升高，并且显著提升超氧化物歧化酶水平。脂质过氧化损伤和一氧化氮代谢紊乱能延长肺部慢性炎症发展时间，导致组织修复不协调，成纤维细胞增生，以及细胞外基质沉积，从而引发肺部纤维化病变（李金田等，2011）。而调节 NO 代谢及提高抗氧化能力可能是黄芪多糖防治肺间质纤维化的作用途径之一。

20.5 黄芪多糖的构效关系

黄芪多糖的化学结构是其发挥生物活性的物质基础。如黄芪多糖抗肿瘤活性主要与黄芪多糖的糖苷键、分子质量和金属离子络合等三个结构因素密切相关。李红法等（2015）采用不同浓度的乙醇（30%、50%、70%、75%、80%、90%）沉淀黄芪溶液，获得不同分子质量的黄芪多糖，结果发现提取的黄芪多糖的分子质量会随乙醇浓度增加而降低，而抗氧化活性随之增强，且 90% 乙醇沉淀得到的黄芪多糖颗粒表面光滑，分子质量较小，三股螺旋链构象特异，抗氧化活性最强。

目前研究人员已从黄芪中分离得到多种葡聚糖，且它们的活性与其分子质量也有一定的依赖关系，刘荣强（2011）分离纯化得到的结构相似的两种黄芪多糖，重均分子质量分别为 4.77×10^3kDa 和 8.68kDa，主要成分均为葡萄糖，阿拉伯糖和木糖含量较少，两者主链均为 α-1,3 连接的葡聚糖，分支是由少量 1,4、1,6 连接的葡萄糖、阿拉伯糖和木糖，两者对 H22 腹水瘤小鼠的肿瘤抑制率分别为 55.47% 和 47.72%。Kiyohara 等（2010）从黄芪中分离出 9 种有效多糖成分，发现侧链不同的多糖成分对派尔集合淋巴结的免疫调节贡献存在差异性，同时半乳糖基侧链的降解还会降低黄芪多糖的免疫调节效果。

此外，对黄芪多糖进行分子修饰，其空间结构和物化性质会发生部分改变，黄芪多糖的生物活性会加强，目前研究较多的是黄芪多糖硫酸酯化。如使用梯度醇沉的方法从黄芪水提液中分离得到 4 种黄芪多糖，再分别对它们用氯磺酸-吡啶法进行硫酸化，得到 4 种含硫酸基团的黄芪多糖，4 种硫酸化的黄芪多糖具有更强的抗法氏囊病病毒效果（Huang et al.，2008a，2008b）。硫酸化的黄芪多糖对新城疫疫苗的疗效具有更好的协助效果，如促进雏鸡淋巴细胞增殖和提升血清抗体水平（Ma et al.，2010），硫酸化的黄芪多糖对脂多糖引起的炎症有很好的治疗作用（Wang et al.，2014a，2013）。

20.6　黄芪多糖的应用

20.6.1　注射用黄芪多糖的临床应用

黄芪多糖于 1994 年获得卫生部颁发的新药临床研究批件，并在 2001 年成功通过国家中药二类新药鉴定。如今注射用黄芪多糖已与化疗、放疗等联合运用于肿瘤临床治疗，且疗效较好。将注射用黄芪多糖用于胃癌术后化疗中的辅助治疗，研究者发现黄芪多糖辅助治疗组总缓解率为 72.7%，显著高于对照组中的 47.8%，化疗的毒副反应更轻，说明注射用黄芪多糖可以提高胃癌术后化疗的疗效，并减轻化疗的毒副反应，保证患者化疗周期顺利进行（留佳等，2015）。同时对中晚期胃癌患者的临床疗效评估表明，注射用黄芪多糖与化疗药物联合治疗具有较好的临床效果，还能改善患者的生活质量（赖玉斌，2014）。此外，临床观察也发现注射用黄芪多糖对结肠癌及晚期非小细胞肺癌的化疗疗效及不良反应具有改善作用，可提高患者生活质量。对注射用黄芪多糖联合化疗的 40 例恶性肿瘤患者进行 21 天的疗效观察，治疗后注射用黄芪多糖联合化疗组的实体瘤治疗有效率为 70%，远高于单纯化疗组的 50%，相比于单纯化疗组，注射用黄芪多糖和化疗联用在控制肿瘤病灶进展、减轻化疗骨髓抑制的白细胞减少程度、提高机体的功能状态等方面作用更佳（林晓泉等，2009）。

除用于肿瘤治疗外，临床上还将黄芪多糖与丹参酮 II_A 磺酸钠注射液合用，在常规治疗基础上用于治疗慢性充血性心力衰竭。黄芪多糖与丹参酮 II_A 磺酸钠注射液合用治疗组的心脏每搏输出量、心脏排出量、心脏指数、左室射血分数、左室舒张早晚期最大血流速比值均较治疗前有所改善，临床疗效得到提高，患者心功能得到改善（潘信良，2015）。

20.6.2　在动物生产中的应用

黄芪多糖作为一种免疫调节剂，可用于改善动物的生产性能，提高动物产品的卫生安全性等，目前在动物生产中应用形式主要为饲料添加剂和疫苗佐剂。在养鸡业中，黄芪多糖多用作免疫增强剂，同时还用于防治病毒性传染病，从多个方面发挥保健作用。黄芪多糖作为饲料添加剂，可以极显著降低料蛋比，同时提高消化率和钙表观消化率，增强细胞的生理代谢和促进血液循环，发挥营养保健作用（杨秋霞等，2011）。此外黄芪多糖还可以显著抑制鸡盲肠大肠杆菌的生长，促进乳酸菌和双歧杆菌的增殖，有利于肠道健康。因此，在禽饲料中适量添加黄芪多糖，可促进禽的生长发育（王洪芳，2010）。

黄芪多糖也可作为猪饲料添加剂，能够提高断奶仔猪成活率、增重率、对营养物质的消化率和体重的增加程度，抑制肠道病原菌的感染和繁殖，减少仔猪腹泻的发病率并促进其生长发育（张跃海，2016）。目前，市场上常见的家禽养殖用的黄芪多糖注射液为豆科植物蒙古黄芪或膜荚黄芪的干燥根经提取制成的灭菌溶液，为黄色至黄褐色澄明液体，能有效防治动物养殖中常见的疫病（肖岚等，2010）。

20.7　黄芪多糖研究存在的问题及前景展望

目前对黄芪多糖的研究多局限于其分离纯化、结构特征、细胞和动物实验活性研究上，而应用方面的临床治疗研究报道相对不足。在应用方面，其主要作为免疫注射佐剂和饲料添加剂被使用，范围相对较窄，同时缺乏深度开发和研究。在目前文献资料和实际应用方面，有一些问题值得深入研究。首先，黄芪多糖增强免疫、改善糖尿病等保健作用的机制有待进一步阐明。其次，不同原料和提取方法获得的黄芪多糖结构及其功能之间存在差异性，目前关于其差异性还缺少系统性的总结。最后，在实际应用中，关于黄芪多糖在畜禽和水产动物以及它们的不同发育阶段的最佳摄入方式及最佳剂量的研究、报道不足，相关的实验室研究成果转化为实际生产应用进展缓慢，导致黄芪多糖在畜禽保健及疫病防控中的应用进步缓慢。

随着现代人们对动物性产品的质量要求不断提高，黄芪多糖在畜禽保健和饲料添加剂等方面表现出广阔的开发应用前景。此外，研究还表明其具有多种生理药理活性，如增强机体的免疫力、抗氧化、抗病毒、抗肿瘤等多种功能。未来还可拓宽对其改性（如硫酸化）的研究，研究各种改性产物对其生理调节活性的影响，进而推广至生产实践。同时，还可结合有关临床研究，研究黄芪多糖对人体机能和疾病等各方面的影响，推进黄芪多糖在保健食品和人体免疫佐剂方面的应用。不仅应将黄芪多糖应用到兽药和动物生产中，还需要扩展至保健食品方面，调节人体机能，还可以用于医药治疗等方面，提高临床疗效，改善患者生活质量。未来随着对黄芪多糖生物学效应的研究，以及免疫增强作用机制研究的不断深入，黄芪多糖的深度开发和产业化应用将会得到极大的发展。

参考文献

陈浒华. 2010. 黄芪多糖的硒化修饰及其体外抗氧化作用的研究. 南京: 南京农业大学硕士学位论文.

陈蔚, 陈雯洁, 夏燕萍, 等. 2010. 黄芪多糖对糖尿病仓鼠脂代谢紊乱及心肌 PPAR-α 表达的影响. 复旦学报 (医学版), 37(2): 194-197, 215.

崔占虎, 李越, 袁庆军, 等. 2012. 黄芪与其混伪品的 ITS 序列分子鉴定研究. 中国中药杂志, 37(24): 3773-3776.

丁海龙, 何开泽, 张磊, 等. 2010. 黄芪多糖的提取及按相对分子质量分段分离. 应用与环境生物学报, 16(5): 719-723.

董玲玲, 黄鑫, 齐阳光, 等. 2011. 酶解-微波法提取黄芪多糖的工艺研究. 浙江工业大学学报, 39(5): 528-531.

方积年, Wagner H. 1988. 黄芪葡聚多糖的化学结构. 化学学报, 46(11): 1101-1104.

傅晓雪. 2011. 黄芪发酵液对小鼠免疫功能的影响. 畜牧兽医科技信息, 27(5): 17-18.

国家卫生健康委员会. 2018. 关于征求将党参等 9 种物质作为按照传统既是食品又是中药材物质管理意见的函. http: //www. nhc. gov. cn/sps/s3585/201804/3bcf8b4d12e34b11bfc6e5404b6e74a3. shtml. [2019-05-02].

国家药典委员会. 2015. 中华人民共和国药典 2015 年版 一部. 北京: 中国医药科技出版社.
郝霞, 李科, 王桂臻, 等. 2016. 黄芪药渣中阿拉伯木聚糖提取、分离和结构初步分析. 山西医科大学学报, 47(4): 338-343.
滑聚娜. 2012. 基于高剪切分散乳化技术的黄芪中黄酮类化合物提取方法及动力学和热力学研究. 兰州: 兰州大学硕士学位论文.
金汝城. 2009. 均匀设计优化超声波法提取黄芪多糖的研究. 安徽农业科学, 37(12): 5498-5499.
靳月生, 姚学军, 吕艳秋, 等. 2008. 黄芪多糖治疗猪圆环病毒病的效果实验. 北京农业, (24): 9-10.
康欣. 2014. 黄芪和乳香提取物对 NIH3T3 细胞增殖的影响. 哈尔滨: 东北农业大学硕士学位论文.
赖玉斌. 2014. 注射用黄芪多糖、化疗联合治疗中晚期胃癌患者的临床疗效评估. 大家健康 (学术版), (11): 162.
李成. 2016. 黄芪多糖对肉鸡免疫功能的影响. 中国畜牧兽医文摘, 32(9): 55.
李承德, 王煜, 曲敬蓉, 等. 2010. 黄芪多糖对糖尿病大鼠肾脏 TGF-β1/Smads 信号通路的影响. 中国药理学通报, 34(4): 512-516.
李红法, 郭松波, 满淑丽, 等. 2015. 乙醇分级沉淀提取黄芪多糖及其理化性质和抗氧化活性研究. 中国中药杂志, 40(11): 2112-2116.
李宏全, 赵万国, 吕小虎, 等. 2009. 黄芪中一种新杂聚多糖的理化分析. 中国药学杂志, 44(9): 654-657.
李金田, 魏舒畅, 刘永琦, 等. 2011. 黄芪多糖对肺纤维化大鼠肺上皮细胞超微结构及自由基代谢的影响. 中华中医药杂志, 26(10): 2360-2362.
李娟, 张毅, 刘永琦, 等. 2011. 黄芪多糖对肺纤维化大鼠细胞因子及肺组织病理结构的影响. 时珍国医国药, 22(7): 1684-1685.
李钦, 胡继宏, 高博, 等. 2017. 黄芪多糖在免疫调节方面的最新研究进展. 中国实验方剂学杂志, 23(2): 199-206.
廖苇萍, 石元刚. 2007. 黄芪多糖和大豆异黄酮对糖尿病大鼠糖代谢的影响. 第三军医大学学报, 29(5): 416-418.
林梦感, 杨义芳, 许海燕. 2009. 黄芪多糖 MAPS-5 的化学结构及其体外淋巴细胞增殖活性. 中草药, 40(12): 1865-1868.
林晓泉, 廖海, 梁蔚婷. 2009. 注射用黄芪多糖联合化疗治疗恶性肿瘤的临床疗效观察. 中药材, 32(6): 1010-1011.
刘荣强. 2011. 黄芪多糖结构与抗肿瘤活性研究. 天津: 天津科技大学硕士学位论文.
刘永录, 于瑞, 张国祖, 等. 2010. pH 值对碱法提取黄芪多糖收率的影响及黄芪多糖体外抑菌作用研究. 河南农业科学, 39(5): 117-119.
留佳, 梁晓美, 曾菁, 等. 2015. 注射用黄芪多糖在胃癌术后化疗中的作用及化疗后毒副反应处理. 中国现代医生, 53(23): 101-103, 107.
毛宇奇, 张建鹏. 2014. 植物多糖抗衰老作用的研究进展. 生物技术通讯, 25(4): 588-590.
牟鲁霞, 祝路, 赵爱华, 等. 2009. 黄芪多糖的提取及精制工艺研究. 中药材, 32(11): 1741-1745.
潘信良. 2015. 丹参酮 Ⅱ_A 磺酸钠注射液和注射用黄芪多糖治疗慢性充血性心力衰竭临床观察. 新中医, 47(1): 38-40.
钱子刚. 1994. 内蒙黄芪学名考. 云南中医学院学报, (3): 10.
秦哲. 2012. 黄芪发酵后主要有效成分变化分析及多糖对大鼠实验性肝纤维化影响. 兰州: 甘肃农业大学博士学位论文.
屈静. 2010. 低分子量黄芪多糖的分离纯化和结构分析. 长春: 东北师范大学硕士学位论文.
戎煜明, 张蓓, 吴慧瑜, 等. 2011. 注射用黄芪多糖减轻Ⅱ期结肠癌化疗副反应临床观察. 中药材, 34(4): 657-659.

尚利明. 2014. 黄芪多糖的发酵提取工艺优化及其对小鼠树突状细胞体外成熟的影响. 北京: 中国农业科学院硕士学位论文.
唐雨薇, 张宇, 王宇亮, 等. 2014. 黄芪多糖分离与结构特征分析. 时珍国医国药, 25(5): 1097-1100.
王洪芳. 2010. 黄芪多糖对蛋鸡生产性能、抗氧化酶活性、免疫机能及肠道主要菌群的影响. 石家庄: 河北农业大学硕士学位论文.
王玲丽, 丰华玲, 杨柯, 等. 2017. 黄芪生物学及化学成分研究进展. 基因组学与应用生物学, 36(6): 2581-2585.
王延年, 董雪, 乔延江, 等. 2010. 中药发酵研究进展. 世界科学技术-中医药现代化, 12(3): 437-441.
魏凤玉, 康家胜, 张宇. 2012. 纤维素酶法提取黄芪多糖的动力学. 过程工程学报, 12(5): 839-843.
肖岚, 舒亚海, 位景香, 等. 2010. 黄芪多糖的免疫调节作用及其在疫苗研究中的应用. 现代预防医学, 43(14) : 2549-2553, 2607.
闫凌云. 2012. 黄芪多糖对糖尿病肾病防治机制的研究进展. 医学综述, 18(11): 1727-1729.
杨勤福. 1999. 黄芪及其伪品蜀葵根、冬葵根的鉴别. 河南中医药学刊, (5): 17-18.
杨庆珍, 刘德旺, 田义新, 等. 2015. 黄芪多糖化学结构与药理作用研究进展. 北方园艺, (7): 168-175.
杨秋霞, 王洪芳, 陈辉, 等. 2011. 黄芪多糖对蛋鸡生产性能的影响. 农村养殖技术, (13): 18.
杨雨晨, 毛健, 李娟. 2018. 早产儿支气管肺发育不良的药物治疗研究进展. 中国当代儿科杂志, 20(1): 67-71.
姚敬明, 孟帆, 王娟萍, 等. 2016. 黄芪多糖对猪瘟疫苗体液免疫和细胞免疫的影响. 畜牧兽医科技信息, (9): 15-18.
叶媚娜, 陈红风, 周瑞娟, 等. 2011. 黄芪多糖对基底细胞样乳腺癌细胞增殖和 Akt 磷酸化的影响. 中西医结合学报, 9(12): 1339-1346.
叶伟兵, 黄嘉欣, 赵琦. 2010. 黄芪多糖治疗糖尿病肾病的临床观察及其对肾脏保护作用的研究. 亚太传统医药, 6(12): 34-35.
于小川, 赵明晓, 宋玉财, 等. 2016. 黄芪多糖在畜禽保健中的应用. 山东畜牧兽医, 37(9): 87-88.
詹志来, 邓爱平, 彭华胜, 等. 2016. 基于历代本草产地变迁的药材道地性探讨——以黄芪、丹参为例. 中国中药杂志, 41(17): 3202-3208.
张晗蕊. 2011. 黄芪多糖抑制多聚谷氨酰胺蛋白毒性的分子机制研究. 武汉: 武汉大学博士学位论文.
张凯, 杨志强, 王学智, 等. 2011. 发酵型黄芪提取物对肉仔鸡生产性能及免疫球蛋白的作用研究. 湖北农业科学, 50(6): 1216-1218.
张毅, 李金田, 刘永琦, 等. 2009. 黄芪多糖对肺纤维化大鼠血清中 Th1/Th2 细胞因子平衡、NO 水平的影响. 中国老年学杂志, 29(10): 1185-1187.
张跃海. 2016. 黄芪多糖在养猪与猪病防治中的应用. 当代畜牧, 11(23): 128.
张璋. 2004. 利用 IL-3 培养获得低表达 CD80, CD86 树突状细胞的初步研究. 成都: 四川大学硕士学位论文.
郑爱红, 吴国清, 薛骞. 2012. 注射用黄芪多糖联合静脉热化疗治疗晚期非小细胞肺癌临床疗效观察. 中华中医药学刊, 30(4): 926-928.
朱贵明, 江旭东, 王迪迪, 等. 2012. 黄芪多糖对衰老 HDF 细胞染色体末端限制性片段长度的影响. 中国老年学杂志, 32(8): 1635-1637.
祝艳华, 车清明. 2012. 黄芪多糖在养猪与猪病防治中的应用. 国外畜牧学 (猪与禽), 32(10): 68-69.
Boccardi M, Boccardi V. 2019. Psychological wellbeing and healthy aging: focus on telomeres. Geriatrics, 4(1): 25.
Brane A C, Tollefsbol T O. 2019. Targeting telomeres and telomerase: studies in aging and disease utilizing CRISPR/Cas9 technology. Cells, 8(2): 186-199.

Chang X, Lu K, Wang L, et al. 2018. Astraglaus polysaccharide protects diabetic cardiomyopathy by activating NRG1/ErbB pathway. Bioscience Trends, 12(2): 149-156.

Chen B, Zhong Y, Peng W, et al. 2010c. Age-related changes in the central auditory system: comparison of D-galactose-induced aging rats and naturally aging rats. Brain Research, 1344: 43-53.

Chen H, Zhou X, Zhang J. 2014. Optimization of enzyme assisted extraction of polysaccharides from *Astragalus membranaceus*. Carbohydrate Polymers, 111: 567-575.

Chen R Z, Tan L, Jin C G, et al. 2015. Extraction, isolation, characterization and antioxidant activity of polysaccharides from *Astragalus membranaceus*. Industrial Crops and Products, 77(2): 434-443.

Chen W, Li Y M, Yu M H. 2007. Effects of *Astragalus* polysaccharides on chymase, angiotensin-converting enzyme and angiotensin Ⅱ in diabetic cardiomyopathy in hamsters. Journal of International Medical Research, 35(6): 873-877.

Chen W, Li Y M, Yu M H. 2010a. *Astragalus* polysaccharides inhibited diabetic cardiomyopathy in hamsters depending on suppression of heart chymase activation. Journal of Diabetes and its Complications, 24(3): 199-208.

Chen W, Xia Y, Zhao X, et al. 2012a. The critical role of *Astragalus* polysaccharides for the improvement of PPRAα-mediated lipotoxicity in diabetic cardiomyopathy. PLoS One, 7(10): e45541.

Chen W, Xia Y P, Chen W J, et al. 2012b. Improvement of myocardial glycolipid metabolic disorder in diabetic hamster with *Astragalus* polysaccharides treatment. Molecular Biology Reports, 39(7): 7609-7615.

Chen W, Yu M H, Li Y M, et al. 2010b. Beneficial effects of astragalus polysaccharides treatment on cardiac chymase activities and cardiomyopathy in diabetic hamsters. Acta Diabetologica, 47(S1): 35-46.

Chen X, Oppenheim J J. 2014. Th17 cells and Tregs: unlikely allies. Journal of Leukocyte Biology, 95(5): 723-731.

Cho W C S, Leung K N. 2007. *In vitro* and *in vivo* immunomodulating and immunorestorative effects of *Astragalus membranaceus*. Journal of Ethnopharmacology, 113(1): 132-141.

Dai H, Jia G, Liu X, et al. 2014. *Astragalus* polysaccharide inhibits isoprenaline-induced cardiac hypertrophy via suppressing Ca^{2+}-mediated calcineurin/NFATc3 and CaMKⅡ signaling cascades. Environmental Toxicology and Pharmacology, 38(1): 263-271.

Du X, Chen X, Zhao B, et al. 2011. *Astragalus* polysaccharides enhance the humoral and cellular immune responses of hepatitis B surface antigen vaccination through inhibiting the expression of transforming growth factor β and the frequency of regulatory T cells. FEMS Immunology & Medical Microbiology, 63(2): 228-235.

Du X, Zhao B, Li J, et al. 2012. *Astragalus* polysaccharides enhance immune responses of HBV DNA vaccination via promoting the dendritic cell maturation and suppressing Treg frequency in mice. International Immunopharmacology, 14(4): 463-470.

Dun C, Liu J, Qiu F, et al. 2016. Effects of *Astragalus* polysaccharides on memory impairment in a diabetic rat model. Neuropsychiatric Disease and Treatment, 12: 1617-1628.

Fan Y, Hu Y, Wang D, et al. 2012. Effects of *Astragalus* polysaccharide liposome on lymphocyte proliferation *in vitro* and adjuvanticity *in vivo*. Carbohydrate Polymers, 88(1): 68-74.

Fu J, Huang L, Zhang H, et al. 2013. Structural features of a polysaccharide from *Astragalus membranaceus* (Fisch.) Bge. var. *mongholicus* (Bge.) Hsiao. Journal of Asian Natural Products research, 15(6): 687-692.

Fu J, Wang Z, Huang L, et al. 2014. Review of the botanical characteristics, phytochemistry, and pharmacology of *Astragalus membranaceus* (Huangqi). Phytotherapy Research, 28(9): 1275-1283.

Geovanini G R, Libby P. 2018. Atherosclerosis and inflammation: overview and updates. Clinical Science,

132(12): 1243-1252.

Gong S. 2004. Investigation into the microwave-assisted extraction technology for astragalus polysaccharide. Journal of South China University of Technology (Natural Science), 32(8): 93-96.

Guo L, Bai S P, Zhao L, et al. 2012a. *Astragalus* polysaccharide injection integrated with vinorelbine and cisplatin for patients with advanced non-small cell lung cancer: effects on quality of life and survival. Medical Oncology, 29(3): 1656-1662.

Guo L, Liu J, Hu Y, et al. 2012b. *Astragalus* polysaccharide and sulfated epimedium polysaccharide synergistically resist the immunosuppression. Carbohydrate Polymers, 90(2): 1055-1060.

Guo Y, Li M, Liu Z, et al. 2013. *Astragalus* polysaccharide suppresses the expression of adhesion molecules through the regulation of the p38 MAPK signaling pathway in human cardiac microvascular endothelial cells after ischemia-reperfusion injury. Evidence-Based Complementray and Alternative Medicine, 2013(2): 280493.

Hao Y, Qiu Q Y, Wu J. 2004. Effect of *Astragalus* polysaccharides in promoting neutrophil-vascular endothelial cell adhesion and expression of related adhesive molecules. Chinese Journal of Integrated Traditional & Western Medicine, 24(5): 427-430.

He X, Shu J, Xu L, et al. 2012. Inhibitory effect of *Astragalus* polysaccharides on lipopolysaccharide-induced TNF-a and IL-1β production in THP-1 cells. Molecules, 17(3): 3155-3164.

Ho S C, Liu J H, Wu R Y. 2003. Establishment of the mimetic aging effect in mice caused by D-galactose. Biogerontology, 4(1): 15-18.

Huang H, Luo S, Huang D, et al. 2019. Immunomodulatory activities of proteins from *Astragalus membranaceus* waste. Journal of the Science of Food and Agriculture, 99(8): 4174-4181.

Huang W M, Liang Y Q, Tang L J, et al. 2013. Antioxidant and anti-inflammatory effects of *Astragalus* polysaccharide on EA. hy926 cells. Experimental and Therapeutic Medicine, 6(1): 199-203.

Huang X, Hu Y, Zhao X, et al. 2008a. Sulfated modification can enhance the adjuvant activity of astragalus polysaccharide for ND vaccine. Carbohydrate Polymers, 73(2): 303-308.

Huang X, Wang D, Hu Y, et al. 2008b. Effect of sulfated astragalus polysaccharide on cellular infectivity of infectious bursal disease virus. International Journal of Biological Macromolecules, 42(2): 166-171.

Jiang J B, Qiu J D, Yang L H, et al. 2010. Therapeutic effects of astragalus polysaccharides on inflammation and synovial apoptosis in rats with adjuvant-induced arthritis. International Journal of Rheumatic Diseases, 13(4): 396-405.

Jin M, Zhao K, Huang Q, et al. 2014. Structural features and biological activities of the polysaccharides from *Astragalus membranaceus*. International Journal of Biological Macromolecules, 64: 257-266.

Ke B, Ke X, Wan X, et al. 2017. *Astragalus* polysaccharides attenuates TNF-α-induced insulin resistance via suppression of miR-721 and activation of PPAR-γ and PI3K/AKT in 3T3-L1 adipocytes. American Journal of Translational Research, 9(5): 2195-2206.

Kiyohara H, Uchida T, Takakiwa M, et al. 2010. Different contributions of side-chains in β-D-(1→3,6)-galactans on intestinal Peyer's patch-immunomodulation by polysaccharides from *Astragalus mongholics* Bunge. Phytochemistry, 71(2-3): 280-293.

Lee K Y, Jeon Y J. 2005. Macrophage activation by polysaccharide isolated from *Astragalus membranaceus*. International Immunopharmacology, 5(7-8): 1225-1233.

Li H, Ma F, Hu M, et al. 2014a. Polysaccharides from medicinal herbs as potential therapeutics for aging and age-related neurodegeneration. Rejuvenation Research, 17(2): 201-204.

Li H M, Huang R Q, Wang Y Z. 2000. A technological study on enhancing the extraction rate of *Astragalus* polysaccharids. Journal & Northwest University, 6: 509-510.

Li H Q, Lloyd R J, Wang J D. 2007d. Effect of *Astragalus* polysaccharides on erythrocyte immune adherence of chickens inoculated with infectious bursal disease virus. Agricultural Sciences in China, 6(11): 1402-1408.

Li J, Bao Y, Lam W, et al. 2008. Immunoregulatory and anti-tumor effects of polysaccharopeptide and *Astragalus* polysaccharides on tumor-bearing mice. Immunopharmacology and Immunotoxicology, 30(4): 771-782.

Li J, Zhong Y, Li H, et al. 2011a. Enhancement of *Astragalus* polysaccharide on the immune responses in pigs inoculated with foot-and-mouth disease virus vaccine. International Journal of Biological Macromolecules, 49(3): 362-368.

Li M, Wang W, Xue J, et al. 2011b. Meta-analysis of the clinical value of *Astragalus membranaceus* in diabetic nephropathy. Journal of Ethnopharmacology, 133(2): 412-419.

Li Q, Bao J, Li X, et al. 2012a. Inhibiting effect of *Astragalus* polysaccharides on the functions of $CD4^{+}CD25^{high}$Treg cells in the tumor microenvironment of human hepatocellular carcinoma. Chinese Medical Journal, 125(5): 786-793.

Li R, Chen W, Wang W, et al. 2009a. Optimization of extraction technology of *Astragalus* polysaccharides by response surface methodology and its effect on CD40. Carbohydrate Polymers, 78(4): 784-788.

Li R, Chen W, Wang W, et al. 2009b. Extraction, characterization of *Astragalus* polysaccharides and its immune modulating activities in rats with gastric cancer. Carbohydrate Polymers, 78(4): 738-742.

Li R, Chen W, Wang W, et al. 2010. Antioxidant activity of *Astragalus* polysaccharides and antitumour activity of the polysaccharides and siRNA. Carbohydrate Polymers, 82(2): 240-244.

Li R J, Qiu S D, Chen H X, et al. 2007a. The immunotherapeutic effects of *Astragalus* polysaccharide in type 1 diabetic mice. Biological and Pharmaceutical Bulletin, 30(3): 470-476.

Li R J, Qiu S D, Chen H X, et al. 2007b. The immunotherapeutic effects of *Astragalus* polysaccharide in type 1 diabetic mice. Biological and Pharmaceutical Bulletin, 30(3): 470-476.

Li S P, Zhao X J, Wang J Y. 2009c. Synergy of *Astragalus* polysaccharides and probiotics (*Lactobacillus* and *Bacillus cereus*) on immunity and intestinal microbiota in chicks. Poultry Science, 88(3): 519-525.

Li S, Ren L, Zhu X, et al. 2019. Immunomodulatory effect of γ-irradiated *Astragalus* polysaccharides on immunosuppressed broilers. Animal Science Journal, 90(1): 117-127.

Li S, Zhang Y. 2009. Characterization and renal protective effect of a polysaccharide from *Astragalus membranaceus*. Carbohydrate Polymers, 78(2): 343-348.

Li S, Zhang Y, Zhao J. 2007c. Preparation and suppressive effect of astragalus polysaccharide in glomerulonephritis rats. International Immunopharmacology, 7(1): 23-28.

Li X, Qu L, Dong Y, et al. 2014b. A review of recent research progress on the *Astragalus* genus. Molecules, 19(11): 18850-18880.

Li X T, Zhang Y K, Kuang H X, et al. 2012b. Mitochondrial protection and anti-aging activity of *Astragalus* polysaccharides and their potential mechanism. International Journal of Molecular Sciences, 13(2): 1747-1761.

Lian Y, Xie L, Chen M, et al. 2014. Effects of an astragalus polysaccharide and rhein combination on apoptosis in rats with chronic renal failure. Evidence-Based Complementary and Alternative Medicine, 2014(7-8): 271862.

Liao J, Li C, Huang J, et al. 2018. Structure characterization of honey-processed *Astragalus* polysaccharides and its anti-inflammatory activity *in vitro*. Molecules, 23(1): 168-179.

Liu A, Yu J, Ji H, et al. 2018. Extraction of a novel cold-water-soluble polysaccharide from *Astragalus membranaceus* and its antitumor and immunological activities. Molecules, 23(1): 62-75.

Liu A, Zeng F. 2011. Experimental study on the effect and mechanisms of *Astragalus* polysaccharide on the proliferation of human lung cancer cell line A549. Anti-tumor Pharmacy, 1(6): 499-501.

Liu G G, Borjihan G, Baigude H, et al. 2003. Synthesis and anti-HIV activity of sulfated astragalus polysaccharide. Polymers for Advanced Technologies, 14(7): 471-476.

Liu M, Wu K, Mao X, et al. 2010. *Astragalus* polysaccharide improves insulin sensitivity in KKAy mice: regulation of PKB/GLUT4 signaling in skeletal muscle. Journal of Ethnopharmacology, 127(1): 32-37.

Liu Q, Yao Y, Yu Y, et al. 2011. *Astragalus* polysaccharides attenuate postburn sepsis via inhibiting negative immunoregulation of $CD4^{+}CD25^{high}$ T cells. PLoS One, 6(6): e19811.

Liu Y, Liu W, Li J, et al. 2019. A polysaccharide extracted from *Astragalus membranaceus* residue improves cognitive dysfunction by altering gut microbiota in diabetic mice. Carbohydrate Polymers, 205: 500-512.

Lu L, Huang Y F, Chen D X, et al. 2016. *Astragalus* polysaccharides decrease muscle wasting through Akt/mTOR, ubiquitin proteasome and autophagy signalling in 5/6 nephrectomised rats. Journal of Ethnopharmacology, 186: 125-135.

Luan A, Tang F, Yang Y, et al. 2015. *Astragalus* polysaccharide attenuates isoproterenol-induced cardiac hypertrophy by regulating TNF-α/PGC-1α signaling mediated energy biosynthesis. Environmental Toxicology and Pharmacology, 39(3): 1081-1090.

Ma X, Guo Z, Wang D, et al. 2010. Effects of sulfated polysaccharides and their prescriptions on immune response of ND vaccine in chicken. Carbohydrate Polymers, 82(1): 9-13.

Ma X, Zhang K, Li H, et al. 2013. Extracts from *Astragalus membranaceus* limit myocardial cell death and improve cardiac function in a rat model of myocardial ischemia. Journal of Ethnopharmacology, 149(3): 720-728.

Mao X, Wu Y, Wu K E, et al. 2007. *Astragalus* polysaccharide reduces hepatic endoplasmic reticulum stress and restores glucose homeostasis in a diabetic KKAy mouse model. Acta Pharmacologica Sinica, 28(12): 1947-1956.

Mao X, Yu F, Wang N, et al. 2009. Hypoglycemic effect of polysaccharide enriched extract of *Astragalus membranaceus* in diet induced insulin resistant C57BL/6J mice and its potential mechanism. Phytomedicine, 16(5): 416-425.

Najafi M, Farhood B, Mortezaee K. 2019. Contribution of regulatory T cells to cancer: A review. Journal of Cellular Physiology. 234(6): 7983-7993.

Niu Y, Wang H, Xie Z, et al. 2011. Structural analysis and bioactivity of a polysaccharide from the roots of *Astragalus membranaceus* (Fisch) Bge. var. *mongolicus* (Bge.) Hsiao. Food Chemistry, 128(3): 620-626.

Oram J F, Lawn R M. 2001. ABCA1: the gatekeeper for eliminating excess tissue cholesterol. Journal of Lipid Research, 42(8): 1173-1179.

Pirillo A, Bonacina F, Norata G D, et al. 2018. The interplay of lipids, lipoproteins, and immunity in atherosclerosis. Current Atherosclerosis Reports, 20(3): 12-23.

Pu X, Li Y, Zhou L. 2011. Deferring senile effect of polysaccharides from Angelica and *Astragalus* on aging mice. Proceedings 2011 International Conference on Human Health and Biomedical Engineering. New York: IEEE.

Pu X, Ma X, Liu L, et al. 2016. Structural characterization and antioxidant activity *in vitro* of polysaccharides from angelica and astragalus. Carbohydrate Polymers, 137: 154-164.

Qiu H, Cheng G, Xu J, et al. 2010. Effects of astragalus polysaccharides on associated immune cells and cytokines in immunosuppressive dogs. Procedia in Vaccinology, 2(1): 26-33.

Qu L L, Su Y L, Li C X, et al. 2010. *Astragalus membranaceus* injection delayed allograft survival related with $CD4^+CD25^+$ regulatory T cells. Transplantation Proceedings, 42(9): 3793-3797.

Shang H, Chen S, Li R, et al. 2018. Influences of extraction methods on physicochemical characteristics and activities of *Astragalus cicer* L. polysaccharides. Process Biochemistry, 73: 220-227.

Shao B M, Xu W, Dai H, et al. 2004. A study on the immune receptors for polysaccharides from the roots of *Astragalus membranaceus*, a Chinese medicinal herb. Biochemical and Biophysical Research Communications, 320(4): 1103-1111.

Shao P, Zhao L H, Pan J P. 2006. Regulation on maturation and function of dendritic cells by *Astragalus mongholicus* polysaccharides. International Immunopharmacology, 6(7): 1161-1166.

Shen H H, Wang K, Li W, et al. 2008. *Astragalus membranaceus* prevents airway hyperreactivity in mice related to Th2 response inhibition. Journal of Ethnopharmacology, 116(2): 363-369.

Shimizu N, Tomoda M, Gonda R, et al. 1989. An acidic polysaccharide having activity on the reticuloendothelial system from the roots and rhizomes of Saposhnikovia divaricata. Chemical & Pharmaceutical Bulletin, 37(11): 3054-3057.

Shimizu N, Tomoda M, Kanari M, et al. 1991. An acidic polysaccharide having activity on the reticuloendothelial system from the root of *Astragalus mongholicus*. Chemical & Pharmaceutical Bulletin, 39(11): 2969-2972.

Souilhol C, Harmsen M C, Evans P C, et al. 2018. Endothelial-mesenchymal transition in atherosclerosis. Cardiovascular Research, 114(4): 565-577.

Sun H Q, Zhu Z Y, Yang X Y, et al. 2017a. Preliminary characterization and immunostimulatory activity of a novel functional polysaccharide from *Astragalus* residue fermented by Paecilomyces sinensis. RSC Advances, 7(38): 23875-23881.

Sun S, Yang S, Dai M, et al. 2017b. The effect of *Astragalus* polysaccharides on attenuation of diabetic cardiomyopathy through inhibiting the extrinsic and intrinsic apoptotic pathways in high glucose-stimulated H9C2 cells. BMC Complementary and Alternative Medicine, 17(1): 310-317.

Sun S, Zheng K, Zhao H, et al. 2014. Regulatory effect of astragalus polysaccharides on intestinal intraepithelial γδT cells of tumor bearing mice. Molecules, 19(9): 15224-15236.

Tan R H. 2014. The chemical constituents study in the root of *Astragalus Membranceus*. Advanced Materials Research, 1015: 363-366.

Tomoda M, Shimizu N, Ishii S. 1992. A reticuloendothelial system-activating glycan from the roots of *Astragalus membranaceus*. Phytochemistry, 31(1): 63-66.

Wang N, Zhang D L, Mao X Q, et al. 2009. *Astragalus* polysaccharides decreased the expression of PTP1B through relieving ER stress induced activation of ATF6 in a rat model of type 2 diabetes. Molecular and Cellular Endocrinology, 307(1-2): 89-98.

Wang S P, Li X J, Zhang G Z. 2008. Study on optimization of the technology for extraction and purification from *Astragalus membranaceus*. Journal of Molecular Science, 24: 60-65.

Wang X, Shen J, Li S, et al. 2014b. Sulfated *Astragalus* polysaccharide regulates the inflammatory reaction in LPS-infected broiler chicks. International Journal of Biological Macromolecules, 69: 146-150.

Wang X, Wang S, Li Y, et al. 2013. Sulfated *Astragalus* polysaccharide can regulate the inflammatory reaction induced by LPS in Caco2 cells. International Journal of Biological Macromolecules, 60: 248-252.

Wang X H, Huang W M. 2014. *Astragalus* polysaccharides exert protective effects in newborn rats with bronchopulmonary dysplasia by upregulating the expression of EGFL7 in lung tissue. International Journal of Molecular Medicine, 34(6): 1529-1536.

Wang X H, Jia H L, Deng L, et al. 2014a. *Astragalus* polysaccharides mediated preventive effects on bronchopulmonary dysplasia in rats. Pediatric Research, 76(4): 347-359.

Wang Y F, Yang X F, Cheng B, et al. 2010. Protective effect of *Astragalus* polysaccharides on ATP binding cassette transporter A1 in THP-1 derived foam cells exposed to tumor necrosis factor-alpha. Phytotherapy Research, 24(3): 393-398.

Wei Z, Weng S, Wang L, et al. 2018. Mechanism of *Astragalus* polysaccharides in attenuating insulin resistance in rats with type 2 diabetes mellitus via the regulation of liver microRNA-203a-3p. Molecular Medicine Reports, 17(1): 1617-1624.

Wu Y, Ou-Yang J, Wu K, et al. 2005. Hypoglycemic effect of *Astragalus* polysaccharide and its effect on PTP1B. Acta Pharmacologica Sinica, 26(3): 345-352.

Xia G, Han X, Qi J, et al. 2012. The effects of astragalus polysaccharide on zebrafish cell apoptosis and senescence. American Journal of Molecular Biology, 2: 103-109.

Xu D J, Xia Q, Wang J J, et al. 2008. Molecular weight and monosaccharide composition of *Astragalus* polysaccharides. Molecules, 13(10): 2408-2415.

Xu H D, You C G, Zhang R L, et al. 2007. Effects of *Astragalus* polysaccharides and astragalosides on the phagocytosis of *Mycobacterium tuberculosis* by macrophages. Journal of International Medical Research, 35(1): 84-90.

Yan H, Xie Y, Sun S, et al. 2010. Chemical analysis of *Astragalus mongholicus* polysaccharides and antioxidant activity of the polysaccharides. Carbohydrate Polymers, 82(3): 636-640.

Yang B, Xiao B, Sun T. 2013a. Antitumor and immunomodulatory activity of *Astragalus membranaceus* polysaccharides in H22 tumor-bearing mice. International Journal of Biological Macromolecules, 62: 287-290.

Yang F, Xiao C, Qu J, et al. 2016. Structural characterization of low molecular weight polysaccharide from *Astragalus membranaceus* and its immunologic enhancement in recombinant protein vaccine against systemic candidiasis. Carbohydrate Polymers, 145: 48-55.

Yang J, Wang H X, Zhang Y J, et al. 2013b. Astragaloside Ⅳ attenuates inflammatory cytokines by inhibiting TLR4/NF-κB signaling pathway in isoproterenol-induced myocardial hypertrophy. Journal of Ethnopharmacology, 150(3): 1062-1070.

Yang Q Z, Wang Z H, Fu J, et al. 2015. Correlation between chemical constituents and ecological factors of *Astragalus membranaceus* var. *mongholicus*. The Journal of Applied Ecology, 26(3): 732-738.

Yang Z C, Yi M J, Ran N, et al. 2013c. *Astragalus* extract attenuates allergic airway inflammation and inhibits nuclear factor κB expression in asthmatic mice. The American Journal of the Medical Sciences, 346(5): 390-395.

Yao J, Wu C, Chen H, et al. 2005. Effect of *Astragalus* polysaccharide on telomerase of HL-60 cell. Henan Journal of Oncology, 18(4): 247-248.

Yin J Y, Chan B C L, Yu H, et al. 2012b. Separation, structure characterization, conformation and immunomodulating effect of a hyperbranched heteroglycan from Radix Astragali. Carbohydrate Polymers, 87(1): 667-675.

Yin J Y, Jiang Z H, Yu H, et al. 2012a. A new application of an aqueous diphase solvent system in one-step preparation of polysaccharide from the crude water extract of Radix Astragali by high-speed counter-current chromatography. Journal of Chromatography A, 1262: 92-97.

Yin X, Chen L, Liu Y, et al. 2010. Enhancement of the innate immune response of bladder epithelial cells by *Astragalus* polysaccharides through upregulation of TLR4 expression. Biochemical and Biophysical Research Communications, 397(2): 232-238.

Yuan C, Pan X, Gong Y, et al. 2008. Effects of *Astragalus* polysaccharides (APS) on the expression of immune response genes in head kidney, gill and spleen of the common carp, *Cyprinus carpio* L. International Immunopharmacology, 8(1): 51-58.

Zachar M, Dorsey A, Mckinney T, et al. 2016. PTP1b inhibitors for type 2 diabetes treatment. The FASEB Journal, 30(1): 144-153.

Zhang B Q, Hu S J, Qiu L H, et al. 2007a. Effects of *Astragalus membranaceus* and its main components on the acute phase endothelial dysfunction induced by homocysteine. Vascular Pharmacology, 46(4): 278-285.

Zhang J, Gu J Y, Chen Z S, et al. 2015. *Astragalus* polysaccharide suppresses palmitate-induced apoptosis in human cardiac myocytes: the role of Nrf1 and antioxidant response. International Journal of Clinical and Experimental Pathology, 8(3): 2515-2524.

Zhang J, Xie X, Li C, et al. 2009. Systematic review of the renal protective effect of *Astragalus membranaceus* (root) on diabetic nephropathy in animal models. Journal of Ethnopharmacology, 126(2): 189-196.

Zhang N, Li J, Hu Y, et al. 2010. Effects of astragalus polysaccharide on the immune response to foot-and-mouth disease vaccine in mice. Carbohydrate Polymers, 82(3): 680-686.

Zhang R, Qin X, Zhang T, et al. 2018. *Astragalus* polysaccharide improves insulin sensitivity via AMPK activation in 3T3-L1 Adipocytes. Molecules, 23(10): 2711-2724.

Zhang X, Tian J, Li J, et al. 2016a. A novel protein tyrosine phosphatase 1B inhibitor with therapeutic potential for insulin resistance. British Journal of Pharmacology, 173(12): 1939-1949.

Zhang X, Yao K, Ren L, et al. 2016b. Protective effect of *Astragalus* polysaccharide on endothelial progenitor cells injured by thrombin. International Journal of Biological Macromolecules, 82: 711-718.

Zhang Y W, Wu C Y, Cheng J T. 2007b. Merit of *Astragalus* polysaccharide in the improvement of early diabetic nephropathy with an effect on mRNA expressions of NF-κB and IκB in renal cortex of streptozotoxin-induced diabetic rats. Journal of Ethnopharmacology, 114(3): 387-392.

Zhao L, Tan S, Zhang H, et al. 2018. *Astragalus* polysaccharides exerts anti-infective activity by inducing human cathelicidin antimicrobial peptide LL-37 in respiratory epithelial cells. Phytotherapy Research, 32(8): 1521-1529.

Zhao M, Zhang Z F, Ding Y, et al. 2012. *Astragalus* polysaccharide improves palmitate-induced insulin resistance by inhibiting PTP1B and NF-κB in C2C12 myotubes. Molecules, 17(6): 7083-7092.

Zheng Y J, Zhou B, Song Z F, et al. 2013. Study of *Astragalus mongholicus* polysaccharides on endothelial cells permeability induced by HMGB1. Carbohydrate Polymers, 92(1): 934-941.

Zhu Y, Shen T, Lin Y, et al. 2013. *Astragalus* polysaccharides suppress ICAM-1 and VCAM-1 expression in TNF-α-treated human vascular endothelial cells by blocking NF-κB activation. Acta Pharmacologica Sinica, 34(8): 1036-1042.

Zhu Z, Liu R, Si C, et al. 2011. Structural analysis and anti-tumor activity comparison of polysaccharides from *Astragalus*. Carbohydrate Polymers, 85(4): 895-902.

Zhu Z Y, Luo Y, Dong G L, et al. 2016. Effects of the ultra-high pressure on structure and α-glucosidase inhibition of polysaccharide from *Astragalus*. International Journal of Biological Macromolecules, 87: 570-576.

Zhuge Z Y, Zhu Y H, Liu P Q, et al. 2012. Effects of *Astragalus* polysaccharide on immune responses of porcine PBMC stimulated with PRRSV or CSFV. PLoS One, 7(1): e29320.

Zou F, Mao X, Wang N, et al. 2009. *Astragalus* polysaccharide alleviates glucose toxicity and restores glucose homeostasis in diabetic states via activation of AMPK. Acta Pharmacologica Sinica, 30(12): 1607-1615.

第 21 章　车前子多糖

21.1　引　　言

车前为车前科（Plantaginaceae）植物，广泛分布于世界各地，共有 3 属，约 270 种。其中车前属（*Plantago*）约 265 种，我国约有 18 种（侯宽昭，1982）。一般而言，车前子是洋车前（*P. psyllium*）、印度车前（*P. indica*）、卵叶车前（*P. ovata*）或大粒车前（*P. asiatica*）的干燥成熟种子（Food and Drug Administration，1998）。在我国，车前子被定义为车前科植物车前（即大粒车前）或平车前（*P. depressa*）的干燥成熟种子，为椭圆形、不规则长圆形或三角状长圆形（国家药典委员会，2015）。车前子具有清热利尿、渗湿通淋、明目祛痰等功效，是我国传统中医用药之一，其药用始载于《神农本草经》（国家中医药管理局《中华本草》编委会，1998）。车前子为药食同源植物，被列为可用于保健食品的物品。

车前子种类很多，也含有丰富的生物活性物质。目前已报道的车前子活性成分主要包括：多糖类、苯乙醇苷类、黄酮类。其中车前子多糖（或车前子胶）是车前子种皮细胞的细胞壁中的一层黏液质，属于亲水性胶体（殷军艺等，2009；Madgulkar et al.，2015）。车前子多糖具有整肠通便（Leng-Peschlow，1991）、清除自由基（Ye et al.，2011；Prynne and Southgate，1979）、免疫调节（Zhao et al.，2014）、降血糖（谢小梅等，2009）等多种生物活性。车前子多糖因其丰富的生物活性以及独特的理化性质被广泛应用到功能性食品（Childs，1999；Rodriguez et al.，1994）、制药（Haque and Morris，1994）、药物运输（Cui，2000）、污水处理（Sinha and Kumria，2001）和园林设计（Crini，2005）等领域。车前子多糖的相关内容将在本章后续部分进行重点阐述。本节主要介绍车前子中的苯乙醇苷类化合物、黄酮类化合物。

21.1.1　苯乙醇苷类化合物

苯乙醇苷类化合物（phenylethanoid glycoside）是一类含有苯乙基和肉桂酰基，以 β-葡萄糖为母核的含有酯键和氧苷键的天然糖苷。车前子中部分苯乙醇苷类物质的结构如图 21-1 所示。车前子中的苯乙醇苷类物质通常采用体积分数为 50% ～ 80% 的乙醇或者甲醇进行提取（表 21-1），然后通过高效液相层析法、高效薄层层析法或薄层层析法对其进行半定量或者定量分析。另外，毛细管电泳技术、超高效液相色谱-质谱 / 质谱联用技术、高效离心分配层析技术等也被用于该类物质的分析检测（Ravn et al.，2015）。

苯乙醇苷类物质具有抑菌、抗炎（Son et al.，2017）、抗氧化（Amakura et al.，2012；Lu et al.，2018）、免疫调节（黄丹菲等，2009）等活性。车前子毛蕊花苷和异毛蕊花苷能促进小鼠骨髓来源的树突状细胞（DC）表型及功能的成熟，从而增强小鼠的免疫活性（黄丹菲等，2009；Huang et al.，2009a）。Park 等（2007）用纯度 80% 以上的苯乙醇苷类进行 90 天口服毒理学实验，各个剂量组实验大鼠的体重、食物摄入量、饮用水量、相对器官指数、血液组织学和血浆生物化学值没有明显区别。细胞试验结果也表明苯乙醇苷类对细胞没有毒性（Koo et al.，2009）。

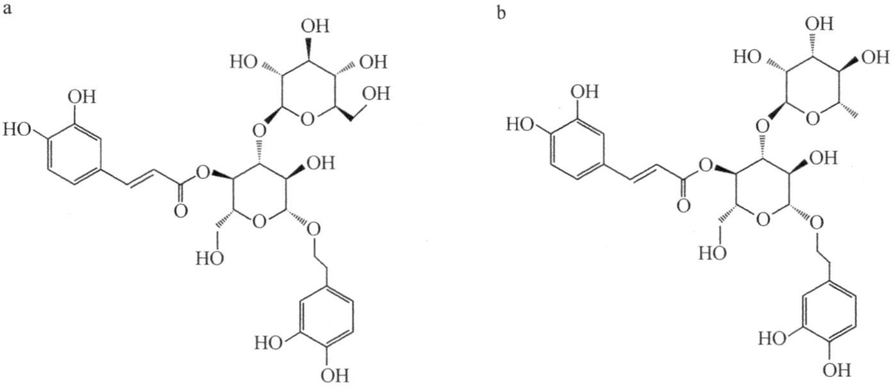

图 21-1　部分苯乙醇苷类物质的化学结构式（Ravn et al.，2015）

a. 苯乙醇苷类化合物；b. 毛蕊花苷类化合物

表 21-1　部分车前子中苯乙醇苷类或黄酮类物质的提取、测定方法及活性

车前子来源	提取溶剂	提取方法	检测方法	主要成分	活性	参考文献
12 种车前子	60%（*V*/*V*）甲醇	超声 30min	UPLC、UPLC/Q-TOF-MS	GA、AC	抗炎	Zhou et al.，2013
大粒车前子	70%（*V*/*V*）乙醇	回流提取	UPLC-MS	AC、IAC、PD、PM	缓解高血压	Geng et al.，2010
大粒车前子和平车前子	60%（*V*/*V*）甲醇	回流提取	UPLC-MS/MS	AC、IAC、PM	无	Qi et al.，2012
大粒车前子	80%（*V*/*V*）乙醇	浸提	一维核磁、HPLC	AC、IAC	增强免疫	Huang et al.，2009b
大粒车前子	70%（*V*/*V*）乙醇	回流提取	反相液相色谱	AC、IAC	无	万茵等，2008

注：UPLC，超高效液相色谱；UPLC/Q-TOF-MS，超高效液相色谱-四极杆飞行时间质谱；HPLC，高效液相色谱；GA，京尼平苷酸（geniposidic acid）；AC，类叶升麻苷或毛蕊花苷（acteoside）；IAC，异类叶升麻苷或异毛蕊花苷（isoacteoside）；PD，车前苷 D（plantainoside D）；PM，大车前苷（plantamajoside）

21.1.2　黄酮类化合物

黄酮类化合物是车前属植物的主要有效成分之一。车前属植物中含有芹菜素、槲皮素及其 7-葡萄糖苷、野芩黄素及其苷（车前宁、高车前宁和车前子苷）（Samuelsen，2000；万茵等，2006）。如表 21-1 所示，车前子中总黄酮可以采用一定浓度的乙醇进行回流提取，也可以借助超声或者 CO_2 超临界流体萃取法提取（万茵等，2006）。黄酮类化合物的含量通常采用紫外分光光度法、薄层色谱法或者高效液相层析法测定。曹学松等（2009）通过反相液相色谱法测定了车前子中槲皮素、木犀草素、山柰酚、芹菜素的含量。测定条件如下：色谱柱为 Zorbax SB-C_{18} 柱（150mm×4.6mm，5μm），检测波长为 360nm，流动相为甲醇-0.2% 磷酸（45∶55），柱温为 30℃，流速为 1mL/min。车前子中部分黄酮类物质化学结构式如图 21-2 所示。研究表明车前子黄酮具有较强的抗氧化活性，能够有效抑制 6-羟基多巴胺诱导的神经细胞死亡，是天然有效的抗氧化及神经保护物质

（万茵等，2006；张俊生等，2012；胥莉等，2013）。

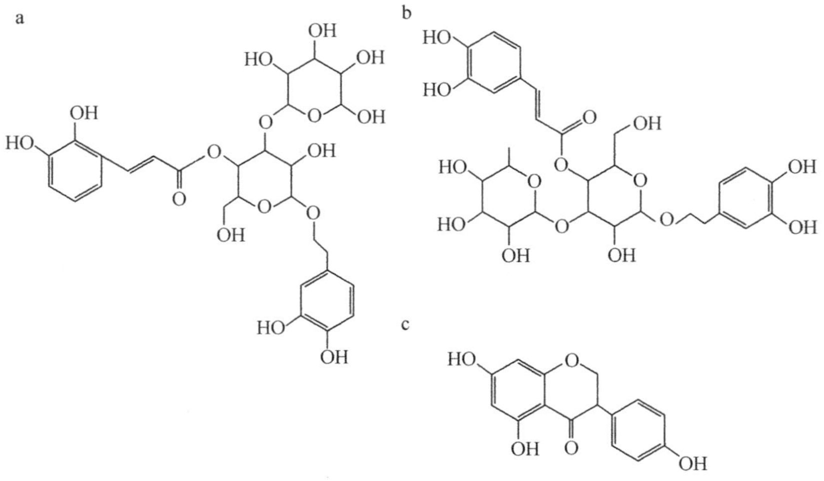

图 21-2　车前子中部分黄酮类物质的化学结构式（Rønsted et al.，2000）

a. 大车前苷；b. 类叶升麻苷或毛蕊花苷；c. 芹菜素

21.2　车前子多糖的制备、理化性质和流变性能

21.2.1　提取、分离与纯化

21.2.1.1　提取

车前子多糖主要位于车前子种皮中。车前子多糖的提取一般是先对原料进行脱脂和脱色处理，残渣经热水浸提、浓缩、醇沉获得粗多糖。粗多糖的提取率主要受提取温度、pH、料液比等因素的影响（Behbahani et al.，2017）。陈洁辉等（1999）采用正交实验考察了原料的粉碎度、提取时间、料液比、提取温度对提取率的影响。结果显示提取时间30min、料液比 1∶10（g/mL）、提取温度 100℃、粉碎度 30 目时，提取率最高，优于民间常用的包煎法。周超等（2008）采用温度 100℃、料液比 1∶35（g/mL）、水浴时间 6h 的条件获得提取率为 8.50% 的大粒车前子多糖。

为提高多糖的得率，一些新技术如超声、微波以及酶等也被应用于车前子多糖的提取。付志红等（2005）采用水提、超声提取、微波-水提取和微波提取四种技术提取车前子多糖，结果微波提取法得率高且时间短。通过正交实验确定微波提取的最佳工艺参数：车前子与水的质量比为 1∶15（g/mL），在微波强度为 60% 的条件下提取 65s。柴桂芳等（2015）根据 Box-Behnken 设计原理，以车前子多糖提取率为因变量，考察了 JHBE-50A 型可调闪式提取器对车前子多糖的提取工艺参数，包括提取时间、提取电机电压和液料比。经过优化，得到的最佳工艺为：提取时间 92s、提取电机电压 157V、液料比 17∶1，车前子多糖的提取率达 5.64%。该方法简单快捷并且多糖提取率高于传统煎煮法。

除水提取外，车前子多糖还可以用稀碱溶液进行提取。Gong 等（2015）将热水提取后的残渣用 0.5mol/L NaOH 进行提取，提取条件为：料液比 1∶25（*m*/*V*）、提取温度 80℃、提取 2 次、每次提取 2h。提取液经盐酸中和、透析、脱蛋白、脱色等工艺流程得到碱提粗多糖。该多糖的得率为 5.45%。Behbahani 等（2017）以得率、乳化稳定性、泡沫稳定性、溶解性及吸水能力为参考，采用响应面法优化车前子多糖提取的工艺参数，得到最佳的料液比为 1∶60（g/mL）、提取温度为 75℃、pH 为 6.8。该条件下车前子碱提多糖的得率为 15.18%。表 21-2 列出了部分车前子多糖的提取方法。

表 21-2　部分车前子多糖的提取与纯化方法

车前子种类	提取溶剂	提取条件	纯化方法	参考文献
大车前子	温水	50℃，1∶30g/mL，2h	Gelman Acro 过滤器＋DEAE-Sepharose 层析＋Sephacryl S-400HR 层析	Samuelsen et al.，1999
大车前子	水	无	DEAE-Cellulose 层析	Tomoda and Uno，1971
小粒车前子	热水	2h，3 次	脱色＋脱蛋白＋DEAE-Cellulose DE-52 层析＋Sephacryl S-400 层析	赵宏等，2014
卵叶车前子	热水	80℃，2h	无	Rao et al.，2013
大粒车前子	热水	1∶30g/mL，80℃，2h	DEAE-Cellulose 层析＋Sephacryl S-400 层析	Gong et al.，2015
大粒车前子	沸水	100℃，1∶10g/mL，2h	Sephacryl S-400 层析	Yin et al.，2010，2012c
大粒车前子	沸水	99℃，1∶30g/mL，5.45h	Sephacryl S-400HR 层析	林慧霞等，2010
卵叶车前子麸壳	冷水＋沸水	48h（冷水）；几分钟（沸水）	无	Pawar and Varkhade，2014
卵叶车前子麸壳	热水	1∶200g/mL，80℃，2h	无	Guo et al.，2008
	0.5mol/L、1.2mol/L、2mol/L NaOH	室温，1～2h	无	

21.2.1.2　分离与纯化

车前子多糖水提液黏度比较高，通过离心加过滤的方法可将提取液和残渣分离。但是提取液中还可能含有其他可溶性的色素、脂类、蛋白质等杂质，需要进一步分离。蛋白质是粗多糖中最常见的杂质，常用的脱蛋白方法包括三氯乙酸法、氯仿-正丁醇法（Sevag 法）以及酶法。周超（2007）对比了 Sevag 法和酶法-Sevag 法联用两种方法脱蛋白的效果，发现采用蛋白酶水解结合 Sevag 法可以有效地脱除车前子多糖中的蛋白质。

经过初步分离的车前子多糖通常是不同相对分子质量、酸性或者中性多糖组成的混合物。为获取更多的结构信息，需要进一步的纯化处理。表 21-2 列出了部分车前子多糖的提取与纯化方法。由表 21-2 可知，研究者主要采用阴离子交换柱以及凝胶柱对车前子多糖进行分级处理。例如，Samuelsen 等（1999）采用 DEAE-Sepharose 离子交换层析柱对水提大车前（*P. major*）子多糖进行初次分级。以 0.1mol/L NaCl 溶液作为洗脱液，梯度洗脱后得到 5 个组分，记为中性多糖 N 和 4 个酸性多糖组分 A、B、C、D，再用 Sephacryl

S-400 HR 尺寸排阻层析柱将其中的 A 组分用 15mmol/L NaCl 洗脱，得到 A1、A2 和 A3 三个纯化的组分。殷军艺等（2008）运用 Äkta Purifier 100 系统对大粒车前子粗多糖进行纯化得到均一的多糖组分 PLP。林慧霞等（2010）采用 Sephacryl S-400 HR（2.4cm×60cm）葡聚糖凝胶柱对大粒车前子多糖进行分离纯化，洗脱得到 PLCP-1、PLCP-2 和 PLCP-3 三个组分。赵宏等（2014）采用冷水与热水回流提取得到冷浸与热提的小粒车前子粗多糖（PLP-A 与 PLP-B），然后用 FPA90-Cl^-（70cm×7.5cm）和 IRC-84（70cm×7.5cm）阴阳弱离子串联树脂柱进行脱色、脱蛋白等初步分离，依次得到水、0.5mol/L NaCl 和 1.0mol/L NaCl 三种溶剂的洗脱组分。将其中水洗的组分用 DEAE-Cellulose DE-52（70cm×4.5cm）离子交换柱和 Sephacryl S-400（70cm×1.6cm）凝胶柱色谱再次进行分离纯化，收集均一组分，命名为 PP-B10。该组分经纯度鉴定为均一多糖，纯度达 95% 以上。

21.2.2　理化性质

21.2.2.1　物理性质

车前子多糖为棕色粉末，可溶于水、稀酸、稀碱、稀盐溶液，加热或搅拌可以加速溶解，不溶于高浓度乙醇、丙酮、氯仿等有机试剂（周超，2007）。Rao 等（2013）提取的车前子多糖为白色至浅黄色，没有味道。室温下，多糖超声 15min 以后可以溶于氨溶液和 DMSO 中，同样不溶于丙酮、乙醇、三甲胺、乙醚、氯仿、乙酸乙酯等有机溶剂。在 pH 为 6.8 的磷酸盐缓冲溶液中具有最大的溶胀度（1572%），在水中溶胀度约为 1200%，但是在 0.5mol/L NaOH 中不会溶胀。对车前子多糖的功能特性分析测得水提车前子多糖的乳状液稳定性为 67.4%，泡沫稳定性为 88.4%，溶解性为 97.36%，吸水能力为 39.74g/g，特性黏度为 14.24dL/g（Behbahani et al.，2017）。

车前子多糖的其他物理性质还有如下报道。Pawar 和 Varkhade（2014）提取的车前子多糖为米白色，在 1%（*m*/*m*）的溶液中 pH 为 7.2 ～ 7.5，溶胀因子为 22.4mL/g。休止角为 30.96°，体积密度为 0.51g/cm^3，堆积密度为 0.63g/cm^3，卡氏指数为 19.30，Hausner's 比率为 1.23。车前子多糖的微晶粒学性质如下：体积密度为 0.857g/mL、堆积密度为 1.142g/mL、卡氏指数为 0.33、休止角为 29.51°（Rao et al.，2013）。

21.2.2.2　化学性质

表 21-3 列出了部分车前子多糖的相对分子质量和单糖组成信息。由表 21-3 可以看出，除较早报道的长叶车前子、对叶车前子以及卵叶车前子中的多糖相对分子质量（700 ～ 4000）比较小外，后续报道的车前子多糖的相对分子质量大部分在 $400×10^3$ ～ $4000×10^3$，说明车前子多糖是一类相对分子质量较大的聚合物。

单糖组成及其比例也是多糖分子的重要信息，由表 21-3 可以看出目前已检测出的车前子多糖中的单糖主要有木糖、阿拉伯糖、鼠李糖、葡萄糖、半乳糖、甘露糖。糖醛酸主要有半乳糖醛酸和葡糖醛酸。不同来源车前子多糖的单糖组成比例不一致，但大部分是中性糖以阿拉伯糖和木糖为主的杂聚糖，车前子酸性多糖则以半乳糖醛酸为主。

表 21-3　部分车前子多糖的相对分子质量和单糖组成

多糖来源	组分名称	相对分子质量	单糖组成（摩尔比或百分比）[b]	参考文献
长叶车前子	—[a]	1 100	pentosan∶methylpentosan∶uronic anhydride=72%∶11%∶15%	Mullan and Percival，1940
对叶车前子	—	2 000	Xyl∶Ara∶Gal∶aldobionic acid=62%∶17%∶6%∶13%	Nelson and Percival，1942
卵叶车前子	P Ⅰ	700	aldobiuronic acid∶Xyl∶Ara=40%∶46%∶7%	Laidlaw and Percival，1949
	P Ⅱ	4 000	Ara∶Xyl∶uronic anhydride =14%∶80%∶3%	
卵叶车前子	—	—	Ara，Xyl，GalA	Anderson and Fireman，1935
卵叶车前子	WE	—	Rha∶Ara∶Gal∶Xyl∶Man=9.86∶15.97∶2.63∶68.94∶2.26	Guo et al.，2008
	$AEG_{0.5}$	—	Rha∶Ara∶Gal∶Xyl∶Man=0.76∶24.52∶1.82∶71.16∶1.74	
	$AES_{0.5}$	—	Rha∶Ara∶Gal∶Glc∶Xyl∶Man=1.89∶21.78∶3.55∶0.49∶68.63∶3.66	
	$AES_{1.2}$	—	Rha∶Ara∶Gal∶Glc∶Xyl∶Man=1.93∶20.70∶5.36∶16.30∶51.28∶4.43	
	$AES_{2.0}$	—	Rha∶Ara∶Gal∶Glc∶Xyl∶Man=2.97∶16.24∶9.59∶34.99∶27.66∶8.55	
大车前子	Plantasan	—	Xyl∶Ara∶GalA∶Rha∶Gal=15∶3∶4∶2∶0.4	Tomoda and Uno，1971
大车前子	Plantago-mucilage A	1 500 000	Ara∶Xyl∶GlcA∶GalA=4.0∶10.8∶3.3∶0.7	Tomoda et al.，1981
大车前子	A1	2 000 000	Ara∶Xyl∶Gal∶Glc∶Man∶GalA∶GlcA=27.6%∶37.5%∶6.8%∶4.0%∶1.6%∶17.3%∶5.2%	Samuelsen et al.，1999
	A2	16 400	Ara∶Xyl∶Rha∶Gal∶Glc∶GalA=15.0%∶21.7%∶3.7%∶23.7%∶4.2%∶31.7%	
	A3	15 500	Ara∶Xyl∶Rha∶Gal∶Glc∶Man∶GalA∶GlcA=17.8%∶23.5%∶3.5%∶13.8%∶26.4%∶2.0%∶10.3%∶2.7%	
	B	—	Ara∶Xyl∶Rha∶Gal∶Glc∶GalA∶GlcA=12.6%∶39.0%∶3.4%∶6.0%∶3.5%∶20.1%∶15.6%	

续表

多糖来源	组分名称	相对分子质量	单糖组成（摩尔比或百分比）[b]	参考文献
大车前子	C	—	Ara∶Xyl∶Rha∶Gal∶Glc∶Man∶GalA∶GlcA=15.6%∶53.3%∶2.1%∶1.6%∶0.6%∶1.6%∶13.8%∶13.1%	Samuelsen et al.，1999
	D	—	Ara∶Xyl∶Rha∶Gal∶GalA∶GlcA=15.9%∶52.8%∶2.9%∶1.1%∶13.2%∶14.1%	
大粒车前子	PLP-1	3.29×10^6	Ara∶Xyl∶Rha∶Glc∶Gal∶Man=33.98%∶58.23%∶2.36%∶2.23%∶2.36%∶0.83%	殷军艺等，2013
	PLP-2	1.72×10^6	Rha∶Ara∶Xyl∶Man∶Glc∶Gal=0.05∶1.00∶1.90∶0.05∶0.06∶0.10	Yin et al.，2012a
	PLP-3	1.29×10^6	Rha∶Ara∶Xyl∶Glc∶Gal=1.85%∶39.56%∶55.93%∶0.83%∶1.83%	Yin et al.，2012b
大粒车前子	PLP	1.15×10^6	Xyl∶Ara∶GlcA∶Gal=18.8∶7.2∶6.1∶1	Gong，2015
大粒车前子	PLWE-NAX	—	Rha∶Ara∶Xyl∶Man∶Glc∶Gal=21.69%∶19.10%∶43.83%∶1.19%∶2.13%∶12.05	Yin et al.，2016
	PLWE-1	—	Rha∶Ara∶Xyl∶Man∶Glc∶Gal=1.88%∶48.89%∶1.99%∶6.39%∶3.54%∶37.31%	
	PLWE-2	1 153 028	Rha∶Ara∶Xyl∶Man∶Glc∶Gal=1.29%∶13.44%∶80.49%∶0.43%∶0.57%∶3.77%	
	PLWE-3	463 380	Rha∶Ara∶Xyl∶Man∶Glc=46.15%∶16.84%∶17.39%∶0.78%∶18.84%	
	PLWE-4	594 047	Rha∶Ara∶Xyl∶Gal=24.2%∶19.32%∶46.33%∶10.15%	
	PLWE-5	953 224	Rha∶Ara∶Xyl∶Glc∶Gal=26.28%∶23.14%∶36.99%∶2.5%∶11.09%	
车前子麸壳	冷水组分	—	Xyl∶Ara∶GalA=61%∶13.2%∶24%	Ahmed et al.，1965
	热水组分	—	Xyl∶Ara∶Gal∶GalA=78%∶13.2%∶3%∶6.2%	
卵叶车前子麸壳	IHWE	2.2×10^6	Ara∶Gal∶GalA∶Rha∶Xyl=22.9%∶1.8%∶3.7%∶1.1%∶70.6%	Edwards et al.，2003
	IHAE	1.6×10^6	Ara∶Gal∶GalA∶Rha∶Xyl=20.1%∶1.7%∶4.4%∶1.9%∶71.9%	

a. 原文未提供相关信息

b. pentosan，戊聚糖；methylpentosan，甲基戊聚糖；Xyl，木糖；Ara，阿拉伯糖；Rha，鼠李糖；Man，甘露糖；Glc，葡萄糖；Gal，半乳糖；GalA，半乳糖醛酸；GlcA，葡糖醛酸；aldobiuronic acid，由 2-D-半乳糖醛酸和 L-鼠李糖组成；uronic anhydride：糖醛酐

注：由于数字修约，一些百分比加和不是 100%

21.2.3 流变性能

流变性是车前子多糖发挥功能特性的重要物理特性之一。车前子多糖水溶液黏度高，吸水能力强，具有类似于黄原胶的弱凝胶性质（Haque et al.，1993）。黏度是表征聚合物流变特性的重要指标之一。文献报道大粒车前子胶溶液为非牛顿流体，具有假塑性。其

表观黏度随多糖溶液浓度的增加而增加，而黏度会随温度升高而降低。

车前子多糖的流变性质受外部条件的影响，如温度、pH 和离子强度等（Hesarinejad et al.，2018）。车前子多糖溶液对 pH 不敏感，在 pH 5 ～ 11 较稳定，对钠离子具有良好的兼容性。不同的是，钙离子对车前子胶溶液有显著的增稠效应，其增稠效果与离子浓度呈正相关关系。车前子胶溶液还有良好的抗降解性能，反复冻融会使胶体溶液黏度升高（周超等，2007；Farahnaky et al.，2010）。研究者认为车前子多糖与钙离子之间强烈的相互作用对其高黏度特性、弱凝胶性和热稳定性具有重要作用（Yin et al.，2012c；殷军艺等，2013）。一方面，作者对比车前子多糖脱除钙离子前后的特性黏度和相对分子质量的大小，结果特性黏度和相对分子质量降低，溶液中的糖链变得柔顺（Yin et al.，2015）。另一方面，增加钙离子浓度，车前子多糖溶液热稳定性提高，多糖之间形成聚集体，随着钙离子浓度增加，胶体的稠度和结合区的密度增加（Guo et al.，2009）。因此车前子胶溶液的表观黏度与体系的浓度、剪切力、温度、pH、盐溶液、水化时间等因素有关。

车前子多糖的化学组成也对其流变性能有重要影响。Hojjatoleslamy 等（2013）制备了三种车前子胶（Gel 1、Gel 2、Gel 3），其中 Gel 1 为初步提取的样品，含有多种水溶性、碱溶性组分，糖醛酸含量很高；Gel 2 是除去水溶性多糖的组分，其中糖醛酸含量也比较高；Gel 3 是碱溶性多糖，不含糖醛酸，成分单一。实验结果表明 Gel 1 具有剪切增稠效应，随着温度升高，流动指数减小，表现出牛顿流体的行为。Gel 2 的稠度系数随着温度增加而减小，整体比 Gel 1 高。Gel 3 能够形成胶体，其稠度系数比前两者高出很多，随着温度升高，先增加后减小。作者认为在低温下，由于离子化作用，多糖的分子延展性和流体力学半径比较小。随着温度的升高，离子化作用增强，胶体的稠度增加。另外由于羧基的电荷效应，分子间的作用力也可能影响温度对胶体性质的效应。Yu 等（2017）则从车前子胶的微观结构上对车前子胶成胶性能进行分析。作者采用共聚焦显微镜观察到车前子种皮层的结构，共分为三层。包括最外层（L1）、第二层（L2）、最里层（L3）。L1 层通过冷水（25℃，CW）浸提，L3 层采用热水（65℃，HW）提取，L2 层则用 0.2mol/L KOH 提取。三个不同组分的得率为 4.5%±0.2%（CW）、3.2%±0.1%（HW）和 9.2%±0.4%（KOH）。结果发现三个层面的车前子多糖具有类似的糖苷键组成，但是冷水提取的组分结构更为复杂，主链包含较多的 1,2 连接的鼠李糖和 1,4 连接的半乳糖醛酸残基。热水和 KOH 提取的组分结构更为接近，主要为阿拉伯木聚糖并且含有一定量的乙酰基。流变性质的分析发现车前子多糖的侧链参与的氢键作用力以及侧链中阿拉伯糖与木糖比例是车前子中阿拉伯木聚糖成胶的关键（Yu et al.，2017），并且经小角 X 射线衍射（small angle X-ray scattering，SAXS）和小角中子衍射（small angle neutron scattering，SANS）分析发现，车前子多糖成胶主要由氢键作用力驱动（Yu et al.，2018）。

对车前子多糖结构进行化学修饰也会改变其流变性质。Liu 等（2010a，2010b）对车前子多糖进行了硫酸化和羟丙基化，对比发现修饰后车前子多糖的成胶性和黏度降低，吸水能力增强，溶胀性能可能会降低。Niu 等（2013）的研究结果表明硫酸化、羟丙基化以及琥珀酰化有相同的效果。

综上所述，车前子多糖的流变性质与其结构性质密切相关，同时也受温度、离子强度等环境因素的影响。

21.3 车前子多糖的结构特征

21.3.1 一级结构

多糖的一级结构包括糖基的组成和排列顺序、相邻糖基的连接方式、异头碳构型、有无支链、支链的位置与长短等信息（金勇，2004；谢明勇和聂少平，2010）。车前子多糖溶液的黏度较高，分离纯化存在困难，一定程度上限制了车前子多糖的结构研究。国外学者对车前子多糖的结构研究开始得较早，Anderson 和 Fireman 早在 1935 年就报道了卵叶车前子经冷水和热水提取的车前子胶由木聚糖（xylan）主链及己糖醛酸组成。其中己糖醛酸由阿拉伯糖（L-Ara）和半乳糖醛酸（D-GalA）组成，每 8 ～ 35 个木糖（Xyl）分子连接一个阿拉伯糖，每 7 ～ 36 个木糖残基连接一个半乳糖醛酸。而 Guo 等（2008）报道的碱液提取的卵叶车前子多糖和水提卵叶车前子多糖的主链略有不同。他们分离出来的卵叶车前子多糖由 →4)-D-Xyl*p*-(1→ 和 →3)-D-Xyl*p*-(1→ 共同连接成主链，在 O-2 和 O-3 上有 Ara 和 Xyl 作为分支。

Percival 等研究者相继报道了长叶车前（*P. lanceolata*）子、对叶车前（*P. arenaria*）子和卵叶车前（*P. ovata*）子多糖的一级结构，并提出它们可能的化学结构式（Mullan and Percival，1940；Percival and Willox，1949；Nelson and Percival，1942；Hirst et al.，1954；Laidlaw and Percival，1949，1950）。其中对叶车前子胶的主链由 →4)-D-Xyl*p*-(1→、→3)-D-Xyl*p*-(1→、→3,4)-D-Xyl*p*-1→ 和 →3)-L-Ara*f*-(1→ 连接而成，末端残基包括木糖、半乳糖、阿拉伯糖和半乳糖醛酸-鼠李糖二糖单元［D-Gal*p*A-1,2-L-Rha*p*］（Hirst et al.，1954）。这类主链结构与其他两种来源的车前子多糖的主链结构不同。长叶车前子和卵叶车前子多糖主要由 →4)-D-Xyl*p*-(1→ 连接成主链，它们的结构式如图 21-3（a 和 b）所示。Edwards 等（2003）报道的卵叶车前子多糖则是一类高度支化的阿拉伯木聚糖，主链由 →4)-D-Xyl*p*-(1→ 组成，在木糖的 O-2 和 O-3 上有支链。支链有三种寡糖结构。具体为由半乳糖醛酸、鼠李糖、阿拉伯糖和木糖四种单糖组成的三糖结构，分别是：α-D-Gal*p*A-1,2-α-L-Rha*p*-1,4-β-D-Xyl*p*、α-D-Gal*p*A-1,2-α-L-Ara*f*-1,4-β-D-Xyl*p* 和 α-L-Ara*f*-1,3-β-D-Xyl*p*-1,4-β-D-Xyl*p*。Fischer 等（2004）从卵叶车前子中获取的碱提多糖，同样是在木聚糖主链的 O-2 或 O-3 上有取代，并且发现该多糖的侧链上存在 L-Ara*f*-α-1,3-D-Xyl*p*-β-1,3-L-Ara*f* 组成的三糖结构。另外，研究表明卵叶车前子麸壳来源的多糖也具有木聚糖主链结构，在木糖的 O-2 和 O-3 上有 Ara、Xyl、己糖醛酸（2-*O*-Gal*p*A-Rha）作为侧链连接在主链上（Kennedy，1979）。

日本学者 Tomoda 等对大车前子多糖的结构做了较为深入的研究。作者从大车前子中分离出酸性多糖 Plantasan 和 Plantago-mucilage A。其中 Plantasan 为水提组分，Plantago-mucilage A 由 0.2% 碳酸钠溶液提取得到。Plantasan 由 Xyl、Ara、GalA、Rha 和 Gal 五种单糖组成，它们对应的摩尔比为 15∶3∶4∶2∶0.4。Plantasan 经过部分酸水解得到三种二糖结构，分别是 β-D-Xyl*p*-1,2-D-Xyl*p*、β-D-Xyl*p*-1,4-D-Xyl*p* 和 β-D-Glc*p*-1,5-D-Ara*f*（Tomoda and Uno，1971，1972；Tomoda and Tanaka，1973），Plantasan 的结构见图 21-3c。Plantago-mucilage A 主要由 Ara、Xyl、GlcA 和 GalA 组成，对应的摩尔比

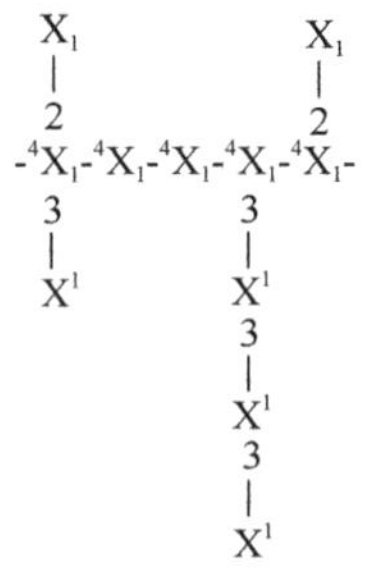

a. 长叶车前子多糖（Laidlaw and Perciva，1949）

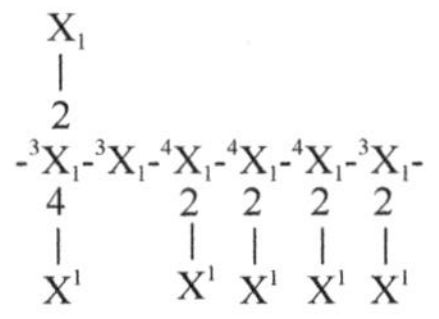

b. 卵叶车前子多糖（Laidlaw and Percival，1949）

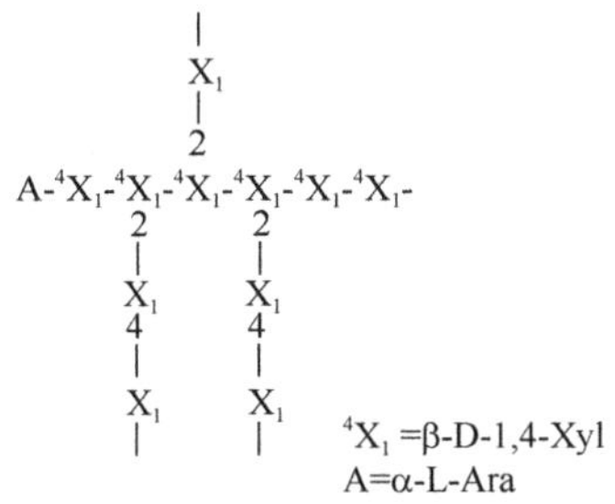

c. Plantasan（Tomoda and Uno，1972）

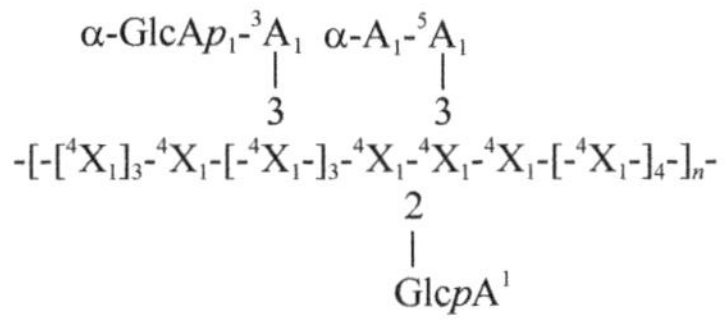

d. PLP（Gong et al.，2015）

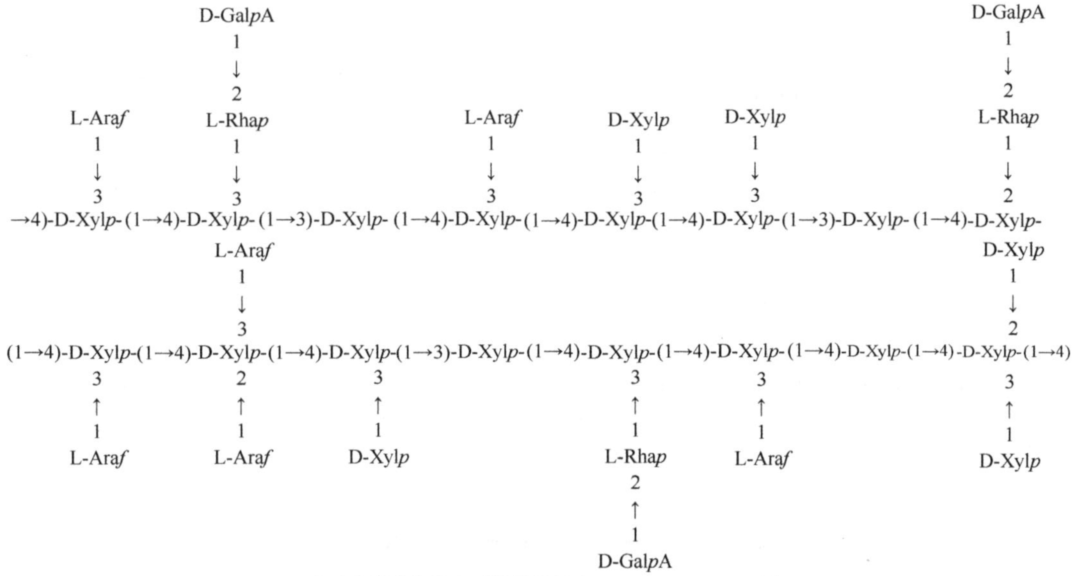

e. 卵叶车前黏液的主要结构特征（Kennedy et al.，1979）

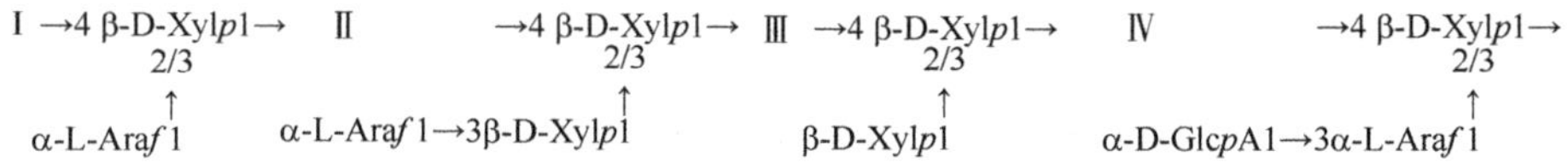

f. 大车前子异木聚糖的推测结构（Samuelsen et al.，1999）

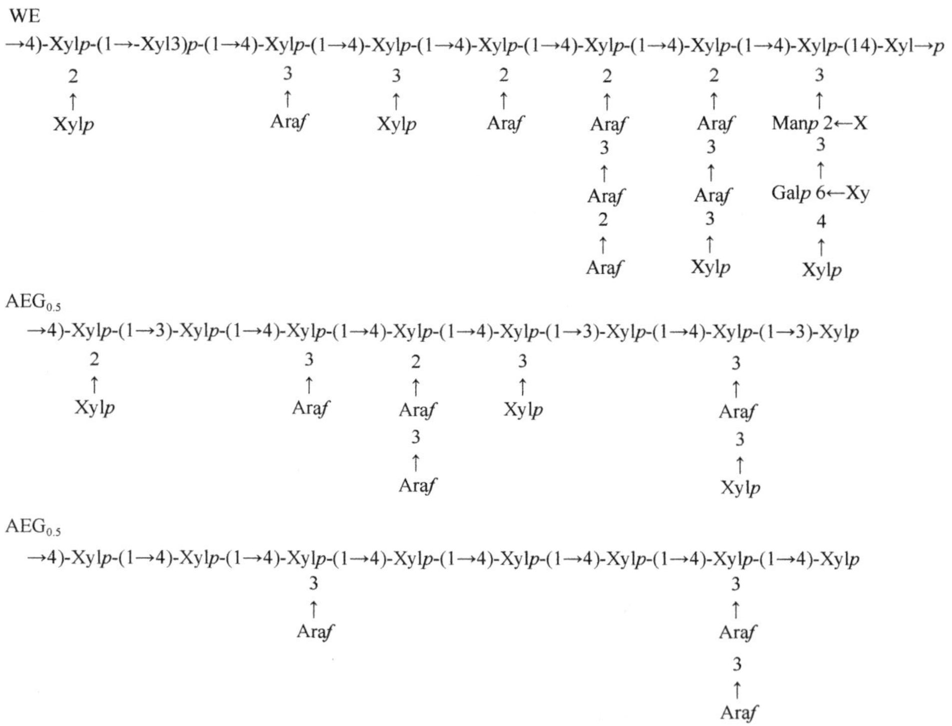

g. WE、$AEG_{0.5}$和$AES_{0.5}$的主要结构（Gou et al.，2008）

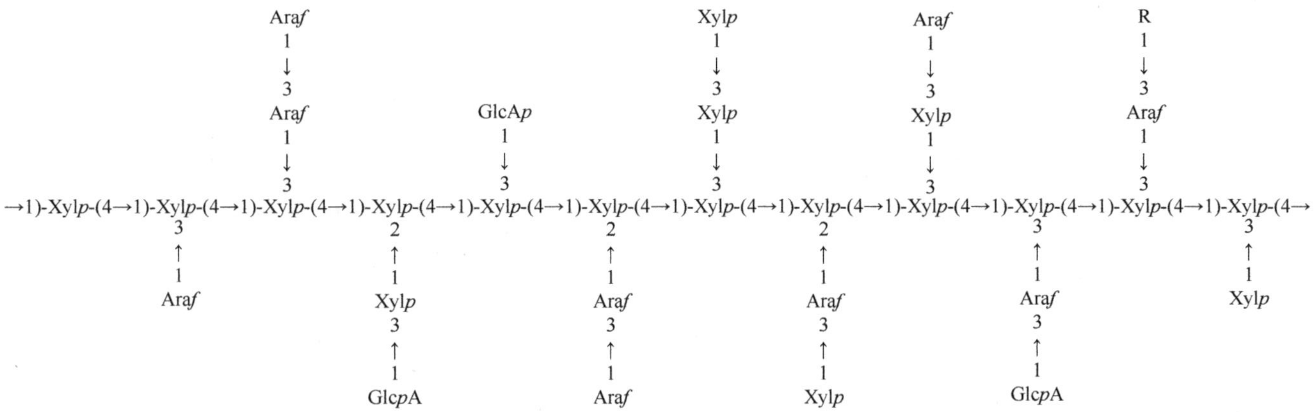

h. PLP-1（殷军艺等，2013）

R可能是1,2,5-linked Ara*f*、1,3,5-linked Ara*f*、1,2-linked Rha*p*、1,3-linked Rha*p*、T-linked Glc*p*、1,2-linked Glc*p*、1,6-linked Glc*p*、T-linked Gal*p*、1,3-linked Gal*p*或1,3,6-linked Gal*p*

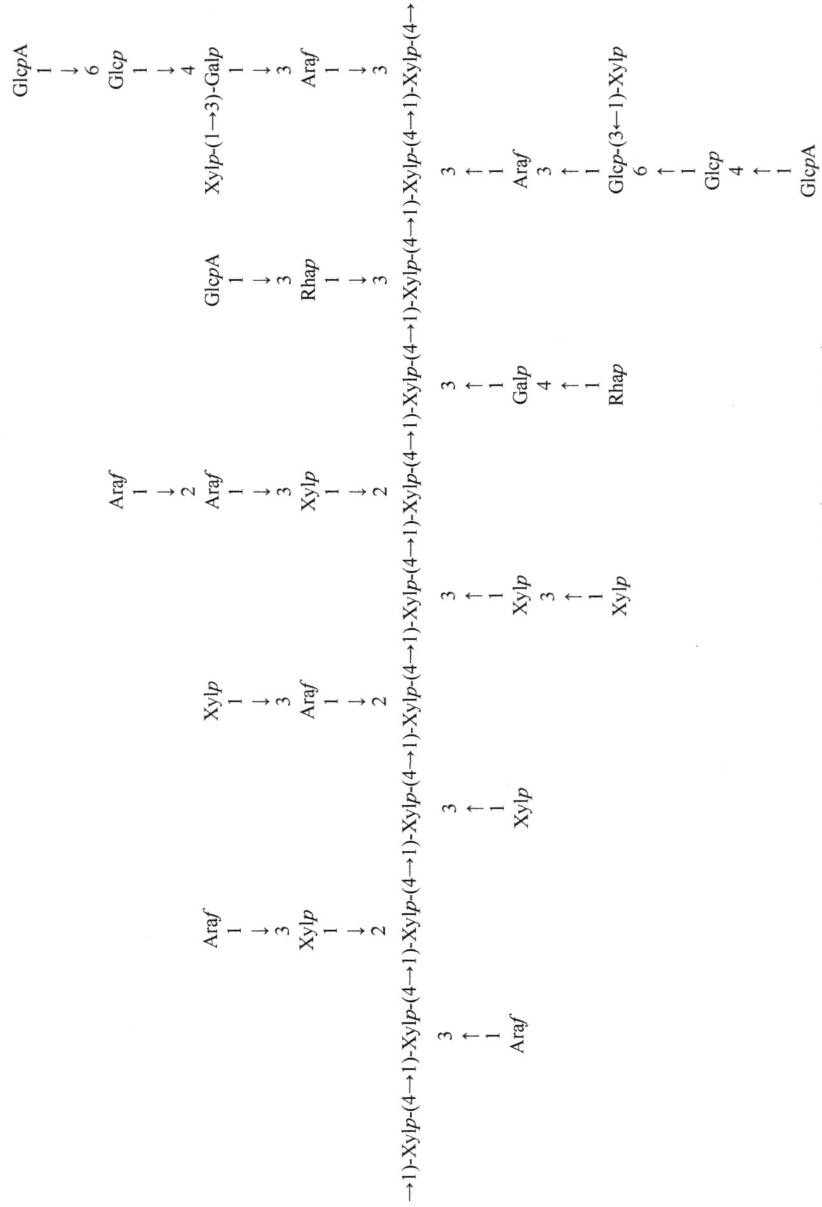

i. PLP-2（Yin et al.，2012a）

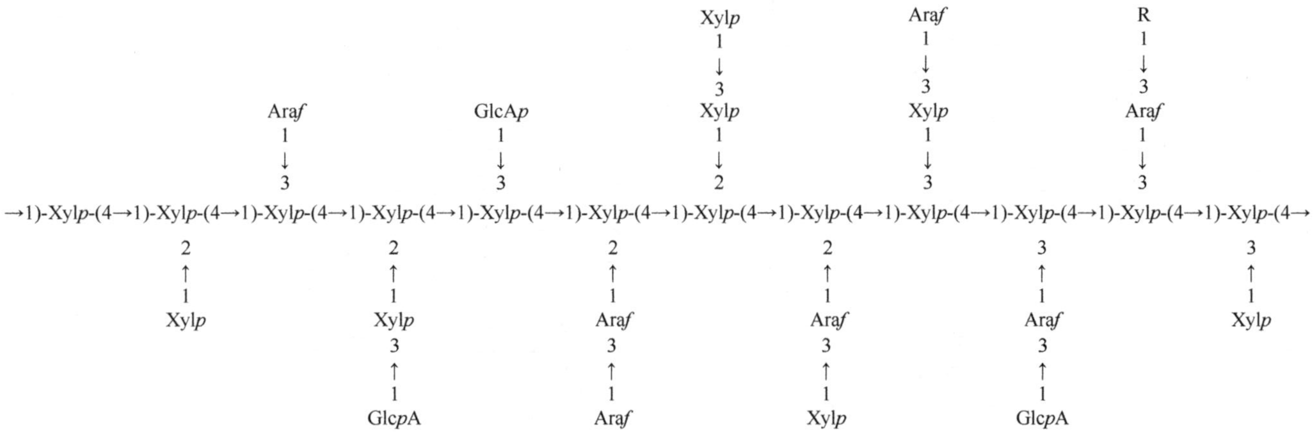

j. PLP-3（Yin et al.，2012b）

PLP-3-P-H和PLP-3的推测结构，R可能是1,2-lined Rha*p*、1,3-lined Rha*p*、1,2-linked Glc*p*、T-linked Glc*p*、1,2,5-linked Ara*f*或T-linked Ara*p*

图 21-3　车前子多糖的一级结构

为 4.0∶10.8∶3.3∶0.7，同时 α-D-Glc*p*A-1,3-α-L-Ara*f* 和 α-D-Gal*p*A-1,3-α-L-Ara*f* 作为支链连接在木聚糖主链上（Tomoda et al.，1981，1984）。Samuelsen 等（1999）报道的大车前子多糖的木聚糖主链上除了有 α-D-Gal*p*A-1,3-α-L-Ara*f* 外，还存在 α-L-Ara*f*、α-L-Ara*f*-1,3-β-D-Xyl*p* 和 β-D-Xyl*p* 三种基团，支化位点为 O-2 或 O-3。

大粒车前子是我国使用最早且最广泛的正品药材之一。本课题组在大粒车前子多糖的结构解析方面做了很多工作。首先，水提大粒车前子粗多糖经过 Sephacryl S-400 葡聚糖凝胶层析柱分离纯化获得三个组分 PLP-1、PLP-2 和 PLP-3。单糖组成分析得出这三个组分由阿拉伯糖、木糖、半乳糖、葡萄糖和糖醛酸等组成，且以阿拉伯木聚糖为主要成分。进一步采用部分酸水解结合甲基化和核磁共振技术对大粒车前子的精细结构进行分析。PLP-1 经三氟乙酸水解后的高分子组分 PLP-1-P-H 由 →4)-D-Xyl*p*-(1→ 连接成主链，在 O-2、O-3 位上有分支，支链为 Ara、GlcA、Ara*f*-1,3-Ara*f*-(1→、Glc*p*A-1,3-Xyl*p* 等多种单糖或二糖结构。PLP-2 和 PLP-3 同样为阿拉伯木聚糖，三者主要是单糖的比例、相对分子质量的大小和侧链基团的组成以及支化度有所不同（Yin et al.，2010，2012a，2012b; 殷军艺等，2013）。

除阿拉伯木聚糖外，本课题组在研究过程中发现采用 50℃提取的大粒车前子粗多糖经离心出现分层现象。采用 DEAE-A-52 对离心后的下层组分进行分级，得到五个组分（PLWE-1 ～ PLWE-5）。结构分析表明，PLWE-1 为阿拉伯半乳聚糖，PLWE-2 为木聚糖，PLWE-3 ～ PLWE-5 为果胶多糖。其中果胶多糖 PLWE-4 的主链由 →1)-α-Gal*p*A-4,1-α-Rha*p*-2,1-α-Gal*p*A-(4→ 重复单元构成（Yin et al.，2016）。其他关于大粒车前子多糖（PLP）的研究发现，PLP 的 1,4-木聚糖主链上每 8 个单糖残基有 3 个 α-Glc*p*A-1,3-Ara*f* 连在 O-3 位，1 个 α-T-linked Glc*p*A 和 1 个 α-Ara*f*-1,5-Ara*f* 连在 O-2 位（Gong et al.，2015）。

综上所述，不同来源、不同提取溶剂以及分离纯化条件获得的车前子或车前子麸壳多糖以阿拉伯木聚糖为主，其主链主要由 →4)-D-Xyl*p*-(1→ 连接成木聚糖，同时也存在少部分以 →3)-D-Xyl*p*-(1→ 和 →4)-D-Xyl*p*-(1→ 两种单糖组成的重复单元，或者由 →4)-D-Xyl*p*-(1→、→3)-D-Xyl*p*-(1→ 和 →3)-L-Ara*f*-(1→ 三个单糖结构重复连接。不同研究者报道的车前子多糖的支化点以 O-2 和 O-3 为主，主要结构区别在于侧链基团的组成，包括末端基团、二糖、三糖、四糖甚至聚糖等多种类型的结构。图 21-3 列出了不同文献来源的车前子多糖的结构图，以供参考。

21.3.2 溶液构象特征

目前，关于车前子多糖的构象或者溶液性质方面的研究比较少。本课题组对大粒车前子多糖的溶液性质做了部分研究。采用 EDTA 螯合的方法将其中的钙离子脱除，得到 PLCP-E，然后对比 PLCP 与 PLCP-E 的溶液性质。具体地，选择水、0.1mol/L NaCl 或者 0.5mol/L NaOH 作为溶剂，用乌氏黏度计测定特性黏度，然后用 HPSEC-MALLS、动静态光散射等技术测均方回转半径、流体力学半径、结构因子等构象参数。PLCP 和 PLCP-E 在水溶液中的特性黏度差别较大，分别为 22.3dL/g 和 8.05dL/g。而在 0.1mol/L NaCl 溶液中两者相差不大（PLCP 为 4.79dL/g、PLCP-E 为 2.55dL/g），在 0.5mol/L NaOH

中两者特性黏度值更加接近。表明 PLCP 在水溶液中可能形成了聚集体，而在盐溶液中会部分或全部伸展开来。作者建立了均方回转半径（R_g）与重均相对分子质量（M_w）的关系：R_g=KM_w^v。常数 K 与多糖构象相关，指数 v 是聚合物构象特征指数，PLCP 和 PLCP-E 的 v 值分别为 0.43 和 0.52，表明它们在测试溶液中均为无规卷曲构象。两者的 Mark-Houwink 方程指数 α 表明它们在低相对分子质量范围呈无规卷曲构象，在高相对分子质量时接近球体。根据蠕虫状圆桶模型，计算得到 PLCP 及 PLCP-E 的持续链长为 2.5nm 和 2.3nm（Yin et al.，2012c，2015）。因此，大粒车前子多糖 PLCP 中钙离子与多糖之间存在较强的相互作用。

21.4　车前子多糖的生物活性

21.4.1　胃肠道功能

21.4.1.1　车前子麸壳多糖的胃肠道活性

车前子或车前子麸壳来源的多糖是一种高黏性亲水性胶体。车前子多糖对排便具有双向调节作用。一方面，车前子多糖在胃肠道内可以吸附液体，使粪便变软，促进肠道蠕动和粪便排出；另一方面，腹泻时车前子多糖则可以使水样粪便减少。

车前子麸壳（*P. ovata* husk、ispaghula husk 或者 psyllium husk）是包被于车前子外的一层种皮，内含大量膳食纤维。国外研究人员对于卵叶车前子麸壳的肠道功能活性较早地开展了研究。例如，Eastwood 等（1978）对比研究了谷物麸皮、车前子麸壳以及乳果糖（lactulose）对大肠憩室症患者结肠的作用效果。结果显示三种膳食补充剂均可缓解患者的症状。车前子麸壳在增加患者粪便质量方面的效果最明显，谷物麸皮对于结肠运动能力影响较大。Prynne 和 Southgate（1979）以 25g/d 车前子麸壳作为四个健康人的膳食补充剂，持续补充 3 周。结果发现健康成人的粪便体积显著增加，总粪便质量增加两倍多。同时实验结果表明补充膳食中的膳食纤维不会影响其他营养物质如氮元素、脂肪的消化率。Kumar 等（1987）对比了不同的卵叶车前子麸壳补充剂量对肠道易激综合征患者的影响，结果表明 20g/d 是该类患者膳食补充的最佳剂量。研究还发现患者症状的缓解与粪便质量具有一定的关系，而整段肠道的转运时间没有发生变化。McRorie 等（1998）通过多站点（multi-site）、随机、双盲、平行实验研究发现，卵叶车前子麸壳可以通过增加粪便含水量软化粪便，对于自发性便秘患者的治疗效果优于多库酯钠（一种便秘常用药）。Washington 等（1998）认为卵叶车前子麸壳通过增加食物黏度延长胃排空时间，通过延长产气型发酵产物的生成时间缩短结肠转运时间。

车前子麸壳的肠道活性主要来源于其中的多糖组分。该多糖组分是一种高度支化的酸性阿拉伯木聚糖。研究人员对车前子麸壳多糖发挥作用的机制做了研究。Edwards 等（1992）从卵叶车前子麸壳中获得阿拉伯木聚糖，研究其对 Wistar 大鼠的粪便排出量和盲肠代谢的影响。结果显示大鼠的粪便干重和湿重增加，但是粪便持水力没有变化。粪便中短链脂肪酸（SCFA）总浓度没有显著变化，但是粪便排出量增加。粪便中的丙酸含量增加，pH 降低。卵叶车前子麸壳多糖在大鼠的结肠和盲肠中被部分酵解，持水力降低。Marteau 等（1994）的人体试验表明摄入卵叶车前子麸壳后，粪便短链脂肪酸的浓度增加，其中丙酸和乙酸的比例也增加。在摄入 4h 后大部分的车前子麸壳以一种固定的部分酵解状态到达盲肠部位。车前子麸壳经过消化酵解后，粪便中聚合状态的阿拉伯糖和木糖比中性糖所占的比例更大。因此作者认为车前子麸壳经人体的消化后，其中的多糖组分发酵程度并不高。Marlett 等发现卵叶车前子种皮不仅能增加排出粪便的表观黏度和含水量，还能促进胆汁酸的分泌。体外发酵研究显示卵叶车前子麸壳中包含不发酵组分 A、部分可发酵组分 B（55%）和可完全被发酵组分 C 三种成分。其中不发酵的黏性胶体 A 对粪便起到润滑的作用，组分 B 是润肠通便的活性成分，该组分是一个高度支化的阿拉伯木聚糖，含有木聚糖主链，侧链含有阿拉伯糖和木糖（Marlett et al.，2000；Marlett and Fischer，2002，2003）。由以上描述可以看出，车前子麸壳经食用进入肠道以后，一部分被肠道菌群利用，产生短链脂肪酸等活性物质发挥作用，另一部分未发酵的组分作为润滑剂，促进肠道排便。

21.4.1.2　车前子多糖的胃肠道活性

与车前子麸壳类似，车前子多糖也被用于膳食补充剂。车前子多糖具有良好的吸水性和持水性，吸水后体积急剧膨胀。在口腔和胃部未被消化的多糖进入肠道，在小肠和大肠中可使肠道内容物变得松软，总体积增大，促进肠道蠕动，缩短粪便排出体外的时间。同时很强的持水性能够减少胃排空时间和结肠转运时间，从而用于治疗腹泻（Paturi et al.，2012；Bharucha et al.，2013；Wärnberg et al.，2009）。临床研究表明将卵叶车前子（*P. ovata* seed）作为膳食补充剂，可以增加粪便质量，缩短肠道转运时间（Heckers and Zielinsky，1985），也可以使便秘人群的排便次数、粪便质量和粪便含水量增加（Sölter and Lorenz，1983；Marlett et al.，1987）。Tomlin 和 Read（1988）对比研究了肠道菌群在体外对瓜尔胶、卵叶车前子多糖和黄原胶的降解作用以及它们对人的结肠功能的影响。实验结果表明瓜尔胶在体外迅速被人体肠道菌群降解，黏度和 pH 降低，产气量减少。卵叶车前子在培养过程中黏度保持不变，但是 pH 显著降低。卵叶车前子主要是显著增加粪便质量，其他两种胶体则显著影响排便次数或者转运时间。数据显示转运时间和排便量是负相关的，服用黏性车前子多糖会影响这些指标，排便次数而不是排便量与转运时间明显相关。作者推测最有效的膳食补充剂可能在肠道内只是部分酵解加速排便，而留取足够的部分来增加粪便的质量。

在动物实验水平上，车前子多糖的润肠通便以及缓泻作用也得到证实。大粒车前子多糖能显著缩短便秘模型小鼠的首次排黑便时间，增加 5h 内排便粒数，提高小鼠粪便含水量和小肠墨汁推进率。整个实验过程中，车前子多糖对小鼠体重没有造成影响，也没有观察到小鼠有腹泻症状，表明车前子多糖对小鼠便秘的治疗作用是温和性的（吴光杰等，2007）。利用小肠运动障碍模型研究大车前子多糖对小肠运动障碍的影响，对给药组灌胃不同质量体积浓度（1.0%、2.0%、4.0%）的碱提车前子亲水胶（NaOH 提取，pH=9），结果显示 1.0% 的大车前子多糖可以提高小鼠的小肠推进率，改善小鼠的这种小肠运动障碍，增强胃肠动力（王东等，2008）。Tortola 等（2009）研究了车前子多糖对健康小鼠和便秘比格犬（Beagle dog）的功能活性，结果证明车前子多糖能够改善便秘比格犬的便秘症状。Leng-Peschlow（1991）以 100g/kg 或 200g/kg 的车前子、车前子麸壳和燕麦麸皮作为大鼠的纤维补充剂进行动物实验研究。结果表明车前子使得新鲜粪便的质量增加 100%，干粪便的质量增加 50%，粪便含水量增加 50%。车前子麸壳只有在高浓度下才会发挥很好的效果，而燕麦麸皮效果不明显。小肠的长度和质量不受影响，但是大肠的长度和质量都显著增加了。车前子麸壳对小肠有显著影响而燕麦麸皮对小肠几乎没有影响。因此，卵叶车前子可以作为增加粪便体积的部分酵解的膳食纤维补充剂，其代谢和黏膜保护作用明显。

由于在动物模型中很难测定膳食纤维的发酵，因此体外实验模型常被用来比较或监测黏性膳食纤维的发酵过程。本课题组对大粒车前子多糖的体内和体外的消化酵解行为进行了较为全面的研究。体外模拟胃肠道消化实验表明，在口腔中，唾液淀粉酶对大粒车前子多糖的相对分子质量没有影响，而在胃肠道中会使相对分子质量降低。用人体粪便培养物对大粒车前子多糖酵解 24h，在酵解过程中，粪便培养物的 pH 由 6.1 降为 5.1，总短链脂肪酸（SCFA）、乙酸、丙酸和正丁酸的含量均显著增加。车前子多糖主要由木糖、阿拉伯糖及半乳糖醛酸组成，因此在酵解过程中，木聚糖酶、阿拉伯呋喃糖酶、木糖苷酶和葡糖醛酸酶的活性也都增加。酵解 24h 后，多糖中 47.2% 的总碳水化合物被消耗，包括阿拉伯糖（42.9%）、木糖（53.2%）和葡糖醛酸（76.4%）。研究发现，多糖中碳水化合物的消耗与 SCFA 的产量存在关系，其中乙酸和正丁酸的增加主要是由于多糖中葡糖醛酸和木糖的发酵，而丙酸的增加则主要是由于阿拉伯糖和木糖的酵解。大粒车前子多糖能显著延缓葡萄糖的扩散并对 α-淀粉酶的活性有显著抑制作用，这表明车前子多糖的摄入具有潜在降低餐后葡萄糖浓度的能力。车前子多糖能抑制胰脂肪酶的活性，这有助于降低血清中脂质的水平。车前子多糖降低了胃蛋白酶的活性，这会在一定程度上影响蛋白质的消化率。研究同时发现车前子多糖能结合并绑定胆汁酸，也能降低可吸收的胆固醇量（Hu et al.，2013a，2013b，2013c）。

近年来，关于天然产物多糖、肠道微生物、胃肠道功能活性三者之间关系的研究成为热点。肠道微生物可对多糖进行酵解和利用，而多糖可以刺激胃肠道黏膜免疫组织中分布的各类淋巴细胞，激活机体免疫系统作出免疫应答。因此，胃肠道可能是各类天然产物多糖发挥生物学活性的重要场所（聂少平和黄晓君，2015）。车前子多糖对于憩室病、肠易激疾病和炎症性肠病都有帮助治疗的效果，这种肠道活性可能与短链脂肪酸的生成有关，而短链脂肪酸的产生又与肠道微生物密切相关（Nordgaard et al.，1996；Mortensen and Clausen，1996；Wärnberg et al.，2009；Rodríguez-Cabezas et al.，2003；Chouinard，2011）。Pylkas 等（2005）采用体外模拟技术研究大肠中不同膳食纤维的发酵情况，证实粪便菌群很容易酵解不同来源的膳食纤维，产生短链脂肪酸。车前子多糖与肠道菌群和肠道三者存在相互作用，多糖为肠道菌群提供能量物质，影响肠道菌群的生长环境；肠道细菌酵解多糖，产生短链脂肪酸，影响肠道内环境 pH，从而抑制有害菌群的增殖，刺激肠道黏膜免疫系统，保护机体健康（聂少平和黄晓君，2015）。

21.4.2 降血糖、降血脂作用

随着人类生活水平的提高，慢性代谢疾病如糖尿病、高脂血症等成为当今国内外研究的重点和难点。由于服用化学药物常常会引发并发症或者带来副作用，因此饮食疗法成为治疗该类疾病的一种重要方法。车前子和车前子麸壳富含膳食纤维，研究表明膳食补充车前子麸壳粉能显著抑制 2 型糖尿病患者对葡萄糖的吸收，降低总胆固醇、低密度脂蛋白胆固醇和尿酸水平，而不会影响矿物质或者维生素 A 和 E 的浓度（Sierra et al.，2002）。临床试验表明 2 型糖尿病患者经过 8 周的车前子麸壳补充治疗后，空腹血糖水平、糖基化血红蛋白水平显著降低，高密度脂蛋白 C 的含量显著升高，同时 LDL/HDL 值显著下降，患者体内的血糖指标得到改善，同时也没有观察到有副作用（Ziai et al.，2005）。因此，车前子来源的膳食纤维具有控制 2 型糖尿病和降低患心血管疾病的风险。将其作为膳食，安全性和生物相容性高，对血糖和血脂的控制效果明显（Rodríguez-Morán et al.，1998；Gupta et al.，1994；Nie et al.，2019；Yang et al.，2017）。

车前子多糖的降血糖、降血脂作用在动物实验水平也得到证实。Galisteo 等（2010）通过比较不同膳食纤维（纤维素、甲基纤维素，以及车前子不溶性、可溶但不发酵、可溶可发酵性膳食纤维）对 Zucker 肥胖大鼠代谢综合征的作用效果，发现可溶可发酵性的车前子膳食纤维对于改善代谢综合征更有效。Nie 等（2019）研究人员的最新研究表明，膳食补充车前子多糖 PLP 4 周后，糖尿病大鼠的血糖、胰岛素、总胆固醇、总三酰甘油等血清生化物质的水平显著降低，高密度脂蛋白胆固醇和抗氧化酶的水平增加。车前子多糖处理组的大鼠粪便中 SCFA 的浓度也高于对照组。同时肠道微生物的丰富度也显著提高。

Hannan 等（2006）认为车前子多糖降血糖作用是通过抑制肠内葡萄糖吸收、促进肠的蠕动来实现的。Vergara-Jimenez 等（1998）认为车前子多糖 PSY 的降血脂作用有特异性，并且与蔗糖相关，PSY 能够改变肝中平衡胆固醇的酶活性。近期发表的研究综述认为，膳食纤维抗糖尿病的机制主要有：影响肠道内容物的黏度、影响宿主的食欲、被肠道微生物发酵和改善肠道炎症问题等（Hu et al.，2018a）。

21.4.3 降胆固醇作用

Abraham 和 Mehta（1988）在正常饮食的基础上，给 7 位健康的成年男性补充 21g/d 的车前子壳，连续补充 21 天，定期测定他们体内的总胆固醇、低密度和高密度胆固醇，以及粪便中类固醇的含量。结果显示车前子壳能降低胆固醇含量，而没有发生胆酸分泌增加和营养物质丢失的情况。Solà 等（2007，2010）对比了卵叶车前子麸壳来源的可溶性膳食纤维与卵叶车前子来源的不溶性膳食纤维对于心血管疾病患者的血浆脂类、脂蛋白、载脂蛋白浓度的影响。结果发现卵叶车前子中的膳食纤维能降低患者体内的低密度脂蛋白、胆固醇、三酰甘油、胰岛素、氧化低密度脂蛋白含量和收缩压，并且可溶性膳食纤维的效果优于不溶性膳食纤维。Gelissen 等（1994）分别采用车前子麸壳和车前子对正常人与回肠造口术患者进行膳食补充实验，测定他们的粪便排出量、胆固

醇分泌和血浆胆固醇、三酰甘油等的含量。测定结果显示在降低胆固醇方面，车前子比车前子麸壳效果更好，且胆固醇降低并不是粪便中胆酸增加造成的。在结肠中对胆酸的重吸收对回肠中胆酸的损失有补偿效应。

Buhman 等（2000）通过大鼠实验研究了卵叶车前子麸壳降低胆固醇的机制。给大鼠喂食不同浓度（0%、3.33%、6.67%、10%）的卵叶车前子麸壳，连续喂养 21 天后测定肝脏胆固醇含量、胆固醇 7α-羟化酶（cholesterol 7α-hydroxylase，CYP7A）活力和 mRNA 表达、3-羟基-3-甲基戊二酰辅酶 A 还原酶（3-hydroxy-3-methylglutaryl coenzyme A reductase，HMGR）的 mRNA 表达、顶端钠依赖型胆汁酸转运蛋白（apical sodium-dependent bile acid transporter，ASBT）的 mRNA 表达、粪便胆酸和总胆固醇含量、小肠胆酸的含量。结果表明肝脏中胆固醇的降低涉及调节回肠 ASBT、CYP7A 和 HMGR 的 mRNA 表达水平来调节胆酸的分泌和组成。

21.4.4　免疫调节作用

免疫调节活性是车前子多糖的重要活性之一。研究表明大粒车前子多糖（P-MA）可以显著增强宿主的体液免疫和对绵羊红细胞的变态反应（Kim et al.，1996）。大粒车前子多糖还可以提高免疫抑制小鼠腹腔巨噬细胞的吞噬率、促进淋巴细胞转化和促进溶血素抗体分泌等，由此可见车前子多糖有较强的免疫增强作用（谢小梅等，2009）。

为了解车前子多糖的免疫调节活性机制，唐永富等（2007）从小鼠骨髓中分离单核细胞，加入细胞因子 rmGM-CSF 和 rmIL-4 诱导其分化成未成熟树突状细胞（DC）。发现车前子多糖能通过影响 DC 表型和吞噬功能促进 DC 的成熟。在此研究基础上，Huang 等（2009a）进一步研究大粒车前子多糖对 DC 的分化、发育、成熟和迁移等的影响。结果显示大粒车前子多糖可促进 DC 组织相容性复合物Ⅱ和白细胞分化抗原（CD80、CD86 和 CD40）的表达，从分子水平上解释了车前子多糖促进 DC 表型及功能成熟的原因，且车前子多糖可进一步诱导未成熟 DC 分泌 RANTES-Th1 型趋化因子，从而诱导机体偏向 Th1 型细胞免疫应答。体外细胞实验发现车前子多糖 PLP-2 通过触发 Toll 样受体 4 激活 MAPK 和 NF-κB 通路发挥促进树突状细胞成熟的功能（Jiang et al.，2018a）。

除树突状细胞外，相关研究显示大粒车前子多糖的免疫调节活性与其对巨噬细胞的作用也有关，且车前子多糖对巨噬细胞的调节作用可能与其调节一氧化氮（NO）功能有关。在 25 ～ 100mg/mL 作用浓度下，巨噬细胞（RAW264.7 细胞）对 NO 释放量的影响与多糖浓度呈现剂量依赖性（陈一晴等，2009）。李芬芬等（2014）的研究表明大粒车前子多糖可通过抑制脂多糖（LPS）刺激的巨噬细胞的吞噬作用、NO 的释放及细胞因子的表达发挥其抗炎作用。另外，Zhao 等（2014）的研究表明平车前子多糖对脾细胞的增殖及 NO、TNF-α 的分泌具有显著的调节作用，并认为车前子多糖的免疫调节活性与多糖的单糖组成、糖苷键类型和相对分子质量等结构特征相关。

21.4.5　抗氧化作用

张宁等（2009）的研究结果显示给予车前子多糖 PSP 后，大鼠血管平滑肌细胞中的丙二醛含量显著下降，超氧化物歧化酶（superoxide dismutase，SOD）活性、一氧化氮（NO）含量和一氧化氮合酶（nitric oxide synthase，NOS）水平明显升高。表明 PSP 具有一定的抗氧化作用。袁从英等（2009，2011）建立了大鼠肝线粒体脂质过氧化模型，发现车前子多糖对肝微粒体脂质过氧化具有抑制作用，其机制为可能通过与 Fe^{2+} 络合，降低反应体系中 Fe^{2+} 游离浓度，而抑制微粒体脂质过氧化、防御线粒体自由基。车前子多糖的抗氧化性在体外自由基清除实验中得到证实（Gong et al.，2015；Ye et al.，2011；Yin et al.，2010；Patel et al.，2019）。

21.4.6　其他功能

除上述功能活性外，车前子多糖还具有抗菌、抗补体等其他活性作用。例如，谢小梅和付志红（2006）通过建立抗生素致小鼠阴道菌群失调模型，研究了车前子多糖对该症状的调节作用。实验表明车前子多糖液对小鼠阴道菌群失调具有调整作用。Samuelsen 等（1999）报道从大车前子中提取分离的粗提物以及纯化后的多糖组分都有潜在的抗补体活性。Suzuki 和 Tsuji（2007）研究证实车前子多糖能够抑制 SD 大鼠体内双酚 A 的雌激素效应。Doan（1992）则报道车前子多糖具有利尿活性。

21.4.7　可能的副作用

车前子被世界卫生组织（World Health Organization）认可用于高胆固醇血症和高血糖患者的膳食补充剂以减少罹患心血管疾病的风险（World Health Organization，2007；Solà et al.，2007；Haddadian et al.，2014）。车前子或车前子麸壳作为膳食补充剂，具有降血糖、降血脂和降低胆固醇等方面的活性，并且不会影响矿物质、维生素等其他营养物质的吸收（Anderson et al.，1988，1999；Bell et al.，1989；Francisco et al.，2006）。

关于车前子多糖的副作用，Gillespie 和 Rathbun 于 1992 年报道了车前子亲水性胶体作为缓泻剂可能会引起易感人群的 IgE 介导的过敏性反应，生产车前子粉的工作人员患过敏的风险可能更大。过敏性反应可能有如下症状：鼻炎、皮肤反应、哮喘、胃肠道症状和全身性过敏反应。作者为加工车前子相关产品工作人员提出减少车前子过敏反应的策略，如存在过敏隐患的工人及时向医护人员寻求帮助；患了过敏症的工人避免参与和从事生产车前子产品的工作，避免在他人处理这类药物时与他们接触；工作时戴上防护面具等。另外，有研究表明车前子还可能改变营养物质和药物的吸收，也可能由于减少食物摄入量或抑制食欲、加重肿胀和胃肠胀气、引起腹痛或其他过敏症状等而减少人体获得的热量（Uehleke et al.，2008；Wärnberg et al.，2009）。

21.5　车前子多糖改性研究

车前子多糖具有降血脂、降血糖、促进胃肠蠕动、调节菌群失调等多种药理作用，然而车前子多糖的高黏性特征在某些方面限制了其推广应用。因此研究者对车前子多糖结构进行修饰，以期获得具有良好理化性质、机械性能或者功能活性的多糖（Lutterodt and Cheng，2008；Singh et al.，2008a；Mishra et al.，2014）。近年来，人们主要使用物理法（或机械法）、生物法以及化学法等对车前子多糖进行修饰或改性。

21.5.1　物理法（或机械法）

物理法（或机械法）指的是通过超声、研磨、加热等在特定条件下对车前子进行处理，以获得理想的品质。Rudin（1985）用微胶囊包埋方法，将车前子多糖与 0.05% ～ 20% 的乳化剂和 0.5% ～ 40% 的溶剂混合，制备不同大小的粒子。该方法能够增强车前子多糖的分散性，但是口感没有得到提高。Wullschleger（1993）尝试用热处理的方法改变车前子多糖的致过敏性。湿法加热使得车前子多糖中的致敏蛋白组分减少，车前子多糖的致过敏性降低。

Van Craeyveld 等（2008）采用球磨（ball milling）、冲击式研磨（impact milling）和喷气式研磨（jet milling）三种方式对卵叶车前子进行研磨。研究发现，经 48h 的实验室规模的球磨处理后，车前子阿拉伯木聚糖（arabinoxylan from psyllium seed husk，PSHAX）的粒径减小，水提取性能增强，可溶性阿拉伯木聚糖（arabinoxylan，AX）的 Ara 与 Xyl 的比值增大，相对分子质量减小，表观黏度降低，持水能力增强。延长球磨处理的时间到 168h 能使水提阿拉伯木聚糖的含量达到 98%。冲击式研磨和喷气式研磨能够改善提取性能，但是对提取的车前子多糖的其他性质影响较小。Cheng 等（2009）通过改变 pH 的方式对车前子多糖进行改性。具体是向车前子多糖中加入含有不同浓度盐酸的乙醇溶液，在室温下反应。然后加入 10mol/L NaOH 进行中和。酸处理后的车前子多糖经过滤和 95% 乙醇洗涤后进行理化性质与功能性质的研究。结果 0.36% ～ 1.44% 的盐酸乙醇溶液处理后的车前子多糖成胶能力、吸水性以及溶胀性降低，但结合胆酸的能力没有减弱。

Singh 等（2008a）利用 ^{60}Co 辐射诱导车前子多糖与聚丙烯酸交联形成聚合物网络结构，并将该聚合物用于药物缓释研究中，结果药物的释放遵循 non-Fickian 扩散机制，在不同 pH 缓冲体系中，药物的溶胀和释放是 pH 敏感型的，可以应用于肠道中抗癌药物的释放。Tucker 等（2017）的研究发现辐照可以改变车前子的基因，所获得的车前子中木聚糖的结构热稳定性好，黏度较高，具有较好的抗氧化性和抗癌性能。

Hu 等（2013d）报道，高压均质使得大粒车前子多糖的粒径减小，由大片的结构变成小的多孔结构。但是均质后的车前子多糖一级结构并未改变，抗氧化能力增强，肠道内总短链脂肪酸的生成增加。另外，该作者采用微波降解的方式将车前子多糖降解。研究发现经微波处理后，车前子多糖的表观黏度、相对分子质量、粒径都减少，多糖表面结构由大片状变成小的条状。体外发酵实验中短链脂肪酸的生成量增加，菌群的胞外酶（包括木聚糖酶、阿拉伯呋喃糖苷酶、木糖苷酶和葡糖醛酸酶）活力比未经处理的车前子多糖高（Hu et al.，2013e）。该研究人员还发现车前子多糖经超声处理后，糖苷键被破坏，使得车前子多糖的粒径和相对分子质量减小，还原糖的含量增加。体外酵解实验中超声处理后的多糖产短链脂肪酸的量增加。超声处理车前子多糖组的培养基中乳杆菌和拟杆菌类细菌的量显著高于未处理车前子多糖组的培养基中的数量（Hu et al.，2018b）。

超声技术处理使得车前子多糖的相对分子质量降低，表观黏度下降，抗炎能力增强。

具体地，在葡聚糖硫酸铵致小鼠炎症模型中，对比发现低相对分子质量的车前子多糖组小鼠的中性粒细胞浸润程度显著降低，巨噬细胞炎症蛋白-2 分泌减少，炎性细胞因子（TNF-α 和 IL-4）在发炎结肠中的水平也降低（Huang et al.，2018）。

21.5.2 生物法

多糖生物法改性包括基因工程技术和酶解法等。酶解法具有专一性强、选择性好、无副反应、高效性等优点。目前应用较多的是糖基转移酶、糖苷水解酶、醛缩酶等糖苷酶。相关研究表明，车前子引起哮喘等过敏反应是由于其中的致敏性蛋白的影响，而该蛋白可以用水提取出来，Nielsen（1993）向车前子提取液中加入蛋白酶，除去其中的蛋白质，从而改善车前子多糖的功能性。

Yu 等（2001，2008）报道了采用液态酶法对车前子进行改性能够减弱其吸水能力和获得不同的凝胶性能，但是液态酶法所制备的样品为了除去水分需要冻干，从而限制了其商业化生产。该团队还采用固态酶 Viscozyme L（具有纤维素酶、半纤维素酶、木聚糖酶、阿拉伯聚糖酶和 β-葡聚糖酶的活性）、木聚糖酶（Shearzyme 500L）和戊聚糖酶（pentopan mono BG）分别对车前子原料（纯度 95%，总膳食纤维 92%）进行处理。该方法能够使车前子的吸水能力、凝胶的硬度和胶着性降低（Yu et al.，2003；Yu and Perret，2003a，2003b）。Allen 等（2004）对经 Viscozyme L 和 Shearzyme 500L 改性后的车前子进行动物实验，研究发现改性后车前子的降血糖和胆酸结合能力没有减弱，与未经处理的车前子具有相同的功能。其中的 Y-26-4（Viscozyme L 改性）在喂食第 35 天的总体重相对于对照组有减少的趋势。在室温下用固相酶（碳水化合物酶）反应制备车前子多糖衍生物，然后用微波灭活 2min，研究该衍生物的吸水能力、凝胶性能、表面结构、纤维含量和降低胆固醇的能力。结果表明酶法处理的衍生物吸水能力、凝胶性能降低，但是降低胆固醇的能力没有减弱，可以应用于体重的控制（Yu and Cheng，2007）。

21.5.3 化学法

多糖的化学改性主要是基于多糖链上活泼羟基的氧化、硫酸化、氨基化和羧基的酯化、醚化等化学反应。

21.5.3.1 硫酸酯化

多糖的硫酸酯化是指多糖大分子链中单糖分子上的羟基被硫酸根所取代而形成的天然或半合成的酸性多糖。多糖硫酸化方法有氯磺酸-吡啶法、浓硫酸法、三氧化硫-吡啶法、氯磺酸-二甲基甲酰胺法等（方金红，2014）。经过硫酸化的卵叶车前子多糖成胶能力减弱，多糖溶液的黏度降低，胆酸的结合能力增强（Liu et al.，2010b）。

21.5.3.2 烷基化

多糖的烷基化是指向多糖中引入烷基、取代烷基或长链芳香醇。多糖烷基化采用的试剂一般为卤代烃或其取代物，烷基化的部位一般为 N 和 / 或羟基 O。Saghir 等（2009）

通过碱提得到卵叶车前子阿拉伯木聚糖（AX），然后用碘乙烷对 AX 进行乙基化得到非离子型乙基阿拉伯木聚糖（ethyl arabinoxylan，EAX）。研究发现 EAX 的特性黏度与反应条件（溶剂、试剂用量）有关，EAX 水溶液常温下溶胀，高温下为黏性乳状液，而在 DMSO 中于室温下不溶解，在 80℃搅拌能溶解，在 2.45%（m/V）NaOH 水溶液中也可以溶解。并且该过程还可能发生了共价交联或者氯化作用等副反应。EAX 的特性黏度会随着乙酰取代度的增加而减少。Liu 等（2010a）对卵叶车前子多糖进行羟丙基化得到 HP1、HP2、HP3、HP4。结果表明取代度高的 HP3 和 HP4 成胶能力降低更明显，而取代度相对较低的 HP1 和 HP2 结合胆酸与鹅去氧胆酸的能力更强。

21.5.3.3　羧甲基化

羧甲基化是向多糖中引入羧甲基，可以提高多糖的水溶性。因其制备过程简单、试剂成本低及生成物无毒性等优点，羧甲基化已成为多糖改性中一种较常用的衍生化方法（方金红，2014）。羧甲基多糖的制备方法主要有水媒法和溶媒法两种。水媒法是把多糖用稀碱溶液溶解，再加入一定量的一氯乙酸，适当条件下进行醚化反应；溶媒法是把多糖分散在如异丙醇、丙酮、甲醇和乙醇等有机溶剂中，碱化一段时间，再加入一氯乙酸，在适当条件下进行醚化反应得到羧甲基多糖。溶媒法以有机溶剂为反应介质，反应体系在碱化醚化过程中传热、传质迅速，反应均匀稳定，主反应快，副反应少，醚化剂利用率高。而水媒法副反应多，导致醚化剂利用率低，且后处理困难。因此，一般采用溶媒法（方金红，2014；张华等，2010）。Saghir 等（2008）较为全面地研究了车前子多糖羧甲基化的条件。研究发现氯乙酸进行羧甲基化的条件与羧甲基取代度有关。首先，以 2.5% NaOH（pH=12）为溶剂提取卵叶车前子中的多糖，然后加入浓乙酸将 pH 调成 3，使其凝集下沉，用水洗涤数次到 pH 稳定、冻干。冻干后得到含有少量鼠李糖和半乳糖的阿拉伯木聚糖 AX1。该组分的重均相对分子质量为 364 470g/mol，在水中溶胀能力很强。羧甲基化实验发现，氯乙酸钠与多糖的摩尔比增加，反应时间延长，获得的羧甲基多糖取代度提高。此外，氢氧化钠溶液的浓度和分散体系也会对取代度有影响，当浓度为 45% 时，可能发生了副反应，产生乙醇酸钠，乙醇作为溶剂体系比甲醇得到的取代度高。然而，作者未对得到的羧甲基化多糖进行进一步的功能特性研究。江乐明等以氢氧化钠和一氯乙酸对大粒车前子多糖进行羧甲基化，以取代度为指标，采用正交实验找到最佳的羧甲基化条件，并且发现当取代度为 0.5 ～ 0.6 时，羧甲基化车前子多糖能够明显增强树突状细胞分泌细胞因子 IL-12 p70 的能力，说明羧甲基化可以提高大粒车前子多糖的生物活性（江乐明等，2013；Jiang et al.，2014）。

21.5.3.4　乙酰化

乙酰基化是多糖重要的化学修饰方法。乙酰基可改变多糖分子的定向性和横向次序，从而改变多糖的物理性质。乙酰基的引入使分子伸展变化，最终导致多糖羟基基团暴露，增加其在水中的溶解性，因此会对其活性产生影响（张华等，2010；江乐明等，2013）。黄丹菲等（2013）在弱碱性水相环境下，用乙酸酐对大粒车前子多糖进行乙酰化修饰的条件进行考察。结果表明当取代度为 0.8 时，乙酰化修饰增强大粒车前子多糖促进树突状细胞分泌细胞因子 IL-12 p70 的效应达到最强。深入研究发现，乙酰化的车前子多糖（Ac-PLCP）能够刺激骨髓来源树突状细胞表面组织相容性分子Ⅱ（MHC Ⅱ）、CD86 和 CD80 分子的表达，也可以促进细胞因子 IL-12 p70 的分泌。Ac-PLCP 还会减缓树突状细胞的内吞作用，增强趋化因子受体 CCR7 和 CXCR4 的 mRNA 的表达，同时还能够促进 T 细胞的增殖。因此，乙酰化能够增强车前子多糖的免疫调节活性（Jiang et al.，2018b）。

21.5.3.5　其他化学改性方法

除了上述几种改性方法被应用到车前子多糖的改性之外，车前子多糖的琥珀酰化等其他化学修饰也有研究。例如，Niu 等（2012）报道琥珀酰化能够明显降低车前子多糖的成胶性能和溶胀能力，也能够增强车前子多糖的吸水性和胆汁酸结合能力。该作者同时对比了相同取代度下硫酸酯化、羟丙基化、琥珀酰化对于车前子多糖性质的影响。结果三种方法都减弱了成胶能力和溶胀性能，增强了吸水性。并证明引入的负电基团越强，它们的胆汁酸结合能力越强。另外，取代基的空间效应对于改变成胶性和溶胀性能很重要（Niu et al.，2013）。曾雯瑜等（2009）以大粒车前子多糖（PLCP）为配体与四价铈（Ce^{4+}）结合，形成水溶性的大粒车前子多糖铈配合物（Ce-PLCP）。研究发现 Ce-PLCP 对某些有机磷农药有较好的水解效果。Bhatia 和 Ahuja（2013）为增强车前子多糖的黏附性对其用巯基乙酸进行硫醇化，车前子多糖分子表面由纤维状变成颗粒状，结晶度和溶胀性有些许增加。硫醇化车前子多糖黏附性比未改性的车前子多糖增强 3 倍，两种多糖对药物的释放遵循一级反应动力学。

21.6　车前子多糖的应用

车前子多糖溶胀性很好，用车前子制备水凝胶具有成本低、生物相容性好、环境友好等特点，所以车前子多糖及其衍生物是一种具有潜在应用价值的多功能水凝胶。采用不同的技术制备车前子的水凝胶可以用于食品、制药、药物缓释剂、絮凝剂、金属离子吸附剂等领域（Singh，2007；Mishra et al.，2014；Thakur and Thakur，2014；Amini et al.，2018）。

21.6.1　用于制药

车前子多糖具有高黏性，是一种膳食纤维，对肠道具有直接的作用。车前子多糖能够刺激胃肠道的蠕动，从而对肠道起到清理作用。车前子是许多泻药的成分之一，人体试验表明车前子多糖缩减了肠道通便的时间，增加了排便的次数，并增加了粪便的质量（Singh，2007）。Marlett 等（2000）报道给药卵叶车前后，收集的大多数粪便是凝胶状的，从粪便中分离出的凝胶组分含有 75% 的碳水化合物。这些碳水化合物主要由木糖（64%）和阿拉伯糖（27%）组成，这与卵叶车前中的单糖组成是一致的。此外，车前子多糖还可以被用于治疗腹泻、肠道易激综合征、肠癌、糖尿病以及降低胆固醇等（Singh，2007）。

21.6.2 用作药物缓释剂

车前子多糖或者其衍生物可以被用作药物载体，具有安全、高效、经济等特点（Liu et al.，2010a）。Singh 等在车前子多糖用于药物缓释剂方面做了很多研究，包括基于车前子多糖聚合物基质的合成、载药、释药、释药机制、释药的动力学模型等方面（Singh et al.，2006a，2007a，2007b，2007c；Singh and Bala，2014）。

基于车前子多糖合成具有网状结构的聚合物一般采用自由基诱导的化学合成方法。作者以车前子多糖和丙烯酸为反应物，利用过硫酸铵（ammonium persulfate，APS）生成自由基，以 *N,N'*-亚甲基双丙烯酰胺（NN-MBAAm，CH_2═CHCONHCH$_2$NHCOCH═CH_2）为交联剂，进行合成反应，形成具有三维网状结构的聚合物 Psy-cl-polyacrylic-acid［Psy-cl-poly(AAc)］。体外研究结果表明，Psy-cl-poly(AAc) 在不同介质中吸水性很好，对 pH 敏感，能够适应环境的变化，可以作为结肠中特殊药物的载体。该聚合物也能够用于去除、分离和富集有害金属，也可用于环境修复和工业废水的处理（Singh et al.，2006b）。在此基础上，作者用车前子多糖与 *N*-羟甲基丙烯酰胺（*N*-hydroxymethylacrylamide）反应合成亲水胶体 Psy-cl-poly (N-HMAAm)，研究该亲水胶体对于模式药物水杨酸和盐酸四环素的释放动力学，评估其释放机制和扩散系数。结果表明，Psy-cl-poly (N-HMAAm) 对药物的释放在蒸馏水中遵循 non-Fickian 分散机制，在 pH 7.4 的缓冲溶液中遵循 Fickian 分散机制（Singh et al.，2006a）。采用类似的研究手段，车前子多糖与聚丙烯酰胺（Singh et al.，2007a）、甲基丙烯酰胺（Singh et al.，2007b；Singh and Chauhan，2010）、甲基丙烯酸羟乙酯（Singh et al.，2008b）、丙烯酰胺（Singh et al.，2007c；Singh and Chauhan，2010；Singh and Bala，2014）、聚乙烯醇（Singh and Sharma，2010）、丙烯酸（Singh et al.，2008c；Singh and Bala，2014）、2-丙烯酰胺基-2-甲基丙磺酸（Singh and Bala，2012）等的一种或者几种，通过化学交联可以合成相应的亲水胶体，用于结肠中抗体或抗癌药物、治疗帕金森病药物和抗病毒药物的载体。

除了化学交联的方法外，作者还使用辐射诱导车前子胶与丙烯酰胺、丙烯酸交联，同样可以得到可用于药物缓释的亲水胶体（Singh et al.，2008b；Singh and Kumar，2008；Singh et al.，2011；Singh and Bala，2013）。Pawar 和 Varkhade（2014）用冷水室温提取 48h，然后用丙酮沉淀出车前子多糖。该多糖可以作为药物的快速崩解剂，与交联聚维酮可以发挥协同作用。

21.6.3 用作絮凝剂

研究人员对车前子作为絮凝剂使用进行了研究（Mishra et al.，2014；Kumar and Verma，2007；Sen et al.，2012）。Kumar 和 Verma（2007）以 *N,N'*-亚甲基双丙烯酰胺为交联剂，以过硫酸铵（APS）为引发剂，使车前子多糖与甲基丙酸烯（MAAc）聚合，形成水凝胶。合成的水凝胶的亲水性和热稳定性受聚合的 MAAc 量的影响。该胶体具有 pH 敏感性，在适当条件下可以用于调节自来水的硬度。Al-Hamadani 等（2011）对比了车前子多糖与聚氯化铝和硫酸铝同时作为絮凝剂或助凝剂以及聚氯化铝和硫酸铝单独作为絮凝剂的效果。结果证明车前子多糖作为絮凝剂或者助凝剂可以用于垃圾渗滤液处理。Sen 等（2012）采用微波辅助的方法合成聚丙烯酰胺-车前子多糖水凝胶（Psy-g-PAM）。结果表明与车前子多糖相比，Psy-g-PAM 的流体力学体积更大，絮凝效率增加，此水凝胶可以用于处理生活污水和洗煤厂排出的污水。Mishra 等（2014）同样采用微波辅助的方法将聚甲基丙烯酸甲酯接枝到车前子多糖得到样品 Psy-g-PMMA。实验表明接枝的聚合物具有很好的絮凝效率，接合度越高，絮凝效果越好。卵叶车前子多糖也被用作碳钢的缓蚀剂，这种材料绿色环保，具有很好的抑制率（Mobin and Rizvi，2017）。

21.6.4 其他用途

Singh 等（2006b）报道了采用化学诱导的自由基聚合的方法，以 *N*,*N'*-亚甲基双丙烯酰胺为交联剂将丙烯酸与车前子多糖合成水凝胶（Psy-cl-poly）。将这种胶体用于吸收亚铁离子（Fe^{2+}），结果表明随着交联剂的浓度从 6.45×10^3mol/L 增加到 32.4×10^3mol/L，亚铁离子的吸附率逐渐减少。车前子多糖与 15%、25% 和 35%（*m*/*m*）三种浓度的丙三醇反应形成可食性薄膜。随着丙三醇浓度的增加，水蒸气渗透率、伸长率和溶解性增加，抗拉强度、表面疏水性和玻璃化温度减小。随着丙三醇浓度的增加，车前子薄膜会呈现轻微的绿色和淡黄色，但外观仍为透明状（Ahmadi et al.，2012）。

21.7 车前子多糖研究存在的问题及前景展望

车前子多糖作为一种应用价值非常高的天然产物，其研究备受关注。目前在车前子多糖的提取纯化技术、一级结构解析和功能活性研究、结构与活性的关系等几个方面的研究都取得了很好的进展。然而，车前子多糖的研究仍然存在很多问题。主要体现在以下几个方面。

1）车前子种类较多，现有文献中卵叶车前子与其麸壳的拉丁名称使用较为混乱，需要统一、规范使用。例如，pysllium 一词在文献中既有指代卵叶车前子的，也有代表卵叶车前子麸壳或者卵叶车前子麸壳中多糖的。而如 psyllium seed、ispaghula、*P. ovata* seed 等均表示卵叶车前子。

2）车前子多糖的提取分离过程复杂，纯化步骤更是耗时太长，亟须找到更为简单快捷的分离纯化方法，以便车前子多糖的大规模制备和应用。

3）车前子多糖结构鉴定需要先进手段和技术的支持，以及具有深厚知识储备的专业人才，是一项耗费时间长、成本很高的项目，所以其结构的分析手段还需要改进。

4）车前子多糖的高黏性是很多其他来源多糖没有的特性，其具备高黏性的原因以及如何更好地利用这一性质也是重要的科学问题。

5）车前子多糖的构象研究目前报道极少，而构象对于多糖发挥功能活性非常重要，所以关于车前子多糖的构象研究应该成为后续研究的重要部分。

6）车前子多糖功能活性很多，胃肠道改善功能尤为突出，所以针对车前子多糖在胃肠道中的作用行为、作用机制以及车前子多糖与肠道微生物的相互作用需要更多的科学依据。

参考文献

曹学松, 王锦军, 黄兆文. 2009. 车前子中槲皮素、木犀草素、山柰酚、芹菜素的含量测定. 中国药业, 18(12): 32-34.

柴桂芳, 赵宏, 管勇舟, 等. 2015. Box-Behnken 设计优化车前子多糖的闪式提取工艺研究. 时珍国医国药, 26(5): 1059-1061.

陈洁辉, 刘奋强, 林绍光, 等. 1999. 车前子水提条件的探讨及冲剂的制备. 中草药, 30(1): 16-18.

陈一晴, 聂少平, 黄丹菲, 等. 2009. 大粒车前子多糖对 RAW264. 7 细胞一氧化氮生成的影响. 中国药理学通报, 25(8): 1119-1120.

方金红. 2014. 多糖化学修饰方法的研究进展. 中国药业, 23(19): 4-8.

付志红, 谢明勇, 聂少平. 2005. 微波技术用于车前子多糖的提取. 食品科学, 26(3): 151-154.

国家药典委员会. 2015. 中华人民共和国药典 2015 年版 一部. 北京: 中国医药科技出版社: 68.

国家中医药管理局《中华本草》编委会. 1998. 中华本草: 精选本 (下册). 上海: 上海科学技术出版社: 1781.

侯宽昭. 1982. 中国种子植物科属词典. 北京: 科学出版社: 283.

黄丹菲, 聂少平, 江乐明, 等. 2013. 乙酰化大粒车前子多糖的制备及其活性研究. 食品科学, 34(22): 1-4.

黄丹菲, 聂少平, 唐永富, 等. 2009. 大粒车前子中苯乙醇苷类化合物对树突状细胞的调控研究. 中医中药杂志, 34(14): 1831-1834.

江乐明, 樊灿梅, 聂少平, 等. 2013. 羧甲基化大粒车前子多糖的制备及其生物活性研究. 食品科学, 34(22): 10-14.

金勇. 2004. 不同茯苓菌丝体的多糖结构和生物活性. 武汉: 武汉大学博士学位论文.

李芬芬, 黄丹菲, 江乐明, 等. 2014. 大粒车前子多糖对脂多糖刺激 RAW264. 7 巨噬细胞的免疫调节作用. 食品科学, 35(23): 249-252.

栗艳彬. 2004. 车前子胶调血脂及降血糖作用的实验研究. 沈阳: 辽宁中医学院硕士学位论文.

林慧霞, 聂少平, 殷军艺, 等. 2010. 大粒车前子多糖提取工艺优化及其理化性质测定. 食品科学, 31(22): 226-231.

聂少平, 黄晓君. 2015. 天然产物多糖对胃肠道功能的影响. 中国食品学报, 15(5): 11-19.

唐永富, 黄丹菲, 殷军艺, 等. 2007. 车前子多糖对骨髓来源树突状细胞表型和吞噬功能的影响. 食品科学, 28(10): 517-520.

万茵, 谢明勇, 何彦林. 2008. 反相高效液相色谱法同时测定车前子中的毛蕊花苷和异毛蕊花苷. 天然产物研究与开发, 20(3): 474-476.

万茵, 谢明勇, 梁丽军, 等. 2006. 车前子总黄酮的提取工艺优化及体外抗氧化作用研究. 食品科学, 27(12): 373-376.

王东, 袁昌鲁, 林力, 等. 2008. 车前子多糖对小肠运动障碍小鼠的影响. 中华中医药学刊, 26(6): 1188-1189.

吴光杰, 田颖刚, 谢明勇, 等. 2007. 车前子多糖对便秘模型小鼠通便作用的研究. 食品科学, 28(10): 514-516.

谢明勇, 聂少平. 2010. 天然产物活性多糖结构与功能研究进展. 中国食品学报, 10(2): 1-11.

谢小梅, 付志红. 2006. 车前子多糖对小鼠阴道菌群失调的调整作用. 辽宁中医杂志, 33(2): 241-242.

谢小梅, 付志红, 吴娟, 等. 2009. 车前多糖对小鼠免疫功能的影响. 免疫学杂志, 25(2): 232-233.

胥莉, 李阳, 刘学波. 2013. 车前子总黄酮和总多糖粗提物的体外抗氧化性能及其对脑神经细胞的保护作用. 食品科学, 34(11): 142-146.

殷军艺, 聂少平, 付志红, 等. 2008. 大粒车前子多糖分离、纯化及单糖组成分析. 食品科学, 29(9): 529-532.

殷军艺, 聂少平, 李昌, 等. 2013. 大粒车前子多糖成胶性能. 食品科学, 34(19): 1-4.
殷军艺, 聂少平, 林慧霞, 等. 2009. 大粒车前子多糖乙醇分级及其理化性质研究. 食品科学, 30(17): 34-37.
袁从英, 熊晨, 郭会彩, 等. 2009. 车前子多糖抗脂质过氧化作用的研究. 中国老年学杂志, 29(9): 1202-1203.
袁从英, 张然, 车文文, 等. 2011. 车前子多糖对大鼠肝线粒体自由基防御功能的影响. 中国老年学杂志, 31(4): 618-620.
曾雯瑜, 王远兴, 刘志杏, 等. 2009. 大粒车前子多糖及其铈配合物对磷酯键的水解作用. 食品科学, 30(17): 141-144.
张华, 王振宇, 王雪, 等. 2010. 多糖化学改性方法及其生物活性研究进展. 食品与发酵工业, 36(7): 102-107.
张俊生, 陈莉华, 段琛圭, 等. 2012. 车前子中黄酮提取物对油脂的抗氧化活性研究. 中国粮油学报, 27(2): 62-67.
张宁, 王素敏, 车文文, 等. 2009. 车前子多糖抑制氧化型低密度脂蛋白诱导的血管平滑肌细胞增殖及其机制. 细胞生物学杂志, 31(5): 683-688.
赵宏, 柴桂芳, 王秋红, 等. 2014. 一种车前子多糖的分离纯化及单糖组成分析. 中国实验方剂学杂志, 20(19): 97-100.
中华人民共和国国家卫生健康委员会. 2002. 卫生部政务公开办公室关于普通食品、保健食品和新资源食品原料有关问题的说明, 附件: 可用于保健食品的物品名单. 中华人民共和国国家卫生健康委员会网站 (http: //www. nhc. gov. cn). [2012-03-11].
周超. 2007. 多糖的分离纯化及其功能性质研究. 南昌: 南昌大学硕士学位论文.
周超, 谢明勇, 万茵, 等. 2008. 车前子多糖的测定方法研究. 分析试验室, 27(4): 10-13.
周超, 杨美艳, 谢明勇, 等. 2007. 车前子胶的流变特性研究. 食品科学, 28(10): 130-133.
Abraham Z D, Mehta T. 1988. Three-week psyllium-husk supplementation: effect on plasma cholesterol concentrations, fecal steroid excretion, and carbohydrate absorption in men. The American Journal of Clinical Nutrition, 47(1): 67-74.
Ahmadi R, Kalbasi-Ashtari A, Oromiehie A, et al. 2012. Development and characterization of a novel biodegradable edible film obtained from psyllium seed (*Plantago ovata* Forsk). Journal of Food Engineering, 109(4): 745-751.
Ahmed Z F, Rizk A M, Hammouda F M. 1965. Phytochemical studies of egyptian *Plantago* species (glucides). Journal of Pharmaceutical Sciences, 54(7): 1060-1062.
Al-Hamadani Y A J, Yusoff M S, Umar M, et al. 2011. Application of psyllium husk as coagulant and coagulant aid in semi-aerobic landfill leachate treatment. Journal of Hazardous Materials, 190(1): 582-587.
Allen K G D, Bristow S J, Yu L. 2004. Hypolipidemic effects of modified psyllium preparations. Journal of Agricultural and Food Chemistry, 52(16): 4998-5003.
Amakura Y, Yoshimura A, Yoshimura M, et al. 2012. Isolation and characterization of phenolic antioxidants from *Plantago* herb. Molecules, 17(5): 5459-5466.
Amini S, Yousefi S, Moghari A A. 2018. Development and quality characterization of liquid Kashk by incorporating psyllium (*Plantago ovata* Forsk) hydrocolloid gel. Journal of Food Measurement and Characterization, 12(3): 1669-1677.
Anderson E, Fireman M. 1935. The mucilage from psyllium seed, *Plantago psyllium* L. Journal of Biological Chemistry, 109(1): 437-442.
Anderson J W, Allgood L D, Turner J, et al. 1999. Effects of psyllium on glucose and serum lipid responses in men with type 2 diabetes and hypercholesterolemia. The American Journal of Clinical Nutrition, 70(4):

466-473.

Anderson J W, Zettwoch N, Feldman T, et al. 1988. Cholesterol-lowering effects of psyllium hydrophilic mucilloid for hypercholesterolemic men. Archives of Internal Medicine, 148(2): 292-296.

Behbahani B A, Yazdi F T, Shahidi F, et al. 2017. *Plantago major* seed mucilage: Optimization of extraction and some physicochemical and rheological aspects. Carbohydrate Polymers, 155: 68-77.

Bell L P, Hectorne K, Reynolds H, et al. 1989. Cholesterol-lowering effects of psyllium hydrophilic mucilloid: adjunct therapy to a prudent diet for patients with mild to moderate hypercholesterolemia. Jama, 261(23): 3419-3423.

Bharucha A E, Pemberton J H, Locke Ⅲ G R. 2013. American Gastroenterological Association technical review on constipation. Gastroenterology, 144(1): 218-238.

Bhatia M, Ahuja M. 2013. Thiol modification of psyllium husk mucilage and evaluation of its mucoadhesive applications. The Scientific World Journal, 2013: 284182.

Buhman K K, Furumoto E J, Donkin S S, et al. 2000. Dietary psyllium increases expression of ileal apical sodium-dependent bile acid transporter mRNA coordinately with dose-responsive changes in bile acid metabolism in rats. The Journal of Nutrition, 130(9): 2137-2142.

Cheng Z, Blackford J, Qin W, et al. 2009. Acid treatment to improve psyllium functionality. Journal of Functional Foods, 1(1): 44-49.

Childs N M. 1999. Marketing functional foods: what have we learned? An examination of the metamucil, benefit, and heartwise introductions as cholesterol-reducing ready-to-eat cereals. Journal of Medicinal Food, 2(1): 11-19.

Chouinard L E. 2011. The role of psyllium fibre supplementation: in treating irritable bowel syndrome. Canadian Journal of Dietetic Practice and Research, 72(1): e107-e114.

Crini G. 2005. Recent developments in polysaccharide-based materials used as adsorbents in wastewater treatment. Progress in Polymer Science, 30(1): 38-70.

Cui S W. 2000. Polysaccharide Gums from Agricultural Products: Processing, Structures and Functionality. Boca Raton: CRC Press.

Doan D D, Nguyen N H, Doan H K, et al. 1992. Studies on the individual and combined diuretic effects of four Vietnamese traditional herbal remedies (*Ze mays*, *Imperata cylindrica*, *Plantago major* and *Orthosiphon stamineus*). Journal of Ethnopharmacology, 36(3): 225-231.

Eastwood M A, Smith A N, Brydon W G, et al. 1978. Comparison of bran, ispaghula, and lactulose on colon function in diverticular disease. Gut, 19(12): 1144-1147.

Edwards C A, Bowen J, Brydon W G, et al. 1992. The effects of ispaghula on rat caecal fermentation and stool output. British Journal of Nutrition, 68(2): 473-482.

Edwards S, Chaplin M F, Blackwood A D, et al. 2003. Primary structure of arabinoxylans of ispaghula husk and wheat bran. Proceedings of the Nutrition Society, 62(1): 217-222.

Farahnaky A, Askari H, Majzoobi M, et al. 2010. The impact of concentration, temperature and pH on dynamic rheology of psyllium gels. Journal of Food Engineering, 100(2): 294-301.

Fischer M H, Yu N, Gray G R, et al. 2004. The gel-forming polysaccharide of psyllium husk (*Plantago ovata* Forsk). Carbohydrate Research, 339(11): 2009-2017.

Food and Drug Administration. 1998. Food labeling: health claims; soluble fiber from certain foods and corouary heart disease. Fed Regist, 63: 8103.

Francisco A A, Elisa V A, Julio A P, et al. 2006. Hypoglycemic effect of *Plantago major* seeds in healthy and alloxan-diabetic mice. Proceedings of the Western Pharmacology Society, 49: 51-54.

Galisteo M, Morón R, Rivera L, et al. 2010. *Plantago ovata* husks-supplemented diet ameliorates metabolic alterations in obese Zucker rats through activation of AMP-activated protein kinase. Comparative study with other dietary fibers. Clinical Nutrition, 29(2): 261-267.

Gelissen I C, Brodie B, Eastwood M A. 1994. Effect of *Plantago ovata* (psyllium) husk and seeds on sterol metabolism: studies in normal and ileostomy subjects. The American Journal of Clinical Nutrition, 59(2): 395-400.

Geng F, Yang L, Chou G, et al. 2010. Bioguided isolation of angiotensin-converting enzyme inhibitors from the seeds of *Plantago asiatica* L. Phytotherapy Research, 24(7): 1088-1094.

Gillespie B F, Rathbun F J. 1992. Adverse effects of psyllium. CMAJ: Canadian Medical Association Journal, 146(1): 16-17.

Gonda S, Nguyen N M, Batta G, et al. 2013. Determination of phenylethanoid glycosides and iridoid glycosides from therapeutically used *Plantago* species by CE-MEKC. Electrophoresis, 34(17): 2577-2584.

Gong L, Zhang H, Niu Y, et al. 2015. A novel alkali extractable polysaccharide from *Plantago asiatica* L. seeds and its radical-scavenging and bile acid-binding activities. Journal of Agricultural and Food Chemistry, 63(2): 569-577.

Guo Q, Cui S W, Wang Q, et al. 2008. Fractionation and physicochemical characterization of psyllium gum. Carbohydrate Polymers, 73(1): 35-43.

Guo Q, Cui S W, Wang Q, et al. 2009. Microstructure and rheological properties of psyllium polysaccharide gel. Food Hydrocolloids, 23(6): 1542-1547.

Gupta R R, Agrawal C G, Singh G P, et al. 1994. Lipid-lowering efficacy of psyllium hydrophilic mucilloid in non insulin dependent diabetes mellitus with hyperlipidaemia. The Indian Journal of Medical Research, 100: 237-241.

Haddadian K, Haddadian K, Zahmatkash M. 2014. A review of *Plantago* plant. Indian Journal of Traditional Knowledge, 13(4): 681-685.

Hannan J M A, Ali L, Khaleque J, et al. 2006. Aqueous extracts of husks of *Plantago ovata* reduce hyperglycaemia in type 1 and type 2 diabetes by inhibition of intestinal glucose absorption. British Journal of Nutrition, 96(1): 131-137.

Haque A, Morris E R. 1994. Combined use of ispaghula and HPMC to replace or augment gluten in breadmaking. Food Research International, 27(4): 379-393.

Haque A, Richardson R K, Morris E R, et al. 1993. Xanthan-like 'weak gel' rheology from dispersions of ispaghula seed husk. Carbohydrate Polymers, 22(4): 223-232.

Heckers H, Zielinsky D. 1985. Fecal composition and colonic function due to dietary variables. Results of a long-term study in healthy young men consuming 10 different diets. Pract Gastroenterol, 9(S1): 24.

Hesarinejad M A, Jokandan M S, Mohammadifar M A, et al. 2018. The effects of concentration and heating-cooling rate on rheological properties of *Plantago lanceolata* seed mucilage. International Journal of Biological Macromolecules, 115: 1260-1266.

Hirst E L, Percival E G V, Wylam C B. 1954. Studies on seed mucilages. Part Ⅵ. The seed mucilage of *Plantago arenaria*. Journal of the Chemical Society (Resumed), O: 189-198.

Hojjatoleslamy M, Raisi F, Asadi M, et al. 2013. Rheological properties of the gum fractions from psyllium (*Plantago psyllium* L.). Journal of Herbal Drugs, 4(2): 69-74.

Hu J L, Nie S P, Li C, et al. 2013b. *In vitro* fermentation of polysaccharide from the seeds of *Plantago asiatica* L. by human fecal microbiota. Food Hydrocolloids, 33(2): 384-392.

Hu J L, Nie S P, Li C, et al. 2013c. *In vitro* effects of a novel polysaccharide from the seeds of *Plantago asiatica* L. on intestinal function. International Journal of Biological Macromolecules, 54: 264-269.

Hu J L, Nie S P, Li C, et al. 2013e. Microbial short-chain fatty acid production and extracellular enzymes activities during *in vitro* fermentation of polysaccharides from the seeds of *Plantago asiatica* L. treated with microwave irradiation. Journal of Agricultural and Food Chemistry, 61(25): 6092-6101.

Hu J L, Nie S P, Li C, et al. 2018b. Ultrasonic irradiation induces degradation and improves prebiotic properties of polysaccharide from seeds of *Plantago asiatica* L. during *in vitro* fermentation by human fecal microbiota. Food Hydrocolloids, 76: 60-66.

Hu J L, Nie S P, Min F F, et al. 2013a. Artificial simulated saliva, gastric and intestinal digestion of polysaccharide from the seeds of *Plantago asiatica* L. Carbohydrate Polymers, 92(2): 1143-1150.

Hu J L, Nie S P, Xie M Y. 2013d. High pressure homogenization increases antioxidant capacity and short-chain fatty acid yield of polysaccharide from seeds of *Plantago asiatica* L. Food Chemistry, 138(4): 2338-2345.

Hu J L, Nie S P, Xie M Y. 2018a. Antidiabetic mechanism of dietary polysaccharides based on their gastrointestinal functions. Journal of Agricultural and Food Chemistry, 66(19): 4781-4786.

Huang D, Xia Q, Li F, et al. 2018. Attenuation of intestinal inflammation of polysaccharides from the seeds of *Plantago asiatica* L. as affected by ultrasonication. Journal of Food Biochemistry, 42(6): 1-8.

Huang D F, Xie M Y, Yin J Y, et al. 2009a. Immunomodulatory activity of the seeds of *Plantago asiatica* L. Journal of Ethnopharmacology, 124(3): 493-498.

Huang D F, Tang Y F, Nie S P, et al. 2009b. Effect of phenylethanoid glycosides and polysaccharides from the seed of *Plantago asiatica* L. on the maturation of murine bone marrow-derived dendritic cells. European Journal of Pharmacology, 620(1-3): 105-111.

Jiang L, Huang D, Nie S, et al. 2018a. Polysaccharide isolated from seeds of *Plantago asiatica* L. induces maturation of dendritic cells through MAPK and NF-κB pathway. Saudi Journal of Biological Sciences, 25(6): 1202-1207.

Jiang L M, Nie S P, Huang D F, et al. 2018b. Acetylation modification improves immunoregulatory effect of polysaccharide from seeds of *Plantago asiatica* L. Journal of Chemistry, 2018: 3082026.

Jiang L M, Nie S P, Zhou H L, et al. 2014. Carboxymethylation enhances the maturation-inducing activity in dendritic cells of polysaccharide from the seeds of *Plantago asiatica* L. International Immunopharmacology, 22(2): 324-331.

Kennedy J F, Sandhu J S, Southgate D A T. 1979. Structural data for the carbohydrate of ispaghula husk ex *Plantago ovata* Forsk. Carbohydrate Research, 75: 265-274.

Kim J H, Kang T W, Ahn Y K. 1996. The effects of plantago-mucilage A from the seeds of *Plantago asiatica* on the immune responses in ICR mice. Archives of Pharmacal Research, 19(2): 137-142.

Koo Y C, Jung S H, Yang J H, et al. 2009. Cytogenetic investigation of chromosomal aberrations in cells treated with plantamajoside from *Plantago asiatica.* Phytotherapy Research, 23(10): 1479-1481.

Kumar A, Kumar N, Vij J C, et al. 1987. Optimum dosage of ispaghula husk in patients with irritable bowel syndrome: correlation of symptom relief with whole gut transit time and stool weight. Gut, 28(2): 150-155.

Kumar K, Verma M. 2007. Functionalization of psyllium with methacrylic acid through grafting and network formation for use of polymers in water treatment. Journal of Applied Polymer Science, 103(2): 1025-1034.

Laidlaw R A, Percival E G V. 1949. 345. Studies on seed mucilages. Part Ⅲ. Examination of a polysaccharide extracted from the seeds of *Plantago ovata* Forsk. Journal of the Chemical Society (Resumed), O: 1600-1607.

Laidlaw R A, Percival E G V. 1950. 101. Studies of seed mucilages. Part Ⅴ. Examination of a polysaccharide extracted from the seeds of *Plantago ovata* Forsk by hot water. Journal of the Chemical Society (Resumed),

O: 528-534.

Leng-Peschlow E. 1991. *Plantago ovata* seeds as dietary fibre supplement: physiological and metabolic effects in rats. British Journal of Nutrition, 66(2): 331-349.

Liu W, Xie Z, Zhang B, et al. 2010a. Effects of hydroxypropylation on the functional properties of psyllium. Journal of Agricultural and Food Chemistry, 58(3): 1615-1621.

Liu W, Zhang B, Wang Q, et al. 2010b. Effects of sulfation on the physicochemical and functional properties of psyllium. Journal of Agricultural and Food Chemistry, 58(1): 172-179.

Lu X, Han N, Liu H, et al. 2018. Antioxidant chemical constituents from the herb of *Plantago asiatica* L. Asian Journal of Traditional Medicines, 13(5): 175-183.

Lutterodt H, Cheng Z. 2008. Beneficial health properties of psyllium and approaches to improve its functionalities. Advances in Food and Nutrition Research, 55: 193-220.

Madgulkar A R, Rao M R P, Warrier D. 2015. Characterization of psyllium (*Plantago ovata*) polysaccharide and its uses. *In*: Rao M R P. Polysaccharides. Berlin: Springer International Publishing: 871-890.

Marlett J A, Fischer M H. 2002. A poorly fermented gel from psyllium seed husk increases excreta moisture and bile acid excretion in rats. The Journal of Nutrition, 132(9): 2638-2643.

Marlett J A, Fischer M H. 2003. The active fraction of psyllium seed husk. Proceedings of the Nutrition Society, 62(1): 207-209.

Marlett J A, Kajs T M, Fischer M H. 2000. An unfermented gel component of psyllium seed husk promotes laxation as a lubricant in humans. The American Journal of Clinical Nutrition, 72(3): 784-789.

Marlett J A, Li B U, Patrow C J, et al. 1987. Comparative laxation of psyllium with and without senna in an ambulatory constipated population. The American Journal of Gastroenterology, 82(4): 333-337.

Marteau P, Flourie B, Cherbut C, et al. 1994. Digestibility and bulking effect of ispaghula husks in healthy humans. Gut, 35(12): 1747-1752.

McRorie J W, Daggy B P, Morel J G, et al. 1998. Psyllium is superior to docusate sodium for treatment of chronic constipation. Alimentary Pharmacology and Therapeutics, 12(5): 491-497.

Mishra S, Sinha S, Dey K P, et al. 2014. Synthesis, characterization and applications of polymethyl-methacrylate grafted psyllium as flocculant. Carbohydrate Polymers, 99: 462-468.

Mobin M, Rizvi M. 2017. Polysaccharide from *Plantago* as a green corrosion inhibitor for carbon steel in 1 M HCl solution. Carbohydrate Polymers, 160: 172-183.

Mortensen P B, Clausen M R. 1996. Short-chain fatty acids in the human colon: relation to gastrointestinal health and disease. Scandinavian Journal of Gastroenterology, 31(S216): 132-148.

Mullan J, Percival E G V. 1940. 280. Studies on seed mucilages. Part Ⅰ. A preliminary examination of the mucilaginous polysaccharide of the seeds of *Plantago lanceolata*. Journal of the Chemical Society (Resumed), O: 1501-1506.

Nelson W A G, Percival E G V. 1942. 15. Studies on seed mucilages. Part Ⅱ. The seed mucilage of *Plantago arenaria*. Journal of the Chemical Society (Resumed), O: 58-61.

Nie Q, Hu J, Gao H, et al. 2019. Polysaccharide from *Plantago asiatica* L. attenuates hyperglycemia, hyperlipidemia and affects colon microbiota in type 2 diabetic rats. Food Hydrocolloids, 86: 34-42.

Nielsen S. 1993-11-30. Method for decreasing the allergenicity of psyllium seed husk by enzymetreatment: U.S., Patent 5, 266, 473.

Niu Y, Xie Z, Hao J J, et al. 2012. Preparation of succinylated derivatives of psyllium and their physico-chemical and bile acid-binding properties. Food Chemistry, 132(2): 1025-1032.

Niu Y, Xie Z, Zhang H, et al. 2013. Effects of structural modifications on physicochemical and bile acid-binding properties of psyllium. Journal of Agricultural and Food Chemistry, 61(3): 596-601.

Nordgaard I, Hove H, Clausen M R, et al. 1996. Colonic production of butyrate in patients with previous colonic cancer during long-term treatment with dietary fibre (*Plantago ovata* seeds). Scandinavian Journal of Gastroenterology, 31(10): 1011-1020.

Park B G, Lee H S, Jung S H, et al. 2007. A 90 day repeated oral toxicity study on plantamajoside concentrate from *Plantago asiatica*. Phytotherapy Research, 21(12): 1118-1123.

Patel M K, Tanna B, Gupta H, et al. 2019. Physicochemical, scavenging and anti-proliferative analyses of polysaccharides extracted from psyllium (*Plantago ovata* Forssk) husk and seeds. International Journal of Biological Macromolecules, 133: 190-201.

Paturi G, Butts C A, Monro J A, et al. 2012. Evaluation of gastrointestinal transit in rats fed dietary fibres differing in their susceptibility to large intestine fermentation. Journal of Functional Foods, 4(1): 107-115.

Pawar H, Varkhade C. 2014. Isolation, characterization and investigation of *Plantago ovata* husk polysaccharide as superdisintegrant. International Journal of Biological Macromolecules, 69: 52-58.

Percival E G V, Willox I C. 1949. 346. Studies on seed mucilages. Part Ⅳ. The seed mucilage of *Plantago lanceolata*. Journal of the Chemical Society (Resumed), O: 1608-1612.

Prynne C J, Southgate D A T. 1979. The effects of a supplement of dietary fibre on faecal excretion by human subjects. British Journal of Nutrition, 41(3): 495-503.

Pylkas A M, Juneja L R, Slavin J L. 2005. Comparison of different fibers for *in vitro* production of short chain fatty acids by intestinal microflora. Journal of Medicinal Food, 8(1): 113-116.

Qi M, Xiong A, Geng F, et al. 2012. A novel strategy for target profiling analysis of bioactive phenylethanoid glycosides in *Plantago* medicinal plants using ultra-performance liquid chromatography coupled with tandem quadrupole mass spectrometry. Journal of Separation Science, 35(12): 1470-1478.

Rao M R, Sadaphule P, Khembete M, et al. 2013. Characterization of psyllium (*Plantago ovata*) polysaccharide and its use as a binder in tablets. Indian Journal of Pharmaceutical Education and Research, 47(2): 154-159.

Ravn H W, Mondolot L, Kelly M T, et al. 2015. Plantamajoside—A current review. Phytochemistry Letters, 12: 42-53.

Rodriguez J, Loyola J I, Maulen G, et al. 1994. Hypoglycaemic activity of *Geranium core-core*, *Oxalis rosea* and *Plantago major* extract in rats. Phytotherapy Research, 8(6): 372-374.

Rodríguez-Cabezas M E, Galvez J, Camuesco D, et al. 2003. Intestinal anti-inflammatory activity of dietary fiber (*Plantago ovata* seeds) in HLA-B27 transgenic rats. Clinical Nutrition, 22(5): 463-471.

Rodríguez-Morán M, Guerrero-Romero F, Lazcano-Burciaga G. 1998. Lipid- and glucose- lowering efficacy of plantago psyllium in type Ⅱ diabetes. Journal of Diabetes and its Complications, 12(5): 273-278.

Rønsted N, Göbel E, Franzyk H, et al. 2000. Chemotaxonomy of *Plantago*. Iridoid glucosides and caffeoyl phenylethanoid glycosides. Phytochemistry, 55(4): 337-348.

Rudin R E. 1985-11-05. Easily dispersible dietary fiber product and method for producing the same: U.S., Patent RE32, 811.

Saghir S, Iqbal M S, Hussain M A, et al. 2008. Structure characterization and carboxymethylation of arabinoxylan isolated from Ispaghula (*Plantago ovata*) seed husk. Carbohydrate Polymers, 74(2): 309-317.

Saghir S, Iqbal M S, Koschella A, et al. 2009. Ethylation of arabinoxylan from Ispaghula (*Plantago ovata*) seed husk. Carbohydrate Polymers, 77(1): 125-130.

Samuelsen A B. 2000. The traditional uses, chemical constituents and biological antivities of *Plantago major* L. Journal of Ethnopharmacology, 71(1-2): 1-21.

Samuelsen A B, Lund I, Djahromi J M, et al. 1999. Structural features and anti-complementary activity of some heteroxylan polysaccharide fractions from the seeds of *Plantago major* L. Carbohydrate Polymers, 38(2): 133-143.

Sen G, Mishra S, Rani G U, et al. 2012. Microwave initiated synthesis of polyacrylamide grafted Psyllium and its application as a flocculant. International Journal of Biological Macromolecules, 50(2): 369-375.

Sierra M, Garcia J J, Fernandez N, et al. 2002. Therapeutic effects of psyllium in type 2 diabetic patients. European Journal of Clinical Nutrition, 56(9): 830-842.

Singh B. 2007. Psyllium as therapeutic and drug delivery agent. International Journal of Pharmaceutics, 334(1): 1-14.

Singh B, Bala R. 2012. Design of dietary polysaccharide and binary monomer mixture of acrylamide and 2-acrylamido-2-methylpropane sulphonic acid based antiviral drug delivery devices. Chemical Engineering Research and Design, 90(3): 346-358.

Singh B, Bala R. 2013. Design of radiation crosslinked psyllium and binary monomers-based hydrogels for use in colon drug delivery. International Journal of Polymeric Materials, 62(2): 68-75.

Singh B, Bala R. 2014. Polysaccharide based hydrogels as controlled drug delivery system for GIT cancer. International Journal of Biological Macromolecules, 65: 524-533.

Singh B, Bala R, Chauhan N. 2008c. *In vitro* release dynamics of model drugs from psyllium and acrylic acid based hydrogels for the use in colon specific drug delivery. Journal of Materials Science: Materials in Medicine, 19(8): 2771-2780.

Singh B, Chauhan G S, Bhatt S S, et al. 2006b. Metal ion sorption and swelling studies of psyllium and acrylic acid based hydrogel. Carbohydrate Polymers, 64(1): 50-56.

Singh B, Chauhan G S, Kumar S, et al. 2007a. Synthesis, characterization and swelling responses of pH sensitive psyllium and polyacrylamide based hydrogels for the use in drug delivery (Ⅰ). Carbohydrate Polymers, 67(2): 190-200.

Singh B, Chauhan G S, Sharma D K, et al. 2006a. The release dynamics of model drugs from the psyllium and *N*-hydroxymethylacrylamide based hydrogels. International Journal of Pharmaceutics, 325(1): 15-25.

Singh B, Chauhan G S, Sharma D K, et al. 2007c. The release dynamics of salicylic acid and tetracycline hydrochloride from the psyllium and polyacrylamide based hydrogels (Ⅱ). Carbohydrate Polymers, 67(4): 559-565.

Singh B, Chauhan N. 2010. Release dynamics of tyrosine from dietary fiber psyllium based hydrogels for use in Parkinson's disease. Food Research International, 43(4): 1065-1072.

Singh B, Chauhan N, Kumar S. 2008a. Radiation crosslinked psyllium and polyacrylic acid based hydrogels for use in colon specific drug delivery. Carbohydrate Polymers, 73(3): 446-455.

Singh B, Chauhan N, Kumar S, et al. 2008b. Psyllium and copolymers of 2-hydroxylethylmethacrylate and acrylamide-based novel devices for the use in colon specific antibiotic drug delivery. International Journal of Pharmaceutics, 352(1): 74-80.

Singh B, Kumar S. 2008. Synthesis and characterization of psyllium-NVP based drug delivery system through radiation crosslinking polymerization. Nuclear Instruments and Methods in Physics Research Section B: Beam Interactions with Materials and Atoms, 266(15): 3417-3430.

Singh B, Sharma N, Chauhan N. 2007b. Synthesis, characterization and swelling studies of pH responsive psyllium and methacrylamide based hydrogels for the use in colon specific drug delivery. Carbohydrate Polymers, 69(4): 631-643.

Singh B, Sharma V. 2010. Design of psyllium-PVA-acrylic acid based novel hydrogels for use in antibiotic drug delivery. International Journal of Pharmaceutics, 389(1): 94-106.

Singh B, Sharma V, Kumar S. 2011. Synthesis of smart hydrogels by radiation polymerisation for use as slow drug delivery devices. The Canadian Journal of Chemical Engineering, 89(6): 1596-1605.

Sinha V R, Kumria R. 2001. Polysaccharides in colon-specific drug delivery. International Journal of Pharmaceutics, 224(1): 19-38.

Solà R, Bruckert E, Valls R M, et al. 2010. Soluble fibre (*Plantago ovata* husk) reduces plasma low-density lipoprotein (LDL) cholesterol, triglycerides, insulin, oxidised LDL and systolic blood pressure in hypercholesterolaemic patients: a randomised trial. Atherosclerosis, 211(2): 630-637.

Solà R, Godàs G, Ribalta J, et al. 2007. Effects of soluble fiber (*Plantago ovata* husk) on plasma lipids, lipoproteins, and apolipoproteins in men with ischemic heart disease. The American Journal of Clinical Nutrition, 85(4): 1157-1163.

Sölter H, Lorenz D. 1983. Summary of clinical results with prodiem plain, a bowel regulating agent. Today's Ther Trends, 1: 45-59.

Son W, Nam M H, Hong C O, et al. 2017. Plantamajoside from *Plantago asiatica* modulates human umbilical vein endothelial cell dysfunction by glyceraldehyde-induced AGEs via MAPK/NF-κB. BMC Complementary and Alternative Medicine, 17(66): 1-12.

Suzuki M, Tsuji K. 2007. Dietary psyllium protects immature rats from estrogenic activity of bisphenol A. Food Science and Technology Research, 13(4): 305-309.

Thakur V K, Thakur M K. 2014. Recent trends in hydrogels based on psyllium polysaccharide: a review. Journal of Cleaner Production, 82: 1-15.

Tomlin J, Read N W. 1988. The relation between bacterial degradation of viscous polysaccharides and stool output in human beings. British Journal Nutrition, 60(3): 467-475.

Tomoda M, Shimizu N, Shimada K, et al. 1984. Plant mucilages. XXXIV. The location of *O*-acetyl groups and the structural features of plantago-mucilage A, the mucous polysaccharide from the seeds of *Plantago major* var. *asiatica*. Chemical and Pharmaceutical Bulletin, 32(6): 2182-2186.

Tomoda M, Tanaka M. 1973. Plant mucilages. VI. Three disaccharides obtained from plantasan by partial acid hydrolysis. Chemical and Pharmaceutical Bulletin, 21(5): 989-994.

Tomoda M, Uno M. 1971. Plant mucilages. I. Isolation and property of a mucous polysaccharide, "plantasan", from *Plantago major* L. var. *asiatica* seeds. Chemical Pharmaceutical Bulletin, 19(6): 1214-1217.

Tomoda M, Uno M. 1972. Plant mucilages. III. Smith degradation products of plantasan. Chemical and Pharmaceutical Bulletin, 20(4): 778-782.

Tomoda M, Yokoi M, Ishkawa K. 1981. Plant mucilages. XXIX. Isolation and characterization of a mucous polysaccharide, "plantago-mucilage A," from the seeds of *Plantago major* var. *asiatica*. Chemical and Pharmaceutical Bulletin, 29(10): 2877-2884.

Tortola L, Brunetto M A, Zaine L, et al. 2009. The use of psyllium to control constipation in dogs. Ciência Rural, 39(9): 2638-2641.

Tucker M R, Ma C, Phan J, et al. 2017. Dissecting the genetic basis for seed coat mucilage heteroxylan biosynthesis in *Plantago ovata* using gamma irradiation and infrared spectroscopy. Frontiers in Plant Science, 8: 326.

Uehleke B, Ortiz M, Stange R. 2008. Cholesterol reduction using psyllium husks-Do gastrointestinal adverse effects limit compliance? Results of a specific observational study. Phytomedicine, 15(3): 153-159.

Van Craeyveld V, Delcour J A, Courtin C M. 2008. Ball milling improves extractability and affects molecular properties of psyllium (*Plantago ovata* Forsk) seed husk arabinoxylan. Journal of Agricultural and Food

Chemistry, 56(23): 11306-11311.

Vergara-Jimenez M, Conde K, Erickson S K, et al. 1998. Hypolipidemic mechanisms of pectin and psyllium in guinea pigs fed high fat-sucrose diets: alterations on hepatic cholesterol metabolism. Journal of Lipid Research, 39(7): 1455-1465.

Wärnberg J, Marcos A, Bueno G, et al. 2009. Functional benefits of psyllium fiber supplementation. Current Topics in Nutraceutical Research, 7: 55-64.

Washington N, Harris M, Mussellwhite A, et al. 1998. Moderation of lactulose-induced diarrhea by psyllium: effects on motility and fermentation. The American Journal of Clinical Nutrition, 67(2): 317-321.

World Health Organization. 2007. WHO Monographs on Selected Medicinal Plants. Vol 3. Geneva: Office of Publications: 202-206.

Wullschleger R D. 1993-12-21. Heat treatment for decreasing the allergenicity of psyllium seed husk products: U.S., Patent 5, 271, 936.

Yang Q, Qi M, Tong R, et al. 2017. *Plantago asiatica* L. seed extract improves lipid accumulation and hyperglycemia in high-fat diet-induced obese mice. International Journal of Molecular Sciences, 18(1393): 1-14.

Ye C L, Hu W L, Dai D H. 2011. Extraction of polysaccharides and the antioxidant activity from the seeds of *Plantago asiatica* L. International Journal of Biological Macromolecules, 49(4): 466-470.

Yin J, Lin H, Li J, et al. 2012a. Structural characterization of a highly branched polysaccharide from the seeds of *Plantago asiatica* L. Carbohydrate Polymers, 87(4): 2416-2424.

Yin J Y, Lin H X, Nie S P, et al. 2012b. Methylation and 2D NMR analysis of arabinoxylan from the seeds of *Plantago asiatica* L. Carbohydrate Polymers, 88(4): 1395-1401.

Yin J Y, Nie S P, Guo Q B, et al. 2015. Effect of calcium on solution and conformational characteristics of polysaccharide from seeds of *Plantago asiatica* L. Carbohydrate Polymers, 124: 331-336.

Yin J Y, Nie S P, Li J, et al. 2012c. Mechanism of interactions between calcium and viscous polysaccharide from the seeds of *Plantago asiatica* L. Journal of Agricultural and Food Chemistry, 60(32): 7981-7987.

Yin J Y, Nie S P, Zhou C, et al. 2010. Chemical characteristics and antioxidant activities of polysaccharide purified from the seeds of *Plantago asiatica* L. Journal of the Science of Food and Agriculture, 90(2): 210-217.

Yin J Y, Wang J Q, Lin H X, et al. 2016. Fractionation, physicochemical properties and structural features of non-arabinoxylan polysaccharide from the seeds of *Plantago asiatica* L. Food Hydrocolloids, 55: 128-135.

Yu L, DeVay G E, Lai G H, et al. 2001-06-19. Enzymatic modification of psyllium: U.S., Patent 6, 248, 373.

Yu L, Perret J. 2003a. Effects of solid-state enzyme treatments on the water-absorbing and gelling properties of psyllium. LWT-Food Science and Technology, 36(2): 203-208.

Yu L, Perret J. 2003b. Effects of xylanase treatments on gelling and water-uptaking properties of psyllium. Journal of Agricultural and Food Chemistry, 51(2): 492-495.

Yu L, Perret J, Parker T, et al. 2003. Enzymatic modification to improve the water-absorbing and gelling properties of psyllium. Food Chemistry, 82(2): 243-248.

Yu L, Yakubov G E, Martínez-Sanz M, et al. 2018. Rheological and structural properties of complex arabinoxylans from *Plantago ovata* seed mucilage under non-gelled conditions. Carbohydrate Polymers, 193: 179-188.

Yu L, Yakubov G E, Zeng W, et al. 2017. Multi-layer mucilage of *Plantago ovata* seeds: rheological differences arise from variations in arabinoxylan side chains. Carbohydrate Polymers, 165: 132-141.

Yu L L, Cheng Z. 2007. Psyllium derivatives and their health beneficial properties. Polymer Preprints, 48(2): 741.

Yu L L, Lutterodt H, Cheng Z. 2008. Beneficial health properties of psyllium and approaches to improve its functionalities. Advances in Food and Nutrition Research, 55: 193-220.

Zhao H, Wang Q, Sun Y, et al. 2014. Purification, characterization and immunomodulatory effects of *Plantago depressa* polysaccharides. Carbohydrate Polymers, 112: 63-72.

Zhou Q, Lu W, Niu Y, et al. 2013. Identification and quantification of phytochemical composition and anti-inflammatory, cellular antioxidant, and radical scavenging activities of 12 *Plantago* species. Journal of Agricultural and Food Chemistry, 61(27): 6693-6702.

Ziai S A, Larijani B, Akhoondzadeh S, et al. 2005. Psyllium decreased serum glucose and glycosylated hemoglobin significantly in diabetic outpatients. Journal of Ethnopharmacology, 102(2): 202-207.